Max Krahmann.

Fortschritte der praktischen Geologie und Bergwirtschaft.

Zweiter Band.

———

Fortschritte der praktischen Geologie und Bergwirtschaft.

Zweiter Band. 1903—1909.

Zugleich

General-Register der Zeitschrift für praktische Geologie

Jahrgang XI bis XVII, 1903—1909

Von

Prof. **Max Krahmann,**

Dozent für Bergwirtschaftslehre an der Bergakademie, Privatdozent
an der Technischen Hochschule zu Berlin.

Mit 184 Kartenskizzen usw. und zahlreichen statistischen Tabellen.

Berlin NW 23.

M. Krahmann, Bureau für praktische Geologie
Verlagsabteilung
1910.

ISBN-13: 978-3-642-89979-9   e-ISBN-13: 978-3-642-91836-0
DOI: 10.1007/978-3-642-91836-0

Inhalt.

Seite

Einleitung.

1. Zweck und System der „Fortschritte".

Auch dieser zweite Band der „Fortschritte" will zunächst eine allgemein,
geographisch und sachlich weit ins Einzelne geführte systematische Übersicht über den
mannigfachen Inhalt der weiteren 7 Jahrgänge der Zeitschrift für praktische
Geologie [1]) geben. Schon diese einzelnen Titelfolgen der Beiträge spiegeln
in ihrer chronologischen Anordnung gewisse Fortschritte auf den einzelnen
Gebieten wider; sie wollen daher nicht nur als ein Register zum Nachschlagen
genommen sein, sondern auch als ein fortlaufend zu lesender Text im Lapidarstil,
der in jedem Leser der Zeitschrift eine bestimmte Kette von Erinnerungen auslösen
und zu einem geschlossenen Bilde vereinigen wird. Belebt und ergänzt werden diese
Erinnerungsbilder weiter durch eine Reihe von Kartenübersichten und
Lagerstättenskizzen und durch andere, bestimmte Fortschritte
kennzeichnende Figuren und Tabellen.

Zu jeder einzelnen chronologischen Titelreihe aus dem Inhalt der Zeitschrift wurde nun die fernere, in der Zeitschrift nicht besonders berücksichtigte
neuere Literatur der letzten 7 Jahre gefügt, und zwar in alphabetischer Au-
torenfolge. Hierdurch rundet sich das nach dem Zeitschrift-Inhalt allein noch recht
lückenreiche Bild des einzelnen Gebietes weiter ab. Eine fernere Abrundung wird sich
für denjenigen, der in der Zeitschrift nachschlägt, dadurch ergeben, daß in jeder größeren
Arbeit die wichtigste ältere Literatur angeführt oder wenigstens angedeutet ist;
er wird nun sicher immer weiter geführt, von Autor zu Autor, von Ansicht zu Ansicht.

Das aus Zeitschrift-Inhalt, Kartenskizze und sonstiger Literatur geformte Bild
des Einzelthemas wurde endlich durch ein viertes wichtiges Moment wesentlich ergänzt, um den Fortschritt, die Entwicklung widerzuspiegeln, nämlich durch
die statistische Zahl: durch Produktions-, Wert- und Preistabellen, für
Länder und für einzelne Mineralien.

Neben der Förder-Statistik wurden, in diesem Bande zunächst wenigstens
für Deutschland, auch die Betriebs- und die Handels-Statistik berücksichtigt;
erstere durch Angabe von Belegschaftsziffern und Lohntabellen, wodurch Anhaltspunkte für Leistungen und Selbstkosten gegeben werden —, letztere durch Ein- und Aus-
fuhr- sowie durch Verbrauchs-Tabellen, wodurch unsere bergwirtschaftlichen
Beziehungen zum Ausland erläutert werden. Wir haben allen Grund,
deren Entwickelung mit Aufmerksamkeit zu verfolgen und besonders den Ursachen
ihrer Schwankungen und Verschiebungen nachzuspüren.

---

[1]) Herausgeber: Max Krahmann in Berlin NW 23, Händelstr. 6.

Diese statistischen Tabellen und graphischen Darstellungen haben einen doppelten Zweck: Einmal sollen auch sie das lagerstättenkundliche und bergwirtschaftliche Bild, das man sich von einem Erdteile, einem Staate, einer Provinz, oder aber von einem Metall, einer Mineral- oder Gesteinsart machen möchte, und das die Zeitschrift und die sonstige Literatur nur unvollständig gibt, vervollständigen. Ein Blick auf die Landesstatistik zeigt sofort, welche Mineralien hier bauwürdig vorkommen, in welchen Mengen sie jährlich ausgebeutet werden, ferner (durch die Wertangaben) in welcher Güte; — und ein Überfliegen der großen Tabellen auf den Seiten 448 bis 453, sowie einiger Einzel-Übersichten läßt sogleich erkennen, wie sich die Weltproduktion eines Metalles oder Minerales auf die einzelnen Erdteile, Zollverbände und Länder verteilt. Vergleicht man solche Ergebnisse aus den statistischen Tabellen mit den meist daneben stehenden Titel- und Literaturangaben, so ergeben sich wichtige Wechselbeziehungen zwischen Wissenschaft und Wirtschaft; man erkennt ferner auch die L ü c k e n , in der L i t e - r a t u r (produzierende, aber noch nicht genügend beschriebene Lagerstätten) wie in der P r o d u k t i o n (vorhandene, aber noch nicht in Angriff genommene Lagerstätten). Hieraus können viele literarische und wirtschaftliche Anregungen geschöpft werden.

Der andere Zweck dieser statistischen Tabellen ist, daß sie die einzelnen statistischen Angaben in der Zeitschrift zusammenfassen und ergänzen und dadurch wertvoller, verständlicher und nutzbarer machen sollen. Die statistische Zahl gewinnt ja erst Leben und Interesse, wenn sie in einer R e i h e steht oder bequem für diesen oder jenen Zweck reihenweise angeordnet werden kann.

Genauer werden Inhalt und Anordnung der „F o r t s c h r i t t e‟ d e r p r a k - t i s c h e n G e o l o g i e u n d B e r g w i r t s c h a f t‟ aus dem vorangehenden Inhalts-, Figuren- und Tabellen-Verzeichnis ersichtlich. Hieraus dürfte hervorgehen, daß die „Fortschritte‟ auch für denjenigen ein bequemes Hilfsmittel bilden, der die „Zeitschrift‟ nicht vollständig besitzt oder sie nur in Bibliotheken benützen kann; die „Fortschritte‟ stellen in diesem zweiten Bande schon mehr eine selbständige s y s t e m a t i s c h e S a m m l u n g von Literaturnachweisen, statistischen Tabellen und Kartenskizzen auf dem Gebiete der p r a k t i s c h e n G e o l o g i e und B e r g w i r t s c h a f t dar. Diese Selbständigkeit, — d. h. das Zurücktreten des Generalregisters zur Zeitschrift in ihnen, obwohl sich aus ihm ursprünglich die Idee der „Fortschritte‟ entwickelte — wird in folgenden Bänden noch deutlicher zum Ausdruck kommen. Als literarisches und statistisches Kompendium wollen sie nicht nur dem praktischen Geologen und Bergmann dienen, sondern auch dem N a t i o n a l ö k o n o m e n und dem G e o g r a p h e n , sowie jedem Techniker, Unternehmer und Kaufmann, der irgendwie mit den L a g e r s t ä t t e n n u t z b a r e r M i n e r a l i e n im I n l a n d e oder A u s l a n d e zu tun hat.

2. Fortschritte der Lagerstättenkunde.

Während B e r n h a r d v. C o t t a [1]) einen Vorgänger unserer Zeitschrift [2]) noch „Gangstudien‟ (1850—1860) nennen konnte, weil damals fast nur gangartige Lagerstätten Gegenstand der Lagerstättenforschung bildeten, hat sich in den letzten Jahrzehnten die Forschung vornehmlich den nicht gangartigen Lagerstätten zugewendet

---

[1]) Vgl. seinen Lebenslauf Z. (bedeutet „Zeitschrift‟) 1893, S. 438.

[2]) Auch F. P o š e p n y s „Archiv für praktische Geologie‟ ist als Vorgänger unserer Zeitschrift zu bezeichnen. Der erste Band erschien 1880 in Wien, der zweite Band 1895 in Freiberg i. S., vgl. Z. 1895, S. 350; ein dritter wurde in Aussicht gestellt, ist aber bis jetzt nicht erschienen; er sollte P o š e p n y s nicht zum Abschluß gediehene Arbeit über die Goldvorkommen Siebenbürgens enthalten.

und hier ein noch mannigfaltigeres und nicht minder dankbares Arbeitsfeld vorgefunden. Ja, nachdem die Gangforschung in F r i d o l i n v. S a n d b e r g e r s „Untersuchungen über Erzgänge" [1]), 1882—1885, durch einseitige Betonung der Lateralsekretion und in der anschließenden Polemik sich fast erschöpft hatte, erfolgte eine förmliche Abneigung gegen derartige Studien mittels chemischer Spitzfindigkeiten. In Nordamerika wurde zur Zeit vieler neuer Gangentdeckungen S a n d b e r g e r s Theorie natürlich freudig begrüßt und in den Himmel gehoben; bald aber folgte die Ernüchterung, und man konnte sich A l f r e d S t e l z n e r s [2]) ruhig und sachlich vorgetragenen Gegengründen nicht länger verschließen.

Jetzt erregten andere Lagerstätten die besondere Aufmerksamkeit der Fachwelt, und wieder waren es nordamerikanische Schätze, die reichen, an Kalk geknüpften Blei- und Zinklagerstätten Missouris und anderer Staaten [3]), welche F r a n z P o š e p n y s [4]) Lehre von der Entstehung solcher Erzkörper in auflöslichen Gesteinen weit in den Vordergrund rückten. Auch P o š e p n y fand drüben, gerade wie früher S a n d b e r g e r, eine geradezu begeisterte Aufnahme, wie der notwendig gewordene, mit einer reichhaltigen Diskussion verbundene Neudruck seines ins Englische übertragenen Vortrages in Chicago vom Jahre 1893 beweist.

Das war Anfang der 90 er Jahre, und nun begannen im Jahre 1893 in der Zeitschrift für praktische Geologie J o h a n n e s V o g t s bedeutsame, von Schlackenstudien ausgehende Arbeiten [5]) über die Erzkonzentrationen in Eruptivgesteinen.

Damit brach — das darf man wohl sagen — eine wirklich neue Ära der Lagerstättenforschung an, indem hiermit die großen Fortschritte der analytischen und theoretischen Chemie und der Petrographie auf die uns zugängliche primärste Erscheinung, auf das eruptive Magma, angewendet und erzlagerstättenkundlich verwertet wurden. Hiermit ist eine neue wissenschaftliche Basis für die Theorie aller Erzlagerstätten — früher sprach man immer nur von Gangtheorien — gewonnen worden, auf welcher, wie die Zusammenstellungen auf S. 4 bis 13 des ersten und S. 7 bis 14 des zweiten Bandes der „Fortschritte" dartun, von den Forschern aller Nationen, namentlich auch von den Amerikanern, rüstig und sicher weiter gebaut wird.

V o g t s Erklärungen vieler Erscheinungen, auch des Rammelsberges und der spanischen Kieslager, als magmatische Ausscheidungen erzeugten naturgemäß auch eine Reaktion, die wieder dem Studium der mehr sedimentären Ablagerungen zugute kam. So stellte F r i e d r i c h K l o c k m a n n den magmatischen Konzentrationen die „konkretionäre Ausscheidung" aus Sedimentärgesteinen und die Metamorphose gegenüber (vgl. F. I, S. 10, F. II S. 8). E r n s t K o h l e r wendet die „Adsorption" (vgl. F. I S. 11) für die rein sedimentären Lagerstätten, namentlich der Trias, an, und R u d o l f D e l k e s k a m p zieht hierfür die verschiedenen Konzentrationsprozesse in erhöhtem Maße heran (vgl. F. II S. 8).

---

[1]) Vgl. Z. 1896, S. 107—112: „Die S a n d b e r g e r sche Erzgangtheorie". Seinen Lebenslauf siehe ebenda S. 167.

[2]) Lebenslauf und Arbeiten: Z. 1895, S. 221—224, 1897, S. 429—432.

Vgl. hierzu S t e l z n e r s wichtige Arbeit Z. 1896, S. 377—412: „Beiträge zur Entstehung der Freiberger Bleierz- und der erzgebirgischen Zinnerz-Gänge", wo auch die ältere Literatur sorgfältig berücksichtigt und genau angegeben ist. — Diese Arbeit hätte auch auf S. 6 der „Fortschritte" I nicht fehlen dürfen und ist dort nachzutragen.

[3]) Vgl. F (bedeutet „Fortschritte") I, S. 262.

[4]) Lebenslauf: Z. 1895, S. 261—262. Vgl. auch Z. 1893, S. 398—401, und das Referat von F. B e y s c h l a g, Z. 1897, S. 333—335.

[5]) Vgl. den Abschnitt „Lagerstättenforschung" F I, S. 4—13, mit den behufs W e i t e r e n t w i c k e l u n g dort abgedruckten Tabellen S. 5 über „Verbreitung und Konzentration der Elemente" sowie mit den die M e t h o d e kennzeichnenden Figuren 1 bis 3 auf S. 7, welche die „graphische Darstellung von Konzentrationsprozessen" wiedergeben.

Die neueren Fortschritte in der Erzlagerstättenkunde sind namentlich durch die Arbeiten von P a u l K r u s c h über Oxydations- und Zementationszonen (vgl. F. II S. 10) sowie über primäre und sekundäre metasomatische Prozesse (Zeitschr. 1910 S. 165) gekennzeichnet; auch die gelartigen Erze werden — zuerst von F e l i x C o r n u , jetzt auch von K r u s c h und R i c h a r d C a n a v a l (Zeitschr. 1910 S. 178 u. 191) —, endlich mehr beachtet und in ihrer genetisch wichtigen Rolle gewürdigt. Weitere Fortschritte bereiten sich vor, indem man mit O t t o S t u t z e r den uralten Fragen nach der Herkunft der heißen Mineralwässer mit neuerem Rüstzeug zu Leibe geht (Zeitschr. 1910 S. 164) und überhaupt die ,,Wasserfrage‘‘ (vgl. F. II S. 436) fleißiger studiert.

In dem Handbuch von R i c h a r d B e c k , 1. Aufl. 1901, 2. Auflage 1903 [1]), 3. Aufl. in 2 Bänden 1909, erkennen wir bereits den großen Fortschritt auf Grund dieser neueren Anschauungen gegenüber der im ganzen zwar manches richtig vorahnenden, im einzelnen aber vielfach gekünstelten Typeneinteilung in A l b r e c h t v. G r o d - d e c k s ,,Lehren von den Lagerstätten der Erze, 1879‘‘. Schärfer noch als bei B e c k prägen sich die in dieser Richtung in den letzten Jahrzehnten erzielten Fortschritte in dem L e h r b u c h aus, das jetzt von B e y s c h l a g , K r u s c h und V o g t erscheint [2]). Inzwischen ist auch noch die ältere Freiberger Schule in S t e l z n e r zum Wort gekommen, dessen Vorlesungsmanuskript von B e r g e a t bearbeitet und durch zahlreiche eigene kritische Kapitel ergänzt wurde. Als ,,Probleme der Erzlagerstättengeologie‘‘ wurden diese kritischen Kapitel in der Zeitschrift von H a r b o r t zusammengestellt; vgl. F. II S. 6.

Bezüglich der nichtmetallischen Lagerstätten und für die übrigen Zweige der praktischen Geologie, für Ackerbau, Gräberei und Steinbruchbetrieb sowie für Quellen- und Wassernutzung jeder Art, für Bohrbetrieb und Tiefbau sei hier nur auf die betreffenden Seiten der vorliegenden Bände verwiesen: in den Namen der Autoren wie P o t o n i é (Kohlen), E v e r d i n g (Salze), H i r s c h w a l d (Baumaterialien), H o e f e r (Erdöl) und den Überschriften ihrer Arbeiten spiegeln sich auch hier die theoretischen F o r t s c h r i t t e der letzten Jahrzehnte wider, und man erkennt oder ahnt die Arbeitsrichtungen und die Aufgaben der Forschung für die nächste Zukunft.

3. Die Spezialaufnahmen der geologischen Landesanstalten.

Die neuere Entwickelung der Geologie hat das ihr eigentümliche Gepräge durch die g e o l o g i s c h e n S p e z i a l a u f n a h m e n der einzelnen Länder erhalten. Die Organisation dieser Anstalten und ihre Arbeitsmethode haben — die objektive geologische Aufnahme als Selbstzweck gesetzt — schon jetzt, noch vor ihrer allgemeinen Durchführung und Zusammenfassung, vielfach Großes geleistet. Die wissenschaftliche Beobachtungsmethode im Felde, die Zergliederung der Formationen in viele Horizonte und Stufen, die Erkenntnis tektonischer Verhältnisse und die kartographische

---

[1]) Vgl. F I, S. 8, auch S. 11 unter B e r g e a t , ferner F. II S. 10.

[2]) Das B e y s c h l a g - K r u s c h - V o g t sche Lehrbuch (vgl. S. 10) will neben jenen Handbüchern mehr in Lehrbuchform durch Monographien der einzelnen Lagerstätten g r u p p e n diejenigen sicheren Ergebnisse geologischer Lagerstättenforschung zusammenfassen, welche einerseits für den Bergmann beim Aufsuchen, Ausrichten und Abbau der Lagerstätten praktisch wichtig sind, und welche andererseits dem Bergwirtschaftler und Nationalökonomen die Grundlage für Vorratsschätzungen, für Bauwürdigkeits-Beurteilungen und für eine rationelle Lagerstättenpolitik bilden. Zu diesem Zweck wird dieses Lehrbuch nach den Erzlagerstätten natürlich auch die volkswirtschaftlich weit bedeutenderen Lagerstätten der Kohle, des Salzes und des Erdöles behandeln.

Wiedergabe des Beobachteten haben große Fortschritte gemacht und sind zuweilen bis zu einer erstaunlich genauen Darstellung des Aufbaues einzelner Schollen der Erd-kruste gelangt.

Auch die Lagerstättenkunde mußte hiervon Nutzen ziehen, und seit Begründung unserer Zeitschrift im Jahre 1893 haben wir es deshalb stets für eine unserer Aufgaben gehalten, die Fortschritte der Spezialaufnahmen in allen Ländern zu verfolgen und ihre Karten in den Gesichtskreis des praktischen Geologen und des Bergmanns, des Land-wirts und des Bauingenieurs zu rücken.

Auch der vorliegende Band verzeichnet deshalb die Fortschritte in dieser Richtung, schickt bei jedem Lande den Lagerstättenbeschreibungen die Aufnahmeberichte voraus, fügt Übersichtskarten hinzu, welche den gegenwärtigen Stand der Aufnahmen erkennen lassen, und stellt im Anhang wenigstens für Deutschland die veröffentlichten Blätter und die zugehörigen Erläuterungen und Abhandlungen nach den Angaben der einzelnen Institute zusammen.

In diesem Bestreben werden wir fortfahren und bitten alle Direktionen von geo-logischen Landesaufnahmen, die „Zeitschrift" und die „Fortschritte" zu einem inter-nationalen Organ aller geologischen Landesanstalten weiter ausbauen zu helfen.

Für die Lagerstättenkunde und für den Bergbau der Zukunft überhaupt hat sich aber allmählich noch ein anderer Zusammenhang zwischen kartierender For-mationsgeologie und ausbeutender praktischer Geologie herausgebildet:

Der moderne Großbergbau steigt von den Bergen herab in die Ebene. Aus der schürfenden Hacke wird der Bohrer, aus dem engen Erbstollen der weite Gefrierschacht. Aus dem unberechenbaren Gangbergbau wird mehr und mehr der sicher zu kalku-lierende Flözbergbau. Der ruhige Kapitalist liebt nicht die seltenen großen Lose, die Bonanzas, das Freigold, denn er fürchtet die viel häufigeren Nieten, die Gangverdrückun-gen, die tauben Zonen; er zieht arme, aber flözförmige Konglomerate, Sandsteine, Schiefer vor, Kohle und Salze sind ihm lieber als gangförmige Kiese und Blenden.

Und daher die Wandelung: was früher der Mineraloge dem Gang-bergmann war, wird heute mehr und mehr der Geologe dem Flözberg-mann. Die Formationsgeologie wird stratigraphisch und selbstverständlich auch tektonisch immer wichtiger für die Sedimentärlagerstättenkunde, und damit knüpft sich ein immer engeres Band zwischen der die Formationsgrenzen kartierenden Geologie und der mit dem Tiefbohrer schürfenden praktischen Geologie.

Weil wir also heute bei jeder Lagerstätte mehr als früher nach ihrer Formations-zugehörigkeit fragen, wurde auch im vorliegenden Bande die als „Lagerstättenbeiträge zur Formationskunde" bezeichnete Zusammenstellung auf den Seiten 14 bis 25 versucht. Sie soll eben nur ein Versuch sein, der noch sehr der Verbesserung und des Ausbaus bedarf, der aber dennoch schon in dieser Form dem Stratigraphen wie dem Bergmanne manche Anregung geben dürfte, — übrigens auch dem Geographen.

Auch die geologischen Landesanstalten selbst haben sich weiter entwickelt; vgl. S. 4. Nach gänzlicher oder teilweiser Erledigung und Veröffentlichung der Spezialaufnahmen verlangte man nach Übersichts-karten, nicht nach jenen vorläufigen, mit großem Pinsel hergestellten, wie sie den Spezialkarten voraufgingen, sondern nach Zusammenfassungen der Spezialdarstellungen in kleinerem Maßstabe, also nach Karten, die in Zeichnung und Farbengebung die höchsten Anforderungen an die Hand, an den Farbensinn und an die Technik stellen. Ein großer Fortschritt, eine Musterleistung dieser Art ist die geologische Übersichtskarte des Königreichs Sachsen i. M. 1 : 250000 (vgl. Zeitschr. 1909 S. 501).

Außer zu neuen g e o l o g i s c h e n Übersichtskarten bilden die Spezialaufnahmen auch zu anderen, wissenschaftlichen und wirtschaftlichen Übersichtskarten die notwendige Grundlage; so zunächst zu L a g e r s t ä t t e n - Übersichten — womit Preußen und Elsaß-Lothringen einen schönen Anfang gemacht haben (vgl. F. II S. 125) —, dann vielleicht zu Wasser- und Quellenkarten, zu Bodenkulturkarten, zu geologisch begründeten Bevölkerungs-, Industrie- und Gewerbekarten. Statistische nnd textliche Arbeiten und Darstellungen, auch wieder Einzelaufnahmen in weit größerem Maßstabe, müssen hiermit Hand in Hand gehen; aus den geologischen Landesaufnahmen werden so also allmählich L a n d e s - k u l t u r - Anstalten, die in Bundesstaaten auch gewisse Zentralinstanzen, gleichsam Reichskulturanstalten finden werden, im übrigen aber international miteinander wetteifern und sich im Interesse der Wissenschaft auch verständigen werden. Die „I n t e r n a t i o n a l e n G e o l o g e n - K o n g r e s s e" sind hierzu die gegebenen Organe (vgl. F. I S. 51, F. II S. 45).

4. Lagerstättenkunde und Bergwirtschaftslehre.

Die Lehre von der B e r g w i r t s c h a f t , welche sich mehr und mehr als eine eigene Disziplin herausbildet und demnächst hoffentlich auch als selbständiges Studien- und Examensfach anerkannt wird, hat sich in ihrem lagerstättenkundlichen Teile mit folgenden Fragen zu beschäftigen (vgl. hierzu S. 3):

1. In g e o g r a p h i s c h e r oder r ä u m l i c h e r (r e g i o n a l e r) Beziehung, d. h. für j e d e s L a n d :

    a) Welche mineralischen Rohstoffe erzeugt jedes Land? Und wo, d. h. in welchen engeren Lagerstättenbezirken, Revieren oder Provinzen? (Und welche erzeugt es gegenwärtig nicht? Und früher?)

    b) In welchen Mengen, besonderen Arten und Werten?

    c) Mit welchen Selbstkosten frei Grube und frei Verbrauchs-, Handels- oder Verhüttungsort?

    d) Wieviel davon verbraucht es selbst? Wo und wozu?

    e) Wieviel davon führt es aus, wieviel gleicher oder ähnlicher Art ein? Über welche Grenzen und wohin? (Und welche Mineralien führt es außerdem ein? Und woher?)

    f) Gegen welche Zölle für Rohprodukte, Halbfertig- und Fertigfabrikate?

    g) Welche Rolle spielen also gegenwärtig die verschiedenen bergwirtschaftlichen Faktoren in der Handelsbilanz jedes Landes oder jedes wirtschaftlich vereinigten Länderbundes?

    h) Welches war der geschichtliche Verlauf der Entdeckung und Gewinnung, der Ein- und Ausfuhr jedes nutzbaren Minerals in diesem Lande?

    i) Welche Zahlenkurven hat jeder Faktor in den letzten Jahrzehnten und Jahrhunderten durchlaufen? Und endlich:

    k) Welche Tendenz zeigt gegenwärtig jede Kurve für die nächste und spätere Zukunft, namentlich in Hinsicht auf die noch vorhandenen L a g e r - s t ä t t e n v o r r ä t e d e s L a n d e s ?

2. In m i n e r a l o g i s c h e r oder s t o f f l i c h e r (s p e z i e l l e r) Beziehung, d. h. für j e d e s n u t z b a r e M i n e r a l :

a) Welches ist die „Weltproduktion" jedes für den Weltmarkt wichtigen nutzbaren Minerales?

b) Von welchen Ländern, in welchen Anteilen und besonderen Sorten und von welchen genetischen Lagerstättengruppen wird sie erzeugt?

c) Welches ist der „Weltverbrauch" dieser mineralischen Rohstoffe?

d) Wo und zu welchen Anteilen werden sie verbraucht, verhüttet oder veredelt?

e) Welches sind gegenwärtig — und welches waren früher — die Marktorte, die Frachtwege und -tarife, die Rückfrachten und die Handelsgebräuche für jeden mineralischen Rohstoff des Weltmarktes?

f) Wie drückt sich gegenwärtig das Verhältnis von L a g e r s t ä t t e n - v o r r a t , Förderung und Verbrauch im Preise und in der Konjunktur aus?

g) Welche Schwankungen und Steigerungen haben die Erzeugung, der Verbrauch und die Preise in den letzten Jahrzehnten erlitten? Und endlich, wenn in Diagrammen dargestellt,

h) Welche Tendenz zeigt gegenwärtig jede dieser Linien oder Kurven, namentlich die Preiskurve in Hinsicht auf die L a g e r s t ä t t e n v o r r ä t e d e r W e l t ?

1. Die Darstellung der B e r g w i r t s c h a f t e i n e s L a n d e s hat von der V e r t e i l u n g der nutzbaren Mineralien verschiedener Art innerhalb dieses Landes auszugehen. Nächst dem provinziellen V o r k o m m e n ist die provinzielle B e - t e i l i g u n g an der Gesamterzeugung zu berücksichtigen; beide stehen durchaus nicht immer in demselben Verhältnisse. Die Gründe für diese Abweichungen (Industrieentwickelung, Frachtwege, Einfuhr) sind näher zu untersuchen und auf ihre Zeitweiligkeit oder Dauer zu prüfen.

Ferner sind die Orte der Förderung, des B e r g b a u e s , mit den Orten des Verbrauchs, der Weiterverarbeitung, der V e r h ü t t u n g oder Veredelung zu vergleichen. Große Entfernungen zwischen beiden sind meist durch ungleiche Verteilung der Kraftquellen (Wälder, Kohlen, Wasserkräfte, Arbeiter) bedingt und werden durch billige Verkehrswege, namentlich durch Wasserstraßen, und durch rationelle Frachttarife ausgeglichen. Auch Zollschranken und andere Beziehungen zum Auslande wirken hierbei schon mit.

Von höchster Bedeutung ist sodann die Frage der B a u w ü r d i g k e i t der Lagerstätte in ihrer durchaus provinziellen Verschiedenheit, denn erst hierdurch wird der Wert einer Lagerstätte begründet und damit die Einschätzung eines ruhenden Mineralschatzes ermöglicht. Früher hing die Begründung eines Bergbaubetriebes irgendwelcher Art in dieser oder jener Provinz mehr oder weniger vom Zufall ab. Je schärfer aber der Wettbewerb wird, je mehr mit Verbesserung und Verbilligung der Verkehrswege jedes Werk von der Landes- oder von der Weltkonjunktur seines Erzeugnisses abhängig wird, je mehr infolge des sozialistischen Zuges der Zeit der Staat hier Werke einstellen und dort ins Leben rufen kann, oder je mehr allmächtige Kartelle und Trusts die Produktionen zu regeln und zu verschieben imstande sind, — um so schneller müssen alle Zufälligkeiten ihre Macht verlieren, und ausschlaggebend bleibt allein die nüchterne, kaufmännische und nationalökonomische Rechnung mit den einzelnen Lagerstätten und ihren natürlichen Bedingungen.

Unser Z w e c k ist also, eine gegebene Lagerstätte immer sicherer als zahlenmäßigen Wertbegriff f a s s e n zu lernen, und das Z i e l d e r B e r g w i r t s c h a f t e i n e s j e d e n L a n d e s muß sein, durch Aufsuchung, Erforschung und Schätzung seiner Lagerstätten eine richtige „I n v e n t u r" seines bergmännischen Nationalvermögens vorzunehmen und ständig auf dem laufenden zu erhalten. Erst eine der-

artige Vorrats- und Vermögensaufnahme ermöglicht — der Staats-
regierung wie dem Vorstande eines Syndikats oder Trusts — einen kaufmännischen
Haushaltungsplan, eine richtige jährliche Bilanz und damit eine weitsichtige und vor-
sichtige innere und äußere Wirtschafts- und Handelspolitik.

2. Die spezielle Bergwirtschaftslehre eines nutzbaren
Minerals setzt die Landesstatistiken für Erzeugung, Verteilung und Verbrauch
voraus. Sie geht aus von dem Vorkommen des betreffenden Minerals auf der ganzen
Erde oder doch in den am Welthandel teilnehmenden Ländern und prüft und vergleicht
die Förderbedingungen und die Vorräte in den einzelnen Bergbaudistrikten. Alle ört-
lichen Verschiedenheiten und die Verkehrswege auf dem Erdenrund spielen hier dieselbe
Rolle wie die provinziellen Verschiedenheiten und Ausgleiche bei der Landesstatistik.

Die in den einzelnen Ländern erzeugten und dort auch verbrauchten Mengen eines
nutzbaren Minerals kommen nun scheinbar nicht direkt für den Weltmarkt in Betracht,
sondern nur der Überschuß, welchen das eine Land anderen Ländern abgeben kann,
bzw. der Fehlbetrag, welchen ein Land durch Bezüge von anderen decken muß; die
Handelsbilanz eines Landes wird durch solche Einnahmen oder Ausgaben für Bergwerksprodukte natürlich wesentlich beeinflußt, wodurch abermals die hohe Bedeutung
der Lagerstättenforschung und -schätzung für das einzelne Land hervortritt.

Tatsächlich wirken aber doch auch die im eigenen Lande verbrauchten Fördermengen auf den Weltmarkt ein, indem entweder die hieraus erzeugten Halb- und Fertig-
Fabrikate teilweise auf den Weltmarkt kommen, oder, aber weil das Land infolge seiner
Selbstförderung nicht als Käufer (z. B. für Kohle oder Kupfer) auf dem Weltmarkt
aufzutreten braucht und doch mit seiner Industrie und Kultur im Weltkonzert mit-
spielen kann.

Für die Gesamtheit der Kulturwelt wird die Bergwirtschaft des einzelnen Minerals
durch den Prozeß der Preisbildung von höchster Wichtigkeit, namentlich
bei denjenigen Mineralien, die bereits heute überall einem Weltmarktpreise unterliegen.

Die Preisbildung der Bergbauprodukte stellt aber nicht etwa nur einen natürlichen und einfachen Ausgleich zwischen Erzeugung und Verbrauch, zwischen
Angebot und Nachfrage dar, sondern wird von einer ganzen Reihe von Imponderabilien
beeinflußt, deren Gesamtausdruck man als „Konjunktur" bezeichnet, aber
damit keineswegs erklärt. Alle Momente, welche auf Stimmung und Meinung, auf
Furcht und Hoffnung, auf Spekulationslust und -unlust zu wirken vermögen, haben
auf die Konjunktur Einfluß, und zwar umsomehr, je unklarer und un-
durchsichtiger die tatsächlichen Verhältnisse der noch ruhenden Vorräte, der Förderung, der gestapelten Fördermengen, des versteckten Altmaterials und des tatsächlichen Verbrauches von Bergwerks- und Hüttenprodukten sind.

Diese unkontrollierbaren Einflüsse auf die Preisbildung werden zwar nie ganz
ausgeschaltet oder klar vorhergesehen werden können, und auch die denkbar beste
und umfassendste Weltstatistik eines Minerals wird keine vorherige sichere Preis-
berechnung ermöglichen; wohl aber vermag jede klarere wissenschaftliche Einsicht
und nüchterne Beurteilung jener Verhältnisse die heftigen Schwankungen zu mildern,
die Erzeugung in gesunden, stetigen Bahnen zu erhalten und ruchlosen, auf Wucher
hinauslaufenden Spekulationen einzelner oder ganzer Ringe die Spitze abzubrechen.

Die Staatsregierungen stehen überall vor der Aufgabe, zu dem Kartell-,
Syndikats- und Trustwesen gesetzgeberisch oder auf dem Verwaltungs-
wege Stellung zu nehmen. Vorbedingung für eine gerechte Stel-
lungnahme zu diesen schwierigen Fragen ist die Einsicht
in die bergwirtschaftlichen Verhältnisse, soweit sie nur

irgend geologisch und statistisch übersehbar sind! Auf
jedem Gebiet der Bergwirtschaft bestehen monopolistische Bestrebungen; solche sind
an sich nicht zu verwerfen — übrigens auch nicht zu verhindern —, aber sie können
sehr verschieden gehandhabt und geleitet werden und für die allgemeine oder für die
nationale Kulturwohlfahrt bald segensreich, bald unheilvoll wirken.

Die für die Allgemeinheit wichtigste und für den Regierungseinfluß naheliegendste
Syndikatsfrage ist immer der P r e i s , und zwar einmal der Preis an sich und zweitens
das Verhältnis zwischen Inlands- und Auslandspreisen.
Sind letztere dauernd oder zeitweilig niedriger als erstere, so wird allemal von „Ver-
schleuderung des Nationalvermögens" und von „Monopolausnutzung im Inlande"
gesprochen. An die Preisfrage schließt sich also die Mengenfrage, das Haushalten mit
gegebenen Vorräten unmittelbar an. Folglich ist der Preisstreit nicht mit
jenen Schlagworten und mit nationaler Entrüstung auszufechten und zu entscheiden,
sondern auf Grund von Vorratsschätzungen und Verbrauchsberechnungen im Inlande und Auslande. Von Verschleudern kann nur
dann die Rede sein, wenn darunter der eigene notwendige Vorrat empfindlich
leidet, nicht aber, wenn von überreichem Vorrate zu billigeren ausländischen Kon-
kurrenzpreisen abgegeben werden muß, um überhaupt zu verkaufen — im Durchschnitt
natürlich zu Verdienstpreisen, zeitweilig aber auch unter den Selbstkosten, um nicht
den Markt ganz zu verlieren, und um nicht Maschinen und Arbeiter feiern oder gar ent-
lassen zu müssen. Werden unter diesen Umständen aber billigere Auslandspreise, z. B.
für Kohlen, zugelassen, so darf man höhere Inlandspreise nicht als „Monopolausnutzung"
brandmarken, denn diese hängen nicht von jenen ab, sondern umgekehrt jene, die
Auslandspreise, sind die Ausnahme.

Wo die Grenzen liegen, die ohne große Allgemeinschädigungen nicht überschritten
werden dürfen, das hängt also im wesentlichen von den Einschätzungen der im Inlande wie im Auslande zur Verfügung stehenden Lagerstättenvorräte ab,
sowie von allgemeinen Bedarfs- und Verbrauchsberechnungen.
Für solche bergwirtschaftlichen Landesaufnahmen haben die
Landesregierungen in erster Linie zu sorgen—gerade von ihrem
Standpunkte aus — und sie der Allgemeinheit zugänglich zu
machen. Im Anschluß hieran wird sich dann eine bessere sachgemäße und wirk-
samere Kontrolle der Syndikate und ihrer Politik durch die öffentliche Meinung, durch
die Parlamente und die Wissenschaft ergeben, als es bisher durch unklare Schlagworte
und durch einseitige fiskalische Maßnahmen möglich war, oder als es je durch das beste,
immer das Privatunternehmertum irgendwie fesselnde Kartellgesetz möglich sein wird.

5. Bergwirtschaftliche Landesaufnahmen.

Der sicherste Weg, zu diesem Ziele, d. h. zu einer annähernd vollständigen und
fortlaufend zu ergänzenden Lagerstätten-Inventur eines Landes zu gelangen, sind staatliche bergwirtschaftliche Landesaufnahmen,
ähnlich den grundbuchrechtlichen, militär-topographischen, hydrographischen, geologischen, agronomischen und verkehrstechnischen Aufnahmen, welche alle in vieler
Beziehung Grundlagen und Vorbedingung für bergwirtschaftliche Aufnahmen bilden.
(Vgl. hierzu S. 4 u. S. 48.)

Eine bergwirtschaftliche Landesaufnahme Deutschlands steht vor der Aufgabe,
die im Gebiete des Deutschen Reiches (und in den angrenzenden, geologisch zugehörigen Gebieten) noch ruhenden bergmännisch greifbaren Lagerstätten von Kohlen,
Eisenerzen, anderen Erzen, Salzen und sonstigen nutzbaren Mineralstoffen ihrer Menge,

ihrem Werte und ihren Förderbedingungen nach zahlenmäßig zu schätzen und nach Provinzen, Revieren und Örtlichkeiten zu verzeichnen. Dabei werden sich mancherlei Gruppierungen nach Qualität, Gehalt und Beimischung, nach Tiefenhorizonten, Häuerleistung und Wasserandrang, nach Transportmöglichkeiten, Tarifsätzen und Ausfuhrverhältnissen ergeben; die Schätzung wird je nach den geologischen Anschauungen verschiedene Grade der Wahrscheinlichkeit zu unterscheiden haben, wird bergbaugeschichtlich und bergbaurechtlich zu begründen sein, mancherlei technische und wissenschaftliche Erörterungen veranlassen und — was sehr wichtig ist — die private Unternehmungslust zu vernünftigen Aufschlußarbeiten anregen und anleiten können. Für Kohle und Eisen, auch für Kalisalze sind gelegentlich solche Schätzungen schon versucht worden, jedoch nicht auf genügend breiter geologischer Grundlage; auch müssen sie immer wieder kontrolliert und an der Hand neuer Aufschlüsse und veränderter Abbaumöglichkeiten ergänzt werden. Für andere Mineralien fehlen uns solche Zahlen noch ganz, während sie für viele Fragen der inneren und äußeren Handelspolitik des Reiches von größter Wichtigkeit sind. — S c h o n j e t z t; in Z u k u n f t aber, wenn die Fragen der Handelsverträge, der Trusts, der in- und ausländischen Anleihen, der Subvention überseeischer Kapitalsunternehmungen usw. immer verwickelter werden, dann wird nur dasjenige Land sich politisch auf der Höhe halten können, welches seinen Diplomaten bestimmte und s a c h l i c h e, d. h. durch die Natur des Landes, des Bodens und seiner Schätze begründete A n w e i s u n g e n geben kann. Denn die p o l i t i s c h e n Beziehungen zwischen den einzelnen Ländern laufen mehr und mehr auf rein w i r t s c h a f t l i c h e Beziehungen hinaus, auf den Güteraustausch, der durch Lagerstätten, Boden und Klima bedingt und durch den Fleiß, die Industrie der Bevölkerung ermöglicht wird. Ein A u s t a u s c h muß stattfinden, da die Bedürfnisse der Kulturvölker annähernd die gleichen, die Naturschätze aber, namentlich die Lagerstätten, sehr verschieden sind. Auf der ungleichen Lagerstättenausstattung der einzelnen Länder beruht — abgesehen vom Klima und von der Rasse — ihre eigenartige ungleiche Wirtschafts-, Industrie- und Kulturstellung. Daraus entwickelt sich der Austausch, der Ausgleich, der Welthandel. Gewinnen, auch an politischer Macht und an moralischem Einfluß, bei diesem Handel kann aber nur der, der mit seinen eigenen Handelsfaktoren am besten haushält, Vorrat und Verbrauch bei sich und beim Gegner richtig einschätzt und immer wieder nachprüft.

Eine solche bergwirtschaftliche Aufnahme des Deutschen Reiches, zu der vor fast 40 Jahren H. v. D e c h e n die wichtigste zusammenfassende Vorarbeit geliefert hat [1]), und für welche seitdem eine große Reihe von Einzelarbeiten in Angriff genommen wurde — wie Revierbeschreibungen, Flöz- und Lagerstättenkarten einzelner Bezirke, Festschriften der Bergmannstage — könnte in genügendem Umfange und mit der notwendigen Gründlichkeit und Unabhängigkeit nur von einer eigens dazu ins Leben zu rufenden R e i c h s b e h ö r d e durchgeführt und ständig ergänzt und auf dem laufenden erhalten werden. Sie hätte ihre Unterlagen von so vielen verschiedenen Landesbehörden, namentlich natürlich von den geologischen Landesanstalten und Oberbergämtern, doch auch von Akademien, statistischen Ämtern, Berufsgenossenschaften, Eisenbahndirektionen, Handelskammern und anderen mehr privaten Körperschaften — des Inlandes wie des Auslandes — einzufordern, daß nur eine direkte Unterstellung unter das Reichsamt des Innern (Abteilung III b, für Handelspolitik und Produktionsstatistik) im Reiche wie nach außen hin eine genügende Bewegungsfreiheit gewährleisten könnte.

Diese bereits vor 7 Jahren im ersten Bande der „Fortschritte" gegebene Anregung ist in einer unterm 9. März 1904 dem Reichskanzler eingereichten „Denkschrift

betreffs Einrichtung einer bergwirtschaftlichen Aufnahme des Deutschen Reiches"
weiter verfolgt worden [2]). Die preußische Geol. Landesanstalt hat demgemäß Lagerstättenkarten, Lagerstättenbeschreibungen und Vorratsschätzungen mit in ihr Arbeits-
programm aufgenommen; die anderen Landesanstalten Deutschlands haben ihre Mitwirkung zugesagt und zum Teil auch schon betätigt; vgl. hierüber Zeitschr. 1906, S. 153.
Auch bezüglich einer Neuordnung der deutschen Bergwerks- und Hüttenstatistik
sind Vorarbeiten und Erhebungen im Gange, eine endgültige Organisation steht jedoch
noch aus und wird wohl erst mit oder nach der sonstigen Verwaltungsreform
durchgeführt werden können.

Inzwischen muß es der Privatinitiative einzelner oder wirtschaftlichen Vereinen,
Handelskammern und Großfirmen überlassen bleiben, Einzelgebiete bergwirtschaftlicher Aufnahmen zu bearbeiten und durch a k a d e m i s c h e P f l e g e dieser
Disziplin Vorarbeiten auszuführen und Mitarbeiter heranzubilden für jene größere,
später unbedingt notwendige behördliche Organisation.

Eine solche Vorarbeit und Materialübersicht versuchen auch die hiermit
im II. Bande vorliegenden „Fortschritte der praktischen Geologie" in bescheidenem
Umfange und in natürlich höchst lückenhafter Weise zu bieten, — und eine solche Her-
anbildung künftiger bergwirtschaftlicher Spezialisten haben auch die akademischen
Vorlesungen des Verfassers sowie die sich anschließenden Übungen im B e r g -
w i r t s c h a f t l i c h e n S e m i n a r der Königl. Bergakademie zu Berlin
zum Ziele.

Als Publikationsorgan für einzelne, in sich abgerundete, aber als Teile eines
größeren Ganzen doch miteinander zusammenhängende b e r g w i r t s c h a f t l i c h e
M o n o g r a p h i e n von aktuellem Interesse und internationalem Charakter wurden
im Jahre 1908 die „Bergwirtschaftlichen Zeitfragen" (Actualités de l'économie minérale. — Problems of Mining economy) vom Verfasser mit einem ersten Heft begonnen,
das „Die Aufgaben der Bergwirtschaft im Rechts- und Kulturstaat" behandelt
und eine Art Programm für solche „Zeitfragen" und ihre Bearbeitung entwirft.
Ein zweites Heft erschien 1910: „Die wirtschaftliche Bedeutung der Blei-Zinkerzlagerstätten der Welt im Jahre 1907, mit besonderer Berücksichtigung der
genetischen Lagerstättengruppen", von W. H o t z.

Die Z e i t s c h r i f t f ü r p r a k t i s c h e G e o l o g i e [3]) wird wie seither, doch in
etwas größerem, namentlich durch mehr Referate ergänzten Umfange die wissenschaftliche Lagerstättenkunde weiter pflegen; die die „Fortschritts"-Tabellen
ergänzenden und erläuternden „B e r g w i r t s c h a f t l i c h e n M i t t e i l u n g e n"
sowie statistische Einzelnachrichten, Marktbewegungen, Syndikatsberichte usw.
werden in dem unter diesem Titel erscheinenden besonderen Beiblatte gebracht.

---

[1]) „Die nutzbaren Mineralien und Gebirgsarten im Deutschen Reiche." Berlin, G. Reimer,
1873. 806 S. Zweite Aufl. 1906, bearbeitet durch W. B r u h n s. 859 S. m. 1 geol. Karte von
Deutschland. Pr. 16 M., geb. 18,50 M.

[2]) Vgl. den Anhang S. 41 des 1. Heftes der Bergw. Zeitfragen.

[3]) Die P r e i s e u n d B e z u g s o r t e dieser Veröffentlichungen sind:

a) Verlag von Julius Springer in Berlin N 24:

1. Z e i t s c h r i f t für praktische Geologie (mit Beiblatt) jährlich M. 24,—; das Beiblatt, die

2. Bergwirtschaftliche M i t t e i l u n g e n allein jährlich M. 8,—.

3. F o r t s c h r i t t e der praktischen Geologie, Band I, 1893—1902, M. 18,—, gebunden M. 20,—.

b) Verlag des Bureau für praktische Geologie in Berlin NW 23, Händelstr. 6:

4. Bergwirtschaftliche Z e i t f r a g e n, Heft 1 und Heft 2 je M. 2,—.

5. F o r t s c h r i t t e der praktischen Geologie und Bergwirtschaft, Band II, 1903—1909, M. 22,—,
gebunden M. 25,—.

6. S o n d e r a b z ü g e aus der Zeitschrift laut Anzeige im literarischen Anhange.

Diese „Bergwirtschaftlichen Mitteilungen" sollen als Organ bergwirtschaftlicher Seminare weiter ausgebaut werden, sobald sich auch auf anderen Hochschulen ähnliche Bestrebungen zur willkommenen Mitarbeit in dieser Richtung verdichten.

Auf diese Weise, nämlich durch die monatliche „Zeitschrift" mit dem Beiblatt der „Bergwirtschaftlichen Mitteilungen", durch die zwanglos erscheinende Monographien-Reihe der „Zeitfragen" und durch die „Fortschritte" mit der größeren Bibliographie und Statistik hofft der Herausgeber, einer späteren „Bergwirtschaftslehre" und einer „Bergwirtschaftlichen Landesaufnahme" größeren Stiles ein wenig vor-zuarbeiten.

6. Lagerstättenpolitik. [1]

Unter „Lagerstättenpolitik" ist die Summe, der Inbegriff aller jener gesetzgeberischen und verwaltungsmäßigen Vorschriften und Maßregeln zu verstehen, durch welche die Verfügungs- und Nutzungsrechte an den Minerallagerstätten eines Landes geregelt werden. Jede staatliche, politische Einheit hat ihre eigene Lagerstättenpolitik.

Die Lagerstätten selbst sind — für die Gegenwart — geologisch, geographisch gegeben; sie können nicht geändert, sondern nur immer besser erkannt, immer vollkommener abgebaut, immer vollständiger ausgenützt, immer besser im Interesse des Allgemeinwohles verwertet werden. Sind sie im Inlande der Menge oder der Sorte nach erschöpft, so muß der fernere Bedarf aus dem Auslande gedeckt werden. Diese ausländische Deckung des Bedarfes beginnt, sobald die Gestehungskosten einschließlich der Fracht für die Einheit des Nutzwertes am Bedarfsorte für inländisches Material höher sind als für ausländisches.

Die Verfügungs- oder Besitzrechte an den Lagerstätten sind historische Gebilde, sie können also, wie alles geschichtlich Entwickelte, sich weiter entwickeln, können geändert, beschränkt oder erweitert, belastet oder erleichtert werden. Und sie entwickeln sich tatsächlich weiter, immerwährend und überall, und zwar zugleich mit der wirtschaftlichen, sozialen und kulturellen Entwicklung überhaupt, d. h. zugleich mit der wachsenden Bedeutung, welche die Kraft- und Rohstoffquellen organischer Art für die ungeheuer steigenden industriellen Bedürfnisse der Menschheit haben; — zugleich und doch nicht parallel mit ihr! Es entstehen vielmehr Spannungen zwischen jeweiliger Lagerstättenbedeutung und augenblicklich geltendem Verfügungsrecht — namentlich Spannungen zwischen privaten, fiskalischen und allgemeinen Interessen —, politische Disharmonien, Probleme.

Solche wirtschaftlichen Probleme und Spannungen können nicht plötzlich gelöst und entlastet, sondern — im besten Falle — nur allmählich durch Reformen und Anpassung überwunden werden; im ungünstigen Falle wirken sie weiter, verschärfen und verstärken sich und führen schließlich entweder zu katastrophenartigen Lösungen durch Staatsstreiche, Revolutionen, Bürgerkämpfe und Eroberungskriege, oder sie bleiben ein schleichendes Übel, das am Marke der Völker zehrt und sie zur kulturellen und politischen Ohnmacht herabsinken läßt.

Als Ursachen der heutigen bergwirtschaftlichen Spannungen — in Deutschland wie in allen anderen industriell regeren Ländern — sind zunächst folgende Umstände und Entwicklungsmomente kurz zu bezeichnen:

---

[1] Dieser Abschnitt wurde auch dem „Internationalen Kongreß Düsseldorf 1910" eingereicht und am 21. Juni in der Abteilung für praktische Geologie vorgetragen. — Macco gab in seinem Vortrage über „Bergwirtschaftslehre" am 20. Juni eine Abgrenzung und Begriffsbestimmung dieser Disziplin, welche sich im wesentlichen mit meiner Auffassung deckt.

1. Der erheblich, oft sehr erheblich g e s t e i g e r t e B e d a r f an mineralischen Rohstoffen und Kraftquellen im Zeitalter der Technik, der Eisenbahnen, der Kriegsrüstungen und der europäischen Kolonisation des Erdballs.
2. Die e r l e i c h t e r t e A u f f i n d u n g von Bodenschätzen mit Hilfe des Tiefbohrens, der praktischer gewordenen Geologie und des entwickelteren Kartenwesens.
3. Die schneller arbeitende, auch im Wasser s i c h e r e r g e w o r d e n e A u s - u n d V o r r i c h t u n g der Lagerstätten mit Hilfe der neueren Schachtbau- und Bohrtechnik.
4. Das moderne, b i l l i g e r e M a s s e n t r a n s p o r t w e s e n unter und über Tage, zu Lande und zu Wasser, daheim und über die Meere hinweg.
5. Die Ablösung des staatlich regulierbaren Orts- und Landesmarktes durch den f r e i e n i n t e r n a t i o n a l e n W e l t m a r k t, mit Hilfe des Weltverkehrs, der internationalen Börsen und sogenannter Weltfirmen.
6. Die Beteiligung des größeren Publikums und damit des s p e k u l i e r e n d e n G r o ß k a p i t a l s, auch des internationalen, an bergwirtschaftlichen Unternehmungen auf Grund der Aktiengesetze.

Die Wirkungen dieser technischen, wirtschaftlichen und kulturellen Ursachen waren nun aber folgende Zustandsänderungen im Gegensatz zu früher:

1. D a s Z u r ü c k t r e t e n d e r e i n z e l n e n P e r s o n, mit deren Kraft und Macht die älteren Berggesetze allein oder fast ausschließlich rechneten, hinter Großfirmen, Syndikate, Welttrusts, denen gegenüber die Behörden, wenn nicht machtlos, so doch zunächst vielfach ratlos sind.
2. Die G e h e i m h a l t u n g v o n A u f s c h l ü s s e n und Lagerstättenvorräten, von älteren Bergggesetzen begünstigt, schädigt die allgemeine Wohlfahrt und darf zur Vermeidung des Raubbaues und im Interesse der Wissenschaft nicht mehr aufrecht erhalten werden.
3. Überproduktion und Preiskämpfe führen zu S y n d i k a t e n erster Reihe oder zu h o r i z o n t a l e n T r u s t s, welche die Erzeugung, den Vertrieb, die Preise und die erste Veredelung gleichartiger Mineralprodukte beherrschen, wofür in den Berggesetzen meist jede formale Regelung fehlt.
4. Der Wunsch nach Befreiung von der Fessel des Rohstofflieferanten oder der Zwang zur selbständigen Weiterverarbeitung führen zu den „gemischten Werken", zu großen Fusionen, zu v e r t i k a l e n T r u s t s, für welche bloße Berggesetze erst recht nicht ausreichen.
5. Durch Zunahme überseeischer Beziehungen, durch ausländische Konsumenteninteressen und Geldkräfte entstehen internationale, ja diplomatische Spannungen, deren zollpolitischer Ausgleich auf dem Wege der H a n d e l s v e r t r ä g e i m m e r s c h w i e r i g e r, mindestens immer verwickelter wird.

An diese ersten Wirkungen, die wir allenthalben erleben, werden sich aber andere anschließen, deren Darstellung wir versuchen müssen, wenn wir mögliche Vorbeugungsmittel rechtzeitig erkennen und vorbereiten wollen. Solche k ü n f t i g e n W i r k u n g e n verpaßter lagerstättenpolitischer Gelegenheiten werden oder können sein:

1. Einheimische Lagerstätten gehen in staatlich oder national syndikatlich unkontrollierbare Hände über.
2. Die Geschlossenheit und damit die Macht und das Ansehen einheimischer Syndikate wird gebrochen.
3. Nach wohl zeitweise möglicher, jedenfalls aber vorübergehender Verbilligung gewisser Mineralrohstoffe tritt infolge internationaler oder fremder Monopole

Verteuerung ein zum Schaden der übrigen Industrien, deren Wettbewerbskraft auf dem Weltmarkt damit gebrochen ist.

4. Mit der Industrie sinkt die übrige Macht und Kraft, auch die Wehrbraft des Staates, der damit immer schneller auch in anderer Beziehung in Abhängigkeit gerät, seine überseeischen Absatzgebiete verliert und schließlich nicht mehr seine Einwohner beschäftigen und ernähren kann.

5. Auswanderung, Rückgang der Bevölkerung, nationaler Verfall und Abhängigkeit also sind die schließlichen Folgen.

Überall, wo diese Gefahren einseitiger, unkontrollierbarer oder antinationaler Lagerstättenausnutzung erkannt wurden, setzte nun neuerdings eine gesetzgeberische Reaktion ein, die allerdings auch ihrerseits leicht zu weit gehen oder sich in ihren Mitteln vergreifen kann. Durch Schaffung oder Vermehrung fiskalischer Betriebe, durch Erklärung von Staatsmonopolen, durch Einführung des Konzessions- statt des Verleihungsprinzipes, ja durch Annäherung an das frühere Direktionsprinzip, durch Kontingentierungen und Preisbegrenzungen für In- und Ausland, durch teilweise Ausschließung ausländischer Bewerber und endlich durch tarifpolitische Maßnahmen der staatlichen oder öffentlichen Verkehrswege suchen die Regierungen die rückständigen zu weit oder zu eng gewordenen Berggesetze zu ergänzen oder zu ersetzen. Es hebt also überall eine neue L a g e r s t ä t t e n g e s e t z g e b u n g an, die von neuartigen Prinzipien ausgeht und sich stützen muß auf die geologischen Erkenntnisse der Gegenwart und auf eine wissenschaftliche Bauwürdigkeits- und Schätzungslehre, kurz auf eine unter staatlicher Fürsorge zu entwickelnde B e r g w i r t s c h a f t s l e h r e in unserem Sinne.

7. Das Studium der Bergwirtschaft.

Es fragt sich, ob und wieweit neben der Lagerstättenkunde, dem Bergrecht, der Bergbau-, Aufbereitungs- und Hüttenkunde und neben der Volkswirtschaftslehre eine besondere „Bergwirtschaftslehre" Anspruch auf eine gewisse Selbständigkeit erheben darf; und zwar nicht nur in Vorlesungen — die ja als subjektiv verschieden gestaltbar schließlich zu dulden sind, so lange sie Erfolg haben — sondern als P r ü f u n g s f a c h , als Gegenstand einer besonderen mündlichen Prüfung und, vielleicht wahlweise, auch einer schriftlichen Melde- oder Prüfungsarbeit.

Gegenstand des Bergbaues sind die Lagerstätten; die Bergbaukunde ist die Wissenschaft vom Aufsuchen und von der Ausgewinnung der Lagerstätten. Bergbauähnliche Arbeiten o h n e Lagerstättenabbau, wie Tunnelbau, Tiefbau, Minenbau, Wasserbau, zählen wir ausdrücklich nicht zum Bergfach.

Die Naturgeschichte der Lagerstätten lehren Geologie, Mineralogie, Lagerstättenkunde;

die Technik des Aufsuchens, Abbauens, Förderns und Zubereitens lehren Tiefbohrkunde, Bergbaukunde, Aufbereitungskunde;

über Besitz-, Arbeiter- und Verwaltungsverhältnisse belehren Bergrecht und Verwaltungskunde

und über das Wirtschaften und Haushalten mit den Lagerstätten?

H i e r w i l l d i e B e r g w i r t s c h a f t s l e h r e e i n s e t z e n .

Sie will weder der Lagerstättenkunde, noch der Bergbaukunde, noch dem Bergrecht diesen Disziplinen gehöriges Terrain abgraben, — durchaus nicht; der Naturwissenschaft, der reinen Technik und dem formalen Recht soll verbleiben, was ihnen ihrem Wesen nach gehört; diese sollen mit den ihnen innewohnenden Prinzipien die Lagerstätte naturwissenschaftlich betrachten, technisch gewinnen lehren und juristisch klar stellen. Die Bergwirtschaft aber, der Lagerstättenhaushalt, darf als ebenso selbständige Disziplin angesehen werden, wenn der Nachweis gelingt, daß auch ihr besondere, gerade ihr eigentümliche Prinzipien innewohnen, die a n d e r s geartet sind als die der oben genannten bisherigen 3 Hauptdisziplinen des Bergbaustudiums. Denn i s t das Prinzip der Bergwirtschaft ein a n d e r e s, e i g e n e s, so kann sie eben nicht in jenen anderen Fächern erledigt werden, ohne daß sie dort als bloßes Anhängsel zu kurz kommt oder falsch, eben von einem andern Prinzip aus, beurteilt wird, oder ohne daß in jenem Fach das dort eigentlich herrschende Prinzip zeitweilig aufgegeben wird, was ebenfalls nicht sein soll, weil dadurch beim Schüler Unklarheiten, unwissenschaftliche Dissonanzen entstehen und auch der Lehrer verhindert wird, dem Prinzipe seines Gebietes treu und in seinem Vortrage logisch zu bleiben.

Das der Bergwirtschaft e i g e n e Prinzip nun ist das k a u f m ä n n i s c h e, das rein wirtschaftliche, auf „Verdienst" oder „Ertrag" ausgehende.

Das ist sicher ein solches, welches nicht in die Lagerstättenkunde gehört, wo die reine Naturgeschichte der Gegenstände des Bergbaues gelehrt werden soll, wo unbefangene Beobachtung, wahrheitsgemäße Beschreibung und klare Deduktion, namentlich der möglichen Genesis, Zweck und Ziel der Lehre sein sollen.

Auch die reine Technik des Bergbaues soll nicht von kaufmännischen, sondern von mechanischen und chemischen Grundsätzen beherrscht werden; Zweckanpassung, Methodenwahl, Effektberechnung und die Erzielung der höchsten Leistung bei genügender Sicherheit mit dem kleinsten Material- und Kraftaufwand haben nichts mit kaufmännischen Prinzipien zu tun.

Und das reine Recht erst recht nicht; im Gegenteil, das historisch gewordene und begründete formale Recht soll hier rein vernünftig, sinngemäß, logisch ausgelegt und angewandt werden; das hier herrschende Prinzip steht dem kaufmännisch Biegsamen und Schmiegsamen als etwas Unbeugsames gegenüber; „von Rechts wegen".

Gehört das kaufmännische Prinzip aber überhaupt an eine Hochschule, an eine Bergakademie? Diese Frage ist heute wohl als erledigt, als bejaht anzusehen. Andernfalls müßte man dem Bergstudenten zumuten oder vorschreiben, auch eine Handelshochschule zu besuchen, oder aber es darauf ankommen lassen, daß nachher in der Praxis der technische und der kaufmännische Direktor sich niemals verstehen, und daß dem Aufsichtsrat und der Bank gegenüber das Werk mehr vom Kaufmann oder vom Juristen als vom eigentlichen Bergfachmann vertreten wird.

Wird also diese Frage bejaht, so ist auch diese vierte Disziplin mit ihrem e i g e n e n, nämlich kaufmännischen Prinzip, eben die Bergwirtschaftslehre, als ein selbständiges Lehr- und Prüfungsfach anzuerkennen, s o b a l d sich das Fach als mit diesem e i g e n e n Prinzip w i s s e n s c h a f t l i c h behandlungsfähig erweist. Vorher natürlich nicht; denn das nur Fachschulmäßige der Kaufmannslehre, das Handwerksmäßige ist keine Wissenschaft und gehört nicht an eine Hochschule.

Der Beweis für eine w i s s e n s c h a f t l i c h e Bearbeitbarkeit eines Gebietes nach eigenen, ihm eigentümlichen Grundsätzen wird aber erbracht, denke ich, durch Aufstellung eines Systems oder Programmes, das da zeigt, in welcher Weise das ganze Gebiet von jenem Prinzip naturgemäß gegliedert, beherrscht und bearbeitet werden kann. Denn durch die logische Bearbeitung desselben Gegenstandes, eben der Lagerstätten nutzbarer Mineralien, nach einem neuen, konsequent angewandten Prinzipe werden neue Beziehungen, Zusammenhänge, Klarheiten, Wahrheiten entdeckt und erkannt, — und das eben ist Wissenschaft, ist Forschung, ist hochschulwürdig.

Für unsere Bergwirtschaft, gleich Lagerstättenwirtschaft, für den Mineralhaushalt, glaube ich jetzt — nach 5 jähriger Probe und Bewährung im Vortrage — an dem f o l g e n d e n S y s t e m festhalten zu können:

Der leitende Begriff hierbei — das Prinzip — ist für mich ein kaufmännisch-juristischer, nämlich der des rechtmäßigen V e r f ü g e n s ü b e r e i n e S a c h e zum Zwecke des Erwerbes anderer größerer Werte, des Verdienens. — (Können neue, bessere Worte für d e n s e l b e n Begriff gefunden oder vorgeschlagen werden, um so besser!)

Sache, Verfügungs-O b j e k t e sind die Lagerstätten nutzbarer Mineralien.

Verfügungs-S u b j e k t e sind die Inhaber der Verfügungsrechte, der Abbaurechte, der Verleihungen, Konzessionen usw.

Der e r s t e T e i l der Bergwirtschaftslehre hat sich demgemäß mit den Objekten und Subjekten der Bergwirtschaft zu befassen und beide als V o r b e d i n g u n g für die eigentliche wirtschaftliche Tätigkeit, für das Werteschaffen durch Verfügen über Teile dieser Lagerstätten und für das Haushalten mit diesen Werten zu betrachten.

Die Lehre vom Objekt knüpft also natürlich an die Lagerstättenkunde an, hat die Lagerstätten aber nicht naturwissenschaftlich, sondern wirtschaftlich zu betrachten, und zwar in ihrer wirtschaftlichen Bedeutung einmal im Laufe der Zeiten, also b e r g b a u g e s c h i c h t l i c h , und zweitens in der Verteilung ihrer Förderung auf der Erde, also b e r g b a u g e o g r a p h i s c h . Wirtschaftsgeschichte und Wirtschaftsgeographie, soweit sie den Bergmann angehen, sind naturgemäß die einleitenden Kapitel in materieller Beziehung, — in methodischer Beziehung aber ist es die Lehre von dem wichtigsten Darstellungsmittel für diese Verhältnisse in der Zeitenfolge und auf der Erde, die M o n t a n s t a t i s t i k , die ebenfalls in diese bergwirtschaftliche Einleitung gehört. (Vgl. hierzu das S. XX über den l a g e r s t ä t t e n - k u n d l i c h e n Teil der Bergwirtschaftslehre Gesagte [1]).)

Die Lehre vom Subjekt knüpft in ähnlicher Weise an die rechtlichen Disziplinen an, namentlich an Bergrecht und Handelsrecht. Kaufmännisch wichtig sind hier besonders die E n t s t e h u n g und die A r t e n des Bergwerkseigentums, sowie die F o r m e n von Bergwerksgesellschaften (Gewerkschaft, Aktiengesellschaft usw., ferner auch Syndikate, trustartige Wirtschaftsformen u. dergl.). Das Kaufmännische kommt hierbei in der Art und Weise zum Ausdruck, in der im Anschluß an die Entstehung des Unternehmens und durch die Wahl seiner Gesellschaftsform die Beschaffung des Anlage- und Betriebskapitals, die sog. Finanzierung, durchgeführt wird.

Das Verfügen selbst, der B e t r i e b durch Ausrichtung, Abbau, Förderung und Marktanschluß setzt voraus die faktische Verfügungs - M ö g l i c h k e i t in technischer Beziehung, die technische Bekämpfung der elementaren Gewalten, welche die Lagerstätten festhalten und umschließen. Das ist die Lehre von der B a u w ü r d i g k e i t in technischer Beziehung, wieder unter Berücksichtigung der kaufmännischen Konsequenzen, also der Ausstattung mit genügendem Anlagekapital, der Gewinnungs-, Förder- und Frachtkosten. Hier schließt sich dann an: die Lehre vom Verfügungspreis, vom Verdienst, vom Gewinn an der Förderung, wodurch die (im allgemeinen weniger schwankende) technische Bauwürdigkeit ergänzt wird durch die wechselndere, von der Konjunktur bedingte kaufmännische Bauwürdigkeit. — Anlagekosten, Leistungen, Selbstkosten, Absatzmöglichkeiten, Marktpreise sind also die wichtigsten Faktoren der Bauwürdigkeit und der einzelnen Kapitel dieser Lehre, welche als B e t r i e b s l e h r e den z w e i t e n T e i l der Bergwirtschaftslehre bildet.

---

[1] Ein besonderer Abschnitt über „Bergbaugeschichte und Bergwirtschafts-Archive" wird in einer neuen Bearbeitung dieser Einleitung zu finden sein, die demnächst unter dem Titel „E i n f ü h r u n g in die Bergwirtschaftslehre und praktische Geologie" als Heft 3 der „Bergwirtschaftlichen Zeitfragen" erscheint.

An die Betriebslehre schließt sich an der d r i t t e T e i l , die Frage nach der R e n t a b i l i t ä t , also zunächst die nach dem tatsächlichen Verfügungs - N u t z e n im Betriebsfalle, nach dem Reinverdienst, nachdem vorher die Verzinsung der Anlagekosten, die Abschreibungen, die General- und Betriebsunkosten, auch die Steuern und sonstigen Abgaben, Lasten und Obligationszinsen in ihrer Wirkung auf das wirtschaftliche Gesamtergebnis besprochen worden sind, und zwar auch hier immer mit Rücksicht auf die großen Lagerstättenverschiedenheiten. Auch die Verwendung des Reinverdienstes (für Tantiemen, Ausbeute oder Dividenden, gesetzliche Reserven, besondere Reserven, besondere Abschreibungen u. dergl.) unterliegt gerade beim Lagerstättenabbau eigenartigen Rücksichten.

Weiter ist dann die Kapitalisierung bergwirtschaftlicher Jahresrenten zu behandeln, also die Ermittelung des gegenwärtigen K a p i t a l s w e r t e s eines bergwirtschaftlichen Verfügungs-R e c h t e s , wobei natürlich Dauer und Höhe der Rente und das mehr oder weniger große Risiko einzuschätzen sind und letzteres in der Wahl des Zinsfußes bei der schließlichen Rentenkapitalisierung seinen rechnerischen und kaufmännischen Ausdruck findet.

Zum Verfügungsobjekt, zum Verfügungsrecht und zur Verfügungs m ö g l i c h - k e i t , einen Nutzen durch bergmännische Unternehmungen zu erzielen, gehört endlich noch der wirkliche Verfügungs - W i l l e n , die Unternehmungslust. Gerade beim Bergbau mit seinem Wagnis spielt letztere eine besondere Rolle. Es ist daher zu untersuchen, wovon sie abhängt, wie sie schwankt, wie und warum ihre schwindeligen Hochkonjunkturen mit tiefer Unlust, mit Industrie- und Handelskrisen wechseln und wohin eine kluge Verbands- oder Syndikatspolitik zu zielen hat. Hieraus können dann die Grundzüge des bergwirtschaftlichen W e t t b e w e r b e s hergeleitet und Grundsätze für eine heilsame Bergbaupflege, namentlich seitens des Staates, aufgestellt werden, welche ihren Gesamtausdruck finden in der sog. L a g e r s t ä t t e n p o l i t i k , wie der ganze v i e r t e u n d l e t z t e T e i l einer wissenschaftlichen Bergwirtschaftslehre wohl zu benennen ist. (Näheres hierüber wurde schon oben S. XXVI ausgeführt.) Gestützt auf Lagerstätten-Inventuren im Inlande und Auslande hat diese im Innern agrarische und industrielle Interessen auszugleichen und nach außen durch vorteilhafte Handelsverträge dem Staate eine starke Position zu schaffen.

Versuchen wir diese Gliederung der Bergwirtschaft nach einheitlichem, eigenem kaufmännischen Prinzip übersichtlich zusammenzustellen, so ergibt sich das umstehende Schema, dessen weiterer Ausbau ferneren Studien vorbehalten bleibt. Hierbei mögen sich noch manche bessere Bezeichnungen im einzelnen finden lassen, im großen ganzen aber scheint mir d i e s e Gliederung in der Natur des Gegenstandes zu liegen, also die einfachste, natürlichste zu sein.

Wird nun aber diese Gliederung als einheitlich und wissenschaftlich anerkannt, und ihre Durchführung innerhalb des Lehrplans einer Bergakademie für zweckmäßig gehalten, so muß der „Bergwirtschaftslehre" auch als P r ü f u n g s f a c h eine größere Selbständigkeit zuerkannt werden. Neben Naturwissensehaft, Technik und Recht der Lagerstätten muß — unter heutigen Verhältnissen — die W i r t s c h a f t der Lagerstätten als eigene, gleichberechtigte Disziplin gestellt werden, damit vermieden wird, daß der Referendar wie der Diplomingenieur sich das Fehlende und doch so Notwendige in zufälliger, systemloser und oft tendenziöser Weise erst dann aneignet, wenn es für entscheidende Lebensschritte und sachliche Urteilsbildung bereits z u s p ä t ist.

System der Bergwirtschaftslehre.

Nach M. Krahmann.

I. Teil: Die Objekte und Subjekte bergwirtschaftlicher Verfügungsrechte.

II. Teil: Der Betrieb.

III. Teil: Die Rentabilität.

IV. Teil: Lagerstättenpolitik.

I. Abschnitt.

Allgemeine praktische Geologie und Bergwirtschaftslehre.

———

1. Aufgaben der praktischen Geologie und der Bergwirtschaftslehre.

Begriffe und Ziele; Pflege und Unterricht.

Fortschritte der praktischen Geologie. Erster Band. 1893—1902. Zugleich General-register der Zeitschrift für praktische Geologie, Jahrgang I—X, 1893—1902 (M. K r a h m a n n) L. 03: 359, 395; N. 398; P. 400, 456.

Lagerstättenkunde und Bergwirtschaftslehre (M. K r a h m a n n) 03: 1; vgl. auch 433.

Über Lagerstätten-Schätzungen, im Anschluß an eine Beurteilung der Nachhaltig-keit des Eisenerzbergbaues an der Lahn (M. K r a h m a n n) 04: 329. (Auch als Sonderabzug zum Preise von 1 Mk. erhältlich.

 I. Berechnung und Fragebogen 330. (Voraussetzungen für die Berechnung. — Wirtschaftliche und wissenschaftliche Statistik. — Auch für Lagerstätten-Schätzungen ist eine wissenschaftliche Methode möglich).

 II. Wahrung privater Geschäftsinteressen 335. (Grundsätze. — Eine un-abhängige Reichsinstanz notwendig.)

 III. Die bergbaugeschichtliche und montangeologische Methode 337. (Grund-sätze der Taxen von 1884 und 1896. — Schätzung der Nachhaltigkeit auf Grund bisheriger Leistungen und des gegenwärtigen Standes. — Gruben-Kataster bei den geologischen Landesanstalten. — Reichsamtliche Eisenerz-Inventur Deutsch-lands. — Die Inventur-Arbeit schließlich wichtiger als das Endurteil.)

 IV. Bergwirtschaftliche Lehre und Forschung im Studienplan der Berg-akademie 344. (Material. — System. — Grundwahrheit: Historisch-geographische Entwickelung. — Grundsätze der akademischen Pflege der Bergwirtschaft.)

Stimmen über eine bergwirtschaftliche Aufnahme des Deutschen Reiches; I—XVI (M. K r a h m a n n) B. 04: 174, 267; s. auch 04: 151, 329.

Die bergwirtschaftliche Aufnahme des Deutschen Reiches (Eisenacher Protokoll; v. A m m o n, B e y s c h l a g, B ü c k i n g, C r e d n e r, L e p s i u s, S a u e r, S c h m e i ß e r) R. 05: 40; 06: 152; s. a. N. 06: 131; P. 06: 343.

Bergwirtschaftliche Landesaufnahmen P. 06: 170, N. 06: 241, P. 07: 392; s. a. 93, 97, 182.

Wissen, Können und — Wirtschaften (Antrittsvorlesung). (Kr.) P. 07: 93.

 L e i t s ä t z e: 1. Das Zusammengehen von Theorie und Technik muß ergänzt werden durch die Wirtschaft, durch die ö k o n o m i s c h e O r g a n i s a t i o n.

 2. Der erste Schritt jeder wirtschaftlichen Organisation ist eine Bestand-aufnahme, eine „I n v e n t u r" der Kräfte und Vorräte, — für die anorganische Großindustrie also eine Aufnahme der Kohlenlager und Wasserkräfte sowie der Rohmaterialien, also der Lagerstätten nutzbarer Mineralien aller Art.

 3. Bei dieser Lagerstättenaufnahme kommt es weniger auf bloße Vorrats-zahlen an als vielmehr auf V e r g l e i c h e unserer Vorräte und unserer Vor-ratsdauer mit denen des Auslandes;

 4. auch nicht auf die absoluten Mengen, sondern auf deren Einstandswerte, auf die S e l b s t k o s t e n bis zum Marktort oder Verbrauchsort, und zwar nicht nur auf die eigenen an sich, sondern auch auf die eigenen im Verhältnis zur Konkurrenz; —

 5. ferner auch nicht nur auf diese Vergleiche im ganzen für ein ganzes Reich, sondern im einzelnen für die v e r s c h i e d e n e n R e v i e r e, also für Provinzen und Kreise, und auf die den Austausch vermittelnden Verkehrswege.

 6. Erst solche vergleichenden Ermittelungen von Deutschlands k ü n f t i g e n

L a g e r s t ä t t e n l e i s t u n g e n geben die Grundlage

a) für eine gesunde L a g e r s t ä t t e n p o l i t i k i m L a n d e (durch Mutungsgesetze, Tiefbohraufschlüsse, Syndikatsbestrebungen, Frachttarife, Wasserstraßen usw.),

b) für eine weitsichtige Verwertung eigener Lagerstätten g e g e n ü b e r d e m A u s l a n d e und

c) kolonialer oder ausländischer Mineralvorräte f ü r u n s e r e h e i m i s c h e I n d u s t r i e (durch Handelsverträge, Ausnahmetarife, völkerrechtliche Schiffahrtsgesetze, Kolonialpolitik u. dgl.).

Geologie und Geographie (A. G e i k i e) P. 07: 391.

Erzlagerstätten und industrielle Vorherrschaft (J. L. S t e w a r t) 07: 225.

Zur Frage einer einheitlichen internationalen Montanstatistik N. 06: 163.

Zur Reform der deutschen Montanstatistik N. 06: 241.

Preußens neue Lagerstättenpolitik (K ö n i g - Crefeld, W a c h l e r) R. 05: 358.

Die Zwangskonsolidation. Ein Beitrag zur neuen Lagerstätten-Politik Preußens (M. K r a h m a n n) 06: 1.

Karte der nutzbaren Lagerstätten Deutschlands. Gruppe Preußen und benachbarte Bundesstaaten. I. Abteilung: Rheinland und Westfalen (B e y s c h l a g, E v e r d i n g, S c h ü n e m a n n) R. 07: 323; 09: 480. Gruppe Elsaß-Lothringen (W. B r u h n s) R. 09: 480.

Bergwirtschaftliche Zentralbehörde (in den Vereinigten Staaten) 08: R. 217, P. 522.

Die Erhaltung von Erz- und Mineralvorräten (A. C a r n e g i e, J. C. W h i t e) R. 08: 287, 290.

Die Erhaltungskommission (der Vereinigten Staaten) P. 08: 351.

Die Aufgaben der Bergwirtschaft im Rechts- und Kulturstaat (M. K r a h m a n n) R. 08: 392. (Resümee. — Arbeitsplan der „B e r g w i r t s c h a f t l i c h e n Z e i t f r a g e n".)

Die „Bergwirtschaftliche Zeitfragen" (Actualités de l'économie minérale — Problems of mining economy) — eine Monographien-Reihe in zwanglos erscheinenden Heften — wollen ein internationaler Sammelplatz für solche Erörterungen sein, welche die Darstellung und Klärung der bergwirtschaftlichen Verhältnisse und Probleme aller Länder bezwecken.

Les „Actualités de l'économie minérale" vont être une place de rassemblement pour toutes les discussions qui veulent coopérer à la représentation et à la clarification des situations et des problèmes miniers de tous les pays.

The aim of the „Problems of mining economy" is to serve as an international ground for the exposition and clearing up of the conditions and problems of mining economy in all lands.

Bergwirtschaftslehre, bergwirtschaftliche Landesaufnahmen und Lagerstättenpolitik (M. K r a h m a n n) Bergw. Mitt. 1910: 1.

Geologischer Kursus für Markscheider P. 03: 256.

The training and work of a geologist (C. R. v a n H i s e) L. 03: 358.

Die Berg- und Hüttenwirtschaftslehre an der Kgl. Bergakademie zu Berlin (M. K r a h-m a n n) P. 04: 429; s. auch 04: 151, 344.

Die Geol. Landesanstalt und Bergakademie im Preuß. Abgeordnetenhause 1895 bis 1907 P. 07: 93.

Satzungen der Kgl. Geol. Landesanstalt und der Kgl. Bergakademie zu Berlin vom 1. April 1907 P. 07: 165.

Ziele und Aufgaben der Kgl. Preuß. Geologischen Landesanstalt (F. B e y s c h l a g) 09: 1.

Die Aufgaben der Geologischen Landesanstalten gegenüber höheren Lehranstalten und Schulen (F. B e y s c h l a g) 1910: 1.

Leitsätze zur Reform des mineralogisch-geologischen Unterrichts (P. W a g n e r)
N. 09: 496.

Die Behandlung der Bodenkunde als Lehrfach an den Hochschulen und Universitäten (A d. S a u e r) 09: 453, B. 526; (R a m a n n) B. 524.

Die Aufnahmebedingungen der deutschen Bergakademien und der Besuch der Clausthaler Bergakademie P. 07: 306.

Kongreß für praktische Geologie in Lüttich (M. K r a h m a n n) P. 04: 223, 328.

Ziele der Geologie und Ausbildung der Ingenieure (S t e u e r) P. 04: 224.

Gründung eines Archivs für rheinisch-westfälische Wirtschaftsgeschichte (B r a n d t)
P. 04: 376.

Art und Ziele des Unterrichts in Mineralogie und Geologie an den technischen Hochschulen (F. R i n n e) 05: 193.

Die Bedeutung wirtschaftlicher Studien für den Stand der Ingenieure (J. K o l l -
m a n n) P. 06: 96.

Quellen und Ziele bergbaugeschichtlicher Untersuchungen (F r. F r e i s e) 07: 174.

Der Nutzen der Geologie für den Bergingenieur (Habilitationsvortrag von O. S t u t z e r
in Freiberg) P. 07: 222.

Gedanken über moderne Verwaltung und Wirtschaftspolitik (J. Z i n s m e i s t e r)
P. 08: 48.

Wirtschaftslehre und technische Hochschulen (K a m m e r e r) P. 08: 87.

Bergingenieur-Ausbildung (J o h. E. B a r n i t z k e) P. 08: 88.

Pflege der Geologie (in Hannover) P. 08: 136.

Vereinigung zur Verbreitung wirtschaftlicher Kenntnisse (M. A p t) P. 08: 175.

Bibliotheken der technischen Hochschulen P. 08: 175.

Errichtung des Kolonialinstitutes P. 08: 256, 352.

Über Verwaltungsingenieure P. 08: 256.

Preisausschreiben des Keplerbundes P. 08: 256.

Deutsches Museum von Meisterwerken der Naturwissenschaft und Technik in München
P. 04: 255; 06: 64, 134.

Museum der Geschichte der Technik in Wien P. 07: 271.

Fernere Literatur:

B e c k , H.: Recht, Wirtschaft und Technik. Ein Beitrag zur Frage der Ingenieuraus-
bildung. Erweiterter Sonderabdruck a. d. Zeitschr. d. Ver. deutscher Ing. 1904. Heft 20 u. 21.
Dresden, V. Böhmert, 1904. 42 S Pr. 0,50 M.

B e l , J. M.: De l'enseignement de la géologie et de la géographie industrielles aux ingénieurs et aux agents coloniaux. Congrès intern. d'expansion économique mondiale, Mons 1905.
Sect. I. 9 S.

B r e y n a e r t , M.: Note sur l'école royale des mines de Londres. Ann. d. Mines T. XIII,
1908, S. 219—228.

C h r i s t y , S. B.: Present problems in the training of Mining Engineers. Bi-Monthly
Bull. Amer. Inst. of Min. Eng., 1905. No. 5. S. 979—1008. (— The peculiar nature of mineral
wealth; continental and american mining-schools; the american temperament etc.)

v a n d e n B r o e c k , E.: La géologie appliquée et son évolution. Bull. Soc. Belge
Géol. Tome 14, 1900. S. 225—239; Congrès géol. intern. Paris 1900, Communication faite à la
séance du 23, août 1900, Sect, Géol. appliquée. 15 S.

D e m a r e t , L.: La géologie économique. Son objet, son utilité, moyens de l'étudier.
Brüssel 1906. 12 S.

E h r e n b e r g , R.: Plan zur Errichtung eines Institutes für exakte Wirtschaftsforschung.
Thünen-Archiv (herausgeg. von Prof. Dr. Richard Ehrenberg in Rostock), II. Jahrg. 2. Heft.
Jena, Gustav Fischer, 1907. 8 S.

F o u r m a r i e r , P.: De l'importance des études pratiques en géologie. Congrès intern.
d'expansion économique mondiale, Mons 1905. Sect. I. 2 S.

Friedel, Liénard et Étienne: Notes sur les écoles d'ingénieurs pour les mines et la métallurgie en Belgique, Allemagne et Autriche-Hongrie. Ann. des mines, 1905. VIII. S. 5 bis 110.

Günther, S.: Wirtschaftsgeographie und Naturwissenschaft. Sonderabdr. a. d. Monatsschrift für Handels- und Sozialwissenschaft, I. Jahrg. München, G. Schuh & Co., 1903. 12 S.

Irving, J. D.: University training of engineers in economic geology. Economic Geology 1905. Vol. I. S. 77—82.

Jaekel, O.: Ueber Geologie und Paläontologie an den deutschen Hochschulen. Naturw. Wochenschr. 1910, S. 33—35.

Johnson, D. W.: The scope of applied geology, and its place in the technical school. Economic Geology Vol. I. 1905—1906. S. 243—256.

Kähler, W.: Nationalökonomie und Ingenieurbildung. Festrede, Aachen. Zeitschr. d. Ver. d. Ing. Bd. 50. 1906. S. 1201—1204; „Vulkan", VI. 1906. S. 143—144, 148—150.

Krahmann, M.: Denkschrift betreffs Einrichtung bergwirtschaftlicher Landesaufnahmen. Congrès intern. d'expansion économique mondiale, Mons 1905. Sect. II. 23 S.
  I. Begriff und Zweck einer bergwirtschaftlichen Landesaufnahme S. 1; II. Die Art und Weise und die Einrichtung einer bergwirtschaftlichen Aufnahme S. 8; III. Bergwirtschaftliche Lehre und Forschung im Studienplan der Bergakademien S. 20.

Lapworth, C.: The relations of geology. Ann. Rep. of the Smithsonian Inst. 1903. Washington 1904. S. 363—390; Quarterly Journ. Geol. Soc., Vol. 59, part 2, 1903. S. 66—99.
  I. Geology and its fellow-sciences: astronomy, mineralogy, biology, geography, physics. — II. Geology and practice: the useful arts, economics, man. — III. Geology and education: education in earth knowledge; maps as means and symbols of earth knowledge; conclusion.

Lane, Alfred C.: The Engineer and the State. Presidential adress to the Michigan Eng. Soc. February 13, 1909. 13 S.

de Launay, L.: Sur l'enseignement de la géologie pratique. Congrès intern. d'expansion économique mondiale, Mons 1905. Sect. I. 5 S.

de Launay, L.: La science géolique, ses methodes, ses résultats, ses problèmes, son histoire. Paris, A. Colin, 1905. 752 S. m. 53 F g. u. 5 Taf. Pr. 16 M.

Lengemann, A.: Die geschichtliche Entwicklung, der gegenwärtige Stand und die Zukunftsziele der bergmännischen Ausbildung in Deutschland. Festrede, Aachen. Essener Glückauf 1904. Nr. 8.

Lohest, M.: L'enseignement de la géologie aux ingénieurs. Congrès intern. d'expansion économique mondiale. Mons 1905. Sect. I. 5 S.

Max, M.: Du rôle de l'ingénieur dans l'expansion industrielle mondiale. Congrès intern. d'expansion économique mondiale. Mons 1905. Sect. III. S. 519—537.

Mees, J.: La géographie économique et son enseignement dans les écoles supérieures de commerce. Congrès intern. d'expansion économique mondiale, Mons 1905. Sect. I. 12 S.

Meyer, A. B.: Studies of the museums and kindred institutions of New York City, Albany, Buffalo and Chicago, with notes on some European institutions. Ann. Rep. of the Smithsonian Inst. for 1903. Washington City 1905. S. 311—608 m. 120 Fig.

Meyer, G.: Erdkunde, Geographie und Geologie, ihre Beziehungen zueinander und zu anderen Wissenschaften. Straßburg, Ed. Heitz, 1889. 23 S.

Meyer, G.: Hermann Credner's Elemente der Geologie. Vom philosophischen und pädagogischen Gesichtspunkte besprochen. Straßburg, Ed. Heitz, 1897. 21 S.

Mourlon, M.: Un complément à apporter à l'organisation de l'enseignement supérieur des sciences géologiques dans l'ordre de l'expansion économique mondiale. Mons 1905. Sect. I. 7 S.

Noblesse, Ch.: Le cours de géographie dans la section professionnelle de l'enseignement moyen (Exemple: Les États-Unis de l'Amérique du Nord). Congrès intern. d'expansion économique mondiale, Mons 1905. Sect. I. 29 S. m. 18 Fig.

Oebbeke, K.: Die Stellung der Mineralogie und Geologie an den Technischen Hochschulen. Festrede. München, F. Straub, 1904. 37 S.

v. Oechelhaeuser, W.: Technische Arbeit einst und jetzt. Vortrag zur Feier des 50 jährigen Bestehens des Ver. deutscher Ingenieure zu Berlin am 11. Juni 1906. Berlin, J. Springer, 1906. 51 S. Pr. M. 1,—; Zeitschr. d. Ver. deutsch. Ing. Bd. 50. 1906. S. 1130—1143; „Vulkan", VI. 1906. S. 94—99, 101—105, 109—110.

Pocard, K.: Geologie als Unterrichtsgegenstand. (Nach G. Simoens). Nw. Wochschr. 1909. S. 710—713.

Piltz, E.: Über die Notwendigkeit und Durchführbarkeit geologischer Belehrungen in den höheren Lehranstalten. Jena 1905. 12 S.

Ransome, F. L.: The present standing of applied geology. Econ. Geol. 1905. I. S. 1—10. — Das Referat von O. Stutzer i. N. Jb. f. Min. 1907. I. S. 405 lautet:

Das Gebiet der praktischen oder angewandten Geologie wurde bisher von den Geologen ziemlich kühl behandelt. Aufsätze aus diesem Zweige der Geologie fanden sich bisher hauptsächlich in Zeitschriften der Praxis, besonders in Bergzeitungen. Der praktische Montangeologe nimmt eine Stellung zwischen Bergingenieur und Geologe ein. Er muss auf jedem Gebiete der Geologie wissenschaftlich gut vorgebildet sein und auch die ökonomischen Seiten einer Lagerstätte richtig würdigen können.

Weiter weist der Verfasser auf die letzten Fortschritte der theoretischen Erzlagerstättenlehre hin und ermuntert besonders zu praktischen Versuchen, die in der praktischen Geologie bisher noch wenig berücksichtigt wurden.

Renier, A.: De l'emploi de la paléontologie en géologie appliquée. Publ. du Congrès intern. des mines etc. Liège 1905. 23 S.

Rinne, F.: Die Nutzbarmachung der Mineralogie und Geologie für die Ausbildung der Techniker. Congrès intern. d'expansion économique mondiale, Mons 1905. Sect. 1. 20 S.

Sachs, A.: Wesen und Wert der Mineralogie. Vortrag, geh. i. d. Akademie des Humboldtvereins. Breslau, J. U. Kern, 1902. 12 S.

Schmeißer, C.: Die Geschichte der Geologie und des Montanwesens in den 200 Jahren des preußischen Königreichs, sowie die Entwickelung und die ferneren Ziele der geologischen Landesanstalt und Bergakademie. Festrede. Jahrb. d. Preuß. Geol. Landesanst. u. Bergakademie f. d. Jahr 1901. Bd. XXII. Heft 4. S. I—XXXVI. Auszug hiervon siehe Mitt. a. d. Markscheiderwesen. N. F. Heft 3. 1901. — S. 8—13.

Saint-Etienne, l'École des Mines. Règlements et programmes. Bull. de la Soc. de l'industrie minérale. Tome XIII, II. livr. Saint-Étienne, 1899. S. 301—487.

Steinmann, G.: Der Unterricht in Geologie und verwandten Fächern auf Schule und Universität. „Natur und Schule", Bd. VI. S. 241—268. Leipzig 1907, B. G. Teubner. Pr. geb. M. 1,—.

Van Hise, C. R.: The problems of geology. Journ. of Geology, 1904. Vol. XII. S. 589 bis 616.

Relations of the sciences S. 589; geological processes S. 593; the individual problems of geology S. 605; illustrations of treatment of geological problems from the point of view of energy, agent, and process S. 605; necessity for advance in the sciences of physics and chemistry S. 610; defects of geological literature S. 611; principles of geology the same for the entire earth S. 612; the problems of provinces and districts S. 613; conclusion S. 614.

Wendt, U.: Die Technik als Kulturmacht in sozialer und in geistiger Beziehung. Berlin, Georg Reimer, 1906. 322 S. Pr. M. 6,—, geb. M. 7,—.

Zirkel, F.: Über die gegenseitigen Beziehungen zwischen der Petrographie und angrenzenden Wissenschaften. Journal of Geology, Chicago 1904. S. 485—500.

2. Lagerstättenforschung.

Besonders Einteilung und Entstehung der Erzlagerstätten im allgemeinen. Weitere Erörterungen genetischer Verhältnisse sind unter den einzelnen Mineralien im dritten Abschnitt nachgewiesen; siehe dort auch die reiche Literatur über die Entstehung der Kohlenlager und des Erdöles, der Eisen- und der Golderze, der Salzlager und der Mineralquellen.

Über die Entstehungsweise oberschlesischer Erzlagerstätten (G. Gürich) L. 03: 39, auch 202.

Adsorptionsprozesse als Faktoren der Lagerstättenbildung und Lithogenesis (E. Kohler) 03: 49; auch 35, 53. (Vgl. F. I S. 11.)

Die Bedeutung der Eruptivgesteine für die Bildung der Erzgänge (J. F. Kemp) L. 03: 313.

Kontaktmetamorphe Erzlagerstätten (W. H. Weed) R. 03: 393.

Problems in the geology of ore-deposits (J. H. L. Vogt) L. 04: 31.

Über die Zusammensetzung der westfälischen Spaltenwässer unter besonderer Berücksichtigung des Baryumgehaltes (P. Krusch) P. 04: 252.

Die Bedeutung der Konzentrationsprozesse für die Lagerstättenlehre und die Lithogenesis (R. Delkeskamp) 04: 289.

I. Präexistierende 292;

II. Primäre Konzentrationen. Bildungen in situ und gleichzeitig mit dem Sediment 293: A. Bildungen unter Wasser durch Quellenabsatz 293, B. Durch lokale Änderung in der Zuführung des Detritus hervorgerufene Konzentrationen 294, C. Durch Stoffumlagerungen und Zersetzungsvorgänge während der Bildung eines Sediments 298, D. Durch gegenseitige Fällung von lokal zugeführten Metallsalzen und einer suspendierten Trübe durch Adsorption 300, E. Die Entstehung chemischer Sedimente durch Austrocknen von durch Barren vom Meere abgeschnittenen Buchten (Lagunen) oder infolge des Steigens der Konzentration des Wassers abflußloser Depressionen 300, F. Konzentration von Mineralsubstanz durch sukzessiven Absatz aus Mineralquellen 301;

III. Sekundäre Konzentrationen. Sekundärbildungen 301: A. Der zur Konzentration gelangte Stoff war von Anfang an im Sediment gleichmäßig verbreitet oder entstand durch nachträgliche Oxydation oder Reduktion eines solchen 301, B. Der zur Konzentration gelangte Stoff entstand durch Wechselwirkung zweier oder mehrerer primär im Sediment gleichmäßig verbreiteter Körper 308, C. Konzentrationen von Stoffen, die zum Teil im Sediment ursprünglich vorhanden waren (ebenso im Verwitterungsresiduum oder Zersetzungsrückstand kristalliner oder sedimentärer Gesteine), zum Teil aber sekundär durch Mineralquellen usw. infiltriert wurden 310, D. Konzentrationen von Stoffen, die sekundär infiltriert wurden und metasomatisch andere primäre Körper ersetzten 311, E. Konzentrationen durch sekundäre Infiltration, festgehalten durch Adsorption in gewissen Lagen eines Schichtenkomplexes 312, F. Konzentrationen von Stoffen, die sekundär in wäßriger Lösung infiltriert wurden (die Infiltration erfolgte durch Mineralquellen oder durch Auslaugewässer überlagernder Schichten) 312.

Diffusion fester Metalle in feste krystallinische Gesteine (G. B. Trener) R. 06: 129.

Über die Möglichkeit der Aufsuchung nutzbarer Erzlagerstätten mittels einer photographischen Aufnahme ihrer elektrischen Ausstrahlung (H. Barviř) R. 06: 236.

Om relationen mellem störrelsen af eruptivfelterne og störrelsen af de i eller ved samme optraedende malm udsondringer (J. H. L. Vogt) L. 06: 60.

Die Erzlagerstätten (Stelzner und Bergeat) P. 04: 408.

Probleme der Erzlagerstättengeologie (nach Stelzner-Bergeat) von Harbort R. 07: 372; R. 08: 34, 71. (Auch als S.-A., Pr. 2 M.)

1. Die Eisensteinlager in metamorphen Schiefern und deren Entstehung 374.
2. Rot- und Magneteisensteine im Gefolge der mittel- und oberdevonischen Diabase Mitteleuropas 377.
3. Die metamorphen Kieslager 379.
4. Kieslager in paläozoischen Tonschiefern 384.
5. Allgemeine Bemerkungen über die Entstehung der Kieslager 384.
6. Goldführende Kiesfahlbänder 438.
7. Kupferführende Zechsteinablagerungen 08: 34.
8. Systematik der Erzgänge. 39, 71. — (Vergl. Z. 1896, S. 377—412.)
9. Die Höhlenfüllungen und metasomatische Lagerstätten 74.
10. Theorien über die Entstehung der epigenetischen Lagerstätten 78.

Über die Beziehungen zwischen Erzgängen und Pegmatiten (R. Beck) 06: 71.

Turmalin auf Erzlagerstätten (K. Redlich) N. 04: 66.

Turmalinführende Eisenerzgänge von Rothau in den Vogesen (O. Stutzer) B. 08: 70, 169.

Turmalinführende Kobalterzgänge (Mina Blanca bei San Juan, Dep. Freirina, Prov. Atacama in Chile) (O. Stutzer) 06: 294.

Über kontaktmetamorphe Magnetitlagerstätten, ihre Bildung und systematische Stellung (F. Klockmann) 04: 73; B. 04: 212; s. auch 04: 230.

Über den Einfluß der Metamorphose auf die mineralische Zusammensetzung der Kieslagerstätten (F. Klockmann) 04: 153.

Störungen einer Gangspalte.
(Nach R e s o w: Das Ganggebiet des „Eisenzecher Zuges".   Z. 08: S. 305—328.)

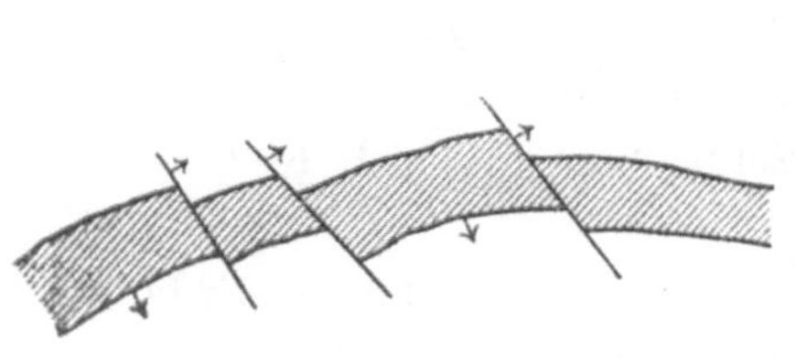

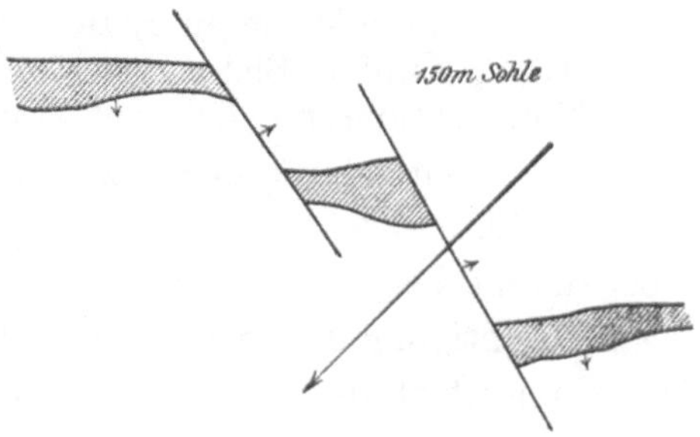

Fig. 1.

Schichtklüfte.

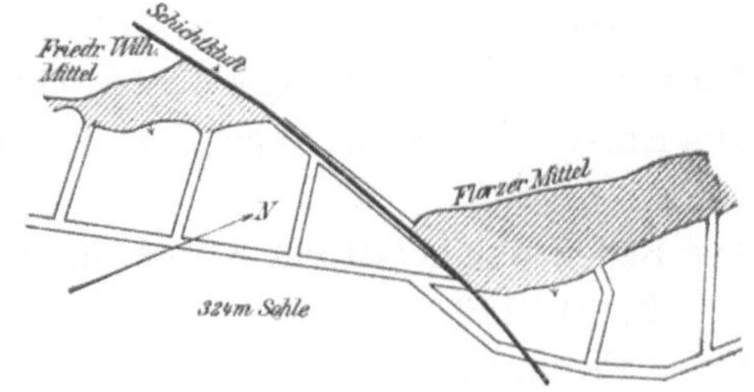

Fig. 2.

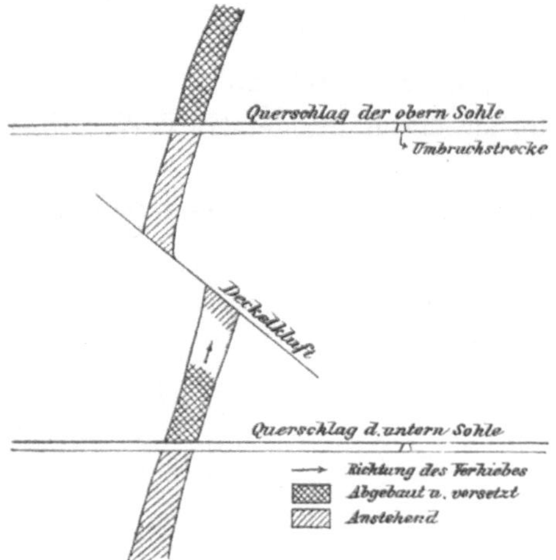

Fig. 3.
Deckelkluft.

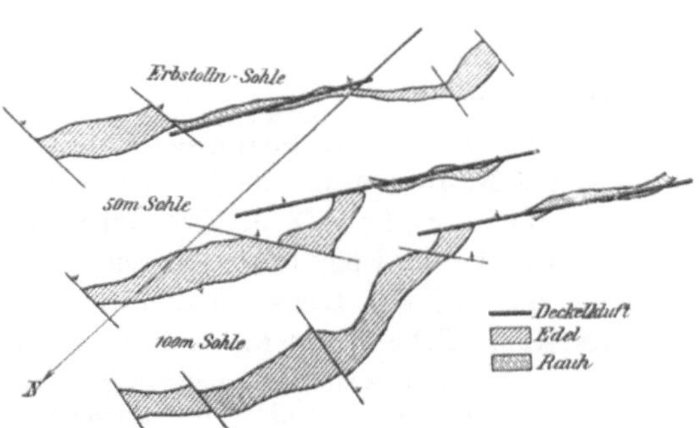

Fig. 4.
Ausrichtung einer Schichtkluft.

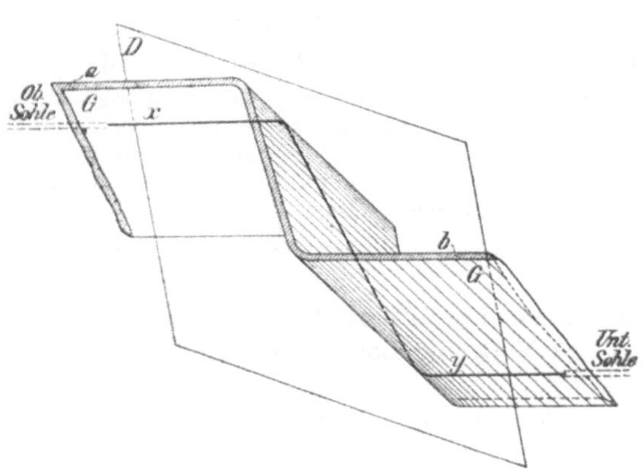

Fig. 5.
Deckelkluft.

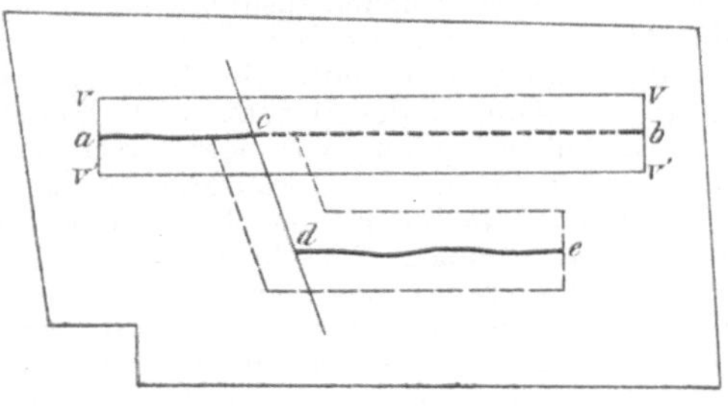

Fig. 6.
Deckelkuft und Verrauhung.

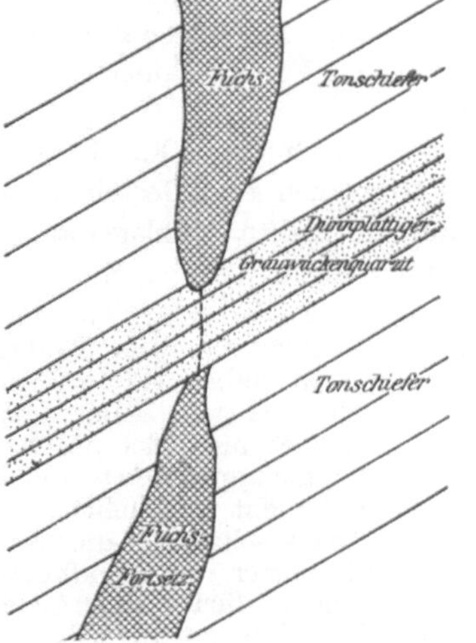

Fig. 7.
Verwerfung und Längenfeld.

Fig. 8.
Einfluß des Nebengesteines.

Fernere Literatur:

B a i n , H. F.: Sedi-genetic and igneo-genetic ores. Econ. Geol. I. 1906. S. 331—339. — Ref. s. N. Jb. f. Min. 1907. I. S. 406.

B a n c r o f t , G. J. The formation and enrichment of ore bearing veins. Bull. of the Am. Inst. of Min. Eng. 1907. S. 499—522.

B e c k , R.: Lehre von den Erzlagerstätten. Dritte stark umgearbeitete Auflage. 2 Bde. Berlin 1909, Gebr. Borntraeger. 1082 S. mit 223 Fig. u. 1 Gangkarte. Pr. 32 M., geb. 37 M.

    Wie weit der reiche Stoff in dieser Auflage umgearbeitet worden ist, geht bereits aus der veränderten wissenschaftlichen Einteilung der Erzlagerstätten hervor, die jetzt vom Verfasser angewendet wird. Besondere Sorgfalt wurde der Ausarbeitung zusammenfassender und rein theoretischer Abschnitte gewidmet; außerdem sind viele neue Beschreibungen von einzelnen Erzrevieren hinzugekommen.

B e c k , R.: Traité des gisements métallifères; traduit sur la seconde édition par O. C h e m i n. Paris, Ch. Béranger, 1904. Pr. 24 M.

B e c k , R.: The nature of ore-deposits. Translated and revised by W. H. W e e d. 2 Bde. 700 S. m. 257 Fig. und einer Karte. Pr. geb. 27 M. New York und London; the Eng. and Min. Journ. 1909.

B e y s c h l a g , F., P. K r u s c h u. J. H. L. V o g t: Die Lagerstätten der nutzbaren Mineralien und Gesteine, nach Form, Inhalt und Entstehung dargestellt. Drei Bände. I. Band, 1. Hälfte. Erzlagerstätten. Allgemeines. Stuttgart, F. Enke, 1909. 238 S. m. 166 Abbildungen. Pr. 7 Mk. — Vergl. S. 12 unter K r u s c h.

    Das V o r w o r t lautet: Bei dem Vorhandensein der vortrefflichen zusammenfassenden Schilderungen der Erzlagerstätten, wie sie B e c k und S t e l z n e r - B e r g e a t gegeben haben, könnte es zweifelhaft erscheinen, ob eine erneute Bearbeitung desselben Gegenstandes notwendig und berechtigt ist. Obwohl die Absicht der Verfasser, ein Lehrbuch der nutzbaren Lagerstätten zu schreiben, bereits vor dem Erscheinen der genannten Arbeiten bestand, haben dieselben doch mit der Herausgabe gezögert, um nicht unfruchtbare Doppelarbeit zu leisten. Nachdem jedoch sowohl die B e c k sche wie die S t e l z n e r - B e r g e a t sche Erzlagerstättenlehre mehr den Charakter von Handbüchern mit zahlreichen Einzelbeschreibungen der Erzvorkommen tragen, dürfte eine Arbeit nicht überflüssig erscheinen, die in Lehrbuchform mehr die allgemeinen, sicheren Ergebnisse geologischer Lagerstättenforschung zusammenfaßt und die einzelnen Erzvorkommen nur so weit behandelt, als sie zu Belegen und zur Erläuterung der allgemeinen Ausführungen dienen. Dazu kommt, daß das von uns beabsichtigte Buch sich nicht auf die Erzlagerstätten beschränkt, sondern die volkswirtschaftlich weit bedeutenderen Lagerstätten der Kohle, des Salzes und des Erdöles in den Kreis der Betrachtung mit einbezieht, so daß die Gesamtheit der wesentlichen, dem Bergbau zur Grundlage dienenden Mineralien und Gesteine behandelt wird.

Inhalts-Übersicht der 1. Lieferung: Einleitung S. 1. — Allgemeine Systematik, Form und bildliche Darstellung der Erzlagerstätten S. 13. — Inhalt der Erzlagerstätten S. 60. — Die Mineralbildung S. 114. — Über die relative Vorbereitung der Elemente S. 136. — Über die natürlichen Elementkombinationen, mit besonderer Berücksichtigung der Metalle S. 149. — Entstehung der Erzlagerstätten S. 161. — Die absolute und relative Menge der Metalle auf den nutzbaren Lagerstätten S. 187. — Primäre und sekundäre Teufenunterschiede S. 201. — Merkmale der Erzvorkommen an der Tagesoberfläche S. 215. — Die wissenschaftliche Einteilung (Systematik) der Erzlagerstätten S. 220.

B o g d a n o w i t s c h , K.: Die Lehre von den Lagerstätten der Erze. (Russische Übersetzung.) St. Petersburg 1903. (Nach B e c k.)

B o e h m e r , M.: Some practical suggestions concerning the genesis of ore-deposits. Transact. Amer. Inst. of Min. Eng. British Columbia Meeting, Juli 1903. 6 S.

B o r d e a u x , ʹ A l b e r t : Les filons de fracture de l'égorge terrestre. Revue univ. d. Mines 1909. S. 255—266.

B o u t w e l l , J. M.: Genesis of the ore-deposits at Bingham, Utah. Bi-Monthly Bull. Amer. Inst. of Min. Eng. 1905. S. 1153—1192 m. 13 Fig. (V. Genesis of the disseminated ore in monzonite, S. 1161. VI. Genesis of the ore in fissures, S. 1165. VII. Genesis of the copper-ore in limestone, S. 1178.)

C h a n c e , H, M.: A new theory of the genesis of brown hematite-ores; and a new source of sulphur supply. Bi-montly-Bull, Am. Inst. 23, 1908, S. 791—808 m. 2 Fig.

C h a n c e , H. M.: The pyritic origin of iron ore deposits. Eng. Min. J., Vol. 86, 1908, S. 408—410.

C h a u t a r d , J., und L e m o i n e , P.: La latérisation, ses relations avec la genèse de quelques minerais d'aluminium et de fer et de certains gites aurifères des régions tropicales. Bull. de la Soc. de l'Industr. minérale, 4. Serie, T. IX, 1908, S 305—337 m. 8 Fig.

C o r n u , F.: Über die Verbreitung gelartiger Körper im Mineralreich, ihre chemischgeologische Bedeutung und ihre systematische Stellung. Zentralbl. f. Min. 1909, Nr. 11 u. f., S. 324.

E m m o n s , S. F.: Theories of ore-deposition historically considered. (The speculative period 3; the scientific period 9; the verification period 19.) Bull. of the Geol. Soc. of America, 1904. Vol. 15, S. 1—28. — Eng. and Min. J. 77, 1904. S. 117, 157, 199, 237. Ann. Report of the board of regents of the Smithsonian Inst. for 1904. Washington 1905. S. 309—336. — Bespr. von B e r g e a t , Zentralbl. f. Min. 1907, S. 89.

F r a z e r , P.: Geogenesis and some of its bearings on Economic Geology. Transact. Amer. Inst. of. Min. Eng., Atlantic City Meeting, Februar 1904. 11 S.

G i l l e t t e , H. P.: Osmosis as a factor in ore-formation. Transact. Amer. Inst. of Min. Eng. New York Meeting, Oktober 1903. 5 S.

H a l s e , E.: The occurence of pebbles, concretions and conglomerate in metalliferous veins. Bi-Monthly Bull. Amer. Inst. of Min. Eng. 1905. S. 719—742 m. 13 Fig.

H a s t i n g s , J. B.: Volcanic Waters. Am. Inst. of Min. Eng., Nr. 21, 1908, S. 345.

H a s t i n g s , J. B.: Origin of pegmatite. Am. Inst. of Min. Eng., Nr. 21, 1908, S. 319.

H o r n u n g , F.: Formen, Alter und Ursprung des Kupferschiefererzes. Z. d. D. geol. Ges. 56, 1904, S. 207—217. (Vgl. auch 57, S. 291—360, Schwerspat im Harz.)

J e n n e y , W. P.: The chemistry of ore-deposition. Transact. Amer. Inst. of Min. Eng., New Haven Meeting, Oktober 1902. 54 S.

1. The reducing action of carbon and of hydrocarbons. 2. Protective Action of carbon and of hydrocarbon. — 3. Contributory action of carbonic acid gas. — 4. The stability of carbonic acid and of water. — 5. Occurence of carbon and the carboncompounds. — 6. The occurence of carbon alone. — 7. The occurence of carbon combined with hydrogen. — 8. The relative reducing power of minerals.

J o h a n s s o n , H.: Till frogan om de medelsvenska jern malmernas bildningssätt. Geol. Föreningens Förhandl. 29, 1907, S. 143; 28, 1906, S. 506.

K e m p , J. F.: A review of the general literature on ore-deposits during 1901 and 1902. (1. The primary derivation and distribution of the metals in the earth; 2. The primary concentration of the metals in veins or other forms of ore-deposits; 3. The secondary changes, rearrangements and enrichments of ore-deposits.) The Mineral Industry. New York. Vol. XI. S. 632—638.

K e m p , J. F.: Igneous rocks and circulating waters as factors in ore-deposition. Transact. Amer. Inst. of Min. Eng. New Haven Meeting, Oktober 1902, 16 S.

K e m p , J. F.: The formations of veins. Mining Magazine. Vol. X. London 1904. S. 94.

K e m p , J. F.: Secondary enrichment in ore-deposits of copper. Econ. Geol. I, 1905, S. 11—25. — (Ref. s. N. Jb. f. Min. 1907, II, S. 419—421.)

K e m p , J. F.: The problem of the metalliferous veins. Economic Geology I, 1906. S. 207—232. — Smith. Inst. Ann. Rep. for 1906. Washington 1907. S. 187—206.

K e m p , J. F.: Ore-deposits at the contacts of intrusive rocks and limestones; and their significance as regards the general formation of veins. Economic Geology, II, 1907. S. 1—13. (Ref. s. N. Jb. f. Min. 1908, I, S. 80.)

K e y e s , Ch. R.: Cerargyritic ores: their genesis and geology. Econ. Geol. II, 1907. S. 774—780.

K r u s c h , P.: Inwieweit lassen sich die Erze als Leiterze benutzen ? Vortrag. Monatsber. d. D. geol. Ges. 1906. S. 100—110.

K r u s c h , P.: Die Aufsuchung und Untersuchung von Gegenständen bergbaulichen Betriebes. Keilhacks Lehrbuch der praktischen Geologie, 2. Aufl. 1908, Parag. 38, S. 343—382, Fig. 166—183.

K r u s c h , P.: Die Untersuchung und Bewertung von Erzlagerstätten. Stuttgart, F. Enke, 1907. 537 S. m. 102 Fig. Pr. 16 M., geb. 17,40 M.

> Der allgemeine Teil versucht kurz die meist aus den letzten Jahrzehnten stammenden Erfahrungen auf dem Gebiete der Erzlagerstättenlehre zusammenzufassen und bringt unter A eine „E r z l a g e r s t ä t t e n k u n d e ," S. 1—61, deren „Stoffeinteilung vielfach der im Erscheinen begriffenen B e y s c h l a g - V o g t - K r u s c h schen Erzlagerstättenlehre angepaßt ist." I. Allgemeines über den Inhalt der Lagerstätten (Struktur). — II. Die Entstehung der Mineralien (durch Auskristallisieren aus dem Silikatschmelzfluß; Sublimation; Zersetzung von Gasen und Dämpfen lediglich durch Hitze; Mischung zweier Gase; Einwirkung von Dämpfen und Gasen auf feste Körper; Auskristallisation aus Lösungen; Einwirkung von Lösungen auf schon gebildete Mineralien (Metamorphose, Metasomatose, Verwitterung)). — III. Die Entstehung der Erzlagerstätten (S. 33—40). — IV. Die Einteilung der Erzlagerstätten (magmatische Ausscheidungen; Kontaktlagerstätten; Gänge und metasomatische Lagerstätten; Lager, Imprägnationszonen und Seifen. — V. Merkmale an der Tagesoberfläche. — VI. Bildliche Darstellung.

K ö h l e r , G.: Neuere Beobachtungen von Erdbewegungen und von Beziehungen zwischen Gängen und Ruscheln. Essener „Glückauf", 44, 1908, S. 729—733 m. 3 Fig.

L a n e , A. C.: The influence of varying degrees of superfusion in magmatic differentiation. Journ. Canad. Min. Inst. IX. 8 S. m. 1 Diagr.

d e L a u n a y , L.: Notes sur la théorie des gîtes mineraux (Graphite, Titane, Kaolin). Ann. des mines 3, 1903, S. 49—115. — (Ref. s. N. Jb. f. Min. 1907, II, S. 240—242.)

d e L a u n a y , L.: Formation des gîtes métallifères. 1. Ausgabe Paris 1893, 202 S.; wurde auch ins Russische übersetzt. 2. Ausgabe 1905 (entièrement refondue).

d e L a u n a y , L.: Traité de métallogénie, gîtes mineraux et métallifères. — In Vorbereitung als zweite, gänzlich im Text wie in den Figuren neu bearbeitete Auflage von „Traité des gîtes mineraux et métallifères," (par F u c h s et d e L a u n a y , Paris 1893; vergl. Fortschritte I S. 293 und Zeitschrift 1894 S. 257). Das Erscheinen dieser neuen großen Lagerstättenkunde ist für Ende 1911 in Aussicht genommen.

L i n c o l n , Fr. Ch.: Magmatic Emanations. Econ. Geol. 1907, II, S. 258—274.

L i n d g r e n , W.: Ore-deposition and deep mining. Econ. Geol. I, 1905. S. 34—46. — (Ref. s. N. Jb. f. Min. 1907, I, S. 405.)

L i n d g r e n , W.: The Relation of ore-deposition to physical conditions. Econ. Geol. 1907. II. S. 105—127.

L i n d g r e n, W.: Metallogenetic epochs. Econ. Geology 1909. S. 409—420.

L i n d g r e n , W.: Present tendencies in the study of ore-deposits. Econ. Geol. II. 1907. S. 743—762.

M e a d , W. J.: The relation of density, porosity and moisture to the specific volume of ores. Econ. Geol. III, 1908, S. 319—325 m. Taf. VIII.

M i e r s , H. A.: Address to the Geological Section. Transact. of section C of Report. British Association for the advancement of Science, South Africa 1905. Nr. 6. 17 S.

> Experimental Geology; v a n' t H o f f' s work on the salt-deposits; Some petrographical problems; Magmatic differentiation; Mineral differentiation and eutecticts; D o e l t e r' s work on melting points and solubilities; V o g t' s applications of the laws of solutions; H e y c o c k and N e v i l l e' s work on alloys; Supersaturated solutions; The matastable and labile conditions.

M i r o n , F.: Gisements miniers; stratification et composition. Paris, Gauthier Villars, 1903. 192 S. Pr. 2 M.

N o v a r e s e, V.: Per lo studio dei giacimenti minerali. Rassegna Mineraria, vol. XX. 1904. 13 S.

O c h s e n i u s , K.: Laken als Bildner von Erzlagerstätten. Z. d. D. geol. Ges 57. 1905. S. 567—570. (Im Anschluß an H o r n u n g : Ursprung und Alter des Schwerspates und der Erze im Harz. Ebenda 57, S. 291 bis 360.)

P o š e p n y : Die Genesis der Erzlagerstätten. Besprechung von K a t z e r . N. Jb. f. Min. 1903. II. S. 87—89.

R a n s o m e , F. L.: The localisation of values in ore-bodies and the occurence of shoots in metalliferous deposits: Relations between certain ore-bearing veins and gangue-filled fissures. (Discussion). Econ. Geol. 1908, S. 331—337.

R e a d , T.: The phase-rule and conceptions of igneous magmas, with their bearing on ore-deposition. Economic Geology 1905. Vol. I. S. 101—118 m. 3 Fig

R e a d , Th. T.: The secondary enrichment of copper-iron sulphides. Bi-Monthly Bull., Amer. Inst. of Min. Eng., 1906. S. 261—267.

R e d l i c h , K. A.: Sédimentaire ou epigénétique ? Contribution à la connaissance des gîtes métallifères des Alpes orientales. Congrès intern. des mine?, etc., Liége 1905. 9 S. m. 4 Fig.

R i c h a r d , T. A.: Vein walls. Am. Inst. of Min. Eng. Febr. 1896. 49 S. 33 Fig. u. 1 Taf.

R i t t e r , E. A.: The origin of ore-deposits. Illustrated. Denver, Colo. 6.

S a c h s , A.: Die Erze, ihre Lagerstätten und hüttentechnische Verwertung Leipzig, F. Deuticke, 1905. 74 S. 24 Fig.

S c h i e r l , A.: Einteilung der Erzlagerstätten und kurze Darstellung der Theorien über die Entstehung von Erzgängen. Mähr.-Ostrau 1905. 13 S.

S m y t h , H. L.: The origin and classification of placers. Eng. and Min. Journ. Vol. 79. 1905. S. 1045—1046, 1179—1180, 1228—1230.

S p e n c e r , A. C.: The magmatic origin of vein-forming waters in Southeastern Alaska. Bi-Monthly Bull. Amer. Inst. of Min. Eng., 1905, Nr. 5, S. 971—978.

S p u r r , J. E.: A consideration of igneous rocks and their segregation or differentiation as related to the occurence of ore·. Transact. Amer. Inst. Min. Eng. New York and Philadelphia Meeting. Febr. und Mai 1902. 53 S.

S p u r r , J. E.: A theory of ore-deposition. Econ. Geol. II. 1907. S. 781—795.

S t e v e n s , B l a m e y: The laws of fissures. Am. Inst. Min. Eng. Bull 32, 1909. S. 723—739 m. 5 Fig.

S t u t z e r , O.: Der Stammbaum der Erzlagerstätten. (Vortrag, gehalten in der „Isis" zu Dresden). Österr. Z. f. B. H. 55. 1907. S. 317—320.

S u l l i v a n , E. C.: The ch mistry of ore deposition-precipitation of copper by natural silicates. Journ. Amer. Chemical Soc. Vol. XXVII. 1905. S. 976—979. Econ. Geol. I. 1905. S. 67—73. — (Ref. s. N. Jb. f. Min. 1907. II., S. 421.)

S u l l i v a n , E. C.: The interaction between Minerals and Water Solutions with special reference to geologic phenomena. U. St. Geol. Surv. Bull. Nr. 312. 69 S.

T h o m a s , H. H., and M a c A l i s t e r: The Geology of Ore Deposits. London 1909. 428 S. m. 65 Abb. Pr. 7,80 M.

V a n H i s e , C. R.: A treatise on metamorphism. U. S. Geol. Surv. Monographs. Band XLVII. Washington 1904. 1286 S. m. 32 Fig. u. 13 Taf.

> Vergl. Besprechung in Preuß. Zeitschr. 1905, Lit. S. 119. — Kapitel XII: The re-
> lations of metamorphism to ore deposits. I. General principles; II. Segregation of ores;
> Division A. Ores produced by processes of sedimentation; Div. B. Ores produced by
> igneous processes; Div. C. Ores produced by processes of metamorphism, A. Ores
> deposited by gaseous solutions, B. Ores deposited by aqueous solutions, I. Source of
> aqueous solutions, II. Source of metals for ores deposited from aqueous solutions,
> III. Work of aqueous solutions in segregating ores, IV. Special factors affecting the
> concentration of ores, V. General statements, VI. Ore shoots.
> Ausführliche Besprechung von O. H. E r d m a n n s d ö r f f e r im Zentralbl. f.
> Min. etc. 1906. S. 605 bis 616 (Metamorphismus der Erzlagerstätten. S. 614—616).

V i l l a r e l l o , J. D.: Distribución de la riqueza en los criaderos metaliferos primarios epigenéticos. Bol. Soc. Geol. Mexicana. Tomo I. 1905. S. 175—206.

V o g t , J. H. L.: Problems in the geology of ore-deposits. · Am. Inst. of Min. Eng., Richmond meeting, Febr. 1901. 45 S. — Inh. s. F. I S. 13; Referat von B e r g e a t s. N. Jb. f. Min. 1904 I S. 75—83.

V o g t , J. H. L.: Die Silikatschmelzlösungen mit besonderer Rücksicht auf die Mineral- bildung und die Schmelzpunkt-Erniedrigung.

> I. Über die Mineralbildung in Silikatschmelzlösungen. (Videnskabs Selskabets
> Skrifter. I. Math.-naturwiss. Klasse 1903. No. 8.) 161 S. m. 24 Fig. u. 2 Taf. — II. Über
> die Schmelzpunkt-Erniedrigung der Silikatsschmelzlösungen. Christiana, J. Dybwad,
> 1904. 236 S. m. 26 Fig. u. 4 Taf.

Vogt, J. H L.: Die Theorie der Silikatschmelzlösungen. Bericht d. V. intern. Kongr. f. angew. Chemie zu Berlin 1903, Sekt. III A. Bd. II. Berlin, Deutscher Verlag, 1904. 21 S. m. 8 Fig.

Vogt, J. H. L.: Über anchi-eutektische und ancho-monomineralische Eruptivgesteine. Vortrag, geh. i. d. Ges. d. Wiss. zu Christiania am 14. April und i. d. Norwegischen geol. Ver. am 28. Oktober 1905. Norsk geol. tidsskr. Bd. I. 1905. Nr. 2. 33 S. m. 5 Fig.

Vogt, J. H. L.: Om varmeforbruget ved skjaersterssmeltning. Archiv f. Mathematik u. Naturwiss. Bd. XXVII. 1905. Nr. 1. Christiania, A. Cammermeyer, 1905. 75 S.

Vogt, J. H. L.: Teori för smält slagg, och om slaggernas kaloriska konstanter. Jern-Kontorets Ann. 1905. Stockholm. L. Beckmann, 1905. 106 S. m. 26 Fig. u. Tafel I.

Vogt, J. H. L.: Physikalisch-chemische Gesetze der Krystallisationsfolge in Eruptiv-gesteinen, Sep.-Abdr. aus Tschermaks mineral. u. petrogr. Mitt. XXIV. Bd. 1906. S. 437—542 m. 18 Fig.

Weed, W. H.: Influence of country-rock on mineral veins. Am. Inst. of Min. Eng. Nov. 1901. 19 S. m. 8 Fig. Am. Geologist 1902. Vol. 30. S. 170—188 m. 8 Fig.

Weed, W. H.: Ore-deposits near igneous contacts. Transact. Amer. Inst. of Min. Eng. New Haven Meeting, Oktober 1902. 32 S. m. 1 Fig.

Weed, W. H.: Ore-deposition and vein enrichment by ascending hot waters. Transact. Amer. Inst. of Min. Eng. New Haven Meeting, Oktober 1902. 8 S.

Wendeborn, B. A. Beziehung der Mineralabsonderungen aus Gesteinen zu Erz-lagerstätten. Berg- und Hüttenm. Ztg. 1904. S. 568—569.

Winkler, Clemens, Geh. R. Prof. Dr.: Die relative Seltenheit der Elemente mit Bezug auf deren technische Verwendung. Vortrag am 11. Dez. 1898 in Freiberg. Z. f. angew. Chemie 1899, S. 93—98.

Wood, G. C.: Determination of the specific electrical registance of coal, ores, etc. Transact. North of England Inst. of Min. and Mech. Eng. Vol. 56. 1906. S. 27—37.

3. Lagerstättenbeiträge zur Formationskunde.

Im folgenden ist derjenige Inhalt der Zeitschrift nach geologischen Formationen geordnet, der einen die Formation lagerstättenkundlich kennzeichnenden Beitrag darstellt. Von den mehrfach beschriebenen Lagerstätten sind hier meist nur diejenigen Arbeiten genannt, welche die Formationszugehörigkeit besonders angeben; weitere Beiträge zu derselben Charakteristik sind mit Hilfe des geographischen oder des sachlichen Stichwortes leicht aufzufinden.

Formations-Übersichten.

Geologischer Bau und nutzbare Lagerstätten in den Tonkin benachbarten chinesischen Provinzen (M. A. Leclère) R. 03: 155.

Die Mineralkohlen in Ungarn; Übersicht der kohleführenden Formationen (A. von Kaleczinsky) R. 04: 97.

Gipslager in Rußland (in verschiedenen Formationen) (G. Sodoffsky) 04: 411.

Dutenmergel (O. M. Reis) L. 04: 419.

Die nutzbaren Lagerstätten im Gebiete der mittleren sibirischen Eisenbahnlinie (in verschiedenen Formationen) (W. Friz) 05: 55.

Die gangförmign Erzlagerstätten der Umgegend von Massa Marittima in Toskana auf Grund der Lottischen Untersuchungen (in verschiedenen Formationen) (K. Ermisch) 05: 206; s. a. 08: R. 512.

Über zwei Magnesitvorkommen in Kärnten (in verschiedenen Formationen) (R. Canaval) L. 05: 374.

Entstehung der schwedischen Eisenerzlagerstätten (verschiedene Formationen) (Sjögren) R. 06: 333.

Wetterbeständigkeit natürlicher Bausteine verschiedener Formationen, namentlich der Wesersandsteine (H. Seipp) R. 06: 19.

Die nutzbaren Mineralien Spaniens u. Portugals (verschiedene Formationen) (J. Ahlburg) 07: 183.

Karte der nutzbaren Lagerstätten Deutschlands. Gruppe: Preußen und benachbarte Bundesstaaten. I. Abteilung: Rheinland und Westfalen (B e y s c h l a g; E v e r d i n g, S c h ü n e m a n n, B r u h n s) R. 07: 323, 09: 480.

Die nutzbaren Minerallagerstätten Dalmatiens (R. S c h u b e r t) 08: 49, B. 508.

Geologische Übersichtskarte des Kgr. Sachsen (H. C r e d n e r) 08: L. 83.

Die geologische Landesuntersuchung von Elsaß-Lothringen (L. v a n W e r v e k e) 08: 109.

Übersicht über die nutzbaren Lagerstätten Südafrikas. (F. W. V o i t) I. Einleitung: Die Tektonik Südafrikas 08: 137; II. Die Lagerstätten 08: 191.

Geologische Übersichtskarte von Böhmen, Mähren und Schlesien (K. A b s o l o n u. Z d. J a r o s) 08: L. 170.

Die Erzlagerstätten von Cartagena in Spanien (R. P i l z) 08: 177.

Die Erzlagerstätten von Dobschau und ihre Beziehungen zu den gleichartigen Vorkommen der Ostalpen (K. A. R e d l i c h) 08: 270, B. 506.

Der Thüringer Wald (E. Z i m m e r m a n n) 08: 292.

II. ordentliche Hauptversammlung des Niederrhein. Geolog. Vereins 08: N. 302.

Die nutzbaren Lagerstätten Toskanas (B. L o t t i) 08: R. 512; s. a. 05: 206.

Beitrag zur Geologie der Hochländer Deutsch-Ostafrikas mit besonderer Berücksichtigung des Goldvorkommens (J. K u n t z) 09: 205, 213. (Auch als S.-A., Pr. 2 M.)

A. Die archäische Formationsgruppe.

In Europa.

Die regional-metamorphosierten Eisenerzlager im nördlichen Norwegen, Dunderlandstal usw. (J. H. L. V o g t) 03: 24, 59.

Schneeberg in Tirol, ostalpine Erzlagerstätte (E. W e i n s c h e n k) 03: 232.

Bemerkungen über das Eisenglanzvorkommen von Waldenstein in Kärnten (R. C a n a - v a l) L. 04: 28.

Die Magneteisenerzlager von Schmiedeberg im Riesengebirge (G. B e r g) R. 04: 127.

Das Vorkommen von Graphit in Böhmen, insbesondere am Ostrande des südlichen Böhmerwaldes (O. B i l h a r z) 04: 324.

Über die Erzlager der Umgegend von Schwarzenberg im Erzgebirge (R. B e c k) L. 05: 44.

Über einige Kieslagerstätten im sächsischen Erzgebirge (R. B e c k) L. 05: 12.

Die Silber-Wismutgänge von Johanngeorgenstadt im Erzgebirge (W. V i e b i g) 05: 89.

Das Vorkommen des Uranpecherzes zu St. Joachimstal (J. S t e p und F. B e c k e) R. 05: 148.

Das Manganeisenerzlager von Macskamezö in Ungarn (F r. K o s s m a t und C. v. J o h n) 05: 305.

Das Erz- und Flußspatvorkommen am Rabenstein im Sarntal, Südtirol (M. K r a h - m a n n) B. 06: 8.

Die Eisenerzlagerstätte „Gellivare" in Nordschweden (O. S t u t z e r) 06: 137.

Die Eisenerzlagerstätten bei Kiruna (Kiirunavaara, Luossavaara und Tuollavaara) (O. S t u t z e r) 06: 65, 140.

Über einige Erzlagerstätten der Provinz Almeria in Spanien (F. F i r c k s) 06: 142, 233.

Beitrag zur Kenntnis der Kieslagerstätten zwischen Klingenthal und Graslitz im westlichen Erzgebirge (B. B a u m g ä r t e l) 05: 353, B. 06: 150.

Die geologischen und tektonischen Verhältnisse der Erzlagerstätten Nordost-Siziliens (übertragen von K. E r m i s c h) (B. L o t t i) 07: 62.

Die Nickelmagnetkieslagerstätten im Bezirk St. Blasien im südlichen Schwarzwald
(E. Weinschenk) 07: 73.

Eisensteinlager in metamorphen Schiefern (Bergeat) 07: R. 374.

Die metamorphen Kieslager (Bergeat) R. 07: 379.

Über die Arsenerzlagerstätten von Reichenstein (O. Wienecke) 07: 273.

Die nordschwedischen Eisenerzlagerstätten (R. Bärtling) 08: 89.

Zur Genesis der alpinen Talklagerstätten (K. A. Redlich u. F. Cornu) 08: 151.

Die Lagerstätten nutzbarer Mineralien in der Schweiz (W. Hotz) 09: 29.

Die Typen der Magnesitlagerstätten: Typus Greiner; auch Schweden, Ural
(K. E. Redlich) 09: 304, 309.

Die Manganlagerstätte von St. Marcel (Prabornaz) in Piemont (M. Priehäußer)
09: 396.

Über Pegmatite und Erzinjektionen nebst einigen Bemerkungen über die Kieslagerstätten Sulitelma-Röros (O. Stutzer) 09: 130, B. 355.

Notiz über die Lagerstätte von Kobalt- und Nickelerzen bei Schladming in
Steiermark (E. Schmidt und J. H. Verloop) 09: 271.

Die Marmorlagerstätten Kärntens (P. Egenter) 09: 419.

In Asien.

Das Goldvorkommen von Tangkogae in Korea (L. Bauer) 05: 69.

In Afrika.

Deutsch-Südwest-Afrika (C. Schmeißer) 06: 75.

In Amerika.

Goldvorkommen im Gneis in den Distrikten von Companho und Sao Gonzalo (Minas
Geraes). (Nach O. A. Derby) R. 03: 111.

Über die Manganerzlagerstätten des Queluz-(Lafayette-)Distrikts in Minas Geraes in
Brasilien (O. A. Derby) L. 03: 113.

Asbest in Kanada (F. Cirkel) 03: 124.

Die Eisenerzlagerstätten am Lake Superior (A. Macco) 04: 48, 377, 392.

Die Lagerstätten titanhaltigen Eisenerzes im Laramie Range, Wyoming, Ver. Staaten
(J. F. Kemp) 05: 71.

Die Nickelerzlagerstätten bei Sudbury in Kanada (O. Stutzer) 08: B. 285.

Die Kobalt-Silberlagerstätten von Temiskaming (O. Stutzer) 08: L. 492, B. 511.

Argentinische Wolframerzlagerstätten (O. v. Keyserling) 09: 156.

B. Die paläozoische Formationsgruppe.

Abbildungen und Beschreibungen fossiler Pflanzenreste der paläozoischen und mesozoischen Formationen (H. Potonié) L. 05: 83.

Die Zinnoberlagerstätte von Vallalta-Sagron (A. Rzehak) 05: 325. R. 06: 156.

Beiträge zur Kenntnis der Huelvaner Kieslagerstätten (B. Wetzig) 06: 173,
(H. Preiswerk) B. 06: 261.

Die Entstehung der Kupfererzlager von Clifton-Morenci, Arizona (W. Lindgren)
R. 06: 81.

Über die Manganerzlager Brasiliens (E. Hussak) R. 06: 237.

Einige Bemerkungen über die Zinnerzlagerstätten des Herberton-Distrikts in Queensland (W. Edlinger) 08: 275. I. Die primären Lagerstätten.

Über transversale Schieferung im Thüringischen Schiefergebirge (R. Sieburg)
09: 244.

I. Die cambrische Formation.

In Europa.

Das Magneteisenerzlager vom Schwarzen Krux bei Schmiedefeld im Thüringer Wald
(K. S c h l e g e l) R. 03: 73, 115.

In Amerika.

Die Eisenerzlagerstätten am Lake Superior (A. M a c c o) 04: 48, 377, 392.
Die Eisenocker-Lagerstätten von Cartersville (Georgia) (T h. L. W a t s o n) 04: 367.

II. Die silurische Formation.

In Europa.

Beitrag zur Kenntnis der fossilfreien Taunusgesteine (F. H e n r i c h) 07: 253.
Über die Erzgänge zu Traag in Bamle, Norwegen (J. H. L. V o g t) 07: 210.
Zur Genesis der alpinen Talklagerstätten (K. A. R e d l i c h und F. C o r n u) 08: 149.

III. Die devonische Formation.

In Europa.

Die Diorite des Altvatergebirges mit Bezug auf die goldführenden Quarzgänge des
Unterdevons (J. L o w a g) R. 03: 36.
Das Mangan- und Eisenerzvorkommen bei Niedertiefenbach im Lahntal (B e l l i n g e r)
03: 68, 237.
Die Roteisensteinlager des Mittel- und Oberdevons; die Eisen- und Manganeisenstein-
lagerstätten auf dem Massenkalk (Stringocephalenkalk) im Taunus (R. D e l k e s -
k a m p) 03: 268.
Über die Verbreitung von dichten Kalken („Wasserkalken") im westfälischen Devon
(A. D e n c k m a n n) 04: 20.
Abbildungen und Beschreibungen fossiler Pflanzenreste der paläozoischen und meso-
zoischen Formationen (H. P o t o n i é) L. 04: 141.
Die Knollengrube bei Lauterberg am Harz (K. E r m i s c h) 04: 160.
Die Erzlagerstätten von Cala, Castillo de las Guardas und Aznalcollar in der Sierra
Morena (Prov. Huelva und Sevilla) (C. S c h m i d t und H. P r e i s w e r k)
04: 225.
Konzentrationen im Verwitterungston des mitteldevonischen Stringocephalenkalkes
(R. D e l k e s k a m p) 04: 303.
Über Lagerstätten-Schätzungen im Anschluß an eine Beurteilung der Nachhaltigkeit
des Eisenerzbergbaues an der Lahn (M. K r a h m a n n) 04: 329.
Sind die Roteisensteinlager des nassauischen Devon primäre oder sekundäre Bildungen?
(F. K r e c k e) 04: 348; s. a. 08: 497.
Eisen und Mangan im Großherzogtum Hessen; 2. Die Manganerze in Oberhessen
(C. C h e l i u s) 04: 359.
Die Roteisensteinlager bei Fachingen a. d. Lahn (C. H a t z f e l d) 06: 351.
Erzgänge bei St. Goarshausen (E. H o l z a p f e l) N. 06: 94.
Beitrag zur Kenntnis vom Alter der Siegerländer Erzgänge (H. L o t z) 07: 251;
s. a. 08: 305.
Über die Genesis der Eisen- und Manganerzvorkommen bei Oberroßbach im Taunus
(B o d i f é e) 07: 309.

Einige Beobachtungen an Flözverdrückungen im Saar-Kohlenrevier (E. K o h l e r)
L. 04: 417.
Steinkohle in Französisch-Lothringen R. 05: 413.
Über den Zusammenhang des Aachener und westfälischen Carbons (H. W e s t e r -
m a n n) R. 05: 426.
Kohlenreichtum Oberschlesiens N. 05: 86.
Unverritzte Kohlenfelder Großbritanniens N. 05: 264.
Englands Kohlenvorrat (Kohlenkommission) R. 06: 157.
Brauneisenerzlagerstätte des Hüttenwerkes „Sulinsky Sawod" (A. T e r p i g o r e f f)
R. 05: 115.
Die Frage der Orlauer Störung im oberschlesischen Steinkohlenbecken (R. M i c h a e l)
07: P. 266.
Bohrungen von Pont-à-Mousson (Saarbrücken) (Z e i l l e r) 07: P. 271.
Die Tektonik des Steinkohlengebietes von Rossitz (F r. S u e s s) L. 08: 84.
Die geologische Landesuntersuchung von Elsaß-Lothringen (L. v a n W e r v e k e)
08: 109 (Blatt Saarbrücken).
Über die Möglichkeit der Aufschließung neuer Steinkohlenfelder im erzgebirgischen
Becken (C. G ä b e r t) 08: 114; s. a. 03: 121.
Zur Genesis der alpinen Talklagerstätten (K. A. R e d l i c h u. F. C o r n u) 08: 145.
Kartographische Darstellung der Steinkohlenvorräte Österreichs (W. P e t r a s c h e c k)
P. 08: 352.
Die Minerale der Magnesitlagerstätte des Sattlerkogels (Veitsch) (F. C o r n u) 08: 449.
Über Gasausbrüche beim Tiefbohrbetriebe (K u k u k) 09: 52.
Das Liegende des produktiven Carbons in Westfalen (R. B ä r t l i n g) R. 09: 55.
Der Magnesit bei St. Martin am Fuße des Grimming (Ennstal, Steiermark) (K. A. R e d -
l i c h) 09: 102.
Geologie des westlichen Teiles der Wurmmulde (M. M u e l l e r) 09: 357.
Die Typen der Magnesitlagerstätten: Typus Veitsch (K. A. R e d l i c h) 09: 305.
Neuroder Schiefertone (F. T a n n h ä u s e r) B. 09. 522.

In Asien.

Das Carbon in China und Indo-China (M. A. L e c l è r e) R. 03: 156.
Trias, Perm und Carbon in China (E. S c h e l l w i e n) L. 03: 165.
Kiautschou (C. S c h m e i ß e r) 06: 80; s. a. N. 09: 324.
Steinkohlen bei Heraklea (C. S c h m e i ß e r) 06: 193.
Durch Asien. Bd. II (K. F u t t e r e r) L. 09: 446.

In Afrika.

Vorkommen von Kohle in der Sahara N. 04: 147.

In Amerika.

Öl- und Gasfelder im Gebiete der Carbonschichten des westlichen inneren Kohlen-
feldes und des nördlichen Texas (G. J. A d a m s) L. 03: 163.
Die Steinkohlengebiete von Pennsylvanien und Westvirginien (B. S i m m e r s -
b a c h) 03: 414.
Geologie und Kupferlagerstätten von Bisbee, Arizona (F. L. R a n s o m e) R. 05: 81.
The Iron Ores of the Iron Springs District, Southern Utah (C. K. L e i t h and
(E. C. H a r d e r) L. 09: 181.

V. Die permische Formation oder die Dyas.

Zur Bildung der ozeanischen Salzablagerungen (v a n 't H o f t) L. 05: 179.
Über die färbende Substanz im roten Carnallit (O. R u f f) L. 07: 90.
Etwas über die Expansivkraft des Salzes (B. B u s c h) 07: B. 369.
Probleme der Erzlagerstättengeologie nach S t e l z n e r - B e r g e a t. 7. Kupferführende Zechsteinablagerungen R. 08: 34.

In Europa.

Die Schwerspatvorkommen am Rösteberge (H. E v e r d i n g) 03: 89.
Über die Deckgebirgsschichten des Ruhrkohlenbeckens und deren Wasserführung
(A. M i d d e l s c h u l t e) R. 03: 241.
Eine neue Solquelle bei Selters a. d. Nidder (C. C h e l i u s) N. 03: 253.
Über sekundäre Mineralbildung auf Kalisalzlagern (L. L o e w e) 03: 331.
Über sekundäre Mineralbildung auf Kalisalzlagern (C. O c h s e n i u s) B. 04: 23.
Die ersten Versteinerungen aus Tiefbohrungen in der Kaliregion des norddeutschen
Zechsteins (E. Z i m m e r m a n n) P. 04: 254.
Eisen und Mangan im Großherzogtum Hessen; 1.: Die Manganerze im Odenwald
(C. C h e l i u s) 04: 357.
Der Zechstein von Rabertshausen im Vogelsberg und seine tektonische Bedeutung
(C. C h e l i u s) 04: 399.
Übereinstimmung der geologischen und chemischen Bildungsverhältnisse in unseren
Kalilagern. (C. O c h s e n i u s) 05: 167.
Bemerkungen zu dem Aufsatz von C. C h e l i u s: „Der Zechstein von Rabertshausen
im Vogelsberg und seine tektonische Bedeutung" (G. K l e m m) B. 05: 38.
Zu „Zechstein von Rabertshausen usw." (C h e l i u s) B. 05: 81.
Über Wirkungen des Gebirgsdruckes im Untergrunde in tiefen Salzbergwerken (A. v o n
K o e n e n) 05: 157.
Ausbildung und Ausdehnung der deutschen Kalisalzlager (A. T o r n q u i s t) R. 06: 263.
Kalisalze im Königreich Sachsen (G. H. W a h l e) L. 06: 266.
Erdöl in dem Salzbergwerk Desdemona bei Alfeld a. d. Leine N. 07: 92.
Über den „Pegmatitanhydrit" und den mit ihm verbundenen „Roten Salzton" im
Jüngeren Steinsalz des Zechsteins vom Staßfurter Typus und über Pseudomorphosen nach Gips in diesem Salzton (E. Z i m m e r m a n n) P. 07: 268.
Die Kupferschieferlager in Anhalt (O. v. L i n s t o w) 08: 56.1
Geophysikalische Gesichtspunkte bei Beurteilung des Wassereinbruches in die Mansfelder Kupferschiefergruben vom Oktober 1907 (W. K r e b s) B. 08: 32.
Die Oberflächengestaltung in der Umgebung des Kyffhäusers als Folge der Auslaugung
der Zechsteinsalze (E. F u l d a) 09: 25.
Zur Enstehung der Hohlräume im Gips (E. F u l d a) 09: 400.
Über Zechsteinformation und ihre Salzlager im Untergrund des Hannoverschen
Eichsfeldes und angrenzenden Leinegebiets nach den neueren Bohrergebnissen
(O. G r u p e) 09: 185.
Die Eisenerze des Hüggels bei Osnabrück (E. H a a r m a n n) 09: 343.
Zur Genesis der Steinkohle im Plauenschen Grunde (W. H i r s c h) 09: 366

In Asien.

Die permische Formation in China (M. A. L e c l è r e) R. 03: 157.
Trias, Perm und Carbon in China (E. S c h e l l w i e n) L. 03: 165.

C. Die mesozoische Formationsgruppe.

Abbildungen und Beschreibungen fossiler Pflanzenreste der mesozoischen Formationen
(H. Potonié) L. 04: 141.

Abbildungen und Beschreibungen fossiler Pflanzenreste der paläozoischen und mesozoischen Formationen (H. Potonié) L. 05: 84.

I. Die Trias.

In Europa.

Cölestinablagerungen der Umgebung von Bristol (B. A. Baker) L. 03: 113.

Geologischer Führer durch die Alpen. I. Das Gebiet der zwei großen rhätischen Überschiebungen zwischen Bodensee und dem Engadin (A. Rothpletz) L. 03: 40.

Über die Lagerungsverhältnisse der kohlenführenden Raibler Schichten von Ober-
laibach (Keuper) (Fr. Kossmat) L. 03: 81.

Über ein Kohlenvorkommen in den Werfener Schichten Bosniens (F. Katzer)
N. 03: 86.

Die Blei- und Zinklagerstätten in Raibl (W. Göbl) 04: 54.

Erzlagerstätten der Umgegend von Massa Marittima; Typus IIIA, an den Kontakt
des Rhätkalks und der Eocängesteine gebunden (Ermisch) 05: 212.

Die Kupferkiesgänge von Mitterberg in Salzburg. Ein Beitrag zur Kenntnis alpiner
Erzlagerstätten (A. W. G. Bleeck) 06: 365.

Die erzführenden Triasschichten Westgaliziens (F. Bartonec) 07: L. 89.

Die Kupfererzlagerstätten von Rebelj und Wis in Serbien (R. Delkeskamp)
07: 436.

Brauneisensteingänge im Buntsandstein von Neuenburg, Freudenstadt usw. (R. Fluhr)
08: 1.

Die Geologische Landesuntersuchung von Elsaß-Lothringen (L. van Werveke)
08: 112.

Die Gipse des toskanischen Erzgebirges und ihr Ursprung (B. Lotti) 08: 370.

Die Typen der Magnesitlagerstätten: Typus Hall (K. A. Redlich) 09: 300.

In Asien.

Die Triasformation in China (M. A. Leclère) R. 03: 157.

Trias, Perm und Carbon in China (E. Schellwien) L. 03: 165.

In Amerika.

Die Rhätkohle von Las Higueras in der Provinz Mendoza (W. Bodenbender)
L. 03: 37.

II. Der Jura.

In Europa.

Die Amberger Erzlagerstätten (E. Kohler) R. 03: 33.

Die Quellen bei Bad Nenndorf am Deister (Serpulit) (H. Stille) R. 03: 76.

Die Kalkspatlagerstätte am Berge Čelebi-jaurn-beli in der Umgegend des Baidartores
(P. Zemiatčenskij) L. 03: 116.

Eisenerzlagerstätte im Wallis (nach C. Schmidt) R. 03: 206.

Die nutzbaren Eisensteinlagerstätten — insbesondere das Vorkommen von oolithischem Roteisenstein — im Wesergebirge bei Minden (oberer Oxford) (Th. Wiese) 03: 217, 227.

Die Eisenerze im braunen Jura von Czenstochau (B. von Rehbinder) R. 03: 310.

Die Erzlagerstätten des Berges Dzyschra in Abchasien (A. G. Zeitlin) 04: 238.

Erzlagerstätten der Umgegend von Massa Marittima; Typus III B, an Liaskalk gebunden (Ermisch) 05: 212.

Eisenerze der Maremmen und auf Elba (E. Cortese) B. 05: 145; (K. Ermisch) B. 05: 239.

Jura-Kohle in Norwegen (J. H. L. Vogt) R. 06: 56.

Die Phosphatlagerstätten Frankreichs: a) Yonne usw. (O. Tietze) 07: 122.

Oolithische Toneisensteine des braunen Jura β im Kocher- und mittleren Filstale (R. Fluhr) 08: 2.

Neue ostungarische Bauxitkörper und Bauxitbildung überhaupt (R. Lachmann) 08: 353, B. 504; s. a. 08: 501.

In Amerika.

Gänge der barytischen Bleiformation in Argentien (S. Michaelis) 09: 413.

III. Die Kreideformation.

In Europa.

Bildung der Kieselknollen der Kreide (R. Delkeskamp) 04: 302.

Die Amberger Erzlagerstätten (E. Kohler) R. 03: 33; s. a. oben, Jura.

Die Untere Kreide westlich der Ems und die Transgression des Wealden (G. Müller) R. 03: 72.

Über den Strontianit des Münsterlandes (Obersenon) (J. Beykirch) L. 03: 77.

Über die Kreideformation des Ruhrkohlenbezirks (A. Middelschulte) R. 03: 241.

Der Bauxit in Italien (V. Novarese) 03: 299.

Tiefbohrungen im Becken von Münster (G. Müller) 04: 7.

Die geologischen Verhältnisse der Erdölzone Opaka-Schodnica-Urycz in Ostgalizien (R. Zuber). A. Kreide 04: 87.

Zur Flysch-Petroleumfrage in Bayern (W. Fink) 05: 330.

Die Phosphatlagerstätten Frankreichs (O. Tietze) 07: 117.

II. ordentliche Hauptversammlung des Niederrhein. Geologischen Vereins 08: P. 302.

Ostungarische und italienische Bauxite (B. Lotti) 08: 501; s. a. 08: 353, B. 504.

Die krystallinen Magnesite Spaniens (K. A. Redlich) 09: 309.

In Afrika.

Phosphat, Asphalt und Petroleum in Palästina und Ägypten (M. Blanckenhorn) 03: 294.

Die Diamantvorkommen in Lüderitzland, Deutsch-Südwestafrika (H. Merensky) 09: 79, 122. — (H. Lotz) B. 09: 142.

In Amerika.

Silberhaltiger Erzgang Santa Cruz de Alaya, Sinaloa in Mexiko (E. Halse) R. 03: 35.

Das Ölfeld von Corsicana in Texas (R. T. Hill) R. 03: 70.

Öl- und Gasfelder im Gebiete der Oberen Kreide von Texas (G. J. Adams) L. 03: 164.

Die Kohlenfelder am Crow's Nest Paß (W. M Brewer) R. 03: 245

D. Die känozoische Formationsgruppe.

I. Die Tertiärformation.

In Europa.

Über ein Schwefelkieslager bei Jasztrabje in Ungarn (J. K n e t t) 03: 106.

Asphaltvorkommen von Ragusa, Sizilien (H. L o t z) 03: 257.

Braunkohlen und Kalke im Taunus (R. D e l k e s k a m p) 03: 272, 273.

Die Zinnoberlagerstätte von Cortevecchia am Monte Amiata (Eocän) (B. L o t t i) 03: 423.

Geologische Übersicht über die salzführenden Formationen und die Salzlager in Rumänien (L. M r a z e c und W. T e i s s e y r e) R. 03: 427.

Die geologischen Verhältnisse von Boryslaw in Ostgalizien (R. Z u b e r) 04: 41, 87.

Wirbeltierreste aus der böhmischen Braunkohlenformation (K. A. R e d l i c h) L. 04: 60.

Einige Schwefellagerstätten in der Provinz Siena (D. P a n t a n e l l i) R. 04: 278.

Über die Rohöl führenden miocänen bzw. oberoligocänen Schichten des Tales Putilla in der Bukowina (S t. O l z e w s k i) 04: 321.

Eisen und Mangan im Großherzogtum Hessen; 3. Die Eisenerze bei Mücke in Oberhessen 04: 360.

Über das Vorkommen des Erdöls (H. M o n k e und F. B e y s c h l a g) 05: 1, 65, 421.

Petroleumvorkommen im mährisch-ungarischen Grenzgebirge (A. R z e h a k) 05: 5.

Neue Untersuchungen B. L o t t i s auf Elba: Silberhaltige Bleierze bei Rosseto (K. E r m i s c h) 05: 141.

Die Brauneisenerzlagerstätten des Seen- und Ohmtals am Nordrand des Vogelsgebirges (H. M ü n s t e r) 05: 242.

Die Bleiglanzlagerstätten von Mazarrón in Spanien (R. P i l z) 05: 385.

Über das Vorkommen von erdiger Braunkohle in den Tertiärschichten Wiesbadens (F. H e n r i c h) 05: 409.

Über Grundwasserverhältnisse in der Umgebung von Bregenz am Bodensee (J. B l a a s) 06: 196.

Braunkohlen und Kohlensäure (R. D e l k e s k a m p) 06: 34, 35.

Braunkohlen und Tone der Tucheler Heide (Miocän) (G. H a a s und H. M e n z e l) L. 06: 22.

Das Kupferkiesvorkommen zu Riparbella (Cecina) in der Toscana (Genesis der Kupferkieslagerstätten der eocänen basischen Eruptivgesteine der Toscana vom Typus des Monte Catini) (R. D e l k e s k a m p) 07: 393.

Die Entstehung der Kaolinerden der Gegend von Halle a. S. (E. W ü s t) 07: 19.

Geologische und chemische Untersuchung der Tonlager bei Altkirch im Ober-Elsaß und bei Allschwyl im Baselland (C. S c h m i d t und F r. H i n d e n) 07: 46.

Tertiäre Bohnerze (R. F l u h r) 08: 14.

Das Tertiär im Kreise Gardelegen (F. W i e g e r s) L. 08: 45.

Statistisches über den rheinischen Basalt (A. H a m b l o c h) B. 08: 68.

Über Kaolinbildung (H. S t r e m m e) 08: 122.

Das Manganerzvorkommen in der Nähe von Cidad Real in Spanien (R. M i c h a e l) 08: 129.

Die Tone des Hohen Westerwaldes (F. F r e i s e) 08: 162.

Die Braunkohlenlagerstätten des Hohen Westerwaldes unter besonderer Berücksichtigung ihrer wirtschaftlichen Verhältnisse (F. F r e i s e) 08: 225.

Über Kaolinbildung, einige Worte zur neuesten Literatur (H. R ö s l e r) 08: 251.

Die Gipse des toskanischen Erzgebirges und ihr Ursprung (B. L o t t i) 08: 370.

Die Erzlagerstätten Toskanas (B. L o t t i) R. 08: 514.

Kalisalzlager im Ober-Elsaß (J. V o g t; M. M i e g) R. 08: 517.

Braunkohlenformation und glaziale Lagerungsstörungen im Felde der Grube „Merkur“ bei Drebkau (P. R u ß w u r m) 09: 87.

Über sekundärer allochtone Braunkohle (H. S t r e m m e) 09: 310.

In Asien.

Das Tertiär in China (M. A. L e c l è r e) R. 03: 158.

In Afrika.

Togo (eocäner Kalk) (C. S c h m e i ß e r) 06: 73.

Die Phosphatlagerstätten von Algier und Tunis (O. T i e t z e) 07: 229.

Schwefellager in Algier (K. A n d r é e) B. 08: 168.

In Amerika.

Öl- und Gasfelder im Gebiete des Tertiärs an der westlichen Golfküste (G. J. A d a m s) L. 03: 163.

Report on gold values in the Klondike high level gravels (R. G. Mc C o n n e l) L. 09: 316.

II. Das Diluvium.

In Europa.

Über das Vorkommen, die Zusammensetzung und die Bildung von Eisenanhäufungen in und unter Mooren (M. v a n B e m m e l e n) L. 03: 37.

Versuch eines Überblicks über die Vegetation der Diluvialzeit in den mittleren Regionen Europas (C. A. W e b e r) L. 04: 106.

Die diluvialen Eisensteine der Gegend von Fritzlar (bei Kassel) (R. D e l k e s k a m p) 04: 307.

Geol.-agronomische Spezialkarte von Preußen, Lieferung 121: Frankfurt a. O., Lebus, Küstrin, Seelow L. 04: 419.

Die Grundwasserverhältnisse zwischen Mulde und Elbe südlich Dessau (O. v. L i n s t o w) 05: 121.

Das Alter und die Lagerung des Westerwälder Bimssandes und sein rheinischer Ursprung (H. B e h l e n) L. 06: 20.

Die Sodaböden in Ungarn (P. T r e i t z) R. 06: 58.

Eine Beobachtungen in den Platinwäschereien von Nischnji Tagil (R. S p r i n g) 05: 49.

Zur Frage der Entwässerung lockerer Gebirgsschichten als Ursache von Bodensenkungen besonders im rheinisch-westfälischen Steinkohlenbezirk (R. B ä r t l i n g) 07: 148.

Über das Manganerzvorkommen von Ciudad Real in Spanien (R. M i c h a e l) 08: 29.

Grundwasserstudien (K. K e i l h a c k) 08: 458; 09: 405.

In Afrika.

Eluviale Diamantlagerstätten in Südafrika (F. W. V o i t) 07: 367.

III. Das Alluvium.

Die Ablagerung des Alluvialgoldes (J. V. L a k e) L. 03: 284.

Wasserkissen (C. O c h s e n i u s) B. 03: 390.

Die Sumpf-, Moor- und See-Erze (Eisenerze) (R. D e l k e s k a m p) 04: 298.

Über Manganwiesenerz und über das Verhältnis zwischen Eisen und Mangan in den See- und Wiesenerzen. Ein Beitrag zur Kenntnis der Bildung der Manganerzlagerstätten (J. H. L. V o g t) 06: 217.

Moorkartierung N. 06: 373.

Die Geschiebeführung der Flußläufe. Ein Beitrag zur Dynamik der Sinkstoffe (T. C h r i s t e n) 06: 4.

Raseneisenstein als Baumaterial 07: 70. N. 34.

Die Bedeutung der wasserlöslichen Humusstoffe (Humussole) für die Bildung der See- und Sumpferze (O. A s c h a n) 07: 56.

Das natürliche System der brennbaren organogenen Gesteine (Kaustobiolithe) (H. S t r e m m e) 09: 4.

Die sogenannten „Humusäuren" (H. S t r e m m e) 09: 353; B. 528, 529.

In Europa.

Eisenerze in Schlesien und Posen N. 06: 62.

Die Goldseifen des Amgun-Gebietes, Ostsibirische Küstenprovinz (E. M a i e r) 06: 101.

Die Goldgruben von Karácz-Czebe in Ungarn (K. v. P a p p) 06: 307, 316.

Über die Grundwasserverhältnisse der Stadt Breslau (F. B e y s c h l a g und R. M i c h a e l) 07: 153.

Finnlands Wasserkräfte (G o e b e l) 07: R. 300.

Zur Kenntnis der alluvialen Kalklager in den Mooren Preußens, insbesondere der großen Moorkalklager bei Daber in Pommern (H e ß v o n W i c h d o r f f) 08: 329.

Über die Grundwasser-Versorgung der Stadt Oranienbaum am finnischen Meerbusen (J. J e g u n o w) 09: 43.

In Asien.

Die Zinnlagerstätten der malayischen Halbinsel, insbesondere die des Kintadistriktes (R. A. F. P e n r o s e jr.) R. 03: 278; R. 04: 277.

Beitrag zur Kenntnis der Rubinlagerstätte von Nanyazeik (J. J. T a n a t a r) 07: 316.

In Afrika.

Über einige neue Diamantlagerstätten Transvaals (A. L. H a l l) 04: 193.

Die Diamantvorkommen in Lüderitzland (H. M e r e n s k y) 09: 79, 122. — (H. L o t z) B. 09: 142.

Die geologische Beschaffenheit des mittleren und nördlichen Teiles der deutschen Kalahari (P. H e r m a n n) 09: 372.

In Australien.

Die Zinnerzlagerstätten von Greenbushes in Westaustralien (P. K r u s c h) 03: 378.

Einige Bemerkungen über die Zinnerzlagerstätten des Herberton-Distrikts in Queensland. II. Die Zinnseifen (W. E d l i n g e r) 08: 340.

In Amerika.

Das Ölfeld von Beaumont in Texas (R. T. H i l l) R. 03: 71, 87.

Erzlagerstätten aus dem unteren Amazonasgebiete (F. K a t z e r) R. 04: 57

Über das Vorkommen von Palladium und Platin in Brasilien (E. H u s s a k) 06: 284.

Über die Diamantlager im Westen des Staates Minas Geraes und der angrenzenden Staaten Sao Paulo und Goyaz, Brasilien (E. H u s s a k) 06: 318.

Natronseen in Mexiko N. 07: 69.

Mineral Resources of Alaska (Seifenlagerstätten) (A. H. B r o o k s) R. 09: 58.

Geology of the Seward Peninsula Tin deposits, Alaska (A. K n o p f) L. 09: 315.

Monazitseifen, Brasilien (F. F r e i s e) 09: 514.

4. Kartographische und markscheiderische Methoden und Instrumente.

Geologischer Kursus für Markscheider, gehalten an der Kgl. Preußischen geologischen
Landesanstalt und Bergakademie, 16.—28. März 1903, P. 03: 256.

Vorschläge für die Aufnahme, Herstellung und Vervielfältigung von „Geognostischen
Naturprofilen" (Th. Tecklenburg) N. 03: 452.

Das oberschlesische Steinkohlenbecken und die kartographische Darstellung desselben (R. Michael) 04: 11.

Allgemeine Kartenkunde (H. Zondervan) L. 04: 283.

Die Entwickelung des niederrheinisch-westfälischen Steinkohlen-Bergbaues in der
zweiten Hälfte des 19. Jahrhunderts („Sammelwerk"; Besprechung der Karten
und Profile) L. 04: 137.

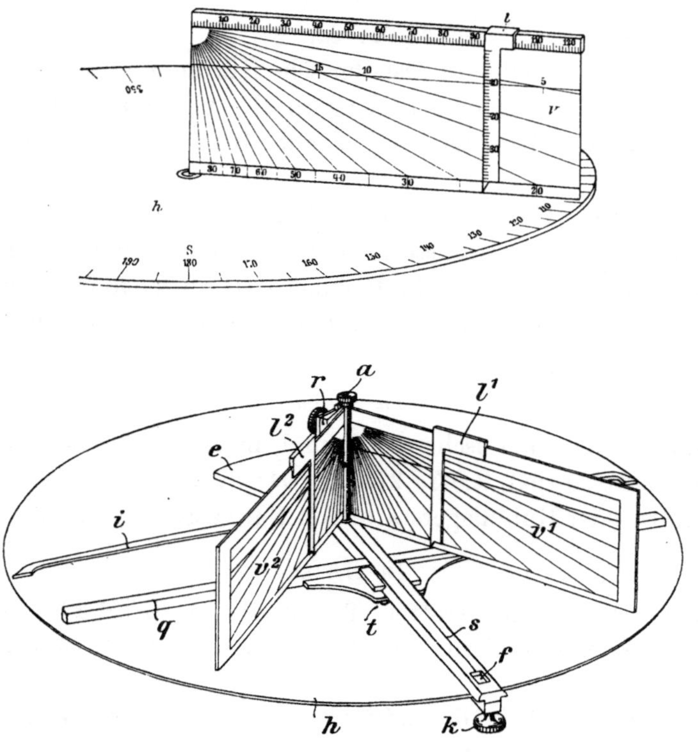

Fig. 9 u. 10.
„Schichtweiser", nach B. Kühn; Text s. Z. 1909, S. 325—342.

Magnetische Erscheinungen an Gesteinen des Vogelsberges, insbesondere an Bauxiten
(Köbrich) 05: 23.

Die bergwirtschaftliche Aufnahme des Deutschen Reiches (Eisenacher Protokoll;
v. Ammon, Beyschlag, Bücking, Credner, Lepsius, Sauer,
Schmeißer) R. 05: 40; R. 06: 152; s. a. N. 06: 131.

Übersicht der bisher in der Z. f. prakt. Geol. gebrachten Berichte über geol. Landesaufnahmen (Red.) 06: 53.

Die neue Gangkarte des Siegerlandes (W. Bornhardt) P. 06: 98.

Über geologische Karten als Lichtbilder (E. Wittich) N. 06: 132.

Moorkartierung N. 06: 373.

Karte der nutzbaren Lagerstätten Deutschlands. Gruppe: Preußen und benachbarte
Bundesstaaten. I. Abteilung: Rheinland und Westfalen. (Beyschlag;
Everding, Schünemann; Bruhns) R. 07: 323, 09: 480.

I. Die Methode geologischer und statistischer Darstellung 325; 480. — II. Die natürlichen Lagerstättenbezirke von Rheinland und Westfalen 328: 484. — III Kritik und Wünsche 331.

Erdmagnetismus und Bergbau (W. K r e b s) B. 08: 69.

Kartographische Darstellung der Steinkohlenvorräte Österreichs (W. P e t r a s c h e c k) P. 08: 352.

Handbuch der Vermessungskunde (W. J o r d a n) L. 09: 180.

Hilfstafeln für Tachymetrie (W. J o r d a n) L. 09: 448.

Die topographische und geologische Kartierung Rumäniens (W. W i e c h e l t) 09: 281.

Ein Apparat zur Veranschaulichung der Lage geologischer Schichten im Raume und zur Lösung hierauf bezüglicher Aufgaben der praktischen Geologie (B. K ü h n) 09: 325. Vergl. hierzu Fig. 9 und 10.

Fernere Literatur:

A b e n d r o t h: Die topographischen Karten der Kgl. preuß. Landesaufnahme. Peterm. Mitt. 1910, S. 37, 93—95 m. Taf. 8—11.

B r a n d e n b e r g: Meine (markscheiderischen) Arbeiten in China. Mitt. a. d. Markscheiderwesen. Freiberg 1904. S. 6—18 m. 3 Abbildungen.

B r u n t o n, D. W.: Geological mine maps and sections. Bi-Monthly Bull. Amer. Inst. of Min. Eng., 1905. Nr. 5. S. 1027—1031 m. 14 Fig.

C a m p b e l l, M. R.: Rapid section work in horizontal rocks. Transact. Amer. Inst. of Min. Eng., Colorado Meeting, September 1896. 18 S. m. 6 Fig.

C h e l i u s: Die Abhängigkeit der Oberflächenformen von Dislokationen. Monatsschr. f. d. Steinbruchs-Berufsgensch. 1903. No. 1. S. 5—6.

F a m b r i, G.: Das Kartenlesen. Praktischer Behelf zum Gebrauch der Spezial- und Generalkarte für Militär und Zivil, besonders Touristen empfohlen. — Applikatorische Aufgaben samt Lösung auf Grund der Spezialkarte und der Generalkarte mit einem Anhange über das Krokieren und Entwerfen von Skizzen. Zweite verb. Auflage. Innsbruck, H. Schwick, 1903. 96 S.

F r e i s e, Fr.: Die Entwicklung der Stratameter. Österr. Z. f. Berg- und Hüttenw. 1906. S. 527—530, 545—549, 560—563 m. Taf. XII.

G a n n e t t. H.: Manual and topographic methods. U. St. Geol. Surv. Bull. Nr. 307.

G e i k i e, A.: Anleitung zu geologischen Aufnahmen. Ins Deutsche übersetzt von K. v o n T e r z a g h i. Wien, F. Deuticke, 1906. 152 S. m. 86 Fig. und einem Geleitwort von Prof. V. H i l b e r. Pr. M. 3.—.

I. Teil: Arbeit im Feld S. 7—129 (Ratschläge; Ausrüstung; Geologische Karten; Erste Begehung; Bestimmen von Gesteinen; Fossile Organismen; Feststellung geologischer Grenzen; Tektonische Verhältnisse; Bau der Gebirge; Eruptivgesteine; Krystalline Schiefer; Mineralgänge; Erdoberfläche). II. Teil: Bearbeitung des Beobachtungsmaterials S. 130—152 (Zweck; Geologische Profile; Chemische und mechanische Untersuchungs- und Trennungsmethoden; Mikroskopische Gesteinsunters.)

G ü l l, W.: Über die Darstellungsmethoden agrogeologischer Übersichts- und Spezialkarten. C. R. de la première Conf. intern. agrogéologique. Budapest 1909. S. 207—212.

H a m m e r, E.: Über die Bestrebungen der neueren Landestopographie. P e t e r - m a n n s Mitt. 1907. S. 97—108 m. Taf. 8.

H a u s s e, R.: Die Verwerfungen, insbesondere ihre Konstruktion, Berechnung und Ausrichtung. Z. f. d. Berg-, Hütten- u. Sal.-Wesen 1903. 51. Bd. S. 1—65, 160—199 m. 54 Fig. u. Taf. 1—9.

H a y e s, C. W.: Handbook for field geologists. New York 1909, J. Wiley & Sons (London, Chapmann & Hall). 168 S. m. 18 Fig. Pr. geb. 6/6 net.

H e i m, A.: Das Relief (Modell eines Gebirges). St.-Gallische naturw. Ges. 1904.

H i r t h, S. J.: Geoplastik. München, M. Kellerer, 1903. 16 S. Pr. 0.50 M.

J a h r, E.: Der Stratigraph, ein Hilfsmittel zur Bestimmung der Gebirgsschichten durch Kernbohrungen. Sonderabdr. a. d. Mitt. a. d. Markscheiderwesen. N. F. Heft 7. 5 S. m. Taf. I. Freiberg i. Sa., Craz & Gerlach, 1905; Tiefbohrwesen, III. 1905. S. 135—136 m. Taf. III.

J o r d a n, W.: Handbuch der Vermessungskunde. III. Bd.: Landes-Vermessung und Grundaufgaben d. Erd-Messung. 5. erweit. Auflage. · Bearb. von C. R e i n h e r t z. Mit Vorwort von E. H a m m e r. Mit Fig. Stuttgart. M e t z l e r' sche Buchhdlg.

K e i l h a c k, K.: Lehrbuch der praktischen Geologie. 2., völlig neubearb. Aufl. Stuttgart 1908. Ferd. Enke. 857 S. Pr. 20 M. — Behandelt S. 1—342 die „Arbeiten im Felde," und zwar die „geologische Kartenaufnahme" sowie besondere geologische „Beobachtungen" in den Tropen und Subtropen (von S. P a s s a r g e), an Vulkanen (von K. S a p p e r), an Gletschern und Inlandeis (von E. v. D r y g a l s k i), von Erdbeben (von A. S i e b e r g), usw. S. 343 bis 440 behandeln „Aufsuchung und Untersuchung technisch nutzbarer Ablagerungen" (— die bergbaulichen sind von P. K r u s c h bearbeitet —), 441—510 die Gewässer.

K e m p , J. F.: Geological Book-Keeping. Bull. Geol. Soc. of America Vol. 16. 1905, S. 411—418 m. 2 Fig. — The field map and note book S. 412; The compilation book S. 416; Principles on which the system is based S. 417.

K r a e b e r : Der erste geologische Kartierungskursus für Markscheider. Vortrag, geh. a. d. V. Hauptvers. d. Deutschen Markscheidervereins. Mitt. a. d. Markscheiderwesen. Neue Folge. Heft 5. 1903. S. 9—26. (Theoretisch-geologischer Kursus für Markscheider S. 59 bis 61.)

M a y e t , P.: Die schematisch-statistischen Karten des Kaiserlichen Statistischen Amtes zu Berlin. Intern. Statist. Institut, Berlin 1903. IX. Tagung. Berlin, J. Sittenfeld, 1903. 12 S.

M e i s s n e r : Wie lerne ich eine Karte lesen und wie orientiere ich mich nach derselben im Gelände ? Erläutert durch Beispiele an der Hand der Generalstabskarte für das Deutsche Reich. Dresden, C. Heinrich, 1904. 39 S. m. 1 Karte. Pr. 1 M. — I. Das Kartenbild; II. Anleitung, wie man sich mit Hilfe der Karte im Gelände orientieren lernt.

M i l l e r , W.: Instrumentenkunde für Forschungs-Reisende. Hannover, Jänecke, 1906. 192 S. m. 134 Fig.

O p p e r m a n n , E.: Einführung in die Kartenwerke der Königlich Preußischen Landesaufnahme nebst Winken für ihre Benutzung bei Wanderungen und ihre Verwertung im Unterricht. Hannover, C. Meyer, 1906. 86 S. m. 5 Kartenbeilagen: Zeichenerklärung der Meßtischblätter und der Deutschen Reichs-Karte, Ausschnitte aus beiden Karten und Übersichtsblatt der Deutschen Reichs-Karte. Pr. geb. M. 1.—.

P e t e r s s o n , W.: Das Aufsuchen von Erzen mittels Elektrizität. Essener Glückauf 43. 1907. S. 906—910 mit 5 Fig.

S a l i s b u r y , R o l l i n D., and W a l l a c e W. A t w o o d: The Interpretation of topographic Maps. U. S. Geol. Survey. Prof. Paper 60. Washington 1908. 84 S. m. 34 Fig. u. 17 Taf. (Karten u. Ansichten).

S c h n e i d e r , A.: Der Stratameter von Gothan. Mitt. a. d. Markscheiderwesen. N. F. Heft 4. 1902. S. 37—42 m. Fig. 10—14.

S c o t t , D. D.: The evolution of mine-surveying instruments. Transact. Amer. Inst. of Min. Eng., 1898—1901. 70 S. m. 27. Fig.

S m y t h , H. L.: Magnetic observations in geological mapping. Transact. Amer. Inst. of Min. Eng., Colorado-Meeting, September 1896.

S m i t h , H. L.: Magnetic observations in geological and economic work. II. The magnetometer as a horizontal instrument. Econ. Geol. III. 1908. S. 200—218 m. 12 Fig.

S t a v e n h a g e n , W.: Skizze der Entwickelung und des Standes des Kartenwesens des außerdeutschen Europa. Ergänzungsheft Nr. 148 zu Dr. A. P e t e r m a n n s Mitteilungen 1904. 376 S. Pr. 16 M.

T i m k o , E.: Was ist auf der agrogeologischen Übersichts- und Spezialkarte darzustellen ? C. R. de la première Conf. intern. agrogéologique. Budapest 1909. S. 203—205.

T r ü s t e d t , O.: Telemagnetometern. Tekniska Föreningens i. Finland Förhandlingar. Heft VII. 1904. S. 2, Fig. 11.

U r s i n u s , O.: Apparate zur Aufsuchung von Erzlagerstätten, Quellen usw. „Vulkan" VIII, 1908, S. 17—20 m. 7 Fig.

5. Allgemeine praktisch-geologische Aufgaben und Methoden.

Mineral- und Gesteinsbestimmungen ; Geophysik und Experimental-Geologie ; Erdbeben-, Höhlen- und Gletscherkunde ; Hilfswissenschaften. — Boden- und Quellenkunde siehe im dritten Abschnitt. — Anhang 1 : Hand- und Lehrbücher der Geologie und Paläontologie, der Petrographie und Mineralogie. Anhang 2 : Bewertung und Schätzung nutzbarer Lagerstätten.

Zur Frage der Abhängigkeit der Vulkane von Dislokationen (J. F e l i x und H. H e n k) L. 03: 78.

Plissements et dislocations de l'écorce terrestre (P h. N e g r i s) L. 03: 208, R. 303.

Theorie der automatischen Seismographen (E. W i e c h e r t) L. 03: 250; s. a N. 03: 255.

Die unterirdische Erdbebenwarte in Pŕibram (F. Exner) N. 03: 255.

Die Korngröße der Eruptivgesteine als Funktion der Entfernung des Gesteins von der abkühlenden Grenze (A. L. Queneau) L. 03: 315.

Eléments de géologie sur le terrain (A. Geikie) L. 03: 358.

Agricultural geology (J. E. M. Marr) L. 04: 280.

Über Stylolithen, Dutenmergel und Landschaftenkalk (O. M. Reis) L. 04: 419.

Die Gletscher (H. Heß) L. 05: 83.

La géologie générale (St. Meunier) L. 05: 84.

Über Wirkungen des Gebirgsdruckes im Untergrunde in tiefen Salzbergwerken (A. von Koenen) 05: 157.

Untersuchungen über die Abhängigkeit der Radioaktivität der Bodenluft von geologischen Faktoren (G. v. d. Borne) L. 06: 21.

Die Geschiebeführung der Flußläufe. Ein Beitrag zur Dynamik der Sinkstoffe. (T. Christen) 06: 4.

Die bakteriologische Wasseruntersuchung durch den Geologen (H. Jaeger) 06: 299.

Wasserentziehungsprozesse (H. Scriba) N. 06: 85.

Über die färbende Substanz im roten Carnallit (O. Ruff) L. 07: 90.

Die Beurteilung von Koks nach seinem Aussehen (A. Thau) L. 07: 90.

Zur Kenntnis der „Bergschläge" (A. Rzehak) 06: 345, 07: 23, 285, 08: 237.

Verbesserung von Trinkwasser und Gebrauchswasser für häusliche und gewerbliche Zwecke durch Aluminiumsilikate oder künstliche Zeolithe (R. Gans) L. 07: 256; auch 164.

Die Erdbebenstation der technischen Hochschule in Aachen, ihre Einrichtung, ihr Zweck und ihre Bedeutung für den Bergbau (Haußmann) L. 07: 302.

Geophysikalische Gesichtspunkte bei Beurteilung des Wassereinbruches in die Mansfelder Kupferschiefergruben vom Oktober 1907 (W. Krebs) B. 08: 32.

Zur Geologie der Wasserkräfte N. 08: 47.

Erdmagnetismus und Bergbau (W. Krebs) B. 08: 69.

Bodenbewegungen N. 08: 86.

Versuche über das Eindringen schmelzflüssiger Metallsulfide in Silikatgesteine (O. Stutzer) 08: 119.

Eine neue Verwertung des Erdmagnetismus N. 08: 131.

Verein für Wasserversorgung und Abwässerbeseitigung zu Berlin P. 08: 136.

Natürliche Bausteine (A. Schmidt) L. 08: 219.

Krystallisierter Chromit aus Südserbien (M. Lazarevic) B. 08: 254.

Natürlicher Alaun in New Mexico N. 08: 255.

Untersuchungen über die Fabrikation von Ölen aus Alaunschiefern P. 08: 256.

Die Prüfung der natürlichen Bausteine auf ihre Wetterbeständigkeit (J. Hirschwald 08: 257, 375, 464, P. 495.

> I. Allgemeine Prinzipien 257. II. 1. Sandsteine 375, 2. Grauwacken 381, 3. Kalksteine 382, 4. Dachschiefer 386. III. 5. Allgemeine Gesichtspunkte für die Prüfung der krystallinischen Silikatgesteine 464, 6. Granit 465, 7. Porphyr 468, 8. Trachyt, Rhyolit und Andesit 470, 9. Basalt 471, 10. Vulkanische Tuffe 475, 11. Schlußwort 478.

Fallen im Feld N. 08: 398, 521.

Erdkatastrophen im Atlasgebiete (W. Krebs) B. 08: 445.

Brennstoff-Prüfanstalten P. 08: 447. — Wasser-Prüfanstalten P. 08: 448.

Über Lichterscheinungen beim Verbrechen von Verhauen (R. Canaval) 09: 440.

Ein Apparat zur Präparation verkieselter Fossilien (P. Grosch) 10: 30.

Fernere Literatur :

A c h t n e r , V.: Untersuchung verschiedener Mineralien auf Radioaktivität mittels der elektrischen und photographischen Methode. Karlsbad, H. Jakob, 1905. 14 S. m. 3 Lichtdrucktaf. Pr. 1.25 M.

A r b e r , E. A. N.: The use of carboniferous plants as zonal indices. Transact. North of Engl. Inst. of min. and mech. eng. Vol. 52. 1903. S. 373—396.

A v e b u r y: An experiment in mountain-building. Quart. Journ Vol. 59. 1903. Nr. 235. S. 348—355 m. 8 Fig.

B e c k e r , A.: Zur Theorie der plötzlichen Gasausbrüche. Österr. Z. f. B. H. 55. 1907. S. 269—272, 282—284, 295—298, 298—311.

B e l a r , A.: Die Bodenunruhe. „Neueste Erdbeben-Nachrichten." VI. Laibach 1906. S. 1—5 m. Taf. 1.

B e s s o n, M. P.: La Radioactivité en Géologie et dans l'atmosphère. Mem. Soc. Cientifica „Antonio Alzate". Mexico 1909. T. 27, Nr. 9 u. 10. S. 70—86. Mem. Soc. Ing. civ. de France. Mars 1909. S. 164 u. 198.

B l a k e , W. P.: Superficial blackening and discoloration of rocks, especially in desert regions. Transact. Amer. Inst. of Min. Eng., Lake Superior Meeting, September 1904. 5 S.

B l ü m c k e , A., und S. F i n s t e r w a l d e r: Die Gletscherbewegung mit Berücksichtigung ihres senkrechten Anteiles. Zeitschr. f. Gletscherkunde I. 1906. Berlin. S. 4—20 mit 3 Fig.

v. d. B o r n ę , G.: Untersuchungen über die Abhängigkeit der Radioaktivität der Bodenluft von geologischen Faktoren. Zeitschr. d. D. Geol. Ges., 58. Bd. 1906. S. 1—37 m. 8 Fig. u. Taf. I u. II.

v. d. B o r n e , G.: Die Schlesische Hauptstation für Erdbebenforschung zu Krietern, Kreis Breslau. Z. d. oberschles. Berg- und Hüttenm. Vereins, XLVI. 1907, S. 481—486.

B r a n c a , W.: Über H. H ö f e r s Erklärungsversuch der hohen Wärmezunahme im Bohrloche zu Neuffen, Böhmen. Zeitschr. d. D. Geol. Ges. 1904. S. 174—182.

B r a u n , G.: Über Bodenbewegungen. XI. Jahresber. d. Geograph. Ges. zu Greifswald, 1908, 21 S. (Erläuterungen zum Fragebogen, der von Dr. G. B r a u n , Greifswald, Geogr. Institut zu beziehen ist.)

C a l d é r o n , S.: Das Streben zum molekularen Gleichgewicht in der Mineralwelt. Naturwissenschaftl. Wochenschr. Bd. XXII, S. 341—350.

C h a m b e r l i n , T. C.: A contribution to the theory of glacial motion. Decennial publ. Univ. of Chicago Vol. IX 1904. S. 193—206 m. Fig. 6—8 und Taf. I—III. Pr. 2 M.

C h e s n e a u , G.: Principes théoriques des méthodes d'analyse minérale fondées sur les réactions chimiques. Ann. des mines 1906. Taf. IX S. 139—249, 255—315, 373—440 m. 6 Fig.

C o n w e n t z , H.: Die Gefährdung der Naturdenkmäler und Vorschläge zu ihrer Erhaltung. Denkschrift, dem Herrn Minister der geistlichen, Unterrichts- und Medizinal-Angelegenheiten überreicht. Berlin, Gebr. Borntraeger, 1904. 207 S. Pr. gebd. 2 M.

C o n w e n t z , H.: Schutz der natürlichen Landschaft, vornehmlich in Bayern. Berlin, Gebr. Borntraeger, 1907. 47 S. Pr. M. —.75.

C o r n u , F.: Über die Paragenese der Minerale, namentlich die der Zeolithe. Vortrag. Österr. Z. f. Bg.- u. H.-W. 1907. S. 89—93.

C r o s s , W., J. P. I d d i n g s , L. V. P i r s s o n , and H. S. W a s h i n g t o n: Quantitative classification of igneous rocks. Based on chemical and mineral characters, with a systematic nomenclature. Chicago, University Press, 1903. 286 S.

D a l y , R. A.: The mechanics of igneous intrusion. Amer. Journ. of Science, Vol. XV, 1903, S. 269—298.

D a n n e n b e r g , A.: Die Äquatorfrage in der Geologie. Peterm. Mittlg. 49, 1903. S. 43—45.

D u p a r c , L.: Sur la transformation du pyroxene en amphibole. (Extr. du Bull. d. l. Soc. franç. de Mineralogie 1908). 29 S. m. 8 Fig.

D u p a r c , L., et F. P e a r c e: Sur les constantes optiques de quelques mineraux et sur les variations de ces constantes sur les divers individus d'une même roche. — Avec la collaboration de M. T.-G. H o r n u n g , pour les proprietes optiques d'un certain nombre de hornblendes. (Extrait du Bull. de la soc. franç. d. Mineral 1908.) 43 S.

E b e r t: Der Atomzerfall bei den Radioelementen, eine neue Energiequelle. Vortrag, geh. in der Sitzung am 10. Jan. 1908. Z. d. V. D. Ing. 52. 1908. S. 587—588.

E c k a r d t , W. R.: Über die klimatischen Verhältnisse der Vorzeit. Naturw. Wochenschrift 1906. S. 113—123.

F o e h r , K. F.: Ein neues Mineralsytem. Auzug a. e. Vortrag in Salzburg 1909, Chemikerzeitung 1909, Nr. 122.

F r e c h , F.: Erdbeben und Gebirgsbau. Petermanns Mitt. 1907. S. 245—20 m. Taf. 19.

F r e c h , F.: Aus dem Tierleben der Urzeit. (Die Natur. Eine Sammlung naturwissenschaftlicher Monographien. Herausgeg. von Dr. W. S c h o e n i c h e n. Bd. 5.) A. W. Z i c k - f e l d t , Osterwieck, Harz. 116 S. m. 8 Taf. u. 36 Textfig.

F r i e d e l , M. G.: Études sur les groupements cristallins. Soc. de l'Industrie min. Saint-Etienne 1904. S. 877—1098.

G e i k i e , J a m e s : Stuctural and Jield geology. 2. Ausg. 1908.

G e i k i e , J a m e s : Traité pratique de Géologie. Traduit et adapté de l'ouvrage anglais „Structural and Field Geology" par P a u l L e m o i n e . Paris 1910, A. Hermann u. Fils. 490 S. m. 187 Fig. u. 64 Taf. Pr. 15 Frcs. — (Formations métalliféres S. 270—318.)

G e i n i t z , E.: Wesen und Ursache der Eiszeit. Sonderabdr. a. Archiv d. Ver. d. Freunde d. Naturgeschichte in Mecklenburg. 59. Jahrg. 1905. Güstrow, Opitz & Co., 1905. 46 S. m. 1 Taf.

G ö t z i n g e r , G.: Beiträge zur Entstehung der Bergrückenformen. (Besonders im Wiener Wald.) Geogr. Abhandl., herausg. von Prof. Dr. A l b r e c h t P e n c k in Berlin, Bd. IX. Heft I. B. G. Teubner, Leipzig 1907. 174 S. m. 17 Fig. u. 7 Taf.

G r a b a u , A. W.: On the classification of sedimentary rocks. Amer. Geologist. Vol. XXXIII. 1904. S. 228—247 m. 2 Fig

G u g e n h a n , A.: Die Vergletscherung der Erde von Pol zu Pol. Berlin, R. Friedländer & Sohn, 1906. 200 S. m. 154 Fig. Preis M. 8.—.

H a a s e , E.: Lötrohrpraktikum. Anleitung zur Untersuchung der Minerale mit dem Lötrohre. Erwin Nägele, Leipzig 1908. 89 S., Pr. 1.20 M. — Für Anfänger.

H a m b e r g , A.: Zur Technik der Gletscheruntersuchungen. Congrès géol. intern. Compte rendu de la IX. session, Wien 1903. Wien, Hollinek, 1904. S. 749—766 m. 14 Fig.

H e i m , A.: Geologische Nachlese. Nr. 14: Tunnelbau und Gebirgsdruck. Zürich, Vierteljahresschr. Naturf. Ges. 1905. 22 S. Pr. M. 1.20.

H e i m , A.: Geologische Nachlese Nr. 21: Einige Gedanken über Schichtung. Vierteljahrsschr. Naturf. Ges. Zürich 1909. S. 330—342.

H e n n i g, E.: Erdbebenkunde. Eine Übersicht über den gegenwärtigen Stand der Erdbebenforschung, die wichtigsten Erdbebenhypothesen und den internationalen Erdbebenbeobachtungsdienst. Leipzig 1909, J. A. Barth. 174 S. m. 24 Fig. Pr. geb. 4 M.

H e n r i c h , F.: Über die Temperaturen in dem Bohrloche Paruschowitz V (Oberschlesien). Preuß. Zeitschr. 1904. Bd. 52. S. 1—11 m. Texttaf. a.

H e n r i c h , F.: Versuche mit frisch geflossener Vesuvlava, ein Beitrag zur Kenntnis der Fumarolentätigkeit. Zeitschr. f. angew. Chemie XIX. 1906. Heft 30. 3 S.

H i r s c h w a l d , J.: Über ein neues Mikroskopmodell und ein „Planimeter-Okular" zur geometrischen Gesteinsanalyse. Zentralblatt für Min., Geol. u. Pal. 1904. S. 626 bis 633 m. 4 Fig.

H o e r n e s , R u d o l f : Über Eolithen. Vortrag. S.-A. Mitt. der naturw. Vereins f. Steiermark. Jahrg. 1908. Bd. 45. S. 371—402.

J a c z e w s k i , L.: Über das thermische Regime der Erdoberfläche im Zusammenhang mit den geol. Prozessen. Sep.-Abdr. a. d. Verh. d. Kais. Russ. mineralog. Ges., Bd. 42, Lfrg. 2. St. Petersburg 1905. S. 243—383 m. 12 Fig. und Taf. XIV.

K a i s e r , E.: Mineralogisch-petrographische Untersuchungsmethoden. Keilhacks Lehrb. d. prakt. Geol. 2. Aufl. 1908. S. 567—740 m. Fig. 261—338.

v. K a l e c s i n s k y , A.: Über die Akkumulation der Sonnenwärme in verschiedenen Flüssigkeiten. B. G. Teubner, Leipzig. 1904. 24 S.

K a t z e r , F.: Bemerkungen zum Karstphänomen. Ungar. Montan-Ind.- u. Handelsztg., 1905. XI, Nr. 21 u. 22. Monatsber. d. D. geol. Ges. 05. S. 233—243.

K a u n h o w e n : Die vorläufigen Ergebnisse der Südpolarexpedition. Naturw. Wochenschrift, III. Bd. 1904. S. 504—510 m. 7 Fig.

K e i l h a c k , H.: Lehrbuch der praktischen Geologie. Arbeits- und Untersuchungsmethoden auf dem Gebiete der Geologie, Mineralogie und Paläontologie. 2., völlig neubearb. Aufl. Stuttgart 1908, Ferd. Enke. 857 S. m. 2 Doppeltaf. und 348 Abbild. Pr. geh. 20 M., geb. 24.40 Mark.

K n e t t , J.: Kritische Bemerkungen über den Wert eines physikalisch-chemischen Zentrallaboratoriums bzw. solcher Untersuchungen namentlich auch für geologisch-hydrologische Fragen. Prag., „Lotos", 1904. XXIV. Bd. 38 S.

Köhler, P. O. Die Entstehung der Kontinente, der Vulkane und Gebirge. Leipzig, Wilhelm Engelmann, 1908. 58 S. m. 2 Fig. Pr. 1.60 M.

Königsberger, J.: Über die Beeinflussung der geothermischen Tiefenstufe durch Berge und Täler, Schichtstellung, durch fließendes Wasser und durch wärmeerzeugende Einlagerungen. Eclogae Geol. Helvetiae. IX. 1906. S. 133—144 m. Fig. 9—13.

Königsberger, J.: Normale und anormale Werte der geothermischen Tiefenstufe. Vortrag, gehalten in der Abteilung „Geophys k" der Naturforscher-Versammlung in Dresden, September 1907. Zentralbl. f. Min. 1907. S. 673—679.

Koert, W.: Meeresstudien und ihre Bedeutung für den Geologen. Naturw. Wochenschrift III. Bd. 1904. S. 481—488 m. 5 Fig.

Krebs, W.: Über Probleme der Polarklimate — Kältepole und Eistriften. Vortrag. Verh. d. deutsch. phys. Ges. VI. Jahrg. Nr. 15—19. Braunschweig, Vieweg & Sohn, 1904. 2 S.

Krebs, W.: Einige Beziehungen des Meeres zum Vulkanismus. Drei Beiträge. Berlin, Verl. d. „Weltall", Treptow-Sternwarte, 1904. 17 S. m. 17 Fig. u. 1 Karte; „Globus", Bd. 84, Nr. 5 und Bd. 86, Nr. 10 und 11.

Krebs, W.: Geophysikalische Gesichtspunkte bei Beurteilung der Grubenexplosion vom 10. März 1906 bei Courrières. Berg u. Hüttenm. Rundschau II. 1906. S. 174—175.

Krusch, P.: Die Aufsuchung und Untersuchung von Gegenständen bergbaulichen Betriebes. S.-A. a. Lehrb. d. prakt. Geol. v. Prof. Dr. K. Keilhack. 2. Aufl. 1908 (Kap. 38). S. 343—382 m. 17 Fig.

Kunz, G. F., und Ch. Baskerville: The action of Radium, Actinium, Roentgen Rays and Ultra-Violet Light on Minerals and Gems. Sep.-Abdr. aus New York Acad. of Sciences 1903. Vol. XVIII. S. 769—783.

Lane, A. C.: Die Korngröße der Auvergnosen. Stuttgart, E. Schweizerbart, 1906. 19 S. m. 6 Fig. u. 1 Taf.

de Launay, L.: Géologie pratique. Paris 1901, A. Collin. 344 S. — 2. Ausgabe 1909.

de Launay, L.: La formation de la structure terrestre. „La Nature" 1905. Nr. 1652. S. 113—115 m. 1 Fig.

Lemme Albert: Eine neue Vulkantheorie. Eßlingen 1909, W. Langguth. 89 S. Pr. 2 M.

Lohest, M.: Les cycles et les recurrences en géologie. Rev. univ. des mines, de la metall. etc., T. XXII, 1908, S. 125—140.

Lotz, K. A.: Vermutliche Ursachen des Erdmagnetismus und seiner Störungen sowie der Polarlichter, Erdbeben, Vulkane, Thermal- und Erdgas-Quellen der Erde nebst Vorschlägen zur Feststellung und event. wirtschaftlichen Ausbeutung derselben. Ungarische Montan-Ind.- u. Handelsztg. XII. No. 13 u. 14 v. 1. u. 15. Juli 1906.

Manson, M.: The evolution of climates. Erweiterter Abdruck aus Amer. Geologist. 1903. 86 S. m. 8 Taf.

Martel, E. A.: Scientific exploration of caves. Report of the VIII. intern. Geograph. Congress held in the United States 1904. Washington 1905. S. 165—172 m. 4 Taf.

Martel, E. A.: La Spéléologie au XXe siècle (Revue et bibliographie des recherches souterraines de 1901 à 1905). Première Partie: France. „Spelunca" Bull. & Mém. de la Soc. de Spéléologie. T. VI. Nr. 41. Paris 1905. 192 S. m. 1 Taf. — Deuxième partie; Éntrager: Europe, Afrique, Amérique, Asie, Océanie. — (Allemagne S. 195—207.) „Spelunca", Bull & Mém. de la Soc. de Spéléologie. T. VI. Nr. 42 u. 43. Paris 1905. S. 195—450.

Le Monnier, Franz Ritter von: Die Erdbeben in ihren Beziehungen zur Technik und Baukunst. Vortrag, gehalten am 6. April 1907. Z. d. österr. Ing.- u. Architekt-Vereins LIX, 1907, S. 859—865, 873—878.

Négris, Ph.: Étude concernant la dernière régression de la mer. Paris, Bull. Soc. géol. de France, 1904. T. IV. S. 156—167, 591—606.

Négris, Ph.: Vestiges antiques submérges. Sonderabdr. a. d. Athenischen Mitteilungen. XXIX. 1904. S. 340—363 m. 7 Fig.

Négris, Ph.: La question de l'atlantis de Platon communication faite au congrès international d'archéologie (session d'Athènes 1905). Athen, D. Sakellarios, 1905. 8 S.

Newest, Th.: Einige Weltprobleme. Zweiter Teil: Gegen die Wahnvorstellung vom heißen Erdinnern. Wien, C. Konegen, 1906. 90 S. Pr. 1.50 M.

Osann, A.: Beiträge zur chemischen Petrographie. I. Teil: Molekularquotienten zur Berechnung von Gesteinsanalysen. Stuttgart, E. Schweizerbart, 1903. 102 S. — II. Teil: Analysen der Eruptivgesteine aus den Jahren 1884—1900. Mit einem Anhang: Analysen isolierter Gemengteile. Ebenda 1905. 266 S.

P e a r c e , F.: Über die optischen Erscheinungen der Krystalle im konvergenten polarisierten Lichte. Zeitschr. f. Krystallographie. 41. Bd. 1905. S. 113—133 m. 7 Fig

P h i l i p p i , E.: Über Intrusionen und tektonische Störungen. Naturw. Wochenschr. XXIII, 1908, S. 385—393, 401—405 m. 13 Fig.

P i l g r i m , L.: Versuch einer rechnerischen Behandlung des Eiszeitproblems. Sep.-Abdr. a. Jahreshefte d. Ver. f. Vaterländische Naturkunde in Württemberg, 1904. Bd. 60, S. 26—117 m. 1 Taf. Cannstatt, H. Reitzel, 1904. Pr. 3.25 M.

R a n s o m e , F. L.: The directions of movement and the nomenclature of faults. Economic Geology, Vol. I. 1906. S. 777—787 m. Fig. 62—65.

R e a d e , T. M e l l a r d: The evolution of Earth strukture with a theory of geomorphic changes. London, Longmans, Green and Co., 1903. 342 S. m. 40 Taf.

R e i s , O. M.: Über Stylolithen, Dutenmergel und Landschaftenkalk (Anthrakolith zum Teil). München, Piloty & Loehle, 1903. Abdr. a. d. Geognost. Jahresheften 1903. 16. Jahrg. S. 157—279 m. Taf. II—V.

R e y e r , E.: Geologische Prinzipienfragen. Leipzig 1907, Wilhelm Engelmann. 202 S. m. 254 Fig. Pr. 4.40 M.

v. R i c h t h o f e n , F.: Triebkräfte und Richtungen der Erdkunde im 19. Jahrhundert. Rede bei Antritt des Rektorats d. Kgl. Friedrich-Wilhelm-Universität zu Berlin am 15. Oktober 1903. — Sonderabdr. a. d. Zeitschr. d. Ges. f. Erdkunde zu Berlin. 1903. Nr. 9. 40 S.

v. R i c h t h o f e n , F.: Das Meer und die Kunde vom Meer. Rede zur Gedächtnisfeier des Stifters der Berliner Universität König Friedrich Wilhelm III. am 3. August 1904. 45 S.

R i n n e , F.: Vergleichende Untersuchungen über die Methoden zur Bestimmung der Druckfestigkeit von Gesteinen. Berichte über von L. P r a n d t l und F. R i n n e durchgeführte Versuche. Neues Jahrb. f. Min. 1907. I. S. 45—61 m. 2 Fig. u. Taf. VI—VIII; 1909 II. S. 121 bis 128 m. 9 Fig. u. Taf. XIV.

D e S a i n t i g n o n , M. F.: Sur les tremblements de terre. Pressions différentielles dans les fluides. — Conférence faite à Nancy le 3 Juillet 1902. Paris, Berger—Levrault & Co., 1903. 60 u. 2 S. m. 11 Fig. Pr. 3 Fr.

S a l i s b u r y , R. D.: The mineral matter of the sea, with some speculations as to the changes which have been involved in its production. Journal of Geology 1905. Vol. XIII. S. 469.

S a n g i o r g i , D.: Sulla variazione di volume dei solidi bagnati dai liquidi. Giornale di Geologia Pratica III. 1905. S. 185—191.

S c h m i d t , C.: Geologische Reiseskizzen und Universalhypothesen. Akad. Vortrag. Basel, B. Schwabe, 1904. 47 S. m. 2 Taf. Pr. 1 M.

S c h m i d t , C.: Alpine Probleme. Rede, geh. am Jahresfeste der Universität Basel den 9. November 1906. Sep.-Abdr. a. d. Sonntagsblatt der „Basler Nachrichten" vom 11. und 18. November 1906. 28 S.

S c h o e n , M.: Die Methoden der geologischen Zeitbestimmung, Naturw. Wochenschr. 1909. S. 709.

S c h w a r z , E. H. L.: An unrecognised agent in the deformation of rocks. Transact. of the South African Philosoph. Soc. 1903. Vol. XIV. Part 4. S. 385—402 m. Taf. IV—VI.

S i e b e r g , A.: Die Natur der Erdbeben und die moderne Seismologie. Naturw. Wochenschrift, Bd. XXII, Nr. 50, 1907, S. 785—795, 801—808.

S i m r o t h , H.: Die Pendulationstheorie. Grethleins Verlag, Leipzig, 1907. 564 S. m. 27 Karten. („Bemerkungen zur Geologie", S. 517—554.) Pr. 12 M., geb. 14 M.

S p e z i a , G.: Contribuzioni di geologia chimica. La pressione è chimicamente inattiva nella solubilità e ricostituzione del quarzo. Torino, C. Clausen, 1905. Acc. reale delle scienze di Torino. Anno 1904—1905. 11 S. m. 1 Taf.

S p e z i a , G.: Il dinamometamorfismo e la minerogenesi. Acc. Reale delle science di Torino. Vol. 40. 1905. 18 S. m. 1 Taf.

S p e z i a , G.: Contribuzioni sperimentali alla cristallogenesi del quarzo. Acc. Reale delle scienze di Torino, Vol. 41. 1905—1906. 10 S. m. 5 Fig.

S p e z i a , G.: Sulle inclusione di Anidride Carbonica Liquida nella Calcite di Traversella. Accademia Reale delle scienze di Torino 1906—1907. Torino 1907, Carlo Clausen. 11 S.

Spezia, G.: La Pressione Anche Unita al Tempo non Produce Reazioni Chimiche. Congresso dei Naturalisti Italiani Promosso dalla Società Italiana di Scienze Naturali. Milano 1907. 3 S.

S t e n t z e l , A.: Eiszeiten. Naturw. Wochenschrift 1906. N. F. V. Bd. S. 449—455 mit 2 Figuren.

S t r o m e r , E.: Ein Beitrag zu den Gesetzen der Wüstenbildung. Zentralbl. f. Min. 1903. S. 1—5.

S u e ß , E.: Über Einzelheiten in der Beschaffenheit einiger Himmelskörper. Sitzungsber. d. Akad. d. Wissensch. in Wien. Mathem.-naturw. Klasse; Bd. CXVI. Abt. I. Okt. 1907. 7 S.

T e a l l , J. H.: The evolution of petrological ideas. (from proceed. of the Geol. Soc., London. Vol. LVII. S. 62—86, Mai 1901. Anniversary). Ann. Rep. of the board of regents of the Smithsonian Inst. for 1902. Washington 1902. S. 287—308 m. 4 Fig.

T h i e n e , H.: Temperatur und Zustand des Erdinnern. Eine Zusammenstellung und kritische Beleuchtung aller Hypothesen. Jena, Gustav Fischer, 1907. 102 S., Pr. 2.50 M

T o u l a , F.: Neue Erfahrungen über den geognostischen Aufbau der Erdoberfläche (VIII: 1898—1900). Geogr. Jahrb. XXIII. S. 213—312.

T r e u b e r t , F.: Die Sonne als Ursache der hohen Temperatur in den Tiefen der Erde, der Aufrichtung der Gebirge und der vulkanischen Erscheinungen. Eine geophysikalische und geologische Skizze. München, M. Keller, 1904. 63 S.

V o r w e r g , O.: Über Steinkessel (besonders im Riesengebirge). 1. Teil: Herischdorf im Riesengebirge. Selbstverlag d. Verfassers, 1903. 79 S.

W a h n s c h a f f e , F.: Neuere Theorien über Gebirgsbildung. Festrede, geh. am 27. Januar 1904 in der Aula der Kgl. Geol. Landesanstalt u. Bergakademie zu Berlin. Programm der Kgl. Bergakademie zu Berlin f. d. Studienjahr 1903—1904. S. I—XXVI.

W a h n s c h a f f e , F.: Erscheinungsform und Wesen der Erderschütterungen. „Himmel und Erde", XI A. 1907. S. 241—258 m. 3 Fig.

W a l t h e r , J.: Das Gesetz der Wüstenbildung in Gegenwart und Vorzeit. Berlin, D. Reimer. 175 S. m. 50 Abbildungen im Text u. auf Taf. Pr. geb. 12 M.

W e h n e r , H.: Das Innere der Erde und der Planeten. Mathematisch-physikalische Untersuchung. Freiberg i. Sa. 1908, Craz & Gerlach. 74 S. m. 27 Fig. Pr. brosch. 2.50 M.

W e h n e r , H.: Westwanderung seismischer und vulkanischer Aktivität. Phys. Zeitschr. 1909, S. 962—965 m. 1 Fig.

W i e c h e r t , E.: Theorie der automatischen Seismographen. Abh. d. Kgl. Ges. d. Wiss. zu Göttingen. Mathem.-phys. Klasse. Neue Folge. II. Bd. Nr. 1. Berlin, Weidmann, 1903. 128 S. m. 16 Fig. Pr. 8 M.

W i l l c o x , O. W.: The viscous vs. the granular theory of glacial motion. Long Branch, N. J., Selbstverlag, 1906. 23 S.

A n h a n g 1 : L e h r b ü c h e r etc.

Élements de géologie sur le terrain (A. G e i k i e). L. 03: 358.

Katechismus der Versteinerungskunde (H. H a a s) L. 03: 208.

Petrographisches Praktikum (R. R e i n i s c h) L. 04: 60.

Grundriß der reinen und angewandten Elektrochemie (P. F e r c h l a n d) L. 04: 104.

Krystalloptik; eine ausführliche elementare Darstellung aller wesentlichen Erscheinungen, welche die Krystalle in der Optik darbieten, nebst einer historischen Entwickelung der Theorien des Lichts (A. B e c k e r) L. 04: 280.

Grundriß der Mineralogie und Geologie (B. und E. S c h w a l b e und H. B ö t t g e r) L. 04: 282.

Handbuch der Erdbebenkunde (A. S i e b e r g) L. 04: 282.

Grundzüge der Gesteinskunde. II. Teil: Spezielle Gesteinskunde mit besonderer Berücksichtigung der geologischen Verhältnisse (W e i n s c h e n k) L. 07: 303.

Praktische Gesteinskunde (F. R i n n e) L. 08: 493.

Grundriß der Krystallographie (G. L i n c k) L. 08: 395.

Fernere Literatur (vgl. hierzu auch Abschnitt III, 1. Teil A):

A r r h e n i u s , S.: Das Werden der Welten. Mit Unterstützung des Verfassers aus dem Schwedischen übersetzt von L. B a m b e r g e r. Akademische Verlagsgesellschaft, Leipzig 1907. 214 S. m. 60 Textfig. Pr. 5 M. (S. 1—34: Vulkanische Erscheinungen und Erdbeben.)

A r r h e n i u s , S.: Die Vorstellung vom Weltgebäude im Wandel der Zeiten. (Das Werden der Welten. Neue Folge.) Aus dem Schwedischen übersetzt von L. B a m b e r g e r. Leipzig, Akadem. Verlagsgesellschaft, 1908. 191 S. m. 28 Fig. Pr. 5.—, geb. 6.— M.

B a r r a l , E.: Tableaux synoptiques de minéralogie, détermination des minéraux. Préface de C. D e p é r e t. Paris, Baillière et fils, 1903. 96 S. m. 44 Fig. Pr. 1.20 M.

B e c k e r , A.: Krystalloptik. Eine ausführliche elementare Darstellung aller wesentlichen Erscheinungen, welche die Krystalle in der Optik darbieten, nebst einer historischen Entwicklung der Theorien des Lichts. Stuttgart, F. Enke, 1903. 362 S. m. 106 Fig. Pr. 8 M.

B e u s h a u s e n , L.: Entwickelung der Tierwelt. VI. Teil von „Weltall und Menschheit". Berlin, Deutsches Verlagshaus Bong & Co. 1903. Zweiter Band S. 409—518 m. 54 Fig. und 6 Beilag.

B r a u n s , R.: Chemische Mineralogie. Russische Übersetzung mit Zusätzen des Autors von D. J. B j e l j a n k i n unter Redaktion von F. L. L ö w i n s o n - L e s s i n g . St. Petersburg 1904. 479 S. m. 33 Fig. Pr. 12.— M.

B r a u n s , R.: Mineralogie. 3. Auflage. Sammlung Göschen Nr. 29. Leipzig, G. J. Göschen, 1905. 134 S. m. 132 Fig. Pr. 0.80 M.

B r e n d l e r , W o l f g a n g : Mineraliensammlungen. Ein Hand- und Hilfsbuch für Anlage und Instandhaltung mineralogischer Sammlungen. Teil I. Leipzig 1908, W. Engelmann. 220 S. m. 314 Fig. Pr. geb. 7 M.

B r u h n s , W.: Petrographie (Gesteinskunde). Sammlung Göschen Nr. 173. Leipzig, G. J. Göschen, 1903. 176 S. m. 15 Fig. Pr. 0.80 M.

B r u h n s , W.: Krystallographie. Leipzig, G. J. Göschen, 1904. Sammlung Göschen Nr. 210. 144 S. m. 190 Fig. Pr. 0.80 M.

C h a l o n , P. F.: Manuel du mineur. Paris, Ch. Béranger, 1909. 633 S. m. 95 Fig. Pr. 12,50 Fr.

C h a m b e r l i n , T. C., and R. D. S a l i s b u r y : Geology. Vol. II: Earth history. Genesis-Paleozoic. 692 S. m. 306 Fig. Vol. III: Earth history. Mesozoic, Cenozoic. 624 S. m. 576 Fig. New York, H. Holt & Co., 1906. Pr. jedes Bandes geb. 17.— M.

D o e l t e r , C.: Petrogenesis. Heft 13 von „Die Wissenschaft". Braunschweig, F. Vieweg & Sohn, 1906. 261 S. m. 5 Fig. u. 1 Lichtdrucktaf. Pr. 7.— M., geb. 7.80 M.

Das Erdinnere und der Vulkanismus S. 1; die Erscheinungsformen der vulkanischen Gesteine S. 19; die Struktur der Eruptivgesteine S. 38; Abhängigkeit der mineralogischen Zusammensetzung der Gesteine von ihrem chemischen Bestande S. 56; die Differentiation der Magmen S. 71; die Altersfolge der Eruptivgesteine S. 93; die Einschlüsse der Gesteine S. 101; Assimilation und Korrosion S. 109; künstliche Gesteine S. 123; die Verfestigung des vulkanischen Magmas S. 130; die Kontaktmetamorphose S. 150; die Bildung der krystallinen Schiefer S. 168; Sedimente S. 220; chemische Absätze' Bildung von Steinsalz, Gips und Anhydrit S. 236; Nachträge, Autoren- und Sachregister S. 250—261.

F o e r s t e r , M.: Lehrbuch der Baumaterialienkunde zum Gebrauche an technischen Hochschulen und zum Selbststudium. Leipzig, W. Engelmann, 1903—1905.

F r a a s , E.: Geologie in kurzem Auszug für Schulen und zur Selbstbelehrung. 3. verb. Aufl. Sammlung Göschen Nr. 13. Leipzig, G. J. Göschen, 1903. 122 S. m. 16 Fig. u. 4 Taf. m. 51 Fig. Pr. 0.80 M.

F r e c h , F.: Aus der Vorzeit der Erde. Vorträge über allgemeine Geologie. „Aus Natur und Geisteswelt" 61. Bd. Leipzig, B. G. Teubner, 1905. 135 S. m. 49 Fig. im Text u. auf 5 Doppeltaf. Pr. geb. 1.25 M.

F u c h s , C. W. C.: Anleitung zum Bestimmen der Mineralien. Fünfte Aufl. Neu bearbeitet von Dr. R. B r a u n s , Gießen 1907, Töpelmann. 220 S. m. 28 Abbild. Pr. 4.50 M., geb. 5.— M.

G r u b e n m a n n , U.: Die krystallinen Schiefer. I. Allgemeiner Teil. 1904. 105 S. m. 7 Fig. u. 2 Taf. Pr. geb. 3.40 M. II. Spezieller Teil. 1907. 175 S. m. 8 Fig. u. 8 Taf. Pr. geb. 9.60 M. Berlin, Bornträger.

H a a s , H.: Leitfaden der Geologie. Achte, gänzlich umgearbeitete und vermehrte Auflage. Webers illustrierte Handbücher, Bd. 42.) Leipzig, J. Weber, 1906. 286 S. m. 244 Fig. u. 1 Taf. Pr. 4.— M.

H a a s e , E.: Die Erdrinde. Einführung in die Geologie. Leipzig 1909, Quelle & Meyer. 17 u. 84 S. m. 176 Fig. u. 3 farb. Taf. Pr. geb. 2.80 M.

H e i s e , F., und H e r b s t , F.: Lehrbuch der Bergbaukunde mit besonderer Berücksichtigung des Steinkohlenbergbaues. Berlin, Julius Springer, 1908. I. Bd., 604 S. m. 583 Fig. und 2 Tafeln. Pr. in Leinen geb. 11.— M. — (I. Gebirgs- und L a g e r s t ä t t e n l e h r e S. 2—71 m. 71 Fig. u. 1 Taf.)

H e ß , H.: Die Gletscher. Braunschweig, F. Vieweg & Sohn, 1904. 426 S. m. 73 Fig. u. 4 Karten. Pr. 15.— M., geb. 16.— M.

H o e r n e s , R.: Paläontologie. 2. verb. Aufl. Sammlung Göschen Nr. 95. Leipzig, G. J. Göschen, 1904. 206 S. m. 87 Fig. Pr. 0.80 M.

K a y s e r , E.: Lehrbuch der Geologie. I. Teil: Allgemeine Geologie. Dritte Auflage. Stuttgart, F. Enke, 1909. 825 S. m. 548 Fig. Pr. geh. 22 M.

K a y s e r , E.: Lehrbuch der Geologie. II. Teil: Geologische Formationskunde. 3. Aufl. Stuttgart, Ferd. Enke, 1908. 741 S. m. 150 Fig. u. 90 Taf. Pr. geh. 18.60 M.

K l o c k m a n n , F.: Lehrbuch der Mineralogie. Vierte, verbesserte und vermehrte Aufl. Stuttgart, F. Enke, 1907. 662 S. m. 553 Fig. Anhang I: Die nutzbaren Mineralien S. 595—602; Anhang II, separat: Tabellarische Übersicht (Bestimmungstabellen über die 250 wichtigsten Mineralien. 41 S.). Pr. 15.— M. — (Vergl. Bespr. d. Z. 1896, S. 235; 1900, S. 195; „Fortschritte" I., S. 293).

v. K n e b e l , W.: Höhlenkunde mit Berücksichtigung der Karstphänomene. Heft 15 von „Die Wissenschaft", Sammlung naturwissenschaftlicher und mathematischer Monographien. Braunschweig, F. Vieweg & Sohn, 1906. 222 S. m. 42 Fig. im Text u. auf 4 Taf. Pr. 5.50 M.; geb. 6.30 M.

L a d e n b u r g A.: Naturwissenschaftliche Vorträge in gemeinverständlicher Darstellung. (Die Fundamentalbegriffe der Chemie. — Die chemische Konstitution der Materie. — Beziehungen zwischen den Atomgewichten und den Eigenschaften der Elemente. — Stereochemie. — Die Aggregatzustände und ihr Zusammenhang. — Die vier Elemente des Aristoteles. — Die Spektralanalyse und ihre kosmischen Konsequenzen. — Über das Ozon. — Das Zeitalter der organischen Chemie. — Das Radium und die Radioaktivität. — Über den Einfluß der Naturwissenschaften auf die Weltanschauung. — Epilog zur Kasseler Rede.) Leipzig, Akadem. Verlagsges., 1908. 264 S. m. 29 Fig.

L a n d a u e r , J.: Die Lötrohr-Analyse. Anleitung zu qualitativen Untersuchungen auf trocknem Wege. 3. Aufl. Berlin, Julius Springer, 1908. 186 S. m. 30 Fig. Pr. geb. 6.— M.

d e L a u n a y , L.: L'histoire de la terre. Paris, E. Flammarion, Bibl. de philosophie scient., 1906. 312 S. Pr. 2.80 M.

> I. L'histoire de théories géologiques S. 1; II. Principes des méthodes geologiques S. 38; III. Les forces en jeu dans les transformations de la structure terrestre et leurs effets généraux S. 84; IV. L'histoire de la matière terrestre S. 97; V. L'histoire de la structure terrestre. Son évolution S. 121; VI. L'histoire de la structure terrestre. Les récurrences S. 172; VII. L'histoire des climats. Les variations physiques et astronomiques S. 232; VIII. Le présent et l'avenir de la terre S. 266; IX. L'histoire de la vie sur la terre S. 275.

L i n c k , G.: Grundriß der Krystallographie für Studierende und zum Selbstunterricht. Zweite Aufl. Jena, Gustav Fischer, 1908. 255 S. m. 604 Fig. u. 3 farb. Tafeln. Pr. geh. 10.— M., geb. 11.— M.

L i n c k , G.: Tabellen zur Gesteinskunde für Geologen, Mineralogen, Bergleute, Chemiker, Landwirte und Techniker. Dritte vermehrte und verbesserte Auflage. Jena, G. Fischer, 1909. Pr. 2 M.

L ö w l , F.: Die Erdkunde. Eine Darstellung ihrer Wissensgebiete, ihrer Hilfswissenschaften und der Methode ihres Unterrichtes. Herausgeg. von M. K l a r. XI. Teil: Geologie. Wien, F. Deuticke, 1906. 332 S. m. 266 Fig. Pr. 11.60 M.

> I. Petrographische Geologie S. 7; II. Historische Geologie S. 57; III. Die Störungen der Erdrinde S. 136; IV. Die Skulptur der Erdoberfläche S. 247.

M a r c u s e : A.: Erdphysik. III. Teil von „Weltall und Menschheit". Berlin, Deutsches Verlagshaus Bong & Co., 1903. Erster Band S. 383—492 m. 71 Fig. u. 13 Beilagen.

M a u c h e r , W.: Leitfaden für den Geologie-Unterricht an Berg- und Hüttenschulen und anderen technischen Lehranstalten. Mit 89 Fig. Freiberg i. Sa. 1907.

M y e r s , J. H.: Rudiments of geology and prospector's guide. Madison, Wisc., 1905. 65 S. m. Fig. Pr. 2.— M.

O e b b e k e , K.: Franz von Kobells Tafeln zur Bestimmung der Mineralien mittels einfacher chemischer Versuche auf trockenem und nassem Wege. 15. Aufl. J. Lindauersche Buchhandlung, München 1907. 125 S. Pr. 2.50 M., geb. 3.— M.

P a b s t , W.: Grundzüge der Mineralogie und Gesteinskunde. Berlin, H. Hillger, 1905. 92 S. m. 40 Fig. Pr. 0.30 M.

P e t e r s , H.: Lehrbuch der Mineralogie und Geologie für Schulen und für die Hand des Lehrers, zugleich ein Lesebuch für Naturfreunde. 2. Auflage der „Bilder aus der Mineralogie und Geologie" (vergl. d. Z. 1898. S. 260). Kiel und Leipzig, Lipsius und Tischer, 1905. 266 S. m. 111 Fig. u. 1 geol. Karte von Deutschland i. M. 1 : 3 400 000. Pr. 3.— M., geb. 4.— M. — III. Abschnitt: Technisch wichtige Mineralien S. 193—258.

R e d l i c h , K. A.: Anleitung zur Lötrohranalyse. 2. umgearb. Auflage. Leoben, L. Nüßler, 1903. 32 S. m. 8 Fig. Pr. 1.— M.

R e i n i s c h , R.: Petrographisches Praktikum. Erster Teil: Gesteinbildende Mineralien. Zweite verb. Aufl. Berlin, Gebr. Borntraeger 1907. 128 S. m. 81 Fig. u. 5 Tab. Pr. geb. 4.60 M.

R e i n i s c h , R.: Petrographisches Praktikum. Zweiter Teil: Gesteine. Berlin, Gebr. Bornträger, 1904. 180 S. m. 22 Fig. Pr. 5.20 M.

R i n n e , F.: Praktische Gesteinskunde für Bauingenieure, Architekten u. Bergingenieure, Studierende der Naturwissenschaft, der Forstkunde und Landwirtschaft. 3., vollständig durchgearbeitete Aufl. Hannover, Dr. M. Jänecke, 1908. 318 S. m. 2 Taf. u. 391 Fig. Pr. brosch. 12.— M., geb. 13.— M. (Vgl. d. Bespr. d. 1. Aufl. d. Z. 1902, S. 166.)

S a p p e r , K.: Erforschung der Erdrinde. I. Teil von „Weltall und Menschheit". Berlin, Deutsches Verlagshaus Bong & Co., 1903. Erster Band S. 17—228 m. 165 Fig. u. 23 Beilagen. (S. 265: Die wichtigsten Zweige der angewandten Geologie: Quellensuchen und Bergbau.)

S a p p e r , K.: Erdrinde und Menschheit. II. Teil von „Weltall und Menschheit". Berlin, Deutsches Verlagshaus Bong & Co., 1903. Erster Band S. 291—380 m. 47 Fig. u. 6 Beilagen. (Erdrinde und Menschheit S. 291; Mineralschätze und Menschheit S. 371; Geologische Forschung und Menschheit S. 378.)

S a u e r , A.: Petrographische Wandtafeln. Mikroskopische Strukturbilder wichtiger Gesteinstypen in 12 Tafeln. Stuttgart, K. G. Lutz, 1906. 31 S. m. 12 Taf.

S c h m i d t , C.: Tektonische Demonstrationsbilder. Sonderabdruck aus dem Bericht über die XXXX. Vers. des Oberrh. geol. Vereins zu Lindau, 1907. 3 S. m. 5 Taf.

S c h r o e d e r   v a n   d e r   K o l k , J. L. C.: Tabellen zur mikroskopischen Bestimmung der Mineralien nach ihrem Brechungsindex. Zweite, umgearbeitete und vermehrte Auflage von E. H. M. B e e k m a n n . Wiesbaden, W. Kreidel, 1906. 67 S. m. 1 Taf. Pr. 3.60 M.

S c h w a l b e , B., und H. B ö t t g e r : Grundriß der Mineralogie und Geologie. Zum Gebrauch beim Unterricht an höheren Lehranstalten sowie zum Selbstunterricht. Braunschweig, F. Vieweg & Sohn, 1903. 766 S. m. 418 Fig. u. 9 Taf. Pr. geh. 12.— M., geb. 13.50 M.

S h a l e r , N. S.: Elementarbuch d. Geologie. Dresden 1903. 308 S. m. 97 Fig. Preis 3.50 M., geb. 4.50 M.

S i e b e r g , A.: Handbuch der Erdbebenkunde. Braunschweig, F. Vieweg & Sohn, 1904. 362 S. m. 113 Fig. u. Karten im Text. Pr. 7.50 M.

S i e p e r t , P.: Grundzüge der Geologie. Berlin, H. Hillger, 1905. 95 S. m. 40 Fig. Pr. 0.30 M.

S t e i n e r , E. J.: Das Mineralreich nach seiner Stellung in Mythologie und Volksglauben, in Sitte und Sage, in Geschichte und Literatur, im Sprichwort und Volksfest. Gotha, E. F. Thienemann, 1895. 142 S. Pr. 2.40 M., geb. 3.— M.

S t e i n m a n n , G.: Einführung in die Paläontologie. 2. Aufl. Engelmann, Leipzig 1907. 542 S. m. 902 Fig. Pr. 14.— M., geb. 15.20 M.

T r e p t o w , E.: Grundzüge der Bergbaukunde einschließlich Aufbereitung und Brikettieren. IV. Aufl. Spielhagen & Schurich, Wien und Leipzig 1907. 598 S. m. 814 Fig. Pr. 12.— M., geb. 13.— M.

I. Die Lagerstätten S. 3—42 mit Fig. 1—70. — II. Das Aufsuchen der Lagerstätten S. 43—73 mit Fig. 71—130. — XII. Betrieb und Verwaltung der Gruben S. 577—583.

T o u l a , F.: Lehrbuch der Geologie. Ein Leitfaden für Studierende. Zweite Auflage. Wien, A. Hölder, 1906. 492 S. m. einem Titelbilde, 452 Fig., einem Atlas von 30 Taf. und 2 geologischen Karten. Pr. 16.— M.

V i o l a , C. M.: Grundzüge der Krystallographie. Leipzig, W. Engelmann, 1904. 389 S. m. 453 Abbild. Pr. 11. M., geb. 12 M.

W a g n e r P.: Lehrbuch der Geologie und Mineralogie für höhere Schulen. 2. u. 3. verb. Aufl. Leipzig und Berlin, B. G. Teubner, 1908. 190 S. m. 268 Fig. u. 3 Taf. Pr. geb. 2.40 M.

W a g n e r , P.: Lehrbuch der Geologie und Mineralogie für höhere Schulen. Große Ausgabe für Realgymnasien und Oberrealschulen. Leipzig und Berlin, B. G. Teubner, 1907. 208 S. Pr. 2.80 M.

W e i n s c h e n k , E.: Grundzüge der Gesteinskunde. I. Teil: Allgemeine Gesteinskunde als Grundlage der Geologie. Zweite, umgearbeitete Aufl. Freiburg i. Br., Herder, 1906. 228 S. m. 100 Fig. u. 6 Taf. Pr. 5.40 M., geb. 6.— M.

W e i n s c h e n k , E.: Grundzüge der Gesteinskunde. II. Teil: Spezielle Gesteinskunde mit besonderer Berücksichtigung der geologischen Verhältnisse. Zweite, umgearbeitete Auflage. Freiburg i. Br., Herder, 1907. 362 S. m. 186 Fig. und 6 Taf. Pr. 9.60 M., geb. 10.30 M.

W e i n s c h e n k , E.: Die gesteinsbildenden Mineralien. Zweite, umgearbeitete Aufl. Freiburg i. Br., Herder 1907. 225 S. m. 204 Fig. u. 21 Tabellen. Pr. geb. 9.— M.

W e i n s c h e n k , E.: Anleitung zum Gebrauch des Polarisationsmikroskops. Zweite, umgearbeitete und vermehrte Aufl. Freiburg i. Br., Herder, 1906. 147 S. m. 135 Fig. Pr. 4.— M.

W e i s b a c h , A.: Tabellen zur Bestimmung der Mineralien mittels äußerer Kennzeichen. 6. Aufl., durchgesehen und ergänzt von F. K o l b e c k. Leipzig, A. Felix, 1903. 120 S. Pr. 3.— M.

W i e d h a n , O.: Geologische Tafeln für Sammler, Schule und Haus. Zusammengestellt aus H. C r e d n e r , Elemente der Geologie, 9. Aufl., 1902; H. H a a s , Versteinerungskunde, 2. Aufl. 1902; K o k e n , v. K o e n e n , P o t o n i é u. a. Hahnsche Buchhandlung, Hannover und Leipzig 1907. 15 Taf. in Folio mit 60 S. Register. (Mit besonderer Berücksichtigung der nutzbaren Mineralien innerhalb der einzelnen Formationen und mit Ortsangaben der Bergbaue usw.).

Z i m m e r m a n n , R.: Die Mineralien. Eine Anleitung zum Sammeln und Bestimmen derselben nebst einer Beschreibung der wichtigsten Arten. Halle, H. Gesenius, 1904. 120 S. m. 8 Taf. Pr. 2.— M., geb. 2.50 M.

v. Z i t t e l , A.: Grundzüge der Paläontologie (Paläozoologie). I. Abtlg.: Invertebrata. 2. verb. u. verm. Aufl. München, R. Oldenbourg, 1903. 544 S. m. 1405 Fig. Pr. 16.50 M.

Anhang 2:

Bewertung und Schätzung nutzbarer Lagerstätten.

Da diese Abteilung neu ist, sind hier auch einige ältere Arbeiten mit aufgenommen worden.

B a l l i n g   K.: Über die Ermittelung des Substanzverlustwertes beim Bergbau, nebst einem Vergleich zwischen der diesbezüglich in Preußen angewendeten und jener in dieser Abhandlung aufgestellten Methode. Prag 1899. Teplitz-Schönau, A. Becker in Comm. 22 S. 4 . Pr. 3 M.

B a l l i n g , K.: Die Schätzung von Bergbauen und Eisenbahnschutzpfeilern, — nebst einer Skizze über die Einwirkung des Verbruches unterirdischer durch den Bergbau geschaffener Hohlräume auf die Erdoberfläche. Im Anhange: Über die erforderliche Schutzpfeilerbreite bei der etagenbaumäßigen Auskohlung und über die Zulässigkeit der Auskohlung von Eisenbahn-Schutzpfeilern im nordwestböhmischen Braunkohlenbecken. Zweite, erweiterte Auflage. (1. Aufl. 1898, 91 S. m. 10 Fig.) Teplitz-Schönau, A. Becker, 1906. 164 S. m. 3 Taf. Pr. 7 M.

B e c h e r: Anleitung zur Schätzung metallischer Bergwerke. Karstens Archiv, Bd. 18, Heft 1. Berlin, 1828.

B i n d e r , G.: Über mechanisches Probenehmen. Pr. Z. f. B. H. S. 1907. 55. S. 193 bis 198 mit 8 Abbild.

B r i n s m a d e , R. B.: Calculation of Mines-Values. Am. Inst. of Min. Eng. 1890, Nr. 19, S. 61—67.

C a m p b e l l , M. R.: The value of coal-mine sampling. Economic Geology. Vol. II. 1907. S. 48—57.

C a m p r e d o n: L'échantillonnage des matières minérales. Soc. de l'ind. min. Comptes rendus mens. Septembre-Octobre 1906. S. 294—298.

C h a n c e , H. M.: Appraisal of the value of mineral-lands, with especial reference to coal-lands. Transact. Amer. Inst. of Min. Eng., Lake Superior Meeting, September 1904. 13 S.

C h a r l e t o n , A. G.: Report book for mining engineers. London, Whitehead, Morris & Co., Ltd., 1903. Pocket edition. Pr. 7.50 M.

D e l M a r , A.: Mine Valuations. Eng. and Min. Journ., Vol. 85, 1908, S. 1043—1044 mit 1 Fig.

O 'D o n a h u e , T. A.: The valuation of mineral properties. Transact. North of Engl. Inst. 1907. Vol. 57. S. 45—65.

F r e y b e r g , M.: Die Wertbestimmungen von Bergwerken. „Braunkohle" VI. 1907. S. 73—81. — S. auch H a n u s.

G r a b i l l , Cl. A.: Ore contracts from the smelters standpoint. Eng. a. Min. J. 1908. S. 73—77 m. 4 Fig.

G u n d r y , J.: How and what to observe in and about mines; with some practical tests. Transact. Manchester Geol. Soc. 22. S. 113.

G o e s e l , J. G.: Minerals and Metals. Reference book, useful data and tables of information on legal, customary and scientific measurements, geological classification, etc. New York 1906. 298 S. Geb. 15 M.

H a n u s , V.: Die Wertbestimmung von Bergwerken. Erwiderung auf die Bemerkungen des Herrn Dipl.-Ing. M. F r e y b e r g. „Braunkohle" VII. S. 827—830, VIII. 1909. S. 259—262.

Hatch, F. H., and E. J. Vallentine: Mining tables. — I. Weights and measures. — II. Data relating to force and energy. — III. Data relating to Water. — IV. Data relating .to air and steam. — V. Data specially relating to mining. — VI. Data relating to Surveying. — Macmillan & Co., London 1907. 200 S. mit 10 Fig. Pr. 6.50 M. — The weights and measures of international commerce. 59 S. Pr. 3 M.

Hoskold, H. D.: The valuation of mines of definitive average income. Transact. Am. Jnst. Min. Eng. October 1902.

Janda, F.: Die Erzprobenahme und die Zurichtung des Durchschnittsmusters für die chemische Analyse. Österr. Z. f. Berg- und Hüttenw. 1904. S. 547—549, 561—564, 577—580.

Irving, J. D.: The localization of values or occurrence of shoots in metalliferous deposits. Discussion. Am. Geol. T. III. 1908. S. 143—154.

Krahmann, M.: Über Lagerstätten-Schätzungen — im Anschluß an eine Beurteilung der Nachhaltigkeit und Entwickelungsfähigkeit des Eisenerzbergbaues an der Lahn. Z. f. pr. Geol. 1904, S. 329—348 m. 10 Fig. — Sonderabdr. Pr. 1 M. (Inhalt s. S. 3.)

Kreutz, W.: Wertberechnung von Bergwerken. (Winke für Kapitalisten). Köln. C. Roemke, & Co., 1900. 11 S.

Kreutz, W.: Über Skalapreise bei Erzen. „Glückauf" 1905. S. 1077—1081, 1026 bis 1030.

Kreutz, W.: Wertschätzung von Bergwerken. Unter besonderer Berücksichtigung der im Geltungsbereich des preußischen Berggesetzes vorliegenden Verhältnisse. Köln 1909, Selbstverlag. 88 S. Pr. 3.75 M.

Krusch, P.: Die Untersuchung und Bewertung von Erzlagerstätten. Stuttgart, F. Enke, 1907. 537 S. m. 102 Fig. Pr. 16. M.—; geb. 17.40 M.

> Allgemeiner Teil: Erzlagerstättenkunde S. 1—61; Schürfmethoden S. 62—67; Aufbereitung der Erze S. 68—84; Bewertung des Objektes und Bergwirtschaftliches S. 85—115 (Probenahme; Erzvorrat: visible, probable, possible ore; Wertberechnung; Preise; Frachten) — Spezieller Teil (nach Metallen geordnet) S. 116—329. — Statistischer Teil (nach Ländern geordnet) S. 330—490.

v. Kummer: Über die Grundsätze, nach denen der finanzielle Erfolg bergmännischer Unternehmungen zu beurteilen ist. Karstens Archiv, Bd. 8, Heft 1. Berlin 1834.

Lecomte-Dennis, M.: La prospection des mines et leur mise en valeur. Avec préface par Haton de la Goupillière. 2. Aufl. Paris 1908. 13 und 634 S. m. 829 Fig. Pr. 16.50 M.

Lobe, H.: Die Wertschätzung von Bergwerks-Unternehmungen. In Höfer: Taschenbuch für Bergmänner, Leoben 1897. S. 521—536, 1904 S. 720—735. — Vergl. die Besprechungen in Z. f. österr. Ing. u. Arch. V. 1897. Nr. 30; 1898, Nr. 6; Österr. Z. f. Berg- u. Hüttenw. 1897. Vereins-Mitteil. S. 102 und 112, 1898 V.-M. S. 16 u. 109, 1899 Nr. 34.

Michaelis, S.: Untersuchung und Wertberechnung von Goldbergwerken. Österr. Z. f. Berg- und Hüttenw. 1904, S. 375—379, 391—394, 407—410, 425—426 m. 6 Fig.

> I. Probenahme; II. Behandlung der Proben über Tage; III. Festlegung und Ermittelung der Resultate.

Moreau, G.: Etude industrielle des gîtes métallifères. Paris 1894. Kap. IX.

v. Oeynhausen: Über die Bestimmung des Kapitalwertes von Steinkohlenzechen. Karstens Archiv, Bd. 5, Heft 2. Berlin 1832.

Rickard, T. A.: The sampling and estimation of ore in a mine. The Mineral Industry. New York. Vol. XI. S. 708—749 m. 16 Fig.

> Introductory; Determination of costs; The determination of the average value of the ore; The work of sampling; The size of the sample; The reduction of the samples; Precautions in sampling; Wrong methods of sampling; Calculations after sampling; The question of high assays; The possible discrepancies between sampling and mining; Estimation of ore reserves; Inferences from sampling; The future prospects of a mine; Collateral evidence; Conclusion.

Rickard, T. A., W. R. Ingalls, H. C. Hoover, R. G. Brown: The Economics of Mining. New York 1909. Engineering and Mining Journal. Pr. 8 M.

Rücker, A.: Über die Schätzung von Bergbauen. Ein Vorschlag. 1. Aufl. 1879. 2. Aufl. 1903. Wien, Friedrich Beck. 24 S. (Besprechung von Balling, Österr. Z. 1903. S. 693.)

Schmidt, G.: Neue populäre Zinseszinsen-Rechnung und Anleitung zur Wertschätzung eines Bergwerkes. Sep.-Abdr. a. d. Taschenbuch für Braunkohlen-Interessenten des nordwestlichen Böhmens. Teplitz-Schönau, A. Becker, 1895.

Smith, F. C.: Localization of values in ore-bodies and occurrence of „shoots" in metalliferous deposits. Discussion. Econ. Geol. 1908. S. 224—229.

Stretch, R. H.: Prospecting, Locating and Valuing Mines. A practical treatise for the use of Prospectores; Investores and Mining Men. Zweite Aufl. New York und London 1900, Scientific Publishing Co. 381 S. m. 15 Taf.

6. Geschichte der Geologie und der Bergwirtschaft im allgemeinen.
Biographien.

Die Untergrundeigentumsfrage und die Entwicklung der Bergbauindustrie im 19. Jahrhundert (Abamelek-Lasarew) 03: 289.

Zur Geschichte des Bergbaues im Spessart (H. Wolff) N. 05: 431.

Zur Bergbaugeschichte N. 06: 24, 132, 212, 384.

Die Gewinnung nutzbarer Mineralien in Kleinasien während des Altertums (Fr. Freise) 06: 272.

Literatur zur deutschen Bergbaugeschichte 06: 277, L. 334.

Zur Entwickelungsgeschichte des Erzbergbaues in den deutschen Rheinlanden (Fr. Freise) 07: 1.

Geographische Verbreitung und wirtschaftliche Entwickelung des Bergbaues in Vorder- und Mittelasien während des Altertums (Fr. Freise) 07: 101.

Literatur zur deutschen Bergbaugeschichte II (Fortsetzung von 1906, S. 339) L. 07: 25.

Biographien:

Gurlt, Adolf Friedrich, Dr. (Philippson) P. 03: 400.
Müller, Hermann, Nachruf. Mit Porträt (R. Beck) 07: 169.

Fernere Literatur:

Amtlich: Geschichtliche Entwickelung der Kgl. Bergakademie zu Berlin. Programm der Kgl. Bergakademie für 1901—1902 (auch in den für 1902—1903; kürzer in dem für 1903—1904). S. 1—19. Mit einem chronologischen Verzeichnis der Dozenten der Bergakademie (von 1860 an). (Dieses ausführlicher im Programm für 1903—1904, S. 5—10).

Darmstädter, L.: Handbuch zur Geschichte der Naturwissenschaften und der Technik. In chronologischer Darstellung. 2. Aufl. 1902. Berlin, J. Springer. 1274 S. mit nahezu 13000 Artikeln. Pr. geb. 16 M.

Davis, W. M.: The relations of the earth sciences in view of their progress in the nineteenth century. Journal of Geology, Vol. XII. 1904, S. 669—687.

Emmons, S. F.: Theories of ore deposition historically considered. (The speculative period 3; the scientific period 9; the verification period 19.) Bull. of the Geol. Soc. of America. 1904. Vol. 15. S. 1—28. — Eng. Min. Journ. 77, 1904. S. 117, 157, 199, 237. — Ann. Report of the board of regents of the Smithsonian Inst. for 1904. Washington, 1905 S. 309—336. Bespr. von Bergeat, Zentralbl. f. Min. 1907, S. 89.

Freise, F.: Geschichte der Bergbau- und Hüttentechnik. Erster Band: Das Altertum. Berlin, Julius Springer, 1908. 187 S. m. 87 Fig. Pr. 6.— M. — Vgl. auch S. 81 unter Freise.

Freise, F.: Berg- und hüttenmännische Unternehmungen in Asien und Afrika während des Altertums. Z. f. d. Bg.-, H.- u. Sal.-W. i. Preuß. 56, 1908, S. 347—416 m. 5 Fig.

Krusch, P.: Die Geschichte der Bergakademie zu Berlin von ihrer Gründung im Jahre 1770 bis zur Neueinrichtung im Jahre 1860. Geol. Landesanstalt Berlin, 1904, 54 S.

Horn, J.: Geschichte der Bergakademie Clausthal. „Die Königliche Bergakademie zu Clausthal, ihre Geschichte und ihre Neubauten"; Festschrift zur Einweihung der Neubauten am 14., 15. und 16. Mai 1907. S. 1—65 mit 12 Porträts.

de Launay, L.: La science géologique, ses methodes, ses résultats, ses problèmes, son histoire. Paris, A. Colin, 1905. 752 S. m. 53 Fig. u. 5 Taf. Pr. 16.— M.

de Launay, L.: Notice sur les travaux scientifiques de M. Louis de Launay. Rennes, imprimerie brevetée Francis Simon 1907. 53 S. (Nicht im Handel.)

Ledebur, A.: Über die Bedeutung der Freiberger Bergakademie für die Wissenschaft des 18. und 19. Jahrhunderts. Antrittsrede, gehalten bei Übernahme des Rektorats der Bergakademie am 25. Juli 1903. Freiberg i. Sa., Craz & Gerlach, 1903. 31 S. m. 16 Bildnissen.

L i n c k , G.: Goethes Verhältnis zur Mineralogie und Geognosie. Rede, gehalten zur Feier der akademischen Preisverteilung am 16. Juni 1906. Mit Bildern von Goethe und Lenz und einem Brief-Faksimile. Jena, G. Fischer. Pr. 2.— M.

O s t w a l d , W.: Große Männer. Leipzig 1909, Akad. Verlagsgesellschaft. 424 S. Preis geh. 14 M., geb. 15 M. — Enthält Biographien von H. D a v y , J. R. M a y e r , M. F a r a d y , J. L i e b i g , C h. G e r h a r d t , H. H e l m h o l t z.

R a m s a y , S i r W i l l i a m : Vergangenes und Künftiges aus der Chemie. Biographische und chemische Essays. Deutsche, um eine autobiographische Skizze vermehrte Ausgabe von W. O s t w a l d . Leipzig 1909, Akad. Verlagsgesellschaft. 296 S. Pr. geh. 8.50 M., geb. 9.50 M.

v. R i c h t h o f e n , F.: Triebkräfte und Richtungen der Erdkunde im 19. Jahrhundert. Rede bei Antritt des Rektorats d. Kgl. Friedrich-Wilhelms-Universität zu Berlin am 15. Oktober 1903. — Sonderabdr. a. d. Zeitschr. d. Ges. f. Erdkunde zu Berlin. 1903. Nr. 9. 40 S.

S t a n g e , A.: Das Deutsche Museum von Meisterwerken der Naturwissenschaft und Technik in München. Historische Skizze. München, R. Oldenbourg, 1906. 120 S. m. 11 Fig. u. einem Titelbild. Pr. 3.— M. — Vergl. d. Z. 1904, S. 255; 1906, S. 64, 134 (Verzeichnis der für die Gruppe Geologie zur Aufstellung in Aussicht genommenen Gegenstände).

T r e p t o w , E.: Die Geschichte des Bergbaues im 19. Jahrhundert Sonderabdr. a. d. Schriften der Naturf. Ges. zu Danzig. Bd. 10. Heft 2—3. Danzig 1901. Craz & Gerlach, Freiberg i. Sa. 34 S. m. 3 Tab. u. 1 Karte.

T r e p t o w , E.: Das Studium der Geschichte des Bergbaues. Rektoratsantrittsrede. Sächs. Jahrb. 1909. S. 192. Freiberg i. S., Craz & Gerlach. (Auch separat.)

W a g n e r , P.: Die mineralogisch-geologische Durchforschung Sachsens in ihrer geschichtlichen Entwickelung. Abh. d. naturw. Ges. Isis in Dresden, 1902. H. II, S. 63—128.

v. Z i t t e l , K. A.: Geschichte der Geologie usw. Auszug aus dem Vorwort und Inhalt s. F. I, S. 43. — Eine kürzere e n g l i s c h e Ausgabe von M a r i a O g i l v i e — G o r d o n , einer Schülerin Zittels, erschien 1901.

Agricola, G.: H o f m a n n , R.: Dr. Georg Agricola. Ein Gelehrtenleben aus dem Zeitalter der Reformation. Gotha, F. A. Perthes, Akt.-G., 1905. 148 S. m. dem Bildnis Agricolas. Pr. 3.— M.

Beushausen, Louis: Nekrolog. Jahrb. d. Preuß. Geol. Landesanst. f. 1904. Bd. XXIV, S. 1017—1029 m. Bildnis.

Cohen, E.: D e e c k e , W.: Nekrolog Emil Cohen. Zentralbl. f. Min. usw. 1905. S. 513—530.

Collins, A. L.: B. L a w r e n c e : Biographical notice of Arthur L. Collins. Transact. Amer. Inst. of Min. Eng., Albany Meeting, Februar 1903. 4 S.

Cornu, F.: H ö f e r , H.: Felix Cornu. Ein Nachruf. Österr. Z. f. Berg- u. Hw. 1910, S. 17—18, mit Portrait. — R. Görgey; Centralbl. f. Min. 1910, S. 121—127.

Cumenge, E.: d e L a u n a y , L.: Notice sur Edouard Cumenge. Ann. des mines T. IV. 1903. S. 577—583.

Dawson, G. M.: F. D. A d a m s : Memoir of George M. Dawson. Bull. Geol. Soc. Amer. vol. 13. 1901. S. 497—509 m. Porträt.

Foster, Sir Clement Le Neve : Nachruf. Österr. Z. f. Bg.- u. Hw. 1904. Ver-.Mitt. S. 40.

Foster: R i c k a r d , T. A.: Biographical notice of Sir Clement Le Neve Foster. Transact. of the Amer. Inst. of Min. Eng. Lake Superior Meeting, September 1904. 5 S. m. 1 Bildnis.

Gottsche, C. Ch.: Wolf W.: Carl Christian Gottsche. Ein Lebensbild. Monatsber. dtsch. Geol. Ges. 1909. S. 417—425, mit Bildnis.

Herrick, C. L.: T i g h t , W. G.: Clarence Luther Herrick. Biography. Amer. Geologist 1905. Vol. 36. 26 S. m. Porträt.

Hewitt, A. S.: R a y m o n d , R. W.: Biographical notice of Abram S. Hewitt. Transact. Amer. Inst. of Min. Eng. Albany Meeting, Februar 1903. 19 S. m. Porträt.

von Hoff, K. E. A.: R e i c h , O.: Karl Ernst Adolf von Hoff, der Bahnbrecher moderner Geologie. Eine wissenschaftliche Biographie. Leipzig, Veit & Co., 1905. 144 S. Pr. 4 M. — (S. 68—85: von Hoffs wissenschaftliche Verdienste um die dynamische Geologie und die physikalische Geographie; S. 86—135: um die Begründung der modernen Geologie.)

Klein, C.: v. W o l f f , F. : Nekrolog Carl Klein. Zentralbl. f. Miner. 1907. S. 641—661 m. 1 Portr. u. Verzeichnis der wissensch. Arbeiten 1869—1906.

v. Kraatz & Koschlau, Karl : Nekrolog. Bol. do museu paraense de vol. III, 1902. Hist. nat. el ethnogr. S. 245—254, m. Porträt.

Müller, Gottfried: K r u s c h , P.: Nekrolog. Jahrb. d. Geol. Landesanstalt. 1906. S. 681—692 m. e. Gravüre.

Nordenskiöld, A. E.: H a m b e r g , A.: Sein Leben und seine wissenschaftliche Tätigkeit. Zentralbl. f. Min. usw., 1903. S. 161—175, 193—210.

Penfield, S. L.: P i r s s o n , L. V.: Samuel Lewis Penfield. 1856—1906. Amer. Journ. Sci. Vol. XXII. 1906. No. 131. S. 353—367, m. Porträt.

Powell, J. W.: M e r r i l l , G. P.: John Wesley Powell. Amer. Geologist. 1903 Vol. XXXI, S. 327—333 m. Porträt.

von Reinach, A.: L e p p l a , A.: Albert von Reinach. Jahrb. d. Preuß. Geol. Landesanst. u. Bergak. 1905, Bd. XXVI, S. 663—675 m. 1 Porträt.

von Reinach, A.: K i n k e l i n , F.: Zum Andenken an Dr. phil. Albert von Reinach. Sonderabdr. a. Ber. d. Senckenbergischen Naturf. Ges. in Frankfurt a. M. 1905.   S. 63—74 m. Porträt. Frankfurt a. M., Gebr. Knauer, 1905.

von Richthofen, F.: R ü h l , A.: Nachruf für Ferdinand von Richthofen. Naturw. Wochenschrift 1905. N. F. IV. S. 727—728, m. Porträt.

von Richthofen, F.: T i e ß e n , E.: Die Schriften von Ferd. Freiherr von Richthofen. Sep.-Abdruck aus „Männer der Wissenschaft". Heft 4. Leipzig, W. Weicher, 1906. 18 S.

von Richthofen, F.: T i e t z e , E.: Ferdinand Freiherr von Richthofen. Verh. d. k. k. geolog. Reichsanst. 1905. S. 309—318.

von Richthofen, F.: W a h n s c h a f f e , E.: Gedächtnisrede auf Ferdinand Freiherr von Richthofen. Monatsbericht d. Deutschen Geol.Ges. 1905. S. 401—416.

von Richthofen,: B. W i l l i s , F.: Ferdinand Freiherr von Richthofen, geboren am 5. Mai 1833, gestorben am 6. Oktober 1905. Journal of Geology 1905. Vol. XIII. S. 561—567.

Rosen, F. F.: K r o t o w , P.: Nekrolog auf Baron F. F. Rosen. Ann. géol. et. min. de la Russie, 1902. Vol. V. Livr. 8. S. 224—233.

Selwyn, A. R. C.: A m i , H. M.: Sketch of the life and work of late Dr. A. R. C. Selwyn, C. M. G., LL.D., F. R. S., F. G. S., &c., Director of the Geological Survey of Canada from 1869 bis 1894. Amer. Geologist, 1903, Vol. 31, S. 1—21, m. Porträt.

Trautschold, H. A.: Nekrolog. Ann. géol. et min. de la Russie. Vol. VI. Livr 2—3. 1903. S. 71—79 m. Porträt.

Winkler, Cl.: P a p p e r i t z , E.: Nachruf für den Geheimen Rat Prof. Dr. Clemens Winkler. Jahrb. f. d. Berg- u. Hüttenw. im Königr. Sachsen. Jahrg. 1904. 10 S. m. Bildnis.

von Zittel, K. A.: B r a n c a , W.: Karl Alfred von Zittel. Nekrolog. Monatsbericht d. D. Geol. Ges. 1904. No. 1. S. 1—7.

von Zittel, K. A.: P o m p e c k j , J. F.: Nachruf an Karl Alfred von Zittel. 25. IX. 1839 bis 5. I. 1904. Sep.-Abdr. a. „Palaeontographica" Bd. 50. Stuttgart, E. Schweizerbart, 1904. 28 S.

von Zittel, K. A.: V a c e k , M.: Nekrolog auf Geheimrat K. A. v. Zittel. Verh. d. k. k. geol. Reichsanst. 1904. S. 45—47.

II. Abschnitt.

Regionale praktische Geologie und Bergwirtschaft.

A. Die ganze Erde.

Innerhalb der geographischen Unterabteilungen ist der Inhalt der Zeitschrift meist wie folgt gegliedert: 1. Allgemeine geologische und praktisch geologische Verhältnisse; Landesaufnahmen, mit Blatteinteilungen und Uebersichtskarten. — 2. Allgemeine Bergbaustatistik, mit Tabellen zur Kennzeichnung des bergwirtschaftlichen Zustandes jedes Landes. — 3. Bergbau (Kohlen, Erze, Salze). — 4. Sonstige Bodennutzung (Ackerbau, Gräberei und Steinbruchbetrieb, Quellen- und Wassernutzung, Tiefbau).

Plissements et dislocations de l'écorce terrestre (P h. N e g r i s) L. 03: 208. R. 03: 303.

Einleitender Text zu: ,,Alpine Majestäten und ihr Gefolge. Die Gebirgswelt der Erde in Bildern". (E. P l a t z) L. 04: 280.

Die Gletscher (H. H e ß) L. 05: 83.

Zur Bildung der ozeanischen Salzablagerungen (v a n 't H o f f) L. 05: 179.

Die Kosten der geologischen Landesuntersuchung verschiedener Staaten. Eine vergleichende Zusammenstellung (A. J e n t z s c h) 06: 47. — S. 53, Anm. 2, Übersicht der bisher in der Z. f. prakt. Geol. gebrachten Berichte über geol. Landesaufnahmen aller Länder.

X. Internationaler Geologen-Kongreß in Mexiko 1906 P. 06: 32.

Paläogeographie (F. K o s s m a t) L. 08: 520.

Mineralproduktion der Erde in 1900 (nach C. L e N e v e F o s t e r) N. 03: 47[1]).

Welt-Montanstatistik (Werte nach Produkten und nach Ländern i. J. 1901) N. 04: 424.

Zur Statistik des Eisens N. 05: 86.

Quecksilberproduktion der Welt im Jahre 1904 N. 05: 381.

Zur Frage einer einheitlichen internationalen Montanstatistik N. 06: 163.

Eisenerz-Gewinnung u. -Verbrauch der wichtigsten Staaten (R. B ä r t l i n g) 08: 103.

Die Untergrundeigentumsfrage und die Entwicklung der Bergbauindustrie im 19. Jahrhundert (A b a m e l e k - L a s a r e w) 03: 289.

Der Eisenerzvorrat der Erde N. 06: 275, 07: 34, P. 09: 75, 10: 83.

Zur Eisenerzfrage N. 07: 337.

Eisen und Kohle (Fig. 88—94) (O. S i m m e r s b a c h) N. 07: 334.

Über das Vorkommen des Erdöls (H. M o n k e und F. B e y s c h l a g) 05: 1, 65, 421.

Internationaler Petroleum-Kongreß in Lüttich P. 05: 156.

XI. Session des Internationalen Geologenkongresses in Stockholm 1910 P. 09: 75.

Fernere Literatur:

S t a t i s t i s c h e s aus den Bergwerksindustrien der wichtigsten Länder. ,,Glückauf", Essen, jährlich. (Nach der engl. Ministerial-Statistik, Teil 4.)

D i e n e r , C.: Die Verbreitung der Steinkohlenfelder zu beiden Seiten des Atlantischen Ozeans in ihren Beziehungen zur Gebirgsbildung der Carbonzeit. Montanistische Rundschau, Wien, I, 1908/09, S. 209—212.

---

[1]) Die entsprechenden Zahlen für 1907 bringen die Übersichtstabellen am Schluß des dritten Abschnittes des vorliegenden Bandes der ,,Fortschritte". Vgl. auch ,,Fortschritte I", S. 52 (für 1900), S. 286 u. 362 (für 1901), ferner Bergw. Mitt. 1910, S. 35 (für 1907).

D i e t z e l , H.: Vergeltungszölle. „Volkswirtschaftl. Zeitfragen", Vorträge und Abhandlungen herausgegeb. von der Volkswirtschaftl. Ges. in Berlin, Heft 204/205, Jahrg. 26, 1904.

F r i e d r i c h , E.: Wesen und geographische Verbreitung der „Raubwirtschaft". Petermanns Mitt. H. 50, 1904. S. 68—79; 92—95.

F r i e d r i c h , E.: Allgemeine und spezielle Wirtschaftsgeographie. 2. Aufl. Leipzig 1907. G. J. Göschen. 468 S. m. 3 Weltkarten der Wirtschaftsstufen, -Formen und -Zonen. Wirtschaftsstufen S. 19 (tierische oder Sammelwirtschaft, instinktive Wirtschaft, traditionelle Wirtschaft, wissenschaftliche Wirtschaft). — Bergbau: S. 34, 76—86 (die einzelnen Mineralien). 161 (Skandinavien) u. s. f. nach Ländern.

G l i n k a , K. D.: Schematische Bodenkarte der Erde. Ann. Géol. et Mineral. de la Russie, X. 1908, S. 69—75 m. Karte.

G ü n t h e r , S.: Wirtschaftsgeographie und Naturwissenschaft. München 1903. G. Schuh & Co. 12 S. Preis 0,20 M.

K r u s c h , P.: Die Untersuchung und Bewertung von Erzlagerstätten. Stuttgart 1907. F. Enke. 537 S. m. 102 Fig. Preis 16 M, geb. 17,40 M.

     S t a t i s t i s c h e r T e i l : Statistische Spezialliteratur. I. Deutschland. II. Frankreich und Kolonien. III. Belgien. IV. Österreich. V. Ungarn. VI. Italien. VII. Spanien. VIII. Rußland. IX. Großbritannien. X. Schweden und Norwegen. XI. Türkei und Griechenland. XII. Vereinigte Staaten. XIII. Amerika mit Ausnahme der Vereinigten Staaten. XIV. Afrika mit Ausnahme der französischen Kolonien. XV. Asien mit Ausnahme von Rußland und Japan. XVI. Australien und umliegende Inseln. XVII. Japan. — Schlußbemerkungen, unsere heutige Montanstatistik betreffend.

S u e ß , G. Das Antlitz der Erde. III. Band, 2. Hälfte. Schluß des Gesamtwerkes. Wien, F. Tempsky; Leipzig, G. Freytag. 1909. 789 S. m. 55 Fig., 3 Taf. u. 5 farb. Karten. Dazu ein Namens- u. Sachregister von 158 S. 'Pr. 50 M. — Vgl. F. I, S. 55. Engl. Ausgabe, Oxford 1910.

Z s i g m o n d y , A r p á d : Die Bergbaustatistik der Welt. (Nach dem bányászati es kohászati lapok.) Österr. Z. f. Berg- u. Hüttenw. 1909, Nr. 13—16.

     I. Die Bergbau- und Hüttenproduktionen der wichtigsten Länder 1892 (1891) und 1907 (1906), S. 190; II. Arbeiterzahl im Bergbau, S. 213; III. Bergbauproduktenwerte 1907, S. 214; IV. Vergleichende Statistik der wichtigsten Bergbauprodukte. S. 229.

B. Europa.

Versuch eines Überblicks über die Vegetation der Diluvialzeit in den mittleren Regionen Europas (C. A. W e b e r) L. 04: 106.

Salpeterabsatz in Europa N. 09: 71.

Fernere Literatur:

A m t l i c h : Die Verhandlungen und Untersuchungen der Preußischen Stein- und Kohlenfall-Kommission. (Sonderheft d. Zeitschr. f. d. Berg-, Hütten- und Salinenwesen im Preuß. Staate.) Berlin 1906. W. Ernst & Sohn. 713 S. m. vielen Fig. u. 43 Texttafeln. — Enthält auch Reiseberichte und geolog. Darstellungen aus allen größeren europäischen Kohlenrevieren.

E u r o p a : Carte géologique internationale de l'Europe, votée au congrès géologique international de Bologne en 1881, exécutée conformément aux décisions internationales, avec le concurs des gouvernements, sous la direction de E. B e y r i c h (†), H a u c h e c o r n e (†) et F r. B e y s c h l a g. 1 : 1 500 000. Lieferung 5: Blätter A VII, B VII, C VII, D VII, F IV. Lieferung 6: Blätter E II, F II. F III. — Siehe Fig. 11. Berlin 1905 u. 1909. D. Reimer. Pr. d. Blattes M. 5.

     (Vergl. d. Z. 1895, S. 1 mit Blatteinteilung in Fig. 1; 1899, S. 102, 132; 1902, S. 108; „Fortschritte", Fig. 19, S. 57.) Die Blätter B V, C VI, C V, D IV, D V, also Frankreich und Deutschland, sind vergriffen und werden in verbesserter Auflage erscheinen.

B u s c h m a n n , J. O. v o n: Das Salz, dessen Vorkommen und Verwertung in sämtlichen Staaten der Erde. Bd. I, Europa. Leipzig 1908. XIV u. 768 S. Pr. 26 M.

H e i d e r i c h , F r.: Länderkunde von Europa. Mit 14 Textkärtchen und Diagrammen u. 1 Karte. Slg. Göschen Nr. 62.

R e n i e r , A. (Lüttich): L'Etat actuel des recherches géologiques exécutées en Europe (centrale) sous patronage officiel. Extr. d'un rapport de mission adressé à M. le Ministre de l'ind.

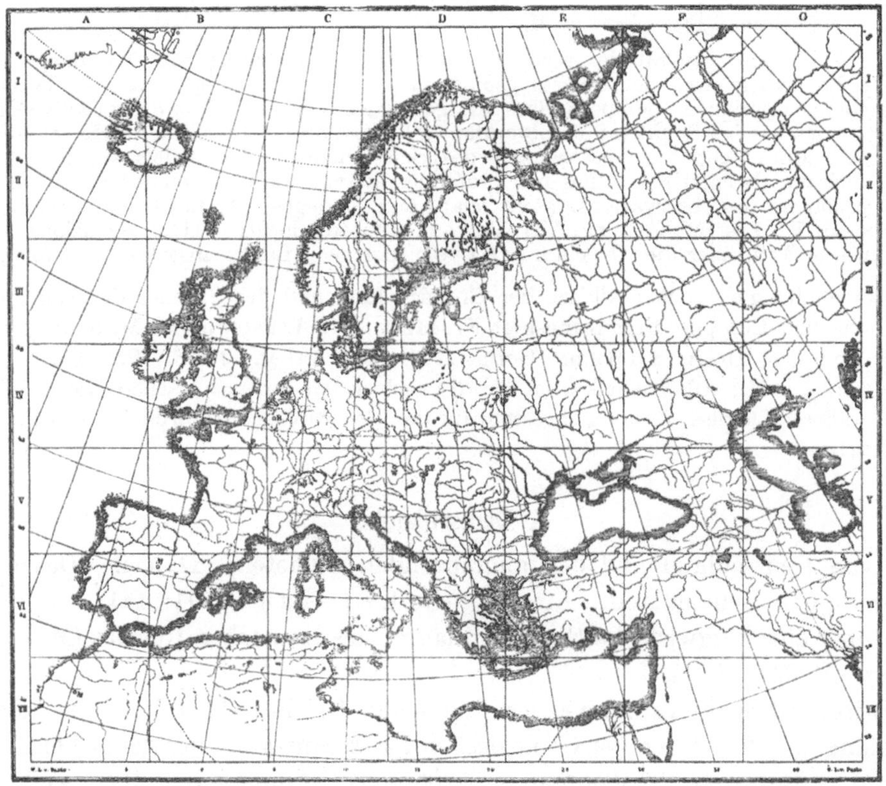

Fig. 11. Internationale geologische Karte von Europa i. M. 1:500000. Erschienen sind: A I—VII, B I—VII, C I—VII D II—VII, E II—IV, F. II—IV. Berlin, D. Reimer. Preis des Blattes 5 M., der Farbenskala 2 M.

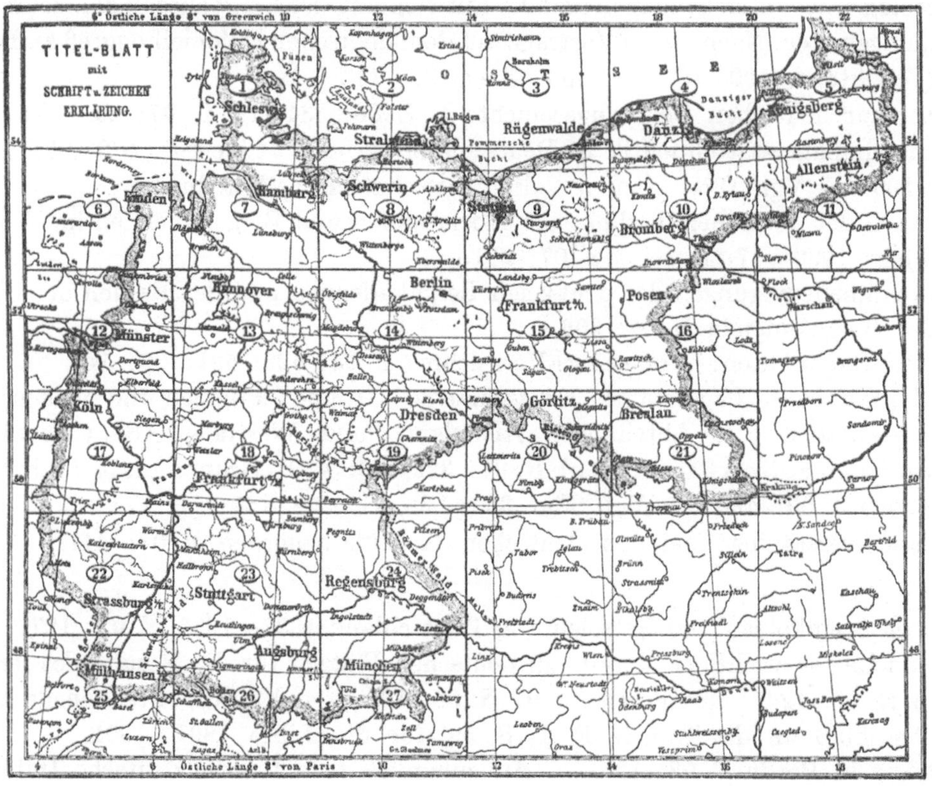

Fig. 12. Geologische Karte des Deutschen Reiches von R. Lepsius i. M. 1:500000, die mit 1—27 numerierten und durch kräftig gedruckte Städtenamen bezeichneten Blätter umfassend. Gotha, J. Perthes. Preis des Blattes 2 M.

et du travail. 1907. E r s t e r   T e i l: Les travaux géologiques.   Bruxelles, Ann. des mines de Belgique.   108 S. m. 9 Fig.   Pr. 1,50 M.

>   I. Le plan général des recherches géologiques exécutées sous patronage officiel; II. Le levé général de la carte géologique; III. Les levés speciaux. — Travaux de géologie appliquée. (Mémorandum aux géologues chargés du léve de la carte géologique dans les bassins houillers; Mémorandum à l'usage du personnel du service et du musée géologique occupé au recensement des renseignements industriels sur les roches et minéraux de carrières, mines peu profondes et travaux à ciel ouvert.) IV. Le service permanent des observations, (Avis relatif aux sondages); V. Les travaux bibliographiques; VI. Les publications; VII. Travaux d'intérêt local; VIII. Conclusions. — (Ein zweiter Teil, über die O r g a n i s a t i o n der geol. Landesanstalten, soll folgen.)

S t a v e n h a g e n , W.: Skizze der Entwickelung und des Standes des Kartenwesens des außerdeutschen Europa. Ergänzungsheft Nr. 148 zu Dr. A. Petermanns Mitteilungen. Herausgegeben von Prof. Dr. A. S u p a n. Gotha 1904. J. Perthes. 376 S. Pr. 16 M.

W a g n e r , H.: Übersichtskarten für die wichtigsten topographischen Karten Europas und einiger anderer Länder. Zusammengestellt für das Geographische Jahrbuch. 7. Aufl. Gotha 1907. J. Perthes.

1. Deutschland.

Geologie von Deutschland und den angrenzenden Gebieten. II. Teil: Das östliche und nördliche Deutschland. Lfrg. 1. (R. L e p s i u s) L. 04: 141.

Stimmen über eine bergwirtschaftliche Aufnahme des Deutschen Reiches (M. K r a h - m a n n) B. 04: 174, 267.

Die bergwirtschaftliche Aufnahme des Deutschen Reiches (Protokoll über die Versammlung der Direktoren der Geologischen Landesanstalten der deutschen Bundesstaaten). Eisenach, 22. September 1905. (v. A m m o n , B e y s c h l a g , B ü c k i n g , C r e d n e r , L e p s i u s , S a u e r , S c h m e i ß e r) R. 05: 40, R. 06: 152.

Bergwirtschaftliche Aufnahme des Deutschen Reiches N. 06: 131, P. 06: 343.

Über geologische Untersuchungen und die Entwicklung des Bergbaues in den deutschen Schutzgebieten. Nach einem Vortrage auf dem deutschen Kolonialkongreß zu Berlin am 7. Oktober 1905 (C. S c h m e i ß e r) 06: 73.

Literatur zur deutschen Bergbaugeschichte I. L. 06: 334, II. L. 07: 25.

Zur neueren Lagerstättenpolitik in Deutschland (W. P a t t b e r g). N 06: 341, 372, 07: 260. — Vgl. 1910, Januar, ,,Bergwirtschaftliche Mitteilungen''.

Der Besuch der deutschen Technischen Hochschulen und Bergakademien im Winterhalbjahr 1906—07: P. 36; s. a. 07: 271.

Die Aufnahmebedingungen der deutschen Bergakademien und der Besuch der Clausthaler Bergakademie N. 07: 306.

Hochschul-Nachrichten: Vorlesungs-Verzeichnis P. 08: 522; 531; 09: 541.

Karte der nutzbaren Lagerstätten Deutschlands. Gruppe: Preußen und benachbarte Bundesstaaten. I. Abteilung: Rheinland und Westfalen (B e y s c h l a g ; E v e r d i n g , S c h ü n e m a n n) R. 07: 323, 09: 480; Gruppe Elsaß-Lothringen (B r u h n s) 09: 480. — Vgl. Fig. 35 u. 36, S. 125—127.

Handelssachverständige bei den deutschen Konsularbehörden P. 07: 441.

Preise von Steinkohlen und Petroleum in Deutschland 1887—1906 N. 07: 127.

Großhandelpreise wichtiger Metalle an deutschen Plätzen für die Monate des Jahres 1906 N. 07: 126. Metallpreise 1907 N. 08: 133. — Vgl. die Preistabelle S. 49 in Anschluß an die Tabelle F. I, S. 59, für die Jahre 1891—1902.

Metallbörse in Berlin P. 08: 135. — Außenhandelsstelle für die deutsche Industrie P. 08: 135.

Wasser-Prüfanstalten P. 08: 448.

Durchschnittspreise an deutschen Plätzen für die Jahre 1902 bis 1909.

Nach Vierteljahreshefte z. Statistik des Deutschen Reiches, 1909, I. S. 44 u. 45.

Die Zahlen für 1891 bis 1901 siehe „Fortschritte" Bd. I S. 59.

			1902	1903	1904	1905	1906	1907	1908	1909 März	1909 Juni	1909 Sept.	1909 Dez.
			M	M	M	M	M	M	M	M	M	M	M
Eisen — 1000 kg													
deutsches Roheisen	Breslau ab Werk	Puddel-	—	—	55,4	57,0	66,2	74,6	66,2	58,0	57,0	57,0	58,0
	Breslau ab Werk	Gießerei-	61,3	60,5	59,5	59,8	69,6	77,6	71,1	63.0	63,0	66,5	63,0
	Dortmund ab Werk[1]	Bessemer	74,0	74,0	68,0	62,0	65,6	88,0	77,8				
	Dortmund ab Werk[1]	Puddel 1	59,3	56,2	56,5	57,0	63,9	78,0	71,5	[2])58,0	[2])58,0	[2])55,0	[2])55,0
	Dortmund ab Werk[1]	Thomas-	57,0	55,9	56,0	56,0	58,4	67,7	54,7				
	Düsseldorf ab Werk	Puddel-	59,4	56,0	56,0	56,8	69,4	78,0	71,8	57,0	57,0	55,0	57,0
	Düsseldorf ab Werk	Gießerei-	65,2	66,7	67,5	68,3	78,9	84,3	74,7	59,0	59,0	57.0	61,0
	Düsseldorf ab Werk	luxemb. 3	48,7	51,8	52,0	54,8	66,2	71,2	53'5	47,0	48,0	47,5	52,5
engl. Roh-	Hamburg	schott. 1	85,9	81,4	75,8	78,4	85,2	92,8	81,5	77,8	79,0	81,5	81,2
	Hamburg	Middl. 1	69,6	65,2	62,1	67,5	72,7	—	69,7	66,5	68,5	71,3	71,1
Stabeisen, Lübeck I. Stockholm			242,9	238,5	237,5	241,5	250,0	249,2	242,5	237,5	237,5	240,0	260,0
Blei — 1 dz													
Berlin versch. deutsche Marken			23,5	24,2	25,2	29,7	36,2	40,1	27,5	27,6	27.1	26,3	27,37
Frankfurt a. M. rhein., dopp. raff.			22,9	24,0	24,3	27,9	35,1	38,9	27,3	27,3	26,4	25,5	26,75
Halberstadt	raff. Harz-, weich.		22,3	23,1	23,5	27,1	34,5	38,7	27,4	27,4	26,8	26.4	26,85
Halberstadt	- schles., weich.		23,1	23,2	23,0	26,9	34,9	38,9	27,7	27,4	26,8	26,1	26,70
Hamburg Harz-, weich., dopp. raff.			23,9	24,6	25,2	29,0	36,0	39,7	27,7	27,5	27,0	26,4	27,0
Köln rhein., weich., dopp. raff.			23,2	24,2	24,9	28,5	35,8	39,8	28,1	27,9	27,1	25,9	27,1
Kupfer — 1 dz													
Berlin	Mansfelder		115,4	130,5	127,4	152,3	188,5	—	—	—	—	—	—
Berlin	ausländ. I, Marke Bede		113,0	125,1	126,1	149,0	186,4	188,4	125,5	122,0	125,0	124,3	126,5
Berlin	amerik. I, Elektrolyt-		—	—	124,1	150,9	185,5	190,5	124,9	122,5	126,0	125,3	127,5
Frankfurt a. M.	deutsch., dopp. raff. in Platten etc.		111,5	123,2	123,7	147,0	183,1	189,3	124,6	119,0	123,0	122,0	126,0
Hamburg engl., best selected			113,9	125,1	125,8	146,7	182,3	182,0	126,9	119,3	126,5	125,0	127,0
Köln amerik. Elektrolyt			111,8	127,4	124,2	150,0	187,1	194,6	127,3	118,4	125,3	123,5	126,0
Zink — 1 dz													
Breslau gutes, schlesisches			35,5	40,4	43,8	49,8	53,3	47,8	39,8	44,3	44,5	47,0	47,3
Frankfurt a. M. raff. Galmei- etc.			37,1	42,5	45,5	51,2	54,6	48,3	40,8	45,5	45,5	46,0	46,5
Halberstadt rhein.-westf., roh			37,9	42,8	45,0	49,7	53,1	48,6	41,4	43,8	44,9	47,5	48,0
Hamburg schlesisches in Platten			37,9	42,4	45,4	51,0	54,6	47,7	40,4	43,0	44,2	45,6	46,3
Köln rhein., roh, W. H. u. S. S.			38,9	43,6	46,9	52,5	55,5	49,2	41,9	44,5	47,0	48,3	48,7
Zinn — 1 dz													
Frankfurt a. M. Banka-			245,3	257,9	258,3	293,3	365,2	352,7	273,2	270,0	270,0	285,0	301,0
Hamburg Banka-, in Blöcken			252,6	266,8	266,8	303,8	383,0	365,8	285,4	276,8	280,8	290,0	312,0
Köln Banka-			242,0	255,1	258,3	294,0	370,2	356,0	274,8	267,8	273,4	280,2	302,9
Steinkohlen — 1000 kg													
deutsche Steinkohlen	Berlin frei Bahnhof	westf. Schmiede-	22,7	22,3	22,3	22,3	22,8	23,8	24,0	24,0	23,0	23,0	23,0
	Berlin frei Bahnhof	oberschl. Stück-	22,0	22,0	22,0	22,0	22,5	23,5	23,8	23,8	23,3	23,8	23,8
	Berlin frei Bahnhof	- Klein	18,8	18,6	18,6	18,6	18,6	20,5	21,3	21,3	21,3	21,3	21,3
	Breslau Grub.-Pr.	niederschl. Gas-	16,5	15,0	15,0	15,5	15,9	16,8	18,8	19,0	18,5	18,5	18,5
	Breslau Grub.-Pr.	oberschl. Gas-	11,7	11,5	11,3	11,1	11,1	12,0	14,4	14,5	14,0	14,0	14,0
	Dortmund ab Werk	gest. Stück-	13,3	12,1	11,8	11,8	11,8	12,5	12,8	12,8	12,8	12,8	12,8
	Dortmund ab Werk	Puddel-	9,3	9,0	9,0	9,0	10,0	10,8	11,0	11,0	10,5	10,5	10,5
	Düsseldorf ab Werk	Flamm-	10,5	10,3	10,3	10,3	10,9	11,9	12,3	12,3	11,5	11,5	11,5
	Düsseldorf ab Werk	Fett-	9,6	9,4	9,4	9,6	10,2	11,0	11,3	11,3	10,8	10,8	10,8
	Düsseldorf ab Werk	magere	9,1	8,5	8,4	9,1	9,5	10,6	11,0	11,0	10,0	10,0	10,0
	Düsseldorf ab Werk	Gas-	12,2	12,0	12,0	12,0	12,5	13,1	13,7	14,3	12,5	13,5	13,5
	Essen ab Werk	Flamm-	9,7	9,4	9,4	9,5	10,3	11,2	11,3	11,3	10,8	10,8	10,8
	Essen ab Werk	Fett-	9,6	9,4	9,4	9,5	10,3	11,1	11,3	11,3	10,8	10,8	10,8
	Essen ab Werk	magere	8,8	8,3	8,3	8,7	9,5	10,4	10,5	10,5	10,0	10,0	10,0
	Essen ab Werk	Gas-	12,0	11,8	11,8	11,9	12,3	13,5	13,8	13,8	13,0	13,0	13,0
	Hamburg ab Bord	westf. Stück-	17,8	16,6	16,1	16,2	17,7	20,0	18,5	18,5	17,0	17,0	17,5
	Hamburg ab Bord	- Nuß-	19,3	19,5	19,1	19,2	20,7	23,1	21,0	21,0	19,0	19,0	20,5
	Saarbrücken ab Grube	Flamm-	12,0	11,8	12,1	12,0	12,2	12,8	13,0	13,0	13,3	12,6	12,8
	Saarbrücken ab Grube	Fett-	11,4	11,0	11,2	11,2	11,5	12,2	12,4	12,3	12,4	11,7	11,9
engl. Steinkohlen	Danzig ab Bord	engl. Erbs-[3]	20,5	19,8	18,6	18,8	19,8	22,7	22,7	21,0	21,0	21,0	21,0
	Danzig ab Bord	schott. Masch.-	15,1	14,9	14,1	13,9	14,9	19,9	18,7	16,0	16,0	16,0	16,0
	Hamburg ab Bord	West-H.	16,7	16,0	15,2	15,0	15,5	18,8	16,9	15,1	15,2	15,4	15,2
	Hamburg ab Bord	- - sm.	10,3	9,8	8,9	9,5	10,4	14,4	11,6	10,2	10,3	10,1	10,4
	Hamburg ab Bord	Sunderl.	18,2	17,2	16,6	16,9	17,6	20,5	19,0	18,2	18,2	18,2	—
	Hamburg ab Bord	Yorkshire	17,0	16,5	15,7	16,0	16,5	19,7	17,8	16,4	15,9	15,8	15,8
	Hamburg ab Bord	schottische	14,4	13,7	13,0	13,3	13,8	18,4	13,8	13,4	12,6	12,7	13,5

[1] Infolge Änderung der Marktverhältnisse wurde 1907 die Ermittelung von Preisen „ab Werk" unmöglich, die für dieses Jahr und 1908 gegebenen Preiszahlen verstehen sich ab Oberhausen bzw. Siegen und Eschweiler.

[2] Ab Dortmund.

[3] Erbskohle ist nur eine genauere Bezeichnung für die vor 1905 als „Nußkohle" nachgewiesene Sorte.

Krahmann. 4

Der XIV. deutsche Geographentag, Köln P. 03: 120.

75. Versammlung deutscher Naturforscher und Ärzte, Cassel P. 03: 168.

Der deutsche Kolonialkongreß 1902 P. 03: 215.

Deutsche Geologische Gesellschaft P. 03: 48, 88, 288, 452. P. 04: 40, 72, 119, 224, 252. P. 05: 88. P. 10: 44.

Deutsche Geologische Gesellschaft, Hauptversammlung in Koblenz P. 06: 216; in Dresden 08: 224.

Tiefbohrtechnischer Verein für Deutschland usw. P. 05: 192.

Allgemeine kulturtechnische Ausstellung in Königsberg i. Pr. N. 06: 216.

Allgemeiner deutscher Bergmannstag in Eisenach P. 06: 72.

79. Versammlung deutscher Naturforscher und Ärzte in Dresden N. 07: 128.

An die deutschen Mineralogen! P. 08: 222.

Gewinnung der wichtigsten Bergwerks-, Salinen- und Hütten-Erzeugnisse im Deutschen Reich und in Luxemburg in den Jahren 1900 und 1901 N. 03: 117, 1902—1904 N. 06: 63, 1905 und 1906 N. 08: 132; 1907 und 1908 siehe S. 54. Erläuterungen für 1908 siehe „Bergw. Mitt." 1910, S. 12—18.

Zur Reform der deutschen Montanstatistik N. 06: 241.

Kohlenproduktion Deutschlands i. J. 1902 N. 03: 213, 1903 N. 04: 147.

Ein- und Ausfuhr des deutschen Zollgebietes an Steinkohlen, Braunkohlen, Koks, Briketts und Torf i. J. 1902 N. 03: 214.

Jahrbuch der deutschen Braunkohlen- und Steinkohlenindustrie 1905 L. 05: 83.

Verein zur Förderung des Erzbergbaues in Deutschland P. 05: 88, 120, 155, 432, 06: 136, 172, 394.

Der deutsche Erzbergbau (M. Krahmann) 05: 265.

I. Erzbergbau und Hüttenstatistik des Deutschen Reiches, S. 265. a) Erzbergwerks- und Hüttenproduktion, S. 265; b) Metall-Preise, S. 281; c) Ein- und Ausfuhr, S. 288.

II. Erzbergbau und Hüttenstatistik der einzelnen Länder, S. 288. A. Königreich Preußen, S. 288. a) Erzbergwerks- und Hüttenproduktion, S. 288. b) Arbeitslöhne beim Erzbergbau, S. 294; c) Betriebsnachrichten vom Erzbergbau, S. 294. B. Königreich Sachsen, S. 294. a) Übersicht der Erzbergwerke und ihres Ausbringens, S. 294. b) Auffahrung und Aushieb, S. 294. Allgemeine Mitteilungen (Jahresbericht), S. 301.

Deutschlands wichtigere Metall- u. Erzeinfuhr u. -Ausfuhr 1901—1906 N. 05: 284, 07: 262.

Stahlproduktion in Großbritannien, Deutschland, Frankreich und den Vereinigten Staaten i. J. 1901 N. 03: 43.

Deutschlands Eisenerz- und Roheisenproduktion von 1848—1901 N. 03: 84.

Eisenerzförderung in Deutschland, Ausfuhr nebst Einfuhr ausländ. Eisenerze N. 05: 86.

Zur Eisenerz-Inventur in Deutschland (Macco, v. Velsen) 06: P. 171, N. 275.

Gehalte, Frachtwege und Frachtkosten von Eisenerzen für deutsche Hütten (nach A. Weiskopf) N. 06: 391; s. a. 88.

Eisen und Kohle (O. Simmersbach) N. 07: 334.

Eisenerzein- und -ausfuhr (R. Bärtling) 08: 103, 104, 108.

Blei- (und Glätte-)Produktion Deutschlands N. 03: 85.

Silberproduktion Deutschlands N. 03: 85.

Blei- und Silberproduktion Deutschlands N. 04: 425, 09: 494.

Deutsche Zinkhüttenvereinigung N. 08: 255.

Über Wirkungen des Gebirgsdruckes im Untergrunde in tiefen Salzbergwerken (A. v o n
   K o e n e n) 05: 157.
Übereinstimmung der geologischen und chemischen Bildungsverhältnisse in unseren
   Kalilagern (C. O c h s e n i u s) 05: 167.
Die deutsche Kaliindustrie und das Kalisyndikat (T h. K. S t o e p e l) L. 05: 179.
Das deutsche Kalisyndikat; Absatz des Kalisyndikats in den Jahren 1900—1904;
   Kaliverbrauch der Landwirtschaft in den Bundesstaaten des Deutschen Reiches
   und in den einzelnen Provinzen Preußens; Kalisalzproduktion Deutschlands
   N. 05: 186.
Das deutsche Kalisyndikat N. 06: 30.
Verein der deutschen Kali-Interessenten, Magdeburg P. 05: 192, 420.
Bezirksverein Hannover des Vereins deutscher Chemiker N. 05: 432.
Verein deutscher Chemiker, Versammlung von Kaliinteressenten P. 06: 244.
Dritter deutscher Kalitag in Hildesheim P. 07: 72.
Verband für die wissenschaftliche Erforschung der deutschen Kalisalzlagerstätten
   P. 08: 134.
Das deutsche Reichs-Kaligesetz „Bergw. Mitt." 1910: 9, 39.

Petroleumproduktion und -Verbrauch in Österreich-Ungarn und Deutschland N. 03: 46.
Über das Vorkommen des Erdöls (H. M o n k e und F. B e y s c h l a g) 05: 1, 65, 421.

Erläuterungen zu den folgenden Tabellen.

Im Anschluß an die statistischen Tabellen und Notizen in der Z e i t s c h r i f t
von 1903 bis 1909 und als Fortsetzung und Ergänzung der Tabellen im ersten Bande
der „F o r t s c h r i t t e" folgt hier eine größere zusammenfassende Reihe von
Tabellen über die b e r g w i r t s c h a f t l i c h e n V e r h ä l t n i s s e D e u t s c h -
l a n d s. Die Quellen sind am Kopfe jeder Tabelle vermerkt. — Diese Tabellen stellen
zunächst auf S. 54 dar die E r z e u g u n g der Bergwerke, Salinen und Hütten Deutschlands für die einzelnen Mineralien und Produkte in e i n e r Zahl, in Mengen und Werten
für die beiden letzten Jahre 1907 und 1908. Die amtlichen Erläuterungen hierzu
siehe in „Bergwirtsch. Mitt." 1910, S. 12—18.

Einen Einblick in die B e t r i e b s - Verhältnisse sollen die S. 55—57 folgenden
Tabellen geben, welche für die wichtigsten Mineralien und Produkte die Förderung
nach Menge und Wert seit 1902 angeben und die Zahl der betriebenen Werke sowie
die mittlere Belegschaft aufführen. Die fortschreitende Konzentration der Betriebe
sowie die Leistungen jedes Mannes werden hierdurch veranschaulicht, z. T. auch die
Selbstkosten, namentlich wenn man die Lohntabellen von S. 88 mit zu Rate zieht.

Um zu zeigen, wie innerhalb Deutschlands diese Betriebsverhältnisse r e v i e r -
w e i s e r e c h t v e r s c h i e d e n sind, stellen die Seiten 58 und 59 wenigstens für
S t e i n k o h l e und B r a u n k o h l e die Betriebsverhältnisse seit 1900 nach einzelnen, meist n a t ü r l i c h e n L a g e r s t ä t t e n b e z i r k e n dar. (Bei den
Steinkohlen sind die Betriebsverhältnisse der Gruppe „Staatsbetriebe" zu beachten.)

Die sonstige Gliederung der Produktion nach n a t ü r l i c h e n oder nach
p o l i t i s c h e n B e z i r k e n ergibt sich aus einigen Tabellen, die weiterhin unter
Preußen, Sachsen usw. zusammengestellt oder wenigstens nachgewiesen sind. Die
Lagerstättenkarte Deutschlands (s. S. 125—127) bahnt eine neue Statistik nach Lager-

stättengruppen an, ebenso die neueren Arbeiten über die Eisenerzvorräte Deutschlands (s. S. 90), der andere bergwirtschaftliche Aufnahmen auf Grund der neueren Lagerstättenkunde folgen werden[1]).

Die eigene Erzeugung Deutschlands wird nun durch die Ein- und Ausfuhr weiter ergänzt, woraus sich die wichtigen Verbrauchsziffern ergeben.

Die Tabellen S. 60—62 setzen zunächst die Tabellen S. 285 des I. Bandes fort, indem sie die dort gegebenen Tonnenzahlen der wichtigsten bergwirtschaftlichen Ein- und Ausfuhrartikel Deutschlands (bzw. des deutschen Zollgebietes) für 1892, 1900 und 1901 bis zum 1. Halbjahr 1909 ergänzen, seit dem 1. März 1906 nach der veränderten Wareneinteilung des neuen Zolltarifes[2]). (Die Monate Januar und Februar 1906 sind also ganz ausgefallen.)

Vielfach kommt es jedoch mehr auf die Werte und auf deren prozentuales Verhältnis zur Gesamtein- oder -ausfuhr an; deshalb geben die folgenden Seiten 66 und 77 die wichtigsten Wert- und Prozentzahlen für 1903—1908, und zwar in der Reihenfolge ihrer Bedeutung.

Aus Gewinnung, Einfuhr und Ausfuhr berechnet sich der Verbrauch im ganzen und auf den Kopf der Bevölkerung. Die wichtigsten Zahlen, nämlich für

---

[1]) Die Zahlen der Kohlenförderung im Deutschen Reich werden zwischen dem 22. und 26. des Monats für den vorangegangenen Monat in der Beilage der im Reichsamt des Innern zusammengestellten „Nachrichten für Handel und Industrie" veröffentlicht. Die gleiche Veröffentlichung enthält auch die Statistik über die deutsche Steinkohlen- und Braunkohlenein- und -ausfuhr, über die Einfuhr von Koks, Preßkohlen und Torf, über Hamburgs Kohlenein- und -ausfuhr, über Kohlenpreise an den Börsen Essen und Düsseldorf sowie in den größeren Städten des Reichs. Beigefügt sind Kohlenförderungsein- und -ausfuhrzahlen Österreich-Ungarns, Böhmens, der Niederlande, Frankreichs, Großbritanniens, der Vereinigten Staaten usw.

Die Kohlenförderungszahlen im Deutschen Reich werden getrennt nach den einzelnen Bundesstaaten mitgeteilt, und zwar werden in der Statistik berücksichtigt: Preußen, Bayern, Sachsen. Hessen, Braunschweig, Sachsen-Meiningen und Schwarzburg-Rudolstadt, Sachsen-Altenburg. Anhalt, Elsaß-Lothringen.

Innerhalb der einzelnen Bundesstaaten wird für Preußen nach den Oberbergamtsbezirken Breslau, Halle a. S., Clausthal, Dortmund, Bonn; für Bayern nach den Berginspektionsbezirken München, Bayreuth, Zweibrücken; für Sachsen nach den Berginspektionsbezirken Zwickau. Ölsnitz, Dresden und Leipzig unterschieden.

Die Förderung in den übrigen deutschen Staaten, die wegen ihrer Geringfügigkeit in diesen monatlichen Aufstellungen fehlt, wird am Jahresabschlusse für das ganze Jahr ermittelt.

[2]) Die Vorbemerkungen im Statist. Jahrbuch für 1909, S. 151 lauten:

Die deutsche Handelsstatistik beruhte vom Jahre 1880 ab bis 1. März 1906 auf dem Reichsgesetz über die Statistik des Warenverkehrs des deutschen Zollgebiets mit dem Auslande vom 20. Juli 1879, bezog sich also nicht auf das Gebiet des Deutschen Reiches, sondern auf das deutsche Zollgebiet. Dieses besteht zurzeit aus dem deutschen Rechtsgebiete mit Ausnahme der vier Freihäfen Hamburg, Cuxhaven, Bremerhaven und Geestemünde, der Insel Helgoland, der Zollausschlußgebiete Emden und Bremen und einiger badischer Gemeinden und Höfe an der Grenze gegen die Schweiz und umfaßt außerdem das Großherzogtum Luxemburg und die zwei österreichischen Gemeinden Jungholz und Mittelberg. Die Zollausschlüsse Emden und Bremen werden zollrechtlich wie Ausland, handelsstatistisch aber gleich den Freibezirken, wozu sie früher gehörten, und Zollniederlagen als zum Zollgebiete gehörig behandelt. Der Verkehr dieser beiden Gebiete ist daher bisher schon — Bremen seit dem am 15. Oktober 1888 erfolgten Zollanschluß — in der für das Zollgebiet aufgestellten Handelsstatistik mitverzeichnet worden.

Vom 1. März 1906 ab hat die deutsche Handelsstatistik eine Neugestaltung erfahren, indem durch Reichsgesetz vom 7. Februar 1906 der Warenverkehr der Zollausschlüsse — mit Ausnahme der Insel Helgoland und der badischen Zollausschlüsse — mit einbezogen wurde und zugleich ein neues Statistisches Warenverzeichnis in Geltung trat, das sich an den ebenfalls mit dem 1. März 1906 in Kraft getretenen Zolltarif vom 25. Dezember 1902 anlehnt. Das erweiterte Gebiet der deutschen Handelsstatistik besteht nunmehr seit dem 1. März

Steinkohlen, Braunkohlen, Roheisen, Zink, Blei und Kupfer, sind in den folgenden Tabellen S. 63—65 zusammengestellt, und zwar wenigstens für die einzelnen 36 Jahre seit 1872, für Roheisen, Zink und Blei seit 1860, weil sich nur aus dieser längeren Zahlenreihe ein richtiges Bild der bergwirtschaftlichen Entwickelung Deutschlands bzw. des Zollvereins gewinnen läßt.

Schließlich kommt es darauf an, zu wissen, wie sich Deutschlands bergwirtschaftliches Verhältnis zum A u s l a n d e im einzelnen bis jetzt gestaltet hat, und zwar einmal zu den einzelnen Ländern (d. h. was beziehen wir von jedem Lande und was schicken wir ihm) und zweitens für die einzelnen Mineralien und Produkte (d. h. woher beziehen wir Rohstoffe oder Fabrikate, und wohin schicken wir unsere Fabrikate und überschüssigen Rohstoffe).

Die Tabelle S. 68—72 stellt deshalb (nach dem geographischen System der „Fortschritte") die 24 w i c h t i g s t e n L ä n d e r zusammen und gibt bei jedem an, welche bergwirtschaftlichen Waren (die wichtigsten; geordnet nach den Werten von 1908) wir mit ihm austauschen und in welchen Werten in den Jahren 1902—1908. Vorangestellt sind die Zahlen unseres Gesamtverkehrs mit jedem Lande, wodurch die Rolle des bergwirtschaftlichen Verkehrs deutlicher gekennzeichnet wird.

Die Tabelle S. 73—79 endlich führt die wichtigsten M i n e r a l i e n u n d P r o d u k t e auf, gibt die gesamte deutsche Aus- und Einfuhr in ihnen an und ferner die wichtigsten Herkunfts- und Bestimmungsländer, geordnet nach den Werten von 1908 und soweit ihr Ein- oder Ausfuhrwert in 1908 mehr als 500000 M betragen hat.

1906 aus dem Deutschen Reich — ohne Helgoland und die badischen Zollausschlüsse —, dem Großherzogtume Luxemburg und den österreichischen Gemeinden Jungholz und Mittelberg.

Infolge der Erweiterung des Gebietes und der Einführung des neuen Statistischen Warenverzeichnisses sind die handelsstatistischen Zahlen für die Zeit nach dem 1. März 1906 n u r m i t E i n s c h r ä n k u n g unter Berücksichtigung dieser Änderungen mit den Zahlen früherer Jahre v e r g l e i c h b a r. Weniger wird von diesen Änderungen der Spezialhandel berührt, mehr dagegen der Gesamteigenhandel. Der erstere erfährt eine Erhöhung insoweit, als ausländische Waren, die in den Freihafen Hamburg zum Verbrauch oder zur Verarbeitung eingeführt werden und daselbst hergestellte Waren nach dem Ausland ausgeführt werden, im Spezialhandel zur Anschreibung kommen, dagegen eine Verminderung dadurch, daß die in dem Freihafen Hamburg hergestellten in das Zollgebiet eingeführten und die aus dem freien Verkehre des Zollgebietes in den Freihafen zum Verbrauch oder zur Verarbeitung ausgeführten Waren im Spezialhandel nicht verzeichnet werden. Hierzu kommt noch die geänderte Anschreibung des Schiffsbedarfs ausgehender deutscher Schiffe an ausländischen Waren als Einfuhr in den freien Verkehr im Spezialhandel gegen die frühere Anschreibung als Ausfuhr von Niederlagen im Gesamteigenhandel sowie die Aufnahme der zum Baue, zur Ausbesserung oder zur Ausrüstung von Seeschiffen verwendeten Gegenstände in die Handelsstatistik. Der Gesamteigenhandel wird durch Aufnahme des gesamten auswärtigen Verkehrs der einbezogenen Gebiete in Ein- und Ausfuhr vermehrt.

Beim Vergleich der Zahlen vom 1. März 1906 ab mit den Vorjahrezahlen ist auch in Betracht zu ziehen, daß nach den Ausführungsbestimmungen zum Gesetze vom 7. Februar 1906 als Herkunftsland das Land angeschrieben wird, in dem eine Ware e r z e u g t oder h e r g e s t e l l t worden ist, und als Bestimmungsland das Land, für dessen Verbrauch die Ware b e s t i m m t ist, während nach den früheren Bestimmungen als Herkunftsland das Land bezeichnet wurde, in dem eine Ware g e k a u f t, und als Bestimmungsland das Land, nach dem eine Ware v e r - k a u f t worden ist.

Die ein-, aus- und durchgeführten Waren sind nach Gattung, Menge, Herkunfts- und Bestimmungsland a n z u m e l d e n: Die B e z e i c h n u n g der Waren erfolgt nach dem Statistischen Warenverzeichnisse, das sich an den Zolltarif anschließt und die in diesem aufgeführten Warengattungen nach Bedürfnis weiter zerlegt. — Die M e n g e n sind in der Regel nach Reingewicht, sofern nicht in einzelnen Fällen ein anderer Maßstab (Festmeter, Faß, Flasche, Liter, Stück, Stock) ausdrücklich vorgeschrieben ist, verzeichnet. — Die W e r t a n g a b e n beruhen, soweit nicht für die im Statistischen Warenverzeichnisse besonders bezeichneten Waren die Anmeldepflichtigen zur Mitteilung des Wertes verpflichtet sind, auf Schätzungen, die der handels-

(Forts. d. Anm. S. 72).

Bergwerks-, Salinen- und Hüttenproduktion Deutschlands, einschließlich Luxemburgs,

in den Jahren 1907 und 1908 *). (Nach „Vierteljahreshefte z. Statistik d. Deutschen Reichs" 1909, IV, S. 82. — Die entsprechenden Zahlen für die Jahre 1890, 1900, 1901 siehe „Fortschritte" I, S. 284, für die Jahre 1902—1904, 1905 u. 1906 Z. 1906, S. 63, 1908, S. 132. — Vgl. „Bergw. Mitt." 1910, S.12—18.

Arten der Erzeugnisse	Menge in Tonnen zu 1000 kg		Wert in 1000 M		Durchschnittswert für die Tonne in M	
	1907	1908	1907	1908	1907	1908
I. Bergwerkserzeugnisse.						
Mineralkohlen u. Bitumen:						
Steinkohlen	143 185 691	147 671 149	1 394 271	1 521 887	9,74	10,31
Braunkohlen	62 546 671	67 615 200	156 347	180 920	2,50	2,68
Graphit	4 033	4 844	201	248	49,84	51,20
Asphalt	126 649	89 009	1 087	774	8,58	8,70
Erdöl	106 379	141 900	7 056	9 942	66,33	70,06
Mineralsalze:						
Steinsalz	1 285 138	1 331 984	5 989	6 009	4,66	4,51
Kainit	2 624 412	2 715 487	36 117	38 639	13,76	14,23
Andere Kalisalze	3 124 956	3 383 535	30 527	32 437	9,77	9,59
Erze:						
Eisenerze	27 697 128	24 278 151	119 186	99 527	4,30	4,10
Zinkerze	698 425	706 441	42 293	34 986	60,55	49,52
Bleierze	147 272	156 842	20 132	15 038	136,70	95,87
Kupfererze	771 227	727 384	26 702	25 358	34,62	34,86
Silber- und Golderze	8 279	7 654	1 126	862	136,01	112,62
Manganerze	73 105	67 692	881	815	12,05	12,04
Schwefelkies	196 351	219 455	1 722	1 988	8,77	9,06
II. Salze aus Lösungen.						
Chlornatrium (Kochsalz)	665 547	665 651	16 481	18 519	24,76	27,82
Chlorkalium	473 138	511 258	53 108	56 173	112,25	109,87
Chlormagnesium	32 891	29 775	500	563	15,20	18,91
Glaubersalz	80 347	72 667	2 299	1 997	28,62	27,48
Schwefelsaures Kali	60 292	55 756	9 319	8 561	154,57	153,54
Schwefelsaure Kalimagnesia	33 368	33 149	2 654	2 786	79,53	84,04
Schwefelsaure Magnesia	41 105	42 977	870	827	21,16	19,24
Schwefelsaure Tonerde	59 473	54 121	3 728	3 349	62,68	61,88
Alaun	4 200	3 802	474	444	112,81	116,78
III. Hüttenerzeugnisse.						
Roheisen	12 875 159	11 805 320	824 077	715 314	64,01	60,59
Zink	208 195	216 490	96 573	86 006	463,86	397,27
Blei (Blockblei)	142 271	164 079	54 479	46 542	382,92	283,66
Kaufglätte	4 325	5 339	1 772	1 622	409,71	303,80
Kupfer(Raffinad-,Elektrolyt-etc.[1])	31 946	30 001	61 497	37 688	1925,01	1256,22
	Kilogramm	Kilogramm			für 1 kg	für 1 kg
Silber (Reinmetall)	386 933	407 185	34 655	29 699	89,56	72,94
Gold (Reinmetall)	4 682	4 758	13 071	13 288	2791,58	2792,76
	Tonnen	Tonnen			für 1 t	für 1 t
Arsenikalien	2 904	2 822	1 454	1 338	500,71	474,13
Schwefelsäure und rauchendes Vitriolöl[2])	1 402 398	1 391 653	40 207	39 571	28,67	28,43
Kupfervitriol	5 284	7 117	2 928	3 043	554,14	427,57
Roheisen, insbesondere:						
Gießereiroheisen	2 048 502	2 102 375	142 807	130 806	69,71	62,22
Gußwaren erster Schmelzung	71 377	71 465	7 883	7 865	110,44	110,05
Bessemerroheisen (saures Verf.)	478 011	422 448	34 145	28 862	71,43	68,32
Thomasroheisen (basisch. Verf.)	8 428 334	7 667 884	498 276	436 714	59,12	57,03
Stahl- und Spiegeleisen	931 140	837 067	83 125	68 361	89,27	81,67
Puddelroheisen (ohne Spiegeleisen)	900 239	696 373	57 139	41 998	63,47	60,31
Bruch- und Wascheisen	17 556	17 708	702	708	40,00	39,98

*) Die Zahlen für 1909 sind z. T. aus den folgenden Tabellen ersichtlich.

[1]) Ohne Schwarzkupfer und Kupferstein.

[2]) Die Angaben beziehen sich nur auf solche Hüttenwerke und chemische Fabriken, die **Erze** zur Herstellung von Schwefelsäure verarbeiten.

Deutschland; Bergwerksbetrieb.

(Nach dem Statist. Jahrb. f. d. Deutsche Reich. 30. Jahrg. 1909. S. 96.)

Die Nachweise umfassen das Deutsche Reich und das Großherzogtum Luxemburg, das Eisenerze, Roheisen, Gußwaren Schmelzung und Flußeisenerzeugnisse hervorbringt. — Die Angaben über die mittlere Belegschaft beziehen sich nur auf die Hauptbetriebe. Bei den Hauptbetrieben sind auch diejenigen Werke gezählt. welche in Aus- und Vorrichtung begriffen oder wegen neuer Bauten oder durch Unglücksfälle im Betrieb an der Förderung von absatzfähigen Erzeugnissen verhindert waren. Die zum Teil nicht unbedeutende Belegschaft dieser Werke ist beim Nachweise der mittleren Belegschaft mitgezählt. Als Nebenbetriebe sind solche verzeichnet, die das betreffende Erzeugnis neben einem andern Haupterzeugnisse gewannen. — Als Wert ist durchgängig der Verkaufswert am Ursprungsorte verstanden.

Jahr	Zahl der betriebenen Werke Haupt-betriebe	Neben-betriebe	Mittlere Belegschaft 1000 Köpfe	Förderung Menge 1000 Tonnen	Wert 1000 Mark	Zahl der betriebenen Werke Haupt-betriebe	Neben-betriebe	Mittlere Belegschaft 1000 Köpfe	Förderung Menge 1000 Tonnen	Wert 1000 Mark
	Steinkohlen.					**Braunkohlen.**				
1902	326	—	451,2	107 473,9	950 517	546	—	53,7	43 126,3	102 571
03	330	—	470,3	116 637,8	1 005 153	542	—	52,5	45 819,5	107 412
04	324	—	490,6	120 815,5	1 033 861	533	—	52,9	48 635,1	112 101
05	331	—	493,3	121 298,6	1 049 980	533	—	55,0	52 512,1	122 239
1906	322	—	511,1	137 117,9	1 224 581	536	1	58,6	56 419,6	131 494
07	313	—	545,3	143 185,7	1 394 271	535	1	66,5	62 546,7	156 347
08	314	—	591,0	147 671,1	1 521 887	549	—	76,4	67 615,2	180 920
09				148 899,7	1 519 699				68 533,7	178 906
	Steinsalz.					**Kalisalze[1]).**				
1902	16	8	2,0	1 010,4	4 699	33	22	12,5	3 285,0	40 006
03	16	10	2,2	1 095,5	5 056	37	24	12,9	3 631,0	42 864
04	10	9	1,0	1 079,9	5 013	45	23	14,9	4 085,4	48 859
05	10	10	1,1	1 165,5	5 506	59	23	17,1	5 043,5	60 391
1906	11	11	1,1	1 235,0	5 865	69	24	19,5	5 541,7	65 497
07	10	15	0,9	1 285,1	5 989	79	27	21,2	5 749,4	66 644
08	11	19	1,0	1 332,0	6 009			22,2	6 099,0	70 912
09				1 370,7	6 238				7 041,2	81 643
	Eisenerze.					**Zinkerze.**				
1902	540	25	39,2	17 963,6	65 731	57	35	14,9	702,5	29 811
03	558	21	41,6	21 230,7	74 235	54	32	15,2	682,9	33 058
04	565	22	43,4	22 047,4	76 668	51	28	15,9	715,7	39 479
05	566	21	43,7	23 444,1	81 770	55	28	16,4	731,3	47 838
1906	577	23	47,7	26 734,6	102 578	58	25	16,6	704,6	52 253
07	630	26	50,0	27 697,1	119 186	56	26	16,5	698,4	42 293
08	561	18	46,0	24 278,2	99 527	50	27	16,3	706,4	34 986
09				25 505,4	97 988				723,6	42 836
	Bleierze.					**Kupfererze.**				
1902	116	46	12,4	167,9	13 436	47	48	16,2	761,9	20 431
03	102	36	11,8	166,0	14 084	48	47	16,2	772,7	20 449
04	96	34	11,3	164,4	14 706	51	52	16,9	798,2	21 731
05	97	37	11,3	152,7	15 346	41	40	17,5	793,5	23 500
1906	98	43	10,8	140,9	18 041	40	47	17,6	768,5	25 643
07	104	39	10,4	147,3	20 132	46	41	17,6	771,2	26 702
08	100	37	10,0	156,9	15 038	37	33	17,4	727,4	25 358
09				159,8	14 463				798,6	22 967

[1]) Kainit und andere Kalirohsalze.

Deutschland; Bergwerks-, Salinen- und Hüttenbetrieb.
(Nach dem Statist. Jahrb. f. d. Deutsche Reich. 30. Jahrg. 1909. S. 97.)

Jahr	Zahl der betriebenen Werke		Mittlere Beleg-schaft	Förderung bzw. Gewinnung		Zahl der betriebenen Werke		Mittlere Beleg-schaft	Förderung bzw. Gewinnung	
	Haupt-	Neben-		Menge 1000	Wert 1000	Haupt-	Neben-		Menge 1000	Wert 1000
	betriebe		1000Köpfe	Tonnen	Mark	betriebe		1000Köpfe	Tonnen	Mark
	Silber- und Golderze.					**Summe aller Bergwerkserzeugnisse** [1]).				
1902	10	1	2,6	11,7	1 389	1 850	—	608,9	174 880,1	1 235 759
03	8	1	2,3	11,5	1 245	1 829	—	628,6	190 441,1	1 311 950
04	7	1	2,1	10,4	1 206	1 872	—	653,2	198 784,9	1 363 789
05	7	1	1,7	10,3	1 194	1 862	—	661,3	205 592,6	1 417 719
1906	8	2	1,7	8,1	1 206	1 862	—	688,9	229 146,1	1 637 130
07	7	1	1,6	8,3	1 126	1 958	—	734,9	242 615,2	1 844 920
08	8	1	1,5	7,7	862	1 892	—	787,0	249 138,5	1 970 763
09				7,5	723		—			
	Kochsalz.					Chlorkalium.				
1902	69	10	3,6	572,8	15 613	26	3	4,6	267,5	31 545
03	71	8	3,5	598,4	14 184	27	3	4,4	280,2	34 140
04	71	8	3,6	621,8	14 706	30	4	4,8	297,2	35 402
05	72	9	3,6	612,1	14 786	32	4	5,5	373,2	44 456
1906	72	7	3,7	635,2	15 247	36	6	5,9	403,4	46 364
07	71	7	3,8	665,5	16 481	44	5	6,4	473,1	53 108
08				665,6	18 519				511,3	56 173
09				647,9	18 504				629,4	67 744
	Andere Salze [2]).					**Summe aller Salze.**				
1902	27	—	0,8	248,2	12 647	122	—	9,0	1 088,5	59 805
03	24	—	0,7	257,9	14 559	122	—	8,6	1 136,5	62 883
04	25	—	0,8	274,2	16 277	126	—	9,1	1 193,2	66 385
05	25	—	0,8	298,3	17 532	129	—	9,9	1 283,6	76 774
1906	26	—	0,9	311,8	18 876	134	—	10,4	1 350,4	80 487
07	24	—	0,9	311,8	19 844	139	—	11,1	1 450,4	89 433
08	—								1 469,2	93 219
09	—					—				
	Roheisen.					Zink.				
1902	99	– –	32,4	8 529,9	455 699	26	4	10,9	174,9	62 228
03	99	—	35,4	10 017,9	525 007	26	4	10,6	182,5	73 921
04	100	—	35,4	10 058,3	520 736	25	2	11,4	193,1	84 650
05	104	—	38,5	10 875,1	578 724	25	2	11,6	198,2	97 839
1906	104	—	41,8	12 292,8	715 188	25	2	12,3	205,7	108 653
07	103	—	45,2	12 875,2	824 077	26	1	12,4	208,2	96 573
08	—			11 805,3	715 314				216,5	86 006
09	—			12 625,6	691 360				219,8	94 973
	Blei (einschl. Hartblei).					Kupfer (einschl. Schwarzkupfer u. Kupferstein),				
1902	14	10	3,0	140,3	31 349	9	4	4,7	30,6	34 150
03	14	9	3,0	145,3	33 490	8	6	4,7	31,2	37 841
04	14	9	3,0	137,6	32 546	8	7	4,8	30,3	36 305
05	15	8	2,9	152,6	41 049	8	5	4,8	31,7	44 606
1906	15	8	3,1	150,7	50 996	8	4	4,9	32,3	55 962
07	15	9	3,1	142,3	54 479	8	3	5,1	31,9	61 497
08				164,1	46 542				30,3	37 913
09				167,9	43 991				33,3	39 688

[1]) Außer den aufgeführten Bergwerkserzeugnissen sind in dieser Summe enthalten: Graphit, Asphalt, Erdöl, Bittersalze, Borazit, Zinnerze, Quecksilbererze, Kobalterze, Nickelerze, Antimonerze, Arsenikerze, Manganerze, Wismuterze, Uranerze, Wolframerze, Schwefelkies, Vitriol- und Alaunerze.

[2]) Hierzu gehören: Chlormagnesium, Glaubersalz, schwefelsaures Kali, schwefelsaure Kalimagnesia, schwefelsaure Magnesia, schwefelsaure Tonerde, Alaun.

Deutschland; Hüttenbetrieb.

(Nach dem Statist. Jahrb. f. d. Deutsche Reich. 30. Jahrg. 1909. S. 98.)

| Jahr | Zahl der betriebenen Werke | | Mittlere Belegschaft | Gewinnung | | Zahl der betriebenen Werke | | Mittlere Belegschaft | Gewinnung | |
| | Haupt- | Neben- | | Menge 1000 | Wert 1000 | Haupt- | Neben- | | Menge 1000 | Wert 1000 |
	betriebe		1000Köpfe	Tonnen	Mark	betriebe		1000Köpfe	Tonnen	Mark
	Silber (Reinmetall)[1].			Kilogramm		Gold (Reinmetall)[2].			Kilogramm	
1902	6	15	1,9	430 610	30 800	—	12	—	2 664	7 431
03	6	14	1,8	396 253	28 897	—	13	—	2 572	7 175
04	6	15	1,8	389 827	30 367	—	13	—	2 738	7 636
05	6	15	1,8	399 775	32 922	—	13	—	3 933	10 974
1906	6	14	1,7	393 442	35 768	—	13	—	4 202	11 727
07	6	14	1,7	386 933	34 655	—	13	—	4 682	13 071
08				407 185	29 699	—			4 758	13 288
09				400 562	28 137	—			5 064	14 147
	Summe aller Metallhüttenerzeugnisse[4].			1000 Tonnen		Schwefelsäure[3].			1000 Tonnen	
1902	73	--	21,6	390,5	190 236	60	20	4,8	965,0	26 889
03	72	—	21,2	404,7	207 822	60	19	5,2	1 010,6	28 709
04	71	—	22,1	410,7	223 058	78	21	6,1	1 207,9	33,717
05	73	—	22,3	433,5	264 266	77	22	6,0	1 281,2	35 636
1906	73	—	23,3	442,1	309 277	78	21	6,4	1 365,9	39 540
07	73	—	23,5	434,0	304 322	76	22	6,6	1 402,4	40 207
08	—				255 891				1 391,7	39 571
09	—								1 444,7	41 347

Monatliche Roheisenerzeugung Deutschlands, einschließlich Luxemburgs.

(Nach den Ermittelungen des Vereins deutscher Eisen- und Stahlindustrieller.)

	1906 Tonnen	1907 Tonnen	1908 Tonnen	1909 Tonnen
Januar	1 018 461	1 062 152	1 061 329	1 021 721
Februar	938 434	978 191	994 186	949 667
März	1 058 527	1 099 257	1 046 998	1 073 116
April	1 019 149	1 077 703	979 866	1 047 197
Mai	1 060 740	1 094 314	1 010 917	1 090 467
Juni	1 019 015	1 044 336	956 425	1 067 421
Juli	1 054 147	1 123 966	1 010 770	1 091 059
August	1 064 957	1 117 545	935 445	1 100 671
September	1 036 753	1 091 020	928 729	1 068 345
Oktober	1 073 874	1 138 676	941 582	1 113 763
November	1 061 572	1 112 225	930 738	1 119 051
Dezember	1 064 638	1 106 375	1 016 526	1 164 624[5]
zusammen	12 473 067	13 045 760	11 813 511	12 917 653

[1]) Davon sind gewonnen aus inländischen Erzen 156 261 kg, aus ausländischen Erzen 165 193 kg, aus in- und ausländischem Werkblei 3773 kg, aus in- und ausländischen Rückständen und Abfällen 59 706 kg.

[2]) Davon sind gewonnen aus inländischen Erzen 100 kg, aus ausländischen Erzen 463 kg, aus in- und ausländischem Werkblei 38 kg, aus in- und ausländischen Rückständen und Abfällen 4081 kg.

[3]) Der Nachweis umfaßt die Gewinnung von englischer Schwefelsäure und rauchendem Vitriolöl und bezieht sich nur auf solche Betriebe, die Schwefelsäure aus Erzen darstellen. Im Jahre 1904 sind 18 Werke hinzugekommen, die vorher nicht zur Montanstatistik herangezogen waren.

[4]) Außer den voraufgeführten Metallhüttenerzeugnissen sind in der Summe enthalten: Kaufglätte, Schwarzkupfer, Kupferstein, Quecksilber, Nickel, Blaufarbwerkerzeugnisse, Kadmium, Zinn, Zinnsalz, Wismut, Antimon, Uranpräparate, Arsenikalien, Selen, Schwefel, Vitriole und Farbenerden.

[5]) Die Erzeugung im Dezember verteilte sich auf die einzelnen Sorten wie folgt:

	Dezember 1909	Dezember 1908
Gießereiroheisen	231 176 t	195 869 t
Bessemerroheisen	38 033	22 177
Thomasroheisen	744 672	650 679
Stahl- und Spiegeleisen . . .	98 831	98 110
Puddelroheisen	51 912	49 691
Summe	1 164 624 t	1 016 526 t

Deutschland.

(Nach „Vierteljahreshefte zur Statistik des Deutschen Reiches", 1909. IV, S. 76 u. 78)

Steinkohlenförderung 1900—1908.

Spaltenköpfe für alle folgenden Tabellen:

Jahr	Menge 1000 Tonnen	Wert im ganzen 1000 M	Wert durchschnittlich für die Tonne M	Mittlere Belegschaft im ganzen 1000 Köpfe

1. Oberschlesisches Kohlenrevier.

Jahr	Menge 1000 Tonnen	im ganzen 1000 M	durchschnittlich für die Tonne M	im ganzen 1000 Köpfe
1900	24 829,3	184 586	7,43	70,2
01	25 251,9	213 054	8,44	79,2
02	24 485,3	195 318	7,98	81,3
03	25 265,2	194 686	7,71	84,5
04	25 417,9	190 086	7,48	85,9
05	27 014,9	202 138	7,48	88,6
06	29 659,7	225 604	7,61	91,8
07	32 223,0	279 876	8,69	97,4
08	33 966,3	318 137	9,37	108 2
09				

2. Niederschlesisches Kohlenrevier.

Jahr	Menge 1000 Tonnen	im ganzen 1000 M	durchschnittlich für die Tonne M	im ganzen 1000 Köpfe
1900	4 767,4	43 825	9,19	23,1
01	4 709,2	48 251	10,25	25,1
02	4 569,7	41 936	9,18	25,0
03	4 920,2	40 253	8,18	25,6
04	5 225,2	41 746	7,99	26,3
05	5 304,5	43 240	8,15	26,6
06	5 403,0	46 174	8,55	26,2
07	5 579,7	51 960	9,31	26,9
08	5 623,9	59 411	10,56	27,7
09				

3. Steinkohlenablagerungen im Königreiche Sachsen.

(Reviere: Plauenscher Grund, Lugau-Ölsnitz, Zwickau.)

Jahr	Menge 1000 Tonnen	im ganzen 1000 M	durchschnittlich für die Tonne M	im ganzen 1000 Köpfe
1900	4 802,7	60 504	12,56	23,5
01	4 759,8	60 601	12,73	25,8
02	4 649,1	53 530	11,51	25,2
03	4 693,1	51 358	10,94	24,7
04	4 803,5	50 826	10,58	25,3
05	4 943,0	52 321	10,61	24,5
06	5 148,4	56 824	11,04	24,3
07	5 232,4	62 657	11,97	23,8
08	5 378,2	67 712	12,59	25,5
09				

4. Kohlenrevier von Wettin und Löbejün, die norddeutschen Wälderkohlen-Ablagerungen und die Ablagerungen von Ibbenbüren.

Jahr	Menge 1000 Tonnen	im ganzen 1000 M	durchschnittlich für die Tonne M	im ganzen 1000 Köpfe
1900	1 156,5	11 719	10,13	5,6
01	1 043,0	10 916	10,47	5,7
02	1 027,7	10 456	10,17	5,7
03	1 054,9	11 202	10,62	5,6
04	1 075,2	11 546	10,74	5,6
05	1 131,0	12 276	10,85	5,8
06	1 164,1	12 694	10,90	6,1
07	1 177,1	13 543	11,51	6,3
08	1 154,9	13 685	11,85	6,5
09				

5. Oberbayerische Lagerstätten, Ilmrevier und die Ablagerung des Frankenwaldes.

Jahr	Menge 1000 Tonnen	im ganzen 1000 M	durchschnittlich für die Tonne M	im ganzen 1000 Köpfe
1900	706,7	7 238	10,24	3,8
01	709,4	7 414	10,45	3,9
02	711,8	7 170	10,07	4,0
03	745.1	7 486	10,05	4,2
04	687,2	6 875	10,00	4,0
05	737,2	7 322	9,93	4,1
06	756,0	7 580	10,03	4,3
07	825,9	9 178	11,11	4,5
08	[1]) 45,5	437	9,60	0,4
09				

6. Rheinisch-westfälisches Kohlenrevier.

Jahr	Menge 1000 Tonnen	im ganzen 1000 M	durchschnittlich für die Tonne M	im ganzen 1000 Köpfe
1900	60 119,4	512 729	8,53	228,7
01	59 004.6	516 693	8,76	246,2
02	58 626,6	491 687	8,39	246,4
03	65 433,5	541 941	8,28	259,0
04	68 535,5	565 499	8,25	274,7
05	66 713,3	560 380	8,40	273,3
06	78 731,6	689 242	8,75	285,8
07	82 201,2	782 868	9,52	311,5
08	84 851,5	854 443	10,07	343,8
09				

7. Das Inde- und Wormrevier.

Jahr	Menge 1000 Tonnen	im ganzen 1000 M	durchschnittlich für die Tonne M	im ganzen 1000 Köpfe
1900	1 771,5	16 662	9,41	8,0
01	1 893,0	17 609	9,30	8,8
02	1 992,1	17 904	8,99	9,3
03	2 165,4	19 185	8,86	9,7
04	2 218,5	19 984	9,01	9,9
05	2 250,2	20 476	9,10	10,0
06	2 250,9	22 676	10,07	9,9
07	2 228,3	24 728	11,10	10,1
08	2 386,0	27 081	11,35	11,4
09				

8. Die Steinkohlenablagerungen des Saarreviers und der bayerischen Pfalz, sowie von Lothringen und im Großherzogtume Baden.

Jahr	Menge 1000 Tonnen	im ganzen 1000 M	durchschnittlich für die Tonne M	im ganzen 1000 Köpfe
1900	11 136,7	129 002	11,58	50,8
01	11 168,5	140 716	12,60	53,4
02	11 411,6	132 516	11,61	54,3
03	12 360,4	139 042	11,25	57,1
04	12 852,5	147 299	11,46	58,9
05	13 204,7	151 827	11,50	60,3
06	14 004,2	163 787	11,00	62,8
07	13 718,1	169 461	12,35	64,8
08	14 264,8	180 981	12,69	67,6
09				

9. Steinkohlenförderung im Deutschen Reiche.

a) Im ganzen.

Jahr	Menge 1000 Tonnen	im ganzen 1000 M	durchschnittlich für die Tonne M	im ganzen 1000 Köpfe
1900	109 290,2	966 065	8,84	413,7
01	108 539,4	1 015 254	9,35	448,0
02	107 473,9	950 517	8,84	451,2
03	116 637,8	1 005 153	8,02	470,3
04	120 815,5	1 033 861	8,56	490,6
05	121 298,6	1 049 980	8,66	493,3
06	137 117,9	1 224 581	8,93	511,1
07	143 185,7	1 394 271	9,74	545,3
08	147 671,1	1 521 887	10,31	590.9
09	148 899,7	1 519 699	10,21	

b) Darunter in Staatsbetrieben.

Jahr	Menge 1000 Tonnen	im ganzen 1000 M	durchschnittlich für die Tonne M	im ganzen 1000 Köpfe
1900	16 295,5	167 655	10,29	63,8
01	16 176,6	181 008	11,19	66,0
02	16 090,1	168 701	10,48	66,4
03	17 019,8	174 565	10,26	71,0
04	17 780,7	183 687	10,33	74,0
05	18 347,7	189 584	10,33	75,7
06	19 469,3	206 178	10,59	79,4
07	19 259,0	218 114	11,33	83,3
08	19 926,9	232 844	11,68	87,0
09				

[1]) Infolge einer Entscheidung des Kgl. Bayr. Verwaltungsgerichtshofes sind die oberbayrischen Pechkohlen als Braunkohlen anzusprechen. Die bisher in der Statistik beim Reg.-Bez. Oberbayern geführten Steinkohlenwerke kommen daher von jetzt ab dort (S. 59) zur Ausschreibung.

Braunkohlenförderung 1900—1908.

1. Preußische Provinzen: Westpreußen, Posen, Pommern, Großherzogtum Mecklenburg-Schwerin.

Jahr	Menge 1000 Tonnen	Wert im ganzen 1000 M	Wert durchschnittlich für die Tonne M	Mittlere Belegschaft im ganzen 1000 Köpfe
1900	75,2	311	4,14	0,3
01	72,3	291	4,01	0,3
02	64,2	245	3,51	0,3
03	68,5	290	4,25	0,3
04	63,0	223	3,54	0,2
05	69,6	249	3,57	0,2
06	63,4	249	3,93	0,2
07	66,5	269	4,05	0,3
08	40,3	173	4,29	0,2
09				

2. Provinz Brandenburg.

Jahr	Menge 1000 Tonnen	Wert im ganzen 1000 M	Wert durchschnittlich für die Tonne M	Mittlere Belegschaft im ganzen 1000 Köpfe
1900	10 370,5	20 586	1,99	12,4
01	11 730,8	24 335	2,07	15,1
02	11 623,4	22 188	1,91	13,2
03	12 457,6	22 751	1,83	13,1
04	13 416,3	24 374	1,82	13,2
05	13 939,5	25 503	1,83	13,4
06	14 603,1	27 525	1,88	13,6
07	15 317,8	29 616	1,93	14,2
08	16 343,7	32 526	1,99	16,3
09				

3. Provinz Schlesien.

Jahr	Menge 1000 Tonnen	Wert im ganzen 1000 M	Wert durchschnittlich für die Tonne M	Mittlere Belegschaft im ganzen 1000 Köpfe
1900	802,5	3 015	3,76	1,4
01	879,8	3 409	3,87	1,7
02	875,2	3 087	3,53	1,7
03	882,8	3 611	4,09	1,7
04	1 028,7	4 245	4,13	1,9
05	1 155,2	4 528	3,92	2,0
06	1 311,2	3 548	2,71	2,2
07	1 449,7	4 281	2,95	2,4
08	1 494,5	4 471	2,99	2,5
09				

4. Königreich Sachsen.

Jahr	Menge 1000 Tonnen	Wert im ganzen 1000 M	Wert durchschnittlich für die Tonne M	Mittlere Belegschaft im ganzen 1000 Köpfe
1900	1 540,5	4 308	2,80	2,6
01	1 635,1	4 408	2,70	3,1
02	1 746,6	5 524	2,59	3,1
03	1 839,4	4 597	2,50	3,1
04	1 922,1	4 814	2,50	3,4
05	2 167,7	5 350	2,47	3,6
06	2 314,1	5 994	2,59	3,7
07	2 485,9	6 798	2,73	3,8
08	2 883,9	8 069	2,80	5,0
09				

5. Provinz Sachsen.

Jahr	Menge 1000 Tonnen	Wert im ganzen 1000 M	Wert durchschnittlich für die Tonne M	Mittlere Belegschaft im ganzen 1000 Köpfe
1900	17 035,1	42 024	2,47	20,5
01	17 925,0	45 647	2,55	22,6
02	17 608,2	44 148	2,51	21,8
03	18 384,3	45 136	2,46	21,3
04	19 166,4	45 926	2,40	21,0
05	20 250,2	48 437	2,39	21,6
06	21 418,8	50 840	2,37	22,4
07	23 630,4	56 761	2,40	25,8
08	23 987,4	57 582	2,40	27,9
09				

6. Herzogtum Anhalt.

Jahr	Menge 1000 Tonnen	Wert im ganzen 1000 M	Wert durchschnittlich für die Tonne M	Mittlere Belegschaft im ganzen 1000 Köpfe
1900	1 347,4	3 875	2,88	1,5
01	1 366,0	4 167	3,05	1,5
02	1 278,1	4 058	3,17	1,4
03	1 376,7	4 311	3,13	1,4
04	1 376,8	4 292	3,12	1,4
05	1 464,8	4 584	3,13	1,4
06	1 415,4	4 537	3,21	1,4
07	1 367,7	4 533	3,31	1,3
08	1 306,1	4 347	3,33	1,4
09				

7. Thüringen (Großherzogtum Sachsen, Sachsen-Altenburg [Meuselwitzer Revier], Schwarzburg-Rudolstadt, Reuß j. L.).

Jahr	Menge 1000 Tonnen	Wert im ganzen 1000 M	Wert durchschnittlich für die Tonne M	Mittlere Belegschaft im ganzen 1000 Köpfe
1900	1 940,3	4 813	2,48	2,7
01	2 213,0	5 669	2,56	3,1
02	2 233,3	5 580	2,50	2,9
03	2 327,0	5 701	2,45	2,9
04	2 307,2	5 570	2,41	2,8
05	2 452,7	5 823	2,37	3,1
06	2 273,1	5 295	2,33	3,7
07	3 100,0	7 487	2,42	4,5
08	3 804,3	9 295	2,44	3,6
09				

8. Königreich Bayern.

Jahr	Menge 1000 Tonnen	Wert im ganzen 1000 M	Wert durchschnittlich für die Tonne M	Mittlere Belegschaft im ganzen 1000 Köpfe
1900	39,2	144	3,68	0,2
01	25,2	97	3,86	0,2
02	27,3	104	3,82	0,1
03	25,2	94	3,71	0,1
04	53,5	177	3,30	0,3
05	122,4	364	2,97	0,4
06	140,3	364	2,59	0,5
07	286,3	852	2,98	0,7
08	[1]) 1 415,0	12 386	8,75	4,9
09				

9. Herzogtum Braunschweig u. Provinz Hannover

Jahr	Menge 1000 Tonnen	Wert im ganzen 1000 M	Wert durchschnittlich für die Tonne M	Mittlere Belegschaft im ganzen 1000 Köpfe
1900	1 495,1	4 750	3,18	1,6
01	1 670,2	5 392	3,23	1,9
02	1 501,2	4 670	3,11	1,7
03	1 629,2	4 964	3,05	1,5
04	1 652,4	4 844	2,98	1,5
05	1 976,7	7 087	3,59	1,7
06	2 206,7	8 158	3,70	1,9
07	2 457,4	9 238	3,76	2,1
08	2 590,9	9 884	3,81	2,2
09				

10. Hessische Braunkohlenreviere (Großherzogtum Hessen und Provinz Hessen-Nassau).

Jahr	Menge 1000 Tonnen	Wert im ganzen 1000 M	Wert durchschnittlich für die Tonne M	Mittlere Belegschaft im ganzen 1000 Köpfe
1900	689,8	2 860	4,15	2,2
01	760,6	3 115	4,09	2,3
02	732,6	2 756	3,76	2,1
03	806,6	3 025	3,75	1,9
04	882,1	2 942	3,34	2,0
05	982,3	3 277	3,34	2,0
06	999,5	3 223	3,22	2,0
07	1 119,6	3 839	3,43	2,3
08	1 211,0	4 098	3,38	2,4
09				

11. Niederrheinisches Braunkohlenrevier (Provinz Rheinland).

Jahr	Menge 1000 Tonnen	Wert im ganzen 1000 M	Wert durchschnittlich für die Tonne M	Mittlere Belegschaft im ganzen 1000 Köpfe
1900	5 162,4	11 811	2,29	5,5
01	6 202,0	13 750	2,22	6,7
02	5 436,2	11 211	2,06	5,4
03	6 022,2	12 932	2,15	5,1
04	6 766,3	14 694	2,17	5,3
05	7 931,0	17 037	2,15	5,7
06	9 674,0	21 761	·2,25	7,0
07	11 265,4	32 673	2,90	9,0
08	12 538,1	38 089	3,04	10,0
09				

12. Deutsches Reich.

Jahr	Menge 1000 Tonnen	Wert im ganzen 1000 M	Wert durchschnittlich für die Tonne M	Mittlere Belegschaft im ganzen 1000 Köpfe
1900	40 498,0	98 497	2,43	50,9
01	44 480,0	110 280	2,48	58,5
02	43 126,3	102 571	2,38	53,7
03	45 819,5	107 412	2,34	52,5
04	48 635,1	112 101	2,30	52,9
05	52 512,1	122 239	2,33	55,0
06	56 419,6	131 494	2,33	58,6
07	62 546,7	156 347	2,50	66,5
08	67 615,2	180 920	2,68	76,4
09	68 533,7	178 906	2,61	

[1]) Vgl. Anmerkung auf S. 58.

Deutschland.

Ein- und Ausfuhr der wichtigsten Bergwerks- und Hüttenerzeugnisse im deutschen Zollgebiete während der Jahre 1903, 1904, 1905.

(Nach den im Kaiserl. Statistischen Amte herausgegebenen monatlichen Nachweisungen über den auswärtigen Handel im deutschen Zollgebiete. Vgl. auch Preuß. Zeitschr. f. d. Berg.-, Hütten- u. Salinenwesen.)
Die Zahlen für 1892, 1900 u. 1901 siehe „Fortschritte" Bd. I, S. 285.

	Einfuhr			Ausfuhr		
	im Jahre 1902 t	im Jahre 1903 t	im Jahre 1904 t	im Jahre 1902 t	im Jahre 1903 t	im Jahre 1904 t
Steinkohlen	6 425 657,9	6 766 512,8	7 299 041,5	16 101 141,1	17 389 934,2	17 996 726,2
Koks	362 487,6	432 819,1	550 302,2	2 182 383,4	2 523 351,4	2 716 855,2
Braunkohlen	7 882 010,3	7 962 122,6	7 669 098,5	21 765,6	22 499,3·	22 134,8
Preß- und Torfkohlen usw.	81 853,9	84 635,0	125 475,6	697 799,4	895 145,2	917 525,9
Eisenerze	3 957 402,8	5 225 335,9	6 061 127,0	2 868 067,8	3 343 509,9	3 440 854,5
Schwefelkies	482 095,0	519 317,4	503 503,0	35 369,6	32 610,9	30 666,1
Manganerze	204 646,5	223 708,9	255 760,0	4 528,1	11 138,2	5 536,0
Bleierze	71 078,2	67 573,1	83 806,6	2 023,9	1 270,3	1 311,9
Kupfererze	14 630,2	13 714,3	7 949,3	17 030,8	15 985,7	19 235,2
Zinkerze	61 406,5	67 156,3	93 515,3	46 965,2	40 457,9	40 487,6
Gold- u. Platinerze . .	455,5	462,7	783,8	0,2	3,2	1,4
Silbererze	6 128,6	3 923,7	5 175,6	0,5	6,2	1,6
Dachschiefer und rohe Schieferplatten . .	46 077,8	41 635,4	40 806,5	3 252,6	2 841,1	2 802,7
Abraumsalze	307,0	388,0	57,2	499 220,1	501,385,4	631 762,0
Chlorkalium	261,2	39,8	47,3	106 924,5	125,304,2	140 765,4
Salz (Siede-, Stein- usw. Salz)	26 404,3	20 117,5	18 742,6	328 324,2	399 182,7	347 351,2
Brucheisen und Eisen- abfälle	31 950,3	59 979,7	52 421,2	168 908,8	109 244,7	90 097,9
Roheisen	143 040,0	158 346,6	178 255,7	347 256,3	418 072,4	225 896,7
Luppeneisen, Roh- schienen, Blöcke .	1 548,6	2 149,3	9 555,7	636 426,7	638 181,9	395 989,5
Eck- und Winkeleisen	184,1	396,3	683,1	382 237,7	419 554,9	373 248,1
Eisenbahnschienen .	135,9	141,7	310,0	366 814,7	378 161,3	211 049,3
Schmiedbares Eisen in Stäben usw.; Rad- kranz- und Pflug- schareisen	24 578,8	26 129,2	26 066,0	361 215,6	350 305,0	298 620,8
Platten u. Bleche aus schmiedbarem Eisen, rohe	1 600,2	1 237,6	1 164,9	273 020,6	278 933,5	256 186,2
Eisendraht, roh . . .	6 118,8	5 840,1	6 158,9	147 732,1	164 674,5	169 750,2
Eisendraht, verkupfert, verzinnt usw. . . .	1 125,8	1 354,5	1 708,7	85 780,9	89 464,1	97 679,1
Grobe Eisenwaren, nicht abgeschliffen u. abgeschliffen, Werk- zeuge usw.	13 134,8	14 868,8	14 593,1	215 243,7	241 084,6	237 960,4
Drahtstifte	25,7	40,1	35,9	55 167,2	51 291,7	59 649,2
Blei, rohes; Bruchblei, Bleiabfälle	39 046,4	52 439,5	61 387,7	23 100,2	30 242,9	23 169,1
Kupfer, rohes . . .	76 049,5	83 260,5	110 231,3	4 677,9	4 332,7	4 222,6
Kupfer [1]) in Stangen und Blechen, nicht plattiert	539,9	568,5	719,0	6 188,0	7 874,7·	9 764,2
Zink, rohes	24 633,2	23 682,4	24 345,2	67 679,5	63 213,0	65 827,3
Bruchzink	1 313,1	2 066,3	2 043,4	2 612,9	3 844,1	4 235,3
Zink, gestrecktes, ge- walztes	133,7	236,6	151,2	17 015,0	15 715,1	17 917,1
Gold, roh, auch in Barren	26,034	58,900	78,351	21,325	22,983	11,188
Pagament; Bruchgold und Bruchsilber .	30,552	29,609	36,769	0,024	0,006	0,034
Silber, roh, auch in Barren	282,774	293,117	338,875	372,390	275,259	282,017

---

[1]) Einschl. Legierungen.

Deutschland.

Ein- und Ausfuhr der wichtigsten Bergwerks- und Hüttenerzeugnisse im deutschen Zollgebiete während der Jahre 1905 und 1906.

(Nach den im Kaiserl. Statistischen Amte herausgegebenen monatlichen Nachweisungen über den auswärtigen Handel im deutschen Zollgebiete. Vgl. auch Preuß. Zeitschr. f. d. Berg-, Hütten- u. Salinenwesen.)

	Einfuhr im Jahre 1905 t	Ausfuhr im Jahre 1905 t
Steinkohlen	9 399 693,2	18 156 997,7
Koks	713 619,1	2 761 080,4
Braunkohlen	7 945 261,0	20 118,1
Preß- und Torfkohlen usw.	191 752,6	936 694,0
Eisenerze	6 085 195,5	3 698 563,4
Schwefelkies	552 184,2	35 194,5
Manganerze	262 310,5	4 116,1
Bleierze	92 667,0	1 496,0
Kupfererze	10 137,4	28 908,3
Zinkerze	126 577,3	38 972,1
Gold- u. Platinerze	485,9	—
Silbererze	5 739,2	0,3
Dachschiefer u. rohe Schieferplatten	39 724,4	2 537,5
Abraumsalze	45,9	852 453,6
Chlorkalium	223,0	156 440,0
Salz (Siede-, Stein- usw. Salz)	20 726,3	248 202,8
Brucheisen und Eisenabfälle	40 253,9	117 879,4
Roheisen	158 700,0	380 823,7
Luppeneisen, Rohschienen, Blöcke	6 187,9	472 503,6
Eck- und Winkeleisen	292,7	405 042,0
Eisenbahnschienen	486,9	284 755,0
Schmiedbares Eisen in Stäben usw.; Radkranz- und Pflugschareisen	26 934,3	323 349,2
Platten u. Bleche a. schmiedbarem Eisen, rohe	1 407,2	281 350,7
Eisendraht, roh	6 554,6	201 338,5
Eisendraht, verkupfert, verzinnt usw.	1 696,9	110 333,7
Grobe Eisenwaren, nicht abgeschliffen u. abgeschliffen, Werkzeuge usw.	14 606,6	250 130,4
Drahtstifte	29,2	59 906,8
Blei, rohes; Bruchblei, Bleiabfälle	78 527,6	32 515,3
Kupfer, rohes	102 217,8	5 957,8
Kupfer in Stangen u. Blechen, nicht plattiert	926,6	9 765,1
Zink, rohes	26 840,6	62 323,3
Bruchzink	2 742,5	5 351,5
Zink, gestrecktes, gewalztes	54,4	18 981,7
Gold, roh, auch in Barren	47,767	5,846
Pagament; Bruchgold und Bruchsilber	40,493	0,001
Silber, roh, auch in Barren	428,485	428,298

	Einfuhr im Jahre 1906[1] t	Ausfuhr im Jahre 1906[1] t
Steinkohlen, Anthrazit, unbearbeitete Kännelkohle	7 962 045,5	15 786 544,4
Braunkohlen	7 169 747,3	15 394,9
Torf, Torfkoks, künstliche Brennstoffe aus Torf	17 032,8	14 320,9
Steinkohlenkoks	423 630,3	2 845 416,6
Braunkohlenkoks	25 026,4	3 587,7
Steinkohlenpreßkohlen	97 873,9	652 522,1
Braunkohlenpreßkohlen	30 989,0	247 236,1
Bleierze	65 223,7	1 578,5
Chromerze	15 667,2	24,4
Eisenerze	6 730 635,5	3 212 977,1
Golderze	88,0	—
Kupfererze	8 829,8	3 688,0
Manganerze	303 179,9	2 002,0
Nickelerze	21 952,8	—
Schwefelkies (Eisenkies, Pyrit usw.)	512 662,9	29 672,6
Silbererze	3 777,2	0,4
Wolframerze	1 614,5	51,8
Zinkerze	146 030,3	35 784,0
Zinnerze (Zinstein usw.)	10 613,4	173,7
Salz, Salzsole, Pfannenstein, Steinsalzwaren	12 108,8	245 733,9
Abraumsalze (Hartsalz, Kainit, Kieserit usw.)	0,2	730 596,9
Chlorkalium	131,2	156 688,9
Roheisen und nicht schmiedbare Eisenlegierungen	381 787,5	411 136,3
Brucheisen, Alteisen (Schrott), Eisenfeilspäne usw.	75 907,8	108 241,6
Rohluppen, Rohschienen, Blöcke, Brammen, Platinen, Knüppel, Tiegelstahl in Blöcken	6 202,3	278 163,3
Schmiedbares Eisen in Stäben: Träger	328,5	334 778,6
Eck- und Winkeleisen, Kniestücke	2 830,5	42 315,6
Anderes geformtes Stabeisen	5 593,5	131 017,1
Band-, Reifeisen	2 986,5	55 504,4
Anderes nicht geformtes Stabeisen, zum Umschmelzen	19 712,4	119 716,6
Eisenbahnschienen	292,7	307 864,7
Eisenbahnschwellen aus Eisen	7,5	98 418,9
Eisenbahnlaschen, -unterlagsplatten aus Eisen	56,1	27 466,2
Eisenbahnachsen, -radeisen, -räder, -radsätze	568,2	52 195,9
Blei, roh; Bleiabfälle, Bruchblei	58 395,3	20 014,9
Zink, roh	31 189,2	53 094,0
Bruchzink, Zinkabfälle	1 863,7	4 439,2
Zink, gestreckt, gewalzt	56,9	14 421,8
Zinn roh; Bruchzinn, Zinnabfälle	11 522,8	4 183,0
Nickelmetall, roh; Bruchnickel, Nickelmünzen	2 908,3	750,8
Kupfer, rohes	104 710,0	5 806,9
Feingold; legiertes Gold, roh oder gegossen	38,582	6,453
Feinsilber	190,167	180,253

[1]) Die Monate Januar und Februar 1906 konnten hier nicht berücksichtigt werden, weil der am 1. März in Kraft getretene neue Zolltarif eine andere Einteilung der Waren mit sich gebracht hat.

Ein- und Ausfuhr der wichtigsten Bergwerks- und Hüttenerzeugnisse im deutschen Zollgebiete während der Jahre 1907, 1908 und 1909.

(Nach den im Kaiserl. Statistischen Amte herausgegebenen monatlichen Nachweisungen über den auswärtig Handel im deutschen Zollgebiete. Vgl. auch Preuß. Zeitschr. f. d. Berg-, Hütten u. Salinenwesen.)

	Einfuhr			Ausfuhr		
	im Jahre 1907 t	im Jahre 1908 t	im Jahre 1909 I. Halbjahr t	im Jahre 1907 t	im Jahre 1908 t	im Jahr 1909 I. Halbja t
Steinkohlen, Anthrazit, unbearbeitete Kännelkohle	13 721 549,4	11 661 503,0	5 420 296	20 061 400,1	21 062 362,0	10 320 5
Braunkohlen	8 963 103,3	8 581 966,4	4 051 476	22 065,3	27 876,6	15 6
Torf, Torfkoks, künstliche Brennstoffe aus Torf	15 237,8	15 265,7		25 746,1	26 816,6	
Steinkohlenkoks	558 694,7	575 091,2	324 844	3 791 134,9	3 577 454,0	1 592 2
Braunkohlenkoks	25 525,6	833,4	785	1 937,8	1 824,1	1 0
Steinkohlenpreßkohlen	136 319,6	108 834,0	51 011	879 301,3	1 070 199,1	538 0
Braunkohlenpreßkohlen	59 083,5	83 557,3	47 936	422 359,6	422 904,5	220 4
Bleierze	137 861,0	133 596,6	52 324	1 295,7	1 189,4	9
Chromerze	19 508,3	16 974,2	9 674	148,4	111,2	(¹
Eisenerze	8 476 076,0	7 732 949,4	3 766 827	3 904 407,7	[3 067 870,2	1 323 6
Golderze	95,2	180,3	26	—	—	—
Kupfererze	19 294,8	17 456,4	10 250	20 945,9	21 740,6	10 0
Manganerze	393 326,7	334 133,3	194 844	3 553,8	2 331,9	1 1
Nickelerze	29 296,1	17 402,4	6 576	—	—	— ²)
Schwefelkies (Eisenkies, Pyrit usw.)	742 525,9	659 870,6	303 432	24 182,6	16 383,6	5 7
Silbererze	3 506,0	1 742,3	560	46,7	4,7	—
Wolframerze	2 239,4	2 307,9	1 019	195,1	132,6	
Zinkerze	184 702,6	199 840,3	93 094	34 862,9	39 450,2	17 6
Zinnerze (Zinnstein usw.)	9 970,8	11 419,6	6 936	31,1	29,1	
Salz, Salzsole, Pfannenstein, Steinsalzwaren	23 109,2	24 975,3		291 161,3	319 659,1	
Abraumsalze (Hartsalz, Kainit, Kieserit usw.)	0,1	2,4		839 888,9	818 568,8	344 8
Chlorkalium	120,4	49,1		173 637,6	174 358,5	92 5
Roheisen u. nicht schmiedbare Eisenlegierungen	443 623,9	252 778,6	68 039	275 170.1	257 849,8	195 5
Brucheisen, Alteisen, (Schrott), Eisenfeilspäne	121 661,2	92 882,9		119 555,3	163 337,4	
Rohluppen, Rohschienen, Blöcke, Knüppel, Tiegelstahl in Blöcken	8 237,8	8 879,9	3 966	227 535,7	471 864,9	214 1
Schmiedbares Eisen in Stäben: Träger	2 093,1	786,8	106	391 726,2	271 524,2	140 9
Eck- und Winkeleisen, Kniestücke	7 996,4	2 874,9		49 296,8	62 775,8	
Anderes geformtes Stabeisen	5 531,1	3 395,7	9 352	92 224,9	63 156,9	222 5
Band-, Reifeisen	3 355,5	2 697,1		87 294,0	103 271,9	
Anderes nicht geformtes Stabeisen, zum Umschmelzen	25 985,8	18 108,1		216 159,7	378 531,0	
Eisenbahnschienen	361,0	307,2		417 693,1	331 322,8	
Eisenbahnschwellen a. Eisen	15,1	4,6		175 570,0	99 487,7	
Eisenbahnlaschen, -unterlagsplatten aus Eisen	103,1	79,6	1 155	31 369,5	22 125,3	250 3
Eisenbahnachsen, -radeisen, -räder, -radsätze	582,6	1 605,6		74 787,8	77 864,0	
Blei, roh; Bleiabfälle, Bruchblei	74 972,9	77 218,1	33 741	27 708,0	29 987,9	18 6
Zink, roh	28 459,1	32 622,3	19 079	62 235,3	68 902,6	45 6
Bruchzink, Zinkabfälle	1 026,4	1 899,9		6 665,4	6 366,9	
Zink, gestreckt, gewalzt	117,1	285,5		21 475,9	18 675,6	
Zinn, roh; Bruchzinn, Zinnabfälle	12 813,9	14 038,6	6 492	4 244,2	3 714,1	3 4
Nickelmetall, roh; Bruchnickel, Nickelmünzen	2 181,8	3 057,7	1 415	930,6	1 349,4	9
Kupfer, rohes	124 116,5	157 433,8	86 462	6 112,8	6 778,3	
Feingold; legiertes Gold, roh oder gegossen	43,842	56,292		18,628	11,751	
Feinsilber	271,361	333,786		253,617	301,513	

¹) Einschließlich Nickelerze.　　²) Unter Chromerze enthalten.

Deutschland.
Verbrauch von Steinkohlen, Braunkohlen, Roheisen, Zink, Blei und Kupfer im Zollgebiet.

Für Steinkohlen, Braunkohlen und Kupfer läßt sich der Verbrauch in den Jahren 1860 bis 1871 nicht berechnen, da die Waren in den Übersichten des Zollvereins für die Ein- und Ausfuhr nicht gesondert dargestellt worden sind. Vom Jahre 1880 ab beruhen die Ein- und Ausfuhrnachweise auf gesetzlich vorgeschriebenen Anmeldungen (Gesetz vom 20. Juli 1879, betreffend die Statistik des Warenverkehrs mit dem Auslande). Die Ein- und Ausfuhrzahlen vor 1880 sind weniger zuverlässig; nur die Einfuhr von Roheisen, Blei und Zink kann für die Zeit, während der die Erzeugnisse zollpflichtig waren (Roheisen bis 1873, Blei und Zink bis 1865), als richtig angenommen werden.

Verbrauch von Steinkohlen und Braunkohlen.

Jahr	Ge-winnung	Einfuhr	Ausfuhr	Berechneter Verbrauch im ganzen	Berechneter Verbrauch auf den Kopf	Ge-winnung	Einfuhr	Ausfuhr	Berechneter Verbrauch im ganzen	Berechneter Verbrauch auf den Kopf
	Tausend Tonnen				kg	Tausend Tonnen				kg
	Steinkohlen[1]					Braunkohlen[1]				
1872	33 306	2 268	3 820	31 754	776	9 018	1 017	20	10 015	245
73	36 392	1 457	4 021	33 828	818	9 753	1 488	18	11 223	272
74	35 919	1 809	4 197	33 531	803	10 740	2 011	15	12 736	305
75	37 436	1 877	4 523	34 790	825	10 368	2 415	11	12 772	303
1876	38 454	2 104	5 287	35 271	828	11 096	2 431	17	13 510	317
77	37 530	2 026	5 009	34 547	801	10 700	2 464	9	13 155	305
78	39 590	1 931	5 826	35 695	819	10 930	2 597.	6	13 521	310
79	42 026	1 893	6 012	37 907	860	11 445	2 859	7	14 297	324
80	46 974	2 058	7 236	41 796	938	12 144	3 082.	19	15 207	341
1881	48 688	1 953	7 458	43 183	962	12 852	3 064	23	15 893	354
82	52 119	2 091	7 632	46 578	1 031	13 260	3 020	35	16 245	360
83	55 943	2 181	8 705	49 419	1 087	14 500	3 320	46	17 774	391
84	57 234	2 297	8 817	50 714	1 107	14 880	3 466	59	18 287	399
85	58 320	2 376	8 955	51 741	1 121	15 355	3 648	14	18 989	411
1886	58 057	2 560	8 655	51 962	1 116	15 626	4 085	16	19 695	423
87	60 334	2 675	8 782	54 227	1 153	15 899	4 424	16	20 307	432
88	65 386	3 252	9 460	59 178	1 240	16 574	5 211	17	21 768	456
89	67 342	4 557	8 847	63 052	1 289	17 631	5 650	14	23 267	476
90	70 238	4 164	9 145	65 257	1 320	19 053	6 506	18	25 541	517
1891	73 716	5 032	9 536	69 212	1 385	20 537	6 805	17	27 325	547
92	71 372	4 437	8 971	66 838	1 324	21 172	6 701	18	27 855	552
93	73 852	4 664	9 677	68 839	1 351	21 574	6 706	23	28 257	554
94	76 741	4 806	9 739	71 808	1 393	22 065	6 868	21	28 912	561
95	79 169	5 118	10 361	73 926	1 416	24 788	7 181	18	31 951	612
1896	85 690	5 477	11 599	79 568	1 502	26 781	7 637	15	34 403	650
97	91 055	6 072	12 390	84 737	1 576	29 420	8 111	20	37 511	697
98	96 310	5 820	13 989	88 141	1 614	31 649	8 450	22	40 077	734
99	101 640	6 220	13 943	93 917	1 693	34 205	8 616	21	42 800	772
1900	109 290	7 384	15 276	101 398	1 802	40 498	7 960	52	48 406	860
1901	108 539	6 297	15 266	99 571	1 744	44 480	8 109	22	52 567	921
02	107 474	6 425	16 101	97 798	1 686	43 126	7 882	22	50 987	879
03	116 638	6 766	17 390	106 014	1 801	45 819	7 962	22	53 759	913
04	120 816	7 299	17 997	110 118	1 844	48 635	7 669	22	56 282	943
05	121 299	9 400	18 157	112 541	1 859	52 512	7 945	20	60 437	998
1906	137 118	9 254	19 551	126 821	2 065	56 420	8 430	19	64 831	1 056
07	143 186	13 722	20 057	136 851	2 196	62 547	8 963	22	71 488	1 147
08	147 671	11 662	21 191	139 092	2 185	66 746	8 582	28	75 004	
09	148 899	12 199	23 351	137 814		68 534	8 166	40	76 482	
1910										

[1] Ein- und Ausfuhr ohne Koks, bis 1884 einschließlich Preßkohlen (Briketts).

Verbrauch von Roheisen und Zink.

Jahr	Erzeugung	Einfuhr	Ausfuhr	im ganzen	auf den Kopf	Erzeugung	Einfuhr	Ausfuhr	im ganzen	auf den Kopf
				Berechneter Verbrauch					Berechneter Verbrauch	
		Tausend Tonnen			kg		Tausend Tonnen			kg
	Roheisen[1]					Zink[2]				
1860	479	109	3	585	17,14	55	0	36	19	0,56
1861	543	132	5	670	19,41	59	0	35	24	0,70
62	645	153	13	785	22,50	60	0	27	33	0,94
63	753	155	13	895	25,35	60	0	40	20	0,56
64	848	111	14	945	26,45	59	0	37	22	0,61
65	933	179	10	1 102	30,60	56	2	36	22	0,62
1866	997	140	20	1 117	30,80	60	4	41	23	0,63
67	1 067	117	30	1 154	31,53	64	4	45	23	0,6
68	1 200	133	98	1 135	32,51	66	4	39	31	0,8
69	1 357	190	103	1 444	37,36	70	5	45	30	0,77
70	1 346	229	111	1 464	37,65	64	4	31	37	0,96
1871	1 492	440	112	1 820	46,53	58	4	37	25	0,65
72	1 927	663	151	2 439	59,61	58	6	29	35	0,84
73	2 174	744	154	2 764	66,87	63	3	33	33	0,79
74	1 856	551	223	2 184	52,33	70	5	36	39	0,94
75	1 981	626	339	2 268	53,80	74	5	37	42	0,99
1876	1 801	584	307	2 078	48,77	83	6	43	46	1,09
77	1 899	542	366	2 075	48,13	95	5	50	50	1,16
78	2 119	485	419	2 185	50,12	95	4	45	54	1,25
79	2 201	390	434	2 157	48,94	97	4	55	46	1,03
80	2 692	308	287	2 713	60,88	100	4	41	63	1,41
1881	2 879	349	312	2 916	64,94	105	4	56	50	1,11
82	3 344	423	246	3 521	77,91	113	4	55	61	1,36
83	3 433	404	319	3 518	77,35	117	4	57	66	1,46
84	3 566	359	274	3 651	79,71	125	5	58	73	1,59
85	3 647	272	250	3 669	79,47	129	4	69	65	1,40
1886	3 499	187	303	3 383	72,64	131	4	65	70	1,50
87	3 993	218	273	3 938	83,71	130	5	65	70	1,48
88	4 307	274	174	4 407	92,35	133	6	59	80	1,68
89	4 496	416	190	4 722	96,53	136	8	60	84	1,71
90	4 625	472	157	4 940	99,91	139	9	58	90	1,83
1891	4 604	291	170	4 725	94,56	139	8	58	89	1,79
92	4 903	270	178	4 995	98,98	140	13	53	100	1,97
93	4 951	260	172	5 039	98,89	143	13	62	94	1,84
94	5 345	232	232	5 345	103,69	144	18	62	100	1,94
95	5 433	237	220	5 450	104,39	150	18	57	111	2,12
1896	6 340	391	193	6 538	123,45	153	16	58	111	2,10
97	6 838	461	128	7 171	133,33	151	19	51	119	2,22
98	7 267	408	272	7 403	135,53	155	24	51	128	2,34
99	8 094	676	235	8 535	153,87	153	24	46	131	2,35
1900	8 470	827	191	9 106	161,83	156	24	52	128	2,28
1901	7 833	294	304	7 823	137,02	166	21	54	133	2,33
02	8 485	175	516	8 144	140,47	175	26	70	131	2,25
03	9 966	218	527	9 657	164,22	183	26	67	141	2,40
04	10 002	231	316	9 917	166,33	193	26	70	149	2,51
05	10 814	199	499	10 513	173,84	198	30	68	160	2,65
1906	12 233	532	616	12 149	197,8	206	39	69	176	2,9
07	12 804	608	395	13 016	208,9	208	29	69	169	2,7
08	11 805	400	422	11 712	185	216			176	2,8
09	12 625					220				
1910										

[1]) Für den Nachweis der Erzeugung von Roheisen sind die Gußwaren erster Schmelzung unberücksichtigt geblieben; von 1877 ab ist auch Wascheisen darin enthalten. Die Einfuhr und die Ausfuhr umfassen Roheisen (einschl. Wascheisen) und Brucheisen sowie zum Einschmelzen verwendbare Eisenabfälle, bis 1879 auch schlackenhaltiges Luppeneisen. Der Einfuhr sind von 1879 ab, wo Roheisen und Brucheisen wieder zollpflichtig wurden, die zur Veredelung eingeführten Mengen hinzugerechnet; bis zum Jahre 1896 kamen diese Mengen erst bei der Ausfuhr der daraus hergestellten Erzeugnisse zur Anschreibung, während sie vom Jahre 1897 ab unmittelbar bei der Einfuhr nachgewiesen werden. — [2]) Bei der Ein- und Ausfuhr Roh- und Bruchzink sowie Zinkabfälle, bis 1. Juli 1888 auch graues Zinkoxyd (Zinkasche, Zinkgrau).

Verbrauch von Blei und Kupfer.

Jahr	Blei[1]) Erzeugung	Einfuhr	Ausfuhr	Berechneter Verbrauch im ganzen	auf den Kopf kg	Kupfer[2]) Erzeugung	Einfuhr	Ausfuhr	Berechneter Verbrauch im ganzen	auf den Kopf kg
	Tausend Tonnen				kg	Tausend Tonnen				kg
1860	26	0	12	14	0,40	—	—	—	—	—
1861	28	1	12	17	0,48	—	—	—	—	—
62	31	0	16	15	0,44	—	—	—	—	—
63	33	0	18	15	0,43	—	—	—	—	—
64	36	0	16	20	0,56	—	—	—	—	—
65	39	1	20	20	0,55	—	—	—	—	—
1866	39	4	21	22	0,61	—	—	—	—	—
67	44	2	20	26	0,70	—	—	—	—	—
68	49	3	21	31	0,82	—	—	—	—	—
69	53	2	32	23	0,59	—	—	—	—	—
70	55	1	25	31	0,80	—	—	—	—	—
1871	54	5	20	39	0,99	—	—	—	—	—
72	54	6	22	38	0,93	6	17	4	19	0,47
73	60	7	28	39	0,94	6	16	3	19	0,46
74	65	4	29	40	0,96	6	16	3	19	0,45
75	65	5	26	44	1,04	7	15	4	18	0,42
1876	71	3	32	42	0,98	8	14	6	16	0,37
77	77	3	33	47	1,09	8	13	5	16	0,36
78	79	3	47	35	0,81	9	14	7	16	0,36
79	82	4	43	43	0,98	10	13	9	14	0,31
80	86	3	46	43	0,97	14	12	6	20	0,44
1881	87	3	47	43	0,95	15	11	7	19	0,43
82	93	2	42	53	1,17	15	10	6	19	0,43
83	91	3	50	44	0,97	16	12	6	22	0,48
84	95	1	49	47	1,03	16	14	7	23	0,51
85	93	2	41	54	1,16	17	13	6	24	0,53
1886	93	2	39	56	1,20	17	12	6	23	0,49
87	95	7	39	63	1,35	18	12	5	25	0,54
88	97	7	35	69	1,46	19	8	5	22	0,47
89	101	9	33	77	1,58	22	30	7	45	0,92
90	102	12	32	82	1,67	23	31	8	46	0,93
1891	96	17	25	88	1,77	22	34	6	50	1,00
92	98	17	25	90	1,78	23	32	6	49	0,97
93	95	24	24	95	1,86	22	38	7	53	1,04
94	101	24	24	101	1,95	23	37	6	54	1,04
95	111	29	28	112	2,14	23	44	6	61	1,18
1896	114	33	25	122	2,30	27	59	9	77	1,46
97	119	35	24	130	2,42	27	72	9	90	1,67
98	133	47	25	155	2,84	28	78	10	96	1,76
99	129	56	25	160	2,89	32	75	12	95	1,72
1900	122	70	19	173	3,07	30	88	11	107	1,89
1901	123	53	21	155	2,72	30	63	10	83	1,45
02	140	39	23	156	2,70	29	80	9	101	1,74
03	145	52	30	168	2,85	30	89	10	109	1,85
04	138	61	23	176	2,95	29	117	9	136	2,29
05	153	79	32	199	3,28	30	109	12	127	2,10
06	151	71	27	195	3,2	32	131	11	152	2,5
07	142	75	28	190	3,0	32	128	8	152	2,4
08	164	77		211	3,3	30				
09	168					31				
1910										

[1]) In Ein- und Ausfuhr Roh- und Bruchblei sowie Bleiabfälle, bis 1. Juli 1888 auch Abfälle bei der Gewinnung von Blei (Bleigekrätz, Bleiabzug, Bleiabstrich, Bleiasche) und Bleiweiß. — [2]) Bei der Erzeugung von Kupfer werden Schwarzkupfer und Kupferstein nicht mit nachgewiesen (. . . .). Um den Verbrauch im Zollgebiet darzustellen, sind von 1878 ab die im Zollausschluß und (seit 1889) im Freihafengebiet Hamburg erzeugten Kupfermengen von der Gewinnung des Reichs in Abzug gebracht. Die Ein- und Ausfuhrzahlen beziehen sich auf Roh- und Bruchkupfer, für 1872 bis 1879 auch auf Kupferabfälle, von 1896 ab auch auf Abfälle von Kupfer Kupferlegierungen usw. sowie auf Kupfer- und andere Scheidemünzen.

Krahmann. 5

Deutschland; Bergwirtschaftliche Ein- und Ausfuhr.

Geordnet nach ihrer Bedeutung in Werten und Prozenten der Gesamt-Ein- und Ausfuhr.

(Nach dem Statist. Jahrb. f. d. Deutsche Reich. 30. Jahrg. 1909. S. 220—223.)

Einfuhr.

	Wert in Millionen Mark[1]						Prozent der Gesamteinfuhr					
	1908	1907	1906	1905	1904	1903	1908	1907	1906	1905	1904	1903
Gold, gemünzt[2]	—	—	—	115,6	235,4	116,4	—	—	—	1,6	3,4	1,8]
Kupfer, rohes	194,8	239,6	227,8	151,6	134,0	102,3	2,5	2,7	2,8	2,0	2,0	1,6]
Steinkohlen	170,7	241,8	126,5	133,7	100,7	94,3	2,2	2,8	1,6	1,8	1,5	1,5]
Eisenerze	126,5	162,0	137,2	102,4	91,8	80,2	1,7	1,8	1,7	1,4	1,3	1,3
Chilisalpeter . . . , . . .	116,7	127,2	124,8	110,9	98,7	82,9	1,5	1,4	1,6	1,5	1,4	1,3
Petroleum	88,8	99,1	80,9	67,7	81,3	89,5	1,2	1,1	1,0	0,9	1,2	1,4
Braunkohlen	85,8	85,1	64,0	55,6	53,7	57,3	1,1	1,0	0,8	0,8	0,8	0,9
Kalk, natürlicher phosphorsaurer . .	51,5	34,8	31,3	25,1	23,5	21,2	0,7	0,4	0,4	0,3	0,3	0,3
Zinn, rohes, Bruchzinn	37,8	47,9	49,5	38,5	36,7	35,6	0,5	0,5	0,6	0,5	0,5	0,6
Edelmetalle	413,1	256,6	416,7	—	—	—	—	—	—	—	—	—

[1] Bis 1905 mit Einschluß der Edelmetalle, von 1906 ab ohne Edelmetalle.

[2] 1908: 214,3; 1907: 84,1; 1906: 191,7 Millionen Mark.

Deutschland; Bergwirtschaftliche Ein- und Ausfuhr.

Geordnet nach ihrer Bedeutung in Werten und Prozenten der Gesamt-Ein- und Ausfuhr.

(Nach dem Statist. Jahrb. f. d. Deutsche Reich. 30. Jahrg. 1909. S. 220—223.)

Ausfuhr.

	Wert in Millionen Mark[1]						Prozent der Gesamtausfuhr					
	1908	1907	1906	1905	1904	1903	1908	1907	1906	1905	1904	1903
Maschinen aller Art	437,8	412,1	443,9	290,5	250,6	232,6	6,8	6,0	5,4	5,0	4,7	4,5
Steinkohlen	287,5	279,7	252,5	231,0	227,3	219,4	4,5	4,1	4,0	4,0	4,3	4,3
Eisenwaren, grobe	141,8	156,2	132,6	139,5	151,1	172,1	2,2	2,3	2,1	2,4	2,8	3,4
Gold- und Silberwaren	103,3	125,5	143,3	117,1	101,9	80,7	1,6	1,8	2,3	2,0	1,9	1,6
Anilin und andere Teerfarbstoffe	99,1	112,4	119,0	100,7	88,6	88,0	1,5	1,6	1,9	1,7	1,7	1,7
Koks	82,8	90,4	72,5	56,6	55,5	52,6	1,3	1,3	1,1	1,0	1,0	1,0
Eisenwaren, feine	74,6	85,5	82,4	104,3	102,4	88,5	1,2	1,2	1,3	1,8	1,9	1,7
Fahrräder	57,5	67,8	49,6	29,8	21,3	19,1	0,9	1,0	0,8	0,5	0,4	0,4
Eisen, schmiedbares, in Stäben usw.	53,9	41,5	30,2	32,7	30,2	35,2	0,8	0,6	0,5	0,6	0,6	0,7
Eisendraht	52,5	54,3	50,5	39,6	33,1	31,9	0,8	0,8	0,8	0,7	0,6	0,6
Telegraphenkabel	49,1	56,5	37,0	40,0	28,0	22,3	0,8	0,8	0,6	0,7	0,5	0,4
Platten u. Bleche aus schmiedb. Eisen	46,2	46,9	41,7	36,0	32,6	35,7	0,7	0,7	0,6	0,6	0,6	0,7
Eck- und Winkeleisen	45,8	68,7	71,2	38,4	35,4	39,7	0,7	1,0	1,1	0,7	0,7	0,8
Luppeneisen, Rohschienen, Ingotts	41,2	23,4	30,0	36,2	28,7	46,7	0,6	0,3	0,5	0,6	0,5	0,9
Kupfer-, Messing- usw. Waren, feine	38,0	47,2	51,7	48,5	41,2	38,1	0,6	0,7	0,8	0,8	0,8	0,7
Eisenbahnschienen	37,9	50,6	38,4	27,2	18,8	34,6	0,6	0,7	0,6	0,5	0,3	0,7
Zink, rohes, Bruchzink	31,6	33,2	37,4	34,3	31,5	28,2	0,5	0,5	0,6	0,6	0,6	0,5
Waren aus unedlen Metallen, vergoldet oder versilbert	27,5	32,2	35,0	37,1	30,7	21,3	0,4	0,5	0,6	0,6	0,6	0,4
Gold, gemünzt[2]	—	—	—	53,0	34,0	27,4	—	—	—	0,9	0,6	0,5
Chlorkalium	25,3	25,2	24,9	22,1	19,9	17,7	0,4	0,4	0,4	0,4	0,4	0,3
Silber, roh[3]	—	—	—	35,4	22,1	20,2	—	—	—	0,6	0,4	0,4
Roheisen	16,2	19,6	30,5	20,1	11,3	23,9	0,3	0,3	0,5	0,3	0,2	0,5
Edelmetalle	82,9	249,7	119,6	—	—	—	—	—	—	—	—	—

[1] Bis 1905 mit Einschluß der Edelmetalle, von 1906 ab ohne Edelmetalle.

[2] 1908: 25,5; 1907: 171,3; 1906: 59,7 Millionen Mark.

[3] 1908: 21,9; 1907: 22,8; 1906: 21,8 Millionen Mark.

Deutschlands bergwirtschaftlicher Verkehr

mit den wichtigsten Bezugs- und Absatzgebieten nebst Voranstellung des Gesamtverkehrs.
(Nach dem Statist. Jahrb. f. d. Deutsche Reich, 30. Jahrg. 1909. S. 233—258.)

Warengattung nach den Werten von 1908 geordnet	Wert in Millionen Mark						
	1908	1907	1906	1905	1904	1903	1902
Österreich-Ungarn. Ein- und Ausfuhr zus.	1488,2	1528,9	1459,2	1332,2	1257,7	1224,2	1175,9
Hierzu: Edelmetalle	21,6	25,7	35,4	35,8	58,4	61,0	76,7
a) Einfuhr	751,4	812,3	809,8	752,0	703,0	724,1	695,5
Hierzu: Edelmetalle	9,9	14,3	21,4	21,1	28,7	30,7	24,0
Braunkohlen	85,8	85,1	64	55,6	53,7	57,3	63,1
Steinkohlen	13,1	11,9	11,5	9,3	8,6	8,3	7,3
Eisenerze	5,3	5,9	6,7	5,9	5,4	4,4	4,1
Erdöl, gereinigt	6,3	5,0	—	—	—	—	—
b) Ausfuhr	736,8	716,6	649,4	580,2	554,7	500,3	480,4
Hierzu: Edelmetalle	11,7	11,4	14,0	14,7	29,7	30,3	52,7
Steinkohlen	117,0	105,7	78,4	66,5	64,1	62,2	64,5
Koks	20,6	17,3	12,1	11,8	10,8	11,3	11,6
Zink, rohes	8,6	9,0	10,5	9,4	7,9	6,4	5,4
Kupfer, rohes	5,8	8,1	8,3	6,4	3,3	2,8	2,5
Rohluppen, Schienen, Blöcke, Brammen, vorgewalzte Blöcke usw.	6,4	1,7	—	—	—	—	—
Schweiz. Ein- und Ausfuhr zus.	578,2	657,2	590,4	541,6	492,5	462,0	441,2
Hierzu: Edelmetalle	21,8	28,3	27,1	18,5	15,9	13,9	12,9
a) Einfuhr	177,2	210,8	216,8	182,6	172,7	165,4	163,6
Hierzu: Edelmetalle	9,1	13,9	12,4	7,7	7,8	6,4	5,2
b) Ausfuhr	—	—	—	—	—	—	—
Steinkohlen	—	36,5	27,7	24,9	24,3	23,3	22,4
Steinkohlenpreßkohlen	9,9	10,1	—	—	—	—	—
Braunkohlenpreßkohlen	2,5	2,5	—	—	—	—	—
Koks	—	6,5	4,8	4,5	4,2	4,1	3,6
Frankreich. Ein- und Ausfuhr zus.	857,9	902,7	816,0	695,4	639,3	601,8	556,3
Hierzu: Edelmetalle	12,6	19,3	31,7	7,2	58,6	8,1	3,1
a) Einfuhr	420,0	453,6	433,3	402,1	365,4	330,3	303,6
Hierzu: Edelmetalle	8,1	8,0	29,7	7,0	58,2	7,7	2,6
Eisenerze	8,3	11,5	6,1	3,9	3,4	1,9	0,7
Kalk, natürlicher kohlensaurer, Dolomit, roh, auch gebrannt	2,9	2,2	—	—	—	—	—
Schlacken von Erzen, Schlackenwolle usw. .	—	3,3	7,4	7,9	8,3	8,5	7,3
b) Ausfuhr	437,9	449,1	382,7	293,3	273,9	271,5	252,7
Hierzu: Edelmetalle	4,5	11,3	2,0	0,2	0,4	0,4	0,5
Koks	35,9	44,5	36,3	23,3	24,9	20,6	15,8
Steinkohleu	21,4	19,2	26,8	18,9	16,0	14,5	13,1
Eisenerze	4,6	6,9	5,4	5,0	4,6	4,6	3,8
Chlorkalium	3,5	3,0	2,5	2,8	2,0	2,0	1,5
Belgien. Ein- und Ausfuhr zus.	584,9	639,6	647,2	585,8	508,4	473,8	455,2
Hierzu: Edelmetalle	4,4	5,5	4,9	4,2	2,5	1,6	2,2
a) Einfuhr	262,1	296,7	291,1	273,3	231,0	205,8	194,5
Hierzu: Edelmetalle	4,4	5,5	4,9	4,2	2,5	1,6	2,2
Zink, rohes	9,3	9,2	14,9	9,6	6,9	6,7	6,0
Koks	9,0	8,7	7,0	7,8	6,7	5,0	3,4
Kalk, natürlicher phosphorsaurer	7,4	4,5	4,1	2,6	1,7	2,1	1,0
Blei, rohes; Bruchblei, Bleiabfälle	7,0	12,1	10,4	9,4	7,8	6,6	4,4
Steinkohlen	5,7	8,1	6,9	11,2	7,3	6,2	6,0
Thomasschlacken, gemahlene	4,9	3,9	2,8	2,6	1,8	2,2	1,8
Schlacken von Erzen, Schlackenwolle usw. .	3,4	4,1	3,9	3,1	2,9	3,7	3,4
Eisenerze	2,8	5,5	3,2	1,5	1,5	1,2	0,9
Kalk, natürlicher kohlensaurer usw.	—	2,7	—	—	—	—	—
b) Ausfuhr	322,8	342,9	356,1	312,5	277,4	268,0	260,7
Hierzu: Edelmetalle	0,0	0,0	0,0	—	0,0	0,0	0,0
Steinkohlen	41,0	43,0	38,5	30,5	31,8	28,9	29,7
Eisenerze	9,0	12,4	9,3	7,5	6,7	6,3	5,5
Roheisen	8,8	13,0	23,6	13,0	6,8	7,6	5,2
Luppeneisen, Rohschienen, Ingots	4,2	4,0	6,0	7,0	6,8	7,7	6,8
Koks	4,0	6,1	4,5	4,4	4,8	4,3	3,3

Deutschlands bergwirtschaftlicher Verkehr (Fortsetzung,)
mit den wichtigsten Bezugs- und Absatzgebieten nebst Voranstellung des Gesamtverkehrs.
(Nach dem Statist. Jahrb. f. d. Deutsche Reich, 30. Jahrg. 1909. S. 233—258.)

Warengattung nach den Werten von 1908 geordnet	Wert in Millionen Mark						
	1908	1907	1906	1905	1904	1903	1902
Niederlande. Ein- und Ausfuhr zus.	684,5	679,7	684,7	678,8	621,3	604,1	586,9
Hierzu: Edelmetalle	24,0	37,9	16,8	26,8	19,6	8,5	12,8
a) Einfuhr	230,8	227,5	241,3	245,7	211,7	187,2	195,1
Hierzu: Edelmetalle	12,6	13,2	15,7	11,1	9,2	7,0	11,0
Steinkohlen	5,9	6,3	3,9	3,7	2,8	2,9	2,4
Zinn, rohes, Bruchzinn	—	3,5	5,8	6,4	7,4	6,6	5,6
Zink, rohes	—	1,9	2,5	2,2	1,5	1,3	1,1
b) Ausfuhr	453,7	452,2	443,4	433,1	409,6	416,9	391,8
Hierzu: Edelmetalle	11,4	24,7	1,1	15,7	10,4	1,5	1,8
Steinkohlen	55,3	56,5	57,0	53,2	61,4	62,2	54,5
Rohblöcke aus Granit, Syenit, Labrador und anderen harten Steinen, sowie aus Lava . .	8,4	6,6	—	—	—	—	—
Braunkohlenpreßkohlen	3,2	3,2	—	—	—	—	—
Koks	—	3,7	3,8	2,6	2,6	3,2	3,3
Großbritannien. Ein- und Ausfuhr zus.	1 694,4	2 037,0	1 891,6	1 760,7	1 600,4	1 576,3	1 515,5
Hierzu: Edelmetalle	100,7	243,5	168,1	81,4	356,2	244,9	60,6
a) Einfuhr	696,9	976,6	824,4	718,3	614,9	594,0	557,3
Hierzu: Edelmetalle	89,7	95,5	131,8	66,0	346,6	239,5	53,3
Steinkohlen	145,8	215,1	104,0	108,5	81,3	76,6	73,7
Roheisen	12,2	27,3	23,2	6,8	7,6	7,4	6,5
Nickelmetall, roh usw.	8,1	5,4	—	—	—	—	—
Kupfer, rohes	—	19,9	15,8	10,1	7,6	12,7	9,5
Zinn, rohes, Bruchzinn	—	7,3	14,3	12,1	10,7	12,2	11,6
b) Ausfuhr	997,5	1 060,4	1 067,2	1 042,4	985,5	982,3	958,2
Hierzu: Edelmetalle	11,0	148,0	36,3	15,4	9,6	5,4	7,3
Luppeneisen, Rohschienen, Ingots	22,7	12,0	17,7	24,3	15,6	28,6	28,3
Zink, rohes	10,4	10,2	13,2	10,1	11,1	11,9	12,1
Schweden. Ein- und Ausfuhr zus.	319,2	358,7	326,1	274,6	246,2	220,4	197,6
Hierzu: Edelmetalle	1,6	4,6	3,6	3,8	4,7	2,0	1,9
a) Einfuhr	145,1	172,0	149,7	118,7	99,4	89,7	79,9
Hierzu: Edelmetalle	0,4	2,6	0,7	0,6	0,5	0,4	0,5
Eisenerze	53,3	68,5	42,5	27,9	25,3	23,0	17,2
Pflastersteine	9,3	10,0	9,2	10,4	6,5	5,6	5,5
Roheisen	2,2	3,8	3,6	2,1	1,4	1,2	1,3
Rohblöcke aus Granit und anderen harten Steinen usw.	6,4	5,9	—	—	—	—	—
Ungeschliffene usw. Steinmetzarbeiten aus Granit und anderen harten Steinen usw. .	4,0	3,9	—	—	—	—	—
b) Ausfuhr	174,1	186,7	176,4	155,9	146,8	130,7	117,7
Hierzu: Edelmetalle	1,2	2,0	2,9	3,2	4,2	1,6	1,4
Ätzkali	1,3	1,6	1,6	1,7	1,7	1,0	1,0
Kalimagnesia, schwefelsaure	2,7	3,2	—	—	—	—	—
Koks	—	1,7	1,3	0,9	0,8	0,8	0,5
Rohes Zink	—	1,4	1,3	1,0	0,8	0,7	0,6
Abraumsalze	—	1,5	—	—	—	—	—
Norwegen. Ein- und Ausfuhr zus.	126,1	116,9	104,6	94,1	92,6	83,8	84,3
Hierzu: Edelmetalle	1,5	1,6	1,2	1,0	1,0	0,5	0,8
a) Einfuhr	29,1	31,3	31,9	24,0	25,5	21,4	23,5
Hierzu: Edelmetalle	1,0	0,9	0,6	0,4	0,5	0,2	0,3
Pflastersteine	0,4	0,4	0,3	0,2	0,3	0,3	0,1
Kupfer, rohes	0,3	0,6	0,2	0,2	—	0,0	0,0
Rohblöcke aus Granit, Porphyr usw.	0,8	1,2	—	—	—	—	—
Feldspat, gemeiner	0,7	0,7	—	—	—	—	—
Zink, rohes	—	0,3	0,3	0,2	0,3	0,0	0,0
Kalisalpeter	—	0,3	—	—	—	—	—
b) Ausfuhr	—	85,5	72,7	70,1	67,1	62,4	60,8
Hierzu: Edelmetalle	—	0,7	0,6	0,6	0,5	0,3	0,5
Zink, roh	—	1,0	0,6	0,6	0,4	0,3	0,1

Deutschlands bergwirtschaftlicher Verkehr (Fortsetzung.)
mit den wichtigsten Bezugs- und Absatzgebieten nebst Voranstellung des Gesamtverkehrs.
(Nach dem Statist. Jahrb. f. d. Deutsche Reich, 30. Jahrg. 1909. S. 233—258.)

Warengattung nach den Werten von 1908 geordnet	1908	1907	1906	1905	1904	1903	1902
Dänemark. Ein- und Ausfuhr zus.	—	330,2	325,5	298,0	247,8	222,3	204,5
Hierzu: Edelmetalle	—	6,3	12,0	12,0	3,1	4,7	1,3
a) Einfuhr	—	123,1	128,2	121,7	94,3	76,4	74,0
Hierzu: Edelmetalle	—	4,9	1,7	2,4	1,3	0,9	0,7
Rohblöcke aus Granit	—	1,2	—	—	—	—	—
Kalk, natürlicher kohlensaurer	—	0,9	—	—	—	—	—
Rußland. Ein- und Ausfuhr zus.	1 395,0	1 545,3	1 474,4	1 318,8	1 105,0	1 145,8	1 058,4
Hierzu: Edelmetalle	38,8	34,7	182,2	140,4	29,0	59,1	45,7
a) Einfuhr	944,8	1 107,4	1 068,4	972,5	804,9	822,4	758,9
Hierzu: Edelmetalle	23,1	26,1	176,4	118,3	13,8	3,9	1,5
Eisenerze	11,9	15,6	5,4	2,9	4,8	4,2	1,0
Manganerze	7,4	11,8	10,2	6,4	4,7	6,1	7,0
Schmieröle, mineralische	13,6	14,1	—	—	—	—	—
b) Ausfuhr	450,2	437,9	406,0	346,2	300,1	323,4	299,5
Hierzu: Edelmetalle	15,7	8,6	5,8	22,1	15,2	55,2	44,2
Steinkohlen	11,0	10,9	12,3	11,2	6,6	6,7	6,4
Rumänien. Ein- und Ausfuhr zus.	—	218,4	181,3	136,5	105,3	100,1	122,5
Hierzu: Edelmetalle	—	14,4	7,8	2,1	1,0	0,9	11,2
a) Einfuhr	—	149,8	117,4	92,9	63,5	63,0	84,1
Hierzu: Edelmetalle	—	3,5	1,9	1,3	0,9	0,4	0,1
Rohnaphtha. Rohbenzin	—	3,6	—	—	—	—	—
Erdöl, gereinigt	—	1,8	—	—	—	—	—
Griechenland. Ein- und Ausfuhr zus.	30,4	33,6	28,3	22,2	20,4	19,2	18,1
Hierzu: Edelmetalle	0,1	—	0,0	—	—	0,0	0,0
a) Einfuhr	18,4	22,2	17,2	13,7	11,9	11,2	11,2
Hierzu: Edelmetalle	0,1	—	—	—	—	0,0	0,0
Eisenerze	2,8	3,3	0,8	0,1	⌐0,6	0,5	0,1
Magnesit, auch gebrannt	0,6	0,4	0,4	0,2	0,2	0,1	0,2
Zinkerze	0,3	0,1	1,5	0,8	0,4	0,3	0,2
Schmirgel, roh, gemahlen, geschlämmt . . .	0,6	0,4	—	—	—	—	—
Marmor, roh	0,4	0,4	—	—	—	—	—
Manganerze	—	0,3	0,0	0,2	—	—	—
b) Ausfuhr	12,0	11,4	11,1	⌐8,5	8,5	8,0	6,9
Hierzu: Edelmetalle	0,0	—	0,0	—	—	0,0	—
Kalisalpeter	0,1	0,1	0,1	0,1	0,1	0,1	0,1
Koks	—	0,1	0,1	0,1	0,1	0,1	0,1
Italien. Ein- und Ausfuhr zus.	547,2	588,2	471,1	374,9	328,2	326,9	314,3
Hierzu: Edelmetalle	12,9	15,5	13,5	17,2	9,2	9,3	9,2
a) Einfuhr	235,9	285,3	241,0	210,5	186,9	195,9	188,9
Hierzu: Edelmetalle	5,7	8,3	7,8	5,4	4,5	4,2	4,6
Asphalt, fester, Asphaltsteine	4,2	3,9	—	—	—	—	—
Schwefel, Spencemetall	4,0	4,4	—	—	—	—	—
Marmor, roh	6,8	7,4	—	—	—	—	—
Zinkerze	—	2,9	1,2	0,7	1,0	0,5	0,3
b) Ausfuhr	311,3	302,9	230,9	163,6	141,3	131,0	125,4
Hierzu: Edelmetalle	7,2	7,2	5,7	11,8	4,7	5,1	4,6
Steinkohlen	2,4	3,7	4,2	3,4	1,0	1,3	0,8
Spanien. Ein- und Ausfuhr zus.	180,9	205,6	208,4	169,9	155,3	145,8	130,6
Hierzu: Edelmetalle	0,2	0,1	0,2	0,0	0,1	0,1	0,1
a) Einfuhr	115,0	139,9	150,7	116,8	99,2	87,6	74,8
Hierzu: Edelmetalle	0,1	0,1	0,1	0,0	0,1	0,1	0,1
Erze	60,6	85,4	98,9	80,0	61,7	53,7	42,6
darunter: Eisenerze	35,6	44,1	68,4	55,4	45,1	37,4	28,8
Schwefelkies	21,6	31,5	23,0	19,3	14,7	14,7	12,6
Zinkerze	2,2	4,1	2,7	2,0	0,7	0,5	0,0
Manganerze	0,8	2,6	3,0	1,4	0,5	0,9	0,6

Deutschlands bergwirtschaftlicher Verkehr (Fortsetzung.)

mit den wichtigsten Bezugs- und Absatzgebieten nebst Voranstellung des Gesamtverkehrs.

(Nach dem Statist. Jahrb. f. d. Deutsche Reich, 30. Jahrg. 1909. S. 233—258.)

Warengattung nach den Werten von 1908 geordnet	Wert in Millionen Mark						
	1908	1907	1906	1905	1904	1903	1902
Spanien (Fortsetzung).							
Blei, rohes; Bruchblei, Bleiabfälle	4,3	6,3	3,9	1,0	0,2	0,4	0,2
Kupfer, rohes	1,5	3,3	2,4	1,5	1,1	1,4	0,7
b) Ausfuhr	65,9	65,7	57,7	53,1	56,1	58,2	55,8
Hierzu: Edelmetalle	0,1	0,0	0,1	0,0	0,0	0,0	—
Chlorkalium	0,8	0,8	0,8	0,6	0,6	0,5	0,2
Zinn. rohes, Bruchzinn	—	0,6	—	—	—	—	—
Portugal. Ein- und Ausfuhr zus.	46,4	50,0	51,2	44,4	45,9	39,8	35,2
Hierzu: Edelmetalle	0,2	0,0	0,1	0,1	0,0	0,1	0,0
a) Einfuhr	13,6	15,2	18,5	16,6	16,3	15,4	14,8
Hierzu: Edelmetalle	0,2	0,0	0,1	0,1	0,0	0,1	0,0
Schwefelkies	1,2	2,1	2,1	1,6	1,8	2,0	2,1
Wolframerze	0,3	0,6	—	—	—	—	—
Salz	0,2	0,2	—	—	—	—	—
China. Ein- und Ausfuhr zus.	121,4	119,7	124,8	111,1	87,2	77,6	66,9
Hierzu: Edelmetalle	22,1	20,6	3,8	7,4	5,2	1,9	26,1
a) Einfuhr	70,7	56,6	57,0	35,3	34,3	32,9	29,0
Bleierze		0,9	0,5	0,4	0,5	0,1	—
Zinkerze	0,5	0,9	0,6	0,7	0,4	0,2	0,0
Japan. Ein- und Ausfuhr zus.	113,6	131,6	114,0	105,0	78,5	67,2	67,4
Hierzu: Edelmetalle	—	0,0	0,0	—	0,3	0,0	0,2
a) Einfuhr	19,0	29,2	26,0	20,4	20,7	21,6	17,6
Hierzu: Edelmetalle	—	0,0	0,0	—	0,3	—	0,2
Kupfer, rohes	0,7	5,6	2,6	—	0,8	3,7	2,7
Jod	0,2	0,3	0,2	0,8	0,4	0,3	0,2
Graphit, roh usw. . . . . :	0,3	0,0	—	—	—	—	—
Nickelmetall, roh, Bruchnickel, Nickelmünzen	—	1,1	—	—	—	—	—
b) Ausfuhr	94,6	102,4	88,0	84,6	57,8	45,6	49,8
Hierzu: Edelmetalle	—	0,0	0,0	—	—	0,0	—
Zink, gestreckt, gewalzt, roh	1,2	1,3	—	—	—	—	—
Niederländisch-Indien usw. Ein- und Ausfuhr zus.	213,9	227,5	174,7	149,1	126,6	114,1	114,4
Hierzu: Edelmetalle	0,0	0,0	0,0	—	0,0	0,0	0,0
a) Einfuhr	173,2	184,9	142,4	118,9	99,3	92,3	90,9
Hierzu: Edelmetalle	0,0	0,0	0,0	—	0,0	0,0	0,0
Zinn, roh, Bruchzinn	20,7	24,9	15,1	13,1	14,2	13,5	13,8
Rohnaphtha, Rohbenzin	—	12,2	—	—	—	—	—
Britisch-Indien usw. Ein- und Ausfuhr zus.	402,3	506,1	424,1	363,8	378,0	329,2	271,9
Hierzu: Edelmetalle	0,0	0,0	0,0	0,0	0,0	—	0,0
a) Einfuhr	306,9	407,1	322,2	277,8	294,9	253,2	214,5
Hierzu: Edelmetalle	—	0,0	0,0	0,0	0,0	—	—
Manganerze	4,6	7,5	3,8	0,8	1,4	0,4	0,6
Glimmer (Mika), roh	2,4	2,6	—	—	—	—	—
Zinn, roh; Bruchzinn; Zinnabfälle	2,1	2,0	—	—	—	—	—
Australischer Bund. Ein- und Ausfuhr zus.	243,8	289,1	233,5	202,5	170,9	162,8	165,7
Hierzu: Edelmetalle	116,0	0,0	0,1	0,0	15,2	2,0	0,0
a) Einfuhr	185,9	228,0	175,3	156,4	128,3	118,0	120,2
Hierzu: Edelmetalle	116,0	0,0	·0,0	0,0	15,2	2,0	0,0
Bleierze	20,5	25,4	17,0	12,8	10,5	7,1	6,4
Zinkerze	6,0	4,8	5,1	4,5	2,4	1,6	0,7
Zinn, rohes; Bruchzinn	5,9	3,6	2,4	1,5	1,4	0,7	0,6
Kupfer, rohes	3,3	6,7	2,5	0,5	0,9	1,0	0,5
Blei, rohes; Bruchblei, Bleiabfälle	2,7	3,0	2,9	3,3	1,4	1,0	0,7
Edelsteine, roh	—	2,2	—	—	—	—	—

Deutschlands bergwirtschaftlicher Verkehr (Schluß.)

mit den wichtigsten Bezugs- und Absatzgebieten nebst Voranstellung des Gesamtverkehrs.
(Nach dem Statist. Jahrb. f. d. Deutsche Reich. 30. Jahrg. 1909. S. 233—258.)

Warengattung nach den Werten von 1908 geordnet	Wert in Millionen Mark						
	1908	1907	1906	1905	1904	1903	1902
Canada. Ein- und Ausfuhr zus.	27,4	39,4	33,9	31,6	32,3	45,5	48,1
Hierzu: Edelmetalle	0,0	—	—	—	—	—	—
a) Einfuhr	7,1	9,8	9,4	9,8	9,1	9,7	9,4
Hierzu: Edelmetalle	0,0	—	—	—	—	—	—
Asbest, Asbestfiber	1,6	2,7	2,3	1,9	1,3	1,4	0,9
Bleierze	0,3	—	—	—	—	0,0	—
Aluminium	0,6	2,2	—	—	—	—	—
Uranpech- u. a. Erze	—	0,4	—	—	—	—	—
Ver. Staaten v. Amerika. Ein- u. Ausfuhr zus.	1 790,1	1 971,5	1 872,7	1 534,1	1 437,8	1 403,5	1 342,1
Hierzu: Edelmetalle	78,7	21,4	13,5	13,2	1,0	9,1	18,2
a) Einfuhr	1 282,6	1 319,3	1 236,4	991,9	943,0	934,5	893,0
Hierzu: Edelmetalle	78,2	17,1	0,8	12,4	0,8	8,9	18,1
Kupfer, rohes	181,8	202,1	197,6	134,4	120,1	79,5	67,5
Kalk, natürlicher phosphorsaurer (Rohphosphat)	30,2	18,3	17,3	14,9	15,2	13,3	14,7
Brennerdöl (Kerosen)	62,1	66,0	—	—	—	—	—
Schmieröle, mineralische	13,4	16,7	—	—	—	—	—
b) Ausfuhr	507,5	652,2	636,3	542,2	494,8	469,0	449,1
Hierzu: Edelmetalle	0,5	4,3	12,7	0,8	0,2	0,2	0,1
Chlorkalium	14,6	15,2	15,5	12,4	11,9	9,9	8,6
Abraumsalze usw.	7,5	8,4	—	—	—	—	—
Mexiko. Ein- und Ausfuhr zus.	56,8	80,4	67,5	61,1	57,0	50,8	46,2
Hierzu: Edelmetalle	5,1	5,1	5,1	4,6	0,2	0,2	0,2
a) Einfuhr	19,9	21,7	18,9	17,6	15,6	14,3	12,1
Hierzu: Edelmetalle	5,1	5,1	5,1	4,6	0,2	0,2	0,2
Erze	0,6	1,2	1,7	1,8	0,9	0,1	0,0
darunter: Silbererze	0,2	0,3	0,7	1,2	0,4	0,1	0,0
Bleierze	0,2	0,2	0,6	0,3	0,5	—	0,0
Zinkerze	—	0,8	0,1	0,0	0,0	—	0,0
Blei, roh, Abfälle	—	0,5	0,1	0,0	0,0	0,1	0,1
b) Ausfuhr	36,9	58,7	48,6	43,5	41,4	36,5	34,1
Hierzu: Edelmetalle	0,0	—	0,0	—	—	—	—
Koks	1,4	1,0	0,8	0,6	0,7	1,6	1,8
Chile. Ein- und Ausfuhr zus.	186,1	228,7	217,4	186,5	157,1	138,6	123,0
Hierzu: Edelmetalle	0,2	0,2	0,3	35,6	0,4	0,4	22,3
a) Einfuhr	133,7	143,9	145,0	133,0	112,4	95,3	90,7
Hierzu: Edelmetalle	0,2	0,2	0,3	35,6	0,4	0,4	22,3
Chilisalpeter	116,6	127,1	124,5	110,7	98,6	82,9	81,7
Boraxkalk, borsaurer Natronkalk	1,9	1,4	—	—	—	—	—
Jod	2,0	1,4	3,9	9,2	3,8	4,2	1,5

(Forts. d. Anm. von S. 53)

statistische Beirat in alljährlich stattfindenden Sitzungen vornimmt. Die Wertermittelungen erfolgen zum Teil für die Einfuhr oder die Ausfuhr der Warengattungen überhaupt, zum Teil gesondert nach den einzelnen Ländern der Herkunft und Bestimmung.

Aufgenommen sind im folgenden Waren, welche unter einer statistischen Nummer namentlich aufgeführt oder mit nur wenigen anderen zusammengefaßt sind und in der Einfuhr oder Ausfuhr im letzten Jahr einen Wert von 3 Millionen Mark erreicht haben. Herkunfts- und Bestimmungsländer sind angegeben, wenn der Wert der mit einem Lande gehandelten Waren in den beiden letzten Jahren mindestens 500 000 Mark betragen hat.

Bei den im jetzt gültigen und in dem früheren Warenverzeichnis übereinstimmend bezeichneten Waren sind die entsprechenden Vergleichszahlen aus den drei Vorjahren beigefügt. Für Waren, die infolge der neuen Einteilung im Zolltarif und Statistischen Warenverzeichnis einen Vergleich mit den Vorjahren nicht ermöglichen, sind nur Mengen und Werte für die Jahre 1907 und 1908 gegeben.

Die Zahlen für 1880 bis 1905 befinden sich im Statistischen Jahrbuche für das Deutsche Reich 1907, II. Teil, S. 16—457.

Deutschland.
Kohlen-Einfuhr und -Ausfuhr 1905 bis 1908.
(Nach dem Stat. Jahrb. f. d. Deutsche Reich. 30. Jahrg. 1909. S. 158.)
Die Zahlen für 1899—1902 siehe „Fortschritte" Bd. I, S. 356, für 1903 und 1904 die Z. 1905, S. 284
und 1906, S. 262.

Länder der Herkunft und Bestimmung	1905		1906		1907		1908	
	Tonnen	1000 M	Tonnen	1000 M	Tonnen	1000 M	Tonnen	1000 M
Steinkohlen.								
Einfuhr	9 399 693	133 667	9 253 711	126 496	13 721 549	241 779	11 661 503	170 725
Belgien	934 851	11 218	540 654	6 927	600 053	8 101	478 500	5 742
Großbritannien	7 483 421	108 510	7 601 363	103 980	11 952 383	215 143	10 057 125	145 828
Niederlande	255 553	3 706	278 173	3 902	348 033	6 265	403 401	5 850
Österreich-Ungarn	690 353	9 320	818 078	11 482	792 728	11 891	710 511	13 145
Ausfuhr	18 156 993	230 984	19 550 964	252 515	20 061 400	279 692	21 190 777	287 478
Belgien	2 539 385	30 473	3 071 882	38 501	3 069 594	42 974	3 281 752	41 022
Dänemark	112 495	2 126	88 496	1 352	29 035	523	39 249	824
Frankreich	1 370 537	18 913	1 933 344	26 779	1 324 903	19 211	1 587 502	21 431
Italien	161 102	3 351	217 810	4 217	172 848	3 716	129 851	2 402
Niederlande	4 431 509	53 178	4 544 093	56 959	4 347 202	56 514	4 605 246	55 263
Österreich-Ungarn	6 035 080	66 496	6 870 403	78 419	8 459 226	105 740	8 996 220	116 951
Rußland	970 881	11 165	1 007 553	12 287	836 295	10 872	813 452	10 982
Schweiz	1 156 611	24 867	1 358 011	27 701	1 584 768	36 450	1 465 555	34 441
Schiffsbed. f. fr. Sch.	—	—	115 983	1 740	175 524	2 808	172 528	2 761
Koks[1]).								
Einfuhr	713 619	13 850	565 561	10 939	584 220	12 948	575 925	11 836
Belgien	416 422	7 829	365 315	6 968	394 983	8 690	439 237	9 004
Frankreich	112 656	2 253	86 920	1 794	70 842	1 700	56 526	1 243
Großbritannien	31 085	653	19 811	343	38 685	851	49 844	947
Österreich-Ungarn	66 493	1 463	74 516	1 459	78 724	1 681	29 242	614
Ausfuhr	2 761 080	56 634	3 415 347	72 512	3 793 073	90 365	3 579 320	82 804
Belgien	248 251	4 444	239 336	4 549	275 965	6 071	191 260	4 016
Dänemark	26 816	598	25 519	573	27 691	665	31 730	603
Frankreich	1 030 771	23 295	1 599 812	36 269	1 710 106	44 463	1 379 874	35 877
Italien	62 230	1 823	62 883	1 766	86 822	2 631	78 815	1 813
Niederlande	150 286	2 600	206 990	3 768	191 821	3 740	185 302	3 335
Österreich-Ungarn	622 132	11 821	160 115	12 058	782 679	17 294	956 801	20 569
Rußland	207 398	3 629	219 715	4 018	214 031	3 852	236 685	4 141
Schweden	54 630	874	80 645	1 343	97 822	1 663	94 375	1 605
Schweiz	158 035	4 457	179 749	4 848	205 543	6 474	222 000	7 103
Mexiko	41 151	642	48 780	789	56 332	986	65 193	1 369
Braunkohlen.								
Einfuhr	7 945 261	55 617	8 430 441	64 032	8 963 103	85 149	8 581 966	85 820
Österreich-Ungarn	7 945 233	55 617	8 430 339	64 032	8 963 027	85 149	8 581 898	85 819
Ausfuhr	20 118	141	18 759	143	22 065	210	27 877	279
Graphit, ungeformt.								
Einfuhr	26 143	4 467	28 175	5 570	29 398	5 776	34 491	9 340
Österreich-Ungarn	14 028	1 122	14 804	1 526	16 569	1 690	12 923	1 486
Ceylon	7 718	2 778	7 567	2 784	8 594	3 437	12 372	6 186
Ausfuhr	1 971	277	2 013	337	2 175	362	2 469	864

Länder der Herkunft und Bestimmung	1907		1908		Länder der Herkunft und Bestimmung	1907		1908	
	Tonnen	1000 M	Tonnen	1000 M		Tonnen	1000 M	Tonnen	1000 M
Steinkohlenpreßkohlen.					**Braunkohlenpreßkohlen.**				
Einfuhr	136 320	2 443	108 834	2 002	Einfuhr	59 084	975	83 557	1 379
Belgien	110 851	1 885	86 809	1 650	Österr.-Ungarn	58 884	972	83 254	1 374
Ausfuhr	879 301	17 795	1 070 199	20 940	Ausfuhr	422 360	6 853	422 855	7 082
Belgien	121 787	1 766	157 333	2 281	Frankreich	32 511	585	37 026	741
Frankreich	34 176	683	104 132	1 926	Niederlande	221 185	3 207	217 845	3 159
Italien	53 896	1 159	61 483	1 168	Schweiz	128 930	2 450	126 116	2 522
Niederlande	100 346	1 455	117 059	1 522					
Österr.-Ungarn	106 106	1 910	136 751	3 009					
Schweiz	420 783	10 099	422 458	9 928					

[1]) Seit 1. März 1906 ohne koksartige Rückstände.

Deutschland.
Erz-Einfuhr und -Ausfuhr 1905 bis 1908.

(Nach dem Stat. Jahrb. f. d. Deutsche Reich. 30. Jahrg. 1909. S. 158.)

Die Zahlen für die Jahre 1899—1902 befinden sich in „Fortschritte" Bd. I, S. 356, für 1903 und 1904 in der Zeitschrift 1905, S. 284 und 1907, S. 262.

Länder der Herkunft und Bestimmung	1905 Tonnen	1905 1000 M	1906 Tonnen	1906 1000 M	1907 Tonnen	1907 1000 M	1908 Tonnen	1908 1000 M
Eisenerze, eisenhaltige Schwefelkiesabbrände.								
Einfuhr	6 085 196	102 414	7 629 730	137 221	8 476 076	162 026	7 732 949	126 501
Belgien	171 127	1 540	251 674	3 225	380 152	5 512	282 003	2 820
Frankreich . . .	280 233	3 923	480 199	6 100	791 520	11 477	919 535	8 276
Griechenland . .	7 601	110	52 356	847	183 228	3 298	187 507	2 813
Österreich-Ungarn .	358 552	5 916	370 725	6 659	296 212	5 924	300 756	5 263
Rußland . . .	135 831	2 853	238 268	5 403	664 536	15 616	528 080	11 882
Schweden	1 642 457	27 922	2 361 183	42 463	3 603 505	68 467	3 137 770	53 342
Spanien	3 163 844	55 367	3 632 160	68 396	2 149 299	44 061	1 978 868	35 620
Algerien	47 565	856	73 131	1 462	196 571	4 128	166 255	3 159
Neufundland . . .	204 932	2 972	114 368	1 887	98 571	1 725	135 388	1 963
Ausfuhr	3 698 563	13 060	3 851 791	15 227	3 904 408	20 073	3 067 737	14 244
Belgien	2 131 280	7 459	2 371 368	9 299	2 472 022	12 360	1 995 253	8 979
Frankreich . . .	1 527 600	5 041	1 437 442	5 386	1 383 599	6 918	1 021 432	4 596
Schlacken von Erzen, Schlackenfilze, Schlackenwolle.								
Einfuhr	888 665	14 208	813 388	15 320	568 046	11 571	562 853	9 383
Belgien	196 327	3 141	202 149	3 934	206 961	4 139	214 560	3 433
Frankreich . . .	491 740	7 868	*)399 387	7 387	165 808	3 316	153 066	2 449
Großbritannien . .	65 464	1 015	48 816	856	35 085	702	32 676	523
Österreich-Ungarn .	91 773	1 422	89 405	1 721	80 240	1 685	87 334	1 572
Schweden	23 039	438	21 542	452	35 212	845	41 833	795
Ausfuhr	28 032	422	49 912	812	46 680	818	74 821	1 053
Manganerze.								
Einfuhr	262 311	11 047	331 171	18 585	393 327	24 566	334 133	15 049
Rußland	151 223	6 351	183 065	10 189	198 493	11 836	185 749	7 430
Spanien	37 062	1 408	60 383	2 963	47 212	2 597	15 518	776
Brit.-Indien usw. .	16 853	758	59 792	3 779	107 439	7 521	92 898	4 645
Brasilien	37 436	1 685	12 377	743	25 843	1 680	35 420	1 948
Ausfuhr	4 116	305	2 555	221	3 554	341	2 333	184
Gold- und Platinaerze.								
Einfuhr	486	6 242	100	6 349	96,696	5 094	182,720	6 459
Frankreich . . .	41	335	10	164	1)0,478	1 577	10,722	1 347
Großbritannien . .	1)1	1 537	4	1 177	1)0,369	1 218	1)0,344	877
Rußland	1)2	3 553	1)1	4 769	1)0,602	1 987	1)1,553	3 960
Ausfuhr	—	—	8	128	—	—	0,026	69
Bleierze.								
Einfuhr	92 667	17 949	90 027	21 659	137 861	34 933	133 597	24 867
Österreich-Ungarn .	7 652	957	5 873	1 118	8 602	1 720	7 368	1 032
Australischer Bund	64 631	12 849	68 412	17 032	97 741	25 413	108 053	20 530
Ausfuhr	1 496	330	1 915	483	1 296	391	1 189	286
Kupfererze, kupferhaltige Schwefelkiesabbrände.								
Einfuhr	10 137	4 608	9 941	4 466	19 295	5 344	17 456	3 189
Dt.-Südwestafrika .	—	—	97	19	2 637	527	7 015	1 543
Ausfuhr	28 908	2 147	6 414	621	20 946	1 110	21 729	784
Österreich-Ungarn .	14 416	433	2 963	165	19 737	859	21 276	723
Zinkerze.								
Einfuhr	126 577	15 093	178 953	22 914	184 703	22 838	199 840	19 661
Belgien	4 427	434	9 121	1 094	6 478	784	11 804	1 269
Italien	5 430	706	8 775	1 195	21 947	2 853	11 967	1 197
Österreich-Ungarn .	19 157	2 203	20 279	2 265	19 536	2 247	20 062	1 806
Schweden	4 183	376	14 051	1 513	8 779	878	6 287	377
Spanien	23 654	1 951	29 582	2 723	40 997	4 100	29 412	2 206
Türkei in Europa .	1 832	275	4 892	881	5 536	886	8 057	967
- - Asien .	6 374	1 100	10 315	1 604	4 524	633	8 333	1 000
Algerien	5 073	812	5 834	992	7 418	1 113	12 471	1 621
Ver. St. v. Amerika	4 714	613	14 383	2 437	11 250	1 575	14 605	1 753
Australischer Bund	37 569	4 508	39 736	5 076	36 607	4 759	63 616	6 043
Ausfuhr	38 972	4 952	42 556	5 400	34 863	3 906	39 450	3 929
Belgien	18 441	2 766	16 415	2 021	14 257	1 639	16 253	1 609
Österreich-Ungarn .	19 838	2 083	25 219	3 269	19 243	2 117	18 297	1 830

1) Lediglich Platinerze. — *) Darunter 11 804 Tonnen ohne Handelswert.

Deutschland.
Erz-Einfuhr und -Ausfuhr 1905 bis 1908 (Fortsetzung).

(Nach dem Stat. Jahrb. f. d. Deutsche Reich. 30. Jahrg. 1909. S. 158.)

Die Zahlen für die Jahre 1899—1902 befinden sich in „Fortschritte" Bd. I, S. 356, für 1903 und 1904 in der Zeitschrift 1905, S. 284 und 1907, S. 262.

Länder der Herkunft und Bestimmung	1905		1906		1907		1908	
	Tonnen	1000 M	Tonnen	1000 M	Tonnen	1000 M	Tonnen	1000 M
Schwefelkies.								
Einfuhr	552 184	21 127	579 355	25 748	742 526	33 961	659 871	23 139
Portugal	70 718	1 570	79 540	2 135	84 944	2 124	61 608	1 171
Spanien	458 391	19 252	472 062	23 046	629 557	31 478	567 391	21 561
Ausfuhr	35 195	497	35 829	495	24 183	336	16 384	204

Länder der Herkunft und Bestimmung	1907		1908		Länder der Herkunft und Bestimmung	1907		1908	
	Tonnen	1000 M	Tonnen	1000 M		Tonnen	1000 M	Tonnen	1000 M
Zinnerze (Zinnstein usw.					**Wolframerze.**				
Einfuhr	9 971	17 947	11 420	14 845	Einfuhr	2 239	5 599	2 308	4 154
Bolivien . . .	8 780	15 804	9 136	11 876	Großbritannien	432	1 081	569	1 023
Chile	388	698	882	1 146	Argentinien . .	313	782	495	891
Ausfuhr	31	56	12	16	Austral. Bund .	697	1 741	506	911
					Ausfuhr	195	1 073	73	363

Metall-Einfuhr und -Ausfuhr.

(Nach dem Stat. Jahrb. f. d. Deutsche Reich. 30. Jahrg. 1909. S. 154.)

Die Zahlen für die Jahre 1901—1904 befinden sich in der Zeitschrift 1905, S. 234, für 1903—1906 in der Zeitschrift 1907, S. 262.

Länder der Herkunft und Bestimmung	1905		1906		1907		1908	
	Tonnen	1000 M	Tonnen	1000 M	Tonnen	1000 M	Tonnen	1000 M
Eisen:								
a) Luppeneisen, Rohschienen, Ingots.								
Einfuhr	6 188	799	7 170	1 082	8 238	1 498	8 880	1 477
Schweden	3 260	486	4 491	758	5 975	1 105	5 166	930
Ausfuhr	472 943	36 180	396 359	29 974	227 536	23 436	475 267	41 158
Belgien	91 031	6 964	73 435	6 024	38 580	3 974	48 050	4 161
Frankreich	24 886	1 904	19 676	1 606	10 611	1 093	15 343	1 329
Großbritannien . .	318 170	24 340	217 273	17 738	116 041	11 952	262 087	22 697
Italien	12 116	927	16 050	1 326	18 006	1 855	34 750	3 009
Niederlande . . .	14 370	1 099	11 446	936	4 897	504	20 627	1 786
Österreich-Ungarn .	1 255	96	9 386	773	16 876	1 728	73 823	6 393
Schweiz	4 085	313	9 125	758	12 227	1 259	8 341	722
b) Roheisen.								
Einfuhr	158 700	9 895	409 083	28 025	443 624	32 549	252 779	15 596
Großbritannien . .	121 413	6 799	358 532	23 209	390 156	27 311	209 552	12 154
Schweden	19 148	2 106	31 962	3 600	32 953	3 790	22 204	2 221
Ausfuhr	380 824	20 128	479 772	30 462	275 170	19 641	257 849	16 212
Belgien	254 717	12 991	378 274	23 568	185 378	12 977	145 918	8 755
Frankreich	38 284	2 087	26 105	1 629	36 931	2 585	27 456	1 647
Niederlande . . .	24 199	1 331	15 607	1 015	11 498	862	14 618	950
Österreich-Ungarn .	17 381	921	7 872	523	6 944	521	35 214	2 465
Schweiz	13 184	817	18 600	1 325	20 254	1 620	22 514	1 576

Deutschland.
Metall-Einfuhr und -Ausfuhr (Fortsetzung).
(Nach dem Stat. Jahrb. f. d. Deutsche Reich. 30. Jahrg. 1909. S. 154.)
Die Zahlen für die Jahre 1901—1904 befinden sich in der Zeitschrift 1905, S. 234,
für 1903—1906 in der Zeitschrift 1907, S. 262.

Länder der Herkunft und Bestimmung	1905		1906		1907		1908	
	Tonnen	1000 M	Tonnen	1000 M	Tonnen	1000 M	Tonnen	1000 M
Quecksilber.								
Einfuhr	729	3 135	698	3 110	831	3 699	648	3 140
Italien	84	360	147	656	261	1 163	289	1 401
Österreich-Ungarn .	408	1 756	366	1 633	364	·1 621	276	1 337
Ausfuhr	48	211	20	92	26	116	26	129
Blei, rohes; Bruchblei, Bleiabfälle.								
Einfuhr	78 528	21 967	71 191	24 983	74 973	29 034	77 218	20 859
Belgien	33 968	9 375	30 259	10 428	31 795	12 146	25 881	6 988
Spanien	3 322	1 003	10 766	3 854	16 195	6 316	15 941	4 304
Ver. St. v. Amerika	21 715	5 972	12 356	4 360	10 832	4 225	21 202	5 725
Australischer Bund	11 902	3 273	8 587	2 940	7 908	3 005	9 856	2 661
Ausfuhr	32 515	9 328	27 067	9 423	27 708	10 676	29 967	8 284
Österreich-Ungarn .	8 511	2 383	12 140	4 224	11 024	4 233	13 377	3 692
Rußland	10 443	3 081	5 359	1 835	5 032	1 932	8 004	2 209
Schweiz	1 927	520	2 616	932	2 904	1 133	3 062	857
Bleiweiß.								
Einfuhr	2 488	896	2 342	957	3 037	1 336	3 558	1 210
Ausfuhr	16 478	5 273	14 022	5 348	13 662	5 738	13 733	4 532
Großbritannien . .	10 118	3 238	9 117	3 450	8 502	3 571	7 668	1 530
Kupfer, rohes.								
Einfuhr	102 218	151 557	126 071	227 824	124 117	239 616	157 669	194 828
Großbritannien . .	6 968	10 103	8 917	15 754	10 558	19 850	2 305	2 835
Spanien	1 324	1 549	1 646	2 418	2 035	3 256	1 488	1 488
Japan	—	—	1 459	2 568	3 191	5 584	625	738
Ver. St. v. Amerika	90 202	134 400	108 729	197 626	103 631	202 080	146 617	181 805
Australischer Bund	350	524	1 411	2 521	3 503	6 656	2 699	3 320
Ausfuhr	5 958	8 944	7 241	12 793	6 113	11 838	6 868	8 621
Österreich-Ungarn .	4 292	6 439	4 636	8 305	4 165	8 122	4 579	5 769
Rußland	696	1 052	597	954	333	625	465	581
Schweden	362	543	460	830	604	1 189	523	654
Zink, gestrecktes, gewalztes (Platten, Bleche).								
Einfuhr	54	34	97	65	128	81	299	165
Ausfuhr	18 982	9 870	17 794	9 990	22 410	11 943	19 599	9 277
Dänemark	1 540	801	2 237	1 249	1 909	1 013	1 697	799
Großbritannien . .	7 011	3 645	5 454	3 069	6 029	3 213	5 015	2 373
Italien	1 403	730	1 372	769	1 756	933	1 217	574
Japan	2 396	1 246	2 063	1 155	2 530	1 346	2 653	1 252
Britisch - Südafrika	701	364	1 370	766	2 012	1 066	2 067	971
Argentinien . . .	27	14	258	146	2 916	1 547	1 729	816
Zink, rohes; Bruchzink, auch Zinkabfälle.								
Einfuhr	29 583	15 074	39 314	21 666	29 486	14 369	34 522	14 470
Belgien	18 210	9 644	26 500	14 894	18 354	9 264	21 224	9 337
Großbritannien . .	1 529	688	2 372	1 227	1 807	795	1 999	737
Niederlande . . .	4 470	2 275	4 429	2 460	4 011	1 943	4 361	1 761
Österreich-Ungarn .	3 455	1 555	3 588	1 826	3 405	1 508	4 600	1 755
Ausfuhr	67 675	34 349	69 142	37 410	68 901	33 169	75 290	31 607
Belgien	3 170	1 458	3 413	1 722	4 441	1 946	3 538	1 319
Frankreich	3 587	1 768	3 131	1 653	2 229	1 024	3 333	1 344
Großbritannion . .	19 784	10 183	24 240	13 237	21 609	10 504	25 355	10 777
Italien	2 832	1 470	3 397	1 863	3 897	1 901	4 366	1 866
Niederlande . . .	1 562	807	2 260	1 221	1 713	832	2 061	872
Österreich-Ungarn .	19 483	9 831	19 470	10 507	18 800	9 104	21 152	8 850
Rußland	7 147	3 663	5 868	3 196	6 464	3 135	8 124	3 453
Schweden	2 023	1 037	2 403	1 316	2 991	1 450	2 178	925

Deutschland.
Metall-Einfuhr und -Ausfuhr (Schluß).

(Nach dem Stat. Jahrb. f. d. Deutsche Reich. 30. Jahrg. 1909. S. 154 u. 179.)
Die Zahlen für die Jahre 1901—1904 befinden sich in der Zeitschrift 1905, S. 234,
für 1903—1906 in der Zeitschrift 1907, S. 262.

Länder der Herkunft und Bestimmung	1905		1906		1907		1908	
	Tonnen	1000 M	Tonnen	1000 M	Tonnen	1000 M	Tonnen	1000 M
Zinn, rohes; Bruchzinn.								
Einfuhr	13 501	38 474	14 098	49 486	12 814	47 943	14 039	37 814
Belgien	148	422	469	1 594	380	1 427	167	445
Großbritannien . .	4 232	12 104	4 089	14 282	1 938	7 288	971	2 592
Niederlande . . .	2 215	6 356	1 657	5 766	941	3 529	367	995
Österreich-Ungarn .	272	779	363	1 276	257	951	406	1 081
Britisch Indien usw.	373	1 060	211	743	547	1 969	804	2 147
Brit. Malakka usw.	681	1 933	1 135	3 999	558	2 099	1 087	2 902
Niederl. Indien usw.	4 609	13 090	4 281	15 123	6 630	24 863	7 640	20 705
Australischer Bund	516	1 476	681	2 363	955	3 582	2 211	5 935
Ausfuhr	3 259	8 825	4 845	17 050	4 244	16 001	3 707	10 008
Belgien	251	481	371	1 252	433	1 633	272	735
Frankreich	569	1 599	912	3 211	759	2 861	778	2 101
Großbritannien . .	315	792	324	1 135	275	1 036	191	516
Niederlande . . .	183	497	313	1 129	193	727	191	516
Österreich-Ungarn .	248	708	428	1 528	183	689	359	970
Rußland	285	804	675	2 363	559	2 108	338	914
Schweiz	384	1 082	517	1 817	573	2 159	576	1 554
Ver. St. v. Amerika	515	1 474	761	2 697	642	2 421	629	1 697

Länder der Herkunft und Bestimmung	1907		1908	
	Tonnen	1000 M	Tonnen	1000 M
Zinkoxyd (Zinkweiß und Zinkgrau).				
Einfuhr	7 049	3 384	5 048	2 221
Belgien	1 548	743	1 202	529
Ver. St. v. Amer.	2 128	1 021	2 107	927
Ausfuhr	18 735	9 367	17 737	8 159
Belgien	2 793	1 397	3 675	1 691
Großbritannien	5 321	2 661	4 910	2 259
Niederlande . .	1 718	859	1 615	743
Schweden . . .	1 078	539	1 265	582
Ver. St. v. Amer.	1 463	732	1 533	705
Nickelmetall, roh; Bruchnickel; Nickelmünzen.				
Einfuhr	2 182	7 636	3 058	10 549
Großbritannien	1 529	5 350	2 336	8 059
Ver. St. v. Amer.	158	552	312	1 077
Ausfuhr	931	3 257	1 349	4 655
Österr.-Ungarn	355	1 243	658	2 272
Schwefelsäure, Schwefelsäureanhydrid.				
Einfuhr	59 753	2 988	61 391	3 070
Belgien	48 160	2 408	50 894	2 545
Ausfuhr	49 902	2 495	60 588	3 029
Österr.-Ungarn	18 445	922	22 444	1 122
Schweiz . . .	10 156	508	10 819	541
Bleimennige.				
Einfuhr	386	154	733	245
Ausfuhr	9 371	3 936	9 602	3 121
Großbritannien	3 150	1 323	2 956	961
Niederlande . .	1 210	508	1 176	382

Länder der Herkunft und Bestimmung	1907		1908	
	Tonnen	1000 M	Tonnen	1000 M
Schwefel, Spencemetall.				
Einfuhr	44 670	4 914	44 066	4 847
Italien	35 576	4 353	36 747	4 042
Ausfuhr	1 501	180	1 765	212
Zinn: Blattzinn (Stanniol, Zinnfolie).				
Einfuhr	56	252	44	164
Ausfuhr	1 393	6 268	1 361	5 034
Frankreich . .	138	622	175	646
Großbritannien	575	2 587	724	2 678
Platin, Iridium, Osmium, Palladium, Rhodium, Ruthenium, unlegiert, gehämmert oder gewalzt, in Stangen, Blech oder Draht; legiertes Platin und legierte Platinmetalle, gehämmert usw.				
Einfuhr	0,372	1 440	0,207	570
Frankreich . .	0,293	1 136	0,183	504
Ausfuhr	1,260	4 914	0,985	3 054
Ver. St. v. Amer.	0,889	3 460	0,599	1 857
Feinsilber.				
Einfuhr	271,361	24 260	333,786	24 016
Großbritannien	182,050	16 275	255,421	18 378
Mexiko	57,284	5 121	70,631	5 082
Ausfuhr	253,617	22 787	301,878	21 871
Großbritannien	44,692	4 016	69,337	5 024
Norwegen . . .	5,974	537	7,559	548
Österr.-Ungarn	40,169	3 609	44,931	3 255
Eur. Rußland .	77,761	6 987	99,590	7 215
Schweden . . .	15,861	1 425	9,048	656
Schweiz	43,464	3 905	30,921	2 240

Deutschland.
Ein- und Ausfuhr von Natronsalzen und Kalisalzen für die Jahre 1905 bis 1908.

(Nach dem Statist. Jahrb. f. d. Deutsche Reich. 30. Jahrg. 1909. S. 154 und 179.)

Die Zahlen für die Jahre 1899 bis 1902 befinden sich in „Fortschritte" Bd. I, S. 357.

Länder der Herkunft und Bestimmung	1905		1906		1907		1908	
	Tonnen	1000 M	Tonnen	1000 M	Tonnen	1000 M	Tonnen	1000 M
Ätzkali.								
Einfuhr	24	7	44	13	92	28	50	15
Ausfuhr	22 246	7 786	21 772	7 620	20 258	7 090	25 048	8 767
Belgien	4 691	1 642	4 427	1 549	3 638	1 274	6 277	2 197
Dänemark . . .	1 142	400	1 276	447	1 592	557	2 217	776
Großbritannien . .	3 397	1 189	3 824	1 338	4 372	1 530	3 694	1 293
Niederlande . . .	4 866	1 703	4 666	1 633	3 461	1 211	5 848	2 047
Schweden . . .	4 813	1 684	4 637	1 625	4 617	1 616	3 693	1 292
Ver. St. v. Amerika	1 096	384	1 515	530	1 764	618	1 636	572
Chlorkalium.								
Einfuhr	223	32	181	26	120	17	49	7
Ausfuhr	156 434	22 120	171 994	24 884	173 638	25 177	174 345	25 280
Belgien	11 910	1 684	10 454	1 505	11 403	1 653	10 589	1 535
Frankreich . . .	19 869	2 810	17 321	2 497	20 394	2 957	24 415	3 540
Großbritannien . .	15 560	2 200	12 679	1 837	13 558	1 966	11 567	1 677
Italien	4 426	626	4 532	654	5 275	765	5 415	785
Österreich-Ungarn .	4 120	583	4 345	628	4 656	675	5 259	763
Spanien	4 527	640	5 623	814	5 815	843	5 586	810
Ver. St. v. Amerika	87 433	12 363	106 911	15 485	104 617	15 170	100 587	14 585
Cyankalium.								
Einfuhr	2	4	3	4	1	1	4	5
Ausfuhr	4 005	5 206	5 049	7 411	5 210	7 294	4 887	6 841
Britisch Südafrika	2 129	2 767	2 651	3 883	2 706	3 789	2 564	3 590
Ver. St. v. Amerika	940	1 222	1 252	1 832	1 394	1 952	1 395	1 953
Chilisalpeter.								
Einfuhr	540 916	110 888	593 218	124 837	591 131	127 211	604 457	116 660
Chile	540 191	110 739	591 848	124 548	590 807	127 141	604 202	116 611
Ausfuhr	20 531	4 311	22 099	4 720	22 715	4 952	23 549	4 710
Niederlande . . .	5 600	1 176	6 492	1 379	5 227	1 139	4 789	958
Österreich-Ungarn .	8 348	1 753	7 266	1 554	7 653	1 668	10 044	2 009
Rußland	1 668	350	2 392	513	2 905	634	3 960	792
Kalisalpeter.								
Einfuhr	2 156	927	1 918	856	1 815	817	2 200	968
Belgien	2 113	909	2 776	793	1 633	735	1 577	694
Ausfuhr	12 140	5 220	11 564	5 162	12 669	5 701	10 643	4 683
Großbritannien .	3 797	1 633	3 840	1 715	5 143	2 314	4 943	1 943

Länder der Herkunft und Bestimmung	1907		1908	
	Tonnen	1000 M	Tonnen	1000 M
Salz (Siede-, Stein-, Seesalz), Salzsole; Mutterlauge, Pfannenstein, Steinsalzwaren.				
Einfuhr	23 109	402	24 975	352
Ausfuhr	291 161	3 391	318 395	3 785
Belgien	50 756	447	59 081	886
Österreich-Ungarn .	44 451	391	58 648	499
Abraumsalze (Kainit usw.).				
Einfuhr	0	0	2	0
Ausfuhr	839 889	17 218	818 677	16 783
Belgien	35 490	728	38 847	796
Frankreich . . .	26 395	541	32 772	672
Großbritannien .	86 035	1 764	78 121	1 606
Niederlande . . .	120 509	2 479	143 047	2 932
Österreich-Ungarn .	38 748	794	47 686	978
Schweden . . .	70 964	1 455	51 467	1 055
Ver. St. v. Amerika	412 077	8 448	364 731	7 477

Länder der Herkunft und Bestimmung	1907		1908	
	Tonnen	1000 M	Tonnen	1000 M
Kali, schwefelsaures (Kaliumsulfat).				
Einfuhr	141	21	169	25
Ausfuhr	46 158	7 616	48 807	8 053
Frankreich . . .	3 401	561	4 450	734
Großbritannien . .	5 782	954	4 658	769
Ver. St. v. Amerika	23 367	3 855	25 957	4 283
Kalimagnesia, schwefelsaure.				
Einfuhr	52	4	9	1
Ausfuhr	128 344	10 268	133 168	10 653
Großbritannien . .	10 282	823	9 782	782
Niederlande . . .	12 077	966	14 415	1 153
Schweden . . .	39 873	3 190	33 197	2 656
Ver. St. v. Amerika	53 982	4 319	59 869	4 789

Deutschland.
Ein- und Ausfuhr. Sonstige Minerale, Baumaterial und Mineralöl.
(Nach dem Statist. Jahrbuch für das Deutsche Reich, 30. Jahrgang 1909, S. 179.)

Porzellanerde (Kaolin, Chinaclay).

Länder der Herkunft und Bestimmung	1907 Tonnen	1907 1000 M	1908 Tonnen	1908 1000 M
Einfuhr	255 190	9 442	261 213	9 665
Großbritannien .	102 535	3 794	115 482	4 273
Österr.-Ungarn .	139 375	5 157	131 493	4 865
Ausfuhr	29 166	1 079	27 629	1 022

Rohblöcke aus Granit, Labrador und anderen harten Steinen sowie aus Lava.

Länder der Herkunft und Bestimmung	1907 Tonnen	1907 1000 M	1908 Tonnen	1908 1000 M
Einfuhr	149 672	9 307	154 819	9 567
Belgien . . .	18 945	758	24 901	996
Dänemark . .	39 804	1 194	31 524	946
Österr.-Ungarn .	16 386	655	13 854	554
Schweden . . .	59 020	5 902	70 695	6 363
Ausfuhr	336 637	9 656	401 247	11 213
Großbritannien .	47 404	2 133	42 958	1 933
Niederlande . .	263 259	6 581	336 135	8 403
Österr.-Ungarn .	18 768	657	9 819	344

Marmor, roh oder bloß behauen.

Länder der Herkunft und Bestimmung	1907 Tonnen	1907 1000 M	1908 Tonnen	1908 1000 M
Einfuhr	54 808	8 941	53 246	8 488
Italien	43 465	7 389	40 403	6 768
Österr.-Ungarn .	4 598	552	5 419	650
Ausfuhr	1 189	131	1 455	169

Pflastersteine.

Länder der Herkunft und Bestimmung	1907 Tonnen	1907 1000 M	1908 Tonnen	1908 1000 M
Einfuhr	604 013	11 753	552 675	10 803
Österr.-Ungarn .	42 631	640	37 355	560
Schweden . . .	500 689	10 014	465 705	9 314
Ausfuhr	46 221	693	61 107	917

Glimmer, roh,

Länder der Herkunft und Bestimmung	1907 Tonnen	1907 1000 M	1908 Tonnen	1908 1000 M
Einfuhr	851	4 681	704	3 874
Großbritannien .	319	1 752	162	893
Br.-Indien usw. .	465	2 559	435	2 394
Ausfuhr	206	1 132	97	534

Kalk, natürlicher phosphorsaurer.

Länder der Herkunft und Bestimmung	1907 Tonnen	1907 1000 M	1908 Tonnen	1908 1000 M
Einfuhr	579 505	34 770	736 127	51 529
Belgien . . .	74 839	4 490	105 878	7 412
Frankreich . .	17 920	1 075	17 343	1 214
Algerien . . .	123 724	7 423	109 682	7 678
Tunis . . .	12 154	729	23 367	1 636
Ver. St. v. Amerika	305 128	18 308	431 700	30 219
Übr. Brit. Austral.	39 011	2 341	32 247	2 257
Ausfuhr	1 471	96	1 196	84

Mineralöl.

Rohnaphtha, Rohbenzin.

Länder der Herkunft und Bestimmung	1907 Tonnen	1907 1000 M	1908 Tonnen	1908 1000 M
Einfuhr	110 791	18 713	107 301	13 482
Rumänien . .	21 200	3 551	21 834	2 708
Asiat. Rußland . .	13 297	2 247	12 360	1 543
Nied.-Ind. usw. .	71 242	12 182	63 740	8 210
Ausfuhr	76	16	151	24

Erdöl, roh.

Länder der Herkunft und Bestimmung	1907 Tonnen	1907 1000 M	1908 Tonnen	1908 1000 M
Einfuhr	26 944	2 507	35 252	3 105
Nied.-Ind. usw. .	4 260	511	10 561	1 029
V. St. v. Amer. .	18 833	1 851	18 103	1 808
Ausfuhr	7	·1	1	0

Aluminium, roh, in Platten; Bruchaluminium.

Länder der Herkunft und Bestimmung	1907 Tonnen	1907 1000 M	1908 Tonnen	1908 1000 M
Einfuhr	3 913	10 761	3 204	5 446
Frankreich . . .	510	1 403	705	1 198
Österr.-Ungarn .	1 761	4 842	1 135	1 929
Schweiz . , . .	475	1 305	589	1 001
Canada	813	2 235	357	607
Ausfuhr	1 119	3 077	590	1 004

Steinmetzarbeiten, ungeschliffen, ungehobelt, von schlichter, nicht profilierter Arbeit, nicht abgedreht, nicht verziert: aus Granit, Porphyr, Syenit oder ähnlichen harten Steinen, aus Lava.

Länder der Herkunft und Bestimmung	1907 Tonnen	1907 1000 M	1908 Tonnen	1908 1000 M
Einfuhr	44 848	5 382	41 485	4 978
Norwegen . . .	9 587	1 150	6 472	777
Schweden . . .	32 794	3 935	33 354	4 003
Ausfuhr	3 614	434	2 217	266

Baryt, Strontian, natürlicher schwefelsaurer (Schwerspat und Cölestin).

Länder der Herkunft und Bestimmung	1907 Tonnen	1907 1000 M	1908 Tonnen	1908 1000 M
Einfuhr	12 588	378	19 969	599
Ausfuhr	111 179	4 447	91 111	3 644
Belgien	18 213	729	16 201	648
Großbritannien .	21 756	870	18 089	724
Österr.-Ungarn .	18 751	750	19 563	783

Asbest (Berg-, Erdflachs) roh; Asbestfasern.

Länder der Herkunft und Bestimmung	1907 Tonnen	1907 1000 M	1908 Tonnen	1908 1000 M
Einfuhr	11 096	5 593	10 034	3 903
Eur. Rußland . .	1 811	942	1 254	583
Canada	5 815	2 733	4 863	1 556
V. St. v. Amerika .	2 498	1 174	2 616	837
Ausfuhr	1 724	948	1 345	538

Thomasschlacken, gemahlene.

Länder der Herkunft und Bestimmung	1907 Tonnen	1907 1000 M	1908 Tonnen	1908 1000 M
Einfuhr	164 234	6 159	197 234	7 889
Belgien	103 819	3 893	123 674	4 947
Frankreich . . .	59 466	2 230	64 574	2 583
Ausfuhr	399 144	16 964	353 978	15 044
Belgien . . .	29 337	1 247	26 095	1 109
Italien	54 087	2 299	36 747	1 562
Niederlande . . .	99 626	4 234	88 275	3 752
Österreich-Ungarn .	98 624	4 192	99 442	4 226
Rußland	29 196	1 241	24 859	1 056
Schweiz . . .	48 171	2 047	48 365	2 055

Erdöl, gereinigt (Brennerdöl [Kerosen]).

Länder der Herkunft und Bestimmung	1907 Tonnen	1907 1000 M	1908 Tonnen	1908 1000 M
Einfuhr	994 414	77 919	1 016 331	72 173
Österr.-Ungarn . .	81 905	4 962	131 033	6 483
Rumänien . , .	25 696	1 754	8 750	521
Asiat. Rußland . .	66 196	4 728	45 180	2 913
V. St. v. Amerika .	813 828	65 963	828 650	62 069
Ausfuhr	695	130	857	162

Asphalt, fester, Asphaltsteine.

Länder der Herkunft und Bestimmung	1907 Tonnen	1907 1000 M	1908 Tonnen	1908 1000 M
Einfuhr	128 257	6 413	130 063	6 503
Italien	77 274	3 864	83 779	4 189
Schweiz	18 547	927	16 687	834
Trinidad usw. . .	19 200	960	18 806	940
Ausfuhr	13 228	794	13 281	797

Fernere Litteratur:

A m t l i c h : Geologische Literatur Deutschlands. A. Jährlicher Literaturbericht. Hrsg. v. d. Deutschen Geol. Landesanstalten. Die Literatur des Jahres 1907. (Lagerstättenlehre S. 16—25, Angewandte Geologie, S. 57—61). Berlin 1909. Vertriebsstelle d. Geol. Landesanstalt. Preis 3 M.

> „Die von den deutschen Geologischen Landesanstalten herausgegebenen Veröffentlichungen über die geologische Literatur Deutschlands sind zweierlei Art: Unter A erscheint ein fortlaufender Bericht über die Literatur von J a h r zu J a h r; unter B sollen zwanglos L i t e r a t u r z u s a m m e n s t e l l u n g e n über einzelne Gegenden oder geologische Spezialgebiete gebracht werden."

A m t l i c h : Die Erzeugung von Roheisen im Deutschen Reich und in Luxemburg während der 20 Jahre 1872—1891. V.-H. z. Stat. d. D. R. 1892. II.

A m t l i c h : Zur Statistik des staatlichen Montanbetriebes im Deutschen Reich. V.-H. z. Stat. d. D. R. 1896. III.

A m t l i c h : Die Erzeugung von Zink, Blei, Silber, Kupfer und Gold im Deutschen Reich während der 20 Jahre 1872—1891. V.-H. z. Stat. d. D. R. 1893. I.

A m t l i c h : Das Salz im deutschen Zollgebiet. Erzeugung und Verbrauch, Besteuerung und steuerfreie Ablassung, sowie Einfuhr und Ausfuhr. 1872 usw., s. Literatur, Tabelle Statist. Jahrb. 1903. S. 272.

A m t l i c h : Der deutsche Steinkohlenbergbau in den Jahren 1881—1890. V.-H. z. Stat. d. D. R. 1892. I.

A m t l i c h : Börsenpreise von deutschem Roheisen, Blei, Kupfer und Zink an deutschen Plätzen 1881—1895. V.-H. z. Stat. d. D. R. 1896. IV.

B ä r t l i n g , R.: Über die Schwerspatlagerstätten Deutschlands. Habilitationsschrift. Bergak. Berlin 1910. Im Druck bei F. Encke in Stuttgart.

B a r t h , C h r. G.: Unsere Schutzgebiete nach ihren wirtschaftlichen Verhältnissen. (A. Natur u. Geisteswelt Bd. 290) — Leipzig 1910, B. G. T e u b n e r. 148 S. Pr. geh. 1 M., geb. 1,25 M. — (Bergbau S. 68—75).

B i l t z , W., und E. M a r c u s : Über das Vorkommen von Ammoniak und Nitrat in den Kalisalzlagerstätten. „Kali" 1909, Nr. 9, S. 189—194 mit 4 Fig.

B r u h n s , W.: Die nutzbaren Mineralien und Gebirgsarten im Deutschen Reiche. Auf Grundlage des gleichnamigen v o n D e c h e n schen Werkes, unter Mitwirkung von H. B ü c k i n g neu bearbeitet. Berlin 1906. G. Reimer. 859 S. mit einer geologischen Karte von Deutschland i. M. 1 : 4 600 000. Pr. 16 M, geb. 18,50 M.

C a l w e r , R.: Kartelle und Trusts. Bd. VIII von „Handel, Industrie und Verkehr in Einzeldarstellungen". Berlin 1907. S. Simon. 73 S. Pr. 1 M.

> I. Gewerbefreiheit und Großindustrie, S. 5—10; II. Formen und Wesen des Kartells, S. 11—33; Kohlensyndikat S. 25—31; III. Gegenwärtiger Stand der Kartellierung in Deutschland, S. 34—44; Bergbau S. 34—36; Amerikanische Trusts, S. 45—53; Wirtschaftliche Wirkungen der Kartellierung, S. 54—62; die Aufgabe des Staates gegenüber den Kartellen, S. 63—73.

D a n n e n b e r g : Geologie der Steinkohlenlager. Erster Teil. 1. Das niederrheinischwestfälische (Ruhr-)Kohlenbecken. 2. Die Steinkohlenablagerungen von Ibbenbüren und Osnabrück. 3. Die Aachener Steinkohlenbecken. 4. Das Pfalz-Saarbrücken-Lothringer Steinkohlenbecken. 5. Das niederschlesisch-böhmische Becken. 6. Das oberschlesisch-mährisch-polnische Becken. Berlin 1908. Gebr. Bornträger. 197 S. m. 25 Fig. Pr. geh. 6,50 M.

D z i u k , A.: Übersichtskarte deutscher Kaliunternehmungen. 1,35 × 1,93 m. 1 : 200 000. Essen 1906. Deutsche Bergw.-Ztg. Pr. 25 M.

E b n e r , G.: Der deutsche Kohlenhandel in seiner Entwicklung von 1880 bis 1907. Selbstverlag. (Berlin, Am Karlsbad 4 a.) 116 S. m. zahlr. Tab. u. 2 Taf. Pr. 3 M.

E n g e l c k e : Das deutsche Kalikartell. — Schriften des Ver. für Sozialpolitik LX. Leipzig. Duncker u. Humblot.

E r d m a n n , E.: Die Entstehung der Kalisalzlagerstätten. (Vortr., geh. am 10. Mai 1908 a. d. 4. Dtsch. Kalitage in Nordhausen, durch Literaturangaben und einige Anmerkungen vervollständigt.) S.-A. a. d. „Zeitschr. f. angew. Chemie" u. „Zentralbl. f. techn. Chemie", XXI. Jhrg. 1908, S. 1685—1700.

E s c h w e g e , L.: Zum Kampf um die deutschen Kohlenschätze. „Soziale Zeitfragen", herausgeg. von A. Damaschke XXI/XXII. Berlin 1905. Verlag „Bodenreform" 45 S. Pr. 0,80 M.

E v e r d i n g , H.: Zur Geologie der deutschen Zechsteinsalze. Leitung: F. B e y s c h l a g. Festschrift zum X. allgem. Bergmannstage in Eisenach. I. Teil. Auch als Abhandl. der Geol.

Landesanstalt. N. F. Heft 52. Berlin 1907, Verlag der Geol. Landesanst. 133 S. m. 11 eingehefteten Tafeln und 5 als Anlagen beigefügten Karten und Profilen sowie einem Anhang von 30 S. Literaturverzeichnis von E. Z i m m e r m a n n.

F r e i s e , F.: Geographische Verbreitung und wirtschaftliche Entwickelung des süd- und mitteleuropäischen Bergbaues im Altertum. Pr. Z. f. Berg- u. Hw. 1907. S. 199—268.
  I. Der Bergbau im Bereiche des griechischen Völkerzweiges. II. Bergbau der Kelten: a) im Alpen- und Karpatengebiete; b) im alten Germanien; c) in Spanien, Gallien, Britannien. III. Der Bergbau im Römerreiche: a) Italien; b) Pyrenäenhalbinsel; c) transalpinisches Gallien und Rheingebiet; d) britische Inseln; e) Alpen- und Donauländer. IV. Der Bergbau der Germanen vor der Völkerwanderung. Schlußwort.

F r i z , W.: Die Steinkohlenbrikettfabrikation in Deutschland und die günstigen Bedingungen zu deren Entwickelung in Rußland. (In russ. Sprache.) Odessa 1905. Mit 30 Fig. Pr. 3 M.

Gesetze und Verordnungen im Auslande mit Bezug auf den Bergbau. Österr. Z. f. Berg- u. Hüttenw. 1904. S. 469—471, 488—489, 501—502, 513—515, 528—531.
  I. Serbien, S. 469; II. Deutsches Reich, S. 488; III. Rumänien, S. 513; IV. Frankreich, S. 514; V. Belgien, S. 528; VI. Neu-Süd-Wales, S. 529.

G o l d s t e i n , G.: Die Entwicklung der deutschen Roheisenindustrie seit 1879. Verh. des Vereins z. Beförderung des Gewerbefleißes 1908 und 1909.
  I. Die Einführung des Roheisenzolls. A. Geschichtliche Darstellung. B. Wirtschaftliche Gründe.
  II. Die Entwicklung seit 1879. A. Die unmittelbare Wirkung des Zolles. B. Die Versorgung mit Eisenerz. (Schwierigkeit der Erzbeschaffung, Verwendung von Puddelschlacken, die Herabsetzung der Erzfrachten, die lothringisch-luxemburger Erze, die schwedischen Erze, die spanischen Erze, die russischen Erze, die Lahn- und Dillerze, die Siegerländer Erze, die oberschlesischen Erze, der Anteil der Erzsorten an der Deckung des Gesamtbedarfs, die Versorgung Englands mit Eisenerzen, die Eisenerzpreise, die Konkurrenzfähigkeit der Erzsorten, der Schwedische Trust, Möglichkeit eines Minettekartells, das Siegerländereisensyndikat, Zusammenfassung der Veränderungen in der Erzversorgung ,Erzpreise in England.) C. Die Versorgung mit Brennstoff (Frachtveränderungen, Gewinnkosten von Kohle, Entstehung des Koks- und des Kohlensyndikates, die Preisentwicklung der Ruhrkohle und die Wirksamkeit der Syndikate, die Saarkohlen, die oberschlesischen Kohlen, die englischen Kohlenpreise). D. Die Entwicklung der Technik. E. Die Tendenz zur Bildung gemischter Werke. F. Zahlengeschichte der deutschen Roheisenindustrie.
  III. A. Theoretische Betrachtung der Produktionskosten. B. Berechnung der Produktionskosten und Vergleich derselben mit den Preisen. C. Folgen der Aufhebung des Roheisenzolles.

G o u v y , A.: La métallurgie du fer et de l'acier à l'exposition de Düsseldorf 1902. Extr. d. mémoires de la Soc. des ing. civ. de France, Paris 1902. 115 S. m. 37 Fig. und 4 Taf. Pr. 3 M.

G r u b e r , C h.: Deutsches Wirtschaftsleben. Auf geographischer Grundlage geschildert. („Aus Natur und Geisteswelt", 42. Bd.) Leipzig 1902. B. G. Teubner. 137 S. m. 4 Karten, Pr. geh. 1 M, geb. 1,25 M.

H a g e n , M.: Auftreten und Ausdehnung der Kalisalzlagerstätten in Deutschland. V. Int. Kongreß f. angew. Chemie. Bd. I, S. 653—661. Berlin 1904.

H a n d b u c h für den deutschen Braunkohlenbergbau. Herausgeg. von G. K l e i n. Halle 1909. W. Knapp. Mit 1 geol. Karte, 13 Taf. und 204 Abb. Pr. 19 M., geb. 20 M.

H a v a r d , F. T.: Present position of lead smelting in Germany. Eng. and Min. Journal 1906. S. 337—338. Ref.: Das deutsche Bleihüttenwesen in amerikanischen Augen. Zeitschr. d. Oberschles. Bg.- u. Hüttenm. Ver. 45. 1906. S. 397—399.

H e c k , P.: Die deutsche Erdölindustrie. Aachen 1908. Aachener Verlagsgesellschaft. 103 Seiten.

H e l l m a n n , G.: Regenkarte von Deutschland auf Grund zehnjähriger Beobachtungen (1893—1902) von 3000 Stationen. Maßstab 1 : 1 800 000. Beilage zu „Deutsches Bäderbuch", bearbeitet unter Mitwirkung des Kaiserl. Gesundheitsamtes. Leipzig 1907. J. J. Weber.

H e n n i g , R.: Deutschlands Wasserkräfte und ihre technische Auswertung. Prometheus XX, 1909. S. 161—165, 181—183, 196—200.

v o n d e r H e y d t : Kolonial-Handbuch. Jahrbuch der deutschen Kolonial- und Übersee-Unternehmungen. Herausgeg. von F. M e n s c h und J. H e l l m a n n. III. Jahrgang 1909. Berlin 1909, Verlag für Börsen- und Finanzliteratur. Pr. geb. 5 M.

H e y m a n n , H. G.: Die gemischten Werke im deutschen Großeisengewerbe. Stuttgart 1904. J. G. Cotta.

H u b e r , F. C.: Die Handelskammern, ihre Entwickelung und ihre künftigen Aufgaben für Verwaltung und Volkswirtschaft. (Aus: „Festschrift der württemberg. Handelskammern".) (IV und S. 3—111.) Stuttgart 1906. F. Krais. Pr. 1,50 M.

J a h r b u c h der deutschen Braunkohlen-, Steinkohlen- und Kali-Industrie. Jahrg. 9, 1909. Halle a. S. 1909. 270 S. Pr. 6 M.

I l g n e r , C.: Die Stahlwerksverbände. Berg- u. Hüttenm. Rundschau. Kattowitz 1905. S. 329—333.

J ü n g s t , E.: Kohlen - Gewinnung, -Verbrauch und -Außenhandel Deutschlands. Glückauf 1910. S. 209—216.

J u n g e , F r. E.: Die rationelle Auswertung der Kohlen als Grundlage für die Entwickelung der nationalen Industrie. Mit besonderer Berücksichtigung der Verhältnisse in den Vereinigten Staaten, England und D e u t s c h l a n d. Berlin 1909. Julius Springer. 91 S. m. 10 graph. Darstellungen. Pr. 3 M.

J u t z i , W.: Die deutsche Montanindustrie auf dem Wege zum Trust. Jena 1905. G. Fischer. 46 S. Pr. 1 M. — I. Allgemeine Entwicklungstendenzen in der Montanindustrie S. 1; II. Die Wirkungen des Kohlensyndikats S. 8; III. Die Wirkungen der Eisenkartelle S. 22; IV. Der Trust als Organisationsform der Zukunft S. 31—46.

J ä c k e l , H.: Die Landgesellschaften in den deutschen Schutzgebieten. Denkschrift zur kolonialen Landfrage. Mitt. d. Gesellschaft f. wirtsch. Ausbildung N. F. Heft 5. Jena 1909, G. F i s c h e r . 315 S. m. 3 Diagrammen. Pr. 7 M.

K e g e l : Die Entwicklung des deutschen Braunkohlenbergbaues im vorigen Jahrzehnt. Braunkohle, III. Jahrg., 1905. S. 593—599.

K i r c h h o f f A., und K. H a s s e r t : Bericht über die neuere Literatur zur deutschen Landeskunde. Bd. I. 1896—1899. 253 S. Berlin 1901. Alfr. Schall.

K i r c h h o f f , A., und F r. R e g e l : Bericht über die neuere Literatur zur deutschen Landeskunde. Bd. II. 1900—1901. Breslau 1904. Ferd. Hirt. 413 S. Pr. 12 M.

K i r c h h o f f , A., und W. U l e : Bericht über die neuere Literatur zur deutschen Landeskunde. Bd. III. 1902—1903. Breslau 1906. Ferd. Hirt. 250 S. Pr. 7,50 M.

K l a h r e , R.: Lebensfragen des deutschen Erzbergbaues. Essen-Ruhr 1902. Druck der Deutschen Bergwerks-Zeitung, Selbstverlag des Verfassers. 32 S.

K l e i n , G.: Handbuch für den deutschen Braunkohlenbergbau. Unter Mitwirkung von zahlreichen Fachmännern herausgegeben. Mit 204 Abb., 13 Taf. und 1 geolog. Karte. Halle a. S. 1907.

K l o e ß , A.: Das deutsche Wasserrecht und das Wasserrecht der Bundesstaaten des Deutschen Reiches. Grundzüge der geschichtlichen Entwickelung und des Systems auf Grund der deutschen Rechtsquellen, Literatur und der Wasser-, Mühlen- und Fischerei-Gesetzgebung der Bundesstaaten. Halle a. S. 1908. Wilh. Knapp. 231 S. Pr. geh. 6,60 M.

K o e h n , T h.: Wasserwirtschaftliche Aufgaben Deutschlands auf dem Gebiete des Ausbaues von Wasserkräften. (Vortr., geh. am 20. März 1908 a. d. Mitgl.-Vers. d. Zentralverb. für Wasserbau und Wasserwirtschaft, Berlin.) S.-A. a. d. Zentralbl. f. Wasserbau und Wasserwirtsch. 22 S. m. 15 Fig.

K o l l m a n n , J.: Der deutsche Stahlwerksverband. Eine wirtschaftliche Studie auf Grund eigener Wahrnehmungen. Heft Nr. 7 von ,,Moderne Zeitfragen''. Berlin 1905. Pan-Verlag. 53 S. Pr. 1 M.

K r i s c h e , P.: Die Verwertung des Kalis in Industrie und Landwirtschaft. Eine wirtschaftliche Studie in 4 Abschnitten. Halle a. S. 1908. W. Knapp. 108 S. m. 16 Diagr. u. 1 Karte.

K u b i e r s c h k y , K.: Die deutsche Kaliindustrie. Bd. III der ,,Monographien über chem.-techn. Fabrikations-Methoden''. Halle a. S. W. Knapp. 122 S. m. 8 Fig. Pr. 3.60 M.
Inhalt: Salzmineralien Seite 2, Rohsalze 4, Herstellung von Chlorkalium: aus Carnallit 9, aus Sylvin 31, aus Hartsalz 33, Blockkieserit 36, Bittersalz 42, Glaubersalz 44, Chlormagnesium 51, Magnesia (nebst Salzsäure 58, Brom 60, Bromeisen 72, Bromsalze 75, Kalimagnesia 75, Kaliumsulfat 85, Kalidüngesalze 90, Borazit 92, Rubidiumalaun 92, Pottasche 94, Verarbeitung von Schacht- und Bohrlochlaugen 99, Gewinnung von Kalisalzen aus Schlempe, Wollschweiß u. a. 102, Kaliumnitrat 106, Kalialaun 110, Kaliumchromate 113, Ferrocyankalium, Ferricyankalium, Cyankalium 115.

L a n g , Otto: Deutschlands Petroleumquellen. Berlin 1895. ,,Chemische Industrie'' Nr. 15—16.

L e p s i u s , R.: Geologie von Deutschland und den angrenzenden Gebieten. II. Teil: Das östliche und nördliche Deutschland. Lfrg. 1. Leipzig 1903. W. Engelmann. 246 S. m. 58 Profilen im Text. Pr. 8 M.

L e p s i u s , R.: Notizen zur Geologie von Deutschland. Notizbl. d. V. f. Erdk. u. d. Großh. geol. Landesanst. zu Darmstadt für d. J. 1908. Heft 29. 34 S.

L i e r k e , E.: Kaliverbrauch in der deutschen Landwirtschaft 1890 bis 1902. Herausgeg. vom Verkaufssyndikat der Kaliwerke, Statist. Bureau, Leopoldshall-Staßfurt 1903.

M a t h e s i u s W.: Die Entwicklung der Eisenindustrie in Deutschland. Festrede. Stahl u. Eisen 1910. S. 225—238 m. 14 Schaubildern.

M e y e r , P.: Vorkommen, Gewinnung und Verwertung der Kalisalze. (Vortr., geh. in der Sitzung vom 14. Jan. 1908 d. Thüringer Bezirksvereins d. V. dtsch. Ing.) Z. d. V. dtsch. Ing. 52, 1908. S. 1327—1330.

M i c h e l s : Die deutsche Erdölindustrie. „Glückauf" 1905. S. 421—431, 457—465.

M o l l , E.: Die „Denkschrift über das Kartellwesen" und die Syndikate und Konventionen des deutschen Braunkohlenbergbaues. „Braunkohle" IV. 1906. S. 641—646.

M o l l , E.: Der dritte Teil der „Denkschrift über das Kartellwesen" und die Syndikate und Konventionen des deutschen Braunkohlenbergbaues. „Braunkohle" 1907. VI. Jahrgang. S. 427—430.

M o l l , E w.: Das Problem einer amtlichen Statistik der deutschen Aktiengesellschaften. Berlin 1908. Carl Heymann. Pr. 3 M. (Besprechung in „Stahl und Eisen" 28, 1908. S. 934 von Ernst Werner. Ergebnisse ebenda 1909, S. 1697—1703.)

M ü n s t e r , H e r m a n n : Die Vermehrung der Kaliwerke und der Kaliabsatz. „Kali" 1909, Heft 10—12. Als S.-A. Halle 1909. W. Knapp. 84 S. m. 7 Kurventafeln. Pr. 3,60 M.

N i c k l i s c h , H.: Kartellbetrieb. Leipzig 1909. C. E. Poeschel. VI und 131 S. Pr. 6 M.
> Stellt den Versuch eines Handbuchs über den Ausgleich der Mitgliederinteressen im Kartellverbande dar. Im Mittelpunkte der Arbeit steht deshalb die Abrechnung des Kartells mit seinen Mitgliedern.

P e t r a s c h e k , K. O.: Die rechtliche Natur des Bergwerkseigentums nach österreichischem Rechte, unter Berücksichtigung der deutschen und französischen Gesetzgebung. Wien 1907. 135 S. Pr. 3 M.

P f e i f f e r : Studien über Beschaffenheit und Bewegungserscheinungen des Elbwassers. Vortrag, geh. in der Sitzung des Magdeburger Bezirksvereins v. 13. Okt. 1908. Zeitschr. d. Ver. dtsch. Ing., Bd. 52. S. 1808—1809.

P f e i f f e r : Die Verunreinigung der Flüsse durch die Abwässer der Kaliindustrie. „Zeitschrift f. d. ges. Wasserwirtschaft" 1908, Heft 5. Bespr. in „Kali" 1908, Heft 6. S. 121—124.

P l o c k : Die Erdölindustrie Deutschlands. „Petroleum" 1905. S. 41—45.

P o l s t e r : Kalender für Kohlen-Interessenten sowie Taschenbuch für Kalk- und Zementwerke. Jährlich. Dresden. G. Kühtmann. Pr. 4 M.

R a n d h a h n , W.: Die Unternehmungsformen der deutschen Braunkohlenindustrie. „Braunkohle" 1909, S. 809—815.

R i e m a n n , C.: Die Geologie der deutschen Salzlagerstätten. Staßfurt 1908. Wilhelm Seegelken. 100 S. Pr. 3,60 M.

R i n n e , F.: Die geologischen Verhältnisse der deutschen Kalisalzlagerstätten. Vortrag in der Hannoverschen Handelskammer. Hannover 1906. M. Jänecke. 24 S. m. 27 Fig. Pr. 0,60 M.

S a c h s e , J. H.: Die deutsche Erdölindustrie in Gefahr. „Tiefbohrwesen" 1904. S. 61—63.

S a u e r , A.: Das alte Grundgebirge Deutschlands mit besonderer Berücksichtigung des Erzgebirges, Schwarzwaldes, der Vogesen, des Bayrischen Waldes und Fichtelgebirges. Congrès géol. intern. Compte rendu de la IX. session, Wien 1903. Wien 1904. Hollinek. S. 587—602.

S a u e r a c k e r : Die Krise im Deutschen Wirtschafts- und Arbeitsmarkte. Österr. Z. f. Berg- u. Hüttenw. 1904. S. 216—219, 225—228, 256—258, 273—275, 283—285.
> O. R o s s e l m a n n : Erzbergbau und Eisenindustrie in Lothringen, Luxemburg, S. 225. Th. V o g e l s t e i n : Die rheinisch-westfälische Montan- und Eisenindustrie, S. 226. F. K u h : I. Kohlen- und Koksindustrie Oberschlesiens. II. Die Eisen- und Metallindustrie Oberschlesiens. Der Rückschlag auf Österreich, S. 256. R. Z u c k e r - k a n d l : Die österreichische Steinkohlenindustrie, S. 258. A n o n y m : Die böhmische Braunkohlenindustrie, S. 283. F r. S c h u s t e r : Die deutsche Krise und die österreichische Eisenindustrie, S. 284.

S c h m a l e n b a c h , E.: Die Kleineisenindustrie. S.-A. a. d. Handbuch der Wirtschaftskunde Deutschlands. Leipzig 1903. B. G. Teubner. S. 365—387.

S c h m i d t , A.: Die Verwendung von ausländischem Gesteinsmaterial in Deutschland. Monatsschr. f. d. Steinbr.-Ber.-Gen. XIII, 1908. S. 130—132.

S c h r ö d t e r , E.: 25 Jahre deutscher Eisenindustrie. Vortrag, geh. a. d. Vers. d. Ver. deutscher Eisenhüttenleute am 24. April 1904 in Düsseldorf. „Stahl und Eisen" 1904. S. 490 bis 500 m. 4 Fig. u. 4 Tabellen.
> Fig. 1: Roheisenerzeugung der hauptsächlichen Länder; Fig. 2: Stahlerzeugung der hauptsächlichen Länder; Fig. 3: Deutschlands Eisenerzeugung und Verbrauch auf dem Kopf der Bevölkerung; Fig. 4: Ausfuhr von Eisen und Eisenwaren; Tabelle 1 und 2: Roheisenerzeugung und Stahlerzeugung der wichtigsten Länder von 1879 bis 1903; Tabelle 3: Eisenverbrauch des deutschen Zollgebietes von 1879—1903; Tab. 3: Ausfuhr von Eisen und Eisenfabrikaten von 1880—1903.

S c h w a r z , P.: Ein Reichspetroleummonopol? Berlin 1908. Verlag für Fachliteratur.

S e n h o l d t : Die Ziegelindustrie. S.-A. a. d. Handbuch der Wirtschaftskunde Deutschlands. Leipzig 1903. B. G. Teubner. S. 213—222.

S i e m ß e n : Verbrauch von Kalirohsalzen in der deutschen Landwirtschaft. 88. Heft
der Arbeiten der deutschen Landwirtschafts-Gesellschaft.

S i m m e r s b a c h , O.: Die Entwicklung der deutschen Bergwerksindustrie in den letzten
zehn Jahren. Berg- und Hüttenm. Rundschau 1906. III. S. 57—61 m. 8 Diagrammen.

Statistik der Güterbewegung auf deutschen Eisenbahnen, nach Verkehrsbezirken geordnet.
Herausgeg. im Königl. preuß. Ministerium der öffentl. Arbeiten, 74. Bd., 25. Jahrg., 1907. 435 S.
Berlin. C. Heymann. Pr. 17 M.

S t i l l e , H.: Die geologischen Linien im Landschaftsbilde Mitteldeutschlands. Naturw.
Wochenschr. 1904. S. 865—871 m. 1 Fig.

S t i l l i c h , O.: Nationalökon. Forschungen auf dem Gebiete der großindustriellen Unternehmung. Bd. I: Eisen- und Stahlindustrie. Berlin 1904. F. Siemenroth. Bd. I. 238 S. Preis
6 M, geb. 7 M.
    1. Der Hoerder Bergwerks- und Hüttenverein; 2. Die Ilseder Hütte und das Peiner
    Walzwerk; 3. Die Dortmunder Union; 4. „Phönix"; 5. Die vereinigte Königs- und
    Laurahütte.

S y m p h e r , L.: Der Talsperrenbau in Deutschland. Deutsche Bauztg. 41. 1907. S. 173
bis 175, 180—181.

T i e g s , H.: Deutschlands Steinkohlenhandel mit besonderer Berücksichtigung der
Kohlensyndikate und des Fiskus. Berlin 1904. Deutsche Kohlen-Ztg. 59 S.

T i e s s e n , E.: Zur Förderung der wissenschaftlichen Landeskunde in Deutschland.
S.-A. a. d. Zeitschr. d. Gesellschaft f. Erdkunde, Berlin 1909, Nr. 4. S. 258—268.

T i l l e , A.: Die deutsche Eisenindustrie und ihr Kampf um den Weltmarkt. Vortrag,
geh. am 9. April 1905 im Pfalz-Saarbrücker Bezirksverein deutscher Ingenieure in Neunkirchen.
Z. d. V. d. Ing. 1905. S. 1720—1726.

T o r n q u i s t , A.: Anschauungen über die Bildung der Kalisalzlagerstätten Deutschlands. „Deutschlands Kali-Industrie", Beilage Nr. 14 der „Industrie". Berlin 1906. S. 93—97.

V o e l k e r , H.: Die deutsche Eisen- und Stahl-Industrie. Berlin 1908. Franz Siemenroth.
80 S. Pr. 1 M.

W e b e r s deutscher Bergwerks-Kalender. Personal- und statistisches Jahrbuch für die
Berg- und Hüttenindustrie für das Jahr 1908. V. Jahrgang. Hamm i. W. Pr. geb. 2,60 M.

W e s t h o f f , W.: Geschichte des deutschen Bergrechts. Aus dem Nachlaß herausgeg.
von W. S c h l ü t e r . Z. f. Bergrecht 1909 u. 1910. — A. Allgemeine deutsche Bergrechtsgeschichte: Entwickelung der Bergregalität und der Bergbaufreiheit. S. 32—64. — B. Spezielle
deutsche Bergrechtsgeschichte bis zum preußischen Berggesetze von 1865. S. 64—95, 230—269,
357—386. — C. Das allgemeine Berggesetz für die preußischen Staaten vom 24. Juni 1865.
S. 492—532. — D. Das Bergrecht in den übrigen deutschen Bundesstaaten 1910. S. 93—146.
— (Schluß folgt).

W ü s t , F.: Die Entwicklung der deutschen Eisenindustrie in den letzten Jahren. Festrede. „Metallurgie" 1909. Heft 9. S. 265—295 m. 13 Diagr.

Z w e c k , A l b.: Deutschland nebst Böhmen und dem Mündungsgebiet des Rheins. Die
geographische Gestaltung des Landes als Grundlage für die Entwickelung von Handel, Industrie
und Ackerbau mit besonderer Berücksichtigung der Seestädte. Leipzig 1908. B. G. Teubner.
238 S. m. 42 Fig. Pr. geb. 4 M.

Z y c h a , A.: Zur neuesten Literatur über die Wirtschafts- und Rechtsgeschichte des
deutschen Bergbaues. VI. Schr. Soc. u. Wirtsch.-Gesch. 1908. I. S. 85—133.

Preußen und benachbarte Bundesstaaten.

Norddeutschland im allgemeinen.

Die Preußische geologische Landesaufnahme P. 03: 88. — Vergl. Fig. 13.

Geologisch-agronomische Spezialkarte von Preußen und den benachbarten Bundes-
    staaten im Maßstab 1 : 25000. Lieferung 96, 102, 116 L. 03: 65; Lieferung 94
    L. 03: 360; Lieferung 107 L. 04: 280; Lieferung 121 L. 04: 419; Lfrg. 70, 108,
    111, 115 L. 05: 374; Lieferungen 117 und 124 L. 06: 22.

Über die Notwendigkeit einer geologischen Aufnahme der Nord- und Ostsee (W o l f f)
    N. 06: 162.

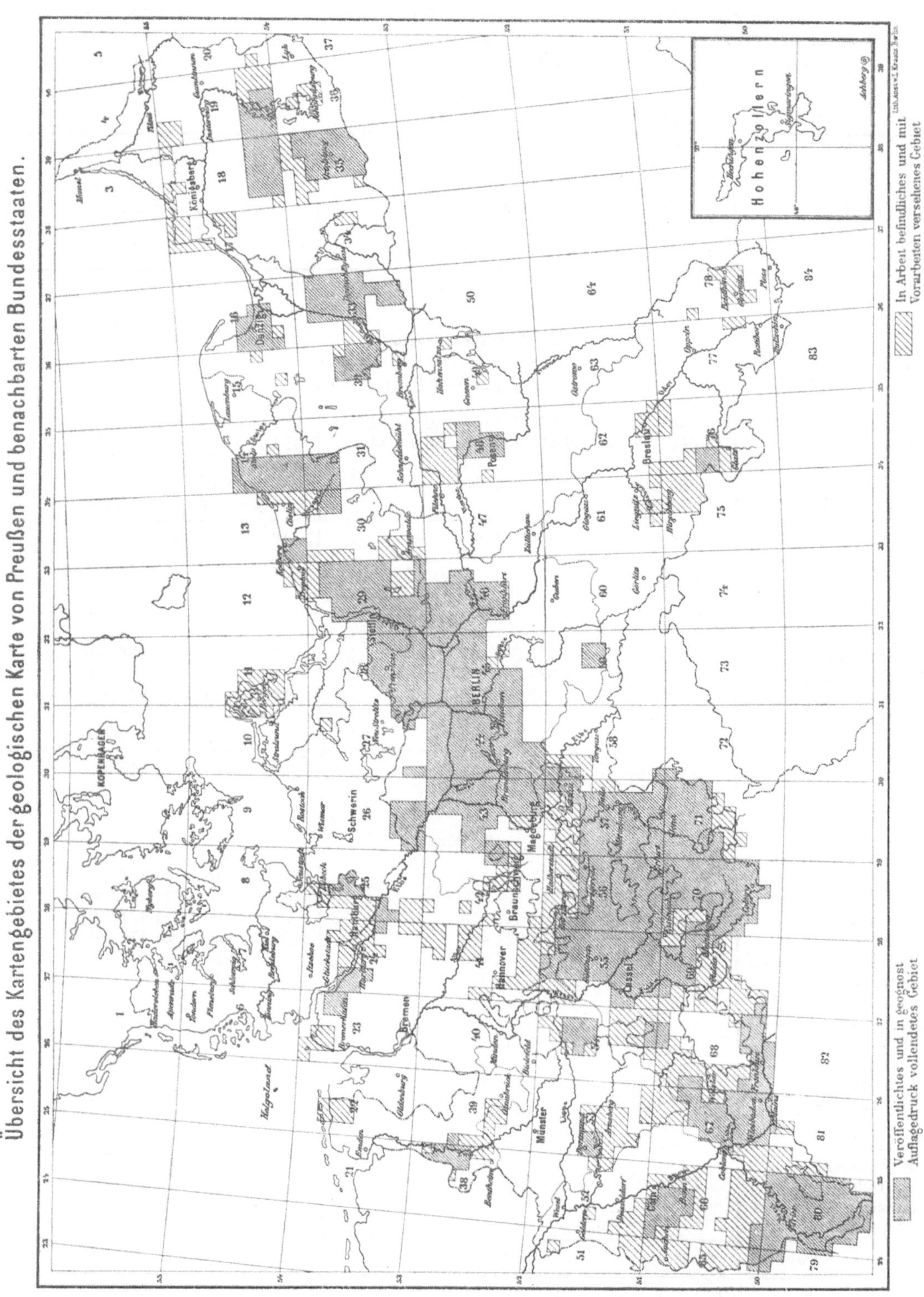

Fig 13.

Stand der geol. Spezialaufnahme von Preussen und benachbarten
Bundesstaaten i. J. 1909.

Jede Gradabteilung umfasst $6 \times 10 = 60$ Messtischblätter i. M. 1 : 25000. Die genauere Blatteinteilung
ist auf den Tafeln VI bis IX des Jahrganges 1896 der Zeitschr. f. prakt. Geol. gebracht worden.
Vergl. auch „Fortschritte I" S. 89 Fig. 26 (Sachsen), S. 105 Fig. 33 (Hessen) sowie hier S. 145 (Hessen),
S. 159 (Elsaß-Lothringen) und den Anhang (mit Karten-Verzeichnis) zum vorliegenden Bande.

Preußen.
Bergwerks- und Salinenproduktion in den Jahren 1907, 1908 und 1909[1]).

(Nach der Preuß. Zeitschr. f. d. Berg-, Hütten- u. Sal.-Wesen, statist. Teil, 1909 S. 27. — Die entsprechenden Zahlen für die Jahre 1890, 1900, 1901 befinden sich in den Fortschritten Bd. I, S. 70 (der Erze für 1894—1903 in der Zeitschrift 1905 S. 290), für 1902—1904 in ·Z. 1906 S. 90, 1904—1906 in Z. 1907, S. 338.)

Mineral	Menge						Wert		
	1907		1908		1909		1907	1908	1909
	Tonnen	kg	Tonnen	kg	Tonnen	kg	M	M	M

I. *Bergwerksproduktion*.

1. Mineralkohlen und Bitumen.

Mineral	1907 Tonnen	kg	1908 Tonnen	kg	1909 Tonnen	kg	1907 M	1908 M	1909 M
a) Steinkohlen . . .	134 044 080	—	139 002 378	—	140 000 000	—	1 285 962 587	1 413 500 108	
b) Braunkohlen . .	52 660 597	—	55 456 860	—	56 030 000	—	127 192 622	137 001 391	
c) Graphit	—	—	—	—			—	—	
d) Asphalt	39 243	—	27 444	—			296 830	223 245	
e) Erdöl	80 255	—	113 002	—			5 809 076	8 345 709	
Summe 1.	186 824 175	—	194 599 684	—			1 419 261 115	1 559 070 453	

2. Mineralsalze.

Mineral	1907 Tonnen	kg	1908 Tonnen	kg	1909 Tonnen	kg	1907 M	1908 M	1909 M
a) Steinsalz	480 562	983	478 346	371			2 314 258	2 156 060	
b) Kainit	1 839 408	987	2 037 202	553			26 109 069	29 317 828	
c) Andere Kalisalze .	2 070 977	726	2 192 188	497			19 955 913	20 950 060	
d) Bittersalze . . .	262	600	397	900			1 727	3 053	
e) Borazit	90	108	104	736			15 143	18 001	
Summe 2.	4 391 302	404	4 708 240	057			48 396 110	52 445 002	

3. Erze·

Mineral	1907 Tonnen	kg	1908 Tonnen	kg	1909 Tonnen	kg	1907 M	1908 M	1909 M
a) Eisenerze	5 077 772	646	4 311 592	655			50 691 018	39 818 388	
b) Zinkerze . . .	696 039	408	703 394	390			42 096 054	34 790 896	
c) Bleierze	133 528	393	141 316	050			19 929 396	14 821 795	
d) Kupfererze ' . . .	755 202	718	711 921	499			26 296 362	25 106 360	
e) Silber- u. Golderze	33	573	6	866			19 285	21 312	
f) Zinnerze	—	—	—	—			—	—·	
g) Quecksilbererze .	—	—	—	—			—	—	
h) Kobalterze . . .	—	—	—	—			—	—	
i) Nickelerze	7 556	538	8 238	154			153 537	165 948	
k) Antimonerze . . .	—	—	—	—			—	—	
l) Arsenikerze . . .	4 223	574	5 015	388			391 782	453 748	
m) Manganerze . . .	72 442	300	67 241	—			822 105	777 508	
n) Wismuterze . . .	—	—	—	—			—	—	
o) Uranerze	—	—	—	—			—	—	
p) Wolframerze . . .	—	—	—	—			—	—	
q) Schwefelkies . . .	184 962	157	204 992	391			1 590 429	1 865 401	
r) Sonstige Vitriol- u. Alaunerze	154	286	80	314			926	482	
Summe 3.	6 931 915	593	6 153 798	707			141 990 894	117 821 838	
Summe 1.	198 147 392	997	205 461 722	764			1 609 648 119	1 729 337 293	

II. *Kochsalzgewinnung aus wässeriger Lösung (Chlornatrium)*.

Mineral	1907 Tonnen	kg	1908 Tonnen	kg	1909 Tonnen	kg	1907 M	1908 M	1909 M
Kochsalz	353 290	458	359 003	100			8 012 880	9 466 231	

---

[1]) Einschließlich der $^1/_2$ und $^4/_7$ Anteile an der Produktion der Schaumburger Steinkohlenbergwerke bei Obernkirchen und der Kommunion-Unterharzer Erzbergwerke am Rammelsberge.

Preußen.
Hüttenproduktion in den Jahren 1907, 1908 und 1909[1]).

(Nach der Preuß. Zeitschrift f. d. Berg-, Hütten- u. Sal.-Wesen, statist. Teil 1909, S. 28. — Die entsprechenden Zahlen für die Jahre 1890, 1900, 1901 befinden sich in den „Fortschritten" Bd. I, S. 71, für 1894—1903 in der Zeitschrift 1905, S. 292 und 293, für 1902—1904 in 1906, S. 91, für 1904—1906 in 1907, S. 339.)

Produkte	Menge						Wert		
	1907		1908		1909		1907	1908	1909]
	Tonnen	kg	Tonnen	kg	Tonnen	kg	M	M	M
Holzkohlenroheisen	4 842	500	4 305	750			614 421	577 688	
Steinkohlen- und Koksroheisen	8 621 457	131	7 984 954	746			585 017 275	510 904 252	
Zusammen Roheisen	8 626 299	631	7 989 260	496			585 631 696	511 481 940	
Zink (Blockzink) . .	207 849	447	212 990	829			96 410 534	84 593 919	
Blei (Blockblei) . . .	132 365	766	153 540	580			50 283 002	43 566 681	
Glätte	2 958	926	4 190	141			1 202 421	1 263 761	
Kupfer (Blockkupfer)	28 944	963	27 301	215			55 929 724	34 399 365	
Schwarzkupfer . . .	169	145	174	597			209 530	168 466	
Kupferstein	329	559	121	900			99 832	30 258	
Silber . . . . . kg	249 347,85		274 153,80				22 346 578	20 071 822	
Gold . . . . . kg	771,01		786,59				2 148 592	2 191 907	
Quecksilber . . . kg	5 080,00		4 423,06				21 309	20 156	
Nickel:									
a) reines Nickelmetall	2 092	707	2 621	819			6 233 056	7 958 133	
b) Nickelspeise . . .	—	—	—	—			—	—	
Blaufarbwerkprodukte	108	531	100	377			1 684 384	1 514 760	
Kadmium . . . . kg	32 949,00		32 995,00				255 283	205 022	
Zinn:									
a) Zinn (Handelsware)	5 819	119	6 330	479			18 597 283	16 036 082	
b) Zinnsalz	1 804	—	2 261	—			2 886 400	3 617 600	
Wismut	1	—	—	500			12 000	6 000	
Antimon	3 515	466	3 596	118			3 053 685	2 188 263	
Mangan (u. Legierungen)	—	—	—	—			—	—	
Uranpräparate . . .	3	—	1	—			64 000	20 000	
Arsenikalien	1 591	450	1 646	050			716 152	658 420	
Selen . . . . . kg	600,00		500,00				30 000	23 000	
Schwefel	7	—	706	314			422	58 766	
Englische Schwefelsäure	900 499	698	897 940	130			23 232 288	23 393 841	
Rauchendes Vitriolöl .	104 099	256	99 990	823			4 305 069	4 293 768	
Eisenvitriol	13 013	622	14 062	151			192 011	233 554	
Kupfervitriol	2 128	653	3 116	371			1 187 026	1 327 693	
Gemischter Vitriol . .	64	182	49	948			14 709	9 631	
Zinkvitriol	3 056	966	3 223	061			181 045	183 897	
Nickelvitriol	188	887	180	956			134 773	125 550	
Farbenerden	3 707	—	3 182	600			376 900	355 265	
Zusammen t	10 040 617	974	9 426 589	455			877 439 704	759 997 520	
Zusammen kg	288 747,86		312 858,45						

[1]) Einschließlich des 4/7 Anteils an der Produktion der Kommunion-Unterharzer Hütten.

Preussen.
Durchschnittliche Netto-Löhne sämtlicher Bergarbeiter.

(Nach Zeitschr. f. d. Berg-, Hütten- und Salinenwesen im Preußischen Staat, Bd. 57, 1909, Statist. Teil S. 40 und 41[1]). Die Erzbergbau-Löhne in den Jahren 1888—1903 s. Zeitschr. 1905, S. 291.) A.-Z. heißt: Arbeiterzahl. S.-V. heißt: Schichtverdienst. J.-V. heißt: Jahresverdienst.

| Jahr | Steinkohlenbergbau | | | | | | | | | | | | | | |
| | Oberschlesien | | | Niederschlesien | | | Bez. Dortmund | | | Saarbrücken | | | Aachen | | |
	A.-Z.	S.-V.	J.-V.	A.-Z.	S.-V.	J.-V.	A.-Z.	S.-V.	J.-V.	A.-Z.	S.-V.	S.-V.	A.-Z.	S.-V.	J.-V.
1904	83 391	2,98	836	25 282	2,79	843	262 037	3,98	1 208	44 949	3,71	1 097	14 688	3,89	1,169
1905	85 940	3,08	867	25 562	2,94	882	259 608	4,03	1 186	45 737	3,80	1 114	15 861	4,08	1 225
1906	88 930	3,23	924	25 098	3,05	924	270 288	4,37	1 402	47 891	3,88	1 146	17 337	4,41	1 354
1907	94 367	3,48	1 003	25 792	3,27	990	294 101	4,87	1 562	48 895	4,02	1 185	18 921	4,64	1 455
1908	104 865	3,52	1 016	26 592	3,29	1 000	324 895	4,82	1 494	49 998	4,04	1 182	20 892	4.58	1 409
1909															

| Jahr | Braunkohlenbergbau | | | | | | Salzbergbau | | | | | |
| | Bez. Halle | | | Linksrheinischer (Köln) | | | Bez. Halle (Staßfurt) | | | Clausthal (Hannover) | | |
	A.-Z.	S.-V.	J.-V.	A.-Z.	S.-V.	J.-V.	A.-Z.	S.-V.	J.-V.	A.-Z.	S.-V.	J.-V.
1904	32 763	3,05	934	5 035	3,25	946	6 172	3,59	1 082	—	—	—
1905	33 478	3,15	959	5 348	3,38	982	6 515	3,69	1 110	4 631	3,69	1 097
1906	34 548	3,35	1 019	6 705	3,70	1 083	7 293	3.78	1 140	6 137	3,86	1 136
1907	38 357	3,60	1 094	8 689	3,93	1 162	7 419	3,95	1 185	7 096	4,09	1 203
1908	42 375	3,59	1 095	9 613	4,00	1 178	7 537	3,93	1 175	7 759	4,06	1 209
1909												

| Jahr | Erzbergbau | | | | | | | | | | | | | | | | | |
| | Mansfeld | | | Oberharz | | | Siegerland | | | Nassau und Wetzlar | | | Sonstiger rechtsrheinischer | | | Sonstiger linksrheinischer | | |
	A.-Z.	S.-V.	J.-V.	A.-Z.	S.-V.	J.-V.	A.-Z.	S.-V.	J.-V.	A.-Z.	S.-V.	J.-V.	A.-Z.	S.-V.	J.-V.	A.-Z.	S.-V.	J.-V.
1904	14 945	3,08	946	3 064	2,33[2]	704	17 848	2,97	847	für Siegerland, Nassau und Wetzlar			7 477	2,83	810	3 878	2,49	727
1905	15 469	3,23	986	2 983	2,40[3]	721	17 962	3,18	911				7 394	3.00	857	3 852	2,59	750
1906	15 675	3,42	1 041	2 890	2,51[4]	752	11 493	4,08	1 179	7 373	3,13	915	7 508	3,38	961	3 760	2,76	811
1907	15 631	3,53	1 078	2 819	2,77[5]	834	11 966	4,36	1 264	8 482	3,46	991	7 576	3,61	1049	3 734	2,93	860
1908	15 457	3,36	1 024	2 819	2,94[6]	875	12 144	3,88	1 104	8 147	3,16	903	6 180	3,32	948	3 472	2,97	870
1909																		

[1]) Außer an dieser Stelle im statistischen Teil der Preuß. Zeitschr. finden sich unter „Gesetze, Verordnungen usw." dieser Zeitschrift regelmäßig über die einzelnen Vierteljahre und über die ganzen Jahre „Nachweisungen der in den Haupt-Bergbaubezirken Preußens verdienten Bergarbeiterlöhne", und zwar: Durchschnittslöhne, erstens „sämtlicher Arbeiter", zweitens „der einzelnen Arbeiterklassen auf 1 Schicht."

[2]) Hierzu kommt Brotkornzulage auf 1 Schicht 6 Pf.

[3]) desgl. 10 Pf.

[4]) desgl. 12 Pf.

[5]) desgl. 17 Pf.

[6]) desgl. 20 Pf.

Geologischer Kursus für Markscheider, gehalten an der Kgl. Preuß. geologischen Landesanstalt und Bergakademie, 16.—28. März 1903, P. 03: 256.

Die Geologische Landesanstalt und Bergakademie im Preußischen Abgeordnetenhause (S c h u l z) P. 04: 150.

Über Besuch und Etat der Preußischen Bergakademien P. 04: 151, N. 06: 136, P. 07: 35, 306.

Die Geologische Landesanstalt und Bergakademie im Preußischen Abgeordnetenhause 1895—1907 P. 07: 93.

Etat der geologischen Landesanstalt und der bergtechnischen Lehranstalten in Preußen für 1907 P. 07: 98.

Satzungen der Geologischen Landesanstalt und Bergakademie in Berlin vom 1. April 1907 P. 07: 165.

Preußische Geologische Landesanstalt zu Berlin (Stand der Veröffentlichungen) P. 07: 305, 08: 399. — Vergl. Fig. 13 und die Karten-Verzeichnisse im Anhange.

Ziele und Aufgaben der Königlichen Preußischen Geologischen Landesanstalt (F r. B e y s c h l a g) 09: 1, auch 1910: 1.

Die Erneuerung der Karten der Preußischen (topogr.) Landesaufnahme N. 09: 495, 1910; 44.

Bibliothek der Technischen Hochschulen P. 08: 175.

Eröffnung der Technischen Hochschule in Breslau P. 08: 256.

Balneologisches Zentral-Laboratium (D e l k e s k a m p) 08: 430.

Preußens neue Lagerstättenpolitik (K ö n i g - Crefeld, W a c h l e r) R. 05: 358.

Preußens neue Lagerstättenpolitik, Mutungssperre (E s k e n s) R. 06: 12.

Vorschläge zur Bestellung gerichtlicher Sachverständiger P. 08: 176.

Preußens Bergwerks- und Salinenproduktion in den Jahren 1902—1904 N. 06: 90, 1904—1906 N. 07: 338.

Preußens Hüttenproduktion in den Jahren 1902—1904 N. 06: 91, 1904—1906 N. 07: 339.

Preußens Bergwerks-, Salinen- und Hüttenproduktion in den Jahren 1907 und 1908 stellen die Tabellen S. 86 und 87 dar.

Die Erwerbung der Hibernia-Gesellschaft durch den preußischen Staat und dessen weitere Aufgaben im rheinisch-westfälischen Kohlenbergbau (R. L i e f m a n n) L. 05: 414.

Der deutsche Erzbergbau (M. K r a h m a n n). II. Erzbergbau und Hüttenstatistik der einzelnen deutschen Länder. A. Königreich Preußen 05: 288.

Die ersten Versteinerungen aus Tiefbohrungen in der Kaliregion des norddeutschen Zechsteins (E. Z i m m e r m a n n) P. 04: 254.

Quellenschutz N. 07: 306.

Fernere Literatur:

Preußen und benachbarte Bundesstaaten.

A m t l i c h : Vorschriften des Preußischen Allgemeinen Berggesetzes, sowie der Berggesetze mehrerer außerpreußischer Staaten über den Erwerb des Bergwerkseigentums. Zeitschr. d. Oberschl. Berg- u. Hüttenm.-Ver. 1906. S. 78—91. — Tiefbohrwesen (Vulkan) 1906. Nr. 6—8.
I. Allgemeine Bergbaufreiheit; II. Schürfen; III. Muten; IV. Begrenzung und Ausdehnung des Grubenfeldes; V. Verleihung; VI. Verhältnis mehrerer Bewerber um die Verleihung.

A m t l i c h: Übersichtskarte der Verwaltungsbezirke der Königl. Preußischen Bergbehörden und der Staatswerke der Bergverwaltung, im Auftrage Sr. Exz. des Herrn Ministers
für Handel und Gewerbe bearbeitet von der Königl. Geolog. Landesanstalt und Bergakademie
zu Berlin. 1 : 900 000. 2 Blatt je 66,5 × 85,5 cm. Farbdr. Berlin 1906. Berliner lithogr. Institut.
Pr. 10 M. — Vergl. Fig. 14.

A m t l i c h: Die Verhandlungen und Untersuchungen der Preußischen Stein- und Kohlenfall-Kommission. (Sonderheft der Zeitschr. f. d. Berg-, Hütten- und Salinenwesen im Preuß.
Staate.) Berlin 1906. W. Ernst & Sohn. 713 S. m. vielen Figuren und 43 Texttafeln.

Enthält auch Reiseberichte und geologische Darstellungen aus allen größeren europäischen Kohlenrevieren.

A g u i l l o n , M.: Note sur la nouvelle loi des mines pour la Prusse du 18 juin 1907.
Ann. des Mines, Tome XII, 1907. S. 217—241.

A r n d t , A.: Allgemeines Berggesetz für die Preußischen Staaten in seiner jetzigen
Fassung nebst kurzgefaßtem vollständigen Kommentar und Auszügen aus den einschlägigen
Nebengesetzen. Dritte verbesserte und vermehrte Auflage. Leipzig 1904. C. E. M. Pfeffer. 230 S.
Pr. geb. 3,80 M.

A r n d t , A.: Über den Begriff von Schürfarbeiten im Sinne des Gesetzes, betreffend die
Abänderung des Allgemeinen Berggesetzes vom 24. Juni 1865/92, vom 5. Juli 1905. ,,Glück-
auf" 1906. S. 1641—1644.

A r n d t: Bergwerksabgaben. Handw. d. Staatsw. 2. Aufl. 1901. II. S. 584—588.

1. Allgemeines. 2. Länder, in denen die Bergwerke Bestandteil des Grund und
Bodens sind. 3. Länder mit französischem Rechte. 4. Preußen und das Deutsche Reich.
5. Andere deutschen Staaten. 6. Österreich. 7. Schlußbemerkungen.

A r n d t: Die allgemeinen rechtlichen und polizeilichen Verhältnisse des Bergbaues.
Handw. d. Staatsw. 2. Aufl. 1901. II. S. 547—557.

1. Die wirtschaftliche Stellung des Bergbaues. 2. Begriff des Bergbaues. 3. Entwickelung des Bergbaues und des Bergrechts. 4. Übersicht der Entwickelung des Bergrechts in den einzelnen Staaten. 5. Das Bergrecht in Deutschland. 6. Erwerb des
Bergbaurechts; Verhältnis desselben zum Grundbesitz. 7. Gewerkschaft und Kuxe.
8. Verlust des Bergbaurechtes. 9. Betriebsplan und Befähigungsnachweis. 10. Berg-
polizei und Arbeiterschutz. 11. Die Frage der Verstaatlichung der Bergwerke. 12. Die
Verstaatlichung der Kohlengruben.

B l e n c k , E.: Statistik in Preußen. Handw. d. Staatsw. 2. Aufl. 1901. VI. S. 1022—1028.

A. Amtliche statistische Tätigkeit im 17. und 18. Jahrhundert. B. Die Errichtung
und äußere Entwickelung des Königlichen statistischen Bureaus. C. Zentralisation,
Methode und Technik der amtlichen preußischen Statistik; sachliche Dezentralisation.

B o s e n i c k , A.: Der Steinkohlenbergbau in Preußen und das Gesetz des abnehmenden
Ertrages. Zeitschr. f. d. gesamte Staatswissenschaft, Ergänzungsheft XIX, Tübingen 1906.
H. Laupp. 114 S. Pr. 3 M.

B r a s s e r t: Der von dem damaligen Oberbergrat Brassert zu Bonn unter dem 29. Juni
1861 erstattete gutachtliche Bericht über den Geltungsbereich der beabsichtigten Kodifikation
des preuß. Bergrechts. Ein Beitrag zur Geschichte des ABG. vom 24. Juni 1865. Zeitschr. f.
Bergrecht. 1901. S. 296—331.

E i c h h o r s t , M.: Rechtslage bei der Stillegung eines Bergwerksbetriebes nach Preuß.
Berg- und Verwaltungsrecht. Diss. Greifswald 1907. 48S.

E i n e c k e und K ö h l e r: Die Eisenerzvorräte des Königreiches Preußen und be-
nachbarter Bundesstaaten. Geol. Landesanstalt, Berlin, Archiv f. Lagerstättenforschung,
Heft 1, 1910. Mit 15 Tafeln und 80 Textfiguren.

A l l g e m e i n e r T e i l: 1. Eisenerze und Eisenerzverleihungen. 2. Die Methode
der Vorratsermittlung. 3. Die Verbreitung, Genesis und Tektonik der Eisenerzlagerstätten.
S p e z i e l l e r T e i l: 1. Das Lahn- und Dillgebiet. 2. Kellerwald-Sauerland.
3. Das Siegerland. 4. Der Bergische Kalkbezirk. 5. Das niederrheinische Braunkohlenbecken. 6. Der Taunus und Soonwald. 7. Der Hunsrück. 8. Die Eifel. 9. Das
Aachener Revier. 10. Der Westerwald. 11. Das Toneisensteingebiet von Bentheim-
Ochtrup-Ottenstein. 12. Die Kohleneisensteine Westfalens. 13. Das Wesergebirge.
14. Der Teutoburger Wald. 15. Der Ilseder Eisensteinhorizont. 16. Der Salzgitterer
Eisensteinhorizont. 17. Der Harz. 18. Der Thüringer Wald. 19. Hessen. 20. Der
nordwestliche Teil des Spessarts. 21. Die oolithischen und oolithähnlichen Eisenerze Mitteldeutschland. 22. Schlesien. (Bearbeitet von R. M i c h a e l und
H. D a h m s.) 23. Die Raseneisenerze Nord- und Mitteldeutschlands. 24. Zusammen
fassung der Ergebnisse.
S t a t i s t i s c h e r T e i l: 1. Gesamteisenerzproduktion der Welt (1897—1907).
2. Gesamteisenerzverbrauch der Welt (1905—1907). 3. Gesamtproduktion Deutsch-

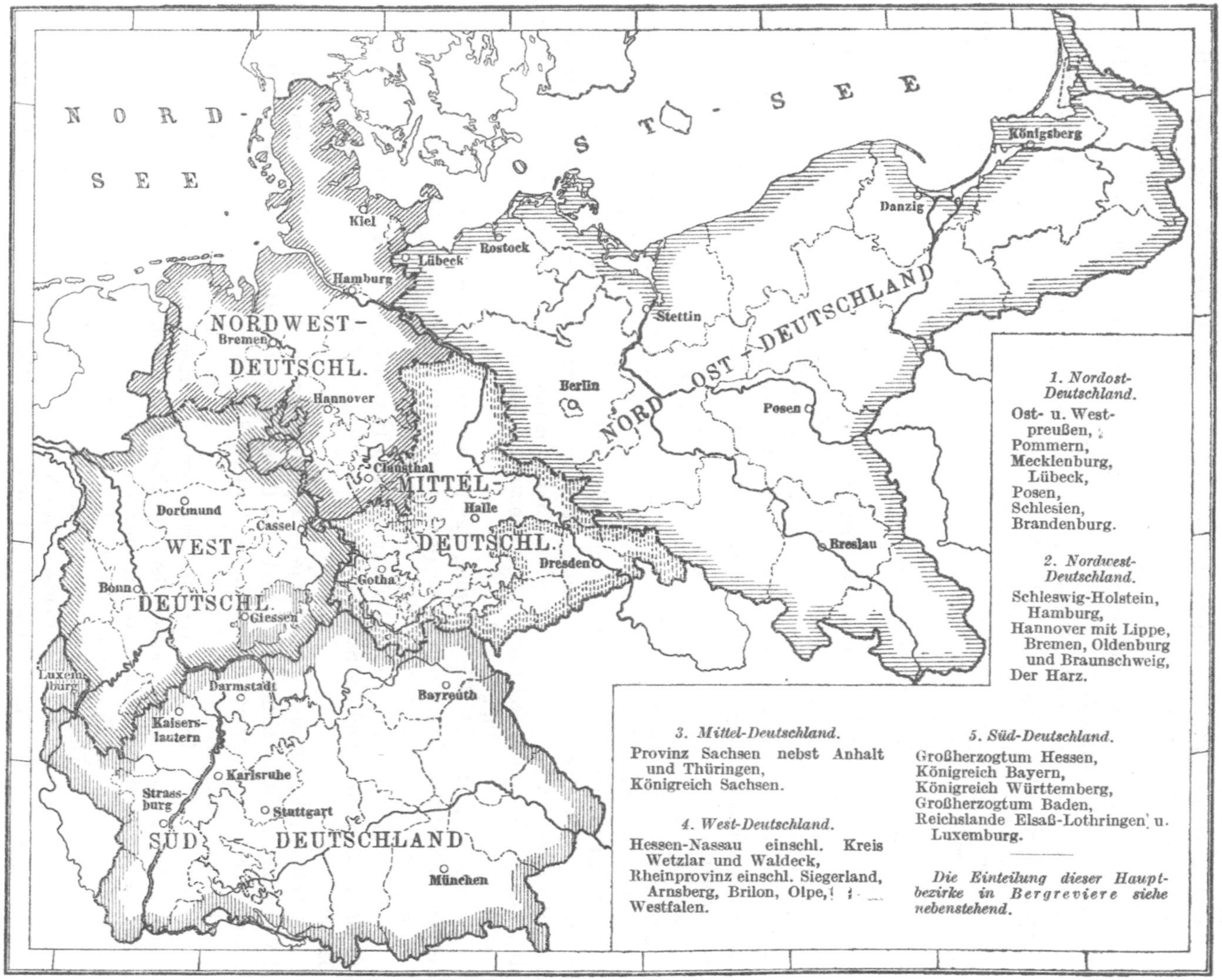

Oberbergamtsbezirke und Berg-reviere.

Preußen:

1. Oberbergamtsbezirk Breslau.
Bergreviere: Tarnowitz, Süd-Beuthen, Ost-Beuthen, Süd-Kattowitz, Königshütte, Ratibor, Nord-Kattowitz, Nord-Gleiwitz, Süd-Gleiwitz; Ost-Waldenburg, West-Waldenburg, Görlitz. Posen.

2. Oberbergamtsbezirk Halle a. S.
Bergreviere: Frankfurt a. O., Ost-Cottbus, West-Cottbus; Magdeburg, Halberstadt; Ost-Halle, West-Halle, Eisleben, Naumburg, Zeitz, Nordhausen.

3. Oberbergamtsbezirk: Clausthal.
Bergreviere: Nord-Hannover, Süd-Hannover, Goslar, Zellerfeld, Cassel, Schmalkalden.

4. Oberbergamtsbezirk Dortmund.
Bergreviere: Hamm, Dortmund I, Dortmund II, Dortmund III, Ost-Recklinghausen, West-Recklinghausen, Witten, Hattingen, Süd-Bochum, Nord-Bochum, Herne, Gelsenkirchen, Wattenscheid, Ost-Essen, West-Essen, Süd-Essen, Werden, Oberhausen, Duisburg.

5. Oberbergamtsbezirk Bonn.
Bergreviere: Arnsberg, Müsen, Siegen, Burbach, — Dillenburg, Diez, Weilbrug, — Wetzlar, — Daaden-Kirchen, Wied, Deutz-Ründeroth, — Köln-Ost, Köln-West, Crefeld, Düren, Aachen, Koblenz (links der Mosel), Koblenz-Wiesbaden (rechts der Mosel). West-Saarbrücken, Ost-Saarbrücken, Neunkirchen. — Hohenzollern.

Bayern.
Oberbergamt München.
Berginspektionen: München, Bayreuth, Zweibrücken.

Sachsen.
Bergamt Freiberg.
Berginspektionen: Ölsnitz i. E., Zwickau I, Zwickau II, Dresden, Leipzig, Freiberg I u. II, Freiberg III.

Elsaß-Lothringen.
Oberbergbehörde Straßburg i. E.
Bergreviere: Elsaß, Diedenhofen, Metz, Saargemünd.

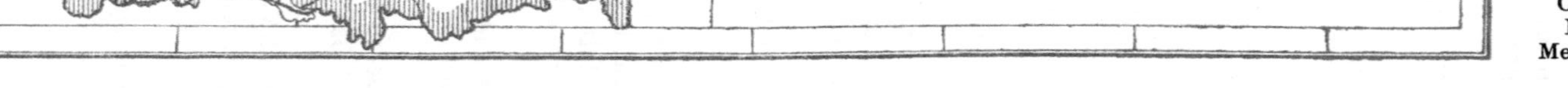

Fig. 14. **Deutschland.** Die gebräuchliche Gliederung nach geologischen und administrativen Rücksichten.

lands mit Luxemburg an Eisenerzen (1885—1907). 4. Ein- und Ausfuhr Deutschlands an Eisenerzen (1900—1907). 5. Anteil der einzelnen deutschen Bundesstaaten und Luxemburgs an der Gesamtförderung des deutschen Zollgebiets (1896—1907). 6. Förderung Preußens an Eisenerzen seit dem Jahre 1848. 7. Förderung Preußens an Eisenerzen, nach Erzarten getrennt (1898—1907). 8. Eisenerzverleihungen. 9. Förderung der Eisenerzgruben Preußens im einzelnen (Jahr 1907).

F r a n k e ,, G. und G. B a u m : Sonder-Kataloge des Museums für Bergbau und Hüttenwesen (Berlin N., Invalidenstr. 44). I. Abteilung für Bergbau nebst Aufbereitungs- und Salinenwesen. Mit Beiträgen von dem Königl. Landesgeologen Prof. Dr. P o t o n i é und dem Königl. Geologen Dr. D a m m e r. Berlin 1905. Kgl. Geol. Landesanst. 126 S. m. 1 Übersichtsplan.

G o l d s c h m i d t , C.: Die Besitzverhältnisse im preußischen Kohlenbergbau und die Ursachen zum neuen Berggesetz. Berg- und Hüttenm. Rundschau III. 1907. S. 184—188.

K e g e l , K.: Über Verträge zum Erwerb von Abbaugerechtigkeiten und Abbaurechten beim Grundeigentümerbergbau in Preußen. „Braunkohle". 1908. 1909. S. 845—852 u. 861—869. Auch als S.-A. Halle 1909. W. K n a p p. 68 S. Pr. 2,40 M.

v. K i e n i t z , R.: Zur Verstaatlichung des Kohlenbergbaues. Vortrag. Berlin 1905. G. Stilke. 28 S. Pr. 0,50 M.

K r e u t z , W.: Wertschätzung von Bergwerken. Unter besonderer Berücksichtigung der im Geltungsbereich des preußischen Berggesetzes vorliegenden Verhältnisse. Köln 1909. Selbstverlag. 88 S. Pr. 3,75 M.

K r o m r e y , P.: Die Übertragung, Belastung und Pfändung von Kuxen nach Preuß. Bergrecht. Berlin 1906. Struppe & Winkler. 56 S. Pr. 1,50 M.
A. Überblick über die Vereinigungsformen bei gemeinschaftlich betriebenem Bergbau; B. Die rechtliche Natur; C. Die Übertragung, Belastung und Pfändung der Kuxe.

L i e f m a n n , R.: Kartelle und Trusts. (Bibliothek der Rechts- und Staatskunde.) Stuttgart, H e i n r i c h M o r i t z , 1905.

L i e f m a n n , R.: Kartelle und Staat (Stahlwerksverband). (Vortrag) „Die Zukunft". Berlin 1905. XIV. S. 45—56.

M o l l : Die preußische Alaun-Industrie. S.-A. aus S c h m o l l e r s Jahrb. f. Gesetzgebung. XXIX, 2. Leipzig 1905. Duncker & Humblot.

M ü l l e r , E.: Die Entwickelung der Arbeiterverhältnisse auf den staatlichen Steinkohlenbergwerken vom Jahre 1816 bis zum Jahre 1903. VI. Teil von „Der Steinkohlenbergbau des Preuß. Staates in der Umgebung von Saarbrücken". Berlin 1904. Jul. Springer. 158 S. m. 8 Fig. und 3 Tafeln.

N o t h , W.: Gewerkenbuch und Kuxschein. Ein Hilfsbuch für Gewerkschaftsbeamte, Richter, Banken, Bergbehörden und Notare. Halle a. S., Verlag d. Buchhdlg. des Waisenhauses, 1906. 131 S. Pr. M. 2,40.

O p p e r m a n n , E.: Einführung in die Kartenwerke der Königlich Preußischen Landesaufnahme nebst Winken für ihre Benutzung bei Wanderungen und ihre Verwertung im Unterricht. Hannover 1906. C. Meyer. 86 S. m. 5 Kartenbeilagen: Zeichenerklärung der Meßtischblätter und der deutschen Reichskarte, Ausschnitte aus beiden Karten und Übersichtsblatt der deutschen Reichskarte. Pr. geb. 1 M.

P r i e t z e , R.: Die Eingliederung der Bergverwaltung in die Allgemeine Verwaltung als Mittel zur modernen Ausgestaltung der preußischen Verwaltung. Berg- und Hüttenm. Rundschau. Kattowitz, I. 1905. S. 269—272.

R e i f , H c h.: Die preußische Berggesetznovelle vom 18. Juni 1907, betreffend die Reservation der Steinkohle und der Salze für den Staat. Bergrechtl. Blätter, IV. Jahrg., Wien 1909. S. 32—38.

S c r i b a , H.: Rechte und Pflichten des preußischen Landwirts gegenüber dem Bergbau und Vorschläge zur Abänderung des Preußischen Berggesetzes vom 24. Juni 1865. VII. Heft der „Arbeiten der Landwirtschaftskammer für die Provinz Sachsen". Leipzig 1906. R. C. Schmidt & Co. 86 S. Pr. 2 M.

S e h l i n g , E.: Die Rechtsverhältnisse an den der Verfügung des Grundeigentümers nicht entzogenen Mineralien mit besonderer Berücksichtigung des Kohlenbergbaues in den vormals sächsischen Landesteilen Preußens, des Eisenerzbergbaues im Herzogtum Schlesien u. a. sowie des Kalibergbaues in der Provinz Hannover. Leipzig 1904. A. Deichert. 271 S. Pr. 6 M

T i e g s , H.: Deutschlands Steinkohlenhandel mit besonderer Berücksichtigung der Kohlensyndikate und des Fiskus. Deutsche Kohlen-Ztg. Berlin 1904. 59 S.

W e d d i n g , H.: Die Eisenerzvorräte Deutschlands. Verh. d. Ver. z. Beförd. d. Gewerbefleißes 1907. S. 198—210.
Verf. erörtert den Kriegsfall, gibt aber S. 203 nur Förderzahlen, keine Vorratszahlen.

W e d d i n g , H.: Sonderkataloge des Museums für Bergbau und Hüttenwesen (Berlin N., Invalidenstr. 44). II. Abteilung für Eisenhüttenwesen. Berlin 1905. Kgl. geol. Landesanst. und Bergakad. 183 S. m. 1 Übersichtsplan des Museums.

W e d d i n g , H.: Das Studium des Eisenhüttenwesens an der Kgl. Bergakademie in Berlin. Berlin 1906. 7 S.

W e i s k o p f , A.: Die Stellung der deutschen Eisenindustrie auf dem Weltmarkt. Zeitschrift f. angew. Chemie 1904. 17. Jahrg. Heft 35 und 36. 23 S.

W e s t h o f f , W: Das Preußische Gewerkschaftsrecht unter Berücksichtigung der übrigen deutschen Berggesetze kommentiert. Bonn 1901. Marcus & Weber. 360 S. Pr. 6 M.

W e s t h o f f , W.: Bergbau und Grundbesitz nach preußischem Recht unter Berücksichtigung der übrigen deutschen Berggesetze. 1. Band: Der Bergschaden. Berlin 1904. J. Guttentag. 407 S. Pr. 9 M.

W e s t h o f f , W.: Bergbau und Grundbesitz nach preußischem Recht unter Berücksichtigung der übrigen deutschen Berggesetze. Bd. II: Die Grundabtretung. Die öffentlichen Verkehrsanstalten. Berlin 1906. J. Guttentag. 437 S. Pr. 9,50 M.

W e s t h o f f , W., und W. S c h l ü t e r : Allgemeines Berggesetz für die Preußischen Staaten vom 24. Juni 1865 nebst den preußischen Berggesetznovellen. Mit Einleitung, Erläuterungen und Sachregister. Berlin 1906. Pr. geb. 4 M.

W e s t h o f f , W.: Geschichte des deutschen Bergrechts. C. Das allgemeine Berggesetz für die Preußischen Staaten vom 24. Juni 1865. Aus dem Nachlaß herausgegeben von W. S c h l ü t e r . Zeitschr. f. Bergrecht 1909, S. 492—532.

Zeitschrift f. d. Berg-, Hütten- und Salinen-Wesen im preußischen Staate. Herausgeg. vom Ministerium für Handel und Gewerbe. Berlin. Jährlich 7—8 Hefte. Pr. 25 M.

Norddeutschland im allgemeinen.

K e i l h a c k , K.: Sur le régime des eaux souterraines dans les dépôts quaternaires et tertiaires de l'Allemagne du Nord. Congr. Intern. de la Géol. appl. Liége 1905. T. I. S. 125—133.

K e i l h a c k , K.: Begleitworte zur Karte der Endmoränen und Urstromtäler Norddeutschlands. Jahrb. Kgl. Preuß. Geol. Landesanst. Bd. XXX 1909. S. 507—510 m. 1 farb. Karte. (Auch als S.-A. Pr. —,60 M.).

N i c k e l : Geologische Ausflüge in Frankfurt a. O. und seine Umgebung nebst Ergänzungen aus der Geologie des norddeutschen Flachlandes. Beilage zum Programm des Realgymnasiums. Frankfurt a. O., 1906. Waldow'sche Buchhdlg. 60 S. m. 16 Fig. u. 3 Tabellen.

P r e c h t , H.: Die norddeutsche Kaliindustrie. Sechste vermehrte Auflage, herausgegeben von Dr. R. E h r h a r d t . Staßfurt 1906. R. Weicke. 62 S. m. 2 Karten. Pr. 2,25 M.

S c h a p e r : Steinkohlenbergbau und Steinkohlenindustrie. S.-A. a. d. Handbuch der Wirtschaftskunde Deutschlands. Leipzig 1903. B. G. Teubner. S. 1—56.

O c h s e n i u s , K.: Die ersten Versteinerungen aus Tiefbohrungen in der Kaliregion des norddeutschen Zechsteins. Monatsber. d. D. geol. Ges. 1904. S. 72—83.

V o g e l , O t t o : Jahrbuch für das Eisenhüttenwesen. (Ergänzung zu „Stahl und Eisen".) Jahrgang 1900—1904. (Weitere Jahrgänge sind nicht erschienen.) Düsseldorf. A. Bagel.

V o e l c k e r , H.: Bericht über das Kartellwesen in der inländischen Eisenindustrie für die im Reichsamt des Innern stattfindenden kontradiktorischen Verhandlungen über Kartelle der Eisenindustrie. I. Teil. Berlin 1903. Fr. Siemenroth. 135 S.

W a h n s c h a f f e , F.: Die Oberflächengestaltung des norddeutschen Flachlandes. 3., neu bearbeitete und vermehrte Auflage. (Zugleich dritte Auflage von „Forschung zur deutschen Landes- und Volkskunde", Bd. VI, Heft 1.) Stuttgart 1909. J. Engelhorn. 405 S. m. 39 Fig. und 24 Beilagen. Pr. 10 M.

W i l d n e r , P.: Die Glasindustrie. S.-A. a. d. Handbuch der Wirtschaftskunde Deutschlands. Leipzig 1903. B. G. Teubner. S. 263—292.

W i l d n e r , P.: Die Porzellanindustrie. S.-A. a. d. Handbuch der Wirtschaftskunde Deutschlands. Leipzig 1903. B. G. Teubner. S. 233—244.

Nordost-Deutschland.[1]

P r o v i n z e n O s t - u n d W e s t p r e u ß e n .

S c h e l l w i e n , E.: Geologische Bilder von der samländischen Küste. S.-A. a. d. Schriften der Physik.-ökonomischen Ges. 46. Jahrg. 1905. Königsberg 1905. W. Koch. 43 S. mit 54 Fig. im Text und auf 16 Tafeln.

---

[1] Die übliche G l i e d e r u n g D e u t s c h l a n d s nach geologischen und administrativen Rücksichten ist in Fig. 14 dargestellt; auch die einzelnen B e r g r e v i e r e sind dort aufgezählt.

1. Das geologische Alter der Schichten, welche die Steilküste aufbauen; 2. Schichtenstörungen im Bau der Steilküste; 3. Die Zerstörung der Steilküste.

Z w e c k , A.: Die Bildung des Triebsandes auf der Kurischen und der Frischen Nehrung. Königsberg 1903. 38 S. m. 3 Fig., 2 Skizzen und 2 Kartenblättern.

P r o v i n z   P o m m e r n.

Z u r Kenntnis der alluvialen Kalklager in den Mooren Preußens, insbesondere der großen Moorkalklager bei Daber in Pommern (H e ß v. W i c h d o r f f) 08: 329.

C r a m e r: Zur Geschichte der Saline zu Colberg. Sitzungsber. d. Naturforsch. Ges. zu Halle a. S. 1892. 104 S. m. 1 Taf.

C r e d n e r , R.: Zum 20 jährigen Bestehen der geographischen Exkursionen der Geographischen Gesellschaft zu Greifswald. Greifswald 1903. J. Abel. 20 S. m. 1 Übersichtskarte.

E l b e r t , J.: Übersichtskarte des Rinnensystems und des Grundgebirges von Vorpommern und Rügen, i. M. 1 : 30 000. Aus H. K l o s e: Die Stromtäler Vorpommerns. IX. Jahresbericht der Geogr. Ges. zu Greifswald. Frankfurt a. M. 1905. L. Ravenstein.

W e l t n e r , W.: Über den Tiefenschlamm, das Seeerz und über Kalksteinaushöhlungen im Madüsee. (Beiträge zur Fauna des Madüsees in Pommern. Von Dr. M. S a m t e r und Dr. W. W e l t n e r. Zweite Mitteilung.) Abdr. a. d. Archiv f. Naturgeschichte. 71. Jahrg. 1. Bd. 3. Heft. 1905. Berlin. R. Stricker. S. 277—296 mit 1 Fig. und Taf. XI.

M e c k l e n b u r g ,   L ü b e c k.

G e i n i t z , E.: Ergebnisse der Brunnenbohrungen in Mecklenburg. Mitt. d. Großh. Geol. Landesanst. XX. Rostock 1908. G. B. Leopold. 43 S. m. 7 Taf.

G e i n i t z , E.: Die Entwicklung der mecklenburgischen Geologie. Güstrow 1904. 27 S. Pr. 1,20 M.

N e t t e k o v e n , A., und E. G e i n i t z: Die Salzlagerstätte von Jessenitz in Mecklenburg. Mitt. d. Großh. Meckl. Geol. Landesanst. XVIII. Rostock 1905. 17 S. m. 2 Tafeln.

R a n g e , P.: Das Diluvialgebiet von Lübeck und seine Dryastone nebst einer vergleichenden Besprechung der Glazialpflanzen führenden Ablagerungen überhaupt. S.-A. a. d. Zeitschr. f. Naturwissenschaft. Bd. 76. Stuttgart 1903. E. Schweizerbart. 112 S. m. 3 Fig. u. 1 Skizze der weiteren Umgebung Lübecks.

P r o v i n z   P o s e n.

Eisenerze in Schlesien und Posen N. 06: 62.
(Die Braunkohlenförderung in Westpreußen, Posen, Pommern und Mecklenburg-Schwerin in den Jahren 1900—1908 ist S. 59 zu finden.)

Fernere Literatur:

Die Förderung des Bergbaues in der Provinz Posen. „Braunkohle" 1904. S. 680—681.

J e n t z s c h A.: Geologische Übersichtskarte der Gegend von Scharnikau (Provinz Posen) nebst Erläuterung. 1 : 100000. Berlin, Geol. Landesanstalt. Pr. 3 M.

M e i n e und v. R o s e n b e r g - L i p i n s k y: Die Braunkohlenlager der Provinz Posen. Zwei Vorträge, geh. i. d. VIII. ordentl. Mitgliedervers. des Verbandes ostdeutscher Industrieller am 20. Oktober 1905 in Posen. Danzig 1906. A. W. Kafemann, 23 S.

P r o v i n z   S c h l e s i e n.

Über die Temperaturverhältnisse in dem Bohrloch Paruschowitz V (F. H e n r i c h) 04: 316.
Über Steinkessel I. (O. V o r w e g) L. 05: 84.
Die neuen Aufschlüsse in Oberschlesien. (W i s k o t t) L. 03: 81.
Die Gliederung der oberschlesischen Steinkohlenformation (R. M i c h a e l) L. 03: 314.
Das oberschlesische Steinkohlenbecken und seine kartographische Darstellung (R. M i c h a e l) 04: 11. — Siehe Fig. 15 u. 16, S. 95 u. 98, S. 99: Besitzverhältnisse.

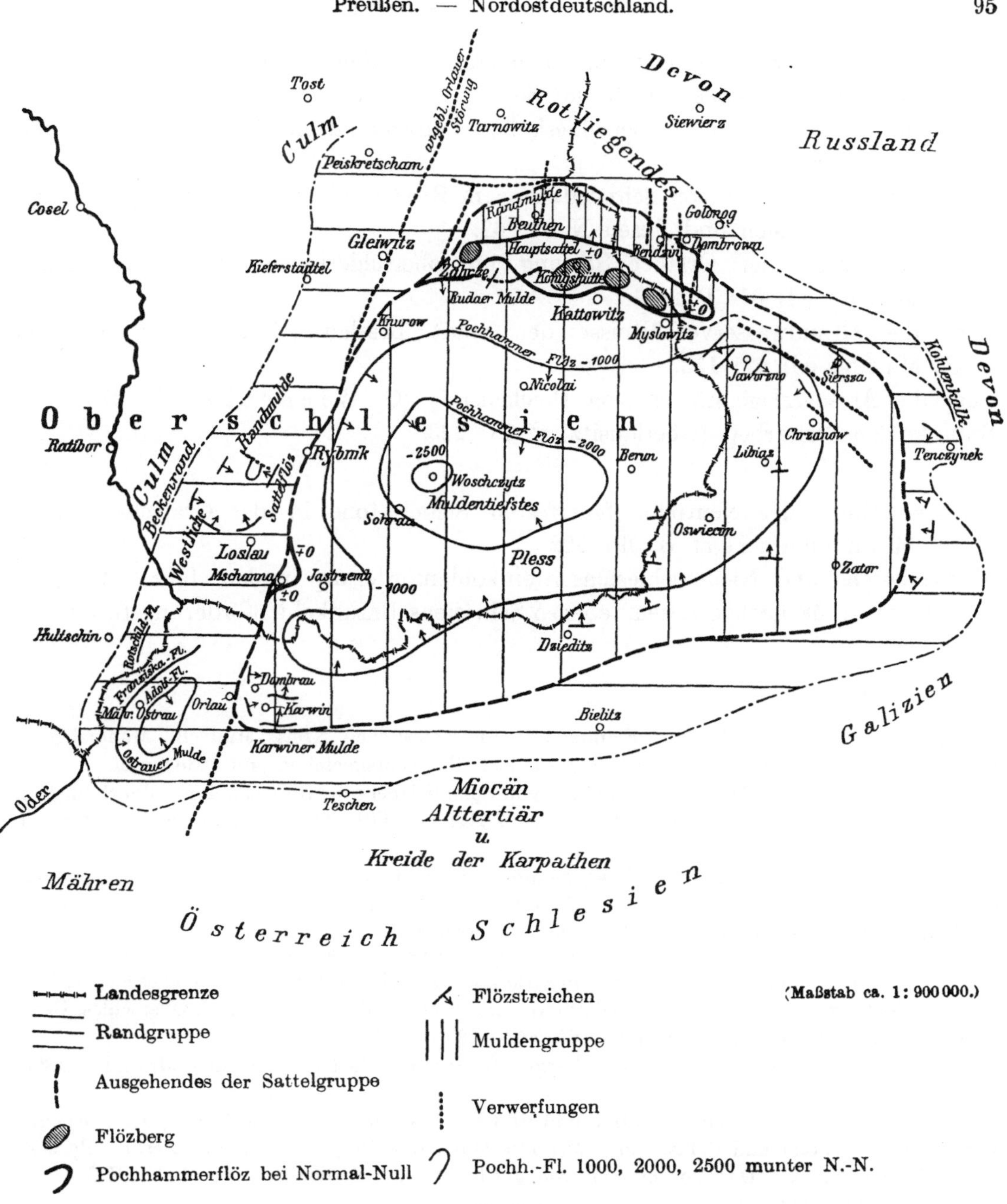

Fig. 15.

Geologische Übersicht des Oberschlesisch-Mährisch-Polnischen Steinkohlenbeckens. Nach R. Michael, 1909.
Die Besitzverhältnisse (Verfügungsrechte) sind S. 98 u. 99 dargestellt.

Gliederung des oberschlesischen Steinkohlengebirges. (Nach R. Michael, 1901.)

Mulden-Gruppe (Karwiner Schichten im weiteren Sinne)	Nicolaier Schichten	Obere Stufe	Saar-	Oberes ? Obercarbon
		Mittlere Stufe	brücker	
		Untere Stufe	Stufe	Mittleres Obercarbon
	Rudaer Schichten	Obere Stufe		
		Untere Stufe		
Sattel-Gruppe (Sattelflöz-Schichten)	Obere Stufe			
	Untere Stufe		Schlesische Stufe	Unteres Obercarbon
Rand-Gruppe (Ostrauer Schichten im weiteren Sinne)	Obere	Obere Stufe		
		Untere Stufe		
	Untere	Obere Stufe		?
		Untere Stufe		
Kulm und Kohlenkalk				Untercarbon

Die neue „Flözkarte des Oberschlesischen Steinkohlenbeckens" (nördlicher Teil; Maßstab 1 : 10000) stellt die einzelnen Stufen in folgenden Farben dar:

Mulden-Gruppe: gelb, hellgrün, dunkelgrün; hellrot, dunkelrot; **Sattel-Gruppe:** hellblau, dunkelblau; **Rand-Gruppe:** hellbraun, dunkelbraun; rotviolett, blauviolett.

Alphabetisches Verzeichnis der Steinkohlenbergwerke Oberschlesiens (J a h r) L. 05: 46.
Kohlenreichtum Oberschlesiens N. 05: 86.
Über die Entstehungsweise oberschlesischer Erzlagerstätten (G. G ü r i c h) L. 03:
39; auch 202.
Die Magneteisenerzlager von Schmiedeberg im Riesengebirge (G. B e r g) R. 04: 127.
Eisenerze in Schlesien und Posen N. 06: 62.
Über die Frage der Orlauer Störung im oberschlesischen Steinkohlenbecken
(R. M i c h a e l) 07: P. 266.
Über die Grundwasserverhältnisse der Stadt Breslau (F. B e y s c h l a g und
R. M i c h a e l) 07: 153.
Über die Arsenerzlagerstätten von Reichenstein (O. W i e n e c k e) 07: 273.
Braunkohlen-Preisarbeit (Oberlausitz) P. 08: 223.

Zur Entstehung der Neuroder feuerfesten Schiefertone in der Grafschaft Glatz
(F. T a n n h ä u s e r) B. 09: 522.
Oberschlesiens und Niederschlesiens Steinkohlenförderung in den Jahren 1906 bis
1908 ist S. 58 nachgewiesen, ebenso Schlesiens Braunkohlenförderung S. 59.

Fernere Literatur:

B e r e n d t , G.: Posener Flammenton im schlesischen Kreise Militsch. Monatsber. d.
D. Geol. Ges. 1903. Nr. 3. Brfl. Mitt. S. 1—7 m. 1 Übersichtskärtchen und 4 Bohrprof.
B e r g , G.: Die Magneteisenerzlager von Schmiedeberg im Riesengebirge. Jahrb. d. Kgl.
Preuß. Geol. Landesanst. f. d. Jahr 1902. Bd. XXIII. S. 201—266 m. 10 Fig. u. Taf. 14 (geol.
Karte i. M. 1 : 25 000).
F r i e d r i c h B e r n h a r d i s gesammelte Schriften. Hrsg. vom Oberschlesischen
Berg- und Hüttenmännischen Verein in Kattowitz. Kattowitz 1908. Gebr. Böhm. 512 S. mit
1 Bildnis, 3 Profilen im Text und 6 Tafeln. Pr. geb. 5 M.
Die Schriften behandeln durchweg o b e r s c h l e s i s c h e Verhältnisse.
B e r n h a r d i , F.: Geschichte der Bergwerksgesellschaft Georg von Giesches Erben.
Die Entwicklung des Besitzes der Gesellschaft vom Jahre 1851 ab. Zeitschr. d. Oberschles. Berg-
u. Hm. Ver., Kattowitz 1904. S. 415—426, 457—469.
B r e m m e: Die oberschlesische Berg- und Hüttenindustrie. „Stahl und Eisen" 1896.
S. 755.
C l e m e n z , B.: Schlesiens Bau und Bild mit besonderer Berücksichtigung der Geologie,
Wirtschaftsgeographie und Volkskunde. Mit 116 Abb. sowie 15 geolog. Tafeln. Berlin. Pr. 3 M.
D a h m s , A.: Das Vorkommen von Jordanit auf der Bleischarleygrube. „Kohle und
Erz", Kattowitz 1905. Sp. 733—736.
E b e l i n g , F r.: Die Geologie der Waldenburger Steinkohlen-Mulde. Bearb. im An-
schluß an die neue vom Oberbergamtsmarkscheider Ullrich entworfene Waldenburger Flözkarte
i. M. 1 : 10 000. 243 S. m. 20 Abb., 2 Taf. u. 2 Anl. Waldenburg i. Schl. 1907. Hrsg. von der
Niederschlesischen Steinkohlen-Bergbau-Hilfskasse. Pr. geb. 7,50 M.
F o u l l o n , H. B. v o n: Über Nickelerz von Frankenstein i. Schl. Jb. d. k. k. geol.
Reichsanst. 1892. 43. Bd. 2. Heft. S. 257. Öst. Z. 1895. S. 255.
F r e c h , F.: Über den Gebirgsbau Oberschlesiens. „Kohle und Erz" 1905. II. Jahrg.
Sp. 51—56, 163—170.
F r e c h , F r.: In welcher Teufe liegen die Flöze der inneren niederschlesisch-böhmischen
Steinkohlenmulde? Preuß. Z. f. d. B-, H.- u. S.-W. 1908, Bd. 56. S. 605—627 m. 5 Fig. u. 2 Taf.
G a e b l e r , C.: Das oberschlesische Steinkohlenbecken. Kattowitz 1909. Gebr. Böhm.
295 S. m. 4 Taf., 3 Fig. u. 2 Anl. Pr. geh. 15 M.
G a e b l e r , C.: Über das Vorkommen von Kohleneisenstein in oberschlesischen Stein-
kohlenflözen. Preuß. Z. f. d. B.-, H.- u. S.-W. Bd. 42. 1894. S. 157.
G a e b l e r , C.: Die Orlauer Störung im oberschlesischen Steinkohlenbecken. „Glück-
auf" 1907. S. 1397—1400. Mit 1 Kartenskizze.
G a e b l e r: Neues aus dem oberschlesischen Steinkohlenbecken. Pr. Zeitschr. f. d. Bg.-,
H.- u. S.-W. 1903. 51. Bd. S. 497—519.

G e i s e n h e i m e r , P.: Der heutige Stand unserer Kenntnisse über das oberschlesische Steinkohlengebirge. „Glückauf" 1905. S. 925—935 m. 2 Taf.

G e i s e n h e i m e r , P.: Das Steinkohlengebirge an der Grenze von Oberschlesien und Mähren. Breslau 1906. 50 S. Pr. 1,80 M; Berg- u. Hüttenm. Rundschau III. 1906. S. 1—8, 15—20, 29—35 m. 8 Profilen. Zeitschr. d. Oberschles. Berg- u. Hüttenm. Ver. 45. Jahrg. 1906. S 293—310 m. 8 Profilskizzen;

G e i s e n h e i m e r , P.: Die mächtigen Flöze Oberschlesiens und ihr Abbau. Berg- u. H.-Ztg. 1898. S. 333—335.

G e l l h o r n : Zur Frage der Wasserversorgung des oberschlesischen Industriebezirkes. Z. Oberschl. B.- u. H.-V. 1893. S. 421.

G o u v r y : Das Eisenhüttenwesen in Oberschlesien. Berg- und Hüttenm. Ztg. 1894. S. 404.

G ü r i c h , G.: Der Stand der Erörterungen über die oberschlesischen Erzlagerstätten. „Kohle und Erz" 1904. Sp. 145—150.

G ü r i c h , G.: Mitteilungen über die Erzlagerstätten des oberschlesischen Muschelkalkes. Vortrag. Z. d. deutschen geol. Ges. 1904. 56. Bd. Prot. S. 123—127 m. Taf. XVIII.

H e i l b e r g , A.: Der Rezeß über die Bergwerksgerechtsame der freien Standesherrschaft Pleß vom 4. März 1824. 108 S. Kattowitz, O.-Schl., 1908. Gebr. Böhm. Pr. geb. 3 M.

H e i n i c k e , F.: Beschreibung der oberen (miozänen) Braunkohlenformation innerhalb des Görlitz-Ostritz-Seidenberger Beckens in der preußischen und sächsischen Oberlausitz. „Braunkohle" 1903. I. Jahrg. S. 537—542, 549—553, 561—564 m. 1 Karte u. Prof.

H e i n i c k e , F.: Beschreibung über die Ablagerung der oberen tertiären Braunkohlenformationen zwischen den Städten Görlitz und Lauban in der preußischen Oberlausitz. „Braunkohle" II. Jahrg. 1903. S. 189—195, 205—210 m. 1 Übersichts- und 1 Profilkarte.

H e i n i c k e , F.: Beschreibung der Braunkohlenablagerung bei Muskau in der Ober- und Niederlausitz, in ihrer Längenerstreckung nach W, NW und N bis Jocksdorf einerseits, nach O und NO bis Läsgen andererseits. „Braunkohle" III. 1904. S. 137—140, 153—159, 197—204, 213—219 m. Fig. 50—59, 77—79 u. 1 Übersichtskarte i. M. 1 : 150 000.

H e i n i c k e , F.: Beschreibung über die Ablagerung der oberen — miozänen — Braunkohlenformation im südlichen Teile des Rothenburger Kreises (preußisch) und dem nordöstlichsten Teile des Königreichs Sachsen (Kreishauptmannschaft Bautzen). „Braunkohle" III. Jahrg. 1905. S. 607—612, 623—628, 639—642 m. 2 Fig.

H e i n i c k e , F.: Beschreibung der miozänen — oberen — Braunkohlenablagerungen in den Gemarkungen Schmeckwitz, Wendisch-Baselitz, Piskowitz und Rosenthal in der sächsischen Oberlausitz, 8 km östlich der Stadt Kamenz gelegen; desgl. die der Gemarkungen Liebegast und Skaska, erstere zur preußischen, letztere zur sächsischen Oberlausitz gehörig und 6 km südwestlich der Stadt Wittichenau belegen. „Braunkohle" IV. 1905. S. 61—65, 77—80, 129—131, 145—149, mit je 1 Übersichts- und 1 Profilkarte.

H e i n i c k e , F.: Beschreibung der miozänen Braunkohlenablagerung in den Gemarkungen von Ossling, Lieske, Weißig, Straßgräbchen, Hausdorf, Grünberg in der sächsischen — und von Scheckthal, Zeißholz, Bernsdorf, Schwarzkolmen in der preußischen Oberlausitz, deren Mittelpunkt von der Stadt Hoyerswerda in etwa 8 km südwestlicher Entfernung liegt. „Braunkohle" IV. 1905. S. 444—447, 453—459 m. 1 Übersichtskarte und Fig. 217—220.

H e i n i c k e , F.: Beschreibung der oberen miozänen Braunkohlenablagerung in den Gemarkungen der Stadt Sorau und der südlich gelegenen Ortschaften Seifersdorf, Albrechtsdorf, Kunzendorf, Ober- und Nieder-Ullersdorf, Lohs, Teichdorf im südöstlichsten Teile des Kreises Sorau (Prov. Brandenburg) und Hausdorf im Kreise Sagan der Provinz Schlesien. „Braunkohle", V. 1906. S. 113—116, 145—151, 225—228 m. 1 Übersichts- und 1 Profiltafel.

H e n r i c h , F.: Über die Temperaturen in dem Bohrloche Paruschowitz V (Oberschlesien). Preuß. Zeitschr. 1904. Bd. 52. S. 1—11 m. Texttafel.

H e r b i n g , J.: Über Steinkohlenformation und Rotliegendes bei Landeshut, Schatzlar und Schwadowitz. Breslau 1906. 88 S. m. Fig. u. 2 Tafeln. Pr. 2,50 M.

H e r b i n g , J.: Über eine Erweiterung des Gebietes der produktiven Steinkohlenformation bei Landeshut i. Schl. Zentralbl. f. Min. usw. 1904. S. 403—405.

H ö f e r : Die Entstehung der Blei-, Zink- und Erzlagerstätten in Oberschlesien. Österr. Zeitschr. 1893. S. 67—69.

K o s m a n n : Die Nickelerze von Frankenstein in Schlesien. Berg- u. H.-Ztg. 1890. S. 111; 1893. S. 265. „Glückauf" 1893. S. 835, 863.

K ü n t z e l : Beiträge zur Identifizierung der oberschlesischen Steinkohlenflötze. Zeitschr. Oberschl. Berg- u. H.-Verein 1895. S. 153.

Oberschlesien. Besitzverhältnisse.

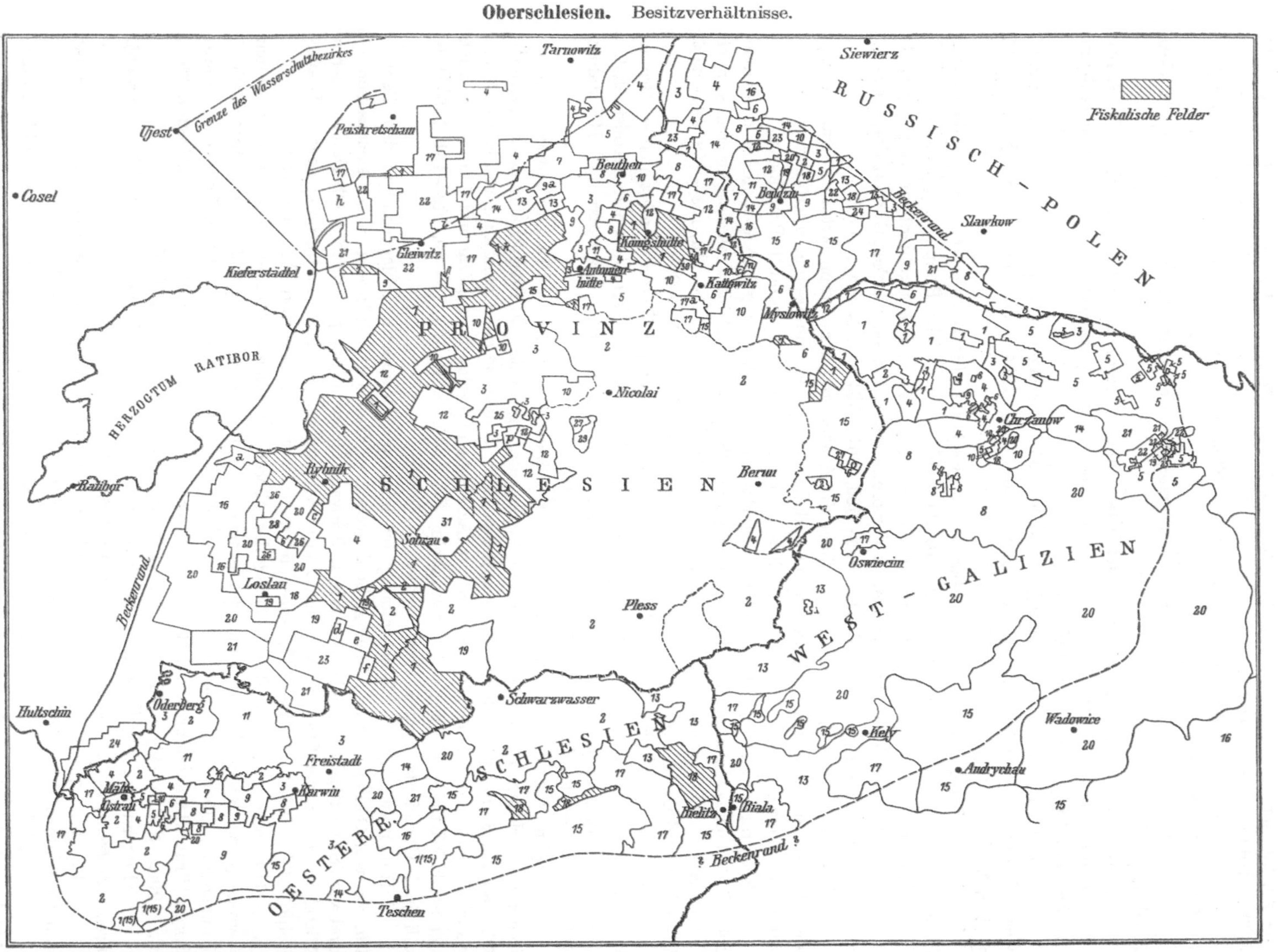

Fig. 16. **Verkleinerung im Maßstabe 1:600000 der Übersichtskarte der Besitzverhältnisse im oberschlesischen Steinkohlenbecken.** Nach R. Michael, Zeitschr. d. Oberschles. Berg- u. Hüttenm. Vereins.

Steinkohlen-Felder- und Gruben-Verzeichnis des Oberschlesischen Steinkohlenbeckens. (Nummernverzeichnis zu Fig. 16; vgl. auch Fig. 15).

Preußen.

1. Königl. Preußischer Bergfiskus (auf der Karte schraffiert). Hierzu gehören die Steinkohlenbergwerke: König bei Königshütte, Königin Luise bei Zabrze, Bielschowitz (Delbrück- und Rheinbabenschächte), Knurow (v. Velsen-Schächte); — außerdem der große, nach den Bestimmungen der lex Gamp noch abzurundende Felderbesitz im südlichen Oberschlesien. — Einzelne Felder liegen im Wasserschutzbezirk südwestlich von Gleiwitz, südlich von Myslowitz und westlich von Dzieckowitz.
2. Priv. Bergbaugebiet der freien Standesherrschaft Pleß. Bergwerke: Böerschächte bei Kostuchna, Bradegrube bei Ober-Lazisk, Emanuelssegen bei Emanuelssegen, Heinrichsfreude bei Lendzin, Heinrichsglück bei Wyrow.
3. Gräfl. Schaffgottschsche Werke mit den Gruben: Paulus-Hohenzollern bei Orzegow, Schomberg, Morgenroth, Lithandra b. Beuthen.-Schwarzwald
4. Graf Guido Henckel Fürst von Donnersmarck mit den Steinkohlenbergwerken: Schlesien bei Chropaczow, Deutschland bei Schwientochlowitz, Donnersmarck bei Rybnik.
5. Graf Hugo Lazy Arthur Henckel von Donnersmarck; hierzu: Kons. Radzionkau-Grube bei Radzionkau, Steinkohlenbergwerk Gottes Segen bei Neudorf, Hugo-Zwang-Grube bei Kochlowitz.
6. Kattowitzer Aktien-Gesellschaft für Bergbau und Eisenhüttenbetrieb mit den Steinkohlenbergwerken: Ferdinand-Grube bei Kattowitz, Steinkohlengrube Florentine bei Hohenlinde, Myslowitz-Grube bei Myslowitz, Carlssegen-Grube bei Birkental, Wanda-Grube bei Birkental, Neue Przemsa-Grube bei Birkental.
7. Preußen-Grube A.-G. bei Miechowitz.
8. Schlesische Aktien-Gesellschaft für Bergbau und Zinkhüttenbetrieb: Vereinigte Mathilde-Grube bei Lipine, Vereinigte Karsten-Centrum bei Beuthen, Steinkohlenbergwerk Andalusien bei Kamin.
9. Graf von Ballestrem: Cons. Brandenburg-Grube bei Ruda, Kons. Wolfgang-Grube bei Ruda.
9a. Gewerkschaft Castellengo bei Biskupitz.
10. Bergwerksgesellschaft Georg von Giesches Erben: Kons. Cleophas-Grube bei Zalenze, Giesche Steinkohlengrube bei Rosdzin, Kons. Heinitz-Grube bei Beuthen.
11. Oberschlesische Eisenbahnbedarfs-A.-G.: Friedensgrube bei Friedenshütte.
12. Ver. Königs- und Laurahütte A.-G.: Steinkohlenbergwerk Gräfin Laura bei Chorzow, Steinkohlenbergwerk Laurahütte bei Siemianowitz, Dubensko-Grube bei Czerwionka.
13. A. Borsigs Erben: Steinkohlengrube Ludwigsglück bei Biskupitz, Hedwigswunsch-Grube bei Biskupitz (gepachtet).
14. Donnersmarckhütte A.-G.: Kons. Concordia- und Michael-Grube bei Zabrze. Steinkohlenbergwerk Donnersmarckhütte bei Mikultschütz.
15. Graf von Tiele-Winckler.

16. Steinkohlengewerkschaft Charlotte-Grube: Kons. Charlotte-Grube (u. Leo-Grube) bei Czernitz *).
17. Hohenlohe-Werke A.-G.: Kons. Fanny-Chassée-Grube bei Siemianowitz, Kons. Hohenlohe-Steinkohlengrube bei Bittkow, Ver. Maxgrube bei Michalkowitz, Kons. Georggrube bei Eichenau.
17a. Gew. Oheim bei Brynow.
18. Loslauer Steinkohlengruben A.-G.
19. v. Friedländer-Fuld.
20. Rybniker Steinkohlengewerkschaft: Kons. Anna-Grube bei Pschow, Emma-Grube bei Radlin, Kons. Johann Jacob-Grube (Römer-Grube) bei Niedobschütz, Reden-Grube bei Birtultau.
21. Gewerkschaft Oberschlesien, gehörig der Deutsch-Österreichischen Bergwerksgesellschaft und dem Westböhmischen Bergbau-Verein; Felder im südlichen Oberschlesien und westlich von Gleiwitz.
22. Suermondt: Felder kons. Gleiwitzer Grube südlich Gleiwitz, Steinkohlenbergwerk Nord im Wasserschutzbezirk.
23. Guttmann & Springer, Wien: Kons. Allmacht und Germania bei Mschanna.
24. Witkowitzer Bergbau- und Eisenhütten-Gew.: im Betriebe: Kons. Hultschiner Steinkohlengruben bei Petershofen (Petrzkowitz).
25. Oberschlesische A.-G. für Kohlenbergbau in Orzesche: im Betriebe: Ver. Friedrich-Orzesche-Grube bei Orzesche.
26. Beatensglück-Grube Gew.: im Betriebe: Beatensglück bei Niewiadom mit den Einzelwerken: Beatensglück, Wien, Kaiserin Elisabeth und Franz Joseph.
27. v. Ruffersche Erben: im Betriebe: Kons. Trautscholdsegen-Grube bei Mittel-Lazisk.
28. Fürst Hohenlohe-Oehringen: im Betriebe: Kons. Hoym-Laura-Grube bei Birtultau.
29. Gott mit uns-Grube A.-G., im Betriebe: Gott mit uns-Grube bei Lazisk.
30. Eminenz-Gew., im Betriebe: Steinkohlenbergwerk Eminenz früher Waterloo) bei Kattowitz.
31. Sohrauer Steinkohlengruben-Gewerkschaft. Von kleineren Gewerkschaften sind genannt:
   a) Leo Braunsche Erben bei Summin,
   b) Gew. Mariahilf bei Poppelau in Pacht von 20,
   c) Gew. Emil Karl bei Rybnik (Pyrkosch),
   d) Graf Larisch (Heinrich, Franziska) bei Jastrzemb,
   e) Graf Wilczeck (Heimannsfreude und Gute Johanna),
   f) Zacharias (Gute Olga) bei Jastrzemb,
   g) Gewerkschaft Trudchen, südlich Gleiwitz,
   h) Gew. Wilhelm Deutscher Kaiser bei Brzezinka (im Wasserschutzbezirk),
   i) Gew. Petersdorf (im Wasserschutzbezirk),

---

*) Die beiden Herrn v. Ruffer auf Kokoschütz gehörigen Felder Josefa Emma III und Gustav Gabriele VII zwischen 20, 16 und 18 sind auf der Karte irrtümlich als im Besitze der Gew. Charlotte angegeben. Andererseits fehlen die im Nordwe ten gelegenen, der Gewerkschaft Charlotte gehörigen Felder Johannes II und Alexander k.

   k) Jenny Friedländer westlich Zabrze,
   l) v. Guradze bei Peiskretscham im Wasserschutzbezirk,
   m) Gew. Polengrube bei Eichenau,
   n) Gew. Louisensglück bei Eichenau,
   o) Graf Renard bei Chelm,
   p) Gew. Alma bei Orzesche.

Russisch-Polen.

1. Skarbinski,
2. Lipinski,
3. Mauve,
4. Harting,
5. Jaruselski,
6. Franco-Russische Gesellschaft, im Betriebe: Reden-Grube bei Dombrowa und Thaddäus-Grube bei Psary,
7. Hantke,
8. Ges. Graf Renard, im Betriebe: Andreas II und Graf Renard-Grube bei Sielce,
9. Suermondt, Teplitz u. Rau,
10. Seisbicki,
11. Grodziecer A.-G., im Betriebe: Grodziec-Grube bei Grodziec,
12. Ciechanowski, im Betriebe: Grodziec-Grube II,
13. Rau, im Betriebe: Mikolaj-Grube bei Golonog (vgl. 16),
14. Gesellschaft Saturn, im Betriebe: Saturn-Grube bei Czeladz.
15. Sosnowicer A.-G., im Betriebe: Niwka-Grube bei Sosnowice, Klimontow-Grube bei Klimontow, Mortimer-Grube und Milowice-Grube,
16. Czeladzer A.-G., im Betriebe: Czeladz-Grube bei Sosnowice,
17. Warschauer A.-G., im Betriebe: Felix-, Kasimir-, Jakob-Grube bei Niemce,
18. Österreichische Länderbank, im Betriebe: Flora-Grube bei Dombrowa,
19. Schmigrod,
20. Stockelski (Schön und Lamprecht), im Betriebe: Anton-Grube bei Bendzin,
21. Alexander,
22. Graf Walewski, im Betriebe: Jan-Grube,
23. Heinrich Catoir (vgl. 16),
24. Franco-Italienische Gesellschaft, im Betriebe) Koszelew-Grube, Paris-Grube bei Dombrowa.
   Die Angaben beschränken sich auf das innerhalb des Beckenrandes liegende Gebiet, dessen Erstreckung hier allerdings nicht sicher feststellt; für den nördlichen Teil des Gebietes ist auf seine Darstellung der Unsicherheit wegen überhaupt verzichtet worden.

Mähren und Österreich-Schlesien.

1. Schlutius-Karow,
2. Witkowitzer Steinkohlengruben-Gew., im Betriebe: Idaschacht in Hruschau, Theresienschacht in Polnisch-Ostrau, Louis- und Tiefbauschacht in Witkowitz, Karolina und Salomon in Mährisch-Ostrau, Eleonore und Bettina in Dombrau,
3. Graf Larisch, im Betriebe die Schächte: Heinrich-, Franziska-, Johann-Karl-, Tiefbau-Schacht in Karwin,
4. K.-F.-Nordbahn, im Betriebe die Schächte: Franz in Oderfurt, Hubert in Hruschau, Heinrich, Georg in Mährisch-Ostrau Wilhelm, Hermenegild, Jacob in Polnisch-Ostrau, Alexander in Klein-Kuntschütz,

Johann-Joseph in Polnisch-Ostrau, Peter, Michael (Michalkowitz) desgl.,
5. Graf Wilczek, im Betriebe die Polnisch-Ostrauer Schächte: Dreifaltigkeit, Emma, Michaeli, Johann-Maria,
6. Ostrauer Bergbau A.-G., (Salm), Schächte: Elisabeth, Ludwig und Leopoldine in Polnisch-Ostrau,
7. Ostrau-Karwiner Montan-A.-G., hierzu: Eugen- und Deym-Schacht in Peterswald,
8. Erzherzog Friedrich, im Betriebe die Schächte: Gabriele und Hohenegger in Karwin, Albrecht in Peterswald,
9. Gebr. Gutmann, Steinkohlenbergbau Orlau-Lazy und Poremba mit den Schächten: Neu-Schacht in Lazy, Haupt-Schacht in Dombrau, Sophie in Poremba, Neu-Anlage in Suchau,
10. Gew. Zwierzina, Schächte: Franziska und Josephi in Polnisch-Ostrau,
11. Österr. Alpine Montan-Ges., Schacht 1 in Orlau,
12. W. Polivka,
13. Dzieditzer M.-G., im Betrieb: Silesia-Schacht in Dzieditz,
14. Dr. Slama,
15. Brüxer Kohlen-Bergbau-Ges.,
16. Moritz Kraszny u. Gen.,
17. Gew. Marie Anne, im Betriebe die Schächte: Ignatz in Marienberg, Friedrich in Zabrzeh, Oderschacht in Oderfurt,
18. Ärar (Fiskus, auf der Karte schraffiert),
19. Ludwig Odstrzil,
20. Österr. Berg- und Hütten-Werke,
21. Thun-Hohenstein.

Westgalizien.

1. Jaworznoer Gew., im Betriebe die Jacek-Rudolf- und Friedrich-August-Zeche bei Jaworzno,
2. Société anonyme (Doms), im Betriebe: Robert-Schächte in Jelen,
3. Österreichische Berg- u. Hüttenwerke Teschen,
4. G. v. Giesches Erben,
5. Gal.-Mont.-A.-G., Siersza (Potocki), im Betriebe: Artur-Schächte bei Siersza, Krystyna-Grube bei Tencynek,
6. G. v. Kramstasche Gew.,
7. v. Loebbecke,
8. Compagnie Galizienne des Mines, im Betriebe: Schächte bei Libiaz,
9. Kutznitzky (A. Wolff),
10. Zinkhütten-A.-G. Trzebinia (Lowitsch),
11. Walter & Co.,
12. Schekiel,
13. Rappaport, im Betriebe: Schachtanlage bei Bresze,
14. Österr. Bohr- und Schurf-Ges. (Intern. Bohrgesellschaft),
15. Mauve,
16. Schmidt-Koszko,
17. Marie Anne,
18. Graf Wodzicki,
19. Brezszowski,
20. Schlutius-Karow,
21. Przeworki, im Betriebe: Julius-Schacht bei Tenczynek,
22. Kulka pp., im Betriebe: Barbara- und Franz-Schacht bei Tenezynek,
23. Versch. Besitzer (Kupfer, Glaser, Hromek).

L o w a g , J.: Die alten Bergrechte und Bergordnungen in Böhmen, Mähren und Schlesien. Berg- u. Hm.-Ztg. 1904. S. 433—438, 449—452, 461—464, 473—477, 485—488, 509—512.

M i c h a e l , R.: Zur Geologie der Gegend nördlich von Tarnowitz. Bericht über die Aufnahme des Blattes Tarnowitz in den Jahren 1903 und 1904. Jahrb. d. Königl. Preuß. Geol. Landesanst. u. Bergakademie f. 1904. Bd. XXV. Heft 4. S. 781—786.

M i c h a e l , R.: Die oberschlesischen Erzlagerstätten. Vortrag, geh. a. d. Vers. d. Ver. techn. Bergbeamten in Blei-Scharley am 23. Juli 1904. „Kohle und Erz." Kattowitz 1904. S. 12.

M i c h a e l , R.: Über das Alter der subsudetischen Braunkohlenformation. — Über das Auftreten von Posidonia Becheri in der oberschlesischen Steinkohlenformation. S.-A. a. d. Juni-Protokoll d. Deutsch. Geol. Ges. 1905. 8 S. — Monatsber. Nr. 6. S. 224—229.

M i c h a e l , R.: Die oberschlesischen Erzlagerstätten. Deutsche Geol. Ges. Sept.-Protokoll 1904. S. 127—139.

M i c h a e l , R.: Neuere geologische Aufschlüsse in Oberschlesien. Deutsch. geol. Ges. 1904. Sept.-Protokoll. S. 140—144.

M i c h a e l , R.: Über die Frage der Orlauer Störung im oberschlesischen Steinkohlenbecken. Vortrag. Monatsber. d. Deutsch. Geol. Ges. 1907. S. 30—34.

M i c h a e l , R.: Über das Alter der in den Tiefbohrungen von Lorenzdorf in Schlesien und Przeciszow in Galizien aufgeschlossenen Tertiärschichten. Jahrb. d. Preuß. Geol. Landesanstalt. 1907. Bd. XXVIII. S. 207—218.

M i c h a e l , R.: Über neuere Aufschlüsse unterkarbonischer Schichten am Ostrande des oberschlesischen Steinkohlenbeckens. Jahrb. d. Preuß. Geol. Landesanst. 1907. Bd. XXVIII. S. 183—201 m. 2 Karten.

M i c h a e l , R.: Die Lagerungsverhältnisse und Verbreitung der Karbon-Schichten im südlichen Teile des oberschlesischen Steinkohlenbeckens. Mon.-Ber. d. Deutsch. Geol. Ges. 1908. Bd. 60. 18 S. — Z. d. Oberschl. Berg- u. Hm. Ver. 1908. S. 99—105 m. 5 Fig.

M i c h a e l , R.: Die Temperaturmessungen im Tiefbohrloch Czuchow in Oberschlesien. Monatsb. dtsch. Geol. Ges. 1909, S. 410—414.

M u e l l e r : General-Industriekarte vom oberschlesischen, russischen und Mährisch-Ostrauer Industrierevier i. M. 1 : 100 000. Kattowitz 1906. G. Siwinna Pr. 2 M., aufgez. 4 M.

P i e t s c h , K u r t : Die geologischen Verhältnisse der Oberlausitz zwischen Görlitz Weißenberg und Niesky. S.-A., Zeitschr. d. Deutsch. Geol. Gesellschaft, Band 61, 1, 1909. S. 35 bis 133 mit 6 Fig. und 1 Karte 1 : 100 000.

P r i e m e l , C.: Die Braunkohlenformation des Hügellandes der Preußischen Oberlausitz. Berlin 1907. 72 S. m. 1 Karte u. 5 Taf. Pr. 4 M.

N i c k e l : Geologische Ausflüge in Frankfurt a. O. und seine Umgebung nebst Ergänzungen aus der Geologie des norddeutschen Flachlandes. Frankfurt a. O. 1906. Waldow.

R i e g e l : Der Bergwerksbetrieb auf dem Braunkohlenvorkommen zwischen Kölzig, Weißwasser, Muskau und Teuplitz in der Niederlausitz unter besonderer Berücksichtigung seines Einflusses auf die Verhütung der Selbstentzündung der Kohle. „Glückauf" 1907. 43. S. 1150.

R z e h u l k a , A.: Der gegenwärtige Stand der Nickelgewinnung mit besonderer Berücksichtigung der Betriebe bei Frankenstein in Schlesien. Kattowitz 1909. Pr. 2,50 M.

R z e h u l k a , A.: Die oberschlesische Zinkgewinnung und ihre Fortschritte. Berg- u. Hüttenm. Rundschau II. 1906. S. 285—292.

S a c h s , A.: Die Bodenschätze Schlesiens, Erze, Kohlen, nutzbare Gesteine. Leipzig 1906. Veit & Co. 194 S. Pr. 5,60 M.

S a c h s , A.: Die Bildung der oberschlesischen Erzlagerstätten. Zentralbl. f. Min. 1904. Nr. 2. S. 40—49. Z. D. geol. Ges. 19ä4. S. 296.

S a c h s , A.: Die chemische Zusammensetzung des Gismondins nach einem neuen schlesischen Vorkommen dieses Minerals im Basalte von Nicolstadt bei Liegnitz. Zentralbl. f. Min., 1904. S. 215—216.

S a c h s , A.: Über ein Vorkommen von Jordanit in den oberschlesischen Erzlagerstätten. Zentralbl. f. Min. 1904. S. 723—725.

S a c h s , A.: Über Zinkoxydkrystalle von der Falvahütte in Oberschlesien. Zentralbl. f. Min. 1905. S. 54—57.

S c h m i d t , A.: Warum ist Oberschlesien schlagwetterfrei? Warum neigt seine Kohle so sehr zur Selbstentzündung? „Kohle und Erz" 1906. Sp. 665—668.

S c h m i d t , A.: Das Helenenthaler Eisensteinvorkommen, Kr. Lublinitz, Prov. Schlesien. „Kohle und Erz" II. Jahrg. 1905. Sp. 117—120.

S c h m i d t , A.: Über neue den Sattelflözen äquivalente Steinkohlenfunde in der Grafschaft Glatz. 80. Jahr.-Ber. d. Schles. Ges. f. vaterl. Kultur. Breslau 1903. II. Abt. S. 20—23.

S c h o l l , G. P.: The Silesian zinc industry. (Carefully compiled statistics, recently gathered by the autor, on a special visit of investigation. The extent of the industry, character of the ore, smelting operations and working costs are included.) Mining Magazine. Vol. XII. 1905. S. 206—212.

S e h l j n g , E.: Die Rechtsverhältnisse an den der Verfügung des Grundeigentümers nicht entzogenen Mineralien mit besonderer Berücksichtigung des Kohlenbergbaues in den vormals sächsischen Landesteilen Preußens, des Eisenerzbergbaues im Herzogtum Schlesien u. a. sowie des Kalibergbaues in der Provinz Hannover. Leipzig 1904. A. Deichert. 271 S. Pr. 6 M.
§ 6. Der Eisenerzbergbau im Herzogtum Schlesien, der Grafschaft Glatz, in Neu-vorpommern, der Insel Rügen und in den Hohenzollernschen Landen. S. 85—89.

S e i d e l , R.: Die Königl. Eisengießerei zu Gleiwitz. Denkschrift zur Feier des 100 jähr. Bestehens derselben. Zeitschr. Berg- u. Hüttenwes. 1896. 4 S. m. 2 Tafeln.

Statistik der Oberschlesischen Berg- und Hüttenwerke (Jährlich). Herausgeg. vom Oberschl. Berg- u. Hüttenm. Verein, zusammengestellt von H. V o l t z. Kattowitz. Pr. 4 M.

T o r n a u , F.: Der Flözberg bei Zabrze. Ein Beitrag zur Stratigraphie und Tektonik des oberschlesischen Steinkohlenbeckens. Jahrb. d. Kgl. Preuß. Geol. Landesanst. u. Bergakad. für 1902. Bd. XXIII. Heft 3. S. 368—524 m. 2 Fig. u. Taf. 19—23. Pr. 7,50 M.

U l l r i c h , H.: Flözkarte von dem bei Waldenburg belegenen Teile des niederschlesisch-böhmischen Steinkohlenbeckens. Berabeitet bei dem Kgl. Oberbergamte zu Breslau. Hrsg. v. d. Niederschlesischen Bergbauhilfskasse. Berlin 1905. Berliner lithogr. Institut, 2 × 6 Grundrisse 1 : 10 000 u. 4 Profiltaf. 1 : 5000.

V i e b i g , W.: Der Spateisensteinbergbau des Zipser Erzgebirges in Oberungarn. „Glück-auf" 1906. S. 9—15 m. 4 Fig. (Fig. 1: Diagramm betreffend Einfuhr ausländischer Erze nach Oberschlesien 1891—1904.)

V o r w e g , O.: Über Steinkessel (besonders im Riesengebirge). 1. Teil: Herischdorf im Riesengebirge. 1903. Selbstverlag des Verfassers. 79 S.

W u t k e , K.: Die Vergangenheit des Reichensteiner Bergbaues. Vortrag, geh. a. d. Wandervers. d. Ver. f. Geschichte Schlesiens zu Reichenstein. Ungar. Montan-Ind.- u. Handelsztg. XII vom 1. Aug. 1906. S. 1—2.

Z i e k u r s c h : Die Wasserversorgung des oberschlesischen Industriebezirkes. Vortrag, gehalten in der 14. Hauptversammlung des Vereins „Eisenhütte Oberschlesien" zu Gleiwitz am 20. Oktober 1907. „Stahl und Eisen" 1907, S. 1786—1788.

P r o v i n z B r a n d e n b u r g.

Kohlenversorgung Berlins im Jahre 1903 N. 04: 221.

Über neue Funde von Menschen bearbeiteter Gegenstände aus interglazialen Schichten von Eberswalde (P. G. K r a u s e) P. 04: 254.

Braunkohlenformation und glaziale Lagerungsstörungen im Felde der Grube „Merkur" bei Drebkau (P. R u s s w u r m) 09: 87.

Die Braunkohlenförderung der Provinz Brandenburg in den Jahren 1900—1902 siehe S. 59.

Fernere Literatur:

A n k l a m : Die Wasserversorgung Berlins. Gesundheitsingenieur 1907. S. 53—59.
Geschichtliches ; Bau des Stralauer Werkes; das Werk Müggelsee; Grundwasser-versorgung.

B e e r : Die Wasserversorgung Berlins. „Ingenieurwerke in und bei Berlin", Festschrift z. 50 jährigen Bestehen d. Ver. Deutscher Ingenieure Berlin 1906. S. 184—202 m. 10 Fig.

B e e r : Die Grundwasserversorgung der Stadt Berlin. (Nach einem Vortrage im Berliner Architekten-Ver.) Deutsche Bauztg. 1904. Nr. 3. S. 18—20.

B r i n k m a n n , W.: Die Braunkohlenformation im Nordosten der südlichen Neumark mit besonderer Berücksichtigung der Frage nach der Entstehung der in ihr auftretenden Störungen. „Braunkohle" VI. 1907. S. 109—113, 125—132 m. 19 Fig.

H e i n i c k e , F.: S. unter Schlesien.

K a u n h o w e n , F.: Die Bodenverhältnisse Berlins und seiner nächsten Umgebung. „Ingenieurwerke in und bei Berlin", Festschrift zum 50 jährigen Bestehen des Ver. Deutscher Ingenieure Berlin 1906. S. 1—12.

Keilhack, K.: Über die Aufschlüsse des neuen Tagebaues Marga bei Senftenberg. Jahrb. d. Geol. Landesanst. Berlin 1908. 13 S. m. 2 Taf. Pr. 1,40 M.

Keilhack, K.: Die geologische Geschichte der Niederlausitz. (Vortrag). Cottbus, H. Differt. 23 S.

Krusch, P.: Die Geschichte der Bergakademie zu Berlin von ihrer Gründung im Jahre 1770 bis zur Neueinrichtung im Jahre 1860. Geol. Landesanstalt. Berlin 1904. 54 S.

Martell, P.: Zur Geschichte der Eisenindustrie in der Mark Brandenburg. „Stahl und Eisen" 1900, S. 82—85.

Martens, A. und M. Guth: Das Königliche Materialprüfungsamt der Technischen Hochschule Berlin auf dem Gelände der Domäne Dahlem beim Bahnhof Groß-Lichterfelde West. Denkschrift zur Eröffnung. Berlin 1904. J. Springer. 380 S. m. zahlreichen Abbildungen, Tab. u. 5 Taf. Pr. geb. 10 M.

Nickel: Geologische Ausflüge in Frankfurt a. O. und seine Umgebung nebst Ergänzungen aus der Geologie des norddeutschen Flachlandes. Beilage zum Programm des Realgymnasiums. Frankfurt a. O., 1906. Waldow'sche Buchhdlg. 60 S. m. 16 Fig. u. 3 Tabellen.

Noppe: Das Braunkohlenvorkommen und der Betrieb der Grube „Cons. Preußen" bei Müncheberg in der Mark. „Braunkohle", V. 1906. S. 555—559 m. Fig. 218—222.

Ochsenius, C.: Untergrund-Studien. I. Der flache Untergrund von Venedig; II. der tiefe Untergrund von Frankfurt a. O. Frankfurt a. O., Helios, 1905. 30 S.

Potonié, Über Authochthonie von Karbonkohlen-Flözen und des Senftenberger. Braunkohlen-Flözes. Jahrb. d. Königl. Preuß. Geol. Landesanst. Berlin 1896. S. 1.

Range, P.: Der Untergrund des Pathologischen Instituts der Königlichen Charité zu Berlin. Jahrb. d. Pr. Geol. Landesanst. 1907. Bd. XXVIII. S. 457—461 m. 2 Fig.

Roedel, H.: Zur Geschichte der Naturforschung in Frankfurt a. O. S.-A. a. der Festschrift zur 400. Wiederkehr des Gründungstages der Universität Frankfurt am 26. April 1906. Frankfurt a. O., Trowitsch & Sohn, 1906. 30 S. (V. Geologie. S. 20—26.)

Tornow: Ablagerungsverhältnisse und Abbau der geringmächtigen Braunkohlenflöze bei Müncheberg i. M. „Glückauf" 1909. Nr. 17. S. 586—592 m. 5 Fig.

Wahnschaffe, F., P. Graebner und Fr. Dahl: Der Grunewald bei Berlin, seine Geologie, Flora und Fauna. Mit einem Anhang von H. Potonié: Kultureinflüsse auf Sumpf und Moor. Jena, G. Fischer, 1907. 56 S. m. 1 Karte i. M. 1 : 500 000 u. 9 Landschaften.

Wellmann: Die Wasserversorgung der westlichen und südlichen Nachbarorte Berlins. „Ingenieurwerke in und bei Berlin", Festschrift zum 50 jährigen Bestehen des Vereins Deutscher Ing. Berlin 1906. S. 203—213 m. 7 Fig.

Zeese, A.: Die Entwicklung des Niederlausitzer Braunkohlenbergbaues und der Eintrachtwerke zu Neu-Welzow N/L. im besonderen. „Braunkohle" V. 1907. S. 779—782.

Nordwest-Deutschland.

Provinz Schleswig-Holstein, Hamburg, Bremen, Oldenburg.

Der Untergrund Hamburgs (C. Gottsche) L. 03: 313.

Errichtung des Kolonialinstituts in Hamburg P. 08: 256, 352.

Wie ist dem Abbröckeln der Insel Helgoland Einhalt zu gebieten? (A. Conze) 04: 257.

Vorschlag zur Erhaltung der Insel Helgoland (Liebenam) B. 05: 37.

Moorkartierung N. 06: 373.

Fernere Literatur:

Brohm: Helgoland in Geschichte und Sage. Seine nachweisbaren Landverluste und seine Erhaltung. Cuxhaven, A. Rauschenplat, 1907. 71 S. m. 9 Fig., 27 Lichtdrucken u. 15 Karten und Plänen. Pr. geb. 12 M.

Gagel, C.: Über einige Bohrergebnisse und ein neues pflanzenführendes Interglazial aus der Gegend von Elmshorn im südwestlichen Holstein. Jahrb. d. Kgl. Preuß. geol. Landesanstalt zu Berlin für das Jahr 1904. Bd. XXV. S. 246—281 m. Taf. 8—11.

v. Koenen, A.: Über die Untere Kreide Helgolands und ihre Ammonitiden. Abhdlg. d. kgl. Ges. d. Wiss. zu Göttingen. Mathem.-phys. Klasse. Neue Folge. Bd. III. Nr. 2. Berlin, Weidmannsche B, 1904. 63 S. m. 4 Taf. Pr. 4 M.

Provinz Hannover (nebst Lippe) und Braunschweig (ausschließlich Harz).

Wirtschaftsgeographische Verhältnisse, Ansiedlungen und Bevölkerungsverteilung im ostfälischen Hügel- und Tieflande (W. N e d d e r i c h) L. 04: 59.

Über sekundäre Mineralbildung auf Kalisalzlagern (L. L o e w e) 03: 331.

Ausbildung und Ausdehnung der deutschen Kalisalzlager (A. T o r n q u i s t) R. 06: 263. Sandige und salzige Ausbildung des oberen Zechsteins.

Über Wirkungen des Gebirgsdruckes im Untergrunde in tiefen Salzbergwerken (A. von K o e n e n) 05: 157.

Übereinstimmung der geologischen und chemischen Bildungsverhältnisse in unseren Kalilagern (C. O c h s e n i u s) 05: 167.

Erdöl im nordwestlichen Deutschland N. 03: 87.

Über die physikalische Beschaffenheit nordwestdeutscher Erdöle (J. H. S a c h s e) N. 04: 408.

Berggesetz von Schaumburg-Lippe N. 06: 343.

Über das Vorkommen des Erdöls (H. M o n k e und F. B e y s c h l a g) 05: 1, 65, 421.

Erdöl in dem Salzbergwerk Desdemona bei Alfeld a. Leine N. 07: 92.

Geologie in Hannover P. 08: 136.

Niedersächsischer Geologischer Verein P. 08: 352.

Über den Gebirgsbau und die Quellenverhältnisse bei Bad Nenndorf am Deister (H. S t i l l e) R. 03: 76.

Über die Zechsteinformation und ihre Salzlager im Untergrund des hannoverschen Eichsfeldes und angrenzenden Leinegebiets nach den neueren Bohrergebnissen (O. G r u p e) 09: 185. — Vergl. Fig. 25—27 S. 111 u. 113.

Weiteres über Kalilager siehe S. 109—113.

Fernere Literatur:

B a u m g ä r t e l, B.: Blaue Kainitkrystalle vom Kalisalzwerk Asse bei Wolfenbüttel. Zentralbl. f. Min. 1905. S. 449—452.

B ö d i g e, N.: Hüggel und Silberberg. Ein historisch-geologischer Beitrag zur Landeskunde von Osnabrück. Osnabrück, F. Schöningh, 1906. 50 S. m. 5 Fig. Pr. 0,80 M.

B ü t t g e n b a c h: Über die Ausdehnung der Stein- und Kalisalzlager im Herzogtum Braunschweig. Rev. univ. des mines T. 36. 1896. S. 115. B.- u. H.-Ztg. 1897. S. 47.

D i a n c o u r t: Die Ölindustrie in der Lüneburger Heide. Bg.- u. Hüttenm. Rdsch. IV. 1908. S. 197—203.

D o b b e l s t e i n: Wirtschaftliche und technische Mitteilungsn über den Wietzer Erdölbezirk. „Glückauf" 43. 1907. S. 1171—1176 m. 1 Fig. u. 1 Taf. — Referate „Braunkohle" 1907. „Stahl und Eisen" 1907. S. 1592.

D u n k e r, W.: Geognostische Spezialkarte der Grafschaft Schaumburg. 2 Blatt 1 : 50000. Berlin, Geol. Landesanstalt. Er. 6 M.

D z i u k, A.: Übersichtskarte vom Ölrevier Wietze-Steinförde. 1 : 4000. II. Auflage. Hannover, Schmorl u. v. Seefeld, 1905. Pr. 20 M.

E r d m a n n, O.: Die rechtlichen Grundlagen des Kali- und Steinsalzbergbaues in der Provinz Hannover. I. Teil: Die zivilrechtlichen Grundlagen des Kali- und Steinsalzbergbaues nach dem Gemeinen Recht und dem Bürgerlichen Gesetzbuch. Hannover-List, C. Meyer, 1906. 236 S. Pr. 6,50 M.

G a g e l: Die Trias von Lüneburg (auf Grund der neueren Tiefbohrungen). Monatsber. d. Deutsch. Geol. Ges. 1908. S. 317—322.

G r u p e, O.: Die Zechsteinvorkommen im mittleren Weser-Leine-Gebiet und ihre Beziehung zum südhannoverschen Zechsteinsalzlager. Jahrb. d. Geol. Landesanst. Berlin 1908. Bd. XXIX. T. I. H. 1. S. 39—57.

H a a r m a n n, E.: Die geologischen Verhältnisse des Piesberges bei Osnabrück und seiner Umgebung. Diss. Berlin 1908. 50 S. Pr. 1,50 M. — (Siehe auch S. 138—140.)

H ö f e r , H.: Gipskryställchen akzessorisch im dolomitischen Kalk von Wietze, Hannover. Sitzungsber. d. k. Akad. d. Wissensch. Wien, Mathem.-naturw. Klasse. Bd. 113. Abt. I. Wien, C. Gerold, 1904. 5 S.

K n o o p , L.: Börßum und seine Umgebung in geographischer, naturwissenschaftlicher, landwirtschaftlicher und historischer Beziehung. Wolfenbüttel, Jul. Zwißler, 1902. 216 S. Pr. 2 M.

L a n g , O.: Über Erdöl und Salz zu Wietze-Steinförde. „Glückauf" 1897. S. 627.

L a's k e , E.: Die Grundfehler der hannoverschen Kaliunternehmung und ihre Heilung. Hannover 1907. Selbstverlag. 29 S. Pr. 1 M.

L o e w e: Rechtliche Schwierigkeiten des Kalibergbaues in der Provinz Hannover. „Kali" I. 1907. S. 183—190.

M o l l , E.: Bergrechtliche Sonderbestimmungen für die Provinz Hannover. „Braunkohle" V. 1906. S. 193—197.

N e d d e r i c h , W.: Wirtschaftsgeographische Verhältnisse, Ansiedelungen und Bevölkerungsverteilung im Ostfälischen Hügel- und Tieflande. Forschungen zur deutschen Landes- und Volkskunde, Bd. 14, Heft 3. Stuttgart, J. Engelhorn, 1902. 329 S. m. 2 Karten. Pr. 9 M.

P l a t s c h: Die Petroleumindustrie im Elsaß und in Hannover. „Petroleum" I. 1906. S. 645—649.

R e i n h a r d t: 1. Lageplan über das produktive Erdölgebiet Wietze i. M. 1 : 5000. Größe 60 × 100 ccm. — 2. Übersichtspläne von Wietze i. M. 1 : 20 000. — Zu beziehen durch Markscheider Reinhardt-Hannover. 1997. Pr. jeder Karte 10 M.

S e h l i n g , E.: Die Rechtsverhältnisse an den der Verfügung des Grundeigentümers nicht entzogenen Mineralien mit besonderer Berücksichtigung des Kohlenbergbaues in den vormals sächsischen Landesteilen Preußens, des Eisenerzbergbaues im Herzogtum Schlesien u. a. sowie des Kalibergbaues in der Provinz Hannover. Leipzig, A. Deichert, 1904. 271 S. Pr. 6 M.

§ 7: Der Kalibergbau in der Provinz Hannover, S. 89—111.

S e i p p , H.: Die abgekürzte Wetterbeständigkeitsprobe der natürlichen Bausteine mit besonderer Berücksichtigung der Sandsteine, namentlich der Wesersandsteine. Frankfurt a. M., H. Keller, 1905. 140 S. m. 8 Fig. u. 12 Taf. Pr. 8,50 M.

S t o c k f l e t h: Das Eisenerzvorkommen am Hügel bei Osnabrück. „Glückauf" 1894. S. 1791.

S t r u c k m a n n: Über die geologischen Verhältnisse der Umgegend von Hannover. „Glückauf" 1895. S. 1331.

W a h n s c h a f f e , F.: Das Gifhorner Hochmoor bei Triangel. Naturw. Wochenschr. III. 1904. S. 785—792 m. 9 Fig.

W i g a n d : Die Explosion auf dem Kaliwerk der Gewerkschaft Desdemona im Leinetal, Bergrevier Hannover. Preuß. Zeitschr. 1906. Bd. 54. S. 461—473 m. 3 Fig. u. 1 Taf.

     Geologisches; Das Kaliwerk der Gewerkschaft Desdemona; Die Wetterführung; Sonstige Sicherheitsmaßregeln; Die Explosion; Herd der Explosion; Aufschlüsse im Hartsalz.

W i n d h a u s e n , A.: Die geologischen Verhältnisse der Bergzüge westlich und südwestlich von Hildesheim. Hildesheim 1907. 18 S. m. 1 Karte. Pr. 2 M.

W o l f f , W.: Der Untergrund von Bremen. Monatb. d. dtsch. Geol. Gesellsch. 1909, S. 348—349.

D e r   H a r z.

Zur Bergbaugeschichte: Harz N. 06: 212. Mansfeld 06: 386.

Die Schwerspatvorkommen am Rösteberge und ihre Beziehung zum Spaltennetz der Oberharzer Erzgänge (H. E v e r d i n g) 03: 89. — S. Fig. 17.

Der Bleierzbergbau im Harz. N. 03: 253.

Die Knollengrube bei Lauterberg am Harz (K. E r m i s c h) 04: 160.

Über die mechanischen Vorgänge im Innern und an der Oberfläche der Erde mit Berücksichtigung der sogenannten „faulen Ruscheln" am Harz (O. H o p p e) 07: 139.

Über den Erhaltungszustand einiger Goniatiten und einiger anderer Versteinerungen aus dem Banderz des Rammelsberger Kieslagers. (K. A n d r é e) 08: 166.

Über ein bemerkenswertes Vorkommen von Schwerspat auf dem Rosenhofe bei Clausthal (K. A n d r é e) 08: 280.

DAS SPALTENSYSTEM DES OBERHARZES.

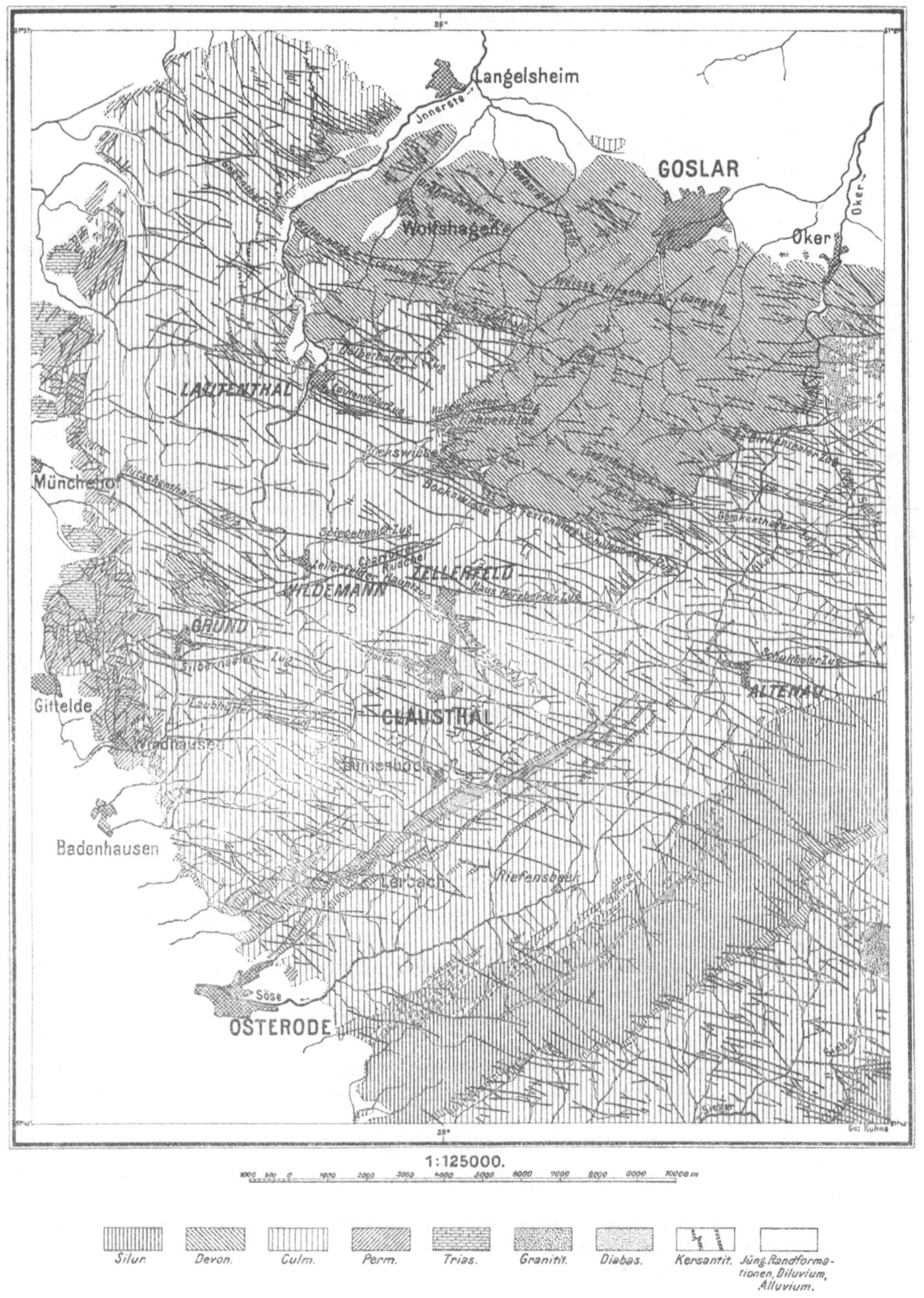

Fig. 17.
(Vgl. hierzu „Fortschritte" I. Fig. 23 u. 24 auf S. 83.)

Fernere Literatur:

Bergakademie, Die Königliche, zu Clausthal. Ihre Geschichte und ihre Neubauten. Festschrift zur Einweihung der Neubauten 14.—16. V. 1907. Mit Abbildungen. Clausthal. Geb. 7,50 M.

B a u m g ä r t e l , B r.: Über eine in der Gegenwart andauernde Erdbewegung. (Auf dem Burgstädter Hauptgang bei Clausthal.) Gerlands Beiträge zur Geophysik, Bd. VIII. 1907. S. 495—498 m. 3 Fig. u. 1 Taf.

B a u m g ä r t e l , B r.: Oberharzer Gangbilder. 6 farb. Lichtdrucktafeln in Kombinationsdruck; nach kolorierten Photographien. Begleittext. (Kurzer Überblick über die Geologie des Oberharzes und seiner Erzgänge) 23 S. 4⁰. Leipzig, Wilh. Engelmann, 1907. Pr. 7 M.

B a u m g ä r t e l , B.: Beitrag zur Frage nach der Entstehung der Harzer „Ruscheln". (Von Bergref. H e c k e r in Preuß. Zeitschr. 51. Bd., 1. Heft. S. 96—114.) Berg- u. Hüttenm.-Ztg. 1903. S. 325—327.

B e u s h a u s e n , L.: Über die Oberharzer Ruscheln. Fragment aus dem Nachlasse. v. K o e n e n - Festschrift. Stuttgart 1907. S. 189—208.

F l e c k , A.: Beiträge zur älteren Geschichte der Kupfergewinnung am Rammelsberg bei Goslar. „Glückauf" 1909. Nr. 18. S. 628—631.

F l e c k : Die Kupfererzgänge bei Lauterberg am Harz. „Glückauf" 1909. S. 1069—1076.

G e b h a r d t , R.: Beiträge zur Kenntnis der Beziehungen zwischen Erzgängen und faulen Ruscheln des nordwestlichen Oberharzes. Rostock 1899. 38 S. m. 2 Taf.

G e y e r : Über die Geschichte der Eisenindustrie im Harz. Vortrag. „Stahl und Eisen" 1907. S. 1412—1417.

G r i m m , A.: Über die finanzielle Lage und die volkswirtschaftlichen Betriebsgründe des Oberharzer Berg- und Hüttenwesens seit dem Fall des Silberpreises. Diss. Gissen 1909. (Druck von G. Bergmann, Osterode). 56 S.

G ü n t h e r , F r.: Hat der dreißigjährige Krieg den Oberharzer Bergbau zum Erliegen gebracht? Pr. Z. f. B. H. S. 55. 1907. S. 289—296.

G ü n t h e r , F r.: Die Bergfreiheiten des Oberharzes. Z. f. d. Bg.-, H.- u. Sal.-W. i. Preuß. 56. 1908. S. 412—450.

H e c k e r : Beitrag zur Frage nach der Entstehung der Harzer „Ruscheln". Z. f. d. Berg-, Hütten- und Sal.-Wesen. 1903. 51. Bd. S. 96—114 m. 2 Fig., Texttaf. d—f und Taf. 11.

H o r n u n g , F.: Ursprung und Alter des Schwerspates und der Erze im Harz. Z. d. D. Geol. Ges. 57. 1905. S. 291.

K a i s e r , E., und L. S i e g e r t : Beiträge zur Stratigraphie des Perms und zur Tektonik am westlichen Harzrande. Jahrb. d. Kgl. Preuß. Geol. Landesanst. u. Bergakademie Berlin für 1905. Bd. XXVI. 1906. S. 353—369 m. einer geologischen Skizze.

1. Die permischen Ablagerungen im Liegenden des Kupferschiefers am westlichen Harzrande; 2. Die Lagerungsverhältnisse des Zechsteins am westlichen Harzrande; 3. Die Schwerspatkommen am Rösteberg bei Grund.

v. K o e n e n : Über die Schichtenverschiebungen im Juliane-Sophieer-Querschlag bei Clausthal. B.- u. H.-Ztg. 1898. S. 140.

K ö h l e r , G.: Die Burgstädter „Faule Ruschel" auf der Grube „Herzog Georg Wilhelm". Preuß. Zeitschrift 1903. 51. Bd. B. S. 370—373.

K o s s m a n n : Das Kupferschieferbergwerk und die Kupferschmelzhütte zu Rottleberode a. Harz. Berg- u. H.-Ztg. 1893. S. 29.

S c h l e i f e n b a u m , W.: Das Schwefelkies-Vorkommen am Großen Graben bei Elbingerode im Harz. Jahrb. d. Kgl. Preuß. Geol. Landsanst. u. Bergakadem. Berlin für 1905. Bd. XXVI. 1906. S. 406—417 m. Taf. 10 u. 11.

S c h ü t z e , E.: Die geologische und mineralogische Literatur des nördlichen Harzvorlandes und des Harzes. 1900—1905. Verh. u. Mitt. d. Naturw. Ver. Magdeburg, 1902—1906. In 3 Abteilungen.

S t a p f f : Über das Alter der Oberharzer Gangspalten. „Glückauf" 1894. S. 1285.

W a l d e c k , K.: Streifzüge durch die Blei- und Silberhütten des Oberharzes. Halle, W. Knapp, 1907. Mit 5 Taf. Pr. 3,40 M.

W i e c h e l t , W.: Die Beziehungen des Rammelsberger Erzlagers zu seinem Nebengestein. Bg.- u. Hm. Ztg. 1904. S. 285—288, 297—301, 313—316, 329—333, 341—345, 357—361 m. 83 Fig. u. Taf. VII—X. Literatur von 1785—1902.

W i l c z e k , E.: Beiträge zur Geschichte des Berg- und Hüttenbetriebes im Unterharz unter spezieller Berücksichtigung des „Rammelsberger Bergbaues" u. d. „Frau-Marien-Saigerhütte" zu Oker im Harz. Mit 1 Taf. Kattowitz. Pr. 0,80 M.

Mitteldeutschland.

Provinz Sachsen (nebst Anhalt) und Thüringen.

Verein für Geologie und Paläontologie des Herzogtums Coburg und der Meininger Oberlande P. 05: 88.

Das Magneteisenerzlager vom Schwarzen Krux bei Schmiedefeld im Thüringer Wald (K. Schlegel) R. 03: 73, L. 03: 115.

Allgem. Deutscher Bergmannstag in Eisenach P. 07: 72.

Adsorptionsprozesse bei der Kupferschieferbildung (E. Kohler) 03: 55.

Untersuchungen über die Bildungsverhältnisse der ozeanischen Salzablagerungen, insbesondere des Straßfurter Salzlagers, XXVII bis XXXI. (J. H. van 't Hoff und Mitarbeiter) L. 03: 358.

Kalisalze der Thüringer Gewerkschaft Großherzog von Sachsen N. 05: 186.

Verein der deutschen Kali-Interessenten, Magdeburg P. 05: 420.

Über den „Pegmatitanhydrit" und den mit ihm verbundenen „Roten Salzton" im Jüngeren Steinsalz des Zechsteins vom Staßfurter Typus (E. Zimmermann) P. 07: 268.

Die Oberflächengestaltung in der Umgebung des Kyffhäusers als Folge der Auslaugung der Zechsteinsalze (E. Fulda) 09: 25. — Siehe Fig. 28, S. 115.

Zur Entstehung der Hohlräume im Gips (z. B. in Mansfeld) (E. Fulda) 09: 400.

Die Grundwasserverhältnisse zwischen Mulde und Elbe südlich Dessau und die praktische Bedeutung derartiger Untersuchungen (O. v. Linstow) 05: 121.

Das Kupferschieferlager in Anhalt (O. v. Linstow) 08: 56. — Vgl. umstehende Fig. 18.

Gothaische tausendteilige Gewerkschaften N. 06: 343. — Bergsteuer in Anhalt N. 06: 343.

Geologische Landesaufnahme im Herzogtum Anhalt P. 06: 170.

Die Entstehung der Kaolinerden der Gegend von Halle a. S. (E. Wüst) 07: 19. — (Vgl. auch Barnitzke 09: 457.)

Geophysikalische Gesichtspunkte bei Beurteilung des Wassereinbruches in die Mansfelder Kupferschiefergruben im Oktober 1907 (W. Krebs) B. 08: 32.

Das Tertiär im Kreise Gardelegen (F. Wiegers) L. 08: 45.

Der Thüringer Wald (E. Zimmermann) R. 08: 292. Mit farbiger geol. Karte.

Beiträge zur Kenntnis des Bleiglanz-Zinkblende-Erzstockes bei Weitisberga (H. Heß von Wichdorf) I. Teil: Geschichte 09: 12.

Die Braunkohlenförderung von Sachsen, Anhalt und Thüringen s. S. 59.

Über transversale Schieferung im Thüringischen Schiefergebirge (R. Sieburg) 09: 233. — Vgl. Fig. 30, S. 117.

Fernere Literatur:

Anhalt: Das in Anhalt geltende Bergrecht, nebst den erforderlichen Bergpolizeiverordnungen usw. Dessau, C. Dünnhaupt. 235 S. Geb. 3 M.

Interessante geologische Beobachtungen in den Tongruben bei Halle. Tonindustrie-Ztg. 1897. S. 87.

Der Bergbau auf dem Kupferschieferflöz bei Ilmenau in Thüringen. Montanmarkt 1901. Nr. 338 vom 27. Juli.

Baltzer, L. V.: Das Kyffhäusergebirge in geognostischer Beziehung. Leipzig 1897, 8°. Ann. Phys. u. Chemie,

Bernau, K.: Die geologischen Verhältnisse der Umgegend von Halle a. S. Eine historisch-geologische Skizze. Halle a. S., Buchhandlung des Waisenhauses, 1906. 27 S. Pr. 0,50 M.

Beyschlag, F.: Geologische Übersichtskarte der Kalisalzvorkommen am Südharz. 1 : 100 000. Berlin, Geol. Landesanstalt. Pr. 1 M.

Beyschlag, F.: Geologische Übersichtskarte der Kalisalzvorkommen im Werragebiet. 1 : 100 000. Berlin, Geol. Landesanstalt. Pr. 1 M.

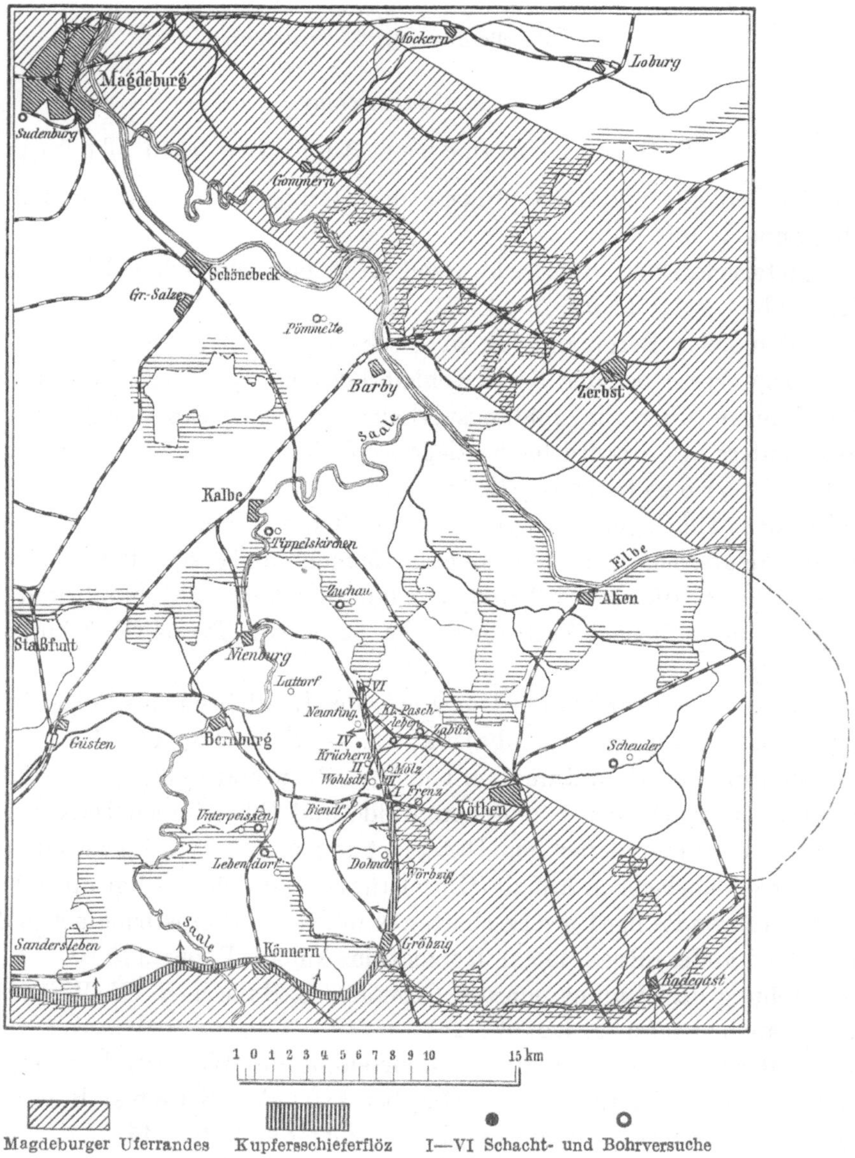

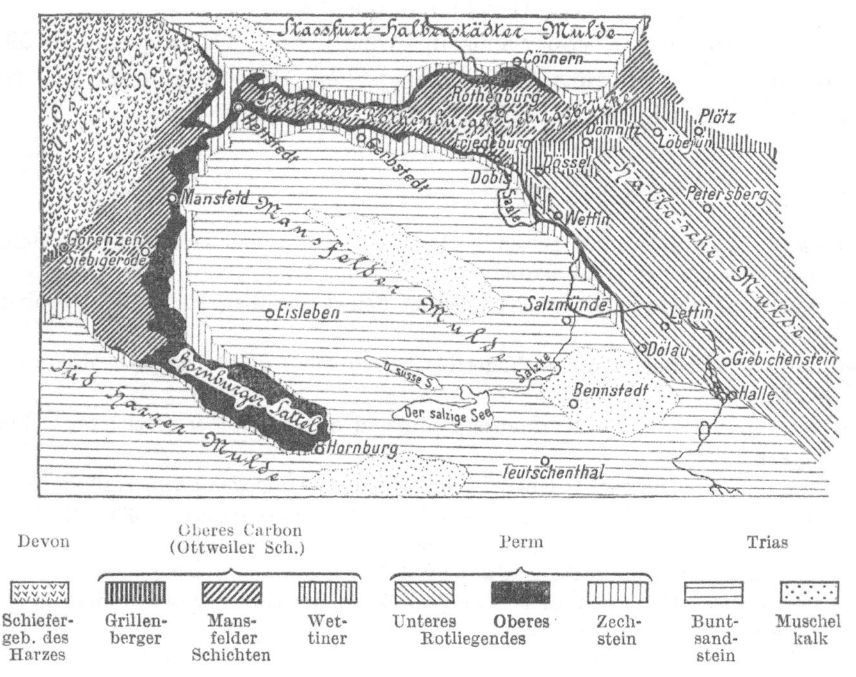

1 0 1 2 3 4 5 6 7 8 9 10   15 km

Horst des Magdeburger Uferrandes   Kupferschieferflöz   I—VI Schacht- und Bohrversuche

Fig. 18.

Das Kupferschieferflöz in Anhalt. Maßstab 1 : 400000. (Nach O. v. Linstow; Text Z.1908, S. 56—62.)

Devon	Oberes Carbon (Ottweiler Sch.)			Perm			Trias	
Schiefer-geb. des Harzes	Grillen-berger	Mansfelder Schichten	Wet-tiner	Unteres Rotliegendes	Oberes	Zech-stein	Bunt-sand-stein	Muschel kalk

Fig. 19.   Die Mansfelder Mulde.   (Nach Beyschlag.)

Deutschlands Kalilager.

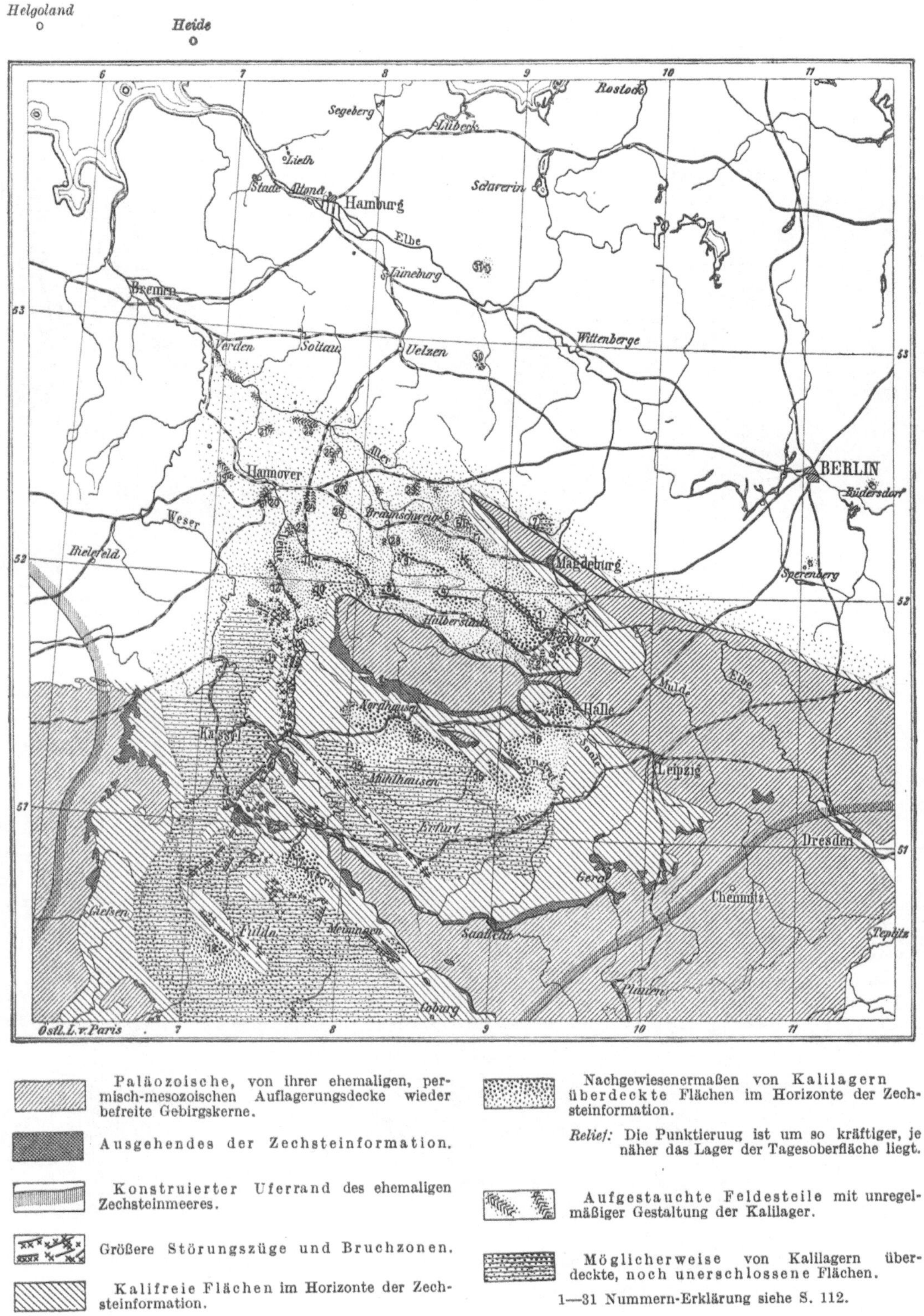

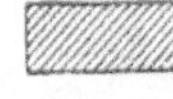

Helgoland
Heide
Rostock
Segeberg
Lübeck
Lieth
Stade
Altona
Hamburg
Schwerin
Elbe
Lüneburg
Bremen
Verden
Soltau
Uelzen
Wittenberge
Hannover
Aller
BERLIN
Rüdersdorf
Weser
Bielefeld
Braunschweig
Magdeburg
Sperenberg
Leine
Halberstadt
Mulde
Elbe
Nordhausen
Halle
Kassel
Saale
Leipzig
Mühlhausen
Erfurt
Dresden
Gera
Chemnitz
Gießen
Fulda
Meiningen
Saalfeld
Teplitz
Plauen
Coburg
Östl. L. v. Paris
Paläozoische, von ihrer ehemaligen, permisch-mesozoischen Auflagerungsdecke wieder befreite Gebirgskerne.
Ausgehendes der Zechsteinformation.
Konstruierter Uferrand des ehemaligen Zechsteinmeeres.
Größere Störungszüge und Bruchzonen.
Kalifreie Flächen im Horizonte der Zechsteinformation.
Nachgewiesenermaßen von Kalilagern überdeckte Flächen im Horizonte der Zechsteinformation.
Relief: Die Punktieruug ist um so kräftiger, je näher das Lager der Tagesoberfläche liegt.
Aufgestauchte Feldesteile mit unregelmäßiger Gestaltung der Kalilager.
Möglicherweise von Kalilagern überdeckte, noch unerschlossene Flächen.
1—31 Nummern-Erklärung siehe S. 112.

Fig. 20.
Geologische Übersichtskarte der Kaliverbreitung im Mitteldeutschen Zechstein.
Bearbeitet von H. Everding und G. Einecke 1907. Maßstab 1:3000000.

Im einzelnen vergl. hierzu: Fig. 18 (Anhalt), 19 (Mansfefd), 26 (Eichsfeld mit Leinetal und Südharzgebiet), 28 (Kyffhäuser und Hainleite); ferner die Profile Fig. 21—25, 27, 29.

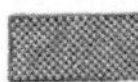

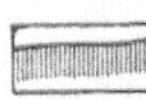

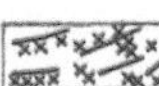

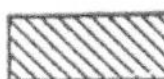

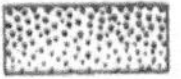

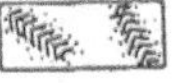

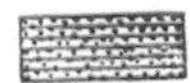

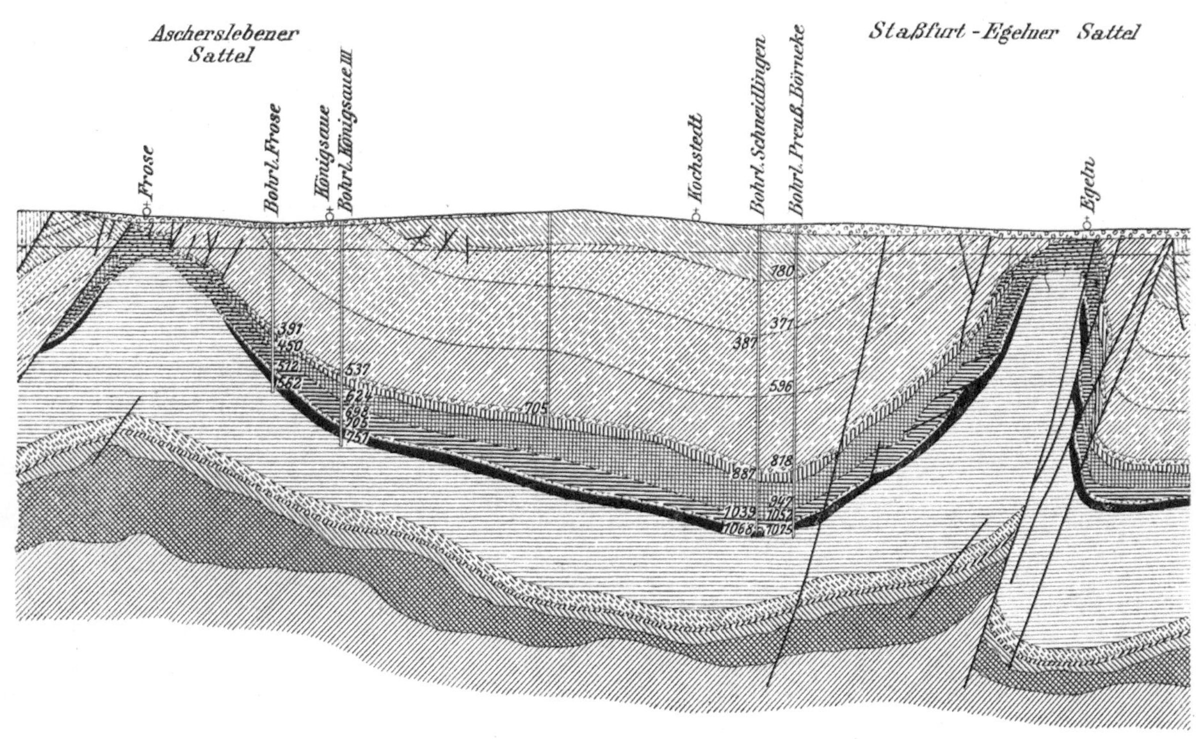

Fig. 21.

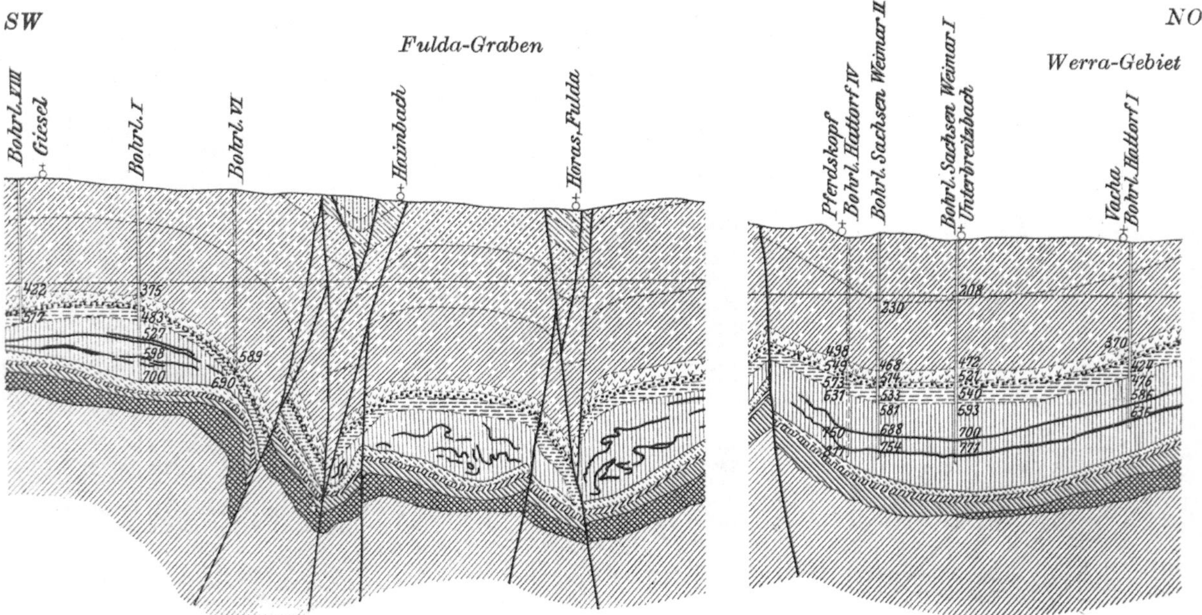

Fig. 22.   Fig. 23.

Typische, kalisalzführende Zechsteinprofile.

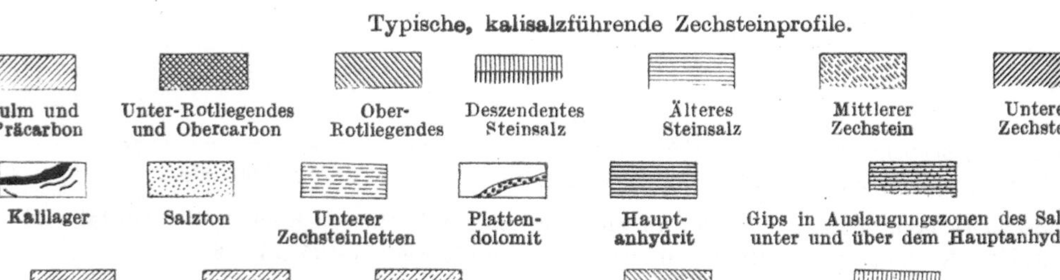

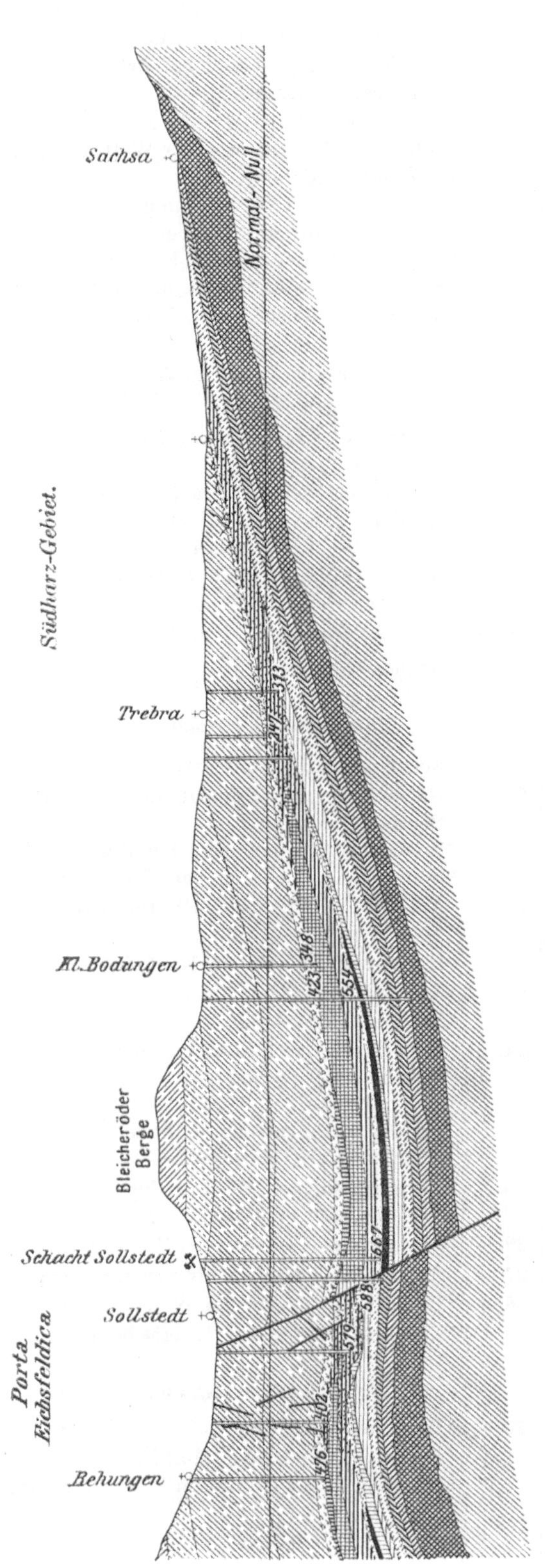

Fig. 24. (Zeichenerklärung siehe unter Fig. 22 u. 23.)

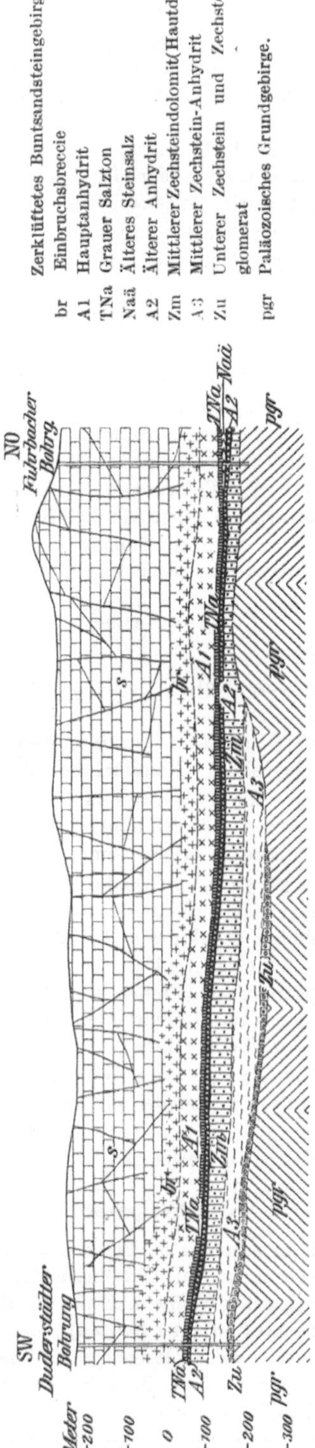

Fig. 25,

Eichsfeld-Profil östlich von Duderstadt. (Vgl. Fig. 26.) — Maßstab: Länge 2 : 75 000, Höhe 2 : 37 500.

Geologisch-geographische Ordnung der deutschen Kalibergbaue.
Nummern-Erklärung zur Karte Fig. 20 auf S. 109.

Nord-Harzgebiet.

1. **Staßfurt-Egelner Sattel** (s. Fig. 21)
   (Leopoldshall)
   *Friedrichshall ⎱ Herzogl. A.
   *Schacht IV — Güsten ⎰ (Staßfurt)
   (v. d. Heydt-Schacht) ⎫
   (Achenbach-Schacht) ⎪ Königl. Pr.
   *Berlepsch-Schacht ⎬ (Staßfurt)
   *Tarthun ⎭
   *Ludwig II (Staßfurt)
   *Neustaßfurt (Löderburg bei Staßfurt)
   *Westeregeln (Westeregeln)
2. **Bernburger Plateau**
   *Solvayhall (Bernburg)
3. **Ascherslebener Sattel** (s. Fig. 21)
   **Schmidtmannshall (Aschersleben)
4. **Huy**
   *Wilhelmshall (Anderbeck bei Halberstadt)
5. **Flechtinger Höhenzug**
   Am Südhang:
   *Burbach (Beendorf bei Helmstedt)
   *Walbeck (Weferlingen a. d. Aller)
6. *Beienrode (Beienrode bei Königslutter)
   Am Nordhang:
7. Bismarckshall (Samswegen)

Nordwest-Harzgebiet.

8. **Harlyberg**
   *Hercynia Kgl. Pr. (Vienenburg)
9. **Asse**
   *Asse (Wittmar i. Braunschweig)
   *Hedwigsburg (Neindorf bei Wolfenbüttel)
10. **Groß-Rhüdener Sattel**
    *Carlsfund (Gr.-Rhüden)
    *Hermann II (Bockenem)
11. **Hildesheimer Wald**
    *Salzdetfurth (Salzdetfurth)
    *Hildesia (Diekholzen bei Salzdetfurth)
12. **Leinetalsattel**
    *Hohenzollern (Freden a. d. Leine)
    *Desdemona (Limmer-Dehnsen)
    *Frisch Glück (Eime)
13. **Ahlshausener Buntsandsteinhorst**
    *Siegfried I (Salzderhelden)
14. **Solling**
    *Justus (Volpriehausen)

Süd-Harzgebiet.

15. **Südharzrand** (s. Fig. 24, 28 u. 29.)
    *Heldrungen I u. II (Oberheldrungen)
    *Großherzog Wilhelm Ernst (Oldisleben)
    *Glückauf (Sondershausen)
    *Güntershall (Göllingen a. Kyffhäuser)
    *Bleicherode Kgl. Pr. (Bleicherode)
    **Sollstedt (Sollstedt)
    *Nordhäuser Kaliwerke (Wolkramshausen)
    *Deutsche Kaliwerke (Bernterode)
    *Immenrode (Wolkramshausen)

*Ludwigshall (Wolkramshausen)
*Neu-Bleicherode (Neustadt, Kr. Worbis)
Bismarckshall (Bischofferode)
*Thüringen (Heygendorf bei Artern)
Volkenrode (Menterode)

16. **Mansfelder und Querfurter Mulde**
    *Johannashall (Beesenstedt b. Wettin a. d. S.)
    *Mansfeld (Eisleben)
    Adler-Kaliwerke (Oberröblingen)
    Hallische Kaliwerke (Zscherben)
    *Krügershall (Teutschental b. Halle a. d. S.)
    *Salzmünde (Salzmünde a. d. Saale)
    *Roßleben (Roßleben a. d. Unstrut)

17. *Werragebiet* (s. Fig. 23).
    *Alexandershall (Berka)
    *Wintershall (Heringen a. d. Werra)
    *Kaiseroda (Tiefenort)
    *Großherzog von Sachsen (Dietlas)
    *Heldburg (Leimbach bei Salzungen)
    Sachsen-Weimar (Vacha)
    *Hattorf (Philippstadt a. d. Werra)

18. *Fuldagebiet* (s. Fig. 22).
    Neuhof (Neuhof)

Hannoversches Flachland.

19. *Siegmundshall (Wunstorf)
20. *Hansa Silberberg (Empelde, Landkr. Linden)
    Benthe (Benthe)
    *Ronnenberg (Ronnenberg bei Hannover)
    *Deutschland (Gehrden bei Hannover)
21. Adolfsglück (Fuhrberg, Kr. Burgdorf)
22. Steinförde (Steinförde)
    Prinz Adalbert (Oldau, Kr. Celle)
23. Sarstedt (Sarstedt)
    Siegfried (Gr.-Giesen)
24. *Hohenfels (Algermissen i. Hann.)
    *Friedrichshall (Sehnde)
    †Hugo (Lehrte)
    Carlshall (Algermissen, Lühnde)
    Schieferkaute (Gödringen)
25. *Riedel (Hänigsen, Kr. Burgdorf)
    Niedersachsen (Wathlingen, Landkr. Celle)
26. Wilhelmshall-Ölsburg (Gr.-Ilsede)
27. Hannoversche Kaliw. (Abbensen, Kr. Peine)
28. *Thiederhall (Thiede bei Wolfenbüttel)
29. **Einigkeit (Ehmen bei Fallersleben)

Norddeutsches Tiefland.

30. *Teutonia (Wustrow)
31. *Jessenitz (Lübtheen i. Mecklenburg)
    *Friedrich Franz (Lübtheen i. Mecklenburg)

Elsaß.

† Amélie (Wittelsheim)

---

*) Syndikatswerke Anfang 1910: 55 Werke.
**) Fördernde Werke außerhalb des Syndikats Anfang 1910: 3 Werke.

†) Werke, die ihr Lager bereits durch Strecken aufschließen und mit dem Syndikat einen Vorvertrag abgeschlossen haben.

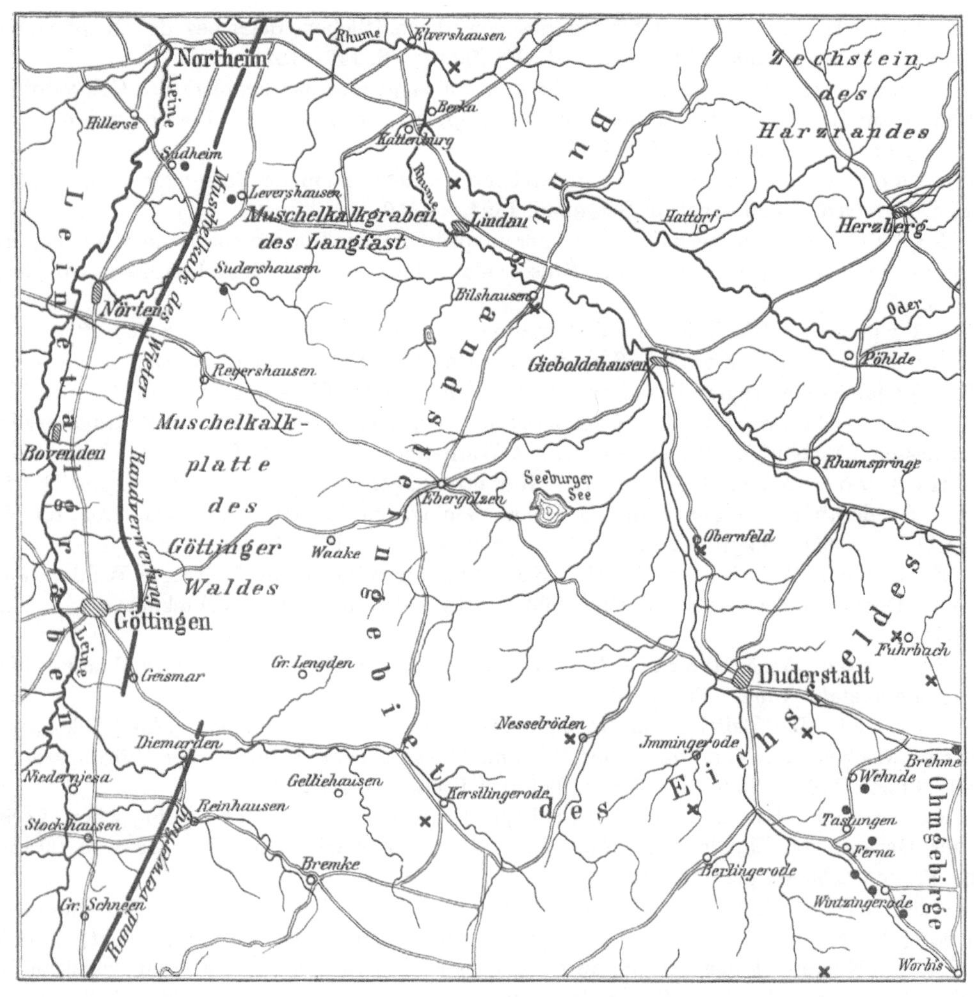

Fig. 26.
Das hannoversche Eichsfeld.   Maßstab 1 : 300 000.

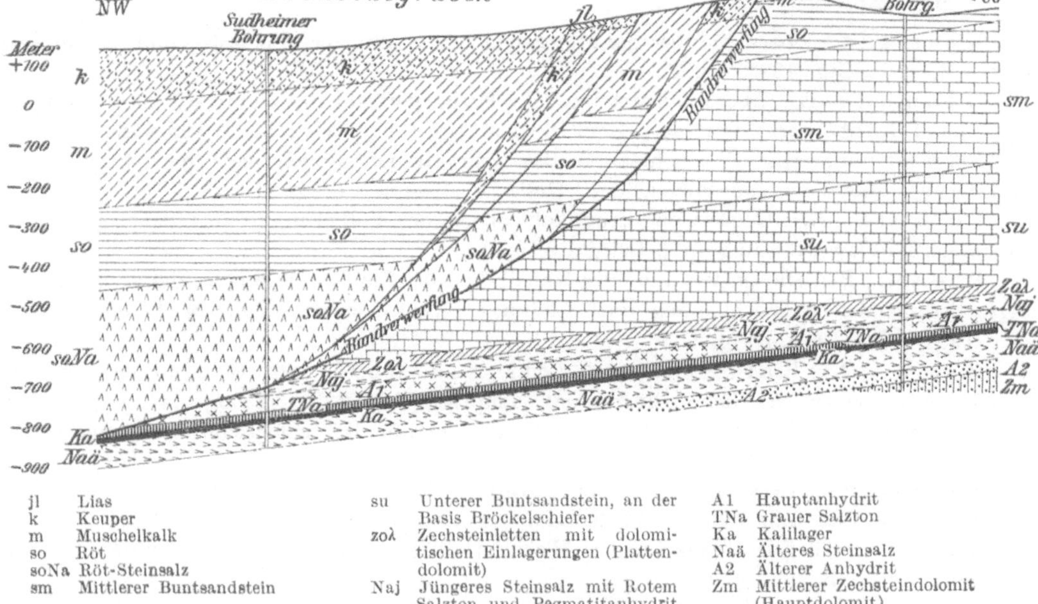

jl	Lias	su	Unterer Buntsandstein, an der Basis Bröckelschiefer	A1	Hauptanhydrit
k	Keuper			TNa	Grauer Salzton
m	Muschelkalk	zoλ	Zechsteinletten mit dolomitischen Einlagerungen (Plattendolomit)	Ka	Kalilager
so	Röt			Naä	Älteres Steinsalz
soNa	Röt-Steinsalz			A2	Älterer Anhydrit
sm	Mittlerer Buntsandstein	Naj	Jüngeres Steinsalz mit Rotem Salzton und Pegmatitanhydrit	Zm	Mittlerer Zechsteindolomit (Hauptdolomit)

Fig. 27.   Profil durch den Leinetalgraben südlich von Northeim. — Maßstab 2 : 37 500.
(Nach Grupe; Text Z. 1909, S. 185—204.)

B l ü m e l , E.: Die Entstehung des gewerkschaftlichen Betriebes des Kupferschiefer-Bergbaues. Eisleben 1903. Mansfelder Bl. 17. Jahrg. S. 148—152.

E r d m a n n , H.: Die Katastrophe von Mansfeld und das Problem des Coloradoflusses. Ein Beitrag zur Geschichte der Salzseen und Salzsteppen. Gotha 1907. P e t e r m a n n s Mitt. 53 Bd. S. 42—46 m. 1 Karte auf Taf. IV.

F r a n t z e n : Über neue Erfahrungen beim Kalibergbau in der Salzunger Gegend (Thür.). Jahrb. d. Kgl. Geol. Landesanst. u. Bergakad. 1894. S. 50.

F r a n t z e n : Der Zechstein in seiner ursprünglichen Zusammensetzung und der untere Buntsandstein in den Bohrlöchern bei Kaiserroda. Jahrb. d. Kgl. Geol. Landesanst. u. Bergak. 1894. S. 65.

v. F r i t s c h : Die Eislebener Erdsenkungen und ihre Ursache. Montan-Ztg. 1986. S. 269.

G o e b e l , F r i c k e und S c h u l t e : Das Königliche Solbad zu Elmen. Festschrift zur Hundertjahresfeier seines Bestehens: 1802—1902. Bad Elmen, 1902. 316 S. m. 2 Tafeln.

G r u r e - E i n w a l d , L.: Geognostisch-geologische Exkursionen im Kyffhäusergebirge und in dessen Umgebung. Frankenhausen, C. Werneburg, 1897. 147 S.

H e ß v o n W i c h d o r f f , H.: Kontakterzlagerstätten im Sormitztale im Thüringer Walde. Sonderabdr. a. d. Jahrb. d. Kgl. Preuß. Geolog. Landesanst. u. Bergakademie für 1903. Bd. XXIV. S. 165—183 m. 6 Fig. u. 1 Übersichtskärtchen. Pr. 0,70 M.

H e ß v o n W i c h d o r f f , H.: Kontakterzlagerstätten im Thüringer Walde. Jahrb. d. Preuß. Geol. Landesanstalt. Berlin 1903. S. 165—183 m. 1 Übersichtskärtchen, 1 Skizze und 5 Fig.

H e ß v o n W i c h d o r f f , H.: Kontakterzlagerstätten im Thüringer Walde. Berlin, Geol. Landesanstalt, 1904. Pr. 0,80 M.

H e n k e l , L.: Beiträge zur Geologie des nordöstlichen Thüringens. (Alte Ablagerungen der Saale zwischen den Mündungen der Ilm und Unstrut; zur Kenntnis der Störungszone der Finne.) Pforta 1903. 26 S. m. 4 Fig., 2 Taf. u. 1 Karte. Pr. 2,50 M.

K e i l h a c k , K.: Die erdgeschichtliche Entwicklung und die geologischen Verhältnisse der Gegend von Magdeburg. Magdeburg 1909, Fabersche Buchhlg. 122 S. m. 20 Fig. u. 2 Taf. Pr. geh. 2,50 M, geb. 3,25 M.

K ö h l e r , G.: Die „Rücken" in Mansfeld und in Thüringen sowie ihre Beziehungen zur Erzführung des Kupferschieferflözes. Leipzig, W. Engelmann, 1905. 29 S. m. 7 Textfig., 11 Taf. m. 37 Fig. u. 2 Karten: I. Querprofile durch den ersten Flözrücken westlich vom Schachte „Niewandt". II. Graphische Darstellung des Kupfer- und Silbergehaltes des Mansfelder Kupferschiefers in der IV. Tiefbausohle. Pr. 5 M.

> I. Die tektonischen Verhältnisse in Mansfeld und in Thüringen. II. Die Beziehungen der Lagerungsstörungen in Mansfeld und in Thüringen zur Erzführung des Kupferschieferflözes. A. Die Erzführung im Schieferflöze im allgemeinen; B. Die Erzanreicherung an den Mansfelder „Rücken" und Schlußfolgerungen; C. Beweis der sekundären Erzanreicherung.

K o s m a n n : Übersicht über die Mineralien des Staßfurter Steinsalz- und Kaliumsalz-Lagers. B.- u. H.-Ztg. 1893. S. 39.

N a u m a n n , E.: Über die Entstehung der Erzlagerstätten des Kupferschiefers und Weißliegenden am Kyffhäuser. Vortrag. Z. d. D. Geol. Ges. 1902. 54. Bd. S. 122—124.

P a x m a n n , H.: Übersichtskarte der Kaliunternehmungen nach dem Stande vom Sommer 1907. Mit Text und Verzeichnis. Halle. W. Knapp. Pr. 10 M.

P o t o n i é , H.: Genesis der Braunkohlenlager der südlichen Provinz Sachsen. Berlin 1908. Geol. Landesanst. 12 S. m. 3 Taf. Pr. 0,50 M.

P r e c h t , H.: Die Entwicklung der Kali-Industrie. Zur Erinnerung an die vor 50 Jahren erfolgte bergmännische Erschließung des Staßfurter Kalisalzlagers. Zeitschr. f. angew. Chem. XIX. 1906. S. 1—7 m. 1 Fig.

R e i c h , O.: K a r l E r n s t A d o l f v o n H o f f , der Bahnbrecher moderner Geologie. Eine wissenschaftliche Biographie. Leipzig, Veit & Co., 1905. 144 S. Pr. 4 M. (S. 43—62: v o n H o f f s wissenschaftliche Verdienste um die geologische Erforschung Thüringens.)

R i e d e l , O.: Über Gletschertöpfe im Bitterfelder Kohlenrevier. Jahrb. d. Kgl. Preuß. Geol. Landesanst. f. d. Jahr 1902. Bd. XXIII. S. 268—271 m. 3 Fig.

S c h i f f n e r : Zur Geschichte des Eisenhüttenwesens im Königreich Sachsen. „Stahl und Eisen" 1904. S. 609—610.

S c h n a b e l , C.: Die neue Kohlensäurequelle bei Sondra in Thüringen Zeitschr. für Berg-, Hütten- und Salinenw. Berlin 1898. Bd. LVII. S. 13—15.

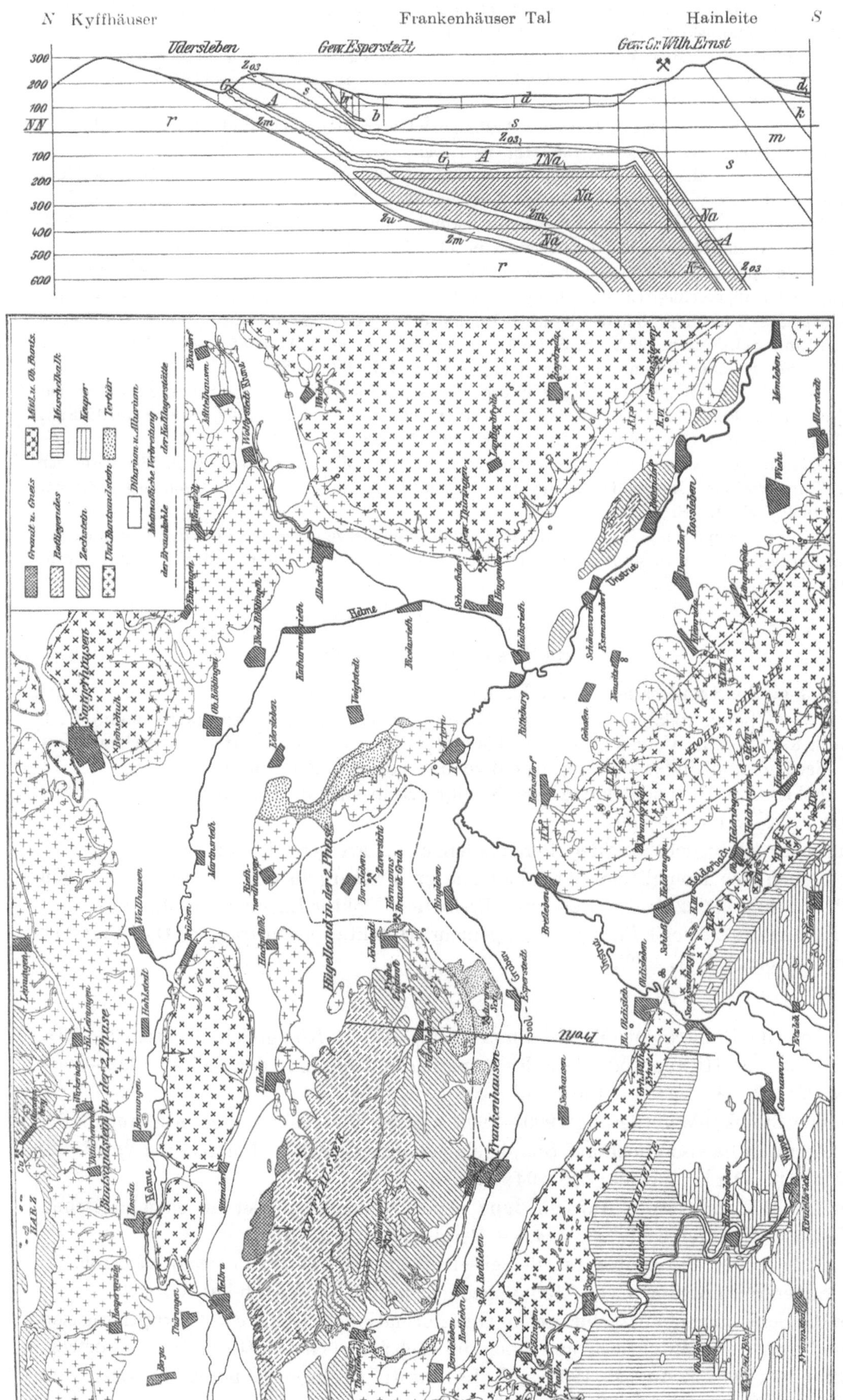

Fig. 28 u. 29.

Geologische Karte der Umgebung des Kyffhäuser (Maßstab 1 : 200000) nebst Profil (Maßstab 1 : 100000, Höhen 1 : 25000). (Nach Fulda; Text: Z. 1909, S. 25—28.)

S c h r e i b e r: Die Oberflächenbewegungen in Staßfurt. Nach amtlichen Quellen dargestellt. (Als Manuskript gedruckt.) Staßfurt 1904. 18 S.

S e l l e , V.: Über Verwitterung und Kaolinbildung Hallescher Quarzporphyre. S.-A. a. d. „Zeitschr. f. Naturwissensch." Bd. 79. 1907. S. 321—421 mit einer geol. Karte und 11 Fig. Leipzig, Erw. Nägele, 1907.

S i e g e r t: Über den geologischen Aufbau des Untergrundes der Stadt Halle a. S. Monatsbericht d. D. Geol. Ges. 1908. S. 136—155 m. 1 Fig.

T o r n o w , M.: Die Verwendung von Baggern zur Abraumarbeit auf den Braunkohlenbergwerken der Provinz Sachsen. Preuß. Zeitschr. 1906. 54. Bd. S. 568—595 mit 5 Fig.

W a l t h e r , J.: Geologische Heimatskunde von Thüringen. 2. Aufl. Jena, 1903. G. Fischer. 10 u. 245 S. m. 120 Leitfossilien in 142 Fig. u. 16 Prof. im Text. Pr. 3 M.

W e s t p h a l , J.: Geschichte des Königlichen Salzwerks zu Staßfurt unter Berücksichtigung der allgemeinen Entwickelung der Kali-Industrie. Denkschrift aus Anlaß des 50 jähr. Bestehens des Staßfurter Salzbergbaues. Im amtlichen Auftrage verfaßt. Preuß. Z. f. Berg-, Hütten- und Sal.-Wesen 1902. B. S. 1—91 m. Texttaf. a—c und Atlastaf. 1—6. Auch separat bei W. Ernst & Sohn, Berlin. Pr. kart. 6 M. — (Ref. d. Z. 1902. S. 207.)

W o h l r a b , A.: Das Vogtland als orographisches Individuum. Eine Studie zur deutschen Landeskunde. Forsch. z. D. Landeskunde. Stuttgart, J. Engelhorn, 1899. 185 S. m. 12 Fig., 7 Lichtdrucktaf. u. 1 Übersichtsk. i. M. 1 : 500 000. Pr. 6,40 M.

Z i m m e r m a n n , E.: Pegmatitanhydrid aus dem Jüngeren Steinsalz im Schachte der Adler-Kaliwerke bei Oberröblingen am See. S.-A. d. Monatsber. d. Dtsch. Geol. Ges. Bd. 61. Jahrg. 1909. Nr. 1. S. 10—16.

Z i m m e r m a n n , E.: Über die Rötung des Schiefergebirges und über das Weißliegende in Ostthüringen. S.-A. d. Monatsber. d. Deutsch. Geol. Gesellsch. Bd. 61. Jahrg. 1909. Nr. 3. S. 149—155.

Königreich Sachsen.

Die geologische Landesanstalt des Königreichs Sachsen P. 04: 151.

> Übersichtskarte mit Blatt-Einteilung der geol. Spezialkarte siehe F. I S. 89. — Ein Verzeichnis der bis jetzt in z w e i t e r Auflage vorliegenden Sectionen befindet sich im Anhange des vorliegenden Bandes.

Die geologische Übersichtskarte des Königr. Sachsen (H. C r e d n e r) L. 08: 83; (P. W a g n e r) 09: 501.

Chemischer Unterricht an der Bergakademie zu Freiberg P. 03: 48.

Der Besuch der Königlichen Bergakademie zu Freiberg in den Jahren 1897—1906 P. 06: 304, 07: 271. — Der erste Freiberger Doktor-Ingenieur P. 07: 128.

Der Nutzen der Geologie für den Bergingenieur (Habilitationsvortrag von O. S t u t z e r in Freiberg) P. 07: 222.

Der deutsche Erzbergbau (M. K r a h m a n n). II. B. Königreich Sachsen 05: 294.

Bergwerks- und Hüttenproduktion des Königreichs Sachsen in den Jahren 1902—1906 N. 06: 92, 08: 221. — 1907 und 1908 s. S. 119.

Sachsens Steinkohlenförderung 1900—1908 s. S. 58, die Braunkohlenförderung S. 59.

Wo könnte in Sachsen noch auf Steinkohle gebohrt werden? (Fortsetzung von 1902, 225) (K. D a l m e r) 03: 121, 04: 121.

Über die Möglichkeit der Aufschließung neuer Steinkohlenfelder im erzgebirgischen Becken (C. G ä b e r t) 08: 114. — Vergl. hierzu Fig. 31.

Zur Genesis der Steinkohle im Plauenschen Grunde (W. H i r s c h) 09: 366.

Die Silber-Wismutgänge von Johanngeorgenstadt (W. V i e b i g) 05: 89.

Über die Scheidung der erzgebirgischen Gneisformation im Gebiete von Eruptivgneisen und von Sedimentgneisen und über die sächsische Granulitformation. Vortrag, gehalten am 22. August 1903 a. d. IX. Intern. Geologen-Kongreß zu Wien von H. C r e d n e r P. 04: 70.

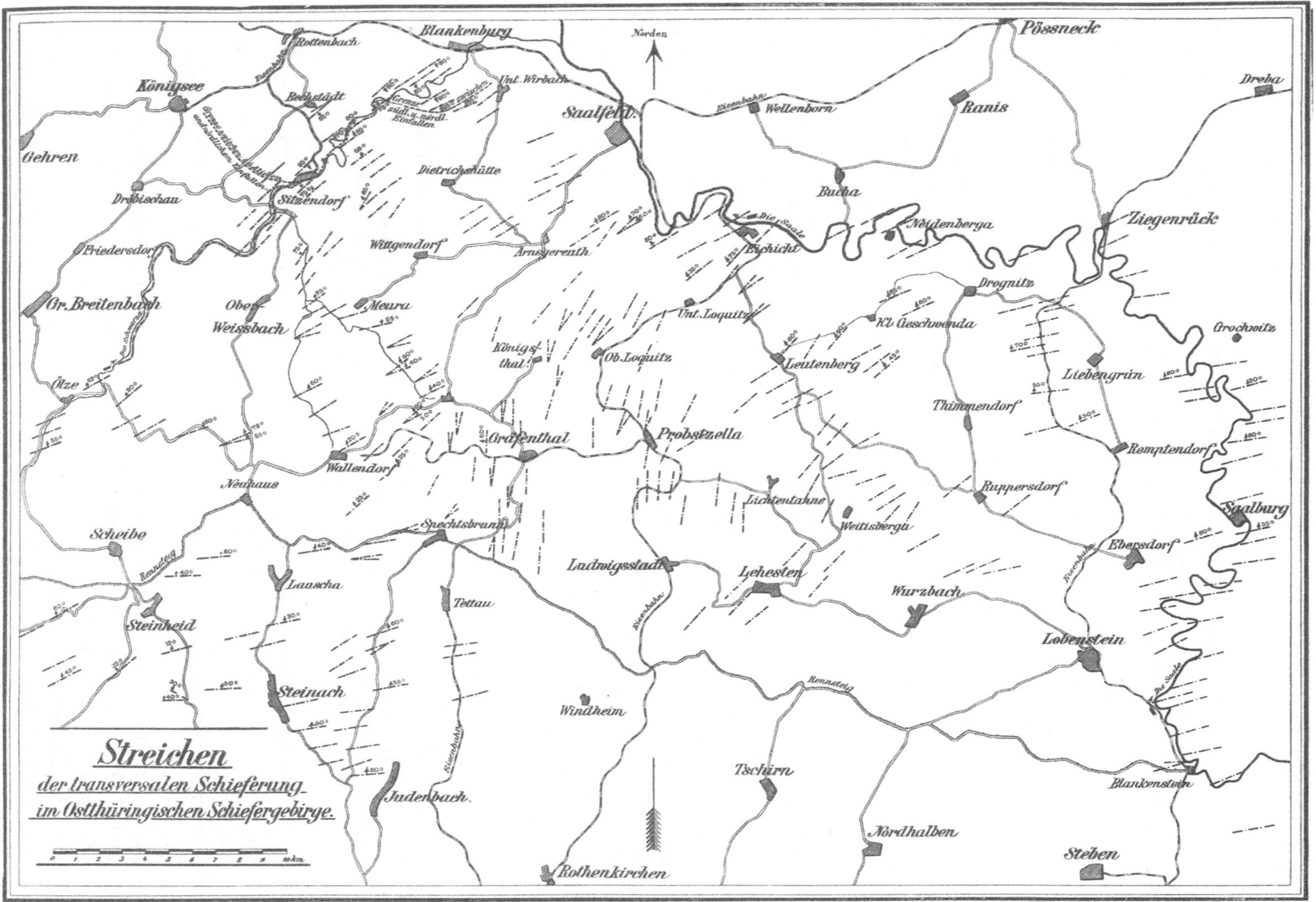

Fig. 30.
(Nach R. Sieburg; Text: Z. 1909 S. 233—262.)

Beitrag zur Kenntnis der Kieslagerstätten zwischen Klingenthal und Graslitz im west-
   lichen Erzgebirge (B. B a u m g ä r t l) 05: 353.
Über die Erzlager der Umgegend von Schwarzenberg im Erzgebirge (R. B e c k)
   L. 05: 44. — Vergl. Fig. 34.
Über einige Kieslagerstätten im sächsischen Erzgebirge (R. B e c k) 05: 12.
Uranpecherz in Sachsen N. 04: 328.
Wem gehören die Kalisalze im Königreich Sachsen? (G. H. W a h l e) L. 06: 266.

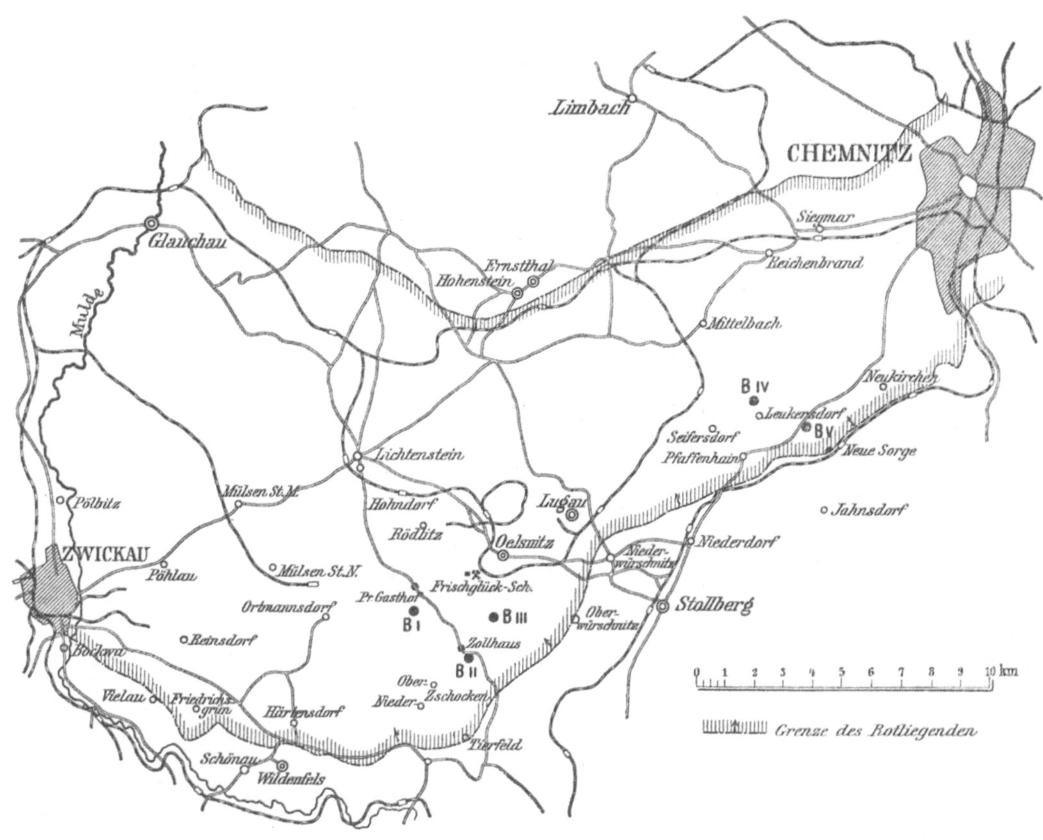

(Frischglück-Schacht ist auflässig.)

Fig. 31.
Das erzgebirgische Becken zwischen Chemnitz und Zwickau.
(Nach C. G ä b e r t; Text und Profile der hier verzeichneten Bohrungen: Z. 08 S. 114—119.
Die Fig. 29 in F. I S. 93 schließt sich hier südlich an.)

Die „Weiße Erden Zeche St. Andreas" bei Aue (O. S t u t z e r) 05: 333. Über
   das Vorkommen von Porzellanerde bei Meissen und Halle a. S, (J. E. B a r n i t z k e)
   09: 457. — Vergl. Fig. 32.
Der artesische Brunnen von Großzössen bei Borna, Bezirk Leipzig (C. G ä b e r t)
   04: 261.
Bemerkungen zur Arbeit „Zur Kenntnis der Kieslagerstätten zwischen Klingenthal
   und Graslitz im westlichen Erzgebirge" von D r. O t t o M a n n in Dresden
   (B. B a u m g ä r t e l) B. 06: 150.
Bergbau im Sächsischen Erzgebirge N. 06: 216.
Über ein kürzlich aufgeschlossenes Wolframerzgangfeld und einige andere Aufschlüsse
   in sächsischen Wolframerzgruben (Fig. 8—16) (R. B e c k) 07: 37.
Die Genesis des Sächsischen Granulitgebirges (H. C r e d n e r) L. 07: 90.
Hermann Müller, Nachruf (mit Porträt) (R. B e c k) 07: 169.

Bergwerks- und Hüttenproduktion des Königreichs Sachsen in den Jahren 1907—1909.

(Nach Jahrb. f. d. Berg- u. Hüttenw. im Königr. Sachsen 1908, S. 62, 244; 1909, S. 65, 241; 1907, S. 67. — Die entsprechenden Zahlen für 1890, 1900 und 1901 siehe „Fortschritte" I, S. 90, für 1902 und 1903 Z. 1906, S. 93, für 1904—1906 Z. 1908, S. 221.

Mineral und Produkt	Menge			Wert		
	1907	1908	1909	1907	1908	1909
	Tonnen	Tonnen	Tonnen	M	M	M
Steinkohlen	4 879 461	5 020 072		62 656 783	67 712 255	
Braunkohlen . . .	2 485 848	2 882 708		6 797 580	8 056 011	
Summe 1	7 365 309	7 902 780		66 454 363	75 768 266	
Silb.-, Blei- usw. Erze	7 251	7 827		988 763	757 268	
Arsen-, Schwefel- u. Kupferkiese . . .	6 380	6 736		87 712	83 550	
Zinkblende	155	253		5 409	8 388	
Wismut-, Kobalt- u. Nickelerze . . .	284	298		409 219	495 080	
Wolfram	62	42		170 128	64 550	
Uranpecherz . . .	0,853	—		600	—	
Eisenstein	2 831	751		21 391	5 676	
Zinnerz	89	111		71 688	58 436	
Flußspat	2 501	2 705		18 134	19 537	
Schwerspat	388,5	333		5 439	4 666	
Quarz, Glimmer u. Molybdänglanz .	1,75	1,8		2 955	1 090	
Eisenocker, Schwaben- u. Farbenerde	42,75	73,5		1 112	1 901	
Summe 2 *)	19 987,815	19 131,3		1 819 118	1 499 942	
Summe I.	7 385 296,815	7 921 911,3		71 273 481	77 309 760	
*) Davon an die fiskalischen Hütten bei Freiberg geliefert[1]	12 819	13 718		1 063 847	825 004	
Roheisen	—	—		—	—	
Feingold in Scheidegold . . . . kg	3 321	3 424		9 273 621	9 565 066	
Platin	53,6	65		182 297	178 705	
Feinsilber in Scheidesilber . . . kg	84 250	82 828		7 562 458	6 005 331	
Wismut . . . dz	39,84	37		40 328	49 127	
Kupfervitriol . dz	20 613	27 853		1 147 595	1 208 990	
Nickelspeise . dz	291	192		16 268	11 371	
Zink u. Zinkstaub dz	1 573	—		84 303	—	
Blei und Glätte dz	35 844	49 867		1 526 720	1 455 645	
Bleifabrikate . dz	21 157	22 913		916 124	788 948	
Schwefelsäure in verschied. Sorten dz	175 840	163 428		473 524	454 191	
Eisenvitriol, schwefelsaures Natron usw. . . . . dz	5 643	4 788		22 532	24 061	
Arsenikalien . dz	13 128	11 757		738 062	679 981	
Ton und Schamottewaren	—	—		85 281	71 011	
Blaufarbenwerksprodukte . . dz	5 823,23	5 100,3		3 185 686	2 932 742	
Summe II.	—	—		25 254 799	23 425 169	

[1] Mit einem Metallinhalt von

		1907	1908	1909
Gold	kg	0,031	—	
Silber	kg	8 166,84	8 609,314	
Blei	dz	12 435,88	14 927,774	
Kupfer	dz	25,612	27,075	
Arsen	dz	1 465,652	1 277,336	
Schwefel	dz	29 114,798	29 377,282	
Zink	dz	516,74	355,168	

Fernere Litteratur:

Beck, R.: Die Nickelerzlagerstätte von Sohland a. d. Spr. und ihre Gesteine. Z. d. Deutsch. Geol. Gesellsch. 1903. 55. Bd. S. 296; mit 2 Fig. und Taf. XII—XIV. Siehe auch ebenda die Briefl. Mittlg. Nr. 15. (Monatsbericht Nr. 7.)

Berge, A. vom: Sachsens Goldbergbau. Chemnitz 1903. Saxonia. Jahrg. 1. S. 588—591.

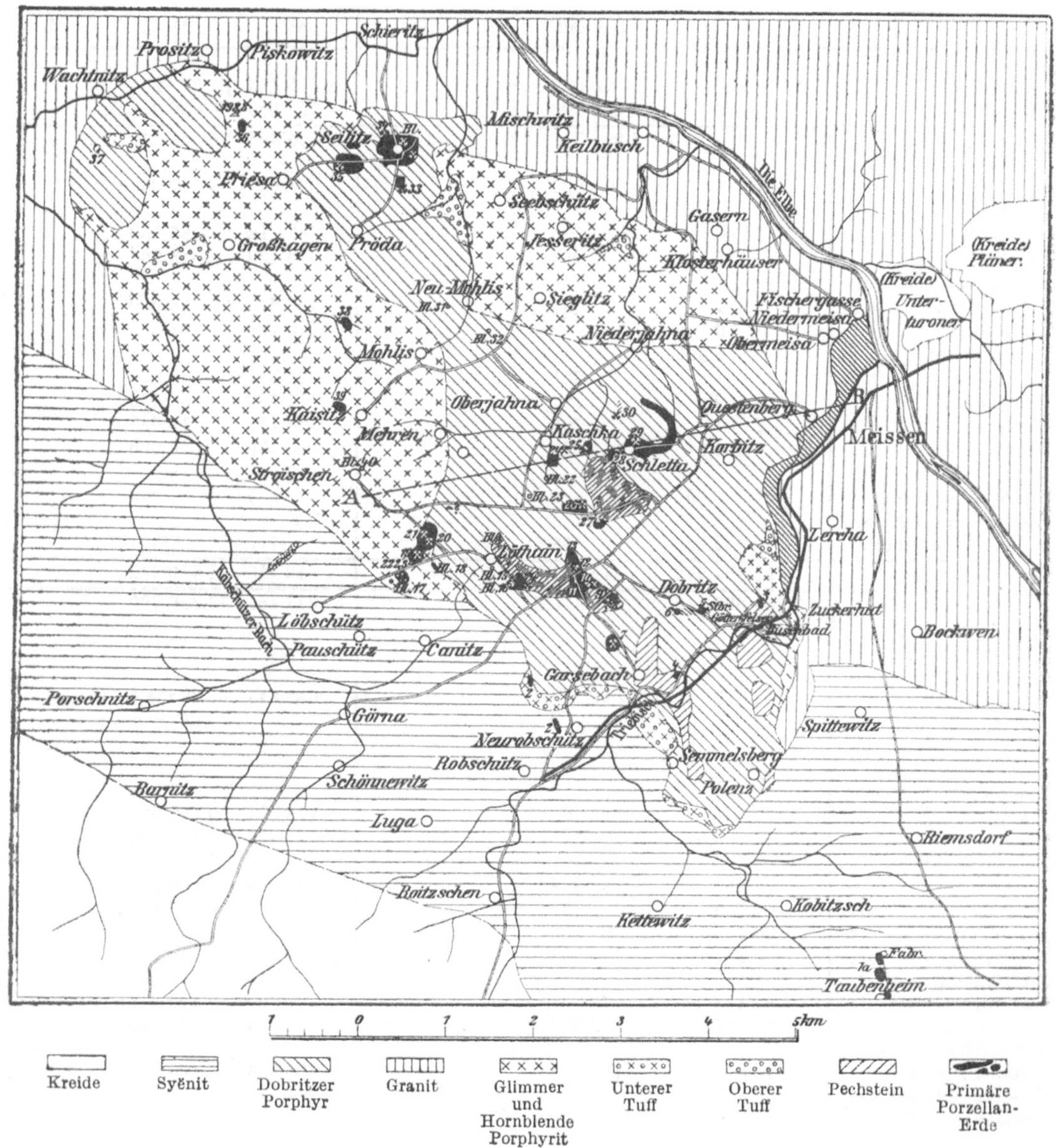

Fig. 32.
Geologischer Untergrund der Sektion Meißen mit abgedecktem Tertiär und Quartär.
(Nach Barnitzke; Text Z. 1909 S. 457—473; Profil A—B S. 464.)

Bergt, W: Die Abteilung für vergleichende Länderkunde am städtischen **Museum für Völkerkunde zu Leipzig.** Abdruck aus dem Jahrb. des Museums für Völkerkunde zu Leipzig **1906. 43 S. m. 1 Taf.**

Bergt, W.: Über einige sächsische Minerale. — (Magnetkies von Burgk bei Dresden. — Zinkspat von Freiberg. — Minerale von Heidelbach bei Wolkenstein.) Abhdl . d. naturwiss. Ges. Isis in Dresden. 1903. Heft 1. S. 20—25 m. 1 Fig.

Bergt, W.: Die Phyllitformation am Südostflügel des sächsischen Granulitgebirges ist nicht azoisch. Stuttgart 1905. Zentralbl. f. Min. S. 109—114.

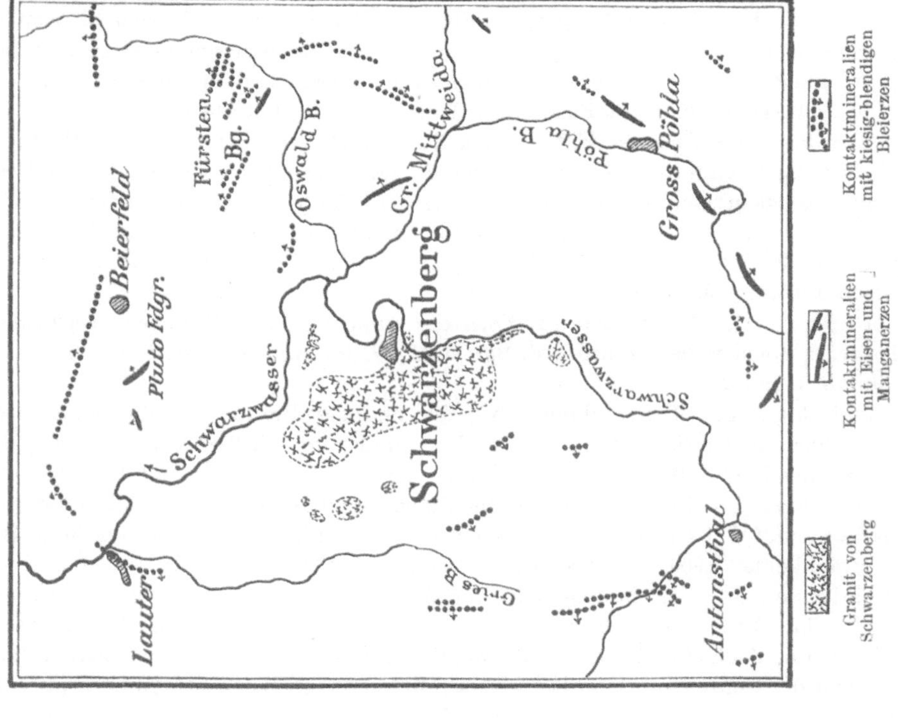

Fig. 34.

Erzlagerstätten in der Granitkontaktzone von Schwarzenberg im sächsischen Erzgebirge. (Nach Blatt Schwarzenberg der geol. Spezialkarte.)
(Nach Beyschlag, Krusch, Vogt: „Lagerstätten" I, 1909, S. 34.)

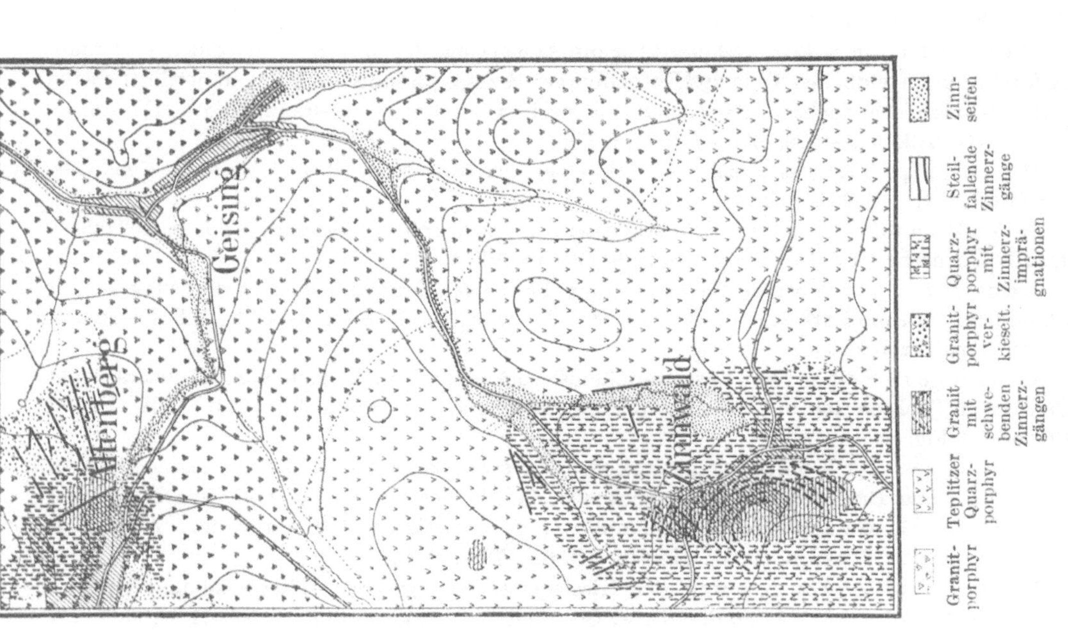

Fig. 33.

Die Gegend von Altenberg und Zinnwald im sächsischen Erzgebirge. (Zur Ergänzung von F. I S. 91, Fig. 28.)
(Nach Beyschlag, Krusch, Vogt: „Lagerstätten" I, 1909 S. 4.)

C r e d n e r , H.: Die sächsischen Erdbeben während der Jahre 1904 bis 1906. Ber. der Mathem.-Phys. Klasse d. K. Sächs. Ges. d. Wissensch. zu Leipzig. LIX. Bd. S. 333—355 mit 1 Karte und 4 Fig.

C r e d n e r , H.: Der vogtländische Erdbebenschwarm vom 13. Februar bis zum 18. Mai 1903 und seine Registrierung durch das W i e c h e r t sche Pendelseismometer in Leipzig. Abhandlung der mathem.-phys. Klasse der Königl. Sächs. Gesellsch. d. Wissensch. Bd. XXVIII. Nr. VI. 1904. S. 419—530 m. 26 Fig. und 1 Karte i. M. 1 : 1 000 000.

E r h a r d , T h.: Über die Entwicklung des Studiums an der Freiberger Bergakademie von ihrer Eröffnung im Jahre 1766 bis zur Gegenwart. (Antrittsrede bei Übernahme des Rektorats der Kgl. Sächs. Bergakademie am 15. November 1907.) Freiberg, Craz & Gerlach, 1908. 25 S.

G ä b e r t , C.: Die Möglichkeit der Aufschließung neuer Steinkohlenfelder in Sachsen. Gelsenkirchen 1908. Der Bergbau. Nr. 14. — Org. d. Ver. d. Bohrtechn. 1908. S. 20—21. — Tiefbohrwesen 1908. S. 3. (Nach Leipz. Tbl.)

H a r t u n g , H.: Denkschrift zur Feier des hundertjährigen Bestehens des Königlichen Steinkohlenwerks Zauckerode. Jahrb. f. d. Bg.- u. H.-W. im Kgr. Sachsen 1906. S. 3—128 mit 2 Taf., 1 Skizze u. 16 Fig.

H e i n i c k e , F.: Beschreibung über die miozäne Braunkohlenablagerung zwischen Merka und Brehmen in der sächsischen Oberlausitz, 7 und 8 km nördlich von der Stadt Bautzen entfernt. „Braunkohle" 1903. S. 481—488, 497—499 m. 1 Übersichts- und 1 Profilkarte.

H e i n i c k e , F.: Beschreibung der miozänen — oberen — Braunkohlenablagerung bei Guhra, Puschwitz und Wetro in der sächsischen Oberlausitz, 11 km nordwestlich der Stadt Bautzen belegen. „Braunkohle" 1904. S. 609—612, 637—642 m. 2 Fig.

H e i n i c k e , F.: Beschreibung der miozänen Braunkohlenablagerung in den Gemarkungen von Oßling, Lieske, Weißig, Straßgräbchen, Hausdorf, Grünberg in der sächsischen — und von Schecktal, Zeißholz, Bernsdorf, Schwarzkolmen in der preußischen Oberlausitz, deren Mittelpunkt von der Stadt Hoyerswerda in etwa 8 km südwestlicher Entfernung liegt. „Braunkohle" IV. 1905. S. 444—447, 453—459, mit 1 Übersichtskarte und Fig. 217—220.

H e i n i c k e , F.: Beschreibung der miozänen — oberen — Braunkohlenablagerungen in den Gemarkungen Schmeckwitz, Wendisch-Baselitz, Piskowitz und Rosenthal in der sächsischen Oberlausitz, 8 km östlich der Stadt Kamenz belegen; desgl. die der Gemarkungen Liebegast und Skaska, erstere zur preußischen, letztere zur sächsischen Oberlausitz gehörig und 6 km südwestlich der Stadt Wittichenau belegen. „Braunkohle" IV. 1905. S. 61—65, 77—80, 129—131, 145—149 mit je 1 Übersichts- und 1 Profilkarte.

H e i n i c k e , F.: Beschreibung über die Ablagerung der oberen — miozänen — Braunkohlenformation im südlichen Teile des Rothenburger Kreises (preußisch) und dem nordöstlichsten Teile des Königreichs Sachsen (Kreishauptmannschaft Bautzen). „Braunkohle" III. Jahrg. 1905. S. 607—612, 623—628, 639—642 m. 2 Fig.

H o r n u n g , F.: Das Erdöl von Helfta bei Eisleben. Monatsber. d. Deutsch. Geol. Ges. 1907. Briefl. Mitt. S. 115—122.

K l i n k h a r d t , F.: Der Schneckenstein im sächsischen Vogtlande und seine Topase. Naturw. Wochenschr. IV. Bd. 1905. S. 216—219 m. 5 Fig.

L e d e b u r , A.: Über die Bedeutung der Freiberger Bergakademie für die Wissenschaft des 18. und 19. Jahrhunderts. Rektorats-Antrittsrede. (Vergl. a. E. P a p p e r i t z.) Freiberg i. S. 1903. 31 S. m. Textbild.

L e i c h t e r - S c h e n k : Das Braunkohlenvorkommen im Becken von Kleinsaubernitz bei Bautzen in Sachsen und die Ursachen der Flözstörungen. „Braunkohle" VII. 1908. S. 193 bis 197 mit 3 Fig.

M a n n , O.: Zur Kenntnis erzgebirgischer Zinnerzlagerstätten. I. Die Zinnerzlagerstätten von Gottesberg und Brunndöbra bei Klingenthal i. Sa. 1. Das Ganggebiet von Gottesberg und Winselburg; 2. Das Ganggebiet von Brunndöbra; 3. Genetische Betrachtungen. Abhdlg. d. naturw. Ges. „Isis". Dresden 1904. Heft 2. S. 61—73 m. 2 Fig.

M a n n , O t t o : Zur Kenntnis der Kieslagerstätten zwischen Klingental und Graslitz im westlichen Erzgebrge. Abhdlg. d. naturw. Ges. „Isis". Dresden 1905. Heft II. S. 86—99.

M a u c h e r , W.: Die Sächsischen Erz- und Kohlenvorkommen. Anhang zum Leitfaden für den Geologie-Unterricht an Bergschulen. Freiberg i. Sa., Craz & Gerlach, 1907. 40 S. mit 8 Fig. Pr. 1 M.

N e u m a n n , B.: Die Nickelerzvorkommen an der sächsisch-böhmischen Grenze. Berg- u. Hm.-Ztg. 1904. S. 177—180.

P a p p e r i t z , E.: Über die Entwickelung der Freiberger Bergakademie seit ihrer Begründung im Jahre 1765. Freiberg i. Sa. 1905. 26 S. Pr. 0.75 M.

P e l z , A.: Geologie des Königreichs Sachsen in gemeinverständlicher Darlegung. Leipzig, E. Wunderlich, 1904. 160 S. mit 121 Fig. und 1 geol. Karte (Schwarzdruck) i. M. 1 : 480 000. Pr. 3 M., geb. 3,60 M. — Abschnitt X, S. 43—61: Im Steinkohlenrevier. XII, S. 68—78: Das Rotliegende; XX, S. 139—146: Der sächsische Erzbergbau.

R e y e r , E.: Städtisches Leben im 16. Jahrhundert. Kulturbilder aus der freien Bergstadt Schlackenwald. Leipzig, W. Engelmann, 1904. 129 S. Pr. 1 M.

S c h i f f n e r : Zur Geschichte des Eisenhüttenwesens im Königreich Sachsen. „Stahl und Eisen" 1904. S. 609—610.

S c h i f f n e r , C. , und M. W e i d i n g : Radioaktive Wässer in Sachsen. 2 Teile. Freiberg i. S. 1908 u. 1909. Craz u. Gerlach. 35 Abb. Pr. 5 M.

S c h o l t z : Thüringens Eisenerze. Erfurt 1903. Jahrb. d. Kgl. Akad. gemeinnütziger Wissensch. zu Erfurt. N. F. H. 28. S. 93.

S t e r z e l , J. T.: Paläontologischer Charakter der Steinkohlenformation und des Rotliegenden von Zwickau. Leipzig 1901. Erläuterung d. geol. Spezialkarte. 58 S. Pr. 1,50 M.

T r e p t o w , J.: Übersichtskarte des Zwickauer Steinkohlenreviers. „Glückauf" 1905. S. 998—1000 m. Taf. 24.

W a g n e r , P.: Die mineralogisch-geologische Durchforschung Sachsens in ihrer geschichtlichen Entwicklung. Abh. d. naturw. Ges. „Isis" in Dresden. 1902. Heft 2. S. 63—128.

W a g n e r , P.: Die geologische Übersichtskarte des Königreichs Sachsen. S.-A. a. d. Mitt. d. Ver. f. Erdkde. i. Dresden. 1908. S. 130—145. — Abgedruckt Z. 1909 S. 501.

W a h l e , G. H.: Das neue Berggesetz für den Erzbergbau in dem Königl. Sächsischen Markgrafentum Oberlausitz. Berlin 1904. Z. f. Bergrecht. S. 387—436.

Z e m m r i c h , J.: Landeskunde des Königreichs Sachsen. Mit 12 Fig. u. 1 Karte. Slg. Göschen. Nr. 258.

Westdeutschland.

P r o v i n z   H e s s e n - N a s s a u   (e i n s c h l i e ß l i c h   K r e i s   W e t z l a r   u n d   W a l d e c k).

v. R e i n a c h - Preis für Geologie (des Taunus) P. 03: 168, 04: 192.

Die technisch nutzbaren Mineralien und Gesteine des Taunus und seiner nächsten Umgebung (R. D e l k e s k a m p) 03: 265.

Über Lagerstättenschätzungen, im Anschluss an eine Beurteilung der Nachhaltigkeit des Eisenerzbergbaues an der Lahn (M. K r a h m a n n) 04: 329.

Erze bei St. Goarshausen (E. H o l z a p f e l) N. 06: 94.

Über die Entstehung der Mangan- und Eisenerzvorkommen bei Niedertiefenbach im Lahntal (J. B e l l i n g e r) 03: 68, 237.

Über das Vorkommen von erdiger Braunkohle in den Tertiärschichten Wiesbadens (F. H e n r i c h) 05: 409.

Sind die Roteisensteinlager des nassauischen Devon primäre oder sekundäre Bildungen? (F. K r e c k e) P. 04: 348.

Die Roteisensteinlager bei Fachingen a. d. Lahn (C. H a t z f e l d) 06: 351.

Zur Frage der Entstehung der nassauischen Roteisensteinlager (R o s e) 08: 497.

Opal in der Gegend von Dillenburg (L ö c k e) B. 03: 303.

Das Alter und die Lagerung des Westerwälder Bimssandes und sein rheinischer Ursprung (H. B e h l e n) L. 06: 20.

Salzschlirf unweit Fulda. Beitrag zur Kenntnis der geognostischen Verhältnisse seiner Umgebung und seiner Heilquellen (H. E c k) L. 03: 282.

Über die zur Wassergewinnung im mittleren und östlichen Taunus angelegten Stollen (A. v o n R e i n a c h) L. 05: 84.

Der Basalt zu Geilnau an der Lahn (C. C h e l i u s) 05: 343.

Die Förderung der hessischen Braunkohlenreviere s. S. 59.

Fernere Litteratur:

Prov. H e s s e n - N a s s a u (einschl. Kreis Wetzlar und Waldeck).

A h l b u r g , J.: Die Tektonik der östlichen Lahnmulde. Monatsber. d. D. geol. Ges. 1908, S. 300—317 m. 1 Texttaf. u. 8 Profilen von Roteisensteingruben.

B o e h m: Die wirtschaftliche Bedeutung der Kalk- und Marmorindustrie an der Lahn, ihre ungünstige Lage und die Maßnahmen zu ihrer Hebung. Preuß. Zeitschr. 1906. Bd. 54. S. 473 bis 534 m. 7 Fig. und 2 Taf.

> Geologisches Vorkommen der Kalksteine im Lahngebiet; Verkehrsverhältnisse; Lage und Verbreitung der Lahnkalkindustrie; Produktion und technische Verwertung des gebrannten Kalkes; das Vorkommen von Marmor im Lahngebiet; Produktion und technische Verwertung des Lahnmarmors; Verarbeitung von fremdem Marmor; die heutige Stellung der Marmorindustrie im Lahntal; wirtschaftliche Lage der Lahnkalkindustrie bei steigender und sinkender Konjunktur; Maßnahmen zur Besserung der Notlage; die wirtschaftliche Lage der Lahnmarmorindustrie und die Maßnahmen zu ihrer Hebung.

B o e h m: Die Erzlagerstätten des konsolidierten Bergwerks Stangenwage bei Haiger, Bergrevier Dillenburg. (Unter besonderer Berücksichtigung der Entstehung der Eisenerzlager.) Preuß. Zeitschr. 1905. Bd. 53. S. 259—297 m. 44 Fig. und Texttaf. c und d.

D e l k e s k a m p , R.: Die Genesis der Thermalquellen von Ems, Wiesbaden und Kreuznach und deren Beziehung zu den Erz- und Mineralgängen des Taunus und der Pflaz. S. A. a. d. Intern. Mineralquellen-Ztg. 1903.

D ö n g e s , C.: Die Eisenindustrie an der Dill. Zum 300 jährigen Bestehen der „Adolfshütte". „Stahl und Eisen" 1907. S. 1341—1346 m. 5 Fig.

D o r s t e w i t z: Mitteilungen aus dem Braunkohlenbergbau des Westerwaldes. „Braunkohle" V. 1907. S. 635—639.

E i c k h o f f: Über Handscheidung und mechanische Aufbereitung des Roteisensteins im Dillenburgischen „Stahl und Eisen". 29. Jahrg. 1909. S. 97—102 m. 1 Fig.

E i n e c k e , G.: Die südwestliche Fortsetzung des Holzappeler Gangzuges zwischen der Lahn und der Mosel. S.-A. a. d. Bericht d. Senckenberg. Naturf. Ges. zu Frankfurt a. M. 1906. Frankfurt a. M. 1907. S. 65—103 m. Taf. I und II und zwei Karten.

E i n e c k e , G.: Der Eisenerzbergbau und der Eisenhüttenbetrieb an der Lahn, Dill und in den benachbarten Revieren. Eine Darstellung ihrer wirtschaftlichen Entwickelung und gegenwärtigen Lage. Jena, G. Fischer, 1907. Heft 2 der Mitt. d. Ges. f. wirtschaftl. Ausbildung, Frankfurt a. M. 67 S. m. 1 Karte i. M. 1 : 240 000.

F r e s e n i u s , H.: Die chemische Zusammensetzung der Emser Mineralquellen. S.-A. a. d. Jahrb. des Nassauischen Ver. f. Naturkunde. Jahrg. 56. Wiesbaden, J. F. Bergmann, 1903. 13 Seiten.

H e n r i c h , F.: Über die Radioaktivität der Wiesbadener Thermalquellen. S.-A. a. d. Jahrb. des Nassauischen Ver. f. Naturkunde. Jahrg. 58. S. 89—100. Wiesbaden, J. F. Bergmann, 1905.

H e ß l e r , C.: Die Eddertalsperre und die dem Untergange geweihten Ortschaften auf waldeckischem und hessischem Boden. Marburg 1908. N. G. Elwert. 40 S. m. 1 Karte und 13 Abb

K a i s e r , E.: Die wirtschaftliche Bedeutung der Lahnkanalisation. Vortrag. Verhdlg. d. öffentl. Vers. d. Interessenten der Lahnkanalisation am 17. Mai 1903 zu Limburg a. d. Lahn. Wetzlar, Ferd. Schnitzler, 1903. S. 16—31.

L a n g , O.: Der Lamsberg bei Gudensberg (Kassel). Naturw. Wochenschr. III. Bd. 1904. S. 449—455. m. 3 Fig.

L i n k e n b a c h , H. L.: Das Emser Blei- und Silberwerk, unter besonderer Berücksichtigung der in den letzten Jahren geschaffenen Neuanlagen. „Glückauf" 44. 1908. S. 369 bis 375, 406—414 m. 22 Fig.

L o t z: Über die Dillenburger Magnet- und Roteisenerze. Vortrag. Z. d. Deutsch. Geol. Ges. 1902. 54. Bd. 3. Heft. S. 139.

O d e r n h e i m e r , E.: Bimsstein- und Tuffablagerungen am Rhein und auf dem Westerwalde und deren technische Verwendung. Org. d. Ver. d. Bohrtechn. Nr. 7 von 1. April 1904. S.10.

R e u n i n g , E.: Diabasgesteine an der Westerwaldbahn Herborn-Driedorf. N. Jahrb. f. Min. usw. Beil.-Bd. XXIV. S. 390—459 m. Taf. 15—25 u. 14 Textfig.

R o s e n t h a l , L.: Die tertiären Ablagerungen bei Kassel und ihre durch Basaltdurchbrüche veredelten Braunkohlenflöze. „Tiefbohrwesen". II. Jahrg. S. 29—31. „Braunkohle" III. 1904. S. 47—50. (Vergl. Z. f. prakt. Geol. 1893. S. 378.)

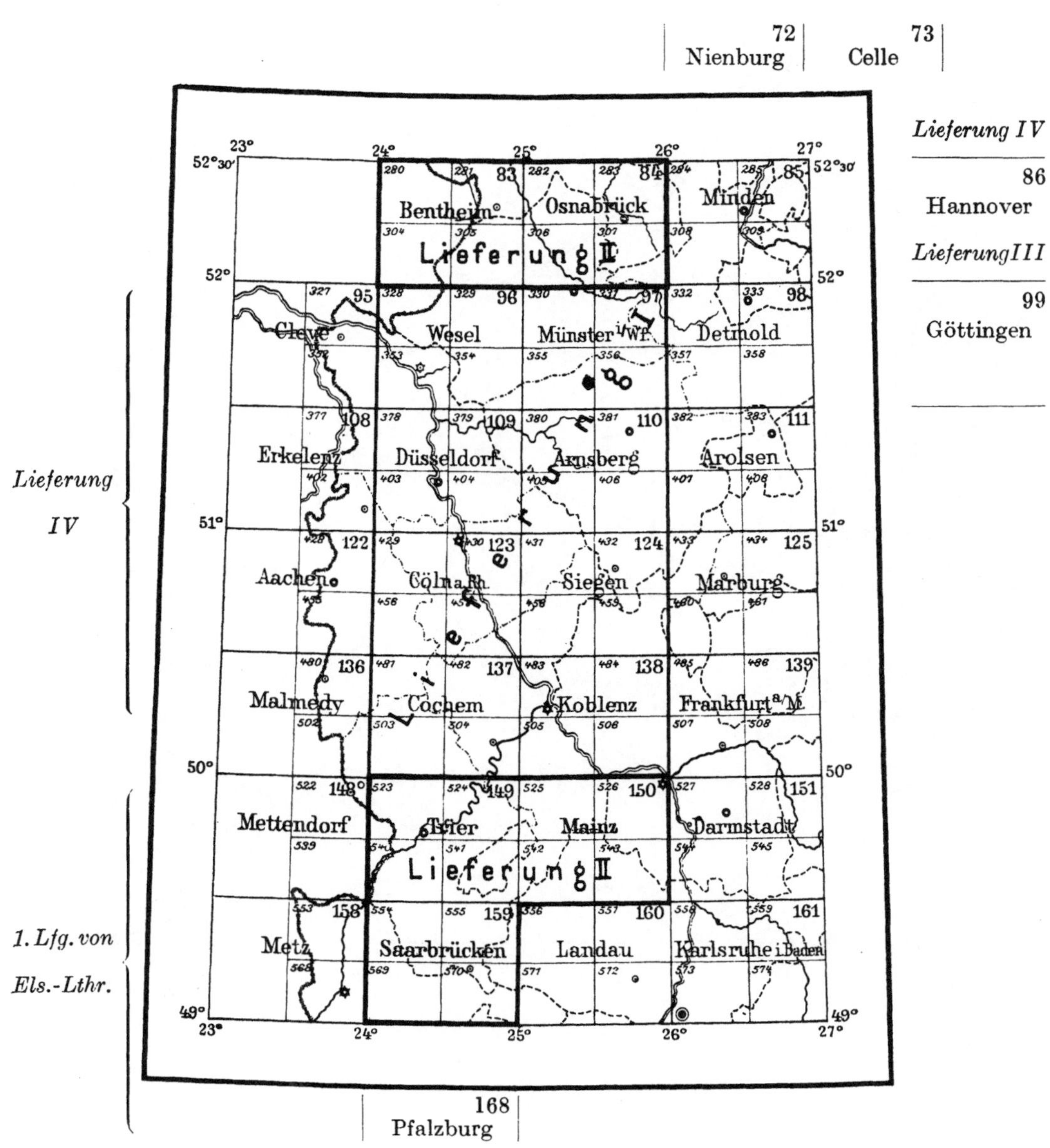

Fig. 35.

Blatteinteilung der „Karte der nutzbaren Lagerstätten Deutschlands" i. M. 1:200 000,
I. Abteilung: Rheinland und Westfalen. Lieferung I (1907) und Lieferung II (1909, stark umrandet). (Lieferung III wird die Blätter Minden, Hannover, Detmold, Göttingen enthalten, Lieferung IV die Blätter Nienburg und Celle sowie die Grenzblätter Cleve, Erkelenz, Aachen, Malmedy. — Auch die Blätter der 1. Lieferung von Elsaß-Lothringen (Mettendorf, Metz, Pfalzburg) finden sich hier verzeichnet); vergl. hierzu auch Fig. 61 S. 158.

Besprechung der Methode und Inhaltsangabe der ersten Lieferungen dieses wichtigen Kartenwerkes siehe Z. 1907, S. 323—332, und 1909, S. 486—488. Umstehend folgt eine verkleinerte Wiedergabe der natürlichen Lagerstättenbezirke Westdeutschlands.

Fernere Ergänzungen dieser Lagerstättenkarte (bezüglich der Eisenerze) sind zunächst in der S. 90 angekündigten Arbeit von Einecke und Köhler zu erwarten.

Natürliche Lagerstättenbezirke Westdeutschlands.

Nr. s.Fig. 36	Geographisch-geologische Bezeichnung u. Lagerstättenführung
	Unterdevon:
9	Lahn-Bezirk (Unterdevon) Blei-Zinkerzgänge
12	Westeifeler Unterdevonbezirk Bleierzgänge
14	Osteifeler Unterdevonbezirk Blei-Zinkerzgänge
6	Siegerland-Wieder-Unterdevonbezirk Eisenerzgänge und Blei-Zink-Kupfererzgänge (vgl. Fig. 38—40.)
4	Bergischer Unterdevon- und Lenne-Schiefer-Bezirk Zusammengesetzte Blei-, Zink- und Kupfererzgänge
4a	(Meggener Bezirk) Schwefelkies
	Mitteldevon:
8	Nassauisch-Oberhessischer Mitteldevonbezirk (vgl. Fig. 37.) Roteisenerzlager und Brauneisen-Manganerzstöcke
16	Binger Bezirk Metasomatische Brauneisen-Manganerze
13	Eifelkalkbezirk Metasomatische Brauneisenerze
5	Bergischer Massenkalkbezirk Metasomatische Brauneisenerze
3	Schwelm-Iserlohner Bezirk Metasomatische Blei-Zinkerze und sekundäre Brauneisenerze
	Oberdevon:
2	Lintorf-Velbeter Culm-Oberdevonbezirk (vgl. Fig. 49) Blei-Zinkerz- und Kupferkiesgänge
	Carbon und Rotliegendes;
1	Niederrheinisch-Westfälischer Steinkohlenbezirk (vgl. F. I, S. 99. Fig. 31, F. II, S. 139, Fig. 48.)

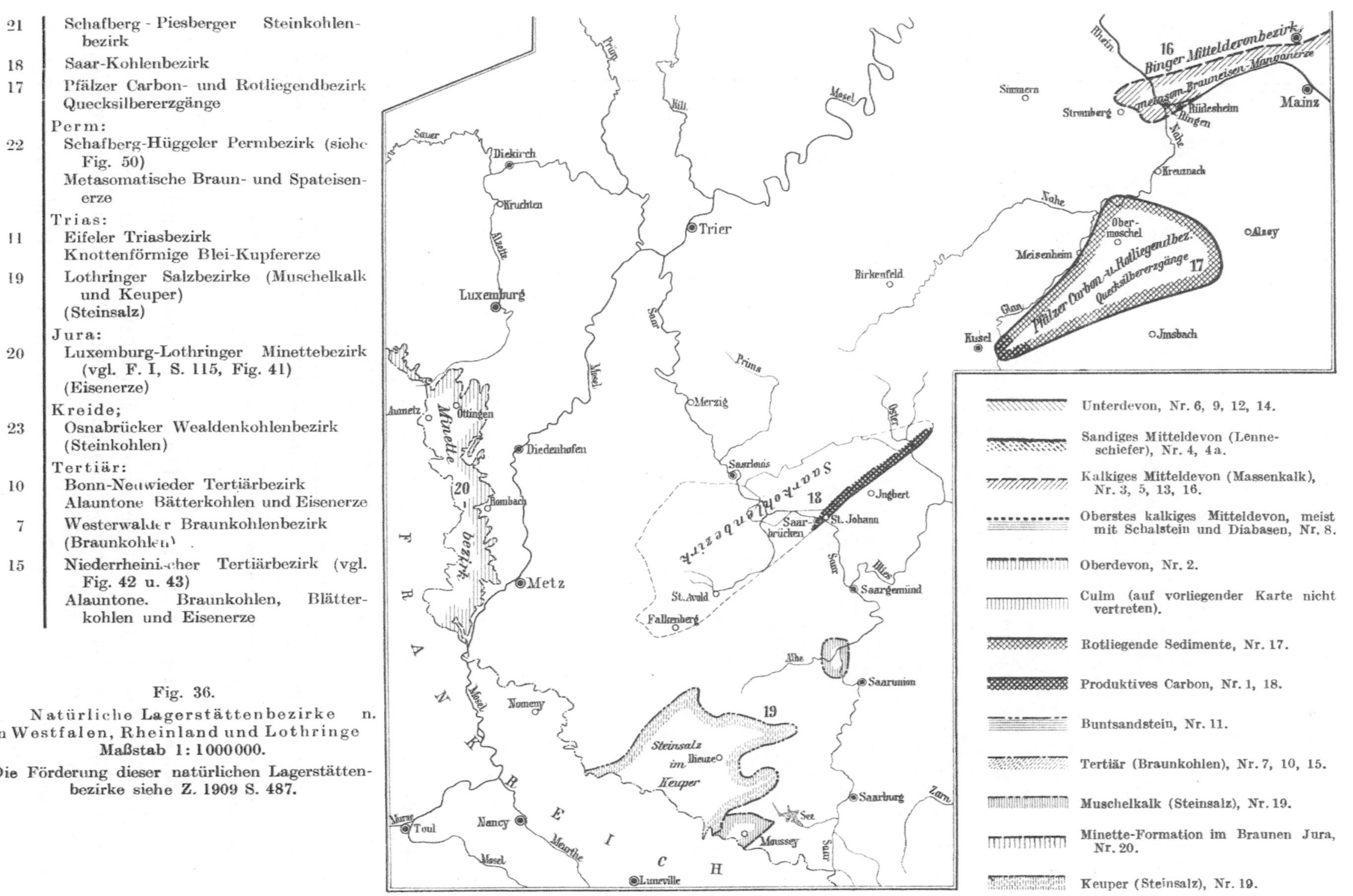

Fig. 36.

Natürliche Lagerstättenbezirke n. in Westfalen, Rheinland und Lothringe Maßstab 1:1000000.

Die Förderung dieser natürlichen Lagerstätten-bezirke siehe Z. 1909 S. 487.

Fig. 37.

Geolog. Übersichtsskizze des Lahn- und Dillgebietes. (Aus Einecke-Köhler: Die Eisenerzvorräte des Kgr. Preußen und benachbarten Bundesstaaten. Berlin. Geol. Landesanst. Archiv f. Lagerstätten forschung. Heft 1, 1910.)

Scheelhase: Die Wasserversorgung der Stadt Frankfurt a. M. Abschnitt 7 von: „Das städtische Tiefbauwesen in Frankfurt a. M.", 1904. Pr. 2,50 M, des ganzen Werkes 12 M.

Wagner, P.: Über ein altes Bergwerk bei Naurod. M. d. V. f. Nass. Altert. u. Gesch. 1900—1901. Sp. 25—30.

Rheinprovinz (einschließlich Siegerland).

Der IX. Allgemeine Deutsche Bergmannstag, Saarbrücken P. 04: 288.

Adsorptionsprozesse bei der Lagerstättenbildung (zu Mechernich, Münster-Eifel, Sankt Avold) (E. Kohler) 03: 53.

Die neue Gangkarte des Siegerlandes (W. Bornhardt) P. 06: 98. — Vgl. Fig. 38 bis 40.

Einige Beobachtungen an Flözverdrückungen im Saar-Kohlenrevier (E. Kohler) L. 04: 417.

Über die Entstehung der Mineralquellen des mittelrheinischen Schiefergebirges (G r ü n-
h u t) N. 06: 95.

Die Steinindustrie zu Kirn und Niederhausen an der Nahe B. 05: 347.

Mittelrheinischer Architekten- und Ingenieur-Verein P. 04: 224.

Beitrag zur Kenntnis vom Alter der Siegerländer Erzgänge (H. L o t z) 07: 251.

Zur Entwicklungsgeschichte des Erzbergbaues in den deutschen Rheinlanden von der
Völkerwanderung bis zum dreißigjährigen Krieg (F. F r e i s e) 07: 1.

Die Erdbebenstation der technischen Hochschule in Aachen, ihre Einrichtung, ihr
Zweck und ihre Bedeutung für den Bergbau (H a u ß m a n n) L. 07: 302.

Beitrag zur Kenntnis der fossilfreien Taunusgesteine (F. H e n r i c h) 07: 233.

Über die Genesis der Eisen- und Manganerzvorkommen bei Oberroßbach im Taunus
(B o d i f é e) 07: 309.

Karte der nutzbaren Lagerstätten Deutschlands. Gruppe: Preußen und benachbarte Bundesstaaten. I. Abteilung: Rheinland und Westfalen R. 07: 323, 09:
480. Vgl. Fig. 35 u. 36.

Niederrheinischer Geol. Verein P. 07: 100.

Die Tone des Hohen-Westerwaldes (F. F r e i s e) 08: 162.

Die Braunkohlenlagerstätten des Hohen-Westerwaldes unter besonderer Berücksichtigung ihrer wirtschaftlichen Verhältnisse (F. F r e i s e) 08: 225.

Der Traß des Brohltales (K. V ö l z n i g) L. 08: 44.

Statistisches über den rheinischen Basalt (A. H a m b l o c h) B. 08: 68.

II. ordentliche Hauptversammlung des niederrheinischen geologischen Vereins,
P. 08: 302.

Das Ganggebiet des „Eizenzecher Zuges" (W. R e s o w) 08: 305. — Vgl. S. 9
Fig. 1—8, S. 132 Fig. 41.

Die Steinkohlenförderung des I n d e - und W u r m r e v i e r s (s. Fig. 44—46 u. 48)
ist S. 58 verzeichnet; ebenso die des S a a r r e v i e r s.

Die Braunkohlenförderung des n i e d e r r h e i n i s c h e n Reviers (Cölner Bezirk;
vgl. Fig. 42 u. 43) siehe S. 59 unter Nr. 11.

Fernere Literatur:

Der Erzbergbau im rheinischen Brölthale. „Der Bergbau", Nr. 5. 1898. S. 7.

Gangkarte des Siegerlandes, 1 : 10 000. Hrsg. v. d. Kgl. Pr. Geol. Landesanstalt. Lief. 1: Blatt Niederschelden, Siegen, Oberschelden, Wilnsdorf, Eisern. Berlin 1909.
Vertriebsstelle der Kgl. Geol. Landesanstalt. Pr. 12 M. Einzeln: Oberschelden und Wilnsdorf
je 2,50 M, die übrigen je 3 M. — Vergl. Z. f. prakt. Geol. 1906. S. 98—100, ferner Fig. 38—40.

Über das Kobalt-Vorkommen im Westerwalde, dessen Wert und Zukunft. Montan-Ztg.
1898. S. 6.

Die frühere Eisenindustrie in der Eifel. „Stahl und Eisen" VIII. 1901. S. 419.

B ö k e r , H. E.: Die Entwicklung der rheinischen Braunkohlenindustrie und ihre Bedeutung für die Hausbrandversorgung des westlichen und südlichen Deutschlands. „Glückauf"
44. 1908. S. 1252—1262, 1291—1306, 1330—1338, 1362—1366 m. 8 Fig. u. 1 Taf.

B ö k e r , H. E.: Die Mineralausfüllung der Querverwerfungsspalten im Bergrevier Werden
und einigen angrenzenden Gebieten. „Glückauf" 1906. S. 1065—1083, 1101—1120 m. 14 Fig.
und Taf. 14a.

B o r n h a r d t : Geschichte der Siegener Bergschule von der Gründung im Jahre 1818
bis zur Gegenwart. Festschrift. Siegen, G. Müller, 1904. 134 S. m. Illustrationen.

B o r n h a r d t , W.: Über die Gangverhältnisse des Siegerlandes und seiner Umgebung.
Archiv f. Lagerstättenforschung, Heft 2. Berlin, Geol. Landesanstalt 1910. (Im Druck.)

B r a n d : Die Abraumarbeit mit Baggern bei der Braunkohlengewinnung im Bergrevier
Brühl-Unkel. Zeitschr. f. d. Berg-, Hütten- und Salinen-Wesen 1903. 51. Bd. S. 71—96 mit
12 Fig., Texttaf. a—c und Taf. 10.

B r ü c h e r , M.: Der Schichtenaufbau des Müsener Bergbaudistriktes; die daselbst auftretenden Gänge und die Beziehungen derselben zu den wichtigsten Gesteinen und Schichtenstörungen. Erlangen 1902. 42 S. m. 1 Karte. Pr. 2 M. — Vergl. d. Z. 1902, S. 248 u. 352.

B u c h r u c k e r : Die Manganerzlager im östlichen Hunsrück. „Stahl und Eisen" 1891. S. 561.

B u c h r u c k e r : Das Manganerz-Vorkommen zwischen Bingerbrück und Stromberg am Hunsrück. Jahrb. d. Kgl. Preuß. Geol. Landes-Anstalt 1896. S. 3. 1 Karte.

B ü t t g e n b a c h : Die rheinische Braunkohle und ihre Industrie. Berlin 1894. Deutsche Kohlen-Ztg. Nr. 69. 3 S.

B ü t t g e n b a c h : Die Gebirgsstörungen im Steinkohlengebiet des Wurmgebietes. „Glückauf" 1894. S. 1549, 1569.

D a e l e n , Willy: Der Braunkohlenbergbau im Kreise Euskirchen, speziell auf Grube „Donatus" bei Liblar. Deutsche Kohlen-Ztg. 1898. S. 185.

D a n t z : Der Kohlenkalk in der Umgegend von Aachen. Z. d. D. Geol. Ges. 1893. S. 594.

D e c h e n , H. v., und H. R a u f f : Chronologisches Verzeichnis der geologischen (inkl. paläontologischen) und mineralogischen Literatur der Rheinprovinz und der Provinz Westfalen, sowie einiger angrenzender Gegenden. Sachregister von H. und M. Rauff. Bonn 1896. 11 u. 274 S.

D e n c k m a n n : A., Mitteilung über eine Gliederung in den Siegener Schichten. Jahrb. d. Preuß. Geol. Landesanst. u. Bergakad. f. 1906. XXVII. S. 1—19.

D e n c k m a n n , A.: Über das Nebengestein der Siegerländer Gänge. Vortrag, geh. im Verein „Berggeist" in Siegen. Als Manuskr. gedruckt. 1906.

D e n c k m a n n : Zur Geologie des Müsener Horstes. Vortrag. Monatsber. d. D. Geol. Ges. 1906. S. 93—99.

D e n c k m a n n , A.: Über das Nebengestein der Ramsbecker Erzlagerstätten. Jahrb. d. Preuß. Geol. Landesanst. f. d. Jahr 1907.

D e n c k m a n n , A.: Über die geologischen Verhältnisse der Grube Kuhlenberg bei Welschennest. Als Manuskript gedruckt. 1906.

D e n c k m a n n , A.: Die Überschiebung des alten Unterdevon zwischen Siegburg a. d. Sieg und Bilstein im Kreise Olpe. Festschrift zum 70. Geburtstag von Adolf von Koenen. Stuttgart 1907.

D e n c k m a n n , A.: Neue Beobachtungen über die tektonische Natur der Siegener Spateisensteingänge. Archiv f. Lagerstättenforschung Heft 6. Berlin, Geologische Landesanstalt 1910.

D o h m , R.: Das Rheinische Braunkohlensyndikat. „Braunkohle" VIII, 1910, S. 693—697.

E n g l e r , C.: Das Petroleum des Rheintales (Auszug aus einem Sonderabdr. aus dem XV. Bd. d. Verh. d. Naturwiss. Vereins). Allgem. österr. Chemiker- und Techniker-Ztg. XXIV vom 1. April 1906. S. 49—50, 58—61.

F l i e g e l , G.: Die Braunkohlenformation am Niederrhein, Abhandlung z. Geol. Karte v. Preußen, Heft 61. Berlin 1910. — Vgl. Fig. 42 u. 43, S. 133.

F l i e g e l , G.: Ein geologisches Profil durch das Rheinische Schiefergebirge. Erläuterung zu dem aus natürlichem Gestein errichteten Profil. Köln 1909. Städt. Museum für Handel und Industrie. 18 S. m. 1 Tab. u. 1 Taf.

G o u v y , A.: La métallurgie du fer et de l'acier à l'exposition de Düsseldorf 1902. Extr. d. mémoires de la Soc. des ing. civ. de France, Paris 1902. 115 S. m. 37 Fig. u. Taf. 30—33. Preis 3 M.

G o u v y , A.: État actuel des industries du fer et l'acier dans les provinces du Rhin et de la Westphalie. Extr. d. mémoires de la Soc. des ing. civ. de France, Paris 1902. 158 S. m. 32 Fig. u. 4 Taf. Pr. 4 M.

H a m b l o c h , A.: Der Traß, seine Entstehung, Gewinnung und Bedeutung im Dienste der Technik. Vortrag. Z. d. Ver. deutsch. Ing. 1909. Nr. 17. S. 663—668 m. 12 Abb. Auch als S.-A. Berlin. J. Springer. 40 S. Pr. 2 M.

H a ß l a c h e r , A.: Geschichtliche Entwickelung des Steinkohlenbergbaues im Saargebiete. II. Teil von „Der Steinkohlenbergbau des Preuß. Staates in der Umgebung von Saarbrücken". Berlin, Jul. Springer, 1904. 189 S. m. 3 Taf.
  Neubearbeitung und Fortführung der vom Verfasser im Jahre 1884 in der Preuß. Zeitschr., Bd. 32, veröffentlichten Abhandlung.

H e r b i g : Die rechtlichen Verhältnisse im linksrheinischen Dachschieferbergbau und ihre wirtschaftliche Bedeutung. „Glückauf" 1906. S. 769—781, 801—807.

H e r c h e r , L.: Das neue Dienstgebäude des Königl. Oberbergamtes zu Bonn. Festschrift zur Einweihung im November 1903. Bonn, M. Hager, 1903. 22 S. m. 16 Abbildungen.

Gangkarten des Siegerlandes.

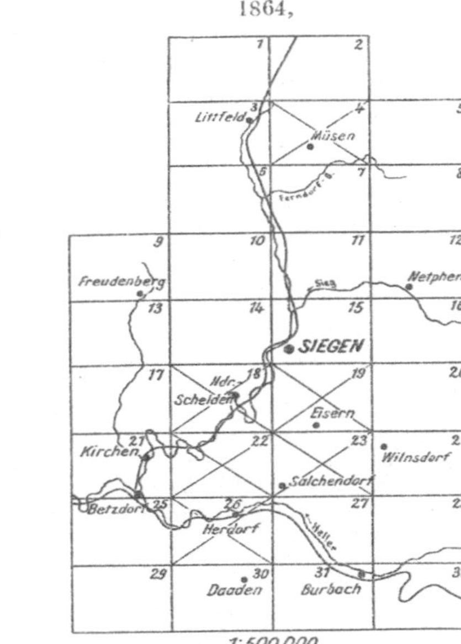

Fig. 38.

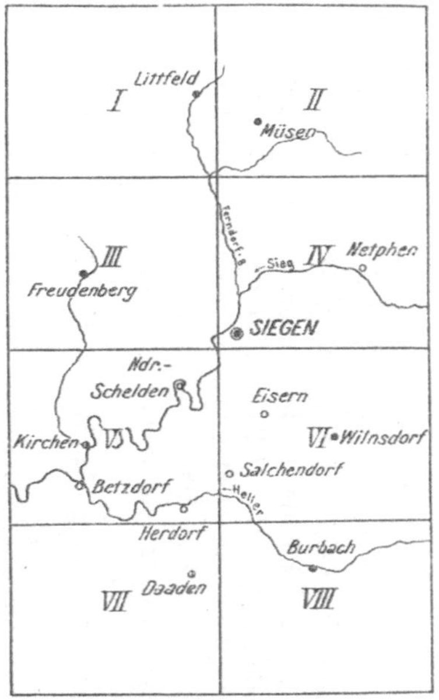

Karte der Bergwerksreviere an der
Sieg. Einen Teil des Kreises Siegen und
des Kreises Altenkirchen umfassend. Mit
Benutzung der Katasterkarten nach dem
Dreiecksnetz des Bergmeisters P h.
Schulze aufgenommen durch H. D a u b,
P. Daub, W. S t r i e b e c k, H, S c h m i d t,
H, R ö h r i g und L. H e i s; aus der Haupt-
Revierkarte (d. h. der jetzigen Mutungs-
Übersichtskarte) im Maßstab 1 : 20 000
reduziert und gezeichnet durch L. H e i s,
Königl. Oberbergamts-Zeichner. Berlin,
S. Schropp & Co., 1847.

Fig. 39.

Gangkarte vom Kreise Siegen und
einem Teile des Kreises Altenkirchen.

Nach dem ursprünglichen Plane in 32
Blättern; erschienen sind schließlich nur
die sechs in der obenstehenden Übersicht hervorgehobenen Blätter (Nr. 4,
18, 19, 22, 23 und 26).

Maßstab 1 : 10 000.

Die ziemlich skizzenhafte Zeichnung
geschah um 1860 beim Bergamte in
Siegen, die photolithographische Heraus-
gabe mit Handkolorit 1864 durch das
Oberbergamt in Bonn. Gelände und
Grubenfelder fehlen.

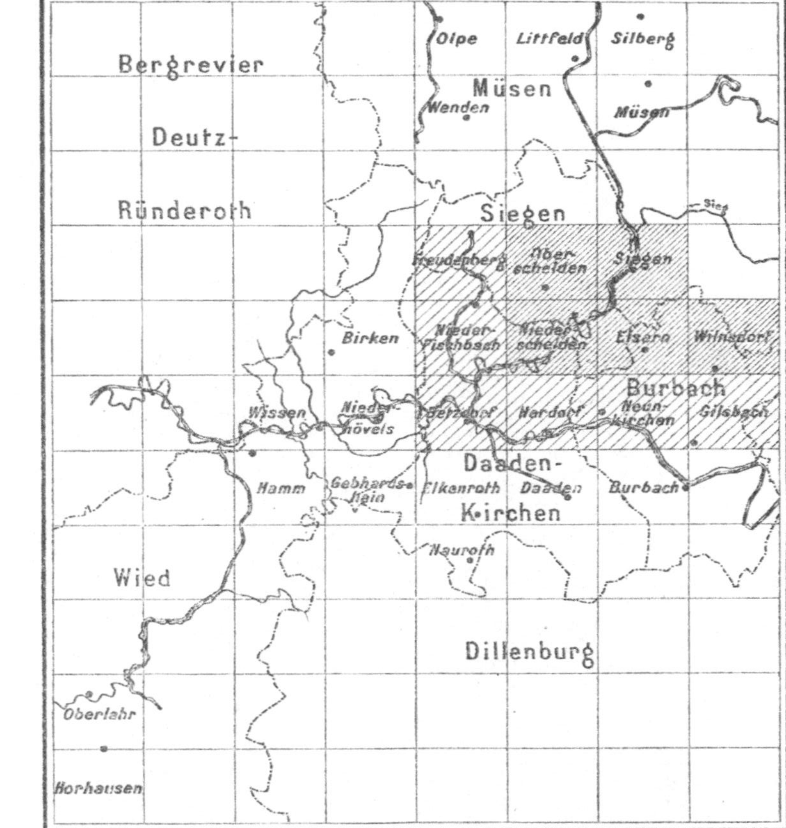

Fig. 40. Gangkarte des Siegerlandes. Maßstab 1 : 10 000.
(Die Herstellung der Stichvorlagen der Kartonblätter geschieht auf Kosten
des Siegerländer Eisensteinverein, G. m. b. H. in Siegen, im Markscheider-
bureau des Königlichen Oberbergamts in Bonn unter Leitung des Oberberg-
amtsmarkscheiders W a l t e r und unter der beratenden Mitwirkung des Geheimen Bergrats B o r n h a r d t in Berlin, — die Herausgabe auf Staatskosten.)
Einzelpreise: Niederschelden, Siegen, Eisern . . je M. 3,—
     Oberschelden, Wilnsdorf . . . . . je ,, 2,50
Die ganze Lieferung I (dunkel schraffiert) M. 12. Lieferung II wird
die heller schraffierten Blätter umfassen.
Das Kartenwerk ist zu beziehen durch die Vertriebsstelle der Königlichen Geologischen Landesanstalt, Berlin N 4, Invalidenstraße Nr. 44.

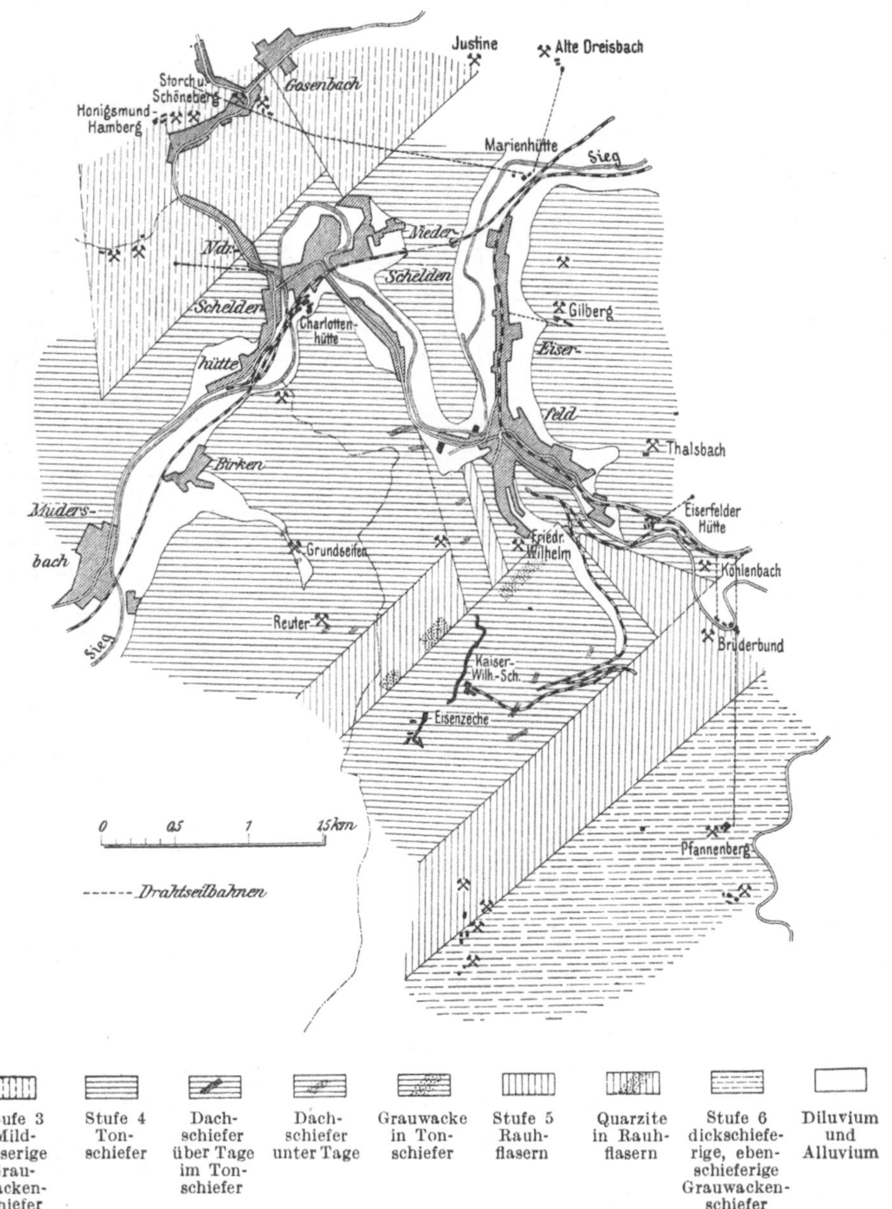

| Stufe 3 Mildflaserige Grauwackenschiefer | Stufe 4 Tonschiefer | Dachschiefer über Tage im Tonschiefer | Dachschiefer unter Tage | Grauwacke in Tonschiefer | Stufe 5 Rauhflasern | Quarzite in Rauhflasern | Stufe 6 dickschieferige, ebenschieferige Grauwackenschiefer | Diluvium und Alluvium |

Fig. 41.

Geologische Karte von dem Ganggebiete des „Eisenzecher Zuges" bei Siegen.
(Nach W. Resow; Text: Z. 1908, S. 305—328, mit 6 Sohlenrissen und Profilen; vgl. auch S. 9 des
vorliegenden Bandes.

Hohensee, M.: Beschaffenheit der Saarbrücker Steinkohle.   S. 87—96 von „Das Saarbrücker Steinkohlengebirge". Teil I von „Der Steinkohlenbergbau des Preuß. Staates in der Umgebung von Saarbrücken". Berlin, J. Springer, 1904.

Husmann: Die Siegener Schichten in der Umgebung von Gosenbach unter Berücksichtigung der dort aufsetzenden Erzgänge. „Glückauf" 1909. S. 213—222 m. 11 Fig.

Imle, F.: Der Bleibergbau von Mechernich in der Voreifel. Eine wirtschafts- und sozialpolitische Studie. Jena, G. Fischer, 1909. 235 S. m. 1 Skizze. Pr. 5 M.

Jüngst: Das Manganeisenerzvorkommen der Grube Elisenhöhe bei Bingerbrück. „Glückauf" 1907. S. 993—998 m. 8 Fig.

Kaiser, Erich: Die Entstehung des Rheintals. S.-A. d. Verh. d. Gesellsch. Dtsch. Naturforscher u. Ärzte 1908. 20 S. m. 7 Fig.

Kaiser, E.: Gemeiner Quarz aus dem rheinischen Tertiär und aus den Gängen im Devon des rheinischen Schiefergebirges. Zeitschr. für Krystallogr. und Miner.. Bd. XXVII. S. 55

Der Cölner Braunkohlenbezirk.

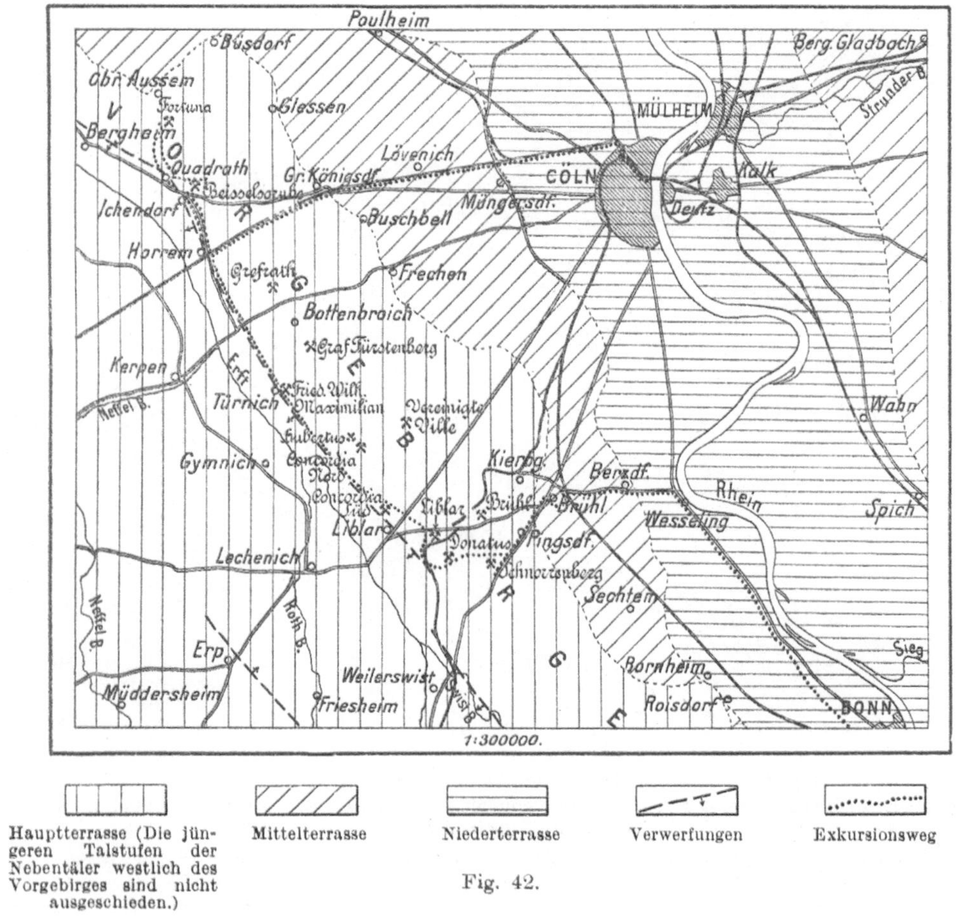

Fig. 42.

(Karte und Profil nach G. Fliegel u. E. Kaiser; Text: Z. d. D. geol. Ges., Monatsberichte 1906, S. 287—304.)

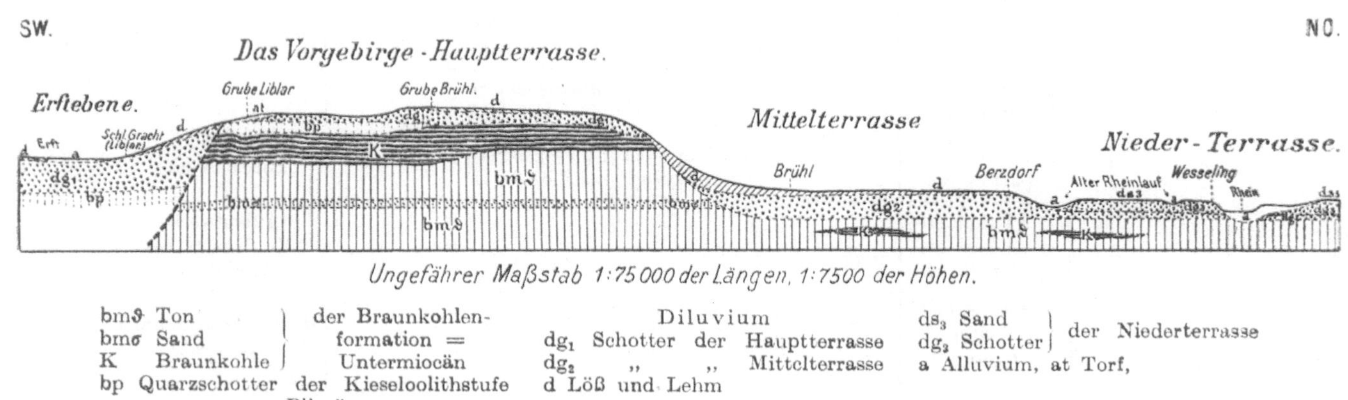

bmϑ Ton $\;\Big\}$ der Braunkohlen-
bmσ Sand $\;$ formation $=$
K Braunkohle $\;$ Untermiocän
bp Quarzschotter der Kieseloolithstufe $= $ Pliocän.

Diluvium
dg₁ Schotter der Hauptterrasse
dg₂ „ „ Mittelterrasse
d Löß und Lehm

ds₃ Sand $\;\Big\}$ der Niederterrasse
dg₃ Schotter
a Alluvium, at Torf,

Fig. 43.

Profil Erstebene-Vorgebirge-Rheintal (Liblar-Brühl-Wesseling.)
(Die Braunkohlenförderung dieses niederrheinischen Revieres in den Jahren 1900 bis 1908 ist S. 59 unter Nr. 11 nachgewiesen.)

Fig. 44. Übersichtskarte der Aachener Kohlenbeckens.
(Nach Dannenberg: Geologie der Steinkohlenlager. Berlin, Gebr. Bornträger, 1908. S. 85. —
Vgl. hierzu Fig. 30 in F. I, S. 99.)
Schematische Zusammenstellung der Flöze des Ruhr- und Aachener Reviers.
(Nach M. Mueller: Text: Z. 1909, S. 357—365; vgl. auch die folgenden Fig. 45 u. 46.)

Flora	Ruhr-Revier	Wurm Revier (Vgl. 45 u. 46)				Eschweiler Revier
		westl. des Richtericher Sprunges	zwischen Richtericher Spr. u. Feldbiß	zwischen Feldbiß u. Sandgewand	östlich der Sandgewand	
Reiche Farnflora	Gasflammkohlen-partie			Flöze von Annagrube bis abwärts Fl. I	Flözgruppe der Mariagrube	
	Gaskohlen-partie			Fl. I (Anna) bis Fl. V (Maria)		
	Marine Schicht über Fl. Catharina			*Marine Schicht über Flöz VI*		
	Fettkohlen-partie		Fl. Rapp bei Steinknipp	Fl. VI (Maria) bis Flöz XVII		Binnenwerke
Arme Farnflora	*Magerkohlenpartie* Fl. Sonnen-schein bis Sarnsbank					Außenwerke Fl. Kessel bis Kleinkohl
	Mar. Schicht über Hauptflöz	*Mar. Schicht über Fl. I*				*Marine Schicht unter Kleinkohl*
	Hauptflöz bis Besserdich	Fl. I (Carl Friedrich) bis Riffel 95 m unter Fl. V				Von mar. Schicht unter Kleinkohl bis Fl. Traufe
	Flözleer		Flöze von Haalheide			Von Fl. Traufe bis Wilhelminenflöze
	Culm u. Kohlenkalk					Kohlenkalk

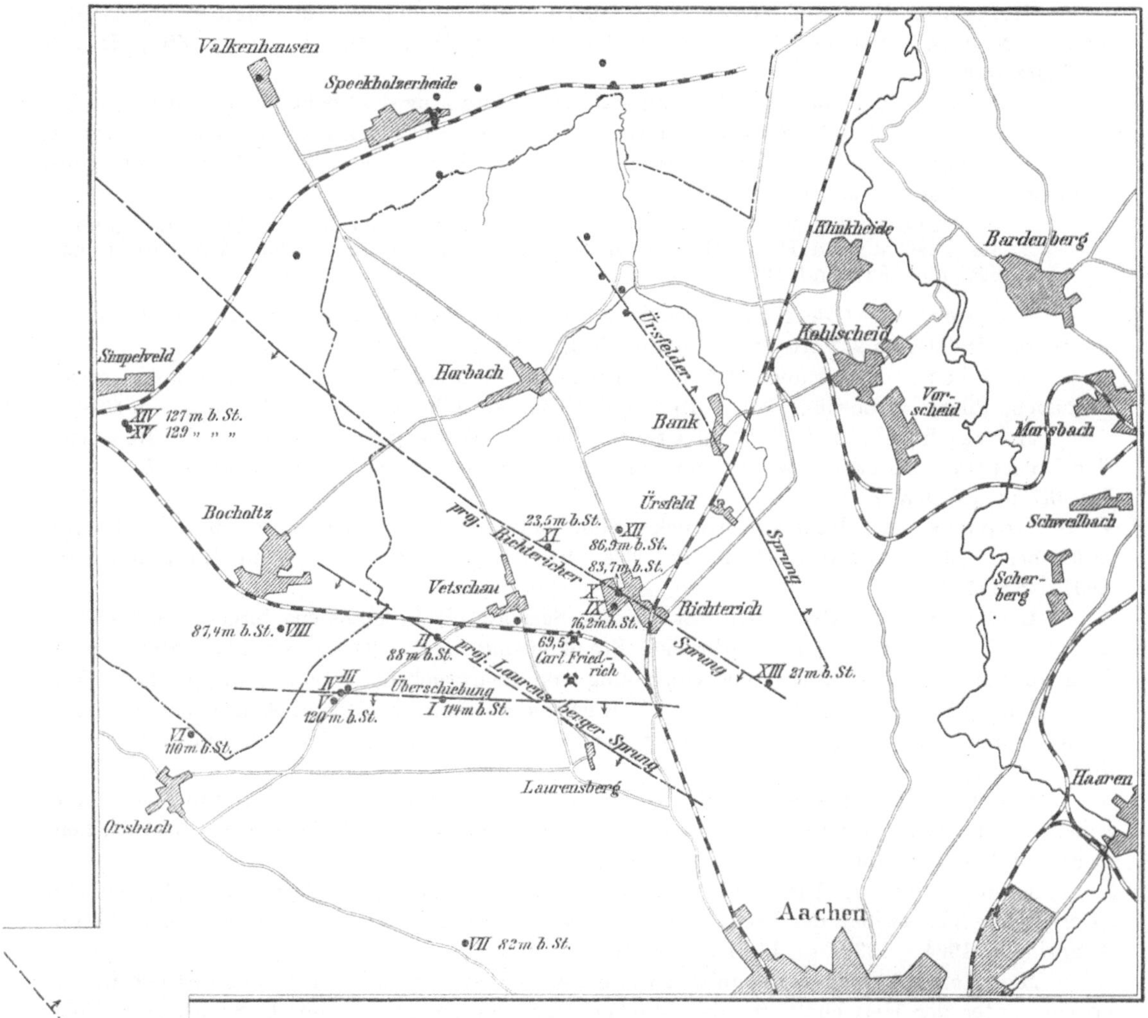

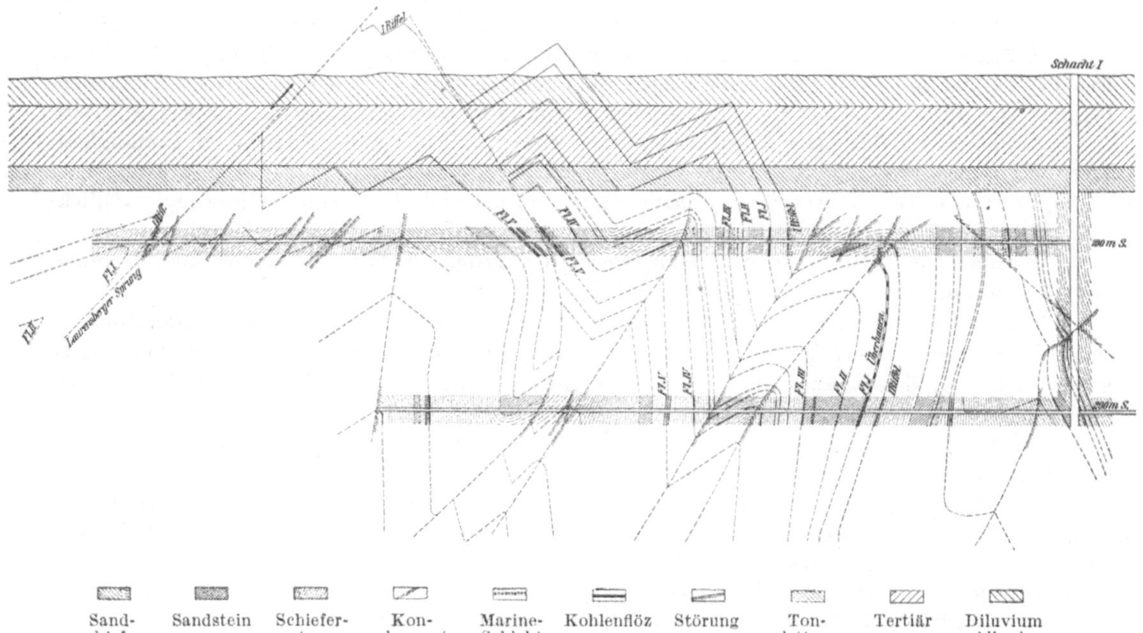

Fig. 45 u. 46.

Übersichtskarte des westlichen Teiles der Wurmmulde bei Aachen.

(Mit Grube Carl Friedrich südwestlich vom Richterich; Profil derselben s. unten.)

Maßstab ca. 1:75000.

(Nach M. Mueller; Text: Z. 1909 S. 357—365; vgl. S. 134 des vorl. Bandes.)

K a i s e r , E.: Zinkblende von Adenau, Rheinprovinz. Sitzungsber. d. Niederrheinischen Ges. f. Nat. und Heilk. S. 94—95. Bonn, 2. März 1906. Kölnische Ztg., Nr. 279,
25. März 1896.

K a i s e r , E.: Die geologisch-mineralogische Literatur des rheinischen Schiefergebirges
und der angrenzenden Gebiete für die Jahre 1887 bis 1900. Chronologisch und sachlich geordnet,
nebst Nachträgen zu den früheren Verzeichnissen. II. Teil: Sachregister, Kartenverzeichnis,
Ortsregister, Nachträge. Bonn, F. Cohen, 1904. 182 S.

Der erste Teil von 131 Seiten erschien 1903. Pr. beider Teile 9 M. — Die Literatur
bis 1886 stellten H. v. D e c h e n und R. R a u f f in gleicher Weise zusammen.
Ebenda 1887 und 1896.

K a i s e r , E.: Die geologischen Verhältnisse des Mittelrheingebietes und die darauf ge-
gründeten Industrien. Vortrag. „Vukan" VII. 1907. S. 84—88.

K o h l e r , E.: Einige Beobachtungen an Flözverdrückungen im Saarkohlenrevier.
München, Piloty & Loehle, 1903. Abdr. a. d. Geognost. Jahresh. 1903. 16. Jahrg. S. 63—68.

K r u s c h , P., und W. W u n s t o r f : Das Steinkohlengebiet nordöstlich der Roer nach
den Ergebnissen der Tiefbohrungen und verglichen mit dem Cardiff-Distrikt. „Glückauf". S. 425
bis 437 m. Taf. 8 u. 9.

L e p p l a , A.: Ist das Saarbrücker Steinkohlengebirge von SO her auf Rotliegendes auf-
geschoben? Monatsber. d. D. Geol. Ges. 1907. Briefl. Mitt. S. 90—95. (Vergl. Z. f. prakt. Geol.
1901. S. 417.)

L e p p l a , A.: Geologische Skizze des Saarbrücker Steinkohlengebirges. S. 5—57 m.
11 Fig. u. Taf. 1—4 von „Das Saarbrücker Steinkohlengebirge". Teil I von „Der Steinkohlenbergbau des Preuß. Staates in der Umgebung von Saarbrücken". Berlin, J. Springer, 1904.

L e p p l a , A.: Die Ausdehnung des Karbons im Süden des Rheinischen Schiefergebirges.
Bericht über den 9. Allgem. Bergmannstag zu St. Johann-Saarbrücken. Berlin, J. Springer,
1905. S. 55—58.

M e l l i n , R.: Der Steinkohlenbergbau des Preuß. Staates in der Umgebung von Saarbrücken. III. Teil: Der technische Betrieb der staatlichen Steinkohlengruben bei Saarbrücken.
Berlin, J. Springer, 1906. 336 S. m. 53 Fig. u. 14 Taf.

M e n g e l b e r g : Die Kohlenaufbereitung und Verkokung im Saargebiet. V. Teil von
„Der Steinkohlenbergbau des Preußischen Staates in der Umgebung von Saarbrücken". Berlin,
J. Springer, 1904. 133 S. m. 43 Fig. u. 14 Taf.

M e t s c h k e , H.: Bergbau und Industrie in Westfalen und im Ruhrgebiet der Rheinprovinz unter der Herrschaft der Caprivischen Handelsverträge. Berlin, F. Siemenroth, 1905.
99 S. Pr. 2 M.

M ü l l e r , R.: Nachhaltigkeit des Saarbrücker Steinkohlenbergbaues. S. 97—98 von
„Das Saarbrücker Steinkohlengebirge". Teil I von „Der Steinkohlenbergbau des Preuß. Staates
in der Umgebung von Saarbrücken". Berlin, J. Springer, 1904.

N i e d e r , L.: Die Arbeitsleistung der Saarbergleute in den kgl. preußischen Steinkohlengruben bei Saarbrücken seit dem Jahre 1888. Stuttgart, Cotta, 1909. 97 S. Pr. 2,50 M.

P r i e t z e , A.: Flözführung der Ottweiler und Saarbrücker Schichten. S. 58—86 m.
Fig. 12 und Taf. 5—7 von „Das Saarbrücker Steinkohlengebirge". Teil I von „Der Steinkohlenbergbau des Preuß. Staates in der Umgebung von Saarbrücken." Berlin, J. Springer, 1904.

S c h a r f f , V.: Der Moselkanal, eine wirtschaftliche und politische Notwendigkeit.
Trier, Fr. Lintz, 1904. 32 S.

S c h n a s s : Der linksrheinische Dachschieferbergbau und die Moselkanalisierung. „Glückauf" 1909. S. 1043—1052 m. 1 Karte.

S c h ö p p e , W.: Über den Holzappeler Gangzug. Archiv f. Lagerstättenforschung,
Heft 3. Berlin, Geol. Landesanstalt 1910.

S c h o t t , C.: Das niederrheinische Braunkohlenvorkommen und seine Bedeutung für
den Kölner Bezirk. Beitrag zur Festschrift des Deutschen Geographentages in Köln 1903. 12 S.
Vergl. auch „Kollektiv-Ausstellungen des Vereins für die Interessen der rheinischen Braunkohlen-Industrie, Köln". Düsseldorf 1902. 46 S. m. 6 Fig. u. 2 Taf.

S c h u l z - B r i e s e n , B.: Die westliche Fortsetzung des Saarbrücker Karbons in Deutsch-
Lothringen und Frankreich. „Glückauf" 1906. S. 737—742 m. Taf. 13.

S c h u l z - B r i e s e n : Les gisements de houille et de sels de potasse de la rive gauche
du Rhin et les couches de minette du forage de Bislich. Bull. Soc. Belge de Geol. 1904. T. XVIII.
S. 39—53 m. Taf. V. „Glückauf" 1904. S. 361.

S t e g e m a n n : Über die Lagerungs- und Betriebsverhältnisse im Wurm- und Inde-
Revier. „Glückauf" 1906. S. 1405—1411, 1437—1443 m. 23 Fig. u. Taf. 19.

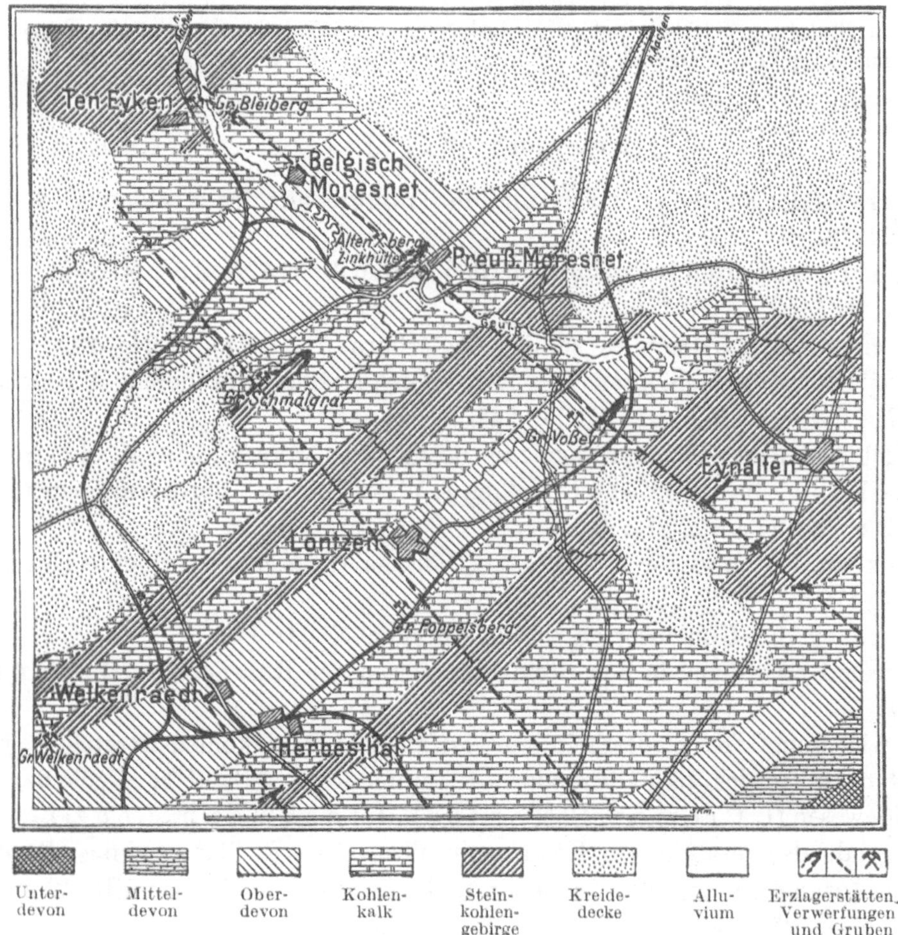

Unter- | Mittel- | Ober- | Kohlen- | Stein- | Kreide- | Allu- | Erzlagerstätten,
devon | devon | devon | kalk | kohlen- | decke | vium | Verwerfungen
| | | | gebirge | | | und Gruben

Fig. 47.

Die metasomatischen Blei-Zinkerzvorkommen von Aachen.

(Nach Beyschlag, Krusch, Vogt, „Lagerstätten I" 1909, S. 5.)

Timmerhans, Ch.: Les gîtes métallifères de la région de Moresnet. Congr. intern. des mines, etc. Liége 1905. Sect. de Géol. Appl. S. 297—324 m. 5 Fig. im Text und 5 Fig. auf 5 Taf. (Fig. 1: Carte géol. de la concession de la Vieille-Montagne 1 : 45 000.)

Venator, W.: Die Bedeutung der Siegerländer Eisenerzvorkommen für die Versorgung der deutschen Eisenindustrie (Statistik für 1895—1905. — Vorratsschätzung.) „Stahl und Eisen" 1907. S. 127—131.

Villain, F.: Note sur les recherches effectuées en Meurthe-et-Moselle pour retrouver le prolongement du bassin houiller de Sarrebruck en territoire francais. Congr. intern. des mines etc. Liege 1905. Sect. de Géol. Appl. S. 325—334.

Wagner: Übersichtskarte von dem Rheinischen Braunkohlenbezirk, 1 : 50 000. Köln 1908. 1 kol. Karte. Pr. 5 M.

Werneburg, P.: Denkschrift über die Rentabilität der Moselkanalisierung unter Berücksichtigung des Schleppmonopols. Saarbrücken 1906. Hecker. Heft 5 von „Südwestdeutsche Wirtschaftsfragen". 34 S. m. einer graphischen Tafel betr. die Rentabilität der Mosel- und Saarkanalisierung. Pr. 1 M.

Westermann, H.: Die Gliederung der Aachener Steinkohlenablagerung auf Grund ihres petrographischen und paläontologischen Verhaltens. Verh. d. naturhist. Vereinsd. Rheinl. 62. 1905. S. 1—64 m. 1 Tabelle und 1 Profiltafel. „Glückauf" 1906. S. 278—284 m. 5, in der Originalarbeit nicht zum Abdruck gekommenen Profilen und 1 Fig. (Vergl. d. Ref. d. Z. 1905. S. 426—428.)

Zirkel, F.: Über Urausscheidungen in Rheinischen Basalten. Abhdlg. d. Math.-Phys. Klasse der Königl. Sächsischen Ges. d. Wiss., XXVIII. Bd., Nr. 3. Leipzig, B. G. Teubner, 1903. 198 S. Pr. 3 M.

Zörner, R.: Die Absatzverhältnisse der Königlichen Saarbrücker Steinkohlengruben in den letzten 20 Jahren. (1884—1903). IV. Teil von „Der Steinkohlenbergbau des Preuß. Staates in der Umgebung von Saarbrücken". Berlin, J. Springer, 1904. 54 S. m. 4 Taf.

Provinz Westfalen.

Die Untere Kreide westlich der Ems und die Transgression des Wealden (G. M ü l l e r) R. 03: 72.

Erinnerungen eines alten Bergmanns aus den letzten Jahren (B. S c h u l z - B r i e s e n) L. 04: 105.

Zur Geschichte des Almetales südlich Paderborn (S t i l l e) P. 04: 40.

Über die Deckgebirgsschichten des Ruhrkohlenbeckens und deren Wasserführung (A. M i d d e l s c h u l t e) R. 03: 241.

Das Ergebnis einiger Tiefbohrungen im Becken von Münster (G. M ü l l e r) 04: 7.

Über die Verbreitung von dichten Kalken („Wasserkalken") im westfälischen Devon (A. D e n c k m a n n) 04: 20.

Gründung eines Archivs für rheinisch-westfälische Wirtschaftsgeschichte (B r a n d t) P. 04: 478.

Die Verteilung der Kohlensorten im Ruhrbecken N. 04: 145.

Gerölle fremder Gesteine in den Steinkohlenflözen des Ruhrbezirks (H. M e n t z e l) L. 04: 59.

Die Entwickelung des niederrheinisch-westfälischen Steinkohlen-Bergbaues in der zweiten Hälfte des 19. Jahrhunderts („Sammelwerk") Band I: Geologie, Markscheidewesen (L. C r e m e r , H. M e n t z e l , B r o o k m a n n , L e n z) L. 04: 137.

Das Liegende des produktiven Karbons in Westfalen (R. B ä r t l i n g) R. 09: 55.

Über den Zusammenhang des Aachener und westfälischen Karbons (H. W e s t e r - m a n n) R. 05: 426. — Vgl. Fig. 48.

Die Erwerbung der Hibernia-Gesellschaft durch den preußischen Staat und dessen weitere Aufgaben im rheinisch-westfälischen Kohlenbergbau (R. L i e f m a n n) L. 05: 414.

Industrielle Verbrauchsgruppen der rheinisch-westfälischen Steinkohle N. 06: 390.

Selbstkosten und Verdienst bei der Steinkohlengewinnung in Westfalen N. 06: 387.

Die Steinkohlenförderung des rheinisch-westfälischen Kohlenreviers in den Jahren 1900 bis 1908 siehe S. 58.

Seine Lage zu den benachbarten Gebieten, die Ausdehnung der verliehenen Felder sowie die Regalbezirke sind aus Fig. 48 ersichtlich.

———

Die nutzbaren Eisensteinlagerstätten — insbesondere das Vorkommen von oolithischem Roteisenstein — im Wesergebirge bei Minden (T h. W i e s e) 03: 217.

Die Eisenerze des Hüggels bei Osnabrück (E. H a a r m a n n) 09: 343. — Vgl. Fig. 50—52.

Die Erzgruben des Oberbergamtsbezirkes Dortmund (Bergreviere Witten und Dortmund III im Reg.-Bez. Arnsberg und Werden im Reg.-Bez. Düsseldorf) N. 04: 146.

Die Erzgruben des Oberbergamtsbezirkes Dortmund N. 05: 153.

Die Hütten der Aktiengesellschaft für Bergbau, Blei- und Zinkfabrikation zu Stolberg und in Westfalen im Jahre 1903 N. 04: 288, 425.

Über den Strontianit des Münsterlandes (J. B e y k i r c h) L. 03: 77.

Das Vorkommen von Petroleum in Westfalen (G. M ü l l e r) 04: 9.

Geologisch-hydrologische Verhältnisse im Ursprungsgebiet der Paderquellen zu Paderborn (H. S t i l l e) L. 04: 143.

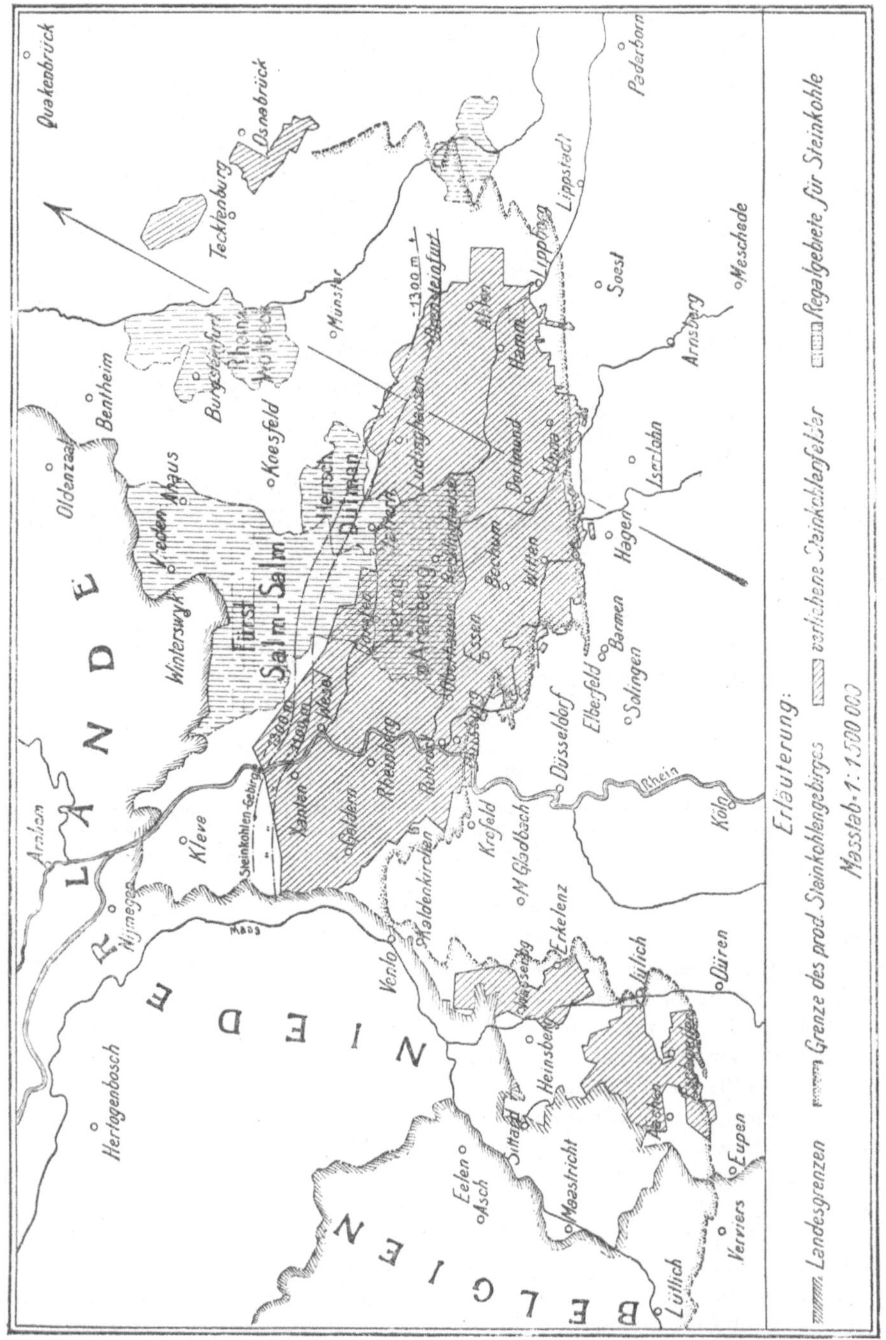

Fig. 48.

Die Ausdehnung der verliehenen Steinkohlenfelder in Westfalen, am Niederrhein und bei Aachen sowie der westfälischen Regalgebiete. (Nach dem Essener „Glückauf" 1907. S. 465.)

Über die Zusammensetzung der westfälischen Spaltenwässer, unter besonderer Berücksichtigung des Baryumgehaltes (P. K r u s c h) P. 04: 252.

Zur Frage der lockeren Gebirgsschichten als Ursache von Bodensenkungen. besonders im rheinisch-westfälischen Steinkohlenbezirk (R. B ä r t l i n g) 07: 148.

Fernere Literatur:

D o r t m u n d: Die Bergwerke und Salinen des Oberbergamtsbezirkes Dortmund im Jahre 1906. (Gewinnung und Belegschaft für die einzelnen Jahre 1903—1906, Absatz an Kohle, Koks und Briketts für 1906, Syndikats-Beteiligung für 1907.) Essen, Verlag des „Glückauf" 1907. 20 S. 4°. Pr. 0,50 M. Beilage zu Nr. 11 des Jahrg. 1907. — Ähnlich für die folgenden Jahre.

A n d r é e, K.: Der Teutoburger Wald bei Iburg. Diss. Göttingen 1904. 49 S. (S. 13 bis 16 über Zeche Hiltersberg mit dem Karlsstollen, welche Wealden-Kohle baute.)

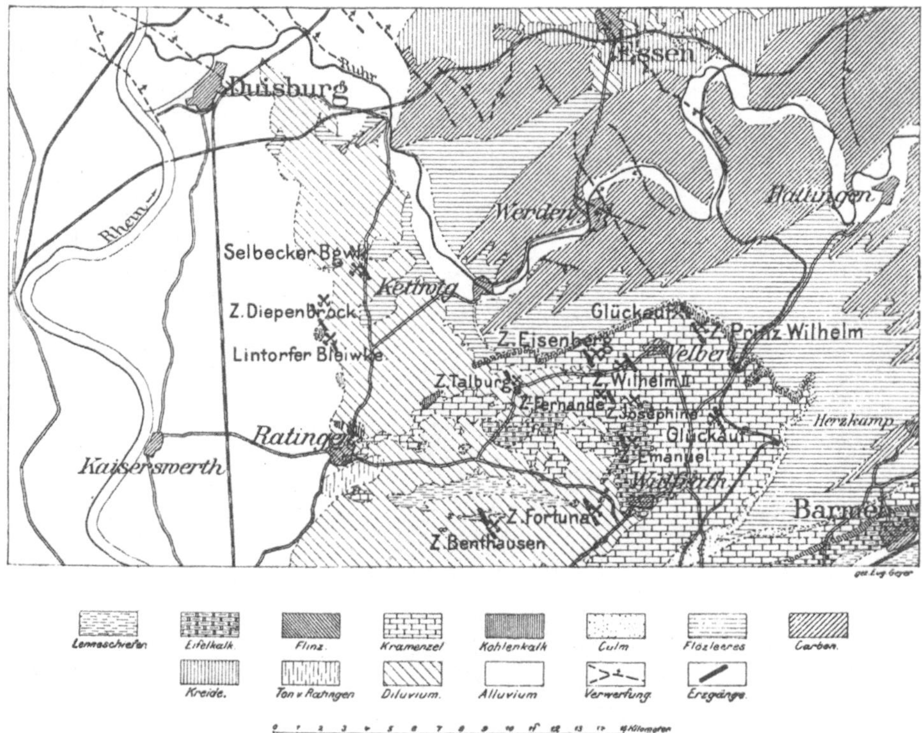

Fig. 49.

Lintorf-Veberter Culm-Oberdevonbezirk mit Blei-Zinkerz- und Kupferkiesgängen als südöstliche
Fortsetzungen der Querverwerfungen des westfälischen Carbon (Bergrevier Werden, Oberbergamtsbezirk
Dortmund). (Nach Beyschlag, Krusch, Vogt, „Lagerstätten I" 1909, S. 9.)

Bärtling, R.: Über den angeblichen Kohlenkalk der Zeche Neu-Diepenbrock III in
Selbeck bei Mülheim-Saarn. Monatsber. d. Deutsch. Geol. Ges. Bd. 61. 1. 1909. S. 2—10 m. 1 Fig.

Bärtling, R.: Über die obere Kreide im Südosten des niederrheinisch-westfälischen
Steinkohlenbeckens. Berichte d. niederrh. geol. Verein, 1909, S. 18—25.

Bärtling, R.: Die Ergebnisse der neueren Tiefbohrungen nördlich der Lippe im Fürstlich Salm-Salmschen Bergrealgebiet. „Glückauf" 1909. S. 1173—1178, 1209—1216,
1249—1260 und 1289—1294 m. 5 Abb.

Beyling: Versuche zwecks Erprobung der Schlagwettersicherheit besonders geschützter
elektrischer Motoren. Essen, Verlag des „Glückauf", 1906. 89 S. m. 137 Fig. Pr. 2 M.

Biermann: Geschichte des Bergbaues bei Altenbeken. Zeitschr. f. vaterl. Gesch.
u. A. Westfalens. Jahrg. 1900.

Cremer, L., R. Cremer und Reismann-Grone: Der Niederrheinisch-West-
fälische Bergbau. „Glückauf" 1893. S. 899, 923, 939, 956, 984, 999, 1013.

Dechen, H. von, und H. Rauff: Chronologisches Verzeichnis der geologischen
(inkl. paläontologischen) und mineralogischen Literatur der Rheinprovinz und der Provinz Westfalen, sowie einiger angrenzender Gegenden. Sachregister von H. von Dechen und H. Rauff.
Bonn 1896. 11 u. 274 S.

Denckmann, A.: Über das Nebengestein der Ramsbecker Erzlagerstätten. Jahrb.
d. Geol. Landesanst. Berlin 1908. 11 S. Pr. 0,50 M.

Duncker, M.: Die neueren Zechenstillegungen an der Ruhr. (Abhandl. a. d. staats-
wissenschaftlichen Seminar zu Münster i. Westf., 4. H.) Leipzig, C. L. Hirschfeld, 1907. Pr. geh. 6 M.

Engel: Die geplante Verstaatlichung der Bergwerksgesellschaft Hibernia. „Der Rheinisch-
Westfälische Kuxenmarkt im Jahre 1904". Jahresber. von Gebr. Stern, Dortmund. S. 20—38.
„Glückauf" 1904. Nr. 33.

Engel: Zum Ausstande der Bergarbeiter im Ruhrbezirk. Berlin, J. Springer, 1905.
87 S. Pr. 0,50 M.

Eyck, E.: Tote Zechen. Berlin „Plutus". I. 1904. S. 609—614.

Friz, W.: Nebenproduktengewinnung beim Kokereibetriebe in Westfalen. (In russ.
Sprache.) Odessa 1905. Mit 2 Taf. Pr. 2 M. — Vergl. Öst. Z. f. Bg.- u. Hw. 1905. S. 402—404,
422—425, 438—439, m. Taf. XII u. XIII.

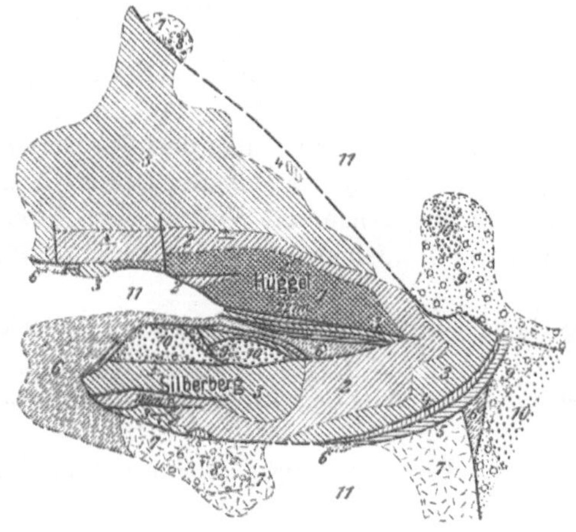

Fig. 50.

Skizze des Hüggelgebiets bei Osnabrück.
Schematisch nach Haack.

(Profile mit den Spat- und Braueisenstein-
lagern des Zechsteins von E. Haarmann sowie
den Text s. Z. 1909, S. 343—353.)

1: Karbon. 2: Zechstein. 3: Buntsandstein.
4: Muschelkalk. 5: Keuper. 6: Lias. 7: Brauner
Jura. 8: Weißer Jura. 9: Münder Mergel, Serpulit
und Wealden. 10: Neocom. 11. Diluvium und
Alluvium.

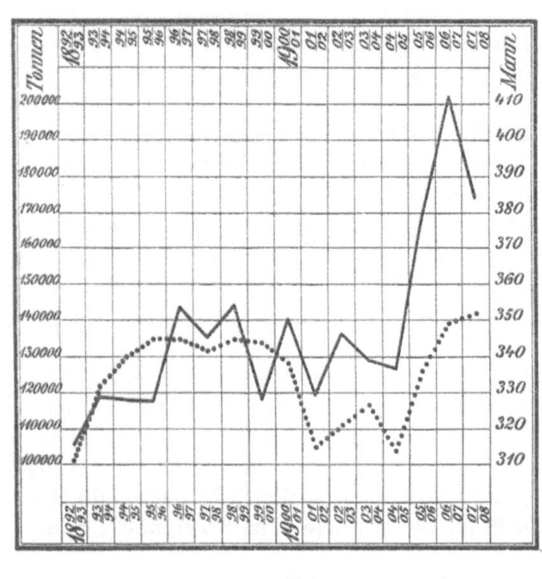

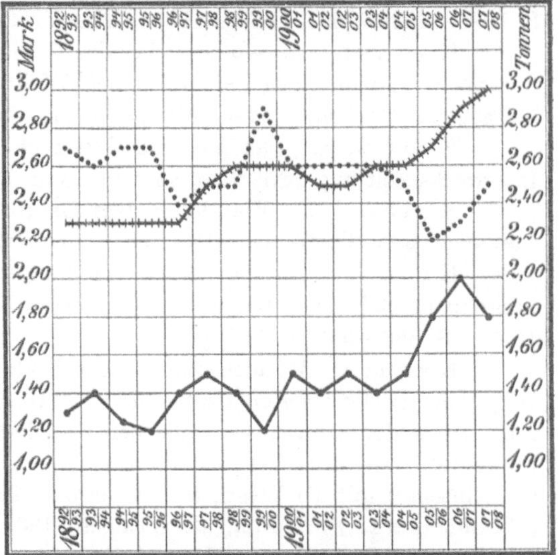

Fig. 51.   Fig. 52.

Förderung und Belegschaft   Leistung, Löhne und Selbstkosten
der Eisenerz-Zeche Hüggel bei Osnabrück in den Jahren 1892—1908.
(Nach E. Haarmann; Text: Z. 1909, S. 350.)

Goetzke, W.: Das rheinisch-westfälische Kohlensyndikat und seine wirtschaftliche Bedeutung. Essen, G. D. Baedeker, 1905. 292 S. m. 8 Taf. Pr. 8 M.

Gouvy, A.: Etat actuel des industries du fer et de l'acier dans les provinces du Rhin et
de la Westphalie. Extr. de mémoires de la Soc. des ing. civ. de France. Paris 1902. 158 S. m.
32 Fig. u. 4 Taf. Pr. 4 M.

Haarmann, Erich: Die geologischen Verhältnisse des Piesberg-Sattels bei
Osnabrück. Jahrb. Kgl. Preuß. Geol. Landesanst. Berlin 1909, Bd. XXX, T. I. S. 1—58 m.
5 Taf.

V. Der Einfluß des Bergbaues am Piesberge auf die Wasserverhältnisse der Umgegend. S. 43—51.

Harbort, E.: Ein geologisches Querprofil durch die Kreide-, Jura- und Triasformation des Bentheim-Isterberger Sattels. Festschrift zum 70. Geburtstage von Adolf von

Koenen. S. 471 bis 515 m. 2 Fig. u. 1 Taf. — Auf Grund der neueren Bohrungen nacn Erdöl bei Bentheim. Stuttgart 1907.

H i l g e n s t o c k: Über Lohntarife im britischen und rheinisch-westfälischen Steinkohlenbergbau. „Glückauf" 43. 1907. S. 1625—1639, 1677—1681, 1705—1717, 1741—1749 m. 22 Fig.

H i l g e n s t o c k: Die neueren Aufschlüsse im Osten der Essener Mulde und des Gelsenkirchener Sattels bis zur Linie Olfen-Lünen. (Beitrag zur Ergänzung des Geognostischen Übersichtskarte in Band I des Werkes : „Die Entwickelung des Niederrheinisch-Westfälischen Steinkohlenbergbaues in der zweiten Hälfte des 19. Jahrhunderts".) „Glückauf" 1907. S. 117—127 m. 10 Fig., 1 Bl. Profile und Tafel 5—7.

H o l z m ü l l e r: Die Geologie der Umgebung Hagens und ihre Beziehungen zur Industrie. „Vulkan", Frankfurt a. M. 1905. V. Jahrg. S. 32—33, 41—42.

H u n d t : Erwerbung von Steinkohlengruben im Ruhrkohlenbezirk durch Hüttenwerke. „Stahl und Eisen" 1903. S. 761—768.

J ü n g s t , E.: Die Bergwerksproduktion des Oberbergamtsbezirks Dortmund in den Jahren 1903—1907. „Glückauf" 1908. S. 386—394.

J ü n g s t , E.: Die Grundlage der neueren Entwickelung des Ruhrbergbaues. „Technik und Wirtschaft". Berlin I. 1908. S. 193—198, 257—259, 307—317. (Nach einem Vortr.)

K i p p e r: Die Zechsteinformation zwischen dem Diemel- und Ittertale am Ostrande des rheinisch-westfälischen Schiefergebirges unter besonderer Berücksichtigung der Kupfer-, Gips-, Eisen-, Mangan-, Zink-, Blei-, Cölestin- und Schwerspat-Vorkommen. „Glückauf" 44. 1908. S. 1029—1036, 1065—1075, 1101—1110 u. 1137—1149 m. 6 Fig. u. 1 Taf.

K o e n e n , A. v o n: Über das Verhalten und das Alter der Störungen in der Umgebung der Sackberge und des Leinetales bei Alfeld und Elze. Nachrichten der Kgl. Gesellschaft zu Göttingen. Mathem.-Physik. Klasse. 1907. Vorgelegt in der Sitzung vom 7. Dezember 1907. 9 S.

K o l b e , E.: Gelände und Grenzverschiebungen durch Bergbau in Westfalen. Deutsche Bergwerks-Zeitung. Nr. 87 u. 88 vom 13. u. 15. April 1906.

K o l b e , E.: Was lehrt dem Bergbau die Wasserentziehung aus den Kiesbänken der Langendreerer Talmulde. Deutsche Bergwerks-Ztg. vom 12. u. 13. Mai 1906.

K r e u t z : Die Streckung von Längenfeldern über Gebirgsstörungen beim Steinkohlenbergbau im Geltungsbereiche der revidierten Kleve-Märkischen Bergordnung. „Glückauf" Nr. 19. 1909. S. 656—667 m. 11 Fig.

K r e u t z: Wirtschaftliche Entwicklung des niederrheinisch-westfälischen Steinkohlen-Bergbaues in der zweiten Hälfte des 19. Jahrhunderts. (Bd. X, XI und XII von „Die Entwicklung des niederrheinisch-westfälischen Steinkohlen-Bergbaues in der zweiten Hälfte des 19. Jahrhunderts". Hrsg. v. Ver. f. d. bergbaulichen Interessen im Oberbergamtsbezirk Dortmund in Gemeinschaft mit der Westf. Berggewerkschaftskasse und dem Rheinisch-Westf. Kohlensyndikat.) („Sammelwerk.") Berlin, J. Springer, 1904. 298 S. m. 13 Taf., 345 S. m. 3 Taf. u. 371 S. m. 3 Taf. Pr. geb. 50 M. — (Vergl. d. Z. 1904. S. 137.)

K r u s c h , P.: Über neue Aufschlüsse im Rheinisch-Westfälischen Steinkohlenbecken. Vortrag. Monatsber. d. Deutsch. Geol. Ges. 1906. S. 25—32.

K r u s c h , P.: Der Südrand des Beckens von Münster zwischen Menden und Witten auf Grund der Ergebnisse der geologischen Spezialaufnahme. S.-A. a. d. Jahrb. d. Preuß. Geol. Landesanstalt· für 1908. Bd. XXIX. Teil II. Heft 1. 110 S. m. 2 Karten. Pr. 5 M.

K r u s c h , P.: Über die neueren Aufschlüsse im östlichen Teile des Ruhrkohlenbeckens und über die ersten Blätter der von der Kgl. Geol. Landesanst. herausgegebenen Flözkarte i. M. 1 : 25 000. Vortrag, geh. in Dortmund auf der 61. Hauptvers. d. Naturhist. Ver. d. preuß. Rheinlande, Westf. u. d. Reg.-Bez. Osnabrück. „Glückauf" 1904. Nr. 27. 7 S.

K r u s c h , P.: Beitrag zur Geologie des Beckens von Münster, mit besonderer Berücksichtigung der Tiefbohraufschlüsse nördlich der Lippe im Fürstlich Salm-Salmschen Regalgebiet. Z. d. Deutsch. geol. Ges. Bd. 61. 1909. S. 230—272 m. 2 Taf.

K u k u k : Der Zusammenhang des niederrheinisch-westfälischen Steinkohlenvorkommens mit den Steinkohlenablagerungen Hollands, Belgiens, Frankreichs und Englands, unter besonderer Berücksichtigung ihrer Lagerverhältnisse. „Der Bergbau", Gelsenkirchen. XXI. 1908. Nr. 3, 5, 8 m. 16 Fig. u. 1 Übers.-Karte.

K u k u k : Beiträge zur Kenntnis des Schichtenaufbaues zwischen Menden und Witten. „Glückauf" 1908. S. 1653—1661 m. 14 Fig.

L a c h m a n n: Überschiebungen und listrische Flächen im westfälischen Karbon. Glückauf 1910, S. 203—207 m. 1 Fig.

L e m c k e , O.: Über die Ortsteinbildungen in der Provinz Westfalen, nebst Versuchen zur künstlichen Herstellung von Ortstein. München 1904. 46 S. m. 1 Taf. Pr. 2,50 M.

L o m n i t z , H.: Ein Weg zur Verringerung der Frachtkosten für Koks und Minette für die rheinisch-westfälische und lothringisch-luxemburgische Eisenindustrie. Berlin, J. Springer. 1903. 51 S. Pr. 1,60 M. („Glückauf" 1903. Nr. 43 u. 44.)

M e n t z e l , H.: Beiträge zur Bergschadenfrage (in Westfalen). „Glückauf" 1907. 43. S. 3—8 m. Taf. 1—3.

M e n t z e l , H.: Mit welchen Lagerungsverhältnissen wird der Bergbau in der Lippe-Mulde zwischen Dorsten und Sinsen zu rechnen haben? „Glückauf" 1906. S. 1234—1239 m. Taf. 1.

M e n t z e l , H.: Die Bewegungsvorgänge am Gelsenkirchener Sattel im Ruhrkohlengebirge. „Glückauf" 1906. S. 693—702 m. 7 Fig. u. 3 Taf.

M e n t z e l , H.: Ein mariner Horizont in der Gasflammkohlenpartie des Ruhrbezirkes. „Glückauf" 1909. S. 73—75.

M e n t z e l , H.: Der östliche Abschnitt der Bochumer Mulde zwischen Hamm und Beckum. „Glückauf" 1905. S. 301—308 m. 1 Taf.

M e t s c h k e , H.: Bergbau und Industrie in Westfalen und im Ruhrgebiet der Rheinprovinz unter der Herrschaft der Caprivischen Handelsverträge. Berlin, F. Siemenroth, 1905.

M e y e r , H.: Das flözführende Steinkohlengebirge in der Bochumer Mulde zwischen Dortmund und Camen. „Glückauf" 1906. S. 1169—1186 m. 16 Fig. u. Taf. 15—17.

M i d d e l d o r f : Die Verbesserung der Vorflut und die Reinigung der Abwässer im Emschergebiet. Deutsche Bauztg. 1904. S. 111—115, 125—130 mit 5 Fig. u. 1 Übersichtsplan vom Wassersammelgebiet der Emscher i. M. 1:75 000.

P i l z : Neuere Mergelabstürze im Niederrheinisch-westfälischen Steinkohlengebirge. „Glückauf" 1906. S. 502—505 m. 7 Fig.

R i n n e , F.: Geologische Bemerkungen zum Einsturze im Altenbekener Tunnel. Abdr. aus Organ f. d. Fortschritte des Eisenbahnwesens. N. F. 42. Bd. 1905. S. 256—259 m. 2 Fig.

S c h m i d t : Tektonik der Schwefelkies- und Schwerspatlagerstätte bei Meggen an der Lenne. „Glückauf" 1909. S. 1437—1442 m. 8 Fig.

S c h u l z - B r i e s e n : Die Flözlagerung in der Emscher-Mulde des Ruhr-Steinkohlenbeckens unter besonderer Berücksichtigung der hangendsten Flözgruppe auf Grund der Aufschlüsse durch den Bergbau bis zum Jahre 1894. Preuß. Z. XLIV. Bd. 1. H. S. 12. 1896.

S c h u l z - B r i e s e n : B., A propos des terrains qui recouvrent les couches carbonifères du bassin Westphalien-Rhénan. Bull. Soc. Belge de Géol. 1904. T. XVIII. S. 3—19 m. Taf. I—IV.

S i c h t e r m a n n , P.: Diabasgänge im Flußgebiet der unteren Lenne und Volme. Jahrb. d. Preuß. Geol. Landesanst. Berlin 1907. S. 360—427 m. 5 Taf.
> Kupfererzfelder Einsal S. 391, Julie S. 396, Marie S. 412, Louise S. 412, Eisenerzfeld Espérance S. 396.

S i m m e r s b a c h , B.: Die wirtschaftliche Entwicklung der Gelsenkirchener Bergwerks-Aktiengesellschaft von 1873—1904. Freiberg, Craz & Gerlach, 1906. 96 S. Pr. 2,50 M.

S o n d e r m a n n , F.: Geschichte der Eisenindustrie im Kreise Olpe. Ein Beitrag zur Wirtschaftsgeschichte des Sauerlandes. Münster i. W., Fr. Coppenrath, 1907. Pr. 3,50 M.
> I. Geschichte der Eisenindustrie bis 1450; die Zeit der direkten Eisenbereitung. II. Die indirekte Eisenbereitung; Verlegung der Eisenwerkstätten von den Bergen an die Flußläufe. III. A. Blütezeit der heimischen Industrie von 1618 bis ca. 1820; B. Verfall der heimischen Industrie von ca. 1820 bis ca. 1840. IV. A. Von ca. 1840 bis ca. 1863; neuer Aufgang der Eisenindustrie; B. Von 1863 bis ca. 1877; Rückschlag in der Eisenindustrie; C. Von 1877 bis 1905; erneuter Aufschwung nach Eröffnung der Bahn Finnentrop—Rothemühle.

S t e i n , H e r b s t , F ä h n d r i c h , B e y l i n g , B a u m und H e i s e : Berieselung, Grubenbrand, Rettungswesen, Beleuchtung, Sprengstoffwesen, Versuchsstrecke. (Bd. VII. von: „Die Entwickelung des niederrheinisch-westfälischen Steinkohlen-Bergbaues in der zweiten Hälfte des 19. Jahrhunderts. Hrsg. vom Ver. f. d. bergbaulichen Interessen im Oberbergamtsbezirk Dortmund in Gemeinschaft mit der Westf. Berggewerkschaftskasse und dem Rheinisch-Westf. Kohlensyndikat.) („Sammelwerk.") Berlin, J. Springer, 1904. 517 S. m. 363 Fig. u. 3 Taf. (Vergl. d. Z. 1904. S. 137.)

S t i l l e , H.: Geologisch-hydrologische Verhältnisse im Ursprungsgebiet der Paderquellen zu Paderborn. Berlin, Abhdlg. d. Kgl. Preuß. Geol. Landesanst., 1903. 133 S. m. 3 Fig., 3 Taf.

S t i l l i c h , O.: Steinkohlenindustrie. II. Bd. von „Nationalökonomische Forschungen auf dem Gebiete der großindustriellen Unternehmung". Leipzig, Jäh & Schunke, 1906. 357 S. Pr. 8 M., geb. 9 M.
> 1. Bergwerksgesellschaft Hibernia S. 1; 2. Gelsenkirchener Bergwerks-Aktiengesellschaft S. 144; 3. Kölner Bergwerksverein S. 197; 4. Bergwerks-Aktiengesellschaft Konsolidation S. 220; 5. Bergwerksgesellschaft Dahlbusch S. 262; 6. Königsborn, Aktiengesellschaft für Bergbau, Salinen- und Solbadbetrieb S. 296.

Trautmann, F.: Übersichtskarte der Steinkohlenbergwerke im rheinisch-Westfälischen Industriebezirk. (Karte der Grubenfelder.) 2 Blatt. Maßstab 1 : 80 000. Auf Grund amtlichen Materials gezeichnet. Mit Gratisbeilage: Verzeichnis der Steinkohlenbergwerke des Ruhrbezirks. 39 S. Pr. 5 M., aufgez. auf Leinwand im Taschenformat oder mit Stäben zum Aufhängen 10 M. Dortmund, Koeppensche Buchhandlung, 1903.

Trippe, F.: Die Entwässerung lockerer Gebirgsschichten als Ursache von Bodensenkungen im rheinisch-westfälischen Steinkohlenbezirk. „Glückauf" 1906. S. 545—558 m. 26 Figuren.

Wegner, Th.: Die Spülversatzmaterialien der Umgebung Halterns a. d. Lippe. „Glückauf" 1906. S. 455—463 m. 5 Fig.
 I. Die Ablagerungen der Kreideformation. Entstehungen der Ablagerung im Lippegebiet. II. Die diluvialen Ablagerungen. Die Hohenzüge. Die Materialien in den Tälern.

Willert: Das Toneisensteinvorkommen von Ahaus und Koesfeld und seine wirtschaftliche Bedeutung. „Glückauf" 1907. S. 304—309.

Süddeutschland.

Gugenhan, M.: Die Vergletscherung der Erde von Pol zu Pol. Berlin, R. Friedländer & Sohn, 1906. 200 S. m. 154 Fig. Pr. 8 M.
 Allgemeine Wirkungen der Gletscherströme S. 7; Beispiele aus Schwaben und Franken S. 29; Folgerungen aus den schwäbischen und fränkischen Beispielen S. 43; Überblick S. 174; Anhang: A. Ursache der Eiszeiten S. 184, B. Tertiärer Mensch S. 191.

Regelmann, C.: Erläuterungen zu der 7. Auflage der geologischen Übersichtskarte von Württemberg und Baden, dem Elsaß, der Pfalz und den weiterhin angrenzenden Gebieten. Hrsg. v. d. Kgl. Württ. Statist. Landesamt. Stuttgart, H. Lindemann, 1907. 32 S. — Vgl. Z. 1905, S. 416.

Regelmann, C.: Die wichtigsten Strukturlinien im geologischen Aufbau Südwestdeutschlands. Vortrag auf der 50. Allgem. Vers. d. D. geol. Ges. zu Tübingen am 14. August 1905. Monatsber. d. D. geol. Ges. 1905. S. 299—318.

Großherzogtum Hessen.

Über die geol. Landesaufnahme vgl. die Angaben im Anhang, auch Fig. 33 auf
 S. 105 in „Fortschritte I", sowie nebenstehende Fig. 53.

Bergwirtschaftliche Landesaufnahmen (Hessen) N. 06: 241. 08: 173.

Magnetische Erscheinungen an Gesteinen des Vogelsberges, insbesondere an Bauxiten
 (Köbrich) 05: 23.

Naturwissenschaftlicher Verein in Darmstadt (Roßberg-Untersuchung: C. Chelius)
 P. 04: 71.

Der Zechstein von Rabertshausen im Vogelsberg und seine tektonische Bedeutung
 (C. Chelius) 04: 399.

Bemerkungen zu dem Aufsatz von C. Chelius: „Der Zechstein von Rabertshausen
 im Vogelsberg und seine tektonische Bedeutung" (G. Klemm) B. 05: 38.

Zu „Zechstein von Rabertshausen etc." (C. Chelius) B. 05: 81.

Die technisch nutzbaren Mineralien und Gesteine des Taunus und seiner nächsten
 Umgebung (R. Delkeskamp) 03: 265.

Die Quarzporphyre im Odenwald, ihre tektonischen Verhältnisse, ihre praktische Verwertung (C. Chelius) 05: 337.

Entstehung der Vogelsberger Eisenerze (H. Münster) B. 05: 413.

Der Eisenerzbergbau in Oberhessen, an Lahn, Dill und Sieg (C. Chelius) B. 04: 53.

Eisen und Mangan im Großherzogtum Hessen und deren wirtschaftliche Bedeutung
 (C. Chelius) P. 04: 356.

Die Brauneisenerzlagerstätten des Seen- und Ohmtals am Nordrand des Vogelsgebirges (H. Münster) 05: 242.

Eruptivgänge im Kalk B. 05: 348.

Odenwald-Granit in Holland (C. Chelius) N. 04: 112.

Großherzogtum Hessen.

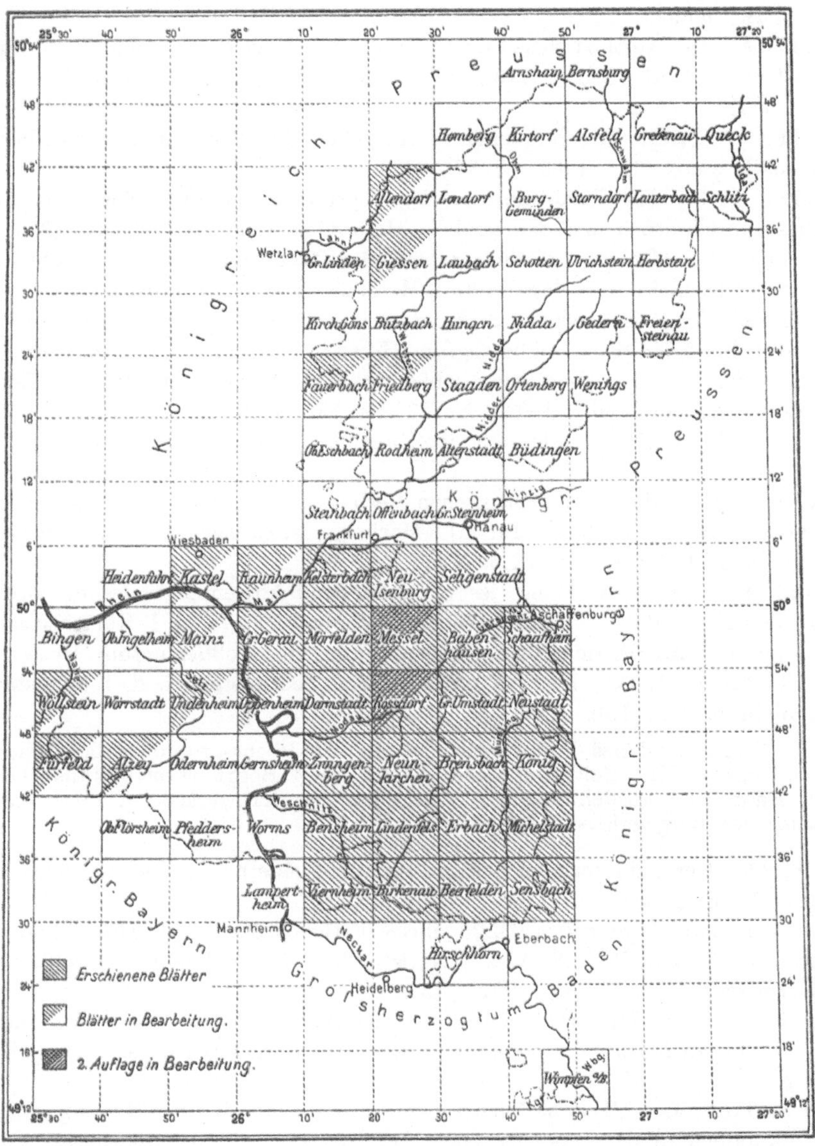

Fig. 53.

Stand der geol. Spezialkartierung i. M. 1 : 25 000 des Großherzogtums Hessen, Anfang 1910.
Vgl. hierzu Fig. 33. S. 105 der „Fortschritte" I.

(Bezugsquelle: A. Bergsträsser, Hofbuchhandlung in Darmstadt. Preis der Sektion mit Erläuterung
2 M.; — nicht 4 M., wie im 1. Bande irrtümlich angegeben wurde.)

Eine neue Soolquelle bei Selters a. d. Nidder im Vogelsberg N. 03: 253.
Über geologische Vorarbeiten für die Trinkwasserversorgung einiger Orte in Rheinhessen
(A. Steuer) L. 03: 250.
Bergbau im Großherzogtum Hessen N. 08: 172.

Fernere Literatur:

Die Braunkohle in der Wetterau. „Braunkohle" 1904. S. 45—47.
Brauns, R.: Entwicklung des mineralogischen Unterrichts an der Universität Gießen.
Gießen 1904. 32 S. Pr. 2 M.

C h e l i u s , C.: Der vulkanische Vogelsberg in seinen Beziehungen zu den Sol- und Heilquellen an seinem Rande. Vortrag. S.-A. a. d. Balneologischen Ztg. XV. Jahrg. Nr. 5 vom
20. Februar 1904. 6 S.

C h e l i u s , C.: Geologischer Führer durch den Vogelsberg, seine Bäder und Mineralquellen. Gießen, E. Roth, 1905. 110 S. m. 30 Fig., 2 Prof. u. 1 geol. Karte i. M. 1: 280943.
Preis 2 M.

C h e l i u s , C.: Die Mineralquellen zu Auerbach a. d. Bergstraße. Gewerbeblatt für das
Großherzogtum Hessen. 68. 1905. S. 336—338.

C h e l i u s , C.: Die Basaltindustrie im Vogelsberg und die Erfordernisse eines Steinbruchbetriebes. „Steinbruch und Sandgrube", Halle a. S. 1905. S. 306, 331—332.

C h e l i u s , C.: Geologischer Führer durch den Odenwald. Stuttgart, Hobbing & Büchle,
1905. 80 S. m. 9 Fig. u. 1 kol. geolog. Karte i. M. 1: 250000. Pr. 1,50 M.

C h e l i u s , C.: Die hessische Steinindustrie und ihre Heranziehung zu Lieferungen in
Hessen. Gewerbeblatt für das Großherzogtum Hessen. 68. 1905. S. 498—499.

D e l k e s k a m p , R.: Das Braunkohlenvorkommen am Südabhang des Taunus und im
unteren Maintale. „Braunkohle" 1908. Nr. 23, 32, 33, 34, 40, 42.

D i t z e l , H.: Quellenstudien aus der Umgebung von Marburg. Marburg 1905. 109 S.
Preis 2 M.

K a y s e r , E.: Abriß der geologischen Verhältnisse Kurhessens. (S.-A. aus H e ß l e r :
Hessische Landes- und Volkskunde, Bd. I.) Marburg, N. G. Elwert, 1904. 26 S. m. 1 geolog.
Übersichtskarte i. M. 1: 600000. Pr. 1,50 M.

K ö b r i c h : Die Entwicklung des privaten Braunkohlenbergbaues im Großherzogtum
Hessen. „Braunkohle" 1907. S. 437—443, 453—455 m. 3 Fig. und 1 Kartenskizze.

K ö b r i c h : Statistik des Bergwerkseigentums im Großherzogtum Hessen nach dem
Stande vom 1. Januar 1905. Mitt. d. Großh. Hess. Zentralstelle f. d. Landesstatistik 1905.
Nr. 801. S. 49 bis 64 m. 9 Tab.

> I. Gegenstand des Bergwerkseigentums; II. Rechtsgrundlage des Bergwerkseigen-
> eigentums; III. Zeitliche Entwicklung des Bergwerkseigentums (1819—1904);
> IV. Räumliche Ausdehnung und Verteilung des Bergwerkseigentums; V. Die Eigen-
> tümer der Bergwerksbelehnungen.

L a n g , O.: Der Lamsberg bei Gudensberg (bei Kassel). Naturw. Wochenschr. III. Bd.
1904. S. 449—455 m. 3 Fig.

L e p s i u s , R.: Bericht über die 25 jährige Tätigkeit der Großh. Hessischen geologischen
Landesanstalt zu Darmstadt. S.-A. a. d. Notizbl. d. Ver. f. Erdkde. u. d. Großh. geol. Landesanstalt zu Darmstadt IV. H. 28. 1907. 13 S.

M ü h l h a n , A.: Hinterländer Grünstein-Industrie (unter Benutzung eines Artikels
des Lehrers S t o l l zu Herborn). Monatsschr. f. d. Steinbruchs-Berufsgen. 1907. XXII. S. 31
bis 33 m. 5 Fig.

O c h s e n i u s , C.: Über die Mitwirkung von Salzlaken bei der Bildung von Eisen- und
Manganerz-Vorkommen in der Lindener Mark bei Gießen. „Industrie" vom 3. Januar 1906.

S c h m i d t , H. W., und K. K u r z : Über die Radioaktivität von Quellen im Großherzogtum Hessen und Nachbargebieten. Physik. Zeitschr. VII. 1906. S. 209—224. Bespr.
Naturw. Rundschau 21. 1906. S. 30, 382.

S t e u e r , A.: Über ein Asphaltvorkommen bei Alettenhain in Rheinhessen. Notizbl. d.
V. f. Erdkde. u. d. geol. Landesanstalt zu Darmstadt. 26. 1905. S. 35—48. — (Ref. i. N. Jb. f.
Min. 1907. I. S. 83.)

W i t t i c h , E.: Das Bergwesen in Hessen unter der Regierung Philipps des Großmütigen.
Preuß. Z. f. d. Bg.-, Hütten- u. Sal.-Wesen 1905. S. 556—569.

> Die Bergpatente der Regentschaft; die Bergwerksfreiheit von 1536; die Berg-
> freiheit von 1537; das Bergpatent von 1562; die Bergfreiheit von 1563 (Schurfordnung);
> die Berg- und Schiefferordnung von 1543; Salinen.

K ö n i g r e i c h   B a y e r n .

Über die geol. Landesaufnahme vgl. Fig. 54 sowie die Angaben im Anhang.
Geognostische Beschreibung der Schwarzen Berge in der südlichen Rhön (J. S o e l l -
n e r) L. 03: 315.
Zur Flysch-Petroleumfrage in Bayern (W. F i n k) 05: 330.

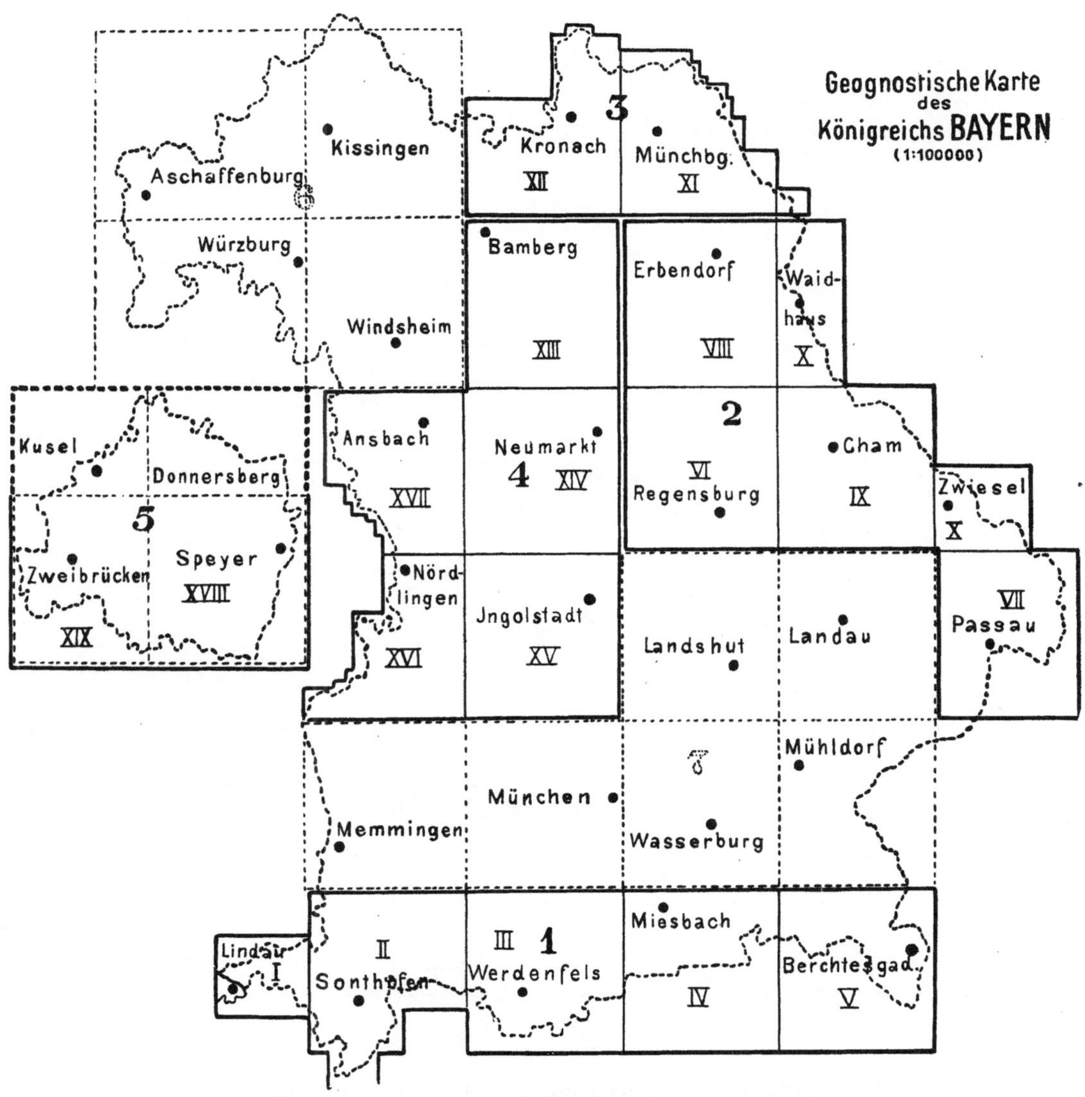

Fig. 54. Bayern; Erläuterungen hierzu siehe im Anhang.

Geologie und Mineralindustrie auf der Bayerischen Jubiläums-Landesausstellung zu Nürnberg (O. Friz) 06: 256.

Zur Geschichte des Bergbaues im Spessart N. 05: 431.

Museum von Meisterwerken der Naturwissenschaft und Technik P. 04: 255; 06: 64.

Produktion des Berg-, Hütten- und Salinenbetriebes im bayerischen Staate für das Jahr 1902 N. 03: 318, 1903 N. 04: 286, 1904 N. 05: 350, 1905 N. 06: 276, 1906 N. 07: 303, 1907 N. 08: 396, 1908 N. 09: 356.

Die Steinkohlenförderung Bayerns (ohne Rheinpfalz) 1900—1908 siehe S. 58 Nr. 5, die Braunkohlenförderung S. 59.

Die Mineralien des Fichtelgebirges und des Steinwaldes. Ein Taschen- und Nachschlagebuch (Alb. Schmidt) L. 04: 61.

Die Amberger Erzlagerstätten (E. Kohler) R. 03: 33.

Die Erzlagerstätte des Schneebergs in Tirol und ihr Verhältnis zu jener des Silberbergs bei Bodenmais im bayerischen Wald (E. Weinschenk) 03: 231.

Die Flußspatgänge der Oberpfalz (M. Priehäußer) 08: 265. — Vgl. Fig. 55.

Eisenglanz und seine Verarbeitung im Fichtelgebirge (A. Schmidt) 08: 362.

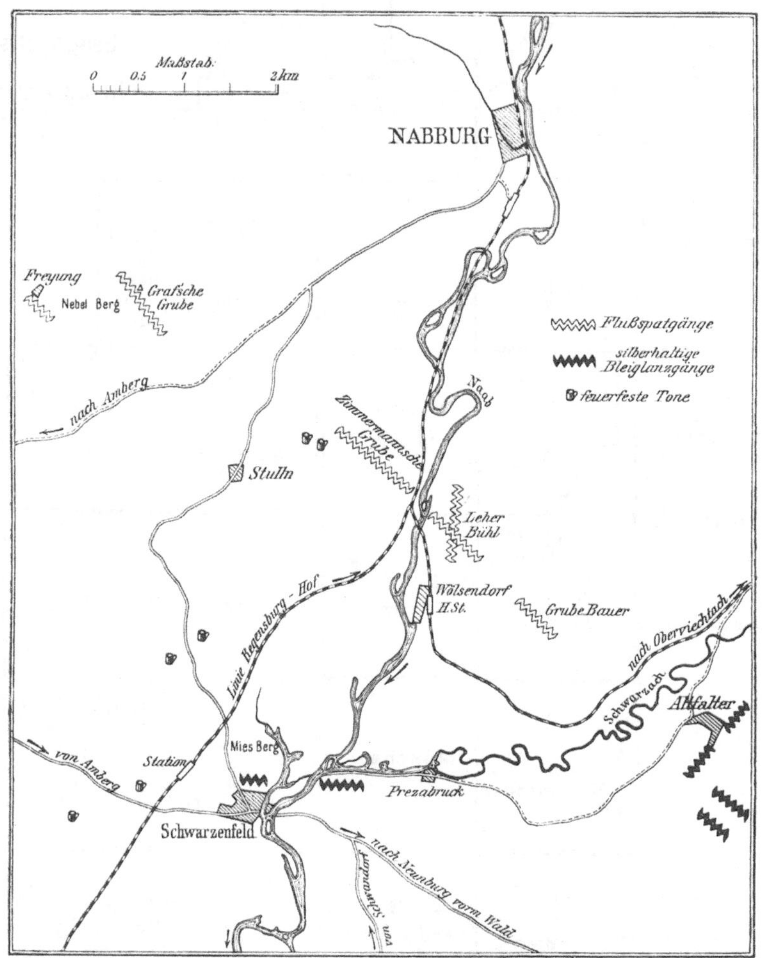

Fig. 55.

Das Flußspatgebiet der nördlichen Oberpfalz in Bayern.
(Nach M. Priehäußer; Text: Z. 1908, S. 265—269.)

Fernere Literatur:

A m t l i c h : Stand und Entwickelung der bayerischen Montanindustrie. Heft LXX der
Beiträge zur Statistik des Königreichs Bayern. Herausgegeben vom Kgl. Statistischen Bureau.
München, Lindauersche Buchhandlung, 1908. 65 S. m. 1 Karte.

A m t l i c h : Nutzbare Mineralien, Gesteine, Mineralwässer Bayerns auf der Bayerischen
Jubiläums-Landes-Industrie-, Gewerbe- und Kunstausstellung zu Nürnberg 1906, ausgestellt vom
Mineralogischen Laboratorium und der Geologischen Sammlung der K. Technischen Hochschule
zu München. 82 S.

A m m o n , L. v o n, und O. M. R e i s: Kurze geologische Beschreibung einiger pfälzischer
Gebietsteile. S.-A. aus dem Werke: Eine erdmagnetische Vermessung der Bayer. Rheinpfalz.
Mitt. d. „Pollichia", eines naturwiss. Vereins der Rheinpfalz, von Dr. v o n N e u m a y e r. Bad
Dürckheim 1905. 18 S.

A m m o n , L. v o n: Neuere Aufschlüsse im pfälzischen Steinkohlengebirge. Geognost.
Jahreshefte 1902. 15. Jahrg. München, Piloty & Loehle, 1903. S. 281—286 m. 2 Fig.

A m m o n , L. v o n: Die Steinkohlenformation in der Bayerischen Rheinpfalz. Abdr.
aus den Erläuterungen zu dem Blatte Zweibrücken (Nr. XIX) der Geogn. Karte des Königreichs
Bayern. München, Piloty & Loehle, 1903. 106 S. m. 24 Fig.

B e c k e n k a m p , J.: Über die geologischen Verhältnisse der Stadt und der nächsten
Umgebung von Würzburg. S. 1—22 m. 1 Karte und 1 Profil. — Über die Bildung der Zellenkalke.
S. 22—32. — Über Eisenoxydknollen von Kleinrheinfeld bei Schweinfurt. S. 32—33. Separatabdr.
a. d. Sitzungsber. d. Phys.-Med. Ges. zu Würzburg 1907. Würzburg, A. Stubers Verlag. Pr. 1,20 M.

B e r g t , W.:. Das Gabbromassiv im bayrisch-böhmischen Grenzgebirge. Sitzungsber. d. K. Preuß. Akad. d. Wiss. XVIII. 1905. S. 395—405. XXII. 1906. S. 432—442. — 1. Der bayerische Teil des Gabbromassivs. 2. Der böhmische Teil des Gabbromassivs.

B r e n n e r : Geschäftsbericht des Kgl. Bayerischen Wasserversorgungsbureaus für das Jahr 1903. München, R. Oldenbourg, 1904. 70 S. 4⁰. Pr. 3,50 M.

B r e u , G.: Das Petroleumvorkommen am Tegernsee, Bayern. Naturwiss. Wochenschr. 1906. N. F. V. Bd. S. 505—506. Ungar. Montan-Ind- u. Handelstzg. XII. 1906. S. 5—6.

B u r c k h a r d t , K.: Geologische Untersuchungen im Gebiet zwischen Glan und Lauter (Bayer. Rheinpfalz) mit petrographischen Beiträgen von Dr. E r n s t D ü l l . Geognostische Jahreshefte. XVII. 1904. München, Piloty & Loehle, 1906. S. 1—92 m. 28 Fig., 1 Taf. u. 1 geol. Karte i. M. 1:25000.

F i n k , W.: Der Flysch im Tegernseer Gebiet mit spezieller Berücksichtigung des Erdöl-vorkommens. Diss. Sep.-Abdr. a. d. Geognost. Jahresheften 1903. München, C. Wolf & Sohn, 1904. 30 S. m. 11 Fig. u. 1 geolog. Karte i. M. 1:25000.

F i n k , W.: Das Eisenglimmervorkommen am Gleissingerfels. (Ein Beitrag zur Geologie und Bergbaugeschichte des Fichtelgebirges.) Geognost. Jahreshefte. 19. Jahrg. 1906. München 1908. S. 153—167 m. 1 Situationskärtchen und 1 Planskizzenbeilage.

F i s c h e r - R e i n a u , L.: Die Wasserkräfte der bayerischen Alpen. Deutsche Bau-Ztg. 1905. S. 378—380, 386—387, 390—391, 399—403, 416 m. 12 Fig.

> I. Leitsätze für den Ausbau von Wasserkräften; II. Größe und Ausbaufähigkeit der bayrischen alpinen Wasserkräfte; III. Neuere schweizerische Wasserkraft-Anlagen als typische Vorbilder. 1. Das Etzelwerk, 2. Elektrizitätswerk a. d. Maira im Bergell, 3. Das Elektrizitätswerk Kubel.

G e h r i n g , L.: Das Berchtesgadner Salzbergwerk. Seine Geschichte, Anlage, Ein-richtungen und sein Betrieb. Berchtesgaden, K. Ermisch, 1906. 38 S. Pr. 0,50 M.

G ö t z , W.: Landeskunde des Königreichs Bayern. Slg. Göschen, Nr. 176.

H ä b e r l e , D.: Pfälzische Bibliographie. 1. Die geologische Literatur der Rheinpfalz von 1820 und nach 1880 bis zum Jahre 1907 einschließlich. S.-A. aus: „Mitteilungen der Pollichia, eines naturwissenschaftlichen Vereins der Rheinpfalz", Nr. 23. LXIV. 1907. Heidelberg, Ernst Carlebach, 1908. 161 S. Pr. 3 M.

H i r t h , S. J.: Topographisch-historisches Nachschlagebüchlein für München und Um-gegend. München, M. Kellerer, 1903. 55 S. Pr. 0,60 M.

Holzapfel, E.: Die Eisenerzvorkommen in der Fränkischen Alb „Glückauf" 1910. S. 341—350 m. 5 Fig.

I m k e l l e r , H.: Die zementliefernden Formationen in den bayerischen Alpen und das Portlandzementwerk Marienstein bei Tölz. Naturw. Wochenschrift 1905. S. 502—507.

K l o c k m a n n , F.: Die eluvialen Brauneisenerze der nördlichen Fränkischen Alb bei Hollfeld in Bayern. „Stahl und Eisen" 1908, S. 1913—1919 m. 3 Fig.

K ö b r i c h : Die Bohrarbeiten zur Aufbesserung des Schönbornsprudels bei Kissingen. Pr. Z. Bd. 42. 1894. 335.

K o e h n e , W.: Verzeichnis der geologischen Literatur über die Fränkische Alb und der für deren Versteinerungskunde und Geologie wichtigsten Literatur aus anderen Gebieten. I. Teil: Alphabetisches Verzeichnis bis 1905. Sonderabdr. a. d. Abhdlg. d. Naturh. Gesellsch. Nürnberg 1906. XV. Bd. Heft 3. 29 S.

K o h l e r , E.: Über die sogenannten Steinsalzzüge des Salzstocks von Berchtesgaden. Geognost. Jahresh. München 1903. 16. Jahrg. S. 105—124 m. 8 Fig.

K o h l e r , E.: Die Amberger Erzlagerstätten. Geogn. Jahreshefte. 15. Jahrg. 1902. S. 11—56 m. 10 Fig.

L e p p l a , A.: Die Tiefbohrungen am Potzberg in der Rheinpfalz. Jahrb. d. Kgl. Preuß. geolog. Landesanst. und Bergakademie Berlin für das Jahr 1902. Bd. XXIII. Heft 3. S. 342—357.

L o e g e l : Die Gewinnung des Specksteins im Fichtelgebirge und seine Verwendung. „Glückauf" 44. 1908. S. 873—876 m. 11 Fig.

O b e r d o r f e r , R.: Die vulkanischen Tuffe des Ries bei Nördlingen. Diss. Tübingen. Jahresh. des V. für vaterl. Naturkunde. 1905. Stuttgart, C. Grüninger. 40 S. m. 1 Taf.

O e b b e k e , K., und M. K e r n a u l: Die Braunkohlenvorkommen Bayerns. „Braun-kohle" 1907. S. 799—806 m. Fig. 317 u. 318.

O e b b e k e , K.: Die Mineralquellen Bayerns. Intern. Mineralquellen-Ztg. Wien, vom 15. September 1904. Allgem. österr. Chem. u. Techn.-Ztg. vom 15. März 1905. S. 5—7.

P e i n e r t : W., Miocäne Braunkohlenvorkommen in der Oberpfalz und in Niederbayern, ihre Aufschließung und ihre Ausbeutung. „Braunkohle" VII. 1909. S. 789—797 m. 5 Fig.

R e i s , O. M.: Der Potzberg, seine Stellung im Pfälzer Sattel. Geognostische Jahreshefte XVII. 1904. München, Piloty & Loehle, 1906. S. 93—233 m. 2 Taf. und 1 geologischen Karte i. M. 1:25000.

XIII. Die Quecksilberbergwerke am Potzberg in tektonischer Beziehung S. 161 bis 170; XIV. Die Gangverhältnisse in den alten Bergbauen am Königsberg S. 170 bis 173; XV. Die beiden Schwerspattagebaue im Horngang (Zwölfuhrgang) am Königsberg S. 173—190; XVI. Allgemeine Folgerungen aus dem Verhalten des Barytganges S. 190—198; XVIII. Kurze Übersicht über die Entstehung der erzführenden Bergkuppen der Pfalz S. 206—209; XIX. Zusammenfassung der Unterschiede in den Erzgängen zwischen Potzberg und Königsberg S. 209—214; XX. Beziehung von Zerklüftung und Gangbildung im Phorphyr S. 214—217; XXI. Fernere Folgerungen aus der Erzganztektonik am Potzberg und Königsberg S. 217—220.

R e i s , O. M.: Das Rotliegende und die Trias der nordwestlichen Rheinpfalz. München, Piloty & Loehle, 1903. Abdr. a. d. Erläuterungen z. d. Blatte Zweibrücken (Nr. XIX) der Geognost. Karte d. Königr. Bayern. S. 106—182.

R e u t e r , L.: Aus Alexander von Humboldts Verwaltungspraxis in Franken. Sitzungsber. d. physikal.-medizinischen Sozietät in Erlangen, Bd. 39. 1907. S. 135—147.

R o s e n k r a n z , E.: Übersicht der Mineralien des Bayerischen Waldes und des Oberpfälzer Waldgebirges. Erlangen 1908. 86 S. Pr. 2,50 M.

R u o f f : Die Wackersdorfer Braunkohlenwerke der Bayerischen Braunkohlenindustrie-A.-G. (Vortrag, geh. in der Sitzung vom 2. Oktob. 1908 des Berl. Bezirksvereins des Vereins deutscher Ingenieure.) Z. d. Vereins. Bd. 52. 1908. S. 1891 u. 1892.

S c h m i d t , A.: Die Kupferbergwerke und das Nickelvorkommen im ehemaligen Gebiete der Hohenzollern am Frankenwald. Preuß. Zeitschr. f. d. B.-, H.- u. S.-Wesen 1908. Bd. 56. S. 531 bis 541 m. 1 Fig.

S c h m i d t , A.: Der Betrieb von Marmor-, Kalkstein- und Schieferbrüchen im nördlichen Bayern im achtzehnten Jahrhunderte. Monatsschr. f. d. Steinbr.-Berufsgen. XXIII. 1908. S. 192—-193.

S c h m i d t , A.: Eisengewinnung im nördlichen Bayern vor 100 Jahren. „Stahl und Eisen' 1908. S. 1243—1246.

S c h m i d t , A: Tabellarische Übersicht der Mineralien des Fichtelgebirges und des Steinwaldes. Ein Taschen- und Nachschlagebuch für Mineralogen und Freunde dieser Gebiete. Bayreuth, Grausche Buchhandlung, 1903. 84 S. Pr. 1,50 M.

S c h m i d t , A.: Das Vorkommen von Zinnstein im Fichtelgebirge und dessen Gewinnung im Mittelalter. Preuß. Z. f. d. B.-, H.- u. S.-Wesen 1906. Bd. 54. S. 377—382 m. 1 Fig. u. Texttaf. k. (Übersichtskarte der Zinnerzfundstätten.)

S c h m i d t , A.: Mineralien aus den auflässigen Bergwerken des Fichtelgebirges. Ausgestellt Landesausstellung Nürnberg 1906. 13 S.

I. Einleitung; II. Die Eisen- und Manganvorkommnisse im Fichtelgebirge; III. Die Gold- und Antimonbergwerke von Gold-Kronach; IV. Die Zinngewinnung im Fichtelgebirge; V. Die Kupfer- und Nickelerze von Steben und Lichtenberg; VI. Die Bleierze von Erbendorf.

S c h m i d t , A.: Die Goldgewinnung im Fichtelgebirge. Preuß. Z. f. d. Berg-, Hütten- u. Salinenw. 55. 1907. S. 449—458.

S c h m i d t , A.: Die Granitgewinnung und Verarbeitung im Fichtelgebirge. Monatsschr. f. d. Steinbr.-Berufsgen. 1903. Nr. 6. S. 96—99.

S c h w a g e r , A d.: Geologisches Gutachten zur Wasserversorgung der Stadt Nürnberg aus dem Quellgebiet bei Ranna. Geognost. Jahreshefte. 19. Jahrg. 1906. München 1908. S. 191—202 m. 1 geolog. Kärtchen.

S t e i n i n g e r , T.: Geologische Streifzüge durch die Gegend um Rosenheim, Oberbayern. Rosenheim 1905. 53 S. m. Fig. u. 1 Taf. Pr. 2,50 M.

V a l e n t i n : Melaphyrvorkommen in den Kupfererzgruben von Imsbach (in der Bayer. Pfalz). Berg- u. Hütten-Ztg. 1894. S. 97.

Z i n ß m e i s t e r , J.: Gedanken über moderne Verwaltungs- und Wirtschaftspolitik unter besonderer Berücksichtigung der bayerischen Verhältnisse. (I. Abtlg.) München, M. Rieger. 1907. 53 S. Pr. 1,50 M.

Z o b e l , P.: Das Steinkohlenvorkommen in der Oberpfalz (Erbendorf und Umgebung). Kattowitz 1909. Pr. 0,80 M.

Königreich Württemberg.

Berggesetz für das Königreich Württemberg N. 06: 342.

Bergbaugeschichte: Württemberg (A. S c h m i d t) N. 06: 386.

Geologische Spezialkarte des Königreichs Württemberg.

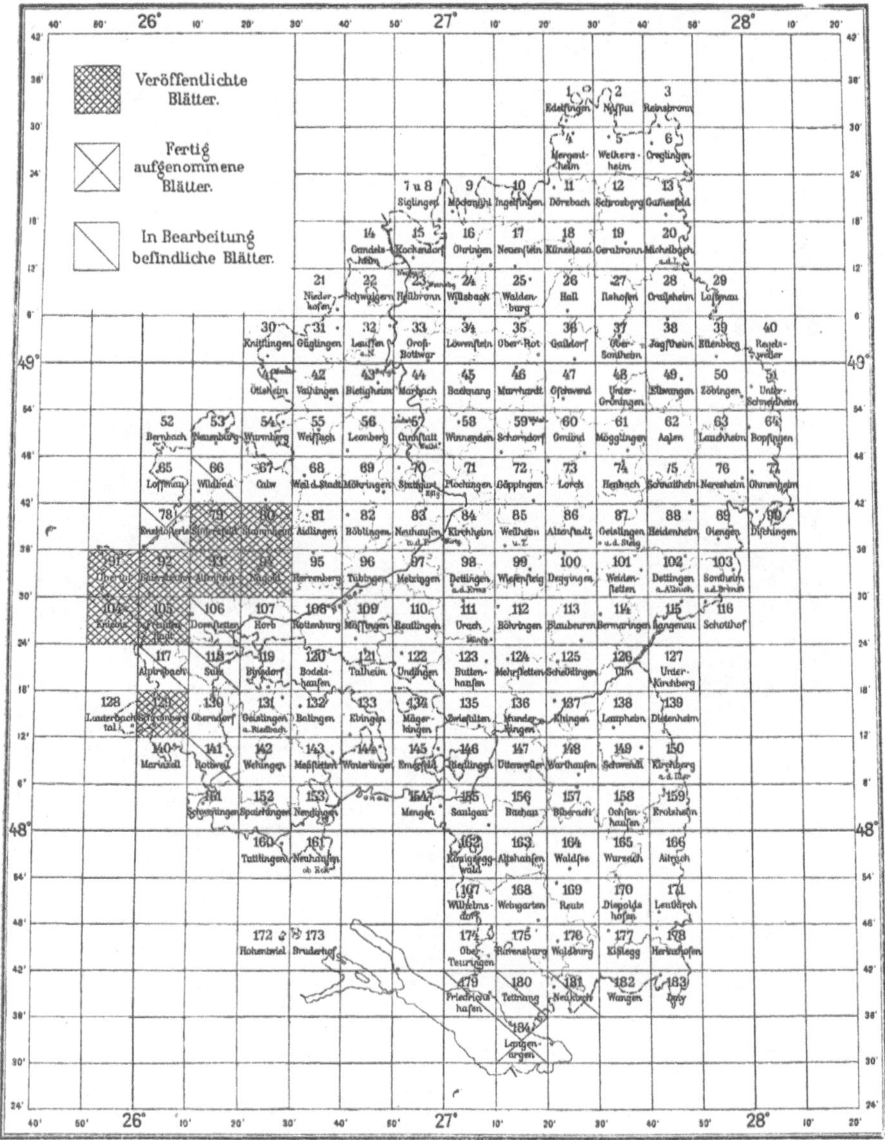

Fig. 56.

Stand der geol. Spezialkartierung i. M. 1:25000 des Königreichs Württemberg, Anfang 1909.
(Nr. 106 u. 107 werden im Winter 1910/1911, Nr. 118 Anfang 1912 erscheinen.)
(Über die Aufnahme i. M. 1:50000 sie „Fortschritte" I, S. 107 Fig. 35.)

Errichtung einer geologischen Abteilung beim Statistischen Landesamt in Stuttgart
 P. 03: 400. — Näheres siehe im Anhang. Vgl. auch Fig. 56.
Die geologische Abteilung des K. Württembergischen Statistischen Landesamts
 (v o n Z e l l e r) P. 04: 190.
Geologische Übersichtskarte von Württemberg und Baden, dem Elsaß, der Pfalz
 und den angrenzenden Gebieten (C. R e g e l m a n n) L. 05: 416.
Die Eisenerzlagerstätten Württembergs und ihre volkswirtschaftliche Bedeutung.
 (R. F l u h r) A. 08: 1. Vgl. Fig. 57—59.
Der Neu-Bulacher und Freudenstädter Graben. (Tektonik u. Verteilung der Erzgänge im
 Deckgebirge des östlichen Schwarzwaldes (Axel S c h m i d t) 1910: 45. — S. Fig. 60.

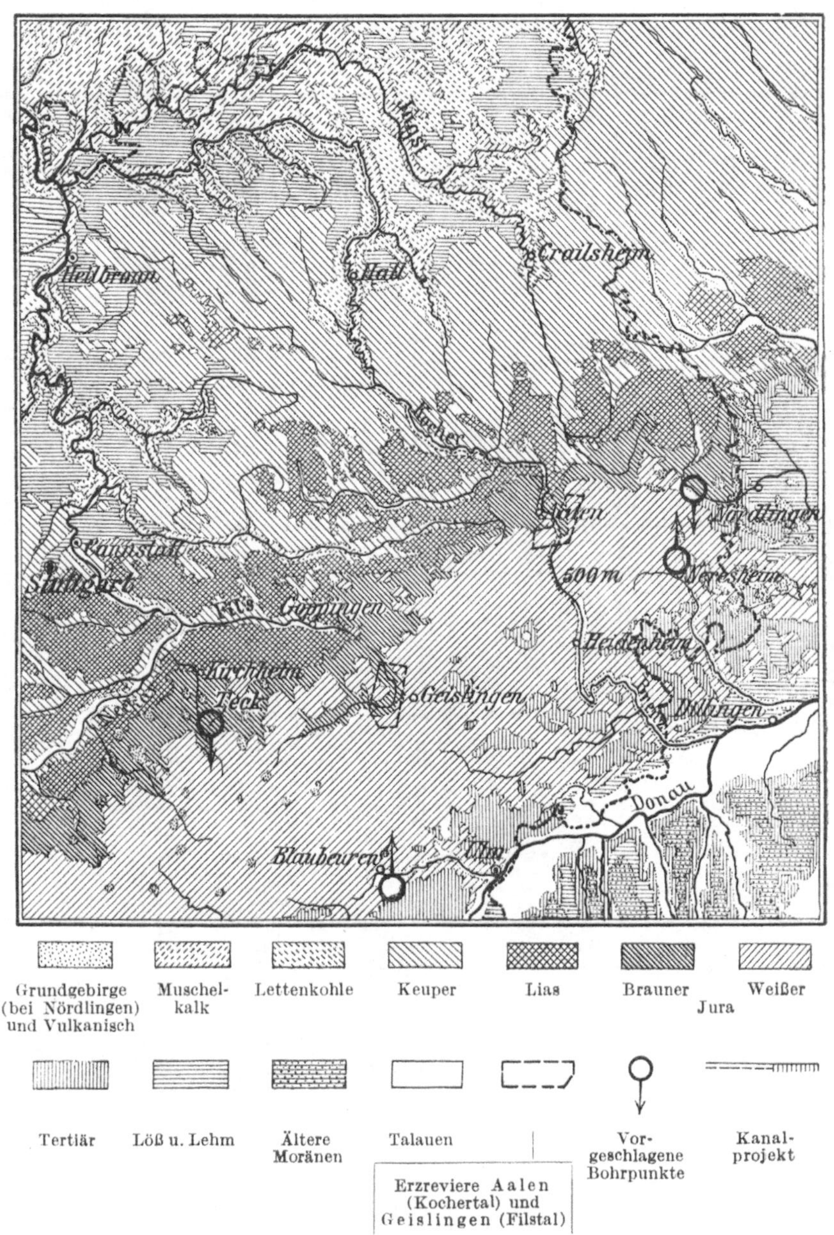

Grundgebirge (bei Nördlingen) und Vulkanisch	Muschel-kalk	Lettenkohle	Keuper	Lias	Brauner	Weißer

Jura

Tertiär	Löß u. Lehm	Ältere Moränen	Talauen		Vor-geschlagene Bohrpunkte	Kanal-projekt

Erzreviere Aalen (Kochertal) und Geislingen (Filstal)

Fig. 57.

Geologische Übersichtskarte des nördlichen Teiles vom Königreich Württemberg, i. M. 1:1 000 000·
Zu den beiden Erzrevieren am Kocher und an der Fils (Aalen und Geislingen)
vgl. die Karten Fig. 58 und 59.

Fernere Literatur:

B r ä u h ä u s e r , M.: Über Vorkommen von Phosphorsäure im Buntsandstein und Wellen-gebirge des östlichen Schwarzwaldes. Mitt. d. Geol. Abt. d. Kgl. Württ. Stat. Landesamts. Stuttgart 1907. 22 S. Pr. 0,30 M.

E n d r i ß , K.: Die neuesten Ergebnisse über die Verhältnisse der Donauversinku g. Vortrag. Stuttgart. S.-A. aus „Mathem.-naturw. Blätter". Nr. 1. 1905.

E n d r i ß , K.: Zur Erforschung, Pflege und Bewirtschaftung der Donauversinkung. Schwäb. Merkur vom 15. Febr. 1905; Amtsbl. d. Württemb. Oberamtsstadt Tuttlingen vom 26. Febr. 1905. — Weiteres hierüber s. N. J. b. f. Min. 1908. I. Ref. S. 93—96.

E n d r i ß , K.: Die rheinische Donau. Naturw. Wochenschr. VII. 1908. S. 97—109 m. 5 Fig. u. 4 Karten. (Vergl. Z. 1905. S. 261.)

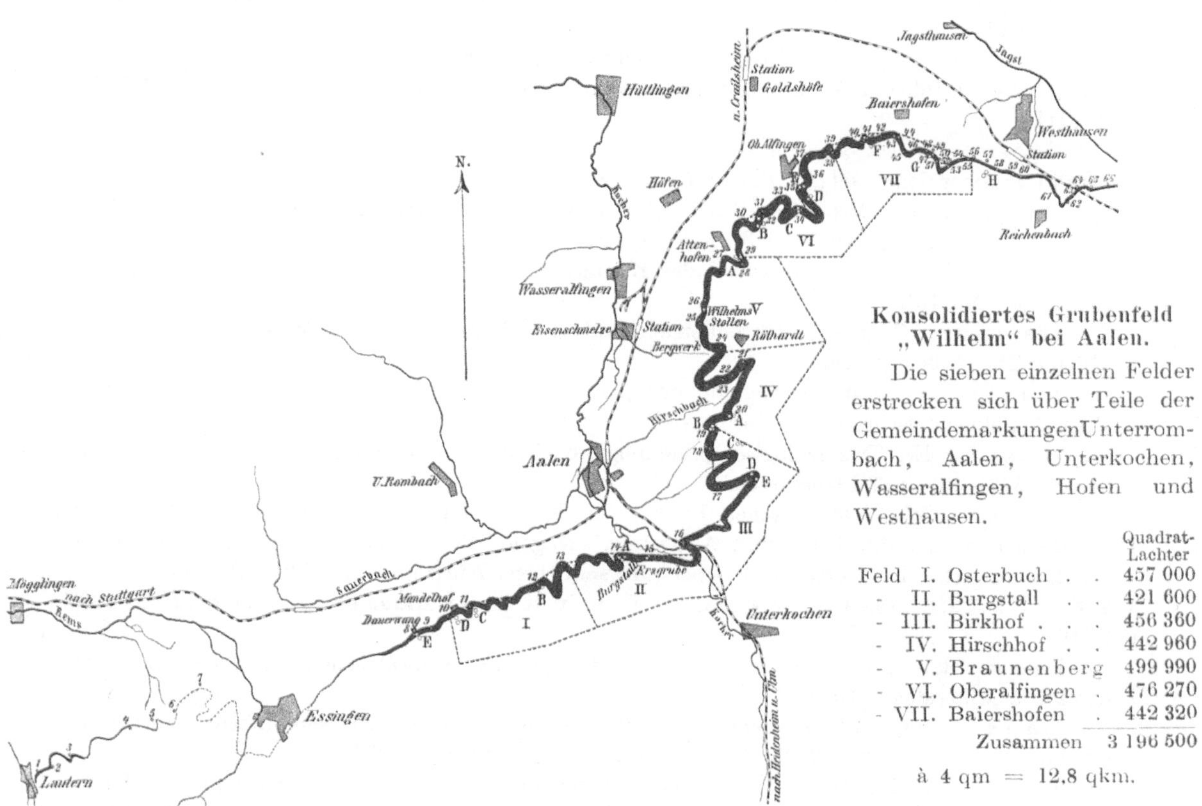

Konsolidiertes Grubenfeld „Wilhelm" bei Aalen.

Die sieben einzelnen Felder erstrecken sich über Teile der Gemeindemarkungen Unterrombach, Aalen, Unterkochen, Wasseralfingen, Hofen und Westhausen.

		Quadrat-Lachter
Feld I. Osterbuch	. .	457 000
- II. Burgstall	. .	421 600
- III. Birkhof	. . .	456 360
- IV. Hirschhof	. .	442 960
- V. Braunenberg		499 990
- VI. Oberalfingen	.	476 270
- VII. Baiershofen	.	442 320
	Zusammen	3 196 500

à 4 qm = 12,8 qkm.

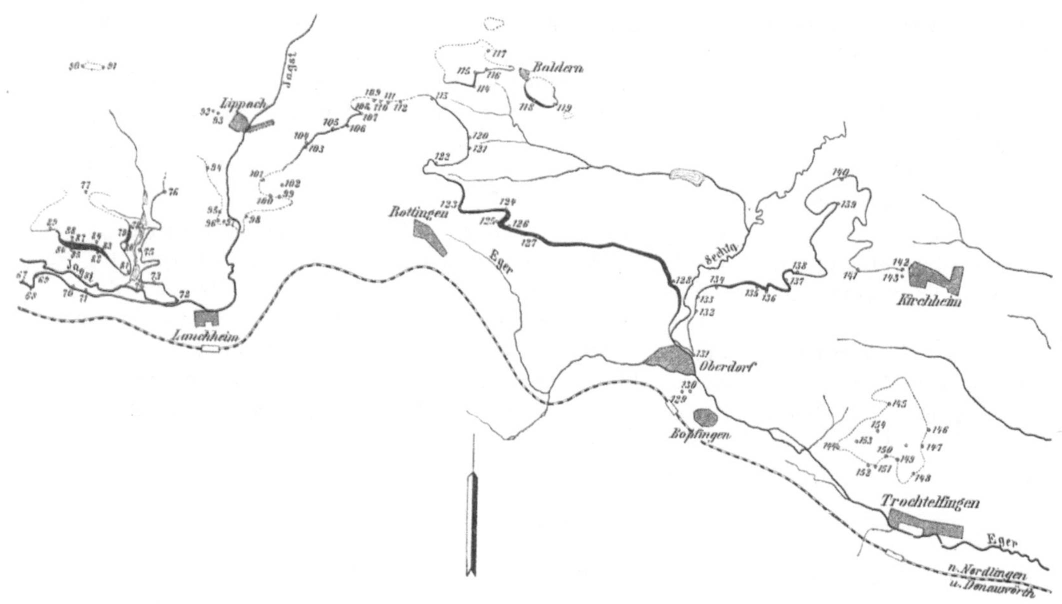

Fig. 58 und 59.

Grubenfelder und Flözverlauf bei Aalen und Wasseralfingen in Württemberg
(Fig. 59 schließt östlich an Fig. 58 an).　Maßstab 1:115 000.
(Nach R. Fluhr; Text: Z. 1908, S. 1—23.)

F r a a s , E.: Führer durch das Kgl. Naturalien-Kabinett zu Stuttgart. I. Die geognostische Sammlung Württembergs im Parterre-Saal, zugleich ein Leitfaden für die geologischen Verhältnisse und die vorweltlichen Bewohner unseres Landes. Stuttgart, E. Schweizerbart, 1903. 82 S. m. 42 Fig. Pr. 0,50 M.

G a u b , F r.: Die jurassischen Oolithe der Schwäbischen Alb. (Vorläufige Mitteilung.) Neues Jahrb. f. Mineralogie, Geologie und Paläontologie. 1908. S. 87—96 m. Taf. VII und VIII.

G a u b , F r.: Über oolithbildende Ophthalmidien im Dogger der Schwäbischen Alb. Zentralbl. f. Mineralog., Geol. u. Paläontol. 1908. S. 584—589 m. 4 Fig.

G u g e n h a n , M.: Der Stuttgarter Talkessel von alpinem Eis ausgehöhlt! Berlin, R. Friedländer & Sohn, 1906. 26 S. m. 6 Fig. u. 2 Taf. Pr. 2,40 M.

H a s s e r t , K.: Landeskunde des Königreichs Württemberg m. 16 Vollbild. u. 1 Karte. Slg. Göschen Nr. 157.

K e l l n e r : Bergbau, Hüttenbetrieb und Metallverarbeitung in Württemberg. Berg- u. Hütten-Ztg. 1895. S. 29.

K n e t t , J.: Zur Aufdeckung des „Hohenstaufenbades" in Wildbad (Württemberg). S.-A. a. d. Balneologischen Ztg., Berlin. XVI. Nr. 11 vom 20. April 1905. 3 S.

K o k e n , E.: Das geologisch-mineralogische Institut in Tübingen. Zentralbl. f. Mineral. 1904. S. 673—693 m. 3 Planskizzen.

K r a n z , W.: Geologischer Führer für Nagold und weitere Umgebung bis Calw, Herrenberger Stadtwald, Horb und Altensteig. Nagold, G. W. Zaiser, 1903. 56 S. m. 5 Fig.

L a n g , R.: Der mittlere Keuper im südlichen Württemberg. Diss. Stuttgart 1909, 108 S. m. 2 Taf. (S.-A. Jahreshefte d. V. f. vaterl. Naturkunde in Württemberg 1909 und 1910.

L a n g , R.: Über Kaolinit in Sandsteinen des schwäbischen mittleren Keupers. Zentralbl. f. Mineralogie 1909, S. 596—599.

L a u x m a n n , R.: Das ehemalige Silberbergwerk Wüstenroth-Neulautern. Württemb. Jb. f. Stat. u. Ldk. Jahrg. 1899. T. 1. S. 151—169. Stuttgart 1900.

R e g e l m a n n , C.: Erläuterungen zu der siebenten Auflage der Geologischen Übersichtskarte von Württemberg und Baden, dem Elsaß, der Pfalz und den weiterhin angrenzenden Gebieten. Herausgeg. vom Kgl. Württemb. Statist. Landesamt. Stuttgart, H. Lindemann, 1907. 32 S. (Vergl. ausführliche Bespr. der 5. Aufl. Z. 1905. S. 416.)

S c h l e n k e r , G.: Das Schwenninger Zwischenmoor und zwei Schwarzwald-Hochmoore in bezug auf ihre Entstehung, Pflanzen- und Tierwelt. Mitt. der Geol. Abt. d. Kgl. Württ. Stat. Landesamts. 279 S. m. 2 Taf. u. 1 Karte. Pr. 2.50 M.

S c h m i d t , A.: Württembergs Erzbergbau in der Vergangenheit. „Glückauf" 1907. S. 1034—1042. — „Aus dem Schwarzwald", Blätter des württemb. Schwarzwald-V. Stuttgart. XVI. 1908. Nr. 3—5.

S c h m i d t , Axel: Württembergs Salzwerk- und Salinenbetrieb in der Vergangenheit. „Glückauf" 1908. S. 1000—1006.

S c h ü t z e , E.: Verzeichnis der mineralogischen, geologischen, urgeschichtlichen und hydrologischen Literatur von Württemberg, Hohenzollern und den angrenzenden Gebieten. 1. Beil. z. d. Jahresh. d. V. f. vaterl. Naturkunde in Württemberg. 1908. Stuttgart 1907. 251 S.

S c h w a r z , H.: Über die Auswürflinge von krystallinen Schiefern und Tiefengesteinen in den Vulkanembryonen der Schwäbischen Alb. Dissert. S.-A. a. d. Jahresh. d. V. f. vaterländische Naturkunde in Württemberg. Jahrg. 1905. S. 227—288 m. 6 Fig. u. Taf. III.

S t u t z e r , O.: Geologie der Umgegend von Gundelsheim am Neckar. Tübingen 1904. 60 S. m. 1 Taf. u. 2 Karten. Pr. 2,50 M.

G r o ß h e r z o g t u m   B a d e n .

Über die geol. Landesaufnahme vgl. den Anhang; auch F. I, S. 109.
Die Nickelmagnetkieslagerstätten im Bezirk St. Blasien im südlichen Schwarzwald
        (W e i n s c h e n k) 06: 73.

Fernere Literatur:

E i s e l e , H.: Das Übergangsgebirge bei Baden-Baden, Ebersteinburg, Gaggenau und Sulzbach und seine Kontaktmetamorphose durch das Nordschwarzwäldergranitmassiv. Diss. Tübingen 1907. 86 S. m. 1 Übersichtskarte, 1 Textprofil, 1 Taf.

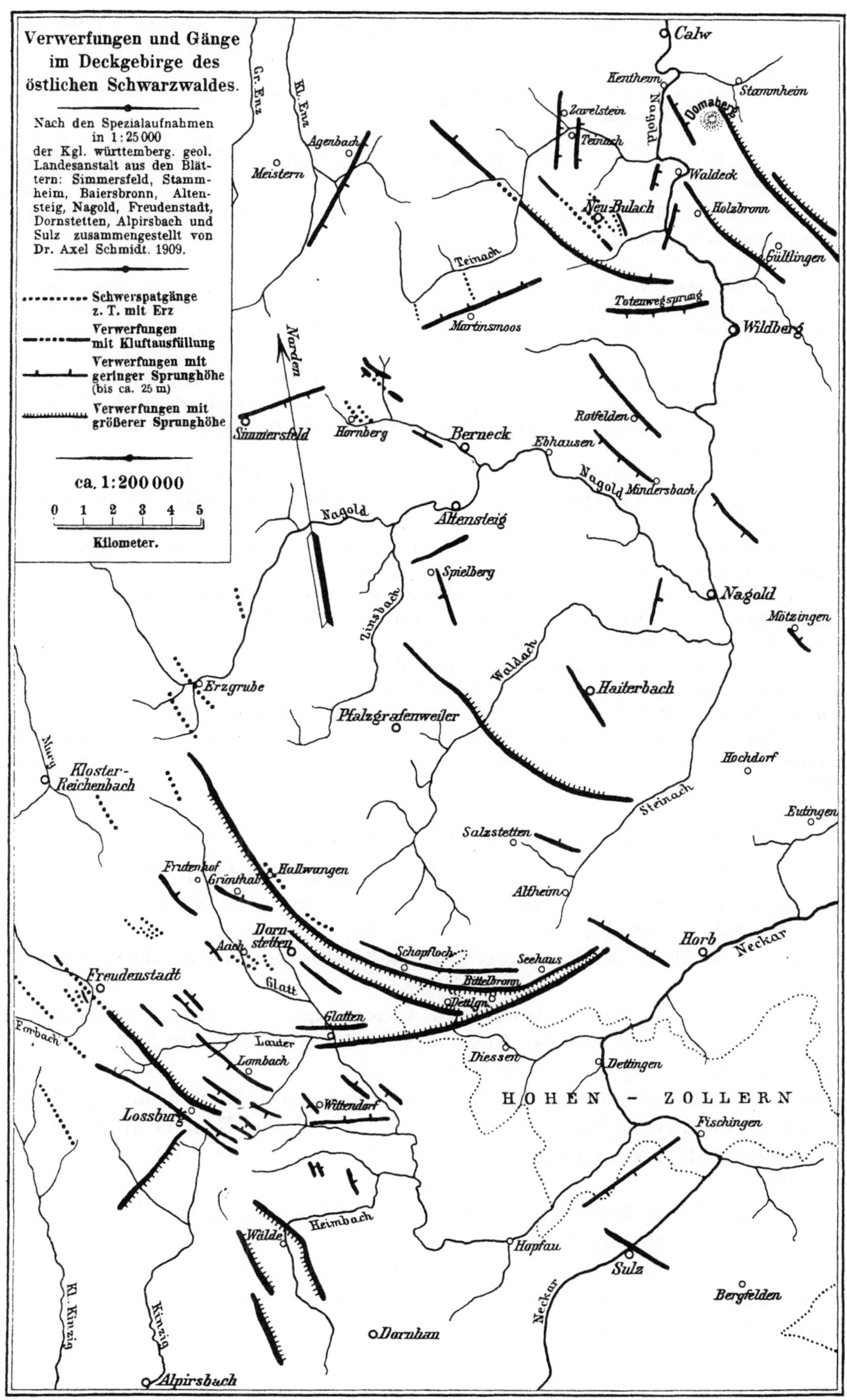

Fig. 60.
(Nach Axel Schmidt; Text: Z. 1910, S. 45—59.)

Kienitz, O.: Landeskunde von Baden. Mit Profil, Abbild. u. 1 Karte. Slg. Göschen.

Lang, J.: Beitrag zur Kenntnis der Erzlagerstätte am Schauinsland. Heidelberg 1903. 41 S. m. geol. Karte. Pr. 2 M.

Neumann, B.: Die Goldwäscherei am Rhein. Pr. Zeitschr. f. d. Bg.-, H.- u. Sal.-Wes. 1903. 51. Bd. S. 377—420.

> I. Geschichtliches 377; II. Rechtsverhältnisse 387; III. Der Waschbetrieb 405; IV. Herkunft und Lagerung des Goldes im Rhein 413; V. Produktion und Feinheit des Rheingoldes 415; VI. Schluß 420.

Philipp, H.: Vorläufige Mitteilungen über Resorptions- und Injektionserscheinungen im südlichen Schwarzwald. S.-A. a. d. Zentralbl. f. Min. usw. Jahrg. 1907. 5 S.

Regelmann, C.: Geologische Übersichtskarte von Württemberg und Baden, dem Elsaß, der Pfalz und den weiterhin angrenzenden Gebieten. Herausgeg. vom Kgl. Württemberg. Statistischen Landesamt. Stuttgart 1906. Maßstab 1 : 600 000. Format 68 : 68 cm. 6. verbesserte Auflage. Mit 27 Seiten Erläuterungen. (Vergl. ausführliche Besprechung der 5. Auflage Z. 1905. S. 416.)

Ruska, J.: Geologische Streifzüge in Heidelbergs Umgebung. (Eine Einführung über die Hauptfragen der Geologie auf Grund der Bildungsgeschichte des oberrheinischen Gebirgssystems.) Leipzig, Erwin Nägele, 1908. 221 S. m. 140 Abbildungen, Karten und Profilen. Preis geh. 3,80 M., geb. 4,40 M.

Salomon, W.: Der Zechstein von Eberbach und die Entstehung der permischen Odenwälder Manganmulme. Zeitschr. d. D. Geol. Ges. 55. Bd. 1903. S. 419—431. (Vgl. Delkeskamp, Z. 1901. S. 356; 1903 S. 269.)

Salomon, W.: Asphaltgänge im Quarzporphyr von Dossenheim bei Heidelberg. Oberrh. geol. Verein. Bericht der 42. Versammlung, S. 116—122.

Seebach M.: Über das Manganbergwerk im Mausbachtal bei Heidelberg, ein Beitrag zur Kenntnis des Oberrotliegenden in der Umgebung Heidelbergs. Oberrh. geol. Verein. Bericht d. 42. Versammlung, S. 112—115 m. 1 Fig.

Schmidt, C., A. Buxtorf und H. Preiswerk: Die Exkursionen der Deutschen geologischen Gesellschaft im südlichen Schwarzwald, im Jura und in den Alpen. Exkursionsbericht. Z. d. Deutsch. geol. Ges. 60. 1908. S. 127—162 m. 2 Fig.

Thürach, H.: Das Kalisalzlager im Tertiär des Rheintales und seine mögliche Verbreitung in Baden. Org. d. V. d. Bohrtechn. 1908, S. 5—7. Bespr. in „Kali" 1908. H. 4. S. 75—76.

Reichslande Elsaß-Lothringen nebst Luxemburg.

Geologische Landesuntersuchung von Elsaß-Lothringen: Bericht für 1903 P. 04: 120.

Die geologische Landesuntersuchung von Elsaß-Lothringen (L. van Werweke) A. 08: 109. — Vgl. Fig. 61 und 62, auch Fig. 35 und 36.

Erzeugung und Absatz der Montanwerke in Elsaß-Lothringen in den Jahren 1903 und 1904 N. 05: 381.

Eisenerzbergbau und Eisenhüttenindustrie Luxemburgs im Jahre 1901 N. 03: 43.

Die Roheisenproduktion und der Koksverbrauch im Minette-Revier N. 03: 44.

Kupfer bei Stolzenberg in Luxemburg N. 03: 320.

Geologische und chemische Untersuchung der Tonlager bei Altkirch im Ober-Elsaß und bei Allschwyl im Baselland (C. Schmidt und Fr. Hinden) 07: 46.

Turmalinführende Eisenerzgänge von Rothau in den Vogesen. (O. Stutzer) B. 08: 70.

Karte der nutzbaren Lagerstätten Deutschlands: Elsaß-Lothringen (W. Bruhns) R. 09: 480. Vgl. Fig. 35 u. 36.

Kalisalze im Ober-Elsaß (J. Vogt, M. Mieg) R. 08: 517.

Die Steinkohlenförderung des Saargebietes (einschließlich Lothringen) 1900—1908 siehe S. 58; vgl. auch Fig. 36 S. 127.

Fernere Literatur:

Amtlich: Karte der nutzbaren Lagerstätten Deutschlands. Gruppe: Elsaß-Lothringen. Blätter Metz (158), Mettendorf (148) und Pfalzburg (168). Maßstab 1 : 200 000.

Bearbeitet von W. B r u h n s , 1906. Herausgegeben von der Direktion der geologischen Landesuntersuchung von Elsaß-Lothringen. Straßburg 1908. (Berlin, S. Schropp.) Pr. des Blattes 1 M. — Eine Fortsetzung der Z. 1907, S. 323—332, besprochenen großen „Lagerstättenkarte Deutschlands". Vgl. auch Z. 1909 S. 480.

E l s a ß - L o t h r i n g e n : Höhenschichtenkarte von Elsaß-Lothringen und den angrenzenden Gebieten i. M. 1 : 200 000 mit Höhenlinien von 100 zu 100 m. Hrsg. v. d. Direktion der geologischen Landesuntersuchung. Mit Begleitwort von L. v a n W e r v e k e. Berlin 1906. 1 kolor. Karte (2 Blätter) m. 58 S. Text, 1 Taf. u. Fig. Pr. 8 M, auf Leinwand mit Stäben 11 M.

A h l b u r g : Die Abbauverfahren auf den größeren Minettegruben des Bergreviers Diedenhofen in Elsaß-Lothringen. „Glückauf" 1906. S. 1541—1552 m. 11 Fig.

B a i l l y , L.: L'exploitation du minerai de fer oolithique de la Lorraine. Ann. des mines, 1905. T. VII. S. 5—55 m. 3 Fig. u. 1 Taf.

B e r g e r o n : Le bassin houiller de Lorraine. Soc. de l'ind. min. Comptes rendus mens. Septembre-Octobre 1906. S. 302—307.

D ü r r , L.: Die Mineralien der Markircher Erzgänge. Straßburg 1907. 65 S. m. 1 Karte. Preis 4 M.

F ö r s t e r , Br.: Weißer Jura unter dem Tertiär des Sundgaus im Oberelsaß. Abdr. a. d. Mitt. der geol. Landesanst. von Elsaß-Lothringen. Bd. V. 1904. Heft 5. S. 381—416 m. 2 Fig. Straßburg i. E., Straßburger Druckerei, 1904.

F ö r s t e r , B.: Über die Kali-Bohrungen im Ober-Elsaß. „Kali". 3. Jahrg. 1908. S. 1 bis 2, 438—451. (Ausführlicheres Ref. s. Z. f. pr. Geol. 1908. S. 517—519.)

F ö r s t e r , B.: Vorläufige Mittteilung über die Ergebnisse der Untersuchung der Bohrproben aus den seit 1904 im Gange befindlichen Tiefbohrungen im Oligocän des Ober-Elsaß. Mitt. der Geol. Landesanstalt von Elsaß-Lothringen. Bd. 7. H. 1. S. 127—132. Ref. im „Kali" 1909. S. 448—449.

G r e v e n , F r.: Das Vorkommen des oolithischen Eisenerzes im südlichen Teile Deutsch-Lothringens. „Stahl und Eisen" 1898. S. 1 m. 2 Taf.

H a ß l a c h e r , A.: Geschichtliche Entwickelung des Steinkohlenbergbaues im Saargebiete. II. Teil von „Der Steinkohlenbergbau des Preuß. Staates in der Umgebung von Saarbrücken". Berlin, J. Springer, 1904. 189 S. m. 3 Taf. (Neubearbeitung und Fortführung der vom Verfasser im Jahre 1884 in der Preuß. Zeitschr., Bd. 32, veröffentlichen Abhandlung.)

H o f f m a n n , L.: Die oolithischen Eisenerze in Deutsch-Lothringen in dem Gebiete zwischen Fentsch und St. Privat-La Montagne. — S.-A. a. „Stahl und Eisen" 1896. Nr. 23 u. 24. 21 Seiten.

K r e l l : Die Eisenindustrie des Minettebezirkes nach dem Stande vom 1. Septbr. 1904. „Stahl und Eisen" 1905. S. 528—531 m. 1 Taf. (Übersicht der Eisenindustrie in Lothringen und Luxemburg sowie im angrenzenden Longwyer und Nancyer Erzbecken.)

K r e l l : Übersicht der Eisenindustrie in Lothringen und Luxemburg sowie im angrenzenden Longwyer und Nancyer Erzbecken. (Nach dem Stande vom 1. Sptbr. 1904.) Karte i. M. 1:160000. Mit Verzeichnis der Erz- (Minette-) Gruben bzw. Ladestellen sowie der Hochöfen, Stahl- und Walzwerke. (Den Teilnehmern des IX. Bergmannstages in Saarbrücken 1904 überreicht.)

K u s e n b e r g , O.: Entstehung und Beendigung des Bergwerkseigentums nach dem in Elsaß-Lothringen geltenden Recht. Straßburg, Karl J. Trübner, 1905. 115 S.

L a n g e n b e c k , R.: Landeskunde von Elsaß-Lothringen m. 11 Fig. u. 1 Karte. Slg. Göschen Nr. 215.

L a u r , F.: Les anticlinaux du trias en Lorraine et la recherche de la houille. Soc. l'ind. min. Comptes rend. mens. Novembre-Décembre 1905. S. 242—248 m. Taf. XXXI.

L a u r , F.: Le bassin houiller de Lorraine. Soc. de l'ind. min. Comptes rendus mens. Septembre-Octobre 1906. S. 264—292.

L a u r , F.: Le prolongement du bassin houiller de Sarrebruck sous la Lorraine française. Bull. Soc. Géol. de France, 1905. T. V. S. 104—106.

L o ë , A l f. d e: Les roches-polissoirs du „Bruzel" à Saint-Mard (province du Luxembourg.) Ann. de la Soc. archéol. de Bruxelles. 1896. S. 89—113.

L o m n i t z , H.: Ein Weg zur Verringerung der Frachtkosten für Koks und Minette für die rheinisch - westfälische und lothringisch - luxemburgische Eisenindustrie. Berlin, J. Springer, 1904. 51 S. Pr. 1,60 M. („Glückauf" 1903. Nr. 43 u. 44.)

L o o s e , G.: Der Werdegang der Eisenindustrie Luxemburgs seit 1879. Vortrag, geh. a. d. Vers. d. Südwestdeutsch-Luxembergischen Eisenhütte am 4. Juni 1905 in Luxemburg. „Stahl und Eisen" 1905. S. 809—814.

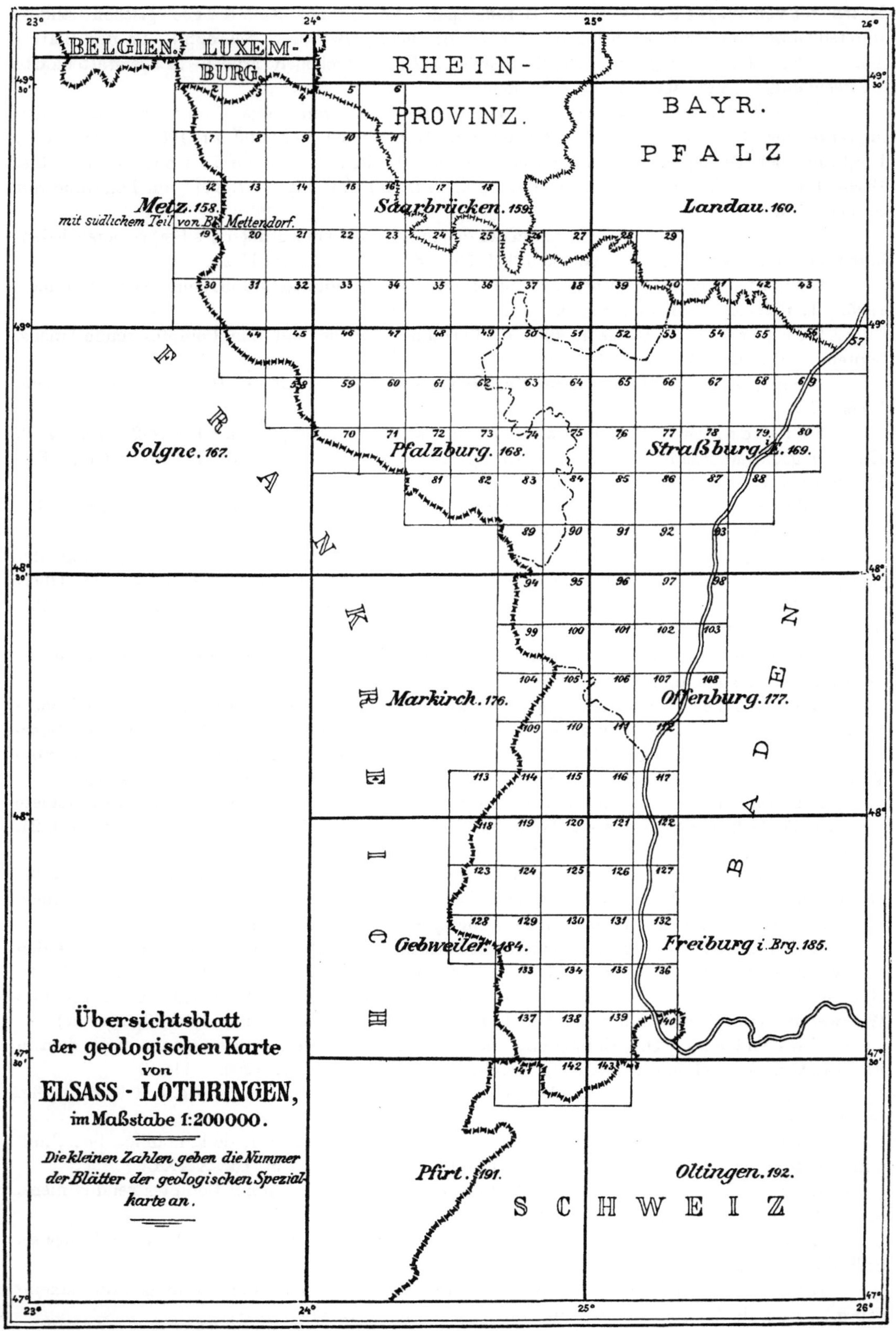

Fig. 61. Veröffentlicht: Blatt Saarbrücken, im Druck: Blätter Pfalzburg und Landau 1:200000. — Von der Spezialkarte i. M. 1:25000 sind bis jetzt erschienen: 5. 6, 10, 11, 15—18, 22—29, 33, 34, 38—43, 52, 53, 65, 75, 130—132, 134; demnächst erscheinen: 75, 76, 91, 92, 126, 127, 133, 136—138. — Auch in älterer Bearbeitung durch die preussisch geol. Landesanstalt liegen vor: 5, 6, 11, 16, 17, 18, 24, 25, 26; in badischer Bearbeitung die rechtsrheinischen Teile von 122, 127. 132. Vgl. auch Fig. 35 u. 36 S. 125—127.

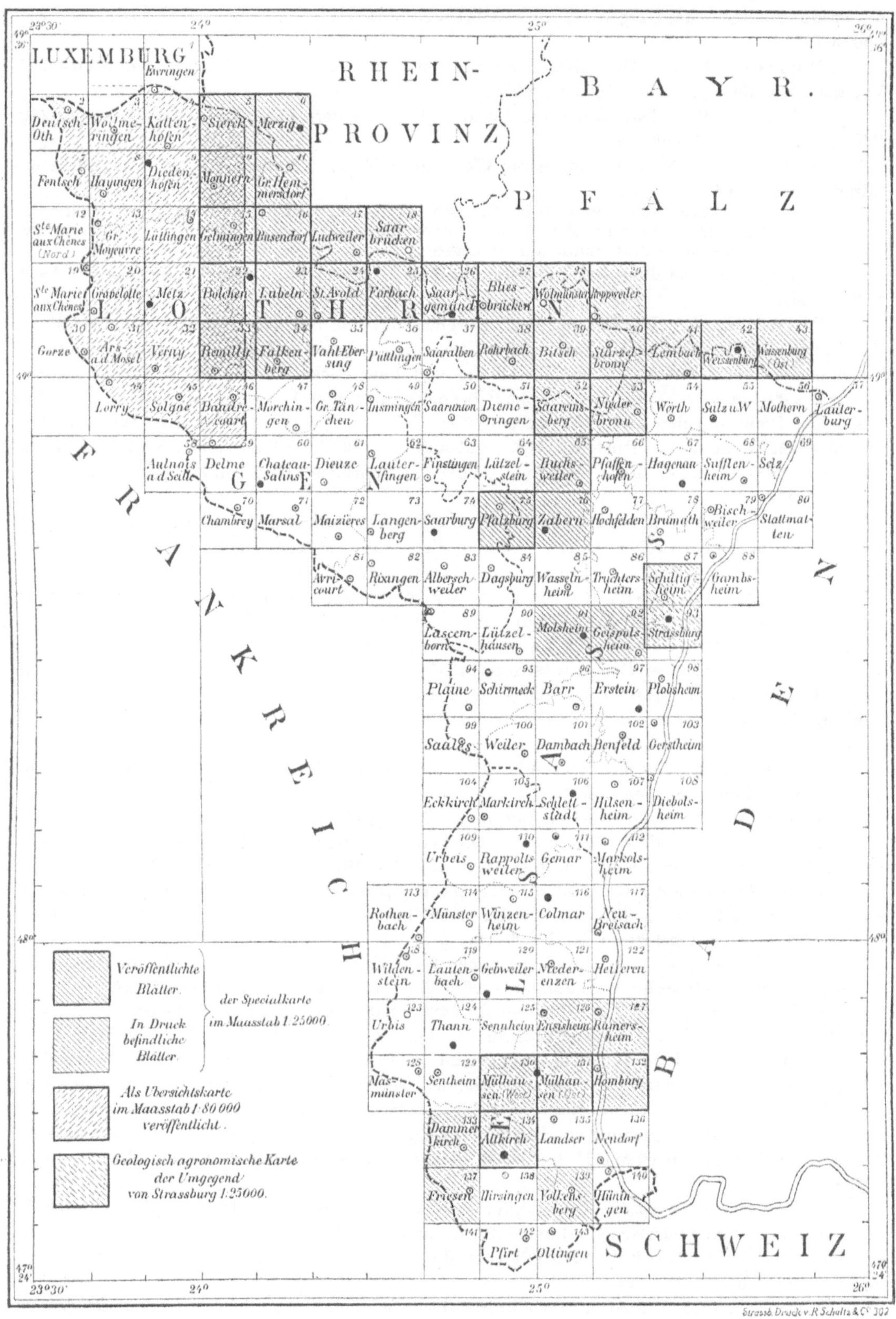

Fig. 62.
Geologische Spezialkarte von Elsaß-Lothringen.
Stand der Veröffentlichung im Dezember 1909.

M ü l l e r , E.: Die Entwickelung der Arbeiter-Verhältnisse auf den staatlichen Steinkohlenbergwerken vom Jahre 1806 bis zum Jahre 1903. VI. Teil von „Der Steinkohlenbergbau des Preuß. Staates in der Umgebung von Saarbrücken". Berlin, J. Springer, 1904. 158 S. m. 8 Fig. und 3 Taf.

M ü l l e r , F. T.: Die Eisenerzlagerstätten von Rothau und Framont im Breuschtal, Vogesen. Straßburg, 1905. 55 S. m. 2 Taf.

M ü l l e r , W.: Das Erdöl im Elsaß. Allgem. österr. Chemiker- und Techniker-Ztg. XXIV. 1906. S. 65—66, 74—75.

O v e r b e c k : Wie kam Metz zu der Wassernot ? Metz, P. Müller, 1903. 85 S. m. 2 Kartenskizzen. Pr. 1,50 M.
Der unverändert ungünstige Zustand der Gorzer Leitung und die unmittelbare Gefärdung ihres Wassers durch die Gorzer Typhusepidemie führte zur Sperrung der Bouillonsquelle und damit zur Wassernot.

P l a t s c h : Die Petroleumindustrie im Elsaß und in Hannover. „Petroleum" 1906. S. 645—649.

P r i e t z e , A.: Flözführung der Ottweiler und Saarbrücker Schichten. S. 58—86 m. Fig. 12 und Taf. 5—7 von „Das Saarbrücker Steinkohlengebirge". Teil I von „Der Steinkohlenbergbau des, Preuß. Staates in der Umgebung von Saarbrücken". Berlin, J. Springer, 1904.

R e g e l m a n n , C.: Geologische Übersichtskarte von Württemberg und Baden, dem Elsaß, der Pfalz und den weiterhin angrenzenden Gebieten. Hrsg. von dem Kgl. Württemberg. Statistischen Landesamt. Stuttgart 1906. Maßstab 1 : 600 000, Format 68 : 68 cm. 6. verbesserte Auflage. Mit 27 Seiten Erläuterungen. (Vergl. ausführliche Besprechung der 5. Auflage Z. 1905. S. 416.)

S c h u m a c h e r , E.: Gutachten über eine Wasserversorgung der Stadt Saargemünd aus dem Sandsteingebiet zwischen Bitsch und dem Eicheltale. Mitt. d. Geol. Landesanst. v. Elsaß-Lothringen. Bd. 7. Heft 1. S. 11—61 mit 1 Prof. und 1 Quellenkarte 1 : 50 000.

S c h u l z - B r i e s e n , B.: Die westliche Fortsetzung des Saarbrücker Carbons in Deutsch-Lothringen und Frankreich. „Glückauf" 1906. S. 737—742 m. Taf. 13.

S c h u l z - B r i e s e n , B.: La continuation du gisement carbonifère sur le territoire de la Lorraine et de la France. Congr. Intern. de la Géol. appl. Liège 1905. T. 1. S. 81—93 m. 1 Taf.

T h ü r a c h , H.: Das Kalisalzlager im Tertiär des Rheintales und seine mögliche Verbreitung in Baden. Org. d. V. d. Bohrtechn. 1902, S. 5—7. — Besprochen in „Kali" 1908, S. 75—76.

U n g e m a c h : Les gîtes metallifères du Val de Villé (Alsace). Bull. Soc. franç. de minéralogie. 29. 1906. S. 194—283.

V i l l a i n , F.: La houille en Lorraine. Paris 1903. 27 S. m. 1 Taf. Pr. 1,80 M.

W e i s s , P., und V i l l a i n : Le bassin de Sarrebrück et son prolongement en France. Soc. de l'ind. min. Compt. rend. August 1903. S. 170—191 m. Taf. XVIII—XX.

v a n W e r v e k e , L.: Der lothringische Hauptsattel und seine Bedeutung für die Aufsuchung der Fortsetzung des Saarbrücker Kohlensattels. Zentralbl. f. Mineral. usw. 1904. S. 390—395 m. 1 Kartenskizze i. M. 1 : 500 000.

v a n W e r v e k e , L.: Auf der Suche nach Kohle in Lothringen. Straßburger Post. — Org. d. Ver. d. Bohrtechn. v. 1. Januar 1906. S. 6—7. — Vergl. a. Z. 1905. S. 413.

v a n W e r v e k e , L.: Über die Entstehung der elsässischen Erdöllager. Abdr. a. d. Mitt. d. Geol. Landesanst. von Elsaß-Lothringen. Bd. VI. 1906. Straßburg i. E. 30 S. m. 3 Fig.

v a n W e r v e k e , L.: Erläuterungen zu Blatt Saarbrücken der geologischen Übersichtskarte von Elsaß-Lothringen und den angrenzenden Gebieten i. M. 1 : 200 000 und zu demselben Blatt der tektonischen Karte von Elsaß-Lothringen i. M. 1 : 200 000. Hrsg. von der Direktion der geologischen Landesuntersuchung von Elsaß-Lothringen, Straßburg i. E. 1906. (Berlin, S. Schropp.) 284 S. m. 49 Fig. und 2 Karten i. M. 1 : 200 000. Preis der beiden Kartenblätter mit Erläuterungen 3 Mark.

W e r v e c k e , L v a n : Das Vorkommen von Mineral- und Thermalquellen im lothringischen und luxemburgischen Buntsandstein und die Möglichkeit der Aufschließung von warmen Quellen im Moseltal. Mitteilungen der Geol. Landesanstalt von Elsaß-Lothringen. Bd. 7. Heft. 1. S. 91—114.

Z ö r n e r , R.: Die Absatzverhältnisse der Königlichen Saarbrücker Steinkohlengruben in den letzten 20 Jahren. (1884—1903). IV. Teil von „Der Steinkohlenbergbau des Preuß. Staates in der Umgebung von Saarbrücken". Berlin, J. Springer, 1904. 54 S. m. 4 Taf.

2. Österreich - Ungarn.

Kohlen-Ein- und -Ausfuhr Österreich-Ungarns in den Jahren 1901 und 1902 N. 04: 188.
Petroleumproduktion und -Verbrauch in Österreich-Ungarn und Deutschland N. 03: 46.

Fernere Literatur.

F r i e d e l , L i é n a r d e t É t i e n n e: Notes sur les écoles d'Ingénieurs pour les mines et la métallurgie en Belgique, Allemagne et Autriche-Hongrie. Ann. des mines 1905. VIII. S. 5—110.

G r u n d , A.: Landeskunde von Österreich-Ungarn mit 10 Fig. u. 1 Karte. Slg. Göschen Nr. 244.

M a t o s c h , A.: General-Register der Bände XLI—L des Jahrbuches und der Jahrgänge 1891—1900 der Verhandlungen der k. k. geologischen Reichsanstalt. I. Personen-Register; II. Orts-Register; III. Sach-Register; IV. Paläontologisches Namens-Register. Mit Anhang: Autoren-Register der Abhandlungen der k. k. geol. Reichsanstalt. Bd. I—XX (1850—1904), und Autoren-Register der Erläuterungen zur geol. Karte der im Reichsrate vertretenen Königreiche und Länder der österr.-ungar. Monarchie; Lfg. I—V (1898—1904, 17 Hefte und zu den Probekarten (3 Hefte). Wien, R. Lechner, 1905. 210 S. Pr. 6 M.

L i t s c h a u e r: Beiträge zur Bergbaugeschichte Daziens. Berg- und. Hüttenm. Ztg. 1904. S. 464—465.

D i t t h o r n , F.: Die Bedeutung der Donauwasserstraße für die Petroleumeinfuhr. Verbandsschriften, N. F. Nr. XVIII des Deutsch.-Österr.-Ungar. Verbandes für Binnenschiffahrt. Berlin, A. Troschel, 1903. 17 S.

H a n e l , R.: Stand und Geschäftsergebnisse der in der Bauindustrie und Industrie der Steine und Erden tätigen Aktiengesellschaften Österreich-Ungarns. Jahrg. 1904. Wien 1903. Kompaßverlag 70 u. 56 S.

Ö s t e r r e i c h.

Bergwirtschaftliche Landesaufnahme in Österreich P. 06: 170.
Montanistische Hochschulen in Österreich P. 04: 376.
Abteilung für Moorkultur und Torfverwertung in Wien P. 03: 432.
Geologische Gesellschaft in Wien P. 09: 77.
Museum der Geschichte der Technik in Wien P. 07: 271.

Wert der Bergbau- und Hüttenproduktion Österreichs i. J. 1901 N. 03: 318.
Wert der Bergbau- und Hüttenproduktion Österreichs im Jahre 1902 N. 04: 112.
Bergwerks- und Hüttenproduktion Österreichs in den Jahren 1902—1904 N. 05: 430.
     1905 bis 1907 s. S. 167.
Ausfuhr von Steinkohlen, Koks, Ammoniumsulfat und Teer 1902 N. 04: 67.
Eisenproduktion Österreichs in den letzten 20 Jahren N. 04: 375.
Quecksilberproduktion N. 05: 384.
Kartographische Darstellung der Steinkohlenvorräte Österreichs (W. P e t r a s c h e c k)
     P. 08: 352.

Fernere Literatur:

Ö s t e r r e i c h : Statistische Mitteilungen über das österreichische Salzmonopol in den Jahren 1903 und 1904. — Als Fortsetzung des vom Departement XI des k. k. Finanzministeriums erstatteten Berichtes: „Die Salinen Österreichs im Jahre 1902" von J. O. F r e i h. v o n B u s c h m a n , M. A. v. R a s t b u r g und A. S c h n a b e l . Wien, k. k. Hof- und Staatsdruckerei, „Mitt. d. Finanzministeriums", 1906. 307 S. m. 2 Taf.

A n d r é e , T h.: Deckungsfreischürfe und Freischurfrecht. Österr. Zeitschr. f. Berg- u. Hüttenw. 1906. S. 673—677.

v. B u s c h m a n , J. O., M. A r b e s s e r , v. R a s t b u r g , A. S c h n a b e l: Die Salinen Österreichs im Jahre 1902. Bericht über die Betriebs-, Verschleiß-, finanziellen und Personalverhältnisse des Salzgefälles, erstattet vom Departement XI des Finanzministeriums. Wien 1904. 666 S. m. 21 Taf. (Taf. IV., Karte der in und außer Benützung stehenden Solquellen und der in und außer Betrieb stehenden Salinen in Galizien und in der Bukowina.) Pr. 5 Kr. — Österr. Z. f. Bg.- u. Hw. 1905. S. 24—25, 33—34, 47—49.

C a s p a a r , M.: Die Reform der Bergbaustatistik in Österreich. Z. f. Berg-, Hütten-u. Salinenw. 1907. S. 629—633.

D i e n e r , C., H o e r n e s , R., S u e s s , F. E., und V. U h l i g: Bau und Bild Österreichs. Mit einem Vorworte von E d u a r d S u e s s. Wien, F. Tempsky, 1903. 1110 S. m. 4 Titel-bildern, 250 Fig. und 8 Karten. Pr. 65 M.

H a b e r e r , L.: Zur Revision des allgemeinen Berggesetzes. Bergrechtliche Blätter. Beilage zur „Österr. Zeitschr. f. Berg- und Hüttenw.", Vierteljahresschrift. I—III. 1906—1908. Wien, Manzsche Hofbuchhandlung, 1908.

H a n e l , R.: Jahrbuch der österreichischen Industrie 1908. Zwei Bände. Wien, Kompaßverlag. 3700 S. Pr. 20 M.

v. H o c h s t e t t e r , F., und A. B i s c h i n g s Leitfaden der Mineralogie und Geologie für die oberen Klassen der österreichischen Realschulen. 17. Aufl. von Dr. F r a n z T q u l a und Dr. A n t o n B i s c h i n g. Wien, A. Hölder, 1903. 236 S. m. 319 Fig., 1 geolog. Karte von Österreich-Ungarn und den angrenzenden Gebieten i. M. 1 : 4 000 000 und einer analytischen Bestimmungstabelle.

H o e r n e s , R.: Bau und Bild der Ebenen Österreichs. S.-A. a. Bau und Bild Österreichs. Wien, F. Temsky, 1903. 194 S. m. 27 Fig. u. 1 Titelbild. Pr. 10 M.

K e s t r a n e k , W.: Die Eisenindustrie Österreichs während der letzten 25 Jahre. „Stahl und Eisen" 1907. S. 1405—1411.

K e s t r a n e k , W.: The Austrian Iron Industry duryng the last twenty-five years. The Journ. of the Iron and Steel Institute LXXV. III. 1907. S. 10—24.

K i e s l i n g e r , F., K u p e l w i e s e r , F., M i c k o , A., P f e i f f e r v. I n b e r g , R., P f a f f i n g e r , R., und K. A. R e d l i c h: Die Mineralkohlen Österreichs. Herausgeg. vom Komitee des Allgem. Bergmannstages Wien 1903. Wien, Zentralverein der Bergwerksbesitzer Österreichs. 490 S. m. vielen Textillustrationen und (separat.) 12 Tafeln. (Taf. 11: Geol. Über-sichtskarte der Steinkohlenablagerung Westgaliziens von F. B a r t o n e c i. M. 1 : 225 000.)

L e i n w e b e r , B r.: Technische und wirtschaftliche Grundlagen der Erdölgewinnung in Österreich. „Petroleum" 1909. S. 378—384 m. 10 Fig.

P e t r a s c h e k , K. O.: Die rechtliche Natur des Bergwerkseigentums nach österreich. Rechte, unter Berücksichtigung der deutschen und französichen Gesetzgebung. Wien, Manz, 1907. 135 S. Pr. 3 M.

P e t r a s c h e k , W.: Die Steinkohlenvorräte Österreichs. Österr. Z. f. Bg.- u. Hüttenw. LVI. 1908. S. 446—447, 455—458, 471—476 m. 1 Karte. Pr. 1,20 M.

P i c k , G g.: Der Staat und der Kohlenbergbau. (Eine zeitgemäße Studie.) Wien, Manzsche Verlagsbuchhandlung, 1908. 31 S.

R e i f , H.: Die Einleitung der Bergrechtsreform. Montanistische Rundschau 1908. Nr. 1 und 2, auch Nr. 10. S. 284.

S c h n a b e l , A.: Chemische Untersuchungen der wichtigsten Roh-, Halb- und End-produkte des österreichischen Salinenbetriebes. Durchgeführt in den Jahren 1899 bis 1902 vom k. k. Generalprobieramte und der k. k. allgemeinen Untersuchungsanstalt für Lebensmittel in Wien. Wien, k. k. Hof- und Staatsdruckerei 1904. 255 S. Pr. 12 M. — S.-A. a. d. Mitt. d. k. k. Finanz-Ministeriums. X. Jahrg. 1. Heft.

U h l i g , V.: Die karpatische Sandsteinzone und ihr Verhältnis zum sudetischen Carbon-gebiet. Mitt. d. Geol. Ges. Wien. I. 1908. S. 36—79 m. 1 Taf.

Z i c k e r t , H.: Die geplante Aufhebung der Bergbaufreiheit in Österreich. „Braun-kohle" 1909. Heft 4. S. 53—68 m. 1 Fig.

Böhmen.

Geologische Übersichtskarte von Böhmen, Mähren und Schlesien L. 08: 170.

Die sogenannten Granulite des nördlichen Böhmerwaldes (K. A. R e d l i c h) L. 04: 60.

Die unterirdische Erdbebenwarte in Přibram (F. E x n e r) N. 03: 255.

Böhmens Braunkohlenverkehr im Jahre 1901 N. 04: 35, 1902 N. 04: 111.

Wirbeltierreste aus der böhmischen Braunkohlenformation (K. A. R e d l i c h). L. 04: 60.

Österreich.

	VIII	IX	X	XI	XII	XIII	XIV	XV	XVI	XVII	XVIII	XIX	XX
3		(Teplitz)											
4							Josef-stadt-Nachod						
5				(Prag)									*
6								Lands-kron-Mähr.-Trübau	Mähr.-Neust.-Schönberg	Freuden-thal			*
7		(Pilsen)				Deutsch-brod		Brüsau-Ge-witsch	Olmütz				*
8							Groß-Mese-ritsch	Bosko-witz-Blans-ko	Proß-nitz				*
9							Tre-bitsch-Kro-mau	Brünn	Auster-litz				
10							Znaim	Aus-pitz-Ni-kolsb.					
11													
12													
13						St. Pölten	**	(Wien) **	**				
14	Salz-burg			Weyer	Ga-ming-Maria-zell		**	**	**				
15	Hallein und Berchtes-gaden	Ischl und Hall-statt											(Buda-pest)
16													
17													
18													
19	Ober-Drau-burg-Mauthen		(Klagen-furt)										
20				Eisen-kappel-Kanker	Praß-berg	Pra-gerhof-Fei-stritz	Pettau-Vinica						
21			Bi-schof-lack	(Lai-bach)	Cilli-Rat-schach	Rohitsch-Drachen-burg							
22			Haiden-schaft-Adels-berg				(Agram)						
23		(Triest)											

(Row 19 bears the marginal label *Sillian* to the left of column VIII.)

Fig. 63. Stand der geol. Kartierung von Österreich i. M. 1:75000. Südlich schließt an Fig. 65 (Dalmatien) auf S. 175. Starker Druck bezeichnet die erschienenen Blätter; gewöhnlicher Druck bezeichnet in Vorbereitung befindliche Blätter — Die eingeklammerten Namen in kleiner Schrift sollen nur zur Orientierung dienen. — Ein * bezeichnet die bereits erschienenen galizischen Grenzblätter; vgl. Fig. 64; ein ** die Stursche Karte der Umgegend von Wien i. M. 1:75000.

Betrachtungen über den Ursprung des Goldes von Eule und einigen anderen Orten in
  Böhmen (H. L. B a r v i ř) L. 03: 395.
Gold und seine Begleitmineralien in der Umgebung von Pisek N. 05: 350.
Silberbergwerke von Kuttenberg und Přibram N. 03: 120.
Das Vorkommen des Uranpecherzes zu St. Joachimstal (J. S t e p und F. B e c k e)
  R. 05: 148.
Radium in Schlaggenwald; Uranvorkommen von Schlaggenwald (J. H o f f m a n n)
  04: 123, 172.
Das Vorkommen von Graphit in Böhmen, insbesondere am Ostrande des südlichen
  Böhmerwaldes (O. B i l h a r z) 04: 324.
Das Goldvorkommen in Südböhmen (J. V. Z e l i z k o) N. 08: 63.
Neue Aufschlüsse in böhmischen Kaolinlagerstätten (C. G ä b e r t) B. 09: 142.

Fernere Literatur:

Führer durch das Nordwest-Böhmische Braunkohlenrevier.   Herausgeg. vom Montanist.
Klub für die Bergreviere Teplitz, Brüx und Komotau. 2. Aufl. Teplitz-Schönau, Adolf Becker,
1908.   679 S. m. 134 Fig., 9 Taf. und 2 Übersichtskarten.   Pr. geb. 7,50 M.
Statistik des böhmischen Braunkohlenverkehrs.   Erscheint jährlich Herausgeg. von
der Direktion der Außig-Teplitzer Eisenbahn-Gesellschaft.   Mit Tafeln.   Teplitz.
A b s o l o n , K., und Z. J a r o š: Geologische Karte der Sudetenländer (Böhmen, Mähren
und Schlesien).   1 : 300 000.   180 × 107 cm.   Olmütz.
d'A n d r i m o n t , R.: Chamoisit-Lager de Nuçic (Prague).   Ann. de la Soc. géol. de
Belgique.   T. XXX.   Bull. 1903.   S. 123—124.
d'A n d r i m o n t , R.: Les filons de Pechblende de Joachimsthal, Böhmen. — Les filons
cuprifères de Graslitz-Klingenthal, Böhmen und Sachsen.   Ann. de la Soc. géol. de Belgique.
T. XXXI.   Bull. 1904.   S. 91—95 m. 1 Fig.
d'A n d r i m o n t , R.: Deuzième note sur les filons de Pechblende de Joachimsthal
(Bohème).   Extrait des Ann. de la Soc. géolog. de Belg. T. XXXIII.   Bibliographie.   Liége 1906.
4 S. m. 2 Fig.
B a l l i n g , C.: Die Schätzung von Bergbauen und Eisenbahnschutzpfeilern nebst einer
Skizze über die Einwirkung des Verbruches unterirdischer durch den Bergbau geschaffener Hohlräume auf die Erdoberfläche.   Im Anhange: Über die erforderliche Schutzpfeilerbreite bei der
etagenbaumäßigen Auskohlung und über die Zulässigkeit der Auskohlung von Eisenbahnschutz-
pfeilern im nordwestböhmischen Braunkohlenbecken. Zweite erweiterte Auflage. Teplitz-Schönau,
A. Becker, 1906.   163 S. m. 3 lithogr. Taf.   Pr. 7 M.
B a l l i n g , K.: Über die Ermittelung der Eisenbahnschutzpfeilerbreiten, deren Aus-
kohlung und gerichtliche Schätzung in den nordwestböhmischen Braunkohlenbecken, nebst einem
Vorschlage zur Abänderung der bisherigen Schätzungsart.   Österr. Z. f. d. Berg- u. Hüttenw.
1904.   S. 463—466, 481—485, 496—501 m. 2 Fig.
B ä l z: Das Egerländer Braunkohlenbecken.   „Glückauf" 1908.   S. 1830—1842 m. 9 Fig.
(Ref. s. „Braunkohle" VII.   1909.   S. 724.)
B a r v i ř , H.: Notizen über den südlichen Teil des Kuttenberger Bergbaubezirkes.
Sitzungsber. Böhm. Ges. d. Wiss.   Prag 1907.   17 S. m. 1 Fig.
B a r v i ř , H.: Betrachtungen über die Herkunft des Goldes bei Eule und an einigen
anderen Orten in Böhmen.   Arch. f. die naturwiss. Landesdurchforschung von Böhmen.   XII. Bd.
1906.   137 S. m. 1 Fig.   Pr. 6 M.
B a r v i ř , H.: Gedanken über den künftigen Bergbau bei Eule in Böhmen vom geo-
logischen Standpunkte.   Mit einer Anmerkung über Neu-Knin und Berg Reichenstein.   S.-A. a.
d. Sitzungsber. d. k. Böhm. Ges. d. Wiss.   Prag 1902.   19 S.
B a r v i ř , H.: Geologische und bergbaugeschichtliche Notizen über die einst goldführende
Umgebung von Neu-Knin und Stechovic in Böhmen. Sitzungsber. Böhm. Ges. Wiss. Prag, F. Riv-
nac, 1904.   70 S. m. 3 Fig.   Pr. 1 M.
B e r g t , W.: Das Gabbromassiv im bayrisch-böhmischen Grenzgebirge.   Sitzungsber.
d. K. preuß. Akad. d. Wiss. XVIII. 1905. S. 395—405. XXII. 1906. S. 432—442. — 1. Der
bayrische Teil des Gabbromassivs; 2. Der böhmische Teil des Gabbromassivs.
B r a n c a , W.: Über H. H ö f e r s Erklärungsversuch der hohen Wärmezunahme im
Bohrloche zu Neuffen, Böhmen.   Zeitschr. d. Deutsch. geol. Ges. 1904.   S. 174—182.

Bruder, G.: Geologische Skizzen aus der Umgebung Außigs. Eine Anleitung zur selbständigen Naturbeobachtung und ein Beitrag zur Heimatkunde. Außig, Ad. Becker, 1904. 68 S. m. 17 Fig. u. 16 Taf. Pr. 2,50 M.

Bruder, G.: Geologische Übersichtskarte der Gegend von Außig, 1 : 75 000. Teplitz, A. Becker, 1907. Pr. 4 M.

Eypert, O.: Der Golderzbergbau am Roudny in Böhmen. Österr. Z. f. Bg.- u. Hw. 1905. S. 83—88, 101—105.

Fischer, E. H.: Die Neuanlage des Goldbergwerks Roudny-Zwestow, Böhmen. „Metallurgie" 1904. S. 401—404.

Herbing, J.: Über Steinkohlenformation und Rotliegendes bei Landeshut, Schatzlar und Schwadowitz. Breslau 1906. 88 S. m. Fig. und 2 Tafeln. Pr. 2,50 M. '

Hibsch, J. E.: Geologische Karte des Böhmischen Mittelgebirges, Blatt XI (Kostenblatt-Milleschau) nebst Erläuterungen. Wien, A. Hölder, 1905. Maßstab: 1 : 25 000. 50 S. m. 4 Fig. und einer Ansicht des Donnersberges. (Vergl. die Blatteinteilung, Z. 1900. S. 122.)

Hibsch, J. E.: Über das Auftreten gespannten Wassers von höherer Temperatur innerhalb der Schichten der oberen Kreideformation in Nordböhmen. Jahrb. d. k. k. Geol. Reichsanstalt. LVIII. 1908. S. 305—310 m. 11 Fig.

Höfer, H.: Der Sandstein der Salesiushöhe bei Ossegg, Böhmen. Österr. Zeitschr. f. Berg- u. Hüttenw. 1905. S. 169—171 m. Taf. V.

Hofmann, A.: Über den Pyrolusit von Narysov. S.-A. a. d. Sitzungsber. d. k. böhm. Ges. d. Wiss. in Prag 1903. 5 S. m. 1 Fig.

Hofmann, A.: Neues über das Přibramer Erzvorkommen. Österr. Z. f. d. Bg.- u. Hw. 1906. S. 120—122.

Hofmann, A.: Vorläufiger Bericht über das Golderzvorkommen von Kasejovic. Österr. Z. f. Berg- und Hüttenw. 1906. S. 384—385.

Hofmann, A.: Kurze Übersicht über die montangeologischen Verhältnisse des Přibramer Bergbaues. Führer für d. geol. Exk. in Österreich. Wien 1903. I. 17 S. 1 Fig., 2 Taf. Grazer Montan-Ztg. 1904. S. 276.

Holy, A.: Das Goldvorkommen bei Kasejovitz in Böhmen. Österr. Z. f. Bg.- u. Hw. 1908. S. 165—166. (Vergl. Z. 1908. S. 63.)

Katzer, F.: Notizen zur Geologie von Böhmen. Verhandl. d. k. k. Geol. Reichsanstalt 1904 und 1905.

> I. Die Grundgebirgsinsel des Switschinberges in Nordostböhmen. S. 123—132 mit 3 Prof. II. Der Horensko-Koschtialower Steinkohlenzug bei Semil in Nordostböhmen S. 150—159 mit 4 Fig. III. Der Dachschiefer von Eisenbrod in Nordböhmen. S. 177 bis 182. IV. Die Magneteisenerzlagerstätten von Maleschau und Hammerstadt. S. 193 bis 200 mit 3 Fig. V. Nachträge zur Kenntnis des Granitkontakthofes von Ričan. S. 225—236 mit 3 Fig. VI. Zur geologischen Kenntnis des Antimonitvorkommens von Křitz bei Rakonitz. S. 263—268. VII. Eine angebliche Perminsel Mittelböhmens. VIII. Zur Kenntnis der Permschichten der Rakonitzer Steinkohlenablagerung. S. 290 bis 393. IX. Zur näheren Kenntnis des Budweiser Binnenlandtertiärs. S. 311—317 mit 1 Fig. X. Beiträge zur petrologischen Kenntnis des älteren Palaeozoicums in Mittelböhmen 1905. S. 37—61 mit 9 Fig.

Katzer, F.: Zur geologischen Kenntnis des Antimonitvorkommens von Křitz bei Rakonitz. Ungar. Montan-Ind.- u. Handelsztg. Nr. 22 vom 15. November 1904. S. 1—3.

Knett, J.: Nichtbeeinflussung der Karlsbader Thermen durch das Lissaboner Erdbeben. Sonderabdr. a. d. Sitzungsber. d. Deutschen naturw.-mediz. Ver. für Böhmen „Lotos" 1905. Nr. 5. 5 S.

Knett, J.: Das Erdbeben am böhmischen Pfahl, 26. November 1902. Mitt. d. Erdbeben-Kommission d. k. Akad. d. Wiss. in Wien. N. F. Nr. XVIII. 22 S. m. 2 Taf.

Knett, J.: Bemerkungen zu Scherrers „Mechanismus der Quellenbildung und die Biliner Mineralquellen". Mit anschließenden Erörterungen über die Erhöhung von Quellenergiebigkeiten. S.-A. a. d. „Intern. Mineralquellen-Ztg.", VII, vom 1. Februar 1906. 14 S. m. 1 Fig.

Knett, J.: Indirekter Nachweis von Radium in den Karlsbader Thermen. Sitzungsber. d. k. Akademie der Wiss. in Wien, mathem.-naturw. Klasse. Bd. 113. Abt. II a. Juni 1904. Wien, C. Gerolds Sohn. 10 S. m. 5 Fig. u. 3 Taf.

Kopecky, J.: Die agronomischen Kartierungsarbeiten in Böhmen. C. R. de la première Conf. intern. agrogéologique. Budapest 1909. S. 213—217.

Krejči: A., Gold aus der Votova bei Pisek und seine Begleitmineralien. Bull. intern. de l'Academie des sciences de Bohême 1904. 14 S. m. 7 Fig.

L a u b e , G.: Der geologische Aufbau von Böhmen. Prag 1905. 45 S. m. 4 Taf. u. 1 kolor. Karte. Pr. 0,80 M.

L o w a g , J.: Goldvorkommen bei Kassejowitz im Böhmerwalde. Grazer Montan-Ztg. 1907. S. 168—170.

L o w a g , J.: Die alten Silber- und Bleibergwerke bei Iglau in Mähren und Deutschbrod in Böhmen. Berg- u. Hm. Ztg. 1903. S. 313—316, 349—353.

L o w a g , J.: Der alte Gold-, Silber- und Bleiglanzbau in Mähren bei Iglau und Deutschbrod in Böhmen. Grazer Montan Ztg. 1907. S. 290—292, 306—308, 323—326.

L o w a g , J.: Die alten Bergrechte und Bergordnungen in Böhmen, Mähren und Schlesien. Berg- u. Hm. Ztg. 1904. S. 433—438, 449—452, 461—464, 473—477, 485—488, 509—512.

L o w a g , J.: Die Vorkommen von silberhaltigem Bleiglanz, Kobalt und Nickelerz bei Preßnitz im böhmischen Erzgebirge. Österr. Z. f. Bg.- u. Hw. 1903. S. 532—534.

M e t z l , S.: Der Goldbergbau Böhmens. Ungar. Montan-Ind.- und Handelsztg. 1905. Nr. 13. S. 3—4.

P e t r a s c h e c k , W.: Geologisches über die Radioaktivität der Quellen, insbesondere derer von St. Joachimsthal. Verh. geol. Reichsanst. Wien 1908. S. 364—391 m. 1 Fig.

P e t r a s c h e c k , W.: Die Mineralquellen der Gegend von Nachod und Cudowa. Vortrag. Jahrb. d. k. k. geol. Reichsanst. 1903. 53. Bd. S. 459—472 m. 4 Fig.

P e t r a s c h e c k , W.: Welche Aussichten haben Bohrungen auf Steinkohle in der Nähe des Schwadowitzer Karbons? Österr. Z. f. Bg.- u. Hüttenw. 1905. S. 656—659 m. 1 Fig.

P e t r a s c h e c k , W.: Über permische Kupfererze Nordostböhmens. Verhdlg. d. k. k. Reichsanstalt Wien. 1909. S. 283—293 m. 4 Fig.

P ř i b r a m : Aus der Geschichte der Silber- und Bleibergwerke zu Přibram. (Aus dem Katalog der Prager Jubiläumsausstellung 1908.) Montanistische Rundschau I. 1908. S. 8—10.

R e s s e l , A.: Der alte Bergbau im Jäschkengebirge. Grazer Montan-Zeitung 1907. S. 187—189.

R e i n i n g e r , H e i n r.: Das Tertiärbecken von Budweis. Jahrbuch der geol. Reichsanstalt. Bd. 58. H. 3. 1908. S. 469—526 m. 8 Abb. u. 1 Taf. (Enth.: Kohlenführende Randbildungen. S. 492—501.) Als S.-A. erschienen bei R. Lechner, Wien.

R o s i c k ý , V.: Betrachtungen über die Entstehung der Kupfererze an der böhmischen Seite des Riesengebirges. Abh. d. böhm. Akademie 1906. Nr. 37. 60 S. m. 1 Taf. Böhm. mit deutsch. Resunsee. (Ref. i. N. Jb. f. Min. 1907, II, S. 423—425. Resultat : Epigenetische Entstehung durch postvulkanische Thermentätigkeit und zwar wiederholt in verschiedenen geol. Perioden.

R o s i w a l , A.: Die Mineralquellengebiete von Franzensbad, Marienbad u. Karlsbad. Führer f. d. geol. Exk. in Österreich. Wien 1903. II. 79 S. 10 Fig., 3 Taf.

R y b a , F.: Beitrag zur Kenntnis des Cannelkohlenflözes bei Nýřan, Böhmen. Jahrb. d. k. k. geol. Reichsanst. 1903. 53. Bd. S. 351—372 u. Taf. XV—XVII.

S c h r e i b e r , H.: Vierter Jahresbericht der Moorkulturstation in Sebastiansberg. Staab, Moorkulturstation, 1902. 42 S. m. 4 Taf. — Fünfter Jahresbericht, ebenda 1903. 29 S. m. 7 Taf. (I. Moorkultur; II. Torftechnik.)

S l a v í k , F.: Studien über den Mieser Erzdistrikt und einige von seinen Mineralien. I. Teil: Die Phyllite und Eruptivgesteine der Mieser Gegend. II. Teil: Über den Baryt und Anglesit von Mies. Bull. intern. de l'Academie des sciences de Bohême 1905. 28 S.

S l a v í k , F.: Über die Alaun- und Pyritschiefer Westböhmens. (Aus dem böhmischen Originale übersetzt.) Bull. intern. de l'Academie des sciences de Bohême, 1904. 66 S. m. 8 Fig. und 2 Taf.

S t e f a n , H.: Spannungen im Gesteine als Ursache von Bergschlägen in den Přibramer Gruben. Österr. Z. f. Berg- u. Hüttenw. 1906. S. 253—257 m. 4 Fig.

S t ĕ p , J., und F. B e c k e: Das Vorkommen des Uranpecherzes zu St. Joachimsthal. (A. d. Sitzungsber. d. k. Akadem. d. Wiss. in Wien; mathem.-naturw. Klasse. Bd. 113. Abt. I. November 1904. Wien, C. Gerolds Sohn. 34 S. m. 4 Fig., 3 Taf. u. 1 Übersichtskarte. (Vergl. Z. 05, S. 114.)

S u e s s , F r. E.: Über Krystallisationsvorgänge bei der Bildung der Karlsbader Aragonitabsätze. (Vortrag, gehalten in der Sitzung der mathem.-naturw. Klasse vom 19. Juni 1908.) S.-A. a. d. akademischen Anzeiger. Wien. 1908. Nr. XVI. 4 S.

S u e s s , F. E.: Bau und Bild der böhmischen Masse. S.-A. a. Bau und Bild Österreichs. Wien, F. Tempsky, 1903. 322 S. m. 56 Fig., 1 Titelbild und 1 Karte. Pr. 20 M.

U l l r i c h , H.: Flözkarte von dem bei Waldenburg belegenen Teile des Niederschlesisch-Böhmischen Steinkohlenbeckens. Bearbeitet bei dem Königl. Oberbergamte zu Breslau. Hrsg. v. d. Niederschlesischen Bergbauhilfskasse. Berlin, Berliner lithogr. Institut, 1905. 2 × 6 Grundrisse 1 : 10 000 und 4 Profiltaf. 1 : 5000.

Österreich.

(Nach Österr. Z. f. Berg- und Hüttenwesen. Die entsprechenden Zahlen für 1890, 1900 und 1901 siehe „Fortschritte" I, S. 119, für 1902—1904 Z. 1905, S. 430. (Ohne Bosnien; dieses s. S. 179.)

Mineral und Produkt	Produktion der Bergwerke und Hütten in den Jahren			Wert dieser Produktion in den Jahren		
	1905 Tonnen	1906 Tonnen	1907 Tonnen	1905 K	1906 K	1907 K

I. Bergwerksproduktion.

Mineral und Produkt	1905	1906	1907	1905	1906	1907
Golderz	35 937	33 033	30 711	757 523	675 854	615 926
Silbererz	21 047	21 944	13 380	3 000 000	3 744 842	2 798 149
Quecksilbererz	86 856	91 494	89 366	2 240 114	2 199 412	2 198 042
Kupfererz	10 677	20 255	10 399	564 931	662 861	524 712
Eisenerz	1 913 782	2 253 662	1 953 107	16 814 437	19 531 074	21 911 883
Bleierz	23 338	19 683	22 792	4 215 674	4 516 493	5 424 601
Zinkerz	29 983	32 037	31 970	2 409 826	2 752 933	2 735 109
Zinnerz	52	54	53	13 156	21 459	10 424
Wismuterz	—	—	—	—	—	—
Antimonerz	1 673	1 071	910	111 046	89 604	32 307
Uranerz	16	16	11	267 255	261 846	193 262
Wolframerz	59	56	44	119 232	109 906	134 945
Schwefelerz	8 407	15 125	24 099	159 072	169 522	356 868
Alaun und Vitriolschiefer	1 657	1 020	—	13 256	8 158	—
Manganerz	13 788	13 402	16 756	220 461	216 438	282 669
Graphit	34 416	38 117	49 425	1 350 514	1 449 234	1 914 606
Asphaltstein	4 363	2 840	3 858	65 565	61 551	83 629
Braunkohle	22 692 076	24 167 714	26 262 110	100 956 961	105 838 258	125 528 105
Steinkohle	12 585 263	13 473 307	13 850 420	99 874 726	118 063 250	129 492 964

II. Hüttenproduktion.

Mineral und Produkt	1905	1906	1907	1905	1906	1907
Gold . . . . . kg	204,292	125,907	142,293	656 246	410 847	455 522
Silber . . . . kg	38 453,492	38 939,770	38 742,270	3 753 703	4 227 580	4 131 009
Quecksilber	519,8	526,1	526,9	2 551 409	2 499 312	2 487 322
Kupfer	870,1	876,6	591,7	1 508 439	1 795 690	1 318 880
Kupfervitriol	540,2	575	579	264 502	319 274	377 500
Frischroheisen	947 034,7	1 044 411	1 192 273	69 836 448	79 027 413	92 041 521
Gußroheisen	142 578,9	177 818	191 251	13 390 748	15 097 985	17 654 321
Roheisen überhaupt	1 119 613,6	1 222 230	1 383 524	83 227 196	94 125 398	109 695 842
Blei	12 968,0	14 846	13 598	4 810 372	6 834 406	6 933 331
Bleiglätte	864,5	1 059	863	333 251	500 167	453 301
Nickelspeise	20	—	—	4 015	—	—
Kobaltschlamm	11,8	11,5	5,5	98 825	66 181	25 892
Zink (metallisch)	8 660,7	10 098	10 610	4 935 075	6 232 816	5 882 234
Zinkstaub	665,4	705,5	598	347 467	381 347	295 808
Zink überhaupt	9 326,1	10 804	11 208	5 282 542	6 614 163	6 178 142
Zinn	53,2	42	47	186 076	184 603	189 989
Antimon (Regulus)	10,1	—	—	8 080	—	—
Antimonprodukte	117,2	—	207	100 444	—	103 693
Uranpräparate	13,87	10	11	428 390	299 133	296 100
Eisenvitriol	116,0	153	—	8 560	9 510	—
Schwefelsäure	1 006,6	744	—	55 315	41 856	—
Alaun	—	—	—	—	—	—
Mineralfarben	797,6	943	1 091	67 636	90 303	124 027
Braunkohlenbrikettes	82 728,8	110 229	159 366	911 973	1 134 357	1 729 304
Steinkohlenbrikettes	136 058,9	142 135	135 779	1 721 499	1 820 459	1 973 089
Koks	1 400 283	1 677 646	1 855 376	24 654 447	30 163 760	35 064 635

Z e e s e , A.: Das nordwestböhmische Braunkohlenrevier Teplitz-Brüx-Komotau. (Bearbeitet nach „Führer durch das nordwestböhmische Braunkohlenrevier", hrsg. vom Montan. Klub f. d. Bergrevier Teplitz-Brüx-Komotau. Brüx 1907.) „Braunkohle" 1908. S. 1—6, 21—28 mit 11 Fig.

Z e l e n y , V.: Der Erzbergbau zu Böhmisch-Katharinaberg im Erzgebirge. Österr. Z. f. Berg- u. Hüttenw. 1905. S. 139—142, 156—161 m. Taf. III.

I. Lage und geschichtliche Übersicht des Bergbaues; II. Geognosie und Lagerstätte; III. Aufschlüsse und Grubenbetrieb der Brüxer Kohlenbergbaugesellschaft 1900/04; IV. Der Nikolaigang und das Gottfriedtrum; V. Schlußfolgerungen. — (Ref. i. N. Jb. f. Min. 1907, I, S. 251.)

Z i c k e r t , H : Das Absatzgebiet der böhmischen Braunkohlen. „Braunkohle" VII. 1908. S. 417—422 m. 2 Diagrammen.

Z i c k e r t , H.: Die wirtschaftliche Bedeutung der böhmischen Braunkohlen im Vergleiche mit den benachbarten Kohlenindustrien des In- und Auslandes. Teplitz-Schönau, Adolf Becker, 1908. 286 S. m. 24 Tab., 15 Taf. u. 2 Karten. Pr. 10 M.

I. Die Entwicklung der Produktion und des Absatzes der böhmischen Braunkohlen von der Mitte des neunzehnten Jahrhunderts bis zum Jahre 1906. — II. Die böhmische Braunkohlenindustrie in Gegenwart und Vergangenheit. — III. Tabellen, Tafeln und Karten über die Produktion und den Absatz der böhmischen Braunkohlen und der benachbarten Kohlenindustrien.

v. Z i m m e r m a n n , K.: Diluviale Ablagerungen in der Umgebung von Leipa. S.-A. a. d. „Mitt. des nordböhmischen Exkursions-Klubs". XXVI. Bd. Heft 4. 16 S.

v. Z i m m e r m a n n , K.: Über die Bildung von Ortstein im Gebiet des nordböhmischen Quadersandsteins und Vorschläge zur Verbesserung der Waldkultur auf Sandböden. Leipa, Selbstverlag, 1904. 64 S.

v. Z i m m e r m a n n , K.: Die Sand- und Kiesböden Nordböhmens und deren Aufbesserung durch Zufuhr von zerfallenem Eruptivgestein. Leipa, J. Künstner, 1904. 74 S. Pr. 1 M.

Mähren und Österr.-Schlesien.

Die Diorite des Altvatergebirges mit Bezug auf die goldführenden Quarzgänge des Unterdevons (J. L o w a g) R. 03: 36.

Petroleumvorkommen im mährisch-ungarischen Grenzgebirge (A. R z e h a k) 05: 5.

Die Tektonik des Steinkohlengebietes von Rossitz (F r. E. S u e ß) L. 08: 84.

Fernere Literatur:

B e r g e r , H., und F r. E. S u e s s (unter Mitwirkung von Bergrat Dr. A. F i l l u n g e r): Die geologischen Verhältnisse des Steinkohlenbeckens von Ostrau-Karwin. Führer f. d. geol. Exk. in Österr. Wien 1903. 13 S. 1 Taf.

G e i s e n h e i m e r , P.: Das Steinkohlengebirge an der Grenze von Oberschlesien und Mähren. Breslau 1906. 50 S. Pr. 1,80 M. Berg- und Hüttenm. Rundschau 1906. III. S. 1—8, 15—20, 29—35 m. 8 Profilen.

H e r b i n g , J.: Über Steinkohlenformation und Rotliegendes bei Landeshut, Schatzlar und Schwadowitz. Breslau 1906. 88 S. m. Fig. u. 2 Taf. Pr. 2,50 M.

K r e t s c h m e r , F.: Die Leptochlorite der mährisch-schlesischen Schalsteinformation. Zentralbl. f. Min. 1906. S. 293—311 m. 1 geol. Kartenskizze.

Moravit, neuer Leptochlorit von Gobitschau bei Sternberg S. 293; Geologisches Auftreten des Moravits S. 297. Nachträge zur Kenntnis des Thuringits von Gobitschau S. 303; Die Pseudomorphosen von Thuringit nach Calcit S. 304; Magnetit von Gobitschau S. 306; Andere Thuringite auf dem Schalsteinzeuge Sternberg-Bennisch S. 307.

K r e t s c h m e r , F r.: Mineralien, Eisenerze und Kontaktgebilde auf dem Schalsteinzuge Sternberg-Bennisch. Zentralbl. f. Min. 1907. S. 289—301, 321—328 m. 2 Fig.

K r e t s c h m e r , F.: Die Sinterbildungen vom Eisenerzbergbau Quittein nächst Müglitz (Mähren). Jahrb. d. Geol. Reichsanst. 1907. LVII. S. 21—32.

K r e t s c h m e r , F.: Die nutzbaren Minerallagerstätten der archäischen und devonischen Inseln Westmährens. S.-A. a. d. Jahrbuch der k. k. geol. Reichsanstalt. Freiberg, Craz & Gerlach, 1903. 142 S. m. 5 Fig. u. 2 Taf. Pr. 5 M.

K r e t s c h m e r , F.: Neues Vorkommen von Manganerz bei Sternberg in Mähren. Österr. Z. f. Bg.- u. Hw. 1905. S. 507—509.

L a u s , H.: Die mineralogisch-geologische und prähistorische Literatur Mährens und Österr.-.Schlesiens von 1897—1904. S.-A. a. d. Zeitschr. des mähr. Landesmuseums. V. Bd. Brünn 1905. S. 105—136.

L o w a g , J.: Der Eisenerzbergbau und die Eisenerzeugung in Mähren und Österreich-Schlesien. Grazer Montan-Zeitung. 1906. S. 54—55, 70—72, 88—89, 104—105, 120—121, 136, 152—153.

L o w a g , J.: Die krystallinischen Schiefer- und Massengesteine des Altvatergebirges und deren Mineralienlagerstätten. Grazer Montan-Zeitung 1907. S. 86—87, 102—103, 118—120.

L o w a g , J.: Die alten Bergrechte und Bergordnungen in Böhmen, Mähren und Schlesien. Berg- u. Hm. Ztg. 1904. S. 433—438, 449—452, 461—464, 473—477, 485—488, 509—12

L o w a g , J.: Der Bleierzbergbau bei Altendorf-Bernhau in Mähren. „Glückauf" 1905. S. 913—915.

L o w a g , J.: Die alten Silber- und Bleibergwerke bei Iglau in Mähren und Deutschbrod in Böhmen. Berg- u. Hüttenm.-Ztg. 1903. S. 313—316, 349—353.

L o w a g , J.: Der alte Gold-, Silber- und Bleiglanzbergbau in Mähren bei Iglau und Deutschbrod in Böhmen. Grazer Montan-Zeitung 1907. S. 290—292, 306—308, 323—326.

L o w a g , J.: Die Gipsvorkommen bei Katharein nächst Troppau, Österr.-Schlesien. Grazer Montan-Ztg. 1904. S. 315—316.

L o w a g , J.: Das Erzvorkommen der Bleiglanzgrube „Gabegottes" bei Neudorf in der Nähe von Römerstadt in Mähren. „Glückauf" 1905. S. 1148—1149.

L o w a g , J.: Die unterdevonischen Chloritschiefer des Altvatergebirges und deren Eisen-erzlagerstätten. Berg- u. Hüttenm.-Ztg. 1903. S. 277—280.

M a u e r h o f e r , J.: Mitteilungen aus der Praxis des Schlemmverfahrens am Gräflich Wilczekschen Dreifaltigkeitsschachte in Polnisch-Ostrau. Mährisch-Ostrau, J. Kittl, 1905. 7 S. mit 1 Tafel.

M i c h a e l , R.: Über den Gasausbruch im Tiefbohrloch Baumgarten bei Teschen in Österreich - Schlesien. Monatsber. der Deutschen geol. Ges. 1908. S. 286—291. (S. Z. 1909. Seite 52.)

M u e l l e r : General-Industriekarte vom oberschlesischen, russischen und Mährisch-Ostrauer Industrierevier i. M. 1 : 100 000. Kattowitz, G. Siwinna, 1906. Pr. 2 M., aufgez. 4 M.

P e t r a s c h e c k , W.: Das Vorkommen von Erdgasen in der Umgebung des Ostrau-Karwiner Steinkohlenreviers. Verh. der k. k. geol. Reichsanst. 1908. S. 307—312. Auch (ergänzt) Montanist. Rundschau I. S. 254.

P e t r a s c h e c k , W.: Das Verhältnis der Sudeten zu den mährisch-schlesischen Karpaten. S.-A. a. d. Zeitschr. „Der Kohleninteressent" 1908. Nr. 18 u. 19, gleichlautend mit den Verhandl. der k. k. geol. Reichsanstalt 1908. S. 140—159. — Die Überfaltung im Miocän. — Das subbeskidische Alttertiär eine Abscherungsdecke. — Das Südende der Sudeten. — Der Untergrund der mährisch-schlesischen Karpaten. Teplitz-Schönau, Ad. Becker, 1908. 22 S.

S c h i r m e i s e n , K.: Systematisches Verzeichnis mährisch-schlesischer Mineralien und ihrer Fundorte. Brünn, K. Winiker, 1903. Jahresber. d. Lehrerklubs f. Naturkunde in Brünn 1903. S. 27—92.

S l a v i k , F.: Zur Mineralogie von Mähren. Zentralbl. f. Min. 1904. S. 353—363.

S l a v i k , F.: Mineralogische Notizen: 1. Zur Kenntnis der Mineralien von Schlaggenwald; 2. Titanit von Skaatö bei Kragerö; 3. Krokoitkrystall von Dundas; 4. Chrysoberyll von Marschendorf in Mähren. Z. f. Krystallographie XXXIX. Bd. 1904. S. 294—305 m. 7 Fig.

Galizien und Bukowina.

Die geologischen Verhältnisse von Boryslaw in Ostgalizien (R. Z u b e r) 04: 41. Fig. 6, S. 44.

Die geologischen Verhältnisse der Erzölzone Opaka-Schodnica-Urycz in Ostgalizien (R. Z u b e r) 04: 86.

Über die Rohöl führenden miocänen resp. oberoligocänen Schichten des Tales Putilla in der Bukowina (S t. O l s z e w s k i) 04: 321.

Naphthagewinnung Galiziens im Jahre 1905 N. 06: 95.

Die erzführenden Triasschichten Westgaliziens (F. B a r t o n e c) L. 07: 89.

Fernere Literatur:

A n g e r m a n n , C.: Das Naphthavorkommen von Boryslaw in seinen Beziehungen zum geologisch-tektonischen Bau des Gebietes. Vortrag, geh. a. d. Intern. Kongreß in Lüttich am 27. Juni 1905. „Tiefbohrwesen" III. 1905. S. 174—178, 182—183 m. Taf. IV.

A n g e r m a n n , C.: Boryslaw in geologisch-tektonischer Hinsicht. Vortrag, geh. am 4. Novbr. 1903 im Polytechn. Ver. Lemberg. Ungar. Montan-Ind.- und Handelsztg. Nr. 2 vom 15. I. 1904. S. 5—6.

B a r t o n e c , F.: Über die erzführenden Triasschichten Westgaliziens. Österr. Z. f. Berg- und Hüttenw. 1906. S. 645—650, 664—669 m. Taf. XIII u. XIV.

B a r t o n e c , F.: Das Krakauer Kohlenbassin. Österr. Zeitschr. f. Berg- u. Hw. 1909. S. 719—722 u. 733—735.

G r z y b o w s k i , J.: Boryslaw. (Une monographie géologique.) Eine Monographie mit XII Folio-Tafeln als Erläuterungen zum Geolog. Atlas Galiziens. Heft XX. Mémoire présenté par M. F. K r e u t z. Anzeiger der Akadem. der Wiss. in Krakau. Mathem.-naturw. Klasse. 1907. S. 87—124 m. Taf. III u. IV.

    I. Der Karpatenrand zwischen Nahujowice und Truskawiec, S. 87; II. Die Stratigraphie der Randzone, S. 91; III. Die Erdwachsgruben, S. 99; IV. Die Ölgruben S. 103; V. Die Tektonik der Randzone und Schlußbemerkungen.

H o l o b e k , J.: Die Erdwachs- und Erdöllagerstätten in Boryslaw. Congrès géol. intern. Compte Rendu de la IX. session. Wien 1903. Wien, Hollinek, 1904. S. 777—786.

H o l o b e k , J.: Die geologischen Verhältnisse der Erdwachs- und Erdöllagerstätten in Boryslaw. Führer f. d. geol. Exk. in Österreich. Wien 1903. 10 S., 1 Fig., 1 Taf. — Grazer Montan-Ztg. 1904. S. 295—298 m. 3 Fig.

K o r i t k o , S t.: Karte von Boryslaw und Tustanowice. i. M. 1 : 10 000. Berlin, Buchh. f. Fachliteratur. Pr. 20 M.

M a j e w s k i , S t.: Das Bergwerk in Kalusz, Galizien. Montan-Ztg. 1905. S. 1—4.

M e n t z e l : Der IX. internationale Geologen-Kongreß in Wien. „Glückauf" 1903. S. 921 bis 926, 955—960, 1073—1085, 1101—1110 m. 20 Fig. u. Taf. 48.

    I. Exkursion nach Mährisch-Ostrau; II. Die Umgebung von Krzeszowice bei Krakau; III. Das Salzwerk von Wieliczka; IV. Boryslaw; V. Schodnica; VI. Podolien.)

M i a c z y n s k i , M.: Die geologischen Verhältnisse von Boryslaw und Tustanowice. Vortrag. Organ d. Ver. d. Bohrtechn. Wien 1908. Nr. 20. S. 229—236 m. 21 Fig. — Ref. „Petroleum" 1909. S. 739—743 m. 20 Fig.

M u c k , J.: Der Erdwachsbergbau in Boryslaw. Berlin, J. Springer, 1903. 218 S. m. 53 Fig. u. 2 Taf.

N a s k e , T h.: Manganerz-Bergbau in der Bukowina. „Stahl und Eisen" 1908. S. 543 bis 547.

N i e d z w i e d z k i , J.: Geologische Skizze des Salzgebirges von Wieliczka. Führer f. d. geol. Exk. in Österreich. Wien 1903. 8 S., 1 Fig.

N o t h , J u l.: Petroleum-Vorkommen in der Umgebung von Sanok in Galizien. S.-A. a. d. „Allgemeinen österreichischen Chemiker- und Techniker-Zeitung" 1908. 31 S. m. 20 Fig. und 2 Übersichtskarten.

P i e s t r a k , F.: Illustrierter Führer durch das k. k. Salzbergwerk in Wieliczka. Mit 29 Illustrationen von J. C z e r n e c k i. Wieliczka, Selbstverlag, 1904. 111 S.

    I. Geschichte, 7—42, II. Betriebseinrichtungen 43—54; III. Bergbau 55—76; IV. Solbäder 77—80; V. Grubenbesuch 81—108.

P i e s t r a k , F.: Martin Germans Grubenkarten von Wieliczka (1638—1648). Österr. Z. f. Bg.- u. Hw. 1907. S. 13—18, 32—33, m. Taf. I u. II.

P l a t z , H.: Galizische Erdölindustrie. Ung. Montan-Ind.- u. Handelsztg. 1904. S. 1.

R e d l i c h , K. A.: Der Kiesbergbau Louisenthal (Fundul Moldavi) in der Bukowina. Österr. Z. f. Bg.- u. Hüttenw. 1906. S. 297—300 m. 3 Fig.

R i c h a r z : Der südliche Teil der Karpaten und die Hainburger Berge. Eine petrograph.-geologische Untersuchung. Jahrb. d. k. k. Geol. Reichsanst. LVIII. 1908. S. 1—48 m. 8 Fig.

S c h m i d t , C.: Notiz über das geologische Profil durch die Ölfelder bei Boryslaw in Galizien. Vortrag. S.-A. a. d. Verh. d. Naturf. Ges. in Basel. Bd. XV. Heft 3. S. 415—424 m. Taf. VII (Geolog. Profil durch die Ölfelder von Schodnica, Mraznica und Boryslaw, 1 : 25 000).

S z a j n o c h a , L.: Die Petroleumindustrie Galiziens. II. Auflage. Krakau, Verlag d. Galizischen Landesausschusses, 1905. 34 S. m. 3 statist. Tab. u. 1 Übersichtskarte. Pr. 1,50 M.

Galizien.

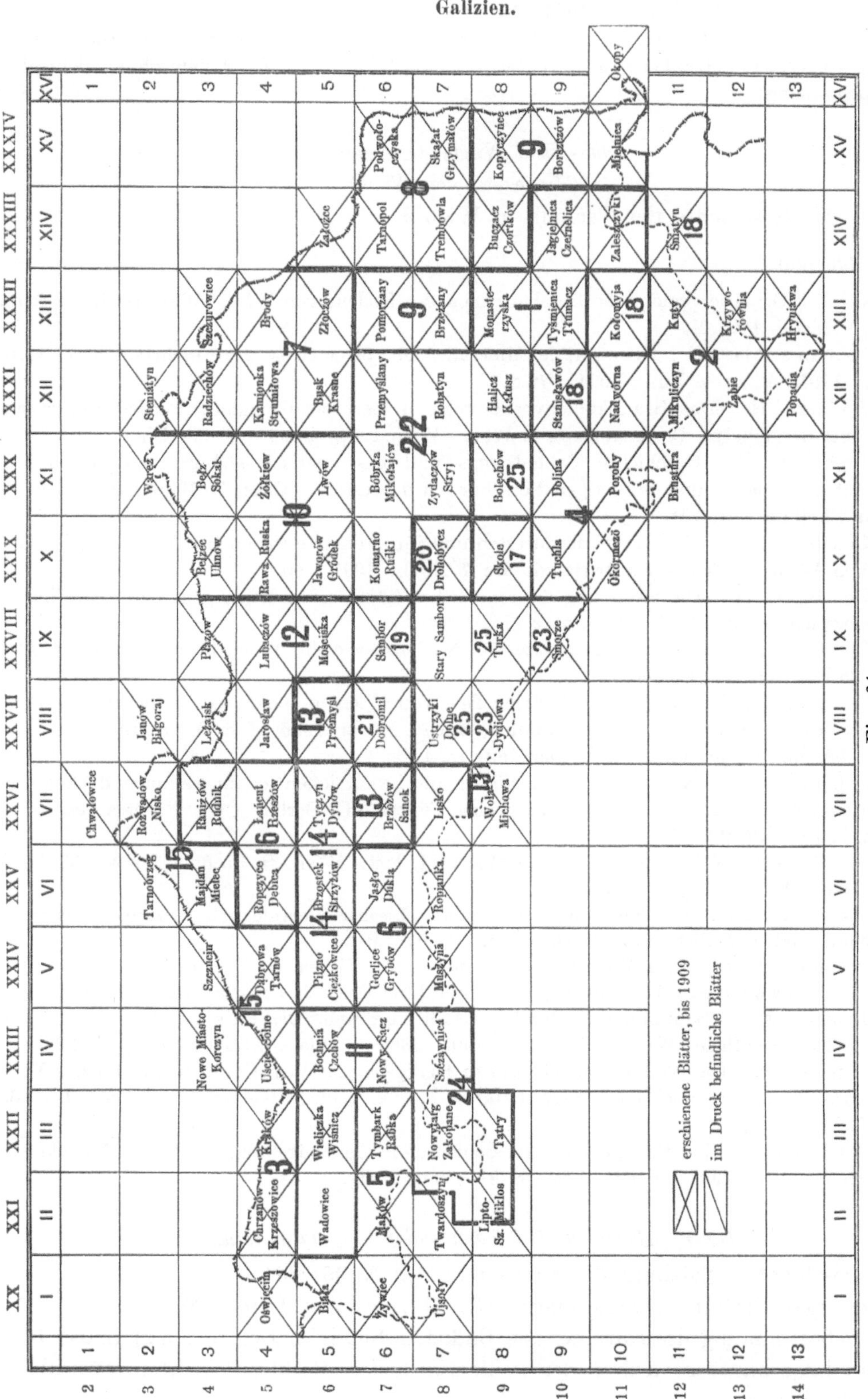

Fig. 64.

Stand der geol. Kartierung von Galizien i. M. 1 : 75000. Die großen Zahlen bezeichnen die Nummern der betreffenden Hefte des „Geologischen Atlasses von Galizien". — Die äußeren Zahlenreihen am Rande geben die üblicheren „Zonen" und „Kolonnen" der „Spezialkarte der österr.-ungar. Monarchie" an. Vgl. auch Fig. 63.

U h l i g , V.: Bau und Bild der Karpaten. S.-A. a. Bau und Bild Österreichs. Wien,
F. Tempsky, 1903. 262 S. m. 139 Fig., 1 Titelbild u. 1 Karte. Pr. 15 M.

v. Z a l o z i e c k i , R.: Die neuesten Wandlungen in der galizischen Petroleumindustrie.
Allg. österr. Chem.- u. Technik.-Ztg. 1903. Nr. 21. S. 4—6.

Z u b e r , R.: Contributions à la stratigraphie et tectonique des Karpathes. S.-A.
aus Kosmos XXXIV. Lemberg 1909. S. 788—833 m. 9 Fig. u. 1 Tafel. (Polnisch mit deutscher
Zusammenfassung.)

Ober- und Nieder-Österreich.
(Umgegend von Wien.)

Museum der Geschichte der Technik in Wien P. 07: 271.

Fernere Literatur:

A b e l , O.: Die geologische Beschaffenheit des Bodens von Wien. Wien 1904. 10 S. m.
1 Fig. u. 1 Karte. Pr. 1 M.

C o m m e n d a , H.: Übersicht der Mineralien Oberösterreichs. 2. vermehrte u. verbesserte
Auflage. 1904. Linz, V. Fink, 1904. 72 S.

H ö f e r , H.: Das Braunkohlenvorkommen in Hart bei Gloggnitz in Niederösterreich.
Bericht über den Allgem. Bergmannstag in Wien. Wien 1904. S. 93—99 m. 3 Fig.

H u t t e r , F.: Geschichte Schladmings und des steirisch-salzburgischen Ennstales.
Auf Grund der Quellen und seitherigen Forschungen dargestellt. Graz, U. Moser, 1905. 397 S.
m. Fig. u. Titelbild. Pr. 6 M.

K o c h , G. A.: Über einige der ältesten und jüngsten artesischen Bohrungen im Tertiärbecken von Wien. Rektorats-Antrittsrede am 7. Novbr. 1907. 60 S.

K o c h , G. A.: Die Sanierung der städtischen Trinkwasser-Leitung in Laa a. d. Thaya,
Niederösterreich. Wien 1905. 14 S. m. 2 Fig.

K ö l l n e r , K.: Geologische Skizze von Niederösterreich. Wien, Franz Deuticke, 1908.
43 S. m. 28 Fig. Pr. geh. 1,20 M.

S c h a f f e r , F. X.: Der geologische Bau von Wien in seiner erdgeschichtlichen Entwicklung. Vortrag, geh. in der Vollversammlung am 10. Novbr. 1906. Z. d. Österr. Ing.- u. Arch.-
Vereins. 59. Jahrg. vom 11. u. 18. Januar 1907 m. 4 Fig.

S c h a f f e r , F. X.: Geologischer Führer für Exkursionen im inneralpinen Becken der
nächsten Umgebung von Wien. Sammlung geolog. Führer XII. Berlin. Gebr. Borntraeger, 1907.
127 S. m. 11 Fig. Pr. 2,40 M.

S c h a f f e r , F. X.: Geologie von Wien. I. Teil: Wien, R. Lechner, 1904. 33 S. m.
1 geol. Karte i. M. 1 : 25 000. Pr. 5 M.

S i g m u n d , A.: Die Sammlung niederösterreichischer Minerale im k. k. naturhistorischen
Hofmuseum. Wien, Selbstverlag, 1903. 30 S. Pr. 0,50 M.

S i g m u n d , A.: Die Minerale Niederösterreichs. Wien 1909. 194 S.

S t e i n d a c h n e r , F.: Allgemeiner Führer durch das k. k. naturhistorische Hofmuseum.
Unter Mitwirkung der Sammlungsvorstände verfaßt von weil. Dr. F r a n z R i t t e r v o n
H a u e r . Zweite Auflage. Wien, Selbstverlag, 1902. 386 S. m. vielen Abbildungen. Pr. 1 M.

T o u l a , F.: Die Kreindlsche Ziegelei in Heiligenstadt-Wien (XIX. Bez.) und das Vorkommen von Congerienschichten. S.-A. d. Jahrb. d. k. k. Geolog. Reichsanst. 1906. Bd. 56.
S. 169—196 m. 18 Fig.

V e r l o o p , J. H.: Profil der Lunzer Schichten in der Umgebung von Lunz. Monatsber.
d. Deutsch. geol. Ges. 1908. Briefl. Mitt. S. 81—89 m. 2 Fig.

Österr. Alpen- und Küstenländer. — Dalmatien.

Bergbaugeschichte: Salzburg (J. S i r o v á t k a) N. 06: 384.

Erdbeben und Stoßlinien Steiermarks (R. H o e r n e s) L. 03: 80.

Zur Altersbestimmung des Karbons von Budua in Süddalmatien (R e n z) L. 04: 105.

Über die Lagerungsverhältnisse der kohlenführenden Raibler-Schichten von Ober-
    laibach (F r. K o s s m a t) L. 03: 81.

Glanzkohle bei Feistenberg in Unterkrain N. 03: 320.

Bemerkungen über das Eisenglanzvorkommen von Waldenstein in Kärnten (R. C a n a -
    v a l) L. 04: 28.

Weitere Beobachtungen über die Bildung des Graphits, speziell mit Bezug auf den Metamorphismus der alpinen Graphitlagerstätten (E. W e i n s c h e n k) 03: 16.

Die Erzlagerstätte des Schneebergs in Tirol und ihr Verhältnis zu jener des Silberbergs bei Bodenmais im bayrischen Wald (E. W e i n s c h e n k) 03: 231.

Das Erz- und Flußspatvorkommen am Rabenstein im Sarntal, Südtirol (M. K r a h - m a n n) B. 06: 8.

Einige Beobachtungen über die Erzlagerstätte im Pfunderer Berg bei Klausen in Südtirol (E. W e i n s c h e n k) 03: 66.

Turmalin auf Erzlagerstätten (K. A. R e d l i c h) N. 04: 66, B. 08: 169.

Die Zinnoberlagerstätte von Vallalta-Sagron (A. R z e h a k) 05: 325. R. 06: 156.

Die Blei- und Zinklagerstätten in. Raibl (W. G ö b l) R. 04: 54.

Eine Kupferkieslagerstätte im Hartlegraben bei Kaisersberg in Steiermark (K. A. R e d - l i c h) R. 03: 77, B. 04: 60.

Vorläufiger Bericht über die turmalinführende Kupferkiese von Monte Mulatto (A. H o f - m a n n) L. 03: 395.

Das Kiesvorkommen am Laitenkofel ob Rangersdorf im Mölltale (R. C a n a v a l) L. 05: 374.

Die Kupferkiesgänge von Mitterberg in Salzburg. Ein Beitrag zur Kenntnis alpiner Erzlagerstätten (W. G. B l e e c k) 06: 365.

Über zwei Magnesitvorkommen in Kärnten (R. C a n a v a l) L. 05: 374.

Die Tiroler Marmorlager (E. W e i n s c h e n k) 03: 131.

Die Marmorlagerstätten Kärntens (P. E g e n t e r) 09: 419.

Über Grundwasserverhältnisse in der Umgebung von Bregenz (J. B l a a s) 06: 196.

Sprengarbeit in den alpinen Erzbergbauen (K. A. R e d l i c h) N. 08: 174, (R. C a n a - v a l) B. 08: 285.

Zur Genesis der alpinen Talklagerstätten (K. A. R e d l i c h und F. C o r n u) 08: 145.

Die Minerale der Magnesitlagerstätte des Sattlerkogels (Veitsch) (F. C o r n u) 08: 449.

Zwei neue Magnesitvorkommen in Kärnten (K. A. R e d l i c h) 08: 456.

Entstehung der Erzlagerstätten am Schneeberg in Tirol (R. C a n a v a l) 08: 479.

Rezente Bildung von Smithsonit und Hydrozinkit in den Gruben von Raibl und Blei- berg (F. C o r n u) B. 08: 509.

Der Magnesit bei St. Martin am Fuße des Grimming (Emstal, Steiermark) (K. A. R e d - l i c h) 09: 102.

Über das Vorkommen von Guren am Rathausberg bei Böckstein in Salzburg (M. L a z a r e v i č) B. 09: 144.

Die nutzbaren Minerallagerstätten Dalmatiens (R. S c h u b e r t) N. 08: 49. Vgl. hierzu Fig. 65 u. 66.

Entgegnung auf eine Kritik der „nutzbaren Lagerstätten Dalmatiens" (R. S c h u b e r t) B. 08: 508.

Fernere Literatur:

A h l b u r g: Der Erzbergbau in Steiermark, Kärnten und Krain. Preuß. Z. f. Bg-, H.- u. Sal.-Wes. 55. 1907. S. 463—521 m. 28 Fig.

A i g n e r, A.: Die Mineralschätze der Steiermark. Hand- und Nachschlagebuch für Schürfer, Bergbautreibende und Industrielle. Wien, Spielhagen & Schurich, 1907. 291 S. m. einer Übersichtskarte über die Bergbaue Steiermarks. Pr. 7 M.

A p f e l b e c k, L.: Der obersteirische Erzzug. Montan-Ztg. 1905. S. 137—139.

B l a a s, J.: Kleine Geologie von Tirol. Eine Übersicht über Geschichte und Bau der Tiroler und Vorarlberger Alpen für Schule und Selbstunterricht. Innsbruck, Wagner, 1907. 152 S. m. 1 geol. Karte, 22 Fig. u. 12 Taf. Pr. 6 M.

B a u e r m a n , H.: The Erzberg of Eisenerz. Iron and Steel Inst. LXXV, III. 1907. S. 27—36; s. a. 280—287.

B i t t n e r , L.: Das Eisenwesen in Innerberg-Eisenerz bis zur Gründung der Innerberger Hauptgewerkschaft im Jahre 1625. Wien 1901.

B l o c k , J.: Über das Vorkommen von Kupfererzen und Scheelit im Eruptivgestein von Predazzo und anderen Orten, sowie über den Marmor Süd-Tirols. S.-A. a. d. Sitzungsber. d. Niederrhein. Ges. f. Natur- u. Heilkunde zu Bonn 1905. 15 S.

C a n a v a l , R.: Zur Kenntnis der Goldzecher Gänge (Hohe Tauern). S.-A. a. „Carinthia" II. Nr. 5 u. 6. 1906. 17 u. 42 S.

C a n a v a l , R.: Zur Frage der Edelmetallproduktion Oberkärntens im 16. Jahrhundert. S.-A. a. d. „Carinthia" II. 1906. Nr. 1. 10 S.

C a n a v a l , R.: Bemerkungen über einige Erzvorkommen am Südabhange der Gailtaler Alpen. S.-A. a. d. „Carinthia" II. 1906. Nr. 2. 8 S.

C a n a v a l , R.: Bemerkungen über das Eisenglanzvorkommen von Waldenstein in Kärnten „Carinthia" II. Nr. 3. 1903. 12 S.

C a n a v a l , R.: Das Eisensteinvorkommen zu Kohlbach a. d. Stubalpe. Teil V vom Bergbaue Steiermarks von Dr. K. A. R e d l i c h. Leoben, L. Nüßler, 1904. 14 S.

C o r n u , F.: Untersuchung eines goldführenden Sandes von Marburg a. d. Drau. Österr. Z. f. Berg- u. Hüttenw. 55. 1907. S. 389—391.

C o r n u , F., und K. A. R e d l i c h: Notizen über einige Mineralvorkommen der Ostalpen. Zentralbl. f. Mineralog., Geol. u. Pal. 1908. S. 277—283.

D i e n e r , C.: Bau und Bild der Ostalpen und des Karstgebietes. S.-A. a. Bau und Bild Österreichs. Wien, F. Temsky, 1903. 320 S. m. 28 Fig., 1 Titelbild und 6 Karten Pr. 20 M.

D r e g e r , J.: Geologische Beobachtungen anläßlich der Neufassungen der Heilquellen von Rohitsch-Sauerbrunn und Neuhaus in Süd-Steiermark. Verh. d. k. k. Reichsanst. 1908. S. 60—69 m. 2 Fig. (Darunter ein Kärtchen über den Verlauf der wichtigsten Bruch- und Thermallinien Südsteiermarks und der angrenzenden Gebiete.)

E i c h l e i t e r , C. F.: Chemische Untersuchung der Arsen-Eisenquelle von S. Orsola bei Pergine in Südtirol. Jahrb. d. geol. Reichsanst. LVII. 1907. S. 529—534.

F r e c h , F.: Über den Gebirgsbau der Tiroler Zentralalpen mit besonderer Rücksicht auf den Brenner. Wissenschaftliche Ergänzungshefte zur Zeitschr. d. Deutschen und Österr. Alpenvereins. II. Bd. 1. Heft. Innsbruck 1905. 98 S. m. 47 Fig., 15 Taf. u. 1 geol. Karte des Brenners und der angrenzenden Gebirge i. M. 1 : 75 000.

G a s s e r , G.: Die Mineralien Tirols (einschließlich Vorarlbergs). Nach der eigentümlichen Art ihres Vorkommens an den verschiedenen Fundorten und mit besonderer Berücksichtigung der neuen Vorkommen leichtfaßlich geschildert. Rechlitz 1906. In ca. 35 Lieferungen, mit Karten u. Tafeln Pr. jeder Lieferung 0,75 M.

G ö b l , W.: Geologisch-bergmännische Karten mit Profilen von Raibl nebst Bildern von den Blei- und Zinklagerstätten in Raibl. Aufgen. v. d. k. k. Bergämtern. Wien, k. k. Hof- und Staatsdruckerei, 1903. 39 S. m. 1 geolog. Karte 1:2500, 1 geol.-bergmännischen Karte, 2 Blatt Profilen, 68 Lagerstättenbildern und 3 Bildern von Handstücken.

G r a n i g g , B.: Geologische und petrographische Untersuchungen im Ober-Mölltal in Kärnten. Jahrbuch der geologischen Reichsanstalt. Wien 1906. Bd. 56. S. 367—404 m. 1 Taf. und 10 Figuren.

G r a n i g g , B.: Die stoffliche Zusammensetzung der Schneeberger Lagerstätten. Österr. Z. f. Berg- u. Hüttenwesen LVI. 1908. S. 329—334, 341—345, 359—362, 374—378, 389—391, 398—400 m. 6 Fig. u. Taf. VI u. VII.

G r a n i g g , B.: Ein Beitrag zur Kenntnis der Tektonik der Erzlagerstätten am Schneeberg bei Sterzing in Tirol. Österr. Z. f. Berg- u. Hüttenw. 55. 1907. S. 229—334, 341—344, 360 bis 363 mit 8 Fig. u. 2 Taf.

G r a n i g g , B.: Über die Ausbisse der „Hangendlagerstätte" am Schneeberg bei Sterzing in Tirol. Österr. Zeitschr. f. Berg- und Hüttenw. 1907. S. 122—125 m. 1 Taf.

v. H a s s l e r , T h. F.: Altes und Neues über die Erzvorkommen des Ortlergebietes. Grazer Montan-Zeitung 1907. S. 338—340.

H e r i t s c h , F r a n z : Zur Genesis des Spateisenlagers des Erzberges bei Eisenerz in Obersteiermark. Mitt. d. geol. Ges. Wien. Bd. 1. H. 4. 1908. S. 396—401.

H ö r h a g e r , J.: Das Eisenstein-Vorkommen bei Neumarkt in Obersteier. Österr. Z. f. Berg- u. Hüttenw. 1903. S. 337—339, 352—355.

H u m p h r e y , W. A.: Über einige Erzlagerstätten in der Umgebung der Stangalpe. Jahrb. d. k. k. Geol. Reichsanst. Wien 1905. 55. Bd. S. 349—368 m. 1 Fig. u. Taf. VIII u. IX.

Dalmatien.

	XI	XII	XIII	XIV	XV
24			(Karlstadt)		
25	Veglia-Novi				
26	Cherso-Arbe				
27	Lussin-piccolo	Carlopago-Jablanac			
28	Selve	Pago	Medak-Sv. Rok		
29		(Zara)	Novigrad-Benkovat		
30			Zara-vecchia-Stretto	Kistanje-Dernis	
31				Sebenico-Traù	(Spalato)
32					
33					
34					(Velaluka)
35					
36					
37					

Fig. 65.
Stand der geol. Kartierung Dalmatiens i. M. 1 : 75 000.
(Vgl. S. 163. — Auch Spizza, Zone 37 Kol. XX, ist erschienen.)

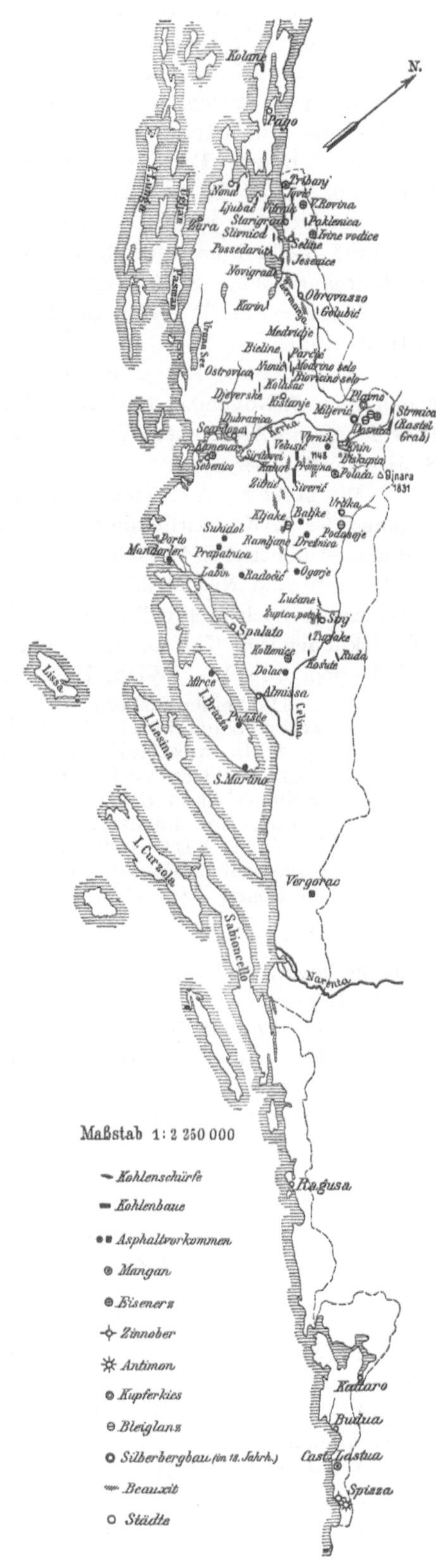

Fig. 66.
Die nutzbaren Minerallagerstätten Dalmatiens.
(Nach R. Schubert; Text Z. 1908, S. 49—56, 508—509

J ä g e r , V.: In der Gebirgswelt Tirols. XXIX. Bändchen der Naturw. Jugend- und Volksbibliothek. Regensburg, G. J. Manz, 1906. 132 S. m. 23 Fig. u. 2 Karten. Pr. 1,20 M., geb. 1,70 M.

K a v č i č , J.: Der Braunkohlenbergbau von Hrastovetz bei Pöltschach in Untersteiermark. Österr. Z. f. Berg- u. Hüttenw. 1905. S. 535—538.

K i t t l , E.: Salzkammergut (Umgebung von Ischl, Hallstatt und Aussee.) Führer f. d. geol. Exk. in Österreich. Wien 1903. IV. 118 S., 8 Fig., 6 Ansichten und photograph. Aufn. und 1 geol. Übersichtskarte.

K o ß m a t , F.: Umgebung von Raibl (Kärnten). Führer f. d. geol. Exk. in Österreich. Wien 1903. XI. 12 S., 3 Fig.

M a k o w s k y , A.: Prähistorisches Kupferbergwerk (im Mitterberge bei Bischofshofen in Salzburg). Verh. d. naturforsch. Vereins in Brünn 1906. Bd. 49. — Berg- u. Hüttenm. Rundschau. IV. Jahrgang. 1907. S. 19 u. 20. — Vergl. Z. 1906. S. 365.

M a r t e l l , P.: Zur Geschichte des Tiroler Bergbaues (Schwaz). „Glückauf" 1907. S. 1079—1081.

M ü l l n e r , A.: Montanistische Forschungsreisen durch die Alpenländer. ·Vortrag, gehalten am 7. November 1907 in der Fachgruppe der Berg- und Hüttenmänner des Österreichisch. Ingenieur- und Architekten-Vereins. Österreichische Zeitschr. f. Berg- und Hüttenw. LVI. 1908. S. 51—55, 66—68.

M ü l l n e r , A l f o n s : Geschichte des Eisens in Inner-Österreich von der Urzeit bis zum Anfange des XIX. Jahrhunderts. Mit besonderer Berücksichtigung der ökonomischen, sozialen und handelspolitischen Verhältnisse sowie des Eisenhandels nach sämtlichen europäischen Ländern, der Levante und Nordafrika. Im Auftrage und mit Unterstützung des hohen k. k. Ackerbauministeriums nach archivalischen Quellen bearbeitet. Mit zahlreichen Illustrationen, Faksimiles von Urkunden und Karten. I. Abteilung: K r a i n , K ü s t e n l a n d und I s t r i e n . Heft 1 und 2 (Bogen 1—18). Wien, Halm & Goldmann, 1908. Pr. je 5 M.

 Die beiden bisher erschienenen Hefte dieses außerordentlich breit angelegten Quellenwerkes behandeln in der Einleitung die Urgeschichte des Eisens und seine Verbreitung durch die ältesten Kulturvölker. Das erste Kapitel ist dem Eisenwesen in K r a i n gewidmet. Der Verfasser bespricht zunächst die Eisenfunde im Laibacher Moor und schildert dann die verschiedenen alten Schmelzstätten nebst dem dabei gemachten Funde. Im nächsten Abschnitt folgt eine eingehende Darstellung des Eisenwesens im V. bis XIII. Jahrhundert. Das ganze Werk soll in drei Abteilungen zerfallen und insgesamt 5 Bände umfassen; der Subskriptionspreis beträgt für jeden Band von etwa 45 Bogen Text 25 M. Einzelne Bände werden nicht abgegeben.

M ü l l n e r , A.: Die Eisen- und Stahlgewinnung in Innerösterreich, speziell am steirischen Erzberge im Mittelalter. (Vortrag, gehalten in der Fachgruppe der Berg- und Hüttenmänner des „Österr. Ing.- und Architekt-Vereins" am 6. Dezember 1906). Österr. Zeitschr. f. Berg- u. Hüttenw. 1907. S. 53—57, 68—70 m. 3 Fig.

O e r t e l i u s , F.: Die wirtschaftliche Bedeutung des Kössener Beckens. Mit einer geol. Skizze der Umgebung von Schwendt bei Kössen. Innsbruck 1908. 18 S. m. 1 Taf.

v. P a n t z , A.: Die Innerberger Hauptgewerkschaft 1625—1783. 2. Heft des VI. Bandes von „Forschungen zur Verfassungs- und Verwaltungsgeschichte der Steiermark". Graz, „Styria", 1906. 179 S. mit 1 Tafel. (Ansicht von Eisenerz und dem Erzberge nach Merian aus dem Jahre 1649.) Pr. 3,40 M.

R e d l i c h , K. A.: Über das Alter und die Entstehung einiger Erz- und Magnesitlagerstätten der steirischen Alpen. Jahrb. der k. k. geolog. Reichsanst. 1903. 53. S. 285—294 mit 4 Figuren.

R e d l i c h , K. A.: Über das Alter und die Flözidentifizierung der Kohle von Radeldorf und Stranitzen, Untersteiermark. Österr. Z. f. Berg- und Hüttenwesen 1904. S. 403—404 mit 1 Figur.

R e d l i c h , K. A.: Der Braunkohlenbergbau Sonnberg in Kärnten. S.-A. aus „Die Mineralkohlen Österreichs". Wien 1903. 3 S. m. 2 Fig.

R e d l i c h , K. A.: Die Kupferschürfe des Herrn Heraeus in der Veitsch. Österr. Z. f. Berg- u. Hüttenw. 1903. S. 449—450 m. 1 Fig.

R e d l i c h , K. A.: Die Geologie des Gurk- und Görtschitztales. Wien, R. Lechner, 1905. Jahrb. der geol. Reichsanst. 1905. 55. S. 327—348 mit 3 Fig. und Taf. VII u. VIII (Taf. VII geol. Karte i. M. 1:75000).

R e d l i c h , K. A.: Sédimentaire ou epigénétique? Contribution à la connaissance des gîtes métallifères des Alpes orientales. Congrès Intern. des mines etc. Liége 1905. 9 S. m. 4 Fig. — (Ref. i. N. Jb. f. Min. 1907. I. S. 254.)

R e d l i c h , K. A.: Der Kupferbergbau Radmer an der Hasel, die Fortsetzung des steirischen Erzberges. Bergbau Steiermarks VI. Nr. 8.) Berg- u. Hüttenm. Jahrb. Leoben 1905. 38 S. m. 2 Fig. u. 1 Taf. — Ref. s. N. Jb. f. Min. 1907. II. S. 82.

R e d l i c h , K. A.: Die Genesis der Pinolitmagnesite, Siderite und Ankerite der Ostalpen. Vortrag, gehalten in der Wiener mineralogischen Gesellschaft am 2. Dezember 1907. Tschermaks Miner. u. Petrogr. Mitt. Bd. 26. 6 S.

R e d l i c h , K. A.: Der Eisensteinbergbau der Umgebung von Payerbach-Reichenau (Niederösterreich). Berg- und Hüttenm. Jahrb. Leoben 1907. 30 S. m. 2 Taf. (Bergbaue Steiermarks. VIII. Nr. 10.)

R o s e: Tiroler Bergbau. Preußische Zeitschrift. 1905. Bd. 53. S. 177—218 mit 8 Figuren u. Texttafel b.
> I. Einleitung. II. Geologischer Überblick. III. Technischer Überblick. IV. Der Erzbergbau. a) Blei- und Zinkerzbergwerk „Silberleithen" bei Bieberwier am Fernpaß. b) Blei- und Zinkerzbergwerk am Schneeberg bei Sterzing. c) Blei-, Zink- und Kupfererzbergbau am Pfunderer Berg bei Klausen. d) Der Fahlerzbergbau im Unterinntal. e) Der Kupferkiesbergbau bei Kitzbühel. f) Sonstiger Erzbergbau. V. Bergbau auf andere Mineralien. a) Der Haller Salzberg. b) Die Seefelder Ölschiefergewinnung. c) Der Braunkohlenbergbau bei Häring. VI. Zusammenfassung und Schluß.

R ü c k e r , A.: Über die neueren Kohlenaufschlüsse im Gonobitzer Becken, Steiermark. Zeitschr. d. Österr. Ing.- u. Arch.-Ver. 57. 1905. S. 235.

S c h m u t , J.: Die Berghoheit der Herren von Liechtenstein im Landgericht Murau (Steiermark). 1256—1536. Ein Beitrag zur steirischen Bergwerksgeschichte. Österr. Z. f. Berg- u. Hüttenwesen 1905. S. 614—618.

S c h m u t , J.: Oberzeiring. Ein Beitrag zur Berg- und Münzgeschichte Steiermarks. (Teil IV von Bergbaue Steiermarks von Dr. K. A. R e d l i c h.) Leoben, L. Nüßler, 1904. 81 S. mit 1 Taf.

T a f f a n e l , J.: Le gisement de fer spathique de l'Erzberg, près Eisenerz en Styrie. Ann. des mines 1903. IV. S. 24—48 m. Taf. 1 u. 2.
> Ref. i. N. Jb. f. Min. 1907. II. S. 242. Verf. wendet sich gegen V a c e k s Auffassung der Tektonik des Erzberges. Er ist geneigt, diese Eisenerzlagerstätte als eine einheitliche Bildung im Niveau des Unterdevons zu betrachten, und zwar als eine metasomatische, ähnlich wie H ö f e r und R e d l i c h.

T o u l a , F.: Geologische Exkursionen im Gebiete des Liesing- und des Mödlingbaches, Steiermark. (Vorarbeiten für eine in Vorbereitung befindliche geologische Karte i. M. 1:25000.) S.-A. a. d. Jahrb. d. k. k. geol. Reichsanst. 1905. Bd. 55. S. 243—326 m. 34 Fig. u. Taf. V.

T r e n e r , G. B.: Die Barytvorkommnisse von Mte. Calisio bei Trient und Darzo in Judikarien und die Genesis des Schwerspates. Jahrb. d. k. k. geol. Reichsanst. 1908. Bd. 58. S. 387 bis 468 m. 15 Fig. Wien, R. Lechner, 1908.

V a c e k , M.: Der steierische Erzberg. Führer f. die geol. Exk. in Österreich. Wien 1903. IV. 27 S. 1 Fig. und 1 Ansicht und photogr. Aufnahme. (Vergl. oben T a f f a n e l.)

V o g e l , O.: Das Salzbergwerk Hall in Tirol im Jahre 1782. Österr. Zeitschr. f. Berg- u. Hüttenw. LVI. 1908. S. 545—549.

W a a g e n , L.: Ein Beitrag zur Geologie der Insel Veglia. Verh. d. k. k. geol. Reichsanst. 1902. S. 251—255.

W a l k e r , E.: The Mitterberg copper mine in Austrian Tyrol. Eng. and min. Journ. 1906. S. 507—508 m. 4 Fig.

v. W o l f s t r i g l - W o l f s k r o n , M.: Die Tiroler Erzbergbaue 1301—1665. Innsbruck, Wagner, 1903. 473 S. Pr. 10 Kr.

W o r m s , S t.: Schwazer Bergbau im 16. Jahrhundert. Ein Beitrag zur Wirtschaftsgeschichte. Wien, Manz, 1905. Pr. 6 M.

Dalmatien.

I w a n , A.: Mitteilungen über das Kohlenvorkommen bei Britof-Urem-Skoflje nächst Divaca im Triester Karstgebiete. Österr. Z. f. Berg- u. Hüttenw. 1904. S. 197—199.

K a t z e r , F r.: Karst und Karsthydrographie. (Zur Kunde der Balkanhalbinsel. Reisen und Beobachtungen. Hrsg. von Dr. C a r l P a t s c h. Heft 8.) Sarajewo, Daniel A. Kajon, 1909. 94 S. m. 28 Fig.

K e r n e r , F.: Über die Entstehungsursache der Eisenerzvorkommen bei Kotlenice in Dalmatien. Montan-Ztg. 1903. Nr. 14. S. 295—296.

v. K e r n e r , F.: Exkursionen in Norddalmatien anläßlich des IX. Internationalen Geologen-Kongresses 1903 unter Führung von Dr. F. v. K e r n e r. Montan-Ztg. 1904. S. 119—122, 141—144 m. 8 Fig.

Niessner, J.: Über den Ursprung der Asphaltstein-Lagerstätten Dalmatiens mit besonderer Berücksichtigung des Vergorazer Asphaltsteinganges. Montan-Zeitung 1904. S. 163 bis 166.

Schubert, R. J.: Zur Geologie der norddalmatischen Inseln Zut, Incoronata, Peschiera, Lavsa und der sie begleitenden Scoglien auf Kartenblatt 30, XIII. Verh. d. k. k. geol. Reichsanst. 1902. S. 246—251.

Schubert, Richard: Geologischer Führer durch Dalmatien. Sammlung geolog. Führer XIV. Berlin 1909, Gebr. Borntraeger. 176 S. m. 18 Abb. und 1 Taf.

Bosnien und Herzegowina.

Über ein Kohlenvorkommen in den Werfener Schichten Bosniens (F. Katzer) N. 03: 86.

Zwei Erzvorkommen im westlichen Bosnien (C. Rauscher) N. 03: 214.

Das Schwefelkies- und Kupferkiesvorkommen bei Kamencica im Krivajagebiete (Bosnien) (R. Delkeskamp) nach F. Katzer 07: 435.

Berg- und Hüttenproduktion 1905—1907 siehe S. 179.

Fernere Literatur:

Baumgärtel, B.: Das Nebengestein der Chromeisenerzlagerstätten bei Dubostica in Bosnien und das Auftreten von sekundär gebildetem Chromit in demselben. S.-A. a. Tschermaks Mineral. u. Petrogr. Mitt. XXIII. Bd. 1904. S. 393—400 m. Taf. IX.

Bordeaux, A.: Les mines d'argent de Srebrenitza en Bosnie. Rev. universelle des mines 1904. T. VI. S. 121—146 m. Taf. 3 (Übersichtskarte i. M. 1:40000).

Feitler, S.: Einiges über bosnisch-herzegowinische Industrie. Jahrb. d. Export-Akademie des k. k. österreichischen Handelsmuseums X Wien 1908. Pr. 10 Kr. S. 1—58 (Bergbau S. 14—22.)

Habets, A.: L'industrie minérale en Bosnie-Herzégovine. Rev. univ. des mines. T. VII. 1904. S. 307—343 m. Taf. 8—10.

Katzer, F.: Die geologische Entwickelung der Braunkohlenablagerung von Zenica in Bosnien. S.-A. a. wissenschaftl. Mitt. aus Bosnien u. d. Herzegowina. IX. Band. 1904. S. 305 bis 317.

Katzer, F.: Die Minerale des Erzgebietes von Sinjako und Jezero in Bosnien. Jahrb. d. k. k. mont. Hochschulen 1908. IV. S. 285—330.

Katzer, F.: Die Fahlerz- und Quecksilbererzlagerstätten Bosniens und der Herzegowina. S.-A. a. d. Bg.- u. Hm. Jahrb. d. Hochschulen zu Leoben und Piřbram. 55. Bd. 1902. Wien, Manz, 1907. 121 S. m. 25 Fig. u. 1 Taf.

Katzer, F.: Über den heutigen Stand der geologischen Kenntnis Bosniens und der Herzegowina. (Compt. rend. IX. Congrès géol. internat. de Vienne 1903.) Wien, Hollinek, 1904. S, 331—338.

Katzer, F.: Geologischer Führer durch Bosnien und die Herzegowina. Herausgeg. anläßlich des IX. internat. Geologenkongresses von der Landesregierung in Sarajevo. Sarajevo 1903. 280 S. m. 64 Fig. u. 8 Karten.

Katzer, F.: Geschichtlicher Überblick der geologischen Erforschung Bosniens und der Herzegowina. Zum 25. Gedenkjahr der ersten vollständigen geologischen Übersichtsaufnahme dieser Länder. Sonderabzug aus der „Bosnischen Post". Sarajevo, Selbstverlag, 1904. 64 S. m. 6 Bildnissen.

Katzer, F.: Bericht über die Exkursion durch Bosnien und die Herzegowina. Comptes rendus IX. Congrès géol. intern. Wien 1903. 19 S.

Katzer, F.: Der Bergschlipf von Mustajbašić in Bosnien. Verh. d. geol. Reichsanst. 1907. S. 229—232.

Katzer, F.: Die Braunkohlenablagerung von Ugljevik bei Bjelina in Nordostbosnien. Berg- und Hüttenm. Jahrb. LV. Bd. Wien 1907. 42 S. m. 9 Fig. u. 1 Taf. (Ref. Verh. geol. Reichsanst. Wien 1907. S. 386—388.)

Katzer, F.: Die Schwefelkies- und Kupferkieslagerstätten Bosniens und der Herzegowina. Mit einem einleitenden Überblick der wichtigsten Schwefelkiesvorkommen und der Bedeutung der Kiesproduktion Europas. S.-A. a. d. Berg- u. Hüttenm. Jahrb. d. Hochschulen zu Leoben und Piřbram. 53. Bd. 1905. 3. Heft. Wien 1905. 88 S. m. 11 Fig. u. 1 Taf.

Ungarn. — Bosnien und Herzegowina.

(Nach Österr. Zeitschrift f. Berg- u. Hüttenw. 1906, S. 65 und 687, 1907, S. 299 und S. 372, 1909, S. 134. Die entsprechenden Zahlen für 1890 (bzw. 1896), 1900 und 1901 siehe „Fortschritte" Bd. I, S. 139 und für 1902, 1903 und 1904 Zeitschrift 1906, S. 31.)

Produkte	Menge						Wert		
	1905		1906		1907		1905	1906	1907
	Tonnen	kg	Tonnen	kg	Tonnen	kg	K	K	K
Gold . . . . . kg	3 663,527		3 737,566		3 500,104		12 016 477	12 255 233	11 479 270
Silber . . . . kg	15 921,268		13 644,186		12 694,692		1 518 172	1 426 336	1 269 720
Kupfer	73	311	69	191	85	257	111 205	142 592	198 814
Blei	2 354	816	2 106	515	1 626	276	745 399	866 803	762 691
Eisenkies	106 747	900	112 323	100	99 503	100	884 645	921 819	811 905
Braunkohle	6 015 452	100	6 307 184	700	6 408 321	700	38 626 005	45 732 508	51 293 202
Steinkohle	914 055	000	1 026 056	400	1 038 818	700	9 314 908	10 796 536	11 944 352
Briketts	144 697	100	151 656	800	154 783	200	2 164 606	2 290 558	2 709 710
Koks	69 302	700	79 922	600	97 477	600	1 909 082	2 126 297	2 886 390
Hochofenroheisen .	403 719	300	402 527	000	423 133	800	30 586 231	30 777 988	32 982 164
Gießereiroheisen .	17 562	700	17 164	000	17 102	700	3 136 608	3 065 101	3 347 014
Rohantimon- und Antimonmetall .	713	553	1 321	872	1 393	045	500 063	1 922 454	1 922 454
Antimonerz . . .	819	500	577	720	642	600	113 793	74 192	67 537
Bleiglätte	—	—	—	—	—	—	—	—	—
Schwefelkohlenstoff	2 760	417	2 755	479	2 949	878	772 917	771 534	825 964
Schwefelsäure . .	1 410	400	1 456	500	1 223	000	17 008	16 353	18 041
Mineralfarbe . . .	196	224	220	700	258	900	23 547	22 070	31 330
Eisenvitriol . . .	920	300	1 305	950	1 212	200	15 109	19 978	17 413
Schwefel	135	170	132	608	—	—	19 856	19 233	—
Braunstein	10 088	450	10 894	600	8 198	400	97 411	112 964	71 429
Ins Ausland exportierter Eisenstein	779 192	800	768 865	400	623 518	200	3 527 612	3 936 000	4 138 646
Quecksilber . . .	36	009	50	098	40	390	162 038	225 439	181 791
Erdpech	173	450	4 111	400	3 919	900	19 080	429 782	391 991
Mineralöl	478	050	2 691	497	2 403	500	26 884	142 626	170 078
Wismut	1	389	2	019	0	420	15 893	20 192	4 204
Export-Manganerz .	—	—	146	110	—	—	—	—	—
Rohe Asphalterde .	19 391	800	34 664	400	30 095	900	3 924	6 932	6 619
Zink	—	—	146	110	—	—	—	18 569	—
Zementkupfer . .	2 578	250	3 823	300	3 903	500	393 009	229 613	425 127
Bleierz	9	000	146	900	8	000	1 080	15 751	960
Zinkerz	172	885	—	—	—	—	9 251	—	—
Mastix	—	—	—	—	—	—	—	—	—
Arsenerz	—	—	—	—	—	—	—	—	—
Gold- u. Silbererz .	140	000	82	838	407	500	42 000	2 574	8 238
Roher Alaunstein .	74	000	—	—	—	—	1 000	—	—
Gudron	—	—	—	—	386	000	—	—	27 024
Kobalterz	—	—	—	—	4	800	—	—	1 250
Zusammen	—	—	—	—	—	—	106 774 813	118 388 027	127 995 328

Bosnien und die Herzegowina.

Produkte	Menge						Wert		
	1905		1906		1907		1905	1906	1907
	Tonnen	kg	Tonnen	kg	Tonnen	kg	K	K	K
Fahlerz	670	0	765	0	244	9	46 900	38 250	4 963
Kupfererz	—	—	—	—	—	—	—	—	—
Eisenerz	112 539	6	136 513	0	150 684	1	612 698	750 100	944 820
Zinkerz	—	—	31	2	41	0	—	1 560	820
Chromerz	186	4	320	0	309	6	13 048	19 200	24 765
Schwefelkies . . .	19 045	0	11 347	4	7 229	0	380 900	192 905	122 893
Manganerz	4 129	2	7 651	0	7 000		87 393	205 046	217 000
Braunkohle . . .	540 236	6	594 172	0	621 178	8	2 381 195	2 651 998	3 016 371
Quecksilber	9	5	5	1	1	2	44 650	22 440	5 760
Kupfer	—[1]	—	—	—	—	—	—	—	—
Kupferhammerware	39	0	25	3	—	—	78 000	56 799	—
Roheisen	43 073	9	45 660	4	48 945	8	2 668 199	2 876 500	3 298 947
Gußware	3 951	4	4 861	3	5 072	1	751 161	920 730	985 002
Martiningots . . .	29 644	4	29 232	1	31 180	0	} 4 509 762	} 4 641 157	} 4 882 900
Walzeisen	23 200	4	25 499	1	24 233	2			
Sudsalz (Kochsalz).	20 288	6	2 267	0	21 147	9	2 341 692	2 357 180	2 326 269
Salzsole . . . .hl	1 947 607	—	1 990 888	—	1 924 632		177 090	177 995	178 193
Quecksilbererz . .	—	—	—	—	—	—	—	—	—
Bleierz	—	—	—	—	65	8	—	—	1 974
Zusammen	—	—	—	—	—	—	14 092 688	14 911 860	16 010 677

[1] Der Rückgang der Kupferproduktion ist auf die Verarmung der Lagerstätte zurückzuführen.

Katzer, F.: Die geologischen Verhältnisse des Manganerzgebietes von Čevljanovič in Bosnien. S.-A. a. d. Berg- und Hüttenm. Jahrb. der k. k. montan. Hochschulen zu Leoben und Přibram. 54. Bd. 1906. 3. Heft. Wien 1906. 42 S. m. 18 Fig.

Katzer, F.: Über ein Glaubersalzvorkommen in den Werfener Schichten Bosniens. Zentralbl. f. Min. usw. 1904. S. 399—402.

Katzer, F.: Geologische Übersichtskarte von Bosnien-Herzegowina. I. Sechstelblatt: Sarajevo. (Unter teilweiser Mitbenutzung von E. Kittls geol. Umgebungskarte von Sarajevo sowie einer Aufnahme der Gegend von Konjica des Bergkommissärs V. Lipold.) Herausgeg. von der bosn.-herzeg. Landesregierung. Sarajevo 1906. Maßstab 1:200000 oder 1 cm = 2 km. Vergl. Z. 1900. S. 368.

Kittl, E.: Geologie der Umgebung von Sarajevo. Jahrb. d. k. k. geolog. Reichsanst. Wien. 53. Bd. 1903. S. 515—748 m. 47 Fig. Taf. XXI—XXIII u. 1 geol. Karte i. M. 1:75000. (VII. Nutzbare Gesteine und Erze der Umgebung von Sarajevo S. 652—663.)

Poech, Fr.: Die Montanindustrie von Dolni Tuzla in Bosnien. Vortrag. Zeitschr. d. österr. Ing.- und Architekt-.Vereins LIV. 1907. S. 453—457, 476—478 m. 12 Fig. — Österr. Z. V.-Mitt. 1907. S. 76.

Riedel, J.: Kulturtechnische Arbeiten, ausgeführt im bosnisch-herzegowinischen Karste. Deutsche Bauzeitung. 40. 1906. S. 211—213, 239—240 m. 18 Fig.

Toula, F.: Zusammenstellung der neuesten geologischen Literatur über die Balkanhalbinsel mit Morea, die griechischen Inseln, Ägypten und Vorderasien, mit Ergänzungen der Literaturübersicht in den Comptesrendus IX. Congr. géol. intern. de Vienne 1903 (1904). (Aus „XI. Jahresbericht f. 1905 des naturw. Orientver.") S. 37—75. Wien 1906, (Berlin, Friedländer & Sohn). Pr. 2 M.

Ungarn *(einschließlich Kroatien und Slavonien).*

Zur Geologie der Gegend zwischen Gyulafehérvár, Deva, Ruszkabánya und der Rumänischen Landesgrenze (F. Nopcsa, jun.) L. 06: 59.

Bergwerks- und Hüttenproduktion von Ungarn, Bosnien und Herzegowina in den Jahren 1902—1904 N. 06: 31. — 1905 bis 1907 s. S. 179.

Die Mineralkohlen der Länder der Ungarischen Krone mit besonderer Rücksicht auf ihre chemische Zusammensetzung und praktische Wichtigkeit (A. von Kaleczinsky) R. 04: 97, 131, 213.

Das Manganeisenerzlager von Macskamezö in Ungarn (F. Kossmat und C. von John) 05: 305.

Bleihaltiger Eisenmulm bei Neusohl (B. Sommer & Co.) 05: 147.

Die Goldgruben von Karácz-Czebe in Ungarn (K. v. Papp) 06: 305.

Über ein Schwefelkieslager bei Jasztrabje in Ungarn (J. Knett) 03: 106.

Schwefellager in den Borgóer Alpen (Siebenbürgen) N. 03: 368.

Die Sodaböden in Ungarn (P. Treitz) R. 06: 58.

Das Goldvorkommen im Siebenbürgischen Erzgebirge und sein Verhältnis zum Nebengestein der Gänge (Fig. 42—44) (M. v. Palfy) 07: 144.

Die Erzlagerstätten von Dobschau und ihre Beziehungen zu den gleichartigen Vorkommen der Ostalpen (K. A. Redlich) 08: 270.

Bemerkungen zu „Die Erzlagerstätten von Dobschau und ihre Beziehungen zu den gleichartigen Vorkommen der Ostalpen" (H. von Böckh; K. A. Redlich) B. 08: 506.

Neue ostungarische Bauxitkörper und Bauxitbildung überhaupt (R. Lachmann) 08: 353. — Vgl. Fig. 67.

Bemerkungen zu „Neue ostungarische Bauxitkörper und Bauxitbildung überhaupt" (J. v. Szádeczky, R. Lachmann) B. 08: 504.

Ostungarische und italienische Bauxite (B. Lotti) 08: 501.

Eisenerzvorrat Ungarns, Bw. Mitt. 1910: 45.

Fernere Literatur:

U n g a r n : Das neue ungarische Berggesetz. Grazer Montan-Ztg. 1907. Nr. 22. S. 353.

A c k e r , V.: Geologische Verhältnisse der Gegend von Csetnek und Pelsücz. Jahresber. d. Kgl. Ungar. Geol. Anstalt für 1905. Budapest 1907. S. 184—197.
Entstehung der Eisenerzlager des Szepes-Gömörer Erzgebirges S. 195—197.

A d r e i c s , J., und A. B l a s c h e c k : Die Zsyltaler Gruben der Salgó-Tarjáner Stein-kohlen-Bergbau-Aktiengesellschaft. Österr. Zeitschr. f. Berg.- u. Hüttenw. 1906. S. 461—467, 475—781, 494—499, 508—511, 520—523, 531—535 m. 15 Fig. u. Taf. X u. XI.

B a r t e l s : Dfe Lagerstätten des Oberungarischen Erzgebirges. Archiv f. Lager-stättenforschung Heft 5. Berlin, Geol. Landesanstalt. (Im Druck.)

B a u e r , J.: Der Goldbergbau der Rudaer 12 Apostel-Gewerkschaft bei Brád in Sieben-bürgen. S.-A. a. d. Österr. Berg- und Hüttenm. Jahrb. 1905. II. Heft. 120 S. m. 28 Fig. und Taf. II—V.

B a u e r , J.: Naturgasvorkommen in Körösbánya. Organ des Vereins der Bohrtechniker XIII. 1906. S. 97—99.

B ö c k h , H.: Die geologischen Verhältnisse des Vashegy, des Hradek und der Umgebung (Komitat Gömör). (S. 80: Die Eisenerzvorkommnisse von Vashegy-Rákos und des Hradek sowie deren Entstehungsweise.) Mitt. a. d. Jahrb. d. Ung. Geol. Anstalt. XIV. Bd. 1905. S. 63—88 m. Taf. VII—XIV. — (Referat s. N. Jb. f. Min. 1907. I. S. 253; „Stahl und Eisen" 1905. S. 1269.)

B u d d ë u s , W.: Die Verarbeitung der kupferhaltigen Grubenwässer in Schmöllnitz (Ober-Ungarn.) Berg- u. Hüttenm. Ztg. 1904. S. 13—16, 41—44, 73—76.

v. C h o l n o k y , E.: General-Register zu den Bänden XIII bis XXX des Földtani Közlöny (Geologische Mitteilungen). Budapest, Ungar. Geol. Ges., 1903. 256 S.

C v i j i c , J.: Entwicklungsgeschichte des eisernen Tors. Peterm. Mitt. 1908. 68 S. m. 2 geol. Karten, 8 Taf. und 31 Fig. Pr. 7,60 M.

F r e c h , F.: Das marine Carbon in Ungarn (Paläontologische Einzelbeschreibungen und Altersbestimmungen, Vergleiche usw.). (Ungarisch und Deutsch.) Budapest, Földt. Közl., 1906. 102 S. m. Fig. u. 9 Taf.

G a l o c s y , A.: Eisenhüttenwesen in Bosnien. „A boszniai és herczegovinai kirándulás" (Bànyászati és Kohászati-Lapok 1908. Nr. 4. S. 201—288.) Auszug in „Stahl und Eisen" 28. 1908. S. 1574—1577.

G a w r o n s k i , B.: Die heutigen Ansichten über die Geologie der Karpaten und über die Naphtha-Lagerstätten. „Tiefbohrwesen" 1907. S. 180—181, 187—188, 194—197, 205—206.

G e s e l l , A.: Montangeologische Aufnahme auf dem von der Dobsinaer südöstl. Stadt-grenze südlich gelegenen Gebiete. Ungar. Montan-Ind.- und Handelsztg. 1905. Nr. 4. S. 1—2. Nr. 5. S. 1—3.

G e s e l l , A.: Geologische und Gangverhältnisse des Dobsinaer Bergbaugebietes. Jahresb. der Kgl. Ungar. Anstalt für 1901. Budapest 1903. S. 119—136 m. 1 Fig. u. 1 Taf. Ungar. Montan-Ind.- und Handelsztg. 1904. Nr. 5 u. folgende. — Ref. s. N. Jb. f. Min. 1907. I. S. 252.)

G e s e l l , A.: Die geologischen Verhältnisse auf dem Gebiete zwischen Nagy-Veszverés, der Stadt Rozsnyó und Rekenyefalu (Ungarn). Jahresber. d. Ungar. Geol. Anstalt für 1903. Budapest 1905. S. 170—178.
Geschichtliche Daten S. 170; Geologisch-bergmänische Verhältnisse S. 175.

d e G l o g o n , J o h . A n d r .: Kurze Übersicht der Kohlengrubenverhältnisse der Länder der ungarischen Krone. Montanist. Rundschau. Wien VI. 1. 1909. Nr. 8, 9, 11 u. 12. Pr. des S.-A. (von 33 S.) 0,60 K franko.

G o r g a n o v i c - K r a m b e r g e r , K.: Geologische Übersichtskarte des Königreichs Kroatien-Slavonien (kroatisch und deutsch). Lieferung 5: Agram. Agram 1908. 1 kol. Karte m. Text, 75 S. m. Fig. Pr. 6 M. (Liefg. 1—4. 1903—1906. 4 kol. Karten m. Text 20 M.)

H a l a v á t s , J.: Der geologische Bau der Umgebung von Kudsir-Csóra-Felsöpián. (Bericht über die geologische Detailaufnahme im Jahre 1904.) Jahresber. der Kgl. Ungar. Geol. Anstalt für 1904. Budapest 1906. S. 127—140. — Die Goldwäsche in Felsöpián S. 137.

H o r v a t h , L.: Das Vorkommen der Alluvien von Ungarn und Siebenbürgen und deren Abbauwürdigkeit im Großen mittels Baggers. Grazer Montan-Ztg. 1907. S. 204—206, 222—225, 240—243 m. 22 Fig.

H o t z , W a l t e r : Die Magnetiterzlagerstätten von Kaspatak im Komitat Hunyad, Ungarn. Mitteilungen der Geologischen Gesellschaft. Wien 1909. II. Bd. H. 1. S. 25—80 m. 9 Fig. u. 2 Taf.

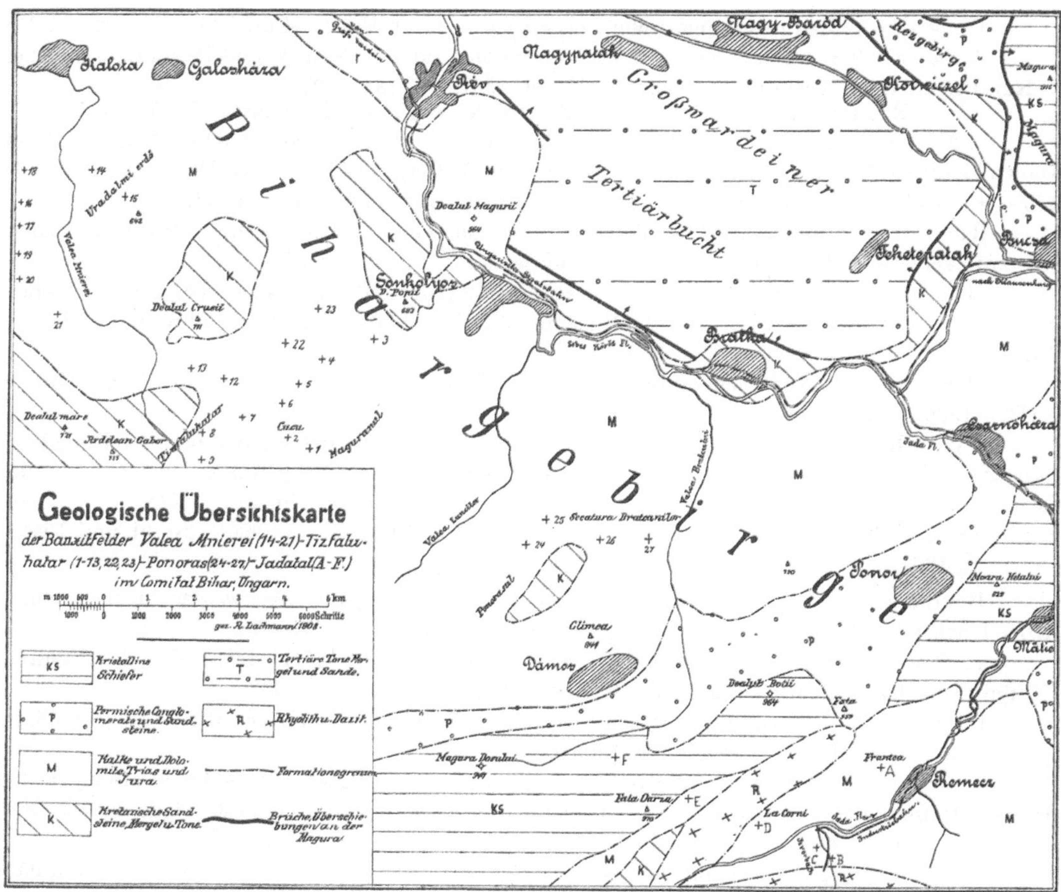

Fig. 67. Maßstab 1:170000. (Nach Lachmann; Text Z. 1908, S. 353).

v. Kalecsinszky, A.: Über die Temperaturverhältnisse des artesischen Brunnenwassers der Margitinsel in Budapest. Földtani Közlöny XXVIII. 1908. S. 471—480.

v. Kalecsinszky, A.: Die Mineralkohlen der Länder der ungarischen Krone mit
besonderer Rücksicht auf ihre chemische Zusammensetzung und praktische Wichtigkeit. (Preis-
gekrönt von der ungar. kgl. Naturw. Gesellschaft.) Budapest, Buchdruckerei des Franklin-Vereins,
1903. 324 S. m. 1 Übersichtskarte der auf dem Territorium der Länder der ungarischen Krone
vorhandenen und untersuchten Mineralkohlenflöze.

v. Kalecsinszky, A.: Die untersuchten Tone der Länder der ungarischen Krone.
Übertragung aus dem im März 1905 erschienenen ungarischen Original. (Vergl. d. Z. 1895. S. 216.)
Publ. d. Kgl. Ungar. Geol. Anstalt. Budapest 1906. 234 S. m. einer (bereits 1899 erschienenen)
Übersichtskarte i. M. 1:900000.

Keilhack, K.: Die heißen Salzseen Siebenbürgens. „Prometheus" 1902. S. 337
bis 341.

v. Kerner, F.: Der Kupferbergbau „Hungaria" in Deva. Montan-Ztg. 1905. S. 43
bis 44, auch 4—5.

Koch, A.: Die geologischen Verhältnisse des Bergzuges von Rudobánya-Szt.-András.
Ungar. Montan-Ind.- u. Handelsztg. 1905. Nr. 11. S. 1—3. Nr. 12. S. 2—3.

I. Die geologischen Formationen unseres Bergzuges. II. Die Verhältnisse des Eisen-
erzvorkommens innerhalb der beschriebenen Triasschichten. III. Tektonische Verhältnisse unseres Gebirgszuges. IV. Schlußfolgerungen bezüglich der Entstehung der Eisensteinlager und Anhaltspunkte zur Aufsuchung derselben.

Koch, A.: Die Aufschlüsse an den Hochquellen von Orahovica und Iskrica und die
Aussichten einer Erbohrung von Trinkwasser in der Umgebung von Essek. Kroatien-Slavonien
1906. 16 S. m. 1 Tabelle.

Koch, A.: Geschichte der 50 jährigen Tätigkeit der ungarischen Geologischen Anstalt.
Budapest (Földt. Közl.) 1902. 25 S. m. 2 Taf.

K o c h , A.: Das erweiterte Projekt der neuen Hochquellenleitung für die Königliche Freistadt Essek. Kroatien-Slavonien. 1906. 97 S. m. 12 Fig. und 1 geol. Karte.

L i t s c h a u e r : Beiträge zur Bergbaugeschichte Daziens. Berg- und Hüttenm. Ztg. 1904. S. 464—465.

L o w a g , J.: Das Bergwerksgebiet von Schemnitz in Ungarn. Ungar. Montan-Ind.- und Handelsztg. 1905. Nr. 3. S. 2—4. Nr. 4. S. 3—4.

N a g y , A.: Einiges über das Kupferbergwerk in Urvölgy (Herrengrund) in Ungarn. Grazer Montan-Ztg. 1904. S. 207—208.

v. P a p p , K.: Über die geologischen Verhältnisse der Umgebung von Menyháza. (Bericht über die ergänzende geologische Detailaufnahme im Jahre 1904.) Jahresber. d. Kgl. Ungar. Geol. Anstalt für 1904. Budapest 1906. S. 62—100.

> Beschreibung der Eisen- und Mangangruben der Umgebung von Restyirata S. 77; Die Vorgeschichte der Eisen- und Mangangruben S. 78: Die Beschreibung der Erzlagerstätten S. 82; Die Mineralien und Erze der Gruben S. 97; Die Schätzung des Erzvorrates in Meterzentnern S. 98; Eisenwerke S. 99.

v. P a p p , K.: Über die staatliche Schürfung auf Kalisalz und Steinkohle. Jahresbericht d. Kgl. Ungar. Reichsanstalt für 1907. Budapest 1909. Deutsche Ausg. S. 273—293 m 4 Fig.

P h l e p s , O.: Geologische Beobachtungen über die im Becken Siebenbürgens beobachteten Vorkommen von Naturgasen mit besonderer Berücksichtigung der Möglichkeit des damit in Beziehung stehenden Petroleumvorkommens. Hermannstadt. F. Michaelis, 1905. 17 S. Vgl. Ungar. Montan-Ind.- und Handelsztg. 1904. Nr. 7. S. 5—6. Nr. 8. S. 1—3. Allgem. österr. Chem.- und Techniker-Zeitung. Nr. 9. S. 6—7. Nr. 10. S. 9—10. Nr. 11. S. 7—8.

P o s e w i t z , T h.: Petroleum und Asphalt in Ungarn. Mitt. a. d. Jahresb. d. Ungar. Geol. Anstalt. XV. S. 240—465 m. 1 Taf.

v o n R a k o c z y , S.: Die goldführenden Wässer Ungarns. Montanztg. 1907. S. 388 bis 390. 1908. S. 2—4, 24—26.

R e g u l y , E.: Geologische Verhältnisse des zwischen Nagyveszverés und Krasznahorkaváralja gelegenen Abschnitts des Szepes-Gömörer Erzgebirges. (Bericht über die montangeologische Aufnahme im Jahre 1905.) Jahresber. d. Kgl. Ungar. Geol. Anstalt für 1905. Budapest 1907. S. 171—183. (Erzvorkommen S. 179—183.)

S t e i n h a u s s , J.: Der Goldbergbau Nagyág. Österr. Z. f. d. Bg.- u. Hw. 1904. S. 171 bis 175 m. Taf. VII.

v o n S z á d e c z k y , J.: Die Aluminiumerze des Bihargebirges. Földtani Közlöny. 35. 1905. 213 bzw. 247 S. Ungarisch und deutsch. Mit 1 Kartenskizze, Ungar. Montan-Ind.- und Handelsztg. 1905. Nr. 14—16. — (Ref. s. N. Jb. f. Min. 1907. I. S. 260—262.)

T r ö g l e r , F.: Die technische Verarbeitung des Alaunsteins von Beregszász (Ungarn) auf Alaun und schwefelsaure Tonerde. Montan-Ztg. 1904. S. 98—102, 122—125, 144—147.

V i e b i g , W.: Der Spateisensteinbergbau des Zipser Erzgebirges in Oberungarn. „Glückauf" 1906. S. 9—15 m. 4 Fig. (Fig. 1: Diagramm betr. Einfuhr ausländischer Erze nach Oberschlesien 1891—1904.)

W a l t e r , H.: Kann Ungarn eigene Petroleum-Bergbaue besitzen? Allg. österr. Chem.- u. Techn.-Ztg. 1903. Nr. 19. S. 6—7.

3. Schweiz.

Geologischer Führer durch die Alpen. I. Das Gebiet der zwei großen rhätischen Überschiebungen zwischen Bodensee und dem Engadin (A. R o t h p l e t z). L. 03: 40.

Die Gletscher (H. H e ß) L. 05: 83.

Geologische Begutachtung des Rickentunnels Wattwill - Kaltbrunn (8604 m) (C. S c h m i d t) L. 04: 30.

Über die Bedeutung der Fortschritte im Berg- und Hüttenwesen für die schweizerischen Erzlagerstätten (H. B ü e l e r) P. 06: 170.

Die Erzbergwerke im Wallis (C. S c h m i d t) R. 03: 205.

Die Erzlagerstätten des Mont Chemin bei Martigny im Wallis (R. H e l b l i n g) R. 03: 307.

Über den Ursprung der Thermalquellen von St. Moritz im Ober-Engadin (A. R o t h p l e t z) L. 03: 396.

Die Tonlager von Allschwyl bei Basel (Fig. 29—33) (C. Schmidt u. Fr. Hinden) 07: 53.
Schweiz, geologische Aufnahme P. 08: 495.
Die Lagerstätten nutzbarer Mineralien in der Schweiz (W. Hotz) 09: 29. (Mit
  größerer Übersichtskarte.
Übersicht der geologischen Spezialkarten der Schweiz mit Grundlage der Blätter
  des topographischen Atlasses (W. Hotz) 1910: 39. — Vgl. hierzu Fig. 68.

Fernere Literatur:

Baltzer, A.: Das Berner Oberland und Nachbargebiete. (Sammlung geologischer
Führer XI.) Berlin, Gebr. Borntraeger, 1906. Pr. geb. 12,50 M.

Blumer, S.: Über Pliocän und Diluvium im südlichen Tessin, Schweiz. Eclogae geologicae Helvetiae. Vol. IX. 1906. S. 61—74 m. 4 Fig.

Bourcart, F. E.: Les lacs alpins suisses. Étude chimique et physique. Genf, Georg
& Co., 1906. 130 S. m. 22 Fig.

Buxtorf, A.: Zur Tektonik der zentralschweizerischen Kalkalpen. Z. d. Deutsch. geol.
Ges. 60. 1908. S. 163—197 m. 2 Taf. u. 1 Fig.

Buxtorf, A., und E. Truninger: Über die Geologie der Doldenhorn-Fisistock-
gruppe und den Gebirgsbau am Westende des Aarmassivs. S.-A. Verhdlg. d. naturforsch. Gesellsch.
Basel. Bd. XX. 2. Basel 1909. E. Birkhäuser. S. 135—179 m. 3 Fig. u. 2 Taf.

Desbuissons, L.: La Vallée de Binn (Valais). Étude géographique, géologique,
minéralogique et pittoresque. Mit einem Vorwort von A. Lacroix und einer Studie über die
Flora des Binnentals von Dr. A. Binz. Lausanne, Georges Bridel & Cie. Mit 50 Taf. u. 1 Karte.
Pr. 5 Frs.

Fox, F.: The great alpine tunnels. Ann. Rep. of the board of regents of the Smithsonian
Inst., for 1901. Washington 1902. S. 617—630 m. 6 Fig. u. 4 Taf. Proc. of the royal Inst. of
Great Britain. Vol. 16. Part 1. 1901.

Früh, J., u. C. Schröter: Die Moore der Schweiz, mit Berücksichtigung der gesamten Moorfrage. Bern, Beiträge zur Geologie der Schweiz. 1904. 768 S. m. 45 Fig., 4 Taf. u. 1 Karte. Pr. 32 M.

Früh und Schroeter: Monographie der schweizerischen Torfmoore. Geotechnische
Serie der Beiträge zur Geologie der Schweiz. Lfg. III. Bern, Schmid & Francke, 1904.

Gagel, C.: Der Rickentunnel (Schweiz). „Glückauf" 1905. S. 761—763.

Geering, T., u. R. Hotz: Wirtschaftskunde der Schweiz. 2. Aufl. (Kap. II: Der Bau
der Schweiz und ihre mineralischen Rohprodukte von Dr. M. Kaech.) Zürich, Schultheß & Co.,
1903. 178 S. m. einem geologischen Querprofil und einer Eisenbahnkarte der Schweiz.

Heim, Alb.: Geologische Begutachtung der Greinabahn, Projekt des Herrn Ober-
ingenieur Dr. R. Moser. (Geolog. Nachlese Nr. 16.) Vierteljahresschrift d. Naturf. Ges. in
Zürich 51. 1906. S. 378—396 m. Taf. I.

Heim, Alb.: Das Säntisgebirge, Schweiz. Vortrag, geh. am 11. Sept. 1905. Verh. d.
Schweiz. Naturf. Ges. Luzern 1905. 25 S. m. 9 Fig.

Heim, A.: Geologische Nachlese Nr. 15. Ein Profil am Südrand der Alpen, der Pliocän-
fjord der Breggiaschlucht. S.-A. a. d. Vierteljahresschrift d. Naturf. Ges. in Zürich 51. 1906.
49 S. m. 8 Fig. u. Taf. I u. II. (Taf. II: Geol. Karte der Breggiaschlucht i. M. 1:25000.)

Heim, A.: Über die geologische Voraussicht beim Simplontunnel. Eclogae Geologicae
Helvetiae. Lausanne 1904. S. 365—385.

Heim, A.: Beweist der Einbruch im Lötschbergtunnel glaciale Übertiefung des
Gasterentales? Geologische Nachlese Nr. 20. Vierteljahrschr. d. naturf. G. Zürich. 1908,
S. 471—480.

Hennig, E.: Die Tektonik der Alpen. (Ein Beitrag zur Entwickelungsgeschichte geologischer Anschauungen.) (Sammelreferat.) Naturwiss. Wochenschr. XXIII. 1908. S. 353—358,
369—374 m. 4 Fig.

Hilfiker, J.: Untersuchung der Höhenverhältnisse der Schweiz im Anschluß an den
Meereshorizont. Im Auftrage der Abtlg. f. Landestopographie des schweizer. Militärdepartements
bearb. Bern, A. Francke, 1902. 95 S. m. 1 Karte. Pr. 2,80 M.

Hoek, H.: Geologische Untersuchungen im Plessurgebirge um Arosa. Berichte der
naturf. Ges. zu Freiburg i. Br. Bd. XIII. 1903. S. 215—270 mit 20 Fig. u. Taf. IX—XIV.

Kißling, E.: Die schweizerischen Molassekohlen westlich der Reuß. 2. Lfrg. von:
Beiträge zur Geologie der Schweiz. Hrsg. v. d. geol. Kommission d. schweizer. naturforsch. Ges.
auf Kosten der Eidgenossenschaft. Geotechnische Serie. Bern, A. Francke, 1903. 76 S. m. Fig.
u. 3 Taf. Pr. 4 M.

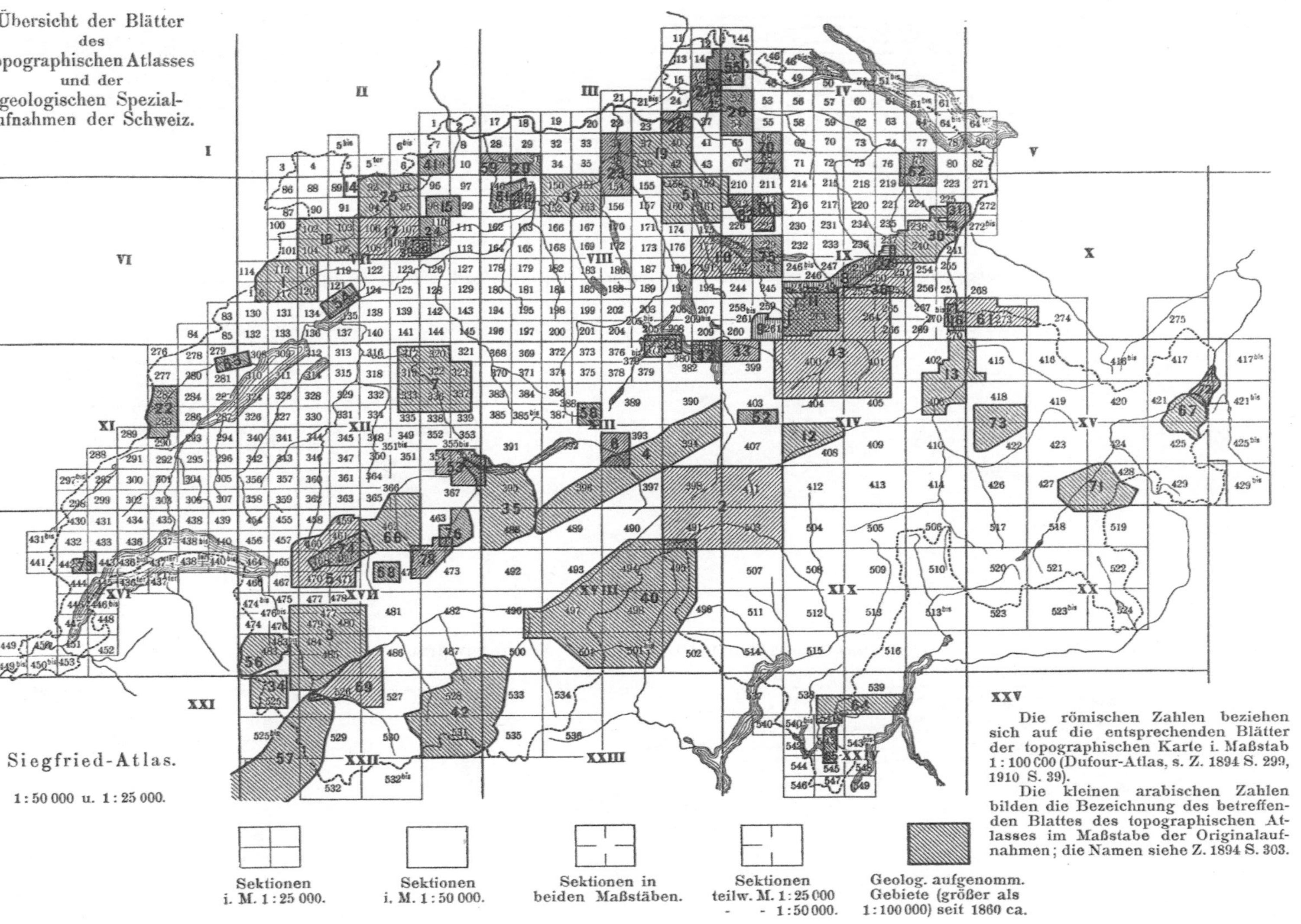

Übersicht der Blätter
des
topographischen Atlasses
und der
geologischen Spezial-
aufnahmen der Schweiz.
Siegfried-Atlas.
1:50 000 u. 1:25 000.
Sektionen
i. M. 1:25 000.
Sektionen
i. M. 1:50 000.
Sektionen in
beiden Maßstäben.
Sektionen
teilw. M. 1:25 000
- 1:50 000.
Geolog. aufgenomm.
Gebiete (größer als
1:100 000) seit 1860 ca.
Die römischen Zahlen beziehen
sich auf die entsprechenden Blätter
der topographischen Karte i. Maßstab
1:100 000 (Dufour-Atlas, s. Z. 1894 S. 299,
1910 S. 39).
Die kleinen arabischen Zahlen
bilden die Bezeichnung des betreffenden Blattes des topographischen Atlasses im Maßstabe der Originalauf-
nahmen; die Namen siehe Z. 1894 S. 303.

Fig. 68.

Zur Geschichte der Simplon-Geologie.

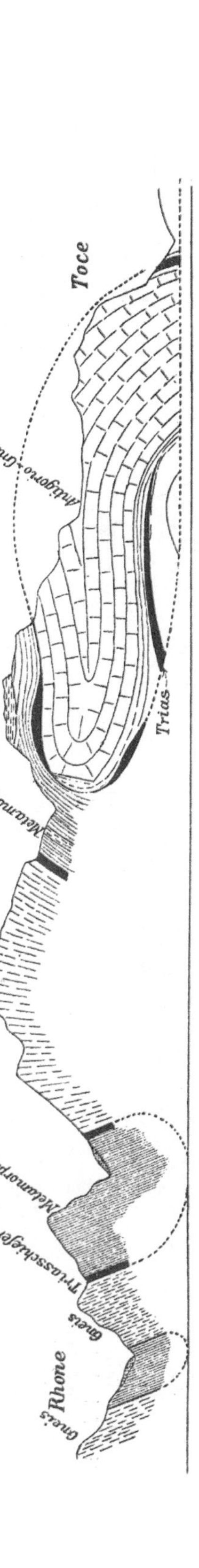

Fig. 69. Profil durch den Simplon, nach Gerlach, 1869.

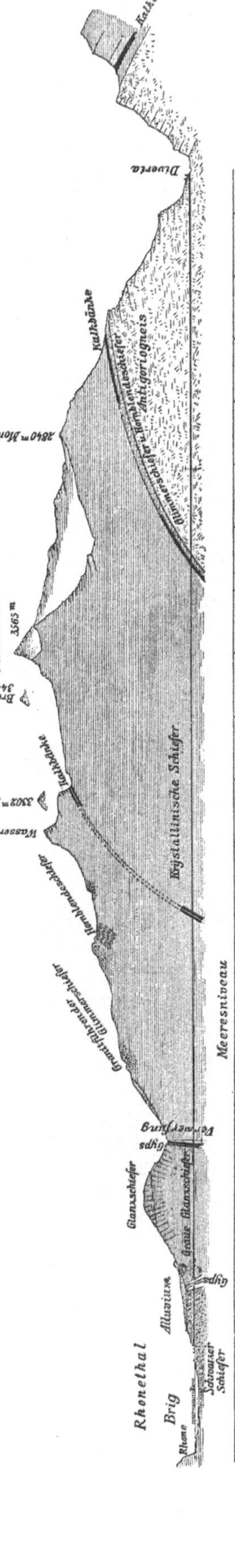

Fig. 70. Profil durch den projektierten Simplontunnel, nach Rennevier, 1878.

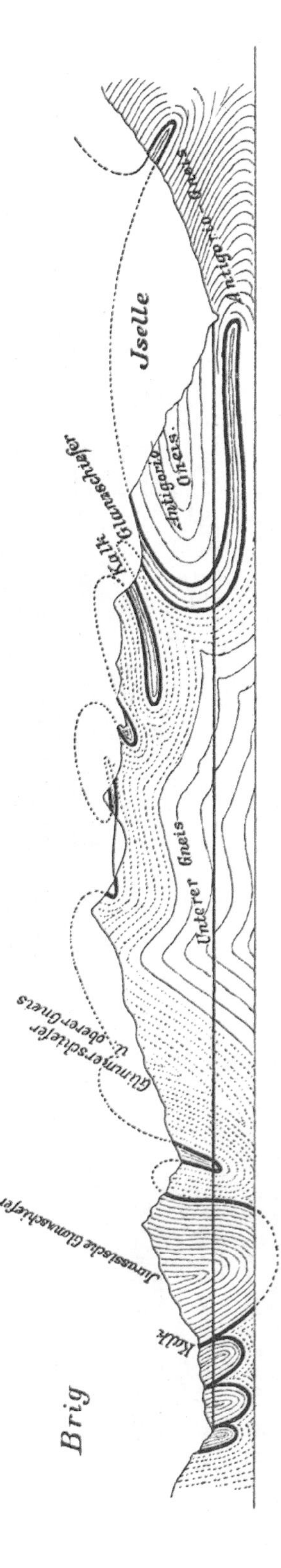

Fig. 71. Profil durch den Simplon, nach C. Schmidt, 1901.

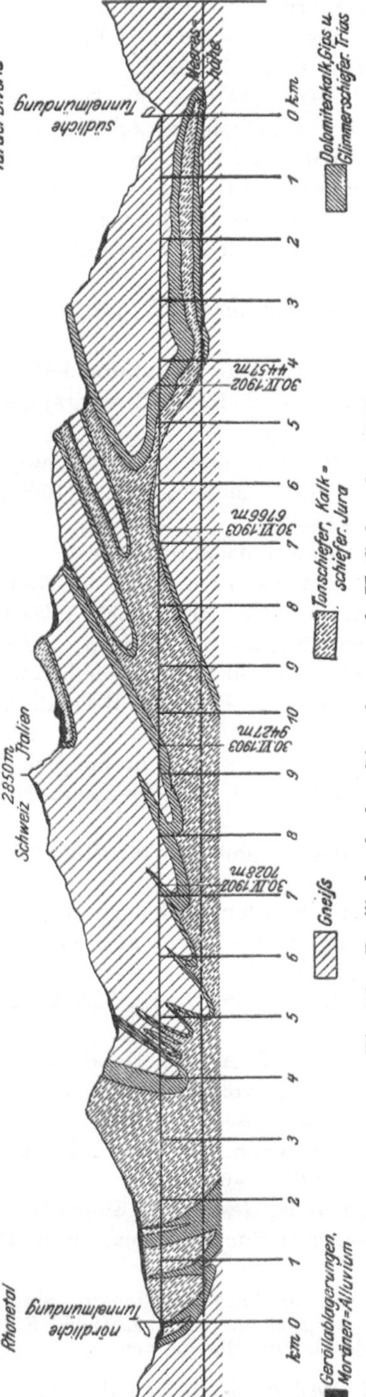

Fig. 72. Profil durch den Simplon, nach H. Schardt, 1903.

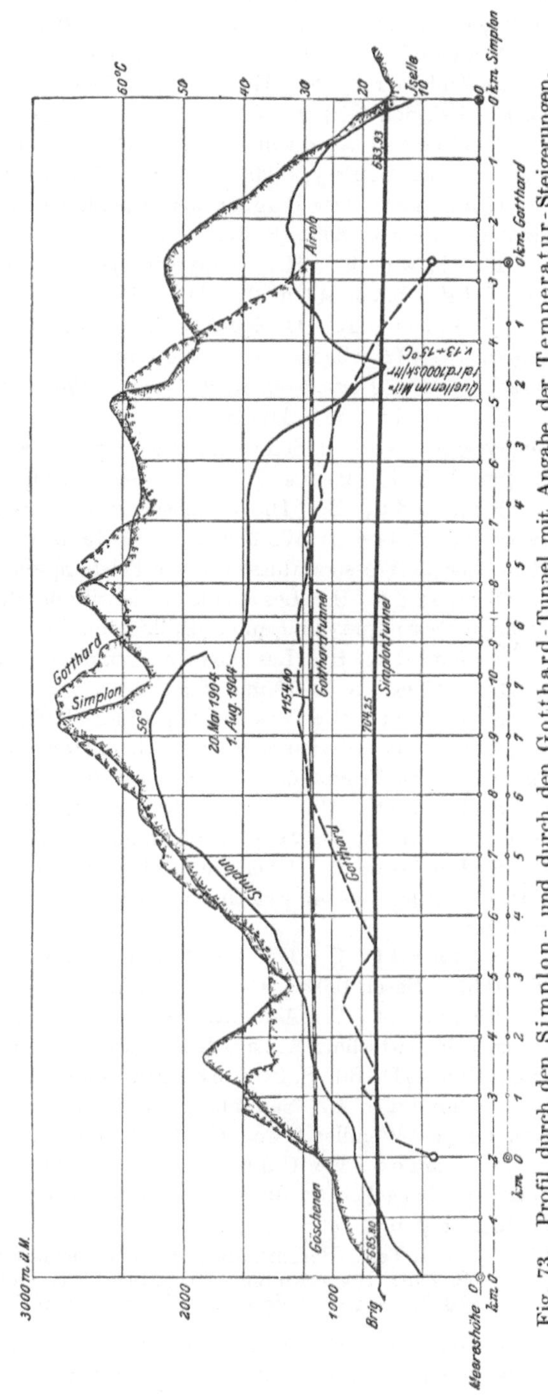

Fig. 73. Profil durch den Simplon- und durch den Gotthard-Tunnel mit Angabe der Temperatur-Steigerungen.

L e t s c h , E.: Die schweizerischen Tonlager. Herausgegeben von der schweiz. Geotechn. Kommission. I. Geologischer Teil. S. 1—433 m. 1 Tonkarte und 355 Karten- und Profilklischees im Text. Bearbeitet von Dr. E. L e t s c h (Zürich.) — II. Technologischer Teil. S. 1—197 m. 13 Fig. im Text, 23 Tabellen, 4 Tafeln und 2 Farbentafeln. Bearbeitet von Privatdozent R. Z s c h o k k e (Zürich). Mit einer Beilage über: Die feuerfesten Tone und die Industrie feuerfester Produkte der Schweiz. Mit 5 Fig. im Text. Von den Privatdozenten B. Z s c h o k k e und Dr. L. R o l l i e r (Zürich). — III. Volkswirtschaftlicher Teil. S. 1—50 m. 10 Fig. im Text. Von Ingenieur Dr. R. M o s e r (Zürich). — Bern, A. Francke, 1907. Pr. 32 M.

M a r t e l l , P.: Das Salinenwesen in der Schweiz. „Kali" 1910 S. 30—36.

M ü h l b e r g , F.: Einige Ergebnisse der staatlichen Kontrollbohrung auf Steinsalz bei Koblenz (i. d. Schweiz) im Jahre 1903. Eclogae Geol. Helvetiae IX. 1906. S. 58—60.

M ü l l e r - L a n d s m a n n , J. R o b.: Das Eisenbergwerk im Oberhasle, Kanton Bern, Schweiz. Zürich, J. Frey, 1900. 103 S. m. 3 Fig. (Enthält S. 25—40 ein Gutachten von A. H e i m.)

M ü l l n e r : Der Bergbau der Alpenländer in seiner geschichtlichen Entwicklung. Bergu. Hüttenm. Jahrb. 1905. S. 370.

P r e i s w e r k , H.: Anhydritkrystalle aus dem Simplontunnel. N. Jahrb. f. Min. 1905. I. Bd. S. 33—43 m. Taf. III u. IV.

R o l l i e r , L.: Geologische Bibliographie der Schweiz für das 19. Jahrhundert (1770 bis 1900). Teil I: Allgemeine Geologie und Geognosie der Schweiz bis K. 11 (Stratigraphie der Molasse). (Bern, Beitr. geol. Karte Schw.) 1907. 4, 48 u. 541 S. 16.

S c h a r d t , H.: Die modernen Anschauungen über den Bau und die Entstehung des Alpengebirges. Verh. d. Schweiz. naturf. Ges. in St. Gallen. 1906. 39 S. m. 2 Taf. (1907). — (Ref. von O. W i l c k e n s s. N. Jb. f. Min. 1907. II. S. 429—431.

S c h a r d t , H.: Die wissenschaftlichen Ergebnisse des Simplondurchstiches. Verh. d. Schweiz. naturf. Ges. zu Winterthur. 87. Jahresvers. 1904. S. 172—210 m. 2 Taf. — (Ref. besonders über die Wasserzuflüsse und die Felstemperaturen s. N. Jb. f. Min. 1907. II. S. 100—102.)

S c h a r d t , H.: Les résultats scientifiques du percement du tunnel du Simplon: Géologie, hydrologie, thermique. Lausanne. Bull. techn. Suisse Rom. 1905. 46 S. m. Fig. u. 5 Tafeln. Pr. 4 M.

S c h a r d t , H.: Les eaux souterraines du tunnel du Simplon. Bull. Soc. Belge de Géol. Taf. XIX. 1905. S. 1—18 m. 6 Fig.

S c h a r d t , H.: Note sur le profil géologique et la tectonique du massif du Simplon comparés aux travaux antérieurs. Eclogae Geol. Helvetiae. Vol. VIII. Nr. 2. S. 173—200 m. 10 Fig. u. Taf. 10 (Profil 1:50000). — Vgl. Fig. 69—72.

S c h m i d t , C.: Geologische Begutachtung des Ricken-Tunnels Wattwil-Kaltbrunn (8604 m). Bern, 1903. 21 S. m. 1 Taf. geol. Profile.

S c h m i d t , C.: Über die Geologie des Tunnel-Gebietes Solothurn—Gänsbrunnen. S.-A. a. Mitt. d. Naturf. Ges. in Solothurn. II. Heft. (XIV. Bericht) 1902—1094. 21 S. m. 1 Fig. u. 1 Profiltafel.

S c h m i d t , C.: Bild und Bau der Schweizer Alpen. Beilage zum Jahrb. S. A. C. XLII. 1906—1907. Basel 1907. 91 S. m. 84 Fig. u. 3 Taf.

S c h m i d t , C.: Asphalt, Steinsalz, Erze (in der Schweiz). S.-A. a. d. Handwörterb. d. Schweiz. Volkswirtschaft, Sozialpolitik und Verwaltung. Herausgegeben von Prof. Dr. N. R e i c h e s b e r g , Bern. III. Bd. S. 91—154. Mit zahlreichen Literaturnachweisen.

S c h m i d t , C.: Sammlung von Gesteinen der Schweizer Alpen. Comptoir min. et géol. Suisse, Grebel, Wendler & Co., Genf. 3 Cours des bastions. 1904. 46 S.

S c h m i d t , C.: Untersuchungen über die Standfestigkeit der Gesteine im Simplontunnel. Gutachten, abgegeben an die Generaldirektion der Schweizerischen Bundesbahnen. Bern 1907. 63 S. m. 22 Fig. u. 3 Taf.

    1. Teil: Bericht über die geologische Untersuchung des Parallelstollens im Simplon.
    2. Teil: Bemerkungen über „brüchiges Gebirge" („Bergschläge"; s. d. Z. 1906. S. 345; 1907. S. 23) sowie über „Tunnelbau und Gebirgsdruck" im allgemeinen.

S c h m i d t , C.: Alpine Probleme. Rede, geh. am Jahresfeste der Universität Basel den 9. November 1906. S.-A. a. d. Sonntagsblatt der „Basler Nachrichten" vom 11. u. 18. November 1906. 28 S.

S c h m i d t , C.: Über die Geologie des Simplongebietes und die Tektonik der Schweizer Alpen. Vorgetragen in den Sitzungen der schweizerischen, der deutschen und der französischen Geologischen Gesellschaft (12. Septbr. 1905, 3. Januar 1906 und 18. Februar 1907.) Eclog. Geol. Helvet. 1907. IX. S. 484—584 m. 8 Taf. u. 10 Fig.

    I. Das Gebiet des Simplon; II. Die Tektonik der Walliser Alpen; III. Bau der Schweizer Alpen im Süden und im Norden des Rheines und der Rhone.

Schmidt, C., und H. Preiswerk: Erläuterungen zur geologischen Karte der Simplongruppe in 1:50 000. 72 S. m. 9 Taf. Bern, A. Francke, 1908. Pr. 12 Fr.

Schmidt, C., A. Buxtorf, H. Preiswerk: Führer zu den Exkursionen der Deutschen geologischen Gesellschaft im südlichen Schwarzwald, im Jura und in den Alpen. Der Deutschen geologischen Gesellschaft gewidmet von der naturforschenden Gesellschaft in Basel, August 1907. 70 S. m. 77 Fig. u. 6 Taf. (besonders auch über Simplongruppe und Simplontunnel).

Salomon, W.: Der Einbruch des Lötschbergtunnels. Geologische Betrachtung. Verh. d. Nat.-med. Ver. Heidelberg 1909. 6 S. m. 1 Fig. Pr. 0,50 M.

Spezia, G.: Sulla anidrite micaceo-dolomitica e sulle rocce decomposte della frana del trafore del sempione. Acc. reale del scienze di Torino 1902—1903. Vol. 38. 10 S. m. 1 Taf.

Spezia, G.: Sulle inclusioni di anidride carbonica liquida nella anidrite associata al quarzo trovata nel traforo del sempione. Acc. reale delle scienze di Torino. Torino, C. Clausen, 1904. 14 S. m. 1 Taf.

Staßart, S.: Les travaux du tunnel du Simplon. Rev. univ. des mines 1904. T. VII. S. 252—266 m. Taf. XI.

Steinmann, G.: Geologische Probleme des Alpengebirges. Eine Einführung in das Verständnis des Gebirgslandes der Alpen. Z. d. Deutsch. u. Österr. Alpenver. 37. 1906. 44 S. — Der Sonderabzug m. 1 Taf. — (Ref. s. N. Jb. f. Min. 1907. II. S. 427. Vergl. auch S. 429—431.)

von Sury, J.: Über die Radioaktivtät einiger schweizerischer Mineralquellen. Diss. (Aus „Mitt. d. Naturf. Ges. in Freiburg, Schweiz".) Freiburg (Schweiz), Univers.-Buchh., 1906. 83 S. m. Fig. Pr. 1,40 M.

Tarnuzzer, Ch.: Geologische Verhältnisse des Albulatunnels. S.-A. a. d. 46. Jahresber. d. Naturf. Gesellsch. Graubündens. Chur, H. Fiebig, 1904. 17 S. m. 1 geol. Längenprofil 1:10 000 u. 1 Lokalprofil.

Turnau, V.: Beiträge zur Geologie der Berner Alpen. 1. Der prähistorische Bergsturz von Kandersteg. 2. Neue Beobachtungen am Gasteren-Lakkolith. Diss. Bern 1906. 49 S. m. 9 Fig. u. 2 Karten.

Uetrecht, E.: Die Ablation der Rhone in ihrem Walliser Einzugsgebiete im Jahre 1904/05. Diss. Bern 1906. 66 S.

Wencélius, A.: Eisen- und Manganerzgruben der Schweiz. Berg- und Hüttenm. Ztg. 1903. S. 541—545, 629—631. 1904. S. 205—207, 217—219.

    1. Die Gonzengruben im Sarganserland; 2. Die Haslitalgruben im oberen Aaretal; 3. Die Graubündener Gruben; 4. Die Delsberger Gruben der de Rollschen Eisenwerke.

Werneke, H.: Über die Arbeiten am Simplon- und Albulatunnel in der Schweiz. Mitt. a. d. Markscheiderwesen. 1903. S. 27—45 m. 7 Fig.

Werneke, H.: Die geologischen Aufschlüsse des Simplontunnels. Mitt. a. d. Markscheiderwesen. 1904. S. 33—38. — Hieraus Fig. 69—72.

Van de Wiele, C.: Sur les théories nouvelles de la formation des Alpes. Bull. Soc. Belge de Géol. T. XIX. 1905. S. 160—174 m. 6 Fig.

Ziegler: Die Typhusepidemie im 13. schweiz. Infanterieregiment vom Herbst 1902 mit Anhang: Experimentelle Untersuchungen der Trinkwasserverhältnisse in Schlötz (mittels LiCl). Diss. Zürich. Winterthur 1904.

4. Frankreich.

L'architecture du sol de la France; Essai de Géographie tectonique (O. Barré) L. 04: 279.

La géologie générale (St. Meunier) L. 05: 83.

Französische geologische Gesellschaft P. 04: 120, 288.

Die Untergrundeigentumsfrage und die Entwickelung der Bergbauindustrie im 19. Jahrhundert (Abamelek-Lasarew) 03: 289.

Bergwerks- und Hüttenproduktion Frankreichs in den Jahren 1902, 1903 und 1904 N. 06: 269. — 1905—1907 s. S. 191.

Die Steinkohlenindustrie Frankreichs in den Jahren 1902 und 1903 N. 04: 185. Vgl. hierzu S. 193 für die Jahre 1885—1908.

Steinkohle in Französisch-Lothringen R. 05: 413.

Stahlproduktion in Großbritannien, Deutschland, Frankreich und den Vereinigten
    Staaten in Jahre 1901 N. 03: 43.

Die Ausfuhr von Eisenerz aus Caën in der Normandie N. 03: 88.

La grande industrie chimique minérale. Soufre-Azote-Phosphates-Alun (E. S o r e l)
    L. 04: 282.

Die Beauxitausfuhr Frankreichs N. 03: 85.

Über Zusammensetzung, Struktur und Bildung der Strontianitknollen der Glaises
    vertes des Pariser Beckens (L. J a n e t) P. 04: 120.

Frankreichs Eisenerze N. 07: 34.

Die Phosphatlagerstätten Frankreichs (Fig. 40—41) (O. T i e t z e) 07: 117.

Das Antimonitvorkommen von Martigné in der Bretagne (Fig. 60—63) (O. S t u t z e r)
    07: 219.

Bohrungen von Pont-à-Mousson (Z e i l l e r) P. 07: 271.

Fernere Literatur:

Gesetze und Verordnungen im Auslande mit Bezug auf den Bergbau. Österr. Z. f. Bg-. u.
Hw. 1904. S. 469—471, 488—489, 501—502, 513—514, 528—531.
        I. Serbien S. 469; II. Deutsches Reich S. 488; III. Rumänien S. 513; IV. Frank-
reich S. 514; V. Belgien S. 528; VI. Neu-Süd-Wales S. 529.

Die Steinkohlengruben von Blanzy (Frankreich). Flözablagerung der einzelnen Konzessionen
Abbaumethoden.   Strecken- und Schachtförderung.   Schluß: Wasserhaltung, Druckluft-, elektr.
und oberirdische Anlagen; Produktions- und Personalverhältnisse.   Berg- und Hüttenm. Ztg.
1901. S. 116—118, 127—129.
A r o n , A.: Note sur l'industrie française des chistes bitumineux. Ann. des mines. T. IX.
1906. S. 47—75 m. 1 Fig.
B a i l l y , L.: Note sur les affaissements produits en Meurthe-et-Moselle par l'exploitation
du sel. Ann. des mines 1904. T. V. S. 403—494 m. 14 Fig. u. Taf. IX—XI.
B a r r é , O.: L'architecture du sol de la France. Essai de géographie tectonique. Paris,
A. Colin, 1903. 396 S. m. 158 Fig. u. 31 Taf. Pr. 10 M.
B a r r o i s , M. C h.: Le rôle de la géologie dans le bassin houiller du Nord et du Pas-de-
Calais. (Discours prononcé à la séance solennelle du 30 décembre 1906 de la Société des Sciences,
de l'Agriculture et des Arts de Lille.) — Bull. de la Soc. de l'Industrie Min. St. Étienne. T. VI.
S. 492—504.
B a u d o t , F.: Le bassin houiller du plateau central. M. Fig. u. Taf. Pr. 10 Frs.
D e B e e r s (Compagnie): Les mines de diamant de la Compagnie de Beers. (Extrait
du XVIII Rapport annuel de la Compagnie pour l'exercice 1905—1906.) Ann. des mines, Paris.
T. XI. S. 607—612.
B l o c k , J.: Über eine Reise in Südfrankreich und Spanien mit besonderer Berücksichti-
gung einiger Produkte Spaniens. Mit Ergänzungen versehener S.-A. aus der Festschrift zur Feier
des 70. Geburtstages von Geh. Reg.-Rat Prof. Dr. J o h. J u s t u s R e i n. Bonn, C. Georgi.
1905. 60 S.
B o r d e a u x , A.: Note sur deux mines d'or des Alpes, Val Toppa et la Gardette. Rev.
univ. des mines 1905. T. XII. S. 261—296 m. Taf. (Grund- und Profilriß.)
B r e s s o n , P.: Étude géologique des gisements métallifères de la région du Bleymard
(Lozere). Soc. de l'industrie min. Saint-Étienne 1904. S. 647—702.
B r e t o n , L.: Le bassin de Sarrebruck et son prolongement possible en France. Soc. de
l'ind. min. Comptes rend. mens. Januar 1904. S. 5—18 m. Taf. I—IV.
B r e t o n , L.: La houille en Lorraine, en Champagne et en Picardie. Paris, Ch. Dunod,
1904. Pr. 1,20 M.
C a r e z , L.: La géologie des Pyrénées françaises. Fasc. I: Index bibliographique; feuilles
de Bayonne, Saint-Jean-Pied-de-Port, Orthez, Mauléon, Urdos. Paris 1903. Mém. pour servir
à l'explication de la carte géol. detaillée de la France. 9 u. 744 S. m. Taf.
C a v a l l i e r , C.: Exploration du terrain houiller en Lorraine française. Bull. Soc. Belge
de Géol. T. XIX. 1906. S. 483—497 m. 3 Fig. u. Taf. XV.
C h a b r a n d , E.: Les gisements aurifères des Alpes Piémontaises. Grenoble 1903. 24 S.
C h a n e l , E.: Sur les lignites de l'Ain. Bull. Soc. Géol. de France. 4. Série. T. III.
1903. Nr. 2. S. 67—73.

Frankreich. — Belgien.

(Für Frankreich nach Statistique de l'industrie minérale en France et en Algérie; für Belgien nach Ann. des mines de Belgique. — Die entsprechenden Zahlen für 1890, 1900 und 1901[1]) siehe „Fortschritte" I, S. 151, für 1902—1904 Z. 1906, S. 269.)

Produkt	Menge			Wert		
	1905 Tonnen	1906 Tonnen	1907 Tonnen	1905 Fr.	1906 Fr.	1907 Fr.

Frankreich.

a) verliehene Mineralien.

Produkt	1905 Tonnen	1906 Tonnen	1907 Tonnen	1905 Fr.	1906 Fr.	1907 Fr.
Steinkohle u. Anthrazit	35 218 237	33 457 840	35 988 940	457 519 485	461 604 375	542 439 650
Braunkohle u. Lignit	709 467	738 545	764 687	6 532 649	6 953 275	7 884 175
Eisenerze	6 784 000	7 821 000	9 196 000	26 105 000	33 981 000	44 385 000
Blei und Silbererze	12 118	11 795	18 068	2 517 818	2 847 425	3 621 625
Zinkerze	62 150	53 466	44 113	6 980 902	7 025 700	4 998 200
Zinnerze	—	—	2	—	—	1 750
Schwefelkies . . .	267 114	265 261	282 665	3 881 074	4 062 525	4 355 000
Kupfererze	5 068	2 547	2 404	298 055	96 650	70 050
Manganerze	6 751	11 189	18 188	200 314	295 950	488 300
Antimonerze . . .	12 543	18 567	24 359	1 038 242	3 527 025	2 700 700
Arsenerze	3 627	6 584	7 860	110 659	213 500	182 850
Bitum. Mineralien .	191 509	196 375	177 074	1 671 324	1 775 400	1 644 225
Schwefel	4 637	2 713	1 962	72 834	32 450	24 225
Steinsalz	679 864	715 753	713 084	10 453 266	11 119 050	10 721 675
Graphit	100	250	125	7 000	12 500	6 250
Wolframerz	25	18	61	59 315	47 950	177 450
Goldhaltiger Quarz	6 759	41 404	63 782	253 945	888 225	2 223 150

b) Nicht verliehene Mineralien.

Produkt	1905 Tonnen	1906 Tonnen	1907 Tonnen	1905 Fr.	1906 Fr.	1907 Fr.
Torf	98 517	92 469	90 952	1 187 937	1 194 725	1 168 150
Eisenerze aus Gräbereien	612 000	660 000	812 000	2 183 000	2 427 000	3 068 000
Kochsalz und algerisches Steinsalz .	450 224	619 667	512 655	7 601 081	10 140 700	8 574 800
Zusammen	—	—	—	528 673 898	548 245 425	638 735 225

Belgien.

Produkt	1905 Tonnen	1906 Tonnen	1907 Tonnen	1905 Fr.	1906 Fr.	1907 Fr.
Kohle	21 775 280	23 569 860	23 705 190	275 164 500	353 471 700	399 657 150
Eisenerze	176 620	232 570	316 250	694 850	1 139 200	1 503 000
Bleierze.	126	121	210	13 050	20 350	43 275
Zinkerze	3 929	3 858	3 490	330 800	372 650	272 475
Schwefelkies . . .	976	908	397	4 900	4 550	2 100
Manganerz	—	120	2 100	—	2 600	39 000
Zusammen	—	—	—	276 208 100	355 011 050	401 517 000

[1]) Die in den „Fortschritten" unter Belgien fehlenden Angaben für das Jahr 1901 finden sich Zeitschr. 1903, S. 455.

C u v e l e t t e: Le sondage de la Compagnie des mines de Béthune. Soc. de l'ind. min. Comptes rend. mens. Februar 1904. S. 42—45 m. Taf. VII.

C u v e l e t t e: Recherches exécutées depuis 1896 pour reconnaître l'extension méridionale du bassin houiller du Pas-de-Calais. Soc. de l'ind. min. Comptes rendus mens. April 1905. S. 110.

D a r d e l: Carte (géologique) des eaux minérales de la Savoie et du Dauphiné. Paris 1904.

D e f l i n e, M.: Note sur la constitution de la partie méridionale du bassin houiller du Nord dans la région de Valenciennnes. Ann. d. mines. T. XIV. 11. 1908. S. 469—521.

D e m a r t y, J.: L'or en France, les exploitations gauloises et gallo-romaines de Labesette en Auvergne. Clermont-Ferrand 1907. 12 S.

D e m a r t y. J.: Les mines d'or de l'Auvernage. I. La Bessette et Pontvieux. Paris 1910. 152 S. m. 133 Fig. Pr. 2,50 Frcs.

D u q u é n o i s, L.: La houille dans les Ardennes. Historique des recherches; travaux d'Etion et de Tarzy; sondages de Prix, de Saint-Aïgnan et de Condé; théorie géologique des bassins houillers de Charleville et de Chaumont. Charleville 1903. 130 S. mit 1 Figur und 2 Karten.

D u r n e r i n, M.: Temperatures observées dans les sondages exécutés en Meurthe-et-Moselle. Société de l'industrie minérale, Saint-Étienne. C. R. 1907. S. 291—300.

F l o r a n g e, J.: Essai sur les jetons et médailles de mines françaises. Ann. des mines. 1904. T. V. S. 157—219 m. Taf. III—VI.

F o u r n i e r, E.: Recherches spéléologiques dans la chaine du Jura. „Spélunca", Bull. et mém. de la Soc. de Spéléologie. Paris 1905. T. V. Nr. 40. S. 3—26 m. 8 Fig.

F o u r n i e r, M. E.: Recherches spéléologiques dans le Jura (7. Campagne 1904—1905). „Spélunca". T. VII. Nr. 47. 1907. 28 S. m. 5 Fig.

G a u b e r t, P.: Minéralogie de la France. Paris 1907. 122 S.

G e s e l l, A.: Geologisch-bergmännische Notizen von der Pariser Internationalen Ausstellung im Jahre 1900. Jahresber. d. Kgl. ungar. Anstalt für 191. Budapest 1903. S. 184—188; Ungar. Montan-Ind.- u. Handelsztg. 1904. Nr. 5. S. 5—6.

G o n n a r d, F.: Minéralogie des Départements du Rhône et de la Loire. Paris 1906. 122 S.

G o o r m a g t i g h, G.: Note sur l'exploitation des phosphates de Saint Symphorien et d'Havre (Hardenpont, Maigret & Co.). Excursions de l'assoc. des ingenieurs sortis de l'école de Liége dans les environs de Mons et le Nord de la France (2.—4. August 1903). IV. Rev. univ. des mines 1904. T. V. S. 181—195 m. 2 Fig.

G r a n d, M. E.: Le bassin houiller de Carmaux et d'Albi. Soc. de l'industrie min. Saint-Étienne. S. 1099—1122.

v o n H e s s e, E. A.: Der unterseeische Tunnel zwischen England und Frankreich vom geologischen, technischen und finanziellen Standpunkte beleuchtet. Leipzig 1907. Mit 2 Karten u. 1 Taf. Pr. 0,75 M.

H e u r t e a u, M. C h. E.: Note sur le minerai de fer silurien de Basse-Normandie. Ann. des Mines 1907. T. XI. S. 613—668.
       1. Description du gisement; 2. développement des travaux de recherches et d'exploitation; 3. nature du minerai; 4. traitement du carbonate; 5. prix de revient; 6. exportation; 7. utilisation dans le nord de la France; 8. conclusion.

J o l y, H.: Le terrain houillier existe-t-il dans la région sud de L o n g w y? Nancy 1908. 31 S. m. 1 Karte u. 1 Taf. Pr. 1,60 M.

J u m e a u, L. P.: Le phosphate de Chaux (gisements connus) et les exploitations aux États-Unis en 1905. Paris 1905. 200 S. m. 34 Fig. u. 1 Karte. Pr. 8,50 M.

K e m n a, A.: Les eaux de Paris. (Travaux de la Commission de l'Observatoire de Montsouris pour l'année 1902. 3. Vol. 1903.) Bull. Soc. Belge de Géol. 1903. T. XVII. S. 198—212.

K r e b s, W.: Geophysikalische Gesichtspunkte bei Beurteilung der Grubenexplosion vom 10. März 1906 bei Courrières. Berg- und Hüttenm. Rundschau II. 1906. S. 174—175.

K r e c k e: Eisenerz und Kohle in Französisch-Lothringen. „Glückauf" 1910. S. 4—9 m. 4 Fig. — Vgl. Fig. 74—76.

d e L a p p a r e n t, A.: Die neue Ausgabe der geologiscehn Übersichtskarte (von Frankreich) i. M. 1:1 000 000. (Carte géologique de la France à l'échelle du millionième exécutée en utilisant les documents publiés par le service de la carte géologique détaillée de la France par un comité. 4 Bl. Paris. Ch. Béranger, 1906. Pr. 9,50 Fr. Petermanns Mitteilungen 1906. S. 280.

d e L a u n a y, L.: Observations géologiques sur quelques sources thermales (Cestona, Bagnoles, Chaudes-Aigues, Mont-Dore, etc.) Ann. des mines. T. IX. 1906. S. 5—46 m. 10 Fig. u. 1 Taf. (2 geol. Karten m. Profil.)

d e L a u n a y, L.: Observations sur les Kaolins de Saint- Yrieix. Ann. des mines 1903. III. S. 49. — (Ref. i. N. Jb. f. Min. 1907. II. S. 242.)

Frankreich — Belgien.
(Nach B. Simmersbach in Berg- u. Hm. Rdsch. 1909. S. 48.)

Jahr	Steinkohlenbergbau in Frankreich										Wert der Förderung		Beleg-schaft	Förder-anteil eines Arbei-ters
	Förderung													
	Pas-de-Calais	Nord	Loire	Gard	Saône-et-Loire	Avey-ron	Tarn	Allier	übrige Bezirke	ins-gesamt	ins-gesamt	für 1 t		
	1000 t	1000 t	1000 t	1000 t	1000 t	1000 t	1000 t	1000 t	1000 t	1000 t	1000 M	M		t
1885	6 127	3 583	2 952	1 687	1 271	757	333	754	1 605	19 069	181 727	9,53	98 600	193
1890	9 077	5 135	3 537	2 004	1 707	932	519	959	1 722	25 592	248 529	9,71	118 502	216
1895	11 110	5 010	3 443	1 939	1 840	936	535	919	1 851	27 583	246 767	8,95	134 377	205
1900	14 595	5 670	3 951	1 982	1 776	1 031	665	864	2 188	32 722	398 366	12,17	158 580	206
1901	14 354	5 336	3 797	1 976	1 347	1 044	805	808	2 167	31 634	404 466	12,79	159 957	198
1902	13 185	5 077	3 045	1 905	1 706	1 022	566	730	2 129	29 365	348 441	11,87	161 076	182
1903	16 192	5 889	3 630	1 909	1 802	1 053	768	741	2 234	34 218	390 869	11,42	163 694	209
1904	15 812	5 906	3 532	1 786	1 804	1 059	724	684	2 195	33 502	362 980	10,83	168 319	199
1905	16 985	6 189	3 678	1 936	1 798	1 082	720	614	2 216	35 218	370 591	10,52	171 507	205
1906	15 390	5 759	3 804	1 996	1 874	1 039	747	592	2 257	33 458	373 900	11,18	174 951	191
1907	17 216	6 363	3 718	2 025	1 934	1 005	764	577	2 387	35 989	439 376	12,21	180 117	200
1908	18 023	6 370	3 690	2 076	1 938	985	758	628	2 406	36 874	—	—	—	—
1909														

Der Braunkohlenbergbau Frankreichs ist ziemlich unbedeutend; 1885 beschäftigte er 3016 Arbeiter, 1907 3744 Arbeiter.

Jahr	Kohlenbergbau in Belgien								Koks			Briketts		
	Steinkohlen							Jahres-leistung auf 1 Arbeiter	Er-zeugung	Wert der Erzeugung		Er-zeugung	Wert der Erzeugung	
	Förderung			zusam-men	Wert der Förderung		Beleg-schaft							
	Henne-gau	Lüttich	Namur		ins-gesamt	für 1 t				ins-gesamt	für 1 t		ins-gesamt	für 1 t
	1000 t	1000 t	1000 t	1000 t	1000 t	M		t	1000 t	1000 M	M	1000 t	1000 M	M
1885	12 926	4 072	440	17 438	125 241	7,18	103 095	169	1 678	18 218	10,85	—	—	—
1890	14 769	5 056	541	20 366	217 487	10,68	116 779	174	2 177	41 646	19,13	—	—	—
1895	14 892	5 048	517	20 458	156 620	7,65	118 957	172	1 749	19 481	11,14	1 218	11 975	9,83
1900	16 533	6 191	739	23 463	330 861	14,10	132 749	177	2 435	53 049	21,79	1 396	26 639	19,08
1901	15 684	5 784	746	22 213	274 002	12,34	134 092	166	1 848	33 282	18,01	1 588	24 852	15,65
1902	15 887	6 236	754	22 877	244 643	10,69	134 889	170	2 048	32 046	15,65	1 617	21 315	13,19
1903	16 545	6 478	774	23 797	250 292	10,52	139 592	170	2 203	35 001	15,89	1 686	23 131	13.72
1904	16 153	5 887	722	22 761	232 185	10,20	138 567	164	2 212	34 828	15,75	1 735	22 405	12,91
1905	15 159	5 874	742	21 775	222 883	10,24	134 747	162	2 239	34 816	15,62	1 712	21 663	12,66
1906	16 695	6 014	861	23 570	286 312	12,15	139 394	169	2 414	46 267	19,18	1 887	28 853	15,29
1907	17 027	5 779	899	23 705	323 722	13,66	142 699	166	2 474	53 827	21,76	2 041	34 918	17,11
1908[1])	16 844	5 957	878	23 679	—	—	143 835	165	—	—	—	—	—	—
1909														

Frankreich: Kohlen-Einfuhr und -Ausfuhr.

| | Einfuhr aus | | | | | | Ausfuhr nach | | | | | |
| | Steinkohle | | Koks | | Briketts | | Steinkohle | | Koks | | Briketts | |
	1908 t	1907 t	1908 t	1907 t	1908 t	1907 t	1908 t	1907 t	1908 t	1907 t	1908 t	1907 t
England . .	9 296 090	9 648 605	—	—	140 970	133 774	—	—	—	—	—	—
Belgien . . .	3 929 620	3 740 849	417 770	413 429	735 310	516 641	589 986	639 030	29 845	34 610	1 509	1 510
Deutschland .	1 437 530	1 441 676	1 387 920	1 744 130	126 320	43 329	—	—	—	—	—	—
Italien . . .	—	—	—	—	—	—	21 558	44 900	—	—	—	—
Schweiz . .	—	—	—	—	—	—	229 426	244 680	37 360	36 650	51 912	8 800
Algier . . .	—	—	—	—	—	—	1 348	1 750	—	—	—	—
Andere Länder	69 290	67 837	20 660	18 156	9 720	1 176	134 095	126 740	83 578	98 580	22 732	34 210
Versorgung von Schiffen frzös. Flagge	—	—	—	—	—	—	84 502	83 200	—	—	52 988	59 100
fremder Flagge	—	—	—	—	—	—	31 105	28 980	—	—	229	260
Zusammen t	14 732 530	14 868 967	1 826 350	2 175 715	1 012 320	694 921	1 092 110	1 163 280	150 783	169 840	129 370	103 880
im Werte von (1000 Fr.)	346 214	349 421					25 119	26 755				

[1]) Vorläufige Angabe.

Krahmann.

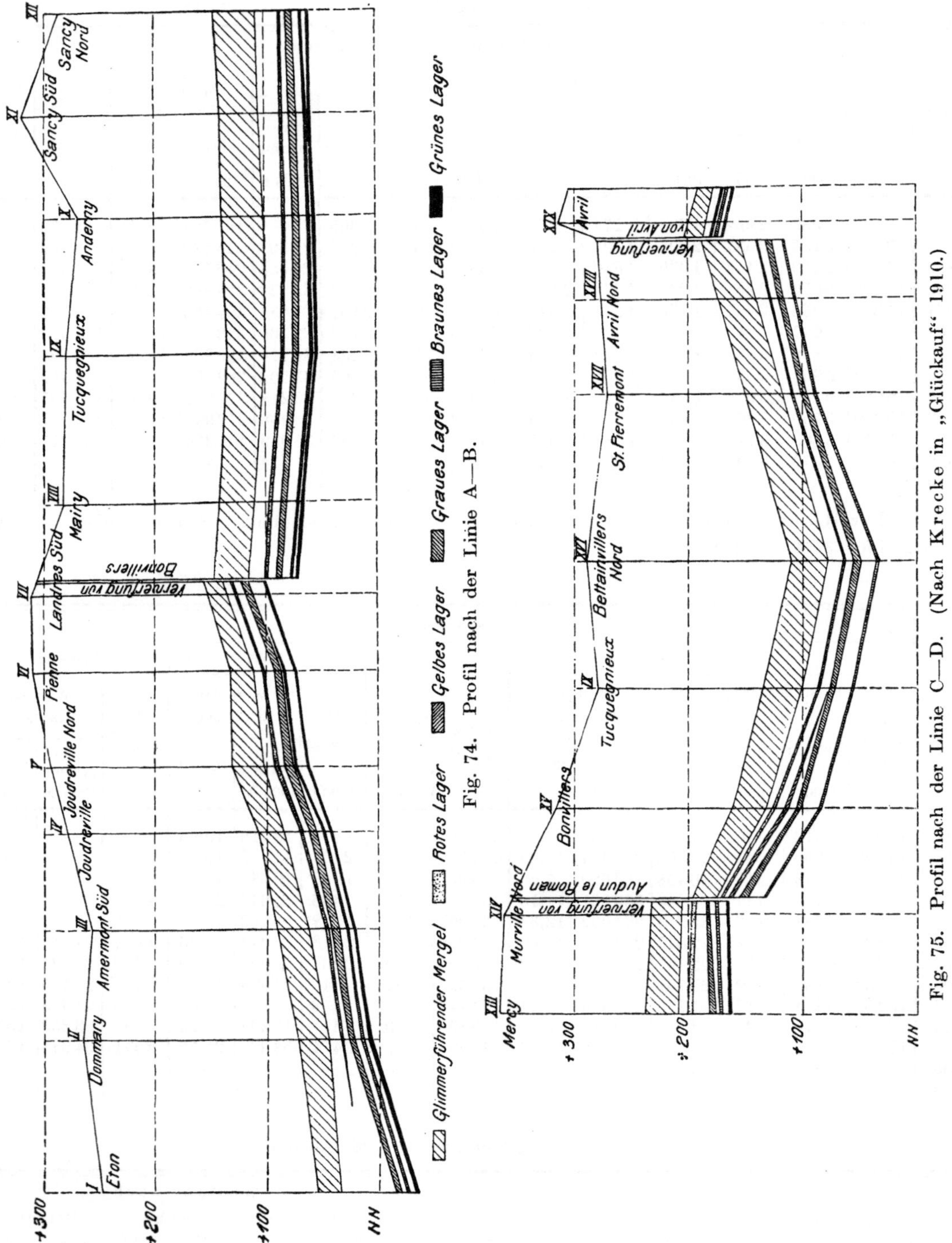

L a u r , F.: Le terrain houiller en Lorraine française. Compt. rend. Acad. Paris. 139. II.
1904. S. 1048—1049. — (Ref. i, N. Jb. f. Min. 1907. II. S. 283.)

L a u r , F.: Le prolongement du bassin houiller de Sarrebruck sous la Lorraine française.
Bull. Soc. Géol. de France. 1905. T. V. S. 104—106.

L a u r , F.: Le nouveau bassin houiller de la Lorraine française. Congr. intern. des mines,
etc. Liége 1905. Sect. de Géol. appl. S. 391—436 m. 1 Taf.

  Les études préliminaires S. 391; II. Les recherches S. 418; III. Le prolongement
  du pli hercynien Sarrebrück-Pont-à-Mousson sous le bassin de Paris jusqu'à Exeter en
  Angleterre S. 435.

L a u r e n t , L.: Les produits coloniaux d'origine minerale. Géologie et Mineralogie des
Colonies. Paris 1903. 352 S. m. 56 Fig. u. 12 Taf. Pr. 4,50 M.

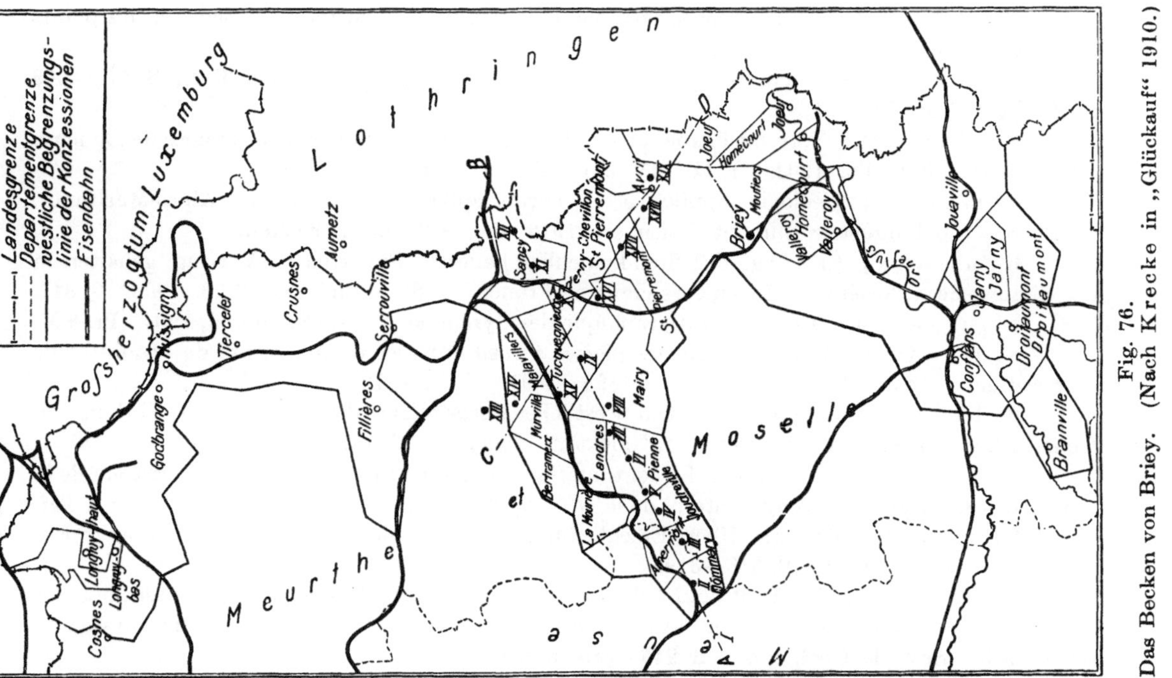

Leboutte, C.: Notes sur le bassin houiller du Sud du pays de Galles. Rev. univers. des mines 1905. T. IX. S. 1—26 m. Taf. I—III.

Ledouble, O.: Notice sur la constitution du bassin houiller de Liége. Congr. intern. des mines usw. Liége 1905. Sect. de Géol. appl. S. 553—594 m. 1 Fig. u. 8 Tafeln.

Lemière: Formation d'une certaine espèce de combustibles fossiles. Soc. de l'ind. min. Comptes rendus mens. Septbr.-Octobre 1905. S. 226—227.

Lemière, M.: Formation et recherche des combustibles fossiles. Congr. intern. des mines etc. Liége 1905. Sect. de Géol. appl. S. 203—231 m. 10 Fig. (Fig. 8 u. 9 auf 1 Taf.)

> I. Chimie organique: 1. Origine et rôle des ferments; 2. Exemples des fermentations de la cellulose; 3. Conclusions S. 204. II. Stratigraphie générale: 1. Conditions des dépots sédimentaires; 2. Théorie des formations coniques et des profils sédimentaires. Remarques; 3. Formation des couches de végétaux. Particularités S. 210. III. Chimie minérale: 1. Analyse élémentaire et analyse immédiate; 2. Rapports entre la composition immédiate et les conditions typographiques du gisement; 3. Conclusions S. 222. IV. Applications: 1. Bassin de la Loire; 2. Bassin franco-belge; 3. Conclusions S. 224.

Lemière, L.: Formation et recherche comparées des divers combustibles fossiles. (Étude chimique et stratigraphique.) Bull. Soc. de l'ind. min. T. IV. 1905. S. 851—917, 1249 bis 1383; T. V. 1906. S. 243—349 m. 23 Fig. u. 6 Taf.

Lemière: Les plissements des morts terrains comparés à ceux du terrain houiller. Soc. de l'ind. min. Comptes rendus mens. 1907. S. 69—75 m. Taf. XII.

Leprince-Ringuet: Mesures géothermiques entreprises dans le bassin du Pas-de-Calais pour la période 1903—1906. Soc. de l'ind. min. Comptes rendus mens. 1907. S. 14—20.

Lozé, E.: Les mines et la métallurgie à l'exposition du Nord de la France (Arras 1904). Paris 1905. 416 S. m. 368 Fig. u. Taf. Pr. 15 M.

Martel, E. A.: La Spéléologie au XX. siècle (Revue et bibliographie des recherches souterraines de 1901 à 1905). Première Partie: France. Spélunca, Bull. u. Mém. de la Soc. de Spéléologie. T. VI. Nr. 41. Paris 1905. 192 S. m. 1 Taf.

Mary, A. et A.: Les Souterrains de Saint Martin (Oise), et l'Hydrologie de la craie. „Spélunca". Tome VII. Paris 1907. 38 S. m. 9 Fig.

Mazauric, F.: Explorations hydrologiques dans les régions de la Cèze et du Bouquet (Gard) (1902—1903). Spélunca, Bull. u. Mém. de la Soc. de Spéléologie. T. V. Nr. 36. Paris 1904. 54 S. m. 34 Fig. u. 1 Taf.

Merle, A.: Les gîtes minéraux et métallifères et les eaux minérales du département du Doubs. Besançon 1905. 221 S. m. Fig.

Nicklès, R.: Sur les recherches de houille en Meurthe-et-Moselle. Paris, Compt. rendus Acad. 1905. 4. S. Pr. 0,50 M.

N i c k l è s , R.: De l'existence possible de la houille en Meurthe-et-Moselle, et des points où il faut la chercher.　Pr. 1,20 M.

N i c o u , P.: Les calcaires asphaltiques du Gard.　Ann. des mines 1906.　T. X.　S. 513—568 m. 16 Fig. u. Taf. XIX—XXI.

N i o l l e t , H.: Note sur l'exploitation des crochons à la compagnie des mines de Douchy. Bull. Soc. de l'ind. min. 1903.　T. II.　IV. livr.　S. 1091—1111 m. 19 Fig.

P e l l e g r i n : Géologie appliquée et cartographie industrielle des Alpes-Maritimes. C. R. Soc. de l'industrie min. St. Etienne.　1910 S. 4—21 m. 2 Karten.

R e u m a u x , E.: Lage des Steinkohlenbergbaues in Frankreich.　Vortrag, gehalten in der Sitzung der „Société des Ingenieurs civils de France".　„Stahl und Eisen" 28. 1908.　S. 342.

R o u s s e l , J.: Tableau stratigraphique des Pyrénées.　Paris, Ch. Dunod, 1904.　Pr. 8 M.

S a l i v e t : Sur la fabrication des pierres à fusil dans les départements de l'Indre et de Loir-et-Cher.　Journ. des mines.　Paris.　1896—1897.　S. 713—722.

S c h u l z - B r i e s e n , B.: Die westliche Fortsetzung des Saarbrücker Carbons in Deutsch-Lothringen und Frankreich.　„Glückauf" 1906.　S. 737—742 m. Taf. 13.

S c h u l z - B r i e s e n , B.: La continuation du gisement carbonifère sur le territoire de la Lorraine et de la France.　Congr. Intern. de la Géol. appl.　Liége 1905.　T. 1.　S. 81—93 m. 1 Taf.

S c h u l z - B r i e s e n : Über Erschließung neuer Kohlenablagerungen in Frankreich. „Stahl und Eisen" 1904.　S. 318—319.

S m e y s t e r s , J.: État actuel de nos connaissances sur la structure du bassin houiller de Charleroi et, notamment, du lambeau de poussée de la Tombe.　Congr. intern. des mines etc. Liége 1905.　Sect. de Géol. appl.　S. 245—285 m. 9 Taf.

T i e t z e , O.: Der Abbau der Phosphate in Nordfrankreich.　„Glückauf" 1907.　S. 621 bis 625 m. 6 Fig. (Bildet eine Ergänzung zu dem in der Z. f. pr. Geol. 1907, S. 117—124 veröffentlichten Aufsatz desselben Verfassers über Frankreichs Phosphatlagerstätten.)

T r o l l e r , A.: Les carrières de Paris.　L'accident de la Rue Tourlaque.　„La Nature" 1909, Nr. 1905, S. 405—412 mit 14 Abb.

V e r w o r n , M.: Die arhaeolithische Kultur in den Hipparionschichten von Aurillac (Cantal).　Abh. d. Kgl. Ges. d. Wiss. zu Göttingen.　Mathem.-phys. Klasse.　N. F. Bd. IV.　Nr. 4. Berlin, Weidmann, 1905.　56 S. m. 12 Fig. u. 5 Taf.

V i l l a i n , F.: Note sur les recherches effectuées en Meurthe-et-Moselle pour retrouver le prolongement du bassin houiller de Sarrebrück en territoire français.　Congr. intern. des mines etc.　Liége 1905.　Sect. de Géol. appl.　S. 325—334.

V i l l a i n , F.: Le gisement des minerais de fer en Meurthe-et-Moselle.　Paris 1903.　22 S. m. 5 Taf.　Pr. 4,50 M

W e i s s , M.: L'exploitation des mines par l'État (en France).　Soc. de l'ind. mines. St. Étienne.　Comptes rend. mens.　1902.　S. 28—34.

W e i s s , P., und V i l l a i n : Le bassin de Sarrebrück et son prolongement en France. Soc. de l'ind. min.　Compt rend.　August 1903.　S. 170—191 m. Taf. XVIII—XX.

W i c k e r s h e i m e r und W e i s s : Notice sur la consolidation des anciennes carrières sous le tracé des lignes métropolitaines dans l'enceinte de Paris.　Ann. des mines 1903.　T. III. S. 587—609 m. Taf. XVIII—XXIII.

W i c k e r s h e i m e r und P. W e i s s : Les dégradations constatées à Paris et dans le département de la Seine résultant des anciennes exploitations de carrières, avec une description des travaux et méthodes de consolidation en usage.　Congr. intern. des mines etc.　Liége 1905. Lection des mines.　Tome II.　S. 191—216 m. 9 Fig. u. 4 Taf.

5. Belgien, Niederlande.

Kongreß für praktische Geologie im Jahre 1905 in Lüttich P. 04: 222, 328.

Internationaler Petroleumkongreß in Lüttich P. 05: 192.

Hydrologische Untersuchung der belgischen Küste mit Rücksicht auf ihre Versorgung mit Trinkwasser (R e n é d'A n d r i m o n t) L. 04: 181.

Belgien, Bergwerksproduktion i. J. 1901 N. 03: 455.

Bergwerks- und Hüttenproduktion Belgiens in den Jahren 1901, 1902, 1903 und 1904 N. 06: 269. -- 1905—1907 s. S. 191.

Das belgisch-limburgische Kohlengebiet N. 03: 46.

Über die Lagerungsverhältnisse der Kohlenflöze im nördlichen Belgien (G. S i m o e n s) R. 03: 75.

Über den Kohlenbergbau in Belgien von 1885—1908 s. S. 193.

Over het begin eener nieuwe Geologische Kaart van Nederland (J. L. C. S c h r ö d e r   v a n   d e r   K o l k) L. 03: 115.

Kohlenproduktion der Niederlande i. J. 1902 N. 04: 111.

Kohlen-Ein- und -Ausfuhr der Niederlande i. J. 1902 N. 04: 185.

Über das Vorkommen, die Zusammensetzung und Bildung von Eisenanhäufungen in und unter Mooren (M. v a n B e m m e l e n) L. 03: 37.

Odenwald-Granit in Holland (C. C h e l i u s) N. 04: 112.

Fernere Literatur:

B e l g i e n: Die belgische Bergwerksindustrie im Jahre 1906. „Glückauf" 1907. S. 1571 bis 1573.

Gesetze und Verordnungen im Auslande mit Bezug auf den Bergbau. Österr. Zeitschr. f. Bg.- u. Hw. 1904. S. 469—471, 488—489, 501—502, 513—515, 528—531.

I. Serbien S. 469; II. Deutsches Reich S. 488; III. Rumänien S. 513; IV. Frankreich S. 514; V. Belgien, S. 528; VI. Neu-Süd-Wales S. 529.

d' A n d r i m o n t, R.: L'allure des nappes aquifères contenues dans des terrains perméables en petit, au voisinage de la mer. Résultats des recherches faites en Hollande, démontrant l'exactitude de la thèse soutenue par l'auteur, en ce qui concerne le littoral belge. Ann. Soc. Géol. de Belgique. T. XXXII. Mém. 1905. S. 101—113 m. 2 Fig.

d' A n d r i m o n t, R.: Note sur les conditions hydrologiques de la Campine. Rev. univ. des mines. T. IX. 1905. S. 27—39 m. 1 Fig.

d' A n d r i m o n t, R.: Note complémentaire à l'étude hydrologique du littoral belge. Ann. de la Soc. géol. de Belgique. T. XXXI. Mém. 1904. S. 167—183 m. 4 Fig. (Vergl. die Besprechung der Hauptarbeit, Z. S. 181.)

v a n B a r e n, J.: De Bodem van Nederland. Tweede, geheel nieuw bewerkte Druk van het in 1860 complet gekomen werk van wijlen Dr. W. C. H. S t a r i n g „De Bodem van Nederland". Eerste Stuk. Amsterdam, S. L. van Looj, 1908. 76 S. m. 3 Karten, 11 Porträts u. 4 Abbild. Pr. 1 Fr.

B a u m: Die Berg- und Hüttenindustrie Belgiens. Preuß. Z. f. Bg.-, H.- u. Sal.-W. 55. 1907. S. 547—574 m. 1 Karte.

B o u s q u e t, J. G.: Note sur la législation minérale des Pays-Bas. Ann. des mines 1905. T. VII. S. 123—140.

B r i e n, V.: La région de Landelies. Congr. Intern. de la Géol. appl. Liége 1905. T. I. S. 171—186 m. 2 Taf.

B r o e c k, E. v a n d e n, E. A. M a r t e l et E. R a h i i r: Les Cavernes et les Rivières souteraines de la Belgique, étudiés specialement dans leurs rapports avec l'hydrologie des calcaires et avec la question des eaux potables. Bd. I. Brüssel 1909. (Pr. d. vollst. Werkes, 2 Bde. m. ungefähr 1750 S., 335 Fig. u. 26 Taf. 21 M.)

D e l a d r i e r, E.: Essai d'une carte tectonique de la Belgique. Bull. Soc. Belge de Géol. 1904. T. XVIII. S. 125—137 m. 2 Fig. u. Taf. III.

D e l m e r, A.: Le gisement houiller du Limbourg Néerlandais et son exploitation. Bruxelles, L. Narcisse, 1907. 32 S. m. 3 Taf. — Ref. Rev. univ. des mines. T. XXI. 1908. S. 221.

D e n o ë l, L.: Carte et tableau synoptique des sondages du bassin houiller de la Campine. Ann. des mines de Belgique. Brüssel 1904. 44 S. m. 3 Taf. Pr. 3,50 M.

D e n o ë l: Le bassin houiller du nord de la Belgique. Ann. des mines de Belgique. T. IX. 1904. S. 185—256.

D e w a l q u e, G.: Carte géologique de la Belgique et des provinces voisines, 1 : 500 000. 2. édition. Liége 1903. 1 carte col. in fol. avec notice expl. (11 S.). Pr. 10 M.

F a b r e, L.-A.: La „houille blanche", ses affinités physiologiques. Congr. intern. de la Géol. appl. Liége 1905. T. I. S. 95—123.

I. Le travail des eaux tend à stabiliser le sol par la végétation; II. Les formes suivant lesquelles les espèces végétales s'adaptent au milieu, évoluent surtout en raison de la capacité en eau de l'atmosphère; III. Le groupement des espèces végétales en „Associations" naturelles, a pour terme le plus élevé la Forêt, qui possède les plus grandes capacités hydrologiques; IV. La Forêt: gisement de houllie-blanche; V. Appauvrissement progressif des gisements de houille-blanche.)

F o r i r , H.: Conditions de gisement de la houille en Campine, dans le Limbourg néerlandais et dans la region allemande avoisenante. Congr. intern. des mines etc. Liége 1905. Sect. de Géol. Appl. S. 595—737 m. 12 Taf.

F o u r m a r i e r , P.: La limite méridionale du bassin houiller de Liége. Congr. intern. des mines etc. Liége 1905. Sect. de Géol. Appl. S. 479—495 m. 8 Fig. u. 4 Taf. (Taf. 4: Geologische Karte i. M. 1 : 160000.)

F o u r m a r i e r , P. et A. R e n i e r : Pétrographie et paléontologie de la formation houillère de la Campine. Ann. Soc. géol. de Belgique 1906. T. XXX Mém. S. 499—538 mit Tableau.

F r i e d e l , L i é n a r d et É t i e n n e : Notes sur les écoles d'ingenieurs pour les mines et la métallurgie en Belgique, Allemagne et Autriche-Hongrie. Ann. des mines 1905. VIII. S. 5 bis 110.

G r ü n e w a l d , R.: Belgische Kohlen und Koks, deren physikalische und chemische Untersuchung und Verwendung der Koks beim Hochofenprozeß. Leipzig, L. Degener, 1905. 33 S. Pr. 1,50 M.

H a b e t s , P., et M.: Le bassin houiller du Nord de la Belgique. Rev. univ. des mines 1903. T. 1. S. 268—323.

H a b e t s , P.: Le bassin houiller du Nord de la Belgique. II. Artikel. (Art. I s. Rev. univ. des mines 1903. T. I. S. 268—323 m. Taf. 9 u. 10.) Rev. univ. des mines 1904. T. VII. S. 236 bis 251 m. Taf. VIII—X.

H a b e t s , A.: Exposition universelle de Liége 1905. Les mines: gisements, études et procédés nouveaux. Rev. univ. des mines etc. 1905. T. XI. S. 221—262.

H e r b s t : Der Bergbau auf der Lütticher Weltausstellung. Sonderabdr. a. „Glückauf" 1905. Essen 1906. 111 S. m. 115 Fig.

   1. Lagerungsverhältnisse S. 5; 2. Tiefbohrung S. 12; 3. Schachtabteufen S. 15; 4. Gewinnungsarbeiten S. 19; 5. Grubenbaue S. 30; 6. Ausbau S. 35; 7. Förderung S. 40; 8. Wetterwirtschaft und Beleuchtung S. 55; 9. Rettungswesen S. 66; 10. Wasserlosung S. 68; 11. Aufbereitung S. 75; 12. Kokerei S. 86; 13. Tagesförderung und Verladung S. 97.

J o o s t e n : Die Anwendung des Gefrierverfahrens beim Abteufen zweier Schächte auf der holländischen Staatsgrube B (Grube Wilhelmina in der Provinz Limburg). „Glückauf" 1906. S. 577—584 m. 3 Fig., darunter ein Felder-Übersichtskärtchen.

J o t t r a n d , F.: Carte industrielle du bassin houiller de Charleroi. Bruxelles 1896. Institut national de Géographie.

K e m n a , A.: Les eaux de Bruxelles en 1902. Bull. Soc. Belge de Geol. 1902. T. 16. S. 656—673.

K e r s t e n , J.: Le bassin houiller de la Campine. Bull. Soc. Belge Géol. T. XVII. 1903. S. 35—44 m. 2 Taf.

K u s s : Les coupes des bassins du Nord et de Pas-de-Calais exposées à Liége par la Chambre des Houillères. Soc. de l'ind. min. Comptes rend. mens. 1906. S. 6—11. — Vergl. ebenda S. 38 bis 42 m. Taf. VI.

L a m b e r t , G.: Das neue, in Niederländisch-Limburg entdeckte Kohlenbecken. Brüssel 1876. (Vergl. „Steinkohlenbohrgesellschaft Herzog Heinrich" in Köln. D. Bergw.-Ztg. 5. Jahrg. Nr. 99 vom 28. April 1904.)

L a m b e r t , G.: Découverte d'un puissant gisement de minerais de fer dans le grand bassin houiller du Nord de la Belgique. Suite aux publications de 1876 et 1902 concernant ce bassin. Bruxelles, J. E. Goossens, 1904. 24 S. m. Taf. Pr. 4,50 M.

L e j e u n e d e S c h i e r v e l , C h . , et d e B r o u w e r : Considérations générales sur le nouveau bassin houiller de la Campine. Bull. Soc. Belge Géol. T. XVII. 1903. Procès verbaux, Séance du 20 janvier 1903. S. 44—48.

L e s p i n e u x , G.: Étude génésique des gisements miniers des þords de la Meuse et de l'Est de la Province de Liége. Congr. intern. de la Géol. appl. Liége 1905. T. I. S. 53—79 m. 6 Fig. u. 5 Taf.

L o h e s t , M., A., H a b e t s , et H. F o r i r : Étude géologique des sondages exécutés en Campine et dans les régions avoisenantes. Ann. Soc. Belge de Géol. T. XXX. Ref. Bull. Soc. de l'Ind. mines. T. VI. 1907. S. 207—208.

L o r i é , J.: Contributions à la géologie des Pays-bas, fascicule X: Sondages en Zélande et en Brabant. Bull. Soc. Belge de Géol. 1903. T. XVII. S. 203—259.

L ü t t i c h: Industrie du Zinc. Monographies des industries du Bassin de Liége. Publications du bureau commercial. Exposition univ. et intern. de Liége 1905. 55 S. m. 6 Fig.

M o u r l o n , M i c h e l: Sur l'étude du Fomennien (Dévonien supérieur) de la Montagne de Froide-Vean (Dinant) et ses conséquences pour l'exploitation des carrières à pavés. Bull. de la Soc. Belge de Géol. T. XXII. 1908. Bruxelles. S. 167—174 m. 3 Fig.

M o u r l o n , M.: Encore un mot sur les travaux du service géologique de Belgique à propos de contestations relatives aux résultats de ses prospections par sondages et de la confection de son répertoire bibliographique. Brüssel, O. Lamberty, 1904. 12 S.

M o u r l o n , M.: Le service géologique de Belgique. Son but, son organisation, ses résultats. Ann. Soc. Géol. de Belgique. T. XXXIII. Mém. 1906. S. 85—104 m. Taf. I—IV.

P r i n z , W.: Quelques remarques générales à propos de l'essai de carte tectonique de la Belgique présentée par M. D e l a d r i e r. Bull. Soc. Belge de Géol. 1904. T. XVIII. S. 139—151 m. 2 Fig. u. Taf. IV u. V.

R e n i e r , A.: Observations paléontologiques sur le mode de formation du terrain houiller Belge. Ann. Soc. Géol. Belge. T. XXXII. Mém. 1906. S. 261—314 m. 17 Fig. im Text und auf Tafel XI.

S c h u l z - B r i e s e n , B.: Das Steinkohlenbecken in der belgischen Campine und in Holländisch-Limburg. Berg- und Hüttenm. Rundschau 1907. S. 115—120 m. 1 Übersichtskarte und 4 Prof.; auch als Heft 6 der „Sammlung Berg- und Hüttenmännischer Abhandlungen".

    1. Geographisches und geschichtliches; 2. Geologisches; 3. Wirtschaftliche Bedeutung des Campinebeckens.

S c h u l z - B r i e s e n , B.: Bohraufschlüsse von Kohlen- und Blackband-Lagerstätten im nordbelgischen Kohlenbecken der Campine „Glückauf" 1905. S. 37—42 mit 2 Figuren.

S i m o e n s , G.: L'âge du volcan de Quenast et l'influence des lignes tectoniques du Brabant sur l'allure de sédiments houillers de nord de la Belgique. Bull. Soc. Belge Géol. T. XVII. 1903. Mémoires S. 45—56.

T e s c h , P.: Der niederländische Boden und die Ablagerungen des Rheins und der Maas aus der jüngeren Tertiär- und der älteren Diluvialzeit. Mitt. d. staatl. Bohrverwalt. in den Niederlanden Nr. 1. Freiberg i. S, Craz & Gerlach, 1908. 74 S. m. 1 Taf. Pr. 3 M..

V a n d e r S m i s s e n: E., La révision de la loi de 1810 en Belgique. Rev. univ. des mines 1903. T. II. S. 158—188.

S t a i n i e r , X.: Curiosités archaeo-géologiques. Bull. Soc. Belge de Géol. 1903. T. XVII. S. 643—656.

    Fossile belge le plus anciennement signalé; première tentative d'une carte géologique gouvernementale en Belgique; Création d'un musée d'histoire naturelle à Bruxelles sous la période hollandaise; la géologie appliquée et les travaux publics à la fin du XVIIIe siècle; quelques passages oubliés de vieux livres minéralogiques; les ancêtres de nos chevaliers d'industrie; une légende minière.

S t a i n i e r , X.: Des relations génétiques entre les différents bassins houillers Belges. Bull. Soc. Belge de Géol. 1904. T. XVIII. S. 187—205.

S t a i n i e r , X.: Sur des minéraux du terrain houiller de Belgique. Bull. Soc. Belge de Géol. 1904. T. XVIII. S. 173—177.

T i e t z e: Mitteilungen über den Phosphatbergbau Belgiens. Preuß. Z. f. d. Bg.-, H.- u. Sal.-Wes. 1908. Bd. 56. S. 485—502 m. 13 Fig.

T i m m e r h a n s , C h.: Les gîtes métallifères de la région de Moresnet. Congr. intern. des mines etc. Liége 1905. Sect. de Géol. appl. S. 297—324 m. 5 Fig. im Text und 5 Fig. auf 5 Taf. (Fig. 1: Carte géol. de la concession de la Vieille-Montagne 1:45 000.)

v a n W a e f e l g h e m , G.: Annuaire de la Métallurgie Belge et des Mines. 1. Ausgabe. Brüssel 1906. 107 und 803 S. Pr. 12 M.

W a t e r s c h o o t v a n d e r G r a c h t: The deeper Geology of the Netherlands and adjacent Regions, with special reference to ths latest borings in the Netherlands, Belgium and Westphalia. With Contributions on the Fossil Flora by W. J o n g m a n s. Memoirs of the Government Institute for the geological exploration of the Netherlands (Mitteilungen der staatlichen Bohrverwaltung in den Niederlanden, Nr. 2.) (Nr. 1 siehe oben unter Tesch.) The Hague 1909. Kommission: Freiberg i. S. Craz u. Gerlach. 437 S. m. 15 Fig. und 14 teils farb. Taf. (Darunter Taf. I. u. II: Karten der Kohlenbohrungen in der Provinz Limburg und den benachbarten Gebieten der Rheinprovinz, der belgischen Campine und des Brabanter Plateau i. M. 1 : 200000.) Pr. 40 M.

Z o n d e r v a n , H.: Die geschichtliche Entwicklung der offiziellen Kartenkunde in den Niederlanden. Peterm. Mitt. 49. 1903. S. 227—231.

6. Großbritannien und Irland.

Die geologische Landesuntersuchung von Großbritannien und Irland (A. J e n t z s c h)
     03: 4. — Die hierzu gehörigen Übersichtskarten siehe „Fortschrittte" I
     S. 164 u. 169.
Agricultural geology (J. E. M. M a r r) L. 04: 280.
Carnegie-Stipendium, London P. 06: 244.
Die Untergrundeigentumsfrage und die Entwickelung der Bergbauindustrie im
     19. Jahrhundert (A b a m e l e k - L a s a r e w) 03: 289.

Die Kohlen- und Mineralproduktion Großbritanniens (nach den einzelnen Revieren)
     im Jahre 1901 N. 03: 45.
Bergwerks- und Hüttenproduktion von Großbritannien und Irland in den Jahren
     1902—1904 N. 06: 29. — Für 1905—1907 siehe S. 203.
Statistik des Kohlen- und Kokshandels in Großbritannien i. J. 1901 N. 03: 46.
Royal Commission on Coal Supplies P. 04: 72.
Unverritzte Kohlenfelder in Großbritannien N. 05: 264.
Englands Kohlenvorrat R. 06: 157, 275.

Eisenproduktion Großbritanniens i. J. 1901 N. 03: 43.
Stahlproduktion in Großbritannien, Deutschland, Frankreich und den Vereinigten
     Staaten i. J. 1901 N. 03: 43.
Eiseneinfuhr aus den Vereinigten Staaten N. 03: 120.
Eisen- und Stahlproduktion und -Handel Großbritanniens 1902 N. 04: 220.
Eisenerzlager in Irland N. 04: 376.
Goldproduktion der britischen Kolonien i. J. 1902 N. 04: 108.
Die schottischen Kupfererze in ihren geologischen Beziehungen (J. G. G o o d c h i l d)
     L. 03: 114.
Kupfer bei Cronebane in Irland N. 03: 320.
Salzproduktion Großbritanniens N. 03: 365.
Über den Abbau der Torfmoore in Irland N. 04: 67.
Herstellung von Torfkohle in Großbritannien N. 04: 407.
Cölestinablagerungen der Umgebung von Bristol (B. A. B a k e r) L. 03: 113.

Erläuterungen zu den folgenden Tabellen.

Ähnlich wie im Abschnitt „Deutschland", S. 51, folgen hier der P r o d u k t i o n s -
t a b e l l e für 1905—1907, S. 203, noch einige andere Zahlenübersichten, weil England
mit Deutschland und den Vereinigten Staaten zu den führenden Ländern auf dem
bergwirtschaftlichen Weltmarkt gehört.

In erster Linie interessiert die englische K o h l e n a u s f u h r. Die Tabelle
S. 204 zeigt, welche Mengen und Werte in den Jahren 1907 und 1909 an Kohlen, und
zwar zusammen in Form von Rohkohlen, von Koks und von Briketts, ausgeführt
wurden, und nach welchen Ländern: Frankreich steht an erster, D e u t s c h l a n d —
trotz seines eigenen Kohlenreichtums — an zweiter und das kohlenarme Italien an
dritter Stelle in der abgestuften Reihe der Empfänger; erst in größerem Abstande
folgt dann Schweden. (Wegen der entsprechenden deutschen Kohlenausfuhr vgl.
S. 73.)

Auch die E n t w i c k e l u n g der Kohlenausfuhr im Laufe der letzten Jahrzehnte
ist wichtig; sie wird deshalb auf S. 206 seit 1873 dargestellt. Gleichzeitig zeigen diese

Großbritannien und Irland.

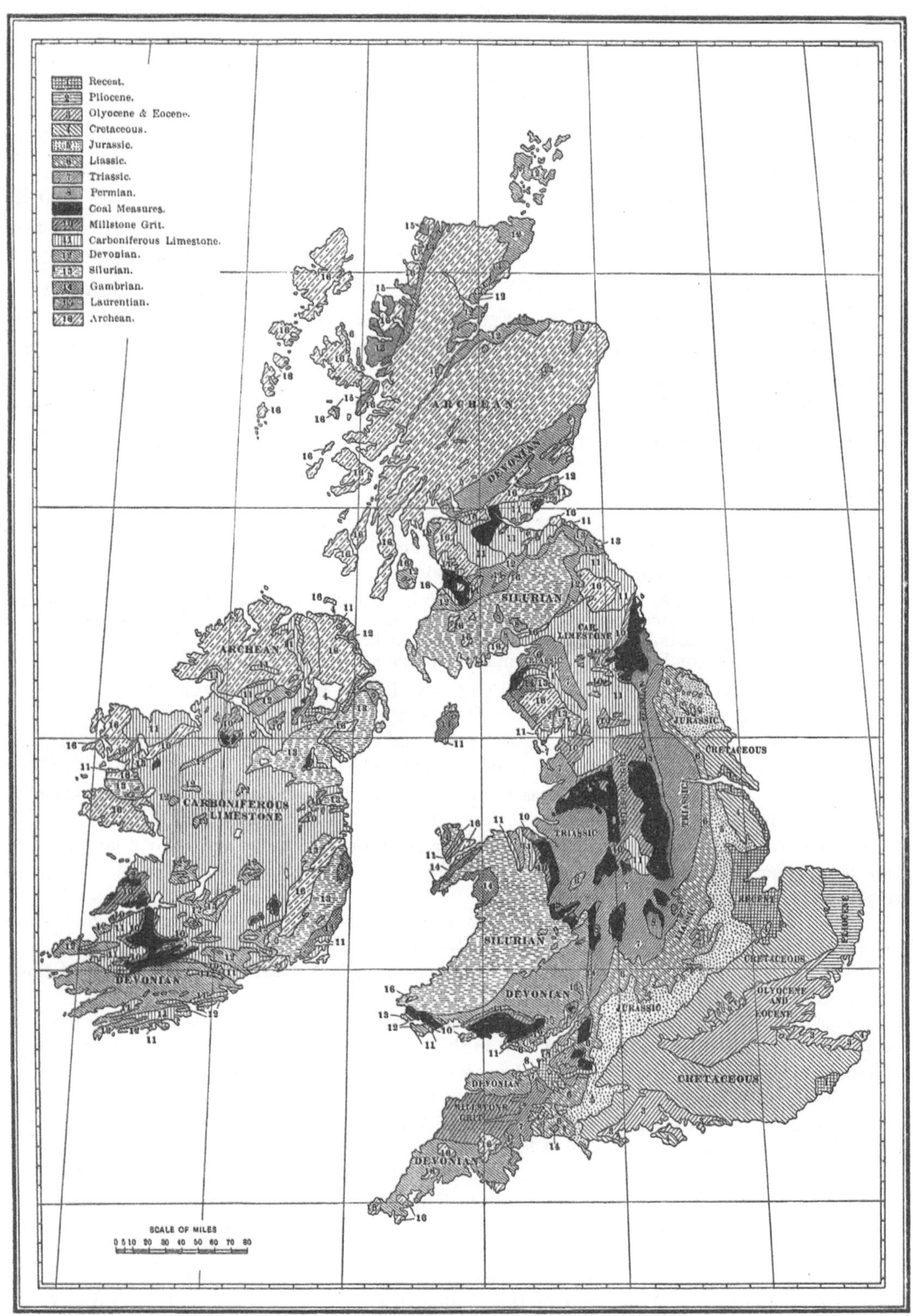

Fig. 77.

Geol. Karte von Großbritannien, mit besonderer Hervorhebung der Kohlenfelder;
vgl. hierzu F. I S. 167 u. Z. 1903 S. 45.
(Lies oben unter 3 Oligocene, unter 14 Cambrian.)

Zahlenreihen die nur sehr langsame Zunahme des inländischen Verbrauchs in England. Ganz im Gegensatz zu Deutschland (vgl. S. 63) ist also in England die Entwickelung der Kohlenförderung durch die Ausfuhr, nicht durch den einheimischen Verbrauch bedingt.

Ferner ist — ebenfalls im Vergleich mit den deutschen Verhältnissen (s. S. 74) — wichtig die Höhe und die Herkunft der englischen E i s e n e r z e i n f u h r , die für die Jahre 1905—1908 auf S. 205 nachgewiesen ist. Seit 1907 ist die deutsche Eisenerzeinfuhr größer als die englische.

Die stetig abnehmende einheimische B l e i e r z f ö r d e r u n g zeigt die Tabelle S. 204 für die Zeit seit 1873. — Die Zinkerzförderung war dagegen im Jahre 1873 fast genau so hoch wie 1908, nämlich rund 15 000 tons im Werte von rund 62 000 £. — Die Zinnerzförderung ist von 15 000 tons im Werte von 1 000 000 £ im Jahre 1873 zurückgegangen auf 8 000 tons im Werte von 595 000 £ im Jahre 1908, — die Kupfererzförderung indemselben Zeitraum von 80 000 tons im Werte von 340 000 £ auf 5 000 tons im Werte von 17 000 £.

Die M e t a l l p r e i s e am Londoner Markt und ihre Entwickelung seit 1873 sind im dritten Abschnitte in einzelnen Tabellen genauer nachgewiesen.

Fernere Literatur:

G r o ß b r i t a n n i e n : Eisenerzvorräte. „Stahl und Eisen" 1907. S. 1270.

G r o ß b r i t a n n i e n : Rapport final de la commission royale des ressources charbonnières de la Grande-Bretagne. Rev. univ. des mines 1905. T. IX. S. 203—211, 308—320.

A. Ressources des bassins houillers de la Grande-Bretagne; B. Durée probable des ressources houillères du Royaume-Uni; C. Economies possibles; D. Effet des exportations de charbon pour les consommateurs et la Marine royale; E. Maintien de la concurrence entre l'industrie charbonnière anglaise et celle des autres pays.

A s h l e y , G. H.: The Cumberland Gap Coal Field. Mining Magazine. Vol. X. London 1904. Illustrated. S. 94—100.

A t k i n , A. J. R.: On the genesis of the gold deposits of Barkerville and the Vicinity. Quart. Journ. of the Geol. Soc. London 1904. S. 389—393.

B a i l l y , L.: Note sur les affaissements produits dans le Cheshire par l'exploitation du sel. Ann. des mines, Tome IV. 1903. 9. livr. S. 250—283 m. 2 Fig. u. Taf. X.

B a r r o w , G ge.: The High-Level platforms of Bodmin moor and their relation to the deposits of stream tin and wolfram. The Quarterly Journ. of the Geol. Soc. Bd. 64. 3. S. 384 bis 400 m. 2 Fig. u. 2 Taf.

B u r n s , D.: The gypsum of the Eden Valley. Transact. of the North of Engl. Inst. of Min. and Mech. Eng. 1903. Vol. LII. S. 412—436 m. 6 Fig. auf Taf. XII.

F o r s t e r , T. E.: Undersea coal of the Northumberland coast. Transact. North of Engl. Inst. of Min. and Mech. Engl. Vol. LIII. 1903. Part 1. S. 69—88.

G r e e n w e l l , A., and J. V. E l s d e n : Analyses of british coals and coke and the characteristics of the chief coal seams worked in the british Isles. With an introduction, the classification of coals and the interpretation of analyses, by C. A. Seyler. London. Pr. 6 M.

G u n n , W., A. G e i k i e , B. N. P e a c h and A. H a r k e r : The geology of North Arran, South Bute, and the Cumbraes, with parts of Ayrshire and Kintyre (Scotland). Mem. of the geol. Surv., Glasgow 1903. 200 S. m. 2 Fig. u. 10 Taf. Pr. 4 M.

H e d d l e , M. F.: The Mineralogy of Scotland. Edinburgh 1901. 212 S. m. 103 Taf.

v o n H e s s e , E. A.: Der unterseeische Tunnel zwischen England und Frankreich, vom geologischen, technischen und finanziellen Standpunkt aus beleuchtet. Leipzig 1907. Mit 2 Karten u. 1 Taf. Pr. 0,75 M.

H i l l , J. B., and D. A. Mc A l i s t e r (with petrological notes by J. S. F l e t t): The geology of Falmouth and Truro and of the mining district of Camborne and Redruth (West-Cornwall). Mém. Geol. Surv. of England and Wales. Explanation of sheet 352. London, Wyman & Sons, 1906. 335 S. m. 65 Fig. u. 24 Taf. Pr. 9 M.

I. Geology: Kapitel 12: Economic resources (excluding the ores) S. 104; II. Mining: Kap. 13: Geology of the mineral area S. 113, Kap. 14: Natural history of the lodes S. 125, Kap. 15: Cross-courses, Cross-flucans, and slides S. 157, Kap. 16: Natural history of the ores S. 161, Kap. 17: The mines S. 205, Kap. 18: Mining economics S. 258; Appendix: Bibliography S. 315.

Bergwerks- und Hüttenproduktion von Großbritannien und Irland in den Jahren 1905—1907.

(Nach dem englischen Blaubuch. Die entsprechenden Zahlen für 1890, 1900 u. 1901 s. „Fortschritte" I, S. 163 u. 288, für 1902—1904 s. Z. 1906, S. 29.)

Mineral	Menge			Wert (am Gewinnungsort)		
	1905	1906	1907	1905	1906	1907
	Tonnen	Tonnen	Tonnen	£	£	£
Alaunschiefer . . .	7 245	9 606	10 064	1 609	1 978	1 692
Arsen-Schwefelkies .	651	650	1 800	[1]) 155	952	2 990
Arsenik	1 553	1 625	1 523	7 493	22 313	35 829
Baryumverbingungen	29 529	36 319	42 648	29 618	35 282	38 440
Bauxit	7 417	6 761	7 658	1 825	2 728	1 884
Sumpferz	3 256	5 512	6 391	801	1 356	1 573
Kreide	4 608 369	4 825 525	4 856 085	196 480	203 224	200 882
Hornstein. Flint,						
Jaspis	71 811	69 304	54 525	14 433	14 803	12 705
Ton und Schieferton	215 377 630	15 536 741	15 065 847	1 763 008	1 768 023	1 850 387
Kohle	39 918 239	255 096 661	272 129 006	82 038 553	91 529 266	120 527 378
Kupfererz	7 014	7 598	6 630	21 796	26 466	21 253
Kupferpräzipitat . .	254	284	271	10 900	12 800	12 665
Kieselgur	—	—	—	—	—	450
Flußspat	40 079	42 521	—	19 557	20 023	23 311
Golderz	16 237	17 663	13 186	17 787	5 343	5 625
Kies und Sand . .	2 277 593	2 404 969	2 438 912	170 205	177 996	183 625
Gips	259 608	228 639	239 296	82 342	74 563	88 629
Plutonische Gesteine	6 052 494	6 264 696	5 765 532	1 288 344	1 223 611	1 158 951
Eisenerz[2])	14 824 849	15 749 150	15 984 098	3 482 184	4 085 428	4 433 418
Schwefelkies . . .	12 382	11 319	10 358	4 789	4 953	4 489
Bleierz	28 093	31 289	33 055	244 752	341 405	419 247
Kalkstein (außer						
Kreide)	12 702 404	12 963 333	12 709 884	1 410 526	1 368 375	1 323 624
Manganerz	14 706	23 127	16 356	11 634	22 983	16 516
Glimmer	11 827	11 567	14 849	3 858	4 530	5 074
Ocker, Umbra usw.	16 498	14 438	14 928	15 462	14 641	14 408
Ölschiefer	2 536 852	2 587 388	2 733 195	593 334	657 928	806 323
Phosphorsaurer Kalk	—	—	33	—	—	46
Petroleum	47	10	—	69	15	—
Salz	1 920 239	1 996 687	2 016 505	556 437	595 984	648 596
Sandstein	5 731 203	5 345 579	5 092 484	1 634 357	1 504 889	1 397 285
Silbererz	14	kg 610	4	306	42	348
Schiefer	522 781	500 569	450 672	1 466 916	1 232 321	1 178 609
Strontiumsulfat . .	14 523	14 338	10 917	13 936	13 758	8 059
Zinnerz (aufbereitet)	7 317	7 268	7 194	574 183	713 184	706 700
Uranerz	105	11	72	?	?	6 500
Wolframerz	175	275	327	11 357	19 775	41 044
Zinkerz	24 293	23 190	20 404	139 809	142 054	100 533
Zusammen	—	—	—	95 828 812	105 842 992	135 278 638

Aus den hier genannten Erzen, also ausschließlich der ausländischen Erze, wurden durch den Schmelzprozeß die folgenden Metalle gewonnen. (Wert nach durchschnittlichem Marktpreis.)

Metall	1905	1906	1907	1905	1906	1907
Kupfer	727	761	677	53 393	69 385	62 673
Gold . . . . kg	180	58	59	21 222	6 569	6 228
Eisen	4 836 577	5 121 246	5 209 224	14 992 368	17 623 966	19 004 413
Blei	20 977	22 693	24 853	286 377	392 445	479 722
Silber . . . kg	5 212	4 614	4 780	19 419	19 083	19 331
Zinn	4 540	4 595	4 478	641 603	819 377	769 438
Zink	9 023	8 676	7 722	230 880	235 819	186 612
Zusammen	—	—	—	16 245 262	19 166 644	20 528 417

[1]) Nur von 141 Tonnen.
[2]) Ohne Eisenglimmer, der zu Farben verwandt und unter Ocker nachgewiesen ist.

Großbritannien.

Kohlen-, Koks- und Brikett-Ausfuhr in den Jahren 1907 und 1908.

(Nach Mines and Quarries, General Report for 1907 and 1908, Part III, S. 177 und 189.)

Bestimmungsland	Menge in 1000 tons		Wert in 1000 £	
	1908	1907	1908	1907
Frankreich	10 622,8	10 905,1	6 413,1	6 444,5
Deutschland	9 701,8	10 157,6	5 268,6	5 460,1
Italien	9 006,2	8 576,6	5 849.6	5 708,3
Schweden	4 515,7	3 822,7	2 674,3	2 290,0
Rußland, Nordhäfen	3 440,2	2 869,2	2 191,7	1 932,2
, Südhäfen	22,5	22,3	12,9	13,0
Dänemark	2 974,3	2 943,0	1 785,2	1 769,2
Spanien und Kanarische Inseln	2 755,1	2 760,7	1 916,8	1 965,1
Ägypten	2 561,4	2 981,5	1 853,2	2 104,9
Argentinien	2 435,4	2 222,5	1 982,5	1 761,5
Niederlande	2 187,3	3 825,1	1 221,8	2 124,1
Norwegen	2 064,1	1 708,2	1 165,6	1 007,3
Belgien	1 751,8	1 537,3	877,3	790,3
Brasilien	1 430,3	1 438,5	1 195,2	1 195,4
Österreich-Ungarn	1 163,1	1 309,1	743,3	840,7
Portugal, Azoren, Madeira	1 125,3	1 177,6	774,4	801,5
Algier	1 043,3	1 135,4	721,4	766,7
Übrige Länder	6 379,6	6 670,9	4 949,0	5 144,2
Gesamtausfuhr	65 180,6	66 063,3	41 615,9	42 119,0

Bleierz-Förderung (aufbereitet) und -Wert in Großbritannien in den Jahren 1873—1907.

(Nach Mines and Quarries, General Report for 1908, Part III, S. 235.)

Jahr	Menge 1000 tons	Wert 10000 £	Jahr	Menge 1000 tons	Wert 1000 £	Jahr	Menge 1000 tons	Wert 1000 £
1873	73,5	1 131,9	1885	51,3	407,6	1897	35,3	275,4
74	76,2	1 024,1	86	53,4	471,3	98	33,0	267,4
75	77,7	1 202,2	87	51,6	429,1	99	31,0	296,8
76	79,1	1 218,1	88	51,3	438,4	1900	32,1	349,1
77	80,9	1 124,0	89	48,5	429,6	01	28,0	224,1
78	77,4	801,4	90	45,7	406,2	02	24,6	176,0
79	66,9	688,7	91	43,9	356,8	03	26,6	202,5
80	72,2	816,4	92	40,0	296,5	04	26,4	206,2
81	64,7	656,7	93	40,8	280,5	05	27,6	244,8
82	65,0	592,6	94	40,6	267,0	06	30,8	341,4
83	56,5	474,9	95	38,4	273,4	07	32,5	419,2
84	54,5	401,6	96	41,1	303,4	08	29,2	259,4

Großbritannien.

Eisenerzeinfuhr.

(Nach Mines and Quarries, General Report for 1906 S. 204 und 1908 S. 218.)

Ursprungsland	Menge in 1000 tons				Wert in 1000 £			
	1908	1907	1906	1905	1908	1907	1906	1905
Spanien	4479	5712	5949	5764	3510	5338	5030	4126
Algier	482	432	352	295	366	379	282	219
Schweden	241	230	222	191	230	247	189	149
Griechenland	237	390	392	312	185	354	325	251
Norwegen	228	234	364	393	210	227	314	324
Frankreich	130	172	221	192	97	133	151	125
Rußland	118	291	162	115	125	328	167	117
Neufundland	37	—	—	5	26	—	—	3
Tunis	26	—	—	—	22	—	—	—
Niederlande	20	14	21	13	17	12	15	12
Belgien	16	14	16	11	12	10	11	8
Französische Besitzungen im Stillen Ozean	14	13	13	11	48	49	53	51
Britisch-Ostindien	7	10	10	5	14	36	24	12
Italien	7	22	3	3	3	16	2	2
Türkei	7	16	14	17	20	42	23	21
Persien	4	2	1	1	16	7	3	3
Deutschland	2	11	16	5	2	8	13	4
Australien	2	5	—	4	5	13	—	15
Kanada	—	65	63	—	—	59	50	—
Port. Ostafrika	—	2	—	—	—	5	—	—
Port. Besitzungen in Indien	—	5	—	—	—	11	—	—
Übrige Länder	1	1	4	8	2	2	6	12
Zusammen	6058	7641	7823	7345	4910	7276	6658	5454

Die Ausfuhr ist gering; sie betrug an

	1908	1907	1906	1905	1908	1907	1906	1905
einheimischen Erzen	4,4	15,3	13,7	14,1	9,7	25,8	20,0	19,7
fremden Erzen	3,3	6,6	4,9	12,0	11,0	21,8	12,4	35,0
Zusammen	7,7	21,9	18,6	26,1	20,7	47,6	32,4	54,7

Großbritannien.

Kohlenförderung, Ausfuhr von Kohle, Koks und Briketts; Inlandsverbrauch im ganzen und auf den Kopf der Bevölkerung für die Jahre von1873—1908.
(Nach Mines and Quarries, General Report for 1908, Part III, S. 180.)

| Jahr | 1 Gesamt-Förderung | Ausfuhr von Kohle, Koks und Briketts | | | | | | | 9 Restmenge fär inländischen Verbrauch | 10 Einwohner-zahl | 11 Durchschnitts-kohlenverbrauch auf den Kopf der Bevölkerung |
| | | 2 Kohlenausfuhr | 3 Koksausfuhr | 4 Kohlenäqui-valent der Koksausfuhr[1] | 5 Brikettausfuhr | 6 Kohlenäqui-valent der Brikettausfuhr[2] | 7 Kohlenentnahme von Handelsschiffen für eigenen Verbrauch[3] | 8 Gesamter ausländ. Kohlenverbrauch Summe von Spalte 2, 4, 6 und 7 | | | |
	Millionen Tons	Millionen Tons	1000 Tons	1000 Tons	1000 Tons	1000 Tons	Millionen Tons	Millionen Tons	Millionen Tons	Millionen	Tons
1873	128,7	12,1	261,6	436,1	278,4	250,6	3,3	16,1	112,6	32,2	3,5
74	126,6	13,4	236,2	393,7	309,9	278,9	3,1	17,2	109,4	32,5	3,4
75	133,3	14,0	307,6	512,7	258,3	232,5	3,3	18,0	115,3	32,8	3,5
76	134,1	15,7	326,7	544,5	292,0	253,8	3,6	20,1	114,1	33,2	3,4
77	134,2	14,9	333,6	556,1	205,5	185,0	3,7	19,3	114,9	33,8	3,4
78	132,6	15,0	274,2	457,1	221,9	199,7	4,0	19,7	112,9	33,9	3,3
79	133,7	15,7	345,4	575,7	356,8	321,1	4,4	21,0	112,7	34,3	3,3
80	146,9	17,9	442,8	738,0	386,0	347,4	4,9	23,9	123,1	34,6	3,6
81	154,2	18,8	414,8	691,3	412,3	371,1	5,2	25,0	129,1	34,9	3,7
82	156,5	19,9	466,2	777,1	542,2	488,0	5,6	26,8	129,7	34,2	3,7
83	163,7	21,7	488,0	813,3	616,7	555,0	6,4	29,4	134,3	35,4	3,8
84	160,8	22,4	476,3	793,8	519,5	467,5	6,6	30,2	130,5	35,7	3,7
85	159,4	22,7	548,4	914,0	512,2	461,0	6,7	30,8	128,6	36,0	3,6
86	157,5	22,1	650,3	1 083,9	525,9	473,3	6,7	30,4	127,2	36,3	3,5
87	162,2	23,3	661,9	1 103,2	540,2	486,2	6,9	31,7	130,4	36,6	3,6
88	169,9	25,6	798,3	1 330,4	539,9	485,9	7,1	34,6	135,4	36,9	3,7
89	176,9	27,5	769,5	1 282,5	682,1	613,8	7,7	37,1	139,8	37,2	3,8
90	181,6	28,7	732,4	1 220,6	672,2	605,0	8,1	38,7	143,0	37,5	3,8
91	185,5	29,5	859,5	1 432,6	727,8	655,0	8,5	40,1	145,4	37,8	3,8
92	181,8	29,0	609,5	1 015,8	796,5	716,8	8,6	39,4	142,4	38,1	3,7
93	164,3	27,7	602,8	1 004,6	721,1	648,9	8,1	37,5	126,8	38,5	3,3
94	188,3	31,8	588,3	980,4	729,1	656,2	9,3	42,7	145,6	38,9	3,7
95	189,7	31,7	700,0	1 166,8	686,5	617,8	9,4	42,9	146,8	39,2	3,7
96	195,4	32,9	676,8	1 128,0	637,6	573,8	9,9	44,6	150,8	39,6	3,8
97	202,1	35,4	978,3	1 630,5	764,3	687,9	10,5	48,1	154,0	40,0	3,9
98	202,1	35,1	769,7	1 282,9	734,6	661,2	11,3	48,3	153,8	40,4	3,8
99	220,1	41,2	867,3	1 445,5	1 063,8	957,4	12,2	55,8	164,3	40,8	4,0
1900	225,2	44,1	985,4	1 642,3	1 023,7	921,3	11,8	58,4	166,8	41,2	4,0
01	219,0	41,9	807,7	1 346,1	1 081,2	973,0	13,6	57,8	161,3	41,6	3,9
02	227,1	43,2	688,6	1 147,7	1 050,3	945,2	15,1	60,4	166,7	42,0	3,9
03	230,3	45,0	717,5	1 195,8	955,2	859,6	16,8	63,8	166,5	42,4	3,9
04	232,4	46,3	756,9	1 261,6	1 237,8	1 114,0	17,2	65,8	166,6	43,0	3,9
05	236,1	47,5	774,1	1 290,2	1 108,5	997,6	17,4	67,2	169,0	43,2	3,9
06	251,1	55,6	815,2	1 358,7	1 377,2	1 239,5	18,6	76,8	174,3	43,7	4,0
07	267,8	63,6	981,4	1 635,7	1 480,9	1 332,9	18,6	85,2	182,6	44,1	4,1
08	261,5	62,5	1 193,0	1 988,4	1 440,4	1 296,4	19,5	85,3	176,2	44,5	4,0

[1]) Unter der Voraussetzung, daß für je 60 Tons Koks 100 Tons Kohlen zur Herstellung im Inlande verwandt wurden.
[2]) Unter der Voraussetzung, daß Briketts 90 % Kohlen und 10 % Pech enthalten.
[3]) Diese Zahlen beziehen sich auf die Kohlenmengen, welche an Bord von nach fremdländischen Häfen bestimmten englischen und fremden Personen- und Frachtdampfern verladen wurden.

H u l l , E.: Coal-fields of Great-Britain, their history, structure and resources. Descriptions of coal-fields of our Indian and Colonial Empire and other parts of the world. 5. edition. London 1905. 494 S. m. Abb. Pr. 14,50 M.

J e a n s , J. S.: British iron trade association. Statement on the conditions in the iron and steel trades. Prepared for the tariff commission. 5. Mai 1904. Vergl. „Stahl und Eisen" 1904. S. 664—667, 728—730, 793—794.

J ü n g s t: Die Entwickelung der britischen Kohlenausfuhr von 1850—1903. „Glückauf" 1904. S. 1177—1188 m. 1 Fig.

J ü n g s t: Der britische Kohlenausfuhrzoll. „Glückauf" 1906. S. 642—650.

K i n a h a n , G. H: Notes on mining in Ireland, Transact. North of Engl. Inst. of Min. and Mech. Eng. 1904. Vol. LIV. S. 105—133.

L a m p l u g h , G. W.: Economic geology of the isle of Man, with special reference to the metalliferous mines. Mem. of the Geol. Surv. Unit. Kingdom. London, Wyman and Sons, 1903. S. 480—584 m. Fig. 110. Pr. 1,50 M.

L e b o u r , G. A.: The marl-slate and yellow sands of Northumberland and Durham. Transact. North of Engl. Inst. of Min. and Mech. Eng. Vol. LIII. 1903. Part 1. S. 18—39 mit 3 Figuren.

L e b o u r , G. A., and J. A. S m y t h e: On a case of unconformity and thrust in the coal-measures of Northumberland. Quart. Journal of Geol. Soc. London. Vol. LXII. Nr. 247. 1906. S. 530—551 m. 17 Fig. u. Taf. 42.

M a c A l i s t e r , D. A.: Geological Aspect of the Lodes of Cornwall. Econ. Geol. III. 1908. S. 363—380.

M a c l a r e n , J. M a l c o l m: The occurence of gold in Great Britain and Ireland. Transact. of the North of Engl. Inst. of Min. and Mech. Eng. 1903. Vol. LII. S. 437—510 m. Fig. 10 bis 28 u. Taf. XIII—XVI.

N a l l , W.: The Alston mines. Transact. North of Engl. Inst. of Min. and Mech. Eng. Vol. LIII. 1903. Part 1. S. 40—60.

P e a c h , B. N., and J. H o r n e: The Canonbie coalfield, its geological structure and relations to the carboniferous rocks of the North of England and Central Scotland. Edinburgh, Trans. Roy. Soc. 1905. 43 S. m. 3 Taf. u. 1 kol. Karte. Pr. 6 M.

P e c k , F r. B.: Geology of the cement belt in Lehigh and Northampton Counties, Penna., with a brief history of the origin and growth of the industry and a description of methode of manufacture. Am. Geol. T. III. 1908. S. 37—76 mit 9 Fig.

P o s t l e t h w a i t e , J.: The geology of the English Lake district. Transact. North of Engl. Inst. of Mining and Mech. Eng. Vol. 52. 1903. S. 304—332.

S h a n k s , J.: Undersea extensions at the Whitehaven Collieries, and the driving of the Ladysmith Drift, England. Transact. North of Engl. Inst. Mining and Mech. Eng. Vol. 56. 1906. S. 184—192 m. Taf. IV.

S i m m e r s b a c h , B.: Die Zukunft des englischen Steinkohlen-Bergbaues. „Kohle und Erz", Kattowitz 1905. Sp. 865—868.

S i m m e r s b a c h , B.: Die Karbonformation Schottlands und die Dauer der dortigen Kohlenvorräte. (Nach R. W. D r o n: The coal-fields of Scotland. London 1902. 368 S. Pr. 18 M.) Pr. Z. f. d. Berg-, H.- u. Sal.-Wes. 1905. LIII. Bd. S. 310—324.

S i m m e r s b a c h , B.: Die englische Eisen- und Stahlindustrie in ihrem Verhältnis zu derjenigen anderer Länder. Pr. Z. f. d. Berg-, H.- u. Sal.-Wes. 1905. 53. Bd. S. 7—14 m. 10 Diagrammen.

S i m p s o n , J. B.: The probability of finding workable seams of coal in the carboniferous limestone or bernician formation, beneath the regular coal-measures of Northumberland and Durham, with an account of a recent deep boring made, in chopwell woods, below the brockwell seam. Transact. North of Engl. Inst. of Mining and Mech. Eng. Vol. LIII. 1904. S. 197—219 m. Taf. 8—11.

S o r t y: The origin of the Cleveland ironstone. Coll. Guard. 4. Januar 1907. S. 30. Ergänzende Mitteilungen zu einer früheren Veröffentlichung über die Entstehung und Zusammensetzung des genannten Vorkommens.

S t e u a r t , D. R.: The shale Oil Industrie of Scotland. Econ. Geol. 1908. Bd. II. S. 573 bis 598 m. 10 Fig.

T e a s d a l e , T.: The Barton and Forcett limestone-quarries. Transact. North of England Inst. of Min. and Mech. Eng. Vol. 56. 1906. S. 1—11 m. 8 Fig.

W a l f o r d , E. A.: On some new oolitic strata in North-Oxfordshire. Buckingham 1906. 32 Seiten.

W a l k e r , E.: Revival of the mining industry in Cornwall. Eng. and Min. Journ. 83. 1907. S. 461—466 m. 5 Fig.

W a l k e r , W. E.: Haematite-deposits and haematite-mining in West Cumberland. Transact. North of Engl. Inst. of Min. and Mech. Eng. Vol. 52. 1903. S. 294—303.

W e i s k o p f , A.: Die Hodbarrow-Mine in West-Cumberland. Berg- und Hm. Ztg. 1904. S. 149—152 m. Fig. 1—4 auf Taf. VI.

W o o d w a r d , H. B.: Geological Atlas of Great Britain (based on Reynolds Geological Atlas). London, E. Stanford, 1904. Pr. 12,80 M.

7. Dänemark, Schweden, Norwegen.

Der Bergwerks- und Hüttenbetrieb in Schweden i. J. 1901 N. 03: 116.

Bergwerks- und Hüttenproduktion Schwedens und Norwegens in den Jahren 1902, 1903 und 1904 N. 06: 270. — Für 1905—1907 s. S. 209.

Hydrographisches Bureau in Schweden P. 07: 271.

Jura-Kohle in Norwegen (J. H. L. V o g t) R. 06: 56.

Grönland, geol. Untersuchung P. 08: 224.

Die regional-metamorphosierten Eisenerzlager im nördlichen Norwegen (Dunderlandstal usw.) (J. H. L. Vogt) 03: 24, 59. — Karten hierzu s. F. I, S. 179 u. 181. Übersicht s. hier Fig. 80.

Über den Export von Schwefelkies und Eisenerz aus norwegischen Häfen. (J. H. L. V o g t) 04: 1.

Dunderland-Unternehmen (W e i s k o p f und J. H. L. V o g t) B. 04: 362.

Über Manganwiesenerz und über das Verhältnis zwischen Eisen und Mangan in den See- und Wiesenerzen. Ein Beitrag zur Kenntnis der Bildung der Manganerzlagerstätten (J. H. L. V o g t) 06: 217.

Entstehung der schwedischen Eisenerzlagerstätten (S j ö g r e n) R. 06: 333.

Schwedens zukünftige Eisenindustrie mit Hinsicht auf seine Eisenerzgewinnung (B. K j e l l b e r g) N. 06: 304.

Die Eisenerzlagerstätten bei Kiruna (Kiirunavaara, Luossavaara und Tuollavaara) (O. S t u t z e r) 06: 65, 140. — Siehe Fig. 79.

Die Eisenerzlagerstätten „Gellivare“ in Nordschweden (O. S t u t z e r) 06: 137.

Über magmatische Ausscheidungen von Eisenerz im Granit (Lofoteninseln, Norwegen). Vorläufige Mitteilung (J. H. L. V o g t) 07: 86.

Über die Entstehung der Eisenerzlagerstätten Lapplands (O. S t u t z e r) P. 07: 267.

Über den Export von Schwefelkies und Eisenerz aus norwegischen Häfen (A. W e i s - k o p f) B. 04: 94.

Über die Erzgänge zu Traag in Bamle, Norwegen (J. H. L. V o g t) 07: 210.

Zinkgewinnung aus metallarmen Erzen zu Sala (d e L a v a l) N. 07: 340.

Herstellung von Torfkohle auf elektrischem Wege in Norwegen N. 03: 255.

Verwendung von Torfgas bei der Stahlfabrikation in Schweden N. 03: 318.

Über das Vorkommen von gediegenem Kupfer in den Trapbasalten der Faröerinseln (F. C o r n u) 07: 321.

Die nordschwedischen Eisenerzlagerstätten (R. B ä r t l i n g) 08: 89. — S. Fig. 80.

Apatitgänge in den Porphyren bei Kiruna (P. G e i j e r) L. 08: 491.

Krisis im norwegischen Erzbergbau (A. W e i s k o p f) N. 08: 521.

Eisenerze der Lofoten (Hj. S j ö g r e n) L. 08: 519.

Über Pegmatite und Erzinjektionen nebst einigen Bemerkungen über die Kieslagerstätten Sulitelma-Röros (O. S t u t z e r) 09: 131, 355.

Über die Rödsand-Titaneisenerzlagerstätten in Norwegen (J. H. L. V o g t) 1910: 59.

Schweden — Norwegen.

(Für Schweden nach Mines and Quarries: General Report and Statistics-London, für Norwegen nach
Official Return furnished by the Central Statistical Office-Kristiania. — Die entsprechenden Zahlen
für 1890, 1900 und 1901 siehe F. I S. 177, für 1903 u. 1904 s. Z. 1906 S. 270),

Produkt	Produktions-Menge			Produktions-Wert		
	1905 Tonnen	1906 Tonnen	1907 Tonnen	1905 £	1906 £	1907 £
Schweden.						
Kohle	322 384	296 980	305 338	129 909	118 953	141 193
Eisenerze	4 365 967	4 502 597	4 480 070	1 278 473	1 489 559	1 516 538
Ferro-Silicium	235	638	922	4 329	11 125	16 724
Schwefelkies	20 762	21 827	27 113	11 408	13 170	17 857
Eisenvitriol	149	170	159	394	560	478
Manganerze	1 992	2 680	4 334	1 651	3 995	8 912
Manganerze in Pulver	158	130	40	401	357	158
Zinkerze	56 885	56 552	50 884	165 181	173 021	155 340
Zinkerze (gebrannt)	31 216	28 891	28 332	138 578	131 831	123 837
Kupfererze	39 255	19 655	21 957	23 690	22 631	20 389
Kupfervitriol	1 029	562	782	19 225	12 352	21 429
Silber- und Bleierze	8 397	1 938	1 987	10 948	17 898	18 792
Kobalterze	4	—	—	109	—	—
Golderze	7	—	—	10	—	—
Zinkvitriol	—	—	—	—	—	—
Schwefel	—	—	—	—	—	—
Graphit	40	37	33	262	246	192
Alaun	139	167	131	723	1 000	791
Feldspat	19 224	21 014	20 244	10 548	12 723	13 295
Feuerfester Ton u. and. Ton	119 947	154 645	200 097	19 771	16 132	17 951
Quarz	—	8 459	6 456	—	2 426	2 051
				1 815 610	2 027 979	2 075 927
Norwegen.						
Eisenerze	46 582	109 259	140 804	23 791	57 308	89 725
Zink- und Bleierze	4 241	3 308	400	2 473	1 978	386
Kupfererze	37 045	32 203	38 887	111 044	127 143	125 714
Molybdänglanz	46	1 026	30	3 352	2 912	2 682
Nickelerze	5 477	6 081	5 781	5 989	6 593	6 319
Manganerze	—	—	—	—	—	—
Schwefelkies	162 012	197 886	236 038	221 044	284 121	304 945
Chromerze	—	—	—	—	—	—
Titanerze (Rutil)	35	55	55	824	1 648	1 538
Graphit	—	1 906	1 400	—	1 209	3 077
Feinsilber . . . kg	7 100	6 367	6 670	28 571	27 473	27 912
Gold . . . „	—	—	—	—	—	—
Apatit	2 522	3 482	1 806	6 923	9 560	5 000
Wismuterze	—	100	—	—	—	—
Feldspat	20 696	23 896	32 970	15 330	20 879	28 132
				419 341	540 824	595 430

Fernere Literatur:

Schweden und die zukünftige Versorgung des Weltmarktes mit Eisenerz. „Stahl und Eisen"
1907. S. 1041—1045.

Der geologische Aufbau Schwedens. (Nach Teknisk Tidskrift.) „Glückauf" 1904. S. 63.

Übersichtskarte von Mittelschweden s. Stelz.-Berg. I, S. 470.

Das schwedische Berggesetz vom 16. Mai 1884. Berg- u. Hm. Ztg. 1903. S. 581—584.

Aus der Industriegeschichte Schwedens. (Mittelschweden, Provinz Örebro.) Berg- u. Hm.
Ztg. 1904. S. 197—199.

Das Goldwerk Aedelfors i. Ostsmåland. Berg- u. Hm. Ztg. 1903. S. 412—413.

Ahlenius, K.: Angermanälfvens flodomrade. En geomorfologisk-antropogeografisk
undersökning. Uppsala 1903. 220 S. m. IV. S. deutsch. Resumee und 16 Kartenskizzen.

Bauermann: The Gellivare Iron ore mines. Iron and Steel Instit. London. Mai 1899.

Bjorlykke, O. K.: On the geology of Central Norge. A summary of a larger work:
„Det centrale Norges fjeldbygning", Norges Geol. Undersogelse, Nr. 39. Kristiana, H. Aschehoug
& Co., 1905. 27 S. m. 1 geol. Karte.

Norwegen und Schweden.

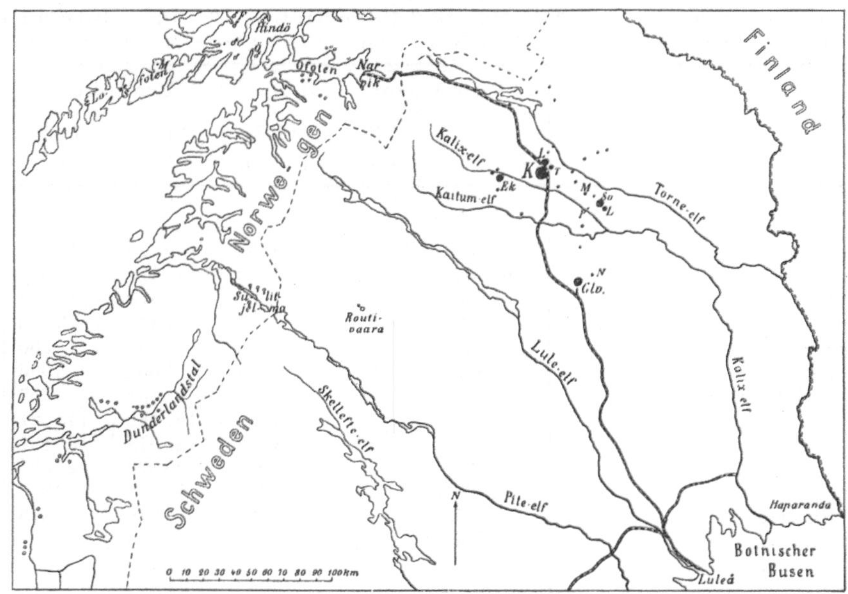

Fig. 78.

Übersicht der Erzlagerstätten im nördlichen Skandinavien. Vgl. die gegenüberstehende Karte.
(Spezialkarte des Eisenerzfeldes am Ofotfjord siehe F. I S. 181, von Dunderlandstal F. I S. 179.)

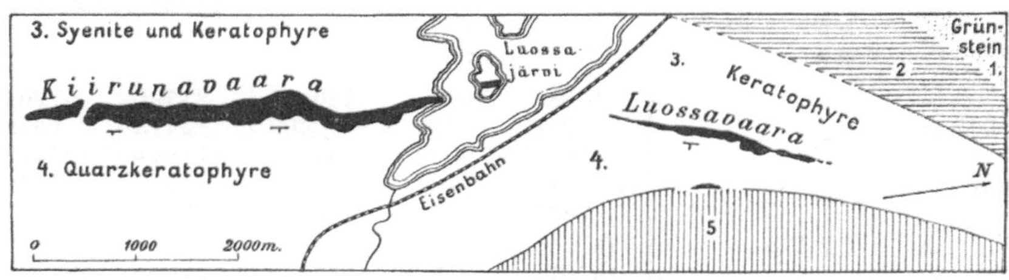

Fig. 79.

Skizze von Kiirunavaara und Luossavaara. (Vgl. auch F. I S. 178 Fig. 72.)
(Beide Fig. nach Beyschlag, Krusch, Vogt, „Lagerstätten" II, 1910.)

B j o r l y k k e , O. K: Die Bodenverhältnisse in Norwegen.   C. R. de la première
Conf. intern. agrogéologique.   Budapest 1909.   S. 115—122.

B ö g g i l d , O. B.: Mineralogie Grönlandica. Meddeleser om Grönland XXXII. Kopenhagen 1905.   625 S. m. 119 Fig. u. 1 Karte. Bespr. im Zentralbl. für Min. 1908. S. 338 bis 346.

B r ö g g e r , W. C.: Hellandit von Lindvikskollen bei Kragerö, Norwegen. Zeitschr. f.
Krystallographie und Miner. 1906.   42. Bd.   S. 417—439 mit 1 Fig. u. Taf. V.

B u g g e , S.: Bemerkninger om norsk stenindustri (English Summary).   Norg. Geol.
Unders.   Nr. 45.   Kristiana 1907.   36 S. m. 4 Taf.

B y g d é n , A.: Analysen einiger Mineralien von Gellivare Malmberg.   Bull. Geol. Inst.
of the Univ. of Upsala.   Vol. VI.   1905.   Nr. 11—12.   S. 92—100 m. 1 Fig.

      Analyse von Desmin; Analysen von Chabasit; Feldspatartige Pseudomorphose
nach Skapolith; Analysen einer Spaltenfüllungssubstanz von Oskarsgrufva.

D a h l e r u s , C.: Exposé de l'industrie minière et métallurgique de la Suède. Stockholm
1905.   157 S. m. 2 Karten.   Pr. 4 M.

D e l l w i k , A.: Der Erzberg von Gellivare, Schweden.   Jernkontorets Ann.   1906.
Bd. 60.   S. 259.

E n g e l m a n n , E.: Die Wasserkräfte Schwedens, Norwegens und der Schweiz. (Nach
einem Vortrage, gehalten am 3. Januar 1908 in der Versammlung der Fachgruppen der Maschinen-
ingenieure und der Bau- u. Eisenbahningenieure.)   Zeitschr. d. österr. Ing.- u. Architekt.-Ver. LX.
1908.   S. 673—680, 693—698 m. 13 Fig. u. 2 Taf.

Schweden.

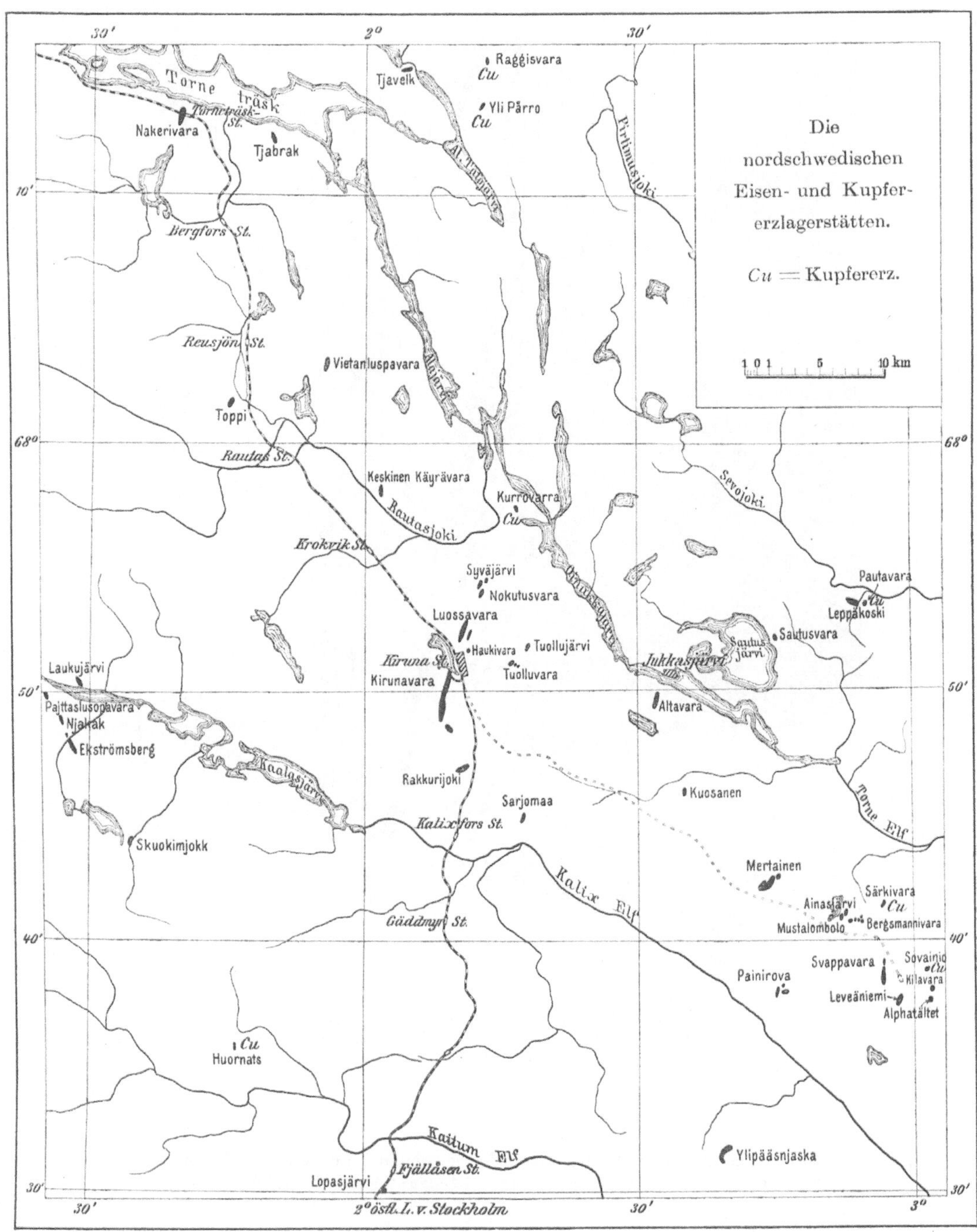

Fig. 80.
Die Eisenerz- (und Kupfererz-) Lagerstätten im nördlichen Schweden. Nach Bärtling;
Text: Z. 1908 S. 89.

F r a n k e , G.: Mitteilungen über einige neuere schwedische Anlagen und Verfahren zur
Aufbereitung und Brikettierung von Eisenerzen und Kiesabbränden. Das Brikettwerk zu Flog-
berget. — Beschaffenheit der fertigen Erzbriketts. — Zusammenstellung des Kraftbedarfs, der
Bedienungsmannschaft, der Anlage- und Betriebskosten des Werkes. — Purple-ore-Brikettwerk
der „Helsingborgs Kopparverks Aktiebolag" bei Helsingborg. — Anwendung der Sutcliffe-Pressen
in Helsingborg. — Magnetische Erzscheider von G. E k m a n n und B. G. M a r k m a n. —
„Glückauf" 44.   1908.   S. 1417—1427, 1453—1460 m. 21 Fig. u. 1 Taf.

H a m i l t o n , W. H.: The Grangesberg iron mines in Sweden. Eng. and. Min. Journal
1905.   S. 944—947 m. 3 Fig.

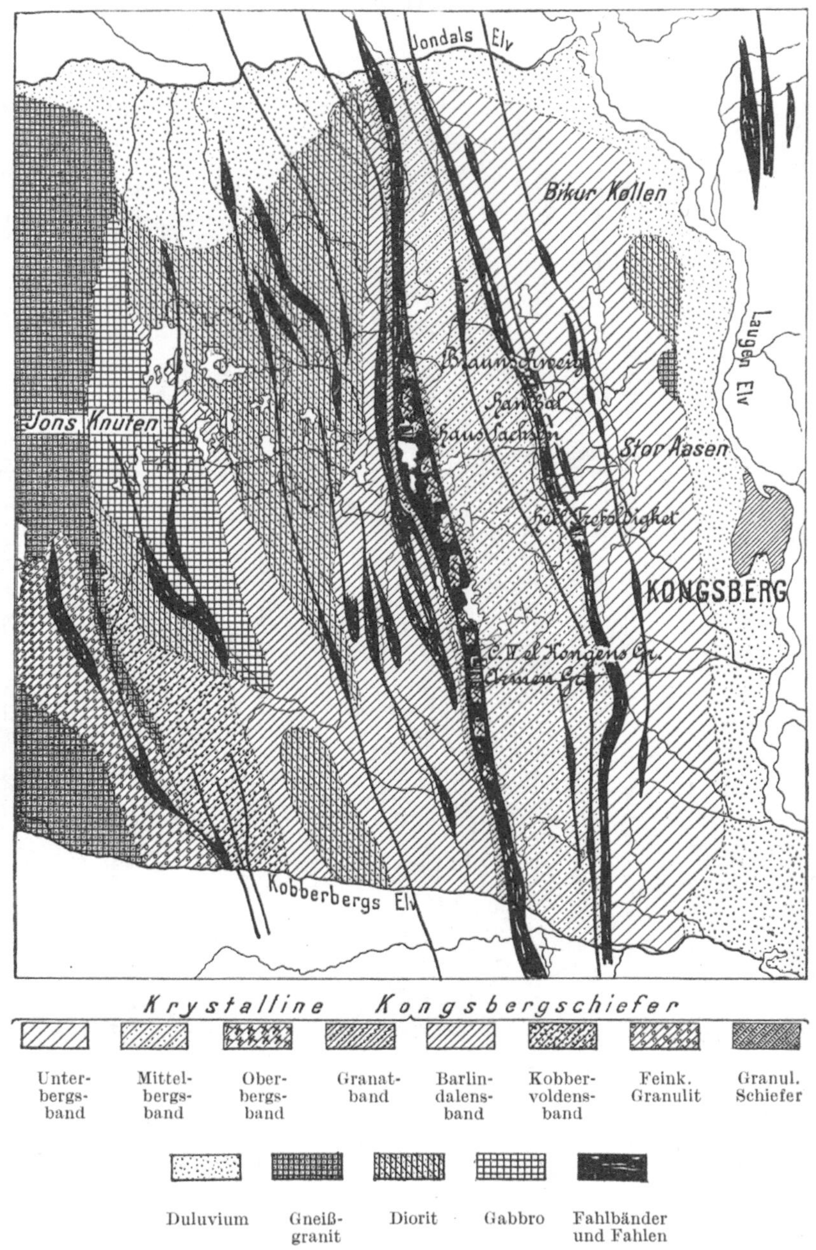

Unter-bergs-band	Mittel-bergs-band	Ober-bergs-band	Granat-band	Barlin-dalens-band	Kobber-voldens-band	Feink. Granulit	Granul. Schiefer

Duluvium	Gneiß-granit	Diorit	Gabbro	Fahlbänder und Fahlen

Fig. 81.

Die Fahlbänder vom Kongsberg in Schweden.   (Maßstab 1 : 79 400.)
(Nach Beyschlag, Krusch, Vogt, „Lagerstätten“ I, 1909.   S. 46.)

Hartz, N.: Bidrag til Danmarkt tertiäre og diluviale Flora. Kopenhagen 1909. (S. 21 über Braunkohlen.)

Hecker: Die Eisenerzvorkommen des Routivora und des Vallatj.   „Glückauf“ 44. 1908.   S. 1350—1355 m. 4 Fig.

Hecker: Bericht über eine im Sommer 1903 nach den Eisenerzvorkommen an der Ofotenbahn ausgeführte Studienreise.   Preuß. Zeitschr. 1904.   Bd. 52.   S. 61—85 mit Texttaf. b—e und Atlastaf. 4.   (Karte des Gellivare-Eisenerzfeldes, 1:16 000.)

Henriksen, G.: On the iron deposits in Sydvaranger, Finmarken, Norwegen, and relative geological problems.   Vardö 1902.   8 S. — Berg- und Hüttenm. Ztg. 1904.   S. 597—598.

Henriksen, G.: Sur les gisements de minerai de fer de Sydvaranger, Finmark-Norwegen, et sur des problèmes connexes de géologie.   Paris, Soc. publ. scient. et industrie, 26, rue Brunel, 1904.   7 S.

Henriksen, G.: Sundry geological problems. Christiana, Grondahl & Son, 1906. 18 S.

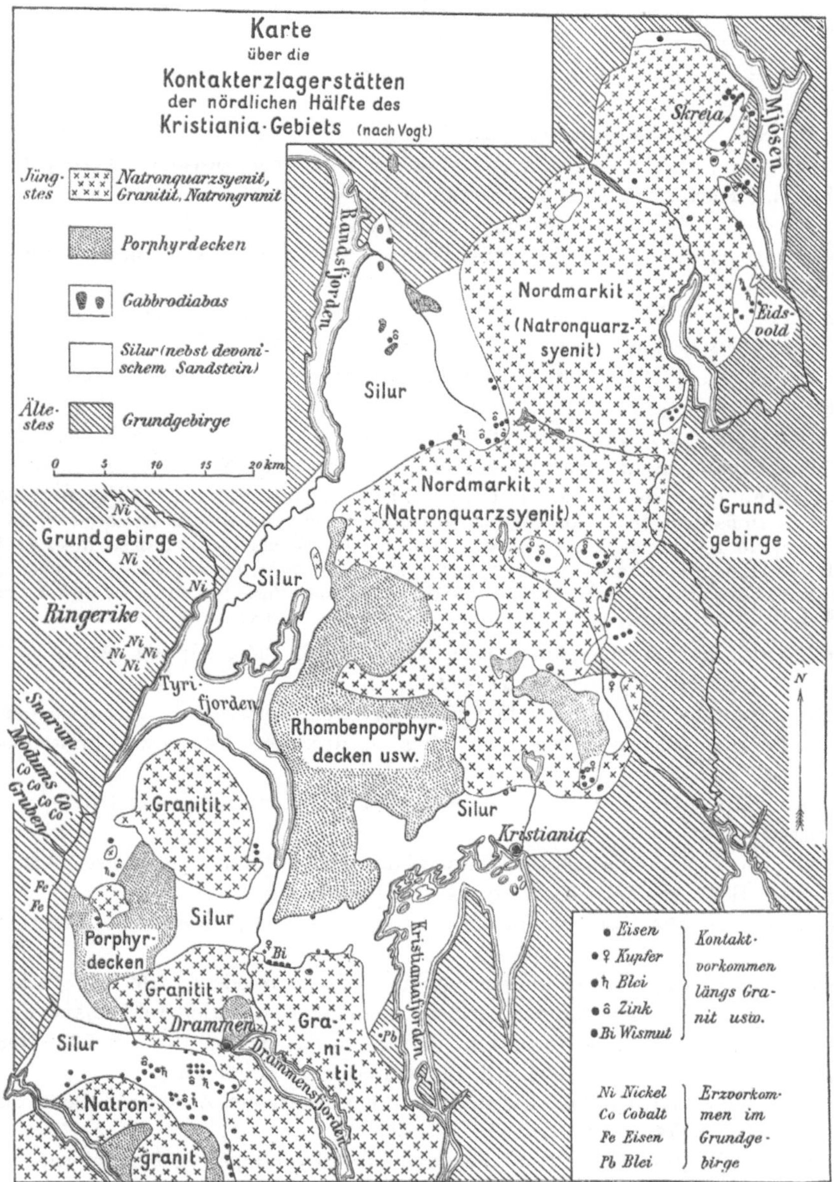

Fig. 82.
Unmittelbare und mittelbare oxydische und sulfidische kontaktmetamorphe Lagerstätten
des Christiania-Gebietes.
(Nach Beyschlag, Krusch, Vogt, „Lagerstätten" I, 1909, S. 167.)
(Fig. 81, Kongsberg, schließt westlich ungefähr an; eine südliche Fortsetzung siehe Z. 1907 S. 211:
Skiensfjord.)

Hertel, K.: Ein neuer roter schwedischer Granit (von der Insel Jungfrun). Deutsche Bau-Ztg. 1907. Nr. 64. S. 446—447 m. 5 Fig.

Hofman-Bang, O.: Studien über schwedische Fluß- und Quellwässer. Bull. Geol. Inst. of the Univ. of Upsala. Vol. VI. 1905. Nr. 11—12. S. 101—159.

Holm, G., und H. Munthe: Kinnekulle's Geologi (och Paleeontologi) och tekniske användning af dess Bergarter. 3 Teile. Stockholm 1901. 152 S. m. 74 Phototypien und 5 geol. Karten. Pr. 7 M.

Hullegård, H.: Zur Frage der Verwertung der schwedischen Nickelerze. Teknisk Tidskrift vom 27. Oktober 1906. — „Glückauf" 1906. S. 1628—1629.

Jessen, A.: Beskrivelse til geologisk kort over Danmark, 1:100000. Kortbladene Aalborg og Nibe, nordlige Del. Mit französischem Resumee. Kopenhagen, Danemarks Geol. Undersög. 1905. 193 S. m. 10 Fig., 3 kolor. Karten und 5 Taf. Pr. 5,50 M.

J ü n g s t , F r.: Schwedens Bergbau und Eisenindustrie im Jahre 1906. Nach dem Bericht des schwedischen Kommerzkolleg. über „Bergshanteringen" für 1906. „Glückauf" 44. 1908. S. 351—354.

K e r p , H.: Landeskunde von Skandinavien. Mit 11 Fig. u. 1 Karte. Slg. Göschen Nr. 20. 202 S.

K i n d , R.: Das neue norwegische Berggesetz. „Stahl und Eisen" 1910 S. 448—451.

K o l d e r u p , C. F.: Jordskjaelv i Norge 1903. Bergens Museums Aarbog 1903. Nr. 15. 25 S. m. 1 Fig. u. 2 Karten. (Deutsches Resumee. S. 18—19.)

K r u c k e n b e r g , J.: Über einige physikalische Eigenschaften schwedischer Eisenerze. I.: Wärmeleitungsvermögen und Magnetostriktion. Stockholm, Arkiv Matem. 1905. 13 S. m. 3 Taf. Pr. 1,50 M.

L a n d i n , J.: Vorkommen von Radium in Schweden. (Nach „Teknisk Tidskrift".) Berg- u. Hüttenm. Rundschau. Kattowitz. I. 1905. S. 276—278.

L a n d i n , J.: Das Radium in Schweden. Österr. Zeitschr. f. Berg- und Hüttenw. 1905. S. 487—488.

d e L a u n a y , L.: L'Origine et les caractères des gisements de fer Scandinaves, Taberg, Routivara, Kirunavara, Svappavara, Gellivara, Grängesberg, Norberg, Dannemora, Dunderlandsdal usw. Ann. des mines 1903. T. IV. S. 49—106, 109—211 mit 23 Fig. und Taf. 3 u. 8.
I. Amas de ségrégation directe en relation avec des roches basiques S. 58; II. Gisements de Kirunavara-Luossavara, S. 67; III. Amas lenticulairés interstratifies dans des terrains cristallophylliens: Svappavara, Gellivara, Grängesberg, Norberg, Persberg-Dannemora etc., S. 109; IV. Le rôle du phosphore dans les minerais de fer Scandinaves, S. 170; V. Résumé. — Conclusions théoriques, S. 187.

L ö n b o r g , S.: Sveriges karta tiden till omkring 1850. Upsala, Almquist & Wiksells 1903. 242 S. (Deutsches Resumee S. 235—242.)

L u n d , H.: Die Eisenerzlagerstätten in Varanger, Norwegen. (Auszug aus seinem Vortrage vom 13. Februar 1904 im norwegischen Ing.- u. Architekt.-Verein zu Christiania.) „Stahl und Eisen" 1904. S. 578.

L u n d b o h m , Hj.: On the iron ore deposits of Kiirunavaara and Luossavaara. Iron and Steel Institut 1898.

N i c o u , M. P.: Les gisements de minerai de fer de la Laponie Suédoise. Ann. des mines. T. XIV, 9 u. 10. 1908. S. 221—337 u. S. 341—361 m. 28 Fig.

N i s s e n , P.: Die Kartographie Norwegens, eine kurze Übersicht. Petermanns Mitt. 1905. S. 58—62.

N o r d e n s t r ö m , G.: L'industrie minière de la Suède en 1897. Stockholm 1897.

P e t e r s s o n , W.: Die Eisenerzvorkommen in den Gemeinden Jukkasjärvi und Gellivare im schwedischen Regierungsbezirk Norbotten. Jernkontorets Annaler 1907. S. 238—308. Auszug „Stahl und Eisen." 27. Jahrg. 1907. S. 1571—1576 m. 1 Kartenskizze.

P e t e r s s o n , W.: Über die Eisenerze Lapplands. Österr. Zeitschr. f. Berg- und Hüttenwesen. Wien 1903. S. 742.

R e u s c h , H., und C. F. K o l d e r u p: Tjeldbygningen og bergarterne ved Bergen. Bergens Museums Aarbog 1902. Nr. 10. 77 S. m. 19 Fig.

R ö r d a m , K.: Danmarks Geologi. Kopenhagen 1909.

S a h l i n , C.: Der heutige Stand der schwedischen Eisenindustrie und ihre Aussichten für die nächste Zukunft. (Nach Jernkontorets Annaler 1909, S. 122—168) „Stahl und Eisen" 1910, S. 170—173.

S e d e r h o l m , J. J.: Explanatory notes to accompany a geological sketch-map of Eenno-Scandia. Helsingfors 1908. 31 S. m. 19 Fig. u. 1 Karte.

S i m m e r s b a c h , B.: Die Eisenerzlagerstätten in Südvaranger, Finmarken-Norwegen, nach dem amtlichen Berichte des Geschworenen G. Henriksen-Christiania. Pr. Z. f. d. Bg.-, H.- u. Sal.-Wes. 1905. 53. Bd. S. 19—21.

S j ö g r e n , H j.: Om Sveriges jernmalmstillgångar jemförda med verldens jernmalmsbehof. — Erinringar ned anledning af professor Q. E. T ö r n e b o h m 's till ricksdagens bevillningsutskott ingiena upplvsningar af 14 Mars och 15. April 1905. Stockholm, W. Tullberg, 1905.

S j ö g r e n , H.: The geological relations of the Scandinavian Iron Ores. Bull. of the Amer. Inst. of Min. Eng. 1907. S. 877—946 m. 19 Fig.

S l a v i k , F.: Mineralogische Notizen: 1. Zur Kenntnis der Mineralien von Schlaggenwald; 2. Titanit von Skaatö bei Kragerö; 3. Krokoitkrystall von Dundas; 4. Chrysoberyll von Marschendorf in Mähren. Zeitschrift für Krystallographie. XXXIX. Bd. 1904. — 305 S. m. 7 Fig.

S p a c k e l e r: Der skandinavische Kiesbergbau. „Glückauf" 1909. Nr. 8—10. S. 245 bis 255, 281—289, 323—328 m. 24 Abb.

S p a c k e l e r: Schwedens Eisensteinbergbau in technischer, sozialer und wirtschaftlicher Hinsicht, seine Aussichten und vermutliche Entwicklung. „Glückauf" 1909. Nr. 14—19 mit 31 Fig.

A. Darstellung des Bergwerksbetriebes: I. Grängesberg; II. Gellivare; III. Kiruna. B. Soziale Verhältnisse. C. Wirtschaftliche Lage des schwed. Eisenerzbergbaues: I. Bisheriger Markt; II. Voraussichtliche Gestaltung: a) Allgemeines, b) Aufnahmefähigkeit der schwedischen Eisenindustrie, c) Aufnahmefähigkeit des deutschen Marktes; III. Wirtschaftlicher Ertrag.

S t u t z e r , O.: Alte und neue geologische Beobachtungen an den Kieslagerstätten Sulitelma-Röros, Norwegen. Österr. Zeitschr. f. Berg- und Hüttenw. 1906. S. 567—572 mit 1 Fig.

S t u t z e r , O.: Über die Entstehung und Einteilung der Eisenerzlagerstätten. Preuß. Zeitschr. f. Berg-., Hütten- und Sal.-Wes. Berlin 1906. S. 54.

S t u t z e r , O.: Geologie und Genesis der lappländischen Eisenerzlagerstätten. Neues Jahrb. f. Min. Beil.-Bd. XXIV. S. 548—675 mit 16 Textfig. und 4 Taf.

S t u t z e r , O.: Die Entstehung der lappländischen Eisenerzlagerstätten. „Stahl und Eisen" 1907. S. 1322—1323.

S t u t z e r , O.: The geology and origin of the Lapland iron ores. Iron and Stell Instit. London 1907. II. S. 106—206.

S v e n o n i u s: Geologische Übersicht über das Eisenerzrevier Jukkasjärvi und dessen Umgebung (Provinz Norbotten, Schweden). Jernkont. Annaler. 55. Jahrg. Heft 4 und 5. Auszug von Dr. L e o in der Berg- und Hüttenm. Ztg. 1903. S. 95—101.

T h o r o d d s e n , T h.: Die Bruchlinien Islands und ihre Beziehung zu den Vulkanen. Petermanns Mitt. 1905. S. 49—53 m. Taf. 5.

T i e m a n n , W.: Die großen Eisenerzablagerungen in Schweden und Norwegen und deren Bedeutung für unsere Industrie. „Stahl und Eisen" 1895. S. 217 ff.

T r ü s t e d t , O.: Om malmletning medels elektricitet. Helsingfors. Tidskriften teknikern. 24. Aug. 1904. 4 S. m. Taf. Nr. 249.

U s s i n g , N. V.: Danmarks Geologie. 2. Aufl. Kopenhagen 1904.

U s s i n g , N. V.: Mineralproduktionen in Danmark. Danm. Geol. Unders. II R. Nr. 12, 1902.

U s s i n g , N. V.: Dänemark. Zweite Abteilung des 1. Bandes vom Handbuch der Regionalen Geologie, herausgeg. v. G. Steinmann und O. Wilckens. Heidelberg 1910, C. Winter. 38 S. m. 12 Fig., Pr. 1,60 M.

V o g e l , O.: Aktiengesellschaft Evje Nickelwerk, Norwegen. „Metallurgie" 1904. S. 242 bis 245 m. Fig. 166—169.

V o g t , J. H. L.: Les exportations de pyrite en Norwège. — Groupe III de: Congrès intern. de chimie appliquée de Berlin. Bull. Soc. de l'ind.min. T. IV. 1905, S. 388—391 m. Figur 11.

V o g t , J. H. L.: Le développement de la production des minerais de fer en Suède et Norwège. — Groupe III de: Congrès intern. de chimie appliquée de Berlin. Bull. Soc. de l'ind. min. T. IV. 1905. S. 392—402 m. Fig. 12—14.

V o g t , J. H. L.: Bergvaerksdriften i det Trondhjemske. Trondhjem, Nidaros o Trondelagen, 1905. 14 S. m. 2 Fig.

V o g t , J. H. L.: Über anchi-eutektische und anchi-monomineralische Eruptivgesteine. Vortrag, geh. in der Ges. der Wissensch. zu Kristiania am 14. April und in d. Norwegischen geologischen Ver. am 28. Oktober 1905. Norsk geol. tidsskr. Bd. I. 1905. Nr. 2. 33 S. mit 5 Fig.

V o g t , J. H. L.: Om nikkel, navnlig om muligheden at gjenoptage den norske bergverksdrift på nikkel. Kristiania, Cammermeyer, 1902. 40 S.

V o g t , J. H. L.: Über die schräge Senkung und die spätere schräge Hebung des Landes im nördlichen Norwegen. S.-A. a. Norsk geol. tidsskrift. Bd. 1. Nr. 6. Kristiania 1907. 47 S. m. 12 Fig. u. 1 Taf.

V o g t , J. H. L.: Über die lokale Glaziation an den Lofoteninseln am Schlusse der Eiszeit. S.-A. a. Norsk geol. tidsskrift. Bd. 1. Nr. 7. Kristiania 1907. 12 S. m. 1 Fig.

V o g t , J. H. L.: De Gamle Norske Jernverk. Norges geologiske Undersögelse. Nr. 46. Kristiania 1908, Aschehoug & Co. 80 S. m. deutschem Resümee.

W e d d i n g: Die Eisenerzvorkommen bei Gellivara usw. Preuß. Zeitschr. f. Berg-, Hütten- und Salinen-Wesen. Bd. 46. 1898. S. 69—78.

W i t t , T h.: Das Vorkommen und die Gewinnung des Goldes in Falun. Berg- u. Hm. Ztg. 1904. S. 167—168.

Witt, Th.: Über das Goldvorkommen der Falungrube und die Goldgewinnung daselbst in den Jahren 1881—1902. Teknisk Tidskrift v. 26. September 1903. Abt. f. Chemie und Bergwesen. Nr. 5. S. 63—65. — Metallurgie, Halle a. S., W. Knapp, 1904. S. 27—29 m. Fig. 5.

Zimányi, K.: Über den grünen Apatit von Malmberget in Schweden. Zeitschr. f. Kryst. 1904. S. 504 ff.

Zsigmondy, K.: Über den schwedischen Eisenerzbergbau. Österr. Z. f. Berg- u. Hüttenw. 1903. S. 279—285.

8. Rußland.

(Europäisches Rußland einschließlich Ural und Kaukasusländer; weiteres siehe unter C 2: Russisch-Asien.)

Die Untergrundeigentumsfrage und die Entwickelung der Bergbauindustrie im 19. Jahrhundert (Abamelek-Lasarew) 03: 289.

Bergwerks- und Hüttenproduktion Rußlands in den Jahren 1901, 1902 und 1903 N. 06: 392. — 1904 bis 1906 s. S. 217.

Der Kohlenbergbau Rußlands N. 03: 166.

Die Kohlen- und Koksproduktion Rußlands in den Jahren 1901 und 1902 N. 03: 364.

Steinkohlenvorrat im Dombrowo-Becken, Kgr. Polen N. 05: 429.

Gußeisenproduktion Südrußlands in den letzten Jahren N. 03: 45.

Die Eisenerze im braunen Jura von Czenstochau (B. v. Rehbinder) R. 03: 310.

Die Turjiterze Rußlands (J. Samojloff) 03: 301.

Über die Erzlagerstätten von Pitkäranta (O. Trüstedt) N. 03: 317.

Manganerz-Industrie Rußlands N. 04: 372, 415, 426.

Braueisenerzlagerstätte des Hüttenwerkes „Sulinsky Sawod" (A. Terpigoreff) R. 05: 115.

Magneteisenerzlagerstätte von Daschkesan im Kaukasus (A. Terpigoreff) R. 05: 116.

Die Erzlagerstätten des Berges Dzyschra in Abchasien (A. G. Zeitlin) 04: 238.

Die Eisenerzlagerstätten des Magnetberges im südlichen Ural und ihre Genesis. (J. Morozewicz) L. 07: 90.

Gold im Ural N. 05: 48.

Einige Beobachtungen in den Platinwäschereien von Nischnji Tagil (R. Spring) 05: 49.

Platinsande aus Rußland (E. Hussak) 06: 285.

Quecksilberproduktion im Jahre 1904 N. 05: 384, auch 07: 70.

Die Kupfergewinnung im Ural N. 06: 343.

Die Zinkindustrie in Polen im Jahre 1903 N. 04: 286.

Zinkit im Ural N. 04: 427.

Neues Steinsalzlager in Süd-Rußland N. 04: 428.

Die Kalkspatlagerstätte am Berge Čelebi-jaurn-beli in der Umgegend des Baidartores (P. Zemiatčensky) L. 03: 116.

Die Gipslager in den Gouvernements Livland und Plesgau (G. Sodoffsky) 04: 411.

Über ein Asbestvorkommen im Kaukasus N. 05: 153.

Die Petroleumindustrie Rußlands im Jahre 1901 und im ersten Halbjahr 1902 N. 03: 118.

Zur Lage der Naphtha-Industrie in Baku im Jahre 1902 (P. J. Scharow) 04: 263.

Über das Vorkommen des Erdöls (A. Monke und F. Beyschlag) 05: 1, 65, 421.

Der Grosnyi-Naphtha-Bezirk 1904 N. 06: 133.

Rußland.

Nach Mines and Quarries: General Report and Statistics for 1907. — Die entsprechenden Zahlen
für 1890 und 1900 siehe „Fortschritte" I, S. 193, für 1901—1903 Z. 1906, S. 392.*)

Produkt	Menge			Wert		
	1904 Tonnen	1905 Tonnen	1906 Tonnen	1904 £	1905 £	1906 £
Kohle	19 609 582	18 668 527	21 727 313	7 591 966	7 537 738	11 101 691
Eisen	2 972 112	2 732 753	2 718 630	9 036 998	7 885 835	8 168 922
Manganerze . . .	430 090	507 605	1 018 961	218 922	282 558	423 964
Chromerze	26 575	27 047	16 976	17 125	17 548	10 994
Blei	90	778	1 013	1 057	11 469	22 939
Zink	10 612	7 911	10 087	270 613	236 047	322 199
Quecksilber	332	318	210	51 268	36 786	24 894
Silber . . . . kg	5 897	6 749	5 602	22 569	26 686	22 733
Gold . . . . . kg	33 956	30 500	30 647	5 059 904	4 592 258	5 020 403
Platin . . . kg	5 012	5 225	5 766	566 490	709 937	905 981
Kobalterze u. Regulus	3	—	1	—	—	—
Kupfer	9 835	8 507	9 350	841 860	779 096	983 763
Zinn	—	—	—	—	—	—
Schwefelkies . . .	31 667	—	20 669	25 476	30 655	18 393
Petroleum	10 887 446	7 553 702	8 168 926	10 508 879	7 592 812	12 461 522
Phosphorite . . .	20 282	20 586	5 571	20 719	23 784	17 156
Salz	1 908 273	1 843 718	1 790 297	875 899	802 008	907 822
Schwefel	16	16	39	95	127	391
Asbest	7 502	7 266	9 201	58 562	56 765	71 882
Asphalt u. Mineralpech	—	21 221	11 135	45 391	36 258	17 918
Kaolin	23 666	17 438	289 276	28 488	20 994	— ·
Ozokerit	86	248	223	1 982	5 243	4 746
Glaubersalz	3 074	1 739	1 302	2 981	1 691	1 586
Zusammen	—	—	—	35 247 244	30 686 295	40 509 899

Verluste der russischen Naphtha-Industrie in Baku 1905 N. 06: 133.

Finnlands nutzbare Lagerstätten (G o e b e l) R. 07: 294.

Über die Grundwasserversorgung der Stadt Oranienbaum (J. J e g u n o w) 09: 43.

Fernere Literatur:

Das Vorkommen von Gold in Finnland.. Kuxen-Ztg. vom 16. 4. 04. Nr. 89. Beilage.
Die Montan-Industrie Rußlands. Montan-Zeitung 1903. S. 336—338, 437—438.
Platina-Gewinnung im Ural. Org. des Vereins der Bohrtechniker 1904. Nr. 17. S. 12.
R u ß l a n d: Bergbau und Hüttenwesen Rußlands im Jahre 1906. (Aus dem statistischen
Sammelwerk über das Berg- und Hüttenwesen Rußlands im Jahre 1906. Unter Redaktion des
Geschäftsführers des Gelehrten Bergkomitees J. P o p o f f aus offiziellen Quellen zusammen-
gestellt von J. D i m i t r i e f f und O. R ü s c h k o f f. Ausgabe des Gelehrten Bergkomitees
St. Petersburg 1909.) „Glückauf" 1909. S. 1643—1649.
B r a u n s , R.: Das Mineralreich. Beschreibung der wichtigsten Minerale, ihrer Lager-
stätte und Kenntnis ihrer gewerblichen Verwendung. Edelsteine. Russische Übersetzung von
W. A. L e h m a n n , mit Zusätzen bezüglich Rußlands von A. P. N e t s c h a j e w und P. Ssus-
t s c h i n s k y , unter Redaktion von A. I n o s t r a n t z e w. Mit 73 farbigen Tafeln, 18 Photo-
typien und zahlreichen Abbildungen. (In 10 Lieferungen.) Lieferung 1. St. Petersburg 1904.
S. 1—74 m. 10 Taf. Pr. 6,50 M. — Subskriptionspreis für das vollständige Werk 60 M.
C o r d e w e e n e r , J.: La crise industrielle russe. Géologie de Krivoï-Rog et de Kertsch.
Paris, Béranger, 1902.
D e m a r e t - F r e s o n , J.: Les champs de manganèse de la Tomakovka, Dnieper
inférieur, Russie. Extr. de l'Écho de l'Ind. 26. Okt. 1902. Brüssel 1902. 7 S.
D e m a r e t - F r e s o n , J.: La concurrence des minerais de manganèse du Brésil et du
Caucase. Bruxelles 1903. Pr. 1 M.
d e D e r w i e s , V.: Recherches géologiques et pétrographiques sur les laccolithes des
environs de Piatigorsk, Caucase du Nord. Genf, C. Kündig, 1905. 84 S. m. 12 Fig. u. 3 Taf.

---

*) Angaben für 1905 und 1906 in Pud und Rubel s. Essener Glückauf 1909 S. 1643—1649:
Hier auch Spezialtabellen seit 1897. 1 Pud (16,38 kg) = 40 Pfd.; 1 Pfd. (409,51 g) = 96 Solotnik;
1 Sol. (4,27 g) = 96 Doli; 1 Doli = 0,04 g. 1 Rubel = 2,16 M.

D o ß , B r.: Über das Naturgas-Bohrloch auf dem Gute der Gebrüder Melnikow im Kreise Nowo-Usensk, Gouvernement Samara. Annuaire géologique et minéralogique de la Russie 1908. S. 216—220.

D o ß , B.: Gutachten über das Projekt einer Grundwasserversorgung der Stadt Dorpat. Riga, Müller, 1906. 39 S. m. 1 Tafel: Skizze der Drumlin- und Grundmoränenlandschaft in der Umgebung Dorpats.

D o ß , B.: Orographische und geologische Verhältnisse des Bodens von Riga. — A. Orographische Verhältnisse des Stadtgebietes; B. Geologische Beschaffenheit des Bodens der Stadt Riga. I. Die Quartärformation. II. Die devonische Formation. III. Die silurische und kambrische Formation. — S.-A. aus „Riga und seine Bauten“. Riga 1903. 12 S. m. 1 Fig. u. 1 Taf. (Orographisch-geologische Karte der Stadt Riga mit Eintragung der altalluvialen Hauptstromläufe der Düna i. M. 1: 25 200.)

D u p a r c , L.: Nouvelles explorations dans l'Oural du Nord: le bassin supérieur de la Kosva. Le Globe, Journal géographique, Genua. T. XLII. Mémoires 1903. S. 1—44 m. 7 Taf.

D u p a r c , L., und L. M r a z e c: Le minerai de fer de Troitsk. (Aus: 15. neue Serie Geol. Comité.) St. Petersburg, M. Stasjolewiza, 1904. 115 S. m. 13 Fig., 6 Taf. u. 1 geol. Karte.

D u p a r c , L., und L. M r a z e c: Sur le minerai de fer de Troitsk (Oural du Nord). Compt. rendus des séances de l'académie des sciences. Paris 1903. S. 33—35.

D u p a r c , L., und F. P e a r c e: Sur la présence de hautes terrasses dans l'Oural du Nord. „La Géographie“. Paris 1905. S. 369—384 m. Fig. 48—61.

D u p a r c , L., und F. P e a r c e: Recherches géologiques et pétrographiques sur l'Oural du nord dans la rastesskaya et kizélowskaya-datcha, Gouv. Perm. Genf, C. Kündig, 1905. Mém. Soc. de phys. et d'hist. nat. de Genève. Vol. 34. S. 383—602 mit 59 Fig., 1 Karte und Tafel 33—35.

F i r c k s , C.: On the occurence of gold in Finnish Lapland. Bull. Comm. Géol. de Finlande Nr. 17. Helsingfors 1906. 35 S. m. 15 Fig., 1 Taf. u. 1 Karte i. M. 1: 100 000.

F r i z , W.: Einige Bemerkungen über die Erzführung der Kupfererzlagerstätte Mednorudjansk bei Nischnij-Tagil im Ural. „Glückauf“ 1906. S. 563—564.

F r i z , W.: Die Steinkohlenbrikettfabrikation in Deutschland und die günstigen Bedingungen zu deren Entwickelung. in Rußland. (In russischer Sprache.) Odessa 1905. Mit 30 Fig. Pr. 3 M.

G l i n k a , K.: Die Bodenzonen und Bodentypen des europäischen und asiatischen Rußlands. C. R. de la première Conf. intern. agrogéologique. Budapest 1909. S. 95—113 m. 1 Karte.

G o r b a t s c h e w: Conditions de la production et état actuel de l'industrie de l'or en Russie. Revue univ. des mines, T. XXIII. 1908. S. 205—253. T. XXIV. 1908. S. 313. T. XXV. 1909. S. 40—72 u. 158—170.

G o u v y , A.: Die Transportverhältnisse der Eisenhütten im südlichen Uralgebirge. Technik und Wirtschaft 1910, S. 157—166 m. 1 Kartenskizze u. 12 Fig.

H a c k m a n , V.: Die chemische Beschaffenheit von Eruptivgesteinen Finnlands und der Halbinsel Kola im Lichte des neuen amerikanischen Systems. Bull. Comm. Géol. de Finlande Nr. 15. Helsingfors 1905. 143 S. m. 3 Tab.

H a n s e l l s: Über Baku. Tilläg till J. K. A. 1904. Österr. Zeitschr. f. Berg- und Hüttenw. 1904. S. 2.

H e c k , F.: Ein neues russisches Hochofenwerk. „Stahl und Eisen“ 1906. S. 190—194.

H o l z , E.: Russische Eisenindustrie. Vortrag, gehalten am 2. Nov. 1903 im „Ver. zur Beförderung des Gewerbefleißes“. Österr. Zeitschr. f. Berg- und Hüttenw. 1904. S. 435—437, 455—457.

K a y s s e r , A.: Das Poti-Erzgeschäft. „Stahl und Eisen“ 1907 S. 296—301.

K ö l l e r , G.: The Kedabeg copper mines, Gouv. Elisabetpol, Rußland. Mining Magazine Vol. XII. 1905. S. 47—52 mit 2 Fig. — Ref.: „Metallurgie“ 1905. Bd. 2. S. 377—381 m. Fig. 170 u. 171.

v o n K r a s s n o w , A.: Rußland. (Länderkunde von Europa. III. Teil.) 1907. Leipzig, G. Freitag. — Nutzbare Mineralien: S. 234—239.

M a r t e l l , P.: Mitteilung über die Zinkindustrie in Russisch-Polen. Z. d. Oberschles. Berg- u. Hm. Ver. XLVII. 1908. S. 193—195.

M e i s t e r , A.: Carte géologique de la région aurifère d'Jénisséi. Desciption des feuilles L—7 und L—9. St. Petersburg 1904. 21 bzw. 48 S. m. je 1 geol. Karte i. M. 1: 84 000. (Russisch m. franz. Resumee) (Vergl. d. Z. 1898. S. 260. 1901. S. 71. 1902. S. 28. 1904. S. 284.)

M o n k o f s k i , C h.: Sur la largeur du pli des chistes cristallins de Krivoi-Rog. (Übersetzt aus dem Russischen durch A. F o n i a k o f f.) Rev. univ. des mines usw. 1905. Tome XII S. 72—105.

M r a z e c , L., und L. D u p a r c : Über die Brauneisensteinlagerstätten des Bergreviers von Kisel im Ural (Kreis Solikamsk des Permschen Gouvernements). Österr. Z. f. Berg- u. Hw. 1903. S. 711—715, 735—740 m. 10 Fig.

M u e l l e r : General-Industriekarte vom oberschlesischen, russischen und Mährisch-Ostrauer Industrierevier i. M. 1:100000. Kattowitz. G. Siwinna, 1906. Pr. 2 M., aufgez. 4 M.

N a s k e , T h., und E. A. B a r o n T a u b e : Die Eisen- und Kohlenindustrie Rußlands an der Wende des XIX. Jahrhunderts. „Stahl und Eisen" 1903. S. 1281—1284, 1318—1326.

N i c o u , P.: Le cuivre en Transcaucasie. Notes de voyage. Ann. des mines 1904. T. VI. S. 5—54 m. 4 Fig. u. Taf. I.

O p p o k o w , E. W.: Zur Frage über die Entstehungsweise und das Alter der Flußtäler in dem Mittelgebiet des Dnieprbassins. (Auszüge aus dem Buche des Verfassers: „Die Flußtäler des Gouv. Poltawa." 2. Teil. 1905. S. 391—419, mit einigen unwesentlichen Veränderungen.) Ann. Geol. et Min. de la Russie. Vol. VIII. 1906. S. 90—108 m. 1 Taf.

O s s e n d o w s k y , A. M.: Die fossilen Kohlen und Kohlenstoffverbindungen des fernen Ostens Rußlands vom Gesichtspunkte deren chemischer Bestandteile. Österr. Z. f. d. Berg- u. Hüttenw. 1906. S. 325—329, 339—343, 349—355.

P a w l o w , A.: Geologische Skizze der Umgebung Moskaus. Hilfsbuch für Exkursionen. (russisch.) Moskau 1907. Mit 8 Fig. Pr. 1 M.

P h i l i p p s o n , A.: Landeskunde des europäischen Rußlands nebst Finnlands. Sammlg. Göschen. Nr. 359. 148 S. m. 9 Fig., 7 Textkarten und 1 lithogr. Textkarte. Pr. 0,80 M.

P o d g a j e t z k y , L.: Die Eisenerzbergwerke Janisch-Takilsk auf der Halbinsel Kertsch. Gornosavodsky Listok 1904, Maiheft. Auszug hieraus von W. F r i z - Odessa: „Stahl und Eisen" 1904. S. 1010—1012; vergl. auch S. 1104. „Der Eisenerzvorrat von Kertsch im Gebiete der heute bekannten und untersuchten Lagerstätten beträgt 52 Milliarden Pud (= etwa 853 Millionen Tonnen)."

P o l t s c h i n s k y , P., und J. F e d o r o w i t s c h : Beschreibung der wichtigsten Steinkohlenbecken Rußlands. (Nach der russ. Übersetzung des Buches: „Traité d'exploitation des mines de houille" durch C h. D e m a n e t.) Berg- und Hüttenm.-Ztg. 1903. S. 291—295, 304—307.

S i m m e r s b a c h , B.: Ein Jahrzehnt Entwickelungsgeschichte der russischen Eisenindustrie. Preuß. Zeitschr. für das Berg-, Hütten- und Salinen-Wesen 1906. Bd. 54. S. 382—413.

S i m m e r s b a c h , B.: Die russische Steinkohlenindustrie und ihre wirtschaftliche Bedeutung. Verhandl. des Vereins zur Beförderung des Gewerbefleißes 1907. S. 67—103, 123—162 Mit 2 Diagrammen.

S i m m e r s b a c h , B.: Die neuere Entwickelung des russischen Berg- und Hüttenwesens. Zeitschr. f. das Berg-, Hütten- und Salinen-Wesen 1909. Heft 1. Abhandlungen. S. 9—18.

S i m m e r s b a c h , B.: Die staatliche Förderung der Goldindustrie in Rußland. Preuß. Zeitschr. f. d. Berg-, Hütten- und Sal.-Wes. 1904. Bd. 52. S. 491—493.

S o l i t a n d e r , A.: Die Goldvorkommen in Nord-Finnland. Berg- und Hüttenm. Ztg. 1903. S. 199—201.

S s a p e l k i n , W., und W. I w a n o w : Der Bergbau in Rußland. Adreßbuch der berggewerblichen Anlagen im Europäischen und Asiatischen Rußland mit statistischen Angaben für das Jahr 1901 und zwei berggewerblichen Karten des Europäischen und des Asiatischen Rußlands. (Russisch.) St. Petersburg 1903. 1594 S.

S t a h l b e r g , W.: Der Karabugas als Bildungsstätte eines marinen Salzlagers. Naturwissenschaftliche Wochenschrift 1905. IV. S. 689—698 m. 7 Fig.
    I. Der Wasserwechsel in der Karabugasenge; II. Die Konzentration des Wassers im Karabugasbusen; III. Die Salzausscheidung im Karabugas; IV. Vergleich zwischen dem Wasser des Kaspischen Meeres und dem Karabugas; V. Mächtigkeit des Salzlagers im Karabugas; VI. Das Leben im Karabugas; VII. Die wirtschaftliche Bedeutung des Karabugas.

S t r i s c h o f f , J.: Die Tertiärschichten des Kaukasus. (Russisch.) Tiflis, P. Koslowskago, 1904. 33 S.

S t r i s c h o f f , J.: Neue geologische Untersuchungen in der Naphtha-Lagerstätte von Grosny. (In russischer Sprache.) Grosny, Kaukasus. 31 S.

T a n n e r , V.: Zur geologischen Geschichte des Kilpisjärwi-Sees in Lappland. Bull. de la Comm. Géol. de Finlande Nr. 20. Helsingfors 1907. 23 S. m. 1 Karte u. 2 Taf.

T h i e ß , F.: Die Edelmetallgewinnung Rußlands. Preuß. Z. f. d. Bg-., Hütten- u. Sal.-W. 1905. 53. Bd. S. 1—6.

T h i e ß , F. (nach russischen Quellen): Die Erdölindustrie und Erdöllagerstätten Rußlands. Allg. österr. Chem.- u. Techn.-Ztg. v. 15. April 1905. S. 3—6.

T h i e ß , F.: Die Salzindustrie und der Salzhandel Rußlands zu Beginn des zwanzigsten Jahrhunderts. Pr. Z. f. d. Bg-., H.- u. S.-W. 55. 1907. S. 282—288 m. 7 Fig.

T h i e ß , F.: Das Salinenwesen Rußlands. Berg- und Hüttenm. Rundschau II. 1906. S. 320—323.

T h i e ß , F.: Die Erdölvorkommen im europäischen und asiatischen Rußland. Preuß. Zeitschrift 1904. Bd. 52. S. 12—16 m. 1 Fig.

T h i e ß , F.: Die Erzgruben von Kriwoi Rog im Bezirk Jekaterinoslaw (Südrußland). (Aus dem russischen Originalwerk „Auf den Jekaterinenbahnen". Ausgabe der Eisenbahnverwaltung Bd. I. Abschn. 1. Das Kriwoi Rogsche Erzgebiet. Jekaterinoslaw 1905.) Österr. Z. f. Berg- u. Hütten-Wesen 1907. S. 608—609.

T h i e ß , F.: Erz- und Kohlenbergbau in Südrußland. „Glückauf" 1908. S. 1802—1804.

d e T i l l i e r , C h.: Steinkohle in Sibirien und im fernen Osten Rußlands. Berg- u. Hüttenm. Ztg. 1904. S. 524—528.

T r ü s t e d t , O.: Die Erzlagerstätten von Pitkäranta am Ladogasee. Bull. de la Comm. Géolog. de Finlande. Helsingfors 1907. Nr. 19. 333 S. mit einer Karte, 19 Taf. u. 80 Fig. Preis 7,50 Mark.

T r ü s t e d t , O.: Am Kelivaara nyupptäckta malmfält vid Ladoga. Helsingfors. Tidskriften technikern. 24. Aug. 1904. 4 S. m. Taf. Nr. 248.

T s c h e r n o w , A. A.: Über die geologischen Lagerungsverhältnisse des Erdöls im Petschoragebiet. Ann. géol. de la Russie. T. XI. Livr. 1—3. 1909. S. 22—25. Pr. 7 M.

T s c h i r w i n s k y , P. N.: Eine neue Doppelspatlagerstätte in der Krim auf dem Kara-Dag. Ann. Géol. et Min. de la Russie 1907. S. 66—67.

Y e r m o l o f f , A.: Nouvelles recherches et decouvertes de naphte dans le Caucase occidental. Ann. d. Min. XII. 1907. S. 511—523.

Y e r m o l o f f , M. A.-S.: Les lacs intermittents de la Russie d'Europe. „Spelunca", T. VII. Nr. 49. 1907. 20 S. m. 3 Fig.

Z e i d l e r : Erzbrikettierungsanlage auf dem Hüttenwerke der Société des usines métallurgiques et mines de Kertsch in Kertsch, Südrußland. „Stahl und Eisen" 1905. S. 321—328 mit 2 Fig.

9. Rumänien.

Das neue Rumänische Geologische Institut P. 06: 244.

Die topographische und geologische Kartierung Rumäniens. Vgl. Fig. 83—87. (W. W i e c h e l t) 09: 281.

Bergwerksproduktion von Rumänien in den Jahren 1902—1903, 1903—1904 und 1904—1905 N. 06: 392. — 1905—1907 s. S. 223.

Die Kupfergruben der Dobrudscha N. 03: 318.

Geologische Übersicht über die salzführenden Formationen und die Salzlager in Rumänien (L. M r a z e c und W. T e i s s e y r e) R. 03: 427.

Die Petroleumindustrie Rumäniens im Jahre 1901 N. 03: 119.

Fernere Literatur:

Der Bergbau in Rumänien. Organ des Vereins der Bohrtechniker 1903. Nr. 15. S. 7—8. Nr. 16. S. 11—12. Montan-Ztg. 1903. S. 439—440.

Der Bergbau in Rumänien im Jahre 1906. Grazer Montan-Zeitung 1907. S. 275 bis 276, 298.

Gesetze und Verordnungen im Auslande mit Bezug auf den Bergbau. Österr. Zeitschr. f. Berg- und Hüttenwesen 1904. S. 469—471, 488—489, 501—502, 513—515, 528—531.
I. Serbien S. 469; II. Deutsches Reich S. 488; III. Rumänien S. 315; IV. Frankreich S. 514, V. Belgien S. 528; VI. Neu-Süd-Wales S. 529.

A l i m a n e s t i a n u , C.: Vierzig Jahre rumänischer Petroleumindustrie 1866—1906 „Petroleum" I. 1906. S. 751—753. II. 1906. S. 4—7.

A l i m a n e s t i a n u , C.: Note sur l'exploitation du lignite en Roumanie, Margineanca. Revue univers. des mines 1907. Tome XX. S. 49—64.

A l i m a n e s t i a n u , C.: Données statistiques sur l'industrie du petrole en Roumanie. Congr. Int. du pétrole. III. Bukarest 1907. S. 167—294.

A l i m a n e s t i a n u , C., L. M r a z e c und V. J. B r a t i a n u: Arbeiten der mit dem Studium der Petroleum-Regionen betrauten Kommission. Königreich Rumänien. Ministerium der öffentlichen Arbeiten. Bukarest, C. Göbl, 1904. 106 S. m. 2 Tabellen und 1 Karte der Petroleum-Zonen i. M. 1:1 000 000.

A. Bericht der Petroleumkommission an den Minister der öffentlichen Arbeiten. S. 7—37. (I. Allgem. Bemerkungen, II. Produktion nach geologischen Formationen, III. Angaben über bisherige Betriebsweise und Vorschläge betr. weiterer Arbeiten, IV. Der Staat als Eigentümer, V. Das Programm der Zukunft.) — B. Allgemeine geologische und technische Betrachtungen über die Petroleumlagerstätten in Rumänien. S. 43—104. (I. Flyschzone, II. Die subkarpatische Region, III. Das westliche rumänische Hügelland.)

A n a s t a s i u , V.: Esquisse géologique de la Dobrogea. Congr. Int. du pétrole. III. Bukarest 1907. S. 241—252 m. 1 Taf. u. 1 Fig.

A r a d i , V., jun.: Geologie der Petroleumzone von Bustenari-Câmpina, Rumänien. Ungar. Montan-Ind.- u. Handelsztg. 1907. XIII. S. 1—2.

A r o n : A. L'Exploitation du pétrole en Roumanie. Ann. des mines 1905. T. VII. S. 380 bis 464 m. 6 Fig. u. Taf. XII—XIV.

A r o n , A.: Le pétrole de Roumanie et le congrès de Bucarest. Ann. d. Mines. T. XIII. 1908. S. 27—109 m. 7 Profilen. — Auch separat bei Dunod & Pinat, Paris. Pr. 3 Fr.

A r o n , A.: Le pétrole de Roumanie. (Note additionelle.) Ann. des mines X. T. XIII. 1908. S. 416—434.

A t h a n a s i u , S.: Esquisse géologique des régions pétrolifères des Carpates du district de Bacau. Congr. intern. du pétrole. III. Bukarest 1907. S. 133—219 mit 1 geolog. Karte, 7 Prof. und 7 Figuren.

D e m a r e t , L.: Les gisements pétrolifères de la Roumanie. Paris 1908. 148 S. m. 26 Fig. und 3 Taf. Pr. 8,50 M.

F i c s i n e s c o , T h., und V. D e s s i l a : Notes sur l'exploitation du pétrole en Roumanie, Campina Bustenari. Revue universelle des mines T. XIX. 1907. S. 285—302 m. 1 Fig.

G o t t l i e b , J. M.: Vorkommen und Gewinnung des Erdöls in Rumänien. Bg.- u. Hm. Ztg. 1903. S. 517—519 m. 1 Kartenskizze.

K a n i t z , J.: Rumänische Petroleumindustrie 1903. Österr. Chem.- u. Techn.-Ztg. Nr. 3 vom 1. Februar 1904. S. 3—5. Nr. 4. vom 15. Februar 1904. S. 4—6.

d e L a m e i g n é , M. P.: La pétrole en Roumanie. Soc. de l'ind. min. St. Étienne, C. r. 1907. S. 238—246.

M r a z e c , L.: Contribution à la géologie de la région Gura Ocnitzei-Moreni. (Rumänisch und französisch.) Abdr. a. Moniteur du pétrole roumain 1905. Nr. 28. S. 785—788 m. 2 Fig.

M r a z e c , L.: Excursion à la saline de Slanic (District de la Prahova). Congr. Int. du Pétrole. III. Bukarest 1907. S. 137—160 m. 6 Fig.

M r a z e c , L.: Über die Bildung der rumänischen Petroleumerzlagerstätten. (Auszug aus der Antrittsrede, gehalten am 5. April 1907 in der feierlichen Sitzung der rumänischen Akademie.) Congr. Intern. du Pétrole. III. Bukarest 1907. 48 S. — „Tiefbohrwesen" 1907. S. 155—158, 167—168, 175—179, 183—185 m. 6 Fig.

M r a z e c , L.: Über das Vorkommen des Bartonians im Distrikte Prahova. (Rumänisch mit deutschem Auszug.) Bull. Soc. des sciences de Bucarest-Roumanie. XVI. 1906. Nr. 1 u. 2. S. 15—26.

M r a z e c , L., und W. T e i s s e y r e : Esquisse tectonique des Subcarpates de la vallée de la Prahova. Congr. Intern. de Pétrole. III. Bukarest 1907. S. 43—50 m. 1 Taf.

M r a z e c , L., und W. T e i s s e y r e : Esquisse tectonique de la Roumanie. Congrès Intern. du Pétrole. III. Bukarest 1907. S. 1—17.

M r a z e c , L., und W. T e i s s e y r e : Communication préliminaire sur la structure géologique de la région Campina-Bustenari (Prahova). Bull. Soc. des sciences de Bucarest-Roumanie. XVI. 1906. Nr. 3 u. 4. S. 91—112.

M r a z e c , L., und W. T e i s s e y r e : Excursion dans les régions pétrolifères de la vallée de la Prahova. Congr. Intern. du Pétrole. III. Bukarest 1907. S. 53—133 mit 6 Tafeln und 15 Fig.

M u r g o c i , C.: La plaine Roumaine et la Balte du Danube. Congr. Intern. du Pétrole. III. Bukarest 1907. S. 223—263 m. 1 Taf. u. 2 Fig.

M u r g o c i , G. M.: Tertiary formations of Oltenia (West-Rumänien) with regard to salt, petroleum and mineral springs. Journal of Geology 1905. Vol. XIII. S. 670—712 m. 11 Fig. u. 1 geolog. Kärtchen.

M u r g o c i , G.: Gisements du succin de Roumanie avec un aperçu sur les résines fossiles: succinite, romanite, schraufite, simétite, birmite usw. et une nouvelle résine-fossile d'Olanesti. Extr. de „Asoc. Romana pentru in aintarea si reppandirea sciintelor, Mem. Congr. de la Jasi." Bucarest 1903. 34 S. m. 14 Fig. u. 1 Karte.

Rumänien.

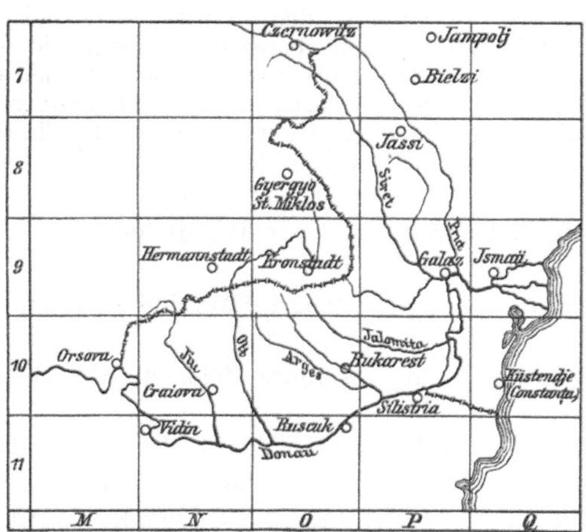

Fig. 83.

Rumänischer Anteil der Generalkarte von
Zentral-Europa 1:300 000.

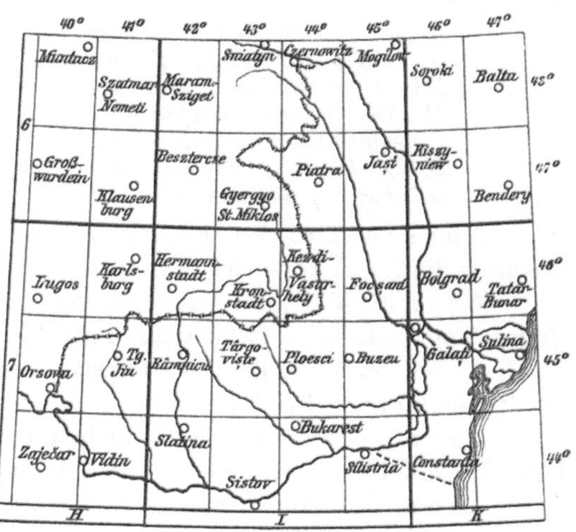

Fig. 84.

Rumänischer Anteil der General-Karte von
Mitteleuropa 1:200 000. Die dickeren Linien
entsprechen den Umgrenzungen der Blätter
der neuen „Übersichtskarte von Europa"
1:750 000.

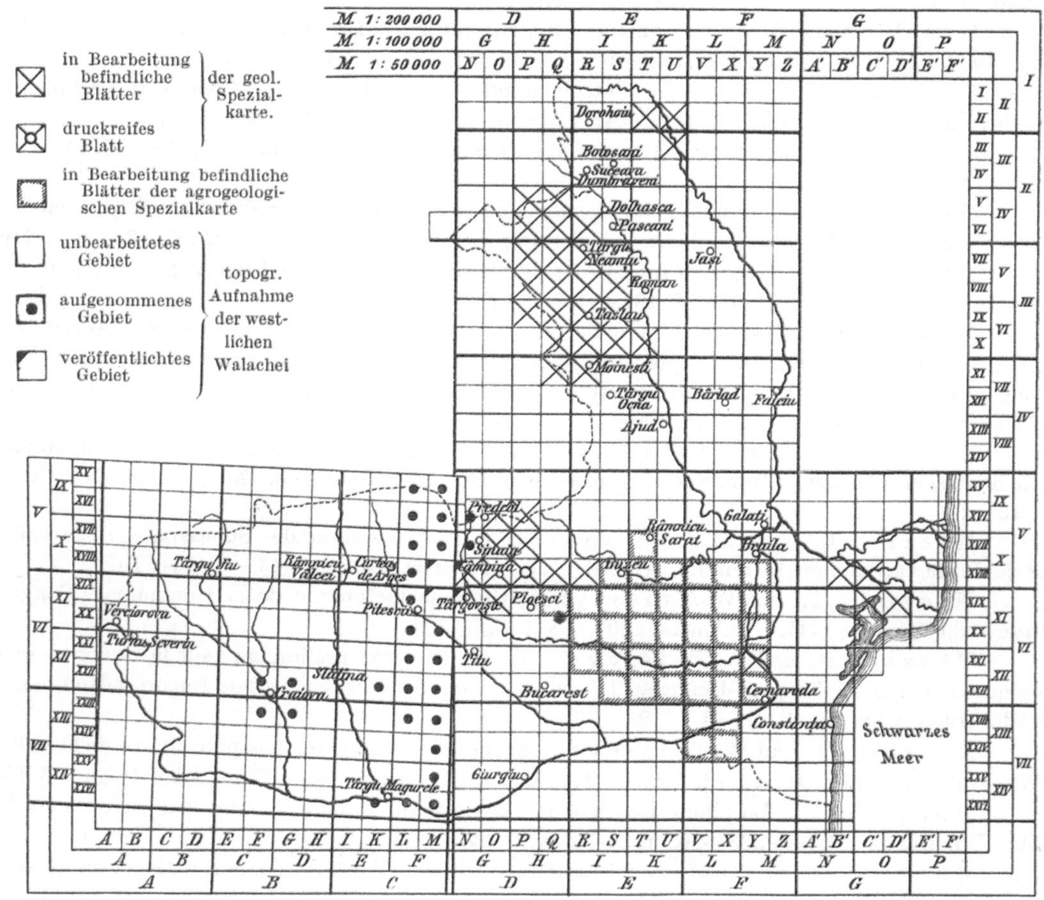

Fig. 85.

Übersichtskärtchen von Rumänien im Maßstab 1:4 800 000.
(Nach W. Wiechelt; Text: Z. 1909 S. 281. Die Namen der Sektionen i. M. 1:50 000 sind im Anhang,
S. 299, serienweise aufgeführt.)

Rumänien.

(Nach Mines and Quarries: General Report and Statistics for 1907.)

Produkt	Menge			Wert		
	1904/05 Tonnen	1905/06 Tonnen	1906/07 Tonnen	1904/05 £	1905/06 £	1906/07 £
Kohle u. Lignite .	130 226	128 413	144 323	—	—	56 000
Petroleum (Rohöl) *)	530 526	890 888	1 142 448	—	1 354 242	1 873 616
Monopolsalz . . .	117 449	115 680	124 399	—	—	—
Zusammen	—	—	—	—	—	—

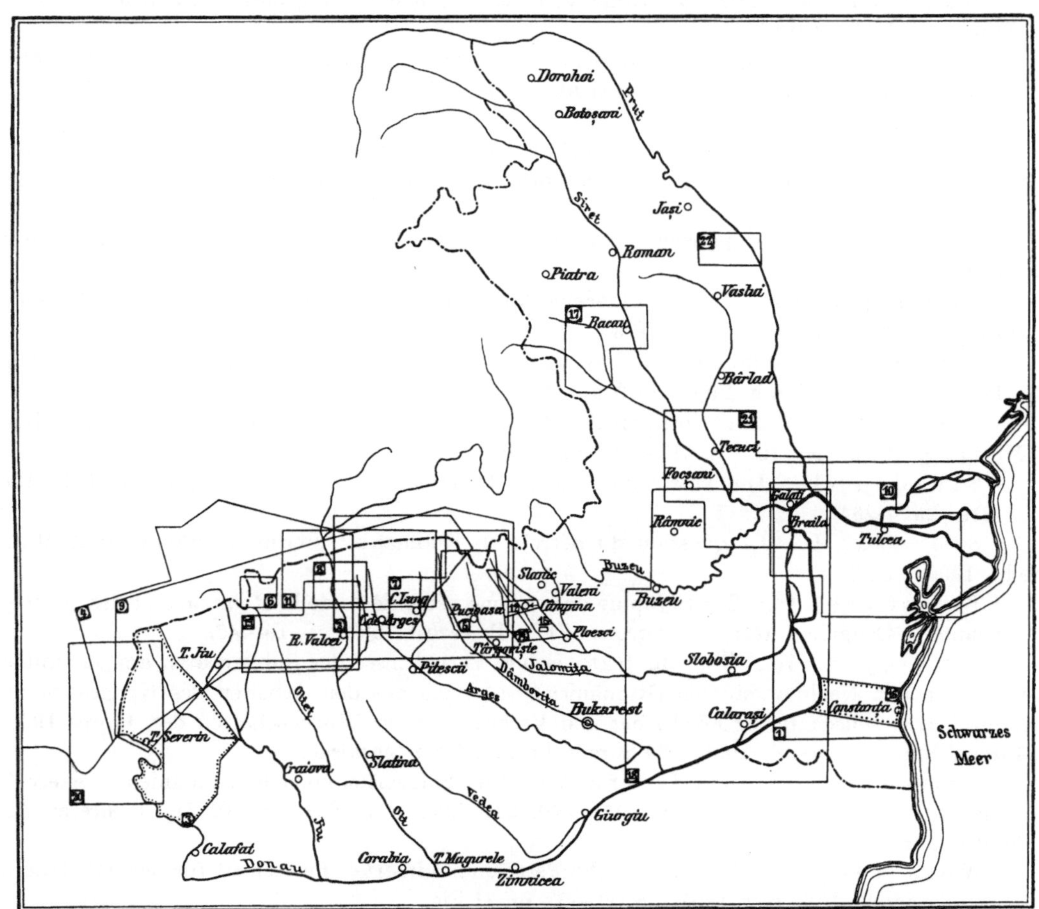

Fig. 86.

Übersichtskarte der über Rumänien herausgegebenen geologischen Kartenwerke.
Maßstab etwa 1 : 4 500 000. (Nach W. Wiechelt; Text: Z. 1909 S. 290.)

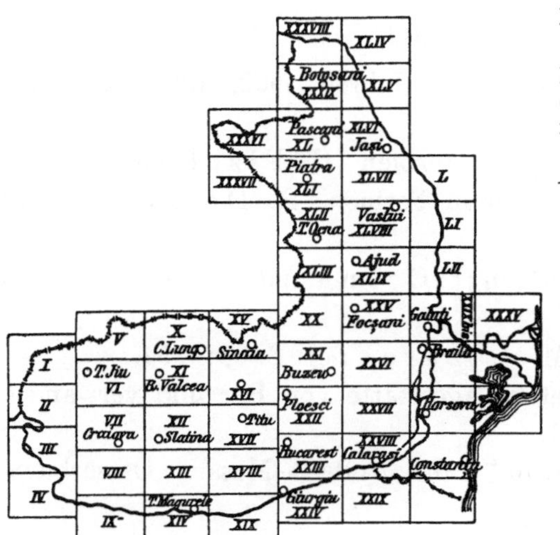

Fig. 87. Übersichtsplan der „Harta geologică generală a Românici" 1 : 175 000.

Die mit römischen Ziffern versehenen Blätter sind erschienen. (Die Städtenamen des Kärtchens dienen nur zur Orientierung.) (Sämtliche Blätter sind im Handel vergriffen.)

*) Die Rohölfördernng Rumäniens hat in den letzten 10 Jahren betragen:

	Tonnen	Zunahme gegen das Vorjahr %
1898	180 000	—
1899	250 000	39
1900	250 000	—
1901	270 000	$7\frac{1}{2}$
1902	310 000	$14\frac{1}{2}$
1903	384 302	24
1904	508 561	31
1905	614 870	23
1906	887 091	44
1907	1 130 000	$77\frac{1}{2}$

M u r g o c i , G.: Die Bodenzonen Rumäniens. C. R. de la première Conf. intern. agrogéologique. Budapest 1909. S. 313—325 m. e. klimatologischen Skizze u. e. farb. Bodenkarte Rumäniens 1: 2 500 000.

O s i c e a n u , C.: Les mines et les carrières de la Dobrogea. Congr. Intern. du Pétrole. III. Bukarest 1907. S. 253—263.

P o p o v i c i , G.: Beitrag zur Kenntnis des rumänischen Petroleums. Geographische Verbreitung, geologische Verhältnisse und chemische Untersuchungen. Wien, W. Frick, 1904. 33 S. m. 1 Karte. — Ausführliche Besprechung von M. A. R a k u s i n in „Petroleum" 1906. S. 133—134.

R a k u s i n , M.: Über das Erdöl von der Uchta und Umgebung. „Petroleum" 1907. II. Jahrg. S. 1013—1014.

R o t h v o n T e l e g d , L.: Bericht über den in Bukarest abgehaltenen III. internationalen Petroleumkongreß. Jahresbericht der Kgl. Ung. Reichsanstalt für 1907. Budapest 1909. Deutsche Ausg. S. 315—325.

S c h a f a r z i k , F.: Zur Geologie Rumäniens. (Vortrag, geh. in der Gen.-Vers. der ung. geol. Gesellsch. am 5. Februar 1908.) „Organ des Vereins der Bohrtechniker" XV. 1908. S. 138 bis 139.

S e r m o n , R.: Le pétrole en Roumanie. Brüssel 1907. Sermon & Sohn. 50 S. Pr. 2 Fr.

S i m m e r s b a c h , B.: Die Mineralvorkommen in der Dobrudscha. Berg- und Hüttenm. Rundschau 1909. Nr. 14. S. 171—173.

S i n g e r , L.: Vorkommen und Gewinnung des Steinsalzes in Rumänien. Berg- u. Hm. Ztg. 1904. S. 152—156 mit Figur 5—9 auf Taf. VI.

S t e w a r t , P. C. A.: Notes on the Roumanian oil-fields. Bi-Monthly Bull. Amer. Inst. of Min. Eng. 1906. Nr. 10. S. 517—522 m. 3 Fig.

S t u r d z a , D.: Die Petroleumfrage in Rumänien. „Petroleum" 1905. S. 177—180, 216—219, 251—254.

S t u r d z a , D.: La question du pétrole en Roumanie. Berlin, Puttkammer & Mühlbrecht 1906. 92 S.

T e i s s e y r e , W.: Stratigraphie des régions pétrolifères de la Roumanie et des contrées avoisenantes. Congrès Intern. du Pétrole. III. Bukarest 1907. S. 18—42.

T e i s s e y r e , W.: Über die tektonischen Verhältnisse der Subkarpaten am Jalomitza-Fluß und in den Nachbargebieten (Rumänien). (Auszug aus den Arbeiten des Kongresses der rumänischen Gesellschaft für Förderung und Verbreitung der Wissenschaften des Jahres 1903.) Bukarest, Staatsdruckerei, 1905. 29 S. m. 6 Prof. u. 1 Kartenskizze.

T e i s s e y r e , W., und L. M r a z e c , Das Salzvorkommen in Rumänien. Österr. Z. f. d. Bg.- u. Hw. 1905. S. 197—202, 217—220, 231—234, 247—251, mit 12 Fig. mehreren Abbildungen und 1 geol. Kartenskizze.

W e i n s t e i n , L.: Die rumänische Petroleumindustrie. Festschrift für den III. Intern. Petroleumkongreß, Bukarest 1907. S. 11—32 m. 31 Fig.

W i c k e r s h e i m e r , E.: Considérations économiques sur l'exploitation du pétrole en Roumanie. Paris, H. Dunod et E. Pinat 1907. 60 S. Pr. 2 M.

10. Serbien (und Montenegro).

Bergwerks- und Hüttenproduktion Serbiens in den Jahren 1902, 1903 und 1904 N. 06: 392. — 1905 bis 1907 siehe S. 225.

Die Quecksilber-Lagerstätten am Avala-Berge in Serbien (H. F i s c h e r) 06: 245.

Die Kupfererzlagerstätten von Rebelj und Wis in Serbien (R. D e l k e s k a m p) 07: 436.

Zur Paragenesis der Kupfererze von Bor in Serbien (F. C o r n u und M. L a z a r e v i c) 08: 153.

Krystallisierter Chromit aus Südserbien (M. L a z a r e v i c) B. 08: 254.

Neue Beobachtungen über die Enargit-Covellin-Lagerstätte von Bor und verwandte Vorkommen (M. L a z a r e v i c) 09: 177.

Ein Beispiel der „Zeolith-Kupfer-Formation" im Andesit-Massiv Ostserbiens (M. L a z a r e v i c) B. 1910: 81.

Serbien.

Nach Mines and Quarries: General Report and Statistics;
1905 n. Mines and Quarries for 1906, 1906—07 n. Mines and Quarries for 1907. — Die entsprechenden
Zahlen für 1895, 1900 und 1901 siehe „Fortschritte" I, S. 193, für 1902—1904 siehe Z. 1906, S. 392.

Produkt	Menge			Wert		
	1905	1906	1907	1905	1906	1907
	Tonnen	Tonnen	Tonnen	£	£	£
Kohle	47 848	61 350	53 139	758 775	886 575	825 775
Braunkohle . . .	105 647	130 720	172 794	791 125	900 950	2 003 450
Lignite	30 906	80 171	42 382	158 075	231 650	216 350
Antimon	81	313	243	79 325	444 000	270 625
Kupfer	35	763	1 764	74 100	1 570 450	3 154 450
Blei	42	—	52	16 400	—	24 950
Silber . . . . kg	10	33	35	1 075	400	3 150
Gold (fein) . . kg	87	128	149	251 500	374 750	451 250
Antimonerze . . .	—	—	228	—	—	25 750
Zement	6 000	6 435	7 044	187 675	265 425	395 750
Mühlsteine	118	330	215	7 200	23 125	17 225
Zusammen				2 325 250	4 697 325	7 396 050

Gesetze und Verordnungen im Auslande mit Bezug auf den Bergbau. Österr. Z. f. Bg.- u.
Hüttenwesen 1904. S. 469—471, 488—489, 501—502, 513—515, 528—531.
I. Serbien S. 469; II. Deutsches Reich S. 488; III. Rumänien S. 513; IV. Frankreich S. 514; Belgien S. 528; VI. Neu-Süd-Wales S. 529.

A n t u l a , D. J.: Les gisements de cuivre dans les environs de Bor et de Krivelj dans le
département du Timok, Serbien. Belgrad, Savits & Co., 1904. Extr. de la revue des mines et de
l'ind. minière. Russisch mit franz. Resumee. 37 S. m. 3 Fig. Preis 2 M.

A n t u l a , D. J.: L'industrie minérale de Serbie. Belgrad, Impr. d'état du Royaume.
1905. 55 S. m. 1 geol. Karte i. M. 1:1 500 000.

C v i j i c , J.: Die Tektonik der Balkanhalbinsel mit besonderer Berücksichtigung der
neueren Fortschritte in der Kenntnis der Geologie von Bulgarien, Serbien und Makedonien. Congr.
géol. intern. compte rendu de la IX. session. Wien, Hollinek, 1904. S. 347—370 mit Karte.

J o v a n o v i t c h , D.: Les richesses minérales de la Serbie. I. Les gisements aurifères.
Paris, H. Dunot et Pinat, 1907. 108 S. m. 55 Fig. und 1 Karte. Pr. 8 M.

J o v a n o v i t c h , D.: Or et cuivre de la Serbie orientale Paris 1907. 225 S. m. 1 Karte
und Gravüren. Preis 8,50 M.

J o w a n o w i t s c h , J. U.: Bergbau und Bergbaupolitik in Serbien. Heft XXIV von
„Rechts- und Staatswissenschaftliche Studien", veröffentlicht von Dr. E. E b e r i n g . Berlin,
E. Ebering, 1904. 212 S. m. e. geol. u. e. topogr. Übersichtskarte i. M. 1:750 000.
I. Geographie und politische Verhältnisse Serbiens S. 17—23; II. Geologische Übersicht S. 24—32; III. Übersicht der Lagerstätten S. 33—103; IV. Die Berggesetzgebung S. 104—118; V. Statistisches S. 119—129; VI. Die wirtschaftliche Entwickelung des serbischen Bergbaues S. 130—168.

N i e z n e r , J.: Kurzer Bericht über das Schurfgebiet in den Bezirken Vranja und Surdulitza (Serbien). Grazer Montan-Zeitung 1907. S. 206—208.

11. Bulgarien.

Die Zink- und Bleilagerstätte des Berges Izremec bei Lakatnick (Bulgarien)
(L. W a a g e n) 1910: 131.

Fernere Literatur:

Der Bergbau in Bulgarien. Montan-Ztg. 1903. S. 440—441.

C v i j i ć , J.: Die Tektonik der Balkanhalbinsel mit besonderer Berücksichtigung der
neueren Fortschritte in der Kenntnis der Geologie von Bulgarien, Serbien und Makedonien.
Congrès géol. intern. compte rendu de la IX. session, Wien 1903. Wien, Hollinek, 1904. S. 347
bis 370 mit einer tektonischen Karte i. M. 1:1 200 000.

d e L a u n a y , L.: L'hydrologie souterraine de la Dobroudja Bulgare. Ann. des mines
1906. X. S. 115—170 m. 9 Fig.

M a l l i e u x , F.: La législation minière de la Bulgarie. Rev. univers. des mines. T. XVII.
1907. S. 87—99.

V a n k o v , L.: Geologische Übersichtskarte des Fürstentums Bulgarien. Ausgegeben
vom Ministerium für Handel und Ackerbau (Sektion für Minen). M. 1:750 000. Sofia 1905.

12. Türkei.

*(Europäische Türkei einschließlich Kreta und der übrigen türkischen Inseln des
ägäischen Meeres; weiteres siehe unter C 1: Türkisch-Asien.)*

Die Mineral-Industrie in der Türkei N. 04: 63, 415.

Fernere Literatur:

Bergbau in der Türkei. Montan-Ztg. 1903. S. 418—419.

Die Mineralschätze der Türkei. Berg- u. Hüttenm. Ztg. 1903. S. 424—425.

C v i j i ć , J.: Grundlinien der Geographie und Geologie von Mazedonien und Altserbien
nebst Beobachtungen in Thrazien, Thessalien, Epirus und Nordalbaninen. I. Teil. Petermanns
geogr. Mitt. 1908. Ergh. zu Nr. 162. 392 S. m. 16 Taf. u. 3 Karten. Pr. 20 M.

G o u n o t , A.: Note sur les mines de bitume exploitées en Albanie. Ann. des mines 1903.
T. IV. S. 5—23. (Vgl. Berg- und Hüttenm. Ztg. 1904. S. 208—209.)

N o g a r a , B.: Mining in Turkey. Mining Magazine. XIII. 1906. S. 11—14 m. 5 Fig.

S i m m e r s b a c h , B.: Das türkische Berggesetz. Grazer Montan-Ztg. 1906. S. 378
bis 379. 1907. S. 6—7, 23—25.

S i m m e r s b a c h , B.: Die wirtschaftliche Entwickelung einiger Bergbaubetriebe in
der Türkei. Verhandlungen des Vereins zur Beförderung des Gewerbefleißes. 84. Jahrgang. 1905.
S. 487—501.

T o u l a , F.: Zusammenstellung der neuesten geologischen Literatur über die Balkan-
halbinsel mit Morea, die griechischen Inseln, Ägypten und Vorderasien, mit Ergänzungen der
Literaturübersicht in den Comptes rendus IX. Congr. géol. intern. de Vienne 1903 (1904).
(Aus: „XI. Jahresber. f. 1905 des naturw. Orientver.", S. 37—75. Wien 1906. (Berlin,
Friedländer & Sohn.) Pr. 2 M.

13. Griechenland.

Plissements et dislocations de l'écorce terrestre en Grèce, leurs rapports avec les
   phénomènes glaciaires et les effondrements dans l'Océan Atlantique (P h. N e g r i s)
   L. 03: 208.

Tektonik und Mineralisation des Laurion (P h. N e g r i s) R. 03: 303.

Bergwerksproduktion Griechenlands in den Jahren 1902, 1903 und 1904 N. 06: 272.

Roheisenproduktion in Griechenland N. 03: 252.

Der Eisenerzbergbau auf den Zykladen (Griechenland) N. 04: 374; s. auch 04: 415.

Fernere Literatur:

B o n a n o s , N.: Les gisements de minerais de fer chromés en Grèce: Notes sur les gîtes
de minerais de fer chromés en Grèce. Rev. univ. des mines etc. T. XXI. 1908. S. 139—148
mit 4 Profilen.

F r e i s e , F.: Bergleute und Bergbaukunst bei den alten Ägyptern, Griechen und Römern.
Österr. Zeitschr. f. Berg- und Hüttenw. 1905. S. 354—356, 367—370, 382—384, 391—393, 404
bis 406, 436—438 mit Fig. 18—24 auf Taf. XI.

G u i l l a u m e , L.: La Métallurgie du Plomb au Laurium. Ann. d. mines. Taf. XV.
1909. Livre 1. S. 5—29 m. 9 Fig.

H a b e t s , H.: Les Gisements de minerais de fer chromés en Grèce: Les exploitations
de la Société Hellénique des mines. Rev. univ. des mines, T. XXI, 1908, S. 129—138.

d e L a u n a y , L.: La formation charbonneuse supracrétacée des Balkans. Ann. des
mines. T. VII. 1905. S. 271—320 mit 7 Fig. u. T. VI (geol. Karte).

d e L a u n a y , L.: Les charbonnages des Balkans. „La Nature" 1905. Nr. 1663. S. 295
bis 298 m. 5 Fig.

C o l l i n s , H. F.: Ore treatment at Laurium, Greece. Eng. and Min. Journ. 1905. S. 363
bis 364. Referat im „Glückauf" 1905. S. 403—404.

D e r p a t , J.: Note préliminaire sur la géologie de l'île d'Eubée. Bull. Soc. Géol. de France
1903. T. III. Nr. 3. S. 229—243 m. 9 Fig. u. Taf. VII.

H ö f e r , H.: Das Erdölvorkommen auf der Insel Zante (Zakynthos), Ionische Inseln,
Griechenland. Österr. Z. f. Berg- u. Hüttenw. 1905. S. 328—340.

Griechenland.

(Nach dem amtlichen Bericht der Bergbehörde zu Athen. — Die entsprechenden Zahlen für 1891, 1900 und 1901 siehe F. I, S. 197, für 1902—1904 Z. 1906, S. 272.)

Produkt	Menge			Wert		
	1905	1906	1907	1905	1906	1907
	Tonnen	Tonnen	Tonnen	Fr.	Fr.	Fr.
Lignite	11 757	11 582	11 719	143 814	168 875	160 900
Eisenerze	555 309	777 002	861 833	4 570 119	6 072 025	6 824 500
Manganerze . . .	8 171	10 040	11 139	122 565	168 675	238 800
Bleierze	—	—	—	—	—	—
Silberhaltiges Blei .	13 729	12 308	13 814	6 811 792	7 125 575	7 837 500
Zinkerze	22 562	26 258	30 346	2 852 355	2 698 825	2 991 825
Chromerze	8 900	11 530	11 730	337 952	432 375	492 650
Magnesit	43 498	64 424	60 248	864 982	1 455 525	1 367 550
Seesalz	25 201	25 167	26 966	1 638 065	1 761 700	2 701 150
Schwefel	1 126	—	—	121 000	—	—
Gips	185	70	70	7 995	4 900	4 900
Schmirgel	6 972	7 565	10 589	742 486	805 700	1 127 725
Mühlsteine . . . St.	12 628	12 732	14 200	34 650	12 525	14 175
Andere Mineralien .	—	260	—	—	171 400	—
Zusammen	—	—	—	18 247 775	20 878 100	23 761 675

Philippson, A.: Über den Stand der geologischen Kenntnis von Griechenland. Congrès géol. intern. Compte rendu de la IX. session, Wien 1906. Wien, Hollinek, 1904. S. 371 bis 382.

Toula, F.: Zusammenstellung der neuesten geologischen Literatur über die Balkanhalbinsel mit Morea, die griechischen Inseln, Ägypten und Vorderasien, mit Ergänzungen der Literaturübersicht in den Comptes rendus. IX. Congr. géol. intern. de Vienne 1903 (1904). S.-A. a. d. XI. Jahresber. für 1905 des Naturwiss. Orientvereins. S. 37—75. Wien, Selbstverlag, 1906.

Toula, F.: Der gegenwärtige Stand der geologischen Erforschung der Balkanhalbinsel und des Orients. Einleitender Vortrag für die Behandlung dieses Gegenstandes bei dem IX. Intern. Geologen-Kongreß in Wien am 26. August 1903. Wien, Hollinek, 1904. Comptes rendus IX. Congr. géol. internat. de Vienne 1903. S. 175—330 m. 2 Karten.

Versuch einer vergleichenden Darstellung der verschiedenen Anschauungen über den tektonischen Bau der Balkanhalbinsel mit Morea, des Archipels mit Kreta und Cypern, der Halbinsel Anatolien, Syriens und Palästinas.

Vallindas, K.: Der geologische Bau und die Erzlagerstätten von Serifos. (Griechisch.) Athen 1906. Referat von Ktenas im N. Jahrb. f. Mineral. 1908. II. Bd. S. 76—78.

Zenghelis, D.: Les minerais et autres minéraux utiles de la Grèce. — Groupe III de: Congrès intern. de chimie appliquée de Berlin. Bull. Soc. de l'ind. min. T. IV. 1905. S. 403—407.

14. Italien.

Über die Ablagerungen des Bezirks Iglesias, Sardinien (L. Henrotin) L. 04: 182.

Mineralproduktion Sardiniens im Jahre 1901 N. 03: 367.

Bergwerks- und Hüttenproduktion Italiens in den Jahren 1902—1904 N. 06: 93.

Hochöfen auf Elba N. 03: 48.

Eisenerze der Maremmen und auf Elba (E. Cortese) B. 05: 145; (K. Ermisch) 05: 239.

Die gangförmigen Erzlagerstätten der Umgegend von Massa Marittima auf Grund der Lottischen Untersuchungen (K. Ermisch) 05: 206. Fig. 68, 70, 78, 79, 80, S. 209, 217, 229.

Neue Untersuchungen B. Lottis auf Elba: Silberhaltige Bleierze bei Rosseto (K. Ermisch) 05: 141.

Geologische Verhältnisse und Genesis der Zinnoberlagerstätte von Cortevecchia am Monte Amiata (B. Lotti) 03: 423.

Quecksilberproduktion im Jahre 1904 N. 05: 384.

Einige Schwefellagerstätten in der Provinz Siena (D. Pantanelli) R. 04: 278.

Siziliens Schwefelproduktion und -ausfuhr im Jahre 1902 N. 03: 399.

Siziliens Schwefelindustrie im Jahre 1904 N. 06: 29.

Der Bauxit in Italien (V. Novarese) 03: 299.

Kieselgur und Farberden in dem trachytischen Gebiet von Monte Amiata (B. Lotti) 04: 209. Fig. 36, S. 210.

Über das Asphaltvorkommen von Ragusa (Sizilien) und seine wirtschaftliche Bedeutung (H. Lotz) 03: 257. Fig. 65, S. 259.

Die geologischen und tektonischen Verhältnisse der Erzlagerstätten Nordost-Siziliens (Fig. 34) (B. Lotti und K. Ermisch) 07: 62.

Schwefelindustrie in Sizilien N. 07: 93.

Das Kupferkiesvorkommen zu Riparbella (Cecina) in der Toscana (Genesis der Kupferkieslagerstätten der eocänen basischen Eruptivgesteine der Toscana vom Typus des Monte Catini) (Fig. 101—134) (R. Delkeskamp) 07: 393.

Die Gipse des toskanischen Erzgebirges und ihr Ursprung (B. Lotti) 08: 370.

Ostungarische und italienische Bauxite (B. Lotti) 08: 501.

Die nutzbaren Lagerstätten Toskanas (B. Lotti) R. 08: 512.

Die Nickelmagnetkieslagerstätten von Varallo-Sesia, Prov. Novara (M. Priehäußer) 09: 102. — Siehe Fig. 88.

Die Fenillaz-Goldgänge bei Brusson (Piemont) (W. Hotz) 1910: 94.

Fernere Literatur:

Anonym: Syndicat obligatoire pour l'industrie du soufre en Sicile. Ann. d. Mines, T. XVI, 1909, S. 443—446.

d'Achiardi, G.: L'oro, il ferro, le pietre preziose, i marmi, i carboni fossili. Pisa, E. Spoerri, 1903. 95 S.

Aguillon, L.: Note sur les conditions économiques de l'exploitation du soufre en Sicile et en Louisiane. Ann. des mines. T. X. 1906. S. 599—617.

Andrimont, René de: Etude géologique faite en Calabre et en Sicile après le tremblement de terre du 28 décembre 1908. Rev. univ. d. Mines 1909. S. 95—129 m. 9 Fig.

de Angelis d'Ossat, G.: Considerazioni de Geologia pratica intorno alla bonifica della Campagna Romana. Giornale di Geol. Prat. Genua 1903. Vol. 1. S. 50—55.

Belar, A.: Bodenbewegungen und die Stabilität der Bauten (Markusturm). „Neueste Erdbeben-Nachrichten" VI. Laibach 1906. S. 17—19.

Brisker, C.: Die Eisenindustrie Italiens. „Stahl und Eisen" 1905. S. 1105—1114.

Camerana, E.: L'industrie des hydrocarbures en Italie. Rome, Imprimerie nationale, 1907. Pr. 0,50 M.

Camerana, E.: Über die Petroleumbohrungen in Italien. „Vulkan" 1908. S. 28—29, 33—36, 41—43, 50—51, 61—62 u. 67—68 m. 3 Fig.

Canavari, M.: Studio delle sorgenti per il nuovo acquedotto di Portoferraio. Giorn. di Geologia Pratica, Perugia, 1904. S. 185—203.

Cortese, E.: Sopra alcune ricerche di acqua di sottosuolo presso Portoferraio, Elba. Giornale di Geol. Pratica, Genua 1903. Vol. I. S. 21—31 m. 1 Taf.

Duparc, L.: L'age du granit alpin. Bibl. univ. Archives des sciences phys. et nat. Genua. T. XXI. 1906. S. 297—312.

v. Ernst, C. R.: Übersicht der Berggesetzgebung in Italien. Bergrechtl. Blätter. IV. Jahrg. Wien 1909. S. 27—31.

Ferraris, E.: Lead-smelting works of Monteponi, Sardinia. (Description of smelting works and blast-furnace practice at Monteponi for treating lowgrade lead ores, chiefly lead carbonates, intimately mixed with zinc carbonate and dolomite.) Minig Magazine 1905. Vol. XII. S. 191—195 m. 5 Fig.

Figari, L.: Sul futuro valico appenninico pel servizio del porto di Genova. Giornale di Geologia Pratica. IV. 1906. S. 1—10 m. einer topogr. Karte i. M. 1 : 100 000. (Vergl. auch F. Sacco, ebenda II. 1905. S. 88—104.)

Italien.

(Nach Österr. Z. f. Berg- u. Hüttenw. 1906, S. 328. 1905 S. 676. — Die entsprechenden Zahlen für 1890, 1900 und 1901 siehe F. I S. 206, für 1902, 1903 und 1904 siehe Z. 1906, S. 93.)

Produkt	Menge			Wert		
	1905 Tonnen	1906 Tonnen	1907 Tonnen	1905 Lire	1906 Lire	1907 Lire
I. Bergwerksproduktion.						
Erze von Eisen . . .	366 616	384 217	517 952	5 138 338	6 855 775	9 085 007
Mangan	5 384	3 060	3 654	147 880	116 950	130 184
Eisen-Mangan . . .	—	20 500	18 874	—	213 000	189 124
Kupfer	149 035	147 135	167 619	2 980 945	5 514 750	5 140 239
Zink	147 835	155 751	160 517	19 276 737	20 162 775	19 161 552
Blei	39 030	40 945	43 037	5 497 033	7 649 050	8 447 516
Silber	170	48	62	125 298	57 600	82 400
Gold	1 200	6 543	13 475	36 000	213 600	205 000
Antimon	5 083	5 704	7 892	220 676	627 725	465 264
Quecksilber	63 678	80 638	76 561	1 514 009	1 619 950	1 655 475
Arsen	—	15	73	—	1 350	9 755
Wolfram	—	25	16	—	25 000	15 200
Andere Erze (Zn, Pb, Cu)	322	70	680	6 440	3 500	70 000
Fahlerz	10	—	—	400	—	—
Schwefelkies (Eisenkies) .	117 667	122 364	126 925	1 994 205	2 080 975	2 128 450
Mineralkohlen (Anthrazit, Steinkohle Braunkohle, Lignit und bituminöse Schiefer) . . . , .	412 916	473 293	453 137	3 435 398	4 191 875	4 208 262
Torf	17 823	18 439	—	237 070	263 400	—
Schwefelerze	3 760 534	3 273 901	2 787 565	42 828 381	36 910 900	30 508 304
Steinsalz	19 669	19 007	31 540	388 376	384 400	528 634
Kochsalz (Quellensalz) .	12 756	13 171	19 238	394 993	389 175	510 771
Asphalt und Pech (Rohbitumen)	428	—	514	55 160	—	69 540
Erdöl (Rohpetroleum) .	6 123	7 451	83 265	1 826 802	2 226 550	1 663 300
Kohlenwasserstoffe cbm	3 092 000	5 724 469	5 710 000	100 050	167 850	167 250
Mineralwasser . . .	28 560	28 645	25 719	395 360	395 875	256 254
Alaunerz	8 500	7 500	7 600	51 000	48 750	53 200
Cölestin	—	250	—	—	5 700	—
Borsäure	2 700	2 561	2 305	783 000	742 700	668 450
Graphit, roh	10 572	10 805	10 989	269 970	314 200	317 955
Asphaltstein	106 586	—	161 126	1 476 218	—	2 201 154
Glaubersalz	—	—	—	—	—	—
Zusammen	—	—	—	89 179 739	91 183 375	87 938 240
II. Hüttenproduktion.						
Roheisen	143 079	135 296	112 232	11 898 942	11 786 685	12 151 850
Roheisen 2. Schmelzung .	38 169	45 644	36 764	7 836 638	9 247 749	7 740 583
Stabeisen	205 915	236 946	248 157	41 994 578	51 494 061	54 937 544
Stahl und Weißblech .	263 353	349 274	370 772	64 604 078	86 104 445	96 054 348
Gold (Rohgold) . kg	15,075	78,27	58	45 847	233 604	174 000
Silber (Rohsilber) . kg	20 215	20 362	20 502	2 001 268	2 260 131	2 265 341
Blei (Blockblei)	19 077	21 268	22 878	6 212 179	8 719 047	10 914 230
Quecksilber	369	416,6	434,3	1 845 000	2 082 930	2 171 429
Antimon	327	537	610	141 900	814 546	594 300
Kupfer und Legierungen	16 133	16 456	17 491	32 816 149	44 142 887	46 614 444
Zink (Blockzink) . . .	5	69	88	2 938	45 202	53 686
Zinn	14	13,5	2	46 200	44 550	7 400
Schwefel[1]	905 254	847 280	719 460	91 664 284	82 846 103	72 378 031
Seesalz	405 274	496 872	454 454	2 920 563	4 992 565	4 532 079
Mineralöle[2]	168 746	—	10 558,5	3 796 669	—	3 563 931
Asphalt u. verw. Produkte	25 999	—	41 008	691 298	—	1 170 475
Hüttenkoks	627 984	—	717 704	19 562 569	—	26 655 996
Briketts	842 250	829 277	787 087	21 904 450	25 120 478	25 293 478
Graphit, gemahlen . .	10 341	9 898	9 260	413 640	529 528	506 460
Leuchtgas . . cbm	256 798 232	—	291 209 196	43 403 300	—	49 509 460
Pech	—	—	41 777	—	—	1 405 510
Talk, gemahlen . . .	6 626	7 894	8 850	287 730	472 850	513 300

[1] Rohschwefel, raffinierter und gemahlener Schwefel.
[2] Leicht- und Schweröle, Benzin, Benzol, Pech und Teer.

F i g a r i , L.: A riguardo del nuovo valico appenninico pel servizio del Porto di Genova. Lettera aperta all'Onor. Presidente della Deputazione Provinciale di Genova. Giornale di Geol. Prat. Genua 1903. Vol. 1. S. 36—43.

F r a n c h i , S., V. N o v a r e s e e A. S t e l l a: Nuovi giacimenti di roccie giadeitiche in Piemento. Estr. d. Boll. della Soc. Geol. Italiana. Vol. XXII. Fasc. I. 1903. S. 130—142. Rom, F. Guggiani, 1903. 15 S.

F r a n k , A.: Borsäure-Gewinnung in Toskana. Z. f. angew. Chemie. XX. 1907. S. 258.

F r e i s e , F.: Bergleute und Bergbaukunst bei den alten Ägyptern, Griechen und Römern. Österr. Zeitschr. f. Berg- und Hüttenw. 1905. S. 354—356, 367—370, 382—384, 391—393, 404 bis 406, 436—438 m. Fig. 18—24 auf Taf. XI.

G a l d i , B.: Notizie sui giacimenti di Lignite dell' Iglesiente. Rom 1908. 56 S. m. 6 Taf.

G i a t t i n i , G. B.: Osservazioni geologiche sopra i terreni terziari di S. Valentino (Chiete) e sopra i loro giacimenti di bitume. Giorn. di Geol. Prat. V. 1908. S. 169—197 m. 1 Taf.

H e n r o t i n , L.: Note sur les terrains sédimentaires anciens du district d'Iglesias (Sardaigne). Rev. univ. des mines 1903. T. II. S. 209—215.

H e r m a n n , P.: Über Anglesit von Monteponi. Diss. Leipzig, W. Engelmann, 1904. 44 S. m. 3 Taf. — Zeitschr. für Krystallographie XXXIX. Bd. 1904. Heft 5 und 6.

D a l L a g o: Note illustrative alla Carta geologica della provincia di Vicenza. Vicenza 1903. 135 S. Pr. 2 M.

d e L a u n a y , L.: La métallogénie de l'Italie et des regions avoisinantes. Notes sur la Toscane minière et l'île d'Elbe. Mexico, Géol. Conv. 1906. 145 S. m. 42 Fig. (Fig. 1: Carte métallogénique de l'Italie septentrionale et centrale 1 : 2 000 000. Fig. 4: Croquis géologique de l'île d'Elbe.)

> I. Alpes orientales S. 13; II. Alpes occidentales. District de Gènes et Corse orientale 27; III. Massif hercynien des Maures, de la Corse occidentale et de la Sardaigne 46; IV. Monte Catini 49; V. Filons de pyrite cuivreuse de Boccheggiano, la Fenice 67; VI. Minerais de fer de l'île d'Elbe 93; VII. Gisements de mercure du Monte Amiata 113; VIII. Alunites de la Tolfa 125; IX. Manifestations hydrothermales actuelles et soffion 133.

L a V a l l e , G.: I giacimenti metalliferi di Sicilia in provincia di Messina. Puntata 2 (ultima). Messina 1904.

L o t t i , B.: A proposito di una recente scoperta di minerali plumbro-argentiferi all'isola d'Elba. Rassegna mineraria. Vol. XXI. 1904. Nr. 16. 8 S. m. 1 Fig.

L o t t i , B.: Genni sulla geologia della Toscana. Rom 1908. 28 S. (Referat f. Z. f. pr. Geol. 1908. S. 512—517.)

L o t t i , B.: Un giacimento cinabrifero nel pliocene presso Pereta in Provincia di Grosseto. Estratto dalla Rassegna Mineraria e della Industria Chimica. Vol. XXIX. num. 3. 21. Juli 1908. Torino 1908. 11 S.

L o t t i , B.: Geologia della Toscana. Memorie descrittive della Carta Geologica d'Italia. Vol. XIII. Rom 1910, G. Bertero. 484 S. m. 81 Fig. u. 4 Taf.

M a n z e l l a , E.: Sulle marne di Sizilia dal punto di vista industriale. Giornale di Geol. Pratica 1905. III. S. 137—161.

M a r i a n i , E.: Sul giacimento di galena argentifera dell' altipiano di Cadlimo. Giornale di Geologia Pratica. IV. 1906. S. 94—98 m. 1 Fig.

M a r t e l l , P.: Das Salinenwesen in Italien. „Kali" 1910. S. 78—83.

M e r l o , G.: Considérations sur la constitution geologique du district minier d'Iglesias, Sardaigne. Congr. Intern. de la Géol. appl. Liége 1905. T. I. S. 32—51 m. 10 Fig.

M i c h a e l , R.: Beobachtungen während des Vesuv-Ausbruches im April 1906. S.-A. a. d. Mai-Protokoll der Deutsch. Geol. Gesellsch. 1906. 25 S. m. 7 Fig.

M o n a c o , E.: Il gabinetto di geologia e mineralogia della r. scuola superiore d'agricoltura in Portici. Portici, E. della Torre, 1903. 8 S.

M o n a c o , E.: Diffusione di alcuni elementi rari in roccie italiane. Portici, E. della Torre 1903. 5 S.

> 1. Niobio in micascisti anfibolici. 2. Cerio nelle sabbje aurifere della Sesia presso Palestro (Pavia).

M o n a c o , E.: Brevi ricerche su minerali e terreni italiani. Portici 1905. 12 S. m. 1 Tab.

> Contribute allo studio della diffusione dell' acido borico S. 3; Sulla giobertite di Val della Torre, Torino S. 5; Sull' analisi mineralogica dei terreni S. 9.

M o n a c o , E.: Relazione sulle escursioni fatte a completamento del corso di mineralogia e geologia nell' anno scolastico 1901—1902. Portici, E. della Torre, 1903. 15 S. m. 3 Fig. (Anhang: Studio su di un terrene di Pimonti. 3 S.)

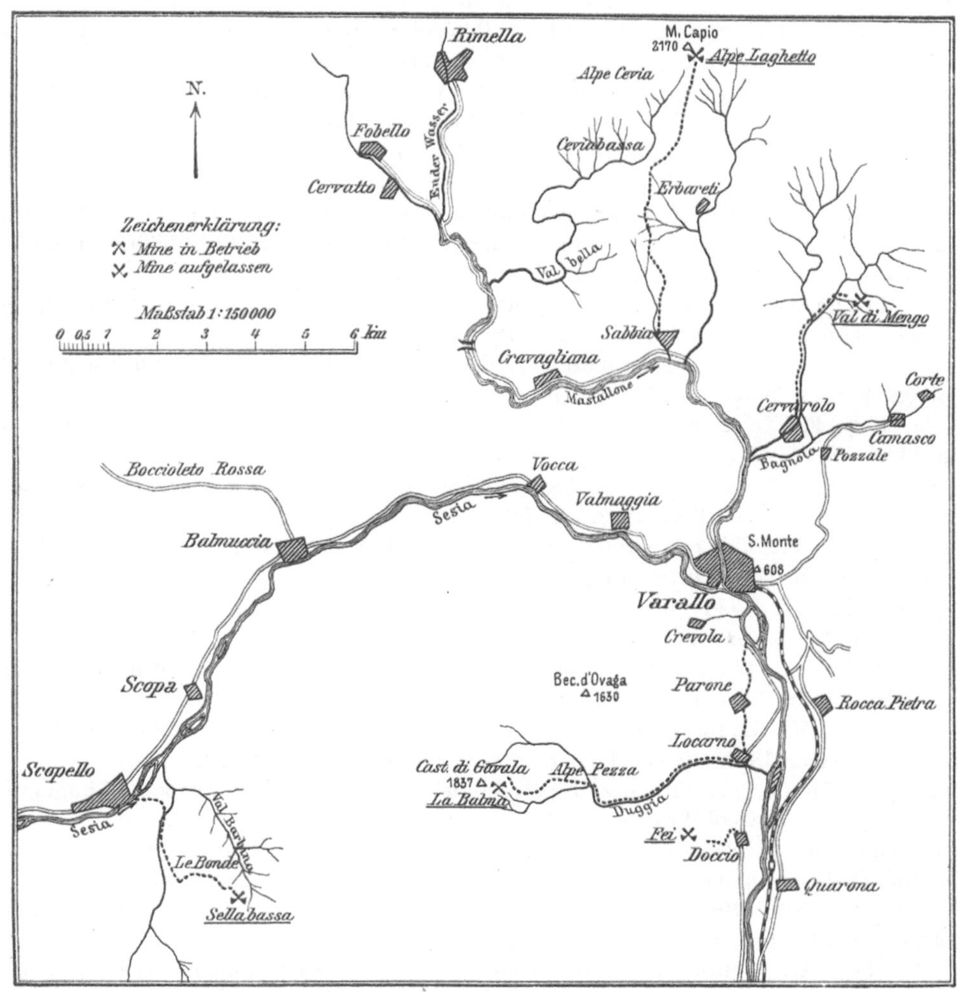

Fig. 88.

Karte der Umgebung von Varallo, Oberitalien. (Nach M. Priehäußer; Text: Z. 1909 S. 102.)

M o n a c o , E.: Sull' impiego delle roccie leucitiche nella concimazione. Abdr. aus Le Stazioni sperimentali agrarie italiane, 1903. Vol. XXXVI. Fasc. VII. S. 577—583. Modena 1903.

M u c k , J.: Das Vorkommen von Erdöl und Gasquellen in der Provinz Emilia (Ober-Italien). Vortrag, geh. a. d. 17. intern. Wandervers. d. Bohring. u. Bohrtechn. zu Wien am 20. bis 23. September 1903. — Org. d. Ver. d. Bohrtechn. 1903. Nr. 19. S. 5—7. Nr. 20. S. 4—9.

N i c o u , P.: L'exposition de Milan et le Simplon. Bull. Soc. de l'Ind. min. St. Étienne 1906. V. S. 1043—1166. 1907. VII. S. 5—114, 293—399 m. 54 Fig.

N i c o u , P.: L'industrie minière et metallurgique en Italie. Bull. de la Soc. minérale. 4 Série. T. IX. 1908. S. 339—379, 499—568 m. 6 Fig. und 1 Karte; s. auch S. 59—79.

N o v a r e s e , V.: La miniera del Beth e Ghinivert, Italien. Estr. d. Rassegna Mineraria. Vol. XII. März 1900. Torino, Candeletti, 1900. 24 S. m. 1 Figur.

N o v a r e s e , V.: I giacimenti di asfalto di San Valentino (Chieti). Estr. d. Rassegna Mineraria. Vol. XX. Nr. 1 vom 1. Januar 1904. Torino, G. Candeletti, 1904. 13 S.

N o v a r e s e , V.: Il giacimento antimonifero di Campiglia Soana nel circondario d'Ivrea. Rom, G. Bertero e C., 1903. 16 S.

N o v a r e s e , V.: Per lo studio dei giacimenti minerali. Estr. d. Rassegna Mineraria. Vol. XX. Nr. 8 v. 11. März 1904. Torino, G. Candeletti, 1904. 13 S.

O c h s e n i u s , C.: Untergrund-Studien: I. Der flache Untergrund von Venedig. II. Der tiefe Untergrund von Frankfurt a. O. Frankfurt a. O., Helios, 1905. 30 S.

P a n t a n e l l i , D.: Calcolo della portata dei pozzi modenesi a diverse altezze. Giornale di Geol. Prat. Genua 1903. Vol. I. S. 16—20.

P e l a t i N., F r a n c h i , S., S t e l l a , A., de C a s t r o , C., Z a c c a g n a , D., O r e g l i a , E., M a t t i r o l o , E., und P. P e o l a : Studio geologico-minerario sui giacimenti di antracite delle Alpi occidentali italiane. Memorie descrittive della Carta Geologica d'Italia. Vol. XII. 1903. Publ. per cura del R. Ufficio Geologico. Rom, G. Bertero & Co., 1903. 232 S. m. 31 Fig. u. 14 Taf. (Taf. IX geol. Karte i. M. 1 : 50 000.)

   P h i l i p p , H.: Beobachtungen über die Vesuveruption April 1906. Briefl. Mitt. vom 14. IV. u. 20. V. 1906 an den Oberrhein. geolog. Verein. 13 S. m. 4 Fig.

   P o e c h , F.: Die Eisenindustrie auf der Insel Elba. Vortrag. Österr. Z. f. d. Berg- und Hüttenw. 1903. S. 365—371 m. 3 Fig.

   R e h & C o . - Berlin: Asphaltgewinnung und Asphaltprodukte von Reh & Co., Asphalt- gesellschaft San Valentino. Freiberg, Craz & Gerlach, 1903. 72 S. m. 42 Abbildungen und Über- sichtsplan des Grubengebietes San Valentino. Pr. 3 M.

   R o d r i g u e z , F.: Le minieri di grafiti i di piriti cupriferi nelle Alpe Cozie; contributo alla genesi. Torino 1907. 20 S. m. 7 Taf. Pr. 2,50 M.

   R o v e r e t o , G.: La zona marmifera della Pania della Croce nelle Alpi Apuane. Giorn. di Geologia Pratica 1904. S. 157—163 m. 2 Fig.

   S a c c o , F.: Le sorgenti della Galleria Ferroviaria del Colle di Tenda. Giornale di Geologia Pratica 1906. S. 11—36 m. 1 Fig.

   S a c c o , F.: Un allarme di Geologia applicata alle Diretissime Bologna-Firenze e Genova- Milano. Giornale di Geol. Prat. 1908. S. 148—155.

   S p i r e k , V.: The mercury mining district of Monte Amiata, Italy. Mining Magazine. Vol XIII. 1906. S. 277—289 m. 6 Fig.

   S p i r e k , V.: Le gisement de cinabre du Monte Amiata. Congr. Intern. de la Geol. appl. Liége 1905. T. I. S. 135—141 m. 2 Fig.

   S p i r e k , V.: L'industria del mercurio in Italia. Estr. d. Rassegna Mineraria. Vol. IX. Oktober 1898. Rom, Tipogr. cooperativa soc. 1898. 29 S. m. 6 Fig.

   S p i r e k , V.: La formazione cinabrifera del Monte Amiata. Estr. d. Rassegna Mineraria. Vol. VII. Dezember 1897. Rom, Tipogr. cooperativa soc. 1898. 16 S. m. 5 Fig.

   d e S t e f a n i , C.: Sui pozzi di petrolio nel Parmense e sulle loro spese di impianto e di esercizio. Giornale di Geol. Pratica, 1904. II. S. 1—22.

   S t e g l , K.: Über die fossilen Brennmaterialien Italiens und die Braunkohlenwerke Ribolla und Casteani in der Provinz Grosseto. Österr. Zeitschr. f. Berg- und Hüttenw. 1907. S. 509—512, 524—529, 540—542, 552—555, 560—563 in einer Kohlenkarte Italiens (§ 525) und einer farbig. geol. Karte i. M. 1:75000 (Taf. VIII).

   S t e l l a , A.: Il problema geotettonico dell' Ossola e del Sempione. Bol. R. Com. Geol. d'Italia. 1905. Nr. 1. Rom, G. Bertero & Co., 1905. 39 S. m. 3 Taf.

   T o r n q u i s t , A.: Der Gebirgsbau Sardiniens und seine Beziehungen zu den jungen, circummediterranen Faltenzügen. (Aus Sitzungsber. d. preuß. Akad. d. Wiss.) Berlin, G. Reimer, 1903. 15 S. Pr. 0,50 M.

   U g o l i n i , R.: Sui pozzi minerari di Canneto Marche e sulle lo o condizioni geologiche in rapporto alla ricorca di solfo. Giornale di Geol. Prat. VI. Jahrgang. 1908. S. 137—147 m. 3 Fig.

   V i n a s s a d e R e g n y , P.: Le condizioni idrologiche dei dintorni di Magione (Perugia). Giornale di Geol. Prat. 1908. S. 156—161.

   V i n a s s a d e R e g n y , P.: La sorgente acidulo-alcalino-litinica di Uliveto. Giornale di Geol. Pratica 1905. III. S. 162—183 m. 1 geol. Karte 1:25000.

   W r i g h t , C h. W.: The lead and zinc mines of Monteponi. Mining Magazine 1905. Vol. XII. S. 33—38 m. 5 Fig.

15. Spanien, Portugal.

Bergwerks- und Hüttenproduktion Spaniens und Portugals in den Jahren 1902, 1903 und 1904 N. 06: 271. — 1905 bis 1907 s. S. 234.

Angesichts der noch immer bedeutenden F ö r d e r u n g dieses alten Bergbaulandes interessieren hier auch die genaueren A u s f u h r - und E i n f u h r - Verhältnisse. Diese sind deshalb auf S. 235 besonders zusammengestellt, und zwar für die Jahre 1907 uud 1908. — Vgl. auch Z. 1907, S. 210, Tafel III: Lagerstätten- karte mit Ein- und Ausfuhrbezeichnungen, von A h l b u r g ; ferner im zugehörigen Text die Diagramme in Fig. 48 bis 54 für das Jahr 1904 oder 1905.

Die Mineralfundstätten der Iberischen Halbinsel (C. A. T e n n e und S. C a l d e r ó n) L. 03: 212.

Die Erzlagerstätten von Cala, Castillo de las Guardas und Aznalcollar in der Sierra Morena, Prov. Huelva und Sevilla (C. S c h m i d t und H. P r e i s w e r k) 04: 225.

Über einige Erzlagerstätten der Provinz Almeria in Spanien (F. F i r c k s) 06: 147. 1. Allgemeines über die Bleiglanz-, Kupfererz- und Eisenerzlager der Sierra de Bédar und Coscojares; 2. Das Blei-, Kupfererzvorkommen des Pinar de Bédar; 3. Die Eisensteingruben von Serena und tres Amigos.

Verwendung von Braunkohle in der Eisenindustrie in Spanien N. 03: 368.

Kohlenlager im portugiesischen Dourotale N. 04: 114.

Kommission zur Erforschung des Kohlenreichtums in Spanien P. 06: 171.

Eisenerzausfuhr von Santander N. 03: 87.

Eisenerzvorkommen von Almohaja (Teruel) in Spanien N. 03: 120.

Quecksilberproduktion im Jahre 1904 N. 05: 384.

Silberreiche Bleiglanzgänge und Eisenspatvorkommen der Sierra Almagrera (F. Fircks) 06: 233.

Die Bleiglanzlagerstätten von Mazarrón in Spanien (R. P i l z) 05: 385. — Vgl. Fig. 90.

Arsen- und Bleigruben in den Pyrenäen N. 03: 42.

Beiträge zur Kenntnis der Huelvaner Kieslagerstätten (B. W e t z i g) 06: 173.

Die Kieslagerstätten von Aznalcollar, Provinz Sevilla (Bemerkung zu der Arbeit: „Beiträge zur Kenntnis der Huelvaner Kieslagerstätten" von B. W e t z i g). (H. P r e i s w e r k) B. 06: 261.

Vorkommen von Uranium in Spanien N. 05: 430.

Spanische Seesalzausfuhr nach Uruguay N. 03: 320.

Wolframerze in Spanien N. 07: 92.

Die nutzbaren Mineralien Spaniens und Portugals (J. A h l b u r g) 07: 183. Hierzu e. Taf. Lagerstättenkarte von Spanien und Portugal mit Angabe der Ausfuhrhäfen.

Über das Manganerzvorkommen von Ciudad Real in Spanien (R. M i c h a e l) 08: 129.

Die Erzlagerstätten von Cartagena in Spanien (R. P i l z) 08: 177. — Vgl. Fig. 89 u. 91.

Fernere Literatur:

B l o c k , J.: Über eine Reise in Südfrankreich und Spanien mit besonderer Berücksichtigung einiger Produkte Spaniens. Mit Ergänzungen versehener S.-A. aus der Festschrift zur Feier des 70. Geburtstages von Geh. Reg.-Rat Dr. J o h. J u s t u s R e i n , Professor der Geographie an der Universität Bonn, welche zugleich die erste Veröffentlichung der Geographischen Vereinigung zu Bonn bildet. Bonn, C. Georgi, 1905. 60 S.

C h a l o n , P. F.: Contribution à l'étude des filons de galène de Linarès (Espagne). Rev. univ. d. mines etc. 1903. T. III. S. 282—318 m. Taf. 7 u. 8.

C h a l o n , F.: Der Bleiglanz-Bergbau bei Linarès-la Carolina in Spanien. Berg- u. Hm. Ztg. 1904. S. 221—225. Rev. univers. des mines 1903. T. III. S. 282—318. Z. 04: 32.

C h a l o n , P. F.: Beitrag zum Studium der Bleiglanzgänge von Linarès, Spanien. Rev. minera 1904. S. 3, 19, 30, 47, 59.

C h o f f a t , P.: Notice sur la carte hypsométrique du Portugal. (I. La carte hypsométrique. II. Oroginie. Remarques sur la tectonique du Portugal. —Considérations. — III. Bibliographie.) Extrait des „Communicacoes" du Service géologique du Portugal. VII. Lissabonne 1907. 71 S. m. 1 Karte.

G r e g o r y , J. W.: Rio Tinto. Eng. and Min. Journ. 1905. S. 370—372 m. 4 Fig.

J o n e s , C. H.: Wet methods of extracting copper at Rio Tinto, Spain. Transact. Amer. Inst. of. Min. Eng. Atlantic City Meeting. Februar 1904. 9 S. m. 3 Fig.

Spanien. — Portugal.

(Für Spanien nach Estadistica minera de Espana correspondiente-Madrid; für Portugal nach Mines and Quarries: General Report and Statistics-London. — Die entsprechenden Zahlen für 1890 bzw. 1892, 1900 und 1901 siehe F. I, S. 207, für 1902, 1903 und 1904 Z. 1906, S. 271.)

Produkte	Menge			Wert		
	1905	1906	1907	1905	1906	1907
	Tonnen	Tonnen	Tonnen	Fr.	Fr.	Fr.
Spanien.						
Kohle	3 067 826	3 095 043	3 531 337	30 339 800	37 236 425	44 341 400
Anthrazit	135 099	113 747	164 498	1 881 100	1 769 775	2 506 925
Braunkohle	168 994	189 048	191 401	1 257 275	1 598 350	2 350 975
Eisenerze	9 077 245	9 448 533	9 896 178	47 133 525	49 405 525	50 262 200
Bleierze	105 113	105 095	113 632	14 182 475	15 922 475	23 214 250
Silberhaltige Bleierze	160 381	158 424	165 289	36 953 150	38 317 700	352 060 750
Zinkerze	160 567	170 383	191 853	6 969 500	7 555 750	8 562 175
Golderze	—	—	—	—	—	—
Silbererze	540	470	772	924 100	721 075	1 010 300
Eisenhalt. Silbererze	152 027	126 445	—	658 725	507 400	—
Quecksilbererze . .	26 485	26 186	28 789	3 696 200	4 142 175	3 720 025
Schwefelkies . . .	179 079	189 243	225 830	729 675	860 300	1 055 325
Kupferh. Schwefelkies	2 576 682	} 2 888 777	} 3 182 645	41 227 225	} 62 786 625	} 67 111 000
Kupfererze	44 372			1 556 050		
Kobalterze	25	67	137	1 250	5 600	16 475
Manganerze . . .	26 020	62 822	41 504	188 450	709 700	1 059 900
Antimonerze . . .	77	180	205	5 750	14 325	19 625
Zinnerze	209	86	315	105 975	52 250	74 950
Wolframerze . . .	375	420	386	166 375	223 725	194 575
Arsenikalkies . . .	4 790	2 433	3 423	83 575	35 675	67 900
Asphalt (Gestein) .	5 725	7 794	8 219	57 250	88 000	82 200
Phosphorite . . .	1 370	1 300	3 547	37 800	39 000	92 275
Bariumsulfat . . .	290	329	314	4 650	3 250	2 300
Schwefel (Gestein) .	38 153	28 965	27 054	224 975	177 975	174 800
Steatit (Talk) . .	4 364	3 609	13 875	13 100	11 625	139 150
Salz	493 451	541 978	605 895	3 813 850	4 019 350	4 339 950
Alaunerde	221	386	1 209	6 675	13 600	42 350
Amblygonit . . .	120	210	—	2 400	4 200	—
Wismuterze . . .	14	94	38	17 400	47 000	15 650
Kaolin	720	610	640	7 550	4 400	5 200
Ton	2 142	1 338	468	4 025	2 450	3 625
Flußspat	—	70	270	—	1 400	4 325
Granat	—	—	279	—	—	5 575
Graphit	15	—	30	125	—	275
Magnesit	1 446	1 335	1 954	5 225	4 800	5 850
Mineralwässer . . .	25 103 307	29 347 359	26 667 920	1 093 400	1 352 175	1 523 200
Ocker	—	164	114	—	2 100	1 450
Torf	45	11	—	450	125	—
Bimstein	54	39	—	550	375	—
Glaubersalz	579	610	615	1 775	3 325	1 875
Topas . . . . kg	—	171	266	—	16 125	26 600
Uranerze	—	12	—	—	675	—
Zusmmen	—	—	—	193 370 125	230 156 300	247 240 725

Produkte	Menge			Wert		
Portugal				Milreis	Milreis	Milreis
Antimonerz	84	481	383	4 186	68 751	29 898
Kohle (Anthrazit) .	11 449	6 762	8 824	30 218	66 091	78 777
Lignite	—	—	—	—	—	—
Eisenerze	3 200	—	—	3 840	—	—
Bleierze	291	511	510	6 096	12 303	12 816
Blei- und Kupfererze	—	—	90	—	—	2 777
Gold (fein) . . . kg	4,2	29	105	2 275	18 732	6 372
Gold und Antimon .	—	—	—	—	—	—
Kupfer (Zement) .	2 148	3 634	2 942	322 431	600 413	534 213
Kupferkies	210	196	2 388	9 574	7 745	46 372
Schwefelkies	—	—	123 393	—	—	182 556
Schwefelkies, kupferh.	352 479	350 746	241 771	658 635	654 930	571 136
Zinnerze	20	22	35	6 146	8 627	12 785
Zink- u. Kupfererze .	—	1 267	—	—	14 229	—
Wolfram	290	570	612	92 049	204 467	338 432
Arsenik	1 562	1 322	1 538	53 907	66 092	78 777
Manganerze	—	22	1 374	—	90	5 742
Arsenkies	20	—	—	140	—	—
Coppermasse	—	—	298	—	—	23 153
Zusammen	—	—	—	1 189 497	1 722 470	1 923 806

Ausfuhr	Einfuhr

Ausfuhr

Die Ausfuhr Spaniens an Förderprodukten weist nach der Statistik der Generalzolldirektion für 1907 und nach den vorläufigen Ermittelungen derselben Behörde für 1908 die folgenden Ziffern auf:

	1907		1908	
	Menge in t	Wert in Pes.	Menge in t	Wert in Pes.
Antimonerz	361	108 510	—	—
Zinkerz	177 108	8 511 089	—	—
Kupfererz	1 212 749	34 510 103	1 104 695	31 629 456
Eisenerz . . . . in t	8 635 868	107 948 352	7 252 957	90 671 971
Eisenkies	1 355 267	17 358 472	1 387 081	18 032 054
Stein- und andere Mineralkohlen	1 376	35 802	1 320	34 330
Manganerz	67 996	3 739 822	25 446	1 399 576
Bleierz	2 272	386 325	691	117 607
Silberhaltiges Bleierz	1 712	685 060	1 163	465 200
Rohsalz	498 428	4 984 289	553 949	5 539 490

Die Ausfuhr in Hüttenprodukten und Metallwaren gestaltete sich in den beiden letzten Jahren folgendermaßen:

	1907		1908	
Quecksilber	1 510	8 306 425	1 514	8 331 477
Schwefel	2	476	13	2 814
Zement	82 911	2 487 335	7 151	214 539
Zink	1 390	959 747	1 385	956 180
Kupfer, Messing, Bronze	27 793	36 109 438	34 362	45 464 972
Koks	1 388	41 126	271	8 135
Zinn	254	889 704	115	403 705
Gußeisen, Schmiedeeisen und				
Stahl	54 066	12 766 858	34 406	6 687 256
Silber.	109	14 252 628	116	15 159 066
Blei	120 470	45 788 854	120 655	45 841 931
Silberhaltiges Blei	64 579	36 487 163	62 249	33 818 187
		Menge in kg		
Gold	—	—	67	24 120

Danach sind im Jahre 1907 Erze im Werte von 180 Millionen, von denen allein 125 Millionen auf Eisen und 35 Millionen auf Kupfer entfallen, und Metalle sowie Metallwaren im Werte von 157 Millionen ausgeführt worden. Nach der vorläufigen Statistik für 1908 zeigt eine Verminderung die Ausfuhr von Eisenerz (um beinahe 17 Millionen) sowie die von Eisen und Stahl und ihrer Fabrikate (um 6 Millionen Pesetas). Dagegen ist die Ausfuhr von Kupfer, Messing und Bronze und Fabrikaten daraus um mehr als 9 Millionen Pesetas gestiegen.

Einfuhr

Eine Einfuhr von Erzen in Spanien findet nicht statt. Von Förderprodukten wird überhaupt nur Steinkohle eingeführt, diese allerdings in sehr bedeutendem Umfange. Die Einfuhr betrug 1907: 1 888 874 t im Werte von 60 Millionen Pesetas und 1908: 1 940 864 t im Werte von 62 Millionen Pesetas. Die Kohle kam fast ausschließlich aus Großbritannien.

Über die Einfuhr von Hüttenprodukten und Fabrikaten daraus gibt die Statistik die folgenden Zahlen an:

	1907		1908	
	Menge in t	Wert in Pes.	Menge in t	Wert in Pes.
Schwefel	1 466	291 328	6 779	1 245 470
Zink	353	412 000	330	474 828
Kupfer, Messing und Bronze . .	3 467	10 666 000	4 261	12 401 249
Koks	247 045	9 387 742	277 781	10 555 678
Zinn	1 491	5 054 000	1 378	4 674 423
Gußeisen, Schmiedeeisen und				
Stahl	70 672	32 020 000	67 111	32 767 883
Silber.	25	3 302 130	—	—
Blei in Blöcken	52	12 000	80	18 619

Danach betrug der Gesamtwert der eingeführten Produkte, um die es sich hier handelt, im Jahre 1907: 60½ Millionen, im Jahre 1908: 62 Millionen Pesetas. Dabei ist zu bemerken, daß die Statistik unter den beiden bedeutendsten Posten „Kupfer, Messing und Bronze" und „Gußeisen, Schmiedeeisen und Stahl" außer den Metallen sämtliche eingeführten Fabrikate aus diesen Metallen berücksichtigt hat, und daß die Fabrikate den weitaus bedeutendsten Teil der angeführten Werte 10½ bzw. 32 Millionen Pesetas ausmachen.

An der Einfuhr dieser Artikel ist Deutschland neben Großbritannien und Frankreich stark beteiligt. Der in Spanien eingeführte Schwefel stammt fast ausschließlich aus Italien, eine geringe Menge aus Frankreich. An Zink und Zinkwaren hat Deutschland im Jahre 1907 für 185 000 Pesetas geliefert. An zweiter Stelle kommt Frankreich mit 95 000 Pesetas. Die Kokseinfuhr ist ebenso wie die Steinkohle großbritannischen Ursprungs. Bei der Einfuhr von Zinn steht Deutschland mit 371 000 Pesetas an dritter Stelle; Großbritannien lieferte für 3 900 000, Frankreich für 491 000 Pesetas. Bei der unbedeutenden Bleieinfuhr folgt Deutschland mit 4600 Pesetas hinter Frankreich mit 6500 Peseten.

(Nach einem Berichte des Kaiserlichen Generalkonsulats in Barcelona.)

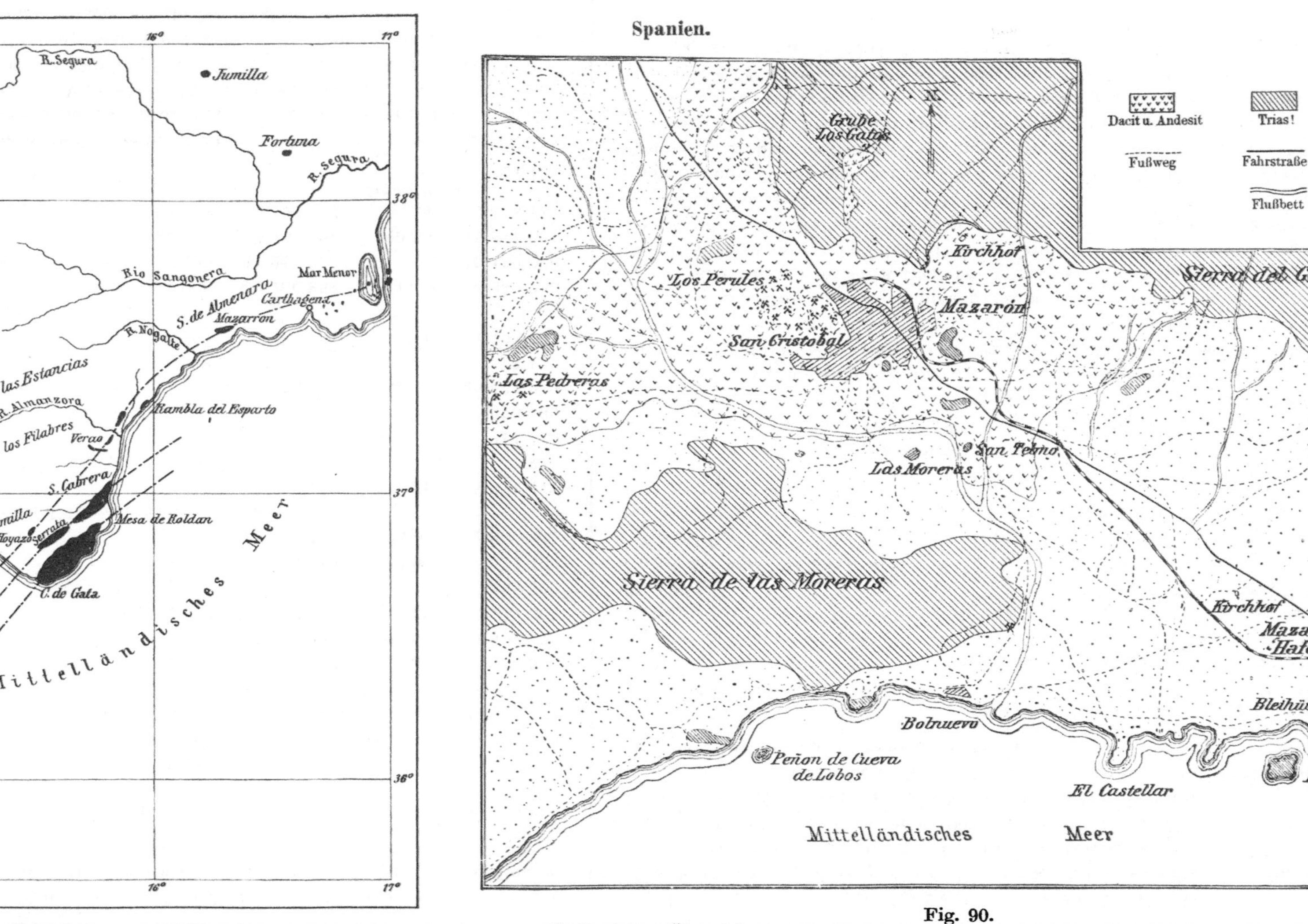

Fig. 89. Übersicht der reihenförmigen Anordnung der vulkanischen
Gesteine des Cabo de Gata (nach Osann). Maßstab ca. 1:2500000.
(Text: R. Pilz, Z. 1908 S. 178.)

Fig. 90.
Geologische Übersichtskarte der Umgegend von Mazarrón. Maßstab ca. 1:75000.
(Nach einer vom Instituto Geográfico herausgegebenen Karte. Text: R. Pilz, Z. 1905 S. 385—409;
Profil hierzu S. 387.)

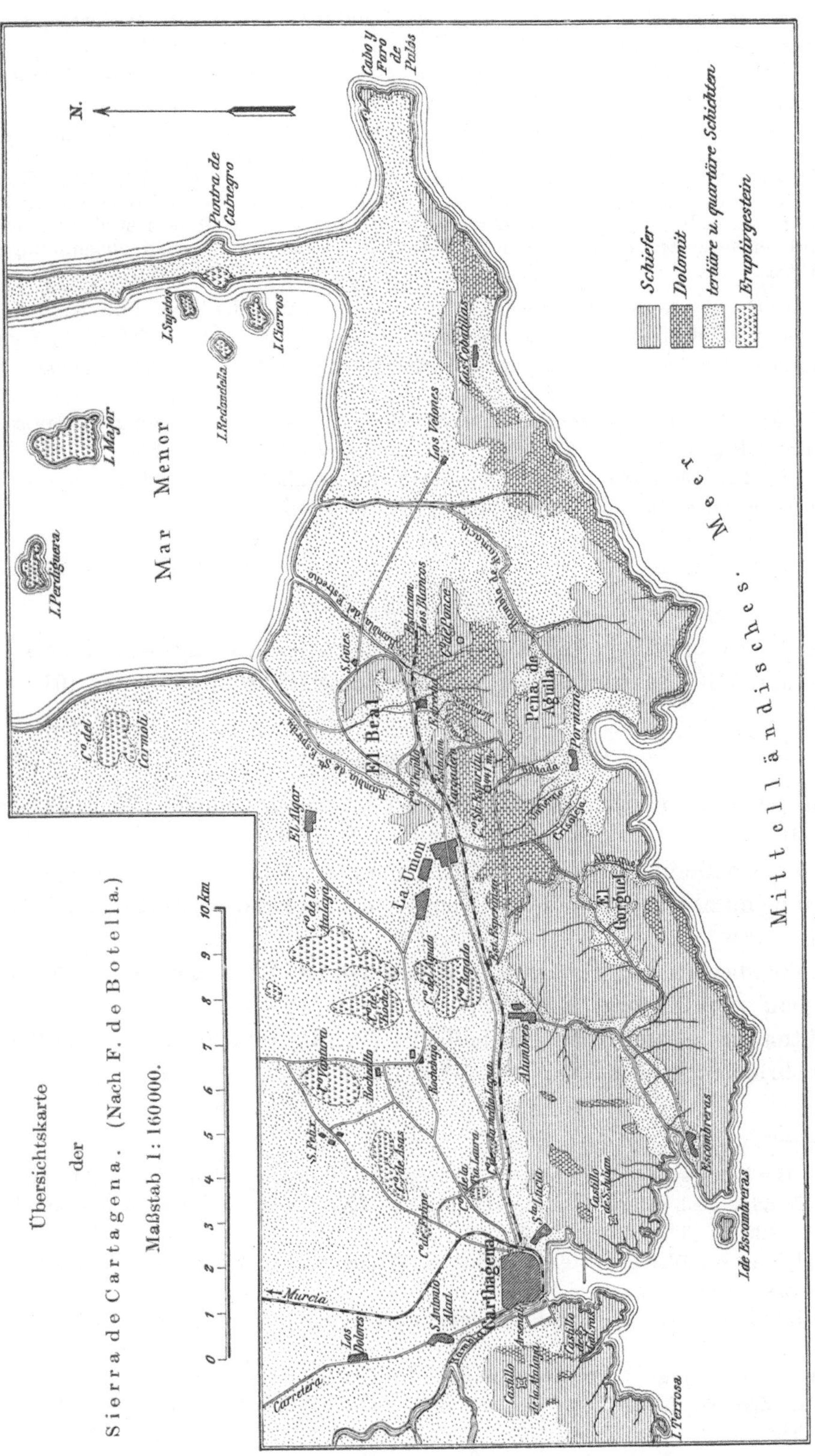

Fig. 91.

(Text hierzu von R. Pilz, Z. 1908 S. 177—190; hier auch die zugehörigen Profile Fig. 35, 36 und 37.)

Kaiser, Erich, Gießen: Das Steinsalzvorkommen von Cardona in Catalonien. N. Jahrb. f. Min. 1909. I. S. 14—27 m. Taf. IV—VI.

Nicou et Schlumberger: Note sur l'école des mines de Madrid et l'école d'ingénieurs industriels de Bilbao. Ann. des mines 1906. T. X. S. 403—431.

Nicou, P., und C. Schlumberger: L'industrie minière et metallurgique dans les Asturies. Ann. des mines 1905. T. VII. S. 203—257 m. 4 Fig. u. Taf. IV u. V.

Pilz, R.: Die Bleiglanzlagerstätten von Mazarrón in Spanien. Diss. Freiberg i. S., Craz & Gerlach, 1907. 52 S. m. 17 Fig.

    I. Orographische und allgemeine geologische Verhältnisse S. 4—15; Anhang: Über die Kohlensäure-Ausströmungen in den Gruben von Mazarrón S. 15—23. II. Die Bleiglanzlagerstätten S. 24—44. III. Kurze Zusammenfassung der wichtigsten Ergebnisse der Untersuchung der Bleierzgänge von Mazarrón S. 44—45. IV. Geschichtliches und Wirtschaftliches vom Bergbau in Mazarrón S. 46—51. — Die Arbeit ist eine Umarbeitung und teilweise Ergänzung des in Z. 1905 S. 385—409 erschienenen gleichnamigen Aufsatzes.

Pütz, O.: Vorkommen, Gewinnung und Aufbereitung der Blei- und Kupfererze des Pinar de Bédar in Süd-Spanien. Preuß. Zeitschr. 1906. 54. Bd. S. 675—683 m. 10 Fig.

Simmersbach, O.: Der Eisenerzreichtum Spaniens. „Glückauf" 1905. S. 1377 bis 1382.

Walker, E.: The Esperanza mine, Spanien. A new copper-mining enterprise in the Huelva district. Eng. and Min. Journ. 82. 1906. S. 1165—1167 mit 7 Fig.

Wolff, E.: Beitrag zur Geschichte des Kupferbergbaues in Rio-Tinto und Tharsis in der spanischen Provinz Huelva. Bonn 1904. 78 S. m. 6 Taf. Pr. 3 M.

C. Asien.

Geographische Verbreitung und wirtschaftliche Entwickelung des Bergbaues in Vorder- und Mittelasien während des Altertums (F. Freise) 07: 101.

1. Türkisch-Asien und Persien.

Les chemins de fer en Turquie d'Asie. Projet d'un réseau complet (W. v. Pressel) L. 03: 210.

Bodenschätze und Bergbau Kleinasiens (C. Schmeißer) 06: 186. — Vgl. Fig. 92.

Die Gewinnung nutzbarer Mineralien in Kleinasien während des Altertums (F. Freise) 06: 277.

Das Steinkohlenbecken von Heraklea in Kleinasien (B. Simmersbach) 03: 169.

Kupferbergbau von Diarbekr N. 03: 320.

Über Naphtha im Gebiete der Bagdadbahn (P. Rohrbach) N. 03: 455.

Petroleumbohrungen in Persien N. 05: 431.

Fernere Literatur:

von Bukowski, G.: Neuere Fortschritte in der Kenntnis der Stratigraphie von Kleinasien. Congrès géol. intern. Compte rendu de la IX. session. Wien 1903. Wien, Hollinek, 1904. S. 396—426.

Fischbach, W.: Die Steinsalzmine bei Tschanghri in Klein-Asien. Montan-Zeitung 1905. S. 57—58.

Fischbach, W.: Geschichte der Silbermine Pelidli in Klein-Asien. Montan-Ztg. 1905. S. 92—93.

Freise, F.: Berg- und hüttenmännische Unternehmungen in Asien und Afrika während des Altertums. Zeitschr. f. das Berg-, Hütten- und Salinen-Wesen in Preußen 56. 1908. S. 347 bis 416 m. 5 Fig.

Herlt, G.: Der Erzbergbau in der Türkei. „Montan-Zeitung" XV. 1908. S. 190—193.

Höfer, H.: Die Erdölvorkommen in Mesopotamien und Persien. „Petroleum" I. 1906. S. 781—786, 819—824 m. 4 Fig.

Hölscher, G.: Landes- und Volkskunde Palästinas mit 8 Vollbild. u. 1 Karte. Slg. Göschen Nr. 345.

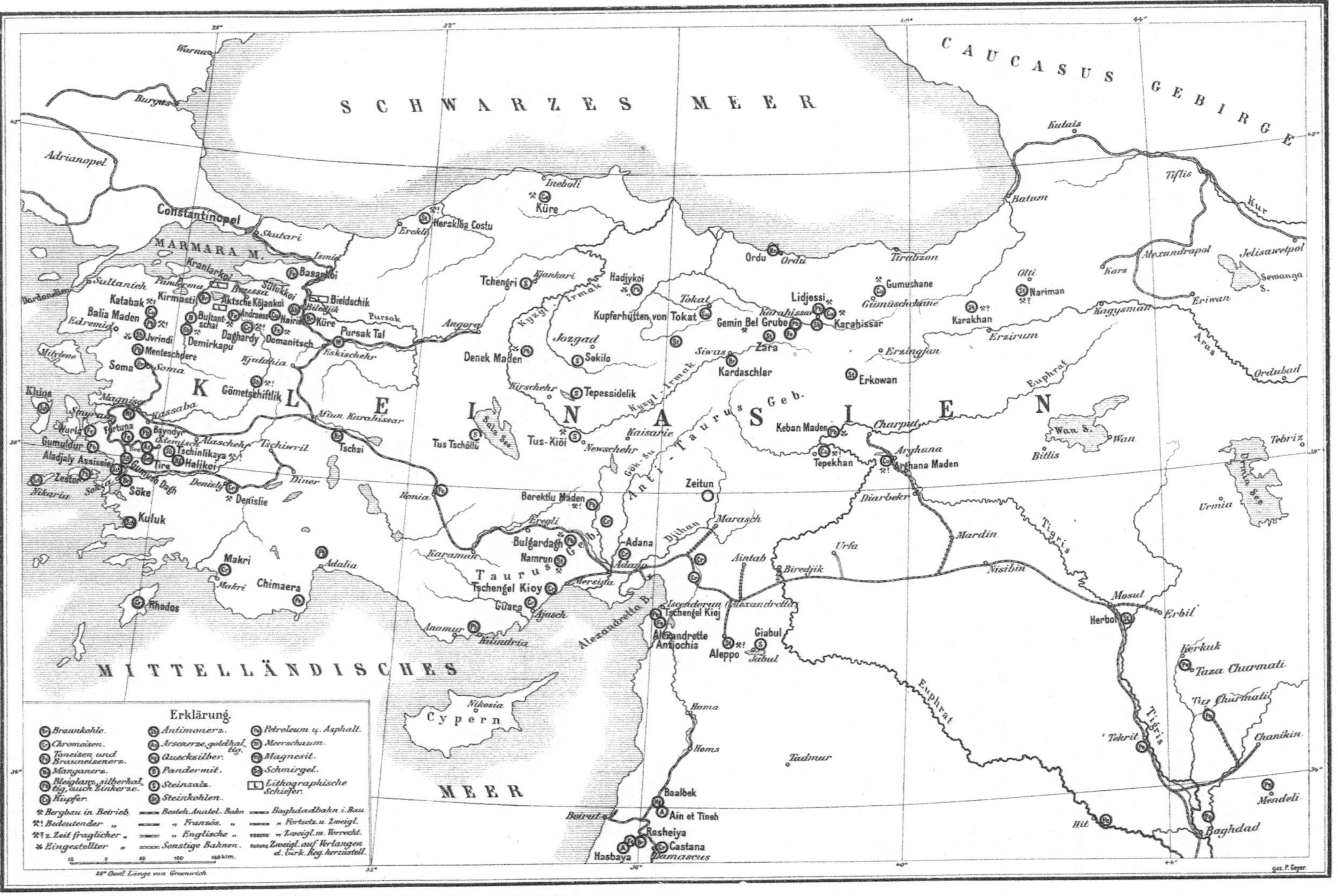

Fig. 92.   Nutzbare Mineralien, Bergbaubetriebe und Eisenbahnen in Kleinasien.
(Text: C. Schmeißer, Z. 1906 S. 186—196.)

Krämer, R.: Kleinasiatische Srhmirgelvorkommnisse. Diss. Berlin, R. Trenkel, 1906. 60 S. m. 1 Karte.

Regel, F.: Landeskunde der Iberischen Halbinsel mit 8 Kärtchen, 8 Fig. u. 1 farb. Karte. Slg. Göschen Nr. 235.

Rohrbach, P.: Die wirtschaftliche Bedeutung Westasiens. 2. Heft der I. Serie von „Angewandte Geographie". Hefte z. Verbr. geographischer Kenntnisse in ihrer Beziehung zum Kultur- und Wirtschaftsleben. Red. v. Prof. Dr. K. Dove, Jena. Halle, Gebauer-Schwetschke, 1902. 84 S. m. 1 Karte. Pr. 1,50 M.

Schaffer, F. H.: Grundzüge des geologischen Baues von Türkisch-Armenien und dem östlichen Anatolien. Petermanns Mitteilungen 1907. S. 145—153 mit Taf. 12.

Simmersbach, B.: Die nutzbaren mineralischen Bodenschätze in der kleinasiatischen Türkei. Preuß. Zeitschr. f. das Berg-, Hütten- und Salinen-Wesen 1904. 52. Bd. S. 515—557.

Simmersbach, Br.: Die Mineralvorkommen und die bergbaulichen Verhältnisse in Anatolien, Kurdistan und Arabistan. Zeitschr. f. das Berg-, Hütten- und Salinen-Wesen in Preußen 56. 1908. S. 417—421.

Stahl, A. F.: Die orographischen und geologischen Verhältnisse des Kara-Dagh in Persien. Petermanns Mitteilungen 50. 1904. S. 227—235 mit einer geologischen Karte i. M. 1 : 400 000 mit Fundstättennützl. Min. auf Taf. 17.

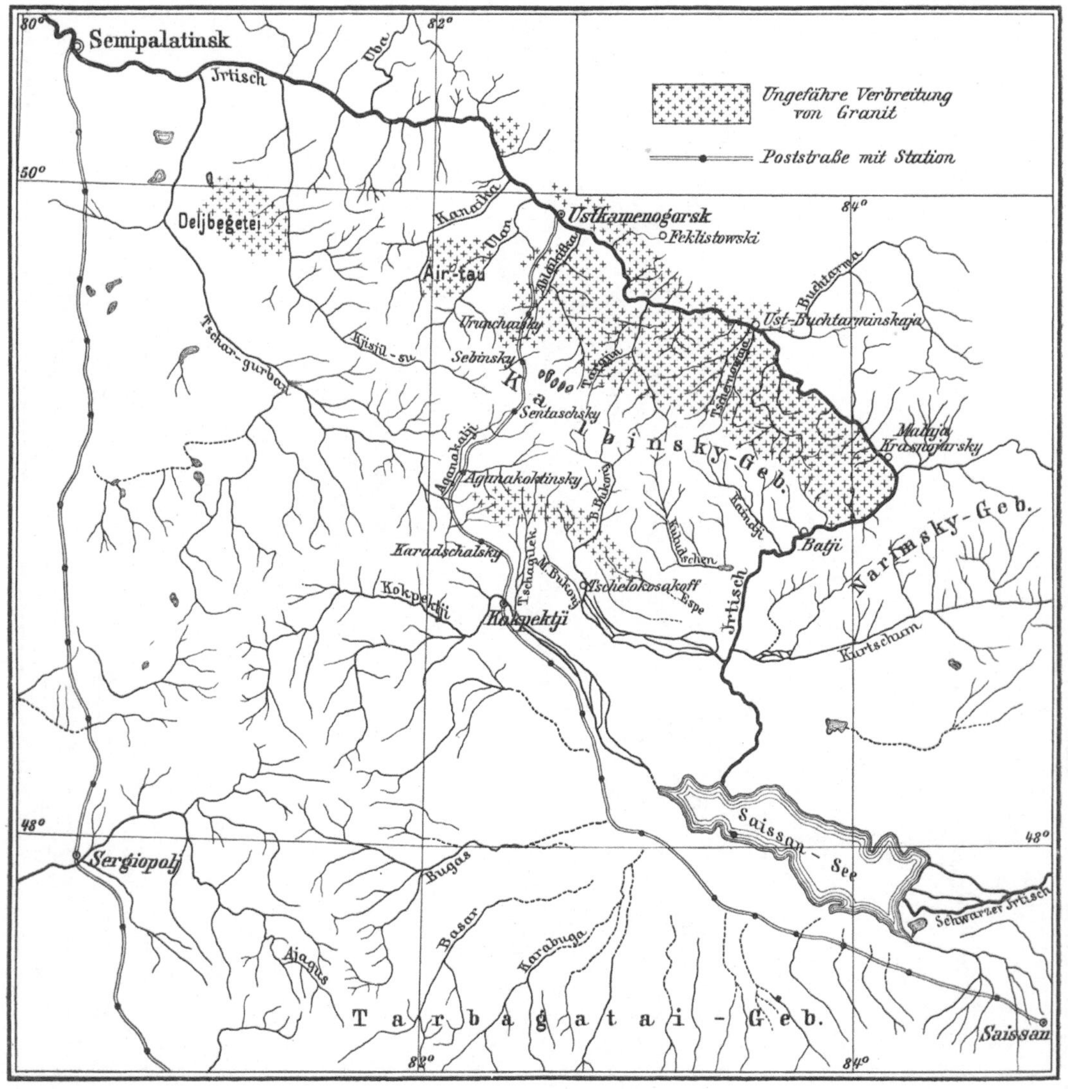

Fig. 93.
Der südwestliche Altai; Das Kalbinsky-Gebirge.
Nach J. Hergenreder; Text: Z. 1909 S. 166—177.
Maßstab: 60 Werst = 1″ (1 Werst = 1067 m) oder rund 1:2 400 000.

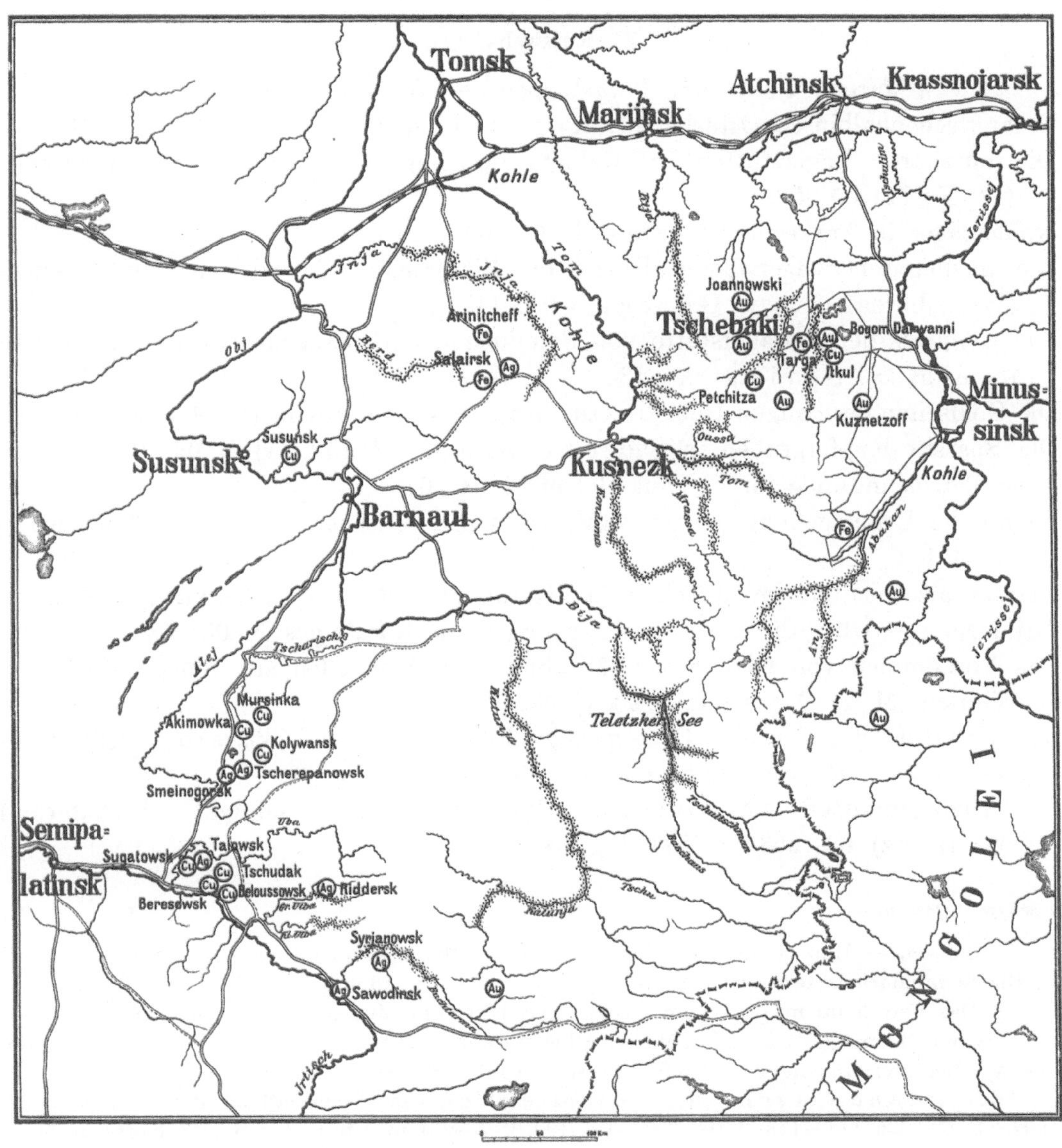

Fig. 94.   Karte der Erzlagerstätten im östlichen Altai- und im Alatau-Gebirge.
Nach W. Hotz; Text: Z. 1909 S. 263—270.

Stahl, A. F.: Die Erze des Kara-Dagh in Persien. Ungar. Montan-Ind. und Handelsztg. 1904. Nr. 5. S. 4—5.

Stahl, F.: Geologische Beobachtungen in Zentral- und Nordwestpersien. Petermanns Mitt. 1907. S. 169—177 u. 205—214 m. Taf. 14 u. 15.

Toula, F.: Zusammenstellung der neuesten geologischen Literatur über die Balkanhalbinsel mit Morea, die griechischen Inseln, Ägypten und Vorderasien. Mit Ergänzungen der Literaturübersicht in den Comptes rendus IX. Congr. géol. intern. de Vienne 1903 (1904). S.-A. a. d. XI. Jahresber. f. 1905 des Naturwissenschaftlichen Orientvereins. S. 37—75. Wien, Selbstverlag, 1906.

Toula, F.: Eine geologische Reise nach Klein-Asien (Bosporus und Südküste des Marmara-Meeres). — Beiträge zur Paläontologie Österreich-Ungarns. Band XII. Heft 1. 26 S. m. 26 Figuren.

(Anhang: 1. Kayer, E.: Devon-Fossilien vom Bosporus und von der Nordküste des Marmara-Meeres. (Zwischen Pendik und Kartal.) S. 27—41 mit 1 Taf. 2. Rosial, A.: Eruptivgesteine vom Bosporus und von der kleinasiatischen Seite des Marmara-Meeres. S. 42—52.

2. Russisch-Asien.

(Sibirien, Turkestan, Transkaspien. — Kaukasus siehe S. 216.)

Tschuktschenhalbinsel, Ostasien (J. K o r s u c h i n) 06: 377.

Die nutzbaren Lagerstätten im Gebiete der mittleren sibirischen Eisenbahninie (W. F r i z) 05: 55.

Kohlenlager in Turkestan (L e v a t) N. 04: 66.

Die Magneteisenerzlagerstätten der Hütte „Nikolajewski Zawod" im Gouv. Irkutsk (Westsibirien) (T h. v. G ó r e c k i) 03: 148.

Zur Kenntnis der Erzlagerstätte von Smejinogorsk (Schlangenberg) und Umgebung im Altai (R. S p r i n g) 05: 135.

Die Goldseifen des Amgun-Gebietes Ostsibirische Küstenprovinz (E. M a i e r) 06: 101.

Die Spassky-Kupfergruben in Südwest-Sibirien (E. W a l k e r) N. 06: 95.

Neue Petroleumfunde im Fergana-Gebiet N. 04: 67.

Chemische Untersuchung einiger Mineralseen ostsibirischer Steppen (F. L u d w i g) 03: 401.

Glaubersalzschichten im Adschidarja (Karabugas) (C. O c h s e n i u s) B. 03: 33.

Adjidarja. — Über die Glaubersalzlagerstätte in Karabugas N. 05: 186.

Das Vorkommen von Glaubersalz (Mirabilit) und Solquellen am Jenissey-Flusse in Sibirien (M. A. N o w o m e j s k y) 08: 159.

Zur Kenntnis des Altais. Eine geologisch-bergmännische Skizze des Kalbinsky-Gebirges (J. H e r g e n r e d e r) 09: 166. — Vgl. Fig. 93.

Die Erzlagerstätten im östlichen Altai- und Alatau-Gebirge (Westsibirien) (W. H o t z) 09: 263. — Vgl. Fig. 94.

Fernere Literatur:

Siberia. — Map of the goldfields and Mines in the Usktamengorsk and Zaisansk districts of the Semipalatinsk territory. Norton Griffith & Co. London. Pr. 50 M.

Das Petroleum in Turkestan. Berg- und Hüttenm. Ztg. 1903. S. 425—426.

v o n B e n c k e n d o r f f , M a x: Über Wasserverhältnisse und wasserführende Schichten des Apscheromer Ölgebietes. „Tiefbohrwesen" 1907. S. 160—162.

B o g d a n o w i t s c h , K.: Geologische Skizze von Kamschatka. Peterm. Mittlg. 50. 1904. S. 59—68, 144—148, 170—174, 196—199, 217—221 m. 1 topogr. u. 1 geol. Karte im Maßstabe 1 : 2 000 000 m. den Fundstätten nutzb. Min. auf Taf. 5.

B o r d e a u x , H.: Les mines de plomb argentifère de la Sibérie. Rev. univ. des mines

B o r d e a u x , A.: Les gisements de quartz aurifère en Sibérie. Mit 1 Taf. Pr. 2 Fr. 1903. Tome IV. S. 217—236.

B r o w n , L. B.: The gold-mining districts of Central Siberia. Transact. Amer. Inst. of Min. Eng. New- York Meeting. Oktober 1903. 28 S. m. 1 Taf.

C u r l e , J. H.: Sibirien als Goldland. Berg- und Hüttenm. Ztg. 1904. S. 646—648.

D a l t o n , L e o n a r d V.: A sketch of the geology of the Baku and European oil fields. Econ. Geol. IV. 1909. S. 89—117 m. 11 Fig. u. 1 Taf.

D i l l , W.: Die nutzbaren Mineralien von Buchara und Turkestan im asiatischen Rußland. Berg- und Hüttenm. Ztg. 1904. S. 5—6, 32—34, 60—62, 92—96, 121—124 mit Taf. III.

F o n i a k o f f , A.: Résultat du travail des dragues laveuses d'or dans les alluvions aurifère de la Sibérie. Rev. univers. des mines 1904. T. V. S. 176—180.

G e r a s s i m o w , A.: Carte géologique de la région aurifère de la Léna. Description de la feuille II—6. Expl. géol. dans les régions aurifères de la Sibérie. St. Petersburg 1904. 242 S. mit 20 Figuren und 4 Tafeln. (Russisch mit französichem Resumee.) (Vergl. die Zeitschr. 1902. S. 309.)

G l i n k a , K.: Die Bodenzonen und Bodentypen des asiatischen Rußlands. C. R. de la première Conf. intern. agrogèol. Budapest 1909. S. 95—113 m. 1 Karte.

L a u n a y , L. d e: La métallogenie de l'Asie russe. Ann. d. Mines. 1909. S. 220—295 u. 303—427 m. 9 Fig. u. 6 Karten.

L e v a t , E. E.: L'or en Sibérie orientale. 2 Bde. Paris 1904. 670 S. m. 36 Tafeln. Preis 33 M.

L e v a t , E. E.: Über das Gold in Bokhara. Ann. des mines. Berg- u. Hüttenm. Ztg. 1903. S. 452—453.

L e v a t , E. D.: Le pétrole au Turkestan. Journal du pétrole. Paris. Nr. 15 u. 16.

L e v a t , E. D.: Richesses minérales des possessions russes en Asie centrale. Rapport sur les richesses minérales de la Boukharie et du Turkestan russe. Ann. des mines 1903. T. III. S. 181—266 mit 1 Fig. Taf. V—VII. — (Ref. s. N. Jahrb. f. Min. 1907. II. S. 247—249.)

M e i s t e r , A.: Carte géologique de la région aurifère d'Jénisséi. Description des feuilles K—7, K—8, L—6, L—8. St. Petersburg 1903,4. 61 S. m. 1 Taf., 89 S., 36 S. u. 69 S. (Russisch mit französischem Resumee.) (Vergl. d. Z. 1898. S. 260. 1901. S. 71. S. 28. 1902.)

M o n k o w s k i , S. A.: Die gegenwärtige Lage der transkaukasischen Kupferindustrie. „Metallurgie" 1904. S. 519—521.

v. R a c z , K.: Bergmännisches aus Sibirien. „Montan-Zeitung" XV. 1908. S. 188 bis 191.

R é o n t o v s k i : Les gisements miniers de la Sibérie. St. Petersburg, K. Ricker, 1905. Pr. 10 Rubel. (Ref. siehe: Rev. univ. des mines etc. 1905. T. XII. Bull. S. 203—206.)

T h i e ß , F.: Das Berg- und Salinenwesen in Rußlands mittelasiatischen Besitzungen. Preuß. Zeitschr. 1906. Bd. 54. S. 189—197 m. 3 Fig.

T h i e ß , F.: Kupfer-, Silber- und Goldgewinnung im Altai (Westsibirien). (Aus dem russischen Quellenwerke: „Rußland. Vollständige geographische Beschreibung unseres Vaterlandes". Band XVI: Westsibirien. Kapitel III—IV: Berg- und Hüttenwesen im Altai. St. Petersburg, A. F. Devrient, 1907. Zeitschr. d. Oberschl. Berg- und Hüttenm. Vereins XLVII. 1907. S. 151, 158—159.

T h i e ß , F.: Die Erdölvorkommen in Rußlands mittelasiatischen Besitzungen. „Petroleum". I. 1906. S. 337—338.

T h i e ß , F.: Berg-, Hütten- und Salinen-Wesen im Altai. Österr. Zeitschr. f. Berg- u. Hüttenw. 1906. S. 598—600 m. 1 Fig.

T h i e ß , F.: Die Erdölvorkommen im europäischen und asiatischen Rußland. Preuß. Zeitschr. 1904. Bd. 52. S. 12—16 m. 1 Fig.

T h i e ß , F.: Die Kohlenvorkommen und Salzseen Westsibiriens. Preuß. Zeitschr. f. d. Berg-, Hütten- und Salinen-Wesen 1908. Bd. 56. S. 591—594 m. 1 Fig.

T u l t s c h i n s k y , K.: Die Petroleumfelder auf Sachalin. St. Petersburger offizielle „Handels- u. Industrie-Zeitung" vom 3. März 1907. Petroleum. II. 1907. S. 496—498.

W a l k e r , E.: The Spassky Copper Mine, Südwest-Sibirien. Eng. and Min. Journ. 1905. S. 1202—1204 m. 3 Fig.

3. China.

Die nutzbaren Bodenschätze der deutschen Schutzgebiete (A. M a c c o) 03: 28, 193;
    Kiautschou 03: 200. — Vgl. Fig. 95.
Geologischer Bau und nutzbare Lagerstätten in den Tonkin benachbarten chinesischen
    Provinzen (M. A. L e c l è r e) R. 03: 155.
Trias, Perm und Karbon in China (E. S c h e l l w i e n) L. 03: 165.
Das Goldvorkommen von Tangkogae in Korea (L. B a u e r) 05: 69.
Produktion von Salz im Kiautschou-Gebiet N. 04: 220.
Silber- und Kupfergeld in China (H. M e y e r) N. 07: 128.
Durch Asien (Bd. II): China. (K. F u t t e r e r) B. 09: 446.

Fernere Literatur:

C h i n a : Der Bergbau in China im Jahre 1905. Grazer Montan-Zeitung 1907. S. 189 bis 191.

Die bezüglich der Versorgung der sibirischen Eisenbahn und der russischen Kriegsflotte in Ostasien in Betracht kommenden Kohlenvorkommen. Österr. Zeitschr. f. Berg- und Hüttenw. 1904. S. 266—267.

A b e n d a n o n , E. C.: La géologie du bassin rouge de la province du Se-Tschouan, China. — Revue univ. des mines etc. 1906. Taf. XIV. S. 225—243. Taf. XV. S. 34—125, 237—287. Taf. XVI. S. 61—98 m. 16 Figuren, 26 Photogr. u. Taf. 9 und 10 in T. XIV, T. 6 in T. XV und Taf. 5 in Taf. XVI.

A x t : Der deutsche Bergbau in Schantung. Vortrag, geh. i. d. Abt. Bochum der deutschen Kolonialgesellschaft am 18. April 1905. „Vulkan" 1905. S. 70—72, 78—79, 86—87.

B l a u e l , C.: Aus der chinesischen Eisenindustrie. „Stahl und Eisen" 1908. S. 1—8.

B r a n d e n b e r g : Meine (markscheiderischen) Arbeiten in China. Mitt. aus dem Markscheiderwesen. Freiberg 1904. S. 6—18 m. 3 Abbildg.

D r a k e , N. F.: The Hsüan Hua coal fields, China. Mining Magazine. Vol. XIII. 1906. S. 295—302 m. 4 Fig.

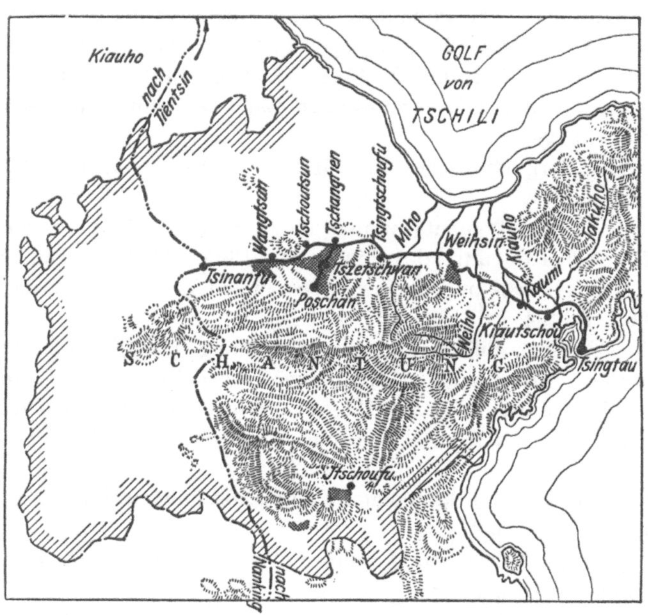

Fig. 95. Die Kohlengruben von Schantung in China.

K o c h , W.: Die Industrialisierung Chinas. Technik u. Wirtschaft 1910 S. 75—93 u. 129—149. (Bergbau S. 131—137, Hüttenwesen S. 137—139).

L a n t e n o i s , M. H.: Résultats de la mission géologique et minière du Yunnan méridional (Septembre 1903—Janvier 1904). — I. Note sur la géologie et les mines de la région comprise entre Lao-Kay et Yunnan-Sen. II. Note sur la géologie de la région de Po-Si, Lou-Nan, Mi-Leu, Tou-Tza, A-Mi-Tchéou; par M. C o u n i l l o n . III. Résultats paléontologiques par M. H. M a n - s u y . IV. Note sur quelques empreintes végétales des gîtes de Charbon du Yunnan méridional; par M. R. Z e i l l e r . V. Note sur quelques échantillons de plantes tertiaires du Yunnan; par M. L. L a u r e n t . — Ann. des mines. Paris. T. XI. S. 298—503.

L o r e n z , T.: Beiträge zur Geologie und Paläontologie von Ostasien, unter besonderer Berücksichtigung der Provinz Schantung in China. Teil I. Leipzig 1905. 64 S. m. 2 Fig. u. 5 Taf. Pr. 4 M. Vgl. Zeitschr. d. geol. Ges. 1905. Bd. 57. I. Teil. S. 438—566. 1905. Bd. 58. II. Teil. S. 67—122 mit Karten, Profilen u. Taf. Petermanns Mitt. 1906. S. 284—287.

S h o c k l e y , W. H.: Notes on the coalland iron-fields of Southeastern Shansi, China. Transact. Amer. Inst. of Min. Eng. New York Meeting, Oktober 1903. 31 S. m. 8 Fig.

L a T o u c h e and J. C. B r o w n : Silver-Lead Mfnes of Bandwin, Shan States (China). Eng. and Mining Journ. 1909. Vol. 88. S. 559—555. m. 5 Fig.

Y o k o y a m a , M.: Mezosoic plants from China. Journ. College of Science, Imp. Univ. Tokyo, Japan. Vol. XXI. Article 9. 1906. S. 1—39 m. 12 Taf.

4. Japan und Korea.

Bergwerks- und Hüttenproduktion Japans in den Jahren 1901, 1902 und 1903 N. 06: 272. Für 1905—1907 s. S. 245.

Die Kupferproduktion in Japan im Jahre 1901 N. 04: 67, 06: 343.

Die Petroleum-Industrie Japans N. 04: 113.

Japans Minenindustrie N. 07: 69.

Das Goldvorkommen von Tongkogae in Korea (L. B a u e r) 05: 69.

Japan.

(Nach Mines and Quarries: General Report and Statistics — Die entsprechenden Zahlen für 1890 und 1900 siehe F. I, S. 223, für 1901—1903 siehe Z. 1906, S. 272.)

Produkt	Menge			Wert		
	1905 Tonnen	1906 Tonnen	1907 Tonnen	1905 £	1906 £	1907 £
Kohle	11 542 397	12 980 103	13 803 969	4 117 146	6 469 672	6 143 572
Roheisen	53 210	42 679	51 943	270 312	209 315	269 951
Schwefelkies	25 568	3 597	56 166	7 682	9 631	20 794
Eisenvitriol	4	114	27	55	316	83
Manganerz	14 009	12 841	18 704	8 375	52 629	13 479
Blei	2 271	2 813	3 079	32 970	50 913	58 261
Gold . . . . . kg	3 047	2 725	2 938	416 237	372 317	401 337
Silber . . . . . kg	82 871	81 161	95 596	337 327	352 371	432 715
Quecksilber . . kg	—	—	—	80	81	97
Wismut . . . . kg	—	—	—	—	—	—
Kupfererz	35 474	38 515	40 183	2 423 717	3 081 960	3 452 865
Zinn	25	23	32	3 396	4 190	5 435
Antimon	286	302	248	9 401	23 425	14 737
Arsenik	8	6	7	104	74	90
Graphit	209	141	103	3 740	2 505	1 073
Salz	483 506	?	?	1 046 189	?	?
Petroleum	164 699	217 413	238 850	301 428	322 285	534 707
Schwefel	24 638	28 332	33 329	58 918	62 896	80 819
Ocker	43	29	300	139	61	520
Phosphorerze . . .	1 519	[1]) 314	1 721	1 162	1 887	759
Asphalt	103	39	584	197	734	1 117
Torf	50 895	71 377	70 873	8 205	11 547	11 263
Zusammen	—	—	—	9 046 789	11 028 809	11 443 674

Fernere Literatur:

F u k u c h i , N.: Mineral parageneses in the contact metamorphic ore deposits found in Japan. Beiträge zur Mineralogie von Japan. Nr. 3. Tokyo 1907.

H e u r t e a u , C. F.: Les carbons du Japon, du Petchili et de la Manachourie. Notes de voyage. Paris 1904. Mit Fig. u. 1 Taf. Pr. 2,50 M. — Ann. des mines. Tome VI. 1904. S. 151—209 mit 12 Fig. u. 4 Karten.

J o h n s t o n , W. J.: Mining industry in Japan. Mining Magazine. XIII. 1906. S. 23 bis 32 m. 6 Fig.

K a t z e r , F.: Die nutzbaren Lagerstätten Koreas. Oesterr. Z. f. Berg- u. Hw. 1910. S. 33—35 u. 52—53.

K o t ô , B.: An orographic sketch of Korea. Journ. College of science, imp. Univ. of Tokyo, Japan, 1903. Vol. XIX. Art. 1. 59 S. m. 4 Fig. u. Taf. I—IV.

d e L a u n a y , L.: L'industrie minérale au Japon. „La Nature" 1905. Nr. 1664. S. 305 bis 307 m. 2 Fig.

L o z é , E.: La houille dans l'empire du Japon. Paris 1904. 24 S. Pr. 1,50 M.

M o u k o v s k y , T s c h .: Japans Steinkohle. Berg- und Hüttenm. Zeitung 1904. S. 302 bis 304, 320—322.

N a r d i n , E. W.: Gold- und Silber-Bergbau in Japan. Austr. Min. Standard. (Südafrik. Wochenschrift 1903. S. 277.)

P a u l , W.: Der Bergbau Japans. „Glückauf" 1910. S. 93—101.

v o n R i c h t h o f e n , F.: Geomorphologische Studien aus Ostasien. IV. Über Gebirgskettungen in Ostasien mit Ausschluß von Japan. — V. Gebirgskettungen im japanischen Bogen. Sitzungsber. der Akademie der Wissensch. zu Berlin 1903. XL. Sitzung d. phys.-math. Klasse vom 30. Juli. S. 867—913 mit 1 Fig. und 1 tekton. Karte von Japan.

R o b b i n s , H. R.: The mineral resources of Korea. Transact. of the Am. Inst. of Min. Eng. 22. 1908. S. 587—600 m. 8 Fig.

S i m m e r s b a c h , B.: Die Mineralindustrie von Japan. Berg- und Hüttenm. Ztg. 1904. S. 480—490.

---

[1]) Nach „The Mineral Industry 1908" nicht 314, sondern 3037 Tonnen!

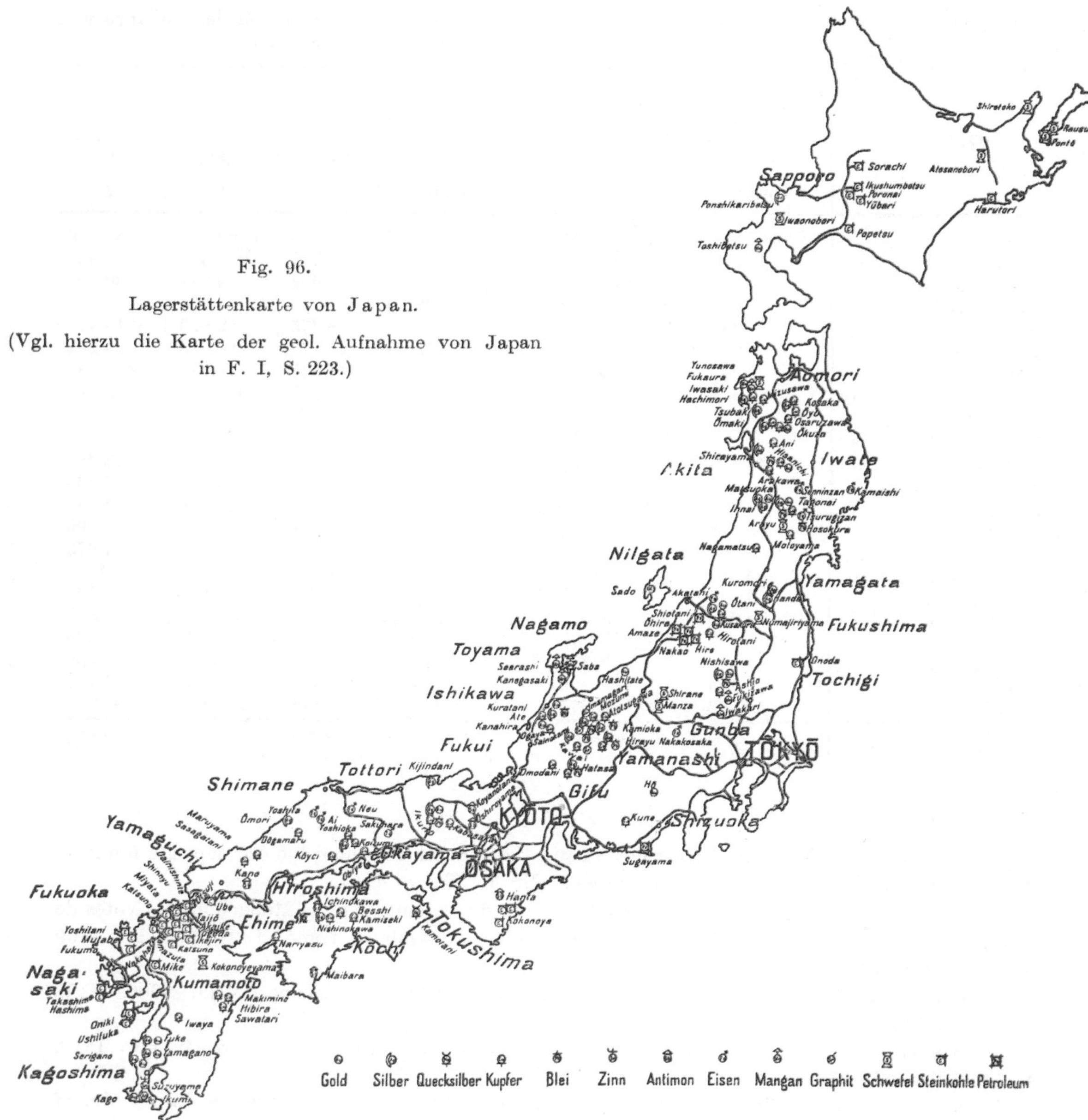

Fig. 96.

Lagerstättenkarte von Japan.

(Vgl. hierzu die Karte der geol. Aufnahme von Japan
in F. I, S. 223.)

Simmersbach, Br.: Über den heutigen Stand des Bergbaues in Japan. Z. f. d. Bg.-,
Hütten- u. Sal.-Wes. 1908.   Bd. 563—591.

Treptow, E.: Der altjapanische Hüttenbetrieb, dargestellt auf Rollbildern.   Freiberg i. S., Craz & Gerlach, 1904.   12 S. m. 6 Abb. u. 3 farb. Taf.

5. Philippinen.

Höfer, H.: Das Erdöl auf den malaiischen Inseln. Österr. Zeitschr. f. Berg- u. Hüttenw.
1905.   S. 15—17, 31—33, 45—47, 62—64, 74—77.   (Ref. s. N. Jb. f. Min. 1907. I. S. 84).
I. Borneo S. 16.   II. Timor S. 62.   III. Rotti S. 63.   IV. Samau und Kambing
S. 64.   V. Seran (Ceram, Serang) S. 64.   VI. Celebes S. 74.   VII. Batjan S. 75.
VIII. Neu-Guinea S. 75. — Allgemeines über Schlammvulkane S. 75.   IX. Philippinen
S. 75.   IXa. Panay S. 76.   IXb. Cebú S. 76.   IXc. Leyte S. 77.   IXd. Mindanao S. 77.

McCaskey, H. D.: The mineral resources of the Philippines.   Eng. and Min. Journ.
1905.   S. 1042—1045.

McCaskey, H. D.: Report on a geological reconnoissance of the iron region of Angat,
Bulacan (Philippinen).   Manila, The Mining Bureau, Bull. Nr. 3.   1903.   62 S. mit 15 Tafeln und
41 Photographien.

S m i t h , W. D.: The mineral resources of the Philippine Islands, with a statement of the production of commercial mineral products during the year 1907. Bureau of science. Manila 1908. 39 S. m. 2 Kart. u. 6 Taf. — Dasselbe 1909. 49 S. m. 4 Taf. u. 1 Karte 1: 5 000 000. — Vgl. Econ. Geology 1909. S. 224—238 m. 1 Fig.

6. Niederländisch-Ostindien.

(Sunda-Inseln.)

Entwurf einer geographisch-geologischen Beschreibung der Insel Celebes (P a u l und F r i t z S a r a s i n) L. 04: 216.

Neue Manganerzvorkommen in Britisch-Nord-Borneo (A. D i e s e l d o r f f) B. 06: 10.

Magneteisenerz in Südsumatra (M ü l l e r - H e r r i n g s) 09: 498.

Magnet- und Roteisenerzvorkommen in Südsumatra (J. E l b e r t) 09: 509.

Fernere Literatur:

Die wirtschaftliche Lage von Südost-Borneo. „Berichte über Handel und Gewerbe.'' Berlin 1908. Heft 7. Auszug in „Stahl und Eisen'' 28. 1908. S. 1040—1041.

C a r t h a u s , E.: Die nutzbaren Mineralien des malaiischen Archipels. Eine geologische Besprechung. Hamburger Nachrichten vom 4. Oktober 1908.

C a r t h a u s , E.: Mitteilungen über die Bodenverhältnisse des malaiischen Archipels mit Rücksicht auf den Plantagenbau. „Tropenpflanzer'', Organ des Kolonialwirtsch. Komitees. XIII. 1909 Nr. 12 S. 555—567.

D o o r m a n n , W. H. C.: Die Gewinnung des Zinns in den niederländisch-ostindischen Kolonien. „Gückauf'' 1909. Nr. 24. S. 844—846.

E a s t o n , N. W.: Geologie eines Teiles von West-Borneo, nebst einer kritischen Übersicht des dortigen Erzvorkommens. (Mikropetrographie, systematische und beschreibende Geo· logie, nützliche Mineralien usw.) Batavia, Jaarb. Mijnw. Ned. O.-Ind. 1904. 562 S. m. Atlas von 24 mikropetrogr. Taf., 2 kol. geol. Karten (11 Blätter), 1 paläontolog. u. 1 Profiltafel in 2 Mapp. Pr. 26 M.

G a s c u e l , M.: Die diamantenführenden Ablagerungen im Südosten von Holländisch-Borneo. Ungar. Montan-Ind.- und Handelszeitung, X, vom 15. August 1094. S. 5. Org. d. Ver. d. Bohrtechn. 1904. S. 11—12. (Vergl. Z. 1902, S. 158.)

H ö f e r , H.: Das Erdöl auf den malaiischen Inseln. Österr. Z. f. Berg- u. Hüttenw. 53. 1905. Nr. 2—6. — (Ref. s. N. Jb. f. Min. 1907. I. S. 84.)

M a r t e l l , P.: Die Petroleum-Industrie auf Südost-Borneo. „Petroleum'' 1908. S. 945 bis 749.

M a r t i n , K.: Jungtertiäre Kalksteine von Batjan und Obi (Molukken). S.-A. aus: Sammlungen des geol. Reichs-Museums in Leiden. Ser. I. Bd. VII. S. 225—230.

M i l c h , L.: Beiträge zur Petrographie der Landschaft Ulu Rawas, Süd-Sumatra; mit einer geologischen Einleitung von W. V o l z: Über Gesteinsumwandlung, hervorgerufen durch erzzuführende Gänge (Beobachtungen an Gesteinen der Landschaft Ulu Rawas). N. Jahrb. f. Min. Stuttgart 1904. 51 S. m. 1 Fig. u. 1 geol. Karte.

M o l e n g r a a f f , G. A. F.: Borneo-Expedition. Geological Exploration in Central-Borneo (1893—1894). English revised edition, with appendix on fossil Radiolaria of Central-Borneo by G. J. Hinde. Leyden 1903. Mit 80 Fig., 58 Taf., 3 Karten und einem Atlas von 22 geolog. und topograph. Karten. Pr. 41 M.

M ö l l m a n n , W.: Einige Angaben über die Mineralverhältnisse auf Sumatra. Berg- u. Hüttenm. Ztg. 1903. S. 529—530.

S a r a s i n , P. und F.: Materialien zur Naturgeschichte der Insel Celebes. IV. Bd.: Entwurf eine geographisch-geologischen Beschreibung der Insel Celebes. Wiesbaden, C. W. Kreidel 1901. 344 S. m. 17 Fig., 11 Taf. u. 3 Kart. Anhang: Untersuchung einiger Gesteinssuiten, gesammelt in Celebes von P. u. F. Sarasin, von C. S c h m i d t. 28 S. Pr. 50 M.

S c h m i d t , C.: Über die Geologie von Nordwest-Borneo und eine daselbst entstandene „Neue Insel''. S.-A. a. Gerlands Beiträgen zur Geophysik 1904. Bd. VII. S. 121—136 m. Taf. VI.

T o b l e r , A u g.: Über das Vorkommen von Kreide- und Carbonschichten in Südwest-Djambi (Sumatra). Zentralbl. f. Min., Geologie und Paläontologie 1907. S. 484—498 mit 1 Skizze.

T o b l e r , A.: Topographische und geologische Beschreibung der Petroleumgebiete bei Moeara Enim, Süd-Sumatra. Amsterdam 1906. Tijdschr. Aardrijksk, 117 S. m. 4 Karten und Tafeln. Pr. 6 M.

T o b l e r , A.: Einige Notizen zur Geologie von Sumatra. S.-A. a. d. Verh. d. Naturf. Ges. Basel. Bd. XV. 1906. S. 272—292 mit einer tektonischen Kartenskizze eines Teiles von Süd-Sumatra i. M. 1:1000000.

T o b l e r , A.: Zur Geologie von Süd-Sumatra. (Nach W. V o l z : Zur Geologie von Sumatra, Beobachtungen und Studien. Geol. u. pal. Abh. N. F. Bd. VI. 112 S. m. 45 Textfig. 12 Taf. u. 3 Karten.) Petermanns Mitt. 1906. S. 88—91.

W i n t o n , E. A.: Gold Mining Industrie in the Dutsch East Indies. Eng. and Mining Journ. 1909. Vol. 88. S. 513—515 m. 1 Fig.

W o l f f , W.: Im malaiischen Urwald und Zinngebirge. Berlin 1909. A. Schall. 240 S. mit 16 Abbild.

7. Britisch-Indien, Siam, Anam, Tonkin.

Bergwerks-Produktion Indiens in den Jahren 1902, 1903 und 1904 N. 06: 375. Für 1905—1907 s. S. 249.

Die Zinnlagerstätten der malayischen Halbinsel, mit besonderer Berücksichtigung derjenigen des Kintadistriktes (R. A. F. P e n r o s e j r.) R. 04: 278.

Thorianit- und Thoritfunde in Ceylon N. 05: 431.

Salzproduktion Indiens N. 03: 366.

Petroleumproduktion Birmas N. 03: 48.

Petroleumgewinnung N. 03: 48.

Beitrag zur Kenntnis der Rubinlagerstätte von Nanya-zeik (Fig. 84) (J. J. T a n a t a r) 07: 316.

Die Jadeitlagerstätten in Upper Burma (A. W. G. B l e e c k) 07: 341.

Goldbergbau in South Mahratta, insbesondere die Goldfelder zu Dharwar in Vorderindien (E. R e u n i n g) 08: 483.

Fernere Literatur:

Der Bergbau in Siam. Kux.-Ztg. 1904. Nr. 87 vom 14. 4. 1904. Beilage. Berg- u. Hüttenm. Z. 1904. S. 242—243. Tiefbohrwesen (Vulcan) 1904. S. 70. Montan-Ztg. Nr. 11 vom 1. 6. 1904. S. 232—233.

Zur Erschließung der nutzbaren Mineralien in Siam. Tiefbohrwesen II. 1904. S. 70—71. Die Mineralschätze Indiens. Südafrik. Wochenschr. XII. 1904. S. 817—818.

B a u e r , M.: Weitere Mitteilungen über den Jadeit von Ober-Birma (frühere Mitt. siehe N. Jb. f. Min. usw. 1896. I. S. 18; vergl. auch F r. N o e l t i n g , ebenda S. 7. Über das Vorkommen des Jadeits in Ober-Birma, N. Jb. f. Min. usw. 1897. I. S. 258). Zentralbl. f. Min. usw. 1906. S. 97—112 m. 3 Fig.

B e l: Le Laos, Indo-Chine. Soc. de l'ind. min. Comptes rendus mens. August 1906. S. 246—253.

C h a r p e n t i e r , H.: L'industrie minérale au Tonkin. Bull. Soc. de l'ind. min. T. IV. 1905. S. 615—665 m. 7 Fig.

C o l o m e r : Les gîtes minéraux du Tonkin. Soc. de l'ind. min. Comptes rendus mens. August 1906. S. 235—242.

D é g o u t i n: Les mines d'or de Bongmiù, Annam. Soc. de l'ind. min. Comptes rendus mens. August 1906. S. 243—246.

G a s c u e l , L.: Gisements stannifères au Laos francais. Ann. des mines 1905. T. VIII. S. 321—331 m. 1 Karte von Indo-China. — (Ref. s. N. Jb. f. Min. 1907. II. S. 425.)

H o l l a n d , T h.: Review of the mineral production of India during the years 1898.

L o z é , E.: Le pétrole et l'asphalte dans les Indes Occidentales Britanniques (Trinité et Barbade). Paris 1905. 8 S. Pr. 1 M.

1903. Records of the Geol. Surv. of India. Vol. XXXII. 1905. Calcutta. S. 1—118 m. Taf. 1—6.

M a c l a r e n , J. M.: The auriferous occurrences of Chota Nagpur, Bengal. Records of the Geol. Surv. of India. Vol. XXXI. 1904. S. 59—91 m. Taf. 5—10. (Taf. 5: Geological sketch map of the auriferous districts of Chota Nagpur.)

M a r t e l l , P.: Die Manganerzlager Britisch-Indiens und ihr Abbau. „Glückauf" 1907. S. 816—821.

M a c l a r e n , J. M.: Das Chota Nagpur-Goldfeld in Indien. Südafrik. Wochenschr. XIII. 1904. S. 209—210, 223—224.

Indien.

(Mines and Quarries: General Report and Statistics; 1905 nach Mines and Quarries for 1906; 1906 und 1907 nach Mines and Quarries for 1907. Über 1895 und 1896 s. Z. 1899, S. 30, über 1899 und 1900 Z. 1901, S. 75; hier auch einige Nachrichten über die einzelnen Bergwerksbezirke Indiens; für 1903 und 1904 siehe Z. 1906, S. 375.)

Produkt	Menge			Wert		
	1905	1906	1907	1905	1906	1907
	Tonnen	Tonnen	Tonnen	£	£	£
Kohle	8 552 823	9 940 247	11 326 227	1 419 443	1 912 042	2 609 726
Eisenerze	104 174	75 309	68 753	13 827	11 344	13 381
Chromit	2 751	4 445	7 391	3 482	7 188	9 699
Manganerze	258 011	503 685	912 761	218 110	530 622	911 943
Zinnerze	76	97	80	9 783	13 574	11 882
Gold . . . . kg	19 621	18 088	17 309	2 416 971	2 230 284	2 133 691
Magnesit	2 096	1 861	189	550	488	50
Graphit	2 361	2 642	2 472	16 890	10 009	7 387
Diamanten . . . g	34	63	129	2 474	5 160	2 784
Rubin usw. . . . . g	54 760	67 723	131 508	88 340	96 867	98 258
Jadeït	132	196	249	59 137	62 195	74 509
Glimmer	1 602	2 613	1 977	159 627	254 999	228 161
Salz	1 212 618	1 176 324	1 120 480	402 519	393 731	397 846
Salpeter (raff.) (ausgef.)	15 907	17 641	18 166	235 723	270 547	274 679
Petroleum	581 519	564 470	610 625	604 204	574 238	610 015
Alaun	361	560	280	2 038	4 000	2 500
Ambra	6	11	2	945	709	385
Kupfererze	42	29	—	—	?	—
Marmor	1 754	1 585	2 612	1 840	1 740	1 494
Schieferstein	—	11 065	12 693	5 550	4 571	—
Steatit	12	10	8	341	273	201
Turmalin . . . kg	73	88	9	1 500	1 001	293
Zusammen	—	—	—	5 663 294	6 385 582	7 388 884

Rudra, S. C.: Mineral resources of British India. Transact. Amer. Inst. of Min. Eng. New York Meeting. Oktober 1903. 32 S.

Rudra, S. C.: Kohle und Eisen in Indien. Vortrag a. d. New York Meeting des Amer. Inst. of Min. Eng. „Stahl und Eisen" 1904. S. 979—980.

Rumbold, W. R.: The tin-deposits of the Kinta Valley, Federated Malay States. Bi-Monthly Bull. Amer. Inst. of Min. Eng. 1906. S. 755—765 m. 4 Fig.

Scrivenor, J. B.: Geologist's Report of Progress. (Feder. Malay States.) September 1903—January 1907. Kuala Lumpur 1907. 44 S. m. 1 Karte.

Scrivenor, J. B.: The Origin of Tin Deposits. Kuala Lumpur 1909. Government Printing Office. 11 S. (Paper read before the Perak Chamber of Mines. 23rd January 1909 at Ipoh.)

Simmersbach, B.: Die bergbauliche Entwickelung und die Metalleinfuhr von Britisch-Ostindien. Preuß. Zeitschr. f. das Berg-, Hütten- und Salinen-Wesen 1906. Bd. 54. S. 308—314.

Simpson, R.: Report of the Yammu coal-fields. Calcutta, Mem. Geol. Surv. Ind. 1904. 75 S. m. 10 Taf. u. 2 Karten. Pr. 6 M.

Stonier, G. A.: The Bengal coal-fields of India. Eng. and Min. Journ. Vol. 80. 1905. S. 436—438 m. 12 Fig.

La Touche, T. D., and R. R. Simpson: The Lashio coal-field. Northern Shan States. Calcutta, Rec. Geol. Surv. 1906. 8 S. m. 2 Karten. Pr. 2 M.

D. Afrika.

Nordostafrika.

Salpeterablagerung in Chile und Ägypten (Semper und Blanckenhorn) R. 03: 309.

Über das Vorkommen von Phosphaten, Asphaltkalk, Asphalt und Petroleum in Palästina (M. Blanckenhorn) 03: 294.

Fernere Literatur:

Ä g y p t e n: The phosphate deposits of Egypt.   Published by the Survey department.
2. edition.   Cairo 1905.   35 S. m. 3 Karten.   Pr. 2 M.

B a l l , J.: On the topographical and geological results of a Reconnaissance-Survey of
Jebel Garra and the Oasis of Kurkur.   Cairo 1902.   40 S. m. Fig. u. Karten.

B a l l , J.: Description of the first of Aswan Cataract of the Nile. (Topography, Geology.)
Cairo 1907.   121 S. m. 4 farb. Karten, 9 Taf. u. 20 Fig.   Pr. 10 M.

C u r l e , J. H.: The gold mines of Egypt.   Eng. and Min. Journ. 1905.   S. 620.

F r e i s e , F.: Bergleute und Bergbaukunst bei den alten Ägyptern, Griechen und Römern.
Österr. Z. f. Bg.- u. Hw. 1905.   S. 354—356, 367—370, 382—384, 391—393, 404—406, 436—438
mit Fig. 18—24 auf Taf. XI.

H e n z e , H.: Der Nil, seine Hydrographie und wirtschaftliche Bedeutung.   4. Heft der
I. Serie von „Angewandte Geographie". Hefte z. Verbr. geogr. Kenntnisse in ihrer Beziehung zum
Kultur- und Wirtschaftsleben. Rede von Prof. Dr. K. D o v e , Jena. Halle, Gebauer-Schwetschke,
1903.   103 S. m. 2 Abbild.   Pr. 2 M.

H u m e , W. F.: Topography and Geology of the Peninsula of Sinai (south-eastern portion).
Cairo 1906.   280 S. m. 5 farb. Karten, 19 Taf. und 3 Fig.   Pr. 12 M.

H u m e , W. F.: The distribution of iron ores in Egypt. Surv. Dep. Pap., Kairo 1909.
No. 20.   16 S. m. 1 Karte. — Ref. s. Peterm. Mitt. 1910 S. 85 u. Bw. Mitt. 1910 Febr.

K o s s m a t , F.: Geologie der Inseln Sokótra, Sémha und Abd el Kûri. Wien, Denkschr.
Akad. 1902.   62 S. m. 13 Fig., 4 Taf. u. 1 kol. geolog. Karte.   Pr. 8 M.

S t r o m e r , E.: Geographische und geologische Beobachtungen im Uadi Natrûn und
Fâregh in Ägypten. S.-A. a. d. Abhandl. der Senckenbergischen naturf. Ges. Bd. XXIX. Heft II.
S. 69—96 m. Taf. 18 u. 19. ·Frankfurt a. M., in Kommission bei M. Diesterweg. 1905. Pr. 3 M.
— Vergl. auch Zentralbl. f. Min. usw. 1905.   S. 115—118.

T o u l a , F.: Zusammenstellung der neuesten geologischen Literatur über die Balkan-
halbinsel mit Morea, die griechischen Inseln, Ägypten und Vorderasien, mit Ergänzungen der
Literaturübersicht in den Comptes rendus.   IX. Congr. géol. intern. de Vienne 1903 (1904).
S.-A. a. d. XI. Jahresber. für 1905 des Naturwissenschaftl. Orientvereins.   S. 37—75.   Wien,
Selbstverlag, 1906.

Nordwestafrika.

(F r a n z ö s i s c h - A f r i k a , e i n s c h l i e ß l i c h M a d a g a s k a r.)

Bergwerks-Produktion Algiers in den Jahren 1902, 1903 und 1904 N. 06: 375.
    Für die Jahre 1905—1907 s. S. 250.

Vorkommen von Kohle in der Sahara N. 04: 147.

Die Eisenerzlager von Tunis N. 03: 398.

Gold in Tunis N. 03: 456.

Quecksilbergewinnung in Algier N. 04: 427.

Salpeterlager in Algier N. 03: 120.

Die Phosphatlager von Algier und Tunis und ihre Produktion in den Jahren 1902 und
    1903 N. 04: 221.

Bitumen auf Madagaskar N. 03: 48.

Die Phosphatlagerstätten von Algier und Tunis (Fig. 64—73) (O. T i e t z e) 07: 229.

Schwefellager in Algier (K. A n d r é e) B. 08: 168.

Erdkatastrophe im Altasgebiete (W. K r e b s) B. 08: 445.

Schwarzerde und Kalkkruste in Marokko (Th. F i s c h e r ; A. S c h w a n t k e) 1910:
    105, 114.

Über Goldvorkommen und Goldgewinnung in Madagaskar (J. K u n t z) 1910: Mai.

Fernere Literatur:

Goldfunde im französischen Afrika. Berg- und Hüttenm. Ztg. 1903. S. 477.

Der Goldbergbau in Westafrika. Süd-afrikanische Wochenschrift vom 7. August 1903.
S. 961.

Algier.

(Mines and Quarries: General Report and Statistics; 1905 nach Mines and Quarries for 1906;
1906 und 1907 nach Mines and Quarries for 1907.   Über 1899 s. Z. 1900, S. 231.)

Produkt	Menge			Wert		
	1905	1906	1907	1905	1906	1907
	Tonnen	Tonnen	Tonnen	Fr.	Fr.	Fr.
Braunkohle	85	—	—	41	—	—
Eisenerze	568 609	779 826	973 445	223 557	350 863	422 338
Quecksilbererze . .	1 900	200	590	1 140	120	539
Silberhaltige Bleierze	7 470	11 246	15 264	34 680	69 794	87 478
Kupfererze	1 784	2 786	16 259	10 296	13 724	12 968
Zinkerze	67 922	74 351	71 048	283 596	355 544	315 712
Antimonerze	—	50	799	—	1 260	5 446
Stein- und Solsalz .	26 986	22 615	20 399	22 862	19 701	20 580
Zusammen	—	—	—	576 172	811 006	865 061

Bowler, L. P.: Notes on the gold coast of West-Africa. Transact. North of Eng. Inst.
of Min. and Mech. Eng. Vol. LIII. 1903. Part. 1. S. 61—64.

Bukojemski, W.: Westafrikanische Bitumen- und Petroleumfunde. „Petroleum"
1908. S. 1070—1072.

Chalon, P. F.: Les richesses minérales de l'Algérie et de la Tunisie. Paris, H. Dunod
et Pinat. 1907. 100 S. m. 1 Karte. Pr. 3,60 M.

Colcanap, J.: Sur la géologie du cercle de Maevetanana, Madagascar. Bull. Soc. Géol.
de France. T. VI. 1906. S. 164—170 m. 3 Fig. u. 1 geol. Karte i. M. 1 : 1 000 000.

Dégoutin: Sur quelques gisements d'or filoniens de Madagascar. Soc. de l'ind. min.
Comptes rendus mens. August 1906. S. 227—235.

Dussert: Les gisements métallifères de l'Algérie (minerais autres que ceux du fer).
Ann. des mines. T. XVII. 1910. S. 24. Taf. I—III.

Gascuel, L.: L'or à Madagascar. Ann. des mines. T. X. 1906. S. 85—108 m. Taf. V.

Gentil, L.: Étude géologique du bassin de la Tafna (Algérie). Paris 1905. Pr. 14 Frs.

Gentil, L.: Carte géologique du bassin de la Tafna (Algérie) i. M. 1 : 200 000. Paris 1905.
Pr. 4 Frcs.

Grannig, B.: Bemerkungen über einige Erz- und Phosphatbergbaue im zentralen
Tunis und im Küstengebiet Algeriens. Österr. Zeitschr. f. Berg- u. Hw. 1909. S. 739, 755,
770, 793 m. 36 Fig., u. 1 farbig. Karte i. M. 1 : 100 000 (nach Pervinquière).

Jacob et Ficheur: Notice sur les travaux récents du service de la carte géologique
de l'Algérie. Annales des mines T. VI. 1904. Paris. S. 394—440 mit Taf. VI: État d'avancement
de la carte geol. de l'Algérie. Juin 1904.

Levat, D.: Note sur la reconnaissance d'un niveau aquifère, dans le Sud Oranais et
dans le Sud-Marocain. Ann. des mines. 1905. T. VII. S. 77—122 mit Taf. II u. III.

Mendel, J.: Das Petroleumvorkommen in Algerien. „Petroleum" 1907. S. 661—663.

Merle, A.: Les Richesses Minérales de Madagascar. Paris 1907. 8. 54 S. m. 1 farb.
Karte. Pr. 2,50 M.

Pervinquière, L.: Etude géologique de la Tunisie centrale. Paris 1903. 4 u. 359 S.
mit 42 Fig., 36 photogr. Illustr. u. 3 Taf. Pr. 16 M. — Siehe auch unter Granning.

Preumont, G. F. J., und J. A. Howe: Notes on the geological aspect of some of the
north-eastern territories of the Congo Free State, with petrological notes by J. A. Howe. Quarterly Journal. Vol. 61. 1905. Nr. 243. S. 641—666 mit 3 Fig. u. Taf. 42—44.

Range, P.: Die von Rudolf Zabel mitgebrachten Gesteinsproben aus dem
Djebel Serhun. (Anhang zu Rudolf Zabel: „Im muhammedanischen Abendlande Marokko".
Altenburg, Steph. Geibels Verlag, S. 465—472 mit 1 Situationsplan.

Simmersbach, B.: Mineralvorkommen in Algier und Tunis. Preuß. Zeitschr. f. d.
Berg-, Hütten- und Salinen-Wesen 1908. Bd. 56. S. 595—604 m. 1 Karte.

Thomas, P.: Essai d'une description géologique de la Tunisie, d'après les travaux
des membres de la mission de l'expédition scientifique (1884—1891) et ceux parus depuis.
Paris 1908. 506 S. m. 110 Fig.

Traverso, G. B.: Le miniere di Djebel Mesloula, Djebel Ouasta, Djebel Ouenza
(Algeria), Djebel Charra, Djebel Abiod (Tunisia). Alba 1903. 60 S.

Deutsch-Ostafrika.

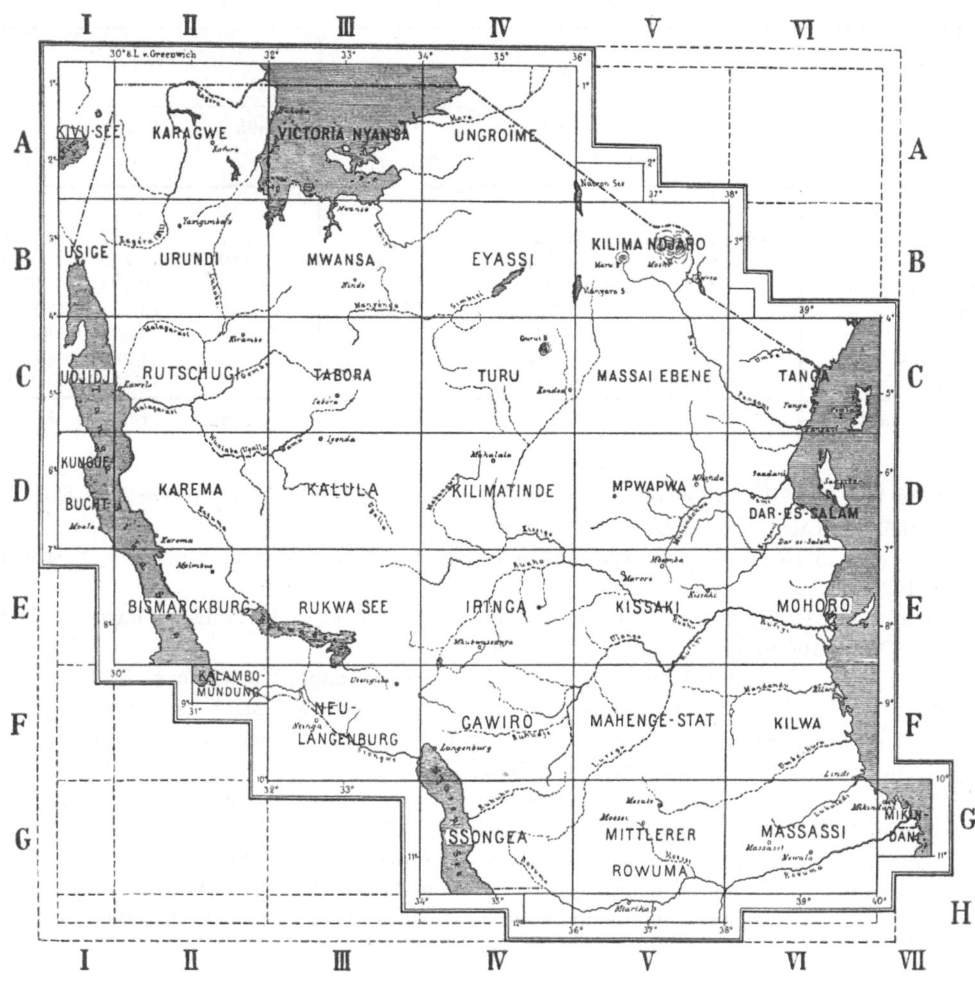

Fig. 97.

Übersicht der Karte von Deutsch-Ostafrika i. M. 1:300000 von R. Kiepert; in 29 Blatt (58 × 86 cm)
und 8—10 Ansatzstücken. Verlag von D. Reimer, Berlin. Pr. des Blattes 2 M., des Ansatzstückes
1,50 M., aufgezogen 3 bezw. 2,50 M. — (Erschienen bis auf A IV, B V u. C VI.)

Mittelafrika.

(Deutsch-Afrika; Kongostaat.)

Karte von Deutsch-Ostafrika i. M. 1 : 2000000, mit Angabe der bis 1903 festgestellten
nutzbaren Bodenschätze (M. Moisel) L. 03: 248. Vergl. F. I, S. 233, Fig.102.
Die nutzbaren Bodenschätze der deutschen Schutzgebiete (A. Macco) 03: 28, 193.
Die Reisen des Bergassessors Dr. Dantz in Deutsch-Ostafrika in den Jahren 1898,
1899 und 1900. III. Teil. Fortsetzung (Dantz) L. 02: 306; 03: 38, 280; 04: 28.
Uranvorkommen in Deutsch-Ostafrika N. 07: 69.
Bergbau in Deutsch-Ostafrika (J. Kuntz) N. 09: 74; P. 09: 80.

Beitrag zur Geologie der Hochländer Deutsch-Ostafrikas mit besonderer Berück-
sichtigung der Goldvorkommen (J. Kuntz) 09: 205. — Vgl. Fig. 98. —
Auch als Sonderabzug Pr. 2 M.
Die Kupfererzlagerstätte von Ookiep in Kleinnamaland (A. Schenck) N. 03: 83.
Kupfererzvorkommen in Südwestafrika (J. Kuntz) 04: 199, 402.

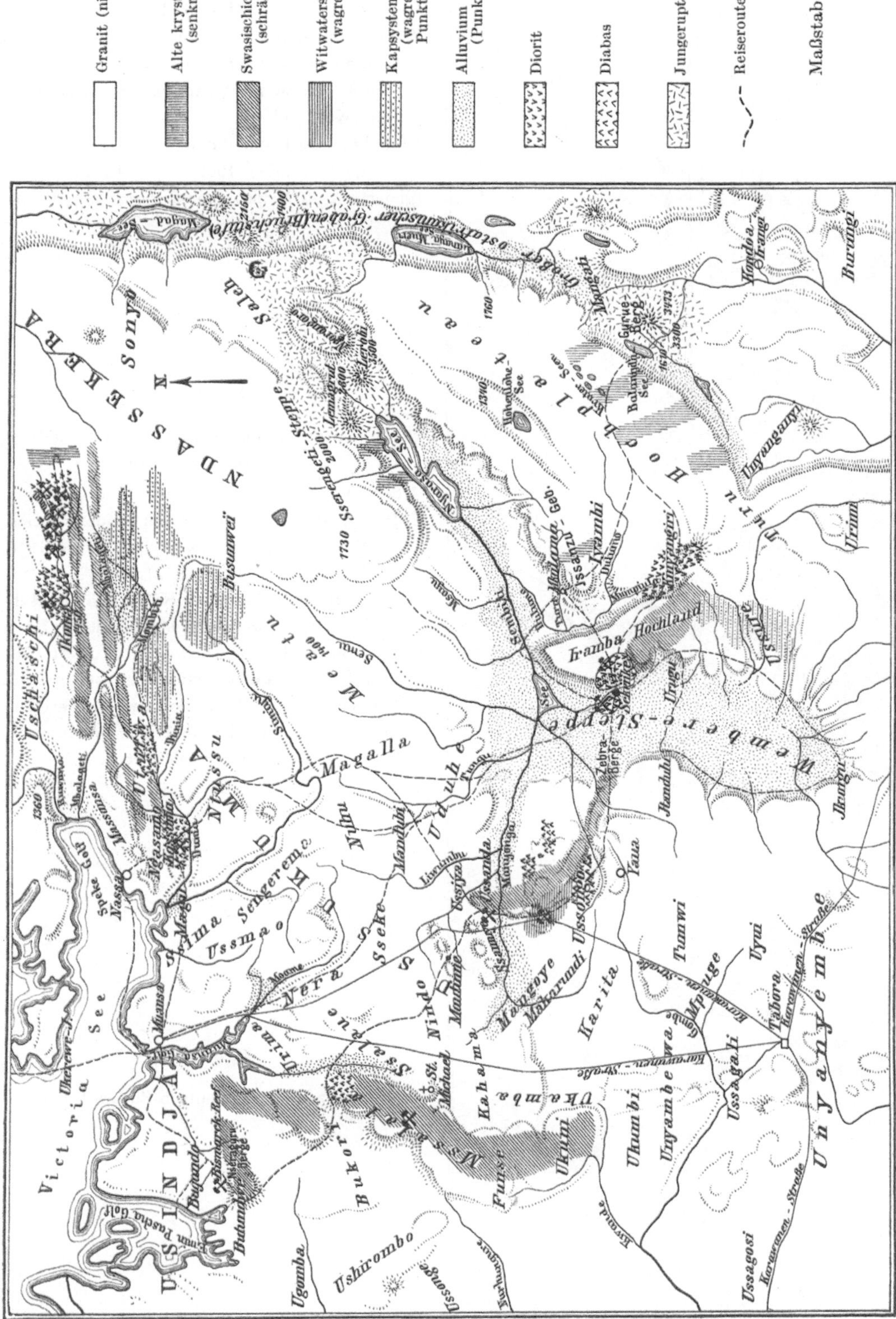

Fig. 98. Geologische Übersichtskarte des mittleren Teiles vom nördlichen Deutsch-Ostafrika. (Nach J. Kuntz; Text, Profile und Spezialkarte von Sekenke Z. 1909 S. 205—232.)

Deutsch-Südwestafrika.

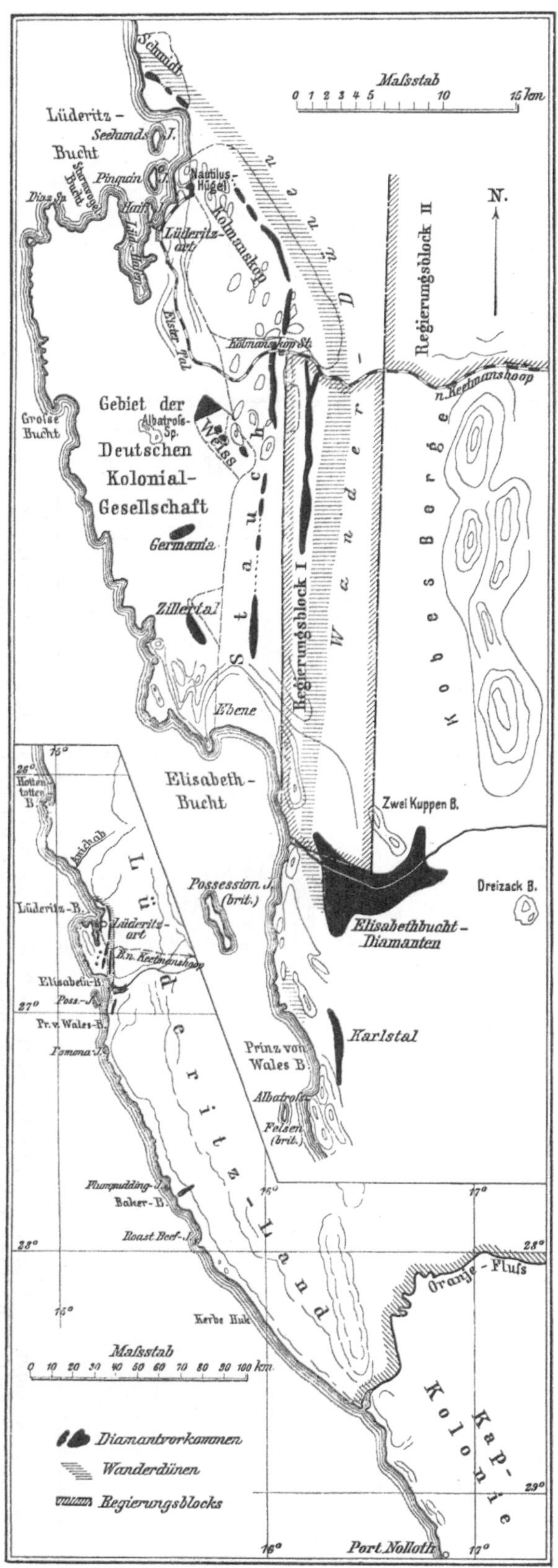

Fig. 99.

Die Diamantvorkommen in der Umgebung der Lüderitzbucht.

Diamantförderung im Jahre 1909.
(Nach der amtlichen Denkschrift v. 6. Jan. 1910.
S. 8 u. 34.)
Zwölf Sendungen an die Diamanten-Regie enthielten zusammen (in Karat à 205 mg) 468 933 Karat im Werte von 13 893 992 M das Karat also . . . . . . 29,62 M.
Einnahme des Fiskus hieraus bis Ende November 1909 . . . 4 592 265 M (gleich ca. 10 M pro Karat oder 33⅓ % des Wertes.)

(Nach Merensky; Text mit Photographien, Z. 1909 S. 79, 122—129 auch als Sonderabdruck, Pr. 1 M.; vgl. auch Lotz S. 142, sowie 1910, Berg. Mitt. S. 21.)
Vgl. hierzu auch die neue „Karte von Deutsch-Südwestafrika" (Maßstab 1 : 2 000 000. Bearbeitet von P. Sprigade und M. Moisel. Mit ausführlichem Namensverzeichnis, Berlin 1910, D. Reimer. Pr. 5 M, aufgezogen in Taschenformat 6,50 M), welche auch die Diamantvorkommen verzeichnet.

Fig. 100.

Lüderitzland in Deutsch-Südwestafrika

Magmatische Ausscheidungen von Bornit (Ookiep in Kleinnamaland) (O. S t u t z e r)
B. 07: 371.
Die Erzlagerstätte von Tsumeb im Otavi-Bezirk im Norden Deutsch-Südwestafrikas
(W. M a u c h e r) 08: 24.
Erzlagerstätte von Tsumeb (F. W. V o i t) B. 08: 170.
Südwestafrikanisches Minensyndikat P. 08: 135.
Zinnlager in Kamerun N. 04: 427.
Die bisher bekannt gewordenen Lagerstätten nutzbarer Mineralien des deutschen
Schutzgebietes Kamerun (G u i l l e m a i n) 1910: 138.
Die Diamantvorkommen in Lüderitzland (H. M e r e n s k y) 09: 79, 122.   Auch als
Sonderabdruck, Pr. 1 M. — Vgl. Fig. 99 und 100. — (H. L o t z B. 09: 142.)
Marmor aus Deutsch-Südafrika N. 04: 148.

Fernere Literatur:

Die Petroleumfunde am Mungo (Kamerun).   Organ des Ver. der Bohrtechniker 1904.
Nr. 14.   S. 12.

Eisenerzvorkommen im Sudan.   Montanmarkt Nr. 498.   1903.   S. 4.

v. A m m o n , L.: Zur Geologie von Togo und vom Nigerlande.   München, Th. Riedel,
1905.   S.-A. a. d. Mitt. der Geogr. Ges. in München 1905.   Bd. I.   S. 393—474 mit 16 Fig. u. Taf.
XIX (Karte i. M. 1 : 2 000 000).

A. Dr. G r u n e r s Aufsammlungen S. 395—434; B. Aufsammlungen von Frei-
herrn v o n S e e f r i e d S. 435—471.

B a r t h , C h r. R.: Unsere Schutzgebiete nach ihren wirtschaftlichen Verhältnissen.
Leipzig 1910, B. G. Teubner.   148 S.   Pr. geh. 1 M., geb. 1,25 M.

B e l , J. M.: Richesses minérales du Congo français.   Bull. de la Soc. de l'ind. min.   1909.
April.   S. 337—374 m. 7 Abb.

B u t t g e n b a c h , H.: Les dépots aurifères du Katanga.   Bull. Soc. Belge de Géol. 1904.
T. XVIII.   S. 173—186 m. 5 Fig.

B u t t g e n b a c h , H.: Le gîte auroplatinifère de Ruwe (Katanga).   Congr. intern. des
mines usw.   Liége 1905.   Sect. de Géol. appl.   S. 437—450 m. 5 Fig.

B u t t g e n b a c h , H.: La cassitérite du Katanga.   Liége. Soc. Geol. Bull. 1906.   24 S.
mit Figuren.

C o r n e t , J.: Les gisements métallifères du Katanga.   Bull. Soc. Belge Géol.   T. XVII.
1903.   S. 3—47 m. 7 Fig.

C o r n e t , J.: Les mines de Kambove, au Katanga.   Bull. Soc. Belge de Geol. 1902.
T. 16.   S. 651—656 m. 1 Fig.

E d l i n g e r , W.: Beiträge zur Geologie und Petrographie Deutsch-Adamauas.   Braunschweig, Fr. Vieweg & Sohn, 1908.   130 S. m. 2 Taf.

E r n s t : Salzvorkommen und Salzgewinnung in Deutsch-Ostafrika.   „Glückauf" 1909,
S. 1260 bis 1262.

E r n s t : Die nutzbaren Lagerstätten Deutsch-Ostafrikas.   „Glückauf" 1909, S. 1341

F a r r e l , J. R.: The copper and tin deposits of Katanga.   Eng. a. Min. Journ. LXXXV.
1908.   S. 747—753 m. 10 Fig. u. 3 Karten.

G a g e l , C.: Die nutzbaren Lagerstätten von Deutsch-Südwestafrika.   Z. f. d. Berg-,
H. u. Salinenw. 1909, S. 173—184.

G a g e l , C.: Die nutzbaren Lagerstätten Deutsch-Ostafrikas.   „Glückauf" 1909.
S. 1029 bis 1033.

G ü r i c h , G.: Marmor in Deutsch-Südwestafrika.   Petermanns Mitt. 1910 S. 142
m. 1 farb. Karte 1 : 1 000 000.

G u i l l e m a i n : Ergebnisse geologischer Forschung im deutschen Schutzgebiet Kamerun.
Wissensch. Beiblatt zum Deutschen Kolonialblatt 1908.   Heft 1.   „Kali" 1908. S. 340 bis 341.

H e n n i g , R.: Wasserwirtschaftliche Probleme in Deutsch-Südwest-Afrika.   „Technik
und Wirtschaft".   Berlin 1908.   S. 199—203.

H e r m a n n , P.: Beitrag zur Geologie von Deutsch-Südwest-Afrika.   Monatsber. der
Deutsch. geol. Ges. 1908.   S. 259—270.

J ä c k e l , H.: Die Landgesellschaften in den deutschen Schutzgebieten.   Denkschrift
zur kolonialen Landfrage.   Mitt. d. Gesellschaft f. wirtsch. Ausbildung.   N. F. Heft 5.
Jena 1909, G. Fischer.   315 S. m. 3 Diagrammen.   Pr. 7 M.

K a i s e r , E r i c h : Über Diamanten aus Deutsch-Südwestafrika. Zentralblatt f. Min. 1909. Nr. 8. S. 235—244 m. 4 Fig.

K ö c h : Hydrographie von Dar-es-Salam. Abhdlg. z. Geol. Karte v. Preußen, Heft 63.

K o e r t , W.: Nutzbare Lagerstätten in Togo. Über einige Ergebnisse einer geologischen, im Auftrage des Kaiserlichen Gouvernements von Togo unternommenen Forschungsreise. Essener „Glückauf" 1905. S. 1640—1641. — Eine ausführliche Schilderung des ganzen Erzvorkommens soll zugleich mit der Mitteilung der Analysenergebnisse und unter Beifügung einer Karte im Maßstab 1 : 10000 in den „Mitteilungen von Forschungsreisenden und Gelehrten aus den deutschen Schutzgebieten" erfolgen. — Über das Eisenerzlager von Banyeli, Togo: „Stahl und Eisen" 1906. S. 54.

K o h l e r , J., und H. V. S i m o n : Die Land- und Berggerechtsame der deutschen Kolonial-Gesellschaft für Südwest-Afrika. Zwei Gutachten sowie Urkunden-Material. Berlin, D. Reimer, 1906. 148 S. Pr. 1 M.

L e v a t , D.: Notice géologique et minière sur le bassin cuprifère du Kouilou-Niari (Congo Français). Ann. des mines. T. XI. 1907. S. 5—65 m. Taf. I—IV.

L o t z , H.: Diamantablagerungen bei Lüderitzbucht. Monatsber. der Deutsch. geol. Ges. 1903. Nr. 3. S. 135—146 m. 1 Karte.

M a c c o , A.: Die Aussichten des Bergbaues in Deutsch-Südwestafrika. Berlin, Dietrich Reimer, 1907. 79 S. m. 2 farb. Karten. (Kupfer, Gold, Diamanten, Kohle, andere Bergwerksprodukte.)

M a c c o , A.: Blue Ground-Vorkommen in Südafrika. Vortrag. Monatsber. d. D. geol. Ges. 1907. S. 76—81.

M a r c k w a l d , W.: Über Uranerze aus Deutsch-Ostafrika. Zentralbl. f. Min. usw. 1906. S. 761—763.

M a r t e n s , P. C h.: Das deutsche Konsular- und Kolonialrecht. Unter Berücksichtigung der neuesten Gesetze und Verordnungen. Leipzig, L. Huberti, 1904. 122 S. Pr. 2,75 M.

M o i s e l , M.: Karte von Deutsch-Ostafrika. Maßstab 1 : 2000000, mit Angabe der nutzbaren Bodenschätze und mit einem Karton zur Übersicht der Beziehungen Deutsch-Ostafrikas zu den übrigen deutsch-afrikanischen Kolonien. Zweite, vollständig berichtigte Auflage. Berlin, D. Reimer, 1905. Pr. 6 M. Eine neue Auflage erschien 1910.

R a n g e , P a u l : Die geologischen Formationen des Namalandes. Monatsber. d. D. geol. Gesellschaft 1909. Nr. 2. S. 120—130 m. 1 Taf.

R a n g e , P a u l : Zur Stratigraphie des Hererolandes. Monatsb. Dtsch. Geol. Gesellsch. 1909, S. 291—300.

S c h e i b e , R.: Der Blue ground des deutschen Südwestafrika im Vergleich mit dem des englischen Südafrika. Festrede am 27. Januar 1906. Programm der Kgl. Bergakademie zu Berlin für 1906—1907. 18 S. — (Ref. s. N. Jb. f. Min. 1908. I. S. 70—72.)

S c h m e i ß e r : Die nutzbaren Bodenschätze und die Entwicklung des Bergbaues in den deutschen Schutzgebieten. Breslau, W. G. Korn, 1908. 38 S.

S c h n e i d e r , O.: Vorläufige Notiz über einige sekundäre Mineralien von Otavi Deutsch-Südwestafrika), darunter ein neues Cadmium-Mineral. Zentralbl. f. Mineralogie 1906. S. 388 bis 389.

S c h o c h , E. R.: The genesis of the Tarkwa Banket, Gold Coast Colony. Eng. and Min. Journ. 1905. S. 1235—1236.

S c h w a b e : Das Katangaminengebiet des Kongostaates. „Glückauf" 1908. S. 1011 bis 1012.

S c h w a b e : Die Bergwerksunternehmungen in Deutsch-Südwestafrika. „Glückauf" 1905. S. 401—403.

S c h w a b e : Die deutsch-ostafrikanische Südbahn und die Steinkohlenfunde am Kiwiraflusse. „Glückauf" 1905. S. 1382—1383.

T o r n a u , F.: Die nutzbaren Mineralvorkommen, insbesondere die Goldlagerstätten Deutsch-Ostafrikas. Vortrag. Monatsber. d. D. geol. Ges. 1907. S. 60—75. Anhang: Wichtigste Literatur. 1894—1906.

T o r n a u , F.: Die Goldvorkommen Deutsch-Ostafrikas, insbesondere Beschreibung der neu entdeckten Goldgänge in der Umgegend von Ikoma. Berichte über Land- und Forstwirtschaft in Deutsch-Ostafrika. Hrsg. vom Kaiserl. Gouv. von Deutsch-Ostafrika. II. Bd. 1905. Heft 5. Heidelberg, C. Winter. S. 265—282 m. 3 Fig.

V o i t , F. M.: Beiträge zur Geologie der Kupfererzgebiete in Deutsch-Südwestafrika. Unter Mitwirkung von G. D. S t o l l r e i t h e r in Johannesburg. Jahrb. d. Kgl. Pr. Geol. Landesanstalt und Bergakademie Berlin für das Jahr 1904. XXV. Bd. 1905. S. 384—430 mit 19 geol. Kartenskizzen und Profilen im Text und 1 Übersichtskarte i. M. 1 : 800000 (Taf. 16). — (Ref. s. N. Jb. f. Min. 1907. I. S. 74—76.)

> Erzlagerstätten S. 412; 1. Quarzgänge S. 413, 2. Fahlbänder S. 416, Die Gorap-grube S. 416, Die Hopegrube S. 419, Die Matchlessgrube S. 420, Die Erzvorkommen der Potmine, der Ubibmine und von Hussab S. 423, Die Lagerstätten von Otyozonyati S. 424, Das Kupfervorkommen der Sinclairmine im westlichen Groß-Namaqualande, Deutsch-Südwestafrika S. 427; Genesis der Lagerstätten S. 429.

Südafrika.

(Britisch- und Portugiesisch-Afrika.)

Übersicht über die nutzbaren Lagerstätten Südafrikas (F. W. V o i t) 08: 137, 191. — Vergl. Fig. 101. — Auch als Sonderabdruck, Pr. 2,50 M.

Über die Errichtung einer Universität in Transvaal P. 03: 432.

Die sedimentären Ablagerungen von Südrhodesia (A. J. C. M o l y n e u x) R. 03: 279.

Mineralschätze des nördlichen Sambesi-Gebietes (L e t t) N. 03: 168.

Die Bergindustrie Transvaals 1902—1904 N. 04: 187; 05: 381.

Der erste Hochofen in Südarfika N. 04: 375.

Im Goldlande des Altertums. Forschungen zwischen Sambesi und Sabi (C. P e t e r s) L. 03: 248.

Die Witwatersrand-Goldindustrie vom bergwirtschaftlichen Standpunkte aus (W. A. L i e b e n a m) 03: 433.

Goldgewinnung in Transvaal N. 04: 108.

Die goldführenden Erzvorkommen der Murchison Range im nordöstlichen Transvaal (H. M e r e n s k y) 05: 258.

Einige Bemerkungen über afrikanische Erzlagerstätten (R. B e c k): Golderzlager-stätten 06: 208.

Probleme der Erzlagerstättengeologie (n. S t e l z n e r - B e r g e a t) 6: Goldführende Kiesfahlbänder (Südafrika) R. 07: 435.

Goldgewinnung in Transvaal N. 07: 70.

Neue Zinnerzvorkommen in Transvaal (H. M e r e n s k y) 04: 409.

Einige Bemerkungen über afrikanische Erzlagerstätten (R. B e c k): Zinnerzlager-stätten 06: 205.

Die Zinnerzlagerstätten Transvaals (H. M e r e n s k y) R. 08: 488.

Die Newlands-Diamantminen, Südafrika (W. G r a i c h e n) 03: 448.

Das Graben nach Edelsteinen in Transvaal N. 04: 110.

Die Ausfuhr von Diamanten aus der Kapkolonie im Jahre 1902 N. 04: 67.

Über einige neue Diamantlagerstätten Transvaals (A. L. H a l l) 04: 193; auch 04: 427.

Südafrikanische Diamanten (A. M a c c o) B. 05: 146.

Über das Vorkommen von Kimberlit in Gängen und Vulkan-Embryonen (F. W. V o i t) 06: 382; 07: 216, 365.

Neue Feststellungen über das Vorkommen von Diamanten in Diabasen und Pegma-titen (H. M e r e n s k y) 08: 155.

Diamanten in Diabasen (F. W. V o i t) B. 08: 169; (H. M e r e n s k y) 344; (F. W. V o i t) 344, 348.

Vorkommen von Diamant in Pegmatit (F. W. V o i t) B. 08: 347.

Kimberlitstöcke (F. W. V o i t) B. 08: 348.

Petroleum in der Orange River Colony (Südafrika) (G. J. K e l l n e r) 08: 283.

Mineralien in Natal und Zululand (F. H. H a t c h) 1910: Berg. M., März.

Fernere Literatur:

Der Mineralreichtum Rhodesiens. Süd-afrik. Wochenschr. 1903. S. 1044—1045.

B e c k , R.: Untersuchungen über einige südafrikanische Diamantlagerstätten. 1. Allgemeine geologische Verhältnisse von Newlands. 2. Die Petrographie der Gesteine von der Newlands-Grube: a) die Nebengesteine der Kimberlit-Vorkommen, b) der Blue Ground und Hard Blue von Newlands nebst Bemerkungen über den Hard Blue von Kimberley, c) die im Blue Ground von Newlands eingeschlossenen Gesteinsknollen nebst ähnlichen Vorkommnissen von anderwärts. Zeitschr. der Deutsch. geol. Gesellsch. 1907. Bd. 59. S. 275—307 mit 3 Taf. u. 4 Fig.

C o r s t o r p h i n e , S.: The occurence in Kimberlite of Garnet-Pyroxene nodules carrying Diamonds (Read 24th June, 1907). Transact. of the Geologic. Soc. of S. Africa X. 1907. S. 65 bis 68 m. 1 Fig.

C o r s t o r p h i n e , G. S.: Note on the age of the Central South African coalfield. Trans. So. Afr. Geol. Soc. Vol. VI. 1903. S. 16—19.

C o r s t o r p h i n e , G. S.: The volcanic series underlying the Black Reef. Transact. of the Geol. Soc. of. S Africa. Vol. VI. Part 5. S. 99—100.

C o r s t o r p h i n e , G. S.: The history of stratigraphical investigation in South Africa. Rep. South African Association for the Advancement of Science, Johannesburg Meeting 1904. S. 145—181 m. 1 Tabelle.

C o r s t o r p h i n e , G. S.: The Geological aspects of South-African scenery. The Proceedings of the Geological Society of S.-Africa 1907. S. XIX—XXVII.

D e n n y , G. A.: The Origin of the Rand Gold Fields. Discussion. Econ. Geology 1909, S. 470—485 m. 2 Taf.

G a r t h w a i t e , E. H.: Mining and the mineral industry in Rhodesia. Mining Magazine, XIII. 1906. S. 1—10.

G r e g o r y , J o h n W.: The origin of the gold of the Rand goldfield. Econ. Geol. 1909. S. 118—129 m. 1 Taf.

H a r t o g , V i c t o r : Petrographic Note on the Diamond-Bearing Peridotite of Kimberley, South Africa. Econ. Geology 1909, S. 438 bis 453 m. 3 Fig.

H a t c h , F. H.: The Boulder beds of Ventersdorp (Transvaal). Transact. Geol. Soc. of S. Africa. 1903. Vol. VI. Part 5. S. 95—97 m. 1 geol. Karte u. 2 Prof.

H a t c h , F. H.: The Geology of the Marico District, Transvaal. Transact. of the Geol. Soc. of S. Africa. Vol. VII. 1904. S. 1—6 m. 6 Taf.

H a t c h , F. H.: The extension of the Witwatersrand beds eastwards under the dolomite and the ecca series of the Southern Transvaal. Transact. Geol. Soc. of South Africa. Vol. VII. Part 2. 1904. S. 57—59 m. Taf. XVI—XVIII.

H a t c h , F. H., and S. C o r s t o r p h i n e : The geologie of the Bezuidenhout Valley and the district East of Johannesburg. Geol. Soc. of S. Africa. S. 97—109 m. 3 Fig. u. 2 Karten.

H a t c h , F. H., and S. C o r s t o r p h i n e : The petrographie of the Witwatersrand conglomerates, with special reference to the origin of the gold. Geol. Soc. of S. Africa 1904. S. 140 bis 145. Ref. s. Österr. Z. 1905. S. 236.

H a t c h , F. H.: The oldest sedimentary rocks of the Transvaal. Transact. Geo. Soc. of S. Africa. Vol. VII. Part III. 1904. S. 147—150.

H a t c h , F. H.: Presidential address delivered to the Geological Society of South Africa, at the annual meeting, on the 29th January 1906. Proc. Geol. Soc. of South Africa, 1906. S. XXI—XXXIV.

    1. Order of superposition of the stratified rocks; 2. Thickness of the strata; 3. Geological history of the rocks.

H a t c h , F. H.: Geological map of the southern Transvaal, with explanatory note. 14 S. London, E. Stanford, 1903.

H a t c h , F. H.: Notes on the Witwatersrand gold deposits and their associated rocks. Read at meeting held on 26. August 1903. The South African Assoc. of Eng., Johannesburg 1903.

H a t c h , F. H., and G. S. C o r s t o r p h i n e : The geology of South Africa. London, Macmillan and Co., 1905. 348 S. m. 89 Fig. u. 2 geolog. Karten.   Pr. 21 M.

H a t c h , F. H.: Report on the mines and mineral resources of Natal (other than coal). Published by order of the Natal Government. London 1910. 155 S. m. 34 Fig. u. 8 Taf.

H e a t l e y , J. T. P.: The development of Rhodesia and its railway system in relation to oceanic highways. Scottish Geogr. Magazine, Edinburgh 1905. Vol. XXI. Nr. 3. — Ann. Rep. of the Smithsonian Inst. for 1905. S. 279—292 m. 1 Fig. u. 1 Karte.

H e n e a g e , E. F.: Die Diamantlager von Südafrika. Südafrik. Wochenschr. 1905. S. 466 bis 467, 486—487.

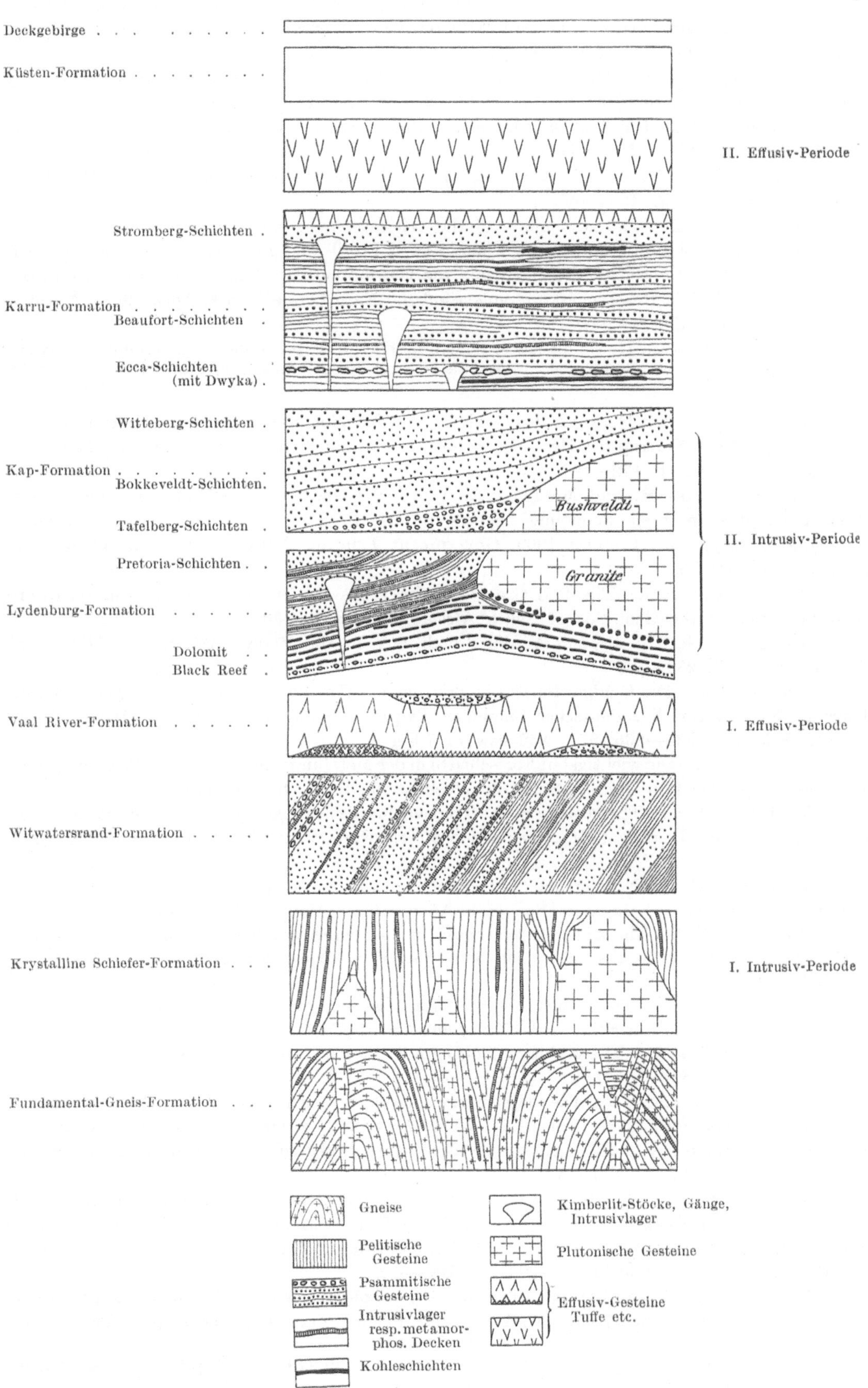

Fig. 101. Ideal-Diagramm der Tektonik Südafrikas.
(Nach Voit; Text Z. 1908 S. 137—144, 191—219. — Auch als Sonderabzug, Pr. 2,50 M.)

17*

H e n k e l , C. C.: History, resources and productions of the country between Cape Colony and Natal, or Kaffraria proper, now called the native or Transkeian territories, with large map. Hamburg 1903.   124 S.   Pr. geb. 12,50 M.

J o h n s o n , J. P.: The auriferous conglomerates of the Witwatersrand and the antimony deposits of the Murchison Range.   London 1908.   Pr. 1,20 M.

J o h n s o n , J. P.: The Ore Deposits of South Africa.   Part. I: Base Metals. (London 1908.)   Bespr. v. F. L. Heß in Econ. Geol. 1909.   S. 577—579.

J u l i e n , A l e x i s A.: A Bibliography of the Diamond Fields of South Africa. Econ. Geology 1909, S. 453—469.

K e s s l e r , L.: The gold mines of the Witwatersrand and the determination of their value.   London, E. Stanford, 1904.   135 S. m. 2 Fig., 2 Profil- und 2 Analysentafeln.   Pr. 10,50 M.

K r u s c h , P.: Das Vorkommen und die Gewinnung des Goldes.   Vortrag, geh. in der Sitzung der Deutschen Gesellschaft für volkstümliche Naturkunde vom 6. April 1905.   Naturw. Wochenschr. 1905.   S. 529—533.

I. Golderze. II. Goldgehalte. III. Wie sehen unsere Goldlagerstätten aus ? a) West-australien, b) Kalifornien, c) Witwatersrand, d) Klondike, e) Cape Nome. — Welt-produktion.

K u n t z , J.: Die Herkunft des Goldes in den Konglomeraten des Witwatersrandes. (Als Erwiderung auf den Vortrag des Herrn Dr. V o i t in der Mai-Sitzung dieses Jahres.)   Mon.-Ber. d. D. geol. Ges. 1908.   S. 172—180.

K y n a s t o n , H. and M e l l o r E. T.: The Geology of the Waterberg Tin Fields. With a chapter on their Economic Aspects by U. P. S w i n b u r n e.   Transvaal. Geol. Survey Memoir Nr. 4.   Pretoria 1909, Government Printing Office.   124 S. m. 11 Abb. u. 14 Taf.   Pr. sh. 7/6.

K y n a s t o n , H.: The Red Granite of the Transvaal Bushoeld and its relation to ore deposits.   Proc. of the Geol. Soc. of South Africa 1909.   S. 21—30.

Leggett, Th. H.: Present Mining Conditions on the Rand.   Am. Inst. of Min. Eng., Nr. 21, 1908.   S. 289—302.

L o e v y , J.: Die Goldgewinnung in Transvaal.   Vortrag, gehalten am 26. März 1905 im Thüring. Bezirksver. d. Ver. deutscher Chemiker, Leipzig.   Südafrik. Wochenschr. 1905.   S. 799 bis 801, 819—821, 834—836, 851—852 usw. m. 7 Fig.

L o e v y , J.: Die wichtigsten Fortschritte in der Metallurgie des Goldes am Witwatersrand während der letzten fünf Jahre.   Südafrik. Wochenschr. 1904.   S. 476—478.

M e l l o r , E. T.: The geology of the Transvaal coal-measures with special reference to the Witbank coal-field.   Transvaal Mines Department Geol. Surv. Mem. Nr. 3.   Pretoria 1906.   60 S. m. 16 Taf.

M e l l o r , E. T.: Note on the field relations of the Transvaal Cobalt Lodes.   (Read 27th May 1907).   Transact. of the Geol. Soc. of S. Africa 1907.   Vol. X.   S. 36—43.

M e l l o r , E. T.: The origin of „Washouts" in coal mines and their relation to other features of the Transvaal coal measures.   Transact. Geol. Soc. of S. Africa.   Vol. IX.   1906.   S. 74—81 m. Taf. XX.

M e l l o r , E. T.: The position of the Transvaal coal-measures in the Karroo sequence. Transact. Geol. Soc. of S. Africa.   Vol. IX.   1906.   S. 97—110.

M e n n e l l , F. P.: The geology of Southern Rhodesia.   Bulawayo 1904.   42 S. m. 11 Fig. u. 1 geol. Karte.   Pr. 3,50 M.

M o l y n e u x , A. J. C.: The sedimentary deposits of Southern Rhodesia (with appendices). Quart. Journ. Geol. Soc. 1903.   Vol. LIX.   Nr. 234.   S. 266—291 m. 1 Fig. u. Taf. 19 u. 20.

O e s t r e i c h , K.: Die geologische Geschichte Süd-Afrikas.   Ungar. Montan-Ind.- u. Handelsztg. 1905.   Nr. 5.   S. 5—6.

P a s s a r g e , S.: Die Kalahari. Versuch einer physisch-geographischen Darstellung der Sandfelder des südafrikanischen Beckens.   Hrsg. mit Unterstützung der Königl. Preuß. Akad. d. Wiss.   Berlin, D. Reimer, 1904.   822 S. m. 33 Fig., 3 Taf. und 1 Kartenband.   Pr. 80 M. — Bespr. von Dr. E. M e y e r: „Glückauf" 1905.   S. 849—852.

P a s s a r g e , S.: Südafrika. Eine Landes-, Volks- und Wirtschaftskunde.   Leipzig 1908. Quelle & Meyer.   368 S. m. 47 photogr. Abb., zahlr. Profilen und 34 Kartenskizzen.   Pr. 7,20 M., geb. 8 M.

V. Kapitel: Die geologischen Formationen S. 39—61; VI. Kapitel: Übersicht über die geologische Geschichte Südafrikas S. 62—70.

P e n r o s e j r., R. A. F.: The Premier Diamond Mine Transvaal, South Africa.   Econ. Geol. 1907.   II.   S. 275—284 m. 2 Abbild.

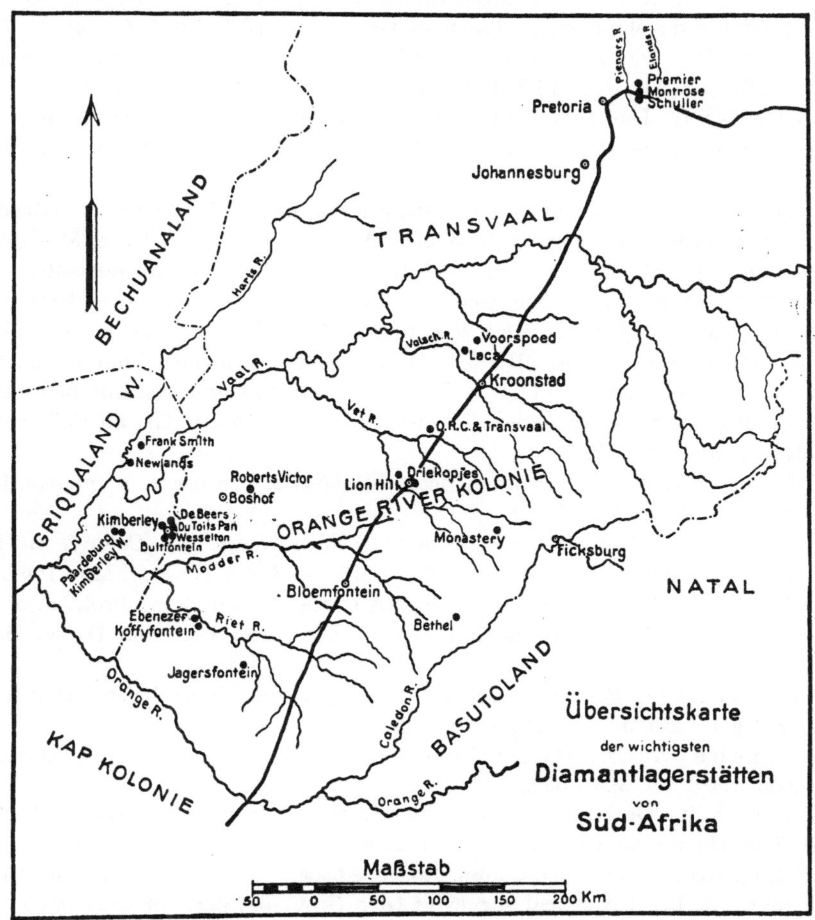

Fig. 102.
(Nach Stelzner-Bergeat „Erzlagerstätten“ S. 75; aus Wagner „Die diamantführenden Gesteine
Südafrikas“ S. 2, Berlin 1909, Gebr. Borntraeger.)

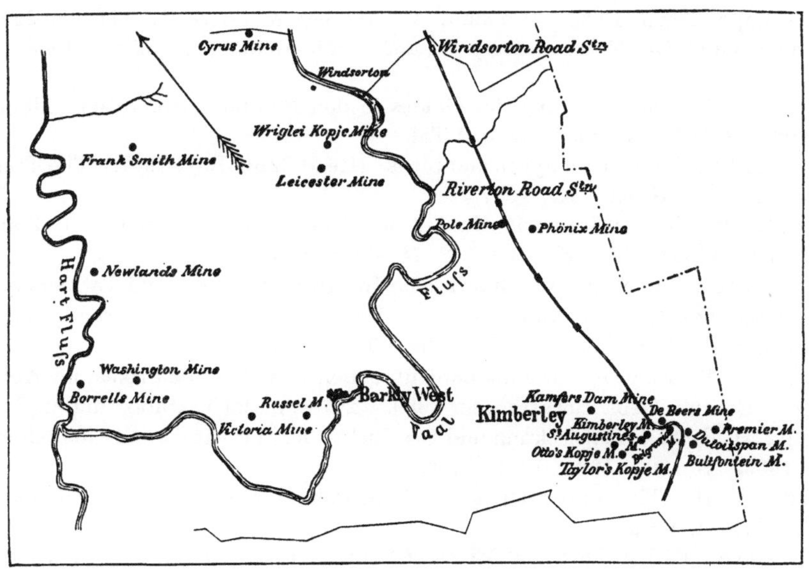

Fig. 103.
Die Diamantgruben von Griqualand-West.   Maßstab 1:916000.
(Nach Stelzner-Bergeat „Erzlagerstätten“ S. 75; aus Wagner „Die diamantführenden Gesteine
Südafrikas“ S. 2, Berlin 1909, Gebr. Borntraeger.)

Penrose jr., R. A. F.: The Witwatersrand Gold Region, Transvaal, South Africa, as seen in recent mining developments. Journ. of Geol. XV. 1907. S. 735—749 m. 7 Fig.

Platner, W.: Die Goldindustrie am Witwatersrand in Transvaal. Bremen, Dr. Spiecker Rheinstr. 41. 207 S. m. 110 Fig., 15 Taf. u. 1 Karte i. M. 1 : 1400000. Pr. 20 M.

Przyborski: Die Diamantgruben der Gesellschaft von Beers in der Kapkolonie. Referat (nach Ann. des mines 5e livr. 1907) in Österr. Z. f. Bg.- und Hüttenw. LVI. 1908. S. 277 bis 280.

Recknagel, R.: On some mineral deposits in the Rooiberg District. (Read 20th July, 1908.) Transactions of the Geological Society of S. Africa. Vol. XI. 1908. S. 83—106 m. 11 Taf.

Recknagel, R.: On the origin of the South African Tin deposits. (Read 22nd November 1909.) Transact. of the Geol. Soc. of S. Africa. Vol. XII. 1909 S. 168—202.

Rogers, A. W., E. H. L. Schwarz and A. L. Du Toit: Geological map of the colony of the Cape of Good Hope. Blatt I. Publ. by the Geological Commission 1906.

Rogers, A. W., and A. L. Du Toit: The Sutherland volcanic pipes and their relationship to other vents in South Africa. Transactions of the South African Phil. Soc. Vol. XV. Part 2. 1904. S. 61—83. Fig. 4.

Rumbold, W. R.: The South-African tin-deposits. Transact. of the Am. Inst. of Min. Eng. 22. 1908. S. 601—607 m. 5 Fig.

Schwarz, E. H. L.: Gold at Knysna and Prince Albert, Cape Colony. Geol. Mag. New Ser. Dec. V. 2. S. 369—379 m. 2 Textfig. London 1905. — (Ref. s. N. Jb. f. Min. 1907. I. S. 408.)

Schwarz, E. H. L.: High-Level Gravels of the Cape and the Problem of the Karrov Gold. Transactions of the South Africa Phil. Soc. Vol. XV. Part 2. Plat II—V. S. 43—59 m. 5 Figuren.

Simmersbach, B.: Die neuen Entdeckungen von Zinnerzlagerstätten in Transvaal. Preuß. Zeitschr. 1905. Bd. 53. S. 245—248.

Simmersbach, B.: Die Arbeitslöhne in den Goldgebieten am Witwatersrand. Berg- u. Hüttenm. Ztg. 1904. S. 528—530.

Du Toit, A. L.: Geological Survey of the Eastern Portion of Griqualand West. I. General Geology; II. The Diamondiferous and Allied Pipes and Fissures; III. The Diamondiferous Gravels. XI. Ann. Rep. of the Geol. Comm. South Africa. 1906. S. 89—176 m. 13 Fig.

Du Toit, A. L.: Geological survey of Glen Grey, and parts of Queenstown and Wodehouse, including the Indwe Area. Ann. Rep. Geol. Commission, Cape of Good Hope. 1905. Cape Town 1906. S. 95—140 mit 7 Fig. u. 1 geolog. Karte. — The (coal producing) Indwe Area. S. 106, Bibliography S. 140.

Du Toit, A. L.: The Kimberlit and allied Pipes and Fissures in Prieska, Britstown, Victoria West and Carnarvon. Thirteenth Ann. Report of the Geol. Comm. of Cape of Good Hope. Cape Town 1909. (London, W. Wesley & Son.) S. 111 bis 127 m. 3 Fig.

Transvaal: Der Transvaalbergbau auf unedle Metalle. „Vulkan" 1908. Technischer Teil. S. 35—36.

Voit, F. W.: Der Ursprung des Goldes in den Randkonglomoraten. Monatsber. d. D. geol. Ges. 1908. S. 107—119 m. 1 Fig. u. 1 Taf.

Voit, F. W.: Kimberlite dykes and pipes. (Read 22nd July, 1907.) The Transact. of the Geologic. Society of S. Africa. X. 1907.

Voit, F. W.: Gneis-Formation in Afrika. (Read 12th August, 1907.) Transact. of the Geol. Society of S. Africa. Vol. X. 1907. S. 74—78 m. 1 Taf.

Voit, F. W.: Der Widerspruch zwischen Infiltrationstheorie und Tatsachen in den goldhaltigen Schichten des Witwatersrandsystems. (Bemerkungen zum Vortrage von Dr. Kuntz.) Briefliche Mitteilung. Mon.-Ber. d. D. geol. Ges. 1908. S. 181—187.

Wagner, Percy A.: Die diamantführenden Gesteine Südafrikas, ihr Abbau und ihre Aufbereitung. Berlin, Gebr. Borntraeger, 1909. 207 S. m. 29 Textabb. und 2 Taf. Pr. 7 M.

Webb, H. H.: Die Entdeckung und Geschichte der Witwatersrand-Goldfelder. Südafrik. Wochenschr. 1903. S. 1003, 1021, 1041, 1100.

Weed, W. H.: The copper deposits of Cape Colony, South Africa. Eng. and Min. Journ. 1905. S. 272—273 m. 5 Fig.

Williams, G. F.: Diamond Mines of South Africa. 2 Bde. New York 1907. 8°. Mit Fig. Pr. 75 M.

Miss M. Wilman: Catalogue of printed books, papers, and maps relating to the geology and mineralogy of South-Africa. Transact. South Africa Philosoph. Soc. Vol. XV. 1905. S. 283 bis 467. Pr. 12,50 M.

E. Australien.

Bergwerks- und Hüttenproduktion des „Commonwealth of Australia" in den Jahren
    1902, 1903 und 1904 N. 06: 273. — 1905—1907 s. S. 265.

Goldproduktion im Jahre 1903 N. 04: 428.

Goldgewinnung Australiens in den letzten zehn Jahren N. 06: 376.

Australien, Salpetereinfuhr N. 05: 192.

Fernere Literatur:

    Der Bergbau Australiens und Neuseelands im Jahre 1901. Österr. Zeitschr. f. Bg.- u. Hw.
1903. S. 552—554.

    C l a r k , D.: Die Entwickelung des Goldbergbaues in Australien im Jahre 1902. Eng. and
Min. Journ. 1903. Nr. 10. Berg- u. Hüttenm. Ztg. 1904. S. 248—250.

    G r e g o r y , J. W.: Die australische Montan-Industrie. Vortrag, Eng. Soc. der Universität Glasgow am 22. II. 1906. Südafrikanische Wochenschrift 1906. S. 487—488.

    H a s s e r t , K.: Landeskunde und Wirtschaftsgeographie des Festlandes Australien. Mit
8 Fig., 6 Tab. u. 1 Karte. Slg. Göschen. Nr. 319.

    K n i b b s , G. H.: Official Year Book of the Commonwealth of Australia, containing
Authoritative Statistics for the period 1901 bis 1908. Melbourne 1909, Mc Carron, Bird & Co.
Aus dem Inhalt: The Geology of Australia S. 78—110. Mines and Mining S. 490—533.
Water Conservation and Irrigation S. 582—590.

    P o w e r , F. D.: Phosphate deposits of Ocean and Pleasant Islands. Transact. Australasian
Inst. of Min. Eng. Vol. X. 1905. S. 213—232 m. 15 Taf.

Westaustralien.

Beitrag zur Kenntnis der nutzbaren Lagerstätten Westaustraliens (P. K r u s c h)
    03: 321, 369; Fig. 92 u. 94, S. 379 u. 387.

Goldgewinnung in Westaustralien 1904 und in den Vorjahren N. 06: 32.

Erzeugung und Erträgnisse des westaustralischen Goldbergbaues in den letzten
    23 Jahren N. 09: 497.

Tellurgoldgänge von Kalgoorlie (T. A. R i c k a r d) R. 03: 393.

Fernere Literatur:

    Das Black Range-Goldfeld in Westaustralien. Südafrikanische Wochenschr. 1904. S. 850
bis 851, 882, 903—904.

    C a m p b e l l , W. D.: The geology and mineral resources of the Norseman district, Dundas
Goldfield, Western Australia. Western Australia Geol. Surv. Bull. Nr. 21. 1906. 140 S. m. 19 Fig.
6 Taf. u. 1 geol. u. topogr. Karte des Norseman Dundas Goldfield.

    C h a r l e t o n , A. G.: Gold mining and milling in Western Australia. Notes upon telluride-treatment, costs, and mining practice in other fields. London 1903. 662 S. m. Fig., Taf. u. Kart.
Pr. 26 M.

    C l a r k , D.: West Australian mining and metallurgy. Kalgoorlie 1904. 204 S. m. 65 Fig.,
Pr. 8 M.

    E t h e r i d g e jun., R., F. C h a p m a n , W. H o w c h i n: Palaeontological Contributions to the Geology of Western Australia. Geol. Surv. Western Australia 1907. Bull. Nr. 27.
71 S. m. 9 Taf.

    G i b s o n , C h. C.: The Geology and Mineral Resources of Lawlers, Sir Samuel and Darlot
(East Murchison Goldfield) and a portion of the mount Margaret Goldfield. Geol. Surv. Western
Australia 1907. Bull. 28. 73 S. m. 4 Fig., 3 Karten und 5 Grubenplänen.

    G i b s o n , C h. G.: The geological features and mineral resources of Mulline, Ularring,
Mulwarrie, and Davyhurst, North Coolgardie Goldfield. Western Australia, Geol. Surv. Bull.
Nr. 12. 1904. 32 S. m. 2 geol. Karten.

    G i b s o n , C h. G.: Notes on the Country between Edjudina and Yundamindera, North
Coolgardie Goldfield. Western Australia, Geol. Surv. Bull. Nr. 11. 58 S., 2 Karten, 17 Fig.

    G i b s o n , C h. G.: The geology and mineral resources of a part of the Murchison goldfield. Western Australia, Geol. Surv. 1904. Bull. Nr. 14. 90 S. m. 8 Fig. u. 9 Karten.

G i b s o n , C h. G.: Geology and auriferous deposits of Southern Cross, Yilgarn goldfield. Western Australia, Geol. Surv. 1904. Bull. Nr. 17. 47 S. m. 5 Fig., 6 Taf. u. 1 Karte.

G i b s o n , G.: The Laverton, Burtville, and Erlistoun auriferous Belt, Mt. Margaret goldfield. Bull. Nr. 24. Geol. Surv. of Western Australia. 1906. 79 S. m. 20 Fig., 6 Photogr. und 6 Taf.

G ö p n e r , C.: Goldgewinnungsanlagen und -methoden in Westaustralien. „Metallurgie" 1906. S. 457—466, 555—563, 613—622, 656—660.
> 1. Oroya Brownhill Gold Mine; 2. Beschreibung der Extraktionsanlage und der Extraktionsmethode auf der Associated Northern Gold Mine; 3. Beschreibung der Erzbehandlungsanlage auf der Sons of Gwalia Mine; 4. Die Behandlung der Konzentrate auf der Ivanhoe Gold Mine.

G ö p n e r , C.: Über die Kosten der Goldextraktion einiger westaustralischer Minen. „Metallurgie" 1905. S. 549—556; III. 1906. S. 240—248, 381—385.

J a c k , R. L.: The prospects of obtaining artesian water in the Kimberley District. Bull. Nr. 25. Geol. Surv. of Western Australia. 1906. 46 S. mit einer geologischen Karte.

J a c k s o n , C. F. V.: I. Geological features and auriferous deposits of Mount Morgans, Mount Margaret Goldfield; also II. Notes on the geology and ore deposits of Mulgabbie, North Coolgardie Goldfield. Geol. Surv. Western Australia, Bull. Nr. 18. 1905. 36 S. m. 5 Fig., 9 Taf. u. 2 geol. Karten.

J a c k s o n , C. V.: Geology and auriferous deposits of Leonora, Mount Margaret Goldfield. Western Australia, Geol. Surv. Bull. Nr. 13. 1904. 47 S. m. 5 Fig., 9 Taf. u. 1 geol. Karte.

K r u s c h , P.: Das Vorkommen und die Gewinnung des Goldes. Vortrag, geh. in der Sitzung der Deutschen Gesellsch. für volkstümliche Naturkunde vom 6. April 1905. Naturw. Wochenschr. 1905. IV. S. 529—533.
> I. Golderze. II. Goldgehalte. III. Wie sehen unsere Goldlagerstätten aus? a) Westaustralien, b) Kalifornien, c) Witwatersrand, d) Klondike, e) Cape Nome. — Weltproduktion.

L i n d g r e n , W.: Metasomatic processes in the gold deposits of Western Australia. Econ. Geol. 1906. S. 530—544.

M a i t l a n d , A. G.: Preliminary report on the geological features and mineral resources of the Pilbara goldfield. Western Australia Geol. Surv. Bull. Nr. 15. Perth 1904. 118 S. m. 25 Fig. u. 8 Karten.

M a i t l a n d , A. G.: Further Report on the geological features and mineral resources of the Pilbara Goldfield. Western Australia Geol. Surv. Bull. Nr. 20. 1905. 127 S. m. 14 Fig., 11 Photographien u. 8 Karten.

M a i t l a n d , A. G.: Third report on the geological features and mineral resources of the Pilbara goldfield. Western Australia. Geol. Surv. Bull. Nr. 23. 1906. 92 S. m. 13 Fig. und 7 geolog. Karten.

M a i t l a n d , A. G., and C. G. G i b s o n : Geological Sketch-map of Lennonville. Murchison, G. F. Perth 1902. Pr. 4 M.

M a i t l a n d , A. G., and W. D. C a m p b e l l : Geological map of Kalgoorlie, Western Australia. Perth 1902. Pr. 26 M.

M a i t l a n d , A. G i b b and W. D. C a m p b e l l : Geological map of the Boulder Belt, East Coolgardie G.-F. Topography based on tacheometric surveys by W. D. C a m p b e l l and the late S. J. B e c h e r . 1903. 2 Taf. u. 1 Taf. Profile (vertical sections).

M a i t l a n d , A. G.: Notes on the country between Edjudina and Yundamindera, North Coolgardie Goldfield. Western Australia. Geol. Surv. Bull. Nr. 11. 1903. 58 S. m. 17 Fig. und 2 Tafeln.

M a i t l a n d , A. G., and C. F. V. J a c k s o n : The mineral production of Western Australia up to the end of the year 1903. Geol. Surv. W. Australia. 1904. Bull. Nr. 16. 105 S. m. 1 Karte.

M o n t g o m e r y , A.: Some geological considerations affecting Western Australian Ore-Deposits. Transactions Australian Inst. of Mining Eng. Vol XIII, 1909. S. 160—193 m. 2 Fig. u. 1 Taf.

R i c k a r d , T. A.: The veins of Boulder and Kalgoorlie. Transact. Amer. Inst. of Min. Eng. New Haven Meeting. Oktober 1902. 11 S. m. 5 Fig.

S c h a a r , J.: Westaustralien und seine Goldfelder. Hamburg, Australhaus, Königstraße 7—9, 1904. I. Teil: 47 S. m. 7 Taf. II. Teil: 96 S. m. 4 Taf.

S i m p s o n , E. S., and C h. C. G i b s o n : The distribution and occurence of the baser Metals in Western Australia. Geologic. Surv. of Western Australia 1907. Bull. 30. 129 S. m. 1 Karte.

Australien.

(Nach Mines and Quarries: General Report and Statistics-London, 1905 nach M. a. Q. for 1906, 1906 und 1907 nach M. a. Q. for 1907. — Die entsprechenden Zahlen für 1890, 1900 und 1901 siehe „Fortschritte" I, S. 241, für 1903 und 1904 Z. 1906, S. 273.)

Produkt	Menge			Wert		
	1905 Tonnen	1906 Tonnen	1907 Tonnen	1905 Lstrl.	1906 Lstrl.	1907 Lstrl.
Kohle	7 616 248	8 734 368	9 836 402	2 337 479	2 693 752	3 329 450
Braunkohle	51	—	50	25	—	51
Eisenerze	10 813	2 642	3 048	6 200	1 100	1 150
Eisenoxyd	551	593	1 621	417	336	1 961
Eisenstein (Flußm.)	96 014	110 589	134 331	54 387	49 201	70 572
Chromeisenerze	53	15	30	62	15	105
Manganerze	1 541	1 131	1 134	5 925	4 391	4 464
Bleierze	1 057	1 016	122	369	550	1 292
Rohblei	5 448	2 914	25 326	70 340	50 968	449 513
Zink	105 193	105 329	241 026	221 155	292 806	536 620
Silber-Bleierze	525 108	466 661	533 566	2 689 859	3 291 557	4 244 285
Silber . . . . kg	44 354	45 939	99 288	171 376	191 022	400 371
Gold . . . . kg	113 941	107 341	98 962	15 560 442	14 659 227	13 511 460
Platin . . . . kg	12	6	9	825	623	1 014
Kupfererze	7 255	11 159	22 054	109 672	140 189	241 520
Kupfer	30 989	36 734	38 572	2 165 095	3 294 715	3 271 873
Kobalt	—	—	—	—	—	—
Zinnerze	10 275	11 994	12 425	842 610	1 304 115	1 272 689
Wolframerze	1 617	1 038	969	112 984	81 639	131 864
Scheelit	·144	115	201	10 452	7 994	24 101
Molybdänglanz	83	142	90	11 003	20 073	12 006
Wismuterze	15	55	33	5 368	9 365	8 319
Wismut	80			23 521		
Antimon u. Antimon- erze	443	3 237	6 907	5 747	62 637	68 061
Diamanten . . . g	1 305	581	521	3 745	2 120	2 056
Opal	—	—	—	62 000	59 500	82 000
Saphir u. a.	—	—	—	5 255	18 110	— —
Salz	47 165	68 446	[2] 76 204	23 440	36 773	[2] 37 500
Ölschiefer	38 839	32 967	48 091	21 247	28 470	32 055
Alaunstein	2 745	1 886	2 122	6 750	4 637	5 115
Amblygoniterze	—	42	—	—	204	—
Kupfervitriol	32 667	195 002	33 555	4 753	19 888	6 660
Kaolin	—	—	602	—	[1] —	772
Koks	165 576	189 046	258 695	100 306	110 607	159 316
Edelsteine	—	—	—	5 255	18 110	40 500
Granit	1 219	3 963	34 403	120	1 235	2 407
Graphit	53	31	66	272	200	200
Gips	990	1 411	1 053	330	348	259
Kieselgur	49	284	157	192	1 120	930
Salz (raff.)	44 086	—	—	68 368	—	—
Kalksteine	115 430	9 624	3 660	34 734	1 691	1 381
Kalksteine (Flußm.)	—	108 295	165 255	—	35 618	57 770
Phosphorit	—	5 436	8 128	—	5 350	8 000
Porphyr	111 292	14 953	26 809	13 176	1 423	1 474
Sandsteine	12 448	2 821	4 476	1 236	1 263	1 710
Tantalit	74	17	—	10 515	2 784	—
Zinnbarren	1 189	1 180	1 352	163 595	205 373	229 607
Verschiedene Gegen- stände	—	—	—	414 568	470 209	610 421
Zusammen	—	—	—	25 343 067	27 163 198	28 862 873

[1] In verschiedene Gegenstände eingeschlossen.　[2] Ausgenommen Viktoria.

Wendeborn, B. A.: Methoden zur Gewinnung von Gold aus strengflüssigen sulfidischen Pochrückständen in Kaalgoorlie, Westaustralien. (Nach Eng. and Min. Journ. Vol. 75. Nr. 4.) Österr. Zeitschr. f. Berg- und Hüttenw. 1904. S. 687—690.

Woodward, H. P.: The auriferous deposits and mines of Menzies, North Coolgardie Goldfield. Western Australia Geol. Surv. Bull. Nr. 22. 1906. 92 S. mit 10 Taf. u. 2 Karten.

Südaustralien, Neu-Süd-Wales, Queensland, Victoria.

Die Eisenindustrie in Neu-Süd-Wales N. 04: 147.

Goldfunde in Südaustralien N. 04: 109.

Brokenhill, Erzgänge 05: 337.

Der Zinnerzbergbau in Queensland N. 04: 67.

Petroleumquelle in Süd-Australien N. 04: 67.

Ölschieferlager in Neusüdwales N. 03: 118.

Carnotit in Süd-Australien N. 07: 69.

Einige Bemerkungen über die Zinnerzlagerstätten des Herbertondistriktes in Queensland (W. Edlinger) 08: 275, 340.

Fernere Literatur:

Gesetze und Verordnungen im Auslande mit Bezug auf den Bergbau. Österr. Z. f. Berg- u. Hüttenw. 1904. S. 469—471, 488—489, 501—502, 513—514, 528—531.
I. Serbien S. 469; II. Deutsches Reich S. 488; III. Rumänien S. 513; IV. Frankreich S. 514; V. Belgien S. 528; VI. Neu-Süd-Wales S. 529.

Campbell, W. D.: Notes on the auriferous reefs of Cue and Day Dawn. Geol. Surv. Western Australia. Bull. Nr. 7. 1903. 38 S. m. 1 Karte.

Dunstan, B.: Die Saphirfelder von Anakie, Queensland. Südafrikanische Wochenschrift 1903. S. 569.

Gascuel, L.: Note sur le district cuprifère de Wallaroo, Australie du Sud. Ann. des mines. 1905. T. VII. S. 544—562.

Haydon Cardew, J.: Notes on the Underground workings of a colliery in the Western Coal Fields of New South Wales. Journ. and proceed of the Royal Soc. of N. S. Wales. 35. 1902. XL—LIII.

Lindgren, W.: Occurrence of albite in the Bendigo veins. Econ. Geol. 1905. Vol. I. S. 163—166.

Lindgren, W.: The deep leads of Victoria. Eng. and Min. Journ. 1905. S. 314—316 mit 7 Fig.

Lindgren, W.: Characteristics of goldquartz veins in Victoria. Eng. and Min. Journ. 1905. S. 458—460 m. 1 Fig.

Parton, Th.: Coal and Coal Mining in New South Wales. Transact. Australasian Inst. of Min. Eng. Vol. X. 1905. S. 233—262.

Pittman, E. F.: The auriferous deposits of Lucknow. Rec. of the geol. surv. of N. S. Wales. 7. 1900. S. 1—9 mit 1 Taf. — (Ref. s. N. Jb. f. Min. 1907. I. S. 409.)

Power, F. D.: The Gympie Goldfield, Queensland. Eng. and Min. Journ. 1905. S. 1040 bis 1042 m. 2 Fig.

Smith, G.: The garnet-formations of the Chillagoe copper-field, North Queensland, Australia. Transact. Amer. Inst. of Min. Eng. New York meeting. Oktober 1902. 12 S. m. 3 Fig.

Stirling, J.: Monograph on the geology and mining features of Silver Valley, Herberton, North Queensland, Australia. (Langelot Freehold tin & copper mines, Ltd., Frankfurt a. M., Beethovenstr. 56.) 41 S. m. 32 Fig. u. 6 Taf.

Warren, J.: Reminiscences of Broken Hill. Transact. of the Australasian Inst. Min. Eng. 1903. Vol. IX. P. I. S. 1—29 m. 3 Fig. u. 7 Taf.

Zeleny, V.: Queenslands Montanwesen. Österr. Zeitschr. f. Berg- u. Hüttenw. 1904. S. 439—441, 459—461.

Tasmania.

Gregory, J. W.: The Mount Lyell Mining field, Tasmania, with some account of the geology of other pyritic ore bodies. Transact. Australasian Inst. of Min. Eng. Vol. X. 1905. S. 26—196 m. 29 Fig. u. 18 Taf.

Twelvetrees, W. H.: Report on kerosene shale and coal seams in the parish of preolenna. Tasmania, Launceston, July 1903. 16 S. m. 1 Karte.

Twelvetrees, W. H.: Report on mineral fields between Waratah and Long Plains, Tasmania. 1903. 38 S. — Report on the Sandfly coal mines Tasmania. 1903. 12 S. — Report on the Dial Range and some other mineral districts on the North West Coast of Tasmania. 1903. 27 S. — Report on the Abbotsford Creek gold mine, Tasmania. 1903. 8 S. — Report on the South Mount Victoria mining field, Tasmania. 1904. 22 S. — Report on coal near George Town, and slate near Badger Head, Tasmania. 1904. 10 S. m. 2 Karten. — On coal at Mount Rex, Tasmania. 1905. 7 S. — Report on North West Coast mineral deposits, Tasmania. 1905. 46 S. mit 6 Taf.

Twelvetrees, W. H.: Report on the Den hill gold deposits. Govern. Geol. Tasmania 1902. 7 S.

Twelvetrees, W. H.: The Mangana Goldfield. Geol. Surv. Tasmania. Bull. 1. 1907. 36 S. m. 1 Karte.

Waller, G. A.: Report on the iron and zinc-lead ore deposits of the Comstock district, Tasmania. Zeehan 1903. 34 S. m. 2 Taf. — Report on Findon's copper sections, Mount Darwin, Tasmania, 1903. 14 S. — Report on the Zeehan silver-lead mining field, Tasmania. 1904. 101 S. mit 2 Taf. u. 1 geol. Karte (vergl. Südafrik. Wochenschr. 1904. S. 70, 85, 102). — Report on the prospects of the Stanley river tinfield, Tasmania. 1904. 19 S. m. 1 Taf. — Report on deposits of clay at George's Bay and elsewhere, Tasmania. 1904. 10 S. — Report on the Mount Farrell mining district, Tasmania. 1904. 15 S.

Waller, G. A.: Report on the western silver mine, Zeehan, Tasmania. September 1902. John Vall, Government Printer, Tasmania. 18 S. m. 2 Taf.

Waller, G. A., and E. G. Hogg: The tourmaline-bearing rocks of the Hemskirk district. Papers and proc. of royal Soc. of Tasmania for 1902. S. 143—156.

Waller, G. A.: Das Zeehan-Silberbleifeld in Tasmanien. Südafrik. Wochenschr. 1904. S. 70—71, 85—86, 102—103.

Ward, L. K.: The mount Farrel mining field. Geologic. Surv. Bull. Nr. 3. Tasmania 1908. 120 S. m. 4 Taf.

Ward, L. Keith: The Tin Field of North Dundas. Tasmania Geol. Survey. Bull. 6. Hobart 1909, J. Vail. S. 166 m. 5 Taf.

Neu-Seeland.

Eisenerze in Neuseeland N. 03: 252.

Über das Vorkommen von gediegen·Kupfer auf Grubenholz auf der Kawau-Insel (W. H. Baker) L. 03: 113.

Neu-Seelands Kohlenausbeute und Goldausfuhr N. 07: 70.

Die neue geologische Landesanstalt von Neu-Seeland (O. Wilckens) A. 08: 66. Vgl. Fig. 104.

Fernere Literatur:

Amtlich: Mineral resources of Hawai. 19. Ann. Rep. U. St. Geol. Surv. Washington 1898. VI. S. 681—686.

Der Bergbau Australiens und Neu-Seelands im Jahre 1901. Österr. Z. f. Berg- u. Hüttenw. 1903. S. 552—554.

Bell, J. M.: The salient features of the economic geology of New Zealand. Econ. Geol. Vol. I. 1906. S. 735—750 m. Fig. 52.

Bell, J. M.: The Geology of New Zealand. Transactions Australian Inst. of Mining Eng. Vol. XIII, 1909. S. 66—86 m. 4 Taf. und 2 Lagerstätten-Karten.

Finlayson, A. M.: Problems in the Geology of the Ilauraki Goldfields, New Zealand. Econ. Geol. IV, 1909, S. 632—645 m. Taf. VIII.

Griffiths, A. P.: „The Ohacawai Quicksilverdeposits." Trans. New Zealand Inst. Min. Eng. Vol. II. S. 48.

Lindgren, W.: The Hauraki goldfields, New Zealand. Eng. and Min. Journ. 1905. S. 218—221 m. 3 Fig.

McKay, A.: Der goldhaltende Eisensand von Neu-Seeland. Berg- und Hüttenm. Ztg. 1904. S. 537—541.

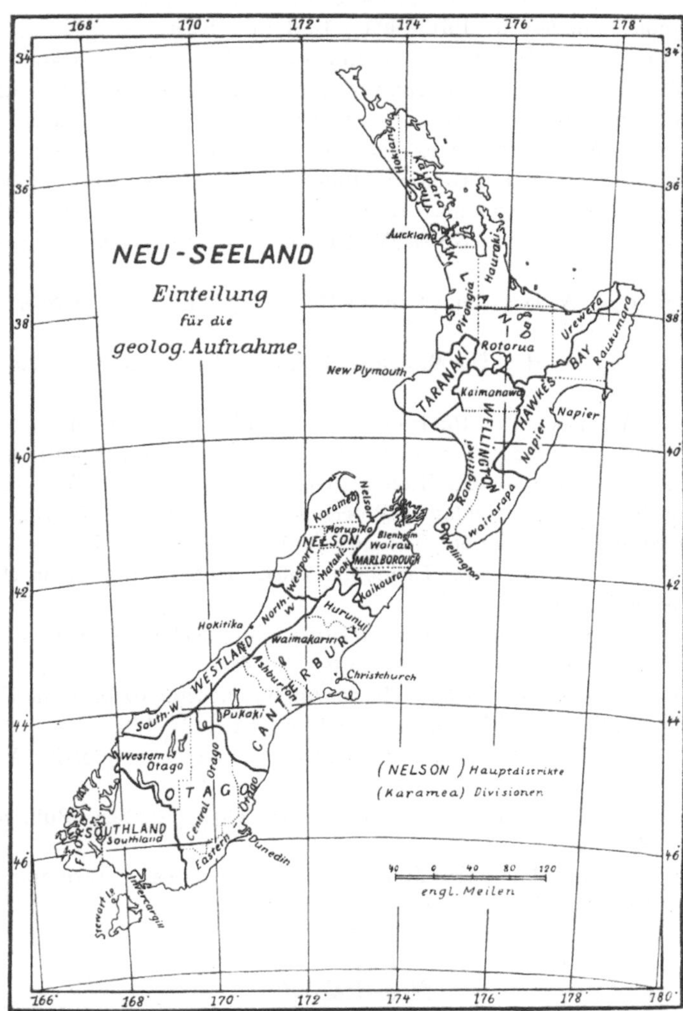

Fig. 104. (Nach Wilckens; Text Z. 1908 S. 66—68.)

R h o d e s , F. N.: Mining and metallurgical methods of the Waihi gold mining Company,
New Zealand. Mining Magazine. XIII. 1906. S. 15—22 m. 6 Fig.

W i l c k e n s , O.: Die geologische Geschichte Neuseelands. Naturw. Wochenschr. 1904.
S. 938—940.

Neu-Kaledonien und andere Inseln.

Die nutzbaren Bodenschätze der deutschen Schutzgebiete: Kaiser Wilhelms-Land,
    Bismarck-Archipel usw. (A. M a c c o) 03: 200.

Bergbau in Neu-Kaledonien im Jahre 1901 N. 03: 288.

Mineralausfuhr Neu-Kaledoniens im Jahre 1905 N. 07: 69.

Die Phosphatlager in den Südsee-Kolonien N. 08: 174.

Fernere Literatur:

C o l o m e r : Bassin houiller de la Nouvelle-Calédonie. Soc. de l'ind. min. Comptes rendus
mens. August 1906. S. 225—227.

D u p u y : Les mines de la Nouvelle-Calédonie et leurs minerais. Soc. de l'ind. min.
Comptes rendus mens. August 1906. S. 220—225.

G l a s s e r , E.: Rapport à M. le Ministre des Colonies sur les richesses minérales de la
Nouvelle-Calédonie. Ann. des mines. 1903. T. IV. S. 299—392, 397—536. 1904. T. V. S. 29—154,
503—620, 623—701. Mit Taf. XI bis XIII in T. IV u. Taf. I, II u. XII in T. V. — Soc. de
l'ind. min. Comptes rendus mens. März 1904. S. 58—63. — Auch separat erschienen bei

Ch. Dunod, Paris 1904. 560 S. m. 6 Taf. Pr. 9 M. — (Ref. s. Österr. Z. f. Berg- u. Hüttenw. 1904. S. 568—569. — N. Jb. f. Min. 1907. II. S. 249—254.) — Über die Transport-Anlagen auf Neu-Caledonien vergl. auch G. Dieterich in Zeitschr. d. Ver. Deutsch. Ing. 1907. Bd. 51. Nr. 46 u. 47 m. 48 Abbildungen.

Lindgren, W.: The water resources of Molokai Hawaiian Islands. Water-Supply and Irrigation Paper, U. S. Geol. Surv. Nr. 77. Washington, Govern. Printing Office, 1903. 62 S. mit 3 Taf. u. 1 Karte von Molokai.

Maitland, A. G.: The salient geological features of British New Guinea (Papua). Read before the Western Austral. Nat. History Soc., on 11. April 1905. 26 S. m. 3 Fig.

F. Amerika.

1. Alaska.

Aufnahme Alaskas; Kohlenfelder 1910 Bergw. Mitt.: 44. — Vgl. auch Fig. 105.
Über die Zinnerzablagerungen in Alaska (W. M. Courtis) M. 03: 432.
Zinnfunde in Alaska N. 04: 189.
Geology of the Seward Peninsula Tin Deposits, Alaska. (A. Knopf) L. 09: 315.
Mineral resources of Alaska (O. Stutzer) R. 09: 58.

Fernere Literatur:

Brooks, A. H.: Recent publications on Alaska and Yukon Territory. Econ. Geol. Vol. I. 1906. S. 340—359 m. Fig. 29.

Brooks, A. H.: The outlook for coal-mining in Alaska. Bi-Monthly Bull. Amer. Inst. of Min. Eng. 1905. S. 683—702 m. 1 Fig.

Brooks, A. H.: The investigation of Alaska's mineral wealth. Transact. Amer. Inst. of Min. Eng., Lake Superior Meeting, September 1904. 20 S. m. 1 Fig.

Brooks, A. H.: Preliminary report on the Ketschikan mining district Alaska with an introductory sketch of the geology of Southeastern Alaska. U. S. Geol. Surv. Washington 1902. Prof. paper Nr. 1. 120 S. m. 6 Fig. u. 2 Taf.

Brooks, A. H. and others: Report on progress of Investigations of Mineral Resources of Alaska in 1906. U. S. Geol. Surv. Bull. Nr. 314. 235 S. m. 4 Taf. u. 9 Fig.

Brooks, A. H., Ch. W. Purington, A. C. Spencer, G. C. Martin, F. H. Moffit, A. J. Collier, L. M. Prindle, F. L. Heß, R. W. Stone, F. E. and C. W. Wright: Report on progress of investigations of mineral resources of Alaska in 1904. U. S. Geol. Surv. Bull. Nr. 259. Washington 1905. 196 S. m. 10 Fig. u. 3 Taf.

Brooks, A. H., G. C. Martin, F. E. and C. W. Wright, R. S. Tarr, U. S. Grant S. Paige, L. M. Prindle, R. W. Stone, F. H. Moffit and F. L. Heß: Report on progress of investigations of mineral resources of Alaska in 1905. U. S. Geol. Surv. Bull. Nr. 284. Washington 1906. 169 S. m. 10 Fig. u. 14 Taf.

Collier, A. J.: Geology and coal-resources of the Cape Lisburne region, Alaska. U. S. Geol. Surv. Bull. Nr. 278. Washington 1906. 54 S. m. 8 Fig. u. 9 Taf.

Collier, A. J.: Tin in the York Region, Alaska. The Eng. and Min. Journ. Vol. LXXVI. 1903. S. 999—1000 m. 2 Fig.

Collier, A. J.: The tin deposits of the York Region, Alaska. U. S. Geol. Surv. Bull. Washington 1904. 61 S. m. 5 Fig. u. 7 Taf. Pr. 4 M.

Collier, A. J.: The coal-resources of the Yukon. The Amer. Geologist Bull. Nr. 218.

Collier, A. J.: A reconnaissance of the northwestern portion of Seward Peninsula, Alaska. U. S. Geol. Surv. Washington 1902. Prof. paper Nr. 2. 70 S. m. 12 Taf.

Erdmann, H.: Alaska. Ein Beitrag zur Geschichte nordischer Kolonisation. Berlin, D. Reimer, 1909. XV u. 223 S. m. 68 Fig. u. 1 Karte. Pr. 8 M.

Fay, A. H.: Geology and mining of the Tin deposits of Cape Prince of Wales, Alaska. Am. Inst. of Min. Eng. 1907. S. 769—787 m. 11 Fig.

Haagen, E.: Der Goldbergbau in Südost-Alaska, insbesondere auf der Douglas-Insel. „Glückauf" 1905. S. 1249—1258, 1281—1287 m. 9 Fig.

Hore, R. E.: Origin of the cobalt-silver ores of northern Ontario. Econ. Geol. 1908. Bd. III. S. 599—610.

K i n z i e , R. A.: The Treadwell group of mines, Douglas Island, Alaska. Transact. Amer. Inst. of Min. Eng., New York Meeting. Oktober 1903: 53 S. m. 14 Fig.

K n o p f , A.: Geology of Seward Peninsula Tin Deposits, Alaska. U. S. Geol. Surv. Bull. 358. Washington 1908. 71 S. m. 7 Fig., 8 Taf. u. 1 Karte 1 : 250 000. (Vgl. Z. 09. S. 315.)

K n o p f , A.: Some Features of the Alaskan Tin Deposits, Economic Geol. 1909. Nr. 5. S. 214—223.

L i n c o l n , F r a n c i s C h u r c h : The Big Bonanza Copper Mine, Latouche Island, Alaska. Econ. Geol. 1909. Nr. 3. S. 201—213 m. 5 Fig.

M a r t i n , G. C.: A reconnaissance of the Matanuska coal-field, Alaska, in 1905. U. S. Geol. Surv. Bull. Nr. 289. Washington 1906. 36 S. m. 4 Fig. u. 5 Taf.

M a r t i n , G. C.: The petroleum fields of the pacific coast of Alaska with an account of the Bering River coal deposits. U. S. Geol. Surv. Bull. Nr. 250. Washington 1905. 64 S. m. 3 Fig. u. 7 Taf.

M e n d e n h a l l , W. C.: Geology of the Central Copper River Region Alaska. U. S. Geol. Surv. Prof. Paper. Nr. 41. Washington 1905. 133 S. m. 11 Fig. u. 20 Taf. (Taf. IV: geologische Karte, Taf. XIX u XX: topographische Karten.) Pr. 12 M.

M e n d e n h a l l W. C., and F. C. S c h r a d e r : The mineral resources of the Mount Wrangel District, Alaska. U. S. Geol. Surv. Prof. Paper Washington 1904. 71 S. m. 5 Fig., 6 Taf. u. 4 Karten. Pr. 6 M.

M o f f i t , F. H.: The fairhaven gold placers. Seward Peninsula, Alaska. U. S. Geol. Surv. Bull. Nr. 247. Washington 1905. 85 S. m. 2 Zig. u. 14 Taf. (Taf. II: Übersichtskarte. Taf. III: geologische Karte.) Pr. 5 M.

M o f f i t , F. H., and R. W. S t o n e : Mineral resources of Kenai Peninsula, Alaska. (M o f f i t : Gold fields of the Turnagain Arm region; S t o n e : Coal fields of the Kachemak Bay region.) U. S. Geol. Surv. Bull. Nr. 277. Washington 1906. 80 S. m. 5 Fig. u. 18 Taf.

P r i n d l e , L. M.: The gold placers of the Fortymile Birch Creek, and Fairbanks Regions, Alaska. U. S. Geol. Surv. Bull. Nr. 251. Washington 1905. 89 S. m. 16 Taf. (Taf. XVI: Übersichtskarte der Yukon-Tanana-Region.) Pr. 6 M.

P r i n d l e , L. M., and F. L. H e ß : The Rampart gold placer region, Alaska. U. S. Geol. Surv. Bull. Nr. 280. Washington 1906. 54 S. m. 1 Fig. u. 7 Taf.

P u r i n g t o n , C. W.: Methods and costs of gravel and placer mining in Alaska. U. S. Geol. Surv. Bull. Nr. 263. Washington 1905. 273 S. m. 49 Fig. u. 42 Taf. Pr. 6 M.

R ü h l , A.: Überblick über die geographischen und geologischen Verhältnisse Alaskas. Petermanns Mitt. 1907. S. 1—16 m. 1 Taf.

S p e n c e r , A. C.: The magmatic origin of vein-forming waters in Southeastern Alaska. Bi-Monthly Bull. Amer. Inst. of Min. Eng. 1905. Nr. 5. S. 971—978.

S p e n c e r , A. C.: The Juneau Gold Belt, Alaska. U. S. Geol. Surv. Bull. Nr. 287. 161 S. m. 37 Taf. u. 41 Fig.

S p e n c e r , A. C.: The geology of the Treadwell ore-deposits, Douglas Island, Alaska. Transact. Amer. Inst. of Min. Eng. Lake Superior Meeting. Oktober 1904. 38 S. m. 12 Fig.

W r i g h t , C h. W.: The porcupine placer district, Alaska. U. S. Geol. Surv. Bull. Nr. 236. Washington 1094. 35 S. m. 4 Fig. u. 10 Taf.

W r i g h t , F. E., and C h. W. W r i g h t : The Ketchikan and Wrangel mining districts Alaska. U. S. Geol. Surv. Bull. 347. Washington 1908. 210 S. m. 23 Fig. u. 12 Taf.

W r i g h t , C h.: The Copper deposits of Kasaan Peninsula, Alaska. Econ. Geol. III. 1908. S. 410—417 m. 1 Karte.

2. *Britisch-Nordamerika.* *(Canada und Neu-Fundland.)*

Bergwerks- und Hüttenproduktion von Canada in den Jahren 1902, 1903 und 1904 N. 06: 273. — 1905—1907 s. S. 273.

Die Mineralproduktion von Neu-Schottland im Jahre 1901 N. 03: 252.

Die Kohlenfelder am Crow's Nest Pass (Britisch-Columbien) (W. M. B r e w e r) R. 03: 245. — Vgl. Fig. 105.

Canada, Eisenerz, Kohle etc. (H. H a a s , A. P. L o w) N. 08: 398.

Kupfererze im Boundary-Distrikt in Britisch-Columbien (W. H. W e e d) R. 03: 393.

Die Erzlagerstätten von Sudbury, Ontario (C. W. D i c k s o n) R. 04: 135.

Die Sudbury-Nickelerze (A. P. C o l e m a n) B. 07: 221.

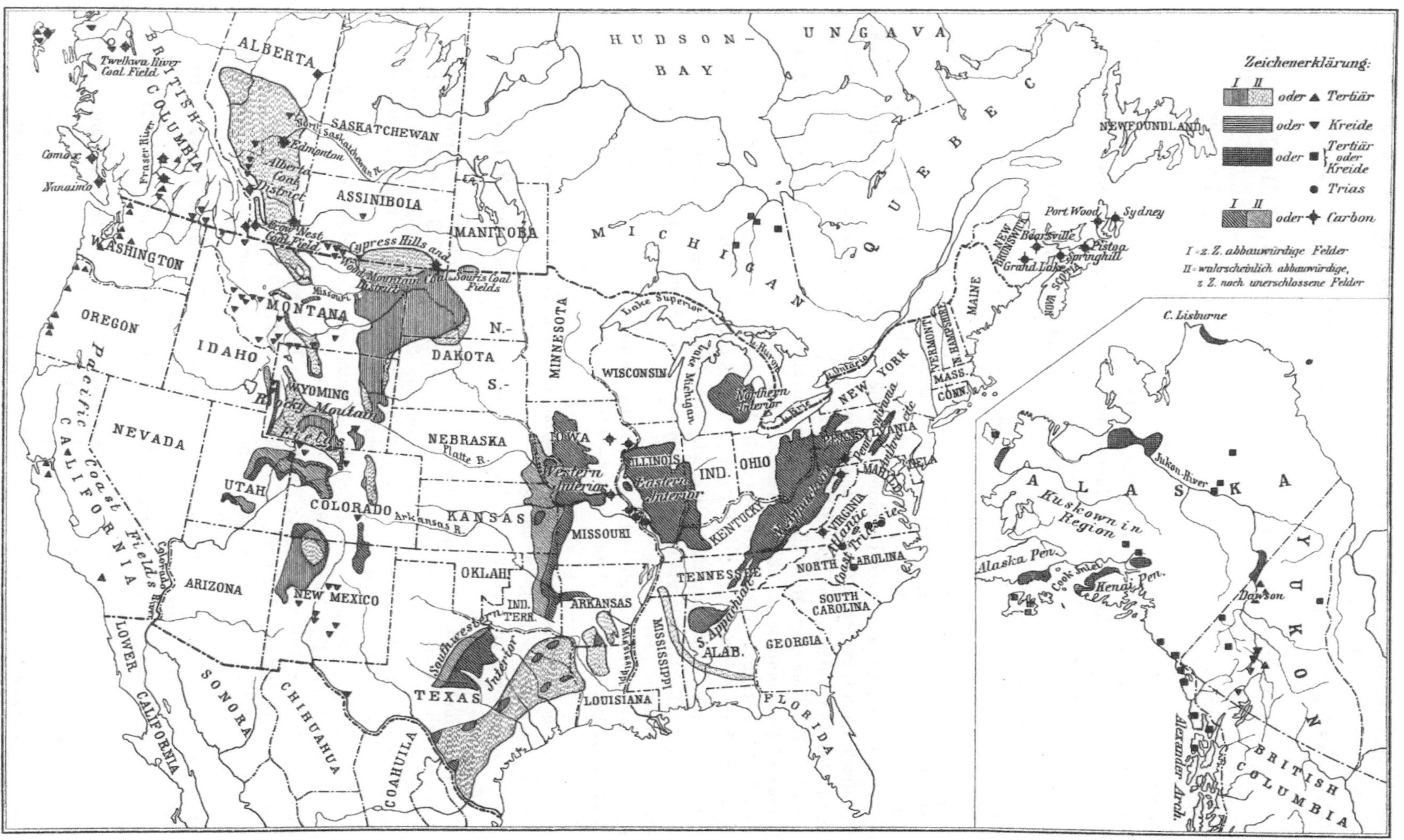

Fig. 105. Die Kohlenfelder der Vereinigten Staaten, einschließlich Alaskas und Canadas.
Nach M. R. Campbell in Mineral Resources of the U. St. 1907, Bd. I und D. D. Cairnes (Manuskript). Text bezügl. d. Vereinigten Staaten: Bergwirtsch. Mitt. 1910, S. 22; bezügl. Canadas s. a. Z. 1903, S. 245—246. — Vgl. auch die geol. Karte des Ostens (mit den Kohlenfeldern) in „Fortschritte" I, S. 263.

Die Nickelerzlagerstätten bei Sudbury in Canada (O. Stutzer) B. 08: 285.

The Cobalt Nickel Arsenides and Silver Deposits of Temiskaming (W. G. Miller) L. 08: 492; (O. Stutzer) B. 511.

Die kontaktmetamorphen Kupfererzlagerstätten von White Horse in Yukon (Canada) (O. Stutzer) 09: 116.

Report on Gold Values in the Klondike High Level Gravels (R. G. Mc Connel), L. 09: 316.

Vorkommen und Gewinnung von Asbest in Canada (F. Cirkel) 03: 123.

Fernere Literatur:

Goldbergbau in Canada. Montan-Ztg. Nr. 4. 1902. S. 86.

Der Bergbau Britisch-Columbiens im Jahre 1903. Südafrikanische Wochenschrift XII. 1904. S. 463—464, 480—481, 523—524.

Kupfererzgewinnung durch Tagebau in Britisch-Columbien. Org. d. Ver. d. Bohrtechn. Nr. 16 vom 15. August 1904. S. 8—10.

Adams, F. D., and O. E. Leroy: The artesion and other deep wells on the Island of Montreal. Geol. Surv. of Canada. Vol. XIV. 1904. 74 S. m. 6 Fig. u. 3 Taf.

Adams, F. D.: The monteregian hills a canadian petrographical province. Abdr. aus Journal of Geology. Vol. XI. Nr. 4. 1903. S. 239—282 m. 7 Fig.

Adams, F. D., A. E. Barlow, A. P. Coleman, H. P. Cushing, J. F. Kemp, C. R. van Hise: Report of a special committee on the correlation of the Pre-Cambrian rocks of the Adirondack Mountains, the „Original Laurentian Area" of Canada and eastern Ontario. The Journ. of Geol. XV. 1907. S. 191—217.

Argall, P.: Report on Methods for the concentration of zinc ores of British Columbia. Canada Report of the Commission, Ottawa 1906. S. 305—358.

Argall, P.: Report on the zinc mines of the East and West Kootenays. Canada Report of the Commission, Ottawa 1906. S. 149—252 mit 41 Taf., 8 photogr. Aufnahmen und 2 Karten.

Bahlsen, E.: Nickelindustrie in Kanada. „Metallurgie "1905. S. 220—222.

Barlow, A. E.: The Nickel and Copper deposits of the Sudbury Mining District. Geol. Surv. of Canada. Ottawa 1904.

Barlow, A. E.: On the origin and relations of the nickel and copper deposits of Sudbury. Ontario, Canada. Econ. Geol. I. 1906. S. 454—466, 545—553. (Ref. s. N. Jb. f. Min. 1908. I. S. 81.)

Bel, M.: Sur les gîtes aurifères du Klondike (Yukon, Canada). Soc. de l'ind. min. Comptes rendus mens. April 1904. S. 76—81.

Bel, J. M.: Gîtes aurifères du Klondike, Yukon, Canada. Bull. Soc. l'ind. min. 1905. T. IV. S. 275—316.

> Préambule S. 275. I. Généralités: Aperçu géographique 276, Itinéraire, voies d'accès et the communication 280, Conditions économiques 281. II. Gisements: Historique 285, Géologie 286, Réglementation minérale 290. III. Exploitation: Méthodes d'exploitation 296, Procédés de traitement 302, Prix de revient et richesse limite d'exploitabilité 304, Production 308, Conclusion 313.

Brewer, W. M.: Bornite ores of British Columbia and the Yukon territory. Journ. Canadian Min. Inst. Vol. VIII. 1905. 9 S.

Brewer, W. M.: The rock-slide at Frank, Alberta Territory, Canada. Transact. North of Engl. Inst. of Min. and Mech. Eng. 1903. Vol. 54. S. 34—39 m. 2 Fig.

Browne, D. H.: Notes on the origin of the Sudbury ores. Econ. Geol. I. 1906. S. 467 bis 475. (Ref. s. N. Jb. f. Min. 1908. I. S. 82.)

Cairnes, D. D.: Report of a portion of Conrad and White-Horse Mining Districts, Yukon. Ottawa 1908. (Dep. Mines.) 38 S. m. 8 Taf. u. 1 Karte. Pr. 2,50 M.

Carter, W. E. H.: The mines of Ontario. Journ. Canadian Min. Inst. Vol. VII. 1904. S. 114—167 m. 16 Fig.

Cirkel, F.: Asbestos, its occurrence, exploitation and uses. Ottawa, Ont., Mines Branch (Depart. of the Interior) 1905. 169 S. m. 19 Taf. u. 1 Karte der Asbest-Region von Quebec.

Cirkel, F.: Mica, its occurrence, exploitation and uses. Ottawa, Ont., Mines Branch (Depart. of the Interior) 1905. 148 S. m. 38 Fig., 1 Taf. und 2 Karten der Glimmer-Region von Ontario und Quebec.

Cirkel, F.: Report on the Chrome Iron Ore Deposits in the Eastern Townships, Province of Quebec. Ottawa 1909, Government Printing Office. 141 S. m. 11 Taf. u. 15 Fig.

Canada.

Nach Mines and Quarries for 1907. — Die entsprechenden Zahlen für 1890, 1900 und 1901 siehe „Fortschritte" Bd. I, S. 255, für 1902 bis 1904 Z. f. p. G. 1906, S. 273.

Produkte	Menge			Wert		
	1905	1906	1907	1905	1906	1907
Kohle	7 863 435	8 856 489	9 535 812	3 600 055	4 054 524	5 009 968
Graphit	491	351	525	3 439	3 760	3 288
Graphit (Kunst-) . . .	—	—	185	—	—	—
Eisenerze	106 140	67 837	23 497	36 062	30 653	9 433
Chromeisenerze	7 779	8 196	6 528	19 171	18 875	14 980
Roheisen	61 843	94 946	97 612	212 079	381 476	407 323
Manganerze	20	84	1	353	190	5
Blei	25 793	24 770	21 654	549 993	634 764	522 346
Zinkerze	8 539	1 047	1 427	28 603	4 890	10 089
Kobalt	109	—	—	20 548	—	14 822
Kupfer	21 815	25 224	25 640	1 540 615	2 202 837	2 323 432
Pyrit (Kupfer und Eisen)	30 245	38 776	41 951	25 785	34 929	43 663
Silber . . . . . . kg	186 443	263 552	397 496	743 358	1 162 902	1 715 478
Gold . . . . kg	21 985	17 308	12 614	3 002 136	2 363 449	1 722 489
Platin . . . . . . kg	—	?	—	103	?	—
Nickel	8 562	9 748	9 612	1 551 478	1 838 802	1 959 330
Arsenik	498	182	—	553	2 889	8 487
Antimonerze	479	709	1 829	—	—	13 356
Antimon (raff.)	—	—	29	—	—	1 050
Baryt	3 048	3 628	1 829	1 541	2 466	925
Gips	401 119	425 490	440 820	120 446	132 184	132 928
Phosphors. Kalk	1 180	771	748	1 731	1 310	1 237
Kalkstein (Flußmittel) .	280 687	300 332	358 794	48 310	51 118	61 253
Salz	61 090	69 637	65 950	65 930	67 629	70 339
Asbest	45 966	55 121	56 363	305 416	418 444	510 569
Asbestik	15 961	19 436	25 670	3 473	4 873	4 166
Petroleum . . . . .Ltr.	100 834 440	90 602 709	125 447 238	175 896	156 526	217 210
Naturgas	—	—	—	77 992	119 902	167 472
Mineralwasser	—	—	—	20 548	22 710	20 548
Quarz	—	43 886	51 333	—	13 513	25 510
Korund	1 492	2 063	1 716	30 648	42 118	36 559
Granit	—	—	137 108	46 501	57 209	40 009
Feldspat	10 614	15 375	11 416	4 808	8 402	6 127
Glimmer	—	521	702	36 624	62 448	64 233
Kies u. Sand	278 447	305 313	270 427	31 398	28 708	24 627
Schleifsteine	5 025	4 865	4 911	12 817	12 291	12 406
Steinplatten	—	—	—	1 572	1 085	462
Feuerfester Ton	1 437	5 950	—	1 253	3 806	—
Schiefersteine	—	—	—	4 432	5 032	4 121
Ocker	4 631	6 131	5 287	7 125	7 423	7 309
Torf	72	430	46	53	292	41
Talk	453	1 120	1 392	370	623	946
Tripelerde	182	—	27	740	—	46
Baumaterialien	—	—	—	1 890 399	2 277 261	2 592 034
Nicht wiederkehrende Mineralien	—	—	—	61 644	61 644	61 644
				14 285 998	16 291 786	17 844 422

C o l e m a n , A. P.: The Sudbury Nickel-Field. Toronto 1905. Ontario Bureau of Mines.

C o l e m a n , A. P.: The Helen iron mine Michipicoten, Ontario. Econ. Geol. 1906. S. 521 bis 529 m. Fig. 36—39.

D r e s s e r , J. A.: Copper deposits of the Eastern Townships of Quebec. Econ. Geol. I. 1906. S. 445—453 m. Fig. 35. (Ref. s. N. Jb. f. Min. 1908. I. S. 81.)

D r e s s e r , J. A.: On the asbestos deposits of the Eastern Townships of Quebec Econ. Geol. 1909. S. 130—140 m. 4 Fig.

D i c k s o n , C h. W.: The ore-deposits of Sudbury, Ontario. Transact. Amer. Inst. of Min. Eng. Albany meeting. Februar 1903. 65 S. m. 26 Fig.

D o w l i n g , D. B.: The Coal Fields of Manitoba, Saskatchewan, Alberta and Eastern British Columbia. Ottawa 1909. (Dep. of Mines). 111 S. m. 13 Taf. u. 1 farb. Karte.

E d w a r d s , W. H.: Die Chromproduktion in Kanada. Vortrag, Canadian Mining Inst. Ungar. Montan-Ind.- u. Handelsztg. XII. Vom 15. November 1906. S. 2.

F r a n ç o i s , F.: Le Klondike et les méthodes de lavage des alluvions aurifères. Soc. de l'ind. min. Comptes rendus mens. Mai 1904. S. 124—127 m. Taf. XX.

G a r d é , A. C.: Report on some mines of ainsworth and the slocan. Canada Report of the Commission. Ottawa 1906. S. 255—272 m. 5 Taf.

G l a s s e r , E.: Über die Entwickelung der Nickelindustrie Neukaledoniens und ihr Verhältnis zu Kanada. Österr. Z. f. Berg- u. Hüttenw. 1904. S. 568—569.

H a a s , H.: Zur Geologie von Kanada. Peterm. Mitt. 50. 1904. S. 20—28, 47—55 m. 1 geol. Karte von West-Kanada i. M. 1 : 7 500 000 auf Taf. 2.

I n g a l l s , W. R.: Report on the zinc resources of British Columbia and their commercial exploitation. Canada Report of the Commission. Ottawa 1906. S. 3—145 m. 32 Fig.

K e r r , D. G.: Corundum in Ontario, Canada: its occurrence, working, milling, concentration and preparation for the market as an abrasive. Transact. North of Engl. Inst. of Min. and Mech. Eng. Vol. 56. 1906. S. 71—85 m. 6 Fig.

K i r b y , E. B.: The ore deposits of Rossland, Brit. Columbia. Journ. Canadian Min. Inst. Vol. VII. 1904. S. 47—69 m. 4 Karten.

K r a y n i k , E.: Eisenerze und ihre Verhüttung in Kanada. (Vortrag, geh. am 6. Dezember 1908.) „Stahl und Eisen". 1909. Nr. 8. S. 265—267 m. 2 Abb. u. 2 Taf.

L e i t h , C. K.: The iron ores of Canada. (Types of North American iron ore deposits: 1. Magmatic segregation type; 2. Pegmatite type; 3. Lake superior sedimentary type; 4. Clinton sedimentary type. 5. Carbonate type; 6. Brown ore type. — Commercial importance of the several classes of ores: 1. Magmatic segregation (magnetite); 2. Pegmatite type (magnetite); 3. Lake superior sedimentary type (hematite), 4. Clinton sedimentary type (hematite); 5. Carbonate type; 6. Brown ore type.) Econ. Goel. III. 1908. S. 276ff.

L e w i s , V. J.: An Ontario lead deposit. Econ. Geol. I. 1906. S. 682—687 mit Figur 50 und 51.

M e n a : Les ressources minerales du Canada. Bull. Soc. de l'industrie min. C. R. 1909. S. 483—496.

M i l l e r , W. G.: The cobalt-nickel arsenides and silver deposits of Temiskaming, Ontario. Report of the bureau of mines 1905. Part II. Toronto, L. K. Cameron, 1905. 66 S. m. 28 Fig. u. 2 Karten.

M i l l e r , W. G.: Map of cobalt-nickel-arsenic-silver area near Lake Temiskaming, Ontario. 14. Rep. of the bureau of mines 1905. (Geol. Karte m. Erklärungen.)

M i l l e r , W. G.: Undeveloped mineral resources of Ontario. Journ. Canadian Min. Inst. Vol. VII. 1904. S. 377—396.

M i l l e r , W. G.: The limestones of Ontario. Rep. of the bureau of mines 1904. Part II. Vol. XIII. Toronto, Ontario, K. Cameron, 1904. 143 S. m. 39 Fig.

N a g a n t , H.: Les terres rares de la province de Québec. Rev. univ. des mines etc. T. XV. 1906. Bull. S. 223—226.

O p p e l , A.: Landeskunde von Britisch-Nord-Amerika m. 13 Abb. u. 1 Karte. Slg. Göschen Nr. 284.

P r a t t , J. H., and D. B. S t e r r e t t : The tin deposits of the Carolinas. Bull. Nr. 19 of the North Carolina Geol. Surv. Raleigh 1904. 64 S.

S t u t z e r , O.: Die Nickelerzlagerstätte von Sudbury in Kanada. (Enthält eine Kohlenberechnung von J. Mc Arthur vom Jahre 1903.) Berg- und Hüttenmännische Rundschau V. 1909. S. 86—89.

V i c a i r e , A.: Developpements récents des industries minières et métallurgiques en Colombie Britannique. Ann. des mines 1904. T. V. S. 297—388 m. 10 Fig. u. Taf. VII u. VIII.

Woodman, J. E.: Nomenclature of the gold-bearing metamorphic series of Nova
Scotia. Amer. Geologist. 1904. Vol. XXXIII. S. 364—370.
Young, G. A.: A descriptive sketch of the Geology and Economic Minerals of Canada.
(Introduction by R. W. Brock.) Ottawa 1909, Departm. of mines. 151 S. m. 82 Taf. und
2 Übersichtskarten.

3. Vereinigte Staaten von Amerika.
Alaska siehe S. 269, Philippinen S. 246.

Yearbook of the Michigan College of Mines 1901—1902. Announcement of courses
for 1902—1903 L. 04: 30.
Die Untergrundeigentumsfrage und die Entwickelung der Bergbauindustrie im
19. Jahrhundert (Abamelek-Lasarew) 03: 289.
Eine bergwirtschaftliche Zentralbehörde in den Vereinigten Staaten (R. Bärtling)
R. 08: 217, P. 521.
Die Erhaltung von Erz- und Mineralvorräten (A. Carnegie und J. C. White)
R. 08: 287.
Die Erhaltungskommission der Vereinigten Staaten N. 08: 351.
Eine amerikanische Berg- und Hüttenmännische Gesellschaft P. 08: 223, 09: 77.
Brennstoff-Prüfanstalten P. 08: 447.
Vereinigung der Staatsgeologen der Vereinigten Staaten von Nordamerika P. 08: 496.

Mineralproduktion der Vereinigten Staaten für 1901 N. 03: 286.
Mineral- und Metallproduktion und -Handel der Vereinigten Staaten in den Jahren
1902 und 1903 N. 04: 248.
Bergwerks- und Hüttenproduktion der Vereinigten Staaten von Nordamerika in den
Jahren 1902, 1903 und 1904 N. 06: 274. — Für 1905—1907 s. S. 278—279
Produktion von Mineralien und Metallen in den Vereinigten Staaten von Amerika
im Jahre 1905 (auch 1904; in amerikanischen Maßen) N. 06: 166.
Preisbewegung für Kupfer, Zink, Blei und Zinn in den Vereinigten Staaten von Amerika
von 1903—1905 N. 06: 89.

Die Steinkohlengebiete von Pennsylvanien und Westvirginien (B. Simmersbach)
03: 413; siehe Fig. 105, S. 271.
Die Braunkohlenbergwerke von Norddakota (F. N. Wilder) R. 04: 27.
Kohlengewinnung 1885—1908 siehe S. 279.
Graphitgewinnung in Virginien N. 07: 35.

Die Eisenerzlagerstätten am Lake Superior (A. Macco) 04: 48, 377.
Die Eisenocker-Lagerstätten von Cartersville (Georgia) (Th. L. Watson) R. 04: 367.
Die Lagerstätten titanhaltigen Eisenerzes im Laramie Range, Wyoming, Ver. Staaten
(J. F. Kemp) 05: 71.
Stahlproduktion in Großbritannien, Deutschland, Frankreich und den Vereinigten
Staaten im Jahre 1901 N. 03: 43.
Eisenerzproduktion der Vereinigten Staaten von Nordamerika im Jahre 1901 N. 03: 44.
Der Ursprung der Oriskany-Limonite, Virginien (J. E. Johnson) R. 04: 244.
The iron ores and the iron springs district (C. K. Leith and E. C. Harder) L. 09: 181.

Der Elktondistrikt in Zentral-Montana (W. H. Weed) R. 03: 395.
Die Erzlagerstätten des San Pedro Distrikts (Neu-Mexiko) (M. B. Yung und R. S.
McCaffery) R. 03: 277, R. 04: 25.

Goldbergbau in Mc. Duffie County, Georgia (H. Fluker) N. 03: 252.

Goldlagerstätten bei Bannak in Montana (W. H. Weed) R. 03: 394.

Basaltführende Zerspaltungszonen im Cripple Creek-Distrikt, Col. (E. A. Stevens) R. 03: 277.

Die Gänge von Cripple Creek und Boulder County, Col. (T. A. Rickard) R. 03: 391.

Der Cripple Creek-Golddistrikt, seine Entdeckung, Entwickelung, Geologie und Zukunft (W. A. Liebenam) R. 04: 270.

Gold- und Silberproduktion der Vereinigten Staaten von Amerika im Jahre 1902 N. 04: 108.

Quecksilberproduktion im Jahre 1904 N. 05: 384.

Platinproduktion der Vereinigten Staaten i. J. 1901 N. 03: 285. 1902 N. 04: 66.

Kupferexport und -verbrauch in den Vereinigten Staaten im Jahre 1902 N. 03: 286.

Das Kupfer-Gold-Lager von Globe, Arizona (W. Graichen) B. 05: 39.

Geologie und Kupferlagerstätten von Bisbee, Arizona (F. L. Ransome) R. 05: 81.

Die Entstehung der Kupfererzlager von Clifton-Morenci, Arizona (W. Lindgren) R. 06: 81.

Kupfer-Gewinnung und -Verbrauch in den Vereinigten Staaten von Amerika im letzten Jahrzehnt N. 06: 243.

Kupfervorkommen in Kalifornien und ihre wirtschaftliche Bedeutung (W. A. Liebenam) L. 08: 84.

The White Knob copper deposits (J. F. Kemp and C. G. Günther) L. 09: 181.

Gestaltung des Zinnpreises in den Vereinigten Staaten von Amerika N. 06: 242.

Schwefelproduktion und -verbrauch in den Vereinigten Staaten 1902 N. 03: 399, 07: 93.

Salzproduktion der Vereinigten Staaten N. 03: 365.

Salpeterlager in Kalifornien N. 03: 367.

Das Vorkommen von Töpferton in den Vereinigten Staaten (H. Ries) L. 03: 210.

Baryt in Missouri N. 03: 364.

Edelsteinproduktion Kaliforniens N. 03: 47.

Edelsteinproduktion der Vereinigten Staaten von Amerika im Jahre 1901 N. 04: 110.

Die Korundvorkommen der Vereinigten Staaten (J. H. Pratt) L. 03: 164.

Die Lithiumproduktion in den Vereinigten Staaten im Jahre 1901 N. 03: 83.

Diatomeenerde in Arizona (W. Blake) N. 03: 255.

Phosphatproduktion und -ausfuhr von Florida im Jahre 1901 N. 03: 86.

Die Boulder-Ölfelder in Colorado N. 03: 47.

Die Verwendung von Naturgas in der Eisen- und Stahlindustrie der Vereinigten Staaten N. 03: 48.

Neue Petroleumfunde in den Vereinigten Staaten von Amerika N. 03: 119.

Petroleumproduktion der Vereinigten Staaten von Amerika im Jahre 1901 N. 03: 119.

Das Ölfeld von Beaumont in Texas. (R. T. Hill) R. 03: 70.

Die Erdöllager in Texas N. 03: 87.

Öl- und Gasfelder im Gebiete der Karbonschichten des westlichen inneren Kohlenfeldes und des nördlichen Texas, sowie der Oberen Kreide und des Tertiärs an der westlichen Golfküste (G. J. Adams) L. 03: 163.

Mineralölausfuhr der Vereinigten Staaten im Jahre 1901—1902 N. 03: 254.

Asphaltproduktion und -einfuhr in den Vereinigten Staaten von Amerika i. Jahre 1901, Weltproduktion N. 03: 286.

Hydrothermale Tätigkeit in den Gängen zu Wedekind. Nevada (H. C. M o r r i s)
   R. 04: 245.
Die Petroleumsorten Nordamerikas N. 07: 35.
Bildung des Saltonsees (H. E r d m a n n) N. 07: 391.

Fernere Literatur:

   B i b l i o g r a p h y of North American Geology, Paleontology, Petrology and Mineralogy.
Washington, U. S. Geol. Survey: for 1732—1891, Bulletin 127. 1896; for 1892—1900, Bulletin 188
u. 189. 1902; for 1901—1905, Bulletin 301. 1906; for 1906—1907, Bulletin 372. 1909; for 1908,
Bulletin 409. 1909.
   Diese Bibliographie, die stets mit gutem Index versehen ist, wurde und wird bearbeitet
von F. B. W e e k s und J. M. N i c k l e s.
   C a t a l o g u e and I n d e x of the publications of the United States Geological Survey.
Washington, U. S. Geol. Survey: from 1880—1901, Bulletin 177. 1901; from 1901—1903.
Bulletin 215. 1903.
   Bearbeitet von P. C. W a r m a n.
   C o n t r i b u t i o n s t o E c o n o m i c G e o l o g y. Washington, U. S. Geol. Survey:
for 1902, Bulletin 213. 1903; for 1903, Bulletin 225. 1904; for 1904, Bulletin 260. 1905; for 1905,
Bulletin 285. 1906; for 1906, Bulletin 315 u. 316. 1907; for 1907, Bulletin 340 u. 341. 1908 u.
1909; for 1908, Bulletin 380 u. 381. 1909.
   Bearbeitet von C. W. H a y e s, M. R. C a m p b e l l, W. L i n d g r e n und anderen.
   M i n e r a l R e s o u r c e s of the United States. Calendar year 1907. Washington 1908.
I. Metallic products.   743 S. m. 1 Karte u. 1 Fig. — II. Nonmetallic products.   897 S. m.
1 Karte u. 6 Fig. (1908 erschien soeben.)
   Die Mitarbeiter dieses vorletzten amtlichen Berichtes der Vereinigten Staaten und der
Gegenstand ihrer Berichterstattung sind, in alphabetischer Reihenfolge: B u r c h a r d, E. F.
(Flußpat, Gips, Baryt u. Strontianit), C o o n s, A. T. (Schiefer, Steine), D a y, T. (Petroleum,
Platin), D i l l e r, J. S. (Asbest), E c k e l, E. C. (Zement, Kalk u. Backsteine, Eisen u. Stahl),
G r a t o n, L. C. (Kupfer), H a r d e r, E. C. (Manganerze), H e ß, F. L. (Arsenik, Graphit,
Antimon, Wolfram, Nickel, Kobalt, Zinn), H i l l, B. (Naturgas), H o r n, F. V. v a n (Phosphat-
salz, Töpfererde), L i n d g r e n, W. (Gold u. Silber), M c C a s k e y, H. D. (Gold u. Silber),
M i d d l e t o n, J. (Tonindustrie), P a r k e r, E. W. (Kohle, Brikettierung, Koks), P h a l e n,
W. C. (Bauxit u. Aluminium, Abrasive Materials, Salz u. Brom, Schwefel u. Pyrit), S a n f o r d, S.
(Mineralwasser), S i e b e n t h a l, C. E. (Blei, Zink), S t e r r e t t, D. B. (Glimmer, Monazit,
Zirkon, Edelsteine), T a f f, J. A. (Asphalt u. Bitumengesteine), Y a l e, Ch. G. (Borax, Magnesit).
Die Mitarbeiter für 1901 wurden „Fortschritte" I, S. 295 aufgeführt.

   Die Schwefelindustrie in Texas und Louisiana. „Vulkan" IV.   1904.   S. 154—155.
   Die Quecksilber-Lager von Oregon.   Südafrik. Wochenschr. 1903.   S. 169—170.
   Die kalifornische Asphaltindustrie. Österr. Österr. Chem. u. Techn. Ztg. Nr. 7 vom 1. 4. 1904
S. 4—6.
   Der Türkisen-Distrikt von Burro Mountains, New Mexico.   Südafrik. Wochenschr. 1903.
S. 961—962.
   A b b o t t, C. E.: Geology of the Ely Trough iron-ore deposits.   The orebodies alt Ely,
Minnesota, are replacement deposits inclosed in a greenstone trough under a cap of jaspilite. Eng.
and Min. Journ. Vol. 83. 1907. S. 601—605 m. 4 Fig.
   A d a m s, G. J.: Zinc- and lead-deposits of Northern Arkansas. Transact. Amer. Inst.
of Min. Eng. Albany Meeting. Februar 1903. 12 S.
   A d a m s, G. J.: Principles controlling the Geologic Deposition of the Hydrocarbons.
Transact. Amer. Inst. Min. Eng. New York and Philadelphia Meeting. February and Mai 1902.
7 Seiten.
   A d a m s, G. J., A. H. P u r d u e, and E. F. B u r c h a r d: Zinc and lead deposits of
Northern Arkansas. With section on the determination and correlation of formations by E. O. U l -
r i c h. Washington, Prof. Pap. U. S. Geol. Surv. 1904. 118 S. m. 6 Fig., 24 Taf. u. 3 Karten.
   A g u i l l o n, L.: Note sur les conditions économiques de l'exploitation du soufre en Sicile
et en Louisiane. Ann. des mines. T. X. 1906. S. 599—617.
   A i n s w o r t h, S.: The Rock-salt Mining Industry in Kansas. Eng. and Mining Journ.
1909, Vol. 88, S. 454—456 m. 1 Fig.

Vereinigte Staaten von Amerika.

(Nach Mineral Resources of the United States, Geological Survey-Washington durch Mines and Quarries: General Report and Statistics London, 1905 nach M. a. Q. for 1906, 1906 und 1907 nach M. a. Q. for 1907. — Die entsprechenden Zahlen für 1890, 1900 und 1901 siehe „Fortschritte" I, S. 261, für 1902 bis 1904 Z. 1906, S. 274. — Für 1904 und 1905 vergleiche auch die Z. 1906, S. 166—170 gegebene Statistik in amerikanischen Maßen nebst erläuternden Bemerkungen über die wichtigsten Metalle.)

Produkt	Menge			Wert		
	1905	1906	1907	1905	1906	1907
	Tonnen	Tonnen	Tonnen	£	£	£
Nichtmetalle.						
Asbest	2 820	1 538	592	8 824	5 865	2 443
Asphalt	104 570	125 246	203 085	155 678	264 957	580 388
Ozokerit	—	—	—	—	—	—
Borax	42 034	52 774	47 945	209 272	242 795	230 292
Schwerspat	43 759	45 569	81 304	30 555	32 930	59 913
Bauxit	48 902	76 542	99 346	49 341	75 629	98 630
Brom	541	582	626	36 738	33 923	40 099
Chromeisenerz . . .	22	109	295	77	370	1 158
Anthraz.-Kohle . .	70 452 554	64 666 979	77 659 722	29 133 265	27 087 822	33 590 155
Bitum. Kohle . . .	285 823 084	311 054 039	358 123 117	68 718 336	78 267 375	92 651 918
Faseriger Talk . .	51 256	55 948	61 508	91 376	114 415	128 542
Kobaltoxyd	—	—	—	—	—	—
Feuerstein	46 398	60 507	20 845	21 378	49 900	32 257
Korund u. Schmirgel	1 929	1 052	970	12 621	9 098	2 524
Feldspat	32 132	68 635	76 698	46 439	82 450	102 478
Flußspat	52 059	37 010	44 893	74 433	50 108	58 990
Granat	4 581	4 218	6 403	30 410	32 238	43 467
Kryst. Graphit . .	2 738	2 671	2 244	} 65 341	48 884	35 144
Amorph. Graphit .	19 916	15 289	24 316		20 980	25 836
Gips	946 386	1 397 610	1 589 175	622 018	788 085	1 014 839
Eisenerz	—	—	—	—	—	—
Magnesit	3 568	7 081	6 895	3 125	4 808	4 658
Manganerz	4 184	7 032	5 694	7 436	18 097	13 012
Monazit und Zirkon	613	384	249	53 657	31 326	13 511
Naturgas	—	—	—	8 534 467	9 625 037	9 625 037
Rohpetroleum, Liter	25 842 231 677	24 138 235 190	31 695 181 340	17 280 780	18 982 492	24 662 577
Phosphorit	1 978 457	2 114 372	2 301 718	1 388 789	1 761 691	2 187 589
Schwefelkies . . .	257 062	265 620	251 359	192 709	191 233	163 234
Salz	3 297 884	3 578 094	3 772 637	1 251 729	1 367 218	1 527 629
Schwefel	164 816	298 876	297 813	761 101	1 046 546	1 056 027
Zinkweiß	62 236	67 749	65 122	1 133 520	1 231 905	1 332 784
Kalkstein (Flußm.)	—	—	—	—	—	—
Uran und Vanadin	4	—	—	77	—	—
Arsenoxyd	684	669	1 588	7 230	13 031	33 470
Bausteine	—	—	—	13 100 359	13 630 143	14 600 781
Tonprodukte . . .	—	—	—	30 738 642	33 066 267	32 637 037
Zement	6 912 309	8 790 787	9 002 781	7 378 138	11 355 704	11 479 230
Walkererde	22 841	29 066	29 802	44 045	54 497	59 912
Schleifsteine . . .	—	—	—	159 673	152 956	183 988
Kieselgur u. Tripel- erde	9 958	7 347	—	13 272	14 807	21 439
Kalk	—	—	—	2 446 354	2 803 010	2 847 286
Manganh. Eisenerze	4 184	41 963	105 511	7 436	25 133	53 280
Glimmer (Tafeln) .	420	646	481	33 004	51 796	71 727
Glimmer	1 022	1 351	2 744	3 666	4 570	8 789
Mühlsteine	—	—	—	7 797	9 977	6 518
Mineralwässer, Liter	—	218 579 309	236 534 786	1 398 688	1 648 539	1 505 442
Ölsteine	—	—	—	50 215	55 045	54 248
Mineralfarben . . .	51 346	59 905	65 293	148 857	443 832	611 737
Edelsteine	—	—	—	67 012	120 945	151 088
Bimstein	1 662	11 068	7 359	1 137	3 439	6 944
Quarz (krystallin.) .	17 272	21 847	15 817	18 094	24 984	25 992
Sand, Glas	961 929	988 324	1 077 108	227 460	248 211	256 687
Sandformerei . . .	20 089 479	28 887 392	36 890 703	2 077 190	2 359 224	2 719 097
Schiefersteine . . .	—	—	—	1 128 585	1 163 931	1 235 979
Talk u. Seifenstein	36 409	53 499	65 327	130 814	179 539	185 841
Tungstein	728	842	1 488	55 170	71 636	182 761
Zirkon s. Monazit .						
Lithium	72	347	481	290	1 522	2 259
Mergel	34 497	17 331	12 783	3 387	1 507	1 731
Zusammen	—	—	—	189 132 571	208 972 522	239 458 976

Vereinigte Staaten von Amerika (Fortsetzung).

(Nach Mineral Resources of the United States, Geological Survey-Washington durch Mines and Quarries: General Report and Statistics-London, 1905 n. M. a. Q. for 1906, 1906 und 1907 n. M. a. Q. for 1907. — Die entsprechenden Zahlen für 1890, 1900 und 1901 siehe „Fortschritte" I, S. 261, für 1902 bis 1904 Z. 1906, S. 274. — Für 1904 und 1905 vergleiche auch die Z. 1906, S. 166—170 gegebene Statistik in amerikanischen Maßen nebst erläuternden Bemerkungen über die wichtigsten Metalle.)

Produkt	Menge			Wert		
	1905 Tonnen	1906 Tonnen	1907 Tonnen	1905 £	1906 £	1907 £
Metalle.						
Aluminium	5 147	6 763	7 807	666 591	875 213	1 011 694
Antimon	2 939	1 602	1 834	144 925	123 809	127 780
Kupfer	409 103	416 314	394 174	28 705 486	36 467 328	35 687 741
Gold . . . . . kg	132 680	141 998	136 072	18 106 920	19 378 604	18 569 959
Roheisen	23 361 576	25 713 557	26 195 341	78 531 828	103 839 836	108 820 945
Blei	273 973	317 657	331 276	5 891 171	8 196 600	7 948 172
Nickel	—	—	—	—	—	—
Platin . . . . kg	10	45	11	1 092	9 279	2 174
Quecksilber . . .	1 036	893	734	226 513	196 845	170 212
Silber . . . . kg	1 744 956	1 757 905	1 757 805	7 027 100	7 855 523	7 659 076
Zink	184 931	181 161	202 980	4 939 257	5 002 601	5 421 337
Zinn	—	—	56	—	7 310	6 835
Zusammen	—	—	—	144 240 883	181 952 948	185 425 875

Jahr	Menge			Wert			Durchschnittlicher Wert einer Tonne		
	Bituminöse Kohle 1000 t	Pennsylv. Anthrazit 1000 t	zusammen 1000 t	Bituminöse Kohle 1000 M	Pennsylv. Anthrazit 1000 M	zusammen 1000 M	Bituminöse Kohle M	Pennsylv. Anthrazit M	zusammen M
1885	66 062	34 776	100 838	345 860	322 022	667 882	5,24	9,26	6,62
1890	100 967	42 154	143 121	463 767	278 812	742 579	4,59	6,61	5,19
1895	122 572	52 614	175 185	486 275	344 481	830 756	3,97	6,55	4,74
1900	192 601	52 041	244 642	927 907	360 183	1 288 090	4,82	6,92	5,27
1901	204 858	61 206	266 065	992 973	472 517	1 465 489	4,85	7,72	5,51
1902	236 054	37 532	273 586	1 221 606	319 929	1 541 535	5,18	8,52	5,63
1903	256 494	67 679	324 173	1 477 089	638 553	2 115 642	5,76	9,44	6,53
1904	252 784	66 364	319 148	1 282 667	583 691	1 866 358	5,07	8,80	5,85
1905	285 807	70 449	356 256	1 405 565	595 892	2 001 457	4,92	8,46	5,62
1906	311 037	64 663	375 700	1 600 881	554 054	2 154 935	5,15	8,57	5.74
1907	358 103	77 655	435 758	1 895 102	687 053	2 582 155	5,29	8,85	5,93
1908	301 711	75 541	377 252	1 571 368	664 351	2 235 719	5,21	8,79	5,93
1909									
1910									

Zu den vorstehenden statistischen Tabellen vergleiche folgende Figuren:

S. 271. Die Kohlenfelder der Vereinigten Staaten, einschließlich Alaskas, und Canadas.

S. 281. Die Gold-Produktion der wichtigsten Länder der Welt, sowie der wichtigsten Staaten und Territorien der Vereinigten Staaten.

S. 283. Die Kupfer-Reviere und die Kupfer-Produktion der Vereinigten Staaten.

S. 285. Die Silber-Produktion der Welt und der Vereinigten Staaten.

S. 287. Die Zink-Produktion der Vereinigten Staaten.

S. 289. Die Petroleum- und die Naturgas-Felder der Vereinigten Staaten.

Der soeben erschienene Band der Mineral Resources für 1908 enthält ferner eine Karte der (42-fach) verschiedenen Eisenerze und eine Standortkarte der Hochöfen.

Albrecht, E.: Die Ölfelder von Kansas und dem Indianer-Territorium. Vortrag, geh. auf der Hauptvers. des Vereins deutscher Chemiker in Nürnberg. „Petroleum" I. 1906. S. 640 bis 645 m. 1 Karte.

Arnold, R., and R. Anderson: Preliminary Report on the Santa Maria oil district, Santa Barbara County, California. U. S. Geol. Surv. Bull. Nr. 317. 1907. 69 S. m. 2 Taf. u. 1 Fig.

Arnold, R., and Robert Anderson: Preliminary Report on the Coalinga Oil District Fresno and Kings Counties, California. U. S. Geol. Survey. Bull. 357. Washington 1908. 142 S. m. 1 Fig. u. 2 Karten.

Arnold, R.: Der Summerland-Ölbezirk in Kalifornien. Referat: „Petroleum". 1908. S. 394—396.

Arnold, R.: Der Los-Angeles-Ölbezirk. Referat nach U. S. Geol. Surv. Bull. 309. „Petroleum" 1908. S. 295—297.

Ashley, G. H.: The Ohio and Indiana coal fields. Mining Magazine 1905. Vol. XI. S. 233—236 m. 6 Fig.

Ashley, G. H.: Were the Appalachian and eastern interior coal fields ever connected? Econ. Geol. Vol. II. 1907. S. 659—666.

Ashley, G. H., and L. Ch. Glenn: Geology and mineral resources of part of the Cumberland Gap coal field, Kentucky. Nr. 49. U. S. Geol. Surv. Prof. Paper, Washington 1906. 239 S. m. 13 Fig. u. 39 Taf.

Bagg jr., R. M.: Some copper deposits in the Sangre de Christo Range, Colorado. Econ. Geol. 1908. Bd. III. S. 739—749 m. 1 Fig. u. 1 Diagramm.

Bain, H. F.: The fluorspar deposits of Southern Illinois. Bull. U. S. Geol. Surv. Nr. 255. Washington 1905. 75 S. m. 1 Fig. u. 6 Taf.

Bain, H. F.: Year-Book for 1906. Illinois State Geological Survey. Urbana. III. 1907. 260 S. m. 4 Taf. u. 4 Fig.

Bain, H. F.: Principal american fluorspar deposits. Mining Magazine 1905. Vol. XII. S. 115—119 m. 1 Fig.

Bain, H. F.: Zinc and lead deposits of Northwestern Illinois. U. S. Geol. Surv. Bull. Nr. 246. Washington 1905. 56 S. m. 3 Fig. u. 5 Taf.

Bain, H. F.: Some Relations of Palaeo geography to ore deposition in the Mississippi Valley. Econ. Geol. 1907. II. S. 128—144.

Bain, H. F.: Zinc and lead deposits of the Upper Mississippi Valley. U. S. Geol. Surv. Bull. Nr. 294. 155 S. m. 16 Taf. u. 45 Fig.

Bain, H. F., and E. O. Ulrich: The copper deposits of Missouri. U. S. Geol. Surv. Bull. Nr. 267. Washington 1905. 52 S. m. 2 Fig. u. 1 Taf. Pr. 1,50 M.

Baldacci, L.: Il giacimento solfifero della Louisiana, Ver. Staaten von Amerika. Rom, G. Bertero e Co., 1906. 43 S. m. 9 Taf.

Ball, S. M.: Review of Fossil Iron Ore Deposits of Georgia. Eng. and Mining Journ. 1909. Vol. 88. S. 200—204 m. 3 Fig.

Ball, S. H.: A geologic reconnaissance in Southwestern Nevada and Eastern California. U. S. Geol. Surv. Bull. Nr. 308. 218 S. m. 3 Taf. u. 17 Fig.

Ball, S. H., und A. F. Smith, mit einer Einleitung von E. R. Buckley: The Geology of Miller County, Missouri. Missouri bureau of geology and mines. Vol. I. 1903. 207 S. m. 56 Fig., 17 Taf. u. 1 geol. Karte.

Barrell, J.: Geology of the Marysville Mining District, Montana. A study of igneous intrusion and contact metamorphism. U. S. Geol. Surv. Prof. Paper Nr. 57. 178 S. m. 16 Taf. und 9 Fig.

Bauermann, H.: Berg- und Hüttenwesen auf der Weltausstellung in St. Louis. „Stahl und Eisen" 1904. S. 1394—1395.

Baum: Kohle und Eisen in Nordamerika. (Reisebericht.) „Glückauf" 1908. S. 769—777, 865—873, 897—902, 969—976 m. Fig.

Becker, G. F.: Relations between local magnetic disturbances and the genesis of petroleum. U. S. Geol. Survey Bull. 401. Washington 1909. 24 S. m. 1 Taf.

Bernhardi: Kohleninhalt des großen Appalachischen Kohlenreviers in Nordamerika (nach B. Simmersbach: Die Steinkohlengebiete von Pennsylvanien und Westvirginien, in Z. 1903. S. 413—423). Zeitschr. des Oberschl. Berg- und Hüttenmännischen Vereins. 1904. S. 1—2.

Birkinbine, J.: The American Institute of Mining Engineers and the conservation of natural resources Bull. of the Amer. Inst. of Min. Eng. 1909. Nr. 28. S. 381—387.

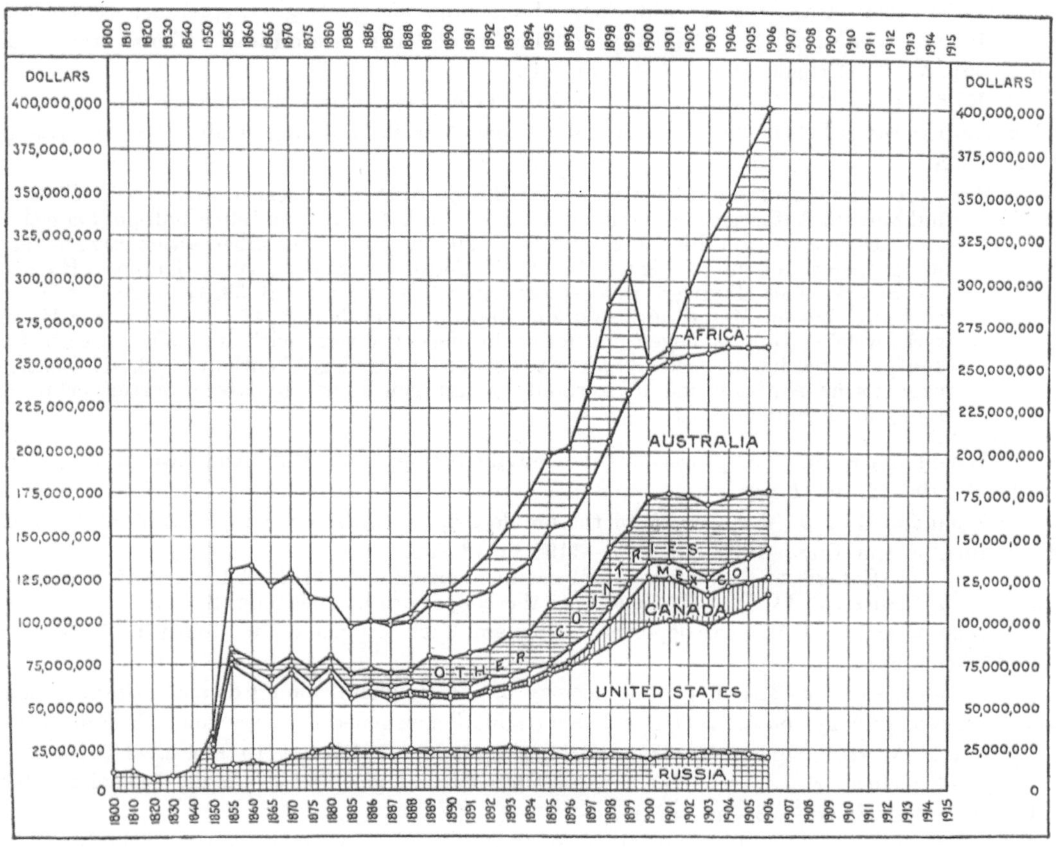

Fig. 106.
Gold - Produktion der wichtigsten Länder der Welt von 1800 bis 1906.
(Nach E. Biedermann; näheres s. unter Gold im III. Teil.)

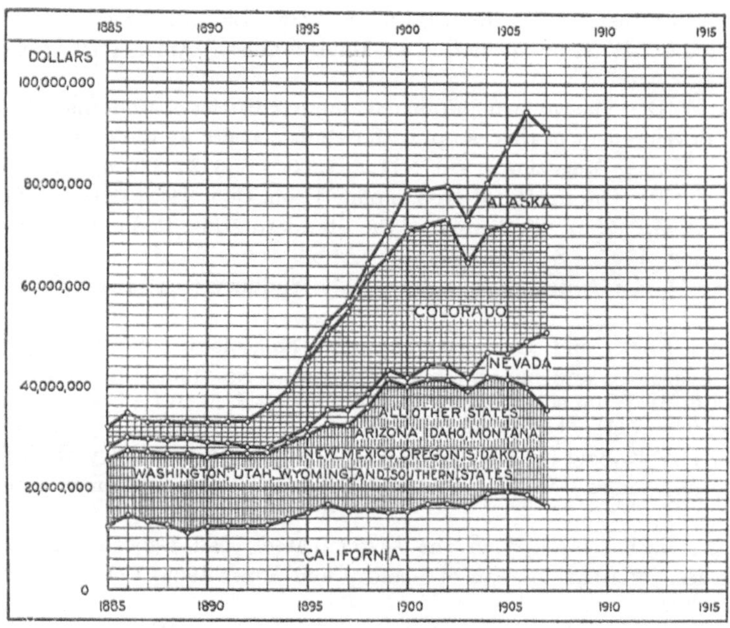

Fig. 107.
Gold - Produktion der wichtigsten Staaten und Territorien der Vereinigten Staaten von Amerika
in den Jahren 1885 bis 1907. (Nach U. S. Geol. Surv. Bull. 394.)

B l a k e , W. P.: Superficial blackening and discoloration of rocks, especially in desert regions. Transact. Amer. Inst. of Min. Eng. Lake Superior Meeting. September 1904. 5 S.

B l a t c h l e y , W. S.: The petroleum industry of Southeastern Illinois. Illinois State Geol. Surv. Bull. Nr. 2. Urbana 1906. 109 S. m. 6 Taf.

B l ö m e k e , C.: Über die amerikanischen Erz-Aufbereitungsverfahren nach dem Richardschen Aufbereitungs-Lehrbuche. S.-A. a. „Metallurgie". I. u. II. Jahrg. Halle a. S., W. Knapp. 1905. 75 S.

A. Bleierzaufbereitungen S. 3, B. Blende-Aufbereitungsanstalten S. 10, C. Blei- und Zinkerz-Aufbereitungsanstalten S. 12, D. Aufb. für gold- und silberhaltiges Schwefelkies-, Bleiglanz- und Blende-Haufwerk S. 20, E. Aufb. für silberhaltige Erzgemenge mit größerer Leistungsfähigkeit S. 29, F. Aufb. für Silber-, Blei-, Kupfer-, Blende- und Schwefelkies-Haufwerk mit gediegenem Silber und Gold S. 38, G. Aufb. für Haufwerk, welches an Metall nur Gold zur Gewinnung enthält S. 48, H. Aufb. für Haufwerk, welches Gold gediegen und mit Schwefelkies vererzt enthält S. 50, I. Aufb. für Haufwerk, welches an Erzen Kupfererze allein oder vorwiegend enthält S. 56. K. Elektromagnetische Aufbereitung in Verbindung mit gewöhnlichen nassen Sortierverfahren S. 64, L. Resümee S. 67.

B o e h m e r , M.: The genesis of the Leadville ore-deposits. Bull. Am. Inst. of Min. Eng. 1910. S. 119—122 m. 1 Fig.

B o u t w e l l , J. M.: Genesis of the ore-deposits at Bingham, Utah. Bi-Monthly Bull. Amer. Inst. of Min. Eng. 1905. S. 1153—1192 m. 13 Fig.

V. Genesis of the disseminated ore in monzonite, S. 1161. VI. Genesis of the ore in fissures, S. 1165. VII. Genesis of the copper-ore in limestone, S. 1178.

B o u t w e l l , J. M.: Ore deposits of Bingham, Utah. Eng. and Min. Journ. 1905. S. 1176 bis 1178 m. 3 Fig.

B o u t w e l l , J. M.: Economic geology of the Bingham mining district, Utah, with a section on areal geology von A. K e i t h and an introduction on general geology von S. F. E m m o n s. U. S. Geol. Surv. Prof. paper. Nr. 38. Washington 1905. 413 S. mit 10 Fig. u. 49 Taf.

B o w n o c k e r , J. A.: The central Ohio natural gas fields. Amer. Geologist 1903. Vol. 31. Nr. 4. S. 218—231 m. Taf. 14.

B o w n o c k e r , J. A.: The salt deposits of Northeastern Ohio. Amer. Geologist. Vol. XXXV. 1905. S. 370—376 m. Taf. XXVII.

B o w n o c k e r , J. A. The occurence and exploitation of petroleum and natural gas in Ohio. Amer. Geologist 1904. S. 261—264.

B o w n o c k e r , J. A., and D. D. C o n d i t: The Pomeroy coal in Ohio. Econ. Geol. III. 1908. S. 183—199.

B o w r o n , W. M.: The origin of Clinton red fossil-ore in Lookout Mountain, Alabama. Bi-Monthly Bull. Amer. Inst. of Min. Eng. 1905. S. 1245—1262 m. 3 Fig.

B r i n s m a d e , R. B.: Calculation of Mines Values. Amer. Inst. of Min. Eng. 1908. Nr. 19. S. 61—67.

B r o h m , W. D.: The cable mountain gold mining district of Montana. Historical remarks and sketch of the development of this camp, with details concerning the geology and the methods of ore treatment. Mining Magazine. Vol. XIII. 1960. S. 373—380 m. 5 Fig.

B r o w n , C. S.: The lignite of Mississippi. Econ. Geol. III. 1908. S. 219—223.

B r o w n , R. G.: The Vein-System of the Standard Mine, Bodie, California. Bull. of the Am. Inst. of Min. Eng. 1907. S. 587—601 mit 5 Abbild.

B r o w n e , D. H.: Notes on the origin of the Sudbury ores. Econ. Geol. Vol. I. 1906. S. 467—475.

B u c k l e y , E. R., and H. A. B u e h l e r: The geology of the Granby Area, Missouri. Missouri Bureau of geology and mines. Vol. IV. 2 nd series 1906. 120 S. m. 3 Fig. u. 42 Taf.

Kapitel VI: Manner of occurrence of ore bodies S. 57; VII. Descriptions of individual mines S. 64; VIII: Origin of the lead and zinc S. 78.

B u c k l e y , E. R., and H. A. B u e h l e r: The quarrying industry of Missouri. Missouri Bureau of geology and mines. Vol. II. 1904. 371 S. mit 58 Taf. und einer geolog. Karte von Missouri.

B u c k l e y , E. R.: Geology of the Disseminated Lead Deposits of St. François and Washington Counties. Missouri Bureau of Geology and Mines 1909, Vol. IX, Part I II. 250 S. m. 10 Fig. u. 121 Taf.

B u e h l e r , H. A.: The Lime and Cement Resources of Missouri. Missouri Bureau of Geology and Mines, Vol. VI, 2 Series. 255 S. m. 35 Taf. u. Karte.

B u r c h a r d , E. F.: The Clinton Iron-Ore Deposits in Alabama. Bi-Monthly Bull. of the Am. Inst. of Min. Eng. Nr. 24. 1908. New York. S. 997—1055 m. 13 Fig.

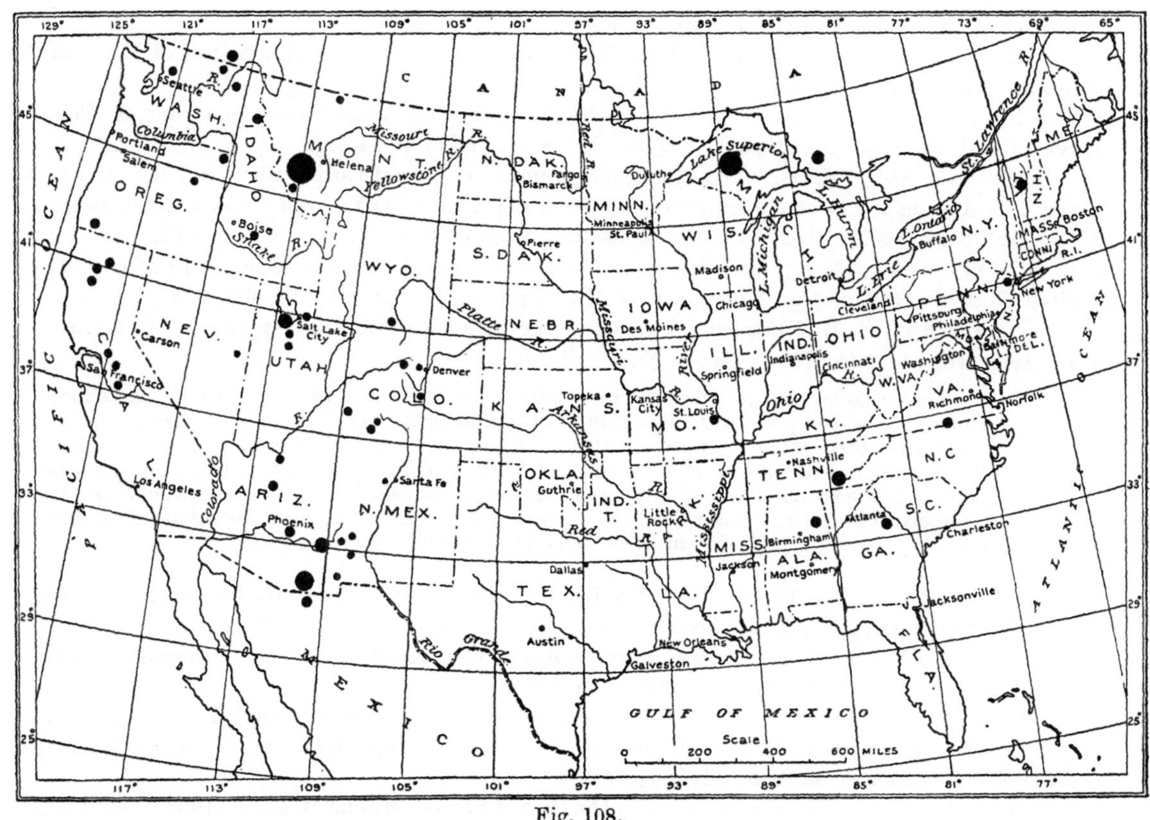

Fig. 108.

Die K u p f e r - Reviere der Vereinigten Staaten: Die Größe der schwarzen Punkte entspricht ungefähr der Produktionshöhe. (Nach U. S. Geol. Surv. Bull. 285.)

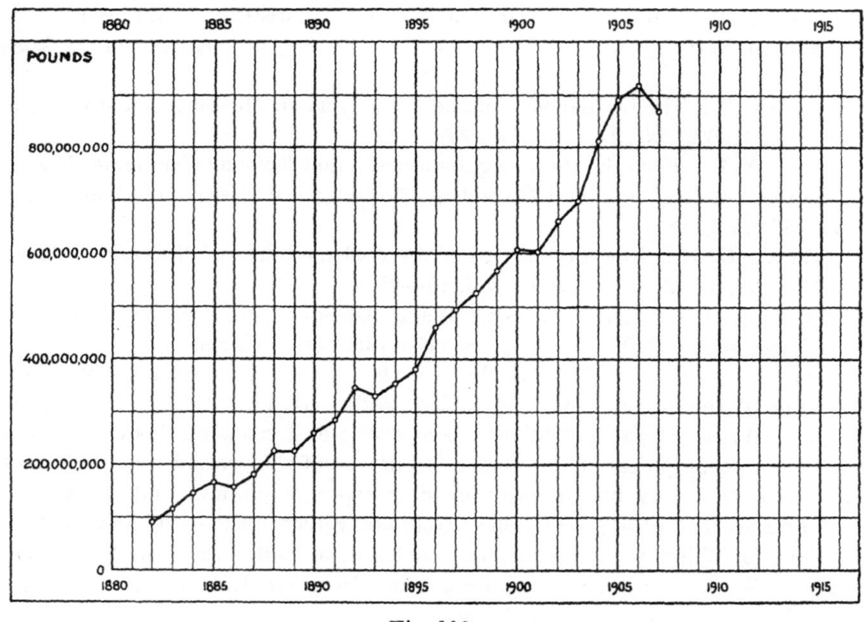

Fig. 109.

K u p f e r - Produktion der V e r e i n i g t e n S t a a t e n in den Jahren 1882 bis 1907.
(Nach U. S. Geol. Surv. Bull. 394.)

Burgess, J. A.: The Geology of the producing part of the Tonopah mining district. Econ. Geology 1909. S. 681—712 m. 11 Fig.

Bush, B. F.: The coal-fields of Missouri. Bi-Monthly Bull. Amer. Inst. of Min. Eng. Januar 1905. Nr. 1. S. 165—179 m. 3 Fig.

Butts, Ch.: Economic geology of the Kittaning and Rural Valley Quadrangles, Pennsylvania. U. S. Geol. Surv. Bull. Nr. 279. 198 S. m. 11 Taf. u. 14 Fig.

Campbell, M. R.: Die Boratablagerungen in dem Death Valley und der Mohave Desert. — Auszug aus Reconnaissance of the borax deposits of Death Valley and Mohave Desert. U. S. Geol. Surv. 1902. Bull. Nr. 200. Zeitschr. f. angew. Chem. 1903. S. 779—782.

Campbell, Marius R., and Edward W. Parker: The Coal-Fields of the United States. Bull. of the Amer. Inst. of Min. Eng. 1909. Nr. 28. S. 365—372.

Christy, S. B.: Present problems in the training of Mining Engineers. Bi-Monthly Bull. Amer. Inst. of Min. Eng. 1905. Nr. 5. S. 979—1008.

> The peculiar nature of mineral wealth; continental and american minig-schools; the american temperament; the rôle of „the practical miner" in America; is theoretical training worth while?; specialization, how much and when?; fundamentals first; the organizing faculty; personal contact with working-conditions; the „mining-laboratory"; the summer school of practical mining; physical and moral soundness and the co-operative spirit; sundry minor essentials; general training; location of mining-schools; over-supply of mining-schools in America; degrees.

Clapp, C. H., and W. G. Ball: The Lead-Silver Deposits at Newburyport, Massachusetts, and their accompanying Contact-Zones. Econ. Geol. 1909. Nr. 3. S. 239—250.

Clapp, F. G.: Economic geology of the Amity Quadrangle, Eastern Washington County, Pa. U. S. Geol. Surv. Bull. Nr. 300. 145 S. m. 8 Taf. u. 7 Fig.

Clapp, F. G.: Limestones of Southwestern Pennsylvania. Bull. U. S. Geol. Surv. Nr. 249. Washington 1905. 52 S. m. 7 Taf. — (Ref. s. N. Jb. f. Min. 1907. II. S. 84.) — Wichtig für die Zementindustrie in Pennsylvanien.

Clark, H. S.: The zinc industry in the United States. Mining Magazine 1906. Vol. XIII. S. 461—467.

Clark, W. B., with the collaboration of G. C. Martin, J. Rutledge, B. S. Randolph, N. A. Stockton, W. B. D. Penniman, and A. L. Browne: Report on the coals of Maryland. Part IV of Maryland Geological Survey. Vol. V. 1905. S. 219—636 mit Fig. 19 bis 55 u. Taf. XIII—XXXV.

Clements, J. M.: The Vermillon iron-bearing district of Minnesota. Washington, Monogr. U. S. Geol. Surv. 1903. 463 S. mit 13 Taf., 23 Fig. u. 1 Atlas von 23 kolor. Karten. Preis 40 M.

Clerc, F. L.: The ore-deposits of the Joplin-region, Missouri. Bi-Monthly Bull. Amer. Inst. of Min. Eng. 1907. Nr. 14. S. 353—376.

Colby, A. L.: Fortschritte im Agglomerieren und Entschwefeln feiner Erze in Amerika. Vortrag, gehalten London, Iron and Steel Inst. Auszug i. d. Berg- und Hüttenm. Rundschau 1906. S. 47—49 m. 2 Fig.

Condra, G. E.: New bryozoa from the coal measures of Nebraska. Amer. Geologist 1902. Vol. 30. Nr. 6. S. 337—358 m. Taf. 18—25.

Le Couppey de la Forest, Max: Quelques grottes des États-Unis d'Amérique. „Spelunca", Paris 1904. T. V. Nr. 35. S. 117—135 mit 3 Plänen.

Courtenay de Kalb: Geology of the exposed treasure lode, Mojave, California. Bi-Monthly Bull. of the Amer. Inst. of Min. Eng. 1907. Nr. 13. S. 15—24 m. 3 Fig.

Crane, W. R.: Gold and Silver; comprising and economic history of mining in the United States, the geographical and geological occurence of the precious metals, with their mineralogical associations history and description of methods of mining and extraction of values, and a detailed discussion of the production of Gold and Silver in the world and the United States. New-York 1908. J. Wiley & Sons (London, Chapmann & Hall). 727 S. m. 9 Taf. Pr. 21 sh net.

Crane, W. R.: The Quapaw Zinc district, Northern Indian Territory. Eng. and Min. Journ. 1905. Vol. 80. S. 488—490 m. 3 Fig.

Crane, W. R.: Coal Mining in Arkansas. Eng. and Min. Journ. 1905. S. 774—777 mit 3 tektonischen Figuren.

Crane, W. R.: Iron mining in the Birmingham district, Alabama. Eng. and Min. Journ. 1905. S. 274—277 m. 5 Fig.

Crider, A. F.: Geology and mineral resources of Mississippi. U. S. Geol. Surv. Bull. Nr. 283. Washington 1906. 99 S. m. 5 Fig. u. 4 Taf.

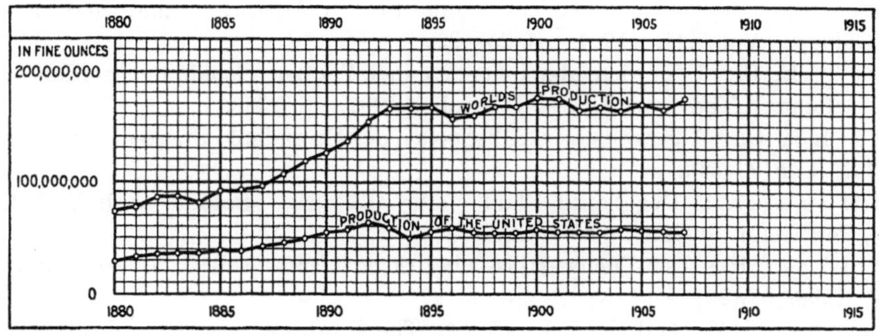

Fig. 110.
Silber-Produktion der Welt und der Vereinigten Staaten von Amerika in den Jahren
1880 bis 1907. (Nach U. S. Geol. Surv. Bull. 394.)

Crosby, W. O.: The limestone-granite contact-deposits of Washington Camp, Arizona. Bi-Monthly Bull. Amer. Inst. of Min. Eng. 1905. S. 1217—1238.

Daggett, E.: The extraordinary faulting at the Berlin mine. The Berlin gold quartz mine, Nevada, shows the result of remarkable movements after the formation of the vein. Eng. and Min. Journ. Vol. 83. 1907. S. 617—621 mit 6 Fig. Bi-Monthly Bull. Amer. Inst. of Min. Eng. 1907. Nr. 14. S. 331—344 m. 5 Fig.

Dale, T. N.: The Granites of Maine. U. S. Geol. Surv. Bull. 313, 1907. 202 S. mit 13 Taf. und 39 Fig.

Dale, T. Nelson: The Chief Commercial Granites of Massachussets, New Hampshire and Rhode Island. U. S. Geol. Survey, Bull. 354. Washington 1908. 228 S. m. 27 Fig. u. 9 Taf.

Dale, T. N.: Slate deposits and slate industry of the United States. U. S. Geol. Surv. Bull. Nr. 275. Washington 1906. 154 S. m. 15 Fig. u. 25 Taf.

I. Origin, composition and structure of slate, S. 5; II. Slate deposits of the United States, S. 51; III. Bibliography, S. 138.

Darton, N. H.: Preliminary report on the geology and underground water resources of the Central Great Plains. U. S. Geol. Surv. Prof. Paper Nr. 32. Washington 1905. 433 S. m. 18 Fig. u. 72 Taf. Pr. 16 M.

Economic geology S. 372—408: coal (Colorado, Wyoming, South Dakota, Nebraska) S. 372; petroleum and natural gas (Colorado, Wyoming, Central and Western Kansas, South Dakota and Nebraska) S. 379; salt (Kansas, Eastern Wyoming, Nebraska) S. 389; gypsum S. 392; etc.

Darton, N. H.: The Zuni salt lake, New Mexico. Journ. of Geology. Vol. XIII. 1905. S. 185—193 m. 5 Fig.

Davis, Ch. A.: The formation, character and distribution of Peat bogs in the Northern Peninsula of Michigan. 8. Ann. Rep. of Geol. Surv. of Michigan for 1906. S. 183—286 m. 8 Fig. und 12 Taf.

Demaret-Freson, J.: Les champs de pétrole des États-Unis d'Amérique. Mons, Belgien, P. 1905, Périn. Pr. 3 M. — Sommaire: Statistique générale et mondiale du pétrole.

Production détaillée des États-Unis. I. États de l'Est: New York, Pennsylvanie, West-Virginie, Kentucky, Tennessee, Ohio, Indiana: Bassin des Apalaches et Bassin de Lima. II. États du Sud: Texas et Louisiane: Plaine côtière du Golfe de Mexique. III. États du Centre: Groupe de l'Est: Kansas et Territoire indien. — Groupe de l'Quest: Wyoming, Colorado et New Mexico. IV. États de l'Quest: Californie et Alaska.

Demaret, L.: Les principaux gisements de minerais de zinc de zinc des États-Unis d'Amérique. Rev. univ. des mines 1904. S. 221—256 m. Taf. 6—11. — Paris, Ch. Dunod, 1904. 8⁰. Pr. 3,20 M.

Duparc, L.: Note sur la région cuprifère de l'extrémité Nord-Est de la péninsule de Kewenaw (Lac supérieur). Archives des sciences phys. et nat., Genève, 1900. T. X. 21 S.

Eckel, E. C.: The non-metallic mineral products of the United States. Mining Magazine. Vol. X. 1904. S. 167—174 m. 9 Fig. u. 1 Taf.

Eckel, E. C.: On a California roofing slate of igneous origin. Journ. of geology. Vol. XII. 1904. S. 15—24.

Eckel, E. C.: Brown hematite deposits of Eastern New York and Western New England. Eng. and Min. Journ. 1904. Vol. 78. S. 432—434 m. 5 Fig.

E c k e l , E. C.: On the chemical composition of American shales and roofing slates. Journ. of Geology. Vol. XII. 1904. S. 25—29.

E c k e l , E. C.: Über den abnehmenden metallischen Gehalt der nordamerikanischen Eisenerze. Referat: „The Iron Age." Dezember 1907. S. 1596.

E i n e c k e , D r.: Die nationalen Hilfsquellen der Vereinigten Staaten. „Stahl und Eisen" 1909. Nr. 14. S. 512—514.

E l d r i d g e , H.: Der Santa Clara Valley-Ölbezirk. Referat nach U. S. Geol. Surv. Bull. 309. „Petroleum" 1908. S. 298—299.

E l d r i d g e , H.: Der Puente-Hills-Ölbezirk. Referat nach U. S. Geol. Surv. Bull. 309. „Petroleum" 1908. S. 297—298.

E m m o n s , S. F., and J. D. I r v i n g: The Downtown district of Leadville, Colorado. U. S. Geol. Surv. Bull. 320. 1907. 72 S. m. 7 Taf. u. 5 Fig.

E m m o n s , S. F.: The little cottonwood granite body of the Wasatch Mountains, Utah. Abdr. aus Amer. Journ. of Sciences. Vol. XVI. August 1903. S. 139—147 m. 1 Fig.

E m m o n s , S. F., and E. C. E c k e l: Contributions to economic geology, 1905. U. S. Geol. Surv. Bull. Nr. 285. Washington 1906. 506 S. m. 16 Fig. u. 13 Taf.

E m m o n s , W. H.: Some regionally metamorphosed ore deposits and the so-called segregated veins in Maine and New Hampshire. Econ. Geol. 1909. S. 755—781 m. 3 Fig.

E r d m a n n , H.: Die Katastrophe von Mansfeld und das Problem des Coloradoflusses. Ein Beitrag zur Geschichte der Salzseen und Salzsteppen. Petermanns Mitteilungen. Gotha. 53. Bd. 1907. S. 42—46 m. 1 Karte auf Taf. IV.

F a l k m a n , O.: Die wirtschaftlichen Faktoren der Eisenindustrie in den Vereinigten Staaten. „Jernkont. Annaler", bih 1./1907. Referat in der Berg- u. Hüttenm. Rundschau. IV. 1907. S. 20—28, 55—60.

F e n n e m a n , N. M., and H. S. G a l e: The Yampa Coal Field, Routt County, Colorado. With a chapter on the character and use of the Yampa coals by M. R. C a m p b e l l. U. S. Geol. Surv. Bull. Nr. 297. 96 S. m. 2 Fig. u. 9 Taf.

F e n n e m a n , N. M.: Oil fields of the Texas Louisiana gulf coastal plain. U. S. Geol. Surv. Bull. Nr. 282. Washington 1906. 146 S. m. 15 Fig. u. 11 Taf.

F e n n e m a n , N. M.: Die Texas-Louisiana-Petroleumfelder. „Petroleum" 1906. S. 88—92.

F e n n e m a n , N. M.: Oil fields of the Texas-Louisiana Coastal Plain. Mining Magazine 1905. Vol. XI. S. 313—322 m. 4 Fig.

F i s h e r , C. H.: Geology and Water Resources of the Bighorn Basin, Wyoming. U. S. Geol. Surv. Prof. Pap. Nr. 53. 1906. 72 S. m. 16 Taf. u. 1 Karte.

F i s h e r , C. A.: Southern extension of the Kootenai and Montana coal-bearing formations in northern Montana. Am. Geol. T. III. 1908. S. 77—96.

F i s h e r , C. A.: Geology of the Great Falls Coal Fields, Montana. U. S. Geol. Survey. Bull. 356. 85 S. m. 2 Fig., 11 Taf. u. 1 Karte 1 : 125 000.

F o h s , F. J u l i u s: Kentucky Fluorspar and its Value to the Iron and Steel Industries. Am. Inst. of Min. Eng. 1909. Bull. Nr. 28. S. 411—423.

F o h s , F. J.: Fluorspar Deposits of Kentucky. Kentucky Geol. Survey Bull. 9. Bespr. v. E. F. Burchard in Econ. Geol. 1909. S. 571—573.

F o r s t n e r , W.: The quicksilver deposits of California. Eng. and Min. Journ. 1904. Vol. 78. S. 385—386, 426—428 m. 5 Fig.

F u l l e r , M. L.: Unterground water investigations in the United States. Econ. Geol. 1906. S. 554—569.

F u l l e r , M. L., and S. S a n f o r d: Record of deep-well drilling for 1905. U. S. Geol. Surv. Bull. Nr. 298. Washington 1906. 299 S.

F u l l e r , M. L., F. G. C l a p p , and B. L. J o h n s o n: Bibliographic review and index of underground-water literature, published in the United States in 1905. U. S. Geol. Surv., Water Supply Paper Nr. 163. Washington 1906. 130 S.

F u l t o n , J.: Coke. (Auszug: Die Kohlenfelder der Vereinigten Staaten von Nordamerika.) „Stahl und Eisen" 1906. S. 1441—1444.

G a l e , H. S.: Geology of the Rangely oil district Rio Blanco County, Colorado, with a section on the water supply. U. S. Geol. Survey, Bull. 350. Washington 1908. 61 Seiten mit 4 Taf. u. 1 Fig.

G a r r i s o n , F. L.: Chemical characteristics of limonite (brown hematite) iron ores. — The genesis of limonite ores in the Appalachians. Eng. and Min. Journ. 1904. Vol. 78. S. 258, 470—471.

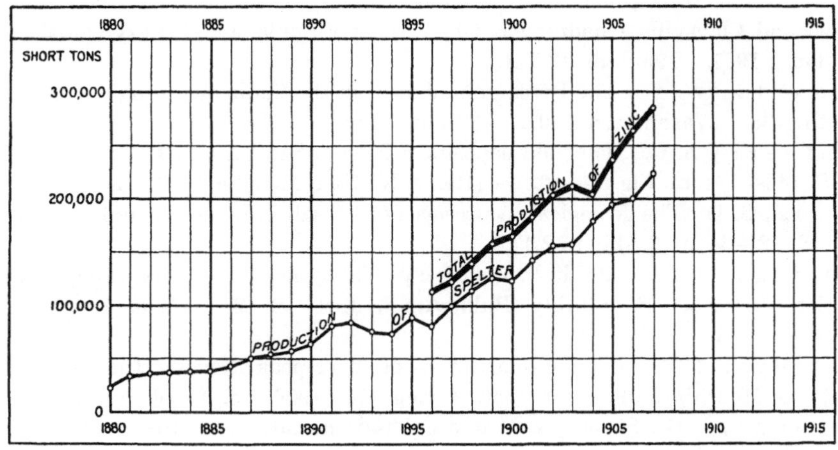

Fig. 111.

Z i n k - Produktion der V e r e i n i g t e n S t a a t e n in den Jahren 1880 bis 1907. (Die obere Linie
zeigt die Gesamtproduktion an Zink als Rohzink und als Zinkgehalt im aus dem Erz erzeugten Zink-
weiß, — die untere allein die Rohzinkerzeugung.) — (Nach U. S. Geol. Surv. Bull. 394.)

G e o r g e , R. D. and C r a w f o r d , R. D.: The Main Tungsten Area of Boulder County.
Colorado Geol. Survey. First Report 1908. Denver 1909. S. 7—103 m. 11 Taf. u. 1 Karte, 1 : 6250.
Tungsten Localities the United States. S. 49—55. Foreign Tungsten Deposits S. 56
bis 59. Technology and Uses of Tungsten S. 87—95. Bibliography S. 96—103.

G i e s e n , W.: Die Vergeudung der natürlichen Hilfsquellen in den Vereinigten Staaten
Nordamerikas und die zukünftigen Quellen der Kraft. „Technik u. Wirtschaft" 1910. S. 99
bis 108, 167—174.

G i l b e r t , G. K.: Rate of recession of Niagara Falls. Accompanied by a report on the
survey of the crest by W. C. H a l l. U. S. Geol. Surv. Bull. Nr. 306. 31 S. m. 11 Taf. u. 8 Fig.

G i l b e r t , G. K.: Regulation of nomenclature in the work of the United States Geological
Survey. Amer. Geologist 1904. Vol. XXXIII. S. 138—142

G i l b e r t , G. K., R. L. H u m p h r e y , J. St. S e w e l l , and F r. S o u l é: The San
Francisco Earthquake and Fire of April 18 th 1906 and their effects on structures and structural
materials. — With preface by J. A. H o l m e s. U. S. Geol. Surv. Bull. 324. 1907. 170 S. m.
57 Taf. u. 2 Fig.

G l i e r , L.: Zur neuesten Entwickelung der amerikanischen Eisenindustrie. Schmollers
Jahrbuch für Gesetzgebung, Verwaltung und Volkswirtschaft. Leipzig 1903, 3. Heft, und 1904,
1. Heft.

G o u l d , C h. N., L. L. H u t c h i s o n, and G. N e l s o n: Preliminary Report on the
Mineral Resources of Oklahoma. Oklahoma Geol. Surv. Bull. 1. 1908. 84 S. m. 11 Fig.

G r a n d , U. S.: Structural relations of the Wisconsin zinc and lead deposits. Econ.
Geol. Vol. I. 1905—1906. S. 233—242 m. Fig. 12—15.

G r a n t , U. S.: Zinc and lead deposits in Wisconsin. Mining Magazine 1906. Vol. XIII.
S. 453—460 m. 7 Fig.

G r a n t , U. S.: Investigations on the Lake Superior iron ore deposits. Mining Magazine.
Vol. X. 1904. S. 175—183 m. 6 Fig.

G r a t a c a p , L. P.: Geology of the City of New York. Dritte verm. Aufl. New York
1901. Pr. geb. 12 M.

G r a t o n , L. C.: Reconnaissance of some gold and tin deposits of the Southern Appalachians, with notes on the Dahlonega mines by W. L i n d g r e n. Bull. U. S. Geol. Surv. Nr. 293.
Washington 1906. 134 S. m. 16 Fig. u. 9 Taf.

G r e e n a w a l t , W. E.: Gisements de Wolfram du Comite de Boulder (Colorado).
Eng. a. Min. Journ. vom 18. Mai 1907. — (Ref. s. Soc. de l'Ind. min. St. Etienne. T. VI. 1907.
S. 787.)

G r i m s l e y , G. P.: A theory of origin for the Michigan gypsum deposits. Amer. Geolog.
Vol. XXXIV. 1904. S. 378—387.

G r i s w o l d , W. T.: Die Petroleumindustrie der Vereinigten Staaten von Amerika im
Jahre 1906. „Petroleum" 1907. S. 221—226.

Griswold, W. T., and M. J. Mann: Geology of Oil and Gas fields in Steubenville, Burgettstown and Claysville Quadrangels Ohio, West Virginia and Pennsylvania. U. S. Geol. Surv. Bull. 338. 1907. 196 S. m. 13 Taf.

Griswold, W. T.: The Berea grit oil sand in the Cadiz quadrangle, Ohio. U. S. Geol. Surv. Bull. Nr. 198. Washington 1902. 43 S. m. 1 Fig. u. 1 Taf.

Günther, Ch. G.: The gold deposits of Plomo, San Luis Park, Colorado. Econ. Geol. 1905. I. S. 143—154 m. Fig. 4—10. — (Ref. s. N. Jb. f. Min. 1907. I. S. 407.)

Harris, G. D.: The geological occurrence of rock salt in Louisiana and East Texas. Econ. Geol. 1909. S. 12—34 m. 7 Abb. u. 2 Taf.

Hastings, J. B., and Ch. P. Berkey: The geology and petrography of the goldfield mining-district, Nevada. Bi-Monthly Bull. Amer. Inst. of Min. Eng. 1906. S. 295—312 m. 2 Fig.

Hastings, J. B.: Are the quartzveins of silver peak, Nevada, the result of magmatic segregation? Bi-Monthly Bull. Amer. Inst. of Eng. Min. 1906. S. 9—16 m. Fig. 1.

Hastings, J. B.: Primary gold in a Colorado granite. Am. Inst. of Min. Eng., Nr. 21, 1908. S. 311—318 m. 1 Fig.

Hayes, C. W.: The coal fields of the United States. 22 Ann. Rep. U. St. Geol. Surv. 1900—1901. Part. III. Taf. I (coal fields of the United States showing areas of coal-bearing formations).

Hayes, C. Willard: The Iron-Ore Supply of the United States. Bull. of the Am. Inst. of Min. Eng. 1909. Nr. 28. S. 373—379.

Herrick, C. L.: Lake Otero, an ancient salt lake basin in Southeastern New Mexico. Am. Geol. 1904. Vol. XXXIV. S. 174—189 m. 3 Fig. u. Taf. XI.

Hershev, O. H.: The river terraces of the Orleans Basin, California. Univ. of Cal. Public. Berkeley 1904. S. 423—475.

Hess, F. L.: The Magnetite Deposits of California. U. S. Geol. Survey, Bull. 355. Washington 1908. 67 S. m. 4 Fig. u. 12 Taf.

Heurteau, Ch. E.: Les charbons gras de la Pennsylvanie et de la Virginie occidentale. Notes de voyage. Ann. des mines 1903. T. III. S. 379—475 mit 12 Fig. und Taf. 10.

> I. Géologie tu terrain houiller; II. Classement des charbons par qualités. Leurs principaux centres de production; III. Exploitation; IV. Prix de Revient; V. Transport du charbon par chemin de fer. Chargement en bateau; VI. Débouchés du charbon gras. — Sa concurrence avec l'anthracite; VII. Conditions d'importation du charbon gras américain en France.

Heurteau, Ch. E.: L'industrie du pétrole en Californie. Ann. des mines 1903. T. IV. S. 215—249 m. 4 Fig. u. Taf. IX.

Hilgard, E. W.: Some peculiarities of rock-weathering and soil formations in the arid and humid regions. Amer. Journ. of Science. Vol. XXI. 1906. S. 261—269.

Hilgard, E. W.: The exceptional nature genesis of the Mississippi Delta. „Science" 1906. S. 861—866.

Hill, B. F.: Das Vorkommen der texanischen Quecksilbermineralien. Bull. 4 of Univ. of Texas Min. Survey, Terlingua Quicksilver deposits of Brewster Co. Z. f. Krystallographie 1904, 39. Bd. 1. Heft. S. 1—2.

Hille, F.: Die Eisenerzlagerstätten von West-Ontario und deren Ursprung. Berg- u. Hüttenm. Ztg. 1903. S. 49—51.

Hobbs, W. H.: Iron Ores of the Salisbury-District of Connecticut, New York and Massachusetts. Econ. Geol. 1907. II. S. 153—181 m. 12 Fig. im Text.

Hobbs, W. H.: The configuration of the rock floor of Greater New York. U. S. Geol. Surv. Bull. Nr. 270. Washington 1905. 96 S. m. 6 Fig. u. 5 Taf.

Hofman, H. O.: Notes on the metallurgy of copper of Montana. Transact. Amer. Inst. of Min. Eng. Albany meeting, Februar 1903. 59 S. m. 2 Fig.

Holmes, J. A.: The investigation of fuels and structural materials by technologic branch of the United States Geological Survey. Bi-Monthly Bull. 22. 1908. S. 531—550.

Holway, R. S.: Cold water belt along the westcoast of the United States. Bull. Geol. Univ. California Publ. 1905. Vol. 4. S. 263—286 m. Taf. 31—37.

Howe, E.: Landslides in the San Juan Mountains, Colorado. Including a consideration of their causes and their classification. U. S. Geol. Survey Prof. Paper 67. Washington 1909. 58 S. m. 4 Fig. u. 20 Taf.

Irving, J. D.: University training of engineers in economic geology. Econ. Geol. 1905. Vol. I. S. 77—82.

Fig. 112.

Die Verteilung der Petroleum- und der Naturgas-Felder in den Vereinigten-Staaten.
(Nach U. S. Geol. Surv. Bull. 394. Vergl. die neue Karte in Mineral Resources für 1908.)

Ingalls, W. R.: Lead and Zinc in the United States of America, with Econ. History of Mining and Smelting. New York 1908. 378 S. m. Abb. Pr. 20 M.

Ingalls, W. R.: Chronology of Lead-Mining in the United States. Bull. of the Amer. Inst. of Min. Eng. 1907. S. 979—990. Kurze bergbaugeschichtliche Daten von 1621—1906. — Teil einer von C. D. Wright (Carnegie Inst., Washington, D. C.) bearbeiteten „Industrial history of the United States".

Jennings, E. P.: Origin of the magnetic iron-ores of Iron County, Utah. Transact. of the Amer. Inst. of Min. Eng. Atlantic City Meeting. Februar 1904. 5 S. m. 2 Fig.

Johnson, R. D. O.: Tennessee Phosphate. Eng. and Min. Journ. 1905. S. 204—207 mit 3 Fig.

Johnson, D. W.: The geology of the Cerrillos Hills, New Mexico. School of Mines Quarterly. Vol. XXIV u. XXV. 1903. 204 S. m. 14 Fig. u. 36 Taf.
     I. General Geology 1 (economic Geology 70, coal 70, turquoise 86, metallic mine-rals 92): II. Palaeontology 101; III. Petrography 175 (turquoise matrix 192, tur-quoise 197).

de Jongh, A. C.: Das sogenannte „leasing system" im amerikanischen Erzbergbau. Österr. Z. f. Berg- u. Hüttenw. 1907. S. 419—421.

Julien, A.: Genesis of the amphibole shists and serpentines of Manhattan Island, New York. Bull. Geol. Soc. or America. Vol. 14. 1903. S. 421—494 mit 9 Fig. und Taf. 60—63.

Jumeau, L. P.: Le phosphate de Chaux (gisements connus) et les exploitations aux Etats-Unis en 1905. Paris 1905. 200 S. m. 34 Fig. u. 1 Karte. Pr. 8,50 M.

Jüngst, E.: Die Bergwerks- und Hüttenindustrie der Vereinigten Staaten in den Jahren 1906 und 1907. „Glückauf" 1908. S. 631—642.

Keighley, T. W.: The Connellsville coke region. Mining Magazine 1905. Vol. XI. S. 222—228.

Keith, N. S.: The copper deposits of New Jersey. Mining Magazine 1906. Vol. XIII. S. 468—475 m. 7 Fig.

Kellogg, L. O.: Sketch of the geology and ore deposits of the Cochise mining district, Cochise County, Arizona (Wolframite and copper ores). Econ. Geol. I. 1906. S. 651—659 m. Fig. 48. — (Ref. s. N. Jb. f. Min. 1907. II. S. 418.)

K e m p , J. F.: The White Knob copper-deposits, Mackay, Idaho. Bi-Monthly Bull. Amer. Inst. of Min. Eng. 1907. Nr. 14. S. 301—328 m. 14 Fig.

K e m p , J. F., and C. G. G ü n t h e r : The White Knob Copper-Deposits, Mackay, Idaho. Trans. Amer. Inst. of Min. Eng. Vol. XXXVIII. New York 1908. S. 269—296 m. 14 Fig. Bespr. in Z. f. prakt. Geologie 1909. S. 180—181.

K e m p , J. F., and W. C. K n i g h t : Leucite hills of Wyoming. Bull. Geol. Soc. of America. Vol. 14. 1903. S. 305—336 mit Taf. 37—46. — Contributions from the Geol. department of Columbia univers. Vol. XI. Nr. 94. Part I.

K e y e s , Ch. R.: The zinc carbonate ores of the Magdalena Mountains. Mining Magazine 1905. Vol. XII. S. 109—114 m. 5 Fig.

K e y e s , Ch. R.: Genesis of the Lake Valley Silver Deposits. Am. Inst. of Min. Eng. 1908. Nr. 19. S. 1—31.

K e y e s , Ch. R.: Garnet Contact Deposits of Copper and the Depths at which they are formed. Econ. Geology 1909. S. 365—372 m. 3 Fig.

K e y e s , Ch. R.: Borax Deposits of the United States. Am. Inst. Min. Eng. Bull. 34. 1909. S. 867—903 m. 20 Fig.

K n o p f , A.: Notes on the foothill copper belt of the Sierra Nevada. Bull. Geol. Univ. of California Publ. Vol. 4. 1906. S. 411—423.

K o e b e r l i n , F. R.: The Brewster iron-bearing district of New York. Econ. Geol. 1909. S. 713—754 m. 7 Fig.

K r a u s , E. H., und W. F. H u n t : Das Vorkommen von Schwefel und Cölestin bei Maybee, Michigan. Z. f. Krystallographie. 42. Bd. 1906. S. 1—7 m. 3 Fig.

Die Beziehungen von cölestinführenden Gesteinen zur Bildung von Schwefel und Schwefelwasserstoff; Krystallographische Untersuchung des Cölestins; Chemische Untersuchung des Cölestins; Natürliche Ätzfiguren.

K r u s c h , P.: Das Vorkommen und die Gewinnung des Goldes. Vortrag, geh. i. d. Sitzung der Deutschen Gesellschaft für volkstümliche Naturkunde vom 6. April 1905. Naturw. Wochenschr. 1905. IV. S. 529—533.

I. Golderze. II. Goldgehalte. III. Wie sehen unsere Goldlagerstätten aus ? a) Westaustralien, b) Kalifornien, c) Witwatersrand, d) Klondike, e) Cape Nome. — Weltproduktion.

K ü m m e l , H. B.: The peat deposits of New Jersey. Econ. Geol. Vol. II. 1907. S. 24 bis 33 m. 1 Fig.

L a k e s , A.: Geology of Western ore deposits. Denver, Col. 1905. 438 S. m. 300 Fig.

L a n e , A. C.: Salt Water in the Lake Mines. (Revised from article published in Portage Lake Mining Gazette, Houghton, Mich.) 10 S. m. 1 Fig.

L a n e , A. C.: The Decomposition of a Boulder in the Calumet and Hecla Conglomerate, and its Bearing on the Distribution of Copper in the Lake Superior Copper Lodes as Indicating the Trend and Characters of the Waters forming the Chute. S.-A. a. Econ. Geol. 1909. S. 158 bis 173 m. 1 Fig.

L a w s o n , A. C.: The copper deposits of the Robinson Mining district, Nevada. Bull. of Geol. Univ. of California Publ. 1906. Vol. IV. S. 287—357.

L a w s o n , A. C.: Plumasite an oligoclase-corundum rock near Spanish Peak, California. Univ. of California publ. Bull. of the depart. of geology 1903. Vol. 3. Nr. 8. S. 219—229.

L a w s o n , A. C.: The orbicular gabbro et Dehesa, San Diego Co., California. Bull. Dep. Geol. Univ. California Publ. Vol. 3. 1904. Nr. 17. S. 383—396 m. Taf. 46.

L e i t h , C. K.: A summary of Lake superior geology with special reference to recent studies of the iron-bearing series. Transact. Amer. Inst. of Min. Eng., Lake Superior Meeting. September 1904. Bi-Monthly Bull. of the Amer. Inst. of Min. Eng. Nr. 3. Mai 1905. S. 454—507 m. 4 Fig. u. 1 Karte (vergl. d. Z. 1904. S. 381.)

L e i t h , C. K.: The Geology of the Cuyuna Iron Range, Minnesota. Econ. Geol. 1907. II. S. 145—152.

L e i t h , C. K.: Genesis of Lake Superior iron ores. Econ. Geol. 1905. Vol. I. S. 47—66 mit Taf. I.

L e i t h , C. K., and E. C. H a r d e r : The Iron ores and the Iron Springs district Southern Utah. U. S. Geol. Surv., Bull. 338. Washington 1908. 102 S. m. 21 Taf. u. 11 Fig. Bespr. im Z. f. prakt. Geol. 1909. S. 181—182.

L e n z , R.: Der Kupfermarkt unter dem Einflusse der Syndikate und Trusts. Berlin 1910, Verlag für Fachliteratur. 157 S. Pr. 3,60 M.

L e v y , H.: Die Stahlindustrie der Vereinigten Staaten von Amerika in ihren heutigen Produktions- und Absatz-Verhältnissen. Berlin, J. Springer, 1905. 364 S. Pr. 7 M.

L e w i s , J. V.: Copper deposits in the New-Jersey Triassic. Econ. Geol. 1907. S. 242 bis 257.

L i e b e n a m , W. A.: Der Cripple Creek Golddistrikt, seine Entdeckung, Entwicklung, Geologie und Zukunft. Berg- und Hüttenm. Ztg. 1904. S. 2—5, 29—32, 57—60, 89—92, 117—121, 161—164 m. Taf. I u. II.

L i n d g r e n , W.: Tests for gold and silver in shales from Western Kansas. U. S. Geol. Surv. Bull. Nr. 202. Washington 1902. 21 S.

L i n d g r e n , W.: Some gold and tungsten deposits of Boulder County, Colo. Econ. Geol. 1907. S. 453—463.

L i n d g r e n , W.: The gold belt of the Blue Mountains of Oregon. 22. Ann. Rep. U. S. Geol. Surv. 1900—1901. Part. II. S. 551—776 m. Fig. 79—88 u. Taf. 63—78.

L i n d g r e n , W.: The occurence of Stibnite at Steamboat Springs, Nevada. Bi-Monthly Bull. Amer. Inst. of Min. Eng. 1905. S. 275—278.

L i n d g r e n , W.: The copper deposits of the Clifton-Morenci district, Arizona. Prof. Paper Nr. 43. U. S. Geol. Surv. Washington 1905. 375 S. m. 19 Fig. u. 25 Taf.

L i n d g r e n , W.: The genesis of the copper deposits of Clifton-Morenci, Arizona. 1904. Amer. Inst. of. Min Eng. Washington. 40 S.

L i n d g r e n , W., and F. L. R a n s o m e: Geology and gold deposits of the Cripple Creek district, Colorado. U. S. Geol. Surv. Prof. Paper Nr. 54. Washington 1906. 516 S. m. 64 Fig. und 29 Taf.

> V. History and technology of the gold deposits S. 130; VI. Preliminary review of the mining industry 147; VII. Structure of the gold deposits 153; VIII. The ores 169; IX. Processes of alteration 184; X. The ore shoots 205; XI. Genesis of the deposits and practical conclusions 217.

L i n d g r e n , W., and others: The production of gold and silver in 1906. U. S. Geol. Surv. 1907. 265 S.

L i n d g r e n , W.: Map of the mining districts of the Western States. U. S. Geol. Survey, 1 : 2 500 000.

L i n d g r e n, W.: Metallogenetic Epochs. Econ. Geology 1909. S. 409—420.

L i n d g r e n , W.: The hot springs at Ojo Caliente (New Mexico) and their deposits. Econ. Geol. 1910. S. 22—27.

M a c c o , H.: Bericht über eine Studienreise nach den Vereinigten Staaten ven Nordamerika. (Vortrag, geh. auf d. Hauptvers. d. Vereins Deutscher Eisenhüttenleute am 20. Dez. 1903.) „Stahl und Eisen" 1904. S. 69—81, 144—155 m. 6 Fig.

M a r g e r i e , E. d e: La carte géologique internationale de l'Amérique du nord. Paris (Ann. Géogr.) 1908. 16 S. Pr. 0,30 M.

M a r t i n , G. C.: The mineral resources of Garrett County. Maryland Geol. Surv. 1902: Garrett County. S. 183—231 m. Fig. 2 u. Taf. XV u. XVI.

M a t h e w s , E. B.: The mineral resources of Cecil County. Maryland Geol. Surv. 1902: Cecil County. S. 195—226 m. Taf. XVII—XIX.

M e r r i a m , J. C.: The pliocene and quaternary Canidae of the Great Valley of California. Bull. Geol. Univ. of California Publ. Vol. 3. Nr. 14. S. 277—290 m. 5 Fig. u. Taf. 28—30.

M e r r i l l , G. P.: Contributions to the history of American Geology. Ann. Rep. Smithsonian Inst. 1904. U. S. National Museum. Washington 1906. S. 189—733 mit 141 Fig. u. 37 Taf.

> The Maclurean Era, 1785—1819, S. 207; The Eatonian Era, 1820—1829, S. 251; The Era of State Surveys, first decade, 1830—1839, S. 295; The Era of State Surveys, second decade, 1840—1849, S. 363; The Era of State Surveys, third decade, 1850 bis 1859, S. 429; The Era of State Surveys, fourth decade, 1860—1869, S. 503; The Era of National Surveys or fifth era of State Surveys 1870—1879, S. 551; The Fossil Footprints of the Connecticut Valley, S. 625; The Eozoon Question, S. 635; The Taconic Question, S. 659; Appendix A: Tables showing the general development of the geological column, as given in the principal text-books, S. 677; Appenidx B.: Brief biographical sketches of the principal workers in American geology, S. 687.

M e y e r , A. B.: Studies of the museums and kindred institutions of New York City, Albany, Buffalo, and Chicago with notes on some European institutions. Ann. Rep. of the Smithsonian Inst. for 1903. Washington City 1905. S. 311—608 m. 120 Fig.

Newell, F. H.: The Salton Sea. Ann. Report of the Smithsonian Inst. 1907. Washington 1908. S. 331—345 m. 1 Karte und 9 Abbild.

Newland, D. H.: On the associations and origin of the non-titaniferous magnetites in the Adirondack region. Econ. Geol. II. 1907. S. 763—773.

Newland, D. H.: The Clinton ores of New-York State. Bull. Am. Inst. Min. Eng. Nr. 27. 1909. S. 265—283 m. 5 Fig.

Nicholas, F. C.: The Caribbean regions and their resources. Report of the VIII. Intern. Geograph. Congress, held in United States 1904. Washington 1905. S. 851—869 mit 26 Kärtchen i. M. ca. 1 : 25 000 000 (darunter 8 Lagerstättenkarten S. 866—869).

Noblesse, Ch.: Le cours de géographie dans la section professionnelle de l'enseignement moyen (Exemple: Les États-Unis de l'Amérique du Nord). Congrès intern. d'expansion économique monidale. Mons 1905. Sect. I. 29 S. m. 18 Fig.

Oldham, R. D.: The geological interpretation of the earth-movements associated with the Californian earthquake of April 18 th 1906. Quart. Journ. Geol. Soc. London. Vol. LXV. Nr. 257. S. 1—20 m. 5 Fig.

Oliphant: Über die Petroleum- und Ergdas-Industrie in den Vereinigten Staaten. Vortrag am Petroleumkongreß in Lüttich. „Tiefbohrwesen" 1905. S. 136—137, 145, 151—153, 160—162.

Parker, E. W.: The Conservation of Coal in the United States. Am. Inst. Min. Eng. 1909. Bull. 35. S. 1011—1018.

Peet, Ch. E.: Glacial and post-glacial history of the Hudson and Champlain Valleys. Journal of geology. Vol. XII. Chicago 1904. S. 415—661 m. 27 Fig.

Phalen, W. C.: Economic geology of the Kenova Quadrangle, Kentucky, Ohio, and West Virginia. U. S. Geol. Surv. Bull. 349. Washington 1908. 152 S. m. 21 Fig. u. 6 Taf.

Phalen, W. C.: Origin and occurence of certain iron ores of Northeastern Kentucky. Econ. Geol. 1906. S. 660—673 m. Fig. 49.

Phillips, W. B.: The quicksilver deposits of Brewster County, Texas. Econ. Geol. 1905. I. S. 155—162 m. T. IV—VII. (Ref. s. N. Jb. f. Min. 1907. II. S. 80.)

Phillips, W. B.: Ein neues Quecksilberfeld in Texas. Südafrik. Wochenschr. 1904. S. 815—816. (Aus „Eng. and Min. Journal".)

Pilz: Ein Vergleich des amerikanischen Trustsystems der Kohlen- und Eisenindustrie mit den deutschen Kohlen- und Eisen-Syndikaten. „Glückauf" 1909. S. 1794—1804, 1873—1877 u. 1914—1920.

Platen, P.: Untersuchung fossiler Hölzer aus dem Westen der Vereinigten Staaten von Nordamerika. Leipzig, Quelle & Meyer, 1908. 155 S. Pr. geh. 3 M.

Pratt, I. H.: Corundum and its occurrence and distribution in the United States. U. S. Geol. Surv. Bull. Nr. 269. Washington 1906. 175 S. m. 26 Fig. u. 18 Taf.

Pratt, Joseph Hyde and Douglas B. Sterrett: Monazite and Monazite Mining in the Carolinas. Am. Inst. Min. Eng. Bull. Nr. 30. 1909. S. 483—511 m. 8 Fig.

Prescott, B.: The occurrence and genesis of the magnetite ores of Shasta Co., California. Econ. Geol. III. 1908. S. 465—480 m. 3 Fig.

Prichard, W. A.: Observations on mother lode gold-deposits, California. Transact. Amer. Inst. of Min. Eng. New York Meeting, October 1902. 13 S.

Prindle, L. M.: The Yukon-Tanana region, Alaska. Description of Circle quadrangle. U. S. Geol. Surv. Bull. 295. 27 S. m. 3 Fig. u. 1 Karte. (Gold placers S. 20—26.)

Prutzmann, P. W.: Chemistry of California petroleum. Amer. Geol. Vol. XXXV. 1905. S. 240—243.

Pufahl, O.: Notizen von einer metallurgischen Studienreise durch die Vereinigten Staaten von Nordamerika. Zeitschr. für das Berg-, Hütten- und Salinen-Wesen 1905. 53. Band. S. 400—453.

Purington, Ch. W.: Ore horizons in the veins of the San Juan Mountains, Colorado. Econ. Geol. 1905. S. 129—133. (Ref. s. N. Jb. f. Min. 1907. I. S. 406.)

Rakusin, M.: Das Phänomen von Tyndall in seiner Bedeutung für die Mikroskopie und Geologie des Erdöles. „Petroleum" 1906. S. 338—341.

Randolph, B. S.: Seaboard coal regions along the Baltimore and Ohio railroad. Mining Magazine 1905. Vol. XI. S. 229—232 m. 6 Fig.

Ransome, F. L.: Preliminary account of goldfield, bullfrog and other mining districts in southern Nevada. With notes on the Manhattan District by G. H. Garrey and W. H. Emmons. U. S. Geol. Surv. Bull. Nr. 303. 98 S. m. 15 Fig. u. 5 Taf.

Ransome, F. L.: The association of alunite, with gold in the goldfield district, Nevada. Econ. Geol. 1907. S. 667—692.

Ransome, F. L.: The geographic distribution of metalliferous ores within the United States. Mining Magazine 1904. Vol. X. S. 7—14 m. 1 Diagramm u. 1 Karte.

Ransome F. L., and F. C. Calkins: The geology and ore deposits of the Coeur d'Alence District, Idaho. U. S. Geol. Surv. Prof. Paper Nr. 62. Washington 1908. 203 S. m. 29 Taf. und 23 Fig.

Ransome, F. L.: The geology and copper-deposits of Bisbee, Arizona. Transact. Amer. Inst. of Min. Eng. Albany Meeting, February 1903. 26 S. m. 6 Fig.

Ransome, F. L.: The geology and ore deposits of Goldfield, Nevada. (Assisted in the Field by W. H. Emmons and G. H. Garrey). U. S. Geol. Survey Prof. Paper 66. Washington 1909. 258 S. m. 34 Fig. u. 35 Taf. (Darunter eine geologische und eine topographische farbige Übersichtskarte im M. 1 : 24 000).

Rathbun, S.: The United States National Museum: An account of the buildings occupied by the national collections. Ann. Rep. of the Smithsonian Inst. for 1903. Washington City 1905. S. 177—309 m. 29 Fig.

Raymond, R. W., and W. R. Ingalls: The mineral wealth of America. Amer. Inst. Min. Eng. Bull. Nr. 27. 1909. S. 249—264.

Reid, J. A.: The structure and genesis of the Comstock Lode, Nevada. Bull. Geol. Univ. California Publ. Vol. 4. 1905. S. 177—199 m. 2 Fig.

Reid, J. A.: The ore deposits of Copperopolis, California. Econ. Geol. 1907. S. 380 bis 417 m. 7 Fig. u. 1 Taf.

Reid, J. A.: A sketch of the geology and ore-deposits of the Cherry Creek District, Arizona. Econ. Geol. 1906. S. 417—436 m. Fig. 31—34.

Reid, G. D.: Der Türkis-Distrikt der Burro-Berge in Grant County, New Mexico. Südafrik. Wochenschr. 1903. S. 961. (Nach Eng. and Min. Journ.)

Rice, G. S.: The Illionis coal field. Mining Magazine 1905. Vol. XI. S. 237—240 mit 3 Figuren.

Richardson, C.: Die Petroleumarten Nordamerikas. Vergleich der Eigenschaften solcher aus älteren und neueren Fundstätten. The Journ. of the Franklin Inst. 1906. Heft 1 und 2. Referat; „Petroleum" 1906. S. 193—196.

Richardson G. B.: Reconnaissance of the Book Cliffs Coal Field between Grand River, Colorado, and Sunnyside, Utah. U. S. Geol. Survey Bull. 371. 154 S. m. 9 Taf. u. 1 Karte.

Rickard, T. A.: Copper mines of Lake Superior. London 1905. 170 S. m. Fig.

Rickard, T. A.: The veins of Boulder and Kalgoorlie. Transact. Amer. Inst. of Min. Eng. New Haven Meet. October 1902. 11 S. m. 5 Fig.

Rickard, T. A.: The lodes of Cripple Creek. Transact. Amer. Inst. of Min. Eng. New Haven Meeting, October 1902. 42 S. m. 23 Fig.

Ries, H.: Notes on Mineral developments in the region around Ithaca. 22nd Report of the State Geologist 1902. New York State Museum. S. 107—108.

Ries, H.: Notes on recent mineral developments at Mineville. 22nd Report of the State Geologist. 1902. New York State Museum. S. 125—126.

Ries, H.: The clays of the United States east of the Mississippi river. U. S. Geol. Surv. Prof. Paper Nr. 11. Washington 1903. 298 S. m. 11 Fig. u. 9 Taf.

Ries, H.: Economic geology of the United States. New York, Macmillan & Co., 1905. 435 S. m. 97 Fig. u. XXV Taf. Pr. $ 2,60.

Ries, H.: The refractioness of New Jersey fire brick. Amer. Ceramic Soc., Cincinnati Meeting, February 1904. Vol. VI. 9 S.

Ries, H.: Clays, their occurrence, properties and uses, with especial reference to those of the United States. New York, J. Wiley & Sons, 1906. 490 S. m. 65 Fig. und 44 Taf. Pr. $ 5.

    Origin of clay S. 1; chemical properties S. 40; physical properties S. 94; kinds S. 165; methods of mining and manufacture S. 199; distribution of clay in the United States — Alabama — Louisiana S. 277; Maine-North Carolina S. 333; North Dakota to Wyoming S. 389; fullers' earth S. 460.

Ries, H.: The clays of Texas. Bi-Monthly Bull. Amer. Inst. of Min. Eng. September 1906. S. 767—805 m. 9 Fig.

Ries, H.: The Clays of Texas. Bull. of the University of Texas Nr. 102. Austin 1908. 316 S. m. 5 Fig. u. 10 Taf.

Ritter, E. A.: The Evergreen Copper-Deposit, Colorado. Amer. Inst. of Min. Eng. 1908. Nr. 19. S. 33—47 m. 12 Fig.

R i t t e r , E.: A. Les bassins lignitifères et houillers des Montagnes Rocheuses (de l'Amérique du Nord). Ann. des mines. T. X. 1906. S. 5—84 m. Taf. I—IV.
I. Conditions de dépôt et formation de la houille. Différentes qualités de charbon; II. description géographique des différents bassins lignitifères et houillers; III. les méthodes d'exploitation; IV. étude statistique; V. conclusions.

R i t t e r , E. A.: Le district aurifère de Cripple Creek et ses récents devoleppements dans la zone profonde. Ann. des mines 1905. T. VII. S. 465—487.

R o s e , R. S.: The geology of some lands in the upper Peninsula of Michigan. Eng. and Min. Journ. 1904. 78. Bd. S. 343—344.

R o w e , J. P.: Montana gypsum deposits. Amer. Geolog. 1905. Vol. XXXV. S. 104 bis 113 m. 3 Fig. u. Taf. VII—IX.

R o w e , J. P.: The Montana coal fields. Mining Magazine 1905. Vol. XI. S. 241—250 mit 8 Fig.

R o w e , J. P.: Some volcanic ash beds of Montana. Bull. Univ. of Montana Nr. 17. 1903. 29 S. m. 12 Fig. u. 9 Taf.

R o w e , J. P.: Some Montana coal fields. Amer. Geologist Vol. XXXII. Nr. 6. S. 369 bis 380 m. 2 Taf.

R u h m , H. D.: Phosphate mining in Tennessee. Eng. and Min. Journal. Vol. 83. 1907. S. 522—526 m. 6 Fig.

R u t l e d g e , J. J.: The Clinton-Iron-Ore Deposits of Stone-Valley, Huntington-County, Pa. Bi-Monthly Bull. of the Amer. Inst. of Min. Eng. 1908. Nr. 24. S. 1057—1087 m. 2 Fig. Nr. 25. S. 107—108.

S a c h s , A.: Der Kleinit, ein hexagonales Quecksilberoxychlorid von Terlingua in Texas. Sitzungsbericht der Preuß. Akademie der Wissensch., Phys.-math. Klasse, vom 21. Dezember 1905. Bd. 52. S. 1091—1094.

S a l e s , R. H.: Superficial alterations of the Butte veins. Econ. Geol. 1910. S. 15—21.

S a l i s b u r y , R o l l i n D., and W a l l a c e W. A t w o o d: The interpretation of topographic Maps. U. S. Geol. Survey, Professional Paper 60. Washington 1908. 84 S. m. 34 Fig. u. 170 Taf. (mit Karten und Ansichten aus den amerikanischen Landesaufnahmen).

S c h a l l e r , W. T.: Spodumene from San Diego Co., California. Bull. Geol. Univ. of California Publ. 1903. Vol. 3. Nr. 13. S. 265—275 m. 3 Fig. u. Taf. 25—27.

S c h a l l e r , W. T.: Minerals from Leona Heights Alameda Co., California. Bull. Univ. California. public. geol. 1903. Vol. 3. Nr. 7. S. 191—217 m. Taf. 19.

S c h l u n d t , H. and M o o r e , R. B.: Radioactivity of thermal waters of Yellowstone National Park. U. S. Geol. Survey Bull. 395. Washington 1909. 35 S. m. 4 Taf. u. 7 Fig.

S c h r a d e r , F. C., and E. H a w o r t h: Economic geology of the Independence Quadrangle, Kansas. U. S. Geol. Surv. Bull. Nr. 296. 74 S. m. 6 Taf. u. 3 Fig. — Auszug hieraus über die Petroleumfelder im Staate Kansas in „Petroleum" 1907. S. 9—12.

S c h w a r z , T. E.: Features of the occurence of ore at Red Mountain Ouray County, Colorado. Bi-Monthly Bull. Amer. Inst. of Min. Eng. 1905. S. 267—274 m. 3 Fig.

S h a m e l , C h. H.: The american law relating to minerals. The School of Mines Quarterly. Vol. XXVII. 1905. S. 1—27.

S i e b e n t h a l , C. E.: Structural features of the Joplin district. Econ. Geol. 1905. S. 119—128 m. 2 Taf.

S i m m e r s b a c h , B.: Die Anthrazitkohlenfelder Nordamerikas und deren voraussichtliche Erschöpfung. Berg- u. Hüttenm. Ztg. 1904. S. 623—626 m. Taf. XV.

S i m m e r s b a c h , B.: Die neueren Petroleumvorkommen in Kalifornien. Preuß. Z. f. d. Berg-, Hütten- u. Sal.-Wesen 1904. 52. Bd. S. 245—264 m. 5 Fig.

S i m m e r s b a c h , B.: Die Eisen- und Stahlindustrie Nordamerikas im Jahre 1906. (Freie auszugsw. Wiederg. nach The Mineral Industry, Bd. XV.) Z. f. d. Berg-, Hütten- u. Sal.-Wes. 1908. 56. Bd. S. 421—436.

S i m m e r s b a c h , B.: Über Selbstkosten im amerikanischen Eisenhüttenwesen. Österr. Zeitschr. f. Berg- u. Hüttenwesen 1909. Nr. 27. S. 257—261.

S i m m e r s b a c h , B.: Die Entwickelung der Zinkindustrie in den Vereinigten Staaten von Amerika im Jahre 1903. Berg- u. Hüttenm. Ztg. 1904. S. 697—698.

S i m m e r s b a c h , B.: Die Entwickelung der Bleiindustrie Nordamerikas im Jahre 1903. Berg- u. Hüttenm. Ztg. 1904. S. 668—669.

S i m m e r s b a c h , B.: Über Selbstkosten im amerikanischen Hüttenwesen. Verh. d. Vereins z. Beförd. d. Gewerbefleißes 1909. Abhandl. S. 44—50.

Simpson, J. F.: The relation of copper to pyrite in the lean copper ores of Butte, Montana. Econ. Geol. 1908. S. 628—636 m. 6 Fig. auf 2 Taf.

Smith, D. T.: The geology of the upper region of the Main Walker river, Nevada. Univ. California publ. Bull., dep. of Geol. Vol. 4. Nr. 1. S. 1—32 m. 2 Fig. u. Taf. 1—4.

Smith, E. A.: The Cement resources of Alabama. Alabama, Geol. Surv. Bull. 8. 1904. S. 61—91 m. 1 Karte u. 15 Abb.

Smith, E. A.: The Underground Water Resources of Alabama. Montgomery, Alabama 1907. 383 S. m. 30 Taf. u. 1 Karte.

Smith, E. A., und H. McCalley: Index to the mineral resources of Alabama. Geol. Surv. of Alabama 1904. 79 S. m. 6 Taf. und 1 geol. Karte.

Soles, R. F.: The localization of values in ore-bodies and the occurrence of shoots in metalliferous deposits: Ore shoots at Butte, Montana. Diskussion. Econ. Geol. 1908. S. 326 bis 331.

Spencer, A. C.: The copper deposits of the Encampment district, Wyoming. Washington. U. S. Geol. Surv. 1904. Prof. Pap. 107 S. m. 49 Fig. u. 1 topogr. und 1 kolor. geolog. Karte. Pr. 8 M.

Spencer, A. C.: Magnesite Deposits of the Cornwall Type in Pennsylvania. U. S. Geol. Surv., Bull. 359. Washington 1908. 100 S. m. 21 Fig., 14 Taf. u. 6 Karten.

Spurr, J. E.: Geology of the Tonopah mining district, Nevada. U. S. Geol. Surv. Prof. Paper Nr. 42. Washington 1905. 295 S. m. 78 Fig. u. 24 Taf. Pr. 12 M.

Spurr, J. E.: Genetic relations of the Western Nevada Ores. Bi-Monthly Bull. Amer. Inst. of Min. Eng. 1905. Nr. 5. S. 939—969.

Spurr, J. E.: The Southern Klondike district, Esmeralda County, Nevada. — A study in metalliferous quartz veins of magmatic origin. Economic Geology. Vol. I. 1906. S. 369—382 mit Fig. 30.

Spurr, J. E.: Ore deposits of the Silver Peat quadrangle, Nevada. U. S. Geol. Surv. Prof. Pap. Nr. 55. Washington 1906. 174 S. m. 40 Fig. u. 24 Taf.

> I. General geology; II. Description of metalliferous deposits; III. Genetic relations of metalliferous ore deposits; IV. Development of the theory of metalliferous veins of magmatic quartz; V. Deposits of non-metalliferous minerals.

Spurr, Josiah E., and George H. Garrey: Economic Geology of the Georgetown Quadrangle (together with the Empire District), Colorado. With General Geology by Sydney H. Ball. U. S. Geol. Survey, Prof. Paper 63. 422 S. m. 155 Fig. u. 87 Taf.

Squire, J., and G. N. Brewer: Revised map of part of the Cahaba coal fields, Alabama; with „Vertical section of the measures of the Cahaba coal field down to the coke seam". Geol. Surv. of Alabama, 1903/05.

Steel, A. A.: The geology, mining and preparation of Baryte in Washington County, Miss. Bull. Am. Inst. of Min. Eng. 1910. S. 85—117 m. 5 Fig.

Stone, R. W.: Mineral resources of the Elders Ridge quadrangle, Pennsylvania. U. S. Geol. Surv. Bull. Nr. 256. Washington 1905. 86 S. m. 4 Fig. u. 12 Taf. (Taf. I: Geologische Karte.)

Stone, R.: W. Coal resources of the Russel Fork Basin in Kentucky and Virginia. U. S. Geol. Surv. Bull. 348. Washington 1908. 127 S. m. 8 Taf. u. 25 Fig.

Stone, R. W., and F. G. Clapp: Oil and Gas fields of Greene County, Pa. U. S. Geol. Surv. Bull. 304. 1907. 110 S. m. 3 Taf. u. 7 Fig.

Storrs, A. H.: The anthracite coal fields of Pennsylvania. Mining Magazine 1905. Vol. XI. S. 211—221 m. 12 Fig.

Stutzer, O.: Die Zinklagerstätte „Franklin Furnace" in New Jersey. Berg- u. Hüttenm. Rundsch. IV. 1908. S. 265—267.

Tarr, R. S.: Artesian well sections at Ithaca, N. Y. Journ. of Geol. 1904. Vol. XII. S. 69—82 m. 4 Fig.

Tovote, W.: Gold-Road, die bedeutendste Goldgrube Arizonas. Österr. Z. f. Berg- und Hüttenw. 1906. S. 549—550.

Tovote, W.: Das Pechblende-Vorkommen in Gilpin-County, Colorado. Österr. Zeitschr. für Berg- u. Hüttenwesen. 1906. S. 223—224 m. Fig. 9—11 auf Taf. IV.

Turner, H. W.: The ore-deposits at Mineral, Idaho. Econ. Geol. III. S. 492—502 mit 4 Fig.

Turner, H. W.: The Terlingua quicksilver deposits, Texas. Econ. Geol. Vol. I. 1905 bis 1906. S. 265—281 m. Fig. 16—18.

Tyrrell, J. B.: Concentration of Gold in the Klondyke. Econ. Geol. 1907. S. 343 bis 349 m. 2 Fig.

Ulrich, E. O., and W. S. T. Smith: The lead, zinc, and fluorspar deposits of Western Kentucky. U. S. Geol. Surv. Prof. Paper Nr. 36. Washington 1905. 218 S. m. 31 Fig. u. 15 Taf. Pr. 10 M.

Van Hise, C. R., W. Hayes, R. Bell, and F. D. Adams: Report of the special committee for the Lake Superior region. Journ. of Geol. 1905. Vol. XIII. S. 89—104.

Van Horn, F. B., and E. R. Buckley: The geology of Moniteau County, Missouri. Missouri Bureau of geology and mines. Vol. III. 2 nd series 1906. 104 S. m. 25 Fig. u. XIII Taf.

   Kapitel VIII: Economic considerations, S. 76—100.

Veatch, A. C.: Geography and geology of a portion of Southwestern Wyoming with special reference to coal and oil. U. S. Geol. Surv. Prof. Paper Nr. 56. Washington 1907. 178 S. m. 9 Fig. u. 26 Taf.

Vicaire, A.: Les gisements pétrolifères des États-Unis. Bull. Soc. l'Ind. Min. 1905. Tome IV. S. 681—849 m. 11 Fig. u. Taf. I—V. — Tome VII. S. 433—488 m. 9 Figuren.

   Historique des gisements pétrolifères américains S. 693; Principes généraux de la géologie du pétrole S. 707; Bassin des Appalaches S. 740; Bassin „Lima-Indiana" S. 782; Bassin de l' Quest Intérieur S. 817. — Texas et Louisiane. S. 433.

Vicaire, A.: Les gisements pétrolifères des États Unis. Bull. Soc. l'Ind. Min. 1907. Tome VII. S. 433—488 m. 8 Fig. II. Texas et Louisiane; — I. (s. d. Z. 1907. S. 68.)

Vieweg, W.: Die Chemie auf der Weltausstellung zu St. Louis 1904. Sammlung chem. und chem.-techn. Vorträge, herausgeg. von Prof. Dr. Felix B. Ahrens. X. Band. Stuttgart, F. Enke, 1905. S. 147—242.

Warwick, A. W.: The Leadville district, Colerado. Mining Magazine 1905. Vol. XI. S. 430—439 m. 5 Fig.

Watson, Th. L.: Lead- and zinc-deposits of the Virginia-Tennessee Region. Bi-Monthly Bull. Amer. Inst. of Min. Eng. 1906. S. 140—195 m. 29 Fig.

Watson, T. L.: The Yellow ocher-deposits of the Cartersville district, Bartow County, Georgia. Transact. Amer. Inst. of Min. Eng. New York Meeting, October 1903. 24 S. m. 8 Fig.

Watson, Th. L.: Occurrence of Rutile in Virginia. Econ. Geol. 1907. S. 493—504 mit 5 Fig.

Watson, Th. L.: The Occurence of Nickel in Virginia. Bull. Am. Inst. of Min. Eng. 1907. S. 829—843 m. 8 Fig.

Watson, Th. L.: Geology of the Virginia Barite-Deposits. Bull. of the Amer. Inst. of Min. Eng. 1907. S. 953—976.

Watson, Th. L.: The mining, preparation, and smelting of Virginia zinc-ores. Bi-Monthly Bull. Amer. Inst. of Min. Eng. 1906. S. 197—211 m. 5 Fig.

Watson, Th. L.: The manganese ore-deposits of Georgia. Econ. Geol. 1909. S. 46 bis 55.

Watson, Th. L.: Lead and zinc deposits of Virginia. Richmond, Geol. Surv. Virginia, Geol. Ser. Bull. 1905. 156 S. m. 27 Fig. u. 41 Taf.

Watteyne, V.: Les mines de Houille aux États-Unis. Revue univ. d. Mines 1909. S. 209—254 m. 7 Fig.

   I. Importance de l'industrie houillère en Amérique. II. Les bassins houillers des États-Unis. III. Conditions d'exploitation. IV. Conséquences des conditions de gisement. Le gaspillage. Les nombreux accidents. V. Le siège d'expériences de Pittsburg. La mission des „Experts étrangers". VI. Quelques particularités dans les mines américaines. VII. État de la réglementation aux États-Unis. Clôture de notre mission.
   Annexe I. Essais des explosifs. II. Note sur le système en usage dans l'Utah pour tirer les mines, de la surface, après le départ de tous les ouvriers. III. L'arrosage dans les mines de l'Utah.

Weed, W. H.: Copper deposits of New Jersey. Reprinted from the Ann. Rep. of the State Geologist for 1902. Geol. Surv. of New Jersey. Trenton, J. L. Murphy, 1903. S. 125—139.

Weed, W. H.: Occurrence and distribution of copper in the United States. Mining Magazine. 1904. Vol. X. S. 185—193 m. 9 Fig. u. 1 Taf.

Weed, W. H., and Th. L. Watson: The Virginia copper deposits. Econ. Geol. I. 1906. S. 309—330 m. Fig. 19—28. (Ref. N. Jb. f. Min. 1908. I. S. 83.)

Wendeborn, B. A.: Die Tätigkeit heißer Quellen in den Gängen von Wedekind, Nevada, U. S. A. (Nach C. Morris, Eng. and Min. Journ. vom 22. Aug. 1903.) Berg- und Hüttenm. Ztg. 1904. S. 265—266.

Wendeborn, B. A.: Die Quecksilberablagerungen in Oregon. Berg- u. Hüttenm. Ztg. 1904. S. 274—277. Berg- u. Hüttenm. Rundschau 1906. S. 185—188.

W h e r r y , E. T.: The Newark Copper deposits of southeastern Pennsylvania. Econ. Geol. 1908. S. 726—738 m. 1 Karte.

W i l d e r , F. A.: The lignite coals of North Dakota. Econ. Geol. 1906. S. 674—681.

W i l d e r , F. A.: The age and origin of the gypsum of Central Iowa. Journ. of Geol. Vol. XI. Nr. 8. 1903. S. 723—748 m. 3 Fig.

W i l l c o x , O. W.: The iron concretions of the Redbank Sands. Journ. of Geol. Vol. XIV. 1906. S. 243—252 m. 8 Fig.

W i l l c o x , O. W.: The so-called alkali spots of the Youngher drift-sheets, U. S. Amer. Journ. of Geol. Vol. XIII. 1905. S. 259—263 m. 2 Fig.

W i n c h e l l , H. V.: Synthesis of chalcocite and its genesis at Butte, Montana. Bull. geol. soc. of America. Vol. 14. 1903. S. 269—276.

W o o d , A. B.: The Ancient Copper-mines of Lake Superior. Bi-Monthly Bull. Amer. Inst. of Min. Eng. 1906. S. 229—237 m. 1 Fig.

W o o d b r i d g e , D. E.: The Mesabi iron ore range. Eng. and Min. Journ. 1905. S. 74 bis 76, 122—124, 170—172, 266—268, 319—321, 365—367, 466—469, 557—560, 602—604, 698 bis 700, 892—894.

W o o l s e y , L. H.: Economic Geology of the Beaver quadrangle, Pennsylvania (Southern Beaver and Northwestern Allegheny Counties). U. S. Geol. Surv. Bull. Nr 286. 132 S. m. 8 Taf. und 35 Fig.

Y a l e , C. G.: Magnesite in California. Eng. and Min. Journ. 1904. Vol. 78. S. 292. Nachr. f. Handel u. Gewerbe Nr. 104 vom 3. Oktober 1904. S. 5.

Y o u n g , C. M.: Notes on the Evaporated Salt Industry of Kansas. Eng. and Mining Journ. 1909. Vol. 88. S. 558—561 m. 4 Fig.

Y o u n g , G. J.: Ventilating-System at the Comstock Mines, Nevada. Am. Inst. Min. Eng. 1909. Bull. 35. S. 955—1009 m. 15 Fig.

4. Mexiko.

X. Internationaler Geologen-Kongreß, Mexiko 1906 (E. B ö s e) P. 03: 368, 04: 118.

Aufschwung im Bergbau Mexikos N. 04: 113.

Bergwerks- und Hütten-Ausfuhr Mexikos in den Jahren 1902, 1903 und 1904 N. 06: 393. Für 1905 bis 1907 s. S. 298.

Gold- und Silberproduktion Mexikos seit 1877 N. 04: 35.

Einige silberhaltige Erzgänge in Mexiko (E. H a l s e) R. 03: 35.

Mexiko, Quecksilberproduktion N. 05: 384.

Die Cananea-Kupferlagerstätten im nördlichen Mexiko (W. H. W e e d) R. 03: 394.

Mexikanische Zinkerze N. 06: 89.

Über das Vorkommen von Wismut in der Sierra von Sta. Rosa, Staat Guanajuato (E. W i t t i c h) 1910: 119.

Zinnerze in der Sierra von Guanajuato (E. W i t t i c h) 1910: 121.

Edelsteine in Mexiko N. 03: 118.

Natronseen in Mexiko N. 07: 69.

Natürlicher Alaun in New Mexico N. 08: 255.

Fernere Literatur:

Die Santa Eulalia-Erzlagerungen. (Bei Chihuahua, Mexiko.) Südafrik. Wochenschr. 1903. Seite 23.

A g u i l e r a , J. G.: Die Minerallager Mexikos. (Aus seinem Vortrag im Amer. Inst. of Min. Eng.) Südafrik. Wochenschr. 1904. S. 796—797.

A g u i l e r a , J. G.: The Instituto Geologico de Mexico. Eng. and Min. J., Vol. 88, 1909, S. 857 bis 859 m. 7 Abb.

A g u i l e r a , J. G.: Algunos criaderos de fierro de la Republica. Bol. Soc. Geol. Mexicana, Tomo V, S. 67—89 m. 5 Taf.

Mexiko.
Die Bergwerks- und Hütten a u s f u h r Mexikos.
(Nach „Mines and Quarries“, General Report and Statistics, London. — 1902—1904 s. Z. 1906 S. 393.)

Produkt	Menge			Wert		
	1905	1906	1907	1905	1906	1907
	Tonnen	Tonnen	Tonnen	£ [1])	£	£
Kohle	497	91	1 532	655	89	1 484
Graphit	970	3 915	3 202	8 583	15 845	11 166
Eisen und Eisenerze. .	1 261	—	96	3 791	10	485
Gold, kg	23 599	20 247	21 469	3 179 384	2 699 658	2 862 491
Silber, kg	2 348 531	2 753 608	2 434 460	9 360 926	11 609 727	10 470 134
Blei und Bleierze . . .	101 197	73 699	76 158	599 096	397 560	402 437
Kupfer und Kupfererze	149 174	109 960	166 764	3 125 858	2 690 842	2 930 256
Zinkerze	9 772	43 792	93 246	43 792	84 832	200 578
Zinn.	—	—	—	—	—	—
Antimonerze	57	179	681	1 586	888	6 284
Antimon	1 978	2 418	4 615	96 069	112 450	164 772
Salz	214	448	2 158	1 268	1 114	2 797
Marmor	742	618	897	7 973	2 590	9 234
Edelsteine	—	—	—	—	—	—
Asphalt	859	1 389	4 486	1 851	3 529	37 453
Andere Mineralien . .	—	—	—	19 800	43 637	2 770
Gesamtwert d. Ausfuhr	—	—	.—	16 383 837	17 662 771	17 102 407

A l c a l á , M.: Les gisements de pétrole de Pichucalco, Chiapas. Mem. y revista de la Soc. Cient. „Antonio Alzate“, Mexiko 1903. Taf. XIII. S. 311—326 m. Taf. IV.

B a c a , E. M.: Historical sketch of mining legislation in Mexico. Transact. Amer. Inst. of Min. Eng. Mexican Meeting, October 1901. 46 S.

B e r g e a t , A.: Der Granodiorit von Concepcion del Oro im Staate Zacatecas (Mexiko) und seine Kontaktbildungen. N. Jahrb. f. Min. 1909, S. 421 bis 573 m. 19 Taf., 5 Karten 1 : 25 000 und 13 Fig. (Minerallagerstätten im Granodiorit, S. 450—485.)

B i g o t , R.: Prospection pour cuivre au sud de l'Etat de Michoacan. Mém. Soc. des Ingénieurs Civils de France 1908 Mai. Auszug in Sociedad Cientifica Antonio Alzate. Mexico 1908. Revista 1908, S. 9—40 m. 5 Fig. u. 1 Taf.

B ö s e , E.: Excursions aux mines de soufre de la Sierra de Banderas, au Cerro de Muĺeros, dans les environs de Monterey et Saltillo, de S. Potosi à Tampico et à Chavarrillo, S. Maria Tatetla. 5 Teile. Mexico. Congrès Géol. 1906. Pr. 11 M.

B o r d e a u x , A.: Les mines de cuivre et les mines d'argent du Mexique. Revue univers. des mines. T. XX. 1907. S. 101—132.

d e C a b a l l e r o , G. J.: Le cobalt au Mexique. Mem. y revista de la Soc. cientifica „Antonio Alzate“, Mecixo. 1902. T. XVIII. S. 197—201.

C a p i l l a , A.: Breves anotaciones sobre la mina de mercurio „La Guadalupana“, San Luis Potosi. Mem. y rev. Soc. cient. „Antonio Alzate“, Mexico 1904. T. XIII. S. 423—427.

C h a n c e , H. M.: The Taviche minnig-district near Ocotlan, State of Oaxaca, Mexico. Transact. Amer. Inst. of Min. Eng., Lake Superior Meeting, September 1904. 7 S.

D i e n e r , M.: Reise in dem modernen Mexiko. Erinnerungen an den X. internat. Geologen-Kongreß. Pr. 3 M, geb. 4 M.

E m m o n s , S. F.: Los Pilares Mine, Nacozari, Mexico. Econ. Geol. I. 1906. S. 629—643 m. Fig. 44—47. .(Ref. s. N. Jb. f. Min. 1907. II. S. 418.)

F i n l a y , G. J.: The geology of the San José District, Tamaulipas, Mexico. Contributions Geol. Department of Columbia Univ. Vol. XI. Nr. 100. Annals New York Acad. of Sciences XIV. 1904. S. 247—318 m. Taf. VIII—XVIII.

F i n l a y , G. J.: Geology of the San Pedro District, San Luis Potosi, Mexico. Report from the School of Mines Quarterly. Vol. XXV. 1903. Nr. 1. S. 60—69 m. 5 Fig.

F l o r e s , T.: Los criaderos argentiferos de „Providencia“ y „San Juan de la Chica“, San Felipe (Estado de Guanajuato). Bol. Soc. Geol. Mexicana. Tomo I. 1905. S. 169—173.

F l o r e s , T.: Los Yacimientos de Tecali (Onyx) de Los Alrededores de Tequisistlan (Estado de Oaxaca). Bol. de la Soc. Geol. Mexicana, T. VI, 1909, S. 67—78 m. 2 Taf.

G e o r g e , P.: Der X. internationale Geologen-Kongreß in Mexiko. (Geschichte der Erforschung, Geologie und Erzproduktion Mexikos.) Naturw. Wochenschrift. 1906. S. 555—557.

---

[1]) Umrechnungssatz 10 mexikanische Dollars = 1 £

G u i l d , F. N.: El instituto geologica de Mexico. American Geolog. 1905. Vol. XXXVI. S. 293—296 m. Taf. 15.

H a l s e , E.: Some silver-bearing veins of Mexico. Transart. North of Engl. Inst. of Min. and Mech. Eng. 1900. Vol. 49. S. 104—118 m. Taf. IV; 1901. Vol. 50. S. 202—217 mit Taf. XIII u. XIV; 1902. Vol. 51. S. 169—183 m. Taf. IX u. X; 1903. Vol. 52. S. 39—58 m. Taf. I u. II; 1904. Vol. 54. S. 201—221 m. Taf. VI.

H e n r i c h , C.: The Guanajuato Mining District. Mining Magazine. 1904. Vol. X. New York. S. 23—30, 101—108 m. 15 Fig.

H i j a r y H a r o , L.: Les gisements metallifères de Campo Morado. État de Guerrero. Memorias y Revista de la sociedad cientifica „Antonio Alzate“. T. 25. 1907/08. S. 245—252.

H i l l , R. T.: El oro district, Mexico. Eng. and Min. Journ. 1905. S. 410—413 m. 11 Fig.

K e m p , J. F.: The copper-deposits at San Jose, Tamaulipas, Mexico. Bi-Monthly Bull. Amer. Inst. of Min. Eng. 1905. S. 885—910 m. 3 Fig.

K u n z , G e o r g e F r e d e r i k: Gems and Precious Stones of Mexico. Mexico 1907. Secretaria de Fomento. 54 S.

L a g u e r e n n e , T. L.: Desripcion de la zona minera en el mineral de Pregones, municipalidad de Tetopac, Distrito de Alarcon en el Estade de Guerrero. Bol. Soc. Geol. Mexicana, Tomo V, 1909, S. 25—35 m. 1 Taf.

L a i r d , G. A.: The gold-mines of the San Pedro district, Cerro de San Pedro, State of San Luis Potosi, Mexico. Bi-Monthly Bull. Amer. Inst. of Min. Eng. Januar 1905. Nr. 1. S. 69 bis 89 mit 1 Fig.

L i n c o l n , F. C.: The Promontorio Silver-Mine, Durango, Mexico. Am. Inst. of Min. Eng. 1908. Nr. 19. S. 83—99 m. 9 Fig.

L u d l o w , E d w.: The Coal Industry in Mexico. Eng. and Mining Journal 1909, Vol. 88, S. 661—664 m. 1 Fig.

M a n z a n o , J. P.: The mineral zone of Santa Maria del Rio, San Luis Potosi. Transact. Amer. Inst. of Min. Eng. Mexican Meeting, Novbr. 1901. 6 S.

M o r a , J. M.: Mémoire sur les travaux pour le dessechément de la Vallée de Mexico présenté en 1823. Mem. y Rev. Soc. Cient. „Antonio Alzate“. T. 22. 1905. S. 253—295.

N a v a r r o , M. D. V.: Le cobalt dans l'État de Jalisco (Mexico). Mem. y Revista de la Soc. Cient. „Antonio Alzate“. T. 25. 1907. S. 51—57.

O r d ó n e z , E.: Les roches archaïques du Mexique. Mem. y Rev. Soc. Cient. „Antonio Alzate“. T. 22. 1905. S. 315—238 m. Taf. XIV.

O r d ó n e z , E.: A brief review of the mining industry of Mexico. Econ. Geol. 1908. S. 677—687.

P a g l i u c c i , F. D.: The quicksilver deposits of Huitzuco in the State of Guerrero, Mexico. Eng. and Min. Journ. 1905. S. 417—418 m. 2 Fig.

P r e u s s e , C.: Das Gebiet von El Oro und Tlalpujahua (in Mexiko.) Österr. Z. f. Berg- und Hüttenw. 53. 1905. Nr. 44. — (Ref. s. N. Jb. f. Min. 1907. I. S. 256.)

R a n g e l , F., J. D. V i l l a r e l l o y E. B ö s e: Los criaderos de fierro del Cerro del Mercado en Durango y de la hacienda de Vaquerias, Estado de Hidalgo. Bol. del Inst. geol. de México. Nr. 16. 1902. 44 S. m. 5 Fig. u. 6 Taf.

R i c e , C. T.: Zacatecas, a famous silver camp of Mexico. Eng. and Min. Journ. LXXXVI. 1908. S. 401—407 m. 13 Fig. u. 1 Kartenskizze.

R i e s , H.: The coal mines at las esperanzas, Mexico. Michigan Miner. 1903. S. 13—15.

S a l a z a r , L.: Apuntes sobre el mineral de Naica (Chihuahua). Mem. y revista de la Soc. cientifica „Antonio Alzate“. Mexico. 1903. T. XIX. S. 71—80.

S a p p e r , K.: Zur Geologie von Chiapas und Tabasko. (Resena acerca de la geologia de Chiapas y Tabasco por E. B ö s e. Mexico 1905.) Petersmanns Mitt. 1906. S. 235—240.

S p u r r , J. E., and G. H. G a r r e y: Ore deposits of Velardena District, Mexico. Econ. Geol. 1908. S. 688—725.

T r e a d w e l l , J. C.: The Sahua- Yacan Mining District, Mexico. Eng. and Min. Journ. 1905. S. 1213—1216 m. 6 Fig.

V i l l a f a n a , A.: Criaderos cuproargentiferos de Tapalpa, Jal. Bol. Soc. Geol. Mexicana Tomo I. 1905. S. 135—138.

V i l l a f a n a , J.: Las minas de „Coronas y Anexas“, pertenecientes a la „Seguranza Mining Co“. Mem. Soc. cient. „Antonio Alzate“ Mexico 1909, S. 23—51 m. 2 Taf.

V i l l a r e l l o , J. D.: Descripcion des mines „La bella Union“ (État de Guerrero, Mexico.) Genese des gisements de mercure. Mem. y Rev. Soc. Cient. „Antonio Alzate“. 1906. T. XXXIII. S. 395 bis 411.

V i l l a r e l l o , J. D.: Descripcion des algunas minas de Zacualpan, Mexico. Mem. y Rev. Soc. Cient. „Antonio Alzate". 1906. T. XXXIII. S. 251—266.

V i l l a r e l l o , J. D.: Genesis de los Yacimientos mercuriales de Palomas y Huitzuco, en los estados de Durango y Guerrero de la republica Mexicana. Mem. y revista de la Soc. cientifica Antonio Alzate, Mexico. T. XIX. 1903. S. 95—136.

V i l l a r e l l o , J. D.: Resena del mineral de Arzate, Durango, Mexico. Mem. y Rev. Soc. Cient. „Antonio Alzate". 1905. T. XXXIII. S. 211—240.

V i l l a r e l l o , J. D.: Description des gisements de mercure de Chiquilistlán, Jalisco. (Mexico). Mem. y Rev. de la Soc. cient. „Antonio Alzate". Mexico 1903. T. 20. S. 389—397.

V i l l a r e l l o   J u a n   D.: Datos relativos a varias regiones petroliferas de Mexico. Bol. Soc. Geol. Mexicana, T. IV. 1908, S. 43—57.

V i l l a r e l l o , J. D.: El Pozo de petroleo de Dos Bocas. Mexiko 1909. (Parerga Inst. Geol.) 112 S. m. 27 Taf.

W e s t , H. E.: Mining and metallurgy in El Oro, Mexico. A detailed description of the geological features of the El Oro district, and the metallurgical practice at the modern plant of the El Oro Mine. Mining Magazine 1906. Vol. XIII. S. 357—372 m. 7 Fig.

W i t t i c h , E.: Contributiones a la geologia de la region meridional de la Baja California. Soc. Geol. Mexicana 1909, Bol. Tomo VI, S. 5—14 m. 2 Fig.

Z a l i n s k i , E. R.: Turquoise in the Burro Mountains, New Mexico. Econ. Geol. II. 1907. S. 464—492 m. 5 Fig.

5. Mittelamerika.

Die Manganerzlagerstätten des Kreises Panama in Colombia (E. G. W i l l i a m s) R. 03: 246.

Manganerzvorkommen auf dem Isthmus von Panama (E. G. W i l l i a m s) R. 04: 369.

Fernere Literatur:

Die Goldfelder des östlichen Nicaragua. Berg- und Hüttenm. Zeitung 1904. S. 245—249.

H o w e , E.: Isthmian Geology and the Panama Canal. Econ. Geol. Vol. II. 1907. S. 640—658 m. 1 Taf.

S a p p e r , K.: Grundzüge des Gebirgsbaues von Mittelamerika. Report of the VIIIth Intern. Geograph-Congress, held in United States in 1904. Washington 1905. S. 231—238 mit 1 Karte i. M. 1: 5 000 000.

6. Westindien.

(B a h a m a - I n s e l n , G r o ß e u n d K l e i n e A n t i l l e n.)

Die Manganlager der Provinz Santiago auf Kuba (A. C. S p e n c e r) R. 03: 110.

Fernere Literatur:

K u b a: Die neuentdeckten Erzlager zu Mayari auf Kuba. „Stahl und Eisen" 1907. S. 1358 bis 1361 m. 1 Fig.

Der Bergbau auf Kuba. Montan-Ztg. 1903. Nr. 16. S. 340. Mineralproduktion Kubas. Österr. Z. 1903. Nr. 33. S. 459.

A n d e r s o n , T.: Preliminary report on the recent eruption of the Soufrière in St. Vincent, and of a visit to Mont Pelée in Martinique (from proceed. of the Royal Soc. London. Vol. LXX. Nr. 165 v. 22. Aug. 1902.) Ann. Rep. of the board of regents of the Smithsonian Inst. for 1902. Washington 1903. S. 309—330 m. 3 Taf.

B r o w n , H. C.: Report on the mineral resources of Cuba in 1901. Baltimore, Md., 1902. 121 S. m. 12 Taf.

C r a i g , C.: Die Petroleumfelder auf Trinidad (Auszug aus seinem in London gehaltenen Vortrage.) „Petroleum" 1906. S. 86—88.

G u p p y , J. R. L.: On the occurrence of gold and coal in Trinidad. With a brief sketch of the geological history of the island. Trinidad, proc. Vict. Inst. 1902. 10 S. Pr. 1,50 M.

L a c r o i x , A.: Die Hauptergebnisse der französischen geologischen Mission nach Martinique. Naturw. Wochenschr. 1903. Nr. 45. S. 536—538; s. a. ebenda Nr. 42. S. 500.

Russell, J. C.: Volcanic eruptions on Martinique and St. Vincent (from the National Geographic Magazine. Vol. XIII. Nr. 12 v. Dzbr. 1902). Ann. Rep. of the borad of regents of the Smithsonian Inst. for 1902. Washington 1905. S. 331—349 m. 11 Taf.

Souder, H.: Mineral deposits of Santiago, Cuba. Transact. Amer. Inst. of Min. Eng. Atlantic City Meeting, February 1904. 14 S. m. 11 Fig. — „Stahl und Eisen" 1904. S. 542.

Weed, W. H.: Copper mines near Havana, Cuba. Eng. and Min. Journ. 1905. S. 176 m. 1 Fig.

West, H. E.: Features of a Vein Formation in Nicaragua. Eng. and Mining Journ. 1909. Vol. 87. S. 1130—1133 m. 4 Fig.

Weld, C. M.: The residual Brown Iron-Ores of Cuba. Am. Inst. Min. Eng. Bull. 32. 1909. S. 749—762 m. 3 Fig.

Südamerika.

Bludau, A., und O. Herkt: Karte von Süd-Amerika. (Aus: Sohr-Berghaus' Handatlas.) Mit 10 Kartons, darunter Bergbau und Sammelprodukte aus dem Pflanzenreiche. Maßstab 1:10 000 000. Glogau, C. Flemming, 1906. Pr. 2 M.

Frochot: Les pétroles dans l'Amerique du Sud. Soc. de l'Ind. min. Comptes rendus mens. 1907. S. 37—53.

Sievers, W.: Südamerika und die deutschen Interessen. Eine geographisch-politische Betrachtung. Stuttgart, Strecker & Schröder, 1903. 95 S. Pr. 2 M.

Sperber, O.: Die Petroleumvorkommen Südamerikas. „Petroleum" 1906. S. 140 bis 142 m. 3 Fig.

7. Guyana, Venezuela, Columbia und Ecuador.

Goldproduktion in Französisch-Guayana im Jahre 1902 N. 04: 114.

Fernere Literatur:

Der Mineralreichtum Venezuelas. Südafrik. Wochenschr. 1903. S. 1045—1046.

Amtlich: Die Gold- und Platin-Lagerstätten Kolumbiens und ihre Ausbeutung. Beil. zu Nr. 44 der Nachr. f. Handel u. Industrie vom 14. April 1908. Zusammengestellt vom Reichsamt des Innern. Berlin, 3 S.

Atkin, A. J. R.: Some notes on the gold occurrences on Lightning Creek, British-Columbia. Geol. Mag. New. Ser. Dec. V. 2. S. 104—106 m. 2 Textfig. London 1905. — (Ref. s. N. Jb. f. Min. 1907. I. S. 407.)

Bergt, W.: Zur Geologie der kolumbianischen Mittelkordillere. (Erwiderung.) Zentralbl. f. Min. 1907. S. 720—722.

Bordeaux, A.: Les placers aurifères de la Guyane française. Rev. univ. des mines 1905. T. IX. S. 225—250 m. Taf. 7 (Karte i. M. 1:500000).

Bordeaux, A.: Le dragage en Guyane. Revue univ. des Mines 1909. T. XXV. Nr. 3. Liége 1909. S. 189—213 m. 2 Abb.

Codazzi, L. R.: Trabajos de la Oficina de Historia·Natural. Introduccion al estudio de los minerales de Colombia. Bogota 1903. 58 S. m. 2 Taf.

Delvaux: L'avenir aurifère de la Guyane française. Soc. de l'ind. min. Comptes rendus mens. Mai 1904. S. 127—131.

Granger, H. G.: The future gold-output of Columbia. Bi-Monthly Bull. Amer. Inst. 23. 1908. S. 641—652.

Granger, H. G.: Gold dredging on the Choco-rivers, republic of Columbia, South America. Bi-Monthly Bull. Amer. Inst. 23. 1908. S. 839—866 m. 1 Fig.

Harrison, J. B., Fowler and C. W. Anderson: Geology of the Gold Field of British Guyana. London 1908. Dulau & Co. 320 S. m. 43 Taf. Pr. 5,50 M. Bespr. v. F. L. Ransome in Econ. Geology 1909. S. 490—493.

Harrison, J. B., and C. W. Anderson: Geological Map of the Northern portion of British Guyana and the Auriferous Areas. London 1909. 10 Meilen = 1 Zoll (etwa 1 : 633 600). Pr. 5,50 M.; auf Leinwand 8 M.

Paquet, N.: L'or en Guyane vénézuélienne. Rev. univ. des mines. 1902. T. LX. S. 117—167 m. Taf. 7; 1903. T. II. S. 1—90 m. 13 Fig. u. Taf. 1 u. 2.

Wetmore, L. L.: Gold dredging in Ecuador. Mining Magazine. 1609 Vol. XIII. S. 385—391 m. 5 Fig.

Venezuela.
Produktion oder Ausfuhr.
(Nach „Mines and Quarries", General Report and Statistics, London.)

Mineral	Menge			Wert		
	1904/05 Tonnen	1905/06 Tonnen	1907 Tonnen	1904/05 £	1905/06 £	1907 £
Kohle	7 905	14 064	—	Unbekannt	Unbekannt	—
Gold (fein) kg	209[1]	510[2]	863	25 549	62 343	79 473
Kupfererz (Ausfuhr) .	100	—	255	1 428	—	4 158
Salz	—	14 500[3]	15 364[4]	—	Unbekannt	208 000
Asphalt (Ausfuhr) . .	30 674	20 080	34 153	53 136	20 189	34 509

8. Brasilien.

Grundzüge der Geologie des unteren Amazonasgebietes (des Staates Pará in Brasilien) (F. Katzer) L. 04: 104.

Mineralquellen und Erzlagerstätten aus dem unteren Amazonasgebiete (F. Katzer) R. 04: 57. 1. Mineralquellen; 2. Goldseifen; 3. Eisen- und Manganerze.

Über die Manganerzlagerstätten des Queluz-(Lafayette-)Distrikts in Minas Geraes in Brasilien (O. A. Derby) L. 03: 113.

Manganerzindustrie Brasiliens R. 04: 414.

Über die Manganerzlager Brasiliens (E. Hussak) R. 06: 237.

Das Vorkommen von Titan-Magneteisen bei Catalao, Goyaz, Brasilien (E. Hussak) 06: 329.

Einige Notizen über brasilianische Golderze (O. A. Derby) R. 03: 111.

Über das Vorkommen von Palladium und Platin in Brasilien (E. Hussak) 06: 284.

Kupfererzlager im brasilianischen Staate Maranhao N. 05: 429.

Über die Diamantlager im Westen des Staates Minas Geraes und der angrenzenden Staaten Sao Paulo und Goyaz, Brasilien (E. Hussak) 06: 318, 394.

Glimmer in Brasilien N. 04: 110.

Die Monazitseifen im Grenzgebiete der brasilianischen Staaten Minas Geraes und Espirito Santo, speziell im Gebiete des Muriahé und Pomba-Flusses (F. Freise) 09: 514. (Vergl. Z. f. d. Berg-, H.- u. S.-Wesen 1910, S. 47—64.)

Über einige Mineralvorkommen der südlichen Serra des Aymores, Staat Espirito Santo (Fr. Freise) 1910: 143. — Vergl. Fig. 113.

Einige Produktion- und Ausfuhrdaten für Brasilien sind S. 303 zusammengestellt.

Fernere Literatur:

Brasilien: Goldgehalt der brasilianischen Minen. „Metallurgie" 1906. S. 160—164.

Bolstad, J.: Über Brasiliens Eisenindustrie, Eisen- und Manganerze. Jern-.Kont. Ann. 1903. Nr. 6. Berg- u. Hm. Ztg. 1903. S. 437—438.

Böhner, O.: Die Goldlager der Provinz Minas-Geraes in Brasilien. Prometheus XX. 1909. S. 249—250, 261—264, 279—282 m. 5 Fig. u. 1 Karte.

Cugnin, L.: Gites diamantifères du Brésil. Soc. de l'ind. min. Compt. rend. Juli 1903. S. 151—153.

Cugnin, L.: Gites diamantifères du Brésil. Conférence faite au district de Paris de la Soc. de l'ind. min., le 6 avril 1903. Bull. Soc. de l'ind. min. T. III. 1904. 1. livr. S. 247—264 m. 10 Taf. (Siehe auch Südafrik. Wochenschr. 1904. S. 410—411.)

Demaret-Freson, J.: La concurence des minerais de manganèse du Brésil et du Caucase. Bruxelles 1903. Pr. 1 M.

---

[1] Förderung während 9 Monate bis Dezember 1905.
[2] Förderung während 12 Monate bis Dezember 1906.
[3] Geschätzt.
[3] Für 12 Monate bis zum 15. April 1907.

Brasilien.
Produktion und Ausfuhr.
(Nach „Mines and Quarries“, General Report and Statistics.)

Mineral	Menge			Wert		
	1905	1906	1907	1905	1906	1907
	Tonnen	Tonnen	Tonnen	£	£	£
Manganerzausfuhr. . .	224 377	121 331	236 778	336 271	176 907	500 611
Gold (Barrenausfuhr) kg	3 878	4 548	3 779	428 976	485 794	407 208
Kupfererz	—	Unbekannt	1 464	—	Unbekannt	11 711
Salz	Unbekannt	210 853	Unbekannt	—	Unbekannt	Unbekannt
Carbonatos (schwarze Diamanten)	—	—	—	—	—	74 842
Diamantenausfuhr . .	—	—	—	—	69 765	22 761
Krystall	—	Unbekannt	37	—	Unbekannt	3 872
Glimmer	—	Unbekannt	4½	—	Unbekannt	1 479
Monazitausfuhr [1]) . . .	4 437	4 352	4 437	98 989	98 420	99 880
Andere Mineralien . .	—	—	380	104 327	185 240	3 247

Derby, O. A. (übersetzt von J. C. Branner): The geology of the diamond and carbonado washings of Bahia, Brazil. Econ. Geol. I. 1905. S. 134—142. — Smith. Inst. Ann. Rep. for 1906. Washington 1907. S. 215—222. (Ref. s. N. Jb. f. Min. 1907. II. S. 84.)

Dieseldorff, A.: Über die brasilianischen Monazitsandlagerstätten. S.-A. aus: „Die chemische Industrie“ XXIX. Nr. 15/16. 1906. 13 S.

Gorceix, H.: Les resources minérales du Brésil; leur utilisation. Extr. du Bull. Soc. de Géographie Commerciale de Paris. Paris 1908. 38 S.

Hussak, E.: Über das Vorkommen von Palladium und Platin in Brasilien. Wien, Sitzungsber. Akad. 1904. 88 S. m. 6 Fig. u. 2 Taf. Pr. 2,20 M. — Österr. Z. f. Berg- u. Hw. 1905. S. 278—279. — Ergänzungen und Autoreferat s. Zeitschr. f. prakt. Geol. 1906. S. 284—293.

Katzer, F.: Beitrag zur Geologie von Ceará, Brasilien. S. A. a. d. 78. Bd. der Denkschr. der mathem.-naturw. Klasse der Kgl. Akademie der Wissensch., Wien. 1905. 36 S. m. 20 Fig. u. 1 geol. Kartenskizze. — Eisenerzlager S. 18.

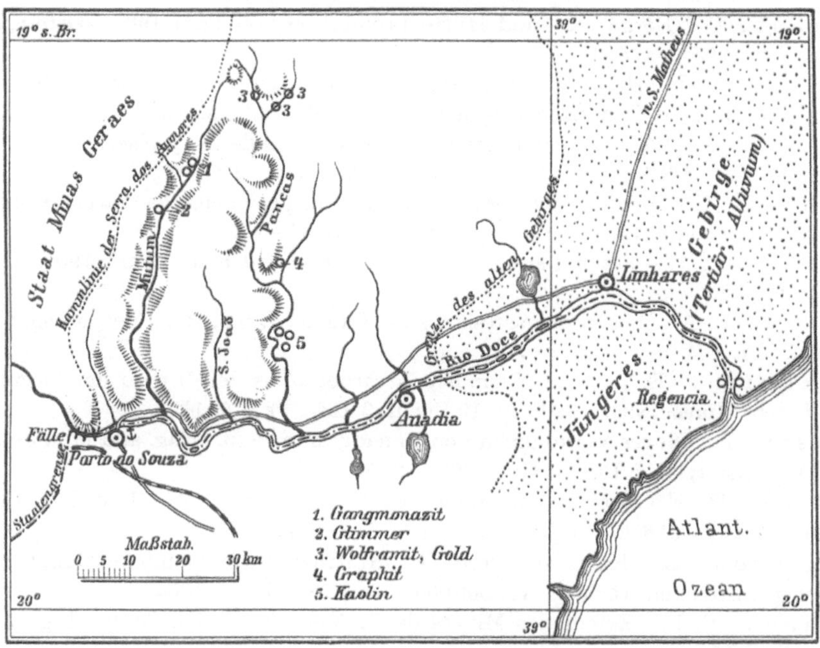

Fig. 113.
Die südliche Serra dos Aymores im Staat Espirito Santo, Brasilien.
(Nach Fr. Freise; Text: Z. 1910 S. 143—146.)

---

[1]) Vgl. hierzu die Zahlen für 1895—1908 in der Zeitschr. f. prakt. Geol. 1909 S. 521.

K a t z e r , F.: Über einen Brasil-Monazitsand aus Bahia. Österr. Zeitschr. f. Bg.- u. Hw. 1905. S. 231—234.

K e p p e n , A.: Mineralreichtümer Brasiliens. Ref. nach ,,Le Brézil. Ses richesses naturelles; ses industries. Rio de Janeiro 1908" in Z. f. prakt. Geol. 1909, S. 473.

L i s b o a , A.: Bibliographia mineral e geologica do Brasil 1903—1906. Extr. dos Annaes da Escola de Minas de Ouro Preto. Ns. 8 e 9. Ouro Preto 1907. 61 S.

L i s b o a , M. A. R.: Oeste de San Paulo. Sul de Mato-Grosso. Geologia, Industria mineral, Clima, Vegetaçio, Solo agricola, Industria pastoril. Rio de Janeiro 1909, Journal do Commercio de Rodrigues & Co. 172 S. m. 35 Abb., 1 Diagr., 2 Prof. und 2 Karten 1 : 2 000 000 und 1 : 100 000.

P o n t e s. J. M. S. F.: Das Berggesetz von Bahia. Organ d. V. d. Bohrtechniker, Wien 1910, S. 3—7 m. 1 Karte 1 : 6 400 000.

d e S o n z a C a r n e i r o , A. J.: Mineralschätze im Staate Bahia, Brasilien. Organ des Vereins der Bohrtechniker, Wien, XVI, 1909, S. 273—277 mit Karte. in der folg. Nr.

W h i t e , L. C.: Report on the Coal Measures and Associated Rocks of South Brazil. Final Report presented to H. Ex. Dr. L. S. M ü l l e r , Minister of Industry, Highways and Public. Works. Rio de Janeiro 1908. Imprensa Nacional. S. 3—300 m. zahlr. Taf. u. 2 Karten 1 : 25 000 und 1 : 2 010 365. Text Spanisch und Englisch.

9. *Peru, Bolivia.*

Berichte der geologischen Landesanstalt von Peru. No. 1 L. 03: 313.

Bergwerks-Produktion in Peru in den Jahren 1902, 1903 und 1904 N. 06: 375.

Auftreten von Petroleum in Peru (C. O c h s e n i u s) N. 06: 276. 1905 bis 1907 s. S. 305.

Zinnerzlagerstätten Bolivias (G. S t e i n m a n n) L. 07: 71.

Schwefellager in Peru N. 07: 93.

Fernere Literatur:

C a l o n g e , A.: Minerales que se benefician en Llaray, Santiago de Chuco, Peru. Bol. de minos, ind. y constr. 1907. Teil I. Serie II. S. 46—51 mit 2 Fig.

v. E r n s t , C.: Bergwerks- und Hüttenproduktion von Peru 1904. Österr, Zeitschr. f. Berg- u. Hüttenw. 1905. S. 568.

E v e r d i n g : Unterlagen zu einer bergmännischen Lagerstättenbegutachtung im bolivianischen Zinnerzbezirk. Reisenotizen aus dem Jahre 1906. ,,Glückauf" 1909. S. 1325—1335.

F u c h s , F. G.: La region cuprifera de los alrededores de Ica y Nazca, Peru. Lima, Bol. Cuerpo Ingen. Minas. 1905. 100 S. m. 1 Taf. u. 1 kol. Karte. Pr. 3 M.

F u c h s , F. G.: Región cuprifera de Cachicachi, provincias de Tarma y Jauja, Peru. Bol. de minas, ind. y contr. 1907. Teil I. Serie II. S. 41—46.

G u a r i n i , E.: Le Pérou d'aujourd'hui et le Pérou de demain. Paris 1908. H. Dunod & Pinat. 19 S. Pr. 1 Fr.

G u i l l e t , E. A.: Los pozos artesianos del Callao. Lima, Bol. Cuerpo Ing. minas 1903. 41 S. m. 12 Taf. Pr. 4 M.

d e H a b i c h , E. A. V.: Yacimientos carboniferos del distrito de Checras. Lima, Bol. Cuerpo Ingen. Minas 1904. 32 S. m. 10 Fig. u. 3 Taf. Pr. 1,50 M.

H e w e t t , F.: Neues Vorkommen von Vanadium in Peru. Eng. and Min. Journal 1906. Bd. 82. S. 385. Österr. Z. f. Bg.- u. Hw. 1907. S. 51.

H e w e t t , D. F o s t e r: Vanadium deposits in Peru. Am. Inst. Min. Engl. Bull. Nr. 27. 1909. S. 291—316 m. 15 Fig.

H i g g i n s o n , E.: Karte von Peru. Im Auftrage des peruanischen Ministers für auswärtige Angelegenheiten entworfen. 1:3 000 000 mit 37 S. Text. 1904.

J i m e n e z , C. P.: Estadistica Minera de Perú en 1907. Bol. Cuerpo Ingen. Min. Lima 1908. 72 S. Pr. 2 M.

J o c h a m o w i t z , A.: Estado actual de la Industria Minera en Morococha. Informe annal de la Comision de Yauli. Bol. Cuerpo Ingen. Min. Lima 1908. 67 S. m. 9 Tafeln und 1 Karte Pr. 2,50 M.

K e m p , J. F.: Vanadium deposits in Peru. Am. Inst. Min. Eng. Bull. 34. 1909. S. 941 bis 943.

Peru.

(Nach Mines and Quarries: General Report and Statistics. — Die Zahlen für 1902—1904
siehe Z. 1906 S. 375.)

Produkt	Menge			Wert		
	1905	1906	1907	1905	1906	1907
	Tonnen	Tonnen	Tonnen	£	£	£
Asphalt	2 760	2 760	—	—[1])	—[1])	—
Kohle	72 578	77 209	185 565	100 000[2])	138 155[2])	107 116
Gold (fein) . . kg	777	1 247	778	106 062	170 355	106 205
Silber (fein) . . kg	191 476	230 300	206 586	729 444	272 958	369 238
Quecksilber . . kg	1 554	2 304	1 500	340	495	366
Blei	1 476	2 569	5 525	6 107	35 125	45 947
Kupfer	12 213	13 474	20 681	725 905	996 055	1 611 762
Antimon	—	92	114	—	8 526	5 356
Wismut	12	—	48	5 000	—	21 500
Nickel	1 778	—	—	258	—	—
Salz	21 039	20 226	21 592	21 038	20 226	21 592
Borate	1 954	2 598	2 451	17 586	23 392	18 853
Schwefel	—	1 830	1 880	—	2 745	3 430
Petroleum	49 700	70 832	100 184	116 795	242 542	312 437
Vanadin	—	—	350	—	—	5 004
Zusammen	—	—	—	1 828 535	2 610 574	3 128 806

Bolivia.

Förderung und Ausfuhr.
(Nach „Mines and Quarries", General Report and Statistics, London.)

Produkt	Menge			Wert		
	1905	1906	1907	1905	1906	1907
	Tonnen	Tonnen	Tonnen	£	£	£
Gold, kg	32	27	8	3 562	3 082	778
Silber, Ingotts	8 266	Unbekannt	149	308 283	398 896	518 677
Kupfer, Ingotts . . .	6 708	4 347	3 469	297 080	276 407	205 015
Zinn, Ingotts und Erz .	26 424	29 374	27 677	1 131 894	[3]) 2 937 354	[3]) 2 391 360
Antimon	17	—	—	Unbekannt	—	—
Wismut	592	—	—	98 796	—	—
Borsaurer Kalk. . . .	2 146	—	—	Unbekannt	—	—
Wolframerz	68	—	400	Unbekannt	—	Unbekannt
Gesamtwert	—	—	—	[4]) 1 839 615	3 712 028	[4]) 3 190 717

M u e n a s , E. J.: Mineralschätze des Departements Cuzco (Peru). Ministerio de Tomento. Boletin del Cuerpo de Ingenieros de Minas del Peru, Nr. 53. Besprechung in der Österr. Zeitschr. für Berg- und Hüttenwesen LVI. 1908. S. 656 von M. Kraus.

O c h o a , N. G.: Recursos minerales de la provincia de Huanoco. Lima, Bol. Cuerpo Ingen. Minas, 1904. 43 S. m. 2 Kart., 4 Taf. u. Fig. Pr. 5 M.

R u m b o l d , W i l l i a m R.: The origin of the Bolivian Tin Deposits. Econ. Geology 1909. S. 321—364 m. 30 Fig. u. 1 Taf.

S a n t o l a l l a , F. M.: Importancia minera de la provincia de Cajamarca, Peru. Lima, Bol. Cuerpo Ing. Minas 1905. 83 S. m. 1 Karte u. 7 Taf. Pr. 5 M.

S a n t o l a l l a , F. M.: Monografia Minera de la provincia de Huamachuco. Lima 1907. 66 S. m. 3 Taf. Pr. 2,50 M.

S a n t o l a l l a , F. M.: Los yacimientos minerales y carboniferas de la provincia de Celendin, Peru. Lima, Bol. Cuerpo, Ing. minas 1905. 50 S. m. 2 Taf. und 1 Karte. Pr. 2 M.

S p e n c e r , L. C.: Notes on Some Bolivian minerals (Jamesonite, Andorite, Cassiterite, Tourmaline etc.) Miner. Magaz. 1907. XIV. S. 308—344 m. 12 Fig.

---

[1]) Im Kohlenwert eingeschlossen.
[2]) Inkl. Asphalt.
[3]) Auf einen Metallgehalt von ungefähr 60 Prozent geschätzt.
[4]) Ohne den Wert von Antimon, Borat und Wolfram.

Steinmann, G.: Observaciones geologicas efectuadas desde Lima hasta Chanchamayo. Bol. del Cuerpo de Ingenieros de Minas del Perú. Lima 1904. Nr. 12. 27 S. m. 2 Taf. Ausführliches Ref. auch über die Erzlagerstätten des Cerro de Pasco s. N. Jb. f. Min. 1907. II. S. 265—270.

Steinmann, G.: Die Entstehung der Kupfererzlagerstätten von Coro-Coro und verwandter Vorkommnisse in Bolivia. Rosenbuch-Festschrift 1906. S. 335—368 m. 4 Fig. u. 2 Taf. — (Ref. s. N. Jb. f. Min. 1907. II. S. 421.)

Weckwarth, E.: El Antimonio en el Peru. Bol. Cuerpo Ing. Min. Lima 1908. 97 S.

Weckwarth, E.: Los Metales raros y su existencia en los Minerales del Perú. Bol. Cuerpo Ingen. Min. Lima 1908. 128 S. Pr. 4 M.

10. Chile.

Bergwerks- und Hüttenexport in Chile in den Jahren 1901, 1902 und 1903 N. 06: 374.

Bergwerks- und Hüttenproduktion in Chile für 1903 N. 06: 374. — 1903 bis 1907 s. S. 307.

Kupferproduktion Chiles bis 1901 N. 03: 363.

Turmalin führende Kobalterzgänge (Mina Blanca bei San Juan, Dep. Freirina, Prov. Atacama in Chile) (O. Stutzer) 06: 294.

Ausfuhr und Weltverbrauch von chilenischem Salpeter im Jahre 1901 N. 03: 86.

Salpeterablagerung in Chile und Ägypten (Semper und Blanckenhorn) R. 03: 309.

Entwicklung der Salpeterausfuhr Chiles N. 04: 111.

Salpeterablagerung in Chile (C. Ochsenius) B. 04: 242.

Die chilenische Salpeterindustrie (B. Simmersbach und F. Mayr) R. 04: 273.

Der Chilesalpeter (A. Plagemann) L. 05: 179.

Chiles Salpeterproduktion und -ausfuhr im Jahre 1904 N. 05: 192.

Über die Zukunft des Chilesalpeters (Muthmann) N. 06: 303.

Salpeter in Chile N. 07: 125. — Vergl. Bw. Mitt. 1910, S. 26, 30, 47.

Salpeterabsatz in Europa (Bertrand) N. 09: 71, auch 72.

Fernere Literatur:

Bergbau in Chile: „Vulkan" VIII. 1908. S. 63—64.

Braden, W.: Conditions and Costs of Mining at the Braden-Copper Mines, Chile. Am. Inst. Min. Eng. Bull. 34. 1909. S. 905—908.

Gautier, F.: Chili et Bolivie. Étude économique et minière. Avec cartes. Paris. Preis Fr. 6.

Gmehling, A.: Das Rösten der Kupfersteine bei Benützung der Röstgase zur Darstellung von Schwefelsäure aus den Röstgasen nach dem Kontaktverfahren zu Guayacan (Chile) und die Verwendung dieser Säure zur Extraktion des Kupfers aus armen Erzen. Österr. Z. f. Berg- u. Hüttenw. 1906. S. 69—73, 88—90.

Loram, S. H.: Notes on the gold-district of Canutillo, Chile, S.-A. Transact. Amer. Inst. of Min. Eng. Atlantic City Meeting, Februar 1904. 15 S. m. 5 Fig.

Loram, S. H.: A geological cross-section of the Western Cordillera along the Rio Huasco. Transact. of the Amer. Inst. of Min. Eng. 1904. 8 S. m. 1 Fig.

Martin, C.: Landeskunde von Chile. Aus dem Nachlaß herausgegeb. von P. Stange. Hamburg 1909. Friedrichsen & Co. 777 S. m. 56 Abb. und 1 Karte 1 : 5 000 000. Pr. geh. 20 M., geb. 22 M.

Ochsenius, C.: Salpeterablagerungen in Chile. Monatsberichte der Deutsch. Geol. Ges. 1903. Nr. 6. Briefl. Mitteil. S. 1—6.

Penrose, A. F.: The Nitrate Deposits of Chile. Journ. of Geology, Vol. XVIII, 1910, S. 1—32 m. 7 Fig.

Plagemann, A.: Der Chilisalpeter. (Aus „Die Düngestoffindustrie der Welt".) Berlin SW. 29, 1904. Der Saaten-, Dünger- und Futtermarkt. 75 S. m. 20 Fig. u. 1 Karte.

Riemann, C.: Das Vorkommen von Kalisalzen in Chile. „Kali" I. 1907. S. 157—163 mit einer Kartenskizze.

Chile.

(Mines and Quarries: General Report and Statistics.)

Bis 1902 gab die chilenische Statistik keine Produktionszahlen, sondern nur Exportzahlen; für 1901 bis 1903 siehe diese Z. 1906 S. 374.

Produkt	Menge			Wert		
	1903 Tonnen	1904 Tonnen	1905 Tonnen	1903 Pesos	1904 Pesos	1905 £
Kohle	827 112	731 624	793 927	8 250 720	8 779 488	758 623
Manganerze	17 110	2 324	1 323	682 400	69 708	2 978
Gold (fein) kg	1 425	910	1 467	2 526 730	1 613 561	138 605
Silber (fein) kg . . .	39 012	25 949	26 318	1 759 610	1 245 299	55 363
Kupfer (fein)	29 923	31 370	29 626	21 438 397	28 527 104	1 763 560
Kobalterze	285	125	kg 1 954	99 695	41 288	643
Schwefel	3 441	3 595	3 470	337 515	359 490	26 028
Salz	16 263	17 674	12 108	324 270	706 783	36 323
Borsaurer Kalk . . .	16 879	1 673	19 612	2 363 048	234 262	205 930
Jod	157	461	564	1 687 327	5 768 550	528 966
Salpeter	1 461 825	1 486 190	1 669 806	140 102 012	166 430 160	13 837 866
Guano	11 133	2 668	32 300	267 466	133 873	72 676
Schwefelsäure	1 600	1 730	1 491	176 000	172 957	11 182
Blei	71	—	kg 244	9 097	—	4
Andere Mineralien . .	—	—	—	800	—	—
Gesamtwert in Pesos .	—	—	—	180 025 087[1])	213 068 910[1])	232 516 670[1])
Gesamtwert in £ . . .	—	—	—	13 501·882	15 980 168	17 438 751

Produkt	Menge			Wert		
	1906 Tonnen	1907 Tonnen	1908 Tonnen	1906 £	1907 £	1908 £
Kohle	932 448	832 612		979 112	1 061 580	
Manganerze	35	—		65	—	
Gold (fein) kg	1 135	1 907		147 680[2])	237 513[2])	
Silber (fein) kg . . .	21 216	28 280		88 090[2])	113 847[2])	
Kupfer (fein)	25 829	28 863		2 023 414	2 103 654	
Kobalterze kg	189	—		64	—	
Schwefel	4 598	2 905		48 275	30 504	
Salz	17 116	18 982		64 184	71 182	
Borsaurer Kalk	28 996	28 374		304 458	297 928	
Jod	351	290		329 259	315 186	
Salpeter	1 822 144	1 846 036		16 754 613	17 320 431	
Guano	4 709	7 518		14 127	22 554	
Schwefelsäure	1 664	1 672		12 480	12 540	
Blei	—	8		—	132	
Andere Mineralien . .	260	39		3 176	1 222	
Gesamtwert in Pesos .	—	—		276 920 107[1])	287 843 640[1])	
Gesamtwert in £ . . .	—	—		20 769 008	21 588 273	

Semper und Michels: Die Salpeterindustrie Chiles. Preuß. Zeitschr. f. das Berg-, Hütten- und Salinen-Wesen 1904. 52. Band. S. 359—481 m. 13 Fig., Texttafel l—u und Atlastafel 13 u. 14.

I. Die Salpeterlagerstätten. A. Allgem. Gliederung des Salpetergebietes, B. Lagerungsverhältnisse der Salpeterbildungen, C. Einzelbeschreibung der Salpeterlager, D. Entstehung des Chilesalpeters, E. Vorkommen von Natronsalpeter außerhalb Chiles. II. Gewinnung des Salpeters. A. Gewinnung des Rohstoffes, B. Verarbeitung des Rohstoffes in den Salpeterwerken, C. Nebenbetrieb der Salpetergewinnung, D. Selbstkosten des versandfähigen Salpeters „en cancha", E. Anlagekosten und Betriebskapital, F. Arbeiterverhältnisse, G. Versand des Salpeters, H. Selbstkosten eines Zentners Salpeter frei längsseit Seeschiff. III. Die wirtschaftlichen und rechtlichen Verhältnisse der Salpeterindustrie. A. Allgem. wirtschaftliche Lage Chiles, B. Rechts-

---

[1]) Umrechnung erfolgte auf der Basis 1 Peso gleich 1 s 6 d.

[2]) Ein beträchtlicher Gold- und Silbergehalt obiger Tabelle ist in den ausgeführten Kupfer- und Silbererzen enthalten. Hierfür sind in der chilenischen Statistik keine Werte genannt, sie belaufen sich schätzungsweise für das Jahr 1905 für Gold £ 192 733 und für Silber £ 89 307.

Argentinien.

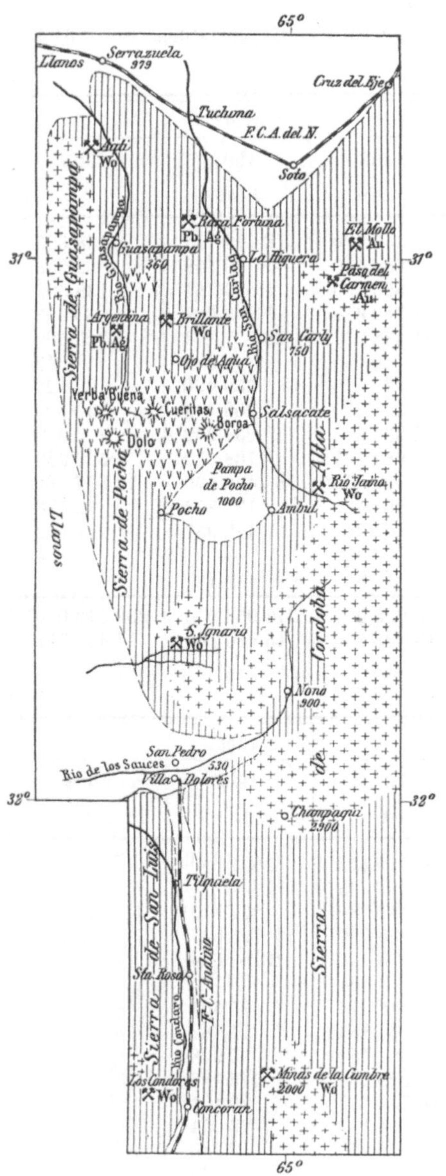

Zeichenerklärung

Gneis und arch. Schiefer		neuere Schichten (Pampa Formation)	
Granit		Eisenbahn	
Andesit		Grenze des Gebirges	
Andesitkegel		Gruben (Ag, Pb, An, Wo)	
		Flußläufe	

Die Zahlen sind Höhen in m.

Fig. 114.

Übersichtsskizze des Gebietes der Wolframerzlagerstätten in der Sierra de Cordoba und Sierra de San Luis.

Auf Grundlage der von Dr. L. Brakebusch und Dr. W. Bodenbender entworfenen geologischen Karte der Sierra de Cordoba in der „Mapa de la Proinzia de Cordoba" por Manuel Rio y Luis Achaval und eigener Beobachtungen des Verfassers.

Anm.: Die Grube San Roman südlich von Los Condores fehlt in der Skizze wegen Platzmangels.

(Nach v. Keyserling; Text: Z. 1909 S. 156—165.)

verhältnisse der Salpeterindustrie, C. Geschichtliche Entwickelung der Salpeterindustrie, D. Gegenwärtige Lage der Salpeterindustrie, E. Salpeterhandel, F. Jodgeschäft, G. Zukunft der Salpeterindustrie.

Wendeborn, B. A.: Die Kupfersulfatlagerstätten in Copaquire, Chile. Berg- u. Hüttenm. Ztg. 1903. S. 388—389. The Eng. and Min. Journ. 1903. S. 710.

11. Argentinien, Paraguay, Uruguay.

Die erste geologische Landesanstalt in Südamerika (Argentinien) P. 06: 276.

Argentinien, Melaphyre (C. Chelius) B. 05: 348.

Die Rhätkohle von Las Higueras in der Provinz Mendoza (W. Bodenbender) L. 03: 37.

Geologische Aufnahme Argentiniens (N. Keidel) P. 08: 223.

Argentinische Wolframerzlagerstätten (O. v. Keyserling) 09: 156; vgl. Fig. 114

Die Bleierzgänge von Mahuida in Argentinien (S. Michaelis) 09: 413.

Argentinien.
Produktion und Export.
(Nach „Mines and Quarries", General Report and Statistics.)

Mineral	Menge			Wert		
	1905 Tonnen	1906 Tonnen	1907 Tonnen	1905 £	1906 £	1907 £
Gold, kg	[1]) 8	[1]) 8	[1]) 155	1 129	1 129	21 150
Silber, kg	[1]) 4 671	[1]) 449	[1]) 783	18 809	2 012	3 409
Bleierz.	—	33	—	—	520	—
Kupfer	157	619	1 592	10 765	17 300	92 541
Zinnerz	—	—	33	—	—	1 334
Borax	—	Unbekannt	—	—	9 300	—
Talk	—	—	25	—	—	100
Wolframerz	—	296	424	—	Unbekannt	5 936

Argentiniens Kohlenlager (E. O. Rasser) Bw. Mitt. 1910: 33 u. Maiheft.

Übersicht über die nutzbaren Lagerstätten Argentiniens und der Magelhaensländer.
(R. Stappenbeck) 1910: 47 u. Maiheft; vergl. Fig. 115 u. 116 nebst Namen-
verzeichnis auf S. 312.

Fernere Literatur:

Bodenbender, G.: La Sierra de Córdoba. Constituicón geológica y productos mine-
rales des applicación. Buenos Aires, Anales del ministerio de agricultura, Secc. Geologica. Tomo I.
Num. II. 1906. 150 S. mit 30 Taf. und 1 Karte i. M. 1:1 000 000. Pr. 10 M. (Mineralog. Ref. s.
N. Jb. f. Min. 1907. II. S. 198.)

Federicos, G. L.: Die Steinkohlenlager im Neuquen-Territorium, Argentinien.
Österr. Zeitschr. f. Berg- u. Hüttenw. 1905. S. 681—682.

Hauthal, R.: Mitteilungen über den heutigen Stand der geologischen Erforschung
Argentiniens. Congrès géol. intern. Compte rendu de la IX. session, Wien 1903. Wien, Hollinek,
1904. S. 649—656 m. 2 Fig. u. 2 Taf.

Hauthal, R.: Beiträge zur Geologie der argentinischen Provinz Buenos Aires. Peterm.
Mittlg. 50. 1904. S. 83—92, 112—117 mit 11 Fig. und 1 geologischen Karte i. M. 1:3 500 000 auf Taf. 6.

Hugh Pearson: Argentinien und seine Öllager. The Petroleum world. März 1908.
Referat in „Petroleum" 1908. S. 739—740.

Penrose, R. A. F.: The gold regions of the street of Magellan and Tierra del Fuego.
Journ. of Geology, XVI. 1908. S. 683—697 m. 9 Fig.

Schenk, E.: Das neue Petroleumfeld in Chubut, Argentinien und seine Bedeutung für
die Zukunft. Südamerikanische Rundschau 1909. Nr. 11. Besprech. in „Petroleum" 1909. Nr. 15.
S. 875—876.

Schultz (Santa Cornelia): Die Ölvorkommen in Argentinien. „Petroleum" 1906.
Nr. 14. S. 805—806.

Vallentin, W.: Argentinien und seine wirtschaftliche Bedeutung für Deutschland.
(Vortrag, geh. a. 23. Jan. 1907 im Deutsch-Brasilianischen Verein zu Berlin.) Berlin, H. Paetel,
1907. 47 S.

Wodak, H.: Das Petroleumvorkommen am Golf von San Jorge (Patagonien). „Tiefbohrwesen" VI. 1908. S. 171—174 m. 1 Kartenskizze.

12. *Wilhelms II. Land.*

Über die Geologie des von der deutschen Südpolarexpedition besuchten antarktischen
Gebietes. Vortrag, geh. am 3. Febr. 1904 in der Deutschen Geol. Gesellschaft
(E. Philippi) P. 04: 119.

---

[1]) Für das fiskalische Jahr bis 30. Juni 1906, 1907 bzw. 1908 laufend.

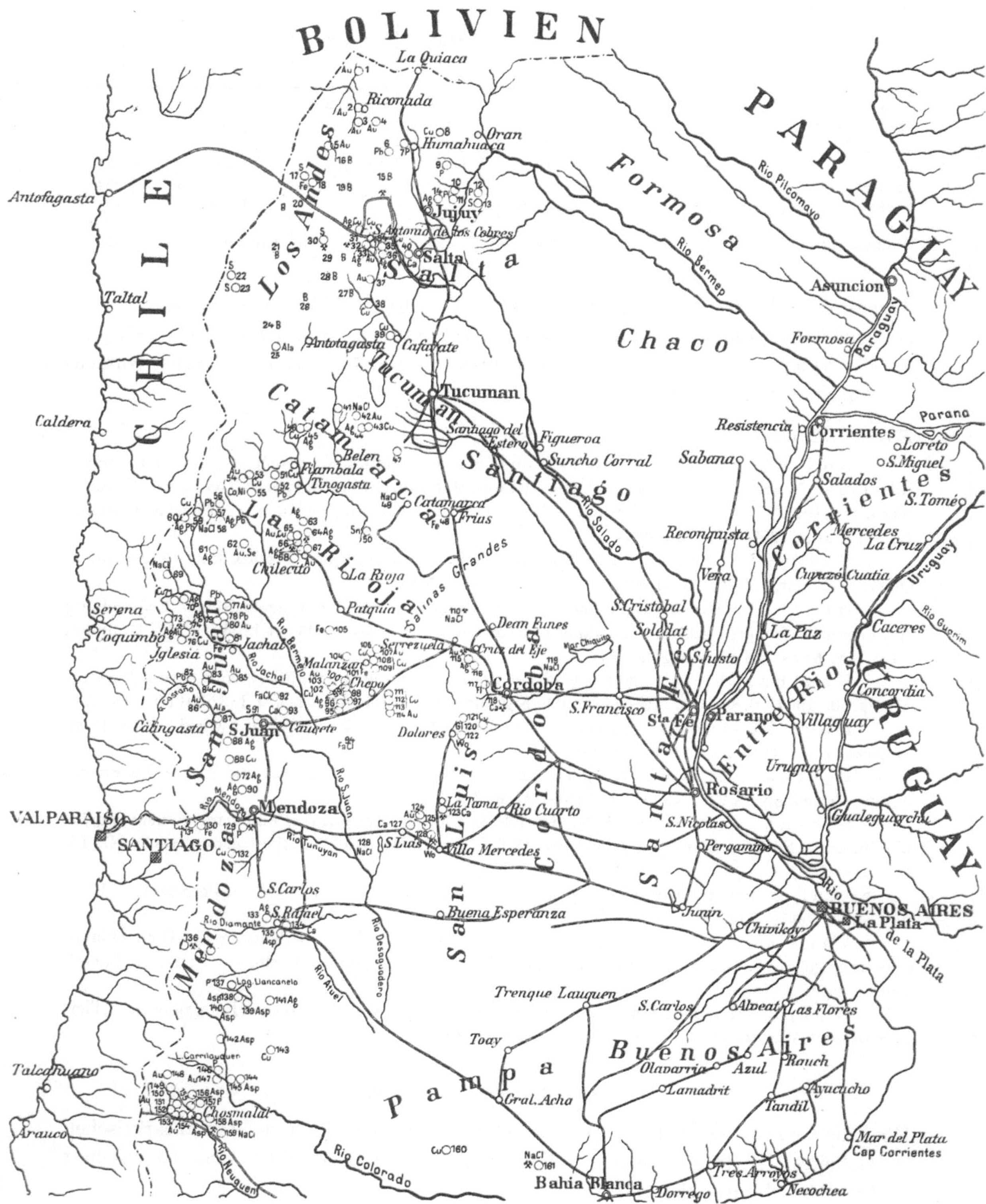

Fig. 115.

Karte der nutzbaren Lagerstätten Argentiniens und der Magelhaensländer.
Entworfen von Dr. Richard Stappenbeck 1909. Text: Z. 1910, S. 67—81.
Nördlicher Teil.

Namensverzeichnis der Lagerstätten nach den Nummern der Karte s. S. 312.

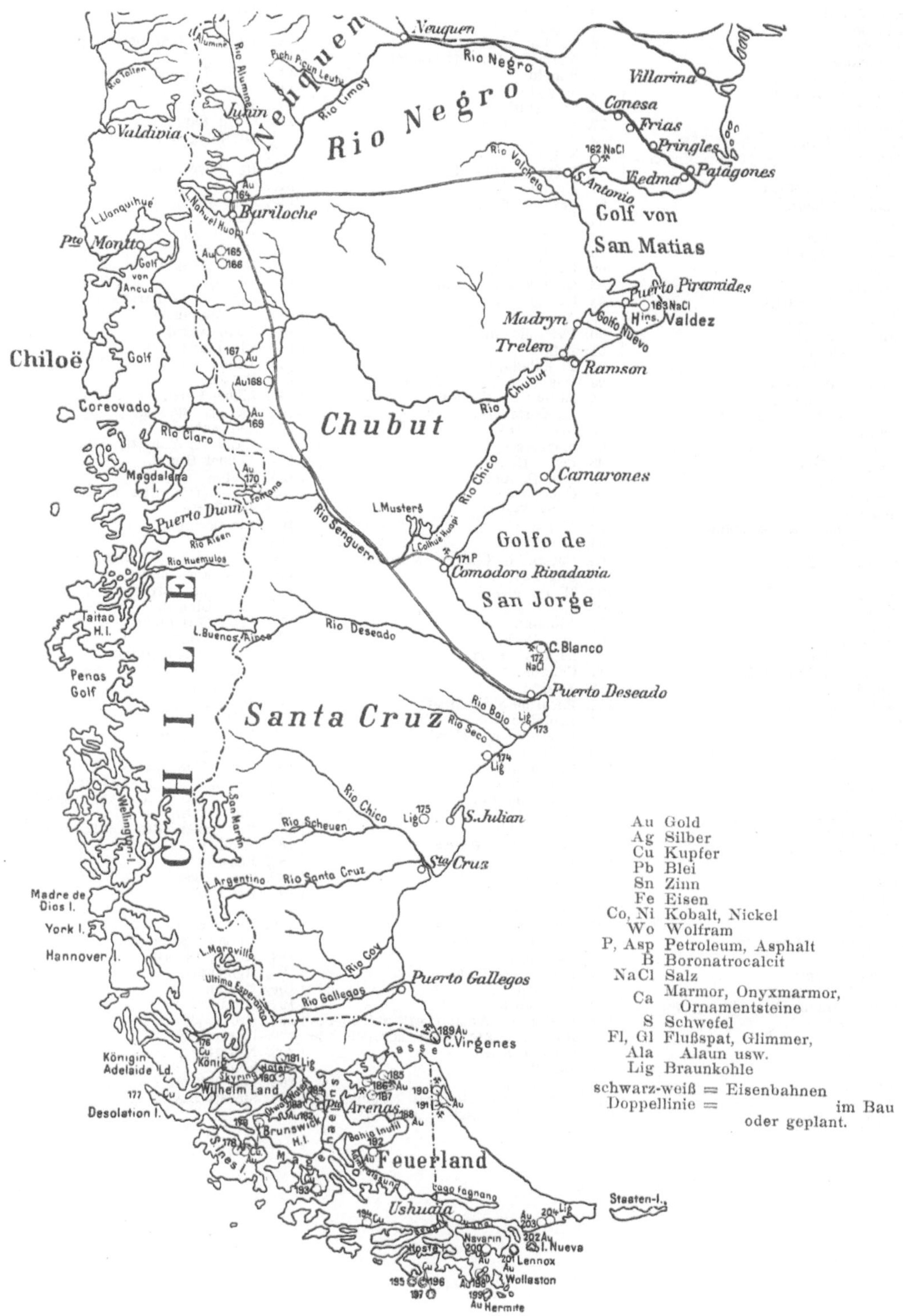

Fig. 116.

Karte der nutzbaren Lagerstätten Argentiniens und der Magelhaensländer.
Entworfen von Dr. Richard Stappenbeck 1909. Text: Z. 1910, S. 67—81.
Südlicher Teil.

Namensverzeichnis der Lagerstätten nach den Nummern der Karte s. S. 312.

Namensverzeichnis

der argentinischen Lagerstätten nach den Nummern der Karte Fig. 115 und 116.

(Nach R. Stappenbeck.)

1. Sta. Catalina.	70. El Fierro	136. Las Chiocas.
2. Rinconada.	71. Lagunita.	137. La Brea.
3. Ajedrez.	72. La Cortadera.	138. Laguna Llancanelo.
4. Cochinoca.	73. Valle del Cura (Schwefel).	139. „ „
5. Olaroz chico.	74. Salado.	140. Cerro Loncoche.
6. Cerro del Aguilar.	75. Rayado.	141. Cerro Nevado.
7. Tejada.	76. Colanguil.	142. Rio Grande.
8. Chacabuco.	77. Los Caballos.	143. Cerro Payen.
9. Cerro Calilegua.	78. Talcanco.	144. Mündung des Rio Barrancas.
10. Achiral	79. Tolas.	145. „ „ „ „
11. Garrapatal.	80. Cerro de Guachi.	146. Rio Barrancas.
12. Laguna de la Brea.	81. Jachal.	147. „ „
13. Laguna Caliente.	82. Castano Viejo.	148. Colli Michi Có.
14. Jujena.	83. Chita.	149. Rauecó.
15. Salina Grande.	84. Leoncito.	150. Huingancó.
16. Salar de Olaroz.	85. Gualilan.	151. Huaracó.
17. Cerro Lacco.	86. Castano Nuevo.	152. Milla Michi Có
18. Stuiajta.	87. Quebrada de Alcaparrosa.	153. Chacay.
19. Salar de Caurchari.	88. Carmen Alto.	154. Cerro de la Parva.
20. Salar del Rincon.	89. Ansilta.	155. Las Maquinas.
21. Salar de Arizaro.	90. Paramillo de Uspallata.	156. Cerro Negro.
22. Cerro Estrella.	91. Zonda.	157. Rio Blanco.
23. Volcan de Azufre.	92. El Salado.	158. Tilhué.
24. Salar de Antofalla.	93. Quebrada de la Petaca.	159. Huitrin.
25. Cerro Alumbrera.	94. Salinas de Chepes.	160. Lihuel Calel.
26. Salar del Hombre muerto.	95. La Cortadera.	161. Laguna Blanca.
27. Diablillos.	96. San Pedro.	162. San Antonio.
28. Ratones.	97. Marayes.	163. Halbinsel Valdez.
29. Pastos Grandes.	98. Cerro Blanco.	164. Nahuel Huapi.
30. Cerro Azufre.	99. Sto. Domingo.	165. Maiten.
31. Concordia.	100. Chucuma.	166. „ (Cu; dies Zeichen fehlt auf der Karte).
32. Chorrillos.	101. Valle Fertil.	167. Rio Corintos.
33. San Antonio de los Cobres.	102. Morado.	168. Rio Teca.
34. Cerro Negro.	103. „	169. Rio und Lago Corcovado.
35. Nevado de Acay.	104. Cuesta de Chaves (Marmor).	170. Lago Fontana.
36. „ „ „	105. Paganzo.	171. Comodoro Rivadavia.
37. Cachi.	106. El Porongo.	172. Cabo Blanco.
38. Molinos.	107. „ „	173. Cabo Watchman.
39. Cafayate.	108 Almalan.	174. Cabo Donoso.
40. El Calvario.	109. Sta. Rosa.	175. Bajo de San Julian.
41. Laguna Blanca.	110. Salinas Grandes.	176. Halbinsel Zach.
42. Sierra de Gulumpajá.	111. Callana.	177. Kap Pillar.
43. Capillitas.	112. Totoral.	178. Snow Sound.
44. La Carranza.	113. Portezuelo de Arces.	179. Cutter Cove.
45. La Hoyada.	114. Espinillo.	180. Mina Magdalena.
46. „ „	115. Paso de los Molles.	181. Mina Marta.
47. Cerro Atajo.	116. Guaico.	182. Rio de las Minas.
48. Albigasta.	117. San Roque.	183. „ „ „ „ (Loreto).
49. Pipanaco.	118. Malagueno.	184. „ „ „ „ (Rio Lynch).
50. Mazan.	119. Mar Chiquita.	185. Rio de Oro.
51. Cerro Negro.	120. Sierra Alta.	186. Rio Oskar, Rio Verde, Rio Perez.
52. Valle Hermoso.	121. Calamuchita.	187. Sutphen.
53. Cerro Cumichanga.	122. Cerro de la Puerta.	188. Rosario.
54. „ „	123. La Toma.	189. Cap Virgenes.
55. Solitaria.	124. Carolina.	190. Paranco.
56. Urcuzun.	125. Canada Honda.	191. „
57. Leoncito.	126. Los Condores.	192. Rusphen.
58. Carrachas.	127. Durazno.	193. Mercury Sound.
59. Cajon de la Brea.	128. Laguna Bebedero.	194. Mount Darwin.
60. El Leoncito.	129. Cachenta.	195. Henderson.
61. Descubrimiento.	130. Puente del Inca.	196. Morton.
62. Cerro de Umango.	131. Navarro.	197. Hind.
63. Angulos (muß Pb, nicht Ag auf der Karte heißen).	132. Salamanca.	198. Grévy.
64. Calderas.	133. Piedras de Afilar (liegt südlich des Rio Diamante, nicht nördlich wie auf der Karte).	199. l'Hermite.
65. Mejicana.	134. San Rafael.	200. Navarin.
66. El Tigre.	135. La Manga.	201. Lenno.
67. Cerro Negro.	Ohne Nr. Cerro Alquitran (Asphalt).	202. Isla Nueva.
68. El Oro.	Ohne Nr. Mina Salas (Albertit).	203. Slogett-Bay.
69. Rio de la Sal.		204. „ „

III. Abschnitt.

Spezielle praktische Geologie und Bergwirtschaft.

Erster Teil: **Bergbau.**

(K o h l e n,   E r z e,   S a l z e.)

In diesem Abschnitt ist der Inhalt der Zeitschrift und die neuere Literatur nach den einzelnen nutzbaren Mineralien zusammengestellt, und zwar in zwei Teilen, welche den Nummern 3 (Bergbau) und 4 (sonstige Bodennutzung) des geographischen Abschnittes (vergl. S. 45) entsprechen.

A. Allgemeines.

Die Untergrundeigentumsfrage und die Entwickelung der Bergbauindustrie im 19. Jahrhundert (A b a m e l e k - L a s a r e w) 03: 289.

Zur Bergbaugeschichte (nach T h e o d o r H a u p t) N. 06: 24, 09: 70; — N. 06: 132, Harz N. 06: 212, Mansfeld 06: 386, Württemberg (A. S c h m i d t) N. 06: 386, Salzburg (J. S i r o v á t k a) N. 06: 384.

Die Gewinnung nutzbarer Mineralien in Kleinasien während des Altertums (F. F r e i s e) 06: 277.

Zur Entwicklungsgeschichte des Erzbergbaues in den deutschen Rheinlanden von der Völkerwanderung bis zum Dreißigjährigen Krieg (F. F r e i s e) 07: 1.

Geographische Verbreitung und wirtschaftliche Entwicklung des Bergbaues in Vorder- und Mittelasien während des Altertums (F r. F r e i s e) 07: 101.

Quellen und Ziele bergbaugeschichtlicher Untersuchungen (F r. F r e i s e) 07: 174.

Preußens neue Lagerstättenpolitik, Mutungssperre (E s k e n s) R. 06: 12.

Bergwirtschaftliche Landesaufnahmen R. 06: 170, N. 06: 241.

Bergwirtschaftliche Aufnahme des Deutschen Reiches N. 06: 131, R. 06: 152.

Die Zwangskonsolidation. Ein Beitrag zur neuen Lagerstätten-Pol t.k Preußens (M. K r a h m a n n) 06: 1.

Welt-Montanstatistik (Werte nach Produkten und nach Ländern i. J. 1901) N. 04: 424.

Zur Frage einer einheitlichen internationalen Montanstatistik N. 06: 163.

Zur Reform der deutschen Montanstatistik N. 06: 241.

Der deutsche Erzbergbau (M. K r a h m a n n) 05: 265; 09: 402.

Verein zur Förderung des Erzbergbaues in Deutschland P. 05: 88, 120, 155, 432.

Verein zur Förderung des Erzbergbaues P. 06: 136, 172, 394.

Preistabellen N. 04: 36, 67, 114, 148, 189.

Großhandelspreise wichtiger Metal'e an deutschen Plätzen für die Monate des Jahres 1905 N. 06: 165, desgl. für 1906 N. 07: 125, für 1907 N. 08: 133.

Über geologische Untersuchungen und die Entwicklung des Bergbaues in den deutschen Schutzgebieten. Nach einem Vortrage auf dem deutschen Kolonialkongreß zu Berlin am 7. Oktober 1905 (C. S c h m e i ß e r) 06: 73.

Geologie und Mineralindustrie auf der Bayerischen Jubiläums-Landesausstellung zu Nürnberg (O. F r i z) 06: 256.

Erzlagerstätten und industrielle Vorherrschaft (J. B. S t e w a r t) 07: 225.

Zur neueren Lagerstättenpolitik in Deutschland N. 07: 260.

Deutschlands wichtigere Metall- und Erz-Einfuhr und -Ausfuhr 1903 bis 1906 N. 07: 260.

Karte der nutzbaren Lagerstätten Deutschlands. Gruppe: Preußen und benachbarte Bundesstaaten. I. Abteilung: Rheinland und Westfalen (B e y s c h l a g; E v e r - d i n g) R. 07: 323, 09: 480; Gruppe Elsaß-Lothringen (W. B r u h n s) R. 09: 480.

Bergwerks-, Salinen- und Hüttenproduktion Deutschlands N. 08: 132; Bw. M. 1910: 12.

Errichtung einer Metallbörse in Berlin P. 08: 135.

Bergbau im Großherzogtum Hessen N. 08: 172.

Bergwerks- und Hüttenproduktion des Königreichs Sachsen N. 08: 221.

Produktion des Berg-, Hütten- und Salinenbetriebes im bayrischen Staate für das Jahr 1908 N. 09: 356.

Die Erhaltung von Erz- und Mineralvorräten (A. C a r n e g i e und J. C. W h i t e) R. 08: 287.

Fernere allgemeine Literatur, auch über Aufbereitung.

A m t l i c h: Mineral Resources of the United States. Calendar year 1907. Washington 1908. I. Metallic products. 743 S. m. 1 Karte und 1 Fig. — II. Nonmetallic products. 897 S. m. 1 Karte und 6 Fig.
Die einzelnen Mitarbeiter dieses nach Mineralien geordneten, auch das Ausland hier und da berücksichtigenden amtlichen Berichtes für 1907 siehe S. 277, diejenigen für 1901 „Fortschritte" I, S. 295.

T h e M i n e r a l I n d u s t r y its statistics, technology and trade during 1908. Founded by R. P. R o t h w e l l, edited by W. R. I n g a l l s. Vol. VXII. New York 1909. Mc. Graw-Hill Book Company. 1073 S. Preis 45 M.
Der Hauptteil ist nach den einzelnen nutzbaren Mineralien bzw. Produkten ange-ordnet, der statistische Anhang nach Ländern.

d' A c h i a r d i, G.: L'oro, il ferro, le pietre preziose, i marmi, i carboni fossili. Pisa, E. Spoerri, 1903. 95 S.
A r n d t, P.: Deutschlands Stellung in der Weltwirtschaft. (Aus Natur und Geisteswelt, Sammlung wissenschaftlich-gemeinverständlicher Darstellungen. Bd. 179.) B. G. Teubner, Leipzig, 1908. Geh. 1 M, geb. 1,25 M.
A u s s i c h t e n für den Bergbau in den deutschen Kolonien. Eine Aufforderung an deutsche Prospektoren zur Betätigung in unseren Kolonien. Herausgeg. vom Kolonialwirtschaft-lichen Komitee. Berlin 1909, Kolonialw. Komitee. 40 S. m. 2. Taf.
B a r t h o l o m e w: Atlas of the World's Commerce. London, G. Newnes, 1907. 176 Kart. u. 52 u. 42 S. Text.
Es enthält Karte: 125 Eisenproduktion, 126—127 Eisenbergwerke, 128 Eisen-statistik, 129 Stahlproduktion, 130—131 Kohlenbergwerke, 132—133 Kohlenstatistik, 134—135 Kupferproduktion, 136—137 Marmor, Phosphat usw., 138—139 Zinn, Platin, Aluminium, 140 Quecksilber, Zink usw., 141—144 Goldbergwerke, Statistik usw., 145—148 Silberbergwerke, Statistik usw., 149—151 Edelsteine, 152—153 Petroleum, Asphalt usw.

B i r k i n b i n e, J.: The American institute of mining engineers and the conservation of natural resources. Bull. of the Am. Inst. of Min. Eng. 1909. Nr. 28. S. 381—387.
B l o c h m a n n, R.: Schätze der Erde. Entstehung, Gewinnung und Verwertung der interessantesten Stoffe aus allen Gebieten der Natur. Stuttgart 1903. Pr. 6 M.
B l ö m e k e, C.: Über die amerikanischen Erz-Aufbereitungsverfahren nach dem R i c h a r d s schen Aufbereitungs-Lehrbuche. S.-A. aus „Metallurgie", I. u. II. Jahrg. Halle a. S., W. Knapp, 1905. 75 S.
A. Bleierz-Aufbereitungen S. 3; B. Blende-Aufbereitungsanstalten S. 10; C. Blei-und Zinkerz-Aufbereitungsanstalten S. 12; D. Aufbereitungsanstalten für gold- und silberhaltiges Schwefelkies-, Bleiglanz- und Blende-Haufwerk S. 20; E. Aufbereitungs-anstalten für silberhaltige Erzgemenge mit größerer Leistungsfähigkeit S. 29; F. Auf-bereitungsanstalten für Silber-, Blei-, Kupfer-, Blende- und Schwefelkies-Haufwerk mit gediegen Silber und Gold S. 38; G. Aufbereitungsanstalten für Haufwerk, welches an Metall nur Gold zur Gewinnung enthält S. 48; H. Aufbereitungsanstalten für Hauf-werk, welches Gold gediegen und mit Schwefelkies vererzt enthält S. 50; I. Aufbereitungs-anstalten für Haufwerk, welches an Erzen Kupfererze allein oder vorwiegend enthält S. 56; K. Elektromagnetische Aufbereitung in Verbindung mit gewöhnlichen nassen Sortierverfahren S. 64; L. Resümee S. 67.

B r a u n s , R.: Das Mineralreich. Stuttgart, F. Lehmann, 1903. Mit vielen Text-Illustr., 73 Farbentaf., 14 Lichtdrucktaf. u. 4 Kunstdrucktaf. 440 S. Pr. 45 M,

I. Allgemeiner Teil; II. Die Erze und ihre Abkömmlinge nebst Schwefel; III. Die Edelsteine und ihre Verwandten; IV. Gesteinsbildende Silikate und verwandte Mineral:en; V. Mineralsalze. (Vgl. Z. 1903, S. 454, Anm.)

B r o u g h , B. H.: Cantor lectures on the mining of non-metallic minerals. London, W. Trounce, 1904. 48 S. m. 15 Fig. Pr. 1 sh. Siehe 1900: 356 u. F. I, 294.

I. C o a l s a n d b i t u m e n s : Graphite, coal, brown coal, peat, petroleum, ozokerite, asphalt; II. S a l t s : Rock salt, potash salts, borates, alums, nitrates, phosphates; III. S t o n e s: Flint sandstone, limestone, marble, dolomite, slate, eruptive rocks, mica, clays, gypsum, asbestos, bauxite, other earthy minerales; IV. P r e c i o u s S t o n e s : Diamond, corundum gems, emerald, other precious stones, ornamental stones, rare earths. Soc. for the encouragement of arts, manufactures and commerce.

B r u h n s , W.: Die nutzbaren Mineralien und Gebirgsarten im Deutschen Reiche. Auf Grundlage des gleichnamigen v. D e c h e n schen Werkes unter Mitwirkung von H. B ü c k i n g neu bearbeitet. Berlin, G. Reimer, 1906. 859 S. m. einer geologischen Karte von Deutschland i. M. 1: 4 600 000. Pr. 16 M., geb. 18,50 M,

C a l w e r , R.: Einführung in die Weltwirtschaft. Bd. 30 der Maier-Rothschild-Bibliothek. Berlin 1906. 95 S. ·Pr. geb. 3 M. (Kohlenbergbau S. 58—64; Eisengewerbe; Metallgewinnung S. 64—71.)

C a l w e r , R.: Kartelle und Trusts. Bd. VIII von „Handel, Industrie und Verkehr in Einzeldarstellungen". Berlin 1907. 73 S. Pr. 1 M.

I. Gewerbefreiheit und Großindustrie S. 5—10; II. Formen und Wesen des Kartells S. 11—33; Kohlensyndikat S. 25—31; III. Gegenwärtiger Stand der Kartellierung in Deutschland S. 34—44; Bergbau S. 34—36; Amerikanische Trusts S. 45—53; Wirtschaftliche Wirkungen der Kartellierung S. 54—62; Die Aufgabe des Staates gegenüber den Kartellen S. 63—73.

C h a l o n , P. F.: Manuel du mineur. Recherches des mines et leur exploitation. 4. Aufl. Paris, Ch. Béranger, 1909. 633 S. m. 95 Fig. Pr. geb. 12,50 Fr.

C r o o k , T.: The electrostatic separation of minerals. Mineralog. Mag. 1909. Nr. 70. S. 260—264.

C u v i l l i e r , T.: Legislation minière et controle des mines. Paris, Ch. Dunod, 1902.

D e j a r d i n , L.: Unification des statistiques minières officielles. Congr. intern. des mines. Teil II. S. 723—730. (Referat s. Z. 1906. S. 163—164.)

D i t t m a r s c h , A.: Die Gewinnung der nutzbaren Mineralien von den Lagerstätten. (Grubenbaue, Gruben, Ausrichtung, Vorrichtung und Abbau. Tagebaue und Gräbereien.) Bibliothek d. gesamten Technik. 58. Bd. Hannover, Dr. Max Jänecke, 1907. 84 S. m. 79 Fig.

E r l a c h e r , G. J.: Briefe eines Betriebsleiters über Organisation technischer Betriebe. Zweite Auflage. Dr. Max Jänecke, Hannover, 1906. Pr. brosch. 1,60 M.

F i n l a y , J. R.: The costs of mining. General conditions. Eng. a. Min. Journ. LXXXV. 1908. S. 795—800.

Discussion of factors controlling variations. Low costs in mining may mean greater expenses elsewhere. Losses of ore often neglected. — Cost of labor and supplies. — Underground conditions. — Climate, altitude and population. — Transportation and marketing the product. — Internal factors. — Homogeneity of ore. — Low costs in mining may mean greater expense elsewhere. — Effect of losses in determining costs. — Smith's formula. Other of loss. — Losses in milling and smelting. Waste in exploitation. — Statement of mining costs. — Management. — Logical reason for rich mines costing more. — Hoover's Theorem. — Economic and speed.

F i n l a y , J. R.: Cost of mining. New York 1909. 425 S. m. zahlr. Fig. Pr. 22 M.

F r a n k e , G.: Handbuch der Brikettbereitung. 2 Bde. Stuttgart 1909/1910, F. Enke. Bd. 1: Die Brikettbereitung aus Steinkohlen, Braunkohlen und sonstigen Brennstoffen. 653 S. m. 255 Abb. u. 9 Taf. Pr. 22 M, geb. 23,60 M. — Bd. II: Die Brikettbereitung aus Erzen, Hüttenerzeugnissen, Metallabfällen u. dergl. einschließlich der Agglomerierung nebst Nachträgen. 215 S. m. 79 Abb. u. 4 Taf. Pr. 8 M, geb. 9,40 M.

F r e i s e , F.: Aufbereitung von Erzen und Kohle. Bibl. d. ges. Technik. Bd. 37. Hannover, M. Jänecke. 206 S. m. 195 Fig. Pr. 2,50 M., geb. 3,20 M.

F r e i s e , Fr.: Geschichte der Bergbau- und Hüttentechnik. I. Bd.: Das Altertum. Berlin, Julius Springer, 1908.

G ö p n e r , C.: Die Erzkonzentration nach Elmore. „Metallurgie" V, 1907. S. 1—7, 45—50.

Goesel, J. G.: Minerals and Metals. Reference book, useful data and tables of information on legal, customary, and scientific measurements, geological classification, usw. New York 1906. 298 S. Geb. 15 M.

Haenig, A.: Die seltenen Metalle — Kobalt, Vanadium, Molybdän, Titan, Uran, Wolfram — und ihre Bedeutung für die Technik unter besonderer Berücksichtigung der Stahlindustrie. Österr. Zeitschr. f. Berg- u. Hütten-Wesen LVI. 1908. S. 177—180, 196—199, 208 bis 211, und 221—224.

Hanus, V.: Einige Bemerkungen zu dem Artikel des Diplom-Ing. Max Freiberg: „Die Wertbestimmung der Bergwerke". „Braunkohle" 1908, 48, 1909, S. 827—830.

Hanus, V.: Die Wertbestimmung von Bergwerken. Erwiderung auf die Bemerkungen des Herrn Dipl.-Ing. M. Freyberg. „Braunkohle" VIII, 1909, S. 259—262.

Harbort, E.: Lagerstätten und Gewinnung der wichtigsten nutzbaren Mineralien und Gesteine. („Der Mensch und die Erde", Bd. V.) Berlin, Bong & Co., 1908. S. 29—212 mit zahlreichen Fig. u. farb. Taf.

> Die Erscheinungsformen der Mineralien, ihre physikalischen und chemischen Eigenschaften S. 29. — Die Mineralien als Bestandteile der Erdrinde, ihre Bildungsbedingungen, ihre zeitliche Entstehung und Lagerung S. 46. — Die Bewertung und Aufsuchung der Mineralschätze durch den Menschen S. 66. — Eruptivgesteine als Baumaterialien S. 74. — Sedimentgesteine als Baumaterialien S. 85. — Die wichtigsten vorwiegend als Baumaterialien verwendeten krystallinen Schiefer S. 107. — Mineralien zur Gewinnung der Nutzmetalle und ihrer Verbindungen S. 109 (Gold, Silber usw.).

Harmening, E.: Die notwendige Entwicklung der Industrie zum Trust. S.-A. a. d. Archiv f. Rassen- und Gesellschafts-Biologie. 2. Heft. 1904. Berlin, Verlag der Archiv-Gesellschaft. 22 S.

Herbst: Der Bergbau auf der Lütticher Weltausstellung. S.-A. a. „Glückauf" 1905. Essen 1906. 111 S. m. 115 Fig.

> 1. Lagerungsverhältnisse S. 5; 2. Tiefbohrung S. 12; 3. Schachtabteufen S. 15; 4. Gewinnungsarbeiten S. 19; 5. Grubenbaue S. 30; 6. Ausbau S. 35; 7. Förderung S. 40; 8. Wetterwirtschaft und Beleuchtung S. 55; 9. Rettungswesen S. 66; 10. Wasserlosung S. 68; 11. Aufbereitung S. 75; 12. Kokerei S. 86; 13. Tagesförderung und Verladung S. 97.

Hiertz, M.: Les procédés „Groendal" pour le broyage, l'enrichissement et le briquetage des mineralis. Revue univ. des mines, de la métallurgie etc., Liége. T. XXIV. 1908. S. 126—135.

Hildebrandt, H.: Lehrbuch der Metallhüttenkunde. Hannover, M. Jänecke, 1906. 531 S. m. 333 Fig. Pr. 13 M., geb. 14 M.

> Kupfer S. 1; Nickel S. 100; Kobalt S. 137; Blei S. 141; Silber S. 210; Gold S. 298; Platin S. 359; Quecksilber S. 366; Zink S. 389; Kadmium S. 437; Zinn S. 440; Arsen S. 462; Antimon S. 471; Wismut S. 486; Aluminium S. 493.

v. Juraschek: Bergbaustatistik. Handw. d. Staatsw. 2. Aufl. 1901. II. S. 561—584.

> A. Vorbemerkung. B. Produktion: 1. Kohle; 2. Eisenerz mit Roheisen; 3. Metallhaltige Erze; 4. Petroleum; 5. Andere Bergwerksprodukte: 6. Gewinnung unedler Metalle. C. Betriebseinrichtungen und Arbeitskräfte. D. Finanzielle Ergebnisse.

Kegel, K.: Über Verträge zum Erwerb von Abbaugerechtigkeiten und Abbaurechten beim Grundeigentümerbergbau in Preußen. Halle, W. Knapp, 1909. 68 S. Pr. 2,40 M.

Klockmann, F.: Lehrbuch der Mineralogie. Dritte Aufl. Stuttgart, F. Enke, 1903. 588 S. (Anhang I: Die nutzbaren Mineralien. S. 563—570. Anhang II separat: Tabellen zum Bestimmen der 250 wichtigsten Mineralien. 41 S.) Pr. 14 M. — 4. Aufl. 1907. 622 und 41 S. — S. F. S. I. 293.

Korsuchin, J.: Die mechanische Bearbeitung der nützlichen Mineralien (Russisch). St. Petersburg 1909. 528 S. m. 481 Fig. Pr. 21 M.

Kreutz: Über Skalapreise bei Erzen. „Glückauf" 1905. S. 1077—1081.

Krusch, P.: Die Untersuchung und Bewertung von Erzlagerstätten. Stuttgart, F. Enke 1907. 537 S. m. 102 Fig. Pr. 16 M., geb, 17,40 M.

> Spezieller Teil: S. 116—329: Gold, Kupfer, Eisen, Mangan, Chrom, Silber-Blei-Zink, Nickel und Kobalt, Quecksilber, Zinn, Wismut, Molybdän, Arsen, Antimon, Platin, Wolfram, Schwefel, Thorium und Cerium, Aluminium, Uran.

Kurpiun: Interessengemeinschaften. „Kohle und Erz" 1906. Sp. 367—374.

> I. Strömung der Gegenwart. II. Geschichtliches. III. Art und Wesen der Gemeinschaften. IV. Wirtschaftliche Einflüsse. V. Die Stellung des Staates.

Lange, C. Fr. R.: Die Verwaltung der Berg-, Hütten- und Salzwerke. Selbstverlag. Ed. Piepersche Buchdruckerei, Clausthal 1905.

L a s s o n , A.: Kartelle und Syndikate. „Kohle und Erz" 1905. Sp. 273—278.

L u e g e r , O.: Lexikon der gesamten Technik und ihrer Hilfswissenschaften. Zweite, vollständig neu bearbeitete und verbesserte Auflage. 8 Bände. Stuttgart, Deutsche Verlags-Anstalt, 1904. Pr. geb. 240 M. — Geologische und bergmännische Mitarbeiter sind u. a. wie bei der 1. Aufl. A. L e p p l a und E. T r e p t o w.

M e n t z e l , H.: Beiträge zur Bergschadenfrage. Essener Glückauf 1907. 43. S. 3—8 m. Taf. 1—3.

M e r r i l l , G. P.: Non-metallic Minerals, their occurence and uses. New York 1904. 422 S. m. mehreren Figuren u. 11 Taf. Pr. 20 M.

N e u m a n n , B.: Die Metalle, Geschichte, Vorkommen und Gewinnung nebst ausführlicher Produktions- und Preisstatistik. — Vom „Verein zur Beförderung des Gewerbefleißes" preisgekrönte Arbeit. — Halle, W. Knapp, 1904. 421 S. m. zahlreichen Tabellen u. 26 farbigen Taf. Pr. 16 M.

N e u m a n n , B.: Tafeln zur Metallstatistik mit Erläuterungen. 7 S. Taf. I: Goldproduktion 1876—1900. Taf. II: Kupfer-Produktion 1875—1900. Taf. III: Roheisen-Produktion 1866—1900. (Mit Erläuterungen.) Halle a. S., W. Knapp, 1904. Pr. je 3 M.; je 2,50 M. bei Abnahme einer Serie von drei Stück.

N e u m a n n , B.: Das Metallhüttenwesen im Jahre 1908. „Glückauf" 1909. S. 1473 bis 1479, 1516—1520, 1550—1556.

P i l z : Ein Vergleich des amerikanischen Trustsystems der Kohlen- und Eisen-Industrie mit den deutschen Kohlen- und Eisensyndikaten. „Glückauf" 1909. S. 1794—1804, 1833—1844, 1873—1877 u. 1914—1920.

R e i f , H.: Grundzüge des ungarischen Berggesetzentwurfes samt den vom Verfasser dem Kgl. Ung. Finanzministerium erstatteten Abänderungsvorschlägen. Ein Beitrag zur Bergrechtsreform. S.-A. Zeitschr. f. d. Privat- und öffentliche Recht d. Gegenwart, Bd. 35—36. Wien 1909, A. Hölder. 232 S. Pr. 3,60 M.

R u m i n , W.: Elementare technische Mineralogie. Kurze Beschreibung der wichtigsten technisch verwendbaren Fossilien (russ.). Charkow 1904. 74 S. Pr. 2,50 M.

S a c h s , A.: Die Erze, ihre Lagerstätten und hüttentechnische Verwertung. Leipzig, F. Deuticke, 1905. 74 S. 24 Fig.

S a c h s , A.: Tabellarische Übersicht der technisch nutzbaren Minerale. Für Studierende der Naturwissenschaften, Berg- und Hüttenleute, Chemiker und Ingenieure. Leipzig und Wien, Franz Deuticke, 1909. 43 S.

S a c k , D. M.: Bibliographie der Metallegierungen. Hamburg 1903. Pr. 2 M.

S a u e r , A.: Mineralkunde als Einführung in die Lehre vom Stoff der Erdrinde. Stuttgart, Franckscher Verlag, 1909. 249 S. 4^0 m. 282 Abb. i. Text und 26 farb. Taf. Pr. 13,60 M.

S c h n e i d e r , R.: Die Entwickelung, Bedeutung und Zukunft des Bergbaues und der Eisenindustrie. Magdeburg, R. Zacharias, 1905. 58 S.

S c h r a d e r , O.: Die Metalle. (Aus: Sprachvergleichung und Urgeschichte; linguistisch-historische Beiträge zur Erforschung des Indogermanischen Altertums. 3. Aufl.) Jena 1906. 120 S. Pr. 4 M.

S e h l i n g , E.: Die Rechtsverhältnisse an den der Verfügung des Grundeigentümers nicht entzogenen Mineralien mit besonderer Berücksichtigung des Kohlenbergbaues in den vormals sächsischen Landesteilen Preußens, des Eisenerzbergbaues im Herzogtum Schlesien u. a. sowie des Kalibergbaues in der Provinz Hannover. Leipzig, A. Deichert, 1904. S. 89—111.

S e l b a c h , K.: Illustriertes Handlexikon des Bergwesens. Leipzig, C. Scholtze, 1907. 719 S. m. 1237 Abbildungen im Text und mehreren Tafeln. Pr. geb. 30 M.

S h a m e l , C h. H.: The american law relating to minerals. The School of Mines Quarterly. Vol. XXVII. 1905. S. 1—27.

S t e w a r t , J. L.: Ore-deposits and industrial supremacy. Economic Geology. Vol. I. 1905—1906. S. 257—264. Deutsch in Zeitschr. f. prakt. Geologie 1907. S. 225.

T r e p t o w , E.: Grundzüge der Bergbaukunde einschließlich Aufbereitung und Brikettieren. IV. Aufl. Wien und Leipzig, Spielhagen & Schurich, 1907. 598 S. m. 814 Fig. Pr. 12 M., geb. 13 M.

V i l l a r e l l o , M. J. D.: Sur le remplissage de quelques gisements métallifères. Memorias y Revista de la Sociedad cientifica „Antonio Alzate", T. 26. Mexiko 1908. S. 423—447.

W a l m e s l e y , O.: Guide to the mining laws of the world. Eyre & Spottiswoode, East Harding Street, London 1894.

W i t t , O.: Contributions to the theory of ore dressing. Minig Magazine 1906. Vol. XIII. S. 484—488 m. 7 Fig.

Z s i g m o n d y , A r p á d: Die Bergbaustatistik der Welt. (Nach dem bányászati es kohászati lapok.) Österr. Z. f. Berg- u. Hüttenw. 1909. Nr. 13—16.

I. Die Bergbau- und Hüttenproduktionen der wichtigsten Länder 1892 (1891) und 1907 (1906), S. 190. II. Arbeiterzahl im Bergbau S. 213. III. Bergbauproduktenwerte 1907 S. 214. IV. Vergleichende Statistik der wichtigsten Bergbauprodukte S. 229.

B. Kohle.

(Anhang: G r a p h i t; — D i a m a n t u n d K o h l e n w a s s e r s t o f f e s i e h e i m z w e i t e n T e i l.)

Kohlenproduktion Deutschlands im Jahre 1902 N. 03: 213.

Ein- und Ausfuhr des deutschen Zollgebietes an Steinkohlen, Braunkohlen, Koks, Briketts und Torf im Jahre 1902 N. 03: 214.

Statistik des Kohlen- und Kokshandels in Großbritannien N. 03: 46.

Sitzung der Stein- und Kohlenfall-Verhütungs-Kommission P. 03: 215.

Verwendung von Braunkohle in der Eisenindustrie in Spanien N. 03: 368.

Böhmens Braunkohlenverkehr im Jahre 1901 N. 04: 35; — derselbe im Jahre 1902 N. 04: 111.

Royal Commission on Coal Supplies P. 04: 72.

Die Entwicklung des niederrheinisch-westfälischen Steinkohlen-Bergbaues in der zweiten Hälfte des 19. Jahrhunderts („Sammelwerk") (L. C r e m e r , H. M e n t z e l , B r o o k m a n n , L e n z) L. 04: 137.

Die Verteilung der Kohlensorten im Ruhrbecken N. 04: 145.

Kohlenproduktion Deutschlands im Jahre 1903 N. 04: 147.

Kohlen-Ein- und -Ausfuhr Österreich-Ungarns in den Jahren 1901 und 1902 N. 04: 188.

Kohlenversorgung Berlins im Jahre 1903 N. 04: 221.

Die Mineralkohlen der Länder der Ungarischen Krone, mit besonderer Rücksicht auf ihre chemische Zusammensetzung und praktische Wichtigkeit (A. v. K a l e c z i n s k y) R. 04: 97, 131, 213.

Die nutzbaren Lagerstätten im Gebiete der mittleren sibirischen Eisenbahnlinie (W. F r i z) 05: 55 (A) und 05: 65 (G).

Über das Vorkommen von erdiger Braunkohle in den Tertiärschichten Wiesbadens (F. H e n r i c h) 05: 409.

Steinkohle in Französisch-Lothringen R. 05: 413.

Alphabetisches Verzeichnis der Steinkohlenbergwerke Oberschlesiens (Jahr) L. 05: 44.

Jahrbuch der deutschen Braunkohlen- und Steinkohlenindustrie 1905 L. 05: 83.

Die Erwerbung der Hibernia-Gesellschaft durch den preußischen Staat und dessen weitere Aufgaben im rheinisch-westfälischen Kohlenbergbau (R. L i e f m a n n) L. 05: 414.

Unverritzte Kohlenfelder in Großbritannien N. 05: 264.

Steinkohlenvorrat im Dombrowo-Becken, Kgr. Polen N. 05: 429.

Rohstoff-Fracht-Tarife der deutschen Eisenbahnen (nach E. S c h r ö d t e r und B r e u s i n g) N. 06: 89.

Industrielle Verbrauchsgruppen der rheinisch-westfälischen Steinkohle N. 06: 390.

Selbstkosten und Verdienst bei der Steinkohlengewinnung in Westfalen N. 06: 387.

Steinkohle und Braunkohle in Kleinasien (C. S c h m e i ß e r) 06: 193.

Englands Kohlenvorrat R. 06: 157.

Jura-Kohle in Norwegen (J. H. L. V o g t) R. 06: 56.

Kommission zur Erforschung des Kohlenreichtums in Spanien P. 06: 171.

Eisen und Kohle (O. S i m m e r s b a c h) N. 07: 334.

Entstehungsweise der rezenten Kaustobiolithe.

Fig. 117.

Ein Teil des Schwarzen Sees bei Liebemühl bei Osterode in Ostpreußen, die Verschlammung durch Faulschlamm (Sapropel) (F) zeigend.
(Nach Potonié; vgl. Stremme: „Das natürliche System der brennbaren organogenen Gesteine (Kaustobiolithe)“, Z. 1909, S. 4—12.)
W = Wasser, S = Sumpfflora (*Typha* usw.), die Sumpftorf erzeugend auf dem Faulschlamm ein Schwingmoor gebildet hat.
B = Birkenmoor (auch Erlen) als weitere Etappe der Verlandung.

Über die Frage der Orlauer Störung im oberschlesischen Steinkohlenbecken
(R. Michael) P. 07: 266.

Preise von Steinkohlen und Petroleum in Deutschland in den 20 Jahren 1887 bis 1906
N. 07: 127.

Die Beurteilung von Koks nach seinem Aussehen (A. Thau) L. 07: 90.

Bohrungen von Pont-à-Mousson (Saarbrücken) (Zeiller) P. 07: 271.

Neu-Seelands Kohlenausbeute und Goldausfuhr N. 07: 70.

Das Tertiär im Kreise Gardelegen (F. Wiegers) L. 45.

Die nutzbaren Minerallagerstätten Dalmatiens (R. Schubert) A. 08: 49.

Geologische Übersichtskarte des Königreichs Sachsen i. M. 1: 250 000 (H. Credner)
L. 08: 83.

Die Tektonik des Steinkohlengebietes von Rossitz (Fr. E. Suess) L. 08: 84.

Die geologische Landesuntersuchung von Elsaß-Lothringen (L. van Werveke)
A. 08: 109.

Über die Möglichkeit der Aufschließung neuer Steinkohlenfelder im erzgebirgischen
Becken (C. Gäbert) A. 08: 114.

Braunkohlenpreisarbeit P. 08: 223.

Die Braunkohlenlagerstätten des Hohen Westerwaldes unter besonderer Berücksichtigung ihrer wirtschaftlichen Verhältnisse (F. Freise) A. 08: 225.

Entwurf zur Geologie der Kohle und Kohlenverbindungen (Charitschkoff)
B. 08: 349.

Kartographische Darstellung der Steinkohlenwerke Österreichs (W. Petrascheck)
P. 08: 352.

Der Thüringer Wald (E. Zimmermann) R. 08: 292.

Kohlenvorräte der Vereinigten Staaten (A. Carnegie, J. C. White) R. 08:
288, 290. — (M. G. Campbell) Bw. M. 1910: 22.

Das natürliche System der brennbaren organogenen Gesteine (Kaustobiolithe)
(H. Stremme) A. 09: 4. — Vergl. Fig. 117.

Die Lagerstätten nutzbarer Mineralien in der Schweiz (W. Hotz). Kohle A. 09: 40.

Das Liegende des produktiven Carbons in Westfalen (R. Bärtling) R. 09: 55.

Braunkohlenformation und glaziale Lagerungsstörungen im Felde der Grube „Merkur“
bei Drebkau (P. Rußwurm) A. 09: 87.

Über sekundär allochthone Braunkohle (H. Stremme) A. 09: 310.

Die sogenannten Humussäuren (H. Stremme) A. 09: 353.

Ein Beitrag zur Geologie des westlichen Teiles der Wurmmulde (M. Mueller)
A. 09: 357.

Zur Genesis der Steinkohle im Plauenschen Grunde (W. Hirsch) A. 09: 366.

Über Lichterscheinungen beim Verbrechen von Verhauen (R. Canaval) A. 09: 440.

Durch Asien, Bd. II. Geologische Charakterbilder. Zweiter Teil (K. Futterer
— K. Andrée) L. 09: 446.

Steinkohle in Brasilien (A. Keppen) R. 09: 479.

Pure Coal as a Basis for the Comparision of Bituminous Coal (N. F. Wheeler)
L. 09: 488.

Zur Entstehung der Neuroder feuerfesten Schiefertone in der Grafschaft Glatz
(F. Tannhäuser) B. 09: 522.

Argentiniens Kohlenlager (E. O. Rosser) Bgw. Mitt. 1910: 33; s. a. 10: 77.

Beiträge zur Steinkohlen-Inventur I (Deutschland und Österreich; nach Fr. Frech)
Bergw. Mitt. 1910: 105.

Fernere Literatur:

A m t l i c h : Die Verhandlungen und Untersuchungen der Preußischen Stein- und Kohlenfall-Kommission. (Sonderheft der Zeitschr. f. d. Berg-, Hütten- und Salinenwesen im Preuß. Staate.) Berlin, W. Ernst u. Sohn, 1906. 713 S. m. vielen Figuren und 43 Texttaf. — Enthält auch Reiseberichte und geologische Darstellungen aus allen größeren europäischen Kohlenrevieren. Vgl. F. I, S. 298 (Inhalt von Heft I—V).

A m t l i c h : Denkschrift über das Kartellwesen. Bearbeitet im Reichsamt des Innern. III. Teil: Die Kartelle der Kohlenindustrie. Berlin, C. Heymann. Pr. 8 M.

A m t l i c h : Gasausbrüche beim Steinkohlenbergbau. Zeitschr. f. Berg-, Hütt.- u. Sal.Wesen 1910, Abhandlung S. 1—47. A. S c h a u s t e n : Gasausbrüche beim ausländischen Steinkohlenbergbau, S. 1—24 m. 2 Fig. B. B r a c h t : Grubenausbrüche in Belgien, S. 24—41 m. 3 Fig. u. 5 Taf. C. Gasausbrüche im Ruhrgebiet, S. 41. D. Gasausbrüche im Saarbetrieb, S. 44.

A n d r i m o n t , R. d e : La formation charbonneuse des Balkans dans la région de Radevtzi-Borouchtiza. Ann. Soc. Géol. de Belgique 1909, Tome XXXVI, Mém. S. 213—219.

A n o n y m : Zur heutigen Lage der deutschen Braunkohlenindustrie. „Stahl und Eisen" 1910, S. 92—94.

A r n d t , A.: Zur Auslegung des Gesetzes betreffend die Abänderung des Allgemeinen Berggesetzes vom 24. Juni 1865/1892, vom 5. Juli 1905 (G.-S. S. 265), der sog. lex Gamp, betr. die Sperre der Mutungen auf Steinkohle und Steinsalz. „Glückauf" 1905. S. 1133—1140.

A s h l e y , H.: Basis of Government Valuation of Coal Lands. Mining World, Chicago 1910, S. 504—507.

A s h l e y , G. H.: The Ohio and Indiana coal fields. Mining Magazine 1905. Vol. XI. S. 233—236 m. 6 Fig.

A s h l e y , G. H., and L. C h. G l e n n : Geology and mineral resources of part of the Cumberland Gap coal field, Kentucky. Prof. Paper Nr. 49. U. S. Geol. Survey, Washington 1906. 239 S. m. 13 Fig, u. 39 Taf.

A s h l e y , G. H.: The maximum rate of deposition of coal. Econ. Geol. 1907. S. 34 bis 47 m. 5 Fig.

B a l l i n g , K.: Über die Ermittelung der Eisenbahnschutzpfeilerbreiten, deren Auskohlung und gerichtliche Schätzung in den nordwestböhmischen Braunkohlenbecken, nebst einem Vorschlage zur Abänderung der bisherigen Schätzungsart. Österr. Zeitschr. f. d. Berg- u. Hüttenw. 1904. S. 463—466, 481—485, 496—501 m. 2 Fig.

B ä l z : Das Egerländer Braunkohlenbecken. „Glückauf" 1908. S. 1830—1842 m. 9 Fig. (Ref. s. „Braunkohle" 1909. S. 724.)

B a r e n , J. v a n : De Bodem van Nederland. Tweede, geheel nieuw bewerkte Druk van het in 1860 compleet gekomen werk van wijlen Dr. W. C. H. S t a r i n g . Tweede Stuk. Amsterdam 1910, S. L. van Looy. S. 77—156 m. zahlr. Fig. u. Karten über die niederländ. Steinkohlenformation.

B a r s c h , O.: Die Pseudocannelkohle. Berlin, Geol. Landesanstalt, 1908. 27 S. m. 2 Taf.

B ä r t l i n g , R.: Die Ergebnisse der neueren Tiefbohrungen nördlich der Lippe im Fürstlich Salm-Salmschen Bergregalgebiet. „Glückauf" 1909. S. 1173—1178, 1209—1216, 1249—1260 und 1289—1294 m. 5 Abb.

B a r t o n e c , F.: Das Krakauer Kohlenbassin. Österr. Zeitschr. f. Berg- und Hüttenw. 1909. S. 719—722 und 733—735.

B a u m , G.: Kohle und Eisen in Nordamerika. Ein Reisebericht. Essen (Ruhr), Verlag des „Glückauf", 1908. 150 S. 4⁰ mit 175 Fig. u. 1 Taf. (Kohlenverbreitung in den Verein. St.)

B e r g e r o n : Le bassin houiller de Lorraine. Soc. de l'ind. min. Comptes rendus mens. Septembre-octobre 1906. S. 302—307.

B e r n h a r d i : Neue Momente zur Beurteilung der Bruchfrage beim Bergbau. Z. d. Oberschles. Berg- u. Hüttenm. Ver. 1905. S. 317—320; Montan-Ind.- u. Handelsztg. v. 15. Dez. 1905.

B e r t r a n d , C. E g.: Ce que les coupes minces des charbons de terre nous ont appris sur leurs modes de formation. Congr. intern. des mines usw. Liége 1905. Sect. de Géol. appl. S. 349—390 m. 97 Fig. auf 9 Taf.

§ 1. Utilité de l'analyse optique des charbons S. 349. § 2. Conditions générales nécessaires à la formation d'une couche charbonneuse. — Dominantes d'une classe de charbons. — Caractères spécifiques d'une couche S. 351. § 3. La gelée brune humique, les eaux brunes S. 352. § 4. La découverte de M. P o t o n i é S. 354. § 5. Les charbons humiques S. 355. § 6. Les charbons de purins S. 358. § 7. Les charbons sporopolliniques S. 360. § 8. Les charbons d'algues ou bogheads S. 362. § 9. La houille de la veine Marquise d'Hardinghen S. 368.

Kohlengewinnung in den wichtigsten Erzeugungsländern.

Erzeugungsmenge in 1000 metrischen Tonnen[1].
(Nach dem Statist. Jahrb. f. d. Deutsche Reich. 30. Jahrg. 1909. Anhang S. 27.)

Europäische Kohlenlager

Jahr	Deutsches Reich Steinkohlen	Braunkohlen	Österreich und Ungarn Steinkohlen	Braunkohlen	Bosnien und Herzegowina Braunkohlen	Rußland einschl. asiatische Besitzungen Stein- und Braunkohlen	Italien Stein- und Braunkohlen	Spanien Steinkohlen	Braunkohlen	Frankreich Steinkohlen	Braunkohlen	Belgien Steinkohlen	Niederlande Steinkohlen	Schweden Steinkohlen	Großbritannien und Irland Stein- und Braunkohlen
1888	65 386	16 574	9 125	14 734	—	5 186	367	—	—	22 172	431	19 218	91	169	172 662
1893	73 852	21 574	10 715	19 734	—	7 614	317	1 480	41	25 173	478	19 411	101	200	166 963
1898	96 310	31 649	12 187	25 290	271	12 308	341	2 434	66	31 826	530	22 088	150	236	205 297
99	101 640	34 205	12 694	26 044	303	13 975	389	2 600	71	32 256	607	22 072	213	239	223 627
1900	109 290	40 498	12 440	26 668	395	16 157	480	2 583	91	32 722	683	23 463	320	252	228 795
01	108 539	44 480	13 104	27 653	445	16 527	426	2 652	96	31 634	692	22 213	313	272	222 562
02	107 474	43 126	12 208	27 272	425	16 466	414	2 723	84	29 365	632	22 877	399	305	230 739
1903	116 638	45 819	12 732	27 429	468	17 869	347	2 697	104	34 217	689	23 797	488	320	234 031
04	120 816	48 635	13 024	27 507	484	19 609	362	3 023	101	33 502	666	22 761	467	321	236 158
05	121 299	52 512	13 673	28 781	540	18 669	413	3 203	169	35 218	709	21 775	495	322	239 918
06	137 118	56 420	14 711	30 533	594	21 728	473	3 208	189	33 458	738	23 570	564	297	255 097
07	143 186	62 547	15 125	32 754	621	24 883	453	3 250	—	36 168	762	23 824	723	305	272 129
08	147 671	67 615	15 150	33 220	—	—	—	—	—	36 874	749	23 678	—	—	265 690
09	148 900	68 534	—	—	—	—	—	—	—	—	—	—	—	—	—
1910															

Jahr	Amerikanische Kohlenlager: Canada Steinkohlen	Verein. Staaten von Nordamerika Stein- u. Braunkohlen	Asiatische Kohlenlager: Britisch Indien Steinkohlen	Niederländisch OstIndien (Java, Sumatra, Borneo) Steinkohlen	Indochina (Annam und Tonkin) Steinkohlen	Japan Steinkohlen	Britisch Borneo Steinkohlen	Afrikanische Kohlenlager: Transvaal Steinkohlen	Natal Steinkohlen	Kapkolonie Steinkohlen	Australische Kohlenlager: Viktoria, Süd- u. Westaustralien Stein- u. Braunkohlen	NeuSüdwales Steinkohlen	Queensland Steinkohlen	Tasmanien Steinkohlen	NeuSeeland Steinkohlen
1888	2 361	134 862	1 736	—	—	2 023	—	—	—	29	9	3 254	316	43	624
1893	3 432	165 428	2 603	68	—	3 346	—	498	132	54	93	3 331	268	35	703
1898	3 785	199 559	4 682	168	247	6 750	96	1 730	394	174	250	4 782	415	50	922
99	4 468	230 190	5 175	189	290	6 776	97	1 574	334	189	322	4 671	502	44	991
1900	5 088	244 653	6 217	206	194	7 489	51	459	245	180	335	5 595	505	52	1 112
01	5 649	266 077	6 742	208	249	9 027	37	723	578	187	332	6 065	548	50	1 248
02	6 526	273 598	7 543	195	181	9 743	51	1 443	603	169	372	6 037	510	51	1 385
1903	6 935	324 188	7 557	214	240	10 139	51	2 045	725	188	201	6 457	516	50	1 443
04	6 813	319 163	8 349	235	337	10 772	58	2 448	872	157	265	6 117	520	51	1 563
05	7 953	356 272	8 553	309	297	11 542	59	2 649	1 148	149	287	6 738	539	63	1 611
06	8 856	375 717	8 854	378	315	12 980	63	2 024	1 259	130	316	7 748	617	54	1 758
07	9 535	435 779	11 200	—	—	12 890	—	—	—	—	—	—	—	—	—
08	—	377 252	—	—	—	—	—	—	—	—	—	—	—	—	—
09	—	—	—	—	—	—	—	—	—	—	—	—	—	—	—
1910															

[1] Bei Umrechnungen in metrische Tonnen sind 1 long ton (2240 lbs) zu 1016,0475 kg, 1 short ton (2000 lbs) zu 907,1853 kg, 1 pud zu 16,3805 kg und 1 kwan zu 3,7565 kg angenommen.

Kohlenverbrauch in den wichtigsten Ländern.

(Nach dem Jahresbericht des Vereins für die bergbaulichen Interessen im Oberbergamtsbezirk Dortmund für das Jahr 1908, z. T. auch wiedergegeben in der Zeitschr. d. Oberschles. V. f. Berg- u. Hw. 1909, S. 538.)

Jahr	Ver. Staaten von Amerika	Großbritannien	Deutschland.	Frankreich-	Österreich Ungarn	Belgien	Rußland	Kanada	Japan	Italien	Spanien	Schweden
1885	100 361	130 642	70 010	30 035	22 246	13 156	6 076	3 069	734	2 947	2 398	1 354
1890	141 890	145 241	89 798	36 745	30 456	15 808	7 722	4 566	1 416	4 346	3 058	1 749
1895	172 677	149 102	103 339	38 567	36 931	16 225	11 217	4 897	3 039	4 288	3 602	2 228
1900	238 110	169 445	147 049	48 654	37 250	19 899	20 349	7 765	4 194	4 920	4 696	3 443
1901	260 015	163 844	149 381	46 499	38 222	18 781	19 668	8 583	6 172	4 812	4 933	3 192
1902	269 627	169 362	145 639	44 286	37 141	19 658	19 344	9 832	6 824	5 372	5 134	3 335
1903	318 801	169 194	156 027	48 749	37 657	21 193	20 792	10 431	6 770	5 516	5 079	3 669
1904	311 521	169 272	162 575	47 523	38 624	20 225	22 813	12 288	8 480	5 868	5 443	3 876
1905	347 952	171 672	169 360	48 077	40 350	20 106	22 316	13 139	9 580	6 397	5 648	3 806
1906	366 392	177 068	186 762	51 490	43 744	23 028	25 990	13 958	10 634	7 639	5 782	4 242
1907	423 371	185 565	202 704	54 961	48 375	23 353	28 193	17 568	10 985	8 257	5 843	4 873
1908[1])	366 000	179 000	208 909	54 400	50 000	22 700						
1909												
1910												

Kohlenpreise in den letzten 20 Jahren.

Nach den Notierungen des rheinisch-westfälischen Kohlen-Syndikats an der Essener Börse stellten sich die Durchschnittspreise in den letzten Jahrzehnten wie folgt:

Jahr	Flammk. (Förderk.)	Fettkohlen (Förderk.)	Mag.-Kohlen- (Förderk.)	Gaskohlen (Förderk.)	Hochofenkoks	Gießereikoks	Brechkoks I und II	Briketts
1889	9,29	8,48	8,26	11,04	15,72	17,—	17,69	11,86
1890	13,36	10,72	11,—	14,58	19,78	22,—	22,61	14,64
1891	11,02	9,86	9,73	12,91	13,50	17,—	18,—	14,25
1892	9,75	8,50	7,75	11,75	12,—	14,63	16,25	11,38
1893	7,58	7,29	7,50	9,79	11,—	14,—	15,25	9,75
1894	8,70	8,—	7,50	10,50	11,—	14,—	15,25	9,75
1895	8,33	8,—	7,50	10,12	11,—	14,—	15,25	9,75
1896	8,03	8,25	7,67	10,17	12,02	14,13	15,19	10,19
1897	8,57	8,85	8,32	11,17	13,87	15,96	16,54	10,92
1898	8,84	9,08	8,59	11,46	14,—	16,25	16,75	11,21
1899	9,13	9,37	8,88	11,75	14,37	16,69	17,27	12,08
1900	10,—	10,25	9,50	12,75	21,29	23,33	22,37	13,50
1901	10,—	10,25	9,50	12,75	22,—	23,50	24,50	13,50
1902	9,72	9,60	9,50	12,—	15,—	17,50	18,50	12,83
1903	9,44	9,38	8,75	11,75	15 —	16,50	17,50	12,12
1904	9,38	9,38	8,31	11,75	15,—	16,50	17,50	12,—
1905	9,47	9,49	8,72	11,81	15,—	16,87	17,31	11,81
1906	10,27	10,27	9,53	12,50	15,87	17,87	18,12	12,02
1907	12,12	11,12	10,38	13,44	17,25	19,63	21,56	12,72
1908	11,25	11,25	10,50	13,75	17,50	20,—	22,50	12,88
1909								
1910								

[1]) Vorläufige Angaben.

B l a c h e r : Englische Steinkohlen. (Nach seinem Buche: „Feuerungstechnisches".) Zeitschr. f. Dampfkessel- und Maschinenbetrieb, XXX, 1910, Nr. 6—8, 11 u. 12.

B l a n c , F.: Étude sur ·les charbons, leur définition et leurs modifications par lavage. Soc. de l'ind. min. Comptes rendus mens. April 1904. S. 96—100 mit 1 Fig. u. Taf. XIII—XVIII.

B ö l s c h e , W.: Im Steinkohlenwald. 6. Aufl. Stuttgart, Verlag des Kosmos, 1906. 19 S. m. 16 Fig. von R u d. O e f f i n g e r . Pr. 1 M.

B o s e n i c k , A.: Der Steinkohlenbergbau in Preußen und das Gesetz des abnehmenden Ertrages. Zeitschr. f. d. gesamte Staatswissenschaft, Ergänzungsheft XIX. Tübingen, H. Laupp, 1906. 114 S. Pr. 3 M.

B r e t o n , L.: Deuxième partie de la seconde vue du bassin houiller du Pas-de-Calais, du Nord et de la Belgique. Soc. de l'ind. min. Comptes rendus mens. 1907. S. 6—14 m. Taf. I—VI.

B r o o k s , A. H.: The outlook for coal-minig in Alaska. Bi-Monthly Bull. Amer. Inst. of Min. Eng. 1905. S. 683—702 m. 1 Fig.

B u r n s , D.: The anthracitation of Coal. London, A. Reid, 1904. S. 16.

B u s h , B. F.: The coal-fields of Missouri. Bi-Monthly Bull. Amer. Inst. of Min. Eng., Januar 1905. Nr. 1. S. 165—179 m. 3 Fig.

C a l w e r , R.: Einführung in die Weltwirtschaft. Bd. 30 der Maier-Rothschild-Bibliothek. Berlin, S. Simon, 1906. 95 S. Pr. geb. 3 M. (Kohlenbergbau S. 58—64. Eisengewerbe. Metallgewinnung S. 64—71.)

C a m p b e l l , M. R.: Hypothesis to account for the transformation of vegetable matter into the different grades of coal. Econ. Geol. 1905. S. 26—33. (Ref. s. N. Jb. f. Min. 1908. I. S. 86.)

C a m p b e l l , M. R.: The value of coal-mine sampling. Econ. Geol. 1907. S. 48—57.

C a m p b e l l , M. R.: A practical classification for low-grade coals. Amer. Geol. T. III. 1908. S. 134—142 mit 1 Taf. u. 1 Fig.

C a m p b e l l , M. R., and E d w a r d W. P a r k e r: The Coal-Fields of the United States. Bull. of the Amer. Inst. of Min. Eng. 1909. Nr. 28. S. 365—372.

C a v a l l i e r , C.: Exploration du terrain houiller en Lorraine française. Bull. Soc. Belge de Géol. T. XIX. 1906. S. 483—497 mit 3 Fig. u. Taf. XV.

C h a n c e , H. M.: Appraisal of the value of mineral-lands, with especial reference to coallands. Transact. Amer. Inst. of Min. Eng., Lake Superior Meeting. September 1904. 13 S.

C l a r k , W. B., with the collaboration of G. C. M a r t i n , J. R u t l e d g e , B. S. R a n - d o l p h , N. A. S t o c k t o n , W. B. D. P e n n i m a n and A. L. B r o w n e: Report on the coals of Maryland. Part IV of Maryland Geological Survey, Vol. V. 1905. S. 219—636 m. Fig. 19 bis 55 u. Taf. XIII—XXXV.

C o l l i e r , A. J.: Geology and coal resources of the Cape Lisburne region, Alaska. U. S. Geol. Surv. Bull. Nr. 278. Washington 1906. 54 S. m. 8 Fig. u. 9 Taf.

C o l o m e r , Bassin houiller de la Nouvelle-Calédonie. Soc. de l'ind. min. Comptes rendus mens. August 1906. S. 225—227.

C o l o m e r , F., and C h. L o r d i e r: Combustibles industriels: houille, pétrole, lignite, tourbe, bois, charbon de bois, agglomérés, coke. Étude théorique et pratique des combustibles solides et liquides a l'usage des chefs d'industrie, des ingenieurs, et propriétaires des mines, des armateurs et des officiers ou mécaniciens de navires. 10. Ausgabe. Paris, H. Dunod et E. Pinat, 1906. 568 S. m. 185 Fig. Pr. 14,40 M., geb. 15,60 M.

C o s t e , E u g e n e: Petroleums and Coals, compared in their nature, mode of occurence and origin. S.-A. Journ. Canad. Min. Inst. Vol. XII. 1909. S. 29.

C r a n e , W. R.: Coal Mining in Arkansas. Eng. and Min. Journal 1905. S. 774—777, mit 3 tektonischen Figuren.

C u v e l e t t e: Recherches exécutées depuis 1896 pour reconnaitre l'extension méridionale du bassin houiller du Pas-de-Calais. Soc. de l'ind. min. Comptes rendus mens. April 1905. S. 110 bis 114.

D a n i e l s , J., und L. D. M o o r e: Versuche über die äußerste Druckfestigkeit von Kohlen. Eng. and Min. Journal 1907. S. 263. Referat in „Stahl und Eisen" 1907. S. 1594—1595.

D e f l i n e , M.: Note sur la constitution de la partie méridionale du bassin houiller du Nord dans la région de Valenciennes. Ann. d. mines T. XIV. 11. 1908. S. 469—521.

D e l k e s k a m p , R.: Das Braunkohlenvorkommen am Südabhang des Taunus und im unteren Maintale. „Braunkohle", 1908. Nr. 23, 32, 33, 34, 40, 42.

D e l m e r , A.: Le gisement houiller du Limbourg Néerlandais et son exploitation. Ann. des Mines. Bruxelles 1908. 32 S. m. 3 Taf. Pr. 2,40 M. Bd. I: Die Brikettbereitung.

Deutschlands Kohlenwirtschaft.
(Nach dem Jahresbericht der Firma Emanuel Friedländer & Co. in Berlin.)
Mengen in Tonnen.

Jahr	1907		1908		1909	
	Quantum	In Prozent gegen Vorjahr	Quantum	In Prozent gegen Vorjahr	Quantum	In Prozent gegen Vorjahr
Steinkohlen-Förderung	143 185 691	+ 4,4	147 671 149	+ 2,4	148 966 316	+ 0,9
Steinkohlen-Einfuhr	13 721 549	+ 48,3	11 661 503	− 15,1	12 198 634	+ 4,6
zusammen	156 907 240		159 332 652		161 164 950	
Steinkohlen-Ausfuhr	20 056 503	+ 2,6	21 190 777	+ 5,0	23 350 730	+ 10,2
Steinkohlen-Verbrauch	136 850 737	+ 8,0	138 141 875	+ 1,0	137 814 220	− 0,2
Braunkohlen-Förderung	62 546 671	+ 14,7	67 615 200	+ 8,1	68 355 194	+ 1,1
Braunkohlen-Einfuhr	8 963 027	+ 6,3	8 581 966	− 4,3	8 166 479	− 4,8
zusammen	71 509 698		76 197 166		76 521 673	
Braunkohlen-Ausfuhr	22 065	+ 17,7	27 877	+ 26,3	39 815	+ 43,0
Braunkohlen-Verbrauch	71 487 633	+ 10,2	76 169 289	+ 7,9	76 481 858	+ 0,4
Steinkohlen-Koks-Produktion.	21 938 028	—	21 174 956	− 3,6	21 407 676	+ 1,1
Steinkohlen-Koks-Einfuhr	558 695		575 091	+ 2,9	673 012	+ 17,0
zusammen	22 496 733	—	21 750 047		22 080 688	
Steinkohlen-Koks-Ausfuhr	3 790 642	—	3 577 496	− 5,6	3 444 791	− 6,2
Steinkohlen-Koks-Verbrauch	18 706 091	—	18 172 551	− 2,8	18 635 897	+ 2,5
Braunkohlen-Koks-Produktion	—	—	—	—		
Braunkohlen-Koks-Einfuhr	25 526	—	833	—	819	
zusammen	—	—	—			
Braunkohlen-Koks-Ausfuhr	1 938	—	1 824	—	2 190	
Braunkohlen-Koks-Verbrauch	—	—	—	—		
Steinkohlen-Brikett-Produktion	3 524 017	—	3 995 449	+ 10,4	3 914 854	− 2,0
Steinkohlen-Brikett-Einfuhr	136 320	—	108 834	− 20,2	120 278	+ 10,4
zusammen	3 760 337	—	4 104 283		4 035 132	
Steinkohlen-Brikett-Ausfuhr	837 775	—	1 070 199	+ 13,4	1 145 918	+ 5,3
Steinkohlen-Brikett-Verbrauch	2 922 562	—	3 034 084	+ 3,8	2 889 214	+ 4,8
Braunkohlen-Brikett-Produktion . . .	12 890 461	—	14 227 218	+ 10,3	14 833 859	+ 4,2
Braunkohlen-Brikett-Einfuhr	59 084	—	83 557	+ 41,4	90 780	+ 8,6
zusammen	12 949 545	—	14 310 775		14 924 639	+ 4,1
Braunkohlen-Brikett-Ausfuhr	422 360	—	422 855	+ 0,0	474 642	+ 12,3
Braunkohlen-Brikett-Verbrauch . . .	12 527 185	—	13 887 920	+ 10,9	14 449 997	+ 4,1
Totaler Brennstoff-Verbrauch	208 338 470	+ 10,9	210 007 155	+ 0,8	210 113 426	+ 0,05
desgl. auf gleichen Heizwert berechnet *)	159 537 096	+ 8,3	162 202 325	+ 1,7	161 975 633	− 0,14

---

*) Steinkohle = 1, eingeführte Rohbraunkohle und sämtliche Braunkohlenbriketts = $^2/_3$, deutsche Rohbraunkohle = $^1/_3$ von der Wertziffer 1.

D e m a n e t , C.: Der Betrieb der Steinkohlenbergwerke. 2. vermehrte Auflage. Herausgegeben von Dr. W. K o h l m a n n und H. G r a h n. Braunschweig, F. Vieweg und Sohn, 1905. 825 S. m. 627 Fig. Pr. 16 M.

1. Geologischer Teil S. 3—76; 2. Beschreibung der wichtigsten Kohlenbecken S. 77 bis 99; 3. Schürf- und Bohrarbeiten S. 100—124; 4. Das Abteufen der Schächte im Kohlengebirge S. 125—161; 5. Schachtausbau S. 162—184; 6. Wasserdichter Schachtausbau (Küvelagen) S. 185—199; 7. Schachtabteufen im Deckgebirge S. 200—235; 8. Querschläge S. 236—259; 9. Die Schießarbeit S. 260—300; 10. Die Ausbeutung der Kohlenflöze S. 301—377; 11. Förderung unter Tage S. 378—443; 12. Wetterführung und Beleuchtung S. 444—600; 13. Abbauarten S. 601—654; 14. Schachtförderung S. 655—730; 15. Wasserhaltung S. 731—762; 16. Verschiedenes S. 763—809; 17. Übersicht über die Berggesetzgebung Frankreichs und Belgiens S. 810—825.

D i e n e r , C.: Die Verbreitung der Steinkohlenfelder zu beiden Seiten des Atlantischen Ozeans in ihren Beziehungen zur Gebirgsbildung der Carbonzeit. Montanistische Rundschau. Wien I. 1908/09. S. 209—212.

D i l w o r t h , J. B.: Philippine Coal-Fields. Amer. Inst. of Min. Eng. Bull. 25. 1909. S. 39—50 m. 1 Karte.

D o h m , R.: Das Rheinische Braunkohlensyndikat. „Braunkohle" VIII, 1910, S. 693 bis 697.

D o n a t h , E d.: Zur Kenntnis der fossilen Kohlen. Österr. Zeitschr. f. Berg- und Hüttenw. 1909. S. 176—179.

D o n a t h , E d.: Die Steinkohle und ihre wirtschaftlichste Ausnützung. Bericht über den Allgem. Bergmannstag in Wien. Wien 1904. S. 57—73.

D o n a t h , E d.: Zur Entstehung der fossilen Kohlen. „Braunkohle" 1904. S. 439—440.

D o n a t h , E d., und F. B r ä u n l i c h: Zur Kenntnis der fossilen Kohlen. Chem.-Ztg. 1904. S. 180.

D o n a t h , E.: Die fossilen Kohlen. Vortrag, gehalten im oberschles. Bezirksverein deutscher Chemiker am 8. 12. 1905. Zeitschr. f. angew. Chem. XIX. 1906. S. 657—668.

D o r s t e w i t z : Mitteilungen aus dem Braunkohlenbergbau des Westerwaldes. „Braunkohle" V. 1907. S. 635—639. — Ungar. Montan-Ind.- und Handelzstg. XIII vom 1. Februar 1907. S. 3—4.

D o s c h , A.: Die Verwendung der Braunkohle für Zwecke der Wärme- und Krafterzeugung. „Braunkohle" 1904. S. 449—452, 461—466.

D o w l i n g , D. B.: The Coal Fields of Manitoba, Saskatchewan, Alberta and Eastern British Columbia. Ottawa 1909. (Dep. of Mines.) 111 S. m. 13 Taf. u. 1 farb. Karte.

D r a k e , N. F.: The Hsüan Hua coal fields, China. Mining Magazine. Vol. XIII. 1906. S. 295—302 m. 4 Fig.

D u l i e u x , E.: Le bassin houiller de l'Alberta et de la Saskatchewan (Canada). Bull. Soc. de l'ind. min. St. Étienne. Februar 1910. S. 133—161 m. 3 Fig.

E b e l i n g , F r.: Die Geologie der Waldenburger Steinkohlen-Mulde. Bearb. im Anschluß an die neue, vom Oberbergamtsmarkscheider U l l r i c h entworfene Waldenburger Flözkarte i. M. 1 : 10000. 243 S. m. 20 Abb., 2 Taf. u. 2 Anl. Waldenbucg i. Schles. 1907. Herausgegeben von der Niederschlesischen Steinkohlen-Bergbau-Hilfskasse. Pr. geb. 7,50 M.

E b n e r , G.: Der deutsche Kohlenhandel in seiner Entwicklung von 1880—1907. Selbstverlag. (Berlin, Am Karlsbad 4 a.) 116 S. m. zahlreichen Tabellen und 2 Tafeln. Pr. 3 M.

E n g e l: Die geplante Verstaatlichung der Bergwerksgesellschaft Hibernia. „Glückauf" 1904. Nr. 33. 8 S.

E r d m a n n , E.: Klassifikation der Braunkohle. „Braunkohle" 1907. S. 393—396.

E s c a r d , J.: Le carbone et son industrie (diamant, graphite, charbons, noirs industriels, houille). Paris, H. Dunod, et E. Pinat, 1906. 784 S. m. 129 Fig. Pr. 20 M., geb. 21.20 M.

E s c h w e g e , L.: Zum Kampf um die deutschen Kohlenschätze. Berlin, Verlag „Bodenreform", 1905. 46 S. Pr. 0,80 M.

F e d e r i c o s , G. L.: Die Steinkohlenlager im Neuquen-Territorium, Argentinien. Österr. Zeitschr. f. Berg- u. Hüttenw. 1905. S. 681—682.

F i s h e r , C. A.: Geology of the Great Falls Coal Fields Montana. U. S. Geol. Survey. Bull. 356. 85 S. m. 2 Fig., 11 Taf. u. 1 Karte 1 : 125000.

F o r d , J.: Theory of the formation of coalfield. Iron and Coal Trades Review, 13. Juli 1906. Eng. and Min. Journ. 1906. S. 255—256.

F r a n k e , G.: Handbuch der Brikettbereitung. I. Aus Steinkohlen, Braunkohlen und sonstigen Brennstoffen. Stuttgart, F. Enke, 1909. 653 S. m. 255 Abb. u. 9 Taf. Pr. 22, geb. 23,60 M.

F r e c h , F r.: In welcher Teufe liegen die Flöze der inneren niederschlesisch-böhmischen Steinkohlenmulde? Preußische Zeitschr. f. das Berg-, Hütten- und Salinenw. 1908. Bd. 56. S. 605—627 m. 5 Fig. u. 2 Taf.

F r e c h , F r.: Über Ergiebigkeit und voraussichtliche Erschöpfung der Steinkohlenlager. Stuttgart, E. Schweizerbart. Pr. 0,40 M.

F r e c h , F r.: Wann sind unsere Steinkohlenlager erschöpft? Zeitschr. f. Sozialwiss. 1900, S. 175—199.

F r e c h , F r.: Die bekannten Steinkohlenlager der Erde und der Zeitpunkt ihrer voraussichtlichen Erschöpfung. Essener Glückauf 1910, S. 597—607, 633—641, 673—679.

F r e i m u t h: Die Steinkohlenvorkommen Spitzbergens und der Bäreninsel. „Glückauf" 1909. S. 1745—1750 m. 3 Fig.

F r e i s e , F.: Beiträge zur älteren Geschichte der Steinkohlen (bis zum 15. Jahrhundert). Österr. Zeitschr. f. Berg- u. Hüttenw. 1905. S. 645—648, 661—664.

F r e i s e , F.: Vorkommen und Verbreitung der Steinkohle. Stuttgart, F. Enke, 1908. 54 S. m. 13 Fig. Pr. 1,60 M.

F r e i s e , F.: Die Braunkohlenvorkommen des Hohen Westerwaldes. „Braunkohle" VI. 1907. S. 313—319.

F r e i s e , F.: Die wirtschaftlichen Verhältnisse des Westerwälder Braunkohlenbergbaues. „Braunkohle" 1907. S. 565—568.

A. Produktionsverhältnisse, Absatzgelegenheit, Gestehungskosten, Erlöse. — B. Arbeiterverhältnisse. — C. Vorschläge zur Hebung des Bergbaues.

F r e i s e , F.: Ausrichtung, Vorrichtung und Abbau von Steinkohlenlagerstätten. Freiberg i. S., Graz & Gerlach, 1908. 151 S. Pr. 6 M.

F o r i r , H.: Conditions de gisement de la houille en Campine, dans le Limbourg néerlandais et dans la région allemande avoisinante. Congr. intern. des mines usw. Liége 1905. Sect. de Géol. appl. S. 595—737 m. 12 Taf.

F o u r m a r i e r , P., und A. R e n i e r: Petrographie et paléontologie de la formation houillère de la Campine. Ann. Soc. geol. de Belgique, 1906. T. XXX. Mém. S. 499—538 m. Tableau.

F o u r m a r i e r , P.: La limite méridionale du bassin houiller de Liége. Congr. intern. des mines usw. Liége 1905. Sect. de Géol. appl. S. 479—495 m. 8 Fig. u. 4 Taf. (Taf. 4: Geologische Karte i. M. 1 : 160 000.)

F r i z , W.: Die Steinkohlenbrikettfabrikation in Deutschland und die günstigen Bedingungen zu deren Entwicklung in Rußland. (In russ. Sprache.) Odessa 1905. Mit 30 Fig. Pr. 3 M.

F r i z , W.: Nebenproduktengewinnung beim Kokereibetriebe in Westfalen. (In russ. Sprache.) Odessa 1905. Mit 2 Taf. Pr. 2 M.

F ü h r e r durch das Nordwest-Böhmische Braunkohlenrevier. Herausgegeben vom Montanistischen Klub für die Bergreviere Teplitz, Brüx und Komotau. 2. Aufl. Teplitz-Schönau, Adolf Becker, 1908. 679 S. m. 134 Fig., 9 Taf. u. 2 Übersichtskarten. Pr. geb. 7,50 M.

F u l t o n , J.: Coke. (Auszug: Die Kohlenfelder der Vereinigten Staaten von Nordamerika.) Stahl und Eisen 1906. S. 1441—1444.

G ä b e r t , C.: Die Möglichkeit der Aufschließung neuer Steinkohlenfelder in Sachsen. Org. d. Vereins der Bohrtechn. 1908. S. 20—21. Tiefbohrwesen 1908. S. 3. (Nach Leipz. Tbl.)

G a e b l e r , C. : Das oberschlesische Steinkohlenbecken. Kattowitz, Gebr. Böhm, 1909. 295 S. m. 4 Taf., 3 Fig. u. 2 Anl. Pr. geh. 15 M. Bespr. v. R. M i c h a e l in Zeitschr. des oberschl. Berg- und Hüttenm. Vereins 1909. S. 247—251.

G e i s e n h e i m e r: Das Steinkohlengebirge an der Grenze von Oberschlesien und Mähren. Zeitschr. d. Oberschles. Berg- und Hüttenm. Vereins. 45. Jahrg. 1906. S. 293—310 mit 8 Profilskizzen. Berg- und Hüttenm. Rundschau III. 1906. S. 1—8 u. folg.

G e i s e n h e i m e r : Der heutige Stand unserer Kenntnisse über das oberschlesische Steinkohlengebirge. „Glückauf" 1905. S. 925—935 m. 2 Taf.

d e G l o g o n , J o h. A n d r.: Kurze Übersicht der Kohlengrubenverhältnisse der Länder der ungarischen Krone. Montanist. Rundschau. Wien VI. 1. 1909. Nr. 8, 9, 11 u. 12. Preis des S.-A. (von 33 S.) 0,60 K franko.

G o e t z k e , W.: Das Rheinisch-Westfälische Kohlensyndikat und seine wirtschaftliche Bedeutung. Essen, G. D. Bädeker, 1905. 292 S. m. 8 Taf. Pr. 8 M.

G o l d s c h m i d t , C.: Die Besitzverhältnisse im preußischen Kohlenbergbau und die Ursachen zum neuen Berggesetz. Berg- und Hüttenm. Rundschau III. 1907. S. 184—188.

G o l d s t e i n , G.: Die Versorgung (der deutschen Roheisenindustrie) mit Brennstoff. Abschnitt II C von „Die Entwicklung der deutschen Roheisenindustrie" seit 1879. — Näheres siehe unter Eisen S. 350.

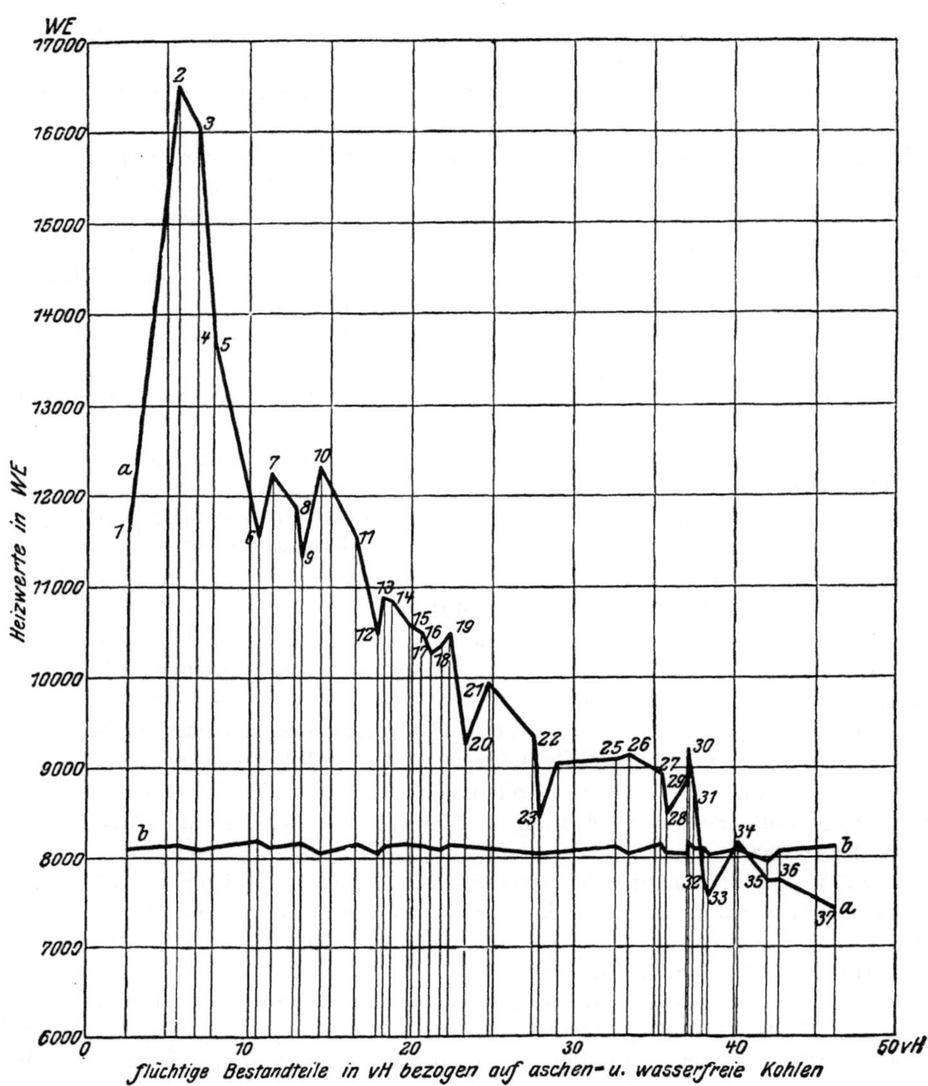

Fig. 118.

Verbrennungswärme von je 1 g der flüchtigen (Linie a) und der festen Bestandteile (Linie b)
von 37 verschiedenen Kohlensorten.
(Nach E. J. Constam u. P. Schläpfer in Zürich; Text: Z. d. V. Deutsch. Ing. 1909, S. 1837.)

1 französischer Anthrazit de la Mure	10 halbfette Eßkohle der Zeche Rosenblumendelle	26 Saarkohle Dudweiler
2 englischer Anthrazit	11 halbfette Kohle Sonnenschein	27 Saarkohle Dudweiler
3 belgischer Anthrazit Amercoeur	12 Fettkohle Grand' Combe	28 Saarkohle Klein-Rosseln
4 französischer Anthrazit	13 Fettkohle der Zeche Mansfeld	29 englische Flammkohle
5 Ruhr-Anthrazit	14 Cardiffkohle	30 Saarkohle Maybach
6 Anthrazit Wiesche	15 Fettkohle der Zeche Prosper	31 Flammkohle Mines de Bruay
7 Magerkohle aus Flöz Mausegatt	16 bis 18 Ruhrfettkohlen	32 Saarflammkohle Püttlingen
8 halbfette Eßkohle der Zeche Rosenblumendelle	19 Fettkohle Konchamp	33 Saarflammkohle von der Heydt
9 belgische Eßkohle	20 bis 22 Ruhrfettkohlen	34 Saarkohle Friedrichstal
	23 Ruhrflammkohle	35 spanische Kohle
	24 Ruhrgasflammkohle	36 Saarflammkohle
	25 Saarkohle Dudweiler	37 Saarkohle La Houve

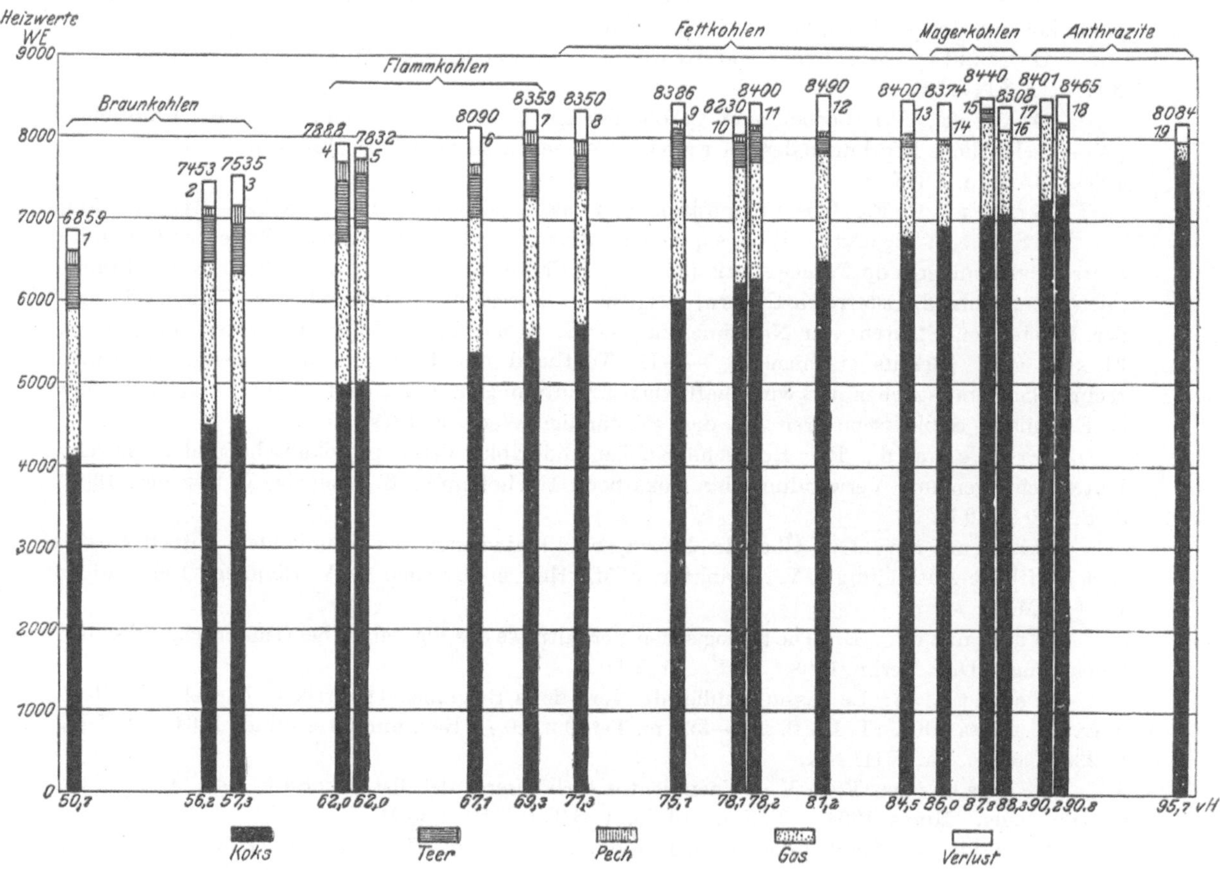

Fig. 119.

Wärmebilanzen der Destillation von 19 verschiedenen Kohlensorten.

(Nach E. J. Constam u. P. Schläpfer in Zürich; Text: Z. d. V. Deutsch. Ing. 1909, S. 1837.)

Die Abszissen bedeuten die Koksausbeuten in Hundertteilen der aschen- und wasserfreien Kohlen,
die Ordinaten die in Wärmeeinheiten ausgedrückten Heizwerte (Verbrennungswärme bei Verbrennung
zu Kohlensäure und Wasserdampf) von Koks, Gas, Teer und Pech aus 1 kg Reinkohle.

1	Gardane	8	Lens	15	Meurchin
2	Chapelle	9	Ronchamp	16	Epinac
3	spanische Braunkohle	10	Gr. Combe	17	Ostricourt
4	Bruay	11	Robert	18	Amercoeur
5	Blanzy	12	Sonnenschein	19	La Mure
6	Gladbeck	13	Girondelle		
7	St. Etienne	14	Mausegatt		

Gothan, W.: Untersuchungen über die Entstehung der Lias-Steinkohlenflöze bei Fünf-
kirchen (Pécs, Ungarn). Berlin, Sitzungsberichte d. Akademie 1019. 15 S. m. 2 Fig.

Gothan, W.: Über floristische Differenzen (Lokalfärbungen) in der europäischen Carbon-
flora. (Vorl. Mitt.) Monatsber. Deutsch. Geol. Gesellsch. 1909. S. 313—325 m. 1 Fig. Vgl.
auch Monatsber. 1907. S. 151—153 u. Naturw. Wochenschr. 1907. S. 593—599 m. 9 Fig.

Gothein, G.: Die Verstaatlichung des Kohlenbergbaues. Vortrag. Berlin 1905. 30 S.
Preis 1 M.

Graefe, Ed.: Laboratoriumsbuch für die Braunkohlenteer-Industrie. Braunkohlen-
gruben. Braunkohlenteer, Schwelereien und Destillation, Paraffin- und Kerzenfabriken sowie
Ölgasanstalten. Halle, Wilh. Knapp, 1908. 176 S. mit 75 Fig. Pr. 6,60 M.

Graefe, E.: Die Braunkohlenteerindustrie. Band II der Monographien über chemisch-
technische Fabrikationsmethoden. Halle, W. Knapp, 1906. 108 S. m. 18 Fig. Pr. 3,60 M.
   I. Der Schwelprozeß S. 1.   II. Sonstige Verwertung des Braunkohlenbitumens
S. 37.   III. Die Aufarbeitung des Teeres S. 40.   IV. Der Mischprozeß S. 57.   V. Die
Aufarbeitung der Paraffinmassen S. 68.   VI. Die Verwendung des Paraffins S. 78.
VII. Die übrigen Verkaufsprodukte S. 94.

G r a e f e , E.: Über das Vorkommen und die Entstehung von freiem Schwefel in einer Braunkohlengrube. „Braunkohle" 1906. S. 565—566.

G r i f f i t h , W.: Kinds and occurence of anthracite coal. Mining Magazine 1906. Vol. XIII. S. 214—221.

G r ö b e r , P.: Carbon und Carbonfossilien des nördlichen und zentralen Tian-Schan (Wissenschaftliche Ergebnisse der M e r z b a c h e r schen Expedition). München, Piloti & Loehle, 1909. 46 S. m. 3 Taf.

G r o u t , F. F.: The Composition of Coals. Econ. Geol. 1907. S. 225—241 m. 4 Fig.

G r u n e r , E., und G. B o u s q u e t : Atlas général des houillères. Édité par le Comité central des houillères de France, Paris (55 Rue de Châteaudun). Steinkohlenbezirke von Frankreich, Deutschland, Österreich-Ungarn, Belgien, Großbritannien, Rußland, der Niederlande und der Vereinigten Staaten von Nordamerika. — I. Atlas von 59 farbigen Karten im Format 31 × 41 cm. (Bereits erschienen.) — II. Textband mit Lagerstättenbeschreibungen sowie technischen, statistischen und wirtschaftlichen Erläuterungen. (Erscheint 1910.) Paris, H. Dunod et E. Pinat. Subkriptionspreis auf das vollständige Werk 60 Frcs.

G r ü n e w a l d , R.: Belgische Kohlen und Koks, deren physikalische und chemische Untersuchungen und Verwendung der Koks beim Hochofenprozeß, Leipzig, L. Degener, 1905. 33 S. Pr. 1,50 M.

H a a r m a n n , O.: Über die Nebenproduktenindustrie der Steinkohle. Mitt. d. Ges. f. wirtschaftliche Ausbildung e. V. Frankfurt a. M. Heft 6. Dresden, O. V. Böhmert, 1906. 61 S. Pr. 1,60 M.

H a a r m a n n , E.: Die geologischen Verhältnisse des Piesberges bei Osnabrück und seiner Umgebung. Diss. Berlin 1908. 50 S. Pr. 1,50 M.

H a b e t s , P.: Le bassin houiller du Nord de la Belgique. II. Artikel. (Art. I siehe Rev. univ. des mines 1903. T. I. S. 268—323 m. Taf. 9 u. 10.) Rev. univ. des mines 1904. T. VII. S. 236—251 m. Taf. VIII—X.

d e H a b i c h , E. A. V.: Yacimientos carboniferos del distrito de Checras. Lima, Bol. Cuerpo Ingen. Minas 1904. 32 S. m. 10 Fig. u. 3 Taf. Pr. 1,50 M.

H a n d b u c h für den deutschen Braunkohlenbergbau. Herausgeg. v. G. K l e i n . Halle 1909, W. Knapp. Mit 1 geol. Karte, 13 Taf. u. 204 Abb. Pr. 19 M, geb. 20 M.

H a n s , W.: Rationelle Bewertung der Kohlen. Leipzig, L. Degener, 1905. Pr. 2 M.

H a u s s e , R.: Von dem Niedergehen des Gebirges beim Kohlenbergbau und den damit zusammenhängenden Boden- und Gebäudesenkungen. Zeitschr. f. das Berg-, Hütten- und Salinenwesen 55. 1907. S. 324—446 m. 63 Fig. u. 1 Taf.

1. Von dem durch unterirdischen Abbau verursachten Niedergehen nicht plastischen Gebirges und der damit zusammenhängenden Boden- und Gebäudesenkung; 2. Von dem durch unterirdischen Abbau verursachten Niedergehen des Gebirges, wenn dieses aus weichem Schieferton besteht und plastische Beschaffenheit hat. 3. Boden- und Gebäudesenkungen durch Abtrocknung oder Ausschwemmung wasserführender Gebirgsschichten, oder durch Fließen oder Abrutschen feuchter wassergetränkter Tonlager, oder durch Auslaugen der in gewissen Schichten enthaltenen, im Wasser löslichen Bestandteile; 4. Von den Ursachen, die Gebäudebeschädigungen zugrunde liegen, und von den Senkungs- oder Bergschäden und deren Abschätzung.

H e i n h o l d , M.: Über die Entstehung des Pyropissits. Diss.. S.-A. a. d. Jb. d. Kgl. Geol. Landesanstalt Berlin für 1906. Berlin, A. W. Schade, 1906. 51 S. m. 3 Fig.

H e i n h o l d , M.: Ergebnisse neuerer Untersuchungen über die Entstehung des Pyropyssits und der Schwelkohle. „Braunkohle" 1905. S. 357—361, 369—372 m. 2 Fig.

H e i n i c k e , F.: Beschreibung über die Ablagerung der oberen — miocänen — Braunkohlenformation im südlichen Teile des Rothenburger Kreises (preußisch) und dem nordöstlichsten Teile des Königreichs Sachsen (Kreishauptmannschaft Bautzen). „Braunkohle", III. Jahrgang. 1905. S. 607—612, 623—628, 639—642 m. 2 Fig.

H e i n i c k e , F.: Beschreibung der miocänen Braunkohlenablagerung in den Gemarkungen von Oßling, Lieske, Weißig, Straßgräbchen, Hausdorf, Grünberg in der sächsischen — und von Schecktal, Zeißholz, Bernsdorf, Schwarzkolmen in der preußischen Oberlausitz, deren Mittelpunkt von der Stadt Hoyerswerda in etwa 8 km südwestlicher Entfernung liegt. Braunkohle 1905. IV. S. 444—447, 453—459 m. 1 Übersichtskarte und Fig. 217—220.

H e i n i c k e , F.: Beschreibung der miocänen — oberen — Braunkohlenablagerungen in den Gemarkungen Schmeckwitz, Wendisch-Baselitz, Piskowitz und Rosenthal in der sächsischen Oberlausitz, 8 km östlich der Stadt Kamenz belegen; desgl. die der Gemarkungen Liebegast und Skaska, erstere zur preußischen, letztere zur sächsischen Oberlausitz gehörig und 6 km südwestlich der Stadt Wittichenau belegen. Braunkohle IV. 1905. S. 61—65, 77—80, 129—131, 145—149 mit je 1 Übersichts- und 1 Profilkarte.

H e i n i c k e , F.: Beschreibung der oberen miocänen Braunkohlenablagerung in den Gemarkungen der Stadt Sorau und der südlich gelegenen Ortschaften Seifersdorf, Albrechtsdorf, Kunzendorf, Ober- und Nieder-Ullersdorf, Lohs, Teichdorf im südöstlichsten Teile des Kreises Sorau (Prov. Brandenburg) und Hausdorf im Kreise Sagan der Provinz Schlesien. Braunkohle V. 1906. S. 113—116. 145—151, 329—335 mit einer Übersichts- und einer Profiltafel.

H e i n i c k e , F.: Beschreibung der oberen miocänen Braunkohlenablagerung in den Gemarkungen der Stadt Sorau und der südlich gelegenen Ortschaften Seifersdorf, Albrechtsdorf, Kunzendorf, Ober- und Nieder-Ullersdorf, Lohs, Teichdorf im südöstlichsten Teile des Kreises Sorau (Prov. Brandenburg) und Hausdorf im Kreise Sagan der Provinz Schlesien. Braunkohle V. 1906. S. 113—116, 145—151, 329—335 mit einer Übersichts- und einer Profiltafel.

H e i s e , F.: Sprengstoffe und Zündung der Sprengschüsse mit besonderer Berücksichtigung der Schlagwetter- und Kohlenstaubgefahr auf Steinkohlengruben. Berlin, J. Springer, 1904. 241 S. m. 146 Fig. Pr. geb. 7 M.

H e r b i g : Betriebsplan-Fragen. „Glückauf" 1906. S. 1577—1582, 1603—1619 m. 5 Fig.

A. Die Regelung der Förderung auf nur einem Flöz. B. Die Regelung der Förderung auf mehreren Flözen. Die Bauwürdigkeit eines Flözes; Verteilung der Föderrung auf die einzelnen Flöze und Ermittelung von Durchschnittswerten für die Selbstkosten; Kritik der Selbstkosten; Berechtigte Abweichungen von den Normalsätzen; Anwendung in der Praxis; Ausnahmen; Reserven.

H e r b i n g , J.: Über Steinkohlenformation und Rotliegendes bei Landeshut, Schatzlar und Schwadowitz. (Dissertation.) Breslau 1906. 88 S. m. 6 Fig. und 2 Taf.

H e u r t e a u , C. F.: Les carbons du Japon, du Petchili et de la Manchourie. Notes de voyage. Paris 1904. Mit Fig. u. 1 Taf. Pr. 2,50 M. — Ann. des mines. Tome VI. 1904. S. 151 bis 209 m. 12 Fig. u. 4 Karten.

H e i n h o l d , M.: Über die Entstehung des Pyropissits. Jahrb. d. K. Preuß. Geol. Landesanstalt u. Bergakademie für 1906. XXVII. S. 114—158 m. 3 Fig.

H i l g e n s t o c k : Untersuchung über wechselnde Kohlenfestigkeit und ihren Einfluß auf das Lohnwesen. Ein Beitrag zur Frage der Lohntarife im Steinkohlenbergbau. „Glückauf" 1909, S. 1857—1868 u. 1897—1907 m. 45 Fig.

H i l g e n s t o c k : Über Lohntarife im britischen und rheinisch-westfälischen Steinkohlenbergbau. „Glückauf" 43, 1907. S. 1625—1639, 1677—1681, 1705—1717, 1741—1749 m. 22 Fig. und 2 Taf.

H i l g e n s t o c k : Die neueren Aufschlüsse im Osten der Essener Mulde und des Gelsenkirchener Sattels bis zur Linie Olfen-Lünen. (Beitrag zur Ergänzung der Geognostischen Übersichtskarte in Band I des Werkes: „Die Entwickelung des niederrheinisch-westfälischen Steinkohlenbergbaues in der zweiten Hälfte des 19. Jahrhunderts.") Essener Glückauf 1907. S. 117—127 m. 10 Fig., 1 Bl. Profil und Taf. 5—7.

H o d u r c k , R., und U. S ö h l e : Zur Entstehung der fossilen Kohlen. „Braunkohle" 1905. S. 173—175, 189—192.

H o h e n s e e , M.: Beschaffenheit der Saarbrücker Steinkohle. S. 87—96 von „Das Saarbrücker Steinkohlengebirge". Teil I von „Der Steinkohlenbergbau des Preuß. Staates in der Umgebung von Saarbrücken". Berlin, J. Springer, 1904.

H u l l , E.: Coal-fields of Great-Britain, their history, structure and resources. Descriptions of coal-fields of our Indian and Colonial Empire and other parts of the world. 5. edition. London, H. Rees, 1905. 494 S. m. 12 Taf. u. 1 Karte. Pr. 14,50 M.

J a n d a , F.: Einiges Neue über die Entstehung der Mineralkohlen und ihre Selbstentzündung sowie über die Schlagwetterexplosionen. Österr. Zeitschr. f. Berg- und Hüttenwesen. 1903. S. 326—329, 344—346, 355—359, 376—377, 388—391.

v. J o h n , C.: Über die Berechnung der Elementaranalysen von Kohlen mit Bezug auf den Schwefelgehalt derselben und den Einfluß der verschiedenen Berechnungsweisen auf die Menge des berechneten Sauerstoffes und die Wärmeeinheiten. Verhandlungen der K. k. geol. Reichsanst. 1904. S. 104—111.

J u n g e , Fr. E.: Die rationelle Auswertung der Kohlen als Grundlage für die Entwicklung der nationalen Industrie. Mit besonderer Berücksichtigung der Verhältnisse in den Vereinigten Staaten, England und Deutschland. Berlin, J. Springer, 1909. 91 S. m. 10 graphischen Darstellungen. Pr. 3 M.

J u n g e , F. F.: Die Auswertung vaterländischer Bodenschätze (Kohle). Technik und Wirtschaft 1910, S. 149—157.

J ü n g s t : Kohlen-Gewinnung, -Verbrauch und -Außenhandel Deutschlands. „Glückauf" 1910, S. 209—216 u. 242—247.

J ü n g s t: Der britische Kohlenausfuhrzoll. „Glückauf" 1906. S. 642—650.

J ü n g s t: Die Entwickelung der britischen Kohlenausfuhr von 1850—1903. „Glückauf" 1904. S. 1177—1188 m. 1 Fig.

J ü n g s t , E.: Die Grundlage der neueren Entwickelung des Ruhrbergbaues. „Technik und Wirtschaft". Berlin I. 1908. S. 193—198, 257—259, 307—317.

K a t z e r , F.: Die geologische Entwickelung der Braunkohlenablagerung von Zenica in Bosnien. Sep.-Abdr. a. Wissenschaftl. Mitteil. aus Bosnien und der Herzegowina. IX. Bd. 1904. S. 305—317. Ung. Montan.-Ind.- u. Handelsztg. 1905. Nr. 17—19.

K a v č i č , J.: Der Braunkohlenbergbau von Hrastovetz bei Pöltschach in Untersteiermark. Österr. Zeitschr. f. Berg- und Hüttenw. 1905. S. 535—538.

K e g e l : Die Entwickelung des deutschen Braunkohlenbergbaues im vorigen Jahrzehnt. „Braunkohle" 1905. S. 593—599.

K e g e l: Die Gedinge im Braunkohlentiefbau und ihre Einwirkung auf die Aus- und Vorrichtung. „Braunkohle" 1904. S. 181—185 m. Fig. 73—76.

K e i l h a c k , K.: Über die Aufschlüsse des neuen Tagebaues Marga bei Senftenberg. Jahrbuch der Geologischen Landesanstalt Berlin 1908. 13 S. m. 2 Taf. Pr. 1,40 M.

v. K i e n i t z , R.: Zur Verstaatlichung des Kohlenbergbaues. Vortrag. Berlin, G. Stilke, 1905. 28 S. Pr. 0,50 M.

K o l b e , E.: Translokation der Deckgebirge durch Kohlenabbau, die damit verbundenen Grundwasserstörungen, Gebäude- und Grundstücksbeschädigungen, Minderwert und Abgeltung des Schadens. Oberhausen, Rich. Kühne Nachf., 1903. 184 S. m. 1 Titelbl. u. 116 Fig. Pr. 7,50 M.

K r a t z: Das Untercarbon von Ratingen bis Aprath. „Glückauf" 1909. Nr. 21. S. 729 bis 738 m. 2 Fig.

K r e c k e : Eisenerz und Kohle in Französisch-Lothringen. „Glückauf" 1910, S. 4—9 m. 4 Fig. — Vgl. Fig. 74—76.

K r e u t z: Die Streckung von Längenfeldern über Gebirgsstörungen beim Steinkohlenbergbau im Geltungsbereiche der revidierten Kleve-Märkischen Bergordnung. „Glückauf" 1909. Nr. 19. S. 656—667 m. 11 Fig. (Schluß folgt.)

K r e u t z: Wirtschaftliche Entwicklung des niederrheinisch-westfälischen Steinkohlen-Bergbaues in der zweiten Hälfte des 19. Jahrhunderts. (Bd. X, XI und XII von „Die Entwicklung des niederrheinisch-westfälischen Steinkohlen-Bergbaues in der zweiten Hälfte des 19. Jahrhunderts" Herausgegeben vom Verein für die bergbaulichen Interessen im Oberbergamtsbezirke Dortmund in Gemeinschaft mit der Westfälischen Berggewerkschaftskasse und dem Rheinisch-Westfälischen Kohlensyndikat.) Berlin, J. Springer, 1904. 298 S. m. 13 Taf., 345 S. m. 3 Taf. u. 371 S. m. 3 Taf. Pr. geb. 50 M. — Vgl. d. Z. 1904, S. 137.

K r u s c h , P., und W u n s t o r f: Das Steinkohlengebiet nordöstlich der Roer nach den Ergebnissen der Tiefbohrungen und verglichen mit dem Cardiff-Distrikt. Essener Glückauf. S. 425—437 m. Taf. 8 u. 9.

K r u s c h , P.: Über die neueren Aufschlüsse im östlichen Teile des Ruhrkohlenbeckens und über die ersten Blätter der von der Kgl. Geol. Landesanstalt herausgegebenen Flözkarte i. M. 1 : 25 000. Vortrag, geh. in Dortmund auf der 61. Hauptvers. d. Naturhistor. Ver. d. preuß. Rheinlande, Westf. u. d. Reg.-Bez. Osnabrück. Glückauf 1904. Nr. 27. 7 S.

K r u s c h , P.: Über neue Aufschlüsse im Rheinisch-Westfälischen Steinkohlenbecken. Vortrag. Monatsber. d. Deutsch. Geol. Ges. 1906. S. 25—32.

K r u s c h , P.: Beitrag zur Geologie des Beckens von Münster, mit besonderer Berücksichtigung der Tiefbohraufschlüsse nördlich der Lippe im Fürstlich Salm-Salmschen Regalgebiet. Zeitschr. der deutschen Geol. Gesellsch. Bd. 61. 1909. S. 230—272 m. 2 Taf.

K u k u k: Über Torfdolomite in den Flözen der niederrheinisch-westfälischen Steinkohlenablagerung. „Glückauf" 1909. S. 1137—1150 m. 26 Fig.

K u s s: Les coupes des bassins du Nord et du Pas-de-Calais exposées à Liége par la Chambre des Houillères. Soc. de l'ind. min. Comptes rend. mens. 1906. S. 6—11. — Vgl. ebenda S. 38 bis 42 m. Taf. VI.

K u t z b a c h , K.: Die Vergasung der Brennstoffe in Generatoren, insbesondere für Gaskraftbetriebe. Zeitschrift des Vereins deutscher Ingenieure 1905. S. 233—241 m. 4 Fig.

L a T o u c h e , D. T., and R. R. S i m p s o n: The Lashio coal-field, Northern Shan States. Calcutta, Rec. Geol. Surv., 1906. 8 S. m. 2 Karten. Pr. 2 M.

d e L a u n a y , L.: Les charbonnages des Balkans. „La Nature" 1905. Nr. 1663. S. 295 bis 298 m. 5 Fig.

L a u r , F.: Le prolongement du bassin houiller de Sarrebruck sous la Lorraine française. Bull. Soc. Géol. de France 1905. T. V. S. 104—106.

L a u r , F.: Le nouveau bassin houiller de la Lorraine française. Congr. intern. des mines usw. Liége 1905. Sect. de Géol. appl. S. 391—436 m. 1 Taf.
> I. Les études préliminaires S. 391. II. Les recherches S. 418. III. Le prolongement du pli hercynien Sarrebrück—Pont-à-Mousson sous le bassin de Paris jusqu'à Exeter en Angleterre S. 435.

L a u r , F.: Le bassin houiller de Lorraine. Soc. de l'ind. min. Comptes rendus mens. Septembre-Octobre 1906. S. 264—292.

L a u r , F.: Les anticlinaux du trias en Lorraine et la recherche de la houille. Soc. de l'ind. min. Comptes rendus mens. Novembre-Décembre 1905. S. 242—248 mit Taf. XXXI.

L a u r , F.: Le bassin houiller de la Saône. Soc. de l'ind. min. St. Etienne Comptes rend. mens. 1909. S. 138—146 mit 2 Kärtchen: Carte des plis hercyniens de l'Est de la France. — Bassin houiller de la Saône.

L e b o u r , G. A., and J. A. S m y t h e: On a case of unconformity und thrust in the coal-measures of Northumberland. Quarterly Journal of Geol. Soc., London, Vol. LXII. Nr. 247. 1906. S. 530—551 m. 17 Fig. u. Taf. 42.

L e b o u t t e , C.: Notes sur le bassin houiller du Sud du pays de Galles. Rev. univers. des mines 1905. T. IX. S. 1—26 m. Taf. I—III.

L e m i è r e: Formation et recherche des combustibles fossiles. Soc. de l'ind. min. Comptes rendus, März 1905. S. 94—99 mit Taf. VII. April 1909. S. 214—227 m. 8 Fig.

L e m i è r e: Les plissements des morts-terrains comparés à ceux du terrain houiller. Soc. de l'ind. min. Comptes rendus mens. 1907. S. 69—75 m. Taf. XII.

L e m i è r e: Formation et recherche des combustibles fossiles. Congr. intern. des mines etc. Liége 1905. Sect. de Géol. Appl. S. 203—231 mit 10 Fig. (Fig. 8 und 9 auf 1 Taf.)
> I. Chimie organique: 1. Origine et rôle des ferments; 2. Exemples des fermentations de la cellulose; 3. Conclusions S. 204. II. Stratigraphie générale: 1. Conditions des dépots sédimentaires; 2. Théorie des formations coniques et des profils sédimentaires; Remarques; 3. Formation des couches de végétaux; Particularités S. 210. III. Chimie minérale: 1. Analyse élémentaire et analyse immédiate; 2. Rapports entre la composition immédiate et les conditions topographiques du gisement; 3. Conclusions S. 222. IV. Applications: 1. Bassin de la Loire; 2. Bassin franco-belge; 3. Conclusions S. 224.

L e m i è r e , L.: Formation et recherche comparées des divers combustibles fossiles (étude chimique et stratigraphique.) Bull. Soc. l'ind. min. 1905. Tome IV. S. 851—917; 1249—1338 m. 19 Fig. u. 6 Taf.
> I. Chimie organique (transformation des tissus végétaux). II. Stratigraphie (formation des couches). III. Chimie minérale (variation de la composition chimique des combustibles fossiles).

L e m i è r e : La formation de la houille; comparaison entre la théorie des tourbières et celle du charriage. Comptes rendus de la Soc. de l'ind. min. 1909, Avril, S. 214—227 m. 8 Fig.

L e p p l a , A.: Geologische Skizze des Saarbrücker Steinkohlengebirges. S. 5—57 m. 11 Fig. und Taf. 1—4 von „Das Saarbrücker Steinkohlengebirge". Teil I von „Der Steinkohlenbergbau des Preuß. Staates in der Umgebung von Saarbrücken". Berlin, J. Springer, 1904.

L e p r i n c e - R i n g u e t: Mesures géothermiques entreprises dans le bassin du Pas-de-Calais pour la période 1903—1906. Soc. de l'ind. min. Comptes rendus mens. 1907. S. 14—20.

L e x i s , W.: Steinkohlen. Handw. d. Staatsw. 2. Aufl. 1901. VI. S. 1076—1082. — 1. Geschichtliches. 2. Produktionsstatistik. 3. Die Steinkohlenvorräte.

L i n s t o w , A. v o n : Beiträge zur Geologie von Anhalt. Festschrift zum 70. Geburtstage von A d o l f v o n K o e n e n. Stuttgart 1907, S. 19—64 m. 1 Fig. u. 2 Taf. — Teil I: Lagerung der ältesten Braunkohle in Anhalt; Teil II: Die geologische Stellung einiger mitteldeutschen Braunkohlen.

L o h e s t , M., H a b e t s , A., et H. F o r i r: Etude géologique des sondages exécutés en Campine et dans les régions avoisinantes. Ann. Soc. Belge de Géol. T. XXX. Bull. Soc. de l'ind. min. Taf. VI. 1907. S. 207—208.

L o z é , E.: La houille dans l'empire du Japon. Paris 1904. 24 S. Pr. 1,50 M.

L u d l o w , E d w.: The Coal Industry in Mexico. Eng. and Mining Journ. 1909. Vol. 88. S. 661—664 m. 1 Fig.

M a n u s c h e k , O.: Zur Kenntnis der fossilen Kohlen. I. Zur Kenntnis der Braunkohle. „Braunkohle" 1909. Heft 5. Heft 73—79 m. 3 Fig.

M a r t i n , G. C.: A reconnaissance of the Matanuska coal field, Alaska in 1905. Bull. U. S. Geol. Surv. Nr. 289. Washington 1906. 36 S. m. 4 Fig. u. 5 Taf.

M e i n e und v. R o s e n b e r g - L i p i n s k y: Die Braunkohlenlager der Provinz Posen. Zwei Vorträge, geh. in der VIII. ordentl. Mitgliedervers. des Verbandes ostdeutscher Industrieller am 20. Obtoker 1905 in Posen. Danzig, A. W. Kafemann, 1906. 23 S.

M e l l i n , R.: Der Steinkohlenbergbau des Preußischen Staates in der Umgebung von Saarbrücken. III. Teil: Der technische Betrieb der staatlichen Steinkohlengruben bei Saarbrücken. Berlin, J. Springer, 1906. 336 S. m. 53 Fig. u. 14 Taf.

Die übrigen Bände dieses sechsteiligen Werkes erschienen 1904 und wurden Z. 1904 S. 406 und 407 aufgeführt.

M e l l o r , E. T.: The geology of the Transvaal coal-measures with special reference to the Witbank coal-field. Transvaal Mines Department. Geol. Surv. Mem. Nr. 3. Pretoria 1906. 60 S. m. XVI Taf.

M e l l o r , E. T.: The position of the Transvaal coal-measures in the Karroo sequence. Transact. Geol. Soc. of S. Africa Vol. IX. 1906, S. 97—110.

M e l l o r , E. T.: The origin of „Washouts" in coal mines and their relation to other features of the Transvaal coal measures. Transact. Geol. Soc, of S. Africa. Vol. IX. 1906. S. 74—81 m. Taf. XX.

M e n g e l b e r g : Die Kohlenaufbereitung und Verkokung im Saargebiet. V. Teil von „Der Steinkohlenbergbau des Preuß. Staates in der Umgebung von Saarbrücken". Berlin, Jul. Springer, 1904. 133 S. m. 43 Fig. u. 14 Taf.

M e n t z e l , H.: Ein mariner Horizont in der Gasflammkohlenpartie des Ruhrbezirkes. „Glückauf" 1909. S. 73—75.

M e n t z e l , H.: Mit welchen Lagerungsverhältnissen wird der Bergbau in der Lippe-Mulde zwischen Dorsten und Sinsen zu rechnen haben ? Essener Glückauf 1906. S. 1234—1239 m. Taf. 18.

M e n t z e l : Beiträge zur Kenntnis der Dolomitvorkommen in Kohlenflözen. „Glückauf". 1904. S. 1164—1171 m. 4 Fig.

M e n t z e l , H.: Der östliche Abschnitt der Bochumer Mulde zwischen Hamm und Beckum. Glückauf 1905. S. 301—308 m. Taf. 3.

M e y e r , H.: Das flözführende Steinkohlengebirge in der Bochumer Mulde zwischen Dortmund und Camen. Essener Glückauf 1906. S. 1169—1186 m. 16 Fig. und Taf. 15—17.

M i c h a e l , R.: Übersichtskarte der Besitzverhältnisse im oberschlesischen Steinkohlenbecken. Zeitschr. d. oberschl. Berg- u. Hüttenm. Vereins. XLVIII. März 1909. S. 109—115 m. Karte 1 : 200 000. — Vergl. auch S. 98.

M i c h a e l , R.: Über das Alter der subsudetischen Braunkohlenformation. Über das Auftreten von Posidonia Becheri in der Oberschlesischen Steinkohlenformation. S.-A. a. d. Juni-Protokoll der deutschen Geol. Ges. 1905. 8 S.

M i c h a e l , R.: Über die Frage der Orlauer Störung im oberschlesischen Steinkohlenbecken. Vortrag. Monatsber. der Deutschen Geol. Ges. 1907. S. 30—34.

M o l l , E.: Die „Denkschrift über das Kartellwesen" und die Syndikate und Konventionen des deutschen Braunkohlenbergbaues. Braunkohle VI. 1906. S. 641—646.

M ü l l e r , E.: Die Entwickelung der Arbeiterverhältnisse auf den staatlichen Steinkohlenbergwerken vom Jahre 1816 bis zum Jahre 1903. IV. Teil von „Der Steinkohlenbergbau des Preuß. Staates in der Umgebung von Saarbrücken". Berlin, J. Springer, 1904. 158 S. m. 8 Fig. u. 3 Taf.

M ü l l e r , R.: Nachhaltigkeit des Saarbrücker Steinkohlenbergbaues. S. 97—98 von „Das Saarbrücker Steinkohlengebirge". Teil I von „Der Steinkohlenbergbau des Preuß. Staates in der Umgebung von Saarbrücken". Berlin, J. Springer, 1904.

N i c k l è s , R.: Sur les recherches de houille en Meurthe-et-Moselle. Paris, Compt. rendus, Acad. 1905. 4 S. Pr. 0,50 M.

N i e d e r , L.: Die Arbeitsleistung der Saarbergleute in den Kgl. Preußischen Steinkohlengruben bei Saarbrücken seit dem Jahre 1888. Kritischer Beitrag zur Messung und Beurteilung der Bergarbeiterleistung. Stuttgart 1909, J. G. Cotta. 97 S. Pr. 2,50 M.

N i e ß , H.: Die Bekämpfung der Wassersand-(Schwimmsand-)Gefahr beim Braunkohlenbergbau. Freiberg, Craz & Gerlach, 1906. Mit 19 Skizzen. Pr. 3,60 M.

N i e ß , D r. - I n g.: Die Ursachen des außergewöhnlich hohen Gebirgsdruckes in einem Teile des Zwickauer Reviers und seine Wirkung auf die Schächte und Füllörter. „Glückauf" 1909. Nr. 22. S. 761—773 m. 23 Fig. u. 1 Taf.

N o p p e : Das Braunkohlenvorkommen und der Betrieb der Grube „kons. Preußen" bei Müncheberg in der Mark. „Braunkohle" V. 1906, S. 555—559 m. Fig. 218—222.

O e b b e k e , K., und M. K e r n a u l: Die Braunkohlenvorkommen Bayerns. „Braunkohle" 1907. V. S. 799—806 m. 2 Fig.

O e b b e k e , K., und M. K e r n a u l: Geologische Verbreitung der Braunkohlen in Bayern. Siehe K l e i n , Handbuch f. d. deutschen Braunkohlenbergbau. Halle a. S. 1907, W. Knapp.

O s s e n d o w s k y , A. M.: Die fossilen Kohlen und Kohlenstoffverbindungen des fernen Ostens Rußlands vom Gesichtspunkte deren chemischer Bestandteile. Österr. Zeitschr. f. Berg- u. Hüttenw. 1906. S. 325—329, 339—343, 349—355.

P a r k e r , E. W.: The Conservation of Coal in the United States. Amer. Inst. Min. Eng, 1909. Bull. 35. S. 1011—1018.

P a r t o n , T h.: Coal and Coal Mining in New South Wales. Transact. Australasian Inst. of Min. Eng. Vol. X. 1905. S. 233—262.

P e a c h , B. N., and J. H o r n e: The Canonbie coalfield, its geological structure and relations to the carboniferous rocks of the North of England and Central Scotland. Edinburgh, Trans. Roy. Soc. 1905. 43 S. m. 3 Taf. u. 1 kolor. Karte. Pr. 6 M.

P e i n e r t , W.: Miocäne Braunkohlenvorkommen in der Oberpfalz und in Niederbayern, ihre Aufschließung und ihre Ausbeutung. „Braunkohle" 1909. S. 789—797 m. 5 Fig.

P e t r a s c h e c k , W.: Welche Aussichten haben Bohrungen auf Steinkohle in der Nähe des Schwadowitzer Carbons? Österr. Zeitschr. f. Berg- u. Hüttenw. 1905. S. 656—659 m. 1 Fig. (Ref. s. N. Jb. f. Min. 1907. I. S. 82. — Aussichten sind gering.)

P e t r a s c h e c k , W.: Die Steinkohlenvorräte Österreichs. Österr. Zeitschr. f. Berg- u. Hüttenwesen LVI. 1908. S. 446—447, 455—458, 471—476 mit 1 Karte. Pr. 1,20 M.

P e t r a s c h e c k , W.: Der Norden des Kladnoer Revieres. Mont. Rundschau 1909. S. 673—676.

P e t r a s c h e c k, W.: Die Steinkohlenfelder am Donau-Weichsel-Kanal. Mitt. d. Zentralvereins f. Fluß- u. Kanalschiffahrt in Österreich, Wien 1908, S. 2152—2159 m. 1 Kartenbeilage.

P i c k , G g.: Der Staat und der Kohlenbergbau. Wien, Manzsche Verlagshandlung, 1908. 31 S.

P i l z: Neuere Mergelabstürze im niederrheinisch-westfälischen Steinkohlengebirge. Essener Glückauf 1906. S. 502—505 m. 7 Fig.

P i s h e l , M. A.: A practical test for coking coals. Econ. Geol. III, 1908, S. 265—275 m. 3 Taf.

P ö p e l , M.: Die Steinkohlenindustrie. Zeitschr. des Vereins deutscher Ingenieure 52. 1908. S. 1162—1164.

P o l s t e r s Jahrbuch und Kalender 1910 für Kohlen-Handel und -Industrie. 10. Jahrg. Leipzig, H. A. L. Degener. 800 S. m. Fig. Pr. in Leinen 4 M, in Leder 6 M.

P o t o n i é , H.: Zur Genesis der Braunkohlenlager der südlichen Provinz Sachsen. Berlin, Geol. Landesanstalt, 1908. 12 S. m. 3 Taf. Pr. 0,50 M.

P o t o n i é , H.: Abbildungen und Beschreibungen fossiler Pflanzenreste der paläozoischen und mesozoischen Formationen. Berlin, Preuß. Geol. Landesanst. 1903—1907. (Ref. über Lfg. III—V s. N. Jb. f. Min. 1908. I. S. 154—156.) Lfg. I—V. Nr. 1—100.
Die einzelnen Arten gelangen auf losen Blättern zur Veröffentlichung, so daß eine nachträgliche Umordnung nach den Bedürfnissen des Benutzers möglich bleibt.

P o t o n i é , H.: Klassifikation und Terminologie der rezenten brennbaren Biolithe und ihrer Lagerstätten. Berlin Abhdlg. der Geol. Landesanst. N. F. Heft 49. 1906. Pr. 3 M. Bespr. s. „Braunkohle" 1906. S. 429.

P o t o n i é , H.: Wesen und Klassifikation der Kaustobiolithe. „Glückauf" 1909. Nr. 22. S. 773—780 m. 9 Fig.

P o t o n i é , H.: Über das Wesen, die Bildungsgeschichte und die sich daraus ergebende Klassifikation der Kaustobiolithe. Ein Sammelreferat nach eigenen Arbeiten. Naturw. Wochenschrift 1910, S. 5—10 m. 2 Fig.

P o t o n i é , H.: Die Entstehung der Steinkohle und verwandter Bildungen einschließlich des Petroleums. Eine Erläuterung zu der auf Veranlassung der Internationalen Bohrgesellschaft in Erkelenz auf der Weltausstellnug zu Lüttich gebotenen Ausstellung eines Dioramas einer Steinkohlenlandschaft und von Gesteinen zur Demonstration der Genesis der fossilen Kohlen und verwandter Bildungen. Vierte verbesserte Auflage (deutsch und französisch). Berlin, Gebr. Borntraeger, 1907. 47 S. m. 27 Fig. Pr. 4 M.

P o t o n i é , H.: Formation de la houille et des roches analogues, y compris les pétroles. Congr. intern. des mines etc. Liége 1905. Sect. de Géol. appl. S. 509—552 mit 27 Fig.

P o t o n i é , H.: Eine rezente organogene Schlammbildung des Cannelkohlen-Typus. Jahrb. d. Preuß. Geol. Landesanst. u. Bergakademie 1903. Bd. XXIV. Nr. 3. Berlin. S. 405 bis 409. Pr. 0,30 M.

P o t o n i é , H.: Historisches zur Frage nach der Genesis der Steinkohle. Naturw. Wochenschrift 1907. S. 113—117 m. 1 Fig.

P r i e m e l , C.: Die Braunkohlenformation des Hügellandes der Preußischen Oberlausitz. Berlin 1907. 72 S. m. 1 Karte u. 5 Taf. Pr. 4 M.

P r i e t z e , A.: Flözführung der Ottweiler und Saarbrücker Schichten. S. 58—86 m. Fig. 12 u. Taf. 5—7 von „Das Saarbrücker „Steinkohlengebirge". Teil I von „Der Steinkohlenbergbau des Preuß. Staates in der Umgebung von Saarbrücken". Berlin, J. Springer, 1904.

R a m a n n , E.: Einteilung und Benennung der Schlammablagerungen. Monatsber. d. Deutsch. Geol. Ges. 1906. Nr. 6. S. 174—183.

R a n d a l l , D. T.: The purchase of coal under government and commercial specifications on the basis of its heating value. With analyses of coal delivered under government contracts. U. S. Geol. Surv., Bull. Nr. 339. Washington 1908. 27 S.

R a n d h a h n, W.: Der Wettbewerb der deutschen Braunkohlen-Industrie gegen die Einfuhr der böhmischen Braunkohle. Jena, G. Fischer, 1908. 119 S. m. 3 Fig. u. 1 Karte.

R a n d h a h n , W.: Die Unternehmungsformen der deutschen Braunkohlenindustrie. „Braunkohle" 1909. S. 809—815.

R a n d o l p h , B. S.: Seaboard coal regions along the Baltimore and Ohio railroad. Mining Magazine 1905. Vol. XI. S. 229—232 m. 6 Fig.

R e d l i c h , K. A.: Über das Alter und die Flözidentifizierung der Kohle von Radeldorf und Stranitzen, Untersteiermark. Österr. Zeitschr. f. Berg- und Hüttenwesen. 1904. S. 403.

R e i f , H c h: Die preußische Berggesetznovelle vom 18. Juni 1907, betreffend die Reservation der Steinkohle und der Salze für den Staat. Bergrechtl. Blätter. IV. Jahrg. Wien 1909. S. 32—38.

R e n a r d , M.: Histoire de la Houille. Bruxelles 1908. 164 S. m. Fig. u. Taf. Pr. 4 M.

R e n i e r , A.: Observations paléontologiques sur le mode de formation du terrain houiller Belge. Ann. Soc. Géol. Belge. T. XXXII. Mém. 1906. S. 261—314 mit 17 Fig.

R e n i e r , A.: Les méthodes paléontologiques pour l'étude stratigraphique du terrain houiller. Extrait de la Revue Universelle des Mines. 4 série. T. XXI et XXII. 1908. Liége. 176 S. m. 70 Fig.

R e i n i n g e r , H.: Das Tertiärbecken von Budweis. Jahrb. d. geolog. Reichsanstalt. Bd. 58. Heft 3. 1908. S. 469—526 m. 8 Abb. u. 1 Taf. (Enthält: Kohlenführende Randbildungen, S. 492—501.) Als S.-A. erschienen bei R. Lechner, Wien.

R i c e , G. S.: The Illinois coal field. Mining Magazine 1905. Vol. XI. S. 237—240 mit 3 Fig.

R i c h a r d s o n , G. B.: Reconnaissance of the Book Cliffs Coal Field between Grand River. Colorado, and Sunnyside, Utah. U. S. Geol. Surv. Bull. 371. 154 S. m. 9 Taf. u. 1 Karte.

R i c h t e r , C., und P. H o r n : Die mechanische Aufbereitung der Braunkohle. Separation, Naßpreßsteinfabrikation, Brikettfabrikation. (Bd. II von: Die deutsche Braunkohlenindustrie.) Halle 1910, W. Knapp. 249 S. m. 213 Abb. im Text und auf 11 Tafeln. Fr. 14 M, geb. 15,25 M.

R i t t e r , E. A.: Les bassins lignitifères et houillers des Montagnes Rocheuses (de l'Amérique du Nord). Ann. des mines. T. X. 1906. S. 5—84 m. Taf. I—IV.
    I. Conditions de dépôt et formation de la houille. Différentes qualités de charbon.
    II. Description géographique des différents bassins lignitifères et houillers. III. Les
    méthodes d'exploitation. IV. Étude statistique. V. Conclusions.

R o w e , J. P.: The Montana coal fields. Mining Magazine 1905. Vol. XI. S. 241—250 mit 8 Fig.

R ü c k e r , A.: Über die neueren Kohlenaufschlüsse im Gonobitzer Becken, Steiermark. Zeitschr. des Österr. Ing.- und Architekten-Vereins 57. 1905. S. 235.

R u o f f : Die Wackersdorfer Braunkohlenwerke der Bayerischen Braunkohlenindustrie-A.-G. (Vortrag, gehalten in der Sitzung vom 2. Oktober 1908 des Berliner Bezirksvereins des Vereins deutscher Ingenieure.) Zeitschr. des Vereins, Bd. 52, 1908. S. 1891 u. 1892.

R y b a , G.: Die Abbaumethoden des Leobener Braunkohlenrevieres. Berg- und Hüttenm. Rundschau III. 1907. S. 99—106, 147—157 mit 6 Taf.

R y b a , F.: Beitrag zur Kenntnis des Cannelkohlenflözes bei Nýřan, Böhmen. Jahrb. d. k. k. geol. Reichsanst. 1903. 53. Bd. S. 351—372 und Taf. XV—XVII.

S a n f o r d , S.: The coal mines on the West Side Belt railroad. Eng. and Min. Journ. 1905. S. 650—655 m. 3 Fig.

S a u e r , A.: Über die wichtigsten Kohlenablagerungen mit Rücksicht auf ihre volkswirtschaftliche Bedeutung. Zeitschr. des Vereins deutscher Ingenieure. 1902. S. 1403—1404.

S c h a p e r : Steinkohlenbergbau und Steinkohlenindustrie. S.-A. a. d. Handbuch der Wirtschaftskunde Deutschlands. Leipzig, B. G. Teubner, 1903. S. 1—56.

S c h e i t h a u e r , W.: Das Bitumen der Braunkohle. Braunkohle 1904. III. S. 97 bis 104.

I. Das Vorkommen. II. Die Entstehung. III. Die Eigenschaften. IV. Die Verwertung. V. Der Einfluß des Bitumens auf die Brikettierfähigkeit.

S c h l e f e r , A.: Das Volkseigentum an den Bergwerken. Ein Beitrag zur Frage der Verstaatlichung der Kohlenbergwerke. Wien, M. Perles, 1900. 58 S.

S c h m i d t , A.: Warum ist Oberschlesien schlagwetterfrei ? Warum neigt seine Kohle so sehr zur Selbstentzündung ? „Kohle und Erz" 1906. S. 665—668.

S c h m i d t , E.: Der Schwimmsand der Braunkohlenformation. Braunkohle 1905. IV. S. 105—107.

S c h u b e r t , R.: Das triadische Kohlenvorkommen in Strmica (Rastel grob) in Dalmatien Mont. Rundschau 1909. S. 631—635 m. 2 Fig.

S c h u l z - B r i e s e n , B.: Das Steinkohlenbecken in der belgischen Campine und in Holländisch Limburg. Berg- und Hüttenm. Rundschau III. Kattowitz O.-S., Gebr. Böhm, 1907. S. 115—120 mit 1 Übersichtskarte und 4 Prof.; auch als Heft 6 der „Sammlung Berg- und Hüttenmännischer Abhandlungen" desselben Verlages.

1. Geographisches und Geschichtliches; 2. Geologisches; 3. Wirtschaftliche Bedeutung des Campinebeckens.

S c h u l z - B r i e s e n , B.: Bohraufschlüsse von Kohlen- und Blackland-Lagerstätten im nordbelgischen Kohlenbecken der Campine. Glückauf, 41. Jahrg. 1905. S. 37—42 m. 2 Fig.

S c h u l z - B r i e s e n , B.: La continuation du gisement carbonifère sur le territoire de la Lorraine et de la France. Congr. Intern. de la Géol. appl. Liége 1905. T. I. S. 81—93 m. 1 Taf.

S c h u l z - B r i e s e n , B.: A propos des terrains qui recouvrent les couches carbonifères du bassin Westphalien-Rhénan. Bull. Soc. Belge de Géol. 1904. T. XVIII. S. 3—19 m. Taf. I—IV.

S c h u l z - B r i e s e n , B.: Les gisements de houille et de sels de potasse de la rive gauche du Rhin et les couches de minette du forage de Bislich. Bull. Soc. Belge de Géol. 1904. T. XVIII. S. 39—53 m. Taf. V. Glückauf 1904. S. 361.

S c h w a b e: Die deutsch-ostafrikanische Südbahn und die Steinkohlenfunde am Kiwiraflusse. Essener Glückauf 1905. S. 1382—1383.

S e l l e , V.: Über die Bemessung des Verhältnisses zwischen Kohlen- und Deckgebirgsmächtigkeit für Tagebaubetrieb im Braunkohlenbergbau. Pr. Zeitschr. f. d. Berg-, Hütten- und Salinenwesen 1909. S. 119—160 mit 5 Fig. „Braunkohle" 1909. Heft 17—20.

S i m m e r s b a c h , B.: Die Carbonformation Schottlands und die Dauer der dortigen Kohlenvorräte. (Nach R. W. D r o n: The coal fields of Scotland, London 1902. 368 S. Pr. 18 M.) Zeitschr. f. d. Berg-, Hütten- und Salinenwesen 1905. LIII. Bd. S. 310—324.

S i m m e r s b a c h , B.: Die Anthrazitkohlenfelder Nordamerikas und deren voraussichtliche Erschöpfung. Berg- und Hüttenm. Zeitung. 1904. S. 623—626 mit Taf. XV.

S i m m e r s b a c h , B.: Die Zukunft des englischen Steinkohlenbergbaues. „Kohle und Erz" Kattowitz 1905. Sp. 865—868.

S i m m e r s b a c h , B.: Die russische Steinkohlenindustrie und ihre wirtschaftliche Bedeutung. Verhandl. d. Vereins zur Beförderung des Gewerbefleißes 1907. S. 67—103, 123—162 mit 2 Diagrammen.

S i m m e r s b a c h , B.: Die Steinkohlenvorräte der Erde. Stahl und Eisen 1904. S. 1347 bis 1359.

S i m p s o n , R.: Report on the Yammu coal-fields. Calcutta, Mem. Geol. Surv. Ind., 1904. 75 S. m. 10 Taf. u. 2 Karten. Pr. 6 M.

S m e y s t e r s , J.: État actuel de nos connaissances sur la structure du bassin houiller de Charleroi et, notamment, du lambeau de poussée de la Tombe. Congr. intern. des mines, etc. Liége 1905. Sect. de Géol. Appl. S. 245—285 m. 9 Taf.

S m i t h , W a r r e n D.: The coal Resources of the Philippine Islands. Economic Geol. 1909. Nr. 3. S. 224—238 m. 1 Fig.

S p ä t e , F.: Die Bituminierung. Beitrag zur Chemie der Faulschlammgesteine. Berlin 1907. 71 S. Pr. 2 M.

S p i l k e r , A.: Kokerei und Teerprodukte der Steinkohle. Monographien über chemisch-technische Fabrikationsmethoden. Bd. XIII. Halle, Wilh. Knapp, 1908. 96 S. m. 22 Fig. Pr. 3,60.

S q u i r e , J., and G. N. B r e w e r: Revised map of part of the Cahaba coal fields, Alabama. With „Vertical section of the measures of the Cahaba coal field down to the coke seam". Geol. Surv. of Alabama. 1903/1905.

S t a i n i e r , X.: Sur des minéraux du terrain houiller de Belgique. Bull. Soc. Belge de Géol. 1904. Taf. XVIII. S. 173—177.

S t a i n i e r , X.: Des relations génétiques entre les différents bassins houillers Belges. Bull. Soc. Belge de Géol. 1904. T. XVIII. S. 187—205.

S t e i n , H e r b s t , F ä h n d r i c h , B e y l i n g , B a u m und H e i s e: Berieselung, Grubenbrand, Rettungswesen, Beleuchtung, Sprengstoffwesen, Versuchsstrecke. (Bd. VII von: „Die Entwickelung des niederrheinisch-westfälischen Steinkohlen-Bergbaues in der zweiten Hälfte des 19. Jahrhunderts". Herausgegeben vom Verein für die bergbaulichen Interessen im Oberbergamtsbezirk Dortmund in Gemeinschaft mit der Westfälischen Berggewerkschaftskasse und dem Rheinisch-Westfälischen Kohlensyndikat.) („Sammelwerk".) Berlin, J. Springer, 1904. 517 S. m. 363 Fig. u. 3 Taf. (vgl. Z. 1904. S. 137).

S t e r z e l , J. T.: Paläontologischer Charakter der Steinkohlenformation und des Rotliegenden von Zwickau. Leipzig, Erläuterungen geologischer Spezialkarte, 1901. 58 S. Pr. 1,50 M.

S t i l l i c h , O.: Steinkohlenindustrie. II. Band von „Nationalökonomische Forschungen auf dem Gebiete der großindustriellen Unternehmung". Leipzig, Jäh & Schunke, 1906. 357 S. Pr. 8 M., geb. 9 M.

    1. Bergwerksgesellschaft Hibernia S. 1; 2. Gelsenkirchener Bergwerks-Aktiengesellschaft S. 144; 3. Kölner Bergwerksverein S. 197; 4. Bergwerks-Aktiengesellschaft Konsolidation S. 220; 5. Bergwerksgesellschaft Dahlbusch S. 262; 6. Königsborn, Aktiengesellschaft für Bergbau, Salinen- und Solbadbetrieb S. 296.

S t i l l i c h , O., und A. G e r k e: Kohlenbergwerk: Eine Monographie. Leipzig, R. Voigtländer. 141 S. m. 56 Abbild. n. Aufnahmen von M a x S t e c k e l. Pr. 4 M.
    I. Volkswirtschaftliches 34 S. II. Abbildungen, mit Erläuterungen.

S t o n e , R. W.: Coal resources of the Russel Fork Bassin in Kentucky and Virginia. U. S. Geol. Surv. Bull. 348. Washington 1908. 127 S. m. 8 Taf. u. 25 Fig.

S t o n i e r , G. A.: The Bengal coal fields of India. Eng. and Min. Journ. Vol. 80. 1905. S. 436—438 m. 12 Fig.

S t o r r s , A. H.: The anthracite coal fields of Pennsylvania. Mining Magazine 1905. Vol. XI. S. 211—221 m. 12 Fig.

S t r e m m e , H.: Die Eigenwärme der Kohlen. Kritischer Bericht, erstattet im geolog.-paläntolog. Colloquium der Universität Berlin, abgehalten im Geologischen Institut. Naturwissenschaftliche Wochenschrift 1906. S. 129—134.

S t r e m m e , H.: Über die Bituminierung. Monatsber. der Deutsch. Geol. Gesellsch. 1907. S. 153—164 m. 2 Fig.

S t r e m m e , H.: Über die Beziehungen einiger Kaolinlager zur Braunkohle. N. Jb. f. Min. 1909. Bd. II. S. 91—120 mit 3 Übersichtskarten und 1 Taf.

    Adolfshütte bei Bautzen S. 94—99; Karlsbad S. 99—105; Löthain und Schletta bei Meißen S. 106—111; Halle a. S. S. 111—113; Muldenstein S. 113—115.

S u e ß , F. E.: Die Lagerungsverhältnisse des Kohlengürtels von Krakau bis zum Mississippi. Österr. Zeitschr. f. d. Berg- u. Hüttenw. 1909. S. 446—447.

T h i e ß , F.: Erz- und Kohlenbergbau in Südrußland. „Glückauf" 1908. S. 1802—1804.

T h i e ß , F.: Die Kohlenvorkommen und Salzseen Westsibiriens. Zeitschr. f. d. Berg-, Hütten- u. Salinenw. 1908. Bd. 56. S. 591—594 m. 1 Fig.

T i e g s , H.: Deutschlands Steinkohlenhandel mit besonderer Berücksichtigung der Kohlensyndikate und des Fiskus. Deutsche Kohlen-Ztg. Berlin 1904. 59 S.

T i e t z e , O.: Das Steinkohlengebirge von Ibbenbüren. Berlin. Jahrb. d. Preuß. Geol. Landesanstalt für 1908. Bd. 29. II. S. 301—353 mit einer geol. Karte i. M. 1 : 25 000 und 1 Taf. Preis 3 M.

d e T i l l i e r , C h.: Steinkohle in Sibirien und im fernen Osten Rußlands. Berg- und Hüttenm. Ztg. 1904. S. 524—528.

T o r n o w: Die Verwendung von Baggern zur Abraumarbeit auf den Braunkohlenbergwerken der Provinz Sachsen. Preuß. Zeitschr. 1906. 54' Bd. S. 568—595 m. 5 Fig.

T o r n o w: Ablagerungsverhältnisse und Abbau der geringmächtigen Braunkohlenflöze bei Müncheberg i. M. „Glückauf" 1909. Nr. 17. S. 586—592 m. 5 Fig.

T r e p t o w , J.: Übersichtskarte des Zwickauer Steinkohlenreviers. Essener Glückauf 1905. S. 998—1000 m. Taf. 24.

U h d e , K.: Die Produktionsbedingungen des deutschen und englischen Steinkohlenbergbaues. Heft 2 der Ergänzungshefte zum Thünen-Archiv. Jena, Gustav Fischer. Pr. 4,50 M.

U l l r i c h , H.: Flözkarte von dem bei Waldenburg belegenen Teile des Niederschlesisch-Böhmischen Steinkohlenbeckens. Bearbeitet bei dem Königl. Oberbergamte zur Breslau. Herausgegeben von der Niederschlesischen Bergbauhilfskasse. Berlin, Berliner Lithogr. Institut, 1905. 2 × 6 Grundrisse 1 : 10 000 u. 4 Profiltaf. 1 : 5000.

V e a t c h , A. C.: Geography and geology of a portion of Southwestern Wyoming with special reference to coal and oil. U. S. Geol. Surv. Prof. Paper. Nr. 56. Washington 1907. 178 S. m. 9 Fig. u. 26 Taf.

V i l l a i n , F.: Note sur les recherches effectuées en Meurthe-et-Moselle pour retrouver le prolongement du bassin houiller de Sarrebrück en territoire français. Congr. intern. des mines, etc. Liége 1905. Sect. de Géol. Appl. S. 325—334.

W a c h h o l d e r: Die neuen Aufschlüsse über das Vorkommen der Steinkohlen im Ruhrbezirke. Organ d. Ver. der Bohrtechniker 1904. Nr. 9. S. 3—4. Nr. 10. S. 3—4.

W a c h l e r: Kritik der neuesten Berggesetznovelle. Zeitschr. d. Oberschlesischen Berg- und Hüttenm. Vereins 46. 1907. S. 187—200.

Vgl. hierzu auch S. 205—222 („Zum Gesetzentwurf, betreffend die Abänderung des Allgemeinen Berggesetzes vom 24. Juni 1865") und die Schlußbemerkung auf S. 222, ferner auch „Tiefbohrwesen 1907",. S. 80 bis 84, 89—92, 96—100, 104—108.

W a t e r s c h o o t v a n d e r G r a c h t: The deeper Geology of the Netherlands and adjacent Regions, with special reference to the latest borings in the Netherlands, Belgium and Westphalia. With Contributions on the Fossil Flora by W. J o n g m a n s. Freiberg i. S., Craz & Gerlach, 1909. 437 S. m. 15 Fig. u. 14 teils farb. Taf. Pr. 40 M.

W a t t e y n e , V.: Les mines de houille aux Etats Unis. Rev. univ. des mines 1909, S. 209—254 m. 7 Fig.

W e d d i n g , H.: Die Braunkohle. Handbuch der Eisenhüttenkunde. Zweite, umgearb. Auflage. II. Bd. Braunschweig, F. Vieweg & Sohn, 1902. S. 621—638 mit Fig. 257—263 und Taf. XVIII.

Vorkommen in den einzelnen Ländern S. 630.

W e d d i n g , H.: Die Steinkohle. Handbuch der Eisenhüttenkunde. Zweite, umgearb. Auflage. II. Bd. Braunschweig, F. Vieweg & Sohn, 1902. S. 639—816 m. Fig. 264—375 u. Taf. XIX—XXXI.

Vorkommen in den einzelnen Ländern der Erde S. 655; Statistik S. 679.

W e d e k i n d : Die technische Verwendbarkeit der mitteldeutschen Braunkohlen und Briketts im Vergleich zu den böhmischen Braunkohlen. „Braunkohle" VIII, 1910, S. 789—794.

W e d e k i n d : Die Wettbewerbsfähigkeit der Braunkohlenindustrie des Regierungsbezirkes Magdeburg gegenüber der Einfuhr böhmischer Braunkohle. „Braunkohle" VIII, 1909, S. 631—636, 647—653.

W e r m e r t , G.: Die Braunkohlenindustrie und ihre Erzeugnisse. S.-A. a. d. Handbuch der Wirtschaftskunde Deutschlands. B. G. Teubner, 1903. S. 57—73.

v a n W e r v e k e , L.: Auf der Suche nach Kohle in Lothringen. Straßburger Post; Organ des Vereins der Bohrtechniker vom 1. Januar 1906. S. 6—7. — Vgl. auch Z. 1905. S. 413.

W e s t e r m a n n , H.: Die Gliederung der Aachener Steinkohlenablagerung. auf Grund ihres petrographischen und paläontologischen Verhaltens. Verh. d. naturhist. Ver. d. Rheinl. 62. 1905. S. 1—64 m. 1 Tabelle und 1 Profiltafel. — Essener Glückauf 1906. S. 278—284 mit 5 in der Originalarbeit nicht zum Abdruck gekommenen Profilen und 1 Fig. (Vgl. das Referat d. Z. 1905. S. 426—428.)

W h e e l e r , N. F.: Pure Coal as a Basis for the Comparison of Bituminous Coals. Am. Inst. of Min. Eng. 1908. Nr. 19. S. 49—60. — Vergl. Z. 1909. S. 488.

W h i t e , D.: The effect of Oxygen in Coal. U. S. Geol. Surv. Bull. 382. Washington 1909. 74 S. m. 3 Taf.

W h i t e , L. C.: Report on the Coal Measures and Associated Rocks of South Brazil. Final Report presented to H. Ex. Dr. L. S. Müller, Minister of Industry, Highways, and Public Works. Rio de Janeiro, Imprensa Nacional, 1908. S. 3—300 m. zahlr. Taf. u. 2 Kart. 1 : 25000 u. 1 : 2010365. Text spanisch und englisch.

W i l d e r , F. A.: The lignite coals of North Dakota. Economic Geology. Vol. I. 1906. S. 674—681.

W o l f f , E.: Die zweckmäßigste Gesellschaftsform für den Braunkohlenbergbau. „Braunkohle" 1906. S. 455—460.

Z e e s e , A.: Die Entwickelung des Niederlausitzer Braunkohlenbergbaues und der Eintracht-Werke zu New-Welzow N.-L. im besonderen. „Braunkohle" V. 1907. S. 779—782.

Z i c k e r t , H.: Die wirtschaftliche Bedeutung der böhmischen Braunkohlen im Vergleiche mit den benachbarten Kohlenindustrien des In- und Auslandes. Teplitz-Schönau, Ad. Becker, 1908. 286 S. m. 24 Tab., 15 Taf. und 2 Karten. Pr. 10 M.

I. Die Entwicklung der Produktion und des Absatzes der böhmischen Braunkohlen von der Mitte des 19. Jahrhunderts bis zum Jahre 1906. II. Die böhmische Braunkohlenindustrie in Gegenwart und Vergangenheit. III. Tabellen, Tafeln und Karten über die Produktion und den Absatz der böhmischen Braunkohlen und der benachbarten Kohlenindustrien.

Z i c k e r t , H.: Das Absatzgebiet der böhmischen Braunkohlen. „Braunkohle" 1908. S. 417—422 m. 2 Diagrammen.

Z o b e l , P.: Das Steinkohlenvorkommen in der Oberpfalz (Erbendorf und Umgebung). Kattowitz 1909. Pr. 0,80 M.

Z ö r n e r , R.: Die Absatzverhältnisse der Königlichen Saarbrücker Steinkohlengruben in den letzten 20 Jahren (1884—1903). IV. Teil von „Der Steinkohlenbergbau des Preuß. Staates in der Umgebung von Saarbrücken". Berlin, J. Springer, 1904. 54 S. m. 4 Taf.

Graphit.

Weitere Beobachtungen über die Bildung des Graphites, speziell mit Bezug auf den Metamorphismus der alpinen Graphitlagerstätten (E. W e i n s c h e n k) 03: 16.

Graphit bei Kaisersberg in Steiermark (A. R e d l i c h) R. 03: 77.

Über das Vorkommen von Monazit in Eisenerz und Graphit (O. A. D e r b y) L. 03: 78.

Das Vorkommen von Graphit in Böhmen, insbesondere am Ostrande des südlichen Böhmerwaldes (O. B i l h a r z) 04: 324.

Tschuktschenhalbinsel (Ostasien; Graphit) (J. K o r s u c h i n) 06: 377.

Graphitgewinnung in Virginien N. 07: 35.

Über das Vorkommen von Kimberlit in Gängen und Vulkan-Embryonen (Forts. und Schluß) (F. W. V o i t) 07: 216, 365.

Über Graphitlagerstätten (O. S t u t z e r) 1910: 10.

Fernere Literatur:

B r e i t s c h o p f , J.: Das Graphitvorkommen im südlichen Böhmen mit besonderer Berücksichtigung der Bergbaue Schwarzbach, Stuben und Mugrau. Öst. Zeitschr. f. Berg- u. Hüttenw. 1910, S. 131—136, 153—155, 167—169 m. 2 Taf.

C i r k e l , F.: Graphite its properties, occurrence, refining and uses. Department of Mines. Ottawa 1907. 307 S. m. 20 Taf. u. 9 Karten.

D o n a t h , E d.: Der Graphit. Eine chemisch-technische Monographie. Wien, F. Deuticke, 1904. 175 S. m. 27 Fig. Pr. 6 M.

I. Eigenschaften des Graphites S. 3. II. Vorkommen und Bildung des Graphites S. 30. III. Graphitproduktion S. 63. IV. Zusammensetzung der Graphite S. 66. V. Qualifikation der Graphite S. 78. VI. Aufbereitung und Reinigung des Graphites S. 85. VII. Verwendung des Graphites S. 92. VIII. Der künstliche Graphit S. 132. IX. Untersuchung der Graphite und Graphitgesteine. Wertbestimmung der Graphite S. 162. Literatur S. 174.

F o e r s t e r: Über die Gewinnung von künstlichem Graphit. Vortrag. Zeitschr. d. Vereins deutscher Ingenieure. Bd. 50. 1906. S. 377—378.

H a e n i g , A.: Der Graphit. Wien, Hartleben, 1909. 221 S. m. 29 Fig. Pr. 4 M.

d e L a u n a y , L.: La géologie du graphite. Ann. des mines. 3. 1903. S. 49. (Ref. s. N. Jb. f. Min. 1907. II. S. 240—242.)

C. Eisen.

(Anhang: M a n g a n , C h r o m , T i t a n.)

Die regional-metamorphosierten Eisenerzlager im nördlichen Norwegen, Dunderlandstal usw. (J. H. L. V o g t) 03: 24, 59.

Über das Vorkommen, die Zusammensetzung und die Bildung von Eisenanhäufungen in und unter Mooren (M. v a n B e m m e l e n) L. 03: 37.

Stahlproduktion in Großbritannien, Deutschland, Frankreich und den Vereinigten Staaten im Jahre 1901 N. 03: 43.

Über die Entstehung der Mangan- und Eisenerzvorkommen bei Niedertiefenbach im Lahntal (J. B e l l i n g e r) 03: 68, 237; s. a. 03: 271.

Über das Vorkommen von Monazit in Eisenerz und Graphit (O. A. D e r b y) L. 03: 78.

Deutschlands Eisenerz- und Roheisen-Produktion von 1848—1901 N. 03: 84.

Eiseneinfuhr nach Großbritannien N. 03: 120.

Die nutzbaren Eisensteinlagerstätten — insbesondere das Vorkommen von oolithischem Roteisenstein — im Wesergebirge bei Minden (T h. W i e s e) 03: 217.

Weltproduktion von Eisen und Stahl von 1850 bis Mitte 1902 N. 03: 251.

Die Turjiterze Rußlands (J. S a m o j l o f f) 03: 301.

Über den Export von Schwefelkies und Eisenerz aus norwegischen Häfen (J. H. L. V o g t) 04: 1; (A. W e i s k o p f) B. 04: 94.

Bemerkungen über das Eisenglanzvorkommen von Waldenstein in Kärnten (R. C a n a - v a l) L. 04: 28.

Die Eisenerzlagerstätten am Lake Superior (A. M a c c ò) 04: 48, 377.

Der Eisenerzbergbau in Oberhessen, an Lahn, Dill und Sieg (C. C h e l i u s) B. 04: 53.

Über kontaktmetamorphe Magnetitlagerstätten, ihre Bildung und systematische Stellung (F. K l o c k m a n n) 04: 73.

Le tuf humique ou Ortstein, aux points de vue géologique et forestier (R. B r a d f e r) L. 04: 103.

Die Magneteisenerzlager von Schmiedeberg im Riesengebirge (G. B e r g) R. 04: 127.

Die Eisenindustrie in Neu-Süd-Wales N. 04: 147.

Farberden (Eisenocker) in dem trachytischen Gebiet vom Monte Amiata (B. L o t t i) 04: 209.

Über die Bildung des Magneteisens (W. B r u h n s und F. K l o c k m a n n) B. 04: 212.

Eisen- und Stahlproduktion und -handel Großbritanniens 1902 N. 04: 220.

Die Eisenerzlagerstätte der Sierra del Venero bei Cala, Prov. Huelva (C. S c h m i d t und H. P r e i s w e r k) 04: 226.

Die Bedeutung der Konzentrationsprozesse (besonders für die Eisen- und Manganerzbildungen (R. D e l k e s k a m p) 04: 289.

Eisen und Mangan im Großherzogtum Hessen und deren wirtschaftliche Bedeutung (C. C h e l i u s) 04: 356.

Dunderland-Unternehmen (W e i s k o p f und J. H. L. V o g t) B. 04: 362.

Die Eisenocker-Lagerstätten von Cartersville (Georgia) (T h. L. W a t s o n) R. 04: 367.

Der Eisenerzbergbau auf den Zykladen (Griechenland) N. 04: 374.

Eisenproduktion Österreichs in den letzten 20 Jahren N. 04: 375.

Der erste Hochofen in Südafrika N. 04: 375.

Eisenerzlager in Irland N. 04: 376.

Die nutzbaren Lagerstätten im Gebiete der mittleren sibirischen Eisenbahnlinien (W. F r i z) (B: Eisenerze) 05: 60, 63.

Zur Kenntnis der Erzlagerstätten von Smejinogorsk (Schlangenberg) und Umgebung im Altai (R. S p r i n g) 05: 135.

Die gangförmigen Erzlagerstätten der Umgebung von Massa Marittima auf Grund der L o t t i schen Untersuchungen (K. E r m i s c h) 05: 206.

Die Brauneisenerzlagerstätten des Seen- und Ohmtales am Nordrand des Vogelsgebirges (H. M ü n s t e r) 05: 242.

Eisenerze der Maremmen und auf Elba (E. C o r t e s e) B. 05: 145.

Bleihaltiger Eisenmulm bei Neusohl B. 05: 147.

Entstehung der Vogelsberger Eisenerze (H. M ü n s t e r) B. 05: 413.

Brauneisenerzlagerstätte des Hüttenwerkes „Sulinsky Sawod" (A. T e r p i g o r e f f) R. 05: 115.

Magneteisenerzlagerstätte von Daschkesan im Kaukasus (A. T e r p i g o r e f f) R. 05: 116.

Über die Erzlager der Umgegend von Schwarzenberg im Erzgebirge (R. B e c k)
    L. 05: 44.
Eisenerzförderung in Deutschland, Ausfuhr nebst Einfuhr ausländischer Eisenerze;
    zur Statistik des Eisens N. 05: 86, 87, P. 05: 432.
Die Zukunft der Eisenerzproduktion (A. E. T ö r n e b o h m) N. 06: 275.
Eisenerze in Schlesien und Posen N. 06: 62.
Rohstoff-Fracht-Tarife der deutschen Eisenbahnen (nach E. S c h r ö d t e r und
    B r e u s i n g) N. 06: 88.
Gehalte, Frachtwege und Frachtkosten von Eisenerzen für deutsche Hütten (nach
    A. W e i s k o p f) N. 06: 391.
Zur Eisenerz-Inventur in Deutschland (M a c c o, v. V e l s e n) P. 06: 171, N. 06: 275.
Die Roteisensteinlager bei Fachingen a. d. Lahn (C. H a t z f e l d) 06: 351.
Entstehung der schwedischen Eisenerzlagerstätten (S j ö g r e n) R. 06: 333.
Schwedens zukünftige Eisenindustrie mit Hinsicht auf seine Erzgewinnung (B. K j e l l -
    b e r g) N. 06: 304.
Die Eisenerzlagerstätten bei Kiruna (Kirunavaara, Luossavaara und Tuollavaara)
    (O. S t u t z e r) 06: 65, 140.
Die Eisenerzlagerstätte „Gellivare" in Nordschweden (O. S t u t z e r) 06: 137.
Die Eisensteingruben von Serena und tres Amigos, Provinz Almeria, Spanien
    (F. F i r c k s) 06: 147.
Om relationen mellem störrelsen af eruptivfelterne og störrelsen af de i eller ved samme
    optraedende malm udsondringer (J. H. L. V o g t) L. 06: 60.
Silber- und Eisenerze von Herrerias (F. F i r c k s) 06: 233.
Eisen- und Manganerze in Kleinasien (C. S c h m e i ß e r) 06: 190.
Eisensteinbergbau in den deutschen Rheinlanden (F r. F r e i s e) 07: 11.
Über magmatische Ausscheidungen von Eisenerz im Granit. Vorläufige Mitteilung
    (J. H. L. V o g t) 86.
Frankreichs Eisenerze N. 07: 34.
Die Eisenerzlagerstätten des Magnetberges im südlichen Ural und ihre Genesis
    (J. M o r o z e w i c z) L. 07: 90.
Über Raseneisenstein als Baumaterial N. 07: 34, 70.
Über die Entstehung der Eisenerzlagerstätten Lapplands (O. S t u t z e r) P. 07: 267.
Die Bedeutung der wasserlöslichen Humusstoffe (Humussole) für die Bildung der
    See- und Sumpferze (O. A s c h a n) 07: 56.
Über die Genesis der Eisen- und Manganerzvorkommen bei Oberroßbach im Taunus
    (B o d i f é e) 07: 309.
Probleme der Erzlagerstättengeologie (nach S t e l z n e r - B e r g e a t) R. 07: 372.
    1. Die Eisensteinlager in metamorphen Schiefern und deren Entstehung 07: 374.
    2. Rot- und Magneteisensteine im Gefolge der mittel- und oberdevonischen Diabase
       Mitteleuropas 07: 377.
    8. Systematik der Erzgänge R. 08: 39. (Forts. 71).
    9. Die Höhlenfüllungen und metasomatische Lagerstätten R. 08: 74. Deuterogene
       Lagerstätten R. 08: 81.
Eisen und Kohle (O. S i m m e r s b a c h) N. 07: 334.
Zur Eisenerzfrage N. 07: 34, 335.
Die Eisenerzlagerstätten Württembergs und ihre volkswirtschaftliche Bedeutung
    (R. F l u h r) A. 08: 1.
Turmalinführende Eisenerzgänge von Rothau in den Vogesen (O. S t u t z e r) B. 08:
    70. (Vgl. auch B. 169.)
Die nordschwedischen Eisenerzlagerstätten (R. B ä r t l i n g) A. 08: 89.

Berechnung der Selbstkosten bei der Herstellung von Roheisen P. 08: 255.

Eisenglanz und seine Verarbeitung im Fichtelgebirge (A. S c h m i d t) A. 08: 362.

Das Ganggebiet des „Eisenzecher Zuges" (W. R e s o w) A. 08: 395.

Kanada, Eisenerze (H. v. H a a s, A. P. L o w) N. 08: 398.

Zur Frage der Entstehung der nassauischen Roteisensteinlager (R o s e) A. 08: 497.

Die Lagerstätten nutzbarer Mineralien in der Schweiz (W. H o t z). Die Eisenerze
A. 09: 30.

XI. Session des Internationalen Geologenkongresses in Stockholm 1910. (Allgemeines;
Eisenerzvorräte der Erde) P. 09: 75.

The Iron Ores of the Iron Spring District (C. K. L e i t h and E. C. H a r d e r)
L. 09: 181.

Die Eisenerze des Hüggels bei Osnabrück (E. H a a r m a n n) A. 09: 343.

Die Manganlagerstätten von St. Marcell (Prabornaz) in Piemont (M. P r i e -
h ä u s s e r) A. 09: 396.

Eisen und Mangan in Brasilien (A. K e p p e n) R. 09: 476.

Bildung der oxydischen Eisenerzlager (H. W ö l b l i n g) N. 09: 465.

Magneteisenerz in Südsumatra (M ü l l e r - H e r r i n g s) B. 09: 498.

Magnet- und Roteisenerzvorkommen in Südsumatra (J. E l b e r t) A. 09: 509.

Mangan.

Über die Entstehung der Mangan- und Eisenerzvorkommen bei Niedertiefenbach im
Lahntal (J. B e l l i n g e r) 03: 68, 237; s. a. 03: 271.

Die Manganeisensteinlagerstätten der Lindner Mark usw. (R. D e l k e s k a m p)
03: 269, 276.

Die Manganlager der Provinz Santiago auf Kuba (A. C. S p e n c e r) R. 03: 110.

Die Manganerzlagerstätten des Kreises Panama in Columbia, S.-A. (E. B. W i l l i a m s)
R. 03: 246.

Eisen und Mangan im Großherzogtum Hessen und deren wirtschaftliche Bedeutung
(C. C h e l i u s) 04: 356.

Manganerzvorkommen auf dem Isthmus von Panama (E. C. W i l l i a m s) R. 04: 369.

Manganerz-Industrie Rußlands N. 04: 372, 415, 426.

Manganerzindustrie Brasiliens R. 04: 414.

Welt-Manganerz-Export R. 04: 414.

Die nutzbaren Lagerstätten im Gebiete der mittleren sibirischen Eisenbahnlinie
(W. F r i z) (B. Eisenerze; C. Manganerze) 05: 60, 63.

Das Manganeisenerzlager von Macskamezö in Ungarn (F. K o s s m a t u. C. v o n
J o h n) 05: 305.

Eisen- und Manganerze in Kleinasien (C. S c h m e i ß e r) 06: 190.

Über Manganwiesenerz und über das Verhältnis zwischen Eisen und Mangan in den
See- und Wiesenerzen. Ein Beitrag zur Kenntnis der Bildung der Manganerzlagerstätten (J. H. L. V o g t) 06: 217.

Neue Manganerzvorkommen in Britisch-Nord-Borneo (A. D i e s e l d o r f f) B. 06: 10.

Über die Manganerzlager Brasiliens (E. H u s s a k) R. 06: 237.

Das Manganerzvorkommen in der Nähe von Ciudad Real in Spanien (R. M i c h a e l)
08: 129.

Die Frage der Entmanganisierung des Trinkwassers (R. M i c h a e l) N. 08: 222.

Die Manganlagerstätte von St. Marcell (Prabornaz) in Piemont (M. P r i e h ä u ß e r)
A. 09: 396.

Chrom.

Chromeisenerz in Kleinasien (C. S c h m e i ß e r) 06: 188.

Krystallisierter Chromit aus Südserbien (M. L a z a r e v i č) B. 08: 254.

Titan.

Die Lagerstätte titanhaltigen Eisenerzes im Laramie Range, Wyoming, Vereinigte Staaten (J. F. K e m p) 05: 71.

Das Vorkommen von Titan-Magneteisen bei Catalao, Goyaz, Brasilien (E. H u s s a k) 06: 329.

Über die Rödsand-Titaneisenlagerstätten in Norwegen (J. H. L. V o g t) 1910: 59.

Fernere Literatur:

T h e I r o n O r e s R e s o u r c e s o f t h e W o r l d. A Summary compiled upon the initiative of the executive committee of the XI. International Geological Congress, Stockholm 1910. With the assistance of Geological Surveys and Mining Geologists of different countries edited by the General Secretary of the Congress. Stockholm 1910, Generalstabens Litografiska Anstalt. 2 Bde. v. ungefähr 1100 S. m. 137 Textabb. und 28 Tafeln sowie 1 Atlas (35 × 52 cm) m. 42 Karten der bedeutendsten Eisenerzvorkommen der Welt. Pr. 61 M.

A n o n y m : Die Eisenerzlagerstätten der Union. Zeitschr. f. Sozialwissenschaft. Berlin, G. Reimer, VI. Jahrg. 1903. S. 326. — Eisen und Eisenindustrie in England. S. 477.

A b b o t t , C. E.: Geology of the Ely Trough iron-ore deposits. The orebodies at Ely, Minnesota, are replacement deposits inclosed in a greenstone trough under a cap of jaspilite. Eng. and Min. Journ. Vol. 83. 1907. S. 601—605 m. 4 Fig.

A c k e r , V.: Geologische Verhältnisse der Gegend von Csetnek und Pelsücz. (Bericht über die geologische Detailaufnahme im Jahre 1905.) Jahresber. d. Kgl. Ungar. Geol. Anstalt für 1905. Budapest 1907. S. 184—197. (Entstehung der Eisenerzlager des Szepes-Gömörer Erzgebirges. S. 195—197.)

A g u i l e r a , J. G.: Algunos criaderos de fierro de la Republica. Bol. Soc. Geol. Mexicana, Tomo V, S. 67—89 m. 5 Taf.

A g u i l l o n , M.: Rapport sur l'établissement d'un droit de sortie sur les minerais de fer. Ann. des mines. T. XIII. 1908. S. 5—26.

Précédents de l'étranger: Angleterre, Suède, Espagne, Luxembourg. — Situation de l'industrie de la fonte dans l'Europe occidentale. — Situation des minerais de fer en France. — Observations et avis du rapporteur.

A h l b u r g : Die Abbauverfahren auf den größeren Minettegruben des Bergreviers Diedenhofen in Elsaß-Lothringen. „Glückauf" 1906. S. 1541—1552 m. 11 Fig.

B a i l l y , L.: L'exploitation du minerai de fer oolithique de la Lorraine. Ann. des mines, 1905. T. VII. S. 5—55 m. 3 Fig. u. 1 Taf.

B a l l , S. M.: Review of Fossil Iron Ore Deposits of Georgia. Eng. and Mining Journ. 1909. Vol. 88. S. 200—204 m. 3 Fig.

B a u e r m a n , H.: The Erzberg of Eisenerz. Iron and Steel Inst. LXXV. III. 1907. S. 27—36; s. a. 280—287.

B a u m , G.: Kohle und Eisen in Nordamerika. Ein Reisebericht. Essen (Ruhr), 1908. Verlag des „Glückauf". 150 S. 4⁰ m. 175 Fig. u. 1 Taf. Pr. 4 M.

B a u m : Eisen- und Titanvorkommen in Usambara (Deutsch Ostafrika). „Stahl und Eisen" 1909. S. 1619—1620.

B a u m g ä r t e l , B.: Das Nebengestein der Chromeisenerzlagerstätten bei Dubostica in Bosnien und das Auftreten von sekundär gebildetem Chromit in demselben. S.-A. a. Tschermaks Mineralog. u. Petrogr. Mitt. XXIII. Bd. 1904. S. 393—400 m. Taf. IX.

B e c k , L.: Beiträge zur Geschichte des Eisens. „Stahl und Eisen". 1905. S. 937—948.

B e y s c h l a g , F., G. E i n e c k e und W. K ö h l e r : Die Eisenerzvorräte des Deutschen Reiches. „Stahl und Eisen" 1910. S. 857—884 m. 3 Taf.

B i t t n e r , L.: Das Eisenwesen in Innerberg-Eisenerz bis zur Gründung der Innerberger Hauptgewerkschaft im Jahre 1625. Wien 1901.

B l a u e l , C.: Aus der chinesischen Eisenindustrie. „Stahl und Eisen" 28. 1908. S. 1 bis 8 m. 7 Fig.

Eisenerzförderung der wichtigsten Länder 1871—1908.

(Nach dem Bericht des schwedischen Kommerzkollegiums, s. Essener „Glückauf" 1909, S. 1723 und 1725.)

Jahr	Vereinigte Staaten Nord-amerikas	Deutsch-land und Luxem-burg	Groß-britannien und Irland	Frank-reich	Rußland	Belgien	Österreich	Schweden	Ungarn	Spanien	Italien	Finnland	Übrige Länder	Welt-produk-tion
	1000 t	1000 t	1000 t	1000 t	1000 t	1000 t	1000 t	1000 t	1000 t	1000 t	1000 t	1000 t	1000 t	1000 t
1871	3 440	4 368	16 597	2 100	791	697	771	663	321	586	86	41	221	30 682
75	4 080	4 730	16 075	2 506	981	365	705	822	390	520	228	83	584	32 069
80	7 234	7 239	18 315	2 874	986	253	697	775	446	3 565	289	38	693	43 404
85	7 722	9 158	15 665	2 318	1 064	187	931	873	651	3 933	201	30	680	43 413
90	16 293	11 410	14 002	3 472	1 736	172	1 362	941	792	6 546	221	59	1 349	58 355
95	16 213	12 350	12 817	3 680	2 859	313	1 385	1 905	955	5 514	183	68	2 888	61 130
1900	28 003	18 964	14 253	5 448	6 200	248	1 894	2 610	1 634	8 676	247	91	3 617	91 885
05	43 209	23 444	14 825	7 395	6 400	177	1 914	4 366	1 661	9 077	367	48	3 869	116 752
06	48 516	26 735	15 749	8 481	6 400	233	2 254	4 503	1 698	9 449	384	36	3 979	128 417
07	52 551	27 697	15 984	10 009	6 400	316	2 540	4 480	1 666	9 896	518	36	4 174	136 267
08	35 559	24 225	15 272	—	—	189	2 632	4 713	—	—	—	—	—	—

Roheisenerzeugung der wichtigsten Länder 1871—1902. (Vgl. auch S. 349.)

Jahr	Vereinigte Staaten Nord-amerikas	Deutsch-land und Luxem-burg	Groß-britannien und Irland	Frank-reich	Rußland	Belgien	Österreich	Schweden	Ungarn	Spanien	Italien	Finnland	Übrige Länder	Welt-produk-tion
1871	1 734	1 564	6 733	860	359	609	260	299	133	53	17	21	210	12 852
75	2 056	2 029	6 467	1 448	427	542	303	351	160	37	28	21	250	14 119
80	3 897	2 729	7 873	1 725	448	608	320	406	144	86	17	22	309	18 584
85	4 109	3 687	7 534	1 631	528	713	499	465	216	159	16	24	261	19 842
90	9 350	4 658	8 031	1 962	927	788	666	456	299	171	14	24	524	27 870
95	9 597	5 465	7 827	2 004	1 431	829	779	463	349	180	9	23	413	29 369
1900	14 014	8 521	9 052	2 699	2 876	1 019	1 000	527	456	91	24	31	850	41 160
05	23 362	10 988	9 746	3 077	2 100	1 310	1 120	539	421	305	31	22	1 011	54 032
06	25 714	12 478	10 312	3 319	2 334	1 431	1 222	605	420	387	30	16	1 000	59 268
07	26 195	13 046	10 083	3 589	2 750	1 428	1 384	616	440	385	32	16	951	60 915
08	16 191	11 812	9 202	3 390	2 642	1 270	1 467	568	—	—	—	—	—	—

B ö c k h , H.: Die geologischen Verhältnisse des Vashegy, des Hradek und der Umgebung dieser (Comitat Gömör). (S. 80: Die Eisenerz-Vorkommnisse von Vashegy-Rákos und des Hradek, sowie deren Entstehungsweise.) Mitteilungen a. d. Jahrb. d. Kgl. Ungar. Geol. Anstalt. XIV. Bd. 1905. S. 63—88 m. Taf. VII—XIV. — Referat „Stahl und Eisen". 1905. S. 1269.

B o e h m : Die Erzlagerstätten des konsolidierten Bergwerks Stangenwage bei Haiger, Bergrevier Dillenburg. (Unter besonderer Berücksichtigung der Entstehung der Eisenerzlager.) Preuß. Zeitschr. 1905. Bd. 53. S. 259—297 m. 44 Fig. u. Texttaf. c und d.

B o l s t a d , J.: Über Brasiliens Eisenindustrie, Eisen- und Manganerze. Jern.-Kont. Ann. 1903. Nr. 6. Berg- u. Hm. Ztg. 1903. S. 437—438.

B o n n e y , T. G.: The magnetite-mines near Cogne (Gratian Alps). London. Quart. Journ. Geol. Soc. 1903. 9 S. m. 3 Fig. Pr. 1 M.

B o r n h a r d t , W.: Über die Gangverhältnisse des Siegerlandes und seiner Umgebung. Teil I. Archiv für Lagerstättenforschung, Heft 2. Berlin 1910, Geol. Landesanst. 415 S. m. 81 Fig. u. 3 Taf. Pr. 15 M.

B o w r o n , W. M.: The origin of Clinton Red fossil-ore in Lookout Mountain, Alabama. Bi-Monthly Bull. Amer. Inst. of Min. Eng. 1905. S. 1245—1262 m. 3 Fig.

B r i s k e r , C.: Die Eisenindustrie Italiens. „Stahl und Eisen". 1905. S. 1105—1114.

B r o u g h , B. H.: Lectures on the World's iron ore supplies. S.-A. a. Journ. of The West of Scotland Iron and Steel Inst. Glasgow 1904. 12 S.

B u r c h a r d , E. F.: The Clinton Iron-Ore Deposits in Alabama. Americ. Inst. of Min. Eng., Bull. Nr. 24. 1908. New York. S. 997—1055 m. 13 Fig.

B u r g e s s , C. F. und C. H a m b u e c h e n : Ein elektrolytisches Verfahren zur Gewinnung von reinem Eisen. Ungar. Montan-Ind.- und Handelsztg. X. v. 1. Septbr. 1904. S. 4—5.

C a n a v a l , R.: Über das Vorkommen von Manganerzen bei Wandelitzen nächst Völkermarkt in Kärnten. Jahrb. d. naturw. Landesmuseums von Kärnten. 1909. Heft XXVIII. S. 357 bis 368.

C a n a v a l , R.: Das Eisensteinvorkommen zu Kohlbach an der Stubalpe. Teil V von Bergbaue Steiermarks von Dr. K. A. R e d l i c h. Leoben, L. Nüßler, 1904. 14. S.

C i r k e l , F.: Die Herstellung von Roheisen im elektrischen Ofen (Canada). „Stahl und Eisen". 1906. S. 868—871 m. 2 Fig., vgl. auch S. 566.

C i r k e l , F.: Report on the Chrome Iron Ore Deposits in the Eastern Townships, Prov. of Quebec. Ottawa 1909. 141 S. m. 11 Taf. u. 15 Fig.

C o l b y , A. L.: The nodulising and desulphurisation of fine iron ores and pyrites cinder. Iron and Steel Inst. Vol. 71. 1906. Nr. III. S. 358—376 m. Taf. 31—39.

C o l b y , A. L.: Fortschritte im Agglomerieren und Entschwefeln feiner Erze in Amerika. Vortrag, geh. London, Iron and Stoel Inst. Auszug i. d. Berg- u. Hüttenm. Rundschau 1906. III. S. 47—49 m. 2 Fig.

C o l e m a n , A. P.: The Helen iron mine Michipicoten, Ontario. Econ. Geol. 1906. S. 521 bis 529 m. Fig. 36—39.

C r a n e , W. R.: Iron mining in the Birmingham district, Alabama. Eng. and Min. Journ. 1905. S. 274—277 m. 5 Fig.

D e l l w i k , A.: Der Erzberg von Gellivare, Schweden. Jernkontorets Ann. 1906. Bd. 60. S. 259.

D e m a r e t , L.: Les principaux gisements de minerais de fer du monde. Les réserves de l'Europe et celles des Etats-Unis d'Amérique. Paris 1903. 61 S. m. 59 Fig. u. 2 Taf. Pr. 2 M.

D e m a r e t , L.: Les principaux gisements des minerais de manganèse du Monde. Ann. des mines de Belgique. T. X. Brüssel 1905. 95 S. m. 48 Fig. (Vgl. V e n a t o r : Die Deckung des Bedarfes an Manganerzen. „Stahl und Eisen". 1906. S. 65—71, 140—150, 210—217 m. 12 Fig. u. 2 Karten (Erde und Europa, auf Taf. 4 u. 5).

D e n c k m a n n , A.: Mitteilungen über eine Gliederung in den Siegener Schichten. Jahrb. d. Kgl. Preuß. Geol. Landesanst. u. Bergakad. für 1906. XXVII. S. 1—19.

D r e e s , M.: „Die Bewertung der Eisenerze. Stahl und Eisen" 1907. S. 330—334.

D ü r r e und H. A l l e n d o r f : Eisen und Stahl. S.-A. a. d. Handbuch der Wirtschaftskunde Deutschlands. Leipzig, B. G. Teubner, 1903. S. 317—364.

I. Allgemeines über die Entwickelung des Eisen- und Stahlhüttenwesens. II. Die heutige Darstellung des Eisens. III. Die übrigen Eisenverhüttungsprozesse und ihre neueste Entwickelung. IV. Der Umfang der Eisen- und Stahlindustrie Deutschlands. Betriebe und beschäftigte Personen, Motore, Arbeitsmaschinen und Apparate, Produktion, Einfuhr, Ausfuhr, Konsumtion. V. Die geographische Verbreitung der Eisen- und Stahlindustrie in Deutschland. VI. Die Absatzgebiete innerhalb Deutschlands. VII. Zollgeschichtliches. VIII. Schlußbetrachtungen.

Roheisengewinnung in den wichtigsten Erzeugungsländern.

Erzeugungsmenge in 1000 metrischen Tonnen.

(Nach dem Statist. Jahrb. f. d. Deutsche Reich. 30. Jahrg. 1909. Anhang S. 28.)

Jahr	Deutsches Reich mit Luxemburg	Österreich-Ungarn				Rußland	Finnland	Italien
		Zu- sammen	Davon					
			in den im Reichs- rate vertretenen Königreichen und Ländern	in den Ländern der ungarischen Krone	in Bosnien und Herzegowina			
1888	4 337	790	586	204	—	667	20	12
1893	4 986	986	663	319	4	1 149	21	8
1898	7 313	1 443	958	470	15	2 241	27	12
99	8 143	1 481	996	471	14	2 709	27	19
1900	8 521	1 495	1 000	456	39	2 934	31	24
01	7 880	1 522	1 030	452	40	2 867	31	16
02	8 530	1 471	992	435	44	2 598	30	31
1903	10 018	1 427	971	416	40	2 488	23	75
04	10 058	1 424	988	388	48	2 972	16	89
05	10 875	1 584	1 120	421	43	2 733	22	143
06	12 293	1 688	1 222	420	46	2 719	22	135
07	12 875	1 873	1 384	440	49	2 811	—	112
08	11 805	—	—	—	—	—	—	—

Jahr	Spanien	Frankreich	Belgien	Schweden	Groß- britannien und Irland	Canada	Vereinigte Staaten von Amerika	Japan
1888	165	1 683	827	457	8 127	20	6 594	18
1893	135	2 003	745	453	7 089	51	7 239	17
1898	262	2 525	980	532	8 748	70	11 963	24
99	300	2 578	1 025	498	9 573	93	13 839	23
1900	294	2 714	1 019	527	9 103	88	14 011	25
01	340	2 389	764	528	8 056	249	16 133	29
02	330	2 405	1 069	538	8 819	325	18 107	32
1903	381	2 841	1 216	507	9 078	270	18 298	34
04	386	2 974	1 283	529	8 833	275	16 762	38
05	383	3 077	1 310	539	9 762	479	23 361	53
06	388	3 314	1 363	605	10 347	551	25 713	50
07	381	3 589	1 451	616	10 277	590	26 195	45
08	—	3 409	1 206	563	—	572	16 191	—

D u p a r c , L., et L. M r a z e c : Le minerai de fer de Troïtsk. St. Petersburg, M. Stasjolewiza, 1904. 115 S. m. 13 Fig., 6 Taf. u. 1 geol. Karte.

E c k e l , E. C.: Über den abnehmenden metallischen Gehalt der nordamerikanischen
Eisenerze. Referat: „The Iron Age". Dezember 1907. S. 1596.

E c k e l , E. C.: Brown hematite deposits of Eastern New York and Western New England. Eng. and Min. Journ. 1904. Vol. 78. S. 432—434 m. 5 Fig.

E d w a r d s , W. H.: Die Chromproduktion in Canada. Vortrag, Canadian Mining Inst.
Ungar. Mantan-Ind.- u. Handelsztg. XII. v. 15. November 1906. S. 2.

E i c k h o f f : Über Handscheidung und mechanische Aufbereitung des Roteisensteins
im Dillenburgischen. „Stahl und Eisen", 1909. S. 97—102 m. 1 Fig.

E i n e c k e , G.: Der Eisenerzbergbau und der Eisenhüttenbetrieb an der Lahn, Dill
und in den benachbarten Revieren. Eine Darstellung ihrer wirtschaftlichen Entwicklung und
gegenwärtigen Lage. Jena, G. Fischer, 1907. Heft 2 der „Mitt. d. Ges. f. wirtschaftl. Ausbildung".
Frankfurt a. M. 67 S. m. 1 Karte i. M. 1 : 240 000.

F e r m o r , L. L.: The Manganese ore deposits of India. Calcutta, Mem. Geol. Surv.
1909. 1294 S. m. 92 Fig. u. 37 Taf. Pr. 28 M.

F i n k , W.: Das Eisenglimmervorkommen am Gleissingerfels. (Ein Beitrag zur Geologie
und Bergbaugeschichte des Fichtelgebirges.) Geognost. Jahreshefte. 19. Jahrg. 1906. München
1908. S. 153—167 m. 1 Situationskärtchen u. 1 Planskizzenbeilage.

F r e i s e , F.: Das Eisenhüttenwesen im Altertum. „Stahl und Eisen". 1907. S. 1615
bis 1621, 1655—1659, 1692—1697 m. 20 Fig.

G a n g k a r t e d e s S i e g e r l a n d e s , 1 : 10 000. Hrsg. v. d. Kgl. Preuß. Geol. Landesanstalt. Lief. 1: Blatt Niederschelden, Siegen, Oberschelden, Wilnsdorf, Eisern. Berlin 1909.
Vertriebsstelle der Kgl. Geol. Landesanstalt. Pr. 12 M. Einzeln: Oberschelden u. Wilnsdorf
je 2,50 M., die übrigen je 3 M. — Vgl. Z. f. prakt. Geol. 1906, S. 98—100 ferner Fig. 38—40.

G a r r i s o n , F. L.: Chemical characteristics of limonite (brown hematite) iron ores. —
The genesis of limonite ores in the Appalachians. Eng. and Min. Journal 1904. Vol. 78. S. 258,
470—471.

G l i e r , L.: Zur neuesten Entwickelung der amerikanischen Eisenindustrie. Schmollers
Jahrb. f. Gesetzgebung, Verwaltung und Volkswirtschaft. Leipzig 1903, 3. Heft, u. 1904 1. Heft.

G o l d s t e i n , G.: Die Entwicklung der deutschen Roheisenindustrie seit 1879. Verh.
d. V. z. Beförderung d. Gewerbefleißes 1908 u. 1909.

 1. Die Einführung des Roheisenzolls. A. Geschichtliche Darstellung. B. Wirtschaftliche Gründe.
 2. Die Entwicklung seit 1879. A. Die unmittelbare Wirkung des Zolles. B. Die
Versorgung mit Eisenerz. (Schwierigkeit der Erzbeschaffung, Verwendung von Puddelschlacken; die Herabsetzung der Erzfrachten, die lothringisch-luxemburger Erze; die
schwedischen Erze; die spanischen Erze; die russischen Erze; die Lahn- und Dillerze; die Siegerländer Erze; die oberschlesischen Erze; der Anteil der Erzsorten an
der Deckung des Gesamtbedarfs; die Versorgung Englands mit Eisenerzen; die Eisenerzpreise; die Konkurrenzfähigkeit der Erzsorten; der schwedische Trust; Möglichkeit
eines Minettekartells; das Siegerländereisensyndikat; Zusammenfassung der Veränderungen in der Erzversorgung, Erzpreise in England). C. Die Versorgung mit
Brennstoff (Frachtveränderungen, Gewinnkosten von Kohle; Entstehung des Koks-
und des Kohlensyndikates; die Preisentwicklung der Ruhrkohle und die Wirksamkeit
der Syndikate; die Saarkohlen; die oberschlesischen Kohlen; die englischen Kohlenpreise). D. Die Entwicklung der Technik. E. Die Tendenz zur Bildung gemischter
Werke. F. Zahlengeschichte der deutschen Roheisenindustrie.
 3. A. Theoretische Betrachtung der Produktionskosten. B. Berechnung der Produktionskosten und Vergleich derselben mit den Preisen. C. Folgen der Aufhebung
des Roheisenzolles.

G o u v y , A.: La métallurgie du fer et de l'acier à l'exposition de Düsseldorf 1902. Extr.
d. mémoires de la Soc. des ing. civ. de France. Paris 1902. 115 S. m. 37 Fig. u. Taf. 30—33.
Pr. 3 M.

G o u v y , A.: État actuel des industries du fer et l'acier dans les provinces du Rhin et
de la Westphalie. Extr. d. mémoires de la Soc. des ing civ. de France. Paris 1902. 158 S. m.
32 Fig. u. 4 Taf. Pr. 4 M.

G o u v y , A.: Die Transportverhältnisse der Eisenhütten im südlichen Uralgebirge.
Technik und Wirtschaft 1910, S. 157—166 m. 1 Kartenskizze u. 12 Fig.

G r a n t , U. S.: Investigations on the Lake Superior iron ore deposits. Mining Magazine.
Vol. X. 1904. S. 175—183 m. 6 Fig.

G r e g o r y , J. W.: Geology of the Inner Earth-Igneous Ores. Ann. Report of the Smithsonian Inst. 1907. Washington 1908. S. 311—330.

The Geological Society of London S. 311—313. The Geology of the Inner Earth S. 314—319. The deep-sealed control over the Earth' Surface S. 319—321. Plutonists and Ore Formation S. 321—327. Future supply of Iron Ores S. 327—328. Mining Geology and Education S. 328—330.

Gröndal: Über das Eisenerzbrikett und seine Verhüttung. Österr. Z. f. Berg- u. Hüttenw. 1904. S. 589—593.

Hamilton, W. H.: The Grangesberg iron mines in Sweden. Eng. and Min. Journal 1905. S. 944—947 m. 3 Fig.

Hayes, C. Willard: The Iron-Ore Supply of the United States. Bull. of the Am. Inst. of Min. Eng. 1909. Nr. 28, S. 373—379.

Hecker: Bericht über eine im Sommer 1903 nach den Eisenerzvorkommen an der Ofotenbahn ausgeführte Studienreise. Preuß. Z. 1904. Bd. 52. S. 61—85 m. Texttaf. b—e und Atlastaf. 4   (Karte des Gellivare-Eisenerzfeldes 1 : 16 000.)

Hecker: Die Eisenerzvorkommen des Routivara und des Vallatj. „Glückauf" 1908. S. 1350—1355 m. 4 Fig.

Henriksen, G.: Sur les gisements de minerai de fer de Sydvaranger, Finmark-Norwegen, et sur des problèmes connexes de géologie. Paris 1904. Soc. publ. scient. et industr. 7 S.

Henriksen, G.: On the iron ore deposits in Sydvaranger, Finmarken, Norwegen, and relative geological problems. Vardö 1902. 8 S. Berg. u. Hm. Ztg. 1904. S. 597—598.

Heritsch, F.: Zur Genesis des Spateisenlagers des Erzberges bei Eisenerz in Obersteiermark. Mitt. d. Geol. Gesellsch. Wien. Bd. 1. H. 4. 1908. S. 396—401.

Hess, Frank L.: The Magnetite Deposits of California.   U. S. Geol. Surv., Bull. Nr. 355. Washington 1908. 67 S. m. 4 Fig. u. 12 Taf.

Heymann, H. G.: Die gemischten Werke im deutschen Großeisengewerbe. Stuttgart J. G. Cotta, 1904.

Hiorth, A.: Die Gewinnung von Eisen und Stahl auf elektrischem Wege und deren Aussichten für die Zukunft. Berg- u. Hüttenm. Rundschau. Kattowitz, II. 1906. S. 271—277 m. 5 Fig.

Holz, E.: Russische Eisenindustrie. Vortrag, geh. am 2. Novbr. 1903 im „Ver. zur Beförderung des Gewerbefleißes". Österr. Z. f. Berg- u. Hw. 1904. S. 435—437, 455—457.

Holzapfel, E.: Die Eisenerzvorkommen in der Fränkischen Alb. „Glückauf" 1910. S. 341—350 m. 5 Fig.

Hotz, W.: Die Magnetiterzlagerstätten von Kaspatak im Komitat Hunyad, Ungarn. Mitt. d. Geol. Gesellsch. Wien 1909. II. Bd. H. 1. S. 25—80 m. 9 Fig. u. 2 Taf.

Huppertz, W.: Versuche über die Herstellung von Titan und Titanlegierungen aus Rutil und Titanaten im elektrischen Ofen. Metallurgie I. 1904. S. 362—366, 382—385, 404 bis 417 m. Fig. 251, 275, 307, 308.

Husmann: Die Siegener Schichten in der Umgebung von Gosenbach unter Berücksichtigung der dort aufsetzenden Erzgänge. „Glückauf" 1909. S. 213—222 m. 11 Fig.

Ilgner, C.: Die Stahlwerksverbände. Berg- u. Hm. Rundschau. Kattowitz 1905. S. 329—333.

Jeans, J. S.: British iron trade association. Statement on the conditions in the iron and steel trades. Prepared for the tariff commission. 5. Mai 1904. Vgl. „Stahl und Eisen" 1904. S. 664—667, 728—730, 793—794.

Jennings, E. P.: Origin of the magnetic iron-ores of Iron County, Utah. Transact. of the Amer. Inst. of Min. Eng., Atlantic City Meeting, Februar 1904. 5 S. m. 2 Fig.

Kandelaki, A.: Das kaukasische Manganerz. Essener Glückauf. 1905. S. 764—767.

Kaysser, A.: Das Poti-Erzgeschäft. Stahl und Eisen 1907. S. 296—301.

Kestranek, W.: The Austrian Iron Industry during the last twenty-five years. The Journ. of the Iron and Steel Institute LXXV. III. 1907. S. 10—24.

Koeberlin, F. R.: The Brewster iron-bearing district of New-York. Econ. Geol. 1909, S. 713—754 m. 7 Fig.

Koch, A.: Die geologischen Verhältnisse des Bergzuges von Rudobánya-Szt.-András. Ungar. Montan-Ind.- u. Handelsztg. 1905. Nr. 11. S. 1—3. Nr. 12. S. 2—3.
    I. Die geologischen Formationen unseres Bergzuges. II. Die Verhältnisse des Eisenerzvorkommens innerhalb der beschriebenen Triasschichten. III. Tektonische Verhältnisse unseres Gebirgszuges. IV. Schlußfolgerungen bezüglich der Entstehung der Eisensteinlager und Anhaltspunkte zur Aufsuchung derselben.

Kollmann, J.: Der deutsche Stahlwerksverband. Eine wirtschaftliche Studie auf Grund eigener Wahrnehmungen. Berlin, Pan-Verlag, 1905. 53 S. Pr. 1 M.

Kollmann, J.: Der deutsche Stahlwerksverband. Berlin, Pan-Verlag, 1906. 50 S. Pr. 1 M.

K o e r t , W.: Nutzbare Lagerstätten in Togo. Über einige Ergebnisse einer geologischen, im Auftrage des Kaiserlichen Gouvernements von Togo unternommenen Forschungsreise. „Glückauf“. 1905. S. 1640—1641.

> Eine ausführliche Schilderung des ganzen Erzvorkommens soll zugleich mit der Mitteilung der Analysenergebnisse und unter Beifügung einer Karte i. M. 1 : 10 000 in den „Mitteilungen von Forschungsreisenden und Gelehrten aus den deutschen Schutzgebieten“ erfolgen. Über das Eisenerzlager von Banyeli, Togo: „Stahl und Eisen“ 1906. S. 54.

K r a y n i k , E.: Eisenerze und ihre Verhüttung in Kanada. (Vortrag, geh. am 6. Dez. 1908.) „Stahl und Eisen“. Nr. 8. 1909. S. 265—276 m. 2 Abb. u. 2 Taf.

K r e c k e : Eisenerz und Kohle in Französisch-Lothringen. „Glückauf“ 1910, S. 4—9 m. 4 Fig. — Vgl. Fig. 74—76.

K r e l l : Die Eisenindustrie des Minettebezirks, nach dem Stande vom 1. September 1904. Stahl u. Eisen 1905. S. 528—531 m. Taf. XI. (Übersicht der Eisenindustrie in Lothringen und Luxemburg sowie im angrenzenden Longwyer und Nancyer Erzbecken.)

K r e l l : Übersicht der Eisenindustrie in Lothringen und Luxemburg, sowie im angrenzenden Longwyer und Nancyer Erzbecken. (Nach dem Stande vom 1. Septbr. 1904.) Karte i. M. 1 : 160 000. Mit Verzeichnis der Erz- (Minette-) Gruben bzw. Ladestellen, sowie der Hochöfen, Stahl- und Walzwerke.

K r u c k e n b e r g , J.: Über einige physikalische Eigenschaften schwedischer Eisenerze. I. Wärmeleitungsvermögen und Magnetostriktion. Stockholm, Arkiv Matem, 1905. 13 S. m. 3 Taf. Pr. 1,50 M.

L a m b e r t , G.: Découverte d'un puissant gisement de minerais de fer dans le grand Bassin Houiller du Nord de la Belgique. Suite aux publications de 1876 et 1902 concernant ce bassin. Bruxelles, J. E. Goossens, 1904. 24 S. m. Tafeln. Pr. 4.50 M.

d e L a u n a y , L.: L'origine et les caractères des gisements de fer Scandinaves, Taberg, Routivara, Kirunavara, Svappavara, Gellivara, Grängesberg, Norberg, Dannemora, Dunderlandsdal etc. Ann. des mines 1903. T. IV. S. 49—106, 109—211 m. 23 Fig. u. Taf. 3 u. 8. (Ref f. N. Jb. f. Min. 1907. II. S. 243—247.)

> I. Amas de ségrégation directe en relation avec des roches basiques S. 58. II. Gisements de Kirunavara-Luossavara, S. 67. III. Amas lenticulaires interstratifiés dans des terrains cristallo-phylliens: Svappavara, Gellivara, Grängesberg, Norberg, Persberg Dannemora etc., S. 109. IV. Le rôle du phosphore dans les minerais de fer Scandinaves, S. 170. V. Résumé. — Conclusions théoriques, S. 187.

L e i t h , C. K.: Iron ore reserves. Econ. Geol. 1906. S. 360—368. — Smith. Inst. Ann. Rep. for 1906. Washington 1907. S. 207—214.

L e i t h , C. K.: A summary of Lake Superior geology with special reference to recent studies of the iron-bearing series. Transact. Amer. Inst. of Min. Eng., Lake Superior Meeting, September 1904. Bi-Monthly Bull. of the Amer. Inst. of Min. Eng. Nr. 3. Mai 1905. S. 454 bis 507 m. 4 Fig. u. 1 Karte (vgl. d. Z. 1904. S. 381).

L e i t h , C. K.: Genesis of Lake Superior iron ores. Econ. Geol. 1905. S. 47—66 m. 1 Taf.

L e i t h , C. K.: The iron ores of Canada. (Types of North American iron ore deposits: 1. Magmatic segregation type, 2. Pegmatite type, 3. Lake Superior sedimentary type, 4. Clinton sedimentary type, 5. Carbonate type, 6. Brown ore type. — Commercial importance of the several classes of ores: 1. Magmatic segregation (magnetite), 2. Pegmatite type (magnetite), 3. Lake Superior sedimentary type (hematite), 4. Clinton sedimentary type (hematite), 5. Carbonate type, 6. Brown ore type.) Econ. Geol. 1908. S. 276—291.

L e i t h , C. K., and E. C. H a r d e r : The iron ores and the iron springs district Southern Utah. U. S. Geol. Surv. Bull. Nr. 338. Washington 1908. 102 S. m. 21 Taf. u. 11 Fig.

L e m c k e , O.: Über die Ortsteinbildungen in der Provinz Westfalen, nebst Versuchen zur künstlichen Herstellung von Ortstein. München 1904. 46 S. m. 1 Taf. Pr. 2,50 M.

L e v y , H.: Die Stahlindustrie der Vereinigten Staaten von Amerika in ihren heutigen Produktions- und Absatz-Verhältnissen. Berlin, J. Springer, 1905. 364 S. Pr. 7 M.

L o o s e , G.: Der Werdegang der Eisenindustrie Luxemburgs seit 1879. Vortrag, geh. a. d. Vers. d. Südwestdeutsch-Luxemburg. Eisenhütte am 4. Juni 1905 in Luxemburg. „Stahl und Eisen“. 1905. S. 809—814.

L o w a g , J.: Der Eisenerzbergbau und die Eisenerzeugung in Mähren und Österreichisch-Schlesien. Grazer Montan-Ztg. 1906. S. 54—55, 70—72, 88—89, 104—105, 120—121, 136, 152—153.

L u n d , H.: Die Eisenerzlagerstätten in Varanger, Norwegen. (Auszug a. seinem Vortrage v. 13. Febr. 1904 im norwegischen Ing.- und Architekt.-Ver. zu Christiania.) „Stahl u. Eisen". 1904. S. 578.

M c K a y , A.: Der goldhaltende Eisensand von Neu-Seeland. Berg- u. Hüttenm. Z. 1904. S. 537—541.

M a r t e l l , P.: Zur Geschichte der Eisenindustrie in der Mark Brandenburg. „Stahl und Eisen" 1910, S. 82—85.

M a r t i n , R.: Die Eisenindustrie in ihrem Kampf um den Absatzmarkt. Eine Studie über Schutzzölle und Kartelle. Leipzig, Duncker u. Humblot, 1904. 332 S.

M a s o n : Wie lange reichen die Eisenerzlager noch? Daily Consular and Trade Reports v. 6. 3. 1906. — Zeitschr. f. angew. Chemie. XIX. 1906. S. 821—822.

M a t h e s i u s , W.: Die Entwicklung der Eisenindustrie in Deutschland. „Stahl und Eisen" 1910, S. 225—238 m. 14 Diagrammen.

M e l a n d e r : Das See-Erz und seine Gewinnung. Ref. nach Jernkontorets Annaler, Bihang 8, von H e i n t k e in „Glückauf" 1910, S. 207—209.

M o n t g o m e r y , A.: Some geological considerations affecting Western Australian Ore-Deposits. Transactions Australian Inst. of Mining Eng., Vol. XIII, 1909, S. 160—193 m. 2 Fig. und 1 Tafel.

M o u l a n , Ph.: Origine et formation des minerais de fer. Paris 1904. Mit 17 Fig. Pr. 4 M.

M r a z e c , L., und L. D u p a r c : Über die Brauneisensteinlagerstätten des Bergreviers von Kisel im Ural (Kreis Solikamsk des Permschen Gouvernements). Österr. Z. f. Berg- u. Hw. 1903. S. 711—715, 735—740 m. 10 Fig.

M ü l l e r , F. T.: Die Eisenerzlagerstätten von Rothau und Framont im Breuschtal, Vogesen. Straßburg 1905. 55 S. m. 2 Taf.

M ü l l e r - L a n d s m a n n , J. R.: Das Eisenbergwerk im Oberhasle, Kanton Bern, Schweiz. Zürich, J. Frey, 1900. 103 S. m. 3 Fig. (Enthält S. 25—40 ein Gutachten von A. H e i m.)

M ü l l n e r , A.: Die Eisen- und Stahlgewinnung in Innerösterreich, speziell am steirischen Erzberge im Mittelalter. (Vortrag, geh. i. d. Fachgruppe der Berg- u. Hüttenmänner des „Österr. Ing.- u. Archit.-Ver. am 6. Dezbr. 1906.) Österr. Z. f. Bg,- u. Hw. 1907. S. 53—57, 68—70 m. 3 Fig.

M ü l l n e r , A.: Geschichte des Eisens in Innerösterreich von der Urzeit bis zum Anfange des XIX. Jahrhunderts. Mit besonderer Rerücksichtigung der ökonomischen, sozialen und handelspolitischen Verhältnisse sowie des Eisenhandels nach sämtlichen europäischen Ländern, der Levante und Nordafrika. Im Auftrage und mit Unterstützung des hohen k. k. Ackerbauministeriums nach archivalischen Quellen bearbeitet. Mit zahlreichen Illustrationen, Faksimiles von Urkunden und Karten I. Abteilung: K r a i n , K ü s t e n l a n d u n d I s t r i e n . Heft 1 und 2 (Bogen 1—18). Wien und Leipzig 1908, Halm & Goldmann. Pr. je 5 M. Das ganze Werk soll in 3 Abteilungen zerfallen und insgesamt 5 Bände umfassen; der Subskriptionspreis beträgt für jeden Band von etwa 45 Bogen Text 25 M. Einzelne Bände werden nicht abgegeben.

M ü n k e r , E.: Zur Frage der Darstellung von Roheisen aus Erzen auf elektrischem Wege. Berg- u. Hüttenm. Rundschau. Kattowitz. II. 1906. S. 301—306 m. 2 Fig. (Vgl. auch I. 1905. S. 172—174 sowie A. H i o r t h : Die Gewinnung von Eisen und Stahl auf elektrischem Wege und deren Aussichten für die Zukunft, ebenda II. 1906. S. 271—277 m. 5 Fig.)

N a s k e , T h . , und E. A. B a r o n T a u b e : Die Eisen- und Kohlenindustrie Rußlands an der Wende des XIX. Jahrhunderts. „Stahl und Eisen". 1903. S. 1281—1284, 1318—1326.

N e u m a n n , B.: Das Eisenhüttenwesen im Jahre 1908. „Glückauf" 1909. S. 1179 bis 1185 und 1216—1221.

N e w l a n d , D. H.: The Clinton ores of New York State. Bull. Am. Inst. Min. Eng. Nr. 27. 1909. S. 265—283 m. 5 Fig.

N i c o u , M. P.: Les gisements de minerai de fer de la Laponie Suédoise. Ann. des mines. T. XIV. 9 u. 10. 1908. S. 221—337 u. S. 341—361 m. 28 Fig.

N i c o u , P.: Die Eisenerzlagerstätten des schwedischen Lapplandes. „Stahl und Eisen". 1909. S. 1351—1357.

O c h s e n i u s , C.: Über die Mitwirkung von Salzlaken bei der Bildung von Eisen- und Manganerzvorkommen in der Lindener Mark bei Gießen. „Industrie" v. 3. Jan. 1906.

Ö l w e i n , G.: Die drohende Erschöpfung der Eisenerzvorräte der Erde. (Die Verhältnisse in Österreich.) Montanztg. 1909. Nr. 9. S. 186—188.

v. P a p p , K.: Über die geologischen Verhältnisse der Umgebung von Menyháza. (Bericht über die ergänzende geologische Detailaufnahme im Jahr 1904.) Jahresber. d. Kgl. Ungar. Geol. Anstalt für 1904. Budapest 1906. S. 62—100.

Beschreibung der Eisen- und Mangangruben der Umgebung von Restyirata S. 77; Die Vorgeschichte der Eisen- und Mangangruben S. 78; Die Beschreibung der Erzlagerstätten S. 82; Die Mineralien und Erze der Gruben S. 97; Die Schätzung des Erzvorrates in Meterzentnern S. 98; Eisenwerke S. 99.

P a x m a n n , Eisenerzbergbau. S.-A. a. d. Handbuch der Wirtschaftskunde Deutschlands. Leipzig, B. G. Teubner, 1903. S. 97—122.
I. Einleitung. II. Geschichte des Eisenerzbergbaues; III. Die wichtigsten Eisenerze. IV. Die technischen Gewinnungsmethoden. V. Die alten Verhüttungsarten. VI. Die heutige Lage des Eisenerzbergbaues in Deutschland. VII. Statistische Erfassung des Eisenerzbergbaues.

P h a l e n , W. C.: Origin and occurrence of certain iron ores of Northeastern Kentucky. Econ. Geol. 1906. S. 660—673 m. Fig. 49.

P o t o n i é , H.: Eisenerze veranlaßt durch die Tätigkeit von Organismen. Naturwissenschaftl. Wochenschrift 1906. S. 161—168 m. 8 Fig.

P r e s c o t t , B.: The occurrence and genesis of the magnetite ores of Shasta Co., California. Econ. Geol. 1908. S. 465—480 m. 3 Fig.

R i n n e , F.: Physikalisch-chemische Bemerkungen über technisches und meteorisches Eisen. S.-A. a. d. N. Jahresber. f. Min. 1905. Bd. I. S. 122—158 m. 12 Fig.

R i n n e , F., und H. E. B o e k e : El Inca, ein neues Meteoreisen. S.-A. a. d. N. Jahrb. f. Min. Festband 1907. S. 227—255 m. 5 Taf. u. 3 Fig.

R o l l i e r , L.: Über das Bohnerz und seine Entstehungsweise. Antrittsvorlesung am Polytechnikum zu Zürich. Vierteljahrsschr. d. Naturf. Ges. in Zürich 1905. Nr. 1 u. 2. S. 150 bis 162. — Vgl. auch „Stahl und Eisen". 1905. S. 1270.

R u d r a , S. C.: Kohle und Eisen in Indien. Vortrag a. d. New York Meeting des Amer. Inst. of Min. Eng. „Stahl und Eisen". 1904. S. 979—980.

R u t l e d g e , J. J.: The Clinton-Iron-Ore Deposits of Stone-Valley, Huntington-County, Pa. Americ. Inst. of Min. Eng. Bull. Nr. 24. 1908. New York. S. 1057—1087 m. 2 Fig.

S a h l i n , C.: Der heutige Stand der schwedischen Eisenindustrie und ihre Aussichten für die nächste Zukunft. (Nach Jernkontorets Annaler 1909, S. 122—168.) „Stahl und Eisen" 1910, S. 170—173.

S c h i f f n e r : Zur Geschichte des Eisenhüttenwesens im Königreich Sachsen. „Stahl und Eisen". 1904. S. 609—610.

S c h m a l e n b a c h , E.: Die Kleineisenindustrie. S.-A. a. d. Handbuch der Wirtschaftskunde Deutschlands. Leipzig, B. G. Teubner, 1903. S. 365—387.

S c h m i d t , A.: Das Helenentaler Eisensteinvorkommen, Kr. Lubbinitz, Prov. Schlesien. „Kohle und Erz". 1905. Sp. 117—120.

S c h m i d t , A.: Über Eisen und das Entstehen von Eisenlagern. S.-A. a. d. Berg- u. Hüttenm. Rundschau". Kattowitz, Gebr. Böhm, 1908. 18 S.

S c h m i d t , A.: Eisengewinnung im nördlichen Bayern vor 100 Jahren. „Stahl und Eisen". 1908. S. 1243—1246.

S c h n e i d e r , R.: Die Entwicklung, Bedeutung und Zukunft des Bergbaues und der Eisenindustrie. Magdeburg, R. Zacharias, 1905. 58 S.

S c h r ö d t e r , E.: 25 Jahre deutscher Eisenindustrie. Vortrag, geh. a. d. Vers. d. Ver. deutscher Eisenhüttenleute am 24. April 1904 in Düsseldorf. „Stahl und Eisen". 1904. S. 490 bis 500 m. 4 Fig. u. 4 Tabellen.
Fig. 1: Roheisenerzeugung der hauptsächlichen Länder; Fig. 2: Stahlerzeugung der hauptsächlichen Länder: Fig. 3: Deutschlands Eisenerzeugung und Verbrauch a. d. Kopf der Bevölkernng; Fig. 4: Ausfuhr von Eisen und Eisenwaren; Tab. 1 und 2: Roheisenerzeugung und Stahlerzeugung der wichtigsten Länder von 1879—1903; Tab. 3: Eisenverbrauch des deutschen Zollgebietes von 1879—1903; Tab. 4: Ausfuhr von Eisen und Eisenfabrikaten von 1880—1903.

S c h u c h a r t , A.: Die Selbstkostenberechnung für Hüttenwerke, insb. für Eisen- und Stahlwerke. Düsseldorf 1909, Verlag Stahleisen. S. 76 m. 13 Musterblättern. Pr. 3 M.

S c h u l z - B r i e s e n : Les gisements de houille et de sels de potasse de la rive gauche du Rhin et les couches de minette du forage de Bislich. Bull. Soc. Belge de Geol. 1904. T. XVIII S. 39—53 m. Taf. V. „Glückauf" 1904. S. 361.

S e e b a c h , M.: Über das Manganbergwerk im Mausbachtal bei Heidelberg, ein Beitrag zur Kenntnis des Oberrotliegenden in der Umgebung Heidelbergs. Oberrh. geol. Verein. Bericht d. 42. Versammlung. S. 112—115 m. 1 Fig.

S e h l i n g , E.: Die Rechtsverhältnisse an den der Verfügung des Grundeigentümers nicht entzogenen Mineralien mit bes. Berücks. des Kohlenbergbaues in den vormals sächsischen

Landesteilen Preußens, des Eisenerzbergbaues im Herzogtum Schlesien u. a. sowie des Kalibergbaues in der Provinz Hannover. Leipzig, A. Deichert, 1904. 271 S. Pr. 6 M.

§ 6. Der Eisenerzbergbau im Herzogtum Schlesien, der Grafschaft Glatz, in Neuvorpommern, der Insel Rügen und in den Hohenzollernschen Landen S. 85—89.

S h o c k l e y , W. H.: Notes on the coalland iron-fields of Southeastern Shansi, China Transact. Amer. Inst. of Min. Eng. New York Meeting. Oktober 1903. 31 S. m. 8 Fig.

S i m m e r s b a c h , B.: Die Eisenerzlagerstätten in Südvaranger, Finmarken-Norwegen, nach dem amtlichen Berichte des Geschworenen G. H e n r i k s e n-Christiania. Preuß. Z. f. d. Bg.-, Hütten- u. Sal.-Wesen. 1905. 53 Bd. S. 19—21.

S i m m e r s b a c h , B.: Eine neue Phase in der Entwicklung unserer Eisenindustrie. Berg- u. Hüttenm.-Ztg. 1904. S. 593—597.

S i m m e r s b a c h , B.: Die finanzielle Struktur des Steel Trusts in amerikanischer Beleuchtung. Bg.- u. Hm.-Ztg. 1904. S. 646—648.

S i m m e r s b a c h , B.: Die englische Eisen- und Stahlindustrie in ihrem Verhältnis zu derjenigen anderer Länder. Preuß. Z. f. d. Bg.-, Hütten- u. Sal.-Wesen. 1905. 53. Bd. S. 7 bis 14 m. 10 Diagrammen.

S i m m e r s b a c h , B.: Ein Jahrzehnt Entwicklungsgeschichte der russischen Eisenindustrie. Preuß. Zeitschr. f. d. Bg.-, H.- u. Sal.-Wesen 1906. Bd. 54. S. 382—413.

S i m m e r s b a c h , B.: Die Eisen- und Stahlindustrie Nordamerikas im Jahre 1906. (Freie auszugsw. Wiederg. nach The Mineral Industry. Bd. XV.) Z. f. d. Bg.-, H.- u. Sal.-Wes. in Preuß. 56. 1908. S. 421—436.

S i m m e r s b a c h , B.: Über Selbstkosten im amerikanischen Hüttenwesen. Verh. d. V. z. Beförderung d. Gewerbefleißes. 1909. Abhandlg. S. 44—50.

S i m m e r s b a c h , B.: Über Selbstkosten im amerikanischen Eisenhüttenwesen. Österr. Zeitschrift f. Berg- u. Hwesen 1909. Nr. 27. S. 257—261.

S i m m e r s b a c h , O.: Technische Fortschritte im Hochofenwesen. (Auszug a. d. auf der Hauptversammlung der Eisenhütte Oberschlesien am 19. XI. 1905 zu Gleiwitz gehaltenen Vortrage.) Berg- u. Hüttenm. Rundschau. Kattowitz, II. 1906. S. 181—184 m. 2 Fig.

S i m m e r s b a c h , O.: Der Eisenerzreichtum Spaniens. „Glückauf“. 1905. S. 1377 bis 1382.

S i m m e r s b a c h , O.: Die Eisenindustrie. Leipzig 1906, B. G. Teubner. 322 S. m. 92 Fig. Pr. geb. 8 M.

S o r t y : The origin of the Cleveland ironstone. Coll. Guard. 4. Januar 1907. S. 30. — Ergänzende Mitteilungen zu einer früheren Veröffentlichung über die Entstehung und Zusammensetzung des genannten Verkommens.

S p a c k e l e r : Schwedens Eisensteinbergbau in technischer. sozialer und wirtschaftlicher Hinsicht, seine Aussichten und vermutliche Entwicklung. „Glückauf“. 1909. Nr. 14—19 m. 31 Fig.

A. Darstellung des Bergwerksbetriebes: I. Grängesberg; II. Gellivare; III. Kiruna. B. Soziale Verhältnisse. C. Wirtschaftliche Lage des schwedischen Eisenerzbergbaues: I. Bisheriger Markt; II. Voraussichtliche Gestaltung: a) Allgemeines, b) Aufnahmefähigkeit der schwedischen Eisenindustrie, c) Aufnahmefähigkeit des deutschen Marktes; III. Wirtschaftlicher Ertrag.

S p a l t o w s k i , K.: Die Versorgung der deutschen Hochofen-Industrie mit Eisenerz. (Diss.) Greifswald 1909. Julius Abel. 84 S. m. 9 Tab.

S p e n c e r , A. C.: Magnesite Doepsits of the Cornwall Type in Pennsylvania. U. S. Geol. Survey. Bull. Nr. 359. Washington 1908. 100 S. m, 21 Fig., 14 Taf. u. 6 Karten.

S t e l l a , A.: I giamenti metalliferi dell’ Ossola. S.-A. a. Boll. del R. Comitato Geologico d’Italia 1909. Fasc. 4. 18 S. m. 1 Taf.

S t i l l i c h , O.: Nationalökon. Forschungen auf dem Gebiete der großindustriellen Unternehmung. Band I: Eisen- und Stahlindustrie. Berlin, F. Siemenroth, 1904. Bd. I. 238 S. Pr. 6 M., geb. 7 M.

1. Der Hoerder Bergwerks- und Hüttenverein; 2. Die Ilseder Hütte und das Peiner Walzwerk; 3. Die Dortmunder Union; 4. „Phönix“; 5. Die vereinigte Königs- und Laurahütte.

S t o k e s , H. N.: Experiments on the action of various solutions on pyrite and marcasite. Econ. Geol. 1907. S. 14—23.

S t u t z e r , O.: Über die Entstehung und Einteilung der Eisenerzlagerstätten. Preuß. Ztschr. f. d. Bg.-, H.- u. Sal.-Wesen 1906. Bd. 54. S. 301—304.

S t u t z e r , O.: The Geology and Origin of the Lapland Iron Ores. The Journ. of the Iron and Steel Inst. LXXIV. 1907. S. 106—206 m. 7 Fig. u. 15 Taf.

S v e n o n i u s : Geologische Übersicht über das Eisenerzrevier Jukkasjärvi und dessen Umgebung (Prov. Norrbotten, Schweden). Jern.-Kont. Ann. 55. Heft 4 u. 5. — Auszug von Dr. L e o in der Berg- u. Hm.- Ztg. 1903. S. 95—101.

S w a n k , J a m e s M.: Statistics of the American and Foreign Iron Trades for 1908. Annual Statistical Report of the American Iron and Steel Association. Philadelphia 190 9. American Iron and Steel Ass. Pr. $ 5. Vgl. „Stahl und Eisen". 1909. Nr. 20. S. 753—757.

T a f f a n e l , J.: Le gisement de fer spathique de l'Erzberg, près Eisenerz en Styrie. Ann. des mines 1903. T. IV. S. 24—48 m. Taf. 1 u. 2.

T i l l e , A.: Die deutsche Eisenindustrie und ihr Kampf um den Weltmarkt. Vortrag geh. am 9. April 1905 im Pfalz-Saarbrücker Bezirksverein deutscher Ingenieure in Neunkirchen. Z. d. V. deutscher Ing. 1905. S. 1270—1726.

T ö r n e b o h m , A. E., und Hj. S j ö g r e n : Die Eisenerzvorräte der Welt. Teknisk Tidskrift. Septembernummer 1905. — Ref.: „Glückauf". 1905. S. 1542—1545.

T r u c h o t , P.: Les petits métaux titane, tungstène, molybdène. Paris 1905. 189 S. Pr. 2 M.

T r ü s t e d t , O.: Om malmletning medels elektricitet. Helsingfors, Tidskriften teknikern, 24. Aug. 1904. 4 S. m. Taf. Nr. 249.

T r ü s t e d t , O.: Am Kelivaara nyupptäckta malmfält vid Ladoga. Helsingfors, Tidskriften teknikern. 24. Aug. 1904. 4 S. m. Taf. Nr. 248.

U n g e h e u e r , M.: Die Lothringisch-Luxemburgische Montan- und Eisenindustrie. „Technik und Wirtschaft" 1910, S. 205—222 m. 6 Fig.

V a u d e v i l l e , G.: L'industrie minière et métallurgique en Meurthe-et-Moselle. Revue univ. d. Mines. T. XXVII. 1909. S. 110—135 m. 5 Fig.

V e n a t o r , W.: Die Bedeutung der Siegerländer Eisenerzvorkommen für die Versorgung der deutschen Eisenindustrie (Statistik für 1895—1905. — Vorratsschätzung). „Stahl und Eisen" 1907. S. 127—131.

V i e b i g , W.: Der Spateisensteinbergbau des Zipser Erzgebirges in Oberungarn. „Glückauf". 1906. S. 9—15 m. 4 Fig. (Fig. 1: Diagramm betr. Einfuhr ausländischer Erze nach Oberschlesien 1891—1904).

V i l l a i n , F.: Le gisement des minerais de fer en Meurthe-et-Moselle. Paris 1903. 22 S. m. 5 Taf. Pr. 4.50 M.

V o g t , J. H. L.: Le développement de la production des minerais de fer en Suède et Norwège. — Groupe III de: Congrès intern. de chimie appliquée de Berlin. Bull. Soc. de l'ind. min. T. IV. 1905. S. 392—402 m. Fig. 12—14.

V o g t , J. H. L.: De Gamle Norske Jernverk. Norges geologiske Untersögelse. Nr. 46. Kristiania 1908. Aschehoug & Co. 80 S. m. deutsch. Resümee.

V o g t , J. H. L.: Om at fremstille jernmalmbriketter af titanholdig jernsand. S.-A. aus Saeraftryk af teknisk ugeblad. Kristiania. 3 S.

V o e l k e r , H.: Die deutsche Eisen- und Stahlindustrie. Berlin 1908. 80 S. Pr. 1 M.

W e d d i n g . H.: Die Eisenerze. Handb. d. Eisenhüttenkunde. Zweite, umgearb. Auflage. II. Bd. Braunschweig, F. Vieweg & Sohn, 1902. S. 1—236 m. 26 Fig. u. Taf. I—XIII. Überblick S. 3; Vorkommen, Zusammensetzung und gewerbliche Bedeutung der Eisenerze in den einzelnen Ländern S. 19; Rückblick auf die gesamte Eisenerzförderung der Erde S. 233.

W e d d i n g , H.: Die Brikettierung der Eisenerze und die Prüfung der Erzziegel. Vortrag, geh. a. d. Hauptvers. d. Ver. deutscher Eisenhüttenleute am 3. Dezbr. 1905 zu Düsseldorf. „Stahl und Eisen". 1906. S. 2—8.

W e d d i n g , H.: Sonder-Kataloge des Museums für Bergbau und Hüttenwesen (Berlin N., Invalidenstr. 44). II. Abteilung für Eisenhüttenwesen. Berlin, Königl. Geolog. Landesanst. u. Bergak. 1905. 183 S. m. 1 Übersichtsplan des Museums.

W e i s k o p f , A.: Über Brikettierung von Eisenerzen. S.-A. a. d. Berichte über den Allgem. Bergmannstag Wien 1903. Selbstverlag, Hannover, Sophienstr. 3. 15 S. (Vgl. d. Z. S. 96 und 363, 366.)

W e i s k o p f , A.: Feinerze als Ursache von Hochofenstörungen. „Stahl und Eisen". 1904. 6 S.

W e i s k o p f , A.: Über Anreicherung von Eisenerzen. „Stahl und Eisen". 1905. S. 471 bis 475, 532—535 m. 12 Fig.

W e i s k o p f , A.: Die Stellung der deutschen Eisenindustrie auf dem Weltmarkt. Zeitschrift f. angew. Chemie 1904. 17. Jahrg. Heft 35 u. 36. 23 S. Enthält viele statistische Tabellen und einige sehr instruktive figürliche Darstellungen statistischer Verhältnisse.

W e l d , C. M.: The residual Brown Iron-Ores of Cuba. Am. Inst. Min. Eng. Bull. Nr. 32. 1909. S. 749—762 m. 3 Fig.

W e l t n e r , W.: Über den Tiefenschlamm, das Seeerz und über Kalksteinaushöhlungen im Madüsee. (Beiträge zur Fauna des Madüsees in Pommern. Von Dr. M. S a m t e r und Dr. W. W e l t n e r. Zweite Mitteilung.) Abdr. a. d. Archiv f. Naturgeschichte. 71. Jahrg. 1. Bd. 3. Heft 1905. Berlin, R. Stricker, 1905. S. 277—296 m. 1 Fig. u. Taf. XI.

W e n c é l i u s , A.: Eisen- und Manganerzgruben der Schweiz. Berg- u. Hm. Ztg. 1903. S. 541—545, 629—631. 1904. S. 205—207, 217—219.
1. Die Gonzengruben im Sarganserland; 2. Die Haslitalgruben im oberen Aaretal; 3. Die Graubündener Gruben; 4. Die Delsberger Gruben der de Rollschen Eisenwerke.

W i l l c o x , O. W.: The iron concretions of the Redbank Sands. Journal of Geology. Vol. XIV. 1906. S. 243—252 m. 8 Fig.

W ö l b l i n g , H.: Bildung der oxydischen Eisenerzlager. „Stahl u. Eisen" 1909. S. 1248. — Z. f. prakt. Geol. 1909. S. 495—496. Vgl. auch 1910 S. 18—23.

W ö l b l i n g , H.: Zur Bildung von Eisenglanz. „Glückauf". 1909. S. 1—5.

W o o d b r i d g e , D. E.: The Mesabi iron ore range. Eng. and Min. Journ. 1905. S. 74 bis 76, 122—124, 170—172, 266—268, 319—321, 365—367, 466—469, 557—560, 602—604, 698 bis 700, 892—894.

W ü s t , F.: Das Studium des Eisenhüttenwesens und die Errichtung eines neuen eisenhüttenmännischen Instituts an der Königlichen Technischen Hochschule zu Aachen. 16 S. m. 7 Fig. Vgl. auch „Stahl u. Eisen". 1903. S. 1257—1268, 1302, 1339—1341 und 1401—1403.

W ü s t , F.: Die Entwicklung der deutschen Eisenindustrie in den letzten Jahren. Festrede. „Metallurgie". 1909. Heft 9. S. 265—295 m. 13 Diagr.

Z e i d l e r : Erzbrikettierungsanlage auf dem Hüttenwerke der Société des usines métallurgiques et mines de Kertsch in Kertsch, Südrußland. „Stahl und Eisen". 1905. S. 321—328 m. 2 Fig.

D. Gold.

(Auch T e l l u r.)

Das Gold (W. B o d e n b e n d e r) L. 03: 37.

Studien über das Tellur (A. G u t b i e r) L. 03: 80.

Beobachtungen über die Wirkung organischer Stoffe auf die Ablagerung von Gold in Gängen (J. M. M a c l a r e n) L. 03: 114.

Die Ablagerung des Alluvialgoldes (J. V. L a k e) L. 03: 284.

Die Goldproduktion der Welt von 1875—1901, 03: 435. — Vgl. S. 359.

Die Goldgehalte der wichtigsten Golddistrikte 446.

Gold in Tunis N. 03: 456.

Im Goldlande des Altertums (C. P e t e r s) L. 03: 248.

Die Witwatersrand-Goldindustrie vom bergwirtschaftlichen Standpunkte aus (W. A. L i e b e n a m) 03: 433.

Die Goldlagerstätten des Kalgoorlie-Bezirkes (P. K r u s c h) 03: 321.

Die Tellurverbindungen Westaustraliens (P. K r u s c h) 03: 369.

The formation of bonanzas in the upper portions of gold-veins (T. A. R i c k a r d) L. 04: 30.

Weltproduktion an Gold und Silber im Jahre 1903 N. 04: 218.

Der Cripple-Creek-Golddistrikt, seine Entdeckung, Entwicklung, Geologie und Zukunft (W. A. L i e b e n a m) R. 04: 270.

Industrieller Verbrauch von Gold und Silber N. 04: 286.

Die nutzbaren Lagerstätten im Gebiete der mittleren sibirischen Eisenbahnlinie (W. F r i z) 05: 64.

Das Goldvorkommen von Tangkogae in Korea (L. B a u e r) 05: 69.

Die goldführenden Erzvorkommen der Murchison Range im nordöstlichen Transvaal (H. M e r e n s k y) 05: 258.

Das Kupfer-Gold-Lager von Globe, Arizona (W. G r a i c h e n) B. 05: 39.

Gold im Ural N. 05: 48.

Gold und seine Begleitmineralien in der Umgebung von Pisek N. 05: 350.

Zur Kenntnis der Erzlagerstätten von Smejinogorsk (Schlangenberg) und Umgebung im Altai (R. S p r i n g) 05: 141.

Über das Verhalten von Vanadinverbindungen gegenüber Gold und Goldlösungen (F. H u n d e s h a g e n) L. 06: 21.

Die Goldgruben von Karácz-Czebe in Ungarn (K. v. P a p p) 06: 305.

Golderze in Kleinasien (C. S c h m e i ß e r) 06: 191.

Die Goldseifen des Amgun-Gebietes, Ostsibirische Küstenprovinz (E. M a i e r) 06: 101.

Goldproduktion in Formosa und Korea N. 06: 272. ·

Golderzlagerstätten in Südafrika (R. B e c k) 06: 208.

Goldgewinnung Australiens in den letzten zehn Jahren N. 06: 376.

Goldgewinnung in Westaustralien 1904 und in den Vorjahren N. 06: 32.

Tschuktschenhalbinsel, Ostasien; Gold (J. K o r s u c h i n) 06: 377.

Goldproduktion der Vereinigten Staaten von Amerika N. 06: 166.

Goldgewinnung in den deutschen Rheinlanden (F r. F r e i s e) 07: 1.

Das Goldvorkommen im Siebenbürgischen Erzgebirge (M. v. P á l f y) 07: 144.

Goldgewinnung in Transvaal N. 07: 69.

Probleme der Erzlagerstättengeologie (nach S t e l z n e r - B e r g e a t):

      6. Goldführende Kiesfahlbänder (Südafrika) R. 07: 435.

      8. Systematik der Erzgänge R. 08: 39 (Forts. 71).

      9. Deuterogene Lagerstätten R. 08: 81.

Das Goldvorkommen in Südböhmen (J. V. Z e l i z k o) A. 08: 63.

Goldbergbau in South Mahratta, insbesondere die Goldfelder zu Dharwar in Vorderindien (E. R e u n i n g) A. 08: 483.

Übersicht über die nutzbaren Lagerstätten Südafrikas (F. W. V o i t) A. 08: 137, 191, B. 346.

Das Goldvorkommen von Sekenke (J. K u n t z) B. 09: 80.

Beitrag zur Geologie der Hochländer Deutsch-Ostafrikas mit besonderer Berücksichtigung der Goldvorkommen (J. K u n t z) A. 09: 205.

Report on Gold Values in the Klondike High Level Gravels (R. G. M c C o n n e l l) L. 09: 316.

Gold in Brasilien (A. K e p p e n) R. 09: 474.

Alpiner Bergbau (J. S i r o v a t k a) N. 09: 494.

Erzeugung und Erträgnisse des westaustralischen Goldbergbaues in den letzten 23 Jahren N. 09: 497.

Fernere Literatur:

    A m t l i c h : Die Gold- und Platinlagerstätten Kolumbiens und ihre Ausbeutung. Beil. zu Nr. 44 d. Nachr. f. Handel u. Industrie v. 14. April 1908. Zusammengestellt vom Reichsamt des Innern. Berlin. 3. S.

    A m a d o r , M. G.: Los principales centros auriferos del mundo. Estudio sobre la producción actual del oro. Mem. y Rev. Soc. Cient. „Antonio Alzate". 1906. T. 23. S. 355—381.

    A t k i n , A. J. R.: On the genesis of the gold-deposits of Barkerville and the Vicinity. Quart. Journ. of the Geol. Soc. London 1904. S. 389—393.

    B a r v i ř , H.: Zur Lichtbrechung des Goldes, Silbers, Kupfers und Platins. Sitzungsber. d. Kgl. Böhm. Ges. d. Wiss. in Prag 1906. 14 S.

    B a r v i ř , H. L.: Betrachtungen über die Herkunft des Goldes bei Eule und an einigen anderen Orten in Böhmen. Archiv f. d. naturw. Landesdurchforschung von Böhmen. XII. Bd. 1906. 137 S. m. 1 Fig. Pr. 6 M.

    B a r v i ř , H.: Geologische und bergbaugeschichtliche Notizen über die einst goldführende Umgebung von Neu-Knin und Stechovic in Böhmen. Sitzungsber. d. Kgl, Böhm. Ges. d. Wiss. in Prag, F. Rirnac, 1904. 70 S. m. 3 Fig. Pr. 1 M.

Goldgewinnung.[1])
(Kilogramm.)
(Nach dem Statist. Jahrb. f. d. Deutsche Reich. 30. Jahrg. 1909. Anhang S. 30.)

Jahr	Europa									Nordamerika			Mittel-amerika
	Deut-sches Reich[2])	Öster-reich Ungarn	Rußland und Finnland	Türkei	Italien	Spanien und Portu-gal	Schwe-den	Nor-wegen	Groß-britan-nien und Irland	Canada	Verein. Staaten	Mexiko	
1888	—	1 820	32 052	10	148	—	76	—	220	1 673	49 917	1 465	226
1893	77	2 521	41 842	10	176	—	93	—	64	1 395	54 100	1 964	246
1898	111	2 798	38 319	21	250	10	126	—	10	20 822	96 995	12 790	735
99	112	2 925	33 357	21	113	5	106	15	88	32 086	106 911	12 790	881
1900	99	3 223	30 315	21	53	16	88	—	415	41 951	119 126	13 542	752
01	90	3 215	34 385	37	8	15	63	—	175	36 305	118 367	15 475	963
02	94	3 267	33 907	46	8	17	94	3	116	32 105	120 373	15 279	3 012
1903	106	3 378	37 066	31	40	10	51	4	142	28 340	110 731	16 066	2 822
04	97	3 186	37 321	44	66	—	60	—	541	24 770	121 072	18 967	1 885
05	100	3 698	33 542	9	66	—	55	—	170	21 984	132 682	24 236	2 277
06	121	3 935	29 336	9	62	—	20	—	44	18 092	142 001	27 889	2 875
07	100	3 739	40 151	7	60	—	28	—	44	12 613	136 075	28 109	3 172
08	97	3 715	42 209	3	70	—	22	—	—	14 809	142 281	33 661	4 542

Jahr	Südamerika											
	Britisch	Nieder-ländisch	Fran-zösisch	Vene-zuela	Colum-bien	Ecuador	Brasilien	Peru	Bolivien	Chile	Argen-tinien	Uru-guay
	Guyana											
1888	450	487	—	2 130	4 514	—	670	158	90	2 953	47	—
1893	3 863	1 065	1 764	1 213	4 353	79	3 339	110	101	698	211	213
1898	3 082	856	2 474	1 639	3 248	59	2 383	945	504	1 344	207	52
99	3 070	721	2 541	893	2 775	72	3 234	1 295	226	1 954	207	41
1900	3 063	698	2 378	483	1 798	162	4 176	1 633	180	2 449	66	46
01	2 666	610	3 009	483	4 215	165	4 176	865	180	1 606	45	47
02	2 721	484	3 642	653	3 796	301	3 159	3 500	2	1 003	45	87
1903	2 424	566	3 162	451	4 100	413	3 431	892	5	958	45	77
04	2 421	664	2 718	451	2 971	200	3 075	2 000	33	958	14	37
05	2 544	952	2 798	258	3 888	284	3 076	776	28	1 427	8	75
06	2 419	1 037	2 797	38	3 296	443	3 616	1 247	338		8	48
07	1 963	963	3 552	34	4 898	402	3 040	774	1907		155	78
08	2 119	998	3 552	37	5 157	527	3 305	774	521		243	138

Jahr	Asien						Afrika	Australien
	Britisch Indien	Britisch Ostindien	Nieder-ländisch Ostindien	China	Korea	Japan		
1888	1 018	—	—	13 542	—	606	6 771	42 974
1893	5 738	—	—	10 372	884	728	43 550	53 698
1898	11 709	797	177	8 114	1 758	1 161	120 566	97 594
99	13 029	640	177	8 387	2 195	1 420	109 876	119 352
1900	14 197	860	654	8 387	6 771	1 808	13 048	110 591
01	14 138	1 296	748	13 680	4 514	1 808	13 677	115 679
02	14 428	1 545	713	13 138	4 514	2 973	58 716	122 749
1903	17 197	2 024	2 121	11 021	4 514	4 350	102 314	134 231
04	17 639	2 235	2 128	6 772	4 514	4 437	129 272	132 060
05	17 981	2 093	2 128	6 771	3 901	4 623	170 410	129 291
06	18 188	2 180	1 888	6 771	3 435	4 136	203 669	123 971
07	15 624	2 349	2 477	6 771	3 266	4 172	228 685	113 870
08	15 947	2 108	3 379	13 011	4 585	4 345	250 558	110 333

---

[1]) Die Angaben sind den Veröffentlichungen des amerikanischen Münzdirektors entnommen. Für die letzten Jahre sind nachträgliche Berichtigungen nicht ausgeschlossen. — Vgl. Fig. 117 für 1875—1901 auf S. 309 des 1. Bandes der „Fortschritte".
[2]) Hier ist nur die Gewinnung aus einheimischen Erzen nachgewiesen; bezüglich der Gesamtgewinnung an Gold im Deutschen Reiche siehe die Angaben unter Metallhüttenbetrieb auf S. 99 des Statist. Jahrbuchs.

Die Edelmetallgewinnung der Welt 1896—1908.

(Aufgestellt in der Statistischen Abteilung der Reichsbank.)

Die Zahlen für die Jahre 1493—1895 befinden sich in den „Fortschritten" Bd. I, S. 361.

Periode / Jahr	Gold Gesamtgewinnung der Periode		Jahres-durch-schnitt	Silber Gesamtgewinnung der Periode		Jahres-durch-schnitt	Prozentualer Anteil des Goldes | Silbers an der Gesamtgewinnung nach dem Gewicht		Wert-verhältnis zwischen Gold und Silber
	Wert Mill. M	kg	kg	Handels-wert Mill. M	kg	kg			
1896—1900	5 400	1 936 287	387 257	2 144	25 772 753	5 154 551	7,0	93,0	33,54
1896	849	302 688		445	4 885 158		5,8	94,2	30,59
1897	991	357 379		404	4 989 657		6,7	93,3	34,20
1898	1 204	431 656	387 257	419	5 258 210	5 154 551	7,6	92,4	35,03
1899	1 287	461 515		424	5 240 429		8,1	91,9	34,36
1900	1 069	383 049		452	5 399 299		6,6	93,4	33,33
1901	1 096	392 705		436	5 382 369		6,8	93,2	34,68
1902	1 246	446 490		362	5 063 566		8,1	91,9	39,15
1903	1 376	493 083	484 639	380	5 216 800	5 209 320	8,6	91,4	38,10
1904	1 458	522 686		400	5 108 067		9,3	90,7	35,70
1905	1 585	568 232		434	5 275 800		9,7	90,3	33,87
1906[1])	1 681	602 380	—	471	5 155 672	—	10,5	89,5	30,54
1907[1])	1 724	617 748	—	513	5 754 732	—	9,7	90,3	31,24
1908[1])	1 793	664 188	—	—	6 319 947	—	—	—	38,67

Die Angaben beruhen auf den Veröffentlichungen des amerikanischen Münzdirektors. Die Produktionsziffern für das Jahr 1908 nach der New-Yorker Handelszeitung.

B a u e r , J.: Der Goldbergbau der Rudaer 12 Apostel-Gewerkschaft bei Brád in Siebenbürgen. S.-A. d. Österr. Berg- u. Hüttenm. Jahrb. 1905. II. Heft. 120 S. m. 28 Fig. u. Taf. II—V.

B e i l b y , G. T.: Gold in Science and in Industry. Chemical News, London, vol. 92. Nr. 2387. August 25th, 1905. — Ann. Rep. of the Smithsonian Inst. for 1905. S. 215—234.

B e l , J. M.: Gites aurifères du Klondike, Yukon, Canada. Bull. Soc. l'ind. min. 1905. T. IV. S. 275—316.

Préambule S. 275. I. Généralités: Aperçu géographique S. 276, Itinéraire, voies d'accès et de communication S. 280, Conditions économiques S. 281. II. Gisements: Historique S. 285, Géologie S. 286, Réglementation minérale S. 290. III. Exploitation: Méthodes d'exploitation S. 296, Procédés de traitement S. 302, Prix de revient de richesse limite d'exploitabilité S. 304. Production S. 308, Conclusion S. 313.

B e l et S. S c h i f f : Observations sur le mode de formation de l'or dans ses divers gisements. Société de l'industrie minerale. C. R. M. 1908. S. 389—397.

B e n o i t , F.: Considérations sur quelques gisements aurifères. Bull. Soc. Sc. nat. Saône-et-L. 1909. S. 10.

B i e d e r m a n n , E.: Die Statistik der Edelmetalle, als Material zur Beurteilung wirtschaftlicher Fragen in Tabellen und graphischen Darstellungen aufgestellt. Preuß. Z. f. Berg-, H.- u. Sal.-W. Bd. 56. 1908. S. 15—123 m. 2 Fig.

B i e r m e r , M.: Die neuzeitliche Goldproduktion und ihr Einfluß auf das Wirtschaftsleben. Vortrag. Dresden, v. Zahn & Jaensch, 1905. 48. S. Pr. 1 M.

B i l e c k i , A.: Das Gold. Vortrag. S.-A. a. d. XI. Jahresberichte der schlesischen Handelsschule in Troppau. 1905. 47 S.

B ö d i k e r , T.: Feingehalt der Edelmetalle (Gold- und Silberwaren). Handw. d. Staatsw. 2. Aufl. 1901. III. S. 825—829.

1. Begriffsbestimmungen und Allgemeines; 2. Geschichtliches; 3. Das deutsche Feingehaltsgesetz; 4. Die Gesetzgebung des Auslandes; 5. Schluß.

B o h m , W. D.: The cable mountain gold mining district of Montana. Historical remarks and sketch of the development of this camp, with details concerning the geology and the method of ore treatment. Mining Magazine Vol. XIII. 1906. S. 373—380 m. 5 Fig.

B ö h n e r , O.: Die Goldlager der Provinz Minas-Geraes in Brasilien. Prometheus XX. 1909. S. 246—250, 261—264, 279—282 m. 5 Fig. u. 1 Karte.

B o r d e a u x , A.: Les placers aurifères de la Guyane française. Rev. univ. des mines. 1905. T. IX. S. 225—250 m. Taf. 7 (Karte i. M. 1 : 500 000).

---

1) Die Zahlen für die Jahre 1906 bis 1908 sind nur als vorläufige anzusehen.

Gold und Silber.

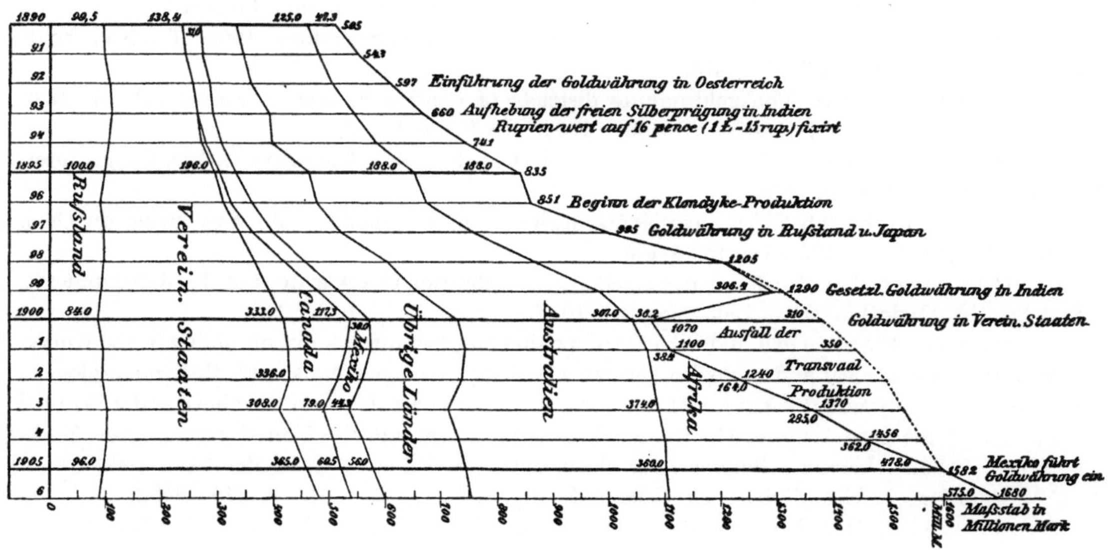

Fig. 120.

Entwicklung der Gold-Produktion 1890—1906.
(Vgl. „Fortschritte" I Fig. 117 für 1875—1901.)

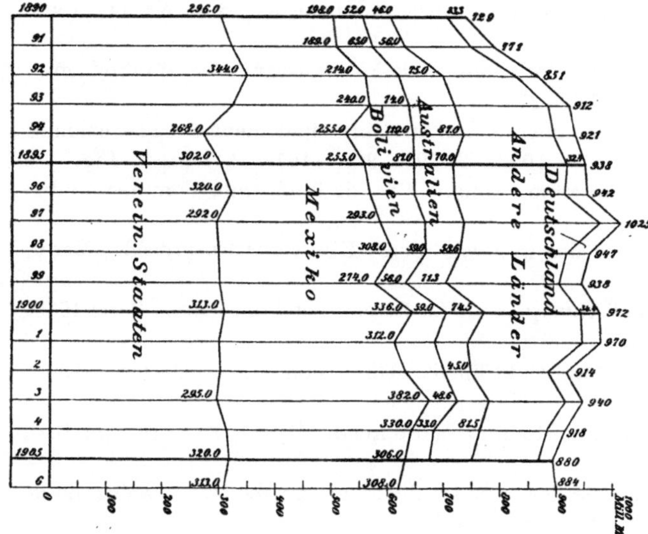

Fig. 121.

Entwicklung der Silber-Produktion 1890—1906, und zwar auf Grund des alten Wert-Pariverhältnisses von 1: 15, 5 (1 kg Silber = 180 M.)
(Vgl. „Fortschritte" I Fig. 120 für 1875—1901.)

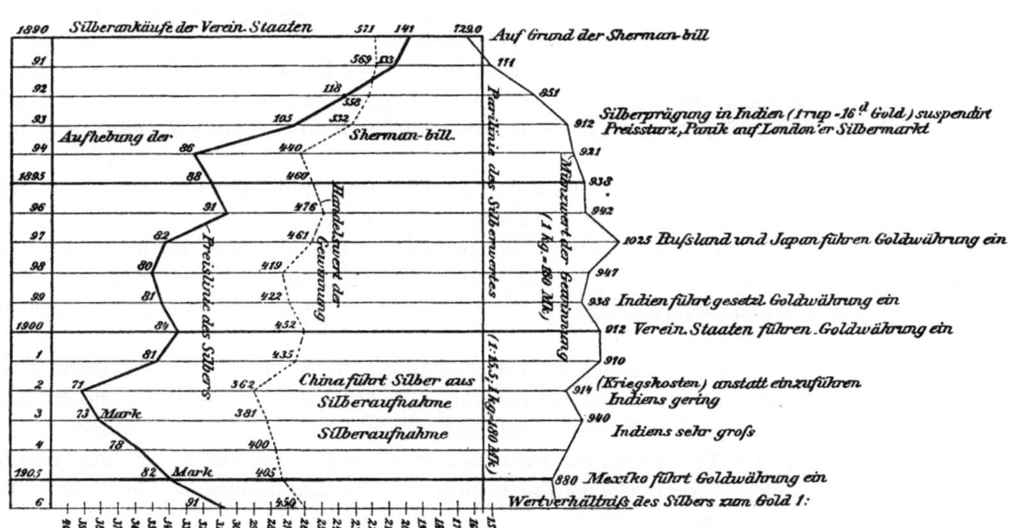

Fig. 122.

Entwicklung der Silber-Produktion 1890—1906, — und zwar auf Grund des Handelswertes (punktierte Linie) — und des Silber-Preises (starke Linie).
(Alle drei Fig. nach E. Biedermann in „Weltwirtschaft", II. Jahrg., 1907, I S. 98—118.)

B o r d e a u x , A.: Note sur deux mines d'or des Alpes, Val Toppa et la Gardette. Rev. univ. des mines. 1905. T. XII. S. 261—296 m. Taf. 12 (Grund- und Profilriß).

B o r d e a u x , A.: Le dragage en Guyane. Revue univ. des mines. 1909. T. XXV. Nr. 3. Liége 1909. S. 189—213 m. 2 Abb.

B r o w n , L. B.: The gold-mining districts of Central Siberia. Transact. Amer. Inst. of Min. Eng., New York Meeting, Oktober 1903. 28 S. m. 1 Taf.

B u t t g e n b a c h , H.: Le gîte auroplatinifère de Ruwe (Katanga). Liége, Congr. inter. mines. 1905. 14 S. m. Fig.

B u t t g e n b a c h , H.: Les dépôts aurifères du Katanga. Bull. Soc. Belge de Géol. 1904. T. XVIII. S. 173—186 m. 5 Fig.

C a n a v a l , R.: Zur Frage der Edelmetall-Produktion Oberkärntens im 16. Jahrhunderte. S.-A. a. d. „Carinthia II". 1906. Nr. 1. 10 S.

C r a n e , W. R.: Gold and Silver; comprising an economic history of mining in the United States, the geographical and geological occurrence of the precious metals, with their mineralogical associations history and description of methods of mining and extraction of values, and a detailed discussion of the production of Gold and Silver in the world and the United States. New York, J. Wiley & Sons (London, Chapmann & Hall), 1908. S. 727 m. 9 Taf. Pr. 21 sh. net.

C u r l e , J. H.: Sibirien als Goldland. Bg.- u. Hm. Z. 1904. S. 646—648.

C u r l e , J. H.: The gold mines of Egypt. Eng. and Min. Journ. 1905. S. 620.

D a g g e t t , E.: The extraordinary faulting at the Berlin mine. Eng. and Min. Journ. Vol. 83. 1907. S. 617—621 m. 6 Fig.; Bi-Monthly Amer. Inst. of Min. Eng., Bull. Nr. 14. 1907. S. 331—344 m. 5 Fig.

D é g o u t i n : Sur quelques gisements d'or filoniens de Madagascar. Soc. de l'ind. min. Comptes rendus mens. August 1906. S. 227—235.

D é g o u t i n , N.: Étude pratique des minerais aurifères, principalement dans les colonies et pays isolés. Bull. Soc. de l'ind. min. T. V. 1906. S. 795—928. 1167—1311 m. 21 Fig.

D é g o u t i n : Les mines d'or de Bongmiù, Annam. Soc. de l'ind. min. Comptes rendus mens. August 1906. S. 243—246.

D e m a r e t - F r e s o n : Traitement des minerais d'or. Etude sur les procédés Body, Martin et Etard. Paris 1903. Pr. 1 M.

D e m a r t y , J.: Les mines d'or de l'Auvergne. I. La Bessette et Pontvieux. Paris 1910. 152 S. m. 133 Fig. Pr. 2,50 Frcs.

D e n n y , G. A.: The Origin of the Rand Gold Fields. Discussion. Econ. Geology. 1909. S. 470—485 m. 2 Taf.

E y p e r t , O.: Der Golderzbergbau am Roudny in Böhmen. Österr. Z. f. Bg.- u. Hw. 1905. S. 83—88, 101—105.

F i e u x , M.: Le mode de formation de l'or dans les divers gisements. C. R. mens. de la Soc. de l'industrie minérale, St. Etienne 1908. S. 141—144.

F i n l a y s o n , A. M.: Problems in the Geology of the Hauraki Goldfields, New Zealand. Econ. Geol. T. IV. 1909. S. 632—645 m. Taf. VIII.

F i r c k s , C.: On the occurrence of gold in Finnish Lapland. Bull. Comm. Géol. de Finlande. Nr. 17. Helsingfors. 1906. 35 S. m. 15 Fig.. 1 Taf. u. 1 Karte i. M. 1: 100000.

F i s c h e r , E. H.: Die Neuanlage des Goldbergwerks Roudny-Zwestow, Böhmen. „Metallurgie". 1904. S. 401—404.

F l e c h t n e r : Wirtschaftliche Krisen, ihre Ursachen und ihre Verhütung. (Gold u. Silber.) Z. d. V. dtsch. Ing. 1906. S. 1713—1715.

F r a n ç o i s , F.: Nouveau système de traitement des alluvions aurifères au moyen du sluicebox mobile. Soc. de l'industrie min. 1904. Saint-Éitenne. S. 785—812.

G a g e l , C.: Die nutzbaren Lagerstätten Deutsch-Ostafrikas. „Glückauf". 1909. S. 1029 bis 1033.

G a s c u e l , L.: L'or à Madagascar. Ann. des mines. T. X. 1906. S. 85—108 m. Taf. V.

G i b s o n , Ch. G.: Notes on the Country between Edjudina and Yundaminedra, North Coolgardie Goldfield. Western Australia, Geol. Surv. Bull. Nr. 11. 58 S., 2 Karten, 17 Fig.

G i b s o n , Ch. G.: The geological features and mineral resources of Mulline, Ularring, Mulwarrie, and Davyhurst, North Coolgardie Goldfield. Western Australia, Geol. Surv. Bull. Nr. 12. 1904. 32 S. m. 2 geol. Karten.

G i b s o n , Ch. G.: The geology and mineral resources of a part of the Murchison goldfield. Western Australia, Geol. Surv. Bull. Nr. 14. 1904. 90 S. m. 8 Fig. u. 9 Karten.

G i b s o n , Ch. G.: Geology and auriferous deposits of Southern Cross, Yilgarn goldfield. Western Australia, Geol. Surv. Bull. Nr. 17. 1904. 47 S. m. 5 Fig., 6 Taf. u. 1 Karte.

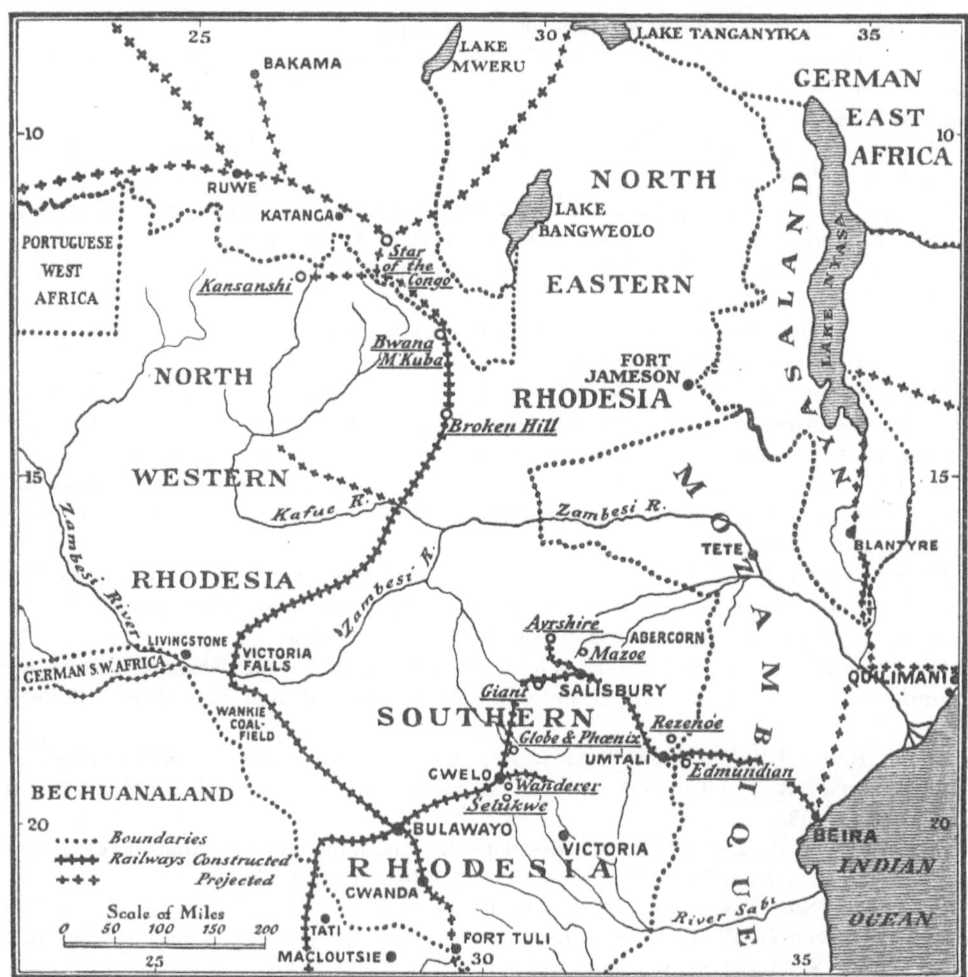

Fig. 123.

Die Grubendistrikte im südlichen Rhodesia, Südafrika.

(Nach A. H. Ackermann, The Mining Magazine 1910, S. 138—141.)

G i b s o n , Ch. G.: The Laverton, Burtville, and Erlistoun Auriferous Belt, Mt. Margaret goldfield. Western Australia, Geol. Surv. Bull. Nr. 24. 1906. 79 S. m. 20 Fig., 6 Photogr. u. 6 Taf.

G i b s o n , Ch. G.: The Geology and Mineral Resources of Lawlers, Sir Samuel and Darlot (East Murchison Goldfield), Mount Ida (North Coolgardie Goldfield) and a portion of the mount Margaret Goldfield. Western Australia, Geolog. Surv. Bull. Nr. 28. 1907. 73 S. m. 4 Fig., 3 Karten u. 5 Grubenplänen.

G ö p n e r , C.: Goldgewinnungsanlagen und -Methoden in West-Australien. „Metallurgie". 1906. S. 457—466, 555—563, 613—622, 656—660.

   1. Oroya Brownhill Gold Mine; 2. Beschreibung der Extraktionsanlage und der Extraktionsmethode auf der Associated Northern Gold Mine; 3. Beschreibung der Erzbehandlungsanlage auf der Sons of Gwalia Mine; 4. Die Behandlung der Konzentrate auf der Ivanhoe Gold Mine.

G ö p n e r , C.: Über die Kosten der Goldextraktion einiger westaustralischer Minen. „Metallurgie". 1905. S. 549—556, III. 1906. S. 240—248, 381—385.

G o r b a t s c h e w : Conditions de la production et état actuel de l'industrie de l'or en Russie. Revue univ. des mines. T. XXIII. 1908. S. 205—253. T. XXIV. 1908. S. 313. T. XXV. 1909. Liége. S. 40—72 u. 158—170.

G r a n g e r , H. G.: The future gold-output of Columbia. Bi-Monthly Am. Inst. Bull. Nr. 23. 1908. S. 641—652.

G r a n g e r , H. G.: Gold-dredging on the Choco-rivers, republic of Columbia, South America. Bi-Monthly Am. Inst. Bull. Nr. 23. 1908. S. 839—866 m. 1 Fig.

G r a n g e r , H. G.: Hydraulic Dredging for Gold-Bearing Gravels. Am. Inst. of Min. Eng. Bull. Nr. 28. 1909. S. 389—409 m. 2 Fig.

G r a t o n , L. C.: Reconnaissance of some gold and tin deposits of the Southern Appalachians, with notes on the Dahlonega mines by W. L i n d g r e n. U. S. Geol. Surv. Bull. Nr. 283. Washington 1906. 134 S. m. 16 Fig. u. 9 Taf.

G r e g o r y , J o h n W.: The origin of the gold of the Rand goldfield. Econ. Geol. 1909. S. 118—129 m. 1 Taf.

G u m p e l , S.: Die Spekulation in Goldminenwerten. Praktische Ratschläge und Belehrungen. Freiburg i. Br., F. E. Fehsenfeld, 1903. 248 S. Pr. 5 M.

G u n t h e r , Ch. G.: The gold deposits of Plomo, San Luis Park, Colorado. Econ. Geol. 1905. S. 143—154 m. Fig. 4—10.

H a a g e n , E.: Der Goldbergbau in Südost-Alaska, insbesondere auf der Douglas-Insel. „Glückauf". 1905. S. 1249—1258, 1281—1287 m. 9 Fig.

H a l a v á t s , J.: Der geologische Bau der Umgebung von Kudsir-Csóra-Felsöpián. (Bericht über die geologische Detailaufnahme im Jahre 1904.) Jahresber. d. Kgl. Ungar. Geol. Anstalt für 1904. Budapest 1906. S. 127—140. — Die Goldwäsche in Felsöpián S. 137.

H a r r i s o n , J. B., and C. W. A n d e r s o n: Geological Map of the Northern portion of British Guyana and the Auriferous Areas. London 1909. 10 Meilen = 1 Zoll (etwa 1 : 633 600). Pr. 5.50 M. Auf Leinwand 8 M.

H a r r i s o n . J. B., F o w l e r and C. W. A n d e r s o n: Geology of the Gold Field of British Guyana. London, Dulau & Co., 1908. M. 33 Photogr. u. 30 Mikrophotogr. Pr. 5.50 M. Bespr. v. F. L. R a n s o m e in Econ. Geol. 1909. S. 490—493.

H a s t i n g s , J. B., and Ch. P. B e r k e y: The geology and petrography of the goldfield mining-district, Nevada. Bi-Monthly Bull. Amer. Inst. of Min. Eng. 1906. S. 295—314 m. 2 Fig.

H i l l , R. T.: El oro district, Mexico. Eng. and Min. Journ. 1905. S. 410—413 m. 11 Fig.

H o l l a n d , R. J.: Table of assay and coinage values for gold. Mining Magazine. 1905. Vol. XI. S. 525—530.

H o r w o o d , B., and M. P a r k: Development, sampling and ore-valuation of Goldmines. Americ. Inst. of Min. Eng. Bull. Nr. 25. 1909. S. 91—100 m. 3 Fig.

H u n t e r , S t.: The deep leads of Victoria. Mem. Geol. Surv. of Victoria. Nr. 7, 1909. — Vgl. das Referat von O. W i l c k e n s über „die begrabenen Goldseifen von Victoria" in Geol. Rundschau 1910, S. 39—41 m. 4 Fig.

H y v e r t , G.: Une ancienne mine d'antimoine dans le limousin aurifère. Technologie de l'antimoine. Paris 1906. Pr. 3.60 M.

J a c k s o n , T. V.: Geology and auriferous deposits of Leonora, Mount Margaret Goldfield. Western Australia, Geol. Surv. Bull. Nr. 13. 1904. 47 S. m. 5 Fig., 9 Taf. u. 1 geol. Karte.

J a c k s o n , C. F. V.: I. Geological features and auriferous deposits of Mount Morgans, Mount Margaret Goldfield; also II. Notes on the geology and ore deposits of Mulgabbie, North Coolgardie Goldfield. Western Australia, Geol. Surv. Bull. Nr. 18. 1905. 36 S. m. 5 Fig., 9 Taf. u. 2 geolog. Karten.

J o v a n o v i t c h , D.: Les richesses minérales de la Serbie. I. Les gisements aurifères. Paris, H. Dunod et Pinat, 1907. 108 S. m. 55 Fig. u. 1 Karte. Pr. 8 M.

J u l i a n , H. F. and E. S m a r t: Cyaniding gold and silver ores. Practical treatise on cyanide process. London 1904. 426 S. m. Fig. Pr. geb. 21.60 M.

K e s s l e r , L.: The gold mines of the Witwatersrand and the determination of their value. London, E. Stanford, 1904. 135 S. m. 2 Fig., 2 Profil- u. 2 Analysentaf. Pr. 10,50 M.

K e y e s , Ch. R.: Genesis of the Lake Valley Silver-Deposits. Am. Inst. of Min. Eng. Bull. Nr. 19. 1908. S. 1—31.

K r e j č i , A.: Gold aus der Votowa bei Pisek und seine Begleitmineralien. Bull. intern. de l'Académie des sciences de Bohême 1904. 14 S. m. 7 Fig.

K r u s c h , P.: Das Vorkommen und die Gewinnung des Goldes. Vortrag, geh. i. d. Sitzung d. deutschen Ges. für volkstümliche Naturkunde vom 6. April 1905. Naturw. Wochenschrift 1905. IV. S. 529—533.

  I. Golderze. II. Goldgehalte. III. Wie sehen unsere Goldlagerstätten aus ? a) West australien, b) Kalifornien, c) Witwatersrand, d) Klondike, e) Cape Nome. Weltproduktion.

L a i r d , G. A.: The gold-mines of the San Pedro district, Cerro de San Petro, State of San Luis Potosi, Mexico. Bi-Monthly Bull. Amer. Inst. of Min. Eng. Januar 1905. Nr. 1. S. 69—89 m. 1 Fig.

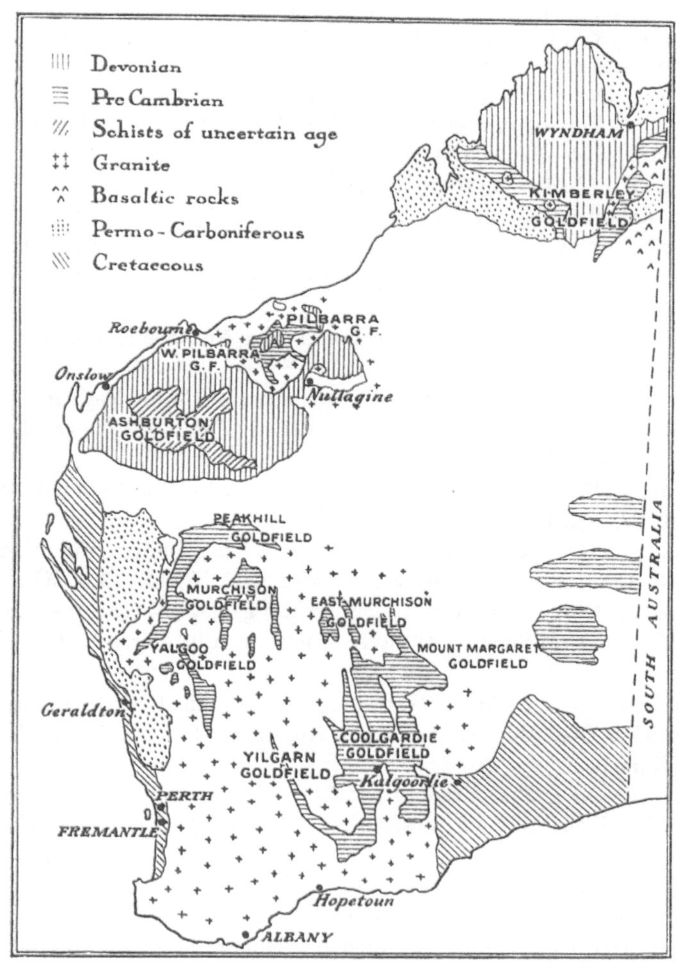

Fig. 124.
Die Goldfelder von West-Australien.
(Nach A. Gibb Maitland, 1907, und Mining Magazine 1910, S. 311.)

Lange, P.: Eine Studie des Goldes. „Himmel und Erde". 1907. S. 1—8 m. 4 Fig.

de Launay, L.: L'Or dans le monde. (Géologie; extraction; économie politique.) Paris 1907. 12. 287 S. Pr. 3 M.

Lehner, V.: Some observations on the Tellurides. Econ. Geol. 1909. S. 544—564.

Levat, D.: Notice géologique et minière sur le bassin cuprifère du Kouilon-Niari (Congo Français). Paris 1907. 64 S. m. 4 Taf. Pr. 3.20 M.

Levat, D.: L'industrie aurifère. Recherches, exploitation, traitement etc. Paris, Ch. Dunod, 1905. 920 S. m. 253 Fig. u. Taf. Pr. 25 M.

Levat E. E.: L'or en Sibérie orientale. 2 Bde. Paris 1904. 670 S. m. 36 Taf. Pr. 33 M.

Lexis, W.: Goldproduktion, Preis- und Zinsbewegung. Int. Wochenschr. f. Wissensch., Kunst u. Technik 1907. S. 1096—1104.

Lindgren, W.: Metasomatic processes in the gold deposits of Western Australia. Econ. Geol. 1906. S. 530—544.

Lindgren, W.: The Hauraki goldfields, New Zealand. Eng. and Min. Journ. 1905. S. 218—221 m. 3 Fig.

Lindgren, W.: Ore deposition and deep mining. Econ. Geol. 1905. S. 34—46.

Lindgren, W.: Characteristics of gold-quartz veins in Victoria. Eng, and Min. Journ. 1905, S. 458—460 m. 1 Fig.

Lindgren, W.: The Production of gold and sliver in 1906. U. S. Geol. Surv. 1907. 265 S.

Lindgren, W., and F. L. Ransome: Geology and gold deposits of the Cripple Creek district, Colorado. Prof. Paper U. S. Geol. Survey. Nr. 54. Washington 1906. 516 S. m. 64 Fig. u. 29 Taf.

V. History and technology of the gold deposits, S. 130. VI. Preliminary review of the mining industry S. 147. VII. Structure of the gold deposits S. 153. VIII. The ores S. 169. IX. Processes of alteration S. 184. X. The ore shoots S. 205. XI. Genesis of the deposits and practical conclusions S. 217.

L o e v y , J.: Die Goldgewinnung in Transvaal. Vortrag, geh. am 26. März 1905 im Thüring. Bezirksver. d. Ver. deutscher Chemiker, Leipzig. Südafrik. Woschenschr. XIII. 1905. S. 799—801, 819—821, 834—836, 851—852.

L o r a m , S. H.: Notes on the gold-district of Canutillo, Chile, S.-A. Transact. Amer. Inst. of Min. Eng., Atlantic City Meeting, Februar 1904. 15 S.m. 5 Fig.

M c C o n n e l , R. G.: Report on Gold Values in the Klondike High Level Gravels. Geol. Survey of Canada Nr. 979. Ottawa 1907. Bespr. v. A. B e r g e a t in Z. f. prakt. Geologie 1909. S. 316—317.

M c K a y , A.: Der goldhaltende Eisensand von Neu-Seeland. Berg- u. Hüttenm. Z. 1904. S. 537—541.

M a c l a r e n , J. M.: The auriferous occurrences of Chota Nagpur, Bengal. Records of the Geol. Surv. of India. Vol. 31. 1904. S. 59—91 m. Taf. 5—10. (Taf. 5: Geological sketch map of the auriferous districts of Chota Nagpur.)

M a c l a r e n , J. M.: Das Chota Nagpur-Goldfeld in Indien. Südafrik. Wochenschr. XIII. 1904. S. 209—210. 223—224.

M a i t l a n d , A. G.: Notes on the country between Edjudina and Yundamindera, North Coolgardie Goldfield. Geol. Surv. of Western Australia, Bull. Nr. 11. 1903. 58 S. m. 17 Fig. u. 2 Taf.

M a i t l a n d A. G.: Preliminary report on the geological features and mineral resources of the Pilbara goldfield. Geol. Surv. of Western Australia, Bull. Nr. 15. 1904. 118 S. m. 25 Fig. und 8 Karten.

M a i t l a n d , A. G.: Further Report on the geological features and mineral resources o f the Pilbara goldfield. Geol. Survey of Western Australia, Bull. Nr. 20. 1905. 127 S. m. 14 Fig., 11 Photogr. u. 8 Karten.

M a i t l a n d , A. G.: Third report on the geological features and mineral resources of the Pilbara goldfield. Geol. Surv. of Western Australia, Bull. Nr. 23. 1906. 92 S. m. 13 Fig. u. 7 geolog. Karten.

M a l l e t , J. W.: On the structure of goldleaf and the absorption spectrum of gold. London, Philos. Trans. 1904. 9 S. m. 1 Taf. Pr. 1 M.

M e t z l , S.: Der Goldbergbau Böhmens. Ungar. Moutan-Ind.- u. Handelsztg. 1905. Nr. 13. S. 3—4. Grazer Montan-Ztg. 1906. S. 187—188.

M e t z l , S.: Gibt es ein vererztes Gold? Ungar. Montan-Ind.- u. Handelsztg., XIII. vom 15. Januar u. 1 Februar 1907.

M i c h a e l i s , S.: Über Goldbaggerung. Berg- u. Hm. Ztg. 1904. S. 393—396, 405 bis 410, 421—425, 497—501 m. Taf. XII—XIV.

M i c h a e l i s , S.: Untersuchung und Wertberechnung von Goldbergwerken. Österr. Z. f. Berg- u. Hw. 1904. S. 375—379, 391—394, 407—410, 425—426 m. 6 Fig. I. Probenahme. II. Behandlung der Proben über Tage. III. Festlegung und Ermittelung der Resultate des Probenehmens.

M i d d e l b e r g , E.: Geologische en Technische Aanteekeningen over de Goldindustrie in Suriname. Amsterdam, J. H. de Busog, 1908.

M o f f i t , F. H.: The fairhaven gold placers, Seward Peninsula, Alaska. U. S. Geol. Surv. Bull. Nr. 247. Washington 1905. 85 S. m. 2 Fig. u. 14 Taf. (Taf. II: Übersichtskarte, Taf. III: geologische Karte.) Pr. 5 M.

P e n r o s e , R. A. F. jr.: The Witwatersrand Gold Region, Transvaal, South-Africa, as seen in recent mining developments. Journ. of Geol. XV. 1907. S. 735—749 m. 7 Fig.

P e n r o s e , R. A. F.: The gold regions of the street of Magellan and Tierra del Fuego. Journal of Geology XVI. 1908. S. 683—697 m. 9 Fig.

P h i l l i p s , H. J.: Gold Assaying. Practical handbook. London 1904. Pr. geb. 7.80 M.

P o w e r , F. D.: The Gympie Goldfield, Queensland. Eng. and Min. Journ. 1905. S. 1040 bis 1042 m. 2 Fig.

P r i n d l e , L. M.: The gold placers of the Fortymile, Birch Creek, and Fairbanks Regions, Alaska. U. S. Geol. Surv. Bull. Nr. 251. Washington 1905. 89 S. m. 16 Taf. (Taf. XVI: Übersichtskarte der Yukon-Tanana-Region.)

P r i n d l e , L. M., and F. L. H e ß: The Rampart gold placer region, Alaska. U. S. Geol. Surv. Bull. Nr. 280. Washington 1906. 54 S. m. 1 Fig. u. 7 Taf.

P u r i n g t o n , C. W: Bemerkungen über Goldlagerstätten. Nach dem Eng. and Mining Journal 1903 mitgeteilt v. B. A. Wendeborn. Berg- u. Hm. Rundsch. 1909. S. 281—286.

P u r i n g t o n , C. W.: Methods and costs of gravel and placer mining in Alaska. U. S. Geol. Surv. Bull. Nr. 263. Washington 1905. 273 S. m. 49 Fig. u. 42 Taf. Pr. 6 M.

R a i n e r , L. St.: Die Goldbaggerei in Europa. (Vortrag.) Österr. Z. f. B. H. 1907. S. 209—212, 221—225, 235—238, 249—252, 263—266, 275—279 mit 8 Fig.

R a i n e r , L. St.: Die Verwaschung goldhaltiger Gerölle in Gerinnen. Österr. Z. f. Berg- u. Hüttenw. 1905. S. 55—59, 69—74.

R á k ó c z y , S.: Die goldführenden Wässer Ungarns. Grazer Montanztg. 1907. S. 388—390. 1908. S. 2—4, 24—26.

R á k ó c z y , S.: Das Aufsuchen der Erzlagerstätten in sekundären Goldseifen. Grazer Montan-Ztg. 1905. XII. S. 185—187, 203—206.

R a n s o m e , F. L.: The geology and ore deposits of Goldfield, Nevada. (Assisted in the Field by W. H. E m m o n s and G. H. G a r r e y.) U. S. Geol. Survey Prof. Paper 66. Washington 1909. 258 S. m. 34 Fig. u. 35 Taf. (Darunter eine geologische und eine topographische farbige Übersichtskarte im M. 1 : 24 000.)

R h o d e s , F. N.: Mining and metallurgical methods of the Waihi gold mining Company, New Zealand. Mining Magazine, XIII. 1906. S. 15—22 m. 6 Fig.

R i c h t e r , W.: Die Edelmetallindustrie. S.-A. a. d. Handbuch der Wirtschaftskunde Deutschlands. Leipzig, B. G. Teubner, 1903. S. 293—316.

R i t t e r , E. A.: Le district aurifère de Cripple Creek et ses récents dévoleppements dans la zone profonde. Ann. des mines 1905. T. VII. S. 465—487.

S c h a a r , J.: West-Australien und seine Goldfelder. Hamburg 1904. Australhaus, Königstr. 7—9. I. Teil: 47 S. m. 7 Taf. II. Teil: 96 S. m. 4 Taf.

S c h o c h , E. R.: The genesis of the Tarkwa Banket, Gold Coast Colony. Eng. and Min. Journ. 1905. S. 1235—1236.

S c h w a r z , E. H. L.: High-Level Gravels of the Cape and the Problem of the Karrov Gold. Transactions of the South Africa Phil. Soc. XV. Part. 2. Plat II—V. S. 43—59 m. 5 Fig.

S e l w y n - B r o w n , A.: Paragenesis of gold and tourmaline. Eng. and Min. Journ. 1905. S. 1062. — Vgl.: E. H u s s a k , d. Z. 1898. S. 345.

S i m m e r s b a c h , B.: Die staatliche Förderung der Goldindustrie in Rußland. Preuß. Z. f. d. Bg.-, H.- u. Salinenw. 1904. Bd. 52. S. 491—493.

S i m m e r s b a c h , B.: Die Arbeitslöhne in den Goldgebieten am Witwatersrand. Berg- u. Hüttenm. Ztg. 1904. S. 528—530.

S t o k e s , H. N.: Experiments on the solution, transportation and deposition of copper, silver and gold. Econ. Geol. 1906. S. 644—650.

T h i e ß , F.: Die Edelmetallgewinnung Rußlands. Preuß. Z. f. d. Bg.-, Hütten- u. Sal.-Wesen 1905. 53. Bd. S. 1—6.

T o r n a u , F.: Die Goldvorkommen Deutsch-Ostafrikas, insbesondere Beschreibung der neuentdeckten Goldgänge in der Umgegend von Ikoma. Berichte über Land- und Forstwirtschaft in Deutsch-Ostafrika. Hrsg. vom Kaiserl. Gouv. von Deutsch-Ostafrika. II. Bd. 1905. Heft 5. Heidelberg, C. Winter. S. 265—282 m. 3 Fig.

T o v o t e , W.: Gold-Road, die bedeutendste Goldgrube Arizonas. Österr. Z. f. Berg- und Hüttenw. 1906. S. 549—550.

V o g t , J. H. L.: Le développement de la production des minérais de fer en Suède et Norwège. — Groupe III de: Congrès intern. de chimie appliquée de Berlin. Bull. Soc. de l'ind. min. T. IV. 1905. S. 392—402 m. Fig. 12—14.

W e n d e b o r n , B. A.: Methoden zur Gewinnung von Gold aus strengflüssigen sulfidischen Pochrückständen in Kaalgoorlie, Westaustralien. (Nach Eng. and Min. Journ. Vol. 75. Nr. 4.) Österr. Z. f. Berg- u. Hüttenw. 1904. S. 687—690.

W e t m o r e , L. L.: Gold dredging in Ecuador. Minnig Magazine. Vol. XIII. 1906. S. 385—391 m. 5 Fig.

W i n t o n , E. A.: Gold Mining Industry in the Dutch East-Indies. Eng. and Min. Journ. 1909. Vol. 88. S. 513—515 m. 1 Fig.

W o o d m a n , J. E.: Nomenclature of the gold-bearing metamorphic series of Nova Scotia. Amer. Geologist 1904. S. 364—370.

W o o d w a r d , H. P.: The auriferous deposits and mines of Menzies, North Coolgardie Goldfield. Geol. Surv. of Western Australia. Bull. Nr. 22. 1906. 92 S. m. 10 Taf. u. 2 Karten.

W u t k e , K.: Die Vergangenheit des Reichensteiner Bergbaues. Vortrag, geh. a. d. Wandervers. d. Ver. f. Geschichte Schlesiens zu Reichenstein. Ungar. Montan-Ind.- u. Handels-Ztg. XII vom 1. Aug. 1906. S. 1—2.

E. Silber.

Über die Art des Silbervorkommens im Bleiglanz N. 03: 253.

Weltproduktion an Gold und Silber im Jahre 1903 N. 04: 218. — Vgl. S. 360.

Industrieller Verbrauch von Gold und Silber N. 03: 286.

Silberproduktion Deutschlands N. 03: 82, 04: 425 09: 494.

Die Preise von Blei, Silber und Zink N. 03: 132.

Silberpreis in Deutschland (1884—1908) 05: 279, 1910: Bw. Mitt. 18.

Über einige Kieslagerstätten im sächsischen Erzgebirge (R. B e c k) 03: 12.

Die Silber-Wismut-Gänge von Johanngeorgenstadt im Erzgebirge (W. V i e b i g) 03: 89.

Neue Untersuchungen B. L o t t i s auf Elba: Silberhaltige Bleierze bei Rosseto (K. E r m i s c h) 03: 141.

Silbererze in Kleinasien (C. S c h m e i ß e r) 03: 191.

Silber- und Eisenerze von Herrerias (F. F i r c k s) 03: 233.

Silberproduktion der Vereinigten Staaten von Amerika N. 03: 167.

Silber- und Bleierzbergbau in den deutschen Rheinlanden (F r. F r e i s e) 07: 3.

Silber- und Kupfergeld in China (H. M e y e r) N. 07: 128.

Probleme der Erzlagerstättengeologie (nach S t e l z n e r - B e r g e a t) R. 08: 34.
        8. Systematik der Erzgänge 39.

Die Kobalt-Silberlagerstätten von Temiskaming (O. S t u t z e r) L. 08: 492, B. 511.

Fernere Literatur:

C r a n e , W a l t e r R.: Gold and Silver; comprising an economic history of mining in the United States, the geographical and geological occurrence of the precious metals, with their mineralogical associations history and description of methods of mining and extraction of values, and a detailed discussion of the production of Gold and Silver in the world and the United States. New York 1908, J. Wiley & Sons (London, Chapmann & Hall) S. 727 m. 9 Taf. Pr. 21 sh net.

F i s c h b a c h , W.: Geschichte der Silbermine Pelidli in Klein-Asien. Montan-Zeitung. 1905. S. 92—93.

F l e c h t n e r: Wirtschaftliche Krisen, ihre Ursachen und ihre Verhütung. (Gold und Silber.) Zeitschr. des Vereins deutscher Ingenieure 1906. S. 1713—1715.

F l o r e s , T.: Los criaderos argentiferos de „Providencia". „San Juan de la Chica", San Felipe (Estado de Guanajuato.) Bol. Soc. Géol. Mexicana. Tomo I. 1905. S. 169—173 m. Taf. VIII.

G r i m m , A.: Über die finanzielle Lage und die volkswirtschaftlichen Betriebsgründe des Oberharzer Berg- und Hüttenwesens seit dem Fall des Silberpreises. Diss. Gießen 1909. (Druck von G. Bergmann, Osterode.) 56 S.

H a l s e , E.: Some silver-bearing veins of Mexico. Transact. North of Engl. Inst. of Min. and Mech. Eng. 1900. Vol. 49. S. 104—118 m. Taf. IV; 1901. Vol. 50. S. 202—217 m. Taf. XIII und XIV; 1902. Vol. 51. S. 169—183 mit Taf. IX und X; 1903. Vol. 52. S. 39—58 m. Taf. I und II; 1904. Vol. 54. S. 201—221 m. Taf. VI.

H a s t i n g s , J. B.: Are the quartz-veins of silver peak, Nevada, the result of magmatic segregation? Bi-Monthly Bull. Amer. Inst. of Min. Engl. 1906. S. 9—13 m. Fig. 1.

H o r e , ·R. E.: Origin of the cobalt-silver ores of northern Ontario. Econ. Geol. 1908. S. 599—610.

L i n c o l n , F. C.: The promontorio Silber-Mine, Durango, Mexico. Am. Inst. of. Min. Eng. 1908. Nr. 19. S. 83—99 m. 9 Fig.

L o t t i , S.: A proposito di una recente scoperta di minerali plumbo-argentiferi all'isola d'Elba. Rassegna mineraria. Vol. XXI. 1904. Nr. 16. 8 S. m. 1 Fig.

M i l l e r , W. G.: The cobalt-nickel arsenides and silver deposits of Temiskaming, Ontario. Report of the bureau of mines 1905. Part II. Toronto, L. K. Cameron, 1905. 66 S. m. 28 Fig. und 2 Karten.

Silber.

Die Hüttenerzeugung (in Kilogramm) in den wichtigsten Ländern.

(Nach dem Statist. Jahrb. f. d. Deutsche Reich, 30. Jahrg. 1909, Anhang S. 31. Die Angaben sind den Veröffentlichungen des amerikanischen Münzdirektors entnommen. Für die letzten Jahre sind nachträgliche Berichtigungen nicht ausgeschlossen.)

Jahr	Europa									
	Deutsches Reich[1])	Österreich-Ungarn	Rußland und Finnland	Türkei	Griechenland	Italien	Spanien	Portugal	Frankreich	Schweden
1888	—	52 128	14 523	1 323	—	35	51 502	—	49 396	4 648
1893	179 609	90 132	10 117	6 334	2 025	28 885	62 632	—	98 077	4 471
1898	173 329	56 443	9 120	4 422	41 950	25 028	76 295	119	14 340	2 033
99	194 188	58 961	4 456	4 422	36 659	25 494	76 295	119	14 500	2 290
1900	168 349	61 871	4 702	4 422	31 472	23 374	99 095	119	14 067	1 928
01	171 777	62 118	5 128	13 352	35 902	30 000	99 095	119	11 954	1 680
02	178 409	58 523	5 206	14 949	33 044	30 000	115 113	118	23 250	1 439
1903	180 374	50 524	5 023	14 274	22 341	25 085	151 757	—	23 250	1 061
04	180 736	61 840	5 379	17 567	22 620	23 574	151 694	—	9 273	737
05	180 978	57 859	6 375	1 178	25 786	23 570	124 417	—	27 700	770
06	177 331	56 184	5 169	1 178	25 786	20 916	126 424	—	22 378	1 007
07	158 261	54 253	4 110	2 095	25 786	22 950	127 435	—	25 727	929
08	154 636	55 069	4 109	248	25 786	20 990	129 881	—	24 727	1 111
09										

Jahr	Europa		Nordamerika			Mittel-amerika	Südamerika	
	Norwegen	Großbritannien und Irland	Canada	Vereinigte Staaten	Mexiko		Columbien	Ecuador
1888	5 147	9 047	9 264	1 424 326	995 500	48 123	24 061	—
1893	4 495	7 886	7 734	1 866 595	1 380 116	48 123	52 511	240
1898	5 392	6 575	138 512	1 693 563	1 765 116	22 288	170 598	240
99	4 598	5 804	106 136	1 703 720	1 730 089	28 377	109 556	240
1900	5 377	6 896	138 400	1 793 395	1 786 887	31 523	57 994	240
01	5 161	5 392	163 099	1 717 705	1 793 692	27 365	58 537	240
02	6 422	4 551	131 387	1 726 603	1 872 091	30 217	55 269	240
1903	6 158	5 058	97 984	1 689 270	2 193 249	65 831	35 117	—
04	8 095	4 581	111 276	1 794 509	1 891 764	20 381	29 432	—
05	7 552	5 209	186 448	1 744 995	2 023 044	42 347	21 117	—
06	5 458	4 268	266 521	1 757 944	1 717 738	51 949	23 743	423
07	6 268	4 268	397 505	1 757 844	1 901 934	58 877	32 619	76
08	7 035	4 207	687 597	1 631 129	2 291 260	45 437	42 769	704
09								

Jahr	Südamerika					Asien		Australien
	Peru	Bolivien	Chile	Argentinien	Uruguay	Niederländisch Ostindien	Japan	
1888	75 263	230 460	185 851	10 226	—	—	42 424	120 308
1893	59 257	424 074	97 333	22 026	—	—	57 978	637 800
1898	165 000	342 138	147 916	11 930	—	—	60 560	326 379
99	203 000	337 355	129 503	11 930	20	—	52 971	396 266
1900	226 973	341 295	129 503	1 178	25	2 509	53 809	415 014
01	110 965	404 201	287 926	1 405	25	3 465	53 809	318 256
02	132 668	279 044	54 047	1 174	24	3 793	56 614	249 690
1903	54 339	189 252	27 001	2 880	—	5 582	58 718	301 233
04	93 601	116 754	27 001	2 057	33	5 688	61 742	452 926
05	191 479	96 330	12 375	4 670	—	5 689	82 888	467 666
06	230 303	97 959		449	—	7 721	78 696	442 838
07	297 546	162 437		783	—	10 033	95 596	558 292
08	297 546	180 595		3 954	—	15 865	118 237	534 218
09								

[1]) Hier ist nur die Gewinnung aus einheimischen Erzen nachgewiesen Die Zahlen, die nach der deutschen Statistik eingesetzt sind, weichen von den Aufzeichnungen des amerikanischen Münzdirektors um kleine Mengen ab.

Krahmann.   24

Silber.

Durchschnittspreise einer Unze Standard Silber am Londoner Metallmarkt in den Jahren 1873—1908.
(Nach Mines and Quarries, General Report for 1908, Part III, S. 256.)

Jahr	d	Jahr	d	Jahr	d
1873	$59^1/_4$	1885	$48^5/_8$	1897	$27^9/_{16}$
74	$58^5/_{16}$	86	$45^3/_8$	98	$26^{15}/_{16}$
75	$56^{13}/_{16}$	87	$44^5/_8$	99	$27^7/_{16}$
76	53	88	$42^7/_8$	1900	$28^1/_4$
77	$54^3/_4$	89	$42^{11}/_{16}$	01	$27^3/_{16}$
78	$52^9/_{16}$	90	$47^3/_4$	02	$24^1/_8$
.79	$51^3/_{16}$	91	$45^1/_{16}$	03	$24^3/_4$
80	$52^1/_4$	92	$39^{13}/_{16}$	04	$26^2/_5$
81	$51^3/_4$	93	$35^5/_8$	05	$27^4/_5$
82	$51^{13}/_{16}$	94	29	06	$30^7/_8$
83	$50^9/_{16}$	95	$29^7/_8$	07	$30^3/_{16}$
84	$50^{11}/_{16}$	96	$30^3/_4$	08	$24^2/_5$
				09	$23^3/_4$

Münichsdorfer, F.: Mineralogisch-petrographische Studien am Silberberg bei Bodenmais. Geogn. Jahreshefte, Jahrg. 21, 1908, S. 59—91 m. 5 Abb. u. einer Literaturübersicht von 106 Nr. (1764—1907).

Přibram: Aus der Geschichte der Silber- und Bleibergwerke zu Přibram. (Aus dem Katalog der Prager Jubiläumsausstellung 1908.) Montanistische Rundschau I. 1908. S. 8—10.

Richter, W.: Die Edelmetallindustrie. S.-A. a. d. Handbuch der Wirtschaftskunde Deutschlands. Leipzig, B. G. Teubner, 1903. S. 293—316.

Stirling, J.: Monograph on the Geology and minig features of Silver Valley, Herberton, North Queensland, Australia. (Langelot Freehold tin and copper mines, Ltd., Frankfurt a. M., Beethovenstraße 56.) 41. S. m. 32 Fig. u. 6 Taf.

Stokes, H. N.: Experiments on the solution, transportation and deposition of copper, silver and gold. Econ. Geol. 1906. S. 644—650.

La Touche and J. C. Brown: Silver-Lead Mines of Bandwin, Shan States (China Eng. and Mining Journ. 1909, Vol. 88. S. 550—555 m. 5 Fig.

Villafaña, A.: Criaderos cupro-argentiferos de Tapalpa, Jal. Bol. Soc. Geol. Mexicana. Tomo I. 1905. S. 135—138.

Wauer, O.: Blei-, Silber-, Zinkverhüttung. S.-A. a. d. Handbuch der Wirtschaftskunde Deutschlands. Leipzig, B. G. Teubner, 1903. S. 74—96.

F. Platin.
(Auch sogenannte Platinmetalle.)

Über Platin und damit vergesellschaftete Metalle (J. F. Kemp) R. 03: 306.

Platinproduktion der Vereinigten Staaten N. 03: 285. N. 04: 66.

Einige Beobachtungen in den Platinwäschereien von Nischnij Tagil (R. Spring) 03: 49.

Platinsande aus Rußland (E. Hussak) 03: 285.

Über das Vorkommen von Palladium und Platin in Brasilien (E. Hussak) 03: 284.

Platinpreise N. 07: 70.

Probleme der Erzlagerstättengeologie (nach Stelzner-Bergeat) R. 08: 71.

Deuterogene Lagerstätten 81.

Fernere Literatur:

Amtlich: Die Gold- und Platin-Lagerstätten Kolumbiens und ihre Ausbeutung. Beil. zu Nr. 44 der Nachrichten für Handel und Industrie vom 14. April 1908. Zusammengestellt vom Reichsamt des Innern. Berlin. 3 S.

Beck, R.: Über die Struktur des uralischen Platins. Ber. d. mathem.-phys. Klasse d. Königl. Sächs. Gesellsch. der Wissenschaften zu Leipzig. LIX. S. 387—396 m. 3 Taf.

Buttgenbach, H.: Le gîte auro-platinfère de Ruwe (Katanga). Congr. intern. des mines etc. Liége 1905. Sect. de Géol. Appl. S. 437—450 m. 5 Fig.

Hussak, E.: Über das Vorkommen von Palladium und Platin in Brasilien. Wien, Sitzungsber. Akad. 1904. 88 S. m. 6 Fig. u. 2 Taf. Pr. 2.20 M. Österr. Zeitschrift für Berg- und Hüttenw. 1905. S. 278—279.

Weiskopf, A.: Über Palladium. „Metallurgie". 1905. S. 101—104.

G. Quecksilber.

Quecksilber in den Tongking benachbarten chinesischen Provinzen (M. A. Leclère) R. 03: 162.

Geologische Verhältnisse und Genesis der Zinnoberlagerstätte von Cortevecchia am Monte Amiata (B. Lotti) 03: 423.

Quecksilbergewinnung in Algier N. 04: 427.

Die Zinnoberlagerstätte von Vallalta-Sagron (A. Rzehak) 05: 325.

Quecksilberproduktion der Welt im Jahre 1904 N. 05: 381.

Zinnoberlagerstätte von Vallalta-Sagron (Rzehak) R. 06: 156.

Die Quecksilberlagerstätten am Avala-Berge in Serbien (H. Fischer) 06: 245.

Quecksilber in Kleinasien (C. Schmeißer) 06: 191.

Quecksilberproduktion der Vereinigten Staaten von Amerika N. 06: 169.

Das Quecksilbergeschäft in Rußland N. 07: 69.

Quecksilber-Weltproduktion 07: 194.

Probleme der Erzlagerstättengeologie (nach Stelzner-Bergeat) R. 08: 34.
8. Systematik der Erzgänge 39 (Forts. 71).

Die nutzbaren Minerallagerstätten Dalmatiens (R. Schubert) A. 08: 49. VII. Zinnober 53.

Die nutzbaren Lagerstätten Toskanas (R. Lotti) R. 08: 512.
III. Quecksilber 515.

Fernere Literatur:

Capilla, A.: Breves anotaciones sobre la mina de mercurio „La Guadalupana", San Luis Potosi. Mem. y rev. Soc. cient. „Antonio Alzate". Mexico 1904. T. XIII. S. 423—427.

Demaret, L.: Les principaux gisements des minerais de mercure du monde. Ann. des mines des Belgique. T. IX. 1904, S. 36—112 m. 18 Fig. — Auch separat, Brüssel, L. Narcisse, 1904. 80 S. m. 28 Fig. u. 3 Taf.

Ernst: Was die Produktion des Quecksilbers auf den Hauptwerken der Welt kostet! Nach Revista minera, metalurgica y de ingeneria. Österr. Zeitschr. f. Berg- und Hüttenw. 1906. S. 635—636.

Forstner, W.: The quicksilver deposits of California. Eng. and Min. Journ. 1904. Vol. 78. S. 385—386, 426—428 m. 5 Fig.

Katzer, F.: Die Fahlerz- und Quecksilberlagerstätten Bosniens und der Herzegowina. S.-A. a. d. Berg- und Hüttenm. Jahrb. der Hochschulen zu Leoben und Přibram. 55. Bd. 1902. Wien 1907. 121 S. m. 25 Fig. u. einer Tafel.

Pagliucci, F. D.: The quicksilver deposits of Huitzuco in the State of Guerrero, Mexico. Eng. and Min. Journ. 1905. S. 417—418 m. 2 Fig.

Phillips, W. B.: The quicksilver deposits of Brewster County, Texas. Econ. Geol. 1905. S. 155—162 m. Taf. IV—VII.

Phillips, W. B.: Ein neues Quecksilberfeld in Texas. Südafrik. Wochenschr. XII. 1904. S. 815—816. (Aus „Eng. and Min. Journal".)

Sachs, A.: Der Kleinit, ein hexagonales Quecksilberoxychlorid von Terlingua in Texas. Sitzungsber. der Preuß. Akad. der Wissenschalt, Phys.-mathem. Klasse vom 21. Dezember 1905. Bd. 52. S. 1091—1094.

Spirek, V.: The mercury mining district of Monte Amiata, Italy. Mining Magazine. Vol. XIII. 1906. S. 277—289 m. 6 Fig.

Spirek, V.: Le gisement de cinabre du Monte Amiata. Congr. intern. de la Géol. appl. Liége 1905. T. I. S. 135—141. m. 2 Fig.

Turner, H. W.: The Terlingua quicksilver deposits, Texas. Econ. Geol. 1905—1906. S. 265—281 m. Fig. 16—18.

Villarello, J. D.: Descripcion des mines „La bella Union" (Etat de Guerrero, Mexico.) Genese des gisements de mercure. Mem. y Rev. Soc. Cient. „Antonio Alzate" 1906. T. 23. S. 395 bis 411.

Villarello, J. D.: Description des gisements de mercure de Chiquilistlán, Jalisco (Mexico). Mem. y Rev. de la Soc. cient. „Antonio Alzate". Mexico 1903. T. 20. S. 389—397.

Wendeborn, B. A.: Die Quecksilberablagerungen in Oregon. Berg- u. Hüttenm. Rundschau. Kattowitz II. 1906. S. 185—188.

H. Blei.

Über die Entstehungsweise oberschlesischer Erzlagerstätten (G. Gürich) L. 03: 39, auch 03: 202.

Blei- (und Glätte-) Produktion Deutschlands N. 03: 85, 04: 425.

Über die Art des Silbervorkommens im Bleiglanz N. 03: 253.

Die Preise von Blei, Silber und Zink N. 06: 132.

Die nutzbaren Lagerstätten im Gebiete der mittleren sibirischen Eisenbahnlinie (W. Friz) (D. Bleierze) 05: 63.

Neue Untersuchungen B. Lottis auf Elba: Silberhaltige Bleierze bei Rosseto (K. Ermisch) 05: 141.

Die gangförmigen Erzlagerstätten der Umgegend von Massa Marittima in Toskana auf Grund der Lottischen Untersuchungen (K. Ermisch) 05: 206.

Die Bleiglanzlagerstätten von Mazarrón in Spanien (R. Pilz) 05: 385.

Bleihaltiger Eisenmulm bei Neusohl B. 05: 147.

Die Erzgruben des Oberbergamtsbezirkes Dortmund N. 05: 154.

Preisbewegung für Kupfer, Zink, Blei und Zinn in den Vereinigten Staaten von Amerika von 1903 bis 1905 N. 06: 89.

Das Erz- und Flußspatvorkommen am Rabenstein im Sarntal, Südtirol (M. Krahmann) B. 06: 8.

Das Blei-, Kupfererzvorkommen des Pinar de Bédar, Provinz Almeria, Spanien (F. Fircks) 06: 145.

Bleierze in Kleinasien (C. Schmeißer) 06: 191.

Bleiproduktion der Vereinigten Staaten von Amerika N. 06: 168.

Probleme der Erzlagerstättengeologie (nach Stelzner-Bergeat) R. 08: 34, 71.
    8. Systematik der Erzgänge 39 (Forts. 71).
    9. Die Höhlenfüllungen und metasomatischen Lagerstätten 74.

Beiträge zur Kenntnis des Bleiglanz-Zinkblende-Erzstockes bei Weitisberga (H. Hess von Wichdorff) A. 09: 12.

Die Erzlagerstätten im östlichen Altai- und Alatau-Gebirge (Westsibirien) (W. Hotz) A. 09: 263.

Zur Paragenesis des Phönizits von Beresowsk (F. Cornu) B. 09: 144.

Die Bleierzgänge von Mahuida in Argentinien (S. Michaelis) 09: 413.

Über die Bleierzproduktion i. J. 1907 (nach W. Hotz) vgl. S. 373—375, auch Bergw. Mitt. 1910: 81,

Fernere Literatur:

Adams, G. J., A. H. Purdue und E. F. Burchard: Zinc and lead deposits of Northern Arkansas. With section on the determination and correlation of formations by E. O. Ulrich. Washington, U. S. Geol. Surv., Prof. Paper, 1904. 118 S. m. 6 Fig., 24 Taf. u. 3 kol. geolog. Karten. Pr. 15 M.

Bain, H. F.: Zinc and lead deposits of Northwestern Illinois. U. S. Geol. Surv. Bull. Nr. 246. Washington 1905. 56 S. m. 3 Fig. u. 5 Taf.

Die Bleierz- und Zinkerz-Produktion im Jahre 1907.

(Nach W. Hotz, Bergwirtschaftliche Zeitfragen, Heft 2, 1910.)

Zur Erläuterung der in Fig. 125 und 126 wiedergegebenen Weltkarte der Blei-Zinkerzlagerstätten seien aus der Arbeit von Hotz folgende Zahlen für Bleierz und Zinkerz nach Hauptrevieren und nach Ländern zusammengestellt.

Bleierz.

Für die 20 bedeutendsten Bleierzvorkommen ergibt sich folgende Rangordnung:

	Mit einem Produktionswert im Jahre 1907 von
1. Broken Hill	74 636 000 M
2. Missouri-Kansas	46 542 000 -
3. Shoshne	40 000 000 -
4. Sierra Morena	31 566 000 -
5. Utah	30 000 000 -
6. Mexiko	23 136 000 -
7. Leadville-Aspen . . .	22 000 000 -
8. Carthagena	8 344 000 -
9. Iglesias	6 617 000 -
10. Oberschlesien	6 118 000 -
11. Rheinisches Schiefergebirge .	6 033 000 -
12. Mazarron	5 992 000 -
13. Tasmanien	5 748 000 -
14. Canada	5 500 000 -
15. Creede	5 000 000 -
16. Laurium	4 000 000 -
17. Harz	3 771 000 -
18. Nord-England	3 717 000 -
19. Commern	3 333 000 -
20. Kärnten	3 248 000 -

Der Produktionswert dieser 20 wichtigsten Bleierzproduzenten beträgt 336,3 Millionen Mark. Diese Lagerstätten bilden also bei weitem die Hauptquelle der Bleierzproduktion der ganzen Welt, deren Wert sich auf 361,7 Millionen Mark beläuft.

Nach den einzelnen Ländern verteilt sich die Bleierzproduktion folgendermaßen:

	Menge in t	Preis in M
1. Deutschland . . .	154 559	20 839 355
2. Österreich	22 851	4 610 907
3. Ungarn	1 842	16 752
4. Belgien	121	16 280
5. Frankreich . . .	11 542	2 264 861
6. Italien	43 505	6 769 420
7. Spanien	268 554	46 067 038
8. Portugal . . .	511	40 000
9. England	30 266	8 271 104
10. Schweden . . .	1 601	339 400
11. Norwegen , . . .	400	7 840
12. Rußland (Blei) . .	8 265	1 500 000
13. Griechenland (Blei)	12 308	4 500 000
14. Algier und Tunis .	26 046	3 471 869
15. Vereinigte Staaten .	1 604 167	149 642 161
16. Kanada (Blei) . .	23 330	6 000 000
17. Mexiko (Exportblei)	104 031	23 136 164
18. Japan (Blei) . . .	2 815	1 399 400
19. Türkei	60 000	2 000 000
20. Neu-Südwales . .	1 200 000	74 636 092
21. Tasmanien . . .	56 596	5 747 800

Zinkerz.

Unter den zehn Zinkerz-Lagerstätten der I. Klasse läßt sich folgende Rangordnung aufstellen:

	Mit einem Produktionswert von
1. Missouri-Kansas	51 219 504 M
2. Oberschlesien	28 379 503 -
3. Broken Hill	15 000 000 -
4. Iglesias	13 424 867 -
5. Rheinisches Schiefergebirge .	10 694 524 -
6. Algier	7 110 876 -
7. Polen	5 000 000 -
8. Mexiko	3 847 092 -
9. Carthagena	3 581 184 -
10. New Jersey	3 066 000 -

Der Produktionswert dieser 10 wichtigsten Zinkerzproduzenten beträgt 141 323 550 Mark. Sie bilden demnach die Hauptquelle der Zinkerzproduktion der ganzen Welt, die einen Wert von 176,6 Mill. Mark darstellt.

An der Zinkerzproduktion der ganzen Welt von 2 561 000 t im Wert von 176,6 Millionen Mark sind beteiligt:

		Im Werte von
Europa . . . mit	1 272 812 t	85,4 Mill. M
Amerika . . -	745 320 -	64,0 - -
Australien . . -	400 000 -	15,0 - -
Afrika . . . . -	106 751 -	9,5 - -
Asien . . . . -	36 800 -	2,7 - -

Nach den einzelnen Ländern verteilt sich die Zinkerzproduktion folgendermaßen:

	Menge in t	Preis in M
1. Deutschland	698 021	42 800 876
2. Österreich	31 878	2 316 956
3. Ungarn	1 728	7 863
4. Belgien	3 858	298 120
5. Frankreich . . .	53 400	5 616 820
6. Italien	160 392	15 329 241
7. Spanien	189 252	6 703 916
8. England	19 659	2 036 083
9. Schweden	49 295	3 098 381
10. Rußland	64 618	5 000 000
11. Griechenland . . .	26 258	2 159 072
12. Algier und Tunis . .	106 751	9 556 476
13. Vereinigte Staaten .	697 661	58 855 504
14. Kanada	13 320	1 200 000
15. Mexiko	34 339	3 847 092
16. Japan	15 800	780 600
17. Türkei	21 000	2 000 000
18. Neu-Südwales . . .	400 000	15 000 000

In wirtschaftlicher Bedeutung stehen die metasomatischen Lagerstätten (22 Blei- und 26 Zinklagerstätten) an erster Stelle. Der Wert ihrer Produktion an Bleierzen (167 300 000 M) bildet annähernd die Hälfte, an Zinkerzen dagegen drei Viertel (132 800 000 M) der Weltproduktion. Vielfach (Missouri-Kansas, Iglesias usw.) produzieren die metasomatischen Lagerstätten an Menge und Wert mehr Zinkerze als Bleierze; sie sind weitaus die bedeutendsten Zinkerzlieferanten.

Die in zweiter Linie folgende Ganggruppe hat bei den Bleierzen (31 Lagerstätten mit 112 700 000 M) eine viel größere Bedeutung als bei den Zinkerzen (25 Lagerstätten mit 22 300 000 M). Die Bleierzgänge überwiegen zwar stark an Zahl, stehen aber in der Gesamtproduktion doch bedeutend hinter den metasomatischen Lagerstätten, da sie im ganzen eben doch nicht so ergiebig sind wie die letzteren.

An dritter Stelle finden wir die Kontaktlagerstätten (7 Blei- und 6 Zinklagerstätten) mit 77 700 000 M Bleierzen und 18 500 000 M Zinkerzen. Lager und Imprägnationen (Blei und Zink) sind nur von untergeordneter Bedeutung.

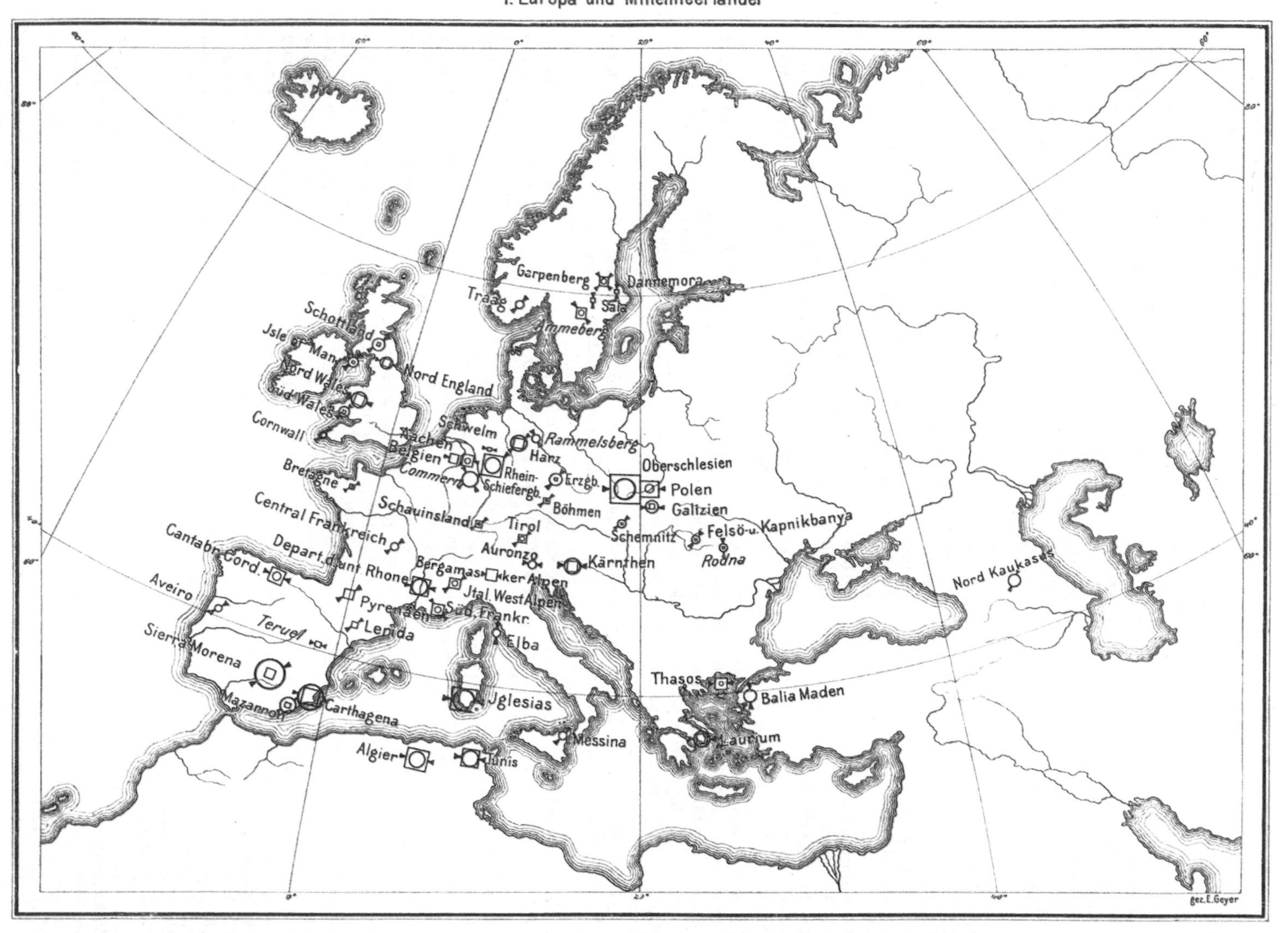

Fig. 125 und 126, Erläuterung vorstehend; nach W. Hotz: Die wirtschaftliche Bedeutung der Blei-Zinkerzlagerstätten der Welt im Jahre 1907 mit besonderer Berücksichtigung der genetischen Lagerstättengruppen. Bergw. Zeitfragen, Heft 2, 1910. — Vgl. den Auszug in Bergw. Mitt. 1910, S. 81—83.

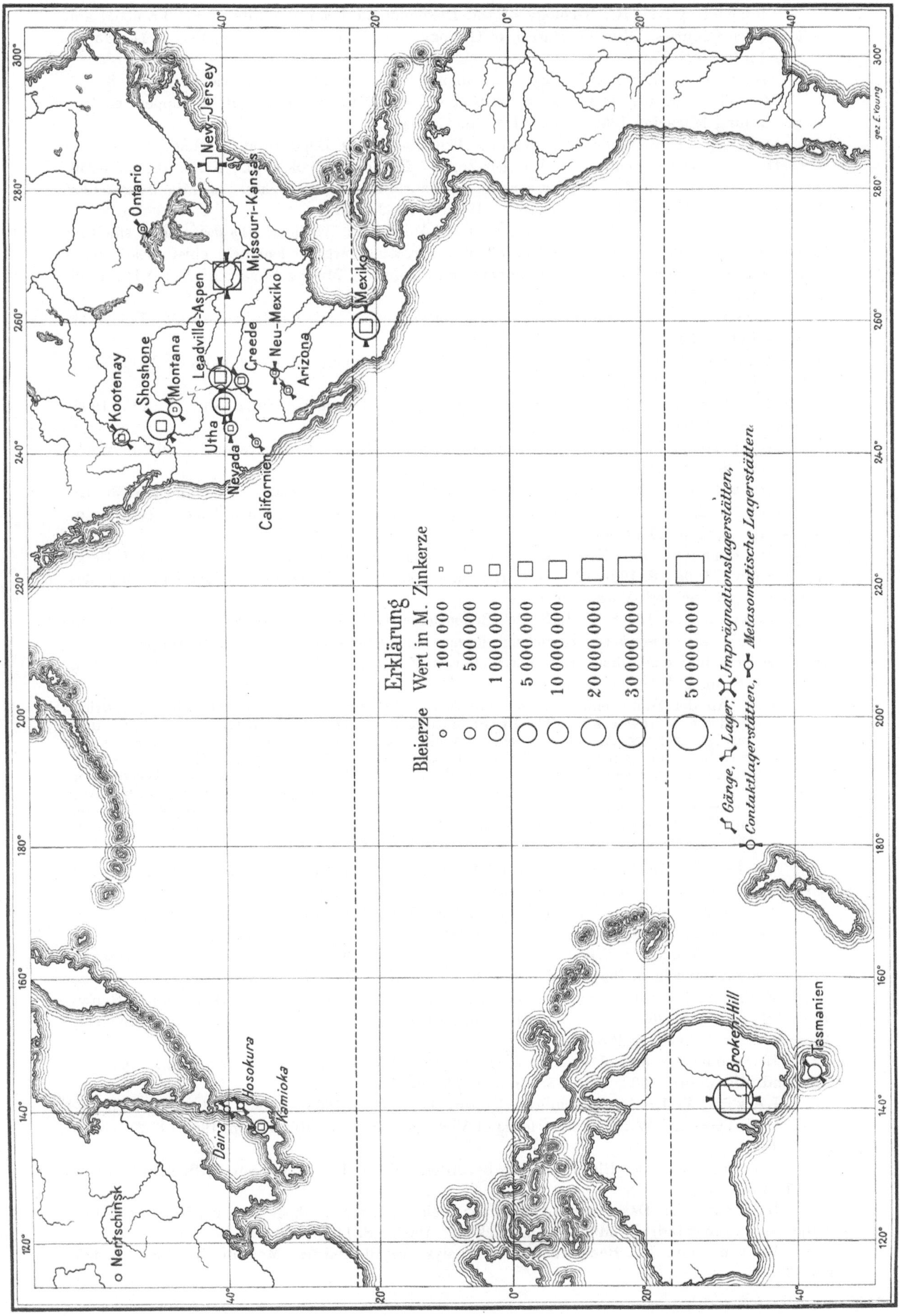
2. Amerika und die pacifischen Länder
Kootenay
Shoshone
Montana
Ontario
New-Jersey
Missouri-Kansas
Leadville-Aspen
Creede
Neu-Mexiko
Arizona
Utha
Nevada
Californien
Mexiko
Nertschinsk
Daira
Hosokura
Kamioka
Broken-Hill
Tasmanien
Erklärung
Bleierze
Wert in M.
Zinkerze
100 000
500 000
1 000 000
5 000 000
10 000 000
20 000 000
30 000 000
50 000 000
Gänge, Lager, Jmprägnationslagerstätten,
Contaktlagerstätten, Metasomatische Lagerstätten.
gez. E. Young

B u c k l e y , E. R.: Geology of the Disseminated Lead Deposits of St. François and Washington Counties. Missouri Bureau of Geology and Mines 1909, Vol. IX, Part I, II. 250 S. m. 10 Fig. u. 121 Taf.

B u s k e t t : Lead, its history and economic development. Min. World 14. März. S. 447.

C a n b y , R. C.: The present status of the separation of zinc blende in copper and lead ores. Mining Magazine 1906. Vol. XIII. S. 476—479.

C l a p p , C. H., and W. G. B a l l : The Lead-Silver Deposits at Newburyport, Massachusetts, and their accompanying Contact-Zones. Economic Geol. 1909. Nr. 3. S. 239—250.

C o l l i n s , H. F.: Ore treatment at Laurium, Greece. Eng. and Min. Journ. 1905 S. 363—364. — Referat im „Glückauf". 1905. S. 403—404.

F e r r a r i s , E.: Lead-smelting works of Monteponi, Sardinia. (Description of smelting works and blast-furnace practice at Monteponi for treating lowgrade lead ores, chiefly lead carbonates, intimately mixed with zinc carbonate and dolomite.) Mining Magazine. Vol. XII. 1905. S. 191—195 m. 5 Fig.

G r a n t , U. S.: Zinc and lead deposits in Wisconsin. Mining Magazine 1906. Vol. XIII. S. 453—460 m. 7 Fig.

G r a n t , U. S.: Structural relations of the Wisconsin zinc and lead deposits. Econ. Geol. 1905—1906. S. 233—242 m. Fig. 12—15.

G u i l l a u m e , L.: La Métallurgie du Plomb au Laurium. Ann. d. Min. T. XV. 1909. Livr. 1. S. 5—29 m. 9 Fig.

G u i l l e m a i n , C.: Theoretische Betrachtungen über Bleierzröstung. „Metallurgie", 1905. II. S. 433—443.

H a v a r d , F. T.: Present position of lead smelting in Germany. Eng. and Min. Journ. 1906. S. 337—338. Ref.: Das deutsche Bleihüttenwesen in amerikanischen Augen. Zeitschr. d. Oberschles. Berg- und Hüttenm. Vereins 45. 1906. S. 397—399.

H o f m a n n , A.: Neues über das Přibramer Erzvorkommen. Österr. Zeitschr. f. Berg- und Hüttenw. 1906. S. 120—122. — A. Der Silbergehalt des Bleiglanzes; B. Der Zinngehalt des Bleiglanzes; C. Scheelit-Vorkommen.

H o t z , W.: Die wirtschaftliche Bedeutung der Blei-Zinkerzlagerstätten der Welt im Jahre 1907 mit besonderer Berücksichtigung der genetischen Lagerstättengruppen. (Mit französischem und englischem Resumee.) Bergw. Zeitfragen, Heft 2. Berlin, M. Krahmann, 1910. 35 S. m. 2 Taf. Pr. 2 M.

> An der Hand einer zusammenfassenden Statistik der Blei- und Zinkproduktion wird die weltwirtschaftliche Bedeutung der einzelnen Erzdistrikte beleuchtet und gezeigt, welchen Anteil einerseits die einzelnen Erdteile und Länder, anderseits die verschiedenen genetischen Lagerstättengruppen an der Weltproduktion besitzen. — In zwei größeren Tabellen ist die Blei-Zinkproduktion (Mengen und Werte) der einzelnen Erzbezirke nach genetischen Lagerstättengruppen zusammengestellt. Auf der Weltkarte sind die einzelnen Vorkommen aufgezeichnet durch Ringe (Bleierze) und Quadrate (Zinkerze), deren Größe den Geldwert der Produktion in Mark darstellt. Die Genesis der Lagerstätten ist durch Signaturen bezeichnet.

I m l e , F.: Der Bleibergbau von Mechernich in der Voreifel. Eine wirtschafts- und sozialpolitische Studie. Jena 1909, G. Fischer. 226 S. m. 1 Skizze. Pr. 5 M.

I n g a l l s , W. R.: Lead and Zinc in the United States of America, with Economic History of Mining and Smelting. New York 1908. 378 S. m. Abb. Pr. 20 M.

I s s e r , M a x v.: Wiederaufnahme des Bergwerksbetriebes in Rabenstein im Sarntal in Tirol. Österr. Zeitschr. f. Berg- und Hüttenw. 1909. Nr. 21. S. 329—331 m. 1 Taf.

K r o u p a , G.: Einige neuere Bleihüttenprozesse. Österr. Zeitschr. f. Berg- und Hüttenw. 1905. S. 250—253, 266—268. (Der Huntington-Heberlein-Prozeß. Der Bradford-Carmichael-Prozeß. Der Savelsberg-Prozeß.)

L a T o u c h e and J. C. B r o w n : Silver-Lead Mines of Bandwin, Shan States (China). Eng. and Min. Journ. 1909. Vol. 88. S. 550—555 m. 5 Fig.

L e w i s , V. J.: An Ontario lead deposit. Econ. Geol. 1906. S. 682—687 m. Fig. 50 u. 51.

L i n d g r e n , W.: The deep leads of Victoria. Eng. and Min. Journ. 1905. S. 314—316 mit 7 Fig.

L o w a g , J.: Der Bleierzbergbau bei Altendorf-Bernhau in Mähren. „Glückauf". 1905. S. 913—915.

L o w a g , J.: Das Erzvorkommen der Bleiglanzgrube „Gabegottes" bei Neudorf in der Nähe von Römerstadt in Mähren. „Glückauf" 1905. S. 1148—1149.

M u r m a n n , E.: Bemerkungen zur Analyse des Bleiglanzes. Montan.-Ztg. 1903. S. 438 bis 439.

Blei.
Die Hüttenerzeugung in den wichtigsten Ländern.

Jahr	In 1000 metrischen Tonnen														
	Deutsches Reich[1]	Österreich-Ungarn[1]	Rußland	Griechenland	Italien	Spanien	Frankreich	Belgien	Schweden	Großbritannien und Irland	Canada	Verein. Staaten von Amerika	Mexiko	Japan	Australien[2]
1888	101,6	12,8	0,8	14,5	17,5	129,0	6,4	10,9	0,3	38,2	—	137,8	30,1	0,0	30,1
1893	98,2	12,4	0,8	12,8	19,9	157,1	8,1	12,0	0,5	38,2	1,0	148,8	64,0	1,1	58,0
1898	136,6	14,4	0,2	19,2	24,5	167,4	10,9	19,3	1,6	61,3	14,5	201,4	70,6	1,7	50,0
99	132,8	13,6	0,3	18,4	20,5	162,6	16,0	15,7	1,6	48,1	9,9	191,0	85,0	2,0	70,0
1900	124,6	14,2	0,2	16,4	23,8	172,5	15,2	16,4	1,4	42,0	28,7	245,7	84,7	1,9	87,1
01	127,2	13,7	0,2	17,6	25,8	169,0	21,0	18,8	1,0	44,2	23,5	245,6	89,0	1,8	90,0
02	144,5	14,8	0,2	15,7	26,5	177,6	18,8	18,9	0,8	38,7	10,4	244,9	85,0	1,6	90,0
1903	149,7	15,4	0,1	16,3	22,1	175,1	23,3	20,3	0,7	35,4	8,2	255,8	57,0	1,7	95,0
04	141,9	16,2	0,0	18,6	23,5	185,9	18,8	23,5	0,6	27,2	17,2	278,5	49,6	1,8	185,0
05	156,4	16,2	0,8	13,7	19,1	185,7	24,1	22,9	0,6	28,6	25,4	274,0	80,0	2,3	107,0
06	154,9	18,5	1,0	12,1	21,3	180,9	25,6	23,8	0,8	29,8	24,8	317,7	*54,0	2,8	93,0
07	146,6	16,4	—	13,8	23,0	185,8	24,8	27,5	0,8	20,0	21,6	331,3	*72,0	3,0	97,0
08	169,4	16,0	—	16,0	*26,0	183,3	30,0	37,4	0,3	—	23,2	—	*110,0	3,0	119,0
09	171,0	15,2	—	15,3	*23,0	184,0	*35,0	41,3	*0,3	—	*22,0	—	118,0	*3,0	77,2

*) Geschätzt.

Blei.

Durchschnittspreise einer englischen Tonne (1016 kg) am Londoner Metallmarkt in den
Jahren 1873—1908.
(Nach Mines and Quarries, General Report for 1908, Part. III, S. 235.)

Jahr	English Pig.						Jahr	English Pig.						Jahr	English Pig.					
	Common			(W. B.)				Common			(W. B.)				Common			(W. B.)		
	£	sh.	d.	£	sh.	d.		£	sh.	d.	£	sh.	d.		£	sh.	d.	£	sh.	d.
1873	23	6	0	24	7	8	1886	13	4	9	13	12	3	1898	13	2	8	13	11	2
74	22	2	0	23	6	0	87	12	17	0	13	3	3	99	15	1	10	15	12	3
75	22	9	4	23	6	6	88	13	18	3	15	11	3	1900	17	3	11	17	14	4
76	21	13	10	23	1	9	89	13	0	10	14	6	7	01	12	14	2	13	6	5
77	20	11	3	21	7	0	90	13	7	10	14	13	0	02	11	4	8	11	14	6
78	16	4	0	17	11	3	91	12	8	10	13	16	0	03	11	15	4	12	4	7
79	14	16	6	14	11	3	92	10	15	1	12	0	7	04	12	1	6	12	11	11
80	16	7	6	17	6	3					(L. B.)			05	13	17	5	14	7	3
81	14	19	3	15	11	6	93	9	16	11	10	8	1	06	17	11	5	18	1	5
82	14	7	3	15	0	3	94	9	11	9	10	2	2	07	19	12	3	20	4	11
83	12	18	0	13	9	0	95	10	12	11	11	1	8	08	13	14	5	14	3	11
84	11	6	0	11	13	10	96	11	7	9	11	15	7	09						
85	11	10	0	11	16	10	97	12	10	5	12	18	2	1910						

Oberschuir: Die Bleierzlagerstätten von Goppenstein im Lötschental. (Finsteraarhorn Massiv.) Berg- und Hüttenm. Rundschau. 1909. S. 261—265 m. 3 Fig. u. 2 Taf.

Pilz, R.: Die Bleiglanzlagerstätten von Mazarrón in Spanien. Diss. Freiberg i. S., Craz & Gerlach, 1907. 52 S. m. 17 Fig.

I. Orographische und allgemeine geologische Verhältnisse S. 4—15; Anhang: Über die Kohlensäure-Ausströmungen in den Gruben von Mazarrón S. 15—23. II. Die Bleiglanzlagerstätten S. 24—44. III. Kurze Zusammenfassung der wichtigsten Ergebnisse der Untersuchung der Bleierzgänge von Mazarrón S. 44—45. IV. Geschichtliches und wirtschaftliches vom Bergbau in Mazarrón S. 46—51. — Die Arbeit ist eine Umarbeitung und teilweise Ergänzung des in d. Z. 1905 S. 385—409 erschienenen gleichnamigen Aufsatzes.

Pütz, O.: Vorkommen, Gewinnung und Aufbereitung der Blei- und Kupfererze des Pinar de Bédar in Süd-Spanien. Preuß. Zeitschr. 1906. 54. Bd. S. 675—683 m. 10 Fig.

---

[1] Einschließlich Kaufglätte.
[2] Die Zahlen für 1893 berücksichtigen nur die Ausfuhr nach Europa und Amerika.

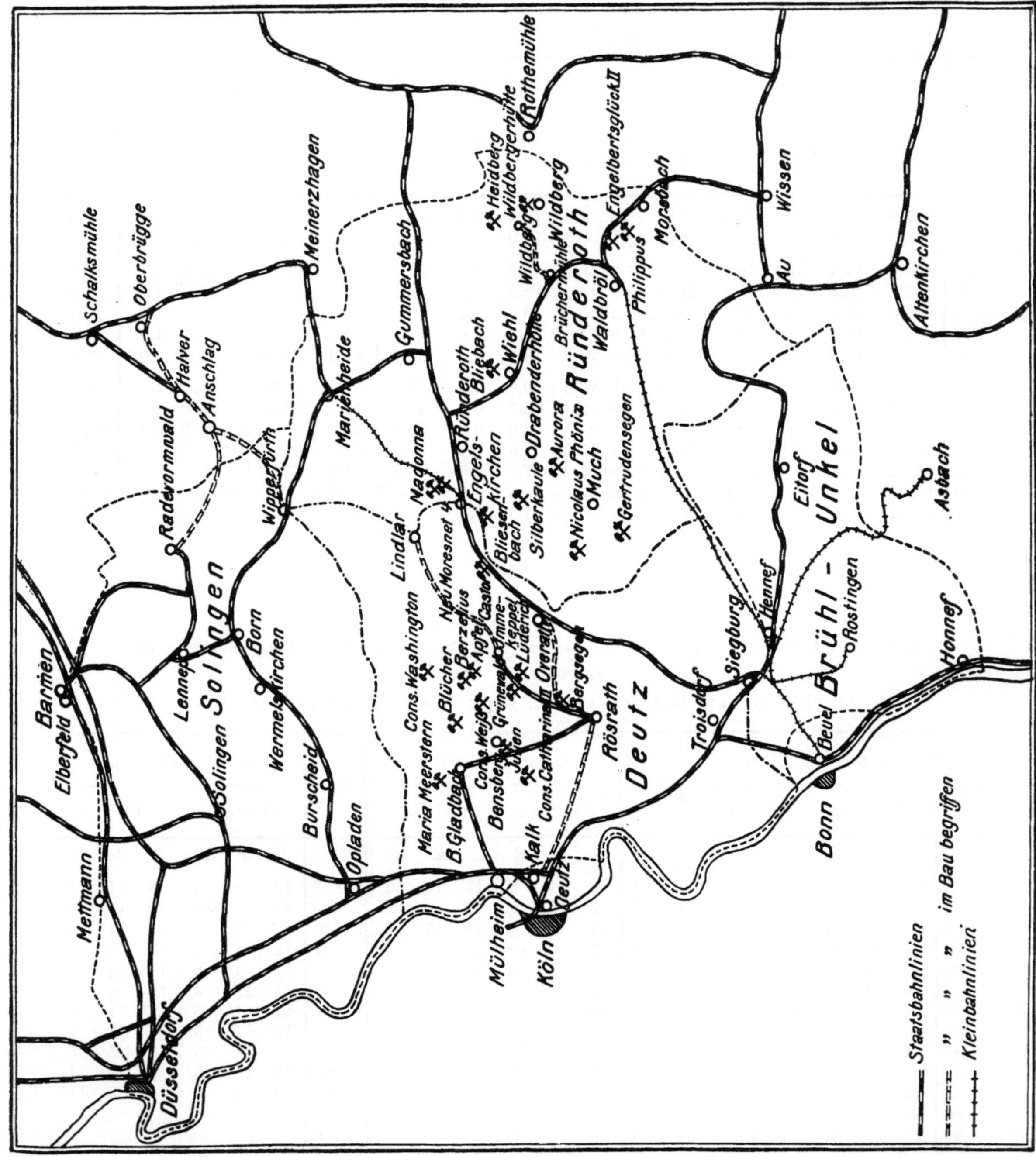

Schalksmühle
Oberbrügge
Meinerzhagen
Gummersbach
Rothemühle
Heidberg
Wildbergerhütte
Wildberg
Wildberg
Engelbertsglück II
Brückermühle
Ründeroth
Au
Wissen
Altenkirchen
Halver
Anschlag
Radevormwald
Marienheide
Ründeroth
Bliebach
Wiehl
Drabenderhöhe
Aurora
Brücher
Waldbröl
Moesbach
Philippus
Asbach
Wippesfürth
Lindlar
Madonna
Engels-
kirchen
Neu Moresnet
Silberkaule
Nicolaus Phönix
Much
Gertrudensegen
Eitorf
Unkel
Berzelius
Cons. Washington
Apfel Castor
Barzelius
Gümme-
keppel
Lüderich
Overath
Bergseg.
Siegburg
Hennef
Brühl-
Rostingen
Honnef
Barmen
Elberfeld
Lennep
Solingen
Born
Wermelskirchen
Solingen
Burscheid
Opladen
Mettmann
Maria Meerstern
Cons. Weiß
Grüneral
Bensberg
Julien
Cons. Cath.
B. Gladbach
Blücher
Kalk
Rösrath
Deutz
Mülheim
Köln
Deutz
Trojsdorf
Beuel
Bonn
Düsseldorf
Staatsbahnlinien
„   „   „   im Bau begriffen
Kleinbahnlinien

Fig. 127.

Die Bleierz-Gruben des Bergreviers
Deutz-Ründeroth, Rheinprovinz.

(Nach E. Schulz: „Das Verhältnis der
Bleierzführung und der Zinkerzführung
in den Gängen des Bergreviers Deutz-
Ründeroth." Essener „Glückauf" 1910,
S. 269.)

Schulz, E.: Das Verhältnis der Bleierzführung zur Zinkerzführung in den Gängen des Bergreviers Deutz-Rünteroth. Essener Glückauf, 1910, S. 269. Vgl. Fig. 127.

Simmersbach, B.: Die Entwickelung der Bleiindustrie Nordamerikas im Jahre 1903. Bg.- u. Hm. Ztg. 1904. S. 668—669.

Ulrich, E. O., and W. S. T. Smith: The lead, zinc, and fluorspar deposits of Western Kentucky. U. S. Geol. Surv. Prof. Paper. Nr. 36. Washington 1905. 218 S. m. 31 Fig. u. 15 Taf.

Waldeck, K.: Streifzüge durch die Blei- und Silberhütten des Oberharzes. Halle. 1907. Mit 5 Taf. Pr. 3,40 M.

Warwick, A. W.: The Leadville district, Colorado. Mining Magazine. 1905. Vol. XI. S. 430—439 m. 5. Fig.

Watson, Th. L.: Lead and zinc-deposits of the Virginia-Tennessee Region. Bi-Monthly Bull. Amer. Inst. of Min. Eng. 1906. S. 140—195 m. 29 Fig.

Watson, T. L.: Lead and zinc deposits of Virginia. Richmond, Geol. Surv. Virginia, Geol. Ser. Bull. 1905. 156 S. m. 27 Fig. u. 14 Taf.

Wauer, O.: Blei-, Silber-, Zinkverhüttung. S.-A. a. d. Handbuch der Wirtschaftskunde Deutschlands. Leipzig, B. G. Teubner, 1903. S. 74—96.

Wright, Ch. W.: The lead and zinc mines of Monteponi. Mining Magazine. 1905. Vol. XII. S. 33—38 m. 5 Fig.

J. Kupfer.

(Vgl. auch Schwefelkies S. 393.)

Adsorptionsprozesse bei der Kupferschieferbildung (E. Kohler) 03: 55.

Über das Vorkommen von gediegenem Kupfer auf Grubenholz auf der Kawau-Insel (W. H. Baker) L. 03: 113.

Die schottischen Kupfererze in ihren geologischen Beziehungen (J. G. Goodschild) L. 03: 114.

Kupfervorkommen in Deutsch-Südwestafrika 03: 30, 83.

Kupferexport und -verbrauch in den Vereinigten Staaten N. 03: 286.

Die Kupferproduktion der Welt N. 03: 285; 04: 219.

Neue Kupferbergbaue in Europa N. 03: 320.

Kupferproduktion Chiles bis 1901 N. 03: 363.

Kupfererzvorkommen in Südwestafrika (J. Kuntz) 04: 199, 402.

Über einige Kieslagerstätten im sächsischen Erzgebirge (R. Beck) 05: 12.

Die nutzbaren Lagerstätten im Gebiete der mittleren sibirischen Eisenbahnlinie (W. Friz) (D. Kupfererze) 05: 63.

Zur Kenntnis der Erzlagerstätten von Smejinogorsk (Schlangenberg) und Umgebung im Altai (R. Spring) 05: 135.

Die gangförmigen Erzlagerstätten der Umgebung von Massa Marittima in Toskana auf Grund der Lottischen Untersuchungen (K. Ermisch) 05: 206.

Das Kiesvorkommen am Laitenkofel ob Rangersdorf im Mölltale (R. Canaval) L. 05: 374.

Das Kupfer-Gold-Lager von Globe, Arizona (W. Graichen) B. 05: 39.

Geologie und Kupferlagerstätten von Bisbee, Arizona (F. L. Ransome) R. 05: 81.

Über die Erzlager der Umgegend von Schwarzenberg im Erzgebirge L. 05: 44.

Kupfererzlager im brasilianischen Staate Maranhao N. 05: 429.

Kupferpreise während der Jahre 1903—1905 N. 06: 243. Vgl. Fig. 128.

Preisbewegung für Kupfer, Zink, Blei und Zinn in den Vereinigten Staaten von Amerika von 1903 bis 1905 N. 06: 89.

Beitrag zur Kenntnis der Kieslagerstätten zwischen Klingenthal und Graslitz im westlichen Erzgebirge (B. Baumgärtel) 05: 353; 06: 150.

Die Kupferkiesgänge von Mitterberg in Salzburg (W. G. Bleeck) 06: 365.

Om relationen mellem störrelsen af eruptivfelterne og störrelsen af de i eller ved samme
  optraedende malm udsondringer (J. H. L. V o g t) L. 06: 60.

Beiträge zur Kenntnis der Huelvaner Kieslagerstätten (B. W e t z i g) 06: 173.

Die Kieslagerstätten von Aznalcollar, Provinz Sevilla (Bemerkung zu der Arbeit
  von B. W e t z i g: „Beiträge zur Kenntnis der Huelvaner Kieslagerstätten"
  (H. P r e i s w e r k) B. 06: 261.

Das Blei-, Kupfererzvorkommen des Pinar de Bédar, Prov. Almeria, Spanien
  (F. F i r c k s) 06: 145.

Kupfererze in Kleinasien (C. S c h m e i ß e r) 06: 191.

Die Spassky-Kupfergruben in Südwest-Sibirien (E. W a l k e r) N. 06: 95.

Die Kupfergewinnung im Ural N. 06: 343.

Ausfuhr von Kupfer aus Japan N. 06: 343.

Die Entstehung der Kupfererzlager von Clifton-Morenci, Arizona (W. L i n d g r e n)
  R. 06: 81.

Kupferproduktion der Vereinigten Staaten von Amerika N. 06: 167.

Kupfer-Gewinnung und -Verbrauch in den Vereinigten Staaten von Amerika im letzten
  Jahrzehnt N. 06: 243.

Über das Vorkommen von gediegenem Kupfer in den Trappbasalten der Faröerinseln (F. C o r n u) 07: 321.

Probleme der Erzlagerstättengeologie (nach S t e l z n e r - B e r g e a t) R. 07: 372.
     3. Die metamorphen Kieslager 379.
     4. Kieslager in paläozoischen Tonschiefern 384.
     5. Allgemeine Bemerkungen 384.
     6. Goldführende Kiesfahlbänder 435.
     7. Kupferführende Zechsteinablagerungen 34.

Das Kupferkiesvorkommen zu Riparbella (Cecina) in der Toskana (Genesis der Kupferkieslagerstätten der eocänen basischen Eruptivgesteine der Toskana vom Typus
  des Monte Catini) R. D e l k e s k a m p) 07: 393.

Magmatische Ausscheidungen von Bornit (O. S t u t z e r) B. 07: 371.

Kupfergeld in China (H. M e y e r) N. 07: 128.

Geophysikalische Gesichtspunkte bei Beurteilung des Wassereinbruches in die Mansfelder Kupferschiefergruben im Oktober 1907 (W. K r e b s) B. 08: 32.

Das Kupferschieferlager in Anhalt (O. v. L i n s t o w) A. 08: 56.

Kupfervorkommen in Kalifornien und ihre wirtschaftliche Bedeutung (W. A. L i e b e -
  n a m) L. 08: 84.

Zur Paragenesis der Kupfererze von Bor in Serbien (F. C o r n u und M. L a z a r e v i č)
  A. 08: 153.

Übersicht über die nutzbaren Lagerstätten Südafrikas (F. W. V o i t) A. 08: 137, 191.

Aluminium und Kupfer N. 08: 220.

Die nutzbaren Lagerstätten Toskanas (R. L o t t i) R. 08: 514.

Die kontaktmetamorphen Kupfererzlagerstätten von White-Horse in Yukon (Kanada)
  (O. S t u t z e r) A. 09: 116.

Neue Beobachtungen über die Enargit-Covellin-Lagerstätte von Bor und verwandte
  Vorkommen (M. L a z a r e v i č) A. 07: 177.

The White Knob Copper Deposits (J. F. K e m p and C. G. G ü n t h e r) L. 09: 181.

Kupfer in Brasilien (A. K e p p e n) R. 09: 477.

Fernere Literatur:

    A n t u l a, D. J.: Les gisements de cuivre dans les environs de Bor et de Krivelj dans le
département du Timok, Serbien. Belgrad, Savits & Co., 1904. Extr. de la revue des mines et de
l'ind. minière.   Russisch m. franz. Resumé.   37 S. m. 3 Fig.

B a g g   j r., R. M.: Some copper deposits in the Sangre de Christo Range, Colorado. Econ, Geol. 1908. S. 739—749 mit 1 Figur und 1 Diagramm.

B a i n, H. F., and E. O. U l r i c h: The copper deposits of Missouri. U. S. Geol. Surv. Bull. Nr. 267. Washington 1905. 52 S. m. 2 Fig. u. 1 Taf. Pr. 1,50 M.

B a r l o w, A. E.: On the origin and relations of the nickel and copper deposits of Sudbury, Ontario, Canada. Econ. Geol. 1906. S. 454—466, 445—553.

B a r v i ř, H.: Zur Lichtbrechung des Goldes, Silbers, Kupfers und Platins. Sitzungsber. der Kgl. Böhmischen Gesellschaft der Wissenschaft in Prag 1906. 14 S.

B e a r d s l e y, G. F.: Die Kosten des Verschmelzens von Kupfererz. Eng. and Min. Journ. 1906. Bd. 82. S. 397—398.

B i g o t, R a o u l: Prospection pour Cuivre au sud de l'État de Michoacan. Mém. Soc. des Ingénieurs Civils de France 1908 Mai. Auszug in Sociedad Cientifica Antonio Alzate. Mexico 1908. Revista 1908. S. 9—40 m. 5 Fig. u. 1 Taf.

B l o c k, J.: Über das Vorkommen von Kupfererzen und Scheelit im Eruptivgestein von Predazzo und anderen Orten, sowie über den Marmor Süd-Tirols. S.-A. a. d. Sitzungsber. der Niederrheinischen Gesellschaft für Natur- und Heilkunde zu Bonn. 1905. 15 S.

B r a d e n, W.: Conditions and Costs of Mining at the Braden Copper-Mines, Chile. Amer. Inst. Min. Eng. Bull. Nr. 34. 1909. S. 905—908.

B r e w e r, W. M.: Bornite ores of British Columbia and the Yukon territory. Journ. Canadian Min. Inst. Vol. VIII. 1905. 9 S.

B r u n: Géologie du massif montagneux qui s'étend de Monte-Agudo (Murcia) á Albatera (Alicante-Espagne) (Gisement de cuivre compris dans cette zone). Bull. Soc. de l'industrie min. C. R. 1909. S. 498—517 m. 6 Fig.

B u d d ë u s, W. Die Verarbeitung der kupferhaltigen Grubenwässer in Schmöllnitz (Ober-Ungarn). Berg- und Hüttenm. Ztg. 1904. S. 13—16, 41—44, 73—76.

B ü r n e r, R.: Kupfernot! (Vortrag.) Verein zur Wahrung gemeinsamer Wirtschaftsinteressen der deutschen Elektrotechnik. Berlin, G. Siemens, 1906. 12 S. m. 5 Tab. Pr. 0.50 M.

C a n b y, R. C.: The present status of the separation of zinc blende in copper and lead ores. Mining Magazine 1906. Vol. XIII. S. 476—479.

D r e s s e r, J. A.: Copper deposits of the Eastern Townships of Quebec. Econ. Geol. 1906. S. 445—453 m. Fig. 35.

F e r n e k e s, G u s t a v e: Precipitation of Copper from Chloride Solutions by Means of Ferrous Chloride. S.-A. a. Econ. Geol. 1907. S. 580—584.

F l e c k, A.: Beiträge zur Geschichte des Kupfers, insbesondere seiner Gewinnung und Verarbeitung. Jena, Gustav Fischer, 1908. 60 S. Pr. geh. 1,60 M.

F l e c k,: Die Kupfererzgänge bei Lauterberg am Harz. „Glückauf". 1909. S. 1006 bis 1076 m. 1 Karte.

F l e c k, A.: Beiträge zur älteren Geschichte der Kupfergewinnung am Rammelsberg bei Goslar. „Glückauf". 1909. Nr. 18. S. 628—631.

F r i z, W.: Einige Bemerkungen über die Erzführung der Kupfererzlagerstätten Mednorudjansk bei Nischnij-Tagil im Ural. „Glückauf". 1906. S. 563—564.

F u c h s, F. G.: La region cuprifera de los alrededores de Ica y Nazca, Peru. Lima, Bol. Cuerpo Ingen. Minas. 1905. 100 S. m. 1 Taf. u. 1 kol. Khrte. Pr. 3 M.

F u c h s, F. G.: Region cuprifera de Cachi-cachi, provincias de Tarma y Jauja, Peru. Bol. des minas, ind. y constr. 1907. T. 1. Serie II. S. 41—46.

G a g e l, C.: Die nutzbaren Lagerstätten von Deutsch-Südwestafrika. Zeitschr. f. d. Berg-, Hütten- und Salinenwesen 1909. S. 173—184.

G a s c u e l, L.: Note sur le district cuprifère de Wallorao, Australie du Sud. Ann. des mines. 1905. T. VII. S. 544—562.

G m e h l i n g, A.: Das Rösten der Kupfersteine bei Benützung der Röstgase zur Darstellung von Schwefelsäure aus den Röstgasen nach dem Kontaktverfahren zu Guayacan (Chile) und die Verwendung dieser Säure zur Extraktion des Kupfers aus armen Erzen. Österr. Zeitschr. f. Berg- und Hüttenw. 1906. S. 69—73, 88—90.

H o f m a n n, A.: Vorläufiger Bericht über turmalinführende Kupferkiese von Monte Mulatto. S.-A. a. d. Sitzungsbericht der Kgl. Böhmischen Gesellschaft der Wissenschaft in Prag. 1903. 8 S. m. 2 Taf.

J u o n, E d.: Über Produktions- und Verlustberechnungen bei der Kupfergewinnung. Österr. Zeitschr. f. Berg- und Hüttenw. 1909. S. 411—414, 430—433.

Kupfer.
Die Hüttenerzeugung in den wichtigsten Ländern.

Jahr	Deutsches Reich [1]	Österreich-Ungarn	Rußland	Italien	Spanien	Frankreich	Großbritannien und Irland	Canada	Verein. Staaten von Amerika	Mexiko	Chile	Peru	Bolivien	Japan	Australien
1888	22,0	1,3	4,6	3,0	—	2,2	—	2,3	102,7	2,8	31,7	—	1,5	13,4	—
1893	24,9	1,3	5,5	2,4	—	6,6	—	3,7	149,4	—	—	—	—	18,0	—
1898	30,8	1,2	7,3	3,2	47,0	7,8	54,6	8,1	238,8	16,0	25,2	3,1	2,1	21,1	16,8
99	34,7	1,3	7,5	3,0	57,7	6,6	60,8	6,8	256,9	19,3	25,4	5,2	2,1	24,3	20,4
1900	35,1	1,1	8,3	2,8	47,8	6,4	61,6	8,6	274,9	22,5	26,0	8,4	2,1	24,4	20,2
01	31,7	0,9	8,5	3,5	44,0	7,0	62,4	17,2	273,1	33,9	31,3	9,7	2,0	27,4	25,7
02	31,0	1,0	8,8	3,9	36,0	6,3	52,9	17,6	299,1	40,6	29,4	9,2	2,0	29,8	23,7
1903	31,8	1,0	9,2	3,9	27,4	6,9	54,7	19,4	316,6	45,3	31,1	9,6	2,0	33,2	29,0
04	30,9	1,0	9,8	3,3	44,1	6,9	50,3	19,5	368,6	50,9	30,1	9,1	2,0	32,1	34,2
05	33,4	0,9	8,5	3,5	33,2	7,6	53,4	21,6	403,1	65,0	30,5	8,1	1,4	35,5	36,6
06	33,0	0,9	9,4	4,3	[2] 51,8	5,8	56,0	25,2	416,3	61,0	30,5	11,2	2,0	38,5	43,7
07	32,5	0,8	15,2	4,0	[2] 52,0	7,8	—	26,0	394,2	58,9	28,4	9,7	2,4	38,1	46,7
08	30,3	1,4	16,8	2,8	[2] 52,5	8,0	—	24,3	415,5	38,8	37,2	17,3	2,5	40,6	43,7
09	33,3	1,8	18,5	*3,0	—	7,5	—	—	*483,0	—	—	—	*2,1	—	—

*) Geschätzt.

Durchschnittspreise einer englischen Tonne (1016 kg) am Londoner Metallmarkt in den Jahren 1873—1908.
(Nach Mines and Quarriss, General Report for 1908, Part III, S. 199.)

Jahr	Englisches Kupfer — Tough Cake (£ sh. d.)			Englisches Kupfer — Best Selected (£ sh. d.)			Ausländisches Kupfer — Burra Burra (£ sh. d.)		
1873	93	13	6	95	18	0	92	5	6
74	84	0	0	89	12	0	89	0	0
75	88	9	0	90	0	0	91	6	0
76	81	19	6	83	6	2	83	3	3
77	74	12	6	75	16	0	75	11	6
78	67	3	0	68	11	6	70	1	6
79	63	1	3	64	5	6	65	5	6
80	67	15	0	69	5	0	72	10	0
81	66	10	0	68	0	0	67	13	0
82	71	0	0	73	0	0	71	10	0
83	67	5	3	69	3	3	68	14	6
84	59	2	1	60	9	6	61	9	10
85	47	12	10	48	16	8	52	11	8
							Chili Bars		
86	43	8	0	44	10	6	40	5	6
87	46	16	0	48	4	0	43	10	0
88	77	17	0	79	11	4	81	8	1
89	53	18	5	55	3	10	49	11	4
90	58	19	10	61	11	10	54	7	7

Jahr	Englisches Kupfer — Tough Cake (£ sh. d.)			Englisches Kupfer — Best Selected (£ sh. d.)			Ausländisches Kupfer — Chili Bars (£ sh. d.)		
1891	54	12	4	56	11	2	51	12	8
92	48	14	0	49	18	10	45	15	7
93	47	0	8	48	3	11	43	16	4
94	42	16	10	43	12	8	40	9	6
95	46	5	9	47	1	4	43	2	8
96	49	17	8	50	13	8	47	0	6
97	51	12	0	52	5	8	49	3	6
98	54	14	8	55	9	8	51	17	9
99	77	4	10	78	2	7	73	11	1
1900	76	17	0	78	8	6	73	9	4
01	72	1	5	73	7	2	66	13	8
							Standard		
02	55	19	7	56	13	8	52	12	8
03	61	16	3	63	0	10	58	0	0
04	61	19	2	63	0	3	58	18	11
05	73	9	5	74	11	5	69	9	0
06	91	19	6	92	12	9	87	6	7
07	93	16	0	94	2	1	86	17	4
08	63	12	1	63	15	10	59	19	3

Diskont auf englisches Kupfer $3^{1}/_{2}$ %, ausländisches Kupfer netto.

Hornung, F.: Formen, Alter und Ursprung des Kupferschiefererzes. Zur Beurteilung der Mineralbildungen in Salzformationen. Zeitschr. der Deutschen geologischen Gesellschaft 1904. S. 207—217.

Keith, N. S.: The copper deposits of New Jersey. Mining Magazine. 1906. Vol. XIII. S. 468—475 m. 7 Fig.

Kemp, J. F.: Secondary enrichment in ore-deposits of copper. Econ. Geol. 1905. S. 11—25.

---

[1] Einschließlich Schwarzkupfer und Kupferstein.
[2] Einschließlich Portugal.

	1909	1908	1907
Erzeugung in den Ver.			
Staaten	493 000	420 000	385 000
Erzeugung in den			
übrigen Ländern . .	342 000	320 000	321 000
Summe	835 000	740 000	706 000
Verbrauch in den Ver.			
Staaten	317 000	245 000	210 000
Verbrauch in den übrigen			
Ländern	456 000	481 000	427 000
Summe	773 000	726 000	637 000
Vorräte in Europa . .	110 000	56 000	20 000
„ in Amerika .	63 000	55 000	77 000
Summe	173 000	111 000	97 000
Jahresdurchschnittspr.			
v. Standard . . .	£ 59	£ 60	£ 87
Schlußpreis von Kasse			
Standard	£ 61/15/—	£ 63/12/6	£ 62/6/6

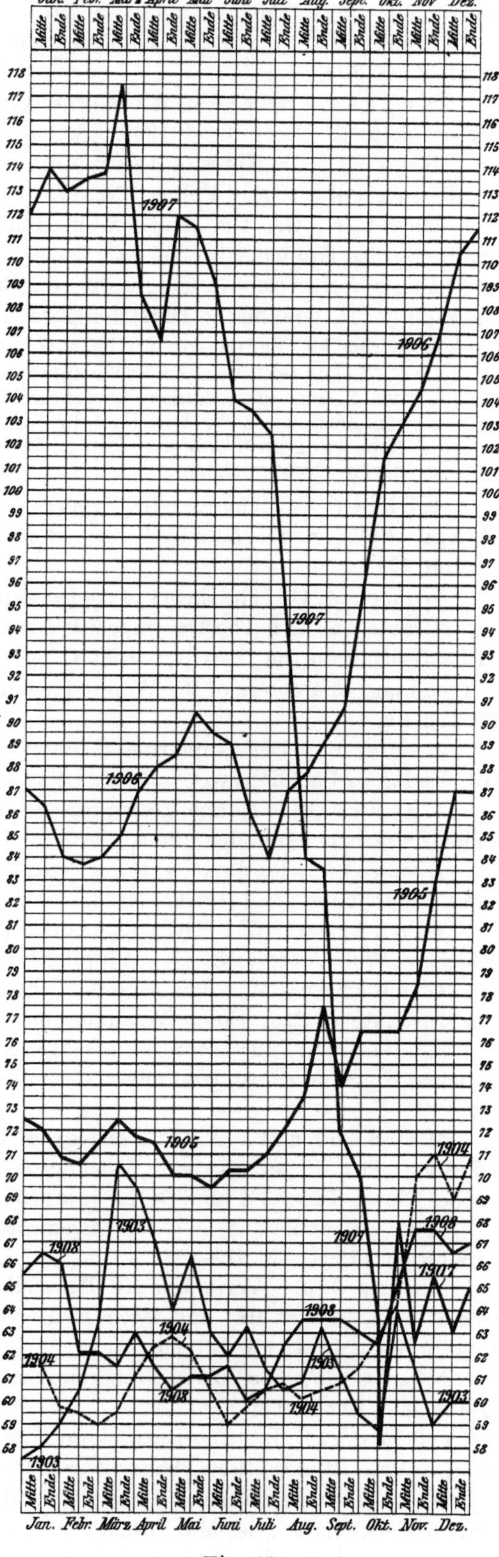

Fig. 128.

Londoner Kasse-Notierung 1903—1908 für best
selected copper in Lstrl. pro ton = 1016 kg.

(Nach den Mansfelder Jahresberichten.)

K e m p , J. F.: The copper deposits at San Jose, Tamaulipas, Mexico. Bi-Monthly Bull. Amer. Inst. of Min. Eng. 1905. S. 885—910 m. 3 Fig.

K e m p , J. F.: The White Knob copper-deposits, Mackay, Idaho. Bi-Monthly Bull. Amer. Inst. of Min. Eng. 1907. Nr. 14. S. 301—328 m. 14 Fig.

K e r n e r , F. v.: Der Kupferbergbau „Hungaria" in Deva. Montan.-Ztg. 1905. S. 43 bis 44, auch S. 4—5.

K e y e s , C h a r l e s R.: Garnet Contact Deposits of Copper and the Depths at which they are formed. Econ. Geol. 1909. S. 365—372 m. 3 Fig.

K n o p f , A.: Notes on the Foothill copper belt of the Sierra Nevada. Bull. Geol. Univ. of California Publ. 1906. Vol. 4. Nr. 17. S. 411—423.

K ö h l e r , G.: Die „Rücken" in Mansfeld und in Thüringen sowie ihre Beziehungen zur Erzführung des Kupferschieferflözes. Leipzig, W. Engelmann, 1905. 29 S. m. 7 Textfig., 11 Taf. mit 37 Fig. u. 2 Karten. I. Querprofile durch den ersten Flözrücken westlich vom Schachte „Niewandt." II. Graphische Darstellung des Kupfer- und Silbergehaltes des Mansfelder Kupferschiefers in der IV. Tiefbausohle. Pr. 5 M.
I. Die tektonischen Verhältnisse in Mansfeld und in Thüringen. II. Die Beziehungen der Lagerungsstörungen in Mansfeld und in Thüringen zur Erzführung des Kupferschieferflözes. A. Die Erzführung im Schieferflöze im allgemeinen; B. Die Erzanreicherung an den Mansfelder „Rücken" und Schlußfolgerungen; C. Beweis der sekundären Erzanreicherung.

K ö h l e r , G.: The Kedabeg copper mines, Gouv. Elisabethpol, Rußland. Mining Magazine Vol. XII. 1905. S. 47—52 m. 2 Fig. — Ref.: „Metallurgie" 1905. Bd. 2. S. 377—381 mit Fig. 170 und 171.

L a n e , A. C.: The theory of copper deposition. Amer. Geolog. 1904. S. 297—309 m. 1 Fig.

L a n e , A. C.: The Decomposition of a Boulder in the Calumet and Hecla Conglomerate, and its Bearing on the Distribution of Copper in the Lake Superior Copper Lodes as indicating the Trend and Characters of the Waters forming the Chute. S.-A. a. Econ. Geol. 1909. S. 158 bis 173 m. 1 Fig.

L e n z , R.: Der Kupfermarkt unter dem Einflusse der Syndikate und Trusts. Berlin 1910, Verlag f. Fachliteratur. 156 S. Pr. 3,60 M.

L e v a t , D.: Notice géologique et mienère sur le bassin cuprifère du Kouilou-Niari (Congo Français). Ann. des mines. T. XI. 1907. S. 5—65 m. Taf. I—IV.

L i n c o l n , F r a n c i s C h u r c h: The Big Bonanza Copper Mine, Latouche Island, Alaska. Economic Geol. 1909. Nr. 3. S. 201—213 m. 5 Fig.

L i n d g r e n , W.: The copper deposits of the Clifton-Morenci district, Arizona. U. S. Geol. Surv. Prof. Paper. Nr. 43. Washington 1905, 375 S. m. 19 Fig. u. 25 Taf.

L i n d g r e n , W.: The genesis of the copper-deposits of Clifton-Morenci, Arizona. 1904. Amer. Institute of Min. Eng. Washington. 40 S.

M a n n , O.: Zur Kenntnis der Kieslagerstätten zwischen Klingenthal und Graslitz im westlichen Erzgebirge. Abhandlungen der naturw. Gesellschaft „Isis" in Dresden 1905. Heft II. S. 86—99.

M e n d e n h a l l , W. C.: Geology of the Central Copper River Region, Alaska. U. S. Geol. Surv. Prof. Paper. Nr. 41. Washington 1905. 133 S. m. 11 Fig. u. 20 Taf. (Taf. IV.: geologische Karte, Taf. XIX und XX: topographische Karten.) Pr. 12 M.

M o n k o w s k i , S. A.: Die gegenwärtige Lage der transkaukasischen Kupferindustrie. „Metallurgie" 1904. S. 519—521.

M u i r , J. J.: Verfahren zur Behandlung von minderwertigen Kupfererzen. Transact. North of Engl. Inst. of Min. and Mech. Eng. Vol. I und IV. Part I. Dezember 1903. S. 40—46; „Metallurgie". 1904. S. 64—66.

N i c o u , P.: Le cuivre Transcaucasie. Notes de voyage. Ann. des mines 1904. T. VI. S. 5—54 m. 4 Fig. u. Taf. I.

O d e n d a l l , L.: Die Entwicklung der englischen Kupferproduktion. Zeitschr. f. Berg-, Hütten- u. Sal.-Wesen 1910, Abhandl. S. 64—81.

O s s - M a z z u r a n a , F e l i c e , und R o b e r t H e s s e: Die Betriebe der Kupfererzbau-Gewerkschaft „Oss-Mazzurana" in Predazzo. „Metallurgie" 1909. S. 569—596.
1. Erzvorkommen und Erzgewinnung S. 569—574. 2. Die Aufbereitung der Erze. S. 574—580 m. 2 Fig.; 3. Die Verhüttung der Erze S. 580—596 m. 6. Fig.

P e t r a s c h e k , W.: Über permische Kupfererze Nordostböhmens. Verhandlung. d. k. k. Reichsanstalt Wien. 1909. S. 283—293 m. 4 Fig.

P ü t z , O.: Vorkommen, Gewinnung und Aufbereitung der Blei- und Kupfererze des Pinar de Bédar in Süd-Spanien. Preuß. Zeitschr. 1906. 54. Bd. S. 675—683 m. 10 Fig.

R e a d , T h. T.: The secondary enrichment of copper-iron sulphides. Bi-Monthly Bull. Amer. Inst. of Min. Eng, 1906. S. 261—267.

R e d l i c h , K. A.: Bergbaue Steiermarks: VI. Der Kupferbergbau Radmer an der Hasel, die Fortsetzung des steirischen Erzberges. Leoben, L. Nüßler, 1905. 38 S. m. 2 Fig. u. 1 Taf.

R e d l i c h , K. A.: Der Kiesbergbau Louisenthal (Fundul Moldavi) in der Bukowina. Österr. Zeitschr. f. Berg- und Hüttenw. 1906. S. 297—300 m. 3 Fig.

R i c k a r d , T. A.: Copper mines of Lake Superior. London 1905. 170 S. m. Fig. Pr. 6 M.

R i t t e r , E. A.: The Evergreen Copper-Deposit, Colorado. Am. Inst. of Min. Eng. 1908. Nr. 19. S. 33—47 m. 12 Fig.

S a y o u s , A. E.: Le cuivre. Sa production et son commerce aux États-Unis, son marché en 1907. II. Édition. Fédération des industriels et commerçants français. Paris 1907. 69 S. Pr. 2 Francs.

S a l e s , R. H.: Superficial alteration of the Butte veins. Econ. Geol. 1910, S. 15—21.

S c h m i d t , A.: Die Kupferbergwerke und das Nickelvorkommen im ehemaligen Gebiete der Hohenzollern am Frankenwald. Preuß. Zeitschr. f. das Berg-, Hütten- und Salinenw. 1908. Bd. 56. S. 531—541 m. 1 Fig.

S c h m i d t , A l b.: Über Kupfer und die Entstehung der Kupfererze. Berg- u. Hm. Rundschau 1910, S. 85—90.

S i m m e r s b a c h , B.: Kupfer (Statistik bis 1904). Preuß. Zeitschr. f. Berg-, Hütten- und Salinenwesen. 1905. S. 582—589.

S i m p s o n , J. F.: The relation of copper to pyrite in the lean copper ores of Butte, Montana. Econ. Geol. 1908. Bd. III. S. 628—636 mit 6 Fig. auf 2 Taf.

S p a c k e l e r : Der skandinavische Kiesbergbau. „Glückauf". 1909. S. 245—252, 281 bis 289 und 323—328 m. 24 Abb.

S p e n c e r , A. C.: The copper deposits of the Encampment district, Wyoming. U. S. Geol. Surv. Prof. Paper. Washington 1906. 107 S. m. 49 Fig. u. 1 topogr. u. 1 kolor. geol. Karte. Pr. 8 M.

S t e l l a , A.: Relazione sulle richerche minerarie nei giacimenti cupriferi del circondario di Alghero (Sassari). S.-A. a. Boll. del R. Comitato geologica d'Italia. 1908. Fasc. 4. 34 S. m. 2 Taf.

S t o k e s , H. N.: Experiments on the solution, transportation and deposition of copper, silver and gold. Econ. Geol. 1906. S. 644—650.

S t u t z e r , O.: Alte und neue geologische Beobachtungen an den Kieslagerstätten Sulitelma-Röros, Norwegen. Österr. Zeitschr. f. Berg- und Hüttenw. 1906. S. 567—572 m. 1 Fig.

S u l l i v a n , E. C.: The chemistry of ore-deposition precipitation of copper by natural silicates. Journ. Amer. Chemical Soc. Vol. XXVII. 1905. S. 976—979.

V o i t , F. M.: Beiträge zur Geologie der Kupfererzgebiete in Deutsch-Südwest-Afrika. Unter Mitwirkung von G. D. S t o l l r e i t h e r in Johannesburg. Jahrb. d. Kgl. Preuß. Geolog. Landesanstalt und Bergakademie Berlin für das Jahr 1904. XXV. Bd. 1905. S. 384—430 mit 19 geologischen Kartenskizzen und Profilen im Text und 1 Übersichtskarte i. M. 1 : 800 000. (Taf. 16.) Pr. 2 M.

    Erzlagerstätten S. 412; 1. Quarzgänge S. 413; 2. Fahlbänder S. 416; die Gorapgrube S. 416; Die Hopegrube S. 419; Die Matchlessgrube S. 420; Die Erzvorkommen der Pot-Mine, der Ubib-Mine und von Hussab S. 423; Die Lagerstätten von Otyozonyati S. 424; Das Kupfervorkommen der Sinclair-Mine im westlichen Groß-Namaqualande, Deutsch-Südwestafrika S. 427; Genesis der Lagerstätten S. 429.

W a l k e r , E.: The Mitterberg copper mine in Austrian Tyrol. Eng. and Min. Journ. 1906. S. 507—508 m. 4 Fig.

W a l k e r , E.: The Esperanza mine, Spanien. A new copper-mining enterprise in the Huelva district. Eng. and Min. Journ. 82. 1906. S. 1165—1167 m. 7 Fig.

W a l k e r , E.: The Spassky Copper Mine, Südwest-Sibirien. Eng. and Min. Journ. 1905. S. 1202—1204 m. 3 Fig.

W e e d , W. H., and T h. L. W a t s o n: The Virginia copper deposits. Econ. Geol. 1906. S. 309—330 m. Fig. 19—28.

W e e d , W. H.: Copper mines near Havana, Cuba. Eng. and Min. Journ. 1905. S. 176 mit 1 Fig.

W e e d , W. H.: The copper deposits of Cape Colony, South Africa. Eng. and Min. Journ. 1905. S. 272—273 m. 5 Fig.

W e e d , W. H.: Occurence and distribution of copper in the United States. Min. Mag. Vol. X. 1904. S. 185—193 m. 9 Fig. u. 1 Taf.

W e e d , W. H.: Foreign copper mines. Mining Magazine 1905. S. 5—17 m. 10 Fig.

W e e d , W. H.: Copper mines of the world. New York. 370 S. Pr. 18 M.

W e r m e r t , G.: Die Kupferverhüttung. S.-A. a. d. Handbuch der Wirtschaftskunde Deutschlands. Leipzig, B. G. Teubner, 1903. S. 123—139.

W h e r r y , E. T.: The Newark Copper deposits of southeastern Pennsylvania. Econ. Geol. 1908. S. 726—738 m. 1 Karte.

W o l f f , E.: Beitrag zur Geschichte des Kupferbergbaues in Rio Tinto und Tharsis in der Spanischen Provinz Huelva. Bonn 1904. 78 S. m. 6 Taf. Pr. 3 M.

W o o d , A. B.: The Ancient Copper-mines of Lake Superior. Bi-Monthly Bull. Amer. Inst. of Min. Eng. 1906. S. 229—237 m. 1 Fig.

W r i g h t , C h.: The Copper Deposits of Kasaan Peninsula, Alaska. Econ. Geol. 1908. S. 410—417 m. 1 Karte.

K. Nickel und Kobalt.

Bergbau in Neu-Kaledonien N. 03: 288.

Turmalinführende Kobalterzgänge (Mina Blanca bei San Juan, Dep. Freirina, Prov. Atacama in Chile) (O. S t u t z e r) 06: 294.

Nickelerzeugung N. 07: 34, auch 07: 69.

Die Nickelmagnetkieslagerstätten im Bezirk St. Blasien im südlichen Schwarzwald (W e i n s c h e n k) 07: 73.

Die Sudbury-Nickelerze (A. P. C o l e m a n) B. 07: 221.

Die Nickelerzlagerstätten bei Sudbury in Kanada (O. S t u t z e r) B. 08: 285.

Probleme der Erzlagerstättengeologie (nach S t e l z n e r - B e r g e a t) R. 08: 34, 71.

8. Systematik der Erzgänge 39.

9. Deuterogene Lagerstätten 81.

The Cobalt, Nickel, Arsenides, and Silver deposits of Temiskaming (W. G. M i l l e r) L. 08: 492.

Die Nickelmagnetkieslagerstätten von Varallo-Sesia, Prov. Novara (M. P r i e - h ä u ß e r) A. 09: 104.

Notiz über die Lagerstätte von Kobalt- und Nickelerzen bei Schladming in Steiermark. (C. S c h m i d t und J. H. V e r l o o p) A. 09: 271.

Fernere Literatur:

B a h l s e n , E.: Nickelindustrie in Kanada. „Metallurgie". 1905. S. 220—222.

B a r l o w , A. E.: On the origin and relations of the nickel and copper deposits of Sudbury, Ontario, Canada. Econ. Geol. 1906. S. 545—553.

C a m p b e l l , W m., and C. W. K n i g h t : On the Microstructure of Nickeliferous Pyrrhotites. Econ. Geol. 1907. S. 350—366 m. 4 Taf.

G l a s s e r , E.: Über die Entwickelung der Nickelindustrie Neukaledoniens und ihr Verhältnis zu Canada. Österr. Zeitschr. für Berg- und Hüttenwesen 1904. S. 568—569.

G ü n t h e r: Verfahren zur Gewinnung von Nickel und Kupfer aus kupfer- und nickelhaltigen Magnetkiesen. Mitteilungen über Forschungsarbeiten herausgegeben vom Verein deutscher Ingenieure. Heft 10. Berlin, J. Springer, 1903. Pr. 1 M.

H o r e , R. E.: Origin of the cobalt-silver ores of Northern Ontario. Econ. Geol. 1908. Bd. III. S. 599—610.

H u l l e g å r d , H.: Zur Frage der Verwertung der schwedischen Nickelerze. Teknisk Tidskrift vom 27. Oktober 1906. „Glückauf". 1906. S. 1628—1629.

M i l l e r , W. G.: The cobalt-nickel arsenides and silver deposits of Temiskaming, Ontario. Report of the Bureau of mines 1905. Part. II. Toronto, L. K. Cameron, 1905. 66 S. m. 28 Fig. und 2 Karten.

M i l l e r , W. G.: Map of cobalt-nickel-arsenic-silver area near Lake Temiskaming, Ontario. 14ht Rep. of the bureau of mines 1905. Geolog. Karte mit Erklärungen.

R z e h u l k a , A.: Der gegenwärtige Stand der Nickelgewinnung mit besonderer Berücksichtigung der Betriebe bei Frankenstein in Schlesien. Kattowitz 1909. Pr. 2.50 M.

S c h m i d t , A.: Die Kupferbergwerke und das Nickelvorkommen im ehemaligen Gebiete der Hohenzollern am Frankenwald. Preuß. Zeitschf. für das Berg-, Hütten- und Salinenwesen 1908. Bd. 56. S. 531—541 m. 1 Fig.

S t u t z e r , O.: Die Nickelerzlagerstätte von Sudbury in Canada. (Enthält eine Vorratsberechnung von J. Mc A r t h u r vom Jahre 1903.) Berg- und Hüttenm. Rundschau V. 1909. S. 86—89.

V o g t , J. H. L.: Om nickel, navnlig on muligheden at gjenoptage den norske bergverksdirft på nickel. Kristiania, Cammermeyer, 1902. 40 S.

W i l m s , O.: Über Kohlenstoffnickel. Diss. Berlin, Techn. Hochschule, 0917. 54 S. m. 1 Fig. u. 2 Taf.

L. Zink.

(Anhang: C a d m i u m . — Vergl. auch B l e i .)

Zink-Produktion von Hessen-Nassau, Rheinprovinz und des Großh. Hessen (R. D e l k e s k a m p) 03: 274, 275, 276.

Über die Entstehungsweise oberschlesischer Erzlagerstätten (G. G ü r i c h) L. 03: 39, auch 03: 202.

Zinkproduktion der Welt im Jahre 1902 N. 04: 109.

Die Preise von Blei, Silber und Zink N. 06: 132.

Der Zinkmarkt i. J. 1909. Bergw. Mitt. 1910: 50, 98.

Über die Zinkerzproduktion i. J. 1907 (nach W. H o t z) vgl. S. 373—375, auch Bergw. Mitt. 1910: 81.

Die Zinkindustrie in Polen im Jahre 1903 N. 04: 286.

Zinkit im Ural N. 04: 427.

Zur Kenntnis der Erzlagerstätten von Smejinogorsk (Schlangenberg) und Umgebung im Altai (R. S p r i n g) 05: 140.

Neue Untersuchungen B. L o t t i s auf Elba: Silberhaltige Bleierze bei Rosseto (K. E r m i s c h) 05: 141.

Die gangförmigen Erzlagerstätten der Umgegend von Massa Marittima auf Grund der L o t t ischen Untersuchungen (K. E r m i s c h) 05: 206.

Über die Erzlager der Umgegend von Schwarzenberg im Erzgebirge (R. B e c k) 05: 44.

Die Erzgruben des Oberbergamtsbezirkes Dortmund N. 05: 153.

Preisbewegung für Kupfer, Zink, Blei und Zinn in den Vereinigten Staaten ven Amerika von 1903 bis 1905 N. 06: 89.

Zinkerze in Kleinasien (C. S c h m e i ß e r) 06: 192.

Mexikanische Zinkerze N. 06: 89.

Zinkproduktion der Vereinigten Staaten von Amerika N. 06: 89, 168.

Zinkgewinnung aus metallarmen Erzen N. 07: 340.

Probleme der Erzlagerstättengeologie (nach S t e l z n e r - B e r g e a t) R. 08: 34, 71.

8. Systematik der Erzgänge 39.

9. Die Höhlenfüllungen und metasomatischen Lagerstätten 74.

Deutsche Zinkhüttenvereinigung N. 08: 255.

Rezente Bildung von Smithonit und Hydrozinkit in den Gruben von Raibl und Bleiberg (F. C o r n u) B. 08: 509.

Beiträge zur Kenntnis des Bleiglanz-Zinkblende-Erzstockes bei Weitisberga (H. H e ß v o n W i c h d o r f f) 09: 12.

Fernere Literatur:

A d a m s , G. J., A. H. P u r d u e and E. F. B u r c h a r d: Zinc and lead deposits of Northern Arkansas. With section on the determination and correlation of formations by E. O. U l r i c h. U. S. Geol. Surv. Prof. Paper. Washington 1904. 118 S. m. 6 Fig., 24 Taf. u. 3 kolor. geolog. Karten. Pr. 15 M.

Argall, P.: Report on the zinc mines of the East and West Kootenays. Canada Report of the Commission, Ottawa, 1906. S. 149—252 mit 41 Tafeln, 8 photographischen Aufnahmen und 2 Karten.

Bain, H. F.: Zinc and lead deposits of Northwestern Illinois. U. S. Geol. Surv. Bull. Nr. 246. Washington 1905. 56 S. m. 3 Fig. u. 5 Taf.

Borchers: Die Zugutemachung bisher schwer oder nicht verhüttbarer Zinkerze sowie zinkhaltiger Zwischen- und Abfallprodukte. Vortrag. Zeitschr. des Vereins deutscher Ingenieure 1902. S. 1634—1635.

Canby, R. C.: The present status of the separation of zinc blende in copper and lead ores. Min. Mag. 1906. Vol. XIII. S. 476—479.

Clark, H. S.: The zinc industry in the United States. Mining Magazine 1906. Vol. XIII. S. 461—467.

Crane, W. R.: The Quapaw Zinc district, Northern Indian Territory. Eng. and Min. Journ. 1905. Vol. 80. S. 488—490 m. 3 Fig.

Demaret-Freson, J.: Gisements de minerais de zinc, grillage de la blende moyens de combattre les emanations des usines à zinc et des fabriques d'acide sulfurique. Brüssel 1901. Extr. de la revue „L'industrie" 25 S. m. 12 Fig.

Denckmann, A.: Über das Nebengestein der Ramsbecker Erzlagerstätten. Jahrb. d. Geol. Landesanst. Berlin 1908. 11 S. Pr. 0,50 M.

Friedmann, J.: Über Zinkcyanid und Zinkalkalidoppelcyanidverbindungen in den Arbeitslösungen des Prozesses der Goldgewinnung und ihren Einfluß auf den Verlauf des Prozesses. (Dissertation.) Berlin 1908.

Grant, U. S.: Structural relations of the Wisconsin zinc and lead deposits. Econ. Geol. 1905—1906. S. 233—242 m. Fig. 12—15.

Grant, U. S.: Zinc and lead deposits in Wisconsin. Mining Magazine 1906. Vol. XIII. S. 453—460 m. 7 Fig.

Ingalls, W. R.: Report on the zinc resources of British Columbia and their commercial exploitation. Canada Report of the Commission, Ottawa 1906. S. 3—145 m. 32 Fig.

Ingalls, W. R.: Lead and Zinc in the United States of America, with Economic History of Mining and Smelting. New York 1908. 378 S. m. Abb. Pr. 20 M.

Keyes, Ch. R.: Zinc carbonate ores of the Magdalena Mountains, New Mexico. Min. Mag. 1905. Vol. XII. S. 119—114 m. 5 Fig.

Keyes, Ch. R.: Quartz lead and zinc-deposits; their genesis, localization and migration. Amer. Inst. Min. Eng. Bull. Nr. 26. 1909. S. 119—196 m. 18 Fig.

Keyes, Ch. R.: The zinc carbonate ores of the Magdalena Mountains. Min. Mag. 1905. S. 109—114 m. 5 Fig.

Lepiarczyk, Victor: Beiträge zur Chemie des Zinkhüttenprozesses. Dissert. Halle 1908. 14 S.

Lodin, A.: Métallurgie du zinc. Paris 1905. 810 S. m. 275 Fig. u. 25 Taf. Pr. 29 M,

Peters, F.: Das Vorkommen der Zinkerze. „Glückauf". 1908. S. 1717—1722.

Rzehulka, A.: Die oberschlesische Zinkgewinnung und ihre Fortschritte. Berg- und Hüttenm. Rundschau II. 1906. S. 285—292.

Rzehulka, A.: Zum hundertjährigen Bestehen der oberschlesischen Zinkindustrie. Preuß. Zeitschr. füt das Berg-, Hütten- und Salinenw. 1909. Abhandlung. S. 342—348.

Sachs, A.: Über Zinkoxydkristalle von der Falvahütte in Oberschlesien. Zentralbl. f. Min. 1905. S. 54—57.

Simmersbach, B.: Die Entwickelung der Zinkindustrie in den Vereinigten Staaten vom Amerika im Jahre 1903. Berg- und Hüttenm. Ztg. 1904. S. 697—698.

Speier, P.: Über das metallische Cadmium. Österr. Zeitschr. f. Berg- und Hüttenw. 1907. S. 581—583.

Stutzer, O.: Die Zinklagerstätte „Franklin Furnace" in New Jersey. Berg- und Hüttenmännische Rundschau IV. 1908. S. 265—267.

Ulrich, E. O., and W. S. T. Smith: The lead, zinc and fluorspar deposits of Western Kentucky. U. S. Geol. Surv. Prof. Paper Nr. 36. Washington 1905. 218 S. m. 31 Fig. u. 15 Taf.

Watson, Th. L.: The mining, preparation and smelting of Virginia zinc-ores. Bi-Monthly Bull. Amer. Inst. of Min. Eng. 1906. S. 197—211. m. 5 Fig.

Watson, Th. L.: Lead- and zinc-deposits of the Virginia-Tennessee Region. Bi-Monthly Bull. Amer. Inst. of Min. Eng. 1906. S. 140—195 m. 29 Fig.

Watson, Th. L.: Lead- and zinc-deposits of Virginia. Richmond, Geol. Surv. Virginia, Geol. Ser. Bull. 1905. 156 S. m. 27 Fig. u. 14 Taf.

Zink.

Die Hüttenerzeugung in den wichtigsten Ländern.

Jahr	In 1000 metrischen Tonnen								
	Deutsches Reich	Österreich	Rußland	Italien	Spanien	Frankreich	Belgien	Groß-britannien und Irland	Verein. Staaten von Amerika
1888	133,2	4,0	3,9	—	—	17,0	80,7	27,2	50,7
1893	143,0	5,9	4,5	—	—	22,4	95,7	—	71,5
1898	154,9	7,3	5,7	0,3	6,0	37,2	119,7	28,4	104,7
99	153,2	7,2	6,3	0,3	6,2	39,3	122,8	32,2	117,1
1900	155,8	6,7	6,0	0,5	5,6	36,3	119,3	30,3	112,4
01	166,3	7,6	6,1	0,5	5,4	37,6	125,3	30,5	127,8
02	174,9	8,3	8,3	0,5	5,6	36,3	124,8	40,2	142,4
1903	182,5	8,9	9,9	0,1	5,1	37,4	131,7	44,1	144,4
04	193,1	9,2	10,6	0,2	8,8	41,6	137,0	45,0	169,4
05	198,2	9,3	7,9	0,0	9,1.	43,2	142,6	30,3	184,9
06	205,7	10,8	10,1	0,0	—	46,5	148,0	32,7	203,9
07	208,2	11,2	9,7	0,0	—	—	154,5	55,6	226,7
08	216,5	12,8	8,8	0,0	—	—	165,0	54,5	189,9
09	220,0	12,6	7,9	0,0	—	—	167,1	59,3	240,4

Durchschnittspreise einer englischen Tonne (1016 kg) am Londoner Metallmarkte in den Jahren 1873—1908.

(Nach Mines and Quarries, General Report for 1908, Part III, S. 271.)

Jahr	English Spelter			Foreign Spelter			Jahr	English Spelter			Foreign Spelter			Jahr	English Spelter			Foreign Spelter		
	£	sh.	d,	£	sh.	d.		£	sh.	d.	£	sh.	d.		£	sh.	d.	£	sh.	d.
1873	27	2	8*	26	15	0	1885	14	18	10	14	0	0	1897	17	19	10	17	13	10
74	23	9	11*	23	6	6	86	15	14	0	14	6	0	98	20	18	8	20	8	7
75	24	10	0†	24	5	0	87	16	1	5	15	4	0	99	25	6	2	25	7	5
76	23	18	4	23	7	11	88	19	2	10	18	0	1	1900	20	16	0	20	13	5
77	21	15	0	20	0	0	89	20	9	2	19	19	8	01	17	14	5	17	7	6
78	19	10	0	17	18	4	90	23	13	11	23	8	11	02	19	3	8	18	14	8
79	17	5	0	16	13	6	91	23	18	0	23	7	8	03	21	12	0	21	4	8
80	19	4	6	18	11	3	92	21	15	5	21	3	10	04	23	2	11	22	18	0
81	16	18	0	16	4	6	93	18	1	5	17	11	6	05	26	0	0	25	15	2
82	17	15	6	17	1	0	94	16	2	4	15	12	3	06	27	12	4	27	8	0
83	16	1	0	15	6	6	95	15	5	8	14	16	4	07	24	11	1	24	9	6
84	15	8	2	14	9	0	96	17	6	8	16	16	7	08	21	0	11	20	17	1

W a u e r , O.: Blei-, Silber-, Zinkverhüttung. S.-A. a. d. Handbuch der Wirtschaftskunde Deutschlands. Leipzig, B. G. Teubner, 1903. S. 74—96.

W r i g h t , C h. W.: The lead and zinc mines of Monteponi. Mining Magazine. 1905. Vol. XII. S. 33—38 m. 5 Fig.

M. Zinn.

(Anhang: Wolfram, Uran, Molybdän.)

Die Zinnerzlagerstätten der malayischen Halbinsel, insbesondere die des Kintadistriktes (R. A. F. P e n r o s e) R. 03: 278.

Die Zinnerzlagerstätten von Greenbushes in Westaustralien (P. K r u s c h) 03: 378.

Zinnerzablagerungen in Alaska (W. M. C o u r t i s) N. 03: 432.

Zinnproduktion und Zinnverbrauch der Welt im Jahre 1902 N. 04: 109.

Zinnfunde in Alaska N. 04: 189.

---

* Nach Berger, Spence & Co.'s Mineral- und Metall-Preisliste.
† Geschätzt.

Die Zinnlagerstätten der malayischen Halbinsel mit besonderer Berücksichtigung der-
    jenigen des Kintadistriktes (R. A. F. P e n r o s e   j r.) R. 04: 277.
Neue Zinnerzvorkommen in Transvaal (H. M e r e n s k y) 04: 409.
Zinnlager in Kamerun N. 04: 427.
Die Silber-Wismutgänge von Johanngeorgenstadt im Erzgebirge (W. V i e b i g)
    05: 89. IV. Über die zurzeit bergmännisch nicht ausgebeuteten Erzgänge.
Über die Erzlager dem Umgebung von Schwarzenberg im Erzgebirge (R. B e c k.
    05: 44.
Preisbewegung für Kupfer, Zink, Blei und Zinn in den Vereinigten Staaten von Amerika
    von 1903 bis 1905 N. 06: 89.
Gestaltung des Zinnpreises in den Vereinigten Staaten von Amerika N. 06: 242.
Zinnerzlagerstätten in Südafrika (R. B e c k) 06: 205.
Zinnerzlagerstätten Bolivias (G. S t e i n m a n n) P. 07: 71.
Probleme der Erzlagerstättengeologie (nach S t e l z n e r - B e r g e a t) R. 08: 34, 71.
    8. Systematik der Erzgänge 39 (Forts. 71).
           Deuterogene Lagerstätten (Zinnseifen) 81.
Übersicht über die nutzbaren Lagerstätten Südafrikas (F. W. V o i t) A. 08: 137, 191.
Einige Bemerkungen über die Zinnerzlagerstätten des Herbertondistrikts in Queensland
    (W. E d l i n g e r) A. 08: 275, 340.
Die Zinnerzlagerstätten Transvaals (H. M e r e n s k y) R. 08: 488.
Geology of the Seward Peninsula Tin Deposits, Alaska (A. K n o p f) L. 09: 315.

Wolfram, Uran, Molybdän.

Uranvorkommen in Schlaggenwald (J. H o f f m a n n) 04: 172.
Uranpecherz in Sachsen N. 04: 328.
Das Vorkommen des Uranpecherzes zu St. Joachimstal (J. S t e p und F. B e c k)
    R. 05: 148.
Vorkommen von Uranium in Spanien N. 05: 430.
Über ein kürzlich aufgeschlossenes Wolframerzgangfeld und einige andere Aufschlüsse
    in sächsischen Wolframerzgruben (R. B e c k) 07: 37.
Wolframerze in Spanien N. 07: 92.
Uranvorkommen in Deutsch-Ostafrika (M a r c k w a l d) N. 07: 69.
Argentinische Wolframerzlagerstätten. (O. v. K e y s e r l i n g) A. 09: 156.

Fernere Literatur:
    B a h l s e n, E.: Über den gegenwärtigen Stand der Zinngewinnung. „Metallurgie".
1904. S. 3—8, 34—39.
    B u t t g e n b a c h, H.: La cassitérite du Katanga. Liége, Soc. Geol. Bull. 1906. 24 S.
mit Karten.
    C a r t h a u s, E.: Die nutzbaren Mineralien des malaischen Archipels. Eine geologische
Besprechung. Hamburger Nachrichten vom 4. Oktober 1908.
    C o l l i e r, A. J.: The tin deposits of the York Region, Alaska. U. S. Geol. Surv.
Washington 1904. 61 S. m. 5 Fig. u. 7 Taf. Pr. 4 M.
    D e m a r e t - F r e s o n, J.: Gisements de minerais d'Étain. Paris 1904. 16 S. Pr. 1,50 M.
    D o e r m e r, L.: Über die Zinnpest. Naturwissensch. Wochenschrift 1906.S. 379—380.
    D o o r m a n n, W. H. C.: Die Gewinnung des Zinns in den niederländisch-ostindischen
Kolonien. „Glückauf". 1909. Nr. 24. S. 844—846.
    E v e r d i n g: Unterlagen zu einer bergmännischen Lagerstättenbegutachtung im boli-
vianischen Zinnerzbezirk. Reisenotizen aus dem Jahre 1906. „Glückauf". 1909. S. 1325—1335.
    F a w n s, S.: Tin deposits of the World. With a chapter on Tin Smelting. 2nd Ed. London
1907. The Mining Journal. Pr. 16 M. (Besprechung siehe „Stahl und Eisen". 1907. S. 103.)
    G a s c u e l, L.: Gisements stannifères au Laos français. Ann. des mines. 1905. T. VII.
S. 321—331 mit 1 Karte von Indo-China.

Zinn.

Durchschnittspreise einer englischen Tonne (1016 kg) auf dem Londoner Metallmarkte in den Jahren 1873—1908.

(Nach Mines and Quarries, General Report for 1908, Part. III, S. 264.)

Jahr	English Block			Colonial (Australian)			Jahr	English Block			Colonial (Australian)			Jahr	English Block			Colonial (Australian)		
	£	sh.	d.	£	sh.	d.		£	sh.	d.	£	sh.	d.		£	sh.	d.	£	sh.	d.
1873	133	7	0		—		1885	89	7	2	86	16	3	1897	65	8	7	62	12	9
74	108	8	0	92	13	0	86	101	8	6	97	16	6	98	74	8	1	75	13	0
75	90	2	0	83	2	0	87	112	19	6	111	16	6	99	126	12	1	123	7	9
76	79	10	2	74	3	.11	88	117	5	5	117	5	3	1900	137	14	7	133	19	2
77	73	3	6	68	3	10	89	96	10	9	93	10	10	01	121	0	1	117	16	8
78	65	12	3	61	6	0	90	97	13	3	94	7	6	02	121	4	1	120	17	6
79	72	6	0	71	19	0	91	94	4	1	91	16	9	03	129	8	1	127	8	10
80	91	5	0	86	15	0	92	96	10	5	93	15	4	04	128	8	1	127	7	2
81	97	9	3	92	15	6	93	88	18	2	86	4	8	05	143	12	3	142	13	0
82	106	14	0	102	15	6	94	72	11	10	69	7	4	06	181	. 4	0	181	1	1
83	97	1	6	93	1	0	95	67	4	1	64	7	2	07	174	12	2	173	3	6
84	84	11	7	81	3	8	96	63	12	0	60	19	2	08	̗133	17	1	134	4	5

George, R. D., and R. D. Crawford: The main Tungsten Area of Boulder County. Colorado Geol. Surv. First Report 1908. Denver 1909. S. 7—103 m. 11 Taf. u. 1 Karte 1 : 6250. Tungsten Localities in the United States S. 49—55. Foreign Tungsten Deposits S. 56—59. Technology and Uses of Tungsten S. 87—95. Bibliographie S. 96—103.

Giraud, L.: L'Étain dans l'état de Pérak. Mém. Soc. Ing. civils 1909. 74 S. m. 25 Fig. u. 1 Karte. Pr. 4,50 M.

Graton, L. C.: Reconnaissance of some gold and tin deposits of the Southern Appalachians, with Notes on the Dahlonega mines by W. Lindgren. U. S. Geol. Surv. Bull. Nr. 293. Washington 1906. 134 S. m. 16 Fig. u. 9 Taf.

Hess: Tin. Mining Journal. 1907. S. 572. (Statistik des Zinns im Jahre 1906.)

Katzer: Die Uranerze. Österr. Zeitschr. f. Berg- und Hüttenw. 1909. Nr. 20. S. 312 bis 315.

Kellogg, L. O.: Sketch of the geology and ore deposits of the cochise mining district, Cochise County, Arizona (Wolframite and copper ores). Econ. Geol. 1906. S. 651—659 m. Fig. 48.

Knopf, A.: Geology of the Seward Peninsula Tin Deposits, Alaska. U. S. Geol. Surv. Bull. Nr. 358. Washington 1908. 71 S. m. 7 Fig., 8 Taf. u. 1 Karte 1 : 250 000. Besprechung von O. Stutzer in Z. 1909. S. 315—316.

Knopf, A.: Some Features of the Alaskan Tin Deposits. Econ. Geol. 1909. Nr. 5. S. 214—223.

Kynaston, H., and E. T. Mellor: The Geology of the Waterberg Tin Fields. With a chapter on their Economic Aspects. by U. P. Swinburne. Transvaal. Geol. Surv. Memoir Nr. 4. Pretoria 1909. Government Printing. Office. S. 124 m. 11 Abb. u. 14 Taf. Pr. sh. 7/6.

Mann, O.: Zur Kenntnis erzgebirgischer Zinnerzlagerstätten. I. Die Zinnerzlagerstätten von Gottesberg und Brunndöbra bei Klingenthal i. Sa. 1. Das Ganggebiet von Gottesberg und Winselburg; 2. Das Ganggebiet von Brunndöbra; 3. Genetische Betrachtungen. Abhandlungen der naturw. Gesellschaft „Isis". Dresden 1904. Heft 2. S. 61—73 m. 2 Fig.

Pratt, J. H., and D. B. Sterrett: The tin deposits of the Carolinas. Bull. Nr. 19 of the North Carolina Geol. Surv. Raleigh 1904. 64 S.

Recknagel, R.: On the origin of the South African Tin deposits. Transact. Geol. Soc. of. South Africa, Vol. XII, 1909, S. 168—202.

Rumbold, W. R.: The tin deposits of the Kinta Valley, Federated Malay States. Bi-Monthly Bull. Amer. Inst. of Min. Eng. 1906. S. 755—765 m. 4 Fig.

Rumbold, W. R.: The Origin of the Bolivian Tin Deposits. Econ. Geol. 1909. S. 321 bis 364 m. 30 Fig. u. 1 Taf.

Rumbold, W. R.: The South-African tin-deposits. Transact. of the Amer. Inst. of Min. Eng. 1908. S. 601—607 m. 5 Fig.

Schmidt, A.: Das Vorkommen von Zinnstein im Fichtelgebirge und dessen Gewinnung im Mittelalter. Preuß. Zeitschr. für das Berg-, Hütten- und Salinen-Wesen 1906. Bd. 54. S. 377 bis 382 mit 1 Figur und Texttaf. k (Übersichtskarte der Zinnerzfundstätten).

Scrivenor, J. B.: The Origin of Tin Deposits. Kuala Lumpur 1909. Government Printing Office. 11 S. (Paper read before the Perak Chamber of Mines, 23 rd January 1909 at Ipoh.)

Simmersbach, B.: Die neuen Entdeckungen von Zinnerzlagerstätten in Transvaal. Preuß. Zeitschr. 1905. Bd. 53. S. 245—248.

Step, J., und F. Becke: Das Vorkommen des Uranpecherzes zu St. Joachimstal. Aus dem Sitzungsbericht der k. Akademie der Wissenschaft in Wien; mathem.-naturw. Klasse. Bd. 113. Abt. 1. November 1904. Wien, Karl Gerolds Sohn, 34 S. m. 4 Fig., 3 Taf. u. 1 Übersichtskarte. Vgl. Z. 1909, S. 114.

Tovote, W.: Das Pechblende-Vorkommen in Gilpin-County, Colorado. Österr. Zeitschr. für Berg- und Hüttenwesen. 1906. S. 223—224 mit Fig. 9—11 auf Taf. IV.

Ward, L. Keith: The Tin Field of North Dundas. Tasmania Geol. Surv. Bull. 6. Hobart, J. Vail, 1909. S. 166 m. 5 Taf.

Wolff, W.: Im malaiischen Urwald und Zinngebirge. Berlin, A. Schall, 1909. 240 S. mit 16 Abb.

N. Antimon, Arsen, Wismut.

Antimon-Ausfuhr der Türkei N. 04: 64.

Antimon-Produktion und -Einfuhr der Vereinigten Staaten N. 04: 248, 251.

Arsen-Produktion der Vereinigten Staaten N. 04: 248.

Wismuterz-Produktion der Vereinigten Staaten N. 04: 252.

Preise N. 04: 69, 116, 190.

Die Silber-Wismutgänge von Johanngeorgenstadt im Erzgebirge (W. Viebig) 05: 89.

Über die Erzlager der Umgegend von Schwarzenberg im Erzgebirge (R. Beck) L. 05: 44.

Antimonerz in Kleinasien (C. Schmeißer) 06: 192.

Arsenerz in Kleinasien (C. Schmeißer) 06: 192.

Bewertung der Antimonerze (F. T. Havard) N. 07: 70.

Das Antimonitvorkommen von Martigné in der Bretagne (Fig. 60—63) (O. Stutzer) 07: 219.

Über die Arsenerzlagerstätten von Reichenstein (O. Wienecke) 07: 273.

Fernere Literatur:

Havard, F. T.: The antimony industry. Why the price of antimony is high ? — The valuation of antimony ores. — Methodes of smelting. — The position of antimonial lead. Eng. and Min. Journ. 82. 1906. S. 1014—1015. — Besprechung „Metallurgie". 1907. S. 24—26.

Hyvert, G.: Une ancienne mine d'antimoine dans le limousin aurifère. Technologie de l'antimoine. Paris 1906. Pr. 3.60 M.

Katzer, F.: Zur geologischen Kenntnis des Antimonitvorkommens von Křitz bei Rakonitz. Ungar. Montan-Ind,- und Handelsztg. Nr. 22 vom 15. November 1904. S. 1—3.

Lindgren, W.: The occurence of Stibnite at Steamboat Springs, Nevada. Bi-Monthly Bull. Amer. Inst. of Min. Eng. 1905. S. 275—278.

Loiret, M.: Note sur la valeur des minerais d'Antimoine. Ann. d. mines, Tome XVI, 1909, S. 582—607.

Rzehulka, A.: Die Gewinnung der Arsenikalien. Berg- und Hüttenm. Rundschau IV. 49—54.

Weckwarth, E.: El Antimonio en el Peru. Bol. Cuerpo Ing. Min. Lima 1908. S. 97.

O. Schwefel.

(Anhang: Schwefelkies; weiteres über Kieslager siehe unter Kupfer S. 379.)

Siziliens Schwefelproduktion und -ausfuhr im Jahre 1902 N. 03: 399.

Schwefel in Deutsch-Ostafrika (A. Macco) 03: 30, 197, 198.

Schwefel in Texas (R. T. Hill) R. 03: 72.

Schwefelproduktion und -verbrauch in den Vereinigten Staaten von Amerika 1902
N. 03: 399.

Einige Schwefellagerstätten in der Provinz Siena (D. P a n t a n e l l i) R. 04: 278.

La grande industrie chimique minérale. Soufre-Azote-Phosphates-Alun (E. S o r e l)
L. 04: 282.

Siziliens Schwefelindustrie im Jahre 1904 N. 06: 29.

Schwefel und Alaun in Kleinasien (C. S c h m e i ß e r) 06: 192.

Die Schwefelindustrie N. 07: 92.

Schwefellager in Algier (K. A n d r é e) B. 08: 168.

Schwefelkies.

Über den Export von Schwefelkies und Eisenerz aus norwegischen Häfen (J. H. L. Vogt
A. W e i s k o p f) A. 4: 1; B. 04: 94.

Über den Einfluß der Metamorphose auf die mineralische Zusammensetzung der Kieslagerstätten (F. K l o c k m a n n) 04: 153.

Über einige Kieslagerstätten im sächsischen Erzgebirge (R. B e c k) 05: 12.

Zur Kenntnis der Erzlagerstätten von Smejinogorsk (Schlangenberg) und Umgebung
im Altai (R. S p r i n g) 05: 135.

Die gangförmigen Erzlagerstätten der Umgegend von Massa Marittima auf Grund der
L o t t i schen Untersuchungen (K. E r m i s c h) 05: 206.

Die Erzgruben des Oberbergamtsbezirkes Dortmund N. 05: 153.

Produktion des Berg-, Hütten- und Salinenbetriebes im bayerischen Staat 1904.
N. 05: 350.

Über die Erzlager der Umgegend von Schwarzenberg im Erzgebirge (R. B e c k)
L. 05: 44.

Das Kiesvorkommen am Laitenkofel ob Rangersdorf im Mölltale (R. C a n a v a l)
L. 05: 374.

Probleme der Erzlagerstättengeologie (nach S t e l z n e r - B e r g e a t) R. 07: 372.
3. Die metamorphen Kieslager 379.
4. Kieslager in paläozoischen Tonschiefern 384.
5. Allgemeine Bemerkungen über die Entstehung der Kieslager 384.

Altersverschiedenheiten bei Mineralien der Kieslager (R. C a n a v a l) 1910: 181.

Fernere Literatur:

A n o n y m : Syndicat obligatoire pour l'industrie du soufre en Sicile. Ann. d. Mines,
Tome XVI, 1909, S. 443—446.

A g u i l l o n , L.: Note sur les conditions économiques de l'exploitation du soufre en
Sicile et en Louisiane. Ann. des mines. T. X. 1906, S. 599—617.

A h r e n s und L o u i s: Sizilianischer Schwefel (Marktlage usw.) Grazer Montan-Ztg.
1896. S. 267—268.

B a l d a c c i , L.: Il giacimento solfifero della Louisiana, Vereinigte Staaten von Amerika.
Rom, G. Bertero & Co., 1906. 43 S. m. 9 Taf.

B ö s e , E.: Excursions aux mines de soufre de la Sierra de Banderas, au Cerro de Muleros,
dans les environs de Monterey et Saltillo, de S. Potosi à Tampico et à Chavarillo, S. Maria Tatetla.
5 Teile. Mexico, Congrès Geol., 1906. Pr. 11 M.

C o l b y , A. L.: The nodulising and desulphurisation of fine iron ores and pyrites cinder.
The Journ. of the Iron and Steel Inst. Vol. 71. 1906. Nr. III. S. 358—376 m. Taf. 31—39.

G r a e f e , E.: Über das Vorkommen und die Entstehung von freiem Schwefel in einer
Braunkohlengrube. „Braunkohle". 1906. S. 565—566.

H o f m a n n , A.: Jugendliche Pyritbildung. S.-A. a. d. Sitzungsber. d. k. böhm. Ges. d.
Wiss. in Prag. 1902. 2 S. m. 1 Taf.

I n g a l l s , W. R.: Behandlung von sulfidischem Mischerz. „Glückauf". 1905. S. 1261
bis 1263. Eng. and Min. Journ. 1905. S. 289—290.

K a t z e r , F.: Die Schwefelkies- und Kupferkieslagerstätten Bosniens und der Herzegowina. Mit einem einleitenden Überblick der wichtigsten Schwefelkiesvorkommen und der Bedeutung der Kiesproduktion Europas. S.-A. a. d. Berg- und Hüttenm. Jahrb. der Hochschulen zu Leoben und Přibram. 53. Bd. 1905. 3. Heft. Wien, Manz, 1905. 88 S. m. 11 Fig. u. 1 Taf.

K r a u s , E. H., und W. F. H u n t : Das Vorkommen von Schwefel und Cölestin bei Maybee, Michigan. Zeitschrift für Krystallographie. 42. Bd. 1906. S. 1—7 m. 3 Fig.

Die Beziehungen von cölestinführenden Gesteinen zur Bildung von Schwefel und Schwefelwasserstoff; Krystallographische Untersuchung des Cölestins; Chemische Untersuchung des Cölestins; Natürliche Ätzfiguren.

S c h l e i f e n b a u m , W.: Das Schwefelkies-Vorkommen am Großen Graben bei Elbingerode im Harz. Jahrb. der Kgl. Preuß. Geol. Landesanst. und Bergakademie. Berlin 1905. Bd. XXVI. 1906. S. 406—417 m. Taf. 10 u. 11.

S c h m i d: Tektonik der Schwefelkies- und Schwerspatlagerstätte bei Meggen an der Lenne. „Glückauf". 1909. S. 1437—1442 m 8 Fig.

S l a v i k , F.: Über die Alaun- und Pyritschiefer Westböhmens. (Aus dem böhmischen Originale übersetzt.) Bull. intern. de l'Acad. des sciences de Bohême 1904. 66 S. m. 8 Fig. u. 2 Taf.

S m i t h , C. H.: Replacement of quartz by pyrite and corrosion of quartz pebbles. Amer. Journ. of Science. Vol. XIX. April 1905. S. 277—285 m. 1 Fig. u. Taf. II.

S o r e l E.: La grande industrie chimique minérale (Soufre, azote, phosphates, alun). Paris, C. Naud, 1902. 809 S. m. 113 Fig. Pr. 15 M.

S t o k e s , N. H.: Experiments on the action of various solutions on pyrite and marcasite. Econ. Geol. 1907. S. 14—23.

T r ö g l e r , F.: Die technische Verarbeitung des Alaunsteins von Beregszász (Ungarn) auf Alaun und schwefelsaure Tonerde. Montan-Ztg. 1904. S. 98—102, 122—125, 144—147.

T r u c h o t , P.: Les Pyrites. (Pyrites de fer; Pyrites de cuivre.) Traité pratique comprenant: La minéralogie et la géologie des Pyrites; le grillage des minerais pyriteux; l'extraction et l'utilisation du cuivre des Pyrites et résidus; l'analyse des minerais pyriteux et de leurs produits; la production et le commerce des Pyrites. Paris 1907. H. Dunod et E. Pinat. 348 S. m. 77 Fig. u. 1 Karte. Pr. 7.50 M, geb. 9 M.

U g o l i n i , R.: Sui pozzi minerari di Canneto Marche e sulle loro condizioni geologiche in rapporto alla ricorca di solfo. Giornale di Geol. Prat. VI. Jahrg. 1908. S. 137—147 m. 3 Fig.

V o g t , J. H. L.: Les exportations de pyrite en Norwège. — Groupe III de: Congrès intern. de chimie appliquée de Berlin. Bull. Soc. de l'ind. min. T. IV. 1905. S. 388—391 m. Figur 11.

W a l l i n , G.: Produktion und Verbrauch von Schwefel und Kiesen. Teknisk Tidskrift 1904. Nr. 52. — Ref.: „Glückauf". 1905. S. 531—537.

W i l l m o n t , A. B.: The origin of deposits of pyrites. Can. Min. J. Nov. I. 1907. S. 500—503.

P. Salze.

(Steinsalz, Kali- oder Abraumsalze, Salpeter; Anhang: B o r.)

Adsorptionsprozesse bei der Salzlagerstättenbildung (E. K o h l e r) 03: 52, 58.

Ausfuhr und Weltverbrauch von chilenischem Salpeter im Jahre 1901 N. 03: 86.

Eine neue Solquelle bei Selters a. d. Nidder im Vogelsberg N. 03: 253.

Über sekundäre Mineralbildung auf Kalisalzlagern (L. L o e w e) 03: 331.

Untersuchungen über die Bildungsverhältnisse der ozeanischen Salzablagerungen, insbesondere des Staßfurter Salzlagers (J. H. v a n 't H o f f und M i t - a r b e i t e r) L. 03: 358; L. 04; 416; L. 05: 17.

Weltproduktion an Salz N. 03: 365.

Die Aussichten der Salpeterindustrie N. 03: 367.

Die Salzvorkommen, Salzstöcke, salzhaltige Quellen, Salzseen in Rumänien (L. M r a z e c und W. T e i s s e y r e) R. 03: 429.

Glaubersalzschichten im Adschidarja (C. O c h s e n i u s) B. 03: 33.

Chemische Untersuchung einiger Mineral-Seen ostsibirischer Steppen (F. L u d w i g) 03: 401.

Salpeterlager von Algier N. 03: 120.

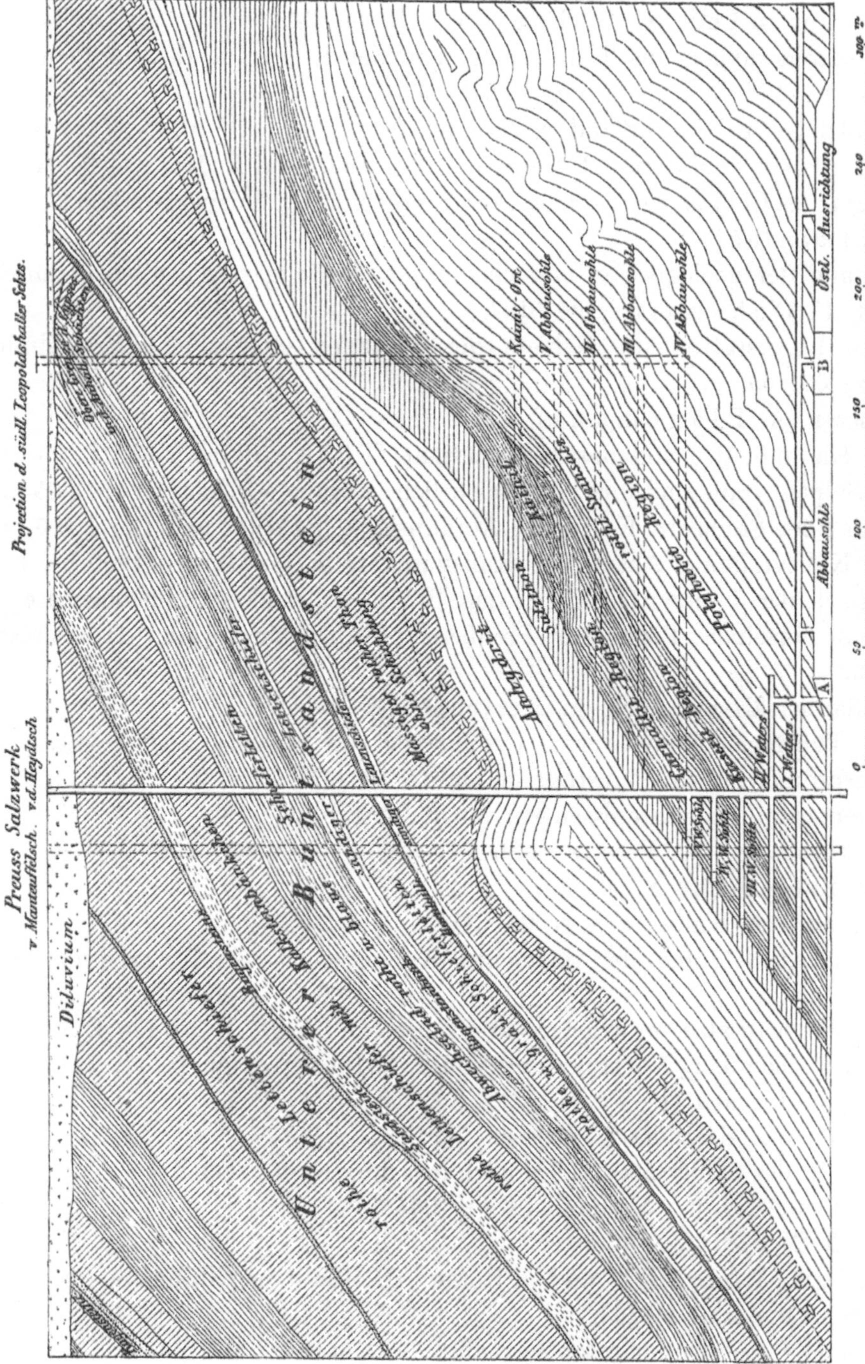

Fig. 129. Profil durch das fiskalische Bergwerk bei Stassfurt. (Nach Bischof.)
(Vgl. S. 110, Fig. 21.)

Das Vorkommen von Glaubersalz (Mirabilit) und Solquellen am Jenessey-Flusse in Sibirien (M. A. N o w o m e j s k y) A. 08: 159. Vgl. Fig. 28 u. 29.

Kalisalzlager im Oberelsaß (J. V o i g t , M. M i e g) R. 08: 517.

Die Oberflächengestaltung in der Umgebung des Kyffhäusers als Folge der Auslaugung der Zechsteinsalze (E. F u l d a) A. 09: 25.

Die Lagerstätten nutzbarer Mineralien in der Schweiz (W. H o t z) Salze. A. 09: 38.

Salpeterabsatz in Europa N. 09: 71.

Land-, Berg- und Luftwirtschaft N. 09: 72.

Über die Zechsteinformation und ihre Salzlager im Untergrund des hannoverschen Eichsfeldes und angrenzenden Leinegebietes nach den neueren Bohrergebnissen (O. G r u p e) A. 09: 185. Vgl. Fig. 25—27.

Zur Entstehung der Hohlräume im Gips (E. F u l d a) A. 09: 400.

Fernere Literatur:

A g u i l l o n , L.: Note sur l'industrie des Phosphates minéraux. Ann. des mines. 1909. S. 431—464.

A i n s w o r t h , S.: The Rock-salt Mining industry in Kansas. Eng. and Min. Journ. 1909. Vol. 88. S. 454—456 m. 1 Fig.

A l b r e c h t , E.: Der Wert des Kalis für Landwirtschaft und Industrie. Hannover, E. Reibert, 1903. 7 S.

A n o n y m: Die Auflösung des Salpeterkartells und die jetzige Lage der Salpeterindustrie. „Kali". 1909. S. 429—431.

A r n d t , A.: Zur Auslegung des Gesetzes, betreffend die Abänderung des Allgemeinen Berggesetzes vom 24. Juni 1865/1892, vom 5. Juli 1905 (G. S. S. 265), der sogen. lex Gamp, betreffend die Sperre der Mutungen auf Steinkohle und Steinsalz. „Glückauf". 1905. S. 1133—1140.

B a u m g ä r t e l , B.: Blaue Kainitkrystalle vom Kalisalzwerk Asse bei Wolfenbüttel. Centralbl. f. Mineralogie. 1905. S. 449—452.

B l i t z , W., und E. M a r c u s: Über das Vorkommen von Ammoniak und Nitrat in den Kalisalzlagerstätten. „Kali" 1909. Nr. 9. S. 189—194 m. 4 Fig.

B o e k e , H. E.: Rinneit, ein neugefundenes eisenchlorürhaltiges Salzmineral. „ Kali" 1908. S. 514—515.

B o e k e , H. E.: Das Rinneitvorkommen von Wolkramshausen am Südharz. Ein Beitrag zur Salzpetrographie. Neues Jahrbuch für Mineralogie 1909. Bd. II. S. 19—56 m. 6 Fig. u. 3 Taf.

B o e k e , H. E.: Die Krystallisationsschemata der Kalisalze und ihre Anwendung auf das natürliche Vorkommen. S.-A. „Gaea" 1902. Heft 6. S. 17 m. 5 Fig.

B o e k e , H. E.: Eine einfache graphische Anwendungsmethode der Zahlenergebnisse bei van 't Hoffs Untersuchungen „zur Bildung der ozeanischen Salzablagerungen". Z. f. Kristallogr., Bd. 47, H. 3, 1910. S. 273—283, m. 5 Fig. u. 2 farb. Taf.

B o w n o c k e r , J. A.: The salt deposits of Northeastern Ohio. Amer. Geol. Vol. XXXV. 1905. S. 370—376 m. Taf. XXVII.

B r o u g h , B. H.: Cantor lectures on the mining of non-metallic minerals. II. S a l t s: rock salt, potash salts, borates, alums, nitrates, phosphates. London, W. Trounce, 1904. 48 S. mit 15 Fig. Pr. 1 sh.

B u s c h m a n n , J. O. v o n : Das Salz, dessen Vorkommen und Verwertung in sämtlichen Staaten der Erde. Bd. I, Europa. Leipzig 1908. XIV u. 768 S. Pr. 26 M. Bespr. v. C. S c h r a m l in d. Österr. Z. f. Berg- u. Hüttenw. 1909. S. 414. — Bd. II, Asien, Afrika, Amerika und Australien mit Ozeanien. Leipzig 1906. 506 S. Pr. 18 M.

v. B u s c h m a n n , J. O., M. A r b e s s e r , v. R a s t b u r g , A. S c h n a b e l : Die Salinen Österreichs im Jahre 1902. Bericht über die Betriebs-, Verschleiß-, finanziellen und Personalverhältnisse des Salzgefälles erstattet vom Departement XI des Finanzministeriums. Wien 1904. 666 S. m. 21 Taf. Pr. 5 Kr. — Österr. Z. f. Berg- u. Hüttenw. 1905. S. 24 bis 25, 33—34. 47—49.
    Taf. IV. Karte der in und außer Benutzung stehenden Solquellen und der in und außer Betrieb stehenden Salinen in Galizien und in der Bukowina.

C a m p b e l l , M. R.: Die Boratablagerungen in dem Death Valley und der Mohave Desert. — Auszug aus Reconnaissance of the borax deposits of Death Valley and Mohave Desert. U. S. Geol. Surv. 1902. Bull. Nr. 200. Z. f. angew. Chemie 1903. S. 779—782.

Gesamtförderung Deutschlands an Kalisalzen.

(Vgl. Z. 1905, S. 189.)

(Nach „Handbuch der Kaliwerke etc." 1910; Verlag der Kuxen-Zeitung.)

Im Jahre	Carnallit	Berg-Kieserit	Kainit einschl. Hartsalz und Schönit	Sylvinit	Zusammen
	dz	dz	dz	dz	dz
1861	22 930	—	—	—	22 930
62	197 269	203	—	—	197 472
63	583 035	683	—	—	583 718
64	1 154 085	889	—	—	1 154 974
65	876 709	748	13 139	—	890 596
66	1 355 537	4 135	58 084	—	1 417 756
67	1 416 042	11 435	89 765	—	1 517 242
68	1 673 367	14 178	107 717	—	1 795 262
69	2 118 838	2 265	168 572	—	2 289 675
1870	2 682 256	707	203 008	—	2 885 971
71	3 359 446	470	365 817	—	3 725 733
72	4 685 375	225	180 672	—	4 866 272
73	4 410 786	75	61 013	—	4 471 874
74	4 149 613	160	97 526	—	4 247 299
75	4 987 370	50	241 238	—	5 228 658
76	5 636 691	1 451	179 376	—	5 817 518
77	7 718 193	1 515	354 768	—	8 074 476
78	7 357 502	5 198	340 038	—	7 702 738
79	6 104 270	7 607	502 065	—	6 613 942
1880	5 282 120	8 929	1 394 908	—	6 685 957
81	7 447 261	20 819	1 583 299	—	9 051 379
82	10 592 998	46 581	1 484 771	—	12 124 350
83	9 502 032	117 905	2 288 171	—	11 908 108
84	7 399 590	123 889	2 171 066	—	9 694 545
85	6 447 098	119 696	2 723 695	—	9 290 489
86	6 982 293	139 176	2 473 268	—	9 594 737
87	8 402 068	141 859	2 376 288	—	10 920 215
88	8 496 025	107 539	3 755 736	22 203	12 381 503
89	7 987 214	93 540	3 626 110	283 288	11 990 152
1890	8 385 256	69 514	4 018 707	319 168	12 792 645
91	8 188 624	58 156	5 124 937	326 612	13 698 329
92	7 367 507	57 825	5 857 748	326 694	13 609 774
93	7 946 597	48 072	6 899 943	491 396	15 386 008
94	8 513 385	38 646	7 293 009	634 949	16 479 989
95	7 829 442	30 121	6 695 319	760 974	15 315 856
96	8 562 230	28 409	8 330 251	903 896	17 824 786
97	8 512 720	26 190	10 121 856	841 046	19 501 812
98	9 909 983	24 443	11 206 157	942 701	22 083 284
99	13 179 475	20 664	10 631 952	1 006 532	24 838 623
1900	16 978 032	20 474	11 893 941	1 477 911	30 370 358
01	18 601 891	23 352	14 321 360	1 900 342	34 846 945
02	17 056 646	18 211	13 545 281	1 888 208	32 508 346
03	18 440 365	15 534	15 828 674	1 961 403	36 245 976
04	19 111 660	10 555	19 068 230	2 344 551	40 534 996
05	22 397 099	27 308	24 055 361	2 306 216	48 785 984
06	22 631 972	91 905	27 540 215	2 849 435	53 113 527
07	25 347 888	103 595	27 889 734	3 041 431	56 382 648
08	27 687 939	184 730	29 215 093	3 052 824	60 140 586
09	32 807 264	738 878	32 682 903	3 447 494	69 011 539
1910					

Erzeugung Deutschlands an konzentrierten Kali- und Magnesiasalzen (Fabrikate).
(Nach „Handbuch der Kaliwerke etc." 1910; Verlag der Kuxen-Zeitung.)

Im Jahre	Chlorkalium 80 %	Schwefelsaures Kali 90 %	Schwefelsaure Kalimagnesia kalziniert 48 %	Kali-Düngesalze	Krystallisierte schwefelsaure Kalimagnesia 40 %	Kieserit in Blöcken	Kalzinierter gemahlener Kieserit
	dz	dz	dz	dz	dz	dz	dz
1884	1 063 300	30 000	80 000	95 000	4 000	178 000	--
85	1 045 000	40 000	90 000	84 000	4 500	185 000	—
86	1 102 000	36 388	101 114	81 612	4 722	195 000	—
87	1 300 000	105 279	62 848	81 633	5 002	280 180	—
88	1 320 000	109 161	113 802	139 185	5 221	283 253	—
89	1 315 927	73 213	92 148	172 848	6 713	318 239	—
1890	1 347 599	138 393	108 302	176 198	9 073	320 048	—
91	1 434 875	189 808	113 998	160 451	10 529	285 591	—
92	1 210 281	154 662	118 422	168 952	7 082	238 546	108
93	1 325 285	163 611	126 427	173 440	7 392	243 856	1 053
94	1 479 364	152 425	127 183	197 275	17 800	264 397	2 160
95	1 450 274	134 032	82 487	197 243	8 976	251 151	1 419
96	1 558 054	138 888	46 220	192 533	10 507	249 874	2 110
97	1 588 633	154 028	74 148	230 418	9 219	256 691	2 137
98	1 743 798	177 814	105 353	242 843	9 139	199 344	7 282
99	1 806 720	246 558	84 590	709 258	5 739	282 161	2 597
1900	2 064 714	312 550	121 501	1 299 077	9 316	285 075	3 583
01	2 114 213	281 957	117 502	1 471 697	9 356	267 265	3 609
02	1 910 394	302 021	168 337	1 393 287	5 999	268 085	7 673
03	2 063 470	384 067	222 959	1 617 864	7 776	235 092	5 481
04	2 352 978	391 465	276 721	1 968 604	7 749	264 714	4 226
05	2 547 107	424 204	305 892	2 154 075	7 178	350 025	6 001
06	2 793 196	511 815	370 907	2 782 850	8 342	294 109	6 318
07	2 912 476	562 534	315 028	2 862 613	7 881	265 209	4 566
08	2 885 243	547 511	337 564	3 132 205	6 652	255 325	6 684
09							
1910							

C h e v a l i e r , J.: On the crystallization of potash-alum. Mineralog. Magazine and Journ. of Mineralog. Soc. Vol. XIV. London 1906. S. 134—142.

C h o f f a t , P.: Note sur les filons de phosphate de Logrosan dans la province de Caceres (Spanien) Bull. Soc. Belge de Géologie. 1909. S. 97—114 (Mémoires) m. 3 Fig.

C l a s s e n , Q.: Soda-Nitrat (Chile-Salpeter). Geschichtliches, Vorkommen, Gewinnung, Verwertung. Deutsche Bergw. Ztg. vom 5., 6., 7. und 9. April 1905.

D a r t o n , N. H.: The Zuñi salt lake New Mexico. Journ. of Geology. Vol. XIII. 1905. S. 185—193 m. 5 Fig.

D e l k e s k a m p , R.: Über die Herkunft des Salzgehaltes der Kochsalzquellen und die Beziehungen desselben zu den Lagerstätten. „Kali". 1909. S. 25—32, 49—58.

D i a n c o u r t : Norddeutschlands Kalisalze. S.-A. aus Berg- u. Hm. Rundschau 1910, Heft 11. Kattowitz 1910, Gebr. Böhm. 20 S. Pr. 1 M.

D z i u k , A.: Übersichtskarte deutscher Kaliunternehmungen. 1.35 × 1.93 m. 1 : 200000. Essen, Deutsche Bergw. Ztg., 1906. Pr. 25 M.

E b e l : Die Betonierungsarbeiten in Salzbergwerken. Vortrag. Sitzungsber. d. Hannoverschen Bezirksver. deutscher Chemiker v. 4. Septbr. 1901. Z. f. angew. Chemie 1902. S. 44.

E h r h a r d t , R.: Die Kaliindustrie. Mit 25 Fig. u. 1 graph. Darstellung. Hannover. Pr. 1,40 M.

E h r h a r d t , R.: Tabellen zur Berechnung von Kalianalysen. Halle a. S. 1908, W. Knapp. IV u. 69 S. Pr. geb. 3 M.

E r d m a n n , E.: Über das Vorkommen von Jod in Salzmineralien. „Kali" 1910, S. 117—122.

E r d m a n n , E.: Zwei neue Gasausströmungen in deutschen Kalisalzlagerstätten. „Kali" 1910, Heft 7.

E r d m a n n , H.: Die Katastrophe von Mansfeld und das Problem des Coloradoflusses. Ein Beitrag zur Geschichte der Salzseen und Salzsteppen. Petermanns Geogr. Mitteil. 1907. Heft II. 5 S. m. 1 Karte des Saltonsees, Kalifornien, im Oktober 1906.

E r d m a n n , E.: Die Chemie und Industrie der Kalisalze. Festschr. zum X. Allg. Bergmannstage in Eisenach. Berlin 1907. Verlag d. Kgl. Geol. Landesanst. Berlin. 123 S. m. 8 Fig.
und 1 Prof.
I. Die mineralogischen, chemischen und physikalischen Forschungen: 1. Beschreibung
der Mineralien, insbesondere derjenigen, die selten vorkommen. 2. A. Ausscheidung
von Salzen aus wässeriger Lösung unter besonderer Berücksichtigung der van 't Hoffschen
Untersuchungen; B. Sekundäre Umwandlungen der Salze. II. Die Verarbeitung der
Salze in den chemischen Fabriken.

E r d m a n n , O.: Die rechtlichen Grundlagen des Kali- und Steinsalzbergbaues in der
Provinz Hannover. I. Teil: Die zivilrechtlichen Grundlagen des Kali- und Steinsalzbergbaues
nach dem Gemeinen Recht und dem Bürgerlichen Gesetzbuch. Hannover, C. Meyer, 1906. 236 S.
Pr. 6,50 M.
E r n s t : Salzvorkommen und Salzgewinnung in Deutsch-Ostafrika. „Glückauf“. 1909.
S. 1260—1262.
E v e r d i n g , H.: Zur Geologie der deutschen Zechsteinsalze. Leitung: F. B e y s c h l a g.
Festschrift zum X. Allgem. Bergmannstage in Eisenach. I. Teil. Auch als Abhandl. der Geol.
Landesanstalt. N. F. Heft 52. Berlin 1907, Verlag der Geol. Landesanst. 133 S. m. 11 einge-
hefteten Tafeln und 5 als Anlagen beigefügten Karten und Profilen sowie einem Anhang von
30 S. Literaturverzeichnis von E. Z i m m e r m a n n.
F e i t : Hartsalz, Sylvin, Sylvinit. „Kali“. 1907. S. 248—250.
F i s c h b a c h , W.: Die Steinsalzmine bei Tschanghri in Kleinasien. Montan-Ztg. 1905.
S. 57—58.
F ö r s t e r , B.: Vorläufige Mitteilung über die Ergebnisse der Untersuchung der Bohr-
proben aus den seit 1904 im Gange befindlichen Tiefbohrungen im Oligocän des Ober-Elsaß.
Mitt. d. Geol. Landesanst. v. Elsaß-Lothringen. Bd. 7. Heft 1. S. 127—132.
F ö r s t e r , Br.: Über die Kalibohrungen im Ober-Elsaß. „Kali“. 1908. S. 1—2. (Aus-
führlicheres Ref. s. Z. f. pr. Geol. 1908. S. 517—519.)
F r a n k , A.: Borsäuregewinnung in Toskana. Z. f. angew. Chemie. XX. 1907. S. 258
bis 262.
G e h r i n g , L.: Das Berchtesgadner Salzbergwerk. Seine Geschichte, Anlage, Ein-
richtungen und sein Betrieb. Berchtesgaden, K. Ermisch, 1906. 38 S. Pr. 0,50 M.
G r a e ß n e r : Verfassung und Politik des Kalisyndikats. „Der Rheinisch-Westfälische
Kuxenmarkt im Jahre 1906. Jahresbericht der Gebr. S t e r n-Dortmund.“ Dortmund, L. Krüger,
1907. S. 21—29.
G r u p e , O.: Die Zechsteinvorkommen im mittleren Weser-Leine-Gebiet und ihre Be-
ziehung zum südhannoverschen Zechsteinsalzlager. Jahrb. d. Geol. Landesanst. Berlin 1908.
Bd. XXIX. T. 1. H. 1. S. 39—57.
G u r w i t s c h , L.: Die Nutzbarmachung von Luftstickstoff. Naturw. Wochenschr. XXII.
Nr. 52. 1907. S. 818—820.
H ä p k e : Warmwasserseen und heiße Salzteiche. Peterm. Mitt. 48. 1902. S. 189—191.
H a n d b u c h der Kaliwerke, Salinen und Tiefbohrunternehmungen. Jahrgang 1910.
Berlin, Verlag der Kuxen-Ztg., 1910. 676 S. Pr. 8 M.
H a r r i s , G. D.: The geological occurrence of rock salt in Louisiana and East Texas.
Econ. Geol. 1909. S. 12—34 m. 7 Abb. u. 2 Taf.
v. H e c k e l , M.: Salz und Salzsteuer. Handw. d. Staatsw. 2. Aufl. 1901. VI. S. 487
bis 497.
I. Allgemeines: 1. Das Salz und die technischen Methoden der Salzgewinnung;
2. Volkswirtschaftliche Bedeutung und Statistik der Salzproduktion; 3. Die Salz-
steuer, Wesen und Erhebungsformen; 4. Geschichtliche Entwickelung der Salzsteuer.
II. Gesetzgebung: 1. Deutschland; 2. Frankreich; 3. Niederlande; 4. Die Länder mit
Salzmonopol; 5. Andere Formen der Salzsteuer.

H e i m a n n , R.: Die neuere Entwicklung der Kaliindustrie und des Kalisyndikates.
Schmollers Jahrb. 1906. Heft 4.
H e n r i c h , F.: Beiträge zur Kenntnis der Fumarolentätigkeit II. Zeitschr. f. angew.
Chemie v. 1. Februar 1907. S. 179—181.
H e r r i c k , C. L.: Lake Otero, an ancient salt lake basin in Southeastern New Mexico.
Amer. Geologist. 1904. Vol. XXXIV. S. 174—189 m. 3 Fig. u. Taf. XI.
v a n 't H o f f , J. H.: Zur Bildung der ozeanischen Salzablagerungen. Braunschweig,
F. Vieweg & Sohn, 1905. Heft 1. 85 S. m. 34 Fig. Pr. 4 M. Heft 2. 90 S. m. 15 Fig. Pr. 5 M.
H o r n u n g , F.: Formen, Alter und Ursprung des Kupferschiefererzes. — Zur Beurteilung
der Mineralbildungen in Salzformationen. Z. d. Deutsch. Geolog. Ges. 1904. S. 207—217.

Gesamt-Kaliabsatz Deutschlands an die Landwirtschaft und Industrie.

(In Doppelzentnern (dz) reinen Kalis (K_2O) und Mark. — Nach P. Krische, „Kali" 1910, S. 207. Vgl. Z. 1905, S. 187—189.)

Jahr	Landwirtschaft			Industrie			Gesamt-absatz	Steigerung (+) oder Verminderung (—) des Absatzes in dz Kali gegenüber dem Vorjahre	Gesamt-absatz	Steigerung (+) oder Verminderung (—) des Wertes gegenüber dem Vorjahre in M	Durchschnittswert von 1 dz Kali	Vom Gesamtabsatz entfallen auf	
	Inland	Ausland	Summe	Inland	Ausland	Summe	Gewicht		Wert			Landwirtschaft	Industrie
	dz	dz	dz	dz	dz	dz	dz K_2O		M		M	%	%
1880	42 030	249 241	291 271	242 848	151 680	394 528	685 799	—	19 202 372	—	28,—	42,5	57,5
81	42 701	283 712	326 413	299 651	176 960	476 611	803 024	+ 117 225	21 681 648	+ 2 479 276	27,—	40,6	59,4
82	66 720	340 257	406 977	308 217	278 080	586 297	993 274	+ 190 250	20 858 754	— 822 894	21,—	41,0	59,0
83	89 702	380 912	470 614	275 552	252 800	528 352	998 966	+ 5 692	22 976 218	+ 2 117 464	23,—	47,1	52,9
84	87 834	280 990	368 824	253 440	180 854	434 294	803 118	— 195 848	20 077 950	— 2 898 286	25,—	45,9	54,1
85	90 303	329 639	419 942	248 363	177 901	426 264	846 206	+ 43 088	20 732 047	+ 654 097	24,50	49,6	50,4
86	112 914	265 134	378 048	304 563	166 255	470 818	848 866	+ 2 660	20 372 784	— 359 263	24,—	44,5	55,5
87	141 635	302 287	443 922	307 720	231 718	539 438	983 360	+ 134 494	23 108 960	+ 2 736 176	23,50	45,1	54,9
88	171 675	415 425	587 100	291 594	232 404	523 998	1 111 098	+ 127 738	25 555 254	+ 2 446 294	23,—	52,8	47,2
89	232 600	381 292	613 892	276 972	232 124	509 096	1 122 988	+ 11 890	14 993 234	— 562 020	22,26	54,7	85,3
1890	266 996	447 562	714 558	263 182	245 279	508 461	1 223 019	+ 100 031	27 025 132	+ 2 031 898	22,10	58,4	41,6
91	346 791	562 927	909 718	294 241	228 592	522 833	1 432 551	+ 209 532	30 685 147	+ 3 660 015	21,42	63,5	36,5
92	513 949	480 348	994 297	242 708	178 121	420 829	1 415 126	— 17 425	29 379 531	— 1 305 616	20,76	70,3	29,7
93	609 411	620 710	1 230 121	249 976	159 882	409 858	1 639 979	+ 224 853	32 821 312	+ 3 441 781	20,01	75,0	25,0
94	652 331	652 023	1 304 354	291 482	195 677	487 159	1 791 513	+ 151 534	36 533 911	+ 3 712 599	20,39	72,8	27,2
95	598 000	593 036	1 191 036	308 199	197 362	505 561	1 696 597	— 94 916	34 296 369	— 2 237 542	20,21	70,2	29,8
96	751 135	686 694	1 437 829	336 806	198 225	535 031	1 972 860	+ 276 263	38 073 818	+ 3 777 449	19,30	72,9	27,1
97	891 842	803 576	1 695 418	341 591	180 954	522 545	2 217 963	+ 245 103	41 395 967	+ 3 322 149	18,66	76,4	23,6
98	959 648	894 947	1 854 505	358 787	227 401	586 188	2 440 783	+ 222 820	44 866 693	+ 3 470 726	18,38	76,0	24,0
99	1 072 729	653 164	2 025 893	375 116	217 444	592 560	2 618 453	+ 177 670	48 449 701	+ 3 583 008	18,50	77,4	22,6
1900	1 172 114	1 156 086	2 328 200	457 647	250 252	707 899	3 036 099	+ 417 646	57 063 284	+ 8 613 583	18,79	76,7	23,3
01	1 373 138	1 323 709	2 696 847	455 266	279 366	734 632	3 431 479	+ 395 380	60 103 928	+ 3 040 644	17,52	78,6	21,4
02	1 372 766	1 291 721	2 664 487	362 669	262 209	624 878	3 289 365	— 142 114	56 977 670	— 2 126 258	17,63	81,0	19,0
03	1 536 308	1 477 838	3 014 146	393 701	256 359	650 060	3 664 206	+ 374 841	65 351 179	+ 7 373 509	17,84	82,3	17,7
04	1 879 189	1 707 676	3 586 865	426 415	288 126	714 541	4 301 406	+ 637 200	75 536 996	+ 10 185 817	17,56	83,4	16,6
05	2 021 094	2 050 514	4 071 608	471 173	289 900	761 073	4 832 681	+ 531 275	83 370 468	+ 7 833 472	17,25	84,3	15,7
06	2 284 846	2 418 830	4 703 676	487 312	284 353	771 665	5 475 341	+ 642 660	93 901 698	+ 10 531 230	17,15	85,9	14,1
07	2 407 786	2 338 148	4 745 934	541 077	292 748	833 825	5 579 759	+ 104 418	96 401 310[1])	+ 2 499 612	17,28	85,1	14,9
08	2 729 893	2 363 425	5 093 318	552 683	270 220	822 903	5 916 221	+ 336 462	100 977 246[1])	+ 4 575 936	17,07	86,1	13,9
09	3 059 600	2 840 666	5 900 266	532 806	320 237	853 043	6 753 309	+ 837 088	115 965 319	+ 14 988 073	17,17	87,4	12,6
1910													

[1]) Vorbehaltlich etwaiger Änderungen betr. Sollstedt und Hohenfels.

H o r n u n g , F.: Kali-Absorption durch Gesteine (Halurgometamorphose). Industrie Nr. 18 vom 22. Januar 1904. — Ung. Montan-Ztg. 1904. Nr. 4. — Vulkan, v. 15. Febr. 1904.

J ä n e c k e , E.: Die Untersuchungen van't Hoffs über die Bildung der ozeanischen Salzablagerungen in einer neuen Darstellungsform. „Kali". 1907. S. 201—210 m. 12 Abbild.

J ä n e c k e , E.: Über die Theorie des Entstehens der Kalilager aus dem Meerwasser. Vortrag Zeitschr. f. angew. Chemie, XIX. 1906. S. 7—14 m. 8 Fig. — „Glückauf", 1906. S. 50—53.

J o h n s e n , A.: Beiträge zur Kenntnis der Salzlager. I. Regelmäßige Verwachsung von Carnallit und Eisenglanz. Zentralbl. f. Min. 1909. Nr. 6. S. 168—173 m. 1 Fig.

K a i s e r , E., Gießen: Das Steinsalzvorkommen von Cardona in Catalonien. N. Jahrb. f. Min. 1909. I. S. 14—27 m. Taf. IV—VI.

K a l e c s i n s k y , A. v.: Über die Akkumulation der Sonnenwärme in verschiedenen Flüssigkeiten. S.-A. a. d. Mathem. u. Naturw. Berichte aus Ungarn XXI. Leipzig, B. G. Teubner, 1904. 24 S.

K a t z e r , F.: Über ein Glaubersalzvorkommen in den Werfener Schichten Bosniens. Zentralbl. f. Min. usw. 1904. S. 399—402.

K e g e l , K.: Die Wassergefahr im Kalisalzbergbau. „Kali" 1909. S. 333—341 m. 2 Fig.

K e i l h a c k , K.: Die heißen Salzseen Siebenbürgens. Prometheus 1902. S. 337—341.

K e y e s , Ch. R.: Borax Deposits of the United States. Am. Inst. Min. Eng. Bull. 34. 1909. S. 867—903 m. 20 Fig.

K i t t l , E.: Salzkammergut (Umgebung von Ischl, Hallstatt und Aussee). Führer f. d. geol. Exk. in Österreich. Wien 1903. IV. 118 S. m. 8 Fig., 6 Ansichten u. photogr. Aufn. u. 1 geol. Übersichtskarte.

K o h l e r , E.: Über die sogenannten Steinsalzzüge des Salzstocks von Berchtesgaden. Geognost. Jahresh. München 1903. 16. Jahrg. S. 105—124 m. 8 Fig.

K r i s c h e , P.: Die Verwertung des Kali in Industrie und Landwirtschaft. Eine wirtschaftliche Studie in 4 Abschnitten. Halle, Wilhelm Knapp, 1908. 108 S. m. 16 Diagrammen. Tabellen und 1 Karte.

K r i s c h e , P.: Der Absatz an deutschen Kalisalzen im Jahre 1909. „Kali" 1910, S. 205 bis 212. — Vergl. Tabelle auf S. 401.

K u b i e r s c h k y , K.: Die deutsche Kaliindustrie. Halle, W. Knapp. Pr. 3.80 M.

L i e r k e , E.: Kaliverbrauch in der deutschen Landwirtschaft 1890—1902. Hrsg. vom Verkaufssyndikat der Kaliwerke. Statist. Bureau, Leopoldshall-Staßfurt 1903.

L o e w e , L.: Die bergmännische Gewinnung der Kalisalze. Festschrift zum X. Allg. Bergmannstage in Eisenach. Berlin 1907. Verl. d. Kgl. Geol. Landesanst. Berlin. 145 S. m. 36 Fig.

L o e w e , L.: Die mechanische Aufbereitung der Kalisalze. Preuß. Zeitschr. 1903. B. S. 330—369 m. 30 Fig. Texttaf. q bis s u. Taf. 32—34.

M a j e w s k i , St.: Das Bergwerk in Kalusz, Galizien. Montan-Ztg. 1905. S. 1—4.

M a r t e l l , P.: Das Salinenwesen in Italien. „Kali" 1910, S. 78—83.

M a r t e l l , P.: Das Salinenwesen in Frankreich. „Kali" 1910, S. 212—219.

M a r t i n , C.: Landeskunde von Chile. Aus d. Nachlass hrsg. v. P. S t a n g e. Hamburg, Friederichsen & Co. 1909. 777 S. m. 56 Abb. und 1 Karte 1 : 5 000 000. Pr. geh. 20 M., geb. 22 M. (Gewinnung des Salpeters usw. S. 491—496).

M e y e r , P.: Vorkommen, Gewinnung und Verwertung der Kalisalze. (Vortrag, geh. in der Sitzung v. 14. Jan. 1908 d. Thüringer Bezirksvereins d. V. dtsch. Ing.) Z. d. V. dtsch. Ing. 52. 1908. S. 1327—1330.

M i e r s , H. A.: On the crystallization of sodium nitrate. Mineralog. Magazine and Journ. of Mineralog. Soc. Vol. XIV. London 1906. S. 123—133.

M i t r e i t e r , M.: Die Gewinnung des Broms in der Kaliindustrie. Halle 1910, M. Knapp. 54 S. m. 24 Abb. Pr. 2 M.

M ü h l b e r g , F.: Einige Ergebnisse der staatlichen Kontrollbohrung auf Steinsalz bei Koblenz (i. d. Schweiz) im Jahre 1903. Eclogae Geol. Helvetiae IX. 1906. S. 58—60.

M ü n s t e r , H.: Die Vermehrung der Kaliwerke und der Kaliabsatz. „Kali" 1909. Heft 10—12. Als S.-A. Halle, W. Knapp. 1909. 84 S. m. 7 Kurventafeln. Pr. 3,60 M.

M ü n s t e r , H.: Die Kaliindustrie beim Eintritt in einen neuen Lebensabschnitt. Rhein.-Westf. Kuxenmarkt i. J. 1909. Jahresber. von Gebr. Stern in Dortmund. 1910. S. 1—15.

N e t t e k o v e n , A. und E. G e i n i t z : Die Salzlagerstätte von Jessenitz in Mecklenburg. Mitt. Großherzogl. Meckl. Geol. Landesanst. XVIII. Rostock, G. B. Leopold, 1905. 17 S. m. 2 Taf.

Niedzwiedzki, J.: Geologische Skizze des Salzgebirges von Wieliczka. Führer f. d. geol. Exk. in Österreich. Wien 1903. III a. 8 S. m. 1 Fig.

Ochsenius, C.: Die ersten Versteinerungen aus Tiefbohrungen in der Kaliregion des norddeutschen Zechstein. Monatsber. d. D. Geol. Ges. Nr. 6. 1904. Briefl. Mitt. S. 72—83.

Ochsenius, C.: Salpeterablagerungen in Chile. Monatsberichte der Deutschen Geol. Ges. 1903. Nr. 6. Briefl. Mitteilung. S. 1—6.

Ochsenius, C.: Die chemische Großindustrie und das Wasser. S.-A. a. d. Allgem. Chemiker-Ztg. Apolda 1904. 14 S.

Ochsenins. C.: Das Kali, seine Entstehung und seine Verwendung. „Der Rheinisch-Westfälische Kuxenmarkt i. J. 1904." Jahresber. v. Gebr. Stern-Dortmund. S. 39—51.

Ochsenius, C.: On the formation of rocksalt beds and mother-liquor salts (1888) with an appendix on North German potash salts. 1904. Address before the Academy of Natural Sciences. Philadelphia, U. S. A. 24 S.

Papp, K. v.: Über die staatliche Schürfung auf Kalisalz und Steinkohle. Jahresbericht d. Kgl. Ungar. Reichsanstalt für 1907. Budapest 1909. Deutsche Ausg. S. 273—293 m. 4 Fig.

Paxmann, H.: Wirtschaftliche, rechtliche und statistische Verhältnisse der Kaliindustrie. Festschr. zum X. Allg. Bergmannstage in Eisenach. Berlin 1907. Kgl. Geol. Landesanst. 230 S. m. 1 Karte (Übersichtskarte d. deutsch. Kaliunternehmungen bis Mitte 1907 i. M. 1 : 500 000).

> Einleitung S. 1—15; 1. Rechtliche Verhältnisse (der außerpreußischen Staaten) S. 15—32 (Von Thielmann in Zeitschr. Kali 1907 Nr. 8); 2. Wirtschaftliche Verhältnisse S. 33—49; 3. Die Übersichtskarte der Kaliunternehmungen S. 50—59. — Anlagen: Gesetze S. 60—147; Verzeichnis der Unternehmungen S. 148—179; Statistische Tabellen S. 180—204 (S. 180 lies „Gesamtförderung" statt „Gesamtabsatz"!); Kalisyndikatsvertrag vom 1. Juli 1904 in seinen wesentlichen Bestimmungen S. 205 bis 230.

Paxmann: Salzbergbau und Salinenwesen. S.-A. a. d. Handbuch der Wirtschaftskunde Deutschlands. Leipzig, B. G. Teubner, 1903. S. 140—179.

Paxmann, E. H.: Die Kaliindustrie. Betrachtungen zu ihrer neueren Entwicklung. Berlin, J. Guttentag, 1903. 64 S. Pr. 2 M.

Penrose, A. F.: The Nitrate Deposits of Chile. Journ. of Geology, Vol. XVIII, 1910, S. 1—32 m. 7 Fig.

Pfeiffer: Die Verunreinigung der Flüsse durch die Abwässer der Kaliindustrie. „Zeitschr. f. d. ges. Wasserwirtschaft" 1908. H. 5. Besprechung in „Kali". 1908. S. 121—124.

Piestrak, F.: Illustrierter Führer durch das k. k. Salzbergwerk in Wieliczka. Mit 29 Illustrationen von J. Czernecki. Wieliczka, im Selbstverlag, 1904. 111 S.

> I. Geschichte S. 7—42. II. Betriebseinrichtungen S. 43—54. III. Bergbau S. 55 bis 76. IV. Solbäder S. 77—80. V. Grubenbesuch S. 81—108.

Plagemann, A.: Geologisches über Salpeterbildung vom Standkunkte der Gährungschemie. Hamburg, G. W. Seitz Nachf., 1896. 57 S. Pr. 2 M.

Plagemann, A.: Der Chilisalpeter. (Aus „Die Düngstoffindustrien der Welt".) Berlin SW 29, Der Saaten-, Dünger- u. Futtermarkt, 1904. 75 S. m. 20 Fig. u. 1 K.

Precht, H.: Die Entwicklung der Kaliindustrie. Zur Erinnerung an die vor 50 Jahren erfolgte bergmännische Erschließung des Staßfurter Kalisalzlagers. Zeitschr. f. angew. Chemie, XIX. 1906. S. 1—7 m. 1 Fig.

Precht, H.: Die norddeutsche Kaliindustrie. Sechste vermehrte Auflage, herausg. von Dr. R. Ehrhardt. Staßfurt. R. Weicke, 1906. 62 S. m. 2 Karten. Pr. 2.25 M.

Precht, H.: Über die Bildung des jüngeren Steinsalzes der Zechsteinformation. M. Nachwort v. E. Erdmann. „Kali". 1909. H. 10. S. 223—227.

Preiswerk, H.: Anhydritkristalle aus dem Simplontunnel. N. Jahrb. f. Min. 1905. I. Bd. S. 33—43 m. Taf. III u. IV.

Przibylla, C.: Beseitigung der Abfallaugen der Kaliindustrie. (Laugenversatz.) Z. f. angew, Chemie 1902. S. 74—78.

Reinl, Hans: Das Salzgebirge von Grubach und Abtenau. Österr. Zeitschr. f. Berg- u. Hw. 1910, S. 209—212 u. 225—227 m. 1 Taf.

Richthofen, F. v.: Über die Herkunft des Salzes im Meerwasser. Vortrag. Berlin 1904. Naturwiss. Wochenschrift 1907. S. 28—29.

Riemann, C.: Die Geologie der deutschen Salzlagerstätten. Staßfurt 1908. Wilh. Seegelken. 100 S. Pr. 3.60 M.

Riemann, C.: Gewinnung und Reinigung des Kochsalzes. Halle, W. Knapp, 1909. 84 S. m. 20 Abb. Pr. 3.20 M.

Rinne, F.: Über die Umformung von Carnallit unter allseitigem Druck im Vergleich mit Steinsalz, Sylvin und Kalkspat.. Festschrift zum 70. Geburtstage von Adolf von Koenen. S. 369—376 m. 2 Taf. Stuttgart 1907.

Rinne, F.: Die geologischen Verhältnisse der deutschen Kalisalzlagerstätten. Vortrag in der hannoverschen Handelskammer. Hannover, M. Jänecke, 1906. 24 S. m. 27 Fig. Pr. 0,60 M.

Rinne, F.: Zur chemisch-mineralogischen Erforschung der deutschen Kalisalzlagerstätten. Antrittsrede. Leipzig 1910, Veit & Co. 32 S. Pr. 0,80 M.

Schmidt, Axel: Württembergs Salzwerk- und Salinenbetrieb in der Vergangenheit. „Glückauf". 1908. S. 1000—1006.

Schnabel, A.: Chemische Untersuchungen der wichtigsten Roh-, Halb- und Endprodukte des österreichischen Salinenbetriebes. Durchgeführt in den Jahren 1899—1902 vom k. k. Generalprobieramte und der k. k. allgemeinen Untersuchungsanstalt für Lebensmittel in Wien. Wien, k. k. Hof. und Staatsdruckerei, 1904. 255 S. Pr. 12 M. — S.-A. a. d. Mitt. d. k. k. Finanz-Ministeriums. X. Jahrg. 1. Heft.

Schnabel, A.: Statistische Mitteilungen über den Betrieb der alpinen Salinen Österreichs. Österr. Zeitschr. f. Berg- u. Hw. 1910, S. 271—276.

Schneider, L.: Chemisch-analytische Studien über den Salinenbetrieb. Österr. Z. f. Berg- u. Hüttenw. 1904. S. 95—99, 110—112, 153—155, 177—179.
> I. a) Die Verbindungen des Calciums; b) die Verbindungen des Magnesiums und der Alkalien in Solen und Mutterlaugen; c) Wechselzersetzungen der Chloride und Sulfate des Magnesiums und der Alkalien in ihren Lösungen; d) die chemische Zusammensetzung der Salze des Meeres; e) Trennung der Chloride von den Sulfaten in festen Salzen. II. Die Löslichkeit der Salze. III. Die Verdunstung des Meerwassers zum Zwecke der Salzgewinnung.

Schreiber: Die Oberflächenbewegungen in Staßfurt. Nach amtlichen Quellen dargestellt. (Als Manuskript gedruckt.) Staßfurt 1904. 18 S.

Schulz-Briesen: Les gisements de houille et de sels de potasse de la rive gauche du Rhin et les couches de minette du forage de Bislich. Bull. Soc. Belge de Geol. 1904. T. XVIII. S. 39—53 m. Taf. V. „Glückauf". 1904. S. 361.

Sehling, E.: Die Rechtsverhältnisse an den der Verfügung des Grundeigentümers nicht entzogenen Mineralien mit bes. Berücksichtigung des Kohlenbergbaues in den vormals sächsischen Landesteilen Preußens, des Eisenerzbergbaues im Herzogtum Schlesien u. a., sowie des Kalibergbaues in der Provinz Hannover. Leipzig. A. Deichert, 1904. 271 S. Pr. 6 M.
> § 7: Der Kalibergbau in der Provinz Hannover S. 89—111; § 13: Die Rechtsverhältnisse der sächsischen Kohlen- und Hannöverschen Kaliabbaugerechtigkeit im einzelnen S. 198—229.

Semper und Michels: Die Salpeterindustrie Chiles. Preuß. Z. f. d. Berg-, Hütten- und Sal.-Wesen. 1904. 52 Bd. S. 359—481 m. 13. Fig. Texttaf. 1—u und Altastaf. 13 u. 14.
> I. Die Salpeterlagerstätten: A. Allgem. Gliederung des Salpetergebietes; B. Lagerungsverhältnisse der Salpeterbildungen; C. Einzelbeschreibung der Salpeterlager; D. Entstehung des Chilesalpeters; E. Vorkommen von Natronsalpeter außerhalb Chiles. II. Gewinnung des Salpeters: A. Gewinnung des Rohstoffes; B. Verarbeitung des Rohstoffes in den Salpeterwerken; C. Nebenbetrieb der Salpetergewinnung; D. Selbstkosten des versandfähigen Salpeters „en cancha"; E. Anlagekosten und Betriebskapital; F. Arbeiterverhältnisse; G. Versand des Salpeters; H. Selbstkosten eines Zentners Salpeter frei längseit Seeschiff. III. Die wirtschaftlichen und rechtlichen Verhältnisse der Salpeterindustrie: A. Allgem. wirtschaftliche Lage Chiles; B. Rechtsverhältnisse der Salpeterindustrie; C. Geschichtliche Entwickelung der Salpeterindustrie; D. Gegenwärtige Lage der Salpeterindustrie; E. Salpeterhandel; F. Jodgeschäft; G. Zukunft der Salpeterindustrie.

Simmersbach, B.: Die nutzbaren mineralischen Bodenschätze in der kleinasiatischen Türkei: Salz. Preuß. Z. f. d. Bg.-. Hütten- u. Sal.-Wesen, 1904. 52. Bd. S. 549.

Singer, L.: Vorkommen und Gewinnung des Steinsalzes in Rumänien. Berg- u. Hm. Ztg. 1904. S. 152—156 m. Fig. 5—9 auf Taf. VI.

Sorel, E.: La grande industrie chimique minérale (Soufre, azote, phosphates, alun). Paris, C. Naud, 1902. 809 S. m. 113 Fig. Pr. 15 M.

Spezia, G.: Azione chimica del clorato potassico sulla pirite e sull' hauerite. Reale accademica 1907—1908. Torino, Carlo Claus,en 1908. 9 S.

Stahlberg, W.: Der Karabugas als Bildungsstätte seines marinen Salzlagers. Naturw. Wochenschr. 1905. IV. S. 689—698 m. 7 Fig.
> I. Der Wasserwechsel in der Karabugasenge; II. Die Konzentration des Wassers im Karabugasbusen. III. Die Salzausscheidung im Karabugas. IV. Vergleich zwischen dem Wasser des Kaspischen Meeres und dem des Karabugas. V. Mächtigkeit des Salzlagers im Karabugas. VI. Das Leben im Karabugas. VII. Die wirtschaftliche Bedeutung des Karabugas.

T e i s s e y r e , W. und L. M r a z e c : Das Salzvorkommen in Rumänien. Österr. Z. f. d. Bg.- u. Hw. 1903. S. 197—202, 217—220, 231—234, 247—251 m. 12 Fig., mehreren Abbild- u. 1 geol. Kartenskizze.

T h i e l e , O.: Die moderne Salpeterfrage und ihre voraussichtliche Lösung, Tübingen, H. Laupp, 1904. 37 S. Pr. 1 M.

T h i e l e , O.: Salpeterwirtschaft und Salpeterpolitik. Eine volkswirtschaftliche Studie über das ehemalige europäische Salpeterwesen, nebst Beilagen. XV. Ergänzungsheft der „Zeitschrift f. d. gesamte Staatswissenschaft". Tübingen, H. Laupp, 1905. 237 S. Pr. 6 M.

T h i e l m a n n : Das Recht zur Aufsuchung und Gewinnung von Kalisalzen in den außerpreußischen Bundesstaaten. „Kali". 1907. S. 137—145.

T h i e ß , F.: Das Salinenwesen Rußlands. Berg- u. Hüttenm. Rundschau II. 1906. S. 320—323.

T h ü r a c h , H.: Das Kalisalzlager im Tertiär des Rheintales und seine mögliche Verbreitung in Baden. Org. d. Ver. d. Bohrtechn. 1908. S. 5—7. — „Kali". 1902. S. 75.

T o r n q u i s t , A.: Anschauungen über die Bildung der Kalisalzlagerstätten Deutschlands. „Deutschlands Kaliindustrie", Beilage 14 der „Industrie". Berlin 1906. S. 93—97.

V i e w e g , W.: Die Chemie auf der Weltausstellung zu St. Louis 1904. Sammlung chem. u. chem.-techn. Vorträge, hrsg. v. Prof. Dr. F e l i x B. A h r e n s. X. Band. Stuttgart, F. Enke, 1905. S. 147—242.

V o g e l , O.: Das Salzbergwerk Hall in Tirol: im Jahre 1872. Österr. Zeitschr. f. Bg.- und H.-W. LVI. 1908. S. 545—549.

W a l t h e r , J.: Das Gesetz der Wüstenbildung in Gegenwart und Vorzeit. Berlin, D. Reimer. 175 S. m. 50 Abbildungen im Text u. auf Taf. Pr. geb. 12 M.

W e s t p h a l , J.: Geschichte des Königlichen Salzwerks zu Staßfurt unter Berücksichtigung der allgemeinen Entwickelung der Kaliindustrie. Denkschrift aus Anlaß des 50 jährigen Bestehens des Staßfurter Salzbergbaues. Im amtlichen Auftrage verfaßt. Preuß. Z. f. Berg-, Hütten- u. Sal.-Wesen 1902. S. 1—91 m. 3 Texttaf. und 6 Atlastaf. Auch separat. Berlin, W. Ernst & Sohn, 1902. Pr. kart. 6 K. (Ref. d. Z. 1902. S. 207.)

W i c h e l h a u s , H.: Wirtschaftliche Bedeutung chemischer Arbeit. (Kalisalze usw.) Braunschweig. F. Vieweg & Sohn, 1893. 42 S.

W i g a n d : Die Explosion auf dem Kaliwerk der Gewerkschaft Desdemona im Leinetal, Bergrevier Hannover. Preuß. Zeitschr. 1906. . Bd. 54. S. 461—473 m. 3 Fig. u. 1 Taf.
　　Geologisches; Das Kaliwerk der Gewerkschaft Desdemona; Die Wetterführung; Sonstige Sicherheitsmaßregeln; Die Explosion; Herd der Explosion; Aufschlüsse im Hartsalz.

W i l l c o x , O. W.: The so-called alkali spots of the Youngher drift-sheets. U. S. Journ. of Geology. Vol. XIII. 1905. S. 259—263 m. 2 Fig.

W i t t , O. N.: Die Nutzbarmachung des Luftstickstoffes. „Das neue Technisch-Chemische Institut der Königlichen Technischen Hochschule zu Berlin und die Feier seiner Eröffnung am 25. November 1905." S. 10—16 m. 10 Tafeln. Berlin, Weidmann, 1906. Pr. 2 M.

W o h l g e m u t , L. M.: Der gegenwärtige Stand der Stickstofffrage. „Stahl und Eisen". 1909. Nr. 20. S. 729—732.

Y o u n g , C. M.: Notes on the Evaporated Salt Industry of Kansas. Eng. and Mining Journ. 1909. Vol. 88. S. 558—561 m. 4 Fig.

Z i m m e r m a n n , E.: Pegmatitanhydrit aus dem jüngeren Steinsalz im Schachte der Adler-Kaliwerke bei Oberröblingen am See. S.-A. d. Monatsb. d. Dtsch. Geol. Gesellsch. Bd. 61. Jahrg. 1909. Nr. 1. S. 10—16.

Z i m m e r m a n n , E.: Über den Pegmatitanhydrit. „Kali". 1909. S. 309—312 m. 7 Fig.

Zweiter Teil: **Sonstige Bodennutzung.**

(Ackerbau, Gräberei und Steinbruchbetrieb, Quellen- und Wassernutzung, Tiefbau.)

Dieser 2. Teil behandelt alle mehr oder weniger an die Erdoberfläche, rechtlich also an das Grundeigentum geknüpften Bodenarten, Gesteine und Mineralien, sowie die nur durch Tiefbohrungen nutzbar zu machenden Gas-, Öl- und Wasserquellen.

A. Bodenarten.

(Ackerbau, auch Düngung und Bewässerung; Anhang: T o r f, M o o r. — Über die Gewinnung der künstlichen Düngemittel vergl. Kalisalze und Salpeter S. 394, Phosphorite S. 423; über Grundwasser siehe S. 433.)

Untersuchungen über die Abhängigkeit der Radioaktivität der Bodenluft von geologischen Faktoren (G. v. d. B o r n e) L. 06: 21.

Ziele und Aufgaben der Kgl. Preußischen Geologischen Landesanstalt (F. B e y - s c h l a g) 09: 1; vgl. auch 1910: 3.

Die Behandlung der Bodenkunde als Lehrfach an den Hochschulen und Universitäten (A. S a u e r) 09: 453.

Bodenkunde und ihre Stellung als Lehrfach (E. R a m a n n) B. 09: 524.

Bodenkunde und Lehrfach (A. S a u e r) B. 09: 526.

Die sogenannten Humussäuren (H. S t r e m m e) A. 09: 353. (R. A l b e r t; H. S t r e m m e) B. 09: 528 u. 529.

Schwarzerde und Kalkkruste in Marokko (Th. F i s c h e r) 10: 105.

Untersuchung der Schwarzerde in Marokko (A. S c h w a n t k e) 10: 114.

Die Beziehungen des Grundwassers zur Land- und Forstwirtschaft (K. K e i l - h a c k) 10: 125.

Torf, Moor.

Über das Vorkommen, die Zusammensetzung und die Bildung von Eisenanhäufungen in und unter Mooren (M. v a n B e m m e l e n) L. 03: 37.

Der Torf und seine industrielle Verwendung (M. F o r t) L. 03: 248.

Herstellung von Torfkohle auf elektrischem Wege in Norwegen N. 03: 255.

Moorkultur-Ausstellung, Berlin 1904 P. 03: 320; P. 04: 152.

Abteilung für Moorkultur und Torfverwertung in Wien P. 03: 432.

Herstellung von Torfkohle in Großbritannien N. 04: 407.

Moorkartierung N. 06: 373.

Fernere Literatur:

A m t l i c h : Geschäftsanweisung für die geologisch-agronomische Aufnahme im norddeutschen Flachlande. Mit 9 Taf. Berlin, Geol. Landesanstalt. Pr. 8 M.

A m t l i c h : Geologisch-agronomische Karten (als Lehrfelder für die landwirtschaftlichen Schulen bearbeitet) nebst zugehörigen Bohrkarten von Lauenburg i. Pomm., Arendsee, Soest, Treptow a. R., Greifswald, Berent, Neustadt a. Rbge., Sprottau, Fraustadt. — (In Vorbereitung: Verden, Herford Ost, Johannisburg, Hohensalza, Bromberg, Allenstein, Mörs, Witkowo.) Berlin, Geol. Landesanstalt. Pr. je 1,50 M.

d' A n d r i m o n t, R. : Les échanges d'eau entre le sol et l'atmosphère. La circulation de l'eau dans le sol. Exposé de nos connaissances actuelles et des recherches à entreprendre. Extrait des publ. du Congrès intern. des mines, Liége 1905. 27 S. m. 10 Fig.

d' A n d r i m o n t, R. : L'utilité études hydrologiques au point de vue agricole. Extrait du Journ. de la Soc. centr. d'Agriculture de Belg. T. XIV, 9. juin 1907. Brüssel.

B e r s c h , W. : Die Durchführung von Mooraufnahmen für technische Zwecke. Zeitschr. d. Österr. Ing.- und Architekten-Ver. 1905. S. 451.

B j ö r l y k k e , K. O.: Die Bodenverhältnisse in Norwegen. C. R. de la première Conf. intern. agrogéologique. Budapest 1909. S. 115—122.

B r a d f e r , R.: Le tuf humique ou ortstein aux points de vue géologique et forestier. Bull. Soc. Belge de Géol. 1903, T. XVII. S. 267—295 m. 7 Fig.

C a r t h a u s , E.: Mitteilungen über die Bodenverhältnisse des Malaiischen Archipels mit Rücksicht auf den Plantagenbau. „Tropenpflanzer" 1909, S. 555—567.

C h o l n o k y , E. v.: Über die für Klimazonen bezeichnenden Bodenarten. C. R. de a première Conf. intern. agrogéologique. Budapest 1909. S. 163—175 u. 1 Karte der Klimazonen der Erde.

C o r n u , F.: Die heutige Verwitterungslehre im Lichte der Kolloidchemie. C. R. de la première Conf. intern. agrogéologique. Budapest 1919. S. 123—130.

D a v i s , C h. A.: Some commercial aspects of Peat as a source of chemical products. Econ. Geol. 1910, S. 35—58.

D a v i s , Ch. A.: Economic of Peat. 8th Ann. Rep. of Geol. Surv. of Michigan for 1906. S. 289—395 m. 2 Fig., 3 Taf. u. 1 Plan.

F r ü h , J. und C. S c h r ö t e r : Die Moore der Schweiz, mit Berücksichtigung der gesamten Moorfrage. Bern, Beitr. Geol. Schweiz, 1904. 768 S. m. 45 Fig., 4 Taf. u. 1 Karte. Pr. 32 M.

G l i n k a , K.: Die Bodenzonen und Bodentypen des europäischen und asiatischen Rußlands. C. R. de la première Conf. intern. agrogéologique. Budapest 1909. S. 95—113 m. 1 Karte.

G r a e b n e r , P.: Die Vegetationsbedingungen jüngerer und älterer Gehölzpflanzen in der Heide. Naturwiss. Wochenschr. 1903. S. 325—328 m. 3 Fig.

G ü l l , W.: Über die Darstellungsmethoden agrogeologischer Übersichts- und Spezialkarten. C. R. de la première Conf. intern. agrogéologique. Budapest 1909. S. 207—212.

H i l g a r d , E. W.: Some peculiarities of rock-weathering and soil formation in the arid and humid regions. Amer. Journal of Science. Vol. XXI. 1906. S. 261—269.

H o r u s i t z k y , H.: Über die agrogeologischen Arbeiten im Felde. C. R. de la première Conf. intern. agrogéologique. Budapest 1909. S. 193—201.

H u b e n d i c k , E.: Über Torfgas zum Motorbetrieb. Österr. Z. f. Berg- u. Hüttenw. 1904. S. 524—526.

K a t z e r , F.: Bemerkungen zum Karstphänomen. S.-A. a. Monatsberichte d. D. Geol. Ges. 1905. S. 233—242.

K o e h n e , W.: Geologische Spezialaufnahme des Gutes Häusern bei Röhrmoos (i. Bayern). Eine Unterlage für agronomische Zwecke. Geognost. Jahresh. München 1908, 21. Jahrg. S. 137 bis 167 m. 1 geol. Spezialkarte 1 : 5000, nebst Profilen u. 1 Bohrkarte.

K o p e c k y , J.: Die agronomischen Kartierungsarbeiten in Böhmen. C. R. de la première Conf. intern. agrogéologique. Budapest 1909. S. 213—217.

K ü m m e l , H. B.: The peat deposits of New Jersey. Econ. Geol. 1907. S. 24—33 m. 1 Fig.

M i t s c h e r l i c h , E. A.: Bodenkunde für Land- und Forstwirte. Berlin, P. Parey, 1905. 364 S. m. 38 Fig. Pr. geb. 9 M.
    I. Die physikalische Beschaffenheit der Bodenprobe: 1. Die spezifischen Eigenschaften der festen Bodenbestandteile; 2. Das Verhalten der festen Bodenteilchen zueinander und das Hohlraumvolumen des Bodens; 3. Das Bodenwasser und sein Verhalten zu den festen Bodenteilchen; 4. Die Bodenluft und ihr Verhalten zum Bodenwasser und zu den festen Bodenteilchen; 5. Das Verhalten des Bodens zur Wärme. II. Die chemische Beschaffenheit der Bodenprobe: 6. Die chemischen Bodeneigenschaften. III. Der gewachsene Boden: 7. Die Eigenschaften des gewachsenen Bodens und ihre Schwankungen; 8. Die Bodenklassifikation.

M u n t e a n u - M u r g o c i , G.: Die Bodenzonen Rumäniens. C. R. de la première Conf. intern. agrogéologique. Budapest 1909. S. 313—325 m. e. klimatologischen Skizze u. e. farb. Bodenkarte Rumäniens 1 : 2 500 000.

P o t o n i é , H.: Kultureinflüsse auf Sumpf und Moor. Naturw. Wochenschr. XXII. 1907. S. 338—341.

R a m a n n , E.: Bodenkunde. Berlin, J. Springer, 1905. 431 S. m. 29 Fig. Pr. 10 M.

R i e d e l , J.: Kulturtechnische Arbeiten, ausgeführt im bosnisch-herzegowinischen Karste. Deutsche Bauzeitung 40, 1906, S. 211—213, 239—240 m. 18 Fig.

S c h r e i b e r , H.: Die Moore Vorarlbergs und des Fürstentums Liechtenstein in naturwissenschaftlicher und technischer Beleuchtung. Staab 1910, Verlag des Deutsch-Österreichischen Moorvereins. 177 S. m. 20 Taf. u. 1 farb. Karte. Pr. 5 M.

Stumpfe, E.: Die Besiedelung der deutschen Moore, mit besonderer Berücksichtigung der Hochmoor- und Fehnkolonisation. Berlin 1903. Pr. 10 M.

Tacke: Moorkultur und Moorkolonisation. Handw. d. Staatsw. 2. Aufl. V. 1901. S. 857—865.
1. Ausdehnung und Arten der Moore in Deutschland; 2. Landwirtschaftliche Kultur der Moore; 3. Forstwirtschaftliche Kultur der Moore; 4. Technische Verwertung des Moores; 5. Moorkolonisation und staatliche Maßnahmen zur Förderung derselben; 6. Moorkultur und Moorverwertung im Ausland.

Thede: Über die jüngste Kohle, den Torf. Österr. Chem. u. Techn.-Ztg., 1898. Nr. 7 und 8.

Thede: Wert des Torfes. Bg. u. Hm.-Ztg., 1902. S. 121.

Timko, E.: Was ist auf der agrogeologischen Übersichts- und Spezialkarte darzustellen? C. R. de la première Conf. intern. agrogéologique. Budapest 1909. S. 203—205.

Treitz, P.: Was ist Verwitterung? C. R. de la première Conf. intern. agrogéologique. Budapest 1909. S. 131—161.

Wahnschaffe, F.: Das Gifhorner Hochmoor bei Triangel. Naturw. Wochenschr. III. 1904. S. 785—792 m. 9 Fig.

v. Zimmermann, K.: Über die Bildung von Ortstein im Gebiet des nordböhmischen Quadersandsteins und Vorschläge zur Verbesserung der Waldkultur auf Sandböden. Leipa, Selbstverlag, 1904. 64 S.

B. Gräberei und Steinbruchbetrieb.

1. Ton.

(Kaolin, Feldspat; Beauxit, Schmirgel. Anhang: Aluminium.)

Adsorptionsprozesse (durch Kaolin, Ton) (E. Kohler) 03: 49, 53, 55.

Beiträge zur Kenntnis einiger Kaolinlagerstätten (H. Rösler) L. 03: 114, 210.

Das Vorkommen von Töpferton in den Vereinigten Staaten (H. Ries) L. 03: 210.

Die Bauxitausfuhr Frankreichs N. 03: 85.

Der Bauxit in Italien (V. Novarese) 03: 299.

Beiträge zur Kenntnis einiger Kaolinlagerstätten (Dammer) B. 03: 357.

Über die Bauxite, besonders diejenigen des Var und des Beckens von Brignoles (F. Laur, Dollfus, Toucas u. a.) P. 04: 288.

Magnetische Erscheinungen an Gesteinen des Vogelsberges, insbesondere an Bauxiten (Köbrich) 05: 23.

Die „Weiße Erden Zeche St. Andreas" bei Aue (O. Stutzer) 05: 333.

Schmirgel in Kleinasien (C. Schmeißer) 06: 188.

Geologische und chemische Untersuchung der Tonlager bei Altkirch im Ober-Elsaß und bei Allschwyl im Basselland (C. Schmidt und Fr. Hinden) 07: 46.

Die Entstehung der Kaolinerden der Gegend von Halle a. S. (E. Wüst) 07: 19.

Raseneisenstein als Baumaterial N. 07: 34, 70.

Finnlands nutzbare Lagerstätten b) Steinindustrie (Goebel) R. 07: 298.

Die Tone des Hohen Westerwaldes (F. Freise) 08: 162.

Über Kaolinbildung (H. Stremme) 08: 122.

Über Kaolinbildung, einige Worte zur neusten Literatur (H. Rösler) 08: 251.

Über Kaolinbildung (K. Stremme) B. 08: 443.

Natürlicher Alaun in New Mexiko N. 08: 255.

Untersuchungen über die Fabrikation von Ölen aus Alaunschiefer P. 08: 256.

Neue ostungarische Bauxitkörper und Bauxitbildung überhaupt (R. Lachmann) 08: 353.

Bemerkungen zu „Neue ostungarische Bauxitkörper und Bauxitbildung überhaupt (J. v. Szadeczky; R. Lachmann) B. 08: 504.

Ostungarische und italienische Bauxite (B. Lotti) 08: 501. (S. a. 54, Dalmatien).

Neue Aufschlüsse in böhmischen Kaolinlagerstätten (C. G ä b e r t) B. 09: 142.

Über das Vorkommen von Porzellanerde bei Meißen und Halle a. S. (J. E. B a r -
n i t z k e) A. 09: 457.

Zur Entstehung der Neuroder feuerfesten Schiefertone in der Grafschaft Glatz
(F. T a n n h ä u s e r) B. 09: 522.

Aluminium.

Aluminium-Produktion der Vereinigten Staaten N. 04: 248, 251.

Aluminium-Preise N. 04: 69, 116.

Leucit, ein Rohstoff für Kali- und Aluminiumdarstellung (E. L a n g g u t h)
B. 05: 80.

Aluminium und Kupfer N. 08: 220.

Fernere Literatur:

A i c h i n o , G.: La Bauxite. Rassegna Mineraria. Vol. XV. Torino 1902. 46 S.

A s h l e y , H. E.: The Colloid Matter of Clay and its Measurement. U. S. Geol. Surv.,
Bull. 388. Washington 1909. 65 S. m. 9 Fig. u. 1 Taf.

C r a m e r , E. und H. H e c h t : Tonwaren: I. Rohmaterialien der Fabrikation; II. Die
Verarbeitung der Tone; III. Herstellung der verschiedenen Tonwaren. Muspratts Chemie. Vierte
Auflage. VIII. Bd. Braunschweig, F. Vieweg & Sohn, 1905. Sp. 283—1242 mit Fig. 35—367.

D ü m m l e r , K.: Das Brennen der Ziegelsteine. Zweite Auflage der Abhandlung: Das
Anfeuern und der Betrieb des Ringofens von Baurat F r i e d. H o f f m a n n. Halle, W. Knapp,
1904. 81 S. m. 45 Fig. Pr. 1.50 M.

G a g e l , C. und H. S t r e m m e : Über einen Fall von Kaolinbildung im Granit durch
einen kalten Säuerling. (Gießhübel bei Karlsbad) Zentralbl. f. Min. 1909. S. 427—437 und 467
bis 475 m. 1 Fig.

G a n s , R.: Zeolithe und ähnliche Verbindungen, ihre Konstitution und Bedeutung
für Technik und Landwirtschaft. Jahrb. der Kgl. Preuß. Geolog. Landesanst. Berlin 1905.
Bd. XXVI. S. 179—211.

G a n s , R.: Konstitution der Zeolithe, ihre Herstellung und technische Verwendung.
Jahrb. der Kgl. Preuß. Geolog. Landesanst. 1906. Bd. XXVII. S. 63—94.

H a e n i g , A.: Der Schmirgel und seine Industrie. Wien 1909, A. Hartleben.

K a i s e r , E.: Über beauxit- und lateritartige Zersetzungsprodukte. Vortrag. Monatsber.
d. Deutsch. Geol. Ges. 1904. Nr. 3. S. 17—26.

v. K a l e c s i n s z k y , A.: Die untersuchten Tone der Länder der ungarischen Krone.
Übertragung aus dem im März 1905 erschienenen ungarischen Original (vgl. d. Z. 1895, S. 219).
Publ. d. Kgl. Ungar. Geol. Anstalt. Budapest 1906. 234 S. m. einer (bereits 1899 erschienenen)
Übersichtskarte i. M. 1 : 900 000.

K e r r , D. G.: Corundum in Ontario, Canada: its occurrence, working, milling, concentration and preparation for the market as an abrasive. Transact. North of England. Inst. of
Min. and Mech. Eng. Vol. 56. 1906. S. 71—85 m. 6 Fig.

K r ä m e r , R.: Kleinasiatische Schmirgelvorkommnisse. (Dissertation.) Berlin,
R. Trenkel, 1907. 60 S. m. 1 Karte.

L a n g , R.: Über Kaolonit in Sandsteinen des schwäbischen mittleren Keupers. Zentralbl.
f. Mineralogie 1909, S. 596—599.

L e p p l a , A.: Die Bildsamkeit (Plastizität) des Tones. Baumaterialienkunde IX. Heft 8.
Stuttgart 1904. 2 S.

L o e s e r , C.: Aufsuchen, Abbohren und Bewertung von Lehm-, Ton- und Kaolinlagern.
II. Teil der Handbücher der keramischen Industrie für Studierende und Praktiker. Halle, L. Hof-
stetter, 1904. 111 S. m. mehreren Fig. u. Taf. Pr. 7.50 M.
1. Allgemeine Merkmale, die auf das Vorhandensein von Tonlagern schließen lassen;
2. Kurzer Überblick über den geologischen Aufbau der Erde und seine Beziehung zu
den Tonlagerstätten; 3. Die geologischen Landesaufnahmen und ihr Wert für das
Aufsuchen von Tonlagern; 4. Allgemeine Grundsätze für die Bewertung und den Abbau
von Tonlagern und die Anlage von Ziegeleien und Tonwarenfabriken; 5. Bohren und
Schürfen; 6. Beispiele von Untersuchungen und Bewertungen von Lehm-, Ton- und
Kaolinlagern.

L u c a s , R.: Zur Kenntnis der physikalischen Eigenschaften der Tone. Zentralbl. f.
Min. 1906. S. 33—40.

Müller, Ludwig: Das Kaolin und seine deckenförmigen Lagerstätten in Mitteldeutschland. „Steinbruch" 1910, S. 79—80.

Odernheimer, E.: Die Petrographie des Tones. Org. d. Ver. d. Bohrtechn. 1904. Nr. 11.

Papavasiliou, S. A.: Über die vermeintlichen Urgneise und die Metamorphose des kristallinen Grundgebirges der Kykladen. Z. d. dtsch. geol. Gesellsch. Bd. 61. 1909. S. 134 bis 201 m. 11 Fig. u. 1 Taf., enthaltend eine geol. Karte von Naxos mit den 32 Hauptvorkommen von Schmirgel; Text hierzu S. 190—194.

Ries, H.: Clays, their occurrence, properties and uses, with especial reference to those of the United States. New York, J. Wiley & Sons, 1906. 490 S. m. 65 Fig. u. 44 Taf. Pr. $ 5.

    Origin of clay S. 1; chemical properties S. 40; physical properties S. 94; kinds S. 165; methods of mining and manufacture S. 199; distribution of clay in the United States-Alabama-Louisiana S. 277; Maine-North Carolina S. 333; North Dakota to Wyoming S. 389; fullers earth S. 460.

Ries, H.: The Geological Investigation of Clays. Journ. of the Canadian Min. Inst. Vol. XII. S. 49—55.

Ries, H.: The clays of Texas. Bi-Monthly Bull. Amer. Inst. of Min. Eng. September 1906. S. 767—805 m. 9 Fig. Bull. of the University of Texas Nr. 102. Austin 1908. 316 S. m. 5 Fig. und 10 Taf.

Ries, H.: Note on the tensile strength of raw clays. Amer. Ceramic Soc., Cincinnati Meeting, Februar 1904. Vol. VI. 9 S.

Selle, V.: Über Verwitterung und Kaolinbildung Hallescher Quarzporphyre. S.-A. a. d. „Zeitschr. f. Naturwissensch." Bd. 79. 1907. S. 321—421 m. 1 geol. Karte und 11 Fig. Leipzig, Erw. Nägele, 1907.

Senholdt: Die Ziegelindustrie. S.-A. a. d. Handbuch der Wirtschaftskunde Deutschlands. Leipzig, B. G. Teubner, 1903. S. 213—222.

Stremme, H.: Über die Beziehungen einiger Kaolinlager zur Braunkohle. N. Jahrb. f. Min. 1909. Bd. II. S. 91—120 m. 3 Fig. u. 1 Taf.

    1. Adolfshütte bei Bautzen; 2. Karlsbad; 3. Löthain und Schletta bei Meißen; 4. Halle a. S.; 5. Muldenstein.

v. Szádeczky, J.: Die Aluminiumerze des Bihargebirges. Vortrag, geh. i. d. Ungar. Geol. Ges. in Budapest am 1. März 1904. Ungar. Montan-Ind.- u. Handelsztg. 1905. Nr. 14. S. 1—3; Nr. 15. S. 1—3.

Toula, F.: Die Kreindlsche Ziegelei in Heiligenstadt-Wien (XIX. Bez.) und das Vorkommen von Congerienschichten. S.-A. d. a. Jahrb. d. K. K. Geolog. Reichsanst. 1906. Bd. 56. S. 169—196 m. 18 Fig.

Wehrli, L.: Ton. (S.-A. a. d. Handwörterbuch der Schweizerischen Volkswirtschaft, Sozialpolitik und Verwaltung. III. Bd.: Montanindustrie.) Bern 1907. 5 S.

Wehrli, L.: Die geologische Entstehung unserer Tonlager. (Nach einem in der Züricher naturforschenden Gesellschaft am 5. Februar 1906 gehaltenen Vortrag.) Zürich, Schultheß & Co., 1906. 20 S. m. 1. Tafel.

Wermert, G.: Die Tonwarenindustrie. S.-A. a. d. Handbuch der Wirtschaftskunde Deutschlands. Leipzig, B. G. Teubner, 1903. S. 197—212.

2. Mörtel und Zement.

(Sand, Kalk, Gips, Magnesit; — Asphaltkalk s. unter Erdöl S. 424 — Anhang: Flußspat, Schwerspat, Strontianit und Cölestin.)

Kieselgur und Farberden in dem trachytischen Gebiet vom Monte Amiata (B. Lotti) 04: 209.

Die Gipslager in den Gouvernements Livland und Plesgau (G. Sodoffsky) 04: 411.

Über zwei Magnesitvorkommen in Kärnten (R. Canaval) L. 06: 374.

Erzeugung und Absatz der Montanwerke in Elsaß-Lothringen N. 05: 381.

Über zwei Magnesitvorkommen in Kärnten (R. Canaval) L. 05: 375.

Das Alter und die Lagerung des Westerwälder Bimssandes und sein rheinischer Ursprung (H. Behlen) L. 06: 20.

Kalkstein-Frachttarif N. 06: 89.

Der Traß des Brohltales (K. D ö l z n i g) L. 08: 44.

Zur Genesis der alpinen Talklagerstätten (K.A. R e d l i c h und F. C o r n u) A.08: 145

Zur Kenntnis der alluvialen Kalklager in den Mooren Preußens, insbesondere der großen Moorkalklager bei Daber in Pommern (H e s s v o n W i c h d o r f f) A. 08: 329. (Auch als S.-A., Preis 1 M.)

Die Gipse des toskanischen Erzgebirges und ihr Ursprung (B. L o t t i) A. 08: 370.

Die Minerale der Magnesitlagerstätte des Sattlerkogels (V e i t s c h) (F. C o r n u) A. 08: 449.

Zwei neue Magnesitvorkommen in Kärnten (K. A. R e d l i c h) A. 08: 456.

Der Magnesit bei St. Martin am Fuße des Grimming (Ennstal, Steiermark) (K. A. R e d - l i c h) A. 09: 102.

Die Typen der Magnesitlagerstätten (K. A. R e d l i c h) A. 09: 300.

Zur Entstehung der Hohlräume im Gips (E. F u l d a) A. 09: 400.

Fernere Literatur:

B l e i n i n g e r , A. V.: The manufacture of hydraulic cements. Geol. Surv. of Ohio. Bull. 3. 1904. 391 S. m. 81 Fig.

B o t t o n , J.: Les ciments et les chaux hydrauliques. Bull. Soc. de l'Ind. Min., T. V. 1906. S. 205—272.

B u c k l e y , E. R.: Public Roads, their Improvemend and Maintenance. Missouri Bureau of Geology and Mines, Vol. V, 2 nd Series. 124 S. m. 30 Taf.

B u e h l e r , H. A.: The Lime and Cement Resources of Missouri. Missouri Bureau of Geology and Mines. Vol. VI, 2nd Series. 256 S. m. 35 Taf. u. Karte.

B u r n s , D.: The gypsum of the Eden Valley. Transact. of the North of Engl. Inst. of Min. and Mech. Eng. 1903. Vol. LII. S. 412—436 m. 6 Fig. auf Taf. XII.

B ü t s c h l i , O.: Untersuchungen über organische Kalkgebilde nebst Bemerkungen über organische Kieselgebilde, insbesondere über das spezifische Gewicht in Beziehung zu der Struktur, die chemische Zusammensetzung und anderes. Abh. d. Kgl. Ges. d. Wiss. zu Göttingen, math.-physik. Klasse, N. F. Bd. VI. Nr. 3. Berlin, Weidmann, 1908. IV und 177 S. 4^0 m. 10 Tab., 3 Textfiguren und 4 Taf. Pr. 19 M.

C l a p p , F. G.: Limestones of southwestern Pennsylvania. U. S. Geol. Surv., Bull. No. 249. Washington 1905. 52 S. m. 7 Taf.

C o r n u , F.: Über die mineralogische Zusammensetzung künstlicher Magnesitsteine, insbesondere über ihren Gehalt an Periklas. Zentralblatt f. Mineralog., Geol. u. Pal. 1908. S. 305 bis 310 m. 1 Fig.

E c k e l , E. C.: Ths materials and manufacture of Portland Cement. Alabama, Geol. Surv. Bull. No. 8. 1904. S. 1—59.

G l i e r , L.: Zementindustrie. S.-A. a. d. Handbuch der Wirtschaftskunde Deutschlands. Leipzig, B. G. Teubner, 1903. S. 245—262.

G r i m s l e y , G. P.: A theory of origin for the Michigan gypsum deposits. Amer. Geologist. Vol. XXXIV. 1904. S. 378—387.

I m k e l l e r , H.: Die zementliefernden Formationen in den bayerischen Alpen und das Portlandzementwerk Marienstein bei Tölz. Naturw. Wochenschr. 1905. IV. S. 502—507.

H a m b l o c h , A.: Der Traß, seine Entstehung, Gewinnung und Bedeutung im Dienste der Technik. Vortrag. Z. d. V. dtsch. Ing. 1909, Nr. 17. S. 663—668 m. 12 Abb. Auch als S.-A., Berlin, J. Springer, 40 S. Pr. 2 M.

H u m p h r e y , R. L.: Organization, equipment, and operation of the structural-materials testing laboratories at St. Louis, Mo. With a preface by Joseph A. Holmes. U. S. Geol. Surv., Bull. Nr. 329. Washington 1908. 84 S. m. 9 Fig. u. 25 Taf.

H u m p h r e y , R. L., and W. J o r d a n : Portland cement mortars and their constituent materials-results of tests made at the structural-materials testing laboratories forest parky, St. Louis, Mo., 1905—1907. U. S. Geol. Surv., Bull. Nr. 331. Washington 1908. 130 S. m. 22 Fig. u. 20 Taf.

K i e p e n h e u e r , L.: Kalk und Mörtel. Monatsschrift f. d. Steinbruchs-Berufsgen. 1907. XXII. S. 27—31, 52—54.

L o e g e l : Die Gewinnung des Specksteins im Fichtelgebirge und seine Verwendung. „Glückauf" 1908. S. 873—876 m. 11 Fig.

L o w a g , J.: Die Gipsvorkommen bei Katharein nächst Troppau, Österr.-Schlesien. Grazer Montan-Ztg. 1904. S. 315—316.

M i l l e r , W. G.: The limestones of Ontario. Rep. of the bureau of mines, 1904. Part II. Vol. XIII. Toronto, Ontario, K. Cameron, 1904. 143 S. m. 39 Fig.

M o y e , A.: Der Gips. Zweite, gänzlich umgearbeitete Auflage. III. Teil von: H e u - s i n g e r v. W a l d e g g : Die Ton-, Kalk-, Zement- und Gips-Industrie. Leipzig, Th. Thomas, 1906. 439 S. m. 210 Fig. Pr. 16 M., geb. 18.50 M.

M u n d : Traßverwendung zu Mörtel und Beton bei Hoch-, Tief- und Wasserbauten. (Nach einem im Techn. Verein zu Köln a. Rh. gehaltenen Vortr.) Monatsschr. f. d. Steinbr.- Ber.-Gen. XXIII. 1908. S. 127—130.

R i e s , H.: The relative advantages of the Physical and Chemical Examination of Molding Sands. „The Metal Industry", New York.

R i e s , H. and J. A. R o s e n : Report on Foundry Sands. S.-A. aus Michigan Geol. Surv. Report for 1907. 85 S. m. 3 Fig. u. 5 Taf.

R o w e , J. P.: Montana gypsum deposits. Amer. Geologist 1905. Vol. XXXV. S. 104 bis 113 m. 3 Fig. u. Taf. VII—IX.

S c h e r e r , R o b.: Der Magnesit. Sein Vorkommen, seine Gewinnung und technische Verwertung. (Chem.-techn. Bibliothek Bd. 310.) Wien, A. Hartleben, 1908. 256 S. m. 22 Abb. Pr. geh. 4 M., geb. 4.80 M.

S c h i m m , C.: Magnesitbrennerei und Magnesiaziegelherstellung. . Auf Grund lang- jähriger Erfahrungen bearbeitet. Berlin, Tonindustrie-Ztg., 1906. 20 S. Pr. 1 M.

S c h o c h , C.: Die Kalksandsteinfabrikation. S.-A. a. Nr. 15—18 der Chemischen Industrie 1903. Berlin, Weidmann. 68 S. m. 9 Fig. u. 2 Taf.

S c h o c h , C.: Die moderne Aufbereitung der Mörtel-Materialien. Zweite umgearb. Aufl. Berlin, Verlag der Tonindustrie-Ztg., 1904. 475 S. m. 226 Fig. u. 5 Taf.

S m i t h , E. A.: The cement resources of Alabama. Alabama, Geol. Surv., Bull. Nr. 8. 1904. S. 61—91 m. 1 Karte u. 15 Abb.

S p e z i a , G i o r g i o : Sull' accrescimento del quarzo. Reale acad. Torino. Vol. XLIV. 1908—1909. 15 S. m. 1 Taf.

S t e e l , A. A.: The Geology, Mining and Preparation of Baryt in Washington Country, Missouri. Am. Inst. Min. Eng., Bull. 38, 1910. S. 85—117 mit 5 Fig.

W i l d e r , F r a n k , A.: The age and origin of the gypsum of Central Iowa. Journ. of Geol. Vol. XI. Nr. 8. 1903. S. 723—748 m. 3 Fig.

W i l d n e r , P.: Die Glasindustrie. S.-A. a. d. Handbuch der Wirtschaftskunde Deutsch- lands. Leipzig, B. G. Teubner, 1903. S. 263—292.

Y a l e , C. G.: Magnesite in California. Eng. and Min. Journal 1904. Vol. 78. S. 292. Nachr. f. Handel u. Gewerbe Nr. 104 vom 3. Oktober 1904. S. 5.

Flußspat.

Das Erz- und Flußspatvorkommen am Rabenstein im Sarntal, Südtirol (M. K r a h - m a n n) B. 06: 8.

Die Flußspatgänge der Oberpfalz (M. P r i e h ä u ß e r) A. 08: 265.

Fernere Literatur:

B a i n , H. F.: Principal american fluorspar deposits. Mining Magazine 1905. Vol. XII. S. 115—119 m. 1 Fig.

B a i n , H. F.: The fluorspar deposits of Southern Illinois. U. S. Geol. Surv., Bull. Nr. 255. Washington 1905. 75 S. m. 1 Fig. u. 6 Taf.

F o h s , F. J.: Fluorspar Deposits of Kentucky. Kentucky Geol. Survey, Bull. 9. Bespr. v. E. F. Burchard in Econ. Geol. 1909, S. 571—573.

F o h s , F. J.: Kentucky Fluorspar and its Value to the Iron and Steel-Industries. Bull. of the Am. Inst. of Min. Eng. 1909. Nr. 28. S. 411—423.

U l r i c h , E. O. and W. S. T. S m i t h : The lead, zinc, and fluorspar deposits of Western Kentucky. U. S. Geol. Surv., Prof. Paper. Nr. 36. Washington 1905. 218 S. m. 31 Fig. und 15 Taf. Pr. 10 M.

Schwerspat.

Die Schwerspatvorkommen am Rösteberge und ihre Beziehung zum Spaltennetz der Oberharzer Erzgänge (H. E v e r d i n g) 03: 89.

Baryt in Missouri N. 03: 364.

Über ein bemerkenswertes Vorkommen von Schwerspat auf dem Rosenhofe bei Klausthal (K. A n d r é e) A. 08: 280.

Fernere Literatur:

B ä r t l i n g , R.: Über die Schwerspatlagerstätten Deutschlands.   Habilitationsschrift Berlin, Bergakademie, 1910.   (Im Druck bei F. Enke, Stuttgart.)

H o r n u n g , F e r d.: Ursprung und Alter des Schwerspates und der Erze im Harz. Z. d. Deutsch. Geol. Ges. 57. 1905. S. 291.

T r e n e r , G. B.: Die Barytvorkommnisse von Monte.   Calisio bei Trient und Darzo in Judikarien und die Genesis des Schwerspates. Jahrb. der K. K. Geol. Reichsanstalt 1908. Bd. 58. S. 387—468 m. 15 Fig. Wien, R. Lechner, 1908.

Strontianit und Cölestin.

Über den Strontianit des Münsterlandes (J. B e y k i r c h) L. 03: 77.

Cölestinablagerungen der Umgebung von Bristol (B. A. B a k e r) L. 03: 113.

3. Bau- und Pflastersteine.

(Auch Schiefer, Marmor, — Anhang: G l i m m e r , A s b e s t.)

Die Bausteine, auch Dachschiefer des Taunus (R. D e l k e s k a m p) 03: 274.

Die Tiroler Marmorlager (E. W e i n s c h e n k) 03: 131.

Marmor in Deutsch-Südwestafrika (A. M a c c o) 03: 194.

Petrographisches Praktikum (R. R e i n i s c h) L. 04: 60.

Odenwald-Granit in Holland (C. C h e l i u s) N. 04: 112.

Marmor aus Deutsch-Südafrika N. 04: 148.

Die Quarzporphyre im Odenwald, ihre tektonischen Verhältnisse, ihre praktische Verwertung (C. C h e l i u s) 05: 337.

Der Basalt zu Geilnau an der Lahn (C. C h e l i u s) 05: 343.

Die Steinindustrie zu Kirn und Niederhausen an der Nahe B. 05: 347.

Wetterbeständigkeit natürlicher Bausteine (H. S e i p p) R. 06: 19.

Nutzbare Gesteine, Schiefer, Opal in Keinasien (C. S c h m e i ß e r) 06: 194.

Meerschaum in Kleinasien (C. S c h m e i ß e r) 06: 187.

Statistisches über den rheinischen Basalt (A. H a m b l o c h) B. 08: 68.

Natürliche Bausteine (A. S c h m i d t) N. 08: 219.

Die Prüfung der natürlichen Bausteine auf ihre Wetterbeständigkeit (J. H i r s c h w a l d) A. 08: 257, 375, 464. — Vgl. Fig. 130—182 betreffend Sandsteine, Kalksteine, Dachschiefer.

Über transversale Schieferung im thüringischen Schiefergebirge (R. S i e b u r g) A. 09: 233.

Die Marmorlagerstätten Kärntens (P. E g e n t e r) A. 09: 419.

Zur Entstehung der Neuroder feuerfesten Schiefertone in der Grafschaft Glatz (F. T a n n h ä u s e r) B. 09: 522.

Fernere Literatur:

A u t i s s i e r , M. A.: Etude sur l'industrie ardoisière en France. Bull. Soc. de l'industrie min. 1909, S. 19—86 u. 133—197 m. 41 Fig.

B l o c k , J.: Über das Vorkommen von Kupfererzen und Scheelit im Eruptivgestein von Predazzo und anderen Orten, sowie über den Marmor Südtirols. S.-A. a. d. Sitzungsber. d. Niederrhein. Ges. f. Natur- u. Heilkunde zu Bonn 1905. 15 S.

B o e h m : Die wirtschaftliche Bedeutung der Kalk- und Marmorindustrie an der Lahn, ihre ungünstige Lage und die Maßnahmen zu ihrer Hebung. Preuß. Zeitschr. 1906. Bd. 54, S. 473—534 m. 7 Fig. u. 2 Taf.

> Geologisches Vorkommen der Kalksteine im Lahngebiet; Verkehrsverhältnisse; Lage und Verbreitung der Lahnkalkindustrie; Produktion und technische Verwertung des Rohkalksteins; Produktion und technische Verwertung des gebrannten Kalkes; Das Vorkommen von Marmor im Lahngebiet; Produktion und technische Verwertung des Lahnmarmors; Verarbeitung von fremdem Marmor; Die heutige Stellung der Marmorindustrie im Lahntal; Wirtschaftliche Lage der Lahnkalkindustrie bei steigender und sinkender Konjunktur; Maßnahmen zur Besserung der Notlage; Die wirtschaftliche Lage der Lahnmarmorindustrie und die Maßnahmen zu ihrer Hebung.

B r a g g , G. H.: Granite-quarrying, sett-making and crushing and the manufacture of concrete-flags and granitic tiles. Transact. North of Engl. Inst. of Min. and Mech. Eng. Vol. 52. 1903. S. 342—355 m. Taf. XIV.

B u c k l e y , E. R.: Public Roads, their Improvemend and Maintenance. Missouri Bureau of Geology and Mines, Vol. V, 2nd Series. 124 S. m. 30 Taf.

C h e l i u s , C.: Die Basaltindustrie im Vogelsberg und die Erfordernisse eines Steinbruchbetriebes. „Steinbruch u. Sandgrube". 1905. S. 306, 331—332.

D a l e , T. N.: Slate deposits and slate industry of the United States. U. S. Geol. Surv., Bull. Nr. 275. Washington 1906. 154 S. m. 15 Fig. u. 52 Taf.

> I. Origin, composition and structure of slate S. 5; II. Slate deposits of the United States S. 51; III. Bibliography S. 138.

D a l e , T. N: The Chief Commercial Granites of Massachusets, New Hampshire and Rhode Island. U. S. Geol. Surv., Bull. Nr. 354. Washington 1908. 228 S. m. 27 Fig. u. 9 Taf.

v. E m p e r g e r , F.: Zur Wertbestimmung der Straßenbau-Materialien. Zeitschr. d. Österr. Ing.- u. Architekten-Vereins. 59. Jahrg. 1907. S. 49.

F l o r e s , T.: Los Yacimientos de Tecali (Onyx) de Los Alrededores (Estado de Oaxaca). Bol. de la Soc. Geol. Mexicana. T. VI, 1909. S. 67—78 m. 2 Taf.

F o g y , D.: Serpentin, Meerschaum und Gymnit. Wien 1906. 14 S. Pr. 0.60 M.

F o e r s t e r , M.: Lehrbuch der Baumaterialienkunde zum Gebrauche an technischen Hochschulen und zum Selbststudium. Heft II. Die künstlichen Steine. Leipzig, W. Engelmann, 1905.

G r u b e n m a n n , U.: Die krystallinen Schiefer. II. Spezieller Teil. Berlin, Gebr. Borntraeger, 1907. 175 S. m. 8 Fig. u. 8 Taf. Pr. geb. 9.60 M.

G ü r i c h , G.: Marmor in Deutsch-Südwestafrika. Petermanns Mitt. 1910. 142 S. m. 1 farb. Karte 1 : 1 000 000.

H e r b i g : Die rechtlichen Verhältnisse im linksrheinischen Dachschieferbergbau und ihre wirtschaftliche Bedeutung. „Glückauf" 1906. S. 769—781, 801—807.

H i r s c h w a l d , J.: Die Prüfung der natürlichen Bausteine und ihre Wetterbeständigkeit. (Herausgegeben im Auftrage und mit Unterstützung des Königlich Preußischen Ministeriums der öffentlichen Arbeiten.) Berlin, W. Ernst & Sohn, 1908. 675 S. m. 54 Lichtdrucktafeln, 4 Taf. i. Buntdr. u. 133 Fig. Pr. 36 M. Vgl. Z. 1908, S. 257, 375 u. 464. sowie F. II. Fig. 130 ff.

> I. Die Verwitterungsagenzien und ihr Einfluß auf die natürlichen Bausteine. II. Die Methoden zur Prüfung der Gesteine auf ihren Wetterbeständigkeitsgrad. III. Die Bewertung des Einflusses, den die verschiedenen Eigenschaften des Gesteines auf ihre Widerstandsfähigkeit gegen Witterungseinflüsse ausüben. IV. Die systematische Prüfung der natürlichen Bausteine auf ihren Wetterbeständigkeitsgrad und die Ergebnisse dieser Prüfung an Gesteinsmaterialien älterer Bauwerke.

H i r s c h w a l d , J.: Die bautechnisch verwertbaren Gesteinsvorkommnisse des preußischen Staates und einiger Nachbargebiete. Eine tabellarische Zusammenstellung der in Betrieb befindlichen, zu gelegentlicher Benutzung erschlossenen und aufgelassenen Steinbrüche, nach Provinzen, Regierungsbezirken und Kreisen geordnet, mit Angabe der Verwendung der betreffenden Gesteine zu älteren Bauwerken und des an ihnen beobachteten Wetterbeständigkeitsgrades des Materials. Berlin 1910, Gebr. Bornträger. 282 S. m. 1 farb. Karte. Pr. 12 M.

H o l m e s , J. A.: The investigation of fuels and structural materials by technologic of the U. S. Geol. Surv. Bi-Monthly-Bull. Nr. 22. 1908. S. 531—550.

H u m p h r e y , R. L.: The Fire-Resistive Properties of various Building Materials. U. S. Geol. Surv., Bull. Nr. 370. 1909. 99 S. m. 32 Fig. u. 39 Taf.

J u l i e n , A.: Genesis of the amphibole shists and serpentines of Manhattan Island. New York. Bull. Geol. Soc. of America. Vol. 14. 1903. S. 421—494 m. 9 Fig. u. Taf. 60—63.

Strukturtypen der Sandsteine.
(Nach J. Hirschwald, Z. 1908, S. 376.)

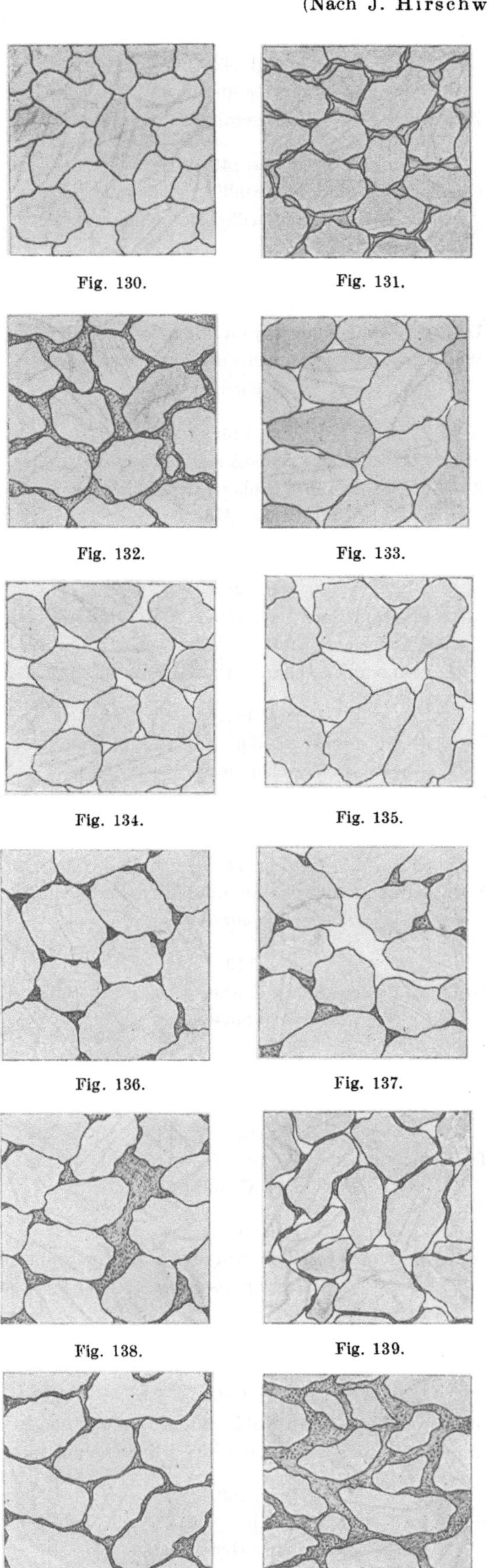

Fig. 130.   Fig. 131.

Fig. 132.   Fig. 133.

Fig. 134.   Fig. 135.

Fig. 136.   Fig. 137.

Fig. 138.   Fig. 139.

Fig. 140.   Fig. 141.

Die Substanz, welche die Zusammenlagerungsflächen der Körnchen miteinander verbindet, wird als „Kontaktzement" bezeichnet; diejenige, welche die eckigen Hohlräume zwischen drei oder mehreren Körnern erfüllt, als „Porenzement" oder, falls sie aus lockerer Masse besteht, als „Porenfüllmittel". Ist das Zement so reichlich vorhanden, daß es eine gleichmäßige zusammenhängende Grundmasse bildet, in welcher die Körnchen einzeln oder in kleineren Gruppen eingelagert sind, so erhält es die Bezeichnung „Basalzement".

Die verschiedenen Sandsteinvorkommnisse unterscheiden sich in bemerkenswerter Weise durch die Art ihrer Kornbindung; es treten hierbei namentlich folgende Typen auf:

Die Kornbindung wird bewirkt:

1. durch krystallographisch orientierten Quarz (sog. unmittelbare Kornbindung); Texturporen [1] verwachsen (Fig. 130),

2. durch nicht orientierte, homogene Quarzmasse; Texturporen verwachsen (Fig. 131),

3. desgl. durch granulösen Quarz; Texturporen verwachsen (Fig. 132),

4. durch krystallographisch orientierte Quarzüberrindung, bei leeren Texturporen. Fig. 133 und 134 zeigen diesen Typus mit verschiedener Kornbindungszahl.

5. durch krystallographisch orientierte Quarzüberrindung, bei leeren Textur- und Strukturporen (Fig. 135),

6. durch krystallographisch orientierte Quarzüberrindung, mit Füllung der Texturporen durch ein differentes, d. h. von der Kornsubstanz verschiedenes Porenzement (Fig. 136),

7. durch krystallographisch orientierte Quarzüberrindung, mit Füllung der Texturporen durch ein differentes Porenzement und leeren Strukturporen (Fig. 137),

8. durch krystallographisch orientierte Quarzüberrindung, mit Füllung der Textur- und Strukturporen durch ein differentes Porenzement (Fig. 138),

9. durch ein differentes Kontaktzement, bei leeren Texturporen (Fig. 139),

10. durch ein differentes Kontaktzement, bei gefüllten Texturporen (Fig. 140).

11. durch Basalzement (Fig. 141).

---

[1] Texturporen werden hier die durch den regelmäßigen Zusammenschluß der einzelnen Körner gebildeten Hohlräume genannt, Strukturporen dagegen die größeren Hohlräume, welche durch stellenweise Verringerung der regulären Kornbindungszahl entstehen.

Kalksteine.
(Nach J. Hirschwald, Z. 1908, S. 383.)

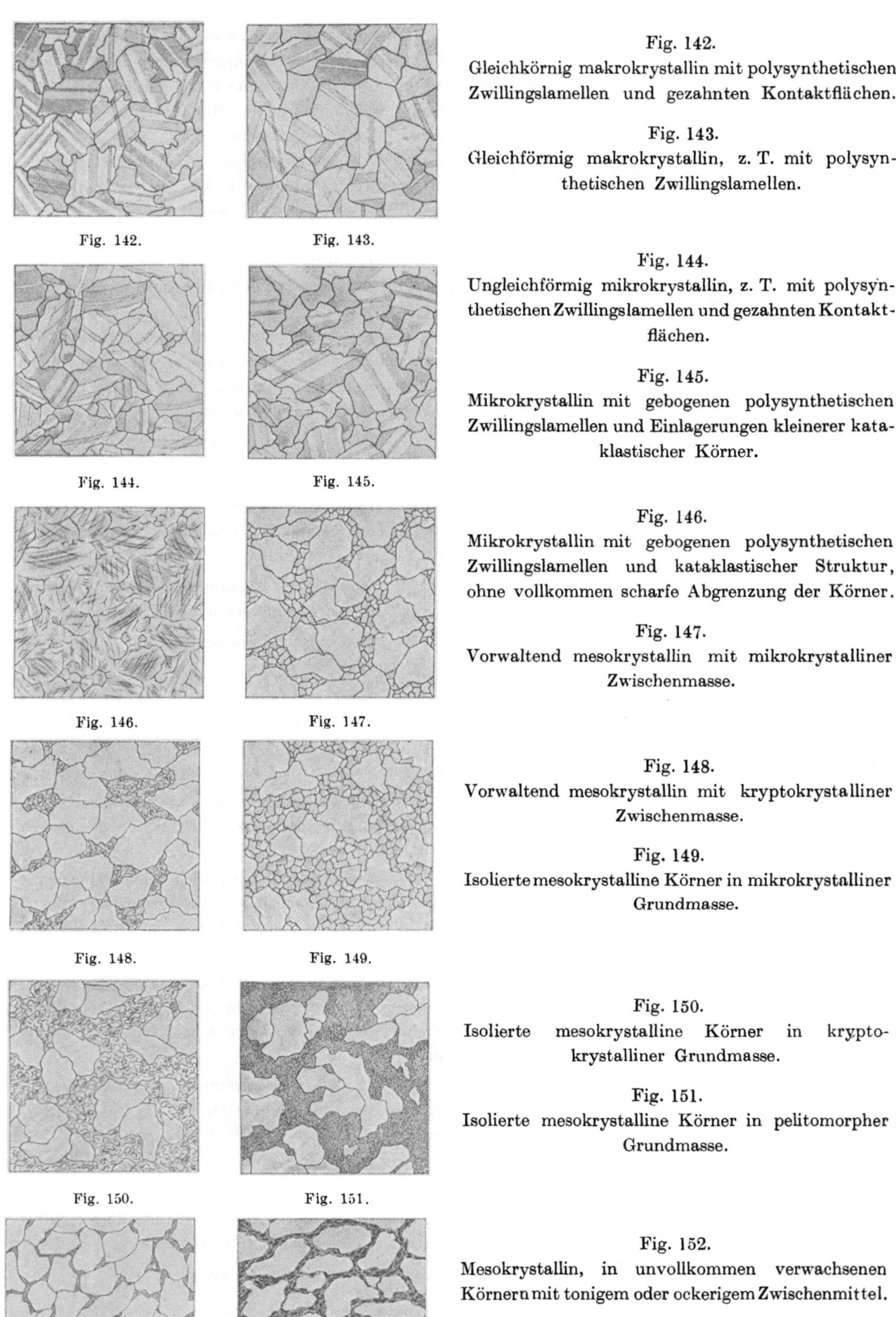

Fig. 142.

Fig. 143.

Fig. 144.

Fig. 145.

Fig. 146.

Fig. 147.

Fig. 148.

Fig. 149.

Fig. 150.

Fig. 151.

Fig. 152.

Fig. 153.

Fig. 142.
Gleichkörnig makrokrystallin mit polysynthetischen Zwillingslamellen und gezahnten Kontaktflächen.

Fig. 143.
Gleichförmig makrokrystallin, z. T. mit polysynthetischen Zwillingslamellen.

Fig. 144.
Ungleichförmig mikrokrystallin, z. T. mit polysynthetischen Zwillingslamellen und gezahnten Kontaktflächen.

Fig. 145.
Mikrokrystallin mit gebogenen polysynthetischen Zwillingslamellen und Einlagerungen kleinerer kataklastischer Körner.

Fig. 146.
Mikrokrystallin mit gebogenen polysynthetischen Zwillingslamellen und kataklastischer Struktur, ohne vollkommen scharfe Abgrenzung der Körner.

Fig. 147.
Vorwaltend mesokrystallin mit mikrokrystalliner Zwischenmasse.

Fig. 148.
Vorwaltend mesokrystallin mit kryptokrystalliner Zwischenmasse.

Fig. 149.
Isolierte mesokrystalline Körner in mikrokrystalliner Grundmasse.

Fig. 150.
Isolierte mesokrystalline Körner in kryptokrystalliner Grundmasse.

Fig. 151.
Isolierte mesokrystalline Körner in pelitomorpher Grundmasse.

Fig. 152.
Mesokrystallin, in unvollkommen verwachsenen Körnern mit tonigem oder ockerigem Zwischenmittel.

Fig. 153.
Meso- bis mikrokrystalline Körner mit kohliger Zwischen- bzw. Grundmasse.

Kalksteine.
(Nach J. Hirschwald, Z. 1908, S. 384.)

Fig. 154.
Ungleichkörnig mesokrystallin in vollkommener Verwachsung, mit tonschiefrigen parallelen Zwischen-
lagen.

Fig. 155.
Makro- bis mesokrystalline Körnung mit tonschief-
rigem Bindemittel.

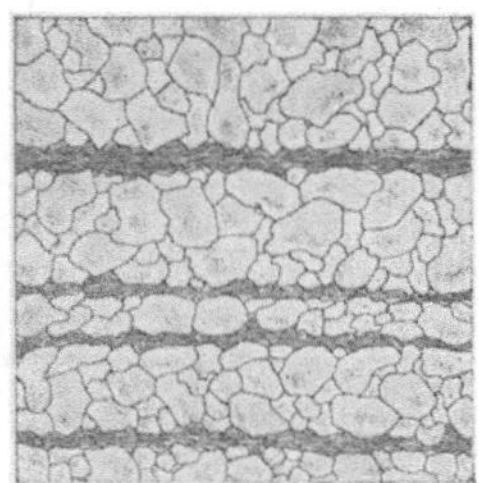

Fig. 154.

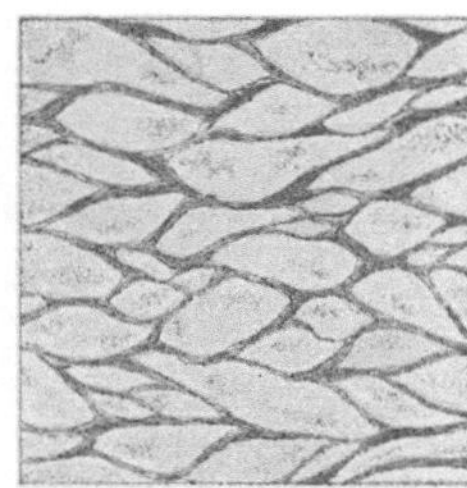

Fig. 155.

Fig. 156.
Meso- bis mikrokrystalline Körnung mit gleich-
mäßiger Kieselimprägnation.

Fig. 157.
Meso- bis mikrokrystalline Körnung mit ungleich-
mäßiger Kieselausscheidung.

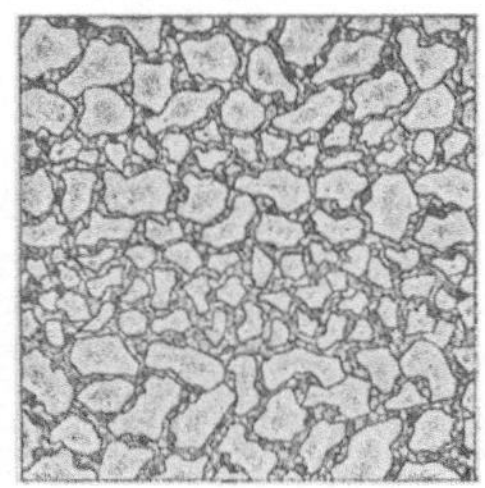

Fig. 156.

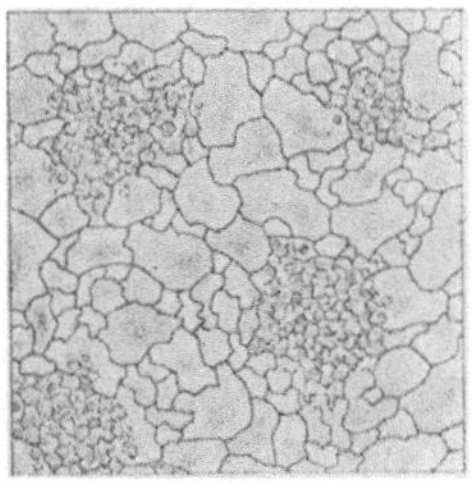

Fig. 157.

Fig. 158.
Mikrokrystallin, mit klaren, homogenen Kalkspat-
körnchen.

Fig. 159.
Mikrokrystallin; Körnchen mit Aggregatpolarisation
oder mit staubförmiger Einlagerung von Ton,
Eisenoxyd usw.

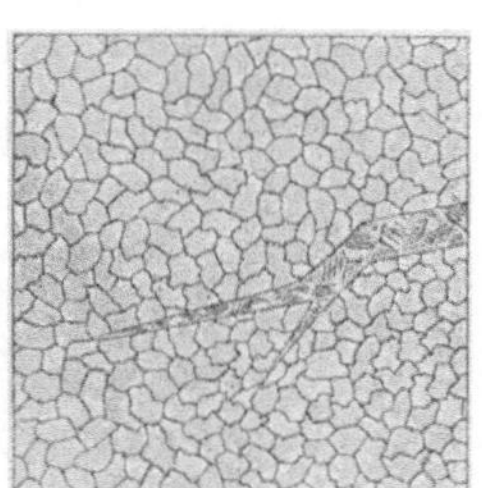

Fig. 158.

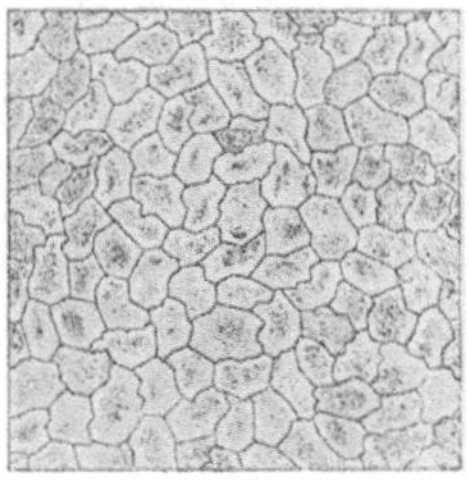

Fig. 159.

Fig. 160.
Mikrokrystalline Körnung, unvollkommen verwachsen, mit tonigem oder ockerigem Zwischenmittel.

Fig. 161.
Vorherrschend mikrokrystallin; untergeordnet
kryptokrystallin.

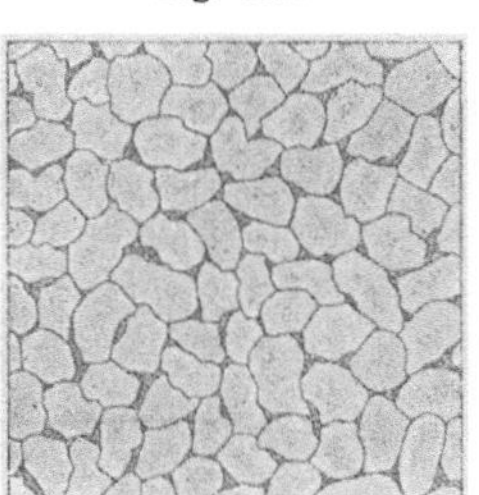

Fig. 160.

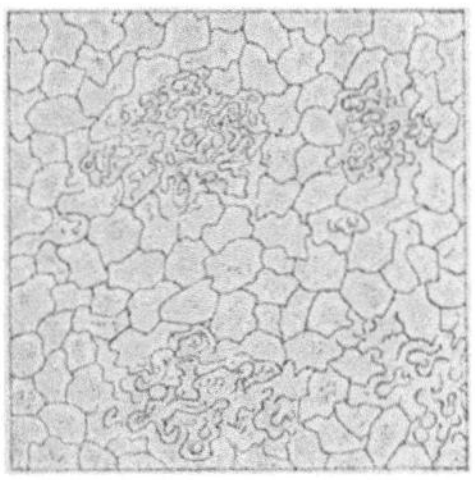

Fig. 161.

Fig. 162.
Vorherrschend mikrokrystallin; sehr beträchtlich
kryptokrystallin.

Fig. 163.
Vorherrschend kryptokrystallin; untergeordnet
mikrokrystallin.

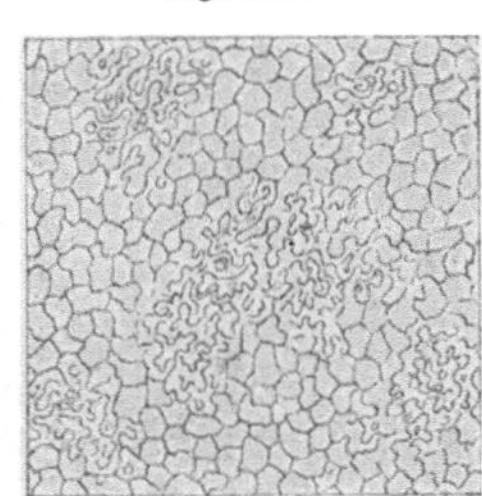

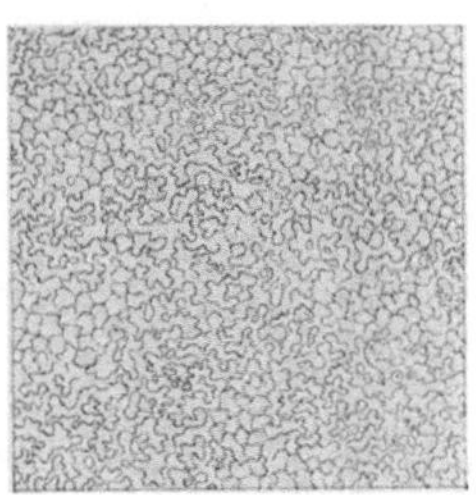

Fig. 162.

Fig. 163.

Fig. 164.
Vorherrschend kryptokrystallin; untergeordnet pelitomorph.

Fig. 165.
Vorherrschend pelitomorph; untergeordnet kryptokrystallin.

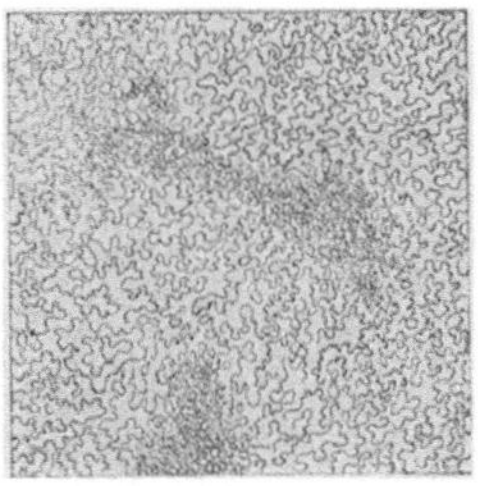

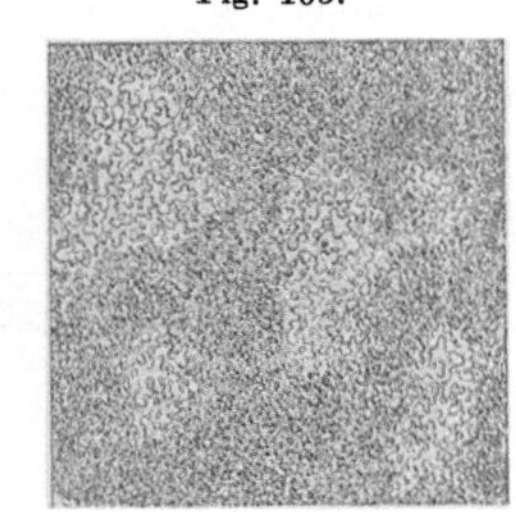

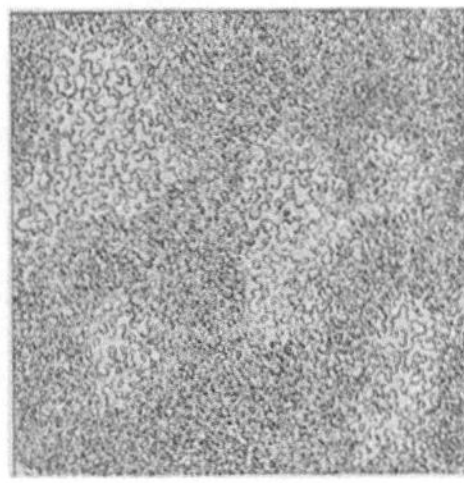

Fig. 164.

Fig. 165.

Krahmann.

Dachschiefer.
(Nach J. Hirschwald, Z. 1908, S. 386.)

Texturtypen der Glimmer-
lagen.

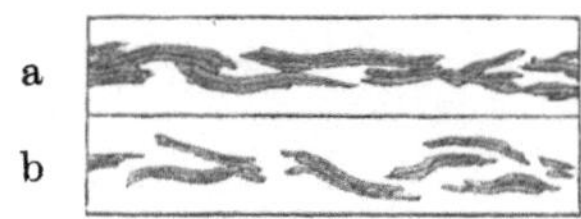

Fig. 166.
Durchsichtige Glimmerlamellen.
a Vollkommen, b unvollkommen
zuhammenhängend.

Fig. 167.
Durchsichtige, stellenweise schwarz
gefleckte Glimmerlamellen.
a Vollkommen, b unvollkommen
zusammenhängend.

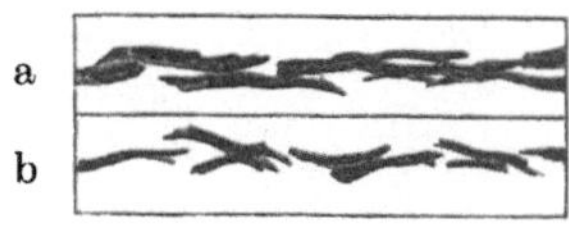

Fig. 168.
Undurchsichtige,
schwarze Glimmerlamellen.
a Vollkommen, b unvollkommen
zusammenhängend.

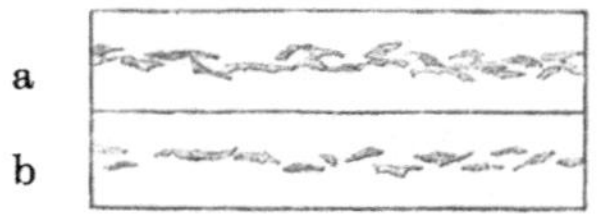

Fig. 169.
Durchsichtige, schuppige
Aggregate.
a Vollkommen, b unvollkommen
zusammenhängend.

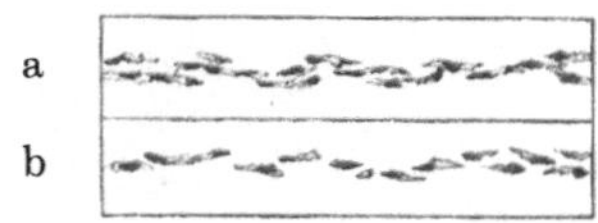

Fig. 170.
Durchsichtige, stellenweise schwarz
gefleckte, schuppige Aggregate.
a Vollkommen, b unvollkommen
zusammenhängend.

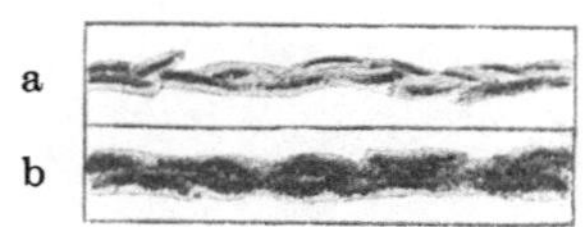

Fig. 171.
a Schwach kohlige, undurchsichtige
Streifen oder Lamellen.
b Sehr stark kohlige, undurchsichtige Streifen oder Lamellen.

Strukturtypen der Dachschiefer.

Fig. 172.
Vollkommen kontinuierliche
Glimmerlagen, sehr vollkommen
miteinander verbunden.

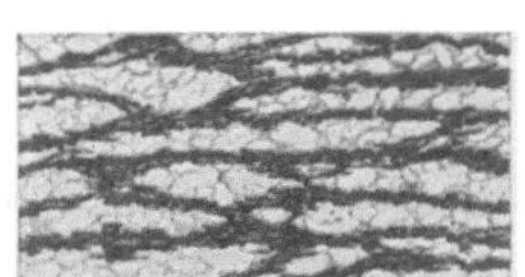

Fig. 173.
Vollkommen kontinuierliche
Glimmerlagen, ziemlich voll-
kommen miteinander verbunden.

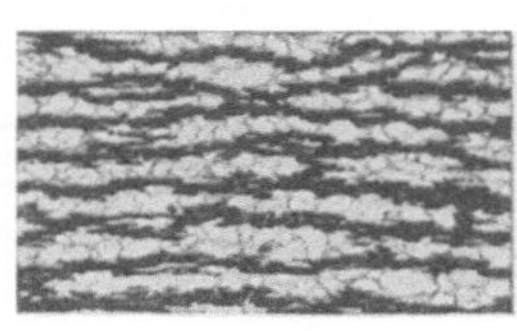

Fig. 174.
Vollkommen kontinuierliche
Glimmerlagen, unvollkommen mit-
einander verbunden.

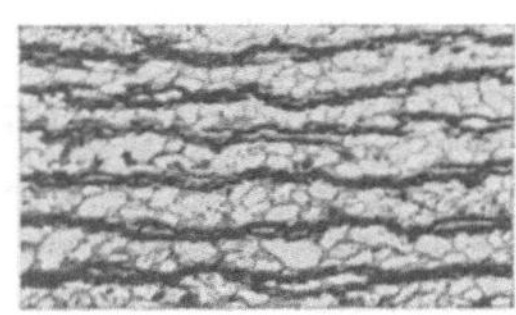

Fig. 175.
Vollkommen kontinuierliche
Glimmerlagen, völlig voneinander
getrennt.

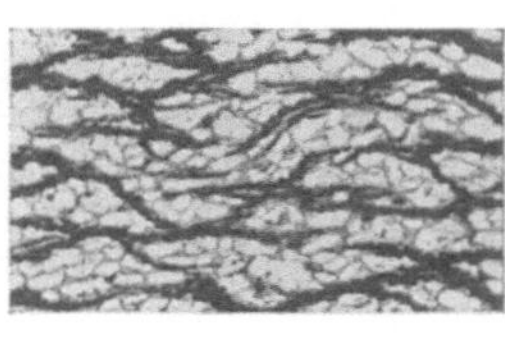

Fig. 176.
Unvollkommen kontinuierliche
Glimmerlagen, ziemlich voll-
kommen miteinander verbunden.

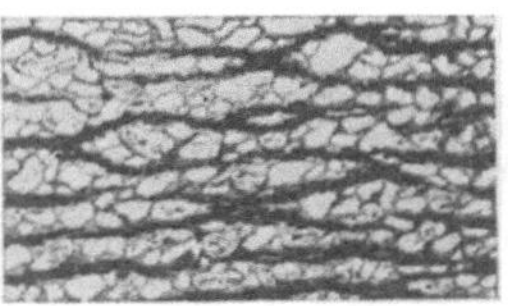

Fig. 177.
Unvollkommen kontinuierliche
Glimmerlagen, unvollkommen
miteinander verbunden.

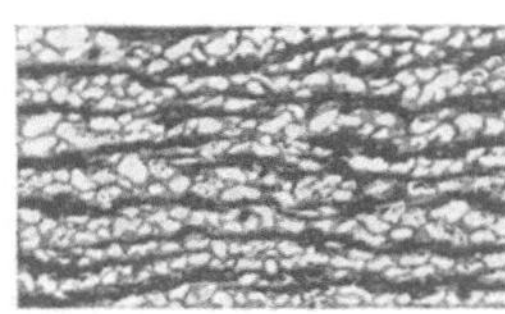

Fig. 178.
Unvollkommen kontinuierliche
Glimmerlagen, völlig voneinander
getrennt.

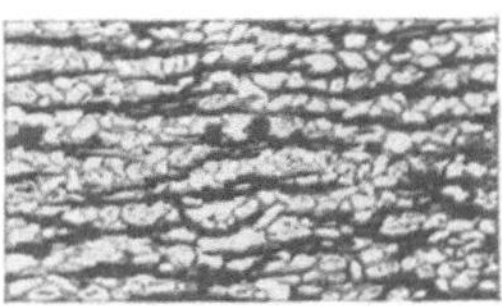

Fig. 179.
Diskontinuierliche Glimmerlagen, unvollkommen miteinander
verbunden.

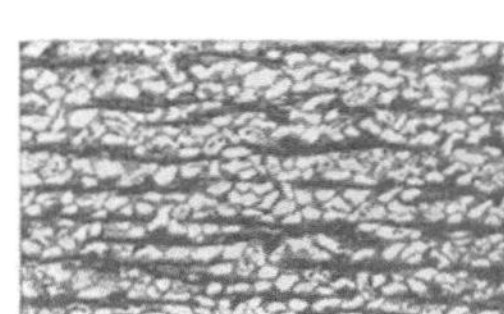

Fig. 180.
Diskontinuierliche Glimmerlagen,
völlig voneinander getrennt.

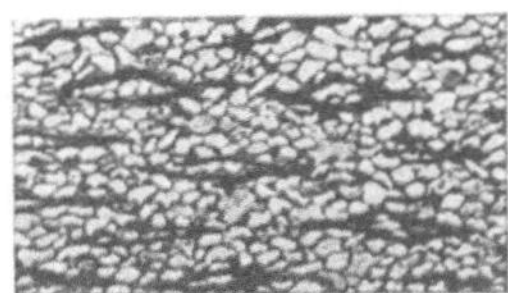

Fig. 181.
Isolierte flasrige Glimmer-
schmitzen.

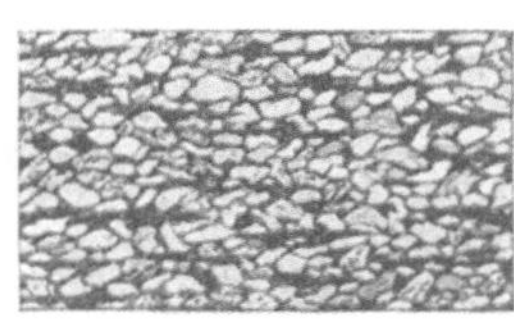

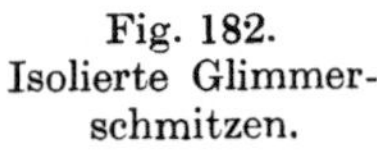

Fig. 182.
Isolierte Glimmer-
schmitzen.

K a i s e r , E.: Über Verwitterungserscheinungen an Bausteinen I. N. Jahrb. f. Min. 1907. II. Bd. S. 42—64 mit 1 Tafel.

1. Der Stubensandstein aus Württemberg, namentlich in seiner Verwendung am Kölner Dom.

M o u r l o n , M.: Sur l'étude du Fomennien (Dévonien supérieur) de la Montagne de Froide-Vean (Dinant) et ses conséquences pour l'exploitation des carrières à pavés. Bull. de la Soc. Belge de Géol. T. XXII. Bruxelles 1908. S. 167—174 m. 3 Fig.

M ü h l h a n , A., (unter Benutzung eines Artikels des Lehrers S t o l l zu Herborn): Hinterländer Grünstein-Industrie. Monatsschr. f. d. Steinbruchs-Berufsgen. 1907. XXII. S. 31—33, m. 5 Fig.

R i n n e , F.: Praktische Gesteinskunde. Für Bauingenieure, Architekten und Bergingenieure, Studierende der Naturwissenschaft, der Forstkunde und Landwirtschaft. Zweite vollständig durchgearbeitete Auflage. Hannover, M. Jänecke, 1905. 285 S. m. 319 Fig. u. 3 Taf. Pr. 11 M., geb. 12 M. — Vgl. Bespr. der ersten Auflage d. Z. 1902. S. 166.

R o s i w a l , A.: Die Zermalmungsfestigkeit der Mineralien und Gesteine. Verhandl. d. k. k. Geol. Reichsanstalt 1909, S. 386—390.

R o v e r e t o , G.: La zona marmifera della Pania della Croce nelle Alpi Apuane. Giorn. di Geologia Practica, Perugia 1904. S, 157—163 m. 2 Fig.

S c h m i d t , A l b.: Der Betrieb von Marmor-, Kalkstein- und Schieferbrüchen im nördlichen Bayern im 18. Jahrhunderte. Monatsschr. f. d. Steinbr.-Berufsgen. XXIII, 1908. S. 192 bis 193.

S c h m i d , H.: Die natürlichen Bau- und Dekorationsgesteine. Ein Hilfsbuch für Schule und Praxis. 2. Aufl. Leipzig, B. G. Teubner, 1905. 76 S. Pr. 2.20 M.

S c h n a s s : Der linksrheinische Dachschieferbergbau und die Moselkanalisierung. „Glückauf" 1909. S. 1043—1052 m. 1 Karte.

S e i b t , J.: Dauerhaftigkeit, Erhaltung und Imprägnierung natürlicher Bausteine. Z. d. österr. Ing.- u. Arch.-Ver. LX. 1908. S. 106—107.

S e i p p , H.: Die abgekürzte Wetterbeständigkeitsprobe der natürlichen Bausteine mit besonderer Berücksichtigung der Sandsteine, namentlich der Wesersandsteine. Frankfurt a. M., H. Keller, 1905. 140 S. m. 8 Fig. u. 12 Taf. Pr. 8.50 M.

T r o l l e r , A.: Les carrières de Paris. L'accident de la Rue Tourlaque. „La Nature", 1909. S. 405—412 m. 14 Abb.

W i c k e r s h e i m e r und P. W e i s s : Les dégradations constatées à Paris et dans le département de la Seine résultant des anciennes exploitations de carrières, avec une description des travaux et méthodes de consolidation en usage. Congrès intern. des mines etc., Liége 1905. Section des mines, Tome II. S. 191—216 m. 9 Fig. u. 4 Taf.

W i l d n e r , P.: Die Gewinnung von Steinen (Steinbruchindustrie). S.-A. a. d. Handbuch der Wirtschaftskunde Deutschlands. Leipzig, B. G. Teubner, 1903. S. 180—196.

Z i m m e r m a n n , E.: Über die Rötung des Schiefergebirges und über das Weißliegende in Ostthüringen. S.-A. d. Monatsber. d. Dtsch. Geol. Gesellsch. Bd. 61. Jahrg. 1909. Nr. 3. S. 149—155.

Glimmer, Asbest.

Glimmer-Vorkommen in Deutsch-Ostafrika (A. M a c c o) 03: 30, 199.

Glimmer in Brasilien N. 04: 110.

Vorkommen und Gewinnung von Asbest in Kanada (F. C i r k e l) 03: 123.

Über ein Asbestvorkommen im Kaukasus N. 05: 153.

Fernere Literatur:

A n o n y m : Die Glimmerindustrie. Österr. Z. f. Bg.- u. Hw. 1903. S. 685.

C i r k e l , F.: Asbestos, its occurrence, exploitation and uses. Ottawa, Ont., Mines Branch 1905. 169 S. m. 19 Taf. u. 1 Karte der Asbest-Region von Quebec.

C i r k e l , F.: Mica, its occurrence, exploitation and uses. Ottawa, Ont., Mines Branch 1905. 148 S. m. 38 Fig., 1 Taf. u. 2 Karten der Glimmer-Region von Ontario und Quebec.

C o r k i l l , E. T.: Notes on the occurrence, production and uses of mica. Journ. Canadian Min. Inst. Vol. VII. 1904. S. 284—307, m. 5 Fig. u. 1 Taf.

D r e s s e r , J o h n A.: On the asbestos deposits of the Eastern Townships of Quebec. Econ. Geol. 1909. S. 130—140 m. 4 Fig.

Möllmann, W.: Der Asbest, mit besonderer Berücksichtigung der kanadischen Asbest-industrie. Berg- u. Hüttenm. Ztg. 1902, S. 345—348.

Odernheimer, E.: Über neue Asbestfundstätten. Naturw. Woschenschr. III. Bd. 1904. S. 237—238.

4. Edelsteine, Halbedelsteine, Edelerden.

(Diamant usw., Monazit, seltene Elemente. — Anhang: Bernstein.)

Das Vorkommen von blue ground in Mittel-Afrika (A. Macco) 03: 193.

Die Newlands-Diamantminen, Südafrika (W. Graichen) 03: 448.

Über einige neue Diamantlagerstätten Transvaals (A. L. Hall) 04: 193.

Die Bergindustrie Transvaals im Etatsjahre 1903/04 N. 05: 381.

Südafrikanische Diamanten (A. Macco) B. 05: 146.

Über die Diamantlager im Westen des Staates Minas Geraes und der angrenzenden Staaten Sao Paulo und Goyaz, Brasilien (E. Hussak) 06: 318, 394.

Über das Vorkommen von Kimberlit in Gängen und Vulkan-Embryonen (F. W. Voit) 06: 382.

Edelsteinproduktion Kaliforniens N. 03: 47.

Edelsteine in Mexiko 03: 118.

Die Korundvorkommen der Vereinigten Staaten (J. H. Pratt) L. 03: 164.

Opal in der Gegend von Dillenburg (Löcke) B. 03: 303.

Edelsteinproduktion der Vereinigten Staaten von Amerika im Jahre 1901 N. 04: 110.

Das Graben nach Edelsteinen in Transvaal N. 04: 110.

Bemerkungen über den Monazit (O. A. Derby) L. 03: 78.

Über das Vorkommen von Monazit in Eisenerz und Graphit (O. A. Derby) L. 03: 78.

Die Lithiumproduktion in den Vereinigten Staaten von Amerika in Jahre 1901 N. 03: 83

Das Vorkommen der „seltenen Erden" im Mineralreiche (J. Schilling) L. 04: 142.

Thorianit- und Thoritfunde in Ceylon N. 05: 431.

Über das Verhalten von Vanadinverbindungen gegenüber Gold und Goldlösungen (F. Hundeshagen) L. 06: 21.

Beitrag zur Kenntnis der Rubinlagerstätte von Nanya-zeik (J. J. Tanatar) 07: 316.

Die Jadeitlagerstätten in Upper Burma (A. W. G. Bleeck) 07: 341.

Carnotit (Uran) in Südaustralien N. 07: 69.

Übersicht über die nutzbaren Lagerstätten Südafrikas (F. W. Voit) B. 08: 137, 191, 346. (Auch als S.-A., Pr. 2,50 M.)

Neue Feststellungen über das Vorkommen von Diamanten in Diabasen und Pegmatiten. (H. Merensky) B. 08: 155. 344.

Diamanten in Diabasen (F. W. Voit) B. 08: 169, 344, 437.

Diamantvorkommen bei Lüderitzbucht (H. Merensky) B. 09: 79.

Die Diamantvorkommen in Lüderitzland, Deutsch-Südwestafrika (H. Merensky) A. 09: 122. (Auch als S.-A., Pr. 1 M.)

Über die Lüderitzbuchter Diamantvorkommen (H. Lotz) B. 09: 142.

Kimberlitstöcke (F. W. Voit) 08: B. 348.

Diamanten in Brasilien (A. Keppen) R. 09: 477.

Die Pegmatitgänge von San Piero in Campo auf Elba (J. W. H. Adam) B. 09: 499.

Die Monazitseifen im Grenzgebiete der brasilianischen Staaten Minas Geraes und und Espirito Santo, speziell im Gebiete des Muriahé- und Pomba-Flusses (F. Freise) A. 09; 516.

Fernere Literatur:

A n o n y m : Das Thorium und seine Bedeutung für das Gasglühlicht. (Aus „Köln. Ztg.") Grazer Montan-Ztg. 1904. S. 336—337.

B a u e r , M.: Weitere Mitteilungen über den Jadeit von Ober-Birma. (Frühere Mitt. siehe N. Jahrb. f. Min. usw. 1896. I. S. 18; vgl. auch Fr. N o e l t i n g , ebenda S. 7. Über das Vorkommen des Jadeits in Ober-Birma. N. Jahrb. f. Min. usw. 1897. I. S. 258.) Zentralbl. f. Min. usw. 1906. S. 97—112 m. 3 Fig.

B e n o i s t , F.: A propos du vanadium. C. R. Soc. de l'ind. min. St. Étienne, 1909, S. 648—650.

B o g e n r i e d e r , C.: Rare Earths, their occurence and use. Transactions Australian Inst. of Mining Eng., Vol. XIII, 1909, S. 87—114.

B r e u i l , P.: Eigenschaften, Metallurgie und Verwendung des Tantals. Österr. Zeitschr. f. Berg- und Hüttenwesen. LVII. 1909. S. 27—31.

D a h m s , A.: Das Vorkommen von Jordanit auf der Bleischarleygrube. „Kohle u. Erz" 1905. Sp. 733—736.

D e r b y , O. A. (übersetzt von J. C. B r a n n e r): The geology of the diamond and carbonado washings of Bahia, Brasil. Economic Geology 1905. Vol. I. S. 134—142.

D i e s e l d o r f f , A.: Über die brasilianischen Monazitsandlagerstätten. S.-A. a. d. Zeitschr. „Die Chemische Industrie". XXIX. Nr. 15—16. 1906. 13 S.

D u T o i t , A. L.: The Kimberlit and allied Pipes and Fissures in Prieska, Britstown, Victoria West and Carnarvon. Thirteenth Ann. Report of the Geol. Comm. of Cape of Good Hope. Cape Town 1909 (London, W. Wesley & Son). S. 111—127 m. 3 Fig.

F o g y , D.: Serpentin, Meerschaum und Gymnit. Wien 1906. 14 S. Pr. 0.60 M.

F r e i s e , F.: Die Monazitvorkommen im Gebiete des oberen Muriahé- und Pampaflusses im Staate Minas Geraes, Brasilien. Zeitschr. f. Berg-, H.- u. Sal.-Wesen 1910, Abhandl. S. 47 bis 64 m. 4 Fig. (Vgl. auch Zeitschr. f. pr. Geol. 1909, S. 514—522.)

F ü h n e r , H.: Lithotherapie. Historische Studien über die medizinische Verwendung der Edelsteine. Berlin 1903. 6 u. 150 S. Pr. 2.80 M.

G a s c u e l , M.: Die diamantenführenden Ablagerungen im Südosten von Holländisch-Borneo. Ungar. Montan-Ind.- u. Handelsztg., X. vom 15. Aug. 1904. S. 5. (Vgl. d. Z. 1902. S. 158.)

G i e s e n , W.: Für die heutige Metallindustrie nutzbare seltene Mineralien. „Metallurgie" 1907. Bd. 4. S. 691—693.

G o t h a n , W.: Über die Entstehung von Gagat und damit Zusammenhängendes. Naturw. Woschenschr. 1906. S. 17—24 m. 7 Fig.

H a r t o g , V i c t o r : Petrographic Note on the Diamond-Bearing Peridotite of Kimberley, South Africa. Econ. Geology 1909. S. 438—453 m. 3 Fig.

H a t c h , F. H., and G. S. C o r s t o r p h i n e : The Cullinan Diamond. — A description of the big diamond recently found in the Premier Mine, Transvaal. Geol. Magazine, London, II. No. 490, 1905. — Ann. Rep. of the Smithsonian Inst. for 1905. S. 211—213 m. 1 Diagr. u. 2 Taf.

H e n e a g e , E. F.: Die Diamantlager von Südafrika. Südafrik. Wochenschr. 1905. XIII. S. 466—467, 486—487.

H e r r e n s c h m i d t , H.: Die Darstellung von Vanadium. „Metallurgie" 1904. S. 524—525.

H e w e t t , F.: Neues Vorkommen von Vanadium in Peru. Eng. and Min. Journal 1906. Bd. 82. S. 385; Österr. Z. f. Bg.- u. Hw. 1907. S. 51.

H e w e t t , D. F.: Vanadium deposits in Peru. Bull. Am. Inst. Min. Eng. Nr. 27, 1909. S. 291—316 m. 15 Fig.

J u l i e n , A l e x i s A.: A Bibliography of the Diamond Fields of South Africa. Econ. Geology 1909. S. 453—469.

K a i s e r , E.: Über Diamanten aus Deutsch-Südwestafrika. Zentralblatt f. Min. 1909. Nr. 8. S. 235—244 m. 4 Fig.

K a t z e r , F.: Über einen Brasil-Monazitsand aus Bahia. Österr. Z. f. Bg.- u. Hw. 1905. S. 231—234.

K a t z e r , F.: Über den bosnischen Meerschaum. S.-A. Berg- u. Hw. Jahrbuch, 1909, Heft 1. S. 24 m. 4 Fig.

K a t z e r , F.: Die Vanadiumerze. Österr. Z. f. Berg- und Hüttenw. 1909. Nr. 26. S. 411 bis 412.

K a t z e r , F.: Radium und Erdwärme. Österr. Zeitschr. f. Berg- u. Hüttenw. 1909, Nr. 21, S. 336—337.

K e m p , J. F.: Vanadium Deposits in Peru. Am. Inst. Min. Eng. Bull. 43. 1909. S. 941—943.

K l i n k h a r d t , F.: Der Schneckenstein im sächsischen Vogtlande und seine Topase. Naturw. Wochenschr. 1905. IV. Bd. S. 216—219 m. 5 Fig.

K u n z , G. F., und C h. B a s k e r v i l l e : The action of Radium, Actinium, Roentgen Rays and Ultra-Violet Light on Minerals and Gems. Sep.-A. aus New York Acad. of Sciences 1903. Vol. XVIII. S. 769—783.

K u n z , G e o r g e F r e d e r i k : Gems and Precious Stones of Mexico. Mexico 1907. Secretaria de Fomento. 54 S.

K u n z , G e o r g e F r e d e r i k : Natal Stones. Sentiments and Superstitions associated with Precious Stones. 18. Aufl. New York, Tiffany & Co. 35 S.

K u n t z , J.: Über die Herkunft der Diamanten von Deutsch-Südwestafrika. Monatsb. d. Deutsch. Geol. Gesellsch. 1909. Nr. 4. S. 219—221.

L a n d i n , J.: Vorkommen von Radium in Schweden. (Nach „Teknisk Tidskrift". Berg- u. Hüttenw. Rundschau. I. 1905. S. 276—278.

L i n c i o , G.: Über das angebliche Vorkommen von Germanium in den Mineralien Euxenit, Samarskit usw. Zentralbl. f. Min. 1904. S. 142—149.

L o e b e , R.: Das Tantal, seine Darstellung, Eigenschaften und Verwendung. Naturw. Wochenschr. 1905. IV. S. 525—527.

L o t z , H.: Diamantablagerungen bei Lüderitzbucht.   Monatsber. d. Deutsch. Geol. Gesellsch. 1903. Nr. 3. S. 135—146 m. 1 Karte.

M a n n , O.: Beiträge zur Kenntnis verschiedener Mineralien. Diss. Dresden, W. Baensch, 1904. 40 S.
     I. Über den Tonerdegehalt des Monazits S. 5. II. Über den Kakoxen S. 14. III. Über den Pissophan S. 17. IV. Über einen Seifenstein von Kutahia S. 20. V. Zur Kenntnis einiger Mineralien vom Campolongo S. 25.

M e y e r , R. J.: Bibliographie der seltenen Erden, Ceriterden, Yttererden und Thorium. Hamburg, L. Voß, 1905. 79 S. Pr. 2 M.

N a g a n t , H.: Les terres rares de la province de Québec. Rev. univ. des mines, etc. T. XV. 1906. Bull. S. 223—226.

P a n a y e f f , J. v.: Verhalten der wichtigsten seltenen Erden zur Reagentien. Zum Gebrauch im Laboratorium. Halle, W. Knapp, 1909. 83 S. Pr. 3.60 M.

P o s t i u s : Thorium und seltene Erden. Muspratts Chemie. .Vierte Auflage. VIII. Bd. Braunschweig, F. Vieweg & Sohn, 1905. Sp. 1243—1274.

P r a n d t l , W.: Die Literatur des Vanadins. 1804—1905. Hamburg, L. Voß, 1906. 117 S. Pr. 4 M.

P r a t t , J. H.: Corundum and its occurrence and distribution in the United States. U. S. Geol. Surv., Bull. Nr. 269. Washington 1906. 175 S. m. 26 Fig. u. 18 Taf.

P r a t t , J o s e p h H y d e , and D o u g l a s B. S t e r r e t t : Monazite and Monazite-Mining in the Carolinas. Am. Inst. Min. Eng., Bull. Nr. 30. 1909. S. 483—511 m. 8 Fig.

P r z y b o r s k i : Die Diamantgruben der Gesellschaft von Beers in der Kapkolonie. Referat (nach Ann. des mines, 5. livr. 1907) in Österr. Z. f. Berg- und Hüttenwesen LVI. 1908. S. 277—280.

R e d l i c h , K. A.: Turmalin in Erzlagerstätten. Sep.-A. a. Tschermaks mineral. u. petrogr. Mitt. 1903. Bd. XXII. Heft 5. 2 S.

S a c h s , A.: Über ein Vorkommen von Jordanit in den oberschlesischen Erzlagerstätten. Zentralbl. f. Mineral. 1904. S. 723—725.

S c h e i b e , R.: Der Blue ground des deutschen Südwestafrika im Vergleich mit dem des englischen Südafrika. Festrede am 27. Januar 1906. Programm der Kgl. Bergakademie zu Berlin für 1906—1907.

S c h e i b e , R.: Der Diamant und sein Vorkommen. Naturw. Wochenschr. 1896. S. 437, 451.

S c h i l l i n g , J.: Das Vorkommen der seltenen Erden im Mineralreich. München, R. Oldenbourg, 1903.

S i m m e r s b a c h , F.: Die geologischen Unterlagen des Radiums. Berg- u. Hm. Rundschau 1909. S. 249—251 m. 1 Fig.

S m i t h , J. K e n t : The present source and uses of Vanadium. Bull. Am. Inst. of Min. Eng. 1907. S. 727—732.

S t r e i n t z , M.: Über das Radium. Österr. Z. f. Bg.- u. Hw. 1904. S. 356—358.

V o i t , F. W.: The Origin of Diamonds. (Read 22nd July, 1907.) The Transact, of the Geologic. Society of S. Africa. X. 1907. — (Vgl. des Verfassers Aufsatz d. Z. 1907. S. 216.)

Wagner, Percy A.: Die diamantführenden Gesteine Südafrikas, ihr Abbau und ihre Aufbereitung. Berlin, Gebr. Bornträger 1909, 207 S. m. 29 Textabb. u. 2 Taf. Pr. 7 M.

Weckwarth, E.: Los Metales raros y su existencia en los Minerales del Perú. Bol. Cuerpo Ingen. Min. Lima. 1908. 128 S. Pr. 4 M.

Williams, G. F.: The Genesis of the Diamond. Transact. Amer. Inst. of Min. Eng., Lake Superior Meeting, September 1904. 16 S. m. 2 Fig.

Williams, G. F.: The Genesis of the Diamond. Transact. Am. Inst. Min. Eng. 1905. — Ann. Rep. of the Smithsonian Inst. for 1905. S. 193—209 m. 2 Fig.

Wodiska, J.: Book of Precious Stones. Identification of Gems and Gem Minerals and account of their scientific, commercial and historical aspects. London 1909. 382 S. m. 46 teils farb. Abb. Pr. 10/6 sh.

Anhang: Bernstein.

Jentzsch, A.: Die Verbreitung der Bernstein führenden „blauen Erde“. Z. d. Deutsch. Geol. Ges. Bd. 55. 1904. Heft 4. S. 9—17 m. 1 Fig.

Murgoci, G.: Gisements du succin de Roumanie avec un aperçu sur les résines-fossiles: succinite, romanite, schraufite, simétite, birmite, etc. et une nouvelle résine-fossile d'Olănesti. Extr. de „Asoc. Romana peutru inaintarea si reppandirea sciintelor, Mem. Congr. de la Jasĭ.“ Bukarest 1903. 34 S. m. 14 Fig. u. 1 Karte.

5. Phosphorit.

Phosphatproduktion und -ausfuhr von Florida im Jahre 1901 N. 03: 86.

Phosphatvorkommen auf den Palau,- Marschall- und Purdy-Inseln (A. Macco) 03: 200.

Die Phosphorite im Lahngebiete (R. Delkeskamp) 03: 272.

Über das Vorkommen von Phosphaten, Asphaltkalk, Asphalt und Petroleum in Palästina und Ägypten (M. Blanckenhorn) 03: 294.

Die Phosphatlager von Algier und Tunis und ihre Produktion in den Jahren 1902 und 1903 N. 04: 221.

La grande industrie chimique minérale. Soufre-Azote-Phosphates-Alun (E. Sorel) L. 04: 282.

Die Phosphatkonzentrationen usw. (R. Delkeskamp) 04: 299, s. a. 308.

Phosphat in Kleinasien (C. Schmeißer) 06: 194.

Die Phosphatlagerstätten Frankreichs (O. Tietze) 07: 117.

Die Phosphatlagerstätten von Algier und Tunis (O. Tietze) 07: 229.

Die Phosphatlager in den Südsee-Kolonien N. 08: 174.

Fernere Literatur:

Ägypten: The phosphate deposits of Egypt. Published by the Survey Department. 2nd edition. Cairo 1905. 35 S. m. 3 Karten. Pr. 2 M.

Brough, B. H.: Cantor lectures on the mining of non-metallic minerals. II. Salts: rock salt, potash salts, borates, alums, nitrates, phosphates. London, W. Trounce, 1904. 48 S. m. 15 Fig. Pr. 1 sh.

Granig, B.: Bemerkungen über einige Erz- und Phosphatbergbaue im zentralen Tunis und im Küstengebiet Algeriens. Österr. Zeitschr. f. Berg- u. Hw. 1909. S. 739—746 m. 5 Fig. 1 Taf. u. 1 farb. Karte 1 : 100 000 (nach Pervinquière).

Johnson, R. D. O.: Tennessee Phosphate. Eng. and Min. Journ. 1905. S. 204—207 m. 3 Fig.

Jumeau, L. P.: Le phosphate de Chaux (gisements connus) et les exploitations aux Etats-Unis en 1905. Paris 1905. 200 S. m. 34 Fig. u. 1 Karte. Pr. 8.50 M.

Power, F. D.: Phosphate deposits of Ocean and Pleasant Islands. Transact. Australasian Inst. of Min. Eng. Vol. X. 1905. S. 213—232 m. 15 Taf.

Ruhm, H. D.: Phosphate mining in Tennessee. Eng. and Min. Journal. Vol. 83. 1907. S. 522—526 m. 6 Fig.

Sorel, E.: La grande industrie chimique minérale (Soufre, azote, phosphates, alun). Paris, C. Naud, 1902. 809 S. m. 113 Fig. Pr. 15 M.

Tietze: Mitteilungen über den Phosphatbergbau Belgiens. „Preuß, Zeitschr. f. d. B.-, H.- und S.-Wesen“ 1908. S. 485—502 m. 13 Fig.

C. Quellen- und Wassernutzung.

(Bohrbetrieb.)

1. Erdöl und Naturgas.

(Auch Asphalt und Erdwachs.)

Fernere Literatur:

A m t l i c h : Gasausbrüche beim Steinkohlenbergbau. Zeitschr. f. Berg-, H.- u. Salinen-Wesen 1910, Abhandl. S. 1—17. A. S c h a u s t e n : Gasausbrüche beim ausländischen Steinkohlenbergbau, S. 1—24 m. 2 Fig. B. B r a c h t : Grubenausbrüche in Belgien, S. 24—41 m. 3 Fig. und 5 Taf. C. Gasausbrüche im Ruhrbezirk, S. 41—44. D. Gasausbrüche im Saarbetrieb. S. 44—47 m. 2 Fig.

A l b r e c h t , E.: Die Ölfelder von Kansas und dem Indianer-Territorium. Vortrag, geh. a. d. Hauptvers. d. Ver. deutscher Chemiker in Nürnberg. „Petroleum" 1906. S. 640—645 m. 1 Karte.

A l i m ă n e s t i a n u , C.: Vierzig Jahre rumänischer Petroleumindustrie 1866—1906. „Petroleum" I. 1906. S. 751—753. II. 1906. S. 4—7.

A l i m ă n e s t i a n u , C., L. M r a z e c und V. J. B r ă t i a n u : Arbeiten der mit dem Studium der Petroleum-Regionen betrauten Kommission. Königreich Rumänien. Ministerium der öffentlichen Arbeiten. Bukarest, C. Göbl, 1904. 106 S. m. 2 Tabellen u. 1 Karte der Petroleum-Zonen i .M. 1 : 1 000 000.

> A. Bericht der Petroleumkommission an den Minister der öffentlichen Arbeiten S. 7—37 (I. Allgem. Bemerkungen, II. Produktion nach geologischen Formationen, III. Angaben über bisherige Betriebsweise und Vorschläge betr. weiterer Arbeiten, IV. Der Staat als Eigentümer, V. Das Programm der Zukunft). — B. Allgemeine geologische und technische Betrachtungen über die Petroleumlagerstätten in Rumänien S. 43—104 (I. Flyschzone, II. Die subkarpathische Region, III. Das westliche rumänische Hügelland.

A n g e r m a n n , C.: Das Naphtavorkommen von Boryslaw in seinen Beziehungen zum geologisch-tektonischen Bau des Gebietes. Congrès géol. intern. Compte Rendu de la IX. session. Wien 1903. S. 767—776 m. 1 Fig. u. 5 Taf. „Tiefbohrwesen" 1905. S. 174—187. 182—183 m. Taf. IV.

A n o n y m : Erdöl in Preußen. „Stahl und Eisen" 1904. S. 925—926 (nach „Die chemische Industrie", 1904, Heft 4).

A n o n y m : Über Asphaltvorkommen. Allg. österr. Chem.- u. Techn.-Ztg. 1903. Nr. 19. S. 3—4. Nr. 20. S. 6—7.

A n o n y m : Die kalifornische Asphaltindustrie. Österr. Chem.- u. Techn.-Ztg. Nr. 7 v. 1. IV. 1904. S. 4—6.

A r a d i , V., jun.: Geologie der Petroleumzone von Rustenari-Câmpina, Rumänien. Ungar. Montanind.- u. Handels-Ztg. 1907. XIII. S. 1—2.

A r n o l d , R.: Der Los-Angeles-Ölbezirk. Referat nach U. St. Geol. Surv., Bull. Nr. 309. „Petroleum" III. 1908. S. 295—297.

A r n o l d , R.: Der Summerland-Ölbezirk in Kalifornien. Referat: „Petroleum" III. 1908. S. 39—396.

A r n o l d , R a l p h , and R o b e r t A n d e r s o n : Preliminary Report on the Coalinga Oil District Fresno and Kings Counties, California. U. S. Geol. Surv., Bull. Nr. 357. Washington 1908. 142 S. m. 1 Fig. u. 2 Karten.

A r o n , A.: Note sur l'industrie française des chistes bitumineux. Ann. des mines. T. IX. 1906. S. 47—75 m. 1 Fig.

A r o n : L'Exploitation du pétrole en Roumanie. Ann. des mines 1905. T. VII. S. 380 bis 464 m. 6 Fig. u. 3 Taf.

B a u e r , J.: Naturgasvorkommen in Körösbánya. Organ d. Ver. d. Bohrtechniker XIII. 1906. S. 97—99.

B e c k e r , G. F.: Relations between local magnetic disturbances and the genesis of petroleum. U. S. Geol. Survey Bull. 401. Washington 1909. 24 S. m. 1 Taf.

B l a t c h l e y , W. S.: The petroleum industry of Southeastern Illinois. Illinois State Geol. Surv., Bull. Nr. 2. Urbana 1906. 109 S. m. 6 Taf.

B l a u h o r n , J.: Österreichs Naphtarecht. „Petroleum" 1909. S. 665—669.

B o n a r e l l i , G.: Manifestations pétrolifères dans le sud d'Espagne. Geologia pratica 1909. S. 135—137 m. 1 Karte 1 : 400 000.

B o w n o c k e r , J. A.: The occurrence and exploitation of petroleum and natural gas in Ohio. The American Geologist 1904. S. 261—264.

B r a c k e l , O. v., und J. L e i s s : Der dreißigjährige Petroleumkrieg. Eine handelswissenschaftliche Studie. Berlin 1903, J. Guttentag. XVI + 464 S. m. 1 farb. Karte. Pr. 7 M, geb. 8 M.

B r e u , G.: Das Petroleumvorkommen am Tegernsee, Bayern. Naturw. Wochenschrift 1906. N. F. V. Bd. S. 505—506. Ungar. Montan-Ind. u. Handelsztg. XII v. 15. IX. 1906. S. 5—6.

Erdöl-Erzeugung.

(In Tonnen à 1000 kg. — Nach Day, Washington.)

Jahr	Vereinigte Staaten von Nordamerika	Rußland	Holl. Indien	Rumänien	Galizien	Britisch-Indien	Japan	Deutschland	Andere Länder	Zusammen Tonnen
1857	—	—	—	275	—	—	—	—	—	275
58	—	—	—	495	—	—	—	—	—	495
59	262	—	—	605	—	—	—	—	—	867
1860	65 500	—	—	1 188	—	—	—	—	5	66 693
61	276 882	—	—	2 403	—	—	—	—	4	279 289
62	400 426	—	—	3 226	—	—	—	—	4	403 656
63	342 081	—	—	3 886	—	—	—	—	8	345 975
64	277 210	—	—	4 591	—	—	—	—	10	281 811
65	327 198	—	—	5 426	—	—	—	—	315	332 939
66	471 298	—	—	5 915	—	—	—	—	138	877 351
67	438 496	—	—	7 070	—	—	—	—	110	435 676
68	477 641	—	—	7 700	—	—	—	—	51	485 392
69	552 165	—	—	8 140	—	—	—	—	20	560 325
1870	689 157	—	—	11 649	—	—	—	—	12	700 818
71	681 885	—	—	12 520	—	—	—	—	38	694 443
72	824 408	—	—	12 690	—	—	—	—	46	837 144
73	1 296 085	—	—	14 468	—	—	—	—	65	1 310 618
74	1 432 429	—	—	14 350	20 927	—	—	—	84	1 466 790
75	1 593 289	—	—	15 100	22 140	—	—	—	113	1 630 642
76	1 196 379	—	—	15 480	22 927	—	—	—	402	1 235 188
77	1 748 897	—	—	15 100	23 714	—	—	—	408	1 788 119
78	2 016 989	—	—	15 200	24 500	—	—	—	602	2 077 291
79	2 608 753	—	—	15 300	30 000	—	—	—	402	2 654 455
1880	3 443 482	400 237	—	15 900	32 000	—	3 992	1 309	283	3 897 203
81	3 627 622	640 542	—	16 900	40 000	—	2 622	4 108	172	4 327 966
82	3 986 918	800 637	—	19 000	46 100	—	2 434	8 158	183	4 873 430
83	3 071 901	960 732	—	14 400	51 000	—	3 205	3 755	225	4 110 218
84	3 172 615	1 441 343	—	29 300	57 000	—	4 372	6 490	397	4 639 517
85	2 863 500	1 857 558	—	26 900	65 000	—	4 577	5 815	270	4 823 620
86	3 676 494	2 402 076	—	23 450	42 640	—	5 936	10 385	262	6 161 243
87	3 705 136	2 642 382	—	25 300	47 817	—	4 484	10 444	274	6 435 837
88	3 617 175	3 102 757	—	30 400	64 882	—	5 861	11 920	209	6 833 204
89	4 606 420	3 083 303	—	41 400	71 659	12 346	8 268	9 591	207	7 833 135
1890	6 002 887	3 630 663	—	53 300	91 650	15 466	8 051	15 226	452	9 817 695
91	7 112 337	4 404 513	—	67 900	87 717	24 907	8 285	15 315	1 255	11 722 229
92	6 616 765	4 593 556	–	82 500	89 871	31 739	10 788	14 275	2 766	11 442 242
93	6 344 469	5 338 426	41 920	74 500	96 331	39 165	13 933	13 974	2 912	11 964 630
94	6 464 131	4 851 124	111 200	70 550	132 000	42 865	22 493	17 232	2 903	11 714 496
95	6 428 888	6 509 713	133 440	80 000	214 800	48 671	22 125	17 051	3 609	13 958 297
96	7 985 807	6 571 026	191 200	81 570	339 765	56 327	30 858	20 395	2 536	15 279 484
97	7 422 292	7 126 341	360 960	110 000	309 626	71 487	34 220	23 303	1 944	15 951 173
98	7 252 714	8 070 425	414 400	180 000	323 142	71 016	41 553	25 789	2 021	16 381 060
99	7 476 281	8 640 098	246 400	250 000	324 681	123 267	70 212	27 027	2 247	17 160 213
1900	8 334 289	9 927 101	425 600	250 000	326 334	141 252	113 529	50 375	1 683	19 570 163
01	9 089 984	11 157 078	624 800	270 000	452 200	187 423	145 484	44 095	3 256	21 974 320
02	11 628 665	10 550 745	800 000	310 000	576 060	211 874	156 880	49 715	4 074	24 288 023
03	13 160 435	9 902 454	869 840	384 302	727 971	328 843	126 284	58 402	83 872	25 643 403
04	15 335 318	10 823 618	1 049 087	500 561	827 117	443 496	184 968	83 490	88 636	28 796 261
05	17 648 003	7 335 381	1 200 000	614 870	801 796	541 960	175 745	78 869	90 000	28 486 424
06	16 784 602	7 833 340	1 152 122	887 091	727 239	543 101	227 532	76 954	92 839	28 315 820
07	22 149 862	8 247 795	1 116 946	1 129 097	1 175 974	579 316	268 129	106 379	258 737	35 032 235
08	23 942 997	8 291 526	1 143 243	1 147 727	1 754 022	672 938	276 124	141 900	681 756	38 052 233
Zus.	261 670 419	160 596 490	9 881 158	6 984 695	10 040 602	4 178 459	1 980 944	951 733	1 242 817	457 531 322

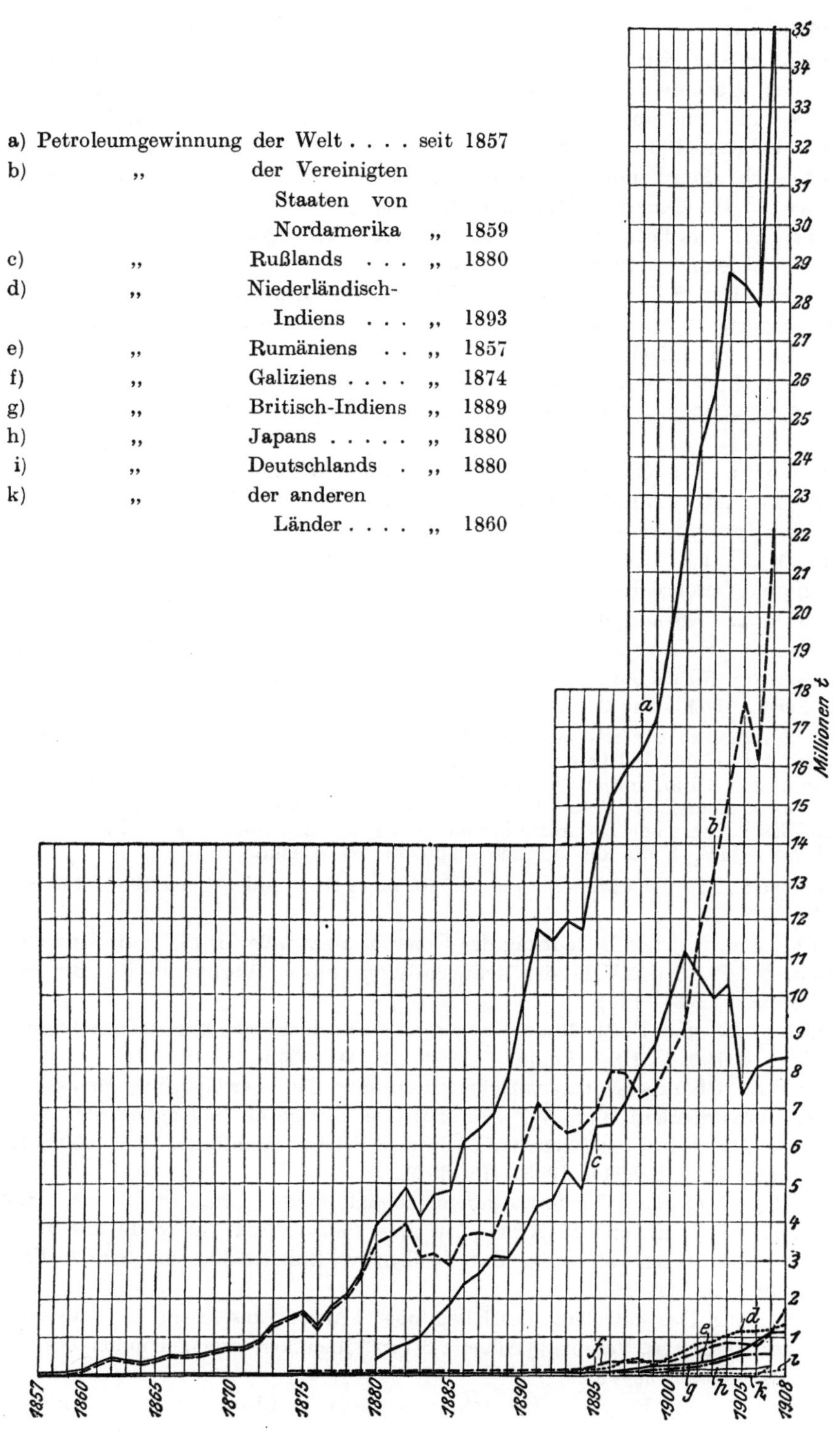

Fig. 183.
Die Entwicklung der Weltproduktion von Petroleum.
(Nach F. W. Möller in „Technik und Wirtschaft" 1910, S. 362).

B r o d h e a d , G. C.: Bitumen and oil rocks. The Amer. Geologist 1904. Vol. 33. Nr. 1. S. 27—35. (Theories regarding oil formation; bitumous rocks in Missouri; prospecting for oil; oil zones; some remarkable oil districts; bitumen in ancient time.)

B u k o j e m s k i , W.: Westafrikanische Bitumen- und Petroleumfunde. „Petroleum" 1908. S. 1070—1072.

C l a p p , F. G.: Studies in the application of the anticlinal Theory of Oil and Gas Accumulation. Econ. Geology 1909. S. 565—570. (Entgegnung an M. J. M u n n.)

C o s t e , E.: The volcanic origin of oil. Transact. Amer. Inst. of Min. Eng., Atlantic City Meeting, Februar 1904. 10 S.

C o s t e , E.: Petroleums and Coals. Compared in their Nature, Mode of Occurrence and Origin. Journ. of the Canadian Mining Inst. 1909.

C r a i g , C.: Die Petroleumfelder auf Trinidad (Auszug aus seinem in London gehaltenen Vortrage). „Petroleum". 1906. S. 86—88.

C z a r n o c k i , S.: Geologische Forschungen im Erdölgebiet von Kuban, Blatt Nephtjanaja-Schirwanskaja. (Russisch und deutsch.) St. Petersburg 1909. Mémoires du Comité Géologique. 79 S. m. 1 farb. Karte. Pr. 4,50 M.

D a l t o n , L. V.: A sketch of the Geology of the Baku and European Oil Fields. Econ. Geol. 1909. S. 89—117 m. 11 Fig. u. 1 Taf. Bespr. in Organ d. V. d. Bohrtechn. 1909. S. 229 bis 231.

D a l t o n , L. V.: On the Origin of Petroleum. Econ. Geol. IV. 1909. S. 603—631.

D e m a r e t , L.: L'Industrie du Pétrole en 1903, 1904, 1905. Extrait du 2e Fascicule des Annales des Travaux publics de Belgique (Avril 1907). 20 S. m. 14 Fig.

D e m a r e t , L.: Les principaux gisements de pétrole du monde. Ann. des Travaux publ. de Belgique. Octobre 1903. Bruxelles, J. Goemaere, 1904. 63 S. m. 34 Fig. — L'industrie du pétrole en 1902. Ebenda, Februar 1904. 12 S. m. 1 Fig.

D e m a r e t - F r e s o n , J.: Étude sur les gisements du pétrole. Brüssel 1905. Pr. 3 M.

D e m a r e t - F r e s o n , J.: Les champs de pétrole des États-Unis d'Amérique. Mons, Belgien, P. Périn, 1905. Pr. 3 M.

> Sommaire: Statistique générale et mondiale au pétrole. — Production détaillée des Etats-Unis. I. Etats de l'Est: New York, Pennsylvanie, West-Virginie, Kentucky, Tennessee, Ohio, Indiana: bassin des Apalaches et bassin de Lima. II. Etats du Sud: Texas et Louisiane: Plaine côtière du Golfe de Mexique. III. Etats du Centre: Groupe de l'Est: Kansas et Territoire indien. — Groupe de l'Ouest: Wyoming, Colorado et New Mexico. IV. Etats de l'Ouest: Californie et Alaska.

D e m a r e t , L.: Les gisements pétrolifères de la Roumanie. Paris 1908. 148 S. m. 26 Fig. u. 3 Taf. Pr. 8.50 M.

D i t t h o r n , F.: Die Bedeutung der Donauwasserstraße für die Petroleumeinfuhr. Verbandsschriften, N. F. Nr. XVIII des deutsch-österr. ungar. Verbandes für Binnenschiffahrt. Berlin, A. Troschel, 1903. 17 S.

D o n a t h , E., und B. M. M a r g a s c h e s: Zur Untersuchung der „Asphalte". Chem. Industrie 1904. Heft 9. „Braunkohle". 1904. S. 341—343.

D o ß , B r.: Über das Naturgas-Bohrloch auf dem Gute der Gebrüder Melnikow im Kresie Nowo-Usensk, Gouvernement Samara. Annuaire Géologique de la Russie 1908. S. 216—220.

D z i u k , A.: Übersichtskarte vom Ölrevier Wietze-Steinförde. 1 : 4000. II. Auflage. Hannover, Schmorl & v. Seefeld, 1905. Pr. 20 M.

E l d r i d g e , G. H.: The formation of asphalt veins Econ. Geol. 1906. S. 437—444.

E l d r i d g e , G. H., and R. A r n o l d: The Santa Clara Valley, Puente Hills and Los Angeles oil districts Southern California. U. S. Geol. Surv., Bull. Nr. 309. 220 S. m. 17 Fig. u. 41 Taf. „Petroleum" 1908. S. 297—299.

E n g l e r , C.: Das Petroleum des Rheintales. (Auszug aus einem S.-A. aus dem XV. Bd. der Verhandl. des Naturwiss. Vereins.) Allgem. österr. Chemiker- und Techniker-Ztg. XXIV vom 1. April 1906. S. 49—50, 58—61.

E d g l e r , C.: Zur Frage der Entstehung des Erdöls. Chemiker-Ztg. 30. 1906. S. 711 ff. Auszug „Petroleum". 1906. S. 14; Allgem. österr. Chemiker- und Techniker-Ztg. XXIV. 1906. S. 137—139.

E n g l e r , C.: Die neueren Ansichten über die Entstehung des Erdöls. (S.-A. a. „Petroleum" 1907. Nr. 20—23 und aus der Deutschen Festschr. zum III. Intern. Petroleumkongreß in Bukarest.) Berlin, Verlag für Fachliteratur, 1907. 67 S. Pr. 2 M.

E n g l e r , C., und H. H ö f e r: Das Erdöl, seine Physik, Chemie, Geologie, Technologie und sein Wirtschaftsbetrieb. Bd. 2.: H . H ö f e r: Die Geologie, Gewinnung, und der Transport des Erdöls. Leipzig, S. Hirzel, 1909. 967 S. m. 307 Abb. u. 26 Taf. Pr. geh. 46 M, in Leinw. 50 M.

Erdmann, E.: Zwei neuere Gasausströmungen in deutschen Kalisalzlagerstätten. „Kali" 1910, Heft 7.

Fennemann, N. M.: Die Texas-Louisiana-Petroleumfelder. „Petroleum" 1906. S. 88—92.

Fennemann, N. M.: Oil fields of the Texas-Louisiana gulf coastal plain. U. S. Geol. Surv., Bull. Nr. 282. Washington 1906. 146 S. m. 15 Fig. u. 11 Taf.

Fennemann, M.: Oil fields of the Texas-Louisiana coastal plain. Mining Magazine 1905. Vol. XI. S. 313—322 m. 4 Fig.

Frochot: Les pétroles dans l'Amérique du Sud. Soc. de l'Ind, min. Comptes rendus mens. 1907. S. 37—53.

Gale, H. S.: Geology of the Rangely oil district Rio Blanco County, Colorado, with a section on the water supply. U. S. Geol. Surv., Bull. Nr. 350. Washington 1908. 61 S. m. 4 Taf. und 1 Fig.

Gautier, A.: La genèse des eaux thermales et ses rapports avec le volcanisme. Ann. des mines. T. IX. 1906. S. 316—370.

Giesen, W.: Die Vergeudung der natürlichen Hilfsquellen in den Vereinigten Staaten Nordamerikas und die zukünftigen Quellen der Kraft. Technik und Wirtschaft 1910, S. 96—108 und 167—174 m. 1 Kartenskizze.

Goulichambaroff, S.: Die Bedeutung des Petroleums für die Weltindustrie und den Welthandel. „Petroleum" 1905. S. 1—4.

Grzybowski, J.: Boryslaw. (Une monographie géologique). Eine Monographie mit XII Folio-Tafeln, erschienen in Erläuterungen zum Geolog. Atlas Galiziens. Heft XX. Mémoire présenté par M. F. Kreutz. Anzeiger der Akademie der Wissenschaften in Krakau. Math.-naturw. Klasse 1907. S. 87—124 m. Taf. III u. IV.

> I. Der Karpatenrand zwischen Nahujowice und Truskawiec S. 87. II. Die Stratigraphie der Randzone S. 91. III. Die Erdwachsgruben S. 99. IV. Die Ölgruben S. 103. V. Die Tektonik der Randzone und Schlußbemerkungen.

Handbuch der Petroleumindustrie. Jahrg. 1910. Berlin, Kuxen-Zeitung. 204 S. (Auch zusammen mit „Handbuch der Kaliwerke, Salinen und Tiefbohrunternehmungen".)

Heck, P.: Die deutsche Erdölindustrie. Aachen, Aachener Verlagsgesellschaft, 1908. 103 Seiten.

Hill, J. B., and D. A. McAlister with petrological notes by J. S. Flett: The geology of Falmouth and Turro and of the mining district of Camborne and Redruth (West Cornwall). Mem. Geol. Surv. of England and Wales. Explanation of sheet 352. London, Wyman & Sons, 1906. 335 S. m. 65 Fig. u. 24 Taf.

> I. Geology: Kap. 12: Economic resources (excluding the ores) S. 104. II. Mining: Kap. 13: Geology of the mineral area S. 113; Kap. 14: Natural history of the Iodes S. 125; Kap. 15: Cross-courses, Cross-flucans, and slides S. 157; Kap. 16: Natural history of the ores S. 161; Kap. 17: The mines S. 205; Kap. 18: Mining economics S. 258. Appendix: Bibliography S. 315.

Höfer, H.: Die Geologie, Gewinnung und der Transport des Erdöls. Bd. 2 von: Das Erdöl, seine Physik, Chemie, Geologie usw. Herausgegeben von C. Engler und H. Höfer. Leipzig, S. Hirzel, 1909. 967 S. m. 307 Abb. u. 26 Taf. Pr. geh. 46 M., in Leinw. 50 M.

Höfer, H.: Die Entstehung der Erdöllagerstätten. Mitt. d. Geol. Ges. Wien 1909. S. 136—147. Österr. Zeitschr. f. Berg- und Hüttenw. 1909. S. 331—336.

Höfer, H.: Das Erdöl auf den malaiischen Inseln. Österr. Zeitschr. f. Berg- und Hüttenw. 1905. S. 15—17, 31—33, 45—47, 62—64, 74—77,

> I. Borneo S. 16. II. Timor S. 62. III. Rotti S. 63. IV. Saman und Kambing S. 64. V. Seran (Ceram, Serang) S. 64. VI. Celebes S. 74. VII. Batjan S. 75. VIII. Neu-Guinea S. 75. — Allgemeines über Schlammvulkane S. 75. IX. Philippinen S. 75. IXa. Panay S. 76. IXb. Cebú S. 76. IXc. Leyte S. 77. IXd. Mindanao S. 77.

Höfer, H.: Das Erdöl und seine Verwandten. Geschichte, physikalische und chemische Beschaffenheit, Vorkommen, Ursprung, Auffindung und Gewinnung des Erdöls. 2. Aufl. Braunschweig, F. Vieweg & Sohn, 1906. 296 S. m. 18 Fig. Pr. 10 M, geb. 11 M.

Höfer, H.: Die Erdölvorkommen in Mesopotamien und Persien. „Petroleum" I. 1906. S. 781—786, 819—824 m. 4 Fig.

Höfer, H.: Zur Wahl der Bohrpunkte in Erdölgebieten. (Vortrag, gehalten auf dem III. Internationalen Petroleumkongreß in Bukarest, September 1907.) „Petroleum" 1907. S. 57 bis 59 m. 5 Fig.

Höfer, H.: Das Erdölvorkommen auf der Insel Zante (Zakynthos), Ionische Inseln, Griechenland. Österr. Z. f. Berg- u. Hüttenw. 1905. S. 328—340.

H ö f e r , H.: Die Erdöllagerstätten in Alaska. „Petroleum" 1910, S. 741—746 m. 3 Fig.

H o i s e s c u, C.: Les eaux souterraines dans les régions pétrolifères. Congrès Intern. du Pétrole. 1907. Bukarest. 22 S. m. 4 Fig.

H o l o b e k , J.: Die Erdwachs- und Erdöllagerstätten in Boryslaw. Congrès géol. intern. Compte rendus de la IX. session. Wien 1903. Wien, Hollinek, 1904. S. 777—786.

H o r n u n g , F.: Über Petroleumbildung. Zeitschr. der Deutsch. Geol. Gesellsch. 57. Bd. 1905. S. 534—556. Monatsber. der Deutsch. Geol. Gesellsch. 1905. S. 534—556.

K i ß l i n g , R.: Laboratoriumsbuch für die Erdölindustrie. Eine gedrängte Schilderung der wichtigeren, in der Praxis des Erdölchemikers vorkommenden Untersuchungsmethoden. Halle 1908, W. Knapp. 82 S. m. 22 Abb. Pr. 3 M.

K i ß l i n g , R.: Das Erdöl, seine Verarbeitung und Verwendung. Eine gedrängte Schilderung des Gesamtgebietes der Erdölindustrie. Halle 1908, W. Knapp. 154 S. m. 30 Abb. Pr. 5,40 M.

K ö h l e r , H.: Die Chemie und Technologie der natürlichen und künstlichen Asphalte. Ein Handbuch der gesamten Asphalt-Industrie für Fabrikanten, Chemiker, Techniker, Architekten und Ingenieure. Braunschweig, F. Vieweg & Sohn, 1904. 433 S. m. 191 Fig. Pr. 15 M, geb. 16 M.

K o r i t k o , S t.: Karte von Boryslaw und Tustanowice. i. M. 1 : 10 000. Buchhandlung f. Fachlitteratur, Berlin. Pr. 20 M.

K w j a t k o w s k y , N. A.: Anleitung zur Verarbeitung der Naphta und ihrer Produkte. Autorisierte und erweiterte deutsche Ausgabe von M. A. R a k u s i n. Berlin, J. Springer, 1904. 145 S. m. 13 Fig. Pr. geb. 4 M.

L a n e , A. C.: III. Internationaler Petroleum-Kongreß: Salzwasser in Verbindung mit Petroleum. On. du petr. roumain 1907. Referat im „Organ des Vereins der Bohrtechniker" XV. 1908. S. 135—136.

L e i n w e b e r , B r.: Technische und wirtschaftliche Grundlagen der Erdölgewinnung in Österreich. „Petroleum" 1909. S. 378—384 m. 10 Fig.

L o z é , E.: Le pétrole et l'asphalte dans les Indes Occidentales Britanniques (Trinité et Barbade). Paris 1905. 8 S. Pr. 1 M.

M a l e n c o v i c , B.: Die Asphaltfrage, insbesondere die Nomenklaturfrage, vom Standpunkte des Hochbau- und Straßenbauingenieurs. „Baumaterialienkunde", Stuttgart 1906. S. 12—15.

M a n c a s , N.: Die Petroleum-Weltproduktion. Vortrag, gehalten auf dem III. Intern. Petroleumkongreß. „Petroleum" 1907. S. 217—220.

M a r c u s s o h n , J.: Zur Frage der Entstehung des Erdöls. Chem. Revue 1905. Heft 1. Referat in „Braunkohle" 1905. S. 672—673.

M a r t e l l , P.: Die Petroleum-Industrie auf Südost-Borneo. „Petroleum" 1908. S. 945 bis 947.

M a r t i n , G. C.: The petroleum fields of the Pacific coast of Alaska with an account of the Bering River coal deposits. U. S. Geol. Surv., Bull. Nr. 250. Washington 1905. 64 S. m. 3 Fig. u. 7 Taf.

M e n d e l , J.: Zur Lage der Hannoverschen Erdölindustrie. „Petroleum" 1905. S. 137 bis 140.

M e n d e l , J.: Die wirtschaftlichen Grundlagen der galizischen Erdölindustrie und ihrer Absatzgebiete. „Petroleum" 1910, S. 687—691.

M i a c z y n s k i , M.: Die geologischen Verhältnisse von Boryslaw und Tustanowice. Vortrag. Organ des Vereins der Bohrtechniker. Wien 1908. Nr. 20. S. 229—236 mit 21 Fig. Ref. „Petroleum" 1909. S. 739—743 m. 20 Fig.

M i c h a e l , R.: Über den Gasausbruch am Tiefbohrloch Baumgarten bei Teschen in Österreichisch-Schlesien. Monatsber. d. Deutsch. Geol. Ges. 1908. S. 286—291.

M i c h e l s: Die deutsche Erdölindustrie. „Glückauf" 1905. S. 421—431, 457—465.

M ü l l e r , W.: Das Erdöl im Elsaß. Allgem. österr. Chemiker- u. Techniker-Ztg. XXIV. 1906. S. 65—66, 74—75.

M u n n , M. J.: Studies in the application of the anticlinal theory of oil and gas accumulation. Econ. Geol. 1909. S. 141—157 m. 2 Fig.

M u n n , M. J.: The anticlinal and hydraulic Theories of Oil and Gas Accumulation. Econ. Geology 1909. S. 509—529. (Vgl. auch C l a p p.)

N i c o u , P.: Les calcaires asphaltiques du Gard. Ann. des mines 1906. T. X. S. 513—568 m. 16 Fig. u. Taf. XIX—XXI.

N o t h , J.: Petroleum-Vorkommen in der Umgebung von Sanok in Galizien. S.-A. a. d. „Allgemeinen österreichischen Chemiker- und Techniker-Ztg." 1908. 31 S. m. 20 Fig. u. 2 Übersichtskarten.

Ochsenius, C.: Erdöl- und Erzstudien. Allg. österr. Chemiker- u. Techniker-Ztg. 1903. Nr. 17, 18, 19, 20.

Odernheimer, E.: Untersuchung von Bohrproben auf Ölgehalt. Dinglers polyt. Journal. Bd. 311. Heft 4. S. 67 ff.

Oebbeke, K.: Erdölbohrung bei Tegernsee. Organ des Verein der Bohrtechniker. XIII, 1906, S. 207.

Oebbeke, K.: Bayern und die rumänische Petroleumindustrie. Festschrift f. d. III. Internationalen Petroleumkongreß, Bukarest 1907.

Oebbeke, K.: Beiträge zur Erdölgeologie. O. v. Brackel und J. Leiß, Der dreißigjährige Petroleumkrieg. Berlin 1903. S. 12—14, 207—209.

Oliphant: Über die Petroleum- und Ergdas-Industrie in den Vereinigten Staaten. Vortrag am Petroleumkongreß in Lüttich. „Tiefbohrwesen" 1905. III. S. 136—137, 145, 151—153, 160—162.

Pearson, Hugh: Argentinien und seine Öllager. The petroleum world März 1908. Referat in „Petroleum" III. 1908. S. 739—740.

Petit, V.: Guide du sondeur au pétrole. Géologie appliquée. Paris 1905. Mit 8 Taf. u. 15 Fig. Pr. 6 M.

Petrascheck, W.: Das Vorkommen von Erdgasen in der Umgebung des Ostrau-Warwiner Steinkohlenreviers. Verhandlungen der K. K. Geologischen Reichsanstalt 1908. S. 307 bis 312.

Phleps, O.: Geologische Beobachtungen über die im Becken Siebenbürgens beobachtete Vorkommen von Naturgasen mit besonderer Berücksichtigung der Möglichkeit des damit in Beziehung stehenden Petroleumvorkommens. Hermannstadt, F. Michaelis, 1905. 17 S.

Pirsson, L. v.: Rocks and rocks minerals. A manual of the elements of petrology without the use of the microscope for the geologist, engineer, miner, architect &c. and for instruction in colleges and schools. New-York, John Wiley & Sons, 1908. 414 S. m. 74 Fig. u. 36 Taf. Pr. 10 M.

Platsch: Die Petroleumindustrie im Elsaß und in Hannover. „Petroleum" 1906. S. 645—649.

Platz, G.: Die Naphthainsel „Tscheleken". „Petroleum" 1910, S. 821—824 m. 8 Fig.

Platz, H.: Galizische Erdölindustrie. Ungar. Montan-Ind.- und Handelsztg. Nr. 20. vom 5. Oktober 1904. S. 1.

Plock: Die Erdölindustrie Deutschlands. „Petroleum" 1905. S. 41—45.

Popovici, G.: Beitrag zur Kenntnis des rumänischen Petroleums. Geographische Verbreitung, geologische Verhältnisse und chemische Untersuchungen. Wien, W. Frick, 1904. 33 S. m. 1 Karte. — Ausführliche Besprechung von M. A. Rakusin in „Petroleum" 1906. II. S. 133—134.

Potonié, H.: Die Entstehung des Petroleums. „Petroleum" 1905. S. 73—76 mit 3 Figuren.

Potonié, H.: Über die Entstehung des Petroleums. Naturw. Wochenschrift 1905. S. 599—603 m. 3 Fig.

Prutzmann, P. W.: Chemistry of California petroleum. Amer. Geologist. Vol. XXXV. 1905. S. 240—243.

Rakusin, M. A.: Die Untersuchung des Erdöles und seiner Produkte. Eine Anleitung zur Expertise des Erdöles, seiner Produkte und der Erdölbehälter. Braunschweig, F. Vieweg & Sohn, 1906. 229 S. m. 59 Fig. Pr. 12 M, geb. 13 M.

Rakusin, M.: Das Phänomen von Tyndall in seiner Bedeutung für die Mikroskopie und Geologie des Erdöles. „Petroleum" 1. 1906. S. 338—341.

Rakusin, M. A.: Über die Notwendigkeit systematischer chemisch-geologischer Erdölstudien. (Zugleich als Antwort an Herrn Leo Ubbelohde.) „Petroleum" V. 1909. S. 81—86.

Redwood, B.: Petroleum. Treatise on geographical distribution, geological occurence, chemistry, production and refining of petroleum. 2nd edition. 2 vol. London 1906. 1068 S. m. Fig., Taf. u. Karten. Pr. geb. 46,50 M.

Richardson, C.: Die Petroleumarten Nordamerikas. Vergleich der Eigenschaften solcher aus ältern und neueren Fundstätten. The Journal of the Franklin Inst. 1906. II. Heft 1 und 2. Referat: „Petroleum" 1906. S. 193—196.

Roth von Telegd, L.: Bericht über den in Bukarest abgehaltenen III. Internationalen Petroleumkongreß. Jahresbericht d. Kgl. Ungar. Reichsanstalt für 1907. Budapest 1909. Deutsche Ausg. S. 315—325.

S a l o m o n , W.: Asphaltgänge im Quarzporphyr von Dossenheim bei Heidelberg. Oberrh. Geol. Verein. Bericht der 142. Versammlung. S. 116—122.

S c h e n k , E.: Das neue Petroleumfeld in Chubut, Argentinien und seine Bedeutuug für die Zukunft. Südamerikanische Rundschau 1909. Nr. 11. Besprechung in „Petroleum" 1909. Nr. 15. S. 875—876.

S c h m i d t , C.: Notiz über das geologische Profil durch die Ölfelder bei Boryslaw in Galizien. Vortrag. Verhandlungen der Naturforsch. Gesellsch. in Basel 1904. Bd. XV. S. 415 bis 424 m. Taf. VII.

S c h o r r i g , E.: Neuere Theorien über die Entstehung des Petroleums. „Petroleum" 1906. S. 41—43.

S c h u l t z (Santa Cornelia): Die Ölvorkommen in Argentinien. „Petroleum" 1906. Nr. 14. S. 805—806.

S c h w a r z , P.: Ein Reichspetroleummonopol ? Berlin, Verlag für Fachlitteratur, 1908. 36 S. Pr. 1,50 M.

S i m m e r s b a c h , B.: Die neueren Petroleumvorkommen in Californien. Preuß. Zeitschrift für das Berg-, Hütten- und Salinenw. 1904. 52. Bd. S. 245—264 m. 5 Fig.

S o r g e , R.: Das Spülbohren nach Erdöl. Organ des Vereins der Bohrtechniker 1906. XIII. S. 217—220, 229—232, 241—244 m. 6 Fig. — „Tiefbohrwesen" 1906. IV. S. 150—152, 161—164, 169—171 m. 6 Fig. — „Glückauf" 1906. S. 1411—1419 m. 6 Fig. — „Petroleum" 1906, II. S. 1—4, 50—53, 92—95 m. 6 Fig.

S o r g e , R.: Tiefbohrtechnische Studien über Ölgruben-Betrieb und Spülbohrung. Aus dem Nachlaß herausgegeben von H e r m a n n S o r g e. Berlin, Verlag für Fachliteratur, 1908. 159 S. m. 33 Fig. u. 1 Porträt. Pr. geb. 6 M.

S p e r b e r , O.: Die Petroleumvorkommen Südamerikas. „Petroleum" 1906. S. 140 bis 142 m. 3 Fig.

S t a h l , A. F.: Über die Lagerungsverhältnisse des Erdöls. „Chemiker-Zeitung" 1906. S. 346. „Petroleum" 1906. S. 483—484.

S t e u a r t , D. R.: The shale Oil Industry of Scotland. Econ. Geol. 1908. S. 573 bis 598 m. 10 Fig.

S t e w a r t , P. C. A.: Notes on the Roumanian oil-fields. Bi-Monthly Bull. Amer. Inst. of Min. Eng. 1906. Nr. 10. S. 517—522 m. 3 Fig.

S t r e m m e , H.: Das Erdöl und seine Entstehung. Leipzig, F. Engelmann, 1906. Pr. 0,50 M.

S t r e m m e , H.: Regelmäßigkeit in der Lagerung des Erdöls. „Petroleum" 1908. S. 891—893 m. 1 Fig.

S t r i s c h o f f , J.: Neue geologische Untersuchungen in der Naphtha-Lagerstätte von Grosny. Grosny, Kaukasus. 31 S. (In russischer Sprache.)

S t r i s c h o f f , J.: Die Schnelligkeit des Bohrens in den Grosny-Ölgruben. Grosny (Kaukasus) 1909. 10 S. m. 2 Tab. (In russischer Sprache.)

S t r i s c h o f f , J.: Die geologischen Anzeichen ergiebiger Naphtalagerstätten. Grosny (Kaukasus) 1909. 12 S. (In russischer Sprache.)

S t r i s c h o f f , J.: Geologie der Naphthalagerstätte von Berekei im Daghestan. Grosny (Kaukasus) 1909. 14 S. (In russischer Sprache.)

S t r i s c h o f f , J.: Wie kann man Naphtha von mehreren Schichten in einem Bohrloche gleichzeitig zusammenziehen. Grosny (Kaukasus) 1908. 7 S. m. 1 farb. Prof. (In russischer Sprache.)

S t u r d z a , D.: La question du pétrole en Roumanie. Berlin, Puttkammer & Mühlbrecht, 1906. 92 S.

S t u r d z a , D.: Die Petroleumfrage in Rumänien. „Petroleum", 1905. S. 177—180, 216—219, 251—254 (s. auch S. 194—197).

S w o b o d a , J.: Über den Ursprung des Erdöls. „Petroleum" 1906. S. 209—212.

S z a j n o c h a , L.: Die Petroleumindustrie Galiziens. II. Auflage. Krakau, Verlag des Galizischen Landesausschusses, Universitäts-Buchdruckerei 1905. 34 S. m. 3 statist, Tab. u. 1 Übersichtskarte. Pr. 1.50 M.

T e c k l e n b u r g : Über Gewinnung elektrischer Energie aus Tiefbohrlöchern. Österr. Zeitschr. f. Berg- und Hüttenw. 1907. S. 497—501. — „Stahl und Eisen" 1907. S. 1366. — Berg- und Hüttenm. Rundschau IV. 1907. S. 42—45. — „Tiefbohrwesen" V. S. 151—152, 158—160.

T e c k l e n b u r g , T.: Über das Auffinden bauwürdiger Petroleumlager. Vortrag, geh. auf der XVIII. intern. Wandervers. der Bohringenieure in Hannover am 19. September 1904. Organ des Vereins der Bohrtechniker Nr. 19. vom 1. 10. 04. S. 4—9. „Tiefbohrwesen" II. 1904. S. 143—148.

T h i e ß , F.: (Nach russischen Quellen.) Die Erdölindustrie und Erdöllagerstätten Rußlands. Allgem. österr. Chem.- und Techn.-Ztg. vom 15. April 1905. S. 3—6.

T h i e ß , F.: Die Erdölvorkommen in Rußlands mittelasiatischen Besitzungen. „Petroleum" 1906. S. 337—338.

T h o m p s o n , A. B.: III. Internationaler Petroleum-Kongreß: Bemerkungen über das unregelmäßige Petroleumvorkommen. Referat im Organ des Vereins der Bohrtechniker XV. 1908. S. 136—138, 149—152.

T h o m p s o n , A. B.: Petroleum Mining and Oilfield Development. London 1910. 382 S. m. Fig. Pr. 10,50 M.

T h ü r a c h , H.: Über die deutsche Erdölproduktion. Organ des Vereins der Bohrtechn. Nr. 3 vom 1. Februar 1904. S. 6—8.

T o b l e r , A.: Topographische und geologische Beschreibung der Petroleumgebiete bei Moeara Enim, Süd-Sumatra. Amsterdam, Tijdschr. Qardrijksk 1906. 117 S. m. 4 Karten und Tafeln. Pr. 6 M.

T s c h a r n i t z k y , S.: Geologische Untersuchungen des Kubanischen Naphthabassins. St. Petersburg 1909. 72 S. m. 1 Karte. Pr. 5.50 M. (In russischer Sprache.)

T s c h e r n o w , A. A.: Über die geologischen Lagerungsverhältnisse des Erdöls im Petschoragebiet. Ann. géol. de la Russie T. XI. livr. 1—3. 1909. (Leipzig, M. Weg.) S. 22—25. Preis 7 M.

T u l t s c h i n s k y , K.: Die Petroleumfelder auf Sachalin. St. Petersburger offizielle Handels- und Industrie-Ztg. vom 3. März 1907. „Petroleum" 1907. S. 496—498.

U b b e l o h d e , L.: Bemerkungen zu einigen Arbeiten R a k u s i n s über das geologische Alter und über die optische Aktivität des Erdöls. „Petroleum" 1909. IV. S. 1394—1397. (Antwort hierauf siehe unter R a k u s i n.)

V e a t c h , A. C.: Geography and Geology of a portion of Southwestern Wyoming with special reference to coal and oil. U. S. Geol. Surv., Prof. Paper Nr. 56. Washington 1907. 178 S. m. 9 Fig. u. 27 Taf.

V i c a i r e , A.: Les gisements pétrolifères des États Unis. Bull. Soc. l'ind. Min. 1907. Tome VII. S. 433—488 m. 8 Fig. II. Texas et Louisiane. — I. (s. d. Z. 1907, S. 68).

V i c a i r e , A.: Les gisements pétrolifères des États-Unis. Bull. Soc. l'ind. Min. 1905. Tome IV. S. 681—849 mit 11 Fig. u. Taf. I—V.

      Historique des gisements pétrolifères américains S. 693; Principes généraux de la géologie du pétrole S. 707; Bassin des Appalaches S. 740; Bassin „Lima-Indiana" S. 782; Bassin de l'Ouest Intérieur S. 817.

V i l l a r e l l o , J u a n D.: Datos relativos a varias regiones petroliferas de Mexico. Bol. Soc. geol. Mexicana Taf. IV. 1908. S. 43—57.

V i l l a r e l l o , J. D.: El Pozo de petroleo de Dos Bocas. Mexico 1909. Parerga Inst. Geol. 112 S. m. 27 Taf.

v. W a h l , A.: Versuch einer geologischen Erklärung der Erdölbildung. „Tiefbohrwesen". II. Jahrg. S. 45—46, 53—54.

v a n W e r v e k e , L.: Über die Entstehung der Elsässischen Erdöllager. Abdr. a. d. Mitteil. d. Geol. Landesanst. von Elsaß-Lothringen. Bd. VI. Straßburg i. E., 1906. 30 S. m. 3 Fig.

W i c k e r s h e i m e r , E.: Considérations économiques sur l'exploitation du pétrole en Roumanie. Paris, H. Dunod et E. Pinat 1907. 60 S. Pr. 2 M.

W o d a k , H.: Das Petroleumvorkommen am Golf von San Jorge (Patagonien). „Tiefbohrwesen" VI. 1908. S. 171—174 m. 1 Kartenskizze.

W o l f f , K.: Der Asphalt. Deutsche Warenkunde I. 1906. S. 91. Bespr.: Zeitschr. f. angew. Chem. XIX. 1906. S. 1057—1058.

Z a r a n s k i , Zur Regierungsvorlage, betr. die Herstellung von Erdölreservoiren und sonstige Maßnahmen zur Regelung der Mineralölindustrie in Österreich. „Petroleum" 1910, S. 746—757.

2. Wasser, Mineralquellen, Tiefbau.

(Auch Kohlensäure; — Solquellen s. a. unter Salz S. 394.)

Wie gewinnt man gutes Trinkwasser ? Ein Beitrag zur Wasserversorgungsfrage unter Hinweis auf den Einfluß der Schwemmkanalisation auf die Beschaffenheit der Flüsse (F. S t r o e b e) L. 03: 40.

Über den Gebirgsbau und die Quellenverhältnisse bei Bad Nenndorf am Deister (H. S t i l l e) R. 03: 76.

Die Quellen in ihren Beziehungen zum Grundwasser und zum Typhus (A. G ä r t n e r) L. 03: 79.

Die Wünschelrute P. 03: 215.

Tage- oder Tiefenwasser? (B. D a r a p s k y) L. 03: 282.

Über die Deckgebirgsschichten des Ruhrkohlenbeckens und deren Wasserführung (A. M i d d e l s c h u l t e) R. 03: 241.

Über geologische Vorarbeiten für die Trinkwasserversorgung einiger Orte in Rhein-hessen (A. S t e u e r) L. 03: 250.

Die Mineralquellen im Taunus (R. D e l k e s k a m p) 03: 275.

Salzschlirf unweit Fulda. Beitrag zur Kenntnis der geognostischen Verhältnisse seiner Umgebung und seiner Heilquellen (H. E c k) L. 03: 282.

Wasserkissen (C. O c h s e n i u s) B. 03: 390.

Über den Ursprung der Thermalquellen von St. Moritz im Ober-Engadin (A. R o t h - p l e t z) L. 03: 396.

Heiße Quellen in Deutsch-Ostafrika (A. M a c c o) 03: 198.

Die Bedeutung der Geologie für die Balneologie (R. D e l k e s k a m p) 04: 202.

Geologisch-hydrologische Verhältnisse im Ursprungsgebiet der Paderquellen zu Pader-born (H. S t i l l e) L. 04: 143.

Hydrologische Untersuchung der belgischen Küste mit Rücksicht auf ihre Versorgung mit Trinkwasser (R e n é d' A n d r i m o n t) L. 04: 181.

Quellen am Monte Amiata (B. L o t t i) 04: 209.

Hydrothermale Tätigkeit in den Gängen zu Wedekind, Nevada (H. C. M o r r i s) R. 04: 245.

Über die Zusammensetzung der westfälischen Spaltenwässer unter besonderer Be-rücksichtigung des Baryumgehaltes (P. K r u s c h) P. 04: 252.

Der artesische Brunnen von Großzössen bei Borna, Bezirk Leipzig (C. G ä b e r t) 04: 261.

Über heiße Quellen (E. S u e ß) R. 04: 278.

Konzentrations-Bildungen durch Quellenabsatz (R. D e l k e s k a m p) 04: 293.

Über die Temperaturverhältnisse in dem Bohrloch Paruschowitz V (F. H e n r i c h) 04: 316.

Die nutzbaren Lagerstätten im Gebiete der mittleren sibirischen Eisenbahnlinie (W. F r i z) 05: 55.

Die Grundwasserverhältnisse zwischen Mulde und Elbe südlich Dessau und die prak-tische Bedeutung derartiger Untersuchungen (O. v. L i n s t o w) 05: 121.

Vorschlag zur Erhaltung der Insel Helgoland (L i e b e n a m) B. 05: 37.

Über die zur Wassergewinnung im mittleren und östlichen Taunus angelegten Stollen (A. v. R e i n a c h) L. 05: 83.

Tiefbohrtechnischer Verein für Deutschland P. 05: 192.

Die bakteriologische Wasseruntersuchung durch den Geologen (H. J a e g e r) 06: 299.

Wasserentziehungsprozesse (H. S c r i b a) N. 06: 85.

Über die Entstehung der Mineralquellen des mittelrheinischen Schiefergebirges (G r ü n - h u t) N. 06: 95.

Die Geschiebeführung der Flußläufe. Ein Beitrag zur Dynamik der Sinkstoffe (T. C h r i s t e n) 06: 4.

Über Grundwasserverhältnisse in der Umgebung von Bregenz am Bodensee (J. B l a a s) 06: 196.

Vadose und juvenile Kohlensäure (R. D e l k e s k a m p) 06: 33.

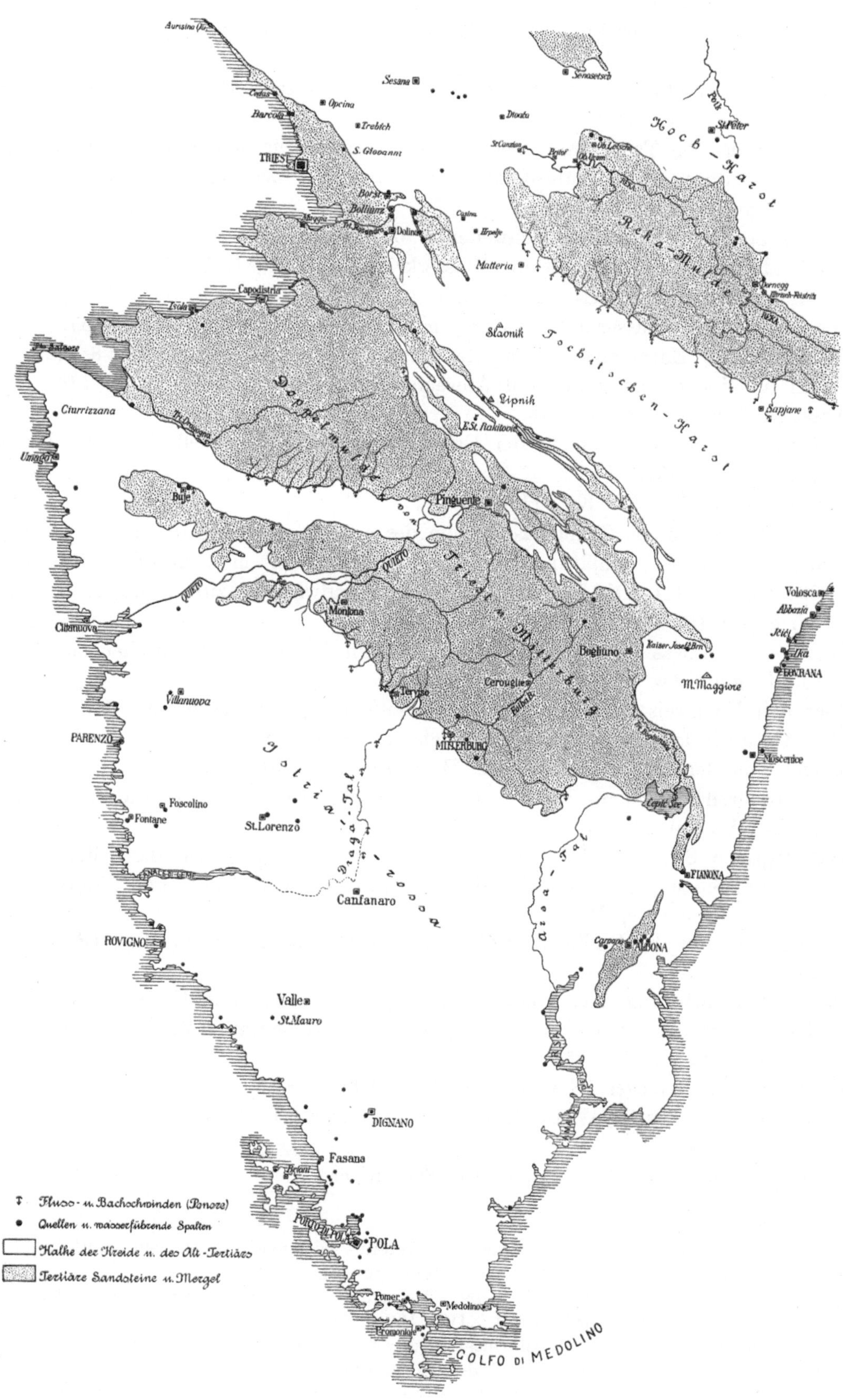

Fig. 184. Übersichtskarte von Istrien. Maßstab etwa 1 : 750 000.
(Nach L. Waagen; Text Z. 1910, S. 229.)

Zur Frage der Entwässerung lockerer Gebirgsschichten als Ursache von Bodensenkungen, besonders im rheinisch-westfälischen Steinkohlenbezirk (R. B ä r t l i n g) 07: 148.

Über die Grundwasserverhältnisse der Stadt Breslau (F. B e y s c h l a g und R. M i c h a e l) 07: 153.

Verbesserung von Trinkwasser und Gebrauchswasser für häusliche und gewerbliche Zwecke durch Aluminiumsilikate oder künstliche Zeolithe (R. G a n s) L. 256, Quellenschutz N. 07: 305.   [auch 07: 164.

Hydrographisches Bureau in Schweden P. 07: 271.

Finnlands nutzbare Lagerstätten: Wasserkräfte (G o e b e l) R. 07: 300.

Bildung des Saltonsees (H. E r d m a n n) N. 07: 391.

Zur Geologie der Wasserkräfte (B. S y m p h e r, A. K r a s n y) N. 08: 47.

Die Frage der Entmanganisierung des Trinkwassers (M i c h a e l) N. 08: 222.

Verein für Wasserversorgung und Abwässerbeseitigung zu Berlin P. 08: 136.

Wasserprüfanstalten P. 08: 448.

Fortschritte auf dem Gebiete der Erforschung der Mineralquellen (R. D e l k e s - k a m p) 08: 401.

Grundwasserstudien (K. K e i l h a c k):

    I. Der artesische Grundwasserstrom des unteren Ohretales 08: 458. — II. Über die Grundwasserverhältnisse des Südwestfriedhofes in Stahnsdorf bei Berlin 09: 405. — III. Die Beziehungen des Grundwassers zur Land- und Forstwirtschaft 10: 125.

Über die Grundwasserversorgung der Stadt Oranienbaum am Finnischen Meerbusen (J. J e g u n o w) 09: 43.

Über den Nachweis unterirdischer Wasserläufe (F. C o r n u) B. 09: 144.

Über Gasausbrüche beim Tiefbohrbetriebe (K u k u k) 09: 52.

Einiges aus der Tunnelgeologie (A. H e i m) N. 09: 182.

Die neueren Quellen- und Grundwassertheorien (Kondensationstheorien) (E. K o h l e r) 10: 23.

Hydrologische Studien. Über den Schutz der Heilquellen zu Bad Steben und von Langenau gegen schädigende Einwirkungen von Grab- und Bohrarbeiten (A. S c h w a g e r) R. 10: 32.

Die Bestimmung der Radioaktivität von Mineral- uod Thermalquellen (F. G u d - z e n t) 10: 147.

Über die Einwirkung von kohlensäurehaltigem Wasser auf Gesteine und über den Ursprung und Mechanismus der kohlensäureführenden Thermen (F. H e n r i c h) 10: 85.

Der Grundwasserspiegel (H a e d i c k e) 10: 209.

Karsthydrographie und Wasserversorgung in Istrien (L. W a a g e n) 10: 229. — Vgl. Fig. 184.

Juvenile Quellen (O. S t u t z e r) 10: September.

Fernere Literatur:

    Le Acque Minerali d' Italia. Ministero dell' Interno. Direzione generale della Sanità Pubblica. Roma. Rossi e Bonanno. Editori. 1907. 4⁰. 388 S. mit Fig.

    A d a m s, F. D., and O. E. L e r o y: The artesian and other deep wells on the Island of Montreal. Geol. Surv. of Canada. Vol. XIV. 1904. 74 S. m. 6 Fig. u. 3 Taf.

    d'A n d r i m o n t, R.: L'Alimentation des Nappes aquifères. Ann. de la Soc. géol. de Belgique. T. XXXI. Mém. 1904. S. 185—213 m. 5 Fig.

    d'A n d r i m o n t, R.: Note sur les causes et l'intensité du jaillissement d'eau que donnent les nappes captives, lorsqu'elles sont atteintes par un forage dit artésien. Ann. de la Soc. géol. de Belgique. T. XXXI. Mém. 1904. S. 215—218.

d'A n d r i m o n t, R.: L'allure des nappes aquifères contenues dans les terrains perméables en petit, au voisinage de la mer. Résultats des recherches faites en Hollande démontrant l'exactitude de la thèse soutenue par l'auteur, en ce qui concerne le littoral belge. Ann. Soc. Géol. de Belgique. T. XXXII. Mém. 1905. S. 101—113 m. 2 Fig.

d'A n d r i m o n t, R.: Note préliminaire sur une nouvelle méthode pour étudier expérimentalement l'allure des nappes aquifères dans les terrains perméables en petit. Application aux nappes aquifères qui se trouvent en relation directe avec les eaux de la mer. Ann. Soc. Géol. de Belgique. T. XXXII. Mém. 1905. S. 115—120 m. 4 Fig.

d'A n d r i m o n t, R.: De l'utilité d'etudier et d'aménager les resources en eau potable des pays neufs en vue de favoriser l'expansion coloniale sur leur territoire. Congrès intern. d'expansion économique mondiale. Mons 1905. Sect. I. 58 S.

d'A n d r i m o n t, R.: Note sur les conditions hydrologiques de la Campine. Rev. univers. des mines 1905. T. IX. S. 27—39 m. 1 Fig.

d'A n d r i m o n t, R.: Les échanges d'eau entre le sol et l'atmosphère la circulation de l'eau dans le sol. Congr. intern. de la Géol. appl. Liége 1905. T. I. S. 143—169 m. 10 Fig.

d'A n d r i m o n t, R.: La science hydrologique, ses méthodes, ses récents progrès, ses applications. Rev. univ. des mines 1906. T. XIV. S. 148—203, 254—311 m. 57 Fig.

d'A n d r i m o n t, R.: Sur la circulation de l'eau des nappes aquifères contenues dans les terrains perméables en petit. (2me Note). Extrait des Ann. de la Soc. Géolog. de Belg. te XXXIII. Mémoires. Liége 1906. 14 S. m. 17 Fig.

d'A n d r i m o n t, R.: Les eaux émergant des calcaires aux environs de Marche. Bull. Soc. Belge de Géol. 1908. S. 91—102 m. 6 Fig.

A n k l a m: Die Wasserversorgung Berlins. Gesundheitsingenieur vom 26. 1. 07. S. 53—59.
Geschichtliches; Bau des Stralauer Werkes; Das Werk Müggelsee; Grundwasserversorgung.

A n o n y m: Die Erschöpfung des Erdbodens an Grundwasser. Intern. Mineralquellen-Ztg. 1903. Nr. 81. S. 2.

A u f s e l s, O t t o F r e i h e r r v o n u n d z u: Die physikalischen Eigenschaften der Seen. Fr. Vieweg & Sohn, Braunschweig. 8⁰ mit 36 Fig. Preis geb. 3,60 M.

A s c h o f f, C a r l, Dr. phil.: Die Kreuznacher Solquellen und ihre Zusammensetzung. Sonderabdr. d. Balneologischen Zentralzeitung Nr. 13—14. 1905.

A s c h o f f, K a r l: Über die Radioaktivität der Kreuznacher Solquellen. Zeitschr. f. öffentl. Chem. XV, 1905. 11 S. mit 5 Fig.

A s c h o f f, K a r l: Das Vorkommen von Radium in den Kreuznacher Solquellen. Münch. Med. Wochenschr. Nr. 11, 1905. 1 Fig.

A s c h o f f, K a r l: Radium aus den Kreuznacher Solquellen. Balneolog.-Ztg. Berlin. 18, Nr. 20, 1907.

A s c h o f f, K a r l: Über die Radioaktivität der Heilquellen. Zeitschr. f. öffentl. Chem. H. 21, 1906 mit 8 Fig.

B a u m: Die neueste Entwicklung der Wasserhaltung: Versuche mit verschiedenen Pumpensystemen. Berlin, J. Springer, 1905. 116 S. m. 63 Fig. u. 9 Taf. Pr. 4 M.

B e e r: Die Wasserversorgung Berlins. „Ingenieurwerke in und bei Berlin". Festschrift zum 50 jährigen Bestehen des Vereins deutscher Ingenieur, Berlin 1906. S. 184—202 m. 10 Fig.

B o u c a r t, F. E.: Les lacs alpins suisses. Étude chimique et physique. Genf, Georg & Co., 1906. 130 S. m. 22 Fig.

B r a u e r, R.: Praktische Hydrographie. Hannover, M. Jänecke. 1907. 233 S. m. 24 Tab. u. 38 Fig. Pr. geh. 3.80 M.

v a n d e n B r o e c k, E.: L'étude des eaux courantes souterraines (eaux alimentaires en régions calcaires) par l'emploi des matières colorantes (fluorescéine). Discussion sur la vitesse de propagation des eaux souterraines et de la fluorescéine dans les cannaux et fissures des terrains calcaires avec un exposé synthétique résumant les points acquis au cours de cette étude. Soc. Belge de Géol. Brüssel, April 1904. 213 S. m. mehreren Figuren.

B u b e n d e y, J. F., P. G e r h a r d t und R. J a s m u n d: Die Gewässerkunde. I. Bd. von: Der Wasserbau. (3. Teil des Handbuchs d. Ingenieurwissenschaften.) 4. vermehrte Aufl. Leipzig, W. Engelmann, 1906. 1. u. 2. Lieferung.

C h e l i u s, C.: Geologischer Führer durch den Vogelsberg, seine Bäder und Mineralquellen. Gießen, E. Roth, 1905. 110 S. m. 30 Fig., 2 Prof. u. 1 geolog. Karte i. M. 1 : 280943. Preis 2 M.

C h e l i u s, C.: Die Mineralquellen zu Auerbach a. d. Bergstraße. Gewerbeblatt f. d. Großherzogtum Hessen. 68. 1905. S. 336—338.

C l a r , C.: Vorlesungen über Balneologie, gehalten an der Wiener Universität. Bearbeitet und herausgegeben von E. E p s t e i n. Mit 38 Abbild. u. 3 Taf. Wien, F. Deuticke, 1907.

C o r t e s e , E.: Sopra alcune ricerche di aqua di soltosuolo presso Portoferraio, Elba. Giornale di Geol. Pratica. Genua 1903. Vol. I. S. 21—31 m. 1 Taf.

D a r a p s k y , L.: Altes und Neues von der Wünschelrute. Leipzig, F. Leineweber, 1903. Pr. 1,50 M.

D a r a p s k y , L.: Tage- oder Tiefenwasser? Leipzig, F. Leineweber, 1903. 32 S. Pr. 1 M.

D a r a p s k y , L.: Enteisenung von Grundwasser. S.-A. aus „Gesundheit". Leipzig, F. Leineweber, 1905. 104 S. m. 3. Diagr. u. 5 Abb.

D a r a p s k y , L.: Das Gesetz der Eisenabscheidung aus Grundwässern. Leipzig, F. Leineweber, 1906. 39 S.

D e l k e s k a m p , R.: Die Emser Thermen und ihre Neufassung. Internat. Mineralquellen-Ztg. Wien. Nr. 159.

D e l k e s k a m p , R.: Die Herkunft der natürlichen Kohlensäure. Zeitschr. f. d. gesamte Kohlensäure-Industrie. Berlin 1906. Nr. 18—21. Als Sonderabdruck erschienen. Berlin 1907. — In mehreren Übersetzungen.

D e l k e s k a m p , R.: Beiträge zur Kenntnis von der Entstehung der natürlichen Kohlensäure. I. Allgemeine Übersicht. Zeitschr. f. d. gesamte Kohlensäure-Industrie. Berlin März 1910.

D e l k e s k a m p , R.: Über die Herkunft des Salzgehaltes der natürlichen Mineralquellen. Kali 1908. Heft 24. S. 533—41.

D e l k e s k a m p , R.: Über die Herkunft des Salzgehaltes der Kochsalzquellen und die Beziehungen desselben zu den Salzlagerstätten. „Kali" 1909. Heft 2—3. S. 25—32, 49—58.

D e l k e s k a m p , R.: Die Beziehung der Mineralwässer zum Grundwasser. Zeitschr. f. die gesamte Wasserwirtschaft 1909. Heft 3.

D e l k e s k a m p , R.: Sulfatfreie Quellen. Internationale Mineralquellen-Zeitung Wien. 1908, Nr. 215—216.

D e l k e s k a m p , R.: Vorläufige Bemerkungen zu H. W. von Knebels Aufsatz: Über die Herkunft des Wassers heißer Quellen. Dass. Nr. 160. 1907.

D e l k e s k a m p , R.: Die Ursache des Aufsteigens der Mineralquellen vor allem der kohlensäureführenden Quellen. Zeitschr. f. d. gesamte Kohlensäure-Industrie XV. 1909. Nr. 8 bis 12. 53 S.

D e l k e s k a m p , R.: Die Entstehung der sulfatfreien Mineralquellen. „Kali" 1908. Nr. 16—17.

D e l k e s k a m p , R.: Beiträge zur Kenntnis von der Bildung der natürlichen Mineralquellen. Balneologische Zeitung 1908 und 1909.

I. Übersicht über das Gesamtgebiet. II. Entstehung der natürlichen Kohlensäure. III. Die Bildung der Mineralquellen des unteren Nahetales.

D e l k e s k a m p , A.: Die Kreuznacher Mineralquellen Geologie. Genesis. Im Auftrage der Stadt Kreuznach. Dez. 1907.

D e l k e s k a m p , R.: Die Genesis der Kohlensäure der Mineralquellen und Thermen. Intern. Mineralquellen-Ztg. Wien. Jubiläumsnummer. 1904 5 S.

D e l k e s k a m p , R.: Die Genesis der Thermalquellen von Ems, Wiesbaden und Kreuznach und deren Beziehung zu den Erz- und Mineralgängen des Taunus und der Pfalz. Vortrag auf der Versammlung deutscher Naturforscher und Ärzte. Kassel 1903. Internationale Mineralquellen-Ztg. Wien. Nr. 91. 1903. Desgl. Verhandlungen der Gesellschaft deutscher Naturforscher.

D e l k e s k a m p , R.: Die Bedeutung der Geologie für die Balneologie. Vortrag, auf der Versammlung der Balneologischen Gesellsch., Aachen 1904. Intern. Mineralquellen-Ztg. Wien. Nr. 101—104. Deutsche Medizinal-Zeitung.

D e l k e s k a m p , R.: Über juvenile und vadose Quellen. Vortrag für die XIII. Jahresversammlung des Allgemeinen Deutschen Bäderverbandes Kreuznach a. N. 1904. Balneolog. Zentralztg. 1905. Nr. 9—10.

D e l k e s k a m p , R.: Die Bildungsweise der Kohlensäure in Mineralquellen und Thermen. Bericht der Oberhess. Ges. f. Nat. und Heilk. z. Gießen, N. F., Nat. Abt., Bd. I (1904—06). S. 103/4. (Vortrag.)

D e l k e s k a m p , R.: Die Sudsaline zu Voltera (Toskana). Kali. III. Jahrg. Juli 1909. Nr. 13. S. 285—293.

D e l k e s k a m p , R.: Über Abspaltung von Kohlensäure aus Braunkohle, Steinkohle und Torf und die hierbei sich abspielenden chemischen Vorgänge. Braunkohle. VIII. Heft 23, 31, 1909 und Heft 51, 2. März 1910.

D e l k e s k a m p, R.: Die Ent tehung der Mineralquellen. Zeitschrift für die gesamte Kohlensäure-Industrie. XIV. Nr. 14 und 15. Berlin 1908. S. 1—20.

D e l k e s k a m p, R.: Mineralogisch-geologische Untersuchungsmethoden in ihrer Bedeutung für den Balneologen. Internationale Mineralquellen-Zeitung. X. Jahrg. Nr. 206 und 207. S. 1—5 und 1—4 mit 9 Abbildungen.

D e l k e s k a m p, R.: Juvenile und vadose Quellen. Balneologische Zeitung XVI. Nr. 5. 1905. In englischer, französischer, spanischer und russischer Übersetzung.

D e l k e s k a m p, R.: Kaiser-Friedrich- Quelle, Natron-Lithion- Quelle zu Offenbach a. M. Geologie, chemischer und physikalischer Charakter. Begutachtungen im Auftrage der Akt.-Ges. Offenbach 1906. 32 S. 8⁰. Auch Intern. Mineralquellenztg. Wien. Nr. 162—163. 1907.

D e l k e s k a m p, R.: Juvenile und vadose Quellen. Tiefbohrwesen III. 1905. S. 61—63, 69—70, 79—80, 86.

D e l v a u x, E.: Mémoire sur les Phénomènes d'Altération des dépôts superficiels par l'infiltration des eaux météoriques étudiés dans leurs rapports avec la géologie stratigraphique par E. van den Broeck. Notice bibliographique. Liége 1881. 10 S.

D i e n e r t, F.: Contribution à l'étude de la température des sources. Bull. Soc. Belge de Géol. 1904. T. XVIII. S. 107—114 m. T. II.

D i t z e l, H.: Quellenstudien aus der Umgebung von Marburg. Marburg 1905. 109 S. Pr. 2 M.

D o ß, B.: Gutachten über das Projekt einer Grundwasserversorgung der Stadt Dorpat. Riga, Müller, 1906. 39 S. m. 1 Tafel: Skizze der Drumlin- und Grundmoränenlandschaft in der Umgebung Dorpats.

D u b i s l a v, E.: Neuere Wasserkraftanlagen in Norwegen. München 1909, R. Oldenbourg. Mit 140 Abb. Pr. 5 M.

E b e r m a y e r und H a r t m a n n, O t t o: Untersuchungen über den Einfluß des Waldes auf den Grundwasserstand. Ein Beitrag zur Lösung der Wald- und Wasserfrage. 7 Taf. und 4 Tabellen. München 1904. Verl. v. Piloty und Loehle. Separatabdruck aus dem Jahrbuch des Königl. Bayer. Hydrotechnischen Bureaus. Jahrg. 1903.

E b l e r, E.: Über die Radioaktivität der Maxquelle in Bad Dürkheim a. d. Haardt. Verh. d. Naturhist. med. Ver. z. Heidelberg, N. F. Bd. IX, H. 1, S. 87—115, 1 Taf., 3 Textfig.

E b l e r, E. Der Arsengehalt der Maxquelle in Bad Dürkheim a. d. Haardt. Verh. d. Naturhist. med. Ver. z. Heidelberg. N. F. Bd. VIII, Heft 3—4. S. 435—454.

E b l e r, E.: Die chemischen Verhältnisse der Maxquelle zu Bad Dürkheim a. d. Haardt. Bericht über die Versammlungen des Oberrheinischen Geologischen Vereins. 43. Vers. z. Bad Dürkheim, März 1910. S. 25—44.

E g g e r t, G.: Die Entwicklung und der gegenwärtige Stand der Wasserversorgung Berlins. Vortrag. Journ. f. Gasbel. u. Wasservers. LI. S. 741.

E n d r i ß, K.: Die neuesten Ergebnisse über die Verhältnisse der Donauversinkung. Vortrag. S.-A. aus „Mathem.-naturw. Blätter". Nr. 1. 1905.

E n d r i ß, K.: Zur Erforschung, Pflege und Bewirtschaftung der Donauversinkung. Schwäb. Merkur vom 15. Februar 1905. Amtsbl. des Wüttemb. Oberamtsstadt Tuttlingen vom 26. Februar 1905.

F a b r e, L. A.: La „houille blanche", ses affinités physiologiques Congr. Intern. de la Géol. appl. Liége 1905. T. I. S. 95—123.

I. Le travail des eaux tend à stabiliser le sol par la végétation. II. Les formes suivant lesquelles les espèces végétales s' adaptent au milieu, évoluent surtout en raison de la capacité en eau de l'atmosphère. III. Le groupement des espèces végétales en „Associations" naturelles, a pour terme le plus élevé la Forêt, qui possède les plus grandes capacités hydrologiques. IV. La Forêt: gisement de houille-blanche. V. Appauvrissement progressif des gisements de houille-blanche.

F i e k e, K.: Die Wasserwältigung der Gruben des Oberharzes und ihre Tages-Wasserwirtschaft. Wernigerode, Selbstverlag 1909. 66 S.

F i n g e r, Dr.: Die Wasserversorgung in den Marschen des Reg.-Bez. Stade. m. 1 Karte und 2 Abbildungen im Text. Abdruck aus dem Klinischen Jahrbuch. 19. Bd. Verl. v. Gustav Fischer, Jena 1908.

F i s c h e r, H.: Wasserdichter Ausbau der Quellfassungen der drei Kolonadenquellen in Bad Elster. Mit 3 Fig. u. 7 Taf. Pr. 5 M.

F o r c h h e i m e r, P h.: Über Voruntersuchungen für Wasserversorgungen. Vortrag, gehalten in der Versammlung der Fachgruppe für Gesundheitstechnik am 13. Dezember 1905. Zeitschr. des Österr. Ingenieur- und Architekten-Vereins 1906. S. 200—202 m. 5 Fig.

Frech, F.: Aus der Vorzeit der Erde. III. Die Arbeit des fließenden Wassers. Eine Einleitung in die physikalische Geologie. II. erw. Aufl. mit 51 Abbildungen im Text und auf 3 Tafeln. Verl. v. B. G. Teubner, Leipzig 1908.

Friedrich, A.: Kulturtechnischer Wasserbau. Handbuch für Praktiker und Studierende Zweite umgearbeitete und erweiterte Auflage. 2 Bde. Gr. 8⁰. I. Bd. 604 S. m. 488 Textfig. u. 22 Taf. II. Bd. 582 S. m. 211 Fig. u. 23 Taf. Berlin 1907—1908. Paul Parey. Pr. geb. je 18 M.

Frommel, W.: Radioaktivität. Leipzig, Göschen, 1907. 94 S. m. 18 Fig. Pr. 0,80 M.

Fuller, M. L.: Underground water investigations in the United States. Econ. Geol. I. 1906. S. 554—569.

Fuller, M. L., F. G. Clapp and B. L. Johnson: Bibliographic review and index of underground water literature, published in the United States in 1905. U. S. Geol., Surv. Water-Supply Paper, Nr. 163. Washington 1906. 130 S.

Gad, E.: Tiefbohrtechnisches Wörterbuch. Erster Teil: Deutsch-Englisch-Französisch. Wien, H. Urban, 1904. 242 S. Pr. geb. 6 M.

Gagel, C.: Das Grundwasser (in bezug auf die Frage der Wünschelrute). Naturw. Wochenschr. 1903. S. 356—357.

Gautier, A.: The genesis of thermal waters and their connection with volcanism. Econ. Geol. I. 1906. S. 688—697.

Gautier, A.: La genèse des eaux thermales et ses rapports avec le volcanisme. Ann. des mines 9. 1906. S. 316—370. — (Ref. von Bergeat). N. Jb. f. Min. 1908. II. S. 69—76. Bulletin des Sciences pharmacologiques. 1906. XIII.

Geinitz, E.: Ergebnisse der Brunnenbohrungen in Mecklenburg. Mitt. d. Großh. Geol. Landesanst. XX. Rostock, G. B. Leopold, 1908. 43 S. m. 7 Taf.

Gerhardt, P.: Regen, Grundwasser, Quellen und stehende Gewässer. Handbuch der Ingenieurwissenschaften III. Teil. Der Wasserbau. Vierte, vermehrte Auflage. 1. Bd.: Die Gewässerkunde, Kap. 1, S. 1—115 m. 34 Fig. u. Taf. I u. II. Leipzig, W. Engelmann, 1905. Pr. d. 1. Lfg. 5 M.

Goebel, Fricke und Schulte: Das Königliche Solbad zu Elmen. Festschrift zur Hundertjahresfeier seines Bestehens: 1802—1902. Bad Elmen, 1902. 316 S. m. 2 Taf.

Graeber, Fr.: Zur Bildung des Grundwassers. Deutsche Bauztg. 1907. S. 578—580. (Ältere Versuche von Volger, neuere von Haedicke. Technische Folgerungen hieraus.)

Haarmann, Erich: Die geologischen Verhältnisse des Piesberg-Sattels bei Osnabrück. Jahrb. Kgl. Preuß. Geol. Landesanst. Berlin 1909, Bd. XXX, T. I, S. 1—58 m. 5 Taf. V. Der Einfluß des Bergbaues am Piesberge auf die Wasserverhältnisse der Umgegend. S. 43—51.

Haas, Hippolyt: Über die Solfatara von Pozzuoli. Separatabdruck aus dem neuen Jahrbuch für Mineralogie, Geologie und Paläontologie. Jahrg. 1907. Bd. II. S. 65—108 und Taf. III—V.

Haas, H.: Der Vulkan und das Wesen der Feuerberge. Berlin, A. Schall, 1903. 340 S. m. 63 Fig. auf 32 Taf. Pr. 4 M.

Heim, A.: Einiges aus der Tunnelgeologie. (Auszug a. einem Vortrag am 22. März 1908.) Mitt. d. Geol. Ges. Wien I. S. 151—158.

Heim, A.: Geologische Nachlese: Nr. 19. Nochmals über Tunnelbau und Gebirgsdruck und über die Gesteinsumformung bei der Gebirgsbildung. Vierteljahrsschr. d. Naturf. Gesellsch. in Zürich 53. 1908. S. 33—73.

Heim, A.: Beweist der Einbruch im Lötschbergtunnel glaziale Überlieferung des Gasterentales? Geologische Nachlese Nr. 20. Vierteljahrsschrift d. Naturf. G. Zürich 1908. S. 471 bis 480.

Hennig, R.: Deutschlands Wasserkräfte und ihre technische Auswertung. Prometheus XX. 1909. S. 161—165, 181—183, 196—200.

Hennig, R.: Wasserwirtschaftliche Probleme in Deutsch-Südwestafrika. „Technik und Wirtschaft". Berlin I. 1908. S. 199—203.

Henrich, F.: Über die Radioaktivität der Wiesbadener Thermalquellen. S.-A. a. d. Jahrb. des Nassauischen Vereins für Naturkunde, Jahrg. 58, S. 89—100. Wiesbaden, J. F. Bergmann, 1905.

Henrich, F. jun.: Die Aktivität der Luft und der Quellwasser. Sonderabdr. aus der Zeitschrift für Elektrochemie, 1907.

Henrich, Ferdinand: Untersuchungen über die Gase der Wiesbadener Thermalquellen. Sonderabdr. Berichte der Deutschen Chemischen Gesellschaft, Jahrg. XXXXI, Heft 17. Berlin 1908.

H e r b s t , F r.: Die Beziehungen zwischen den Gebirgs- und Tagewassern und dem Bergbau. Z. d. V. Deutsch. Ing. 1909, S. 913.

H e ß l e r , C.: Die Edertalsperre und die hier dem Untergange geweihten Ortschaften auf waldeckischem und hessischem Boden. Marburg, N. G. Elwert, 1908. 40 S. m. 1 Karte u. 13 Abbildungen.

H i b s c h , J. E.: Über das Auftreten gespannten Wassers von höherer Temperatur innerhalb der Schichten der oberen Kreideformation in Nordböhmen. Jahrb. d. K. K. Geol. Reichsanst. LVIII. 1908. S. 305—311 m. 11 Fig.

H i m s t e d t , F.: Über Radioaktivität (von Mineralquellen), S. XLVI—XLIX der Einleitung von „Deutsches Bäderbuch", bearbeitet unter Mitwirkung des Kaiserl. Gesundheitsamtes. Leipzig, J. J. Weber, 1907.

H i n t z , E., u. L. G r ü n h u t: Besondere Grundsätze für die Darstellung der chemischen Analysenergebnisse. — Einteilung der Mineralwässer. S. L—LXVII mit einer Übersichtskarte und Taf. I—XIII. der Einleitung von „Deutsches Bäderbuch" bearbeitet unter Mitwirkung des Kaiserl. Gesundheitsamtes. Leipzig, J. J. Weber, 1907.

H i n t z , E r n s t , und L. G r ü n h u t: Chemische und physikalisch-chemische Untersuchung der Martinusquelle zu Orb. Wiesbaden, C. W. Kreidel, 1907. 8⁰, 43 S.

H i n t z , E r n s t , und L. G r ü n h u t: Chemische und physikalisch-chemische Untersuchung des Willibrordussprudels zu Bad Neuenahr im Ahrtale. Wiesbaden, C. W. Kreidel. 1907. 8⁰, 31 S.

H o f m a n - B a n g , O.: Studien über schwedische Fluß- und Quellenbäder. Bull. Geol. Inst. of the Univ. of Upsala. Vol. VI. 1905. N. 11—12. S. 101—159.

H o l w a y , R. S.: Cold water belt along the westcoast of the United States. Bull. Geol. Univ. California Publ. 1905. Vol. 4. S. 263—286 m. Taf. 31—37.

H o p p e , O.: Die Wünschelrute, der F r a n k l i n sche Blitzableiter und die Antenne der drahtlosen Telegraphie in technisch-wissenschaftlichem Zusammenhange. Naturwissensch. Wochenschrift 1906. S. 609—616.

H o w e , E.: Landslides in the San Juan Mountains, Colorado. Including a consideration of their causes and their classification. U. S. Geol. Survey Prof. Paper 67. Washington 1909. 58 S. m. 4 Fig. u. 20 Taf.

H o e r n e s , R.: Der Einfluß von Erderschütterungen auf Quellen. Zeitschr. f. Balneologie III, 1910, S. 65—73.

J a c k , R. L.: The prospects of obtaining artesian water in the Kimberley District. Bull. Nr. 25. Geol. Surv. of Western Australia. 1906. 46 S. m. einer geolog. Karte.

J a s m u n d , R.: Fließende Gewässer. Handbuch der Ingenieurwissenschaften. III. Teil: Der Wasserbau. Vierte, vermehrte Auflage. 1. Bd.: Die Gewässerkunde. Kapitel II. S. 116. Mit 253 Fig. u. Taf. III—X. Leipzig, W. Engelmann, 1905.

I n t z e , O.: Die geschichtliche Entwicklung, die Zwecke und der Bau der Talsperren. Zeitschr. des Vereins deutscher Ingenieure. Bd. 50. 1906. S. 673—687, 726—741, 817—822, 942—950 m. 152 Fig.

J o l l e s , A.: Über Wasserbegutachtung. Ein Vortrag. Wien, F. Deuticke, 1903. 29 S. Pr. 1 M.

v. K a l e c s i n s k y , A.: Über die Temperaturverhältnisse des artesischen Brunnenwassers der Margitinsel in Budapest. Földtani Közlöny XXVIII, 1908. S. 471—480.

K a m i n s k i , Z d z i s l a w R. v o n: Die Sudsaline Bad Nauheim. Österr. Z. f. B. u. H., 54, 1906, Nr. 12, S. 150—152, mit 1 Profil.

K a t z e r , F.: Karst und Karsthydrographie. (Zur Kunde der Balkanhalbinsel. Reisen und Beobachtungen. Herausgegeben von Dr. C a r l P a t s c h. Heft 8.) Serajewo, Daniel A. Kajon, 1909. 94 S. m. 28 Fig.

K a u f f m a n n , H.: Deutsches Bäderbuch: Volkswirtschaftlicher Teil. S. CI—CIV der Einleitung von „Deutsches Bäderbuch", bearbeitet unter Mitwirkung des Kaiserl. Gesundheitsamtes. Leipzig, J. J. Weber, 1907.

K e g e l , K.: Die Entwässerung lockerer Gebirgsschichten und ihre Beziehungen zu den Bodensenkungen. „Braunkohle" 1907. VI. Jahrg. S. 406—417 m. 4 Fig. (Knüpft an B ä r t l i n g , Zeitschr. f. prakt. Geologie, 1907, S. 148—153, an und kommt, ebenfalls im Gegensatz zu T r i p p e , zu demselben Resultat.)

K e i l h a c k , K.: Die Mineralquellen: Geologischer Teil. S. XIX—XXVIII der Einleitung von „Deutsches Bäderbuch", bearbeitet unter Mitwirkung des Kaiserl. Gesundheitsamtes. Leipzig, J. J. Weber, 1907.
I. Die Herkunft des Wassers. II. Die Herkunft der in den Mineralwässern enthaltenen Salze und Gase. III. Die Temperatur der warmen Quellen. IV. Die Ursache des Zutagetretens der Mineralquellen. V. Beziehungen zwischen Mineral- und Grundwasser.

K e i l h a c k , K.: Die geschichtliche Entwickelung der Lehre von der Entstehung der Grundwasser. Jahrb. d. Kgl. Preuß. Geol. Landesanst. u. Bergakad, für 1902. Bd. XXIII. S. 1—20.

K e i l h a c k , K.: Sur le régime des eaux souterrains dans les dépôts quaternaires et tertiaires de l'Allemagne du Nord. Congr. intern. de la Géol. appl. Liége 1905. T. I. S. 125—133.

K l o e ß , A.: Das deutsche Wasserrecht und das Wasserrecht der Bundesstaaten des Deutschen Reiches. Grundzüge der geschichtlichen Entwickelung und des Systems auf Grund der deutschen Rechtsquellen-Literatur und der Wasser-, Mühlen- und Fischerei-Gesetzgebung der Bundesstaaten. Halle, W. Knapp, 1908. 231 S. Pr. geh. 6,60 M.

K n e b e l , W. v o n : Studien in den Thermengebieten Islands. Naturw. Rundschau, Jahrg. XXI. Nr. 12. Braunschweig 1906.

K n e b e l , W. v o n : Der Vulkanismus. Heft 3 der Sammlung: Die Natur. Herausgegeben v. Dr. W. Schoenichen, Osterwieck 1907. A. W. Zickfeldt. 8⁰, 128 S. mit 3 farbigen und 6 schwarzen Tafeln nebst Textbildern. Preis geh. M. 2.

K n e t t , J.: Vorläufige Mitteilung über die Fortsetzung der „Wiener Thermenlinie" (Würzendorf-Baden-Meidling) nach Nord. (Verhandlungen der K. K. Geol. Reichsanstalt 1905. Nr. 10. S. 245—248.

K n e t t , J.: Kritische Bemerkungen über den Wert eines physikalisch-chemischen Zentrallaboratoriums bzw. solcher Untersuchungen namentlich auch für geologisch-hydrologische Fragen. Prag, „Lotos", 1904. XXIV. Bd. 38 S.

K n e t t , J.: Indirekter Nachweis von Radium in den Karlsbader Thermen. Sitzungsber. d. K. Akademie der Wissenschaften in Wien. Mathem.-naturw. Klasse. Bd. 113. Abt. IIa. Juni 1904. Wien, K. Gerolds Sohn. 10 S. m. 5 Fig. u. 3 Taf.

K n e t t , J.: Zur Aufdeckung des „Hohenstaufenbades" in Wildbad (Württemberg), S.-A. a. d. Balneologischen Zeitung, Berlin. XVI. Nr. 11 vom 20. April 1905. 3 S.

K n e t t , J.: Nichtbeeinflussung der Karlsbader Thermen durch das Lissaboner Erdbeben. S.-A. a. d. Sitzungsber. d. Deutschen naturw.-medizin, Vereins für Böhmen. „Lotos", 1905. Nr. 5. 5 S.

K n e t t , J.: Der Boden der Stadt Karlsbad und seine Thermen. Sep.-A. aus der Festschrift für die 74. Versammlung deutscher Naturforscher und Ärzte in Karlsbad 1902. 8⁰. 105 S. m. 24 Fig. und 11 Taf.

K n e t t , J.: Bemerkungen zu S c h e r r e r s „Mechanismus der Quellenbildung und die Biliner Mineralquellen". Mit anschließenden Erörterungen über die Erhöhung von Quellenergiebigkeiten. „Sep.-A. a. d. Internat. Mineralquellen-Ztg." VII. vom 1. Februar 1906. 14 S. mit 1 Figur.

K n e t t , J.: Indirekter Nachweis von Radium in den Karlsbader Thermen. (Sitzungsber. der königl. Akademie der Wissenschaft in Wien, mathem.-naturw. Klasse. Bd. 113. Abt. II a. Juni 1904. Wien, K. Gerolds Sohn. 10 S. m. 5 Fig. u. 3 Taf.

K o c h , G. A.: Die Sanierung der städtischen Trinkwasser-Leitung in Laa a. d. Thaya, Niederösterreich. Wien 1905. 14 S. m. 2 Fig.

K o c h , G. A.: Die Aufschlüsse an den Hochquellen von Orohavica und Iskrica und die Aussichten einer Erbohrung von Trinkwasser in der Umgebung von Essek, Kroatien-Slavonien. 1906. 16 S. m. 1 Tab.

K o c h , G. A.: Das erweiterte Projekt der neuen Hochquellenleitung für die Königliche Freistadt Essek, Kroatien-Slavonien. 1906. 97 S. m. 12 Fig. u. 1 geolog. Karte.

K ö h l e r , G., W. S c h u l z , L. B r ä u l e r , und K. Z i c k l e r : Vorrichtungen und Maschinen zur Herstellung von Tiefbohrlöchern. Das Abbohren von Schächten. Gesteinsbohrmaschinen, Schräm- und Schlitzmaschinen. Tunnelbohr- und Treibmaschinen. Die elektrische Minenzündung. — Handbuch der Ingenieurwissenschaften. Vierter Band: Die Baumaschinen. 2. Abteilung. Unter Mitwirkung von L. F r a n z i u s , Oberbaudirektor in Bremen, herausgegeb. von F. L i n c k e , Geh. Baurat, Prof. an der Technisch. Hochschule in Darmstadt. Zweite vermehrte Auflage. Leipzig, W. Engelmann, 1903. 489 S. m. 367 Fig. u. 18 Taf. Pr. 20 M, geb. 23 M.

K o e h n , T h.: Wasserwirtschaftliche Aufgaben Deutschlands auf dem Gebiete des Ausbaues von Wasserkräften. S.-A. a. d. Zentralbl. f. Wasserbau und Wasserwirtschaft. 22 S. mit 15 Fig.

K ö n i g , F.: Ernstes und Heiteres aus dem Zauberreiche der Wünschelrute. Leipzig, Otto Wiegand, 1907. 79 S.

K ö n i g s b e r g e r , J.: Über die Beeinflussung der geothermischen Tiefenstufe durch Berge und Täler, Schichtstellung, durch fließendes Wasser und durch Wärme erzeugende Einlagerungen. Eclogae Geol. Helvetiae. IX. 1906. S. 133—144 m. Fig. 9—13.

K o l b e , E.: Translokation der Deckgebirge durch Kohlenabbau, die damit verbundenen Grundwasserstörungen, Gebäude- und Grundstücksbeschädigungen, Minderwert und Abgeltung des Schadens. Oberhausen, Rich. Kühne Nachf., 1903. 184 S. m. 1 Titelblatt u. 116 Fig. Pr. 7,50 M.

K r a s n y , A.: Die nächsten Aufgaben der Gesetzgebung auf dem Gebiete der Technik (betr, Wasserkräfte). Vortrag. Zeitschr. des österr. Ingenieur- und Architekten-Vereins LIX. 1907. S. 425—430.

L a n e , A. C.: Mine Waters and their Field. Assay. Bull. Geol. Society of America. Vol. 19. 1908. S. 501—512 m. 1 Fig.

L a n e , A. C.: Mine Waters. S.-A. 13th Annual Meeting of the Lake Superior Mining Institute, June 1908. 90 S.

L a n e , A. C.: The chemical evolution of the Ocean. Journal of Geology. Vol. XIV. 1906. S. 221—225.

d e L a u n a y , L.: Observations géologiques sur quelques sources thermales (Cestona, Bagnoles, Chaudes-Aigues, Mont-Dore etc.). Ann. des mines. T. IX. 1906, S. 5—46 m. 10 Fig. u. Taf. I (2 geolog. Karten mit Profil). — Ref. s. N. Jb. f. Min. 1908. II. S. 68.

d e L a u n a y . L.: L'hydrologie souterraine de la Dobroudja Bulgare. Ann. des mines 1906. X. S. 115—170 m. 9 Fig.

d e L a u n a y , M. L.: Les sourses thermales de Neris (Allier) et d'Evaux (Creuses). Tome VI. 6. 1895. S. 563—623 m. 6 Taf.

L e h e r , E.: Das Wasser und seine Verwendung in Industrie und Gewerbe. Samml. Göschen, 16⁰. 15 Abbildungen. 124 S. 1905.

L e i g h t o n , M. O.: Field assay of water. U. S. Geol. Surv., Water-Supply-Paper Nr. 151. Washington 1905. 76 S. m. 3 Fig. u. 4 Taf.

L e p p l a : Geologische Vorbedingungen der Staubecken. S.-A. a. d. Zentralbl. f. Wasserbau und Wasserwirtschaft. 1908. 12 S. m. 1 Karte.

L e p s i u s , R.: Notizen zur Geologie von Deutschland. S.-A. Notizbl. Ver. f. Erdkunde zu Darmstadt 1908, Heft 29.

a) Über den Zusammenhang zwischen den tiefen Quellen und den großen Gebirgsüberschiebungen. S. 1—12. b) Über die Herkunft der Kohlensäure in den tiefen Quellen, S. 13—18. c) Über die Entstehung der heißen salzarmen Quellen, S. 18—22. d) Über Anomalien der geothermischen Tiefenstufen, S. 22—26.

L e v a t , D.: Note sur la reconnaissance d'un niveau aquifère, dans le Sud Oranais et dans le Sud-Marocain. Ann. des mines 1905. T. VII. S. 77—122 m. Taf. II und III.

L i n d g r e n , W.: The hot springs at Ojo Caliente and their deposits. Econ. Geol. 1910, S. 22—27.

L i n d l e y , W. H.: Auffindung von Bezugsquellen für die Wasserversorgung größerer Städte auf wissenschaftlicher Grundlage. Journ. f. Gasbel. u. Wasservers. LI. S. 717.

L o t z , K. A.: Vermutliche Ursachen des Erdmagnetismus und seiner Störungen sowie der Polarlichter, Erdbeben, Vulkane, Thermal- und Erdgas-Quellen der Erde, nebst Vorschlägen zur Feststellung und eventuellen wirtschaftlichen Ausbeutung derselben. Ungarische Montan-Ind.- und Handelsztg. XII, Nr. 13 u. 14 vom 1. und 15. Juli 1906.

L u d w i g , E.: Die Thermen Karlsbads. Bericht über die Verhandlungen und Beschlüsse der Hauptversammlung des Vereins der Kurorte und Mineralquellen-Interessenten Deutschlands, Österreich-Ungarns und der Schweiz, September 1907, in Karlsbad und Marienbad.

L u e d e c k e : Die Wasserversorgung von ländlichen Ortschaften und Einzelgehöften. „Fühlings landwirtschaftliche Zeitung", Stuttgart. 57. Heft 7. S. 233—252.

L u b m a n n , E.: Die Kohlensäure. 2. Aufl. S. 320. Fig. 93. Wien 1906. Pr. geb. 4 M.

M a r t e l , E. A.: L'hydrologie souterraine aux États-Unis. „Spelunca" VIII, 1910, Nr. 59, S. 1—34.

M a r t i n , A l f r e d : Deutsches Badewesen in vergangenen Tagen. Eugen Diederichs Verlag. Jena. 8⁰. 448 S. mit 159 Fig. Preis brosch. M. 14, geb. M. 17.

M a z a u r i c , F.: Explorations hydrologiques dans les régions de la Cèze et du Bouquet (Gard) (1902—1903). „Spelunca" Taf. V. Nr. 36. Paris 1904. 54 S. m. 34 Fig. u. 1 Taf.

M e r l e , A.: Les gîtes minéraux et métallifères et les eaux minérales du département du Doubs. Besançon 1905. 221 S. m. Fig.

M i c h a e l , R.: Die Temperaturmessungen im Tiefbohrloch Czuchow in Oberschlesien. Monatsber. Deutsch. Geol. Ges. 1909, S. 410—414.

M i r o n , F.: L'alimentation en eau potable aux colonies. Congrès intern. d'expansion économique mondiale. Mons 1905. Sect. V. 24 S.

M o r a , J. M.: Mémoire sur les travaux pour le desséchement de la Vallée de Mexico présenté en 1823. Mem. y Rev. Soc. Cient. „Antonio Alzate". T. 22. 1905. S. 253—295.

M o u r e u , C h., e t A. L e p a p e : Sur la radioactivité des sources thermales de Bagnéresde-Luchon (Frankreich). Ann. des mines. 1909. S. 465—489 m. 1 Fig.

N é g r i s , P h.: Étude concernant la dernière régression de la mer. Paris, Bull. Soc. Géol. de France, 1904. T. IV. S. 156—167, 591—606.

N e u m a n n - W e n d e r : Die Kohlensäure-Industrie. Berlin, M. Brandt & Co., 1901. 176 S. Pr. geb. 2.80 M.

O c h s e n i u s , C.: Untergrundstudien. I. Der flache Untergrund von Venedig. II. Der tiefe Untergrund von Frankfurt a. O. Helios, Frankfurt a. O., 1905. 30 S.

O c h s e n i u s , C.: Die chemische Großindustrie und das Wasser. Allgem. Chem.-Ztg. Hamm i. W. S. 14.

O c h s e n i u s , C.: „Wasserkissen" als Ursache plötzlicher Bodensenkungen in der Mark Brandenburg. S.-A. a. „Helios". XX. Bd. 1903. 13 S. m. 3 Fig. u. 1 Kartenskizze.

O e b b e k e , K.: Die Mineralquellen Bayerns. Intern. Mineralquellen-Ztg. Wien vom 15. September 1904. Allgem. österr. Chemiker- und Techniker-Zeitung vom 15. März 1905. S. 5—7.

O e t t i n g e r , Dr. W.: Die Ursachen des Einbruchs von Eisen- und Mangansalzen in das Breslauer Grundwasser mit besonderer Berücksichtigung der Bodendurchlässigkeit in der Ohle-Oderniederung. 1 Fig. und 25 Kurven im Text. Abdruck aus dem Klinischen Jahrbuch. 19. Bd. Gustav Fischer, Jena 1908. 118 S.

O p p o k o w , E. W.: Zur Frage über die Entstehungsweise und das Alter der Flußtäler in dem Mittelgebiet des Dnieprbassins. (Auszüge aus dem Buche des Verfassers: „Die Flußtäler des Gouv. Poltawa". 2. Teil. 1905. S. 391—419 mit einigen unwesentlichen Veränderungen.) Ann. Géol. et Min. de la Russie. Vol. VIII. 1906. S. 90—108 m. 1 Taf.

P a u l , T h.: Allgemeines über die Chemie der Mineralwässer. S. XXXVII—XLV mit 2 Fig. der Einleitung von „Deutsches Bäderbuch", bearbeitet unter Mitwirkung des Kaiserl. Gesundheitsamtes. Leipzig, J. J. Weber, 1907.

P e n n i n k , J. M. K.: Über die Bewegung von Grundwasser. Vortrag. Zeitschr. des österr. Ingen.- und Architekten-Vereins LIX. 1907. S. 506—510, 523—526 m. 42 Fig.

P e t r a s c h e c k , W.: Geologisches über die Radioaktivität der Quellen, insbesondere derer von St. Joachimsthal. Verhandl. Geologischer Reichsanst. Wien 1908. S. 364—391 m. 1 Fig.

P e t r a s c h e c k , W.: Die Mineralquellen der Gegend von Nachod und Cudowa. Vortrag. Jahrb. der K. K. Geologischen Reichsanstalt. 1903. 53. Bd. S. 459—472 m. 4 Fig.

P f e i f f e r : Studien über Beschaffenheit und Bewegungserscheinungen des Elbwassers, Vortrag, gehalten in der Sitzung des Magdeburger Bezirksvereins vom 13. Oktober 1908. Zeitschr. des Vereins deutscher Ingenieure. Bd. 52. S. 1808—1809.

P o c h e t , L.: Études sur les sources. Hydraulique des nappes aquifères et des sources et applications pratiques. Paris, H. Dunod et E. Pinat 1907. 528 S. m. einem Atlas von 81 Taf. Pr. 22 M.

P r e z i o t t i , A.: Le acque sotterranee della parte nordica della valle Folignate in rapporte all' irrigazione. Geologia practia 1909. S. 69—132 m. 1 Karte 1 : 50000.

P u r d u e , A. H.: The collecting Area of the Waters of the Hot Springs, Hot Springs, Arkansas. Journ. of Geology XVIII Chicago 1910, S. 279—285 m. 3 Fig.

R a m s a y , S i r W.: Die edlen und die radioaktiven Gase. (Vortrag, gehalten im österr. Ingenieur- und Architekten-Verein Wien.) Leipzig, Akademische Verlags-Anstalt, 1908. 39 S. mit 16 Fig.

R e g e l m a n n , K a r l: Geologische Untersuchung der Quellgebiete von Acher und Murg im nördlichen Schwarzwald. 1 geol. Karte und 1 Profiltafel. Stähle & Friedel, Stuttgart 1903.

R e n i e r , A.: Les procédés modernes de sondage. Rev. univers. des mines 1904. T. V. S. 31—78, 125—166, m. 34 Fig.

v. R i c h t h o f e n , F.: Das Meer und die Kunde vom Meer. Rede zur Gedächtnisfeier des Stifters der Berliner Universität König Friedrich Wilhelm III. am 3. August 1904. 45 S.

Q u i n c k e , G.: Über die Klärung trüber Lösungen. (Annalen der Physik. Vierte Folge. Bd. 7. 1902. S. 57—96.)

R o s i v a l , A.: Über neue Maßnahmen zum Schutze der Karlsbader Thermen. (Jahrb. der K. K. Geologischen Landesanstalt. 1894. Bd. 44. Heft 4. S. 671—783 mit 7 Tafeln und 1 Karte und 8 Figuren.

R o s t , F.: Tiefbohrtechnik. Hannover, Max Jänecke, 1908. 109 S. m. 82 Fig. Pr. 2 M.

R o t t m a n n, W a l t e r: Die Untersuchung und Verbesserung des Wassers für alle Zwecke seiner Verwendung, mit 71 Fig. im Texte. Hannover, Dr. Max Jänecke, 1907. Preis 2,20 M. in Ganzleinenband 2,60 M.

S a l o m o n, W.: Der Einbruch des Lötschbergtunnels. (Geol. Betrachtung.) Verhandl. Nat.-med. Ver. Heidelberg 1909. 6 S. m. 1 Fig.

S a l o m o n, H.: Die hygienischen Vorbedingungen für die Ortsansiedlungen. (Städtebauliche Vorträge III, 3.) Berlin 1910, Ernst & Sohn. 23 S. Pr. 1,20 M.

S c h e r r e r, A.: Über die Fassung von Mineralquellen. S. XXVIII—XXXI der Einleitung von „Deutsches Bäderbuch", bearbeitet unter Mitwirkung des Kaiserl. Gesundheitsamtes. Leipzig, J. J. Weber, 1907.

S c h e u e r, J.: Die Wirtschaftlichkeit von Wasserkraftanlagen. „Himmel und Erde" 1910, S. 224—235.

S c h i f f m a n n, C.: Leitfaden des Wasserbaues, zum Selbstunterricht für den Gebrauch in der Praxis und als Lehrbuch für Fachschulen. Mit 605 in den Text gedruckten und 8 Tafeln-Abbildungen. Leipzig, Verlagsbuchhandlung v. J. J. Weber. 1905. Preis geb. 7,50 M.

S c h i f f n e r, C.: Radioaktive Wässer in Sachsen. I. Freiberg i. S., Craz & Gerlach. 1908. 57 S. m. 16 Fig. Pr. 2 M.

S c h i f f n e r, C., und M. W e i d i n g: Radioaktive Wässer in Sachsen. II. Teil. Freiberg i. S., Craz u. Gerlach, 1909. 144 S. m. 19 Abb. Pr. 3 M.

S c h l u n d t, H., and R. B. M o o r e: Radioactivity of thermal waters of Yellowstone National Park. U. S. Geol. Survey Bull. 395. Washington 1909. 35 S. m. 4 Taf. u. 7 Fig.

S c h m i d t, E.: Der Schwimmsand der Braunkohlenformation. „Braunkohle" IV. 1905. S. 105—107.

S c h m i d t, H. W., und H. K u r z: Über die Radioaktivität von Quellen im Großherzogtum Hessen und Nachbargebieten. Physik. Zeitschr. VII. 1906. S. 209—224. — Bespr. Naturw. Rundschau 21. 1906. S. 30, 382.

S c h m i d t, C.: Die Geologie des Simplongebirges und des Simplontunnels. Rektorats-Programm der Universität Basel 1906 und 1907. m. 12 Tafeln.

S c h u l t z, A. R.: Some observations on the movements of underground water in confined basins. Journ. of Geology. Vol. XV. 1907. S. 170—181 m. 2 Fig.

S c h u m a c h e r, E.: Gutachten über eine Wasserversorgung der Stadt Saargemünd aus dem Sandsteingebiet zwischen Bitsch und dem Eicheltale. Mitt. d. Geol. Landesanst. v. Elsaß-Lothringen. Bd. 7. Heft 1. S. 11—61 m. 1 Prof. und 1 Quellenkarte 1 : 50 000.

S c h w a g e r, A.: Hydrogeologische Beobachtungen zur Feststellung des Quellbereiches der Wasserversorgung für die Stadt Lichtenfels. Geogn. Jahreshefte, Jahrg. 21, 1908, S. 213 bis 217 m. 1 farb. Karte.

S c h w a g e r, A.: Geologisches Gutachten zur Wasserversorgung der Stadt Nürnberg aus dem Quellgebiet bei Ranna. Geognost. Jahreshefte. 19. Jahrg. 1906. München 1908. S. 191 bis 202 m. 1 geol. Kärtchen.

S c h w a g e r, A.: Hydrologische Studien. Über den Schutz der Heilquellen zu Bad Steben und von Langenau gegen schädigende Einwirkungen von Grab- und Rohrarbeiten. Geognost. Jahreshefte 1907. München 1909. S. 245—255. Vgl. Z. 1910, S. 32—33.

S c h w a r z, P.: Grundwasserenteisenung. „Kohle und Erz", Kattowitz 1905. Sp. 725 bis 734 m. 8 Fig.

S i n g e r, M a x: Über Flußregime und Talsperrenbau in den Ostalpen. (Vortrag.) Z. d. Österr. Ing.- u. Architekten-Vereins 1909, S. 797—803 u. 813—820 m. 13 Fig.

S l i c h t e r, C. S.: The motions of underground waters. Water Supply and irrigation papers of the U. S. Geol. Surv. Nr. 67. Washington, Govern. Printing Office, 1902. 106 S. m. 50 Fig. u. 8 Taf.

S l i c h t e r, C. S.: Field measurements of the rate of movement of underground waters. U. S. Geol. Surv., Water-Supply-Paper. Nr. 140. Washington 1905. 122 S. m. 67 Fig. u. 15 Taf.

S o e c k n i c k, K.: Triebsand-Studien. Königsberg, Schriften der Phys.-ökon. Ges. 1905. 12 S. m. Fig. Pr. 1 M.

S p e t h m a n n, Dr. H a n s: Beiträge zur Kenntnis des Vulkanismus am Mückensee auf Island. Globus 1909. Bd. XCVI. Nr. 13. S. 201—205 m. 1 Kartenskizze.

S p r i n g, W.: Wasserdurchlässigkeit und Durchtränkung von Lagerstätten. Berg- und Hüttenm. Ztg. 1904. S. 233—237. — Vulkan, 1904. S. 77—79.

S t a s s a r t, S.: Les travaux du tunnel du Simplon. Rev. univ. des mines 1904. T. VII. S. 252—266 m. Taf. XI.

S t e f a n , H.: Spannungen im Gesteine als Ursache von Bergschlägen in den Fribramer Gruben. Österr. Zeitschr. f. Berg- und Hüttenw. 1906. S. 253—257 m. 4 Fig.

S t e i n , P.: Verfahren und Einrichtungen zum Tiefbohren. Kurze Übersicht über das Gebiet der Tiefbohrtechnik. Berlin, J. Springer, 1905. 37 S. m. 20 Fig. u. 1 Taf. Pr. 1 M.

S t e i n , P.: Der gegenwärtige Stand der Tiefbohrtechnik für Schurfzwecke. Wien, Manz, 1904. 48 S. m. 3 Fig.

S t e r n: Album der domänfiskalischen Bäder und Mineralbrunnen im Königr. Preußen. J. F. Bergmann, Wiesbaden, 1907. 168 S. m. Fig. u. Taf.

S t e u e r , A.: Über die geologischen Vorarbeiten für das neue Wasserwerk der Stadt Bingen a. Rh. Sonderabdr. aus dem Journal für Gasbeleuchtung und Wasserversorgung Nr. 20. 1909.

S t e u e r , A.: Bodenwasser und Diluvial-Ablagerungen im hessischen Ried (mit 4 Taf.). Sonderabdruck des Notizblattes des Vereins f. Erdkunde und der Großh. Geol. Landesanstalt zu Darmstadt. IV. Folge. Heft 28. 1907.

S t e u e r , A.: Die Grundwasserverhältnisse in Rheinhessen und die Trinkwasserversorgung. Sonderabdr. aus d. hyg. und gesundheitstechnischen Zeitschrift „Gesundheit". 1906. Nr. 21—22.

S t e u e r , A.: Über geologische Vorarbeiten für die Trinkwasserversorgung einiger Orte in Rheinhessen. Notizbl. d. Vereins f. Erdkunde und d. Großh. Geol. Landesanstalt z. Darmstadt. IV. Folge, 22. Heft. 1901.

S t i n y , J.: Die Muren. Versuch einer Monographie mit besonderer Berücksichtigung der Verhältnisse in den Tiroler Alpen. Innsbruck 1910, Wagnersche U.-B. 139 S. m. 34 Abb.

S t o o f f , H.: Über die elektrische Leitfähigkeit natürlicher Wasser (mit Berücksichtigung ihrer praktischen Verwendung). S.-A. a. d. „Gesundheitsingenieur" 1909. Nr. 5. 18 S.

S t u t z e r , O.: Juvenile Quellen. Internationaler Kongreß Düsseldorf 1910. Abteilung IV. Vortrag 21. 8 S. (Ref. Z. 1910. September).

v. S u r y , J.: Über die Radioaktivität einiger schweizerischer Minerallquellen. Dissert. Freiburg (Schweiz), 1906. 83 S. m. Fig. Pr. 1.40 M.

S u e ß , F r. E.: Über Krystallisationsvorgänge bei der Bildung der Karlsbader Aragonitabsätze. (Vortrag, gehalten in der Sitzung der mathem.-naturw. Klasse vom 19. Juni 1908.) S.-A. a. d. Akademischen Anzeiger Wien. Nr. XVI. 4 S.

S u e ß , F. E.: Die Bildung der Karlsbader Sprudelschale unter Wachstumdruck der Aragonitkristalle. Mitt. Geol. Ges. Wien, 1909, Bd. II, Heft 4, S. 392—444 m. 4 Abb. u. 6 Taf.

S y m p h e r , L.: Der Talsperrenbau in Deutschland. Deutsche Bauztg. 41. 1907. S. 173 bis 175, 180—181.

T e c k l e n b u r g , T h.: Handbuch der Tiefbohrkunde. Band II.: Das Spülbohrsystem und besonders die Schnellschlagbohrmethode. Zweite verbesserte und stark vermehrte Auflage. Berlin, W. & S. Loewenthal, 1906. 208 S. m. 144 Fig. u. 16 lithogr. Tafeln. Pr. 12 M, geb. 14 M.

T e c k l e n b u r g , T h.: Die Ausnützung nicht fündiger Bohrlöcher zu Mineralquellen. Vortrag, gehalten auf der XX. Wanderversammlung der Bohringenieure in Nürnberg am 10. Septbr. 1906. „Tiefbohrwesen" IV. 1906. S. 137—141. Organ des Vereins der Bohrtechniker XIII. 1906. S. 208—212. Berg- und Hüttenmännische Rundschau II. 1906. S. 339—342. Ungar. Montan-Ind.- und Handelsztg. XII. vom 15. September 1906. S. 1—3.

T h i e l e , J.: Erläuterung über Bohrungen auf artesische Brunnen. Osseg, Böhmen, Selbstverlag. 6. Aufl. 1899/1902. 419 S. m. 1 Porträt u. 10 Fig.

T h i e n e , H e r m a n n: Temperatur und Zustand des Erdinnern. Eine Zusammenstellung und kritische Beleuchtung aller Hypothesen. Verl. v. Gustav Fischer, Jena 1907. Preis 2,50 M.

T i o l i , L.: Le Acque Minerali e Termali del Regno d'Italia. 16⁰. 552 S. Ulrico Hoepli. Milano 1894.

T r i p p e , F.: Die Entwässerung lockerer Gebirgsschichten als Ursache von Bodensenkungen im rheinisch-westfälischen Steinkohlenbezirk. Essener Glückauf. 1906. S. 545—558 m. 26 Fig.

U n g e r , F.: Die Rutengänger. Geschichte und Theorien der Wünschelrute. Wien 1906. Pr. 0,80 M.

U h l i g : Vortrag über „die Bedeutung der geologischen Voraussage" (beim Tunnelbau). Berg- u. Hm. Rundschau, Kattowitz 1905, S. 213—214.

U h l i g , V.: Die Erdsenkungen der Hohen Warte (bei Wien) im Jahre 1909. Mitt. d. Geol. Ges. Wien. III. 1910, S. 1—43 m. 1 Fig. u. 4 Taf.

U r s i n u s , O.: Kalender für Tiefbohr-Ingenieure, -Techniker, -Unternehmer und Bohrmeister. Handbuch für Berg- und Bau-Ingenieure, Geologen, Balneologen usw. Frankfurt a. M., Verlag des „Vulkan", 1907. 276 S. m. einem Kalendarium und einer geologischen Karte von Deutschland in 10 farbigem Druck. — IV. Tiefbohreinrichtungen und Werkzeuge. S. 54—126. V. Einige Angaben aus der Geologie. S. 127—173.

U r s i n u s , O.: Apparate zur Aufsuchung von Erzlagerstätten, Quellen usw. „Vulkan" VIII. 1908. S. 17—20 m. 7 Fig.

V i n a s s a d e R e g n y , P.: Le condizioni idrologiche dei dintorni di Magione (Perugia). Giornale di Geol. prat. 1908. S. 156—161.

V o s s e n , Dr. L e o : Das preußische Quellenschutzgesetz vom 14. Mai 1908. Kommentar und systematische Einführung. Helwingsche Verlagsbuchhandlung. Hannover 1909.

W e b e r , Prof. Dr. L.: Wind und Wetter. B. G. Teubner, Leipzig. Mit 27 Fig. u. 3 Taf. 130 S. Preis geb. 1,25 M.

W e b e r , L.: Die Wünschelrute. Kiel, Lipsius & Tischer, 1905. 62 S. m. 2 Fig. Pr. 1 M.
1. Etwas von der Geschichte und den anthropologischen Wurzeln der Wünschelrute; 2. Die neuere und neueste Blüte der Wünschelrute, insbesondere in Schleswig-Holstein; 3. Was sagt die Geologie zur Sache? 4. Die Physik der Gabel; 5. Eigene Beobachtungen; 6. Die psychologische Lösung des Rätsels.

W e d d i n g , H.: Wasser. Handbuch der Eisenhüttenkunde. Zweite, umgearbeitete Aufl. II. Band. Braunschweig, F. Vieweg & Sohn, 1902. S. 817—957 m. Fig. 376—464.

W e g n e r , Th.: Beobachtungen über den Ausbruch des Vesuvs im April 1906. Separatabdr. aus dem Zentralblatt für Mineralogie, Geologie und Paläontologie. Jahrg. 1906. Nr. 16 u. 17. S. 506—518 und 529—540 m. 11 Textfiguren.

W e l l m a n n : Die Wasserversorgung der westlichen und südlichen Nachbarorte Berlins. „Ingenieurwerke in und bei Berlin". Festschrift zum 50 jähr. Bestehen des Vereins deutscher Ingenieure. Berlin 1906. S. 203—213 m. 7 Fig.

W e r v e k e , L. v a n : Das Vorkommen von Mineral- und Thermalquellen im lothringischen und luxemburgischen Buntsandstein und die Möglichkeit der Aufschließung von warmen Quellen im Moseltal. Mitteilungen der Geolog. Landesanstalt von Elsaß-Lothringen. Bd. 7. Heft 1. S. 91—114.

W e r v e k e , L. v a n : Die Arbeiten des Geologen in Fragen der Wasserversorgung. Straßburger Med.-Ztg. 1907. S. 191—198.

W i n k e l , H.: Erdkruste und juveniles Wasser. Organ des Vereins der Bohrtechn. 1908. S. 16—18.

W i s k o n t , K.: Über Bodenbewegungen in der Umgebung der Stadt Jalta im Winter 1906. (Krim) Ann. Géol. de la Russie. Vol. XI. 1909. S. 145—153 m. 1 Taf.

W i t t i c h , E.: Geysers y manantiales termales de Comanjilla (Guanajuato). Bol. Soc. Geol. Mexicana, Tomo VI, 1909, S. 183—188 m. 2 Taf.

W ü n n e m a n n , F.: Über die Bewegung von Grundwasser. Journal für Gasbeleuchtung und Wasserversorgung vom 26. Januar 1907.

Z a l e s k i : Wassererschließung im Gelände. (Vortrag, gehalten in der Sitzung vom 14. November 1907 im Bezirks-Verein Unterweser des Vereins deutscher Ingenieure.) Zeitschr. d. Vereins deutscher Ingenieure 52. 1908. S. 846—848.

Z i e g l e r : Die Typhusepidemie im 13. Schweizer. Infanterieregiment vom Herbst 1902, mit Anhang: Experimentelle Untersuchungen der Trinkwasserverhältnisse in Schlötz. (Mittels Li Cl). Dissertation, medizin. Fakult. Zürich. Winterthur 1904.

Statistischer Anhang.

Die wichtigste Montanproduktion der einzelnen Staaten und ihrer Kolonien.

Kohle, Petroleum und Steinsalz können direkt mit ihrer Rohförderung bzw. Salinenproduktion angeführt werden. Bei den Erzen weichen die Roherzgehalte und auch noch die der Aufbereitungsprodukte (der Schliche) sehr voneinander ab; vergleichbar sind deshalb nur die daraus berechneten Metallgehalte.

Diese aus der Erzförderung jedes Landes berechneten Metallgehalte sind nicht zu verwechseln mit der tatsächlichen Metallerzeugung der Hütten jedes Landes; bei letzterer spielen nicht nur die eingeführten Erze eine große Rolle, sondern öfters auch gewisse Altmaterialmengen. Die tatsächliche Verhüttung geschieht vielfach in einem anderen Lande als die Förderung, der ganze internationale Erzhandel liegt ja dazwischen; in den Summen aber, in der sogen. Weltproduktion, müssen die ausbringbaren Metallgehalte aller Grubenförderungen und die Hüttenerzeugung aller Länder ungefähr übereinstimmen.

Montan-Produktion der einzelnen Staaten und ihrer Kolonien im Jahre 1907.

(Die Erzproduktion ist auf Metallgehalt umgerechnet.) (Nach Mines and Quarries: General report and statistics for 1907.)

	Kohle	Kupfer	Fein-Gold	Roheisen	Blei	Petroleum	Salz	Fein-Silber	Zinn	Zink
	t	t	kg	t	t	t	t	kg	t	t
Europa und Kolonien:										
Deutsches Reich	205 732 362	¹) 22 858	100	¹) 7 273 533	¹) 75 300	106 379	1 950 685	158 260	¹) 18	¹) 200 611
Deutsch-Ostafrika	—	—	12	—	—	—	1 631	—	—	—
Deutsch-Südwestafrika	—	3 804	—	—	4 292	—	—	7 000	—	—
Luxemburg	—	—	—	2 697 433	—	—	—	—	—	—
Österreich-Ungarn	47 878 167	¹) 521	3 643	¹) 1 782 407	¹) 14 857	1 128 210	612 487	51 403	¹) 3	¹) 8 746
Bosnien und Herzegowina	621 179	¹) 24	—	¹) 90 410	¹) 5	—	¹) 57 214	—	—	18
Schweiz	¹) 2 000	—	—	—	—	—	57 518	—	—	—
Frankreich	36 753 627	71	1 257	¹) 3 643 086	10 000	—	1 225 739	24 727	1	18 000
Algier	—	¹) 259	—	¹) 545 129	¹) 5 495	—	20 399	1 091	—	¹) 24 250
Franz. Guyana	—	—	¹) 3 290	—	—	—	—	—	—	—
Franz. Kongo	—	²) 750	—	—	—	—	—	—	—	—
Indo-China	320 000	—	¹) 48	—	—	—	—	—	¹) 58	¹) 2 280
Madagaskar	—	—	2 560	¹) 25	—	—	—	—	—	—
Neu-Caledonien	—	—	—	—	—	—	—	—	—	—
Senegal	—	—	¹) 4	—	—	—	—	—	—	—
Tunis	—	—	—	—	¹) 9 430	—	78 200	—	—	¹) 10 970
Summe Frankreich und Kolonien	*37 073 627*	*1 080*	*7 159*	*4 188 240*	*24 925*		*1 324 338*	*25 818*	*59*	*55 500*
Belgien	23 705 190	—	—	¹) 113 020	¹) 126	—	—	—	—	¹) 837
Holland	722 824	—	—	—	—	—	—	—	—	—
Holländ. Ost-Indien	416 427	—	3 314	—	—	1 328 404	—	10 961	16 379	—
Holländ. Guyana	—	—	¹) 923	—	—	—	—	—	—	—
Holländ. West-Indien	—	—	²) 157	—	—	—	¹) 12 718	28	—	—
Summe Holland und Kolonien	*1 139 251*	—	*4 394*	—	—	*1 328 404*	*¹) 12 718*	*10 989*	*16 379*	—
Großbritannien und Irland	272 129 006	677	52	5 209 224	24 853	—	2 016 505	4 780	4 478	7 722
Aden	—	—	—	—	—	—	91 835	—	—	—
Australien	9 836 453	¹) 41 103	98 962	¹) 1 500	239 399	—	²) 76 204	517 905	9 375	78 875
Bahama	—	—	—	—	—	—	1 898	—	—	—
Bechuanaland Protectorate	—	—	149	—	—	—	—	16	—	—
Britisch Borneo	71 892	—	1 330	—	—	—	—	—	—	—
Britisch Neu-Guinea	—	—	¹) 1 794	—	—	—	—	—	—	—
Canada	9 535 812	25 640	12 614	¹) 99 873	21 654	¹) 107 898	65 950	397 493	—	²) 775
Cap-Colonie	130 671	5 631	18	—	—	—	9 716	—	91	—
Ceylon	—	—	—	—	—	—	29 844	—	—	—
Verein. Malayische Staaten	—	—	477	—	—	—	—	—	49 208	—
Gold-Küste	—	—	¹) 8 519	—	—	—	—	—	—	—

Indien	11 326 227	—	[1]) 15 623	15 723	—	610 625	1 120 480	—	75	—
Natal (einschl. Zululand)	1 554 597	—	27	—	—	—	—	—	—	—
Neu-Fundland	—	1 700	[1]) 229	[1]) 473 919	—	—	—	—	—	—
Neu-Seeland	1 860 392	[1]) 8	14 846	—	—	—	—	48 602	1	—
Nord-Nigeria	—	—	—	—	—	—	[1]) 400	—	[1]) 88	—
Oranje-Fluß	506 287	—	—	—	—	—	19 367	—	—	—
Papua	—	24	[1]) 431	—	—	—	—	—	—	—
Rhodesia	104 391	74	16 340	—	686	—	—	4 582	—	—
Somali coast Protectorate	—	—	—	—	—	—	105	—	—	—
Straits Settlements	—	—	—	—	—	—	—	—	65	—
Swaziland	—	—	97	—	—	—	—	—	486	—
Transvaal	2 615 800	[1]) 410	200 641	—	[1]) 821	—	—	22 056	[1]) 362	—
Turcs and Caicos Islands	—	—	—	—	—	—	43 723	—	—	—
Summe Britisches Reich	309 671 528	75 267	372 149	5 800 239	287 413	718 523	3 476 027	995 437	64 229	87 372
Schweden	305 338	[1]) 854	—	[1]) 2 732 843	[1]) 690	—	—	[1]) 590	—	[1]) 30 100
Norwegen	—	8 585	—	72 303	[1]) 8	—	—	6 670	—	[1]) 64
Rußland (einschl. Sibirien)	25 282 000	14 632	40 150	2 821 217	[2]) 1 013	7 797 345	1 801 800	4 110	—	9 830
Rumänien	144 323	—	—	—	—	1 142 448	129 287	—	—	—
Serbien	268 315	1 764	149	—	[1]) 67	—	—	35	—	—
Bulgarien	170 528	—	—	—	—	—	—	—	—	—
Türkei	[3]) 450 000	[1]) 1 270	[1]) 7	—	—	—	329 932	[1]) 2 095	—	—
Griechenland	—	—	—	396 095	[1]) 13 791	—	26 966	[1]) 23 208	—	10 758
Italien	453 137	7 114	82	269 553	24 438	8 326	505 232	22 950	—	69 825
Spanien	3 887 236	64 731	—	4 727 722	165 962	—	605 895	127 435	62	72 679
Portugal	8 824	8 330	10	—	[1]) 306	—	—	—	[1]) 20	—
Cape Verde Islands	—	—	—	—	—	—	2 664	—	—	—
Summe Europa und Kolonien	656 793 005	210 834	427 855	32 965 015	613 193	12 229 635	10 894 394	1 436 000	80 770	546 340
Asien:										
Japan	13 803 969	40 183	2 938	51 943	3 079	238 850	[3]) 483 506	95 596	32	—
Formosa	71 563	41	1 316	—	—	—	36 938	596	—	—
Korea	[2]) 5 895	[1]) 70	[1]) 3 276	[2]) 4 524	—	—	—	—	—	—
China	[2]) 9 032 660	—	[1]) 6 771	[1]) 41 737	[1]) 580	—	[1]) 241 000	—	3 727	[1]) 949
Siam	—	—	188	—	—	—	18 432	—	[1]) 4 816	—
Persien	—	[1]) 17	—	—	—	—	[1]) 1 300	—	—	—
Arabien	—	—	—	—	—	—	762	—	—	—
Summe selbständiges Asien	22 914 087	40 311	14 489	98 204	3 659	238 850	781 938	96 192	8 575	949
Afrika[4]):										
Ägypten	—	—	[1]) 152	—	—	—	99 174	—	—	—
Abessinien	—	—	[2]) 114	—	—	—	[1]) 14 000	—	—	—
Kongo-Freistaat	—	[1]) 9	[1]) 460	—	—	—	—	—	8	—
Summe selbständiges Afrika	—	9	726	—	—	—	113 174	—	8	—

[1]) Geschätzt.   [2]) Zahlen von 1906.   [3]) 1905.   [4]) Australien siehe oben als englische Kolonie.

Montan-Produktion der einzelnen Staaten und ihrer Kolonien im Jahre 1907. (Fortsetzung).

(Die Erzproduktion ist auf Metallgehalt umgerechnet.) (Nach Mines and Quarries: General report and statistics for 1907.)

	Kohle	Kupfer	Fein-Gold	Roheisen	Blei	Petroleum	Salz	Fein-Silber	Zinn	Zink
	t	t	kg	t	t	t	t	kg	t	t.
Amerika:										
Vereinigte Staaten	435 782 839	394 174	136 072	26 195 341	331 276	22 149 862	3 772 637	1 757 805	56	202 980
Mexiko	[1]700 000	[1]80 330	[1]20 959	85	[1]76 163	—	[1]9 200	2 434 460	—	[1]25 643
Costa-Rica	—	—	[1]784	—	—	—	—	—	—	—
Honduras	—	—	[1]117	—	—	—	[1]1 107	—	—	—
Nicaragua[2])	—	—	[1]1 276	—	—	—	—	[1]8 610	—	—
Cuba	—	[1]1 912	—	[1]395 000	—	—	—	— -	—	—
Philippinen-Inseln	4 123	—	120	395	—	—	—	3	—	—
Puerto Rico	—	—	2	—	—	—	—	—	—	—
Panama	—	—	[1]259	—	—	—	—	—	—	—
Bolivia	—	[1]2 813	[1]6	—	—	—	—	[1]152 843	[1]16 606	—
Ecuador	—	—	402	—	—	—	[1]113 002	76	—	—
Venezuela	[2]14 064	[1]20	863	—	—	—	15 364	—	—	—
Columbia	—	— -	4 898	—	—	—	—	32 619	—	—
Brasilien	—	[1]161	[1]2 981	—	—	—	[2]210 853	—	—	—
Argentinien	—	[1]1 847	[1]155	—	—	—	[1]6 000	783	[1]8	—
Chile	832 612	28 863	1907	—	8	—	18 982	28 280	—	—
Peru	185 565	20 681	778	—	5 525	100 184	21 592	206 586	—	—
Urugay	—	—	[1]83	—	—	—	—	[1]35	—	—
Summe selbständiges Amerika	437 519 203	530 801	171 662	26 590 821	412 972	22 250 046	4 168 737	4 622 100	16 670	228 623
Gesamt-Weltproduktion 1907	1 117 226 295	781 955	614 732	59 654 040	1 029 824	34 718 531	15 958 243	6 154 292	106 023	775 912
- - 1906	1 013 644 524	756 362	598 636	57 534 031	910 017	28 200 269	15 088 649	6 195 585	105 228	690 180
- - 1905	941 015 007	738 202	580 087	52 565 638	874 697	27 096 409	14 251 142	5 547 818	95 168	638 590
- - 1904	886 497 722	705 378	516 127	44 136 486	922 249	27 992 981	13 816 149	4 900 231	102 764	636 336
- - 1903	881 002 936	609 985	491 672	44 548 962	892 899	26 232 099	12 818 253	4 997 491	98 295	570 440
- - 1902	803 157 045	571 852	447 644	42 669 478	802 947	22 868 860	13 279 032	4 753 451	93 441	503 241
- - 1901	789 128 476	553 709	391 025	39 396 729	953 708	19 940 447	12 864 589	5 205 899	88 814	475 267
- - 1900	767 636 204	534 735	393 196	40 427 435	787 841	18 553 950	12 572 076	5 874 284	80 643	446 373
- - 1899	723 239 177	507 047	476 714	39 135 752	676 116	16 754 858	12 889 733	4 445 594	74 281	510 701
- - 1898	663 820 472	441 869	449 073	34 076 233	789 983	15 771 631	11 353 173	5 695 968	77 523	470 994
- - 1897	631 450 161	418 677	364 337	33 627 000	702 000	16 597 599	11 925 734	5 261 770	71 042	443 000
- - 1896	601 271 000	387 207	317 831	31 223 000	677 100	15 858 663	11 219 447	5 358 300	74 157	424 000
- - 1895	583 020 000	339 699	312 238	29 387 000	638 000	14 601 129	11 299 040	5 333 200	76 180	417 000
- - 1894	552 065 000	330 132	271 775	26 040 000	621 800	12 129 175	10 983 807	5 409 500	74 812	381 000
- - 1893	527 903 000	308 839	234 006	25 129 000	627 600	12 593 286	10 013 004	5 434 500	68 784	378 000
- - 1892	537 621 000	315 818	220 133	26 942 000	629 200	11 899 550	10 581 013	5 188 400	65 602	373 000
- - 1891	532 382 000	283 963	196 586	26 218 000	598 800	12 229 280	10 224 919	4 805 000	60 400	362 204
- - 1890	514 119 000	273 944	181 234	27 627 000	539 500	10 304 449	10 212 147	4 386 700	56 600	348 585
- - 1885	—	—	—	—	—	—	—	—	—	—
- - 1880	330 649 000	157 000	160 000[4])	18 400 000	400 000	3 849 323	—	2 400 000[4])	36 000	227 000
- - 1875	—	—	—	—	—	—	—	—	—	—
- - 1870	—	—	—	—	—	—	—	—	—	—

[1]) Geschätzt. [2]) Zahlen von 1906. [3]) 1905. [4]) Über die frühere Gold- und Silberproduktion vgl. „Fortschritte" I. S. 361.

Entnommen sind die vorstehenden und folgenden Zahlen für 1907[1]) der amtlichen englischen Bergwerksstatistik, die Anfang der 90er Jahre vom (1904 verstorbenen) Sir Clement Le Neve Foster[2]) begründet wurde und seitdem auf Grund seiner Organisation und in seinem Geiste weiter geführt wird. Sie erscheint jährlich in 4 blauen Folioheften unter dem Titel „Mines and Quarries: General Report and Statistics for . . . (Jahreszahl)" und bringt in „Part IV: Colonial and foreign Statistics" die beste und zuverlässigste Weltmontanstatistik, die wir überhaupt haben. Sie ist sorgfältiger gegliedert als die amerikanische Weltstatistik in „The Mineral Industry, its statistics, technology and trade during . . . (Jahr)" — von R. P. Rothwell begründet, jetzt von W. R. Ingalls herausgegeben —, deren Vorzüge mehr auf technologischem und handelstechnischem Gebiete liegen. Eine selbständige deutsche Weltmontanstatistik gibt es leider nicht.

Die englische Originaltabelle stellt Großbritannien mit seinen Kolonien voran; es folgen dann die übrigen selbständigen Länder in alphabetischer Reihenfolge unter Beifügung ihrer Kolonien. — In der hier gegebenen Bearbeitung ist in der Hauptsache das für die „Fortschritte" ein für allemal gewählte, von Deutschland ausgehende geographische System beibehalten worden; nur sind hier zur besseren Anlehnung an das englische Vorbild ebenfalls die Kolonien hinter ihrem Mutterlande aufgeführt.

Dadurch allein ist es möglich, für Mutterland und Kolonien Summenzahlen — sie sind kursiv gedruckt — einzuschalten, welche für manche statistische Betrachtungen, namentlich für Zollverhältnisse u. dgl., von Wichtigkeit sind.

Die etwas eigentümliche Reihenfolge der behandelten Mineralien und Metalle der ersten Tabelle erklärt sich einfach aus dem Alphabet der englischen Bezeichnungen; sie wurde im Deutschen beibehalten, um nicht die Vergleichbarkeit mit den englischen Original-Tabellen, die schon durch die geographische Umstellung etwas beeinträchtigt wird, gänzlich aufzuheben. Summierungen in dieser (horizontalen) Richtung kommen nicht in Betracht, also ist die Reihenfolge gleichgültig.

In historischer Beziehung konnten hier zunächst nur die „Weltsummen" für Kohle usw. miteinander verglichen werden, und zwar nach derselben, englischen Quelle rückwärts bis zum Jahre 1897; die Zahlen weiter zurück für 1896 bis 1890 und für 1880 wurden nach anderen Quellen (Metallgesellschaft in Frankfurt a. M. und Statistik des Deutschen Reiches) hinzugefügt.

Die zweite Tabelle für Graphit usw. hat im englischen Original kein Vorbild. Sie wurde hier (wie auch schon Band I, S. 362 für das Jahr 1901) versuchsweise zusammengestellt, soweit im englischen Original und anderswo zuverlässige Einzelzahlen zu finden waren. Bei den Erzen dieser Gruppe war, abgesehen vom Quecksilber, eine allgemeine Umrechnung auf Metallgehalt nicht möglich.

---

[1]) Die entsprechenden Zahlen der einzelnen Länder für 1900 und 1901 sind „Fortschritte" I, S. 52 und 286 zu finden.

[2]) Seine Biographie s. Bergw. Mitt. 1910, S. 35.

Metall- und Mineralpreise
(in Reichsmark pro Kilogramm).
(Nach Beyschlag-Krusch-Vogt: Die Lagerstätten, I, S. 200.)

Aus 1 kg Gold werden ausgemünzt: 2790 Reichsmark, 3444 4/9 Franken, 2480 Kronen (Dänemark, Norwegen, Schweden).

	1850	1860	1870	1880	1890	1895	1900	1905	1907	1909
Roheisen, schott. .	0,044	0,054	0,054	0,055	0,048	0,045	0,069	0,053	0,055	0,054
Blei	0,35	0,44	0,37	0,33	0,27	0,21	0,34	0,28	0,38	0,27
Zink	0,31	0,38	0,36	0,36	0,45	0,29	0,40	0,50	0,47	0,45
Kupfer	1,70	2,05	1,40	1,36	1,19	0,88	1,47	1,40	1,70	1,18
Zinn	1,60	2,60	2,50	1,75	1,90	1,25	2,60	2,80	3,40	2,65
Nickel	—	ca. 8	8	7	4	2,50	3	3,25	3,25	3
Aluminium . . .	—	ca. 100			15	3	2	3,25	3,25	1,25
Quecksilber . . .	6,00	4,25	4,75	3,75	5,25	3,90	5,25	4,25	4,00	4,50
Silber	182	180	180	155	142	87	83	82	89	71
Platin	—	—	635	960	1900	1475	2400	3000	3500	

[Fortsetzung s. S. 454.]

Montan-Produktion der einzelnen Staaten und ihrer Kolonien im Jahre 1907 (Fortsetzung).

(Nach „Mines and Quarries": General report and statistics for 1907.)

	Graphit t	Mangan-erz t	Chromerz t	Queck-silber t	Nickel-, Kobalt- und Wismuterz t	Uran- und Wolframerz t	Antimon-erz t	Arsenikerz t	Schwefelkies t	Schwefel t
Europa und Kolonien:										
Deutsches Reich	4 033	73 105	—	—	7 845	63	—	4 878	196 351	—
Österreich	49 425	16 756	—	567	—	Uran 11 Wolfram 44	910	300	—	Gestein 24 099
Ungarn	—	8 196	—	—	Wismuterz 6	—	3 439	—	99 503	—
Bosnien und Herzegowina	—	7 000	310	—	—	—	—	—	7 229	—
Schweiz	—	—	—	—	—	—	—	—	—	—
Frankreich	125	18 188	—	—	—	Wolfram 61	24 359	7 860	282 665	Gestein 1 962
Neu-Caledonien	—	—	3 800	—	Nickelerz 120 106 Kobalterz 29 800	—	—	—	—	—
Belgien	—	2 100	—	—	—	—	—	—	397	—
Großbritannien und Irland	—	16 356	—	—	—	Uran 72 Wolfram 327	—	Arsenik 1 523 Arsenikalkies 1 800	10 358	—
Neu-Süd-Wales	—	—	30	—	Wismut und Wismuterz 16	Wolfram 210	1 780	—	—	—
Queensland	66	1 134	—	—	Wismut 6	Wismut Wolfram Molybdän 10½	530	—	—	—
Süd-Australien	—	—	—	—	—	Wolfram 92	—	—	—	—
Tasmanien	—	—	—	—	Wismut kg 178	Wolfram 42	—	—	—	—
Viktoria	—	—	—	—	—	—	4 572	—	—	—
West-Australien	—	—	—	—	—	—	25	—	—	—
Canada	710	1	—	—	Nickelerz 9 612 Kobalt Unbekannt	—	1 858	Unbekannt	41 951	—
Ceylon	33 027	—	—	—	—	—	—	—	—	—
Indien	2 472	912 761	7 391	—	—	—	—	—	—	—
Neu-Fundland	—	—	—	—	—	—	—	—	20 240	—
Neu-Seeland	—	5	—	—	—	—	100	—	—	—
Summe Britisches Reich	36 275	930 257	7 421	—	—	—	8 865	—	72 549	—

Schweden	33	4 374	—	—	—	—	—	—	27 113	—
Norwegen	1 400	—	—	—	Nickelerz 5 781	—	—	—	236 038	—
Rußland	—	¹)1 018 961	¹)16 976	130	—	—	—	—	—	39
Rumänien	—	—	—	—	—	—	—	—	—	—
Serbien	—	—	—	—	—	—	471	—	—	—
Bulgarien	—	—	—	—	—	—	—	—	—	—
Türkei	—	—	—	—	—	—	—	—	—	—
Griechenland	—	11 139	11 730	—	—	—	—	—	—	—
Italien	10 989	3 654	—	423	—	Wolfram 16	7 892	73	126 925	Gestein 2 787 765
Spanien	30	41 504	—	1212	Kobalterz 137 Wismuterz 38	Wolfram 386	205	3 424	225 830	Gestein 27 054
Portugal	—	1 374·	—	—	—	Wolfram 612	383	1 538	123 393	—
Summe Europa und Kolonien	*102 310*	*2 136 628*	*40 237*	*2332*	—	—	*46 524*	—	*1 397 993*	—
Asien: Japan	103	18 704	—	—	—	—	248	7	56 166	33 329
Formosa	—	—	—	—	—	—	—	—	—	1 072
China	—	—	—	23	—	—	4 699	—	—	—
Korea	—	—	—	—	—	—	—	—	—	—
Siam	—	—	—	—	—	—	—	—	—	—
Summe selbständiges Asien	*103*	*18 704*	—	*23*	—	—	*4 947*	*7*	*56 166*	*34 401*
Amerika: Vereinigte Staaten	26 560	5 694	295	*712*	—	Wolfram 1 488	—	1 588	251 359	297 813
Mexiko	3 202	—	—	*200*	—	—	5 296	—	—	—
Cuba	—	35 123	—	—	—	—	—	—	—	—
Bolivia	—	—	—	—	Wismut 153	Wolfram 400	—	—	—	—
Venezuela	—	—	—	—	—	—	—	—	—	—
Columbia	—	—	—	—	—	—	—	—	—	—
Brasilien	—	236 778	—	—	—	—	—	—	—	—
Argentinien	—	—	—	—	—	Wolfram 424	—	—	—	—
Chile	—	—	—	—	—	—	—	—	—	2 905
Peru	—	—	—	2	Wismut 48	—	114	—	—	1 880
Summe selbständiges Amerika	*29 762*	*277 595*	*295*	*914*	—	—	*5 410*	*1 588*	*251 359*	*302 598*
Gesamt-Weltproduktion 1907	*132 175*	*2 432 927*	*40 532*	*3225*	—	—	*56 881*	—	*1 705 518*	—
„ „ 1906										
„ „ 1905										
„ „ 1904										
„ „ 1903										
„ „ 1902										
„ „ 1901										
„ „ 1900										
„ „ 1899										
„ „ 1898										

¹) Zahlen von 1906.

[Fortsetzung von S. 451.]

In den letzten Jahren ist gewöhnlich bezahlt worden:

Für gediegene Metalle (bzw. Schwefel)	Für 1 kg Arsen . . . . ca.	1,20 Reichsmark.
	„ 1 „ Antimon . . . . 0,70 — 1,50	„
	„ 1 „ Kadmium . . . . 4— 6	„
	„ 1 „ Wismut . . . . 7—15	„
	„ 1 „ Schwefel . . . . 0,09 — 0,10	„
Für das Kilogramm Metall- (bzw. Schwefel-) Inhalt in Erzen	„ 1 „ Schwefel in Kies . . . . ca. 0,032— 0,045	„
	„ 1 „ Manganinhalt in Manganerz . . 0,08 — 0,12	„
	„ 1 „ Inhalt von Cr_2O_3 in Chromerz . 0,12 — 0,15	„
	„ 1 „ „ „ WoO_3 in Wolframerz 2— 5	„
	„ 1 „ „ „ Co in Kobalterz . . 5—10	„
	„ 1 „ „ „ MoS_2 in Molybdänerz 2— 3	„
	„ 1 „ „ „ ThO_2 in Monazitsand etwa 25	„
	„ 1 „ Rutil . . . . 0,60 — 0,75	„

Die Preise sind naturgemäß starken Schwankungen unterworfen.

Mindestmetallgehalte bauwürdiger Erze.

(Nach R. Beck: Lehre von den Erzlagerstätten, 3. Aufl., I., S. 14.)

Die Mindestmetallgehalte von Erzen, wie sie im allgemeinen unter sonst günstigen Verhältnissen für eine gewinnbringende Konzentration und Verhüttung oder direkte Verhüttung vorausgesetzt werden, sind etwa für:

Eisenerze $35^0/_0$. Die meisten zur Verhüttung gelangenden Erze halten jedoch $55—65^0/_0$.

Sulfidische Kupfererze $2—3^0/_0$, noch weniger nur ausnahmsweise und wenn noch Au und Ag zugegen.

Oxydische Kupfererze für Laugeprozesse $^1/_2—2^0/_0$ (z. B. in Stadtberge, Twiste, Linz a. Rh. usw.).

Bleierze $2—5^0/_0$, wenn eine Konzentration nicht schwierig ist, meist $5^0/_0$.

Der Mindestgehalt für das Verschmelzen ist ca. $10^0/_0$ Pb, wenn das Erz solche Nebenbestandteile enthält, daß nur sehr wenig Zuschläge erforderlich sind (z. B. in Leadville-Erzen).

Zinkerze $25—30^0/_0$.

Silber in Silber-Bleierzen $0,03—0,15^0/_0$, „ in Kupfererzen $0,010—0,015^0/_0$.

Dürrerze für die Amalgamation $0,1^0/_0$.

Golderze $0,0003—0,0008^0/_0 = 3—8$ g p. t.

Gold-Seifen $0,00001—0,000015^0/_0 = 0,10—0,15$ g p. t.

„ in Kupfer- und Bleierzen $0,00015^0/_0 = 1,5$ g p. t.

Zinnerze $1,5—3^0/_0$, ausnahmsweise $1^0/_0$ (Altenberg $0,3^0/_0$).

Zinnerze zum Verschmelzen sollen mindestens $60^0/_0$ Sn enthalten.

Zinnerze als Seifen $1^0/_0$.

Nickelerze $2—3^0/_0$.

Kobalterze: Erdkobalte mit herunter bis $1—2^0/_0$ Co werden z. B. vom Gottes Geschick am Graul geliefert, Neu-Caledonien $3^0/_0$ CoO.

Platinerze als Seifen $0,000055^0/_0 = 0,5$ g p. t.

Manganerze meist von etwe $30^0/_0$ ab.

Mangan in Eisenerzen schon von $18^0/_0$ Mn ab, wenn zugleich $30^0/_0$ Fe zugegen sind.

Chromerze $38—40^0/_0$, wenn in großen Stücken, sonst meist $48^0/_0$.

Antimonerze $25—30^0/_0$ Sb.

Arsenerze: Kiese $10—15^0/_0$, Auripigmente $25^0/_0$.

Quecksilbererze bis herab zu $0,5—1^0/_0$ (Nikitowka, Idria).

Wismuterze zum Verschmelzen $6—10^0/_0$ Bi, Ockererze zum Laugen $3—4^0/_0$ Bi.

(Vgl. hierzu Beyschlag-Krusch-Vogt: Lagerstätten I, S. 198 über „Nettometallmenge in 100 t Fördergut bei den meisten in Betrieb stehenden Lagerstätten".)

Literarischer Anhang.

Zeitschrift für praktische Geologie

mit besonderer Berücksichtigung

der Lagerstättenkunde, der Bergwirtschaftslehre, der Bergbaugeschichte und der Montanstatistik.

Herausgegeben von

Prof. Max Krahmann,

Dozent für Berg- und Hüttenwirtschaftslehre und Montanstatistik an der Königl. Bergakademie,
Privatdozent an der Königl. Technischen Hochschule zu Berlin. (Adresse: **Berlin NW 23**, Händelstr. 6.)

Verlag von Julius Springer in Berlin.

Preis für den Jahrgang von 12 Heften — einschließlich des Beiblattes „Bergwirtschaftliche Mitteilungen" — (ungefähr je 64 Seiten stark) 24 M., nach dem Auslande zuzüglich 2 M. Preis des Beiblattes allein 8 M., nach dem Auslande zuzüglich 1,20 M.

Von **Sonderabzügen** aus der „Zeitschrift für praktische Geologie" sind durch Max Krahmann, Bureau für praktische Geologie, Verlagsabteilung, Berlin NW 23, Händelstr. 6, zu beziehen:

R. Bärtling: Die nordschwedischen Eisenerzlagerstätten, mit besonderer Berücksichtigung ihrer chemischen Zusammensetzung und ihrer bis jetzt nachgewiesenen Erzvorräte. Mit 2 Figuren. Preis 1 M.

E. Harbort: Probleme der Erzlagerstättengeologie. Auszug und Referat nach Stelzner-Bergeat: „Die Erzlagerstätten." Preis 2 M.

M. Krahmann: Über Lagerstätten-Schätzungen, im Anschluß an eine Beurteilung der Nachhaltigkeit und Entwicklungsfähigkeit des Eisenbergbaues an der Lahn. Mit 10 Figuren. Preis 1 M.

B. Kühn: Ein Apparat zur Veranschaulichung der Lage geologischer Schichten im Raume und zur Lösung hierauf bezüglicher Aufgaben der praktischen Geologie. Mit 16 Figuren. Preis 1,50 M.

J. Kuntz: Beitrag zur Geologie der Hochländer Deutsch-Ostafrikas, mit besonderer Berücksichtigung der Goldvorkommen. Mit einer Übersichtskarte 1 : 200000 und 7 Figuren. Preis 2 M.

H. Merensky: Die Diamantvorkommen in Lüderitzland, Deutsch-Südwestafrika. Mit 3 Figuren und 1 Tafel. Preis 1 M.

F. W. Voit: Übersicht über die nutzbaren Lagerstätten Südafrikas. Mit 9 Figuren und 1 Tafel. Preis 2,50 M.

H. Heß von Wichdorff: Die Wiesenkalklager Norddeutschlands und die Möglichkeit ihrer intensiveren industriellen Erschließung. Zur Kenntnis der alluvialen Kalklager Preußens, insbesondere der großen Moorlager bei Daber in Pommern. Mit 2 Figuren und 1 farbigen Tafel. Preis 1 M.

Im Verlage von Max Krahmann, Bureau für praktische Geologie, Verlagsabteilung, Berlin NW 23, Händelstr. 6, erscheint ferner die zwanglose Monographienreihe

Bergwirtschaftliche Zeitfragen.

Heft 1. **M. Krahmann:** Die Aufgaben der Bergwirtschaft im Rechts- und Kulturstaat. Preis 2 M.

Heft 2. **W. Hotz:** Die wirtschaftliche Bedeutung der Blei-Zinkerzlagerstätten der Welt im Jahre 1907. Preis 2 M.

> „Das Heft mit seinem reichen, statistischen Material, dessen Sammlung ganz bedeutende Schwierigkeiten bereitet haben muß, kann warm empfohlen werden. Es wird zweifellos auch vorbildlich werden für die künftige Bearbeitung anderer Erzlagerstätten nach gleichen Gesichtspunkten."
>
> G. Einecke in der Preuß. Z. f. d. Berg-, Hütten- u. Salinenw. Bd. 58, 1910, Heft 3.

Heft 3. **M. Krahmann:** Einführung in die Bergwirtschaftslehre und praktische Geologie. (In Vorbereitung.)

Heft 4. **M. Krahmann:** Die wichtigsten Daten der Montanstatistik. (In Vorbereitung.)

Verzeichnis der Veröffentlichungen

der

Königlich Preußischen Geologischen Landesanstalt zu Berlin.

Sämtliche Karten und Schriften sind durch die Vertriebstelle der Königlich Preußischen Geologischen Landesanstalt, Berlin N. 4, Invalidenstraße 44, portofrei gegen Nachnahme oder auch durch jede Buchhandlung zu beziehen. Die Simon Schropp'sche Hof-Landkartenhandlung (I. H. Neumann), Berlin W., Jägerstraße 61, hält sämtliche Blätter der Geologischen Karte von Preußen und benachbarten Bundesstaaten auf Lager. Die mit † bezeichneten Veröffentlichungen beziehen sich auf das Tiefland, alle übrigen auf das Gebirgsland.

I. Geologische Karte von Preußen und benachbarten Bundesstaaten.
im Maßstabe von 1 : 25 000.

Die Karten erscheinen in Lieferungen, jedoch ist auch jedes Blatt einzeln käuflich und kostet, mit dem zugehörigen Heft Erläuterungen (bei Blättern mit Bohrkarten einschl. der letzteren) 2 Mark.

Bei Bestellungen sind die Namen der Blätter und die Nummern der Lieferungen (siehe Karten-Verzeichnis B) anzugeben.

Jeder Sendung von Blättern für das Tiefland liegt eine „Kurze Einführung in das Verständnis der geologisch-agronomischen Karten" bei, ebenso wird jeder Sendung ein Verzeichnis der bisherigen Veröffentlichungen der Königlich Preußischen Geologischen Landesanstalt beigefügt. Beim Bezuge ganzer Kartenlieferungen wird nur je eine „Einführung" beigegeben. Sollten jedoch mehrere Exemplare gewünscht werden, so können dieselben unentgeltlich von der obengenannten Vertriebstelle bezogen werden.

Mitteilungen über Bohrkarten, handschriftliche Auszüge befinden sich am Schlusse dieses Verzeichnisses.

A. Karten-Verzeichnis nach Lieferungen geordnet.

			Mark
Lieferung 1.	Blatt	Zorge[1]), Benneckenstein[1]) (vergriffen), Hasselfelde[1]), Ellrich[1]), Nordhausen[1]), Stolberg[1]) (vergriffen)	12 —
„ 2.	„	Buttstedt, Eckartsberga (vergriffen), Roßla, Apolda (vergriffen), Magdala (vergriffen), Jena[2])	12 —
„ 3.	„	Worbis (vergriffen), Bleicherode (vergriffen), Hayn (vergriffen), Nieder-Orschla, Groß-Keula (vergriffen), Immenrode (vergriffen)	12 —
„ 4.	„	Sömmerda, Cölleda, Stotternheim, Neumark, Erfurt, Weimar (vergriffen)	12 —
„ 5.	„	Gröbzig, Zörbig, Petersberg (vergriffen)	6 —
„ 6.	„	Ittersdorf, *Bous, *Saarbrücken, *Dudweiler, Lauterbach, Emmersweiler, Hanweiler (darunter 3 * Doppelblätter)	14 —
„ 7.	„	Groß-Hemmersdorf, *Saarlouis, *Heusweiler, *Friedrichsthal, *Neunkirchen (darunter 4 * Doppelblätter)	10 —
„ 8.	„	Waldkappel, Eschwege, Sontra, Netra, Hönebach, Gerstungen	12 —
„ 9.	„	Heringen, Kelbra (nebst Blatt mit 2 Profilen durch das Kyffhäusergebirge sowie einem geognostischen Kärtchen im Anhange) (vergriffen), Sangerhausen, Sondershausen, Frankenhausen (vergriffen), Artern (vergriffen), Greußen, Kindelbrück, Schillingstedt	18 —
„ 10.	„	Winchringen, Saarburg, Beuren, Freudenburg, Perl, Merzig	12 —
„ 11.	„	† Linum, Cremmen, Nauen, Marwitz, Markau, Rohrbeck	12 —
„ 12.	„	Naumburg a .S.[1]), Stößen, Camburg, Osterfeld, Bürgel, Eisenberg (vergriffen)	12 —
„ 13.	„	Langenberg (vergriffen), Großenstein, Gera (vergriffen), Ronneburg (vergriffen)	8 —
„ 14.	„	† Oranienburg, Hennigsdorf, Charlottenburg (früher Spandow), (vergriffen, 2. Ausgabe in Vorbereitung)	6 —

[1]) Zweite Ausgabe. [2]) Dritte Ausgabe.

1

Mark

Lieferung 96. Blatt † Gülzow, Schwessow, Plathe, Moratz, Zickerke, Groß-Sabow. (Mit
Bohrkarte und Bohrregister) . . . . 12 —
„ 97. „ † Graudenz, Okonin, Linowo, Groß-Plowenz. (Mit Bohrkarte und
Bohrregister) . . . . 8 —
„ 98. „ † Groß-Schiemanen, Lipowietz, Liebenberg, Willenberg-Opalenietz,
Groß-Leschienen. (Mit Bohrkarte und Bohrregister) . . . . 10 —
„ 99. „ † Obornik, Lukowo, Schocken, Murowana-Goslin, Dombrowka, Gurt-
schin. (Mit Bohrkarte und Bohrregister) . . . . 12 —
„ 100. „ Seesen, Zellerfeld, Harzburg, Osterode, Riefensbeek . . . . 10 —
„ 101. „ Dillenburg, Ober-Scheld, Herborn, Ballersbach . . . . . . 8 —
„ 102. „ † Lippehne, Schönow, Bernstein, Soldin, Staffelde. (Mit Bohrkarte
und Bohrregister) . . . . 10 —
„ 103. „ † Goßlershausen, Briesen, Bahrendorf, Schönsee mit Schewen, Gollub.
(In Vorbereitung) . . . . 10 —
„ 104. „ † Groß-Bartelsdorf, Mensguth, Passenheim, Jedwabno, Malga, Reusch-
werder. (Mit Bohrkarte und Bohrregister) . . . . 12 —
„ 105. „ † Rambow, Schnackenburg, Schilde, Perleberg . . . . 8 —
„ 106. „ † Stade, Ütersen, Hagen, Horneburg, Harsefeld . . . . 10 —
„ 107. „ † Oliva, Danzig, Weichselmünde mit Neufahrwasser, Nickelswalde,
Praust, Trutenau, Käsemark . . . . 14 —
„ 108. „ † Winsen, Artlenburg, Lauenburg a. d. Elbe, Lüneburg . . . . . 8 —
„ 109.[1]) „ † Barten, Drengfurth, Wenden, Rosengarten, Rastenburg, Groß-
Stuerlack . . . . 12 —
„ 110.[1]) „ † Angerburg, Groß-Steinort, Kutten, Lötzen, Kruglanken . . . . 10 —
„ 111. „ St. Goarshausen, Algenroth, Caub, Preßberg-Rüdesheim . . . . 8 —
„ 112. „ Berlingerode, Heiligenstadt, Dingelstädt, Kella, Lengenfeld . . . 10 —
„ 113. „ Eisenach, Wutha, Fröttstedt, Salzungen, Brotterode, Friedrichroda.
(In Vorbereitung) . . . . 12 —
„ 114. „ Lehesten, Lobenstein mit Titschendorf, Hirschberg a. S. (In
Vorbereitung) . . . . 6 —
„ 115. „ Rudolfswaldau, Langenbielau, Wünschelburg, Neurode . . . . 8 —
„ 116. „ Frankenau, Kellerwald, Rosenthal, Gilserberg . . . . 8 —
„ 117. „ † Schüttenwalde, Zalesie, Tuchel, Lindenbusch, Klonowo, Lubiewo 12 —
„ 118. „ † Massin, Hohenwalde, Vietz, Költschen . . . . 8 —
„ 119. „ † Lychen mit Ahrensberg, Fürstenberg, Himmelpfort, Dannenwalde. 8 —
„ 120. „ † Dritschmin, Bromke, Schirotzken, Bagniewo . . . . 8 —
„ 121. „ † Seelow, Küstrin, Lebus, Frankfurt a. O. . . . . 8 —
„ 122. „ † Sonnenburg, Alt-Limmritz, Groß-Rade, Drossen, Drenzig, Reppen 12 —
„ 123. „ † Langenhagen, Kolberg, Gützlaffshagen, Groß-Jestin . . . . 8 —
„ 124. „ † Quaschin, Zuckau, Prangenau, Groß-Paglau . . . . 8 —
„ 125. „ † Warlubien, Schwetz, Sartowitz. (In Vorbereitung) . . . . . 6 —
„ 126. „ † Balow-Grabow, Hülsebeck, Gorlosen, Karstedt, Bäk, Lenzen . . 12 —
„ 127. „ Alfeld, Dassel, Lauenberg, Hardegsen . . . . 8 —
„ 128. „ Langula, Langensalza, Henningsleben . . . . 6 —
„ 129. „ Treffurt, Creuzburg i. Th., Berka (Mihla), Schmalkalden . . . . 8 —
„ 130.[2]) „ † Kadenberge, Hamelwörden, Lamstedt, Himmelpforten . . . . 8 —
„ 131. „ Meuselwitz, Windischleuba, Altenburg . . . . 6 —
„ 132. „ † Hesepertwist, Wietmarschen, Lingen . . . . 6 —
„ 133. „ † Sorquitten, Sensburg, Theerwisch, Ribben, Aweyden. (In Vorb.) . 10 —
„ 134. „ † Basenthin, Naugard, Farbezin, Speck, Eichenwalde, Daber . . . 12 —
„ 135. „ † Rütenbrock, Hebelermeer, Haren, Meppen, Haselünne . . . . . 10 —
„ 136. „ † Mieste, Letzlingen, Calvörde, Uthmöden. (Mit Bohrkarte und Bohrregister.) . . . . 8 —
„ 137. „ † Goerzke, Belzig, Brück, Stackelitz, Klepzig, Niemegk . . . . . 12 —
„ 138. „ † Alten-Grabow, Nedlitz, Mühlstedt, Hundeluft, Dessau, Coswig . 12 —
„ 139. „ † Wusterbarth, Groß-Krössin, Polzin, Kollatz . . . . 8 —
„ 140. „ † Ratzeburg, Mölln, Gudow, Seedorf mit den preußischen Anteilen
von Carlow, Groß-Salitz und Zarrentin . . . . 8 —
„ 141. „ Herzogenrath, Eschweiler, Düren, Stolberg, Lendersdorf. (In Vorbereitung) . . . . 6 —
„ 142. „ Jülich, Bergheim, Frechen, Buir, Kerpen, Brühl . . . . . . 12 —
„ 143. „ Dortmund, Kamen, Witten, Hörde. Mit Flözkarten . . . . 8 —
„ 144. „ Vettweiß, Erp, Sechtem, Euskirchen, Rheinbach . . . . . . 10 —
„ 145. „ Freiburg i. Schles., Waldenburg, Friedland, Schömberg. (In Vorb.) 8 —
„ 146. „ Weißenfels, Lützen, Hohenmölsen, Zeitz . . . . 8 —

[1]) Hierzu eine geologische Übersichtskarte des Mauerseegebietes im Maßstabe 1 : 100 000 (vergl. IV. 13).
[2]) Hierzu eine geologische Übersichtskarte des Kehdinger Moores und seiner Umgebung im Maßstabe
1 : 100 000 (vergl. IV. 14).

4

Mark

B. Karten-Verzeichnis nach Bundesstaaten und Provinzen geordnet.

Die Zahl hinter dem Namen des Blattes bedeutet die Nummer der Lieferung.

Rhein-Provinz.

Regierungsbezirk Aachen.

Regierungsbezirk Cöln.

Regierungsbezirk Coblenz.

Regierungsbezirk Trier.

Ort		Ort		Ort		Ort	
Beuren	10	Heusweiler	7	Morscheid	63	Schillingen	33
Birkenfeld	46	Hottenbach	79	Neumagen	79	Schönberg	63
Bittburg	50	Ittersdorf	6	Neuerburg m. Dasbg.	78	Schweich	50
Bollendorf	51	Killburg	78	Neunkirchen	7	Sohren	79
Bous	6	Landscheid	50	Oberstein	63	St. Wendel	46
Buhlenberg	63	Lauterbach	6	Oberweiß	51	Trier	50
Dudweiler	6	Lebach	33	Ottweiler	46	Wadern	33
Emmersweiler	6	Losheim	33	Perl	10	Wahlen	33
Freisen	46	Mettendorf mit		Pfalzel	50	Wallendorf	51
Friedrichsthal	7	Gmünd	51	Saarbrücken	6	Waxweiler	78
Freudenburg	10	Merzig	10	Saarburg	10	Welschbillig	50
Gr. Hemmersdorf	7	Morbach	79	Saarlouis	7	Winchringen	10
Hanweiler	6	Bernkastel	79	Hermeskeil	33	Wittlich	79

Provinz Westfalen.
Regierungsbezirk Minden.

Ort		Ort		Ort		Ort	
Altenbeken	70	Etteln	70	Lichtenau	70	Willebadessen	147
Driburg	147	Kleinenberg	70	Peckelsheim	147		

Regierungsbezirk Arnsberg.

Ort		Ort		Ort		Ort	
Dillenburg	101	Hörde	143	Kamen	143	Witten	143
Dortmund	143						

Regierungsbezirk Münster.

Dortmund 143

Provinz Hessen - Nassau.
Regierungsbezirk Cassel.

Ort		Ort		Ort		Ort	
Allendorf	23	Friedewald	36	Hüttengesäß	77	Reinhausen	62
Altmorschen	45	Geisa	36	Kella	112	Rosenthal	116
Besse	92	Gelnhausen	49	Kellerwald	116	Rotenburg	45
Bieber	49	Gerstungen	8	Langenselbold	49	Schmalkaden	129
Cassel	92	Gilserberg	116	Lengenfeld	112	Seifertshausen	45
Creuzburg i. Th.	129	Groß-Almerode	23	Lichtenau	45	Sontra	8
Eiterfeld	36	Hanau mit Groß-		Lohrhaupten	49	Vacha	36
Ermschwerd	23	Krotzenburg	77	Ludwigseck	45	Waldkappel	8
Eschwege	8	Heiligenstadt	112	Melsungen	45	Wilhelmshöhe	92
Frankenau	116	Hersfeld	36	Netra	8	Windecken	77
Frankfurt a. M.	21	Hönebach	8	Oberkaufungen	92	Witzenhausen	23

Regierungsbezirk Wiesbaden.

Ort		Ort		Ort		Ort	
Algenroth	111	Frankfurt a. M.	21	Marienberg	41	Sachsenhausen	21
Ballersbach	101	Girod	41	Mengerskirchen	41	Schaumburg	44
Caub	111	Hadamar	41	Montabaur	41	Schwanheim	21
Coblenz	44	Herborn	101	Ober-Scheld	101	Selters	41
Dachsenhausen	44	Hochheim	15	Platte	15	St. Goarshausen	111
Dillenburg	101	Idstein	31	Preßberg-		Westerburg	41
Eisenbach	31	Kettenbach	31	Rüdesheim	111	Wiesbaden	15
Eltville	15	Königstein	15	Rennerod	41		
Ems	44	Langenschwalbach	15	Rettert	44		
Feldberg-	31	Limburg	31	Rödelheim	21		

Provinz Hannover.
Regierungsbezirk Hildesheim.

Ort		Ort		Ort		Ort	
Alfeld	127	Gandersheim	71	Heringen	9	Reinhausen	62
Benneckenstein	1	Gelliehausen	62	Jühnde	91	Riefensbeek	100
Berlingerode	112	Gerode	27	Lauenberg	127	Seesen	100
Cassel	92	Gieboldehausen	27	Lauterberg	27	Stolberg	1
Dassel	127	Göttingen	62	Lindau	71	Waake	62
Dransfeld	91	Groß-Freden	91	Moringen	71	Westerhof	71
Duderstadt	27	Hardegsen	127	Nörten	71	Zellerfeld	100
Einbeck	91	Harzburg	100	Nordhausen	1	Zorge	1
Ermschwerd	23	Hasselfelde	1	Osterode	100		

Regierungsbezirk Lüneburg.

Ort		Ort		Ort		Ort	
Artlenburg	108	Lenzen	126	Schnackenburg	105	Winsen	108
Lauenburg	108	Lüneburg	108				

Regierungsbezirk Osnabrück.

Haren 135	Hebelermeer . . 135	Lingen 132	Rütenbrock . . . 135
Haselünne 135	Hesepertwist . . 132	Meppen 135	Wietmarschen . 132

Regierungsbezirk Stade.

Hagen 106	Harsefeld 106	Horneburg . . . 106	Lamstedt 130
Hamelwörden . . 130	Himmelpforten . 130	Kadenberge . . . 130	Stade 106
	Ütersen 106		

Provinz Schleswig-Holstein.

Regierungsbezirk Schleswig.

Artlenburg . . . 108	Horneburg . . . 106	Ratzeburg 140	Ütersen 106
Carlow 140	Lauenburg . . . 108	Seedorf mit Gr.	Zarrentin 140
Gudow 140	Mölln 140	Salitz 140	

Provinz Sachsen.

Regierungsbezirk Magdeburg.

Alten-Grabow . . 138	Goerzke 137	Parchen 48	Stendal 38
Arneburg 38	Groß-Wusterwitz 54	Parey 48	Strodehne 38
Belzig 137	Hindenburg . . . 38	Plaue 54	Tangermünde . . 42
Bismark 32	Jerichow 42	Sandau 38	Theeßen 48
Burg 48	Karow 48	Schernebeck . . . 42	Uthmöden . . . 136
Calbe a. M. . . . 32	Klinke 32	Schilde 105	Vieritz 42
Calvörde 136	Letzlingen . . . 136	Schinne 32	Weißewarthe . . 42
Gardelegen . . . 32	Lüderitz 32	Schlagenthin . . 42	Werben 68
Genthin 42	Mieste 136	Schnackenburg . 105	Ziesar 48
Glienecke . . . 54	Nedlitz 138	Schollene . . . 38	

Regierungsbezirk Merseburg.

Artern 9	Gröbzig 5	Merseburg(West) 52	Schraplau (früher
Bibra 19	Großenstein . . . 13	Merseburg (Ost) 52	Teutschental) 19
Buttstedt 2	Halle (Süd) a. S. 52	Meuselwitz . . . 131	Schwenda 16
Camburg 12	Hasselfelde . . . 1	Naumberg a. S.. 12	Sondershausen . 9
Cölleda 4	Hayn 3	Niemegk 137	Stössen 12
Cönnern 18	Heringen 9	Osterfeld . . . 12	Stolberg 1
Coswig 138	Hohenmölsen . . 146	Pansfelde 16	Teutschenthal
Dieskau 52	Kelbra 9	Petersberg . . . 5	(jetzt Schraplau) 19
Eckartsberga . . . 2	Kindelbrück . . 9	Querfurt 19	Wettin 18
Eisleben 18	Klepzig 137	Riestedt 19	Weißenfels . . . 146
Erdeborn	Landsberg bei	Sangerhausen . . 9	Wiehe 19
(Schraplau) . . 19	Halle 52	Schafstädt . . . 19	Wippra 16
Frankenhausen . . 9	Langenberg . . . 13	Schillingstädt . . 9	Zeitz 146
Freiburg 19	Leimbach 16	Schraplau (jetzt	Ziegelroda . . . 19
Gerbstädt 18	Lützen 146	Erdeborn) . . 19	Zörbig 5
Greussen 9	Mansfeld 16		

Regierungsbezirk Erfurt.

Andisleben . . . 24	Gerode 27	Lengenfeld . . . 112	Sömmerda 4
Arnstadt 39	Gotha 39	Liebengrün . . . 40	Stotternheim . . 4
Benneckenstein . 1	Gr.-Keula 3	Masserberg . . . 64	Suhl 64
Berlingerode . . 112	Hayn 3	Meiningen . . . 37	Tennstedt 24
Berka (Mihla) . 129	Heiligenstadt . . 112	Mühlhausen . . 25	Themar 56
Bleicherode . . . 3	Henningsleben . 128	Neudietendorf . 39	Treffurt 129
Dingelstädt . . . 112	Hildburghausen 56	Nieder-Orschla . 3	Wasungen . . . 37
Duderstadt . . . 27	Ilmenau 64	Nordhausen . . . 1	Witzenhausen . . 23
Ebeleben 25	Immenrode . . . 3	Ohrdruf 39	Worbis 3
Ellrich 1	Kella 112	Orlamünde . . . 28	Ziegenrück . . . 40
Erfurt 4	Körner 25	Reinhausen . . . 62	Zorge 1
Gebesee 24	Langensalza . . 128	Saalfeld 40	
Gelliehausen . . 62	Langula 128	Schleusingen . . 64	

Provinz Brandenburg.

Regierungsbezirk Frankfurt a. O.

Alt-Döbern . . . 148	Frankfurt a. O.. 121	Költschen 118	Mohrin 94
Alt-Limmritz . . 122	Freienwalde . . 81	Königsberg NM. 94	Müncheberg . . . 73
Bärwalde 95	Fürstenfelde . . 95	Küstrin 121	Neudamm 95
Bernstein 102	Göllnitz 148	Lebus 121	Neu-Lewin . . . 81
Beyersdorf 90	Groß-Rade . . . 122	Letschin 95	Neu-Trebbin . . 81
Drenzig 122	Hohenwalde . . 118	Lippehne 102	Oderberg 80
Drossen 122	Klettwitz 148	Massin 118	Quartschen . . . 95

Reppen 122	Schwedt 76	Staffelde 102	Wartenberg 94
Rosenthal 94	Seelow 121	Tamsel 95	Wölsickendorf 81
Schildberg 94	Senftenberg 148	Trebnitz 81	Zachow 80
Schönfließ 94	Soldin 102	Uchtdorf 90	Zehden 81
Schönow 102	Sonnenburg 122	Vietz 118	

Regierungsbezirk Potsdam.

Ahrensberg 119	Friesack 35	Lehnin 54	Rüdersdorf 26
Alten-Grabow 138	Fürstenberg 119	Lenzen 126	Ruhlsdorf 53
Alt-Hartmannsdf. 26	Fürstenwerder 58	Lichtenrade 20	Schilde 105
Alt-Landsberg 29	Gandenitz 87	Liebenwalde 53	Schnackenburg 105
Angermünde 76	Garlitz 35	Lindow 34	Schönerlinde 29
Bäk 126	Gerswalde 58	Linum 11	Schollene 38
Balow-Grabow 126	Glöwen 68	Löcknitz 66	Schwedt 76
Bamme 35	Goerzke 137	Lohm 68	Spandow (jetzt
Beelitz 22	Göttin 54	Lychen 119	Charlottenburg) 14
Beetz 34	Gollin 58	Markau 11	Stackelitz 137
Belzig 137	Golzow 54	Marwitz 11	Stolpe 80
Berlin 29	Gorlosen 126	Müncheberg 73	Strausberg 73
Bernau 29	Gramzow 66	Möglin 73	Strodehne 38
Biesenthal 29	Greiffenberg 76	Mittenwalde 26	Teltow 20
Bietikow 66	Groß-Beeren 20	Nassenheide 34	Tempelhof 20
Boitzenburg 58	Groß-Kreutz 54	Nauen 11	Templin 58
Brandenburg 54	Groß-Mutz 34	Nechlin 66	Thomsdorf 87
Brück 137	Groß-Schönebeck 53	Nedlitz 138	Tramnitz 69
Brüssow 66	Groß-Wusterwitz 54	Neu-Lewin 81	Trebbin 20
Brunne 35	Groß-Ziethen 80	Neu-Ruppin 69	Trebnitz 81
Charlottenburg	Grünthal 29	Neu-Trebbin 81	Tremmen 35
(Spandow) 14	Haage 35	Niemegk 137	Uchtdorf 90
Cöpenick 26	Hammelspring 87	Oderberg 80	Wallmow 66
Cremmen 11	Havelberg 68	Oranienburg 14	Wandlitz 29
Cunow 76	Hennigsdorf 14	Passow 76	Werben 68
Damelang 54	Himmelpfort 119	Perleberg 105	Werder 22
Dannenwalde 119	Hindenburg 58	Plaue 54	Werneuchen 29
Dedelow 58	Hohenfinow 80	Polssen 76	Wildberg 69
Demertin 68	Hohenholz 126	Potsdam 22	Wildenbruch 22
Eberswalde 53	Hülsebeck 126	Prenzlau 66	Wilsnack 68
Fahrenholz 76	Joachimsthal 53	Prötzel 73	Wittstock 69
Fahrland 22	Karstedt 126	Rambow 105	Woldegk 76
Fehrbellin 69	Ketzin 22	Rathenow 35	Wusterhausen 69
Fiddichow 89	Klein-Mutz 34	Rhinow 35	Wustrau 34
Freienwalde 81	Klepzig 137	Ribbeck 35	Wuticke 69
Friedersdorf 26	Königs-Wusterh. 26	Ringenwalde 58	Zehdenick 53
Friedrichsfelde 29	Kyritz 69	Rohrbeck 11	Zossen 20

Provinz Pommern.
Regierungsbezirk Köslin.

Altenhagen 82	Groß-Voldekow 59	Kurow 74	Saleske 83
Alt-Zowen 74	Grupenhagen 83	Langenhagen 123	Schlawe 82
Bärwalde 59	Gützlaffshagen 123	Lanzig mit Vitte 83	Sydow 74
Bublitz 59	Karwitz 82	Neustettin 59	Wurchow 59
Damerow 82	Kasimirshof 59	Peest 83	Wussow 82
Gramenz 59	Kösternitz 74	Persanzig 59	Wusterbarth 139
Groß-Carzenburg 59	Klannin 74	Pollnow 74	Zirchow 82
Groß-Jestin 123	Kolberg 123	Polzin 139	
Groß-Krössin 139	Kollatz 139	Rügenwalde 83	

Regierungsbezirk Stettin.

Alt-Damm 67	Greifenhagen 89	Moratz 96	Schönfließ 94
Bahn 89	Gr.-Christinenberg 67	Münchendorf 93	Schönow 102
Basenthin 134	Groß-Sabow 96	Naugard 134	Schwessow 96
Bernstein 102	Groß-Stepenitz 93	Neumark 90	Schwochow 90
Beyersdorf 90	Gülzow 96	Passow 76	Soldin 102
Colbitzow 67	Gützlaffshagen 123	Paulsdorf 93	Speck 134
Cunow 76	Hohenholz 66	Pencun 66	Stettin 67
Eichenwalde 134	Königsberg NM. 94	Plathe 96	Uchtdorf 90
Farbezin 134	Kreckow 67	Podejuch 67	Wallmow 66
Fiddichow 89	Langenhagen 123	Pölitz 93	Wildenbruch 90
Gollnow 93	Lippehne 102	Pribbernow 93	Woltin 89
Gramzow 66	Löcknitz 66	Schildberg 94	Zickerke 96

Großherzogtum Mecklenburg-Schwerin.

Gorlosen 126	Hülsebeck 126	Rambow 105	Tramnitz 69
Gudow 140	Lauenburg . . . 108	Seedorf mit Gr. Salitz 140	

Großherzogtum Mecklenburg-Strelitz.

Dannenwalde . . 119	Himmelpforten . 119	Ratzeburg 140	Thomsdorf 87
Fürstenberg . . . 119	Lychen 119	Seedorf mit Gr.	
Hammelspring . 87	Mölln 140	Salitz 140	

Großherzogtum Oldenburg.

Birkenfeld 46	Buhlenberg 63	Freisen 46	Nohfelden 46
	Oberstein 63		

Thüringische Staaten.

Altenbreitungen 37	Gräfenthal . . . 55	Meuselwitz . . . 131	Schwarzburg . . 55
Altenburg 131	Gräfen-Tonna . . 24	Naitschau 57	Schleusingen . . 64
Andisleben . . . 24	Greiz 57	Naumburg a. S. 12	Schmalkalden . . 129
Apolda 2	Greußen 9	Neudietendorf . . 39	Sömmerda 4
Arnstadt 39	Groß-Breitenbach 55	Neumark 4	Sondershausen . 9
Artern 9	Großenstein . . . 13	Neustadt a.d.Heide 30	Sonneberg 30
Berka (Mihla) . 129	Groß-Keula . . . 3	Neustadt a./Orla 17	Spechtsbrunn . . 30
Blankenhain . . 28	Heldburg 60	Oberkatz 37	Stadt Remda . . 55
Bürgel 12	Helmershausen . 37	Öslau 72	Stadt Ilm 55
Buttstedt 2	Henningsleben . 128	Ohrdruf 39	Steinach 72
Camburg 12	Heringen 9	Orlamünde 28	Steinheide . . . 30
Coburg 72	Hildburghausen . 56	Osterfeld 12	Stotternheim . . 4
Cölleda 4	Jena 2	Osthausen 28	Suhl 64
Crawinkel 64	Ilmenau 64	Plaue 64	Tennstedt 24
Creuzburg i. Th. 129	Immenrode . . . 3	Pörmitz 17	Themar 56
Dingsleben . . . 56	Kahla 28	Probstzella . . . 40	Treffurt 129
Ebeleben 25	Kelbra 9	Rentwertshausen . 56	Triptis 17
Eckartsberga . . 2	Königsee 55	Riestedt 19	Vacha 36
Eisenberg 12	Körner 25	Rieth 60	Waltersdorf . . . 57
Eisfeld 30	Kranichfeld . . . 28	Roda 17	Wasungen . . . 37
Erfurt 4	Langenberg . . . 13	Rodach 60	Weida 57
Frankenhausen . 9	Langensalza . . . 128	Römhild mit	Weimar 4
Friedewald . . . 36	Langula 128	Mendhausen . 60	Windischleuba . 131
Gangloff 17	Lengsfeld 36	Ronneburg . . . 13	Zeulenroda . . . 17
Gebesee 24	Liebengrün . . . 40	Rossach 72	Ziegelroda . . . 19
Geisa 36	Magdala 2	Roßla 2	Ziegenrück . . . 40
Gera 13	Masserberg . . . 64	Rudolstadt . . . 28	
Gerstungen . . . 8	Meeder 30	Saalfeld 40	
Gotha 39	Meiningen 37	Sangerhausen . . 9	

Fürstentum Waldeck und Pyrmont.

Frankenau . . . 116	Kellerwald . . . 116	Kleinenberg . . . 70	Peckelsheim . . . 147

II. Abhandlungen zur Geologischen Spezialkarte von Preußen und den Thüringischen Staaten.

Mark

Bd. I, Heft 1. **Rüdersdorf und Umgegend,** eine geognostische Monographie, nebst 1 Tafel Abbild. von Versteiner., 1 geogn. Karte u. Profilen; von H. Eck . . . . 8 —

„ 2. **Über den Unteren Keuper des östlichen Thüringens,** nebst Holzschn. und 1 Tafel Abbild. von Verstein.; von E. E. Schmid 2,50

„ 3. **Geogn. Darstellung des Steinkohlengebirges und Rotliegenden** in der Gegend nördlich von Halle a. S., nebst 1 großen geogn. Karte, 1 geogn. Übersichtsblättchen, 1 Tafel Profile und 16 Holzschnitten; von H. Laspeyres . . . . 12 —

„ 4. **Geogn. Beschreibung der Insel Sylt,** nebst 1 geogn. Karte, 2 Tafeln Profile, 1 Titelbilde und 1 Holzschnitt; von L. Meyn 8 —

Bd. II, Heft 1. Beiträge zur fossilen Flora. **Steinkohlen-Calamarien,** mit besonderer Berücksichtigung ihrer Fruktifikationen, nebst 1 Atlas von 19 Tafeln und 2 Holzschn.; von Ch. E. Weiß . . . . . 20 —

10

Mark

Mark

III. Archiv für Lagerstätten-Forschung und Lagerstätten-Karten.

IV. Jahrbuch der Königl. Preußischen Geologischen Landesanstalt.

Vom Jahrgang 1901 ab erscheint das Jahrbuch in einzelnen Heften.
Vom gleichen Jahrgang (1901) ab ist jede im Jahrbuch erschienene Arbeit als Sonderabdruck einzeln käuflich.
Vom Jahrgang 1908 ab erscheint das Jahrbuch in 2 Teilen à 3 Hefte. Jeder Teil ist einzeln, zum Preise von
10 Mk., der vollständige Band, beide Teile umfassend, zum Preise von 20 Mk. käuflich.

Alphabetisches Verzeichnis

der käuflichen

Einzelschriften aus dem Jahrbuch der Königl. Geologischen Landesanstalt

Jahrgang 1901—1905; 1906 und 1907 Heft 1—3;
1908 Teil 1 u. 2 Heft 1 u. 2; 1909 Teil I Heft 1, sowie teilweise Heft 2 u. 3.

Mark

Erdmannsdoerffer, O. H.: Petrographische Mitteilungen aus dem Harz. 5. Über Andalusit führende Granite und Porphyroide vom Ostrande des Brockenmassivs. Jahrg. 1908, T. 2, Heft 1 —,40

—, O. H.: Der Eckergneis im Harz. Ein Beitrag zur Kenntnis der Kontaktmetamorphose und der Entstehungsweise krystalliner Schiefer. Mit 2 Tafeln, Jahrgang 1909, T. 1, Heft 2 . . . . 3,—

Finckh, L.: Diluviale Talbildungen in der Gegend von Groß-Tychow und Seeger i. Pom. Bericht über die Aufnahme der Blätter] Groß-Tychow und Seeger im Jahre 1905. Jahrg. 1905, Heft 4 —,30

Fliegel, G.: Zur Kenntnis von Tertiär und Diluvium zwischen Niederrhein und Erft. Bericht über die Aufnahme der Blätter Sechtem und Erp in den Jahren 1903 und 1904. Jahrgang 1904, Heft 4 . . . . —,30

—, G.: Pliocäne Quarzschotter in der Niederrheinischen Bucht. Mit 1 Karte im Text. Jahrgang 1907, Heft 1 . . . . 1,—

Fuchs, A.: Zur Kenntnis von Devon, Trias, Tertiär u. Quartär am Nordrande des linksrheinischen Schiefergebirges. Bericht über die Aufnahme der Blätter Godesberg, Rheinbach, Euskirchen und Altenahr in den Jahren 1903 und 1904. Jahrgang 1904, Heft 4 . . . . —,30

—, A.: Die unterdevonischen Renssellaerien des Rheingebietes. Mit 3 Tafeln. Jahrgang 1903, Heft 1 1,80

—, A.: Aufnahmen in den Jahren 1902—1904 im höheren Unterdevon des Blattes Feldberg (Oberreifenberg). Jahrgang 1904, Heft 4 . . . . . —,30

Gagel, C: Über eocäne u. paleocäne Ablagerungen in Holstein. Vorl. Mitteilung. Jahrg. 1906, H. 1 —,50

—, C.: Über das Alter u. die Lagerungsverhältnisse des Schwarzenbecker Tertiärs. Mit 3 Profilzeichnungen. Jahrgang 1906, Heft 3 . . . . —,60

—, C.: Aufnahmeergebnisse in Lauenburg. Bericht über die Aufnahme der Blätter Gudow, Seedorf, Zarrentin, Nusse und Siebeneichen im Jahre 1904. Jahrgang 1904, Heft 4 . . . . —,30

—, C.: Einige Bemerkungen über die Obere Grundmoräne in Lauenburg. Jahrgang 1903, Heft 3 —,75

—, C.: Über einige Bohrergebnisse und ein neues pflanzenführendes Interglazial aus der Gegend von Elmshorn. Mit 4 Tafeln. Jahrg. 1904, H. 2 3,—

—, C.: Über die Lagerungsverhältnisse des Miocäns am Morsumkliff auf Sylt. Mit 3 Tafeln. Jahrgang 1905, Heft 2 1,80

—, C.: Briefliche Mitteilung, betr. die Lagerungsverhältnisse des Miocäns am Morsumkliff auf Sylt. Jahrgang 1905, Heft 2 . . . . . . —,30

—, C.: Geologische Notizen von der Insel Fehmarn und aus Wagrien. Jahrgang 1905, Heft 2 . . —,50

—, C.: Über einige neue Spatangiden aus dem norddeutschen Miocän. Mit 2 Tafeln. Jahrg. 1902, H. 3 1,50

—, C.: Über eine diluviale Süßwasserfauna bei Tarbeck in Holstein. Mit 1 Tafel. Jahrgang 1901. Heft 2. . . . . —,75

—, C.: Über die untereocänen Tuffschichten und die paleocäne Transgression in Norddeutschland. Vortrag, gehalten in der Sitzung der Deutschen geologischen Gesellschaft am 5. Dezember 1906. Mit 2 Tafeln. Jahrgang 1907, Heft 1 1,60

—, C.: Über die geologischen Verhältnisse der Gegend von Ratzeburg u. Mölln. Jahrg. 1903. H. 1 1,—

—, C.: Über einen Grenzpunkt der letzten Vereisung (des oberen Geschiebemergels) in Schleswig-Holstein. (Briefliche Mitteilung.) Jahrgang 1907, Heft 3 . . . . —,30

—, C.: Geologische Notizen von der Insel Fehmarn und aus Wagrien. II. Teil. Mit 1 Tafel, Jahrgang 1908, T. 2, Heft 2 1,20

—, C.: Beiträge zur Kenntnis des Untergrundes von Lüneburg. Jahrgang 1909, T. 1, Heft 2 . 3,—

Gans, R.: Die Bedeutung der Nährstoffanalyse in agronomischer und geognostischer Hinsicht. (Vergriffen). Jahrgang 1902, Heft 1 2,25

—, R.: Konstitution der Zeolithe, ihre Herstellung und technische Verwendung. Jahrg. 1906, H. 1 1,—

—, R.: Zeolithe und ähnliche Verbindungen, ihre Konstitution und Bedeutung für Technik und Landwirtschaft. Jahrgang 1905, Heft 2 . . . 1,—

Mark

Gothan, W.: Die Frage der Klimadifferenzierung im Jura und in der Kreideformation im Lichte paläobotanischer Tatsachen. Mit 2 Tafeln. Jahrgang 1908, T. 2, Heft 2 2,70

Groenwall, Karl A.: Geschiebestudien, ein Beitrag zur Kenntnis d. ältesten baltischen Tertiärablagerungen. Jahrgang 1903, Heft 3 . . . . —,60

Grupe, O.: Beiträge zur Kenntnis des Wellenkalks im südlichen Hannover u. Braunschweig. Jahrgang 1905, Heft 3 . . . . 1,—

—, O.: Über Gebirgsbau und Stratigraphie des Homburgwaldes, Voglers und Odfelds. Bericht über die wissenschaftlichen Ergebnisse der Aufnahmen auf den Blättern Dassel und Eschershausen in den Jahren 1901 und 1902. Jahrgang 1902, Heft 4 . . . . —,30

—, O.: Über glaziale und präglaziale Bildungen im nordwestlichen Vorlande des Harzes. Jahrgang 1907, Heft 3 . . . . —,75

—, O.: Die Zechsteinvorkommen im mittleren Weser- und Leine-Gebiet und ihre Beziehung zum südhannoverschen Zechsteinsalzlager. Jahrgang 1908, T. 1, Heft 1 . . . . —,60

—, O.: Präoligocäne und jungmiocäne Dislokationen und tertiäre Transgressionen im Solling und seinem nördlichen Vorlande. Mit 1 Tafel. Jahrgang 1908, T. 1, Heft 3 1,50

Guerich, G: Bericht über die geologischen Aufschlüsse an der Bahnlinie Siegersdorf-Lorenzdorf bei Bunzlau in Schlesien. Jahrg, 1901, H. 3 —,25

—, G.: Der Schneckenmergel von Ingramsdorf und andere Quartärfunde in Schlesien. Mit 2 Fig. Jahrgang 1905, Heft 1 . . . . —,50

—, G.: Untersilur bei Jauer in Schlesien. Mit 8 Textfiguren. Jahrgang 1906, Heft 3 . . . . —,30

Haack, Wilhelm: Der Teutoburger Wald südlich von Osnabrück. Mit 2 Tafeln. Jahrgang 1908, T. 1, Heft 3 3,80

Haarmann, Erich: Die geologischen Verhältnisse des Piesberg-Sattels bei Osnabrück. Mit 5 Tafeln. Jahrgang 1909, T. 1, Heft 1 . . . 4,50

Harbort, Erich: Über die stratigraphischen Ergebnisse von zwei Tiefbohrungen durch die Untere Kreide bei Stederdorf und Horst im Kreise Peine. Mit 1 Textafel. Jahrg. 1905, H. 1 —,60

Heinhold, Max: Über die Entstehung des Pyropissits. Jahrgang 1906, Heft 1 1,50

Henkel, L.: Beitrag zur Kenntnis des Muschelkalkes der Naumburger Gegend. Jahrg. 1901, H. 3 1,—

Heß von Wichdorff, Hans: Erster Bericht über die Aufnahmen auf Blatt Kerschken im Jahre 1904 (Mit 7 Profilen u. 5 Landschaftsaufnahm.). Jahrgang 1904, Heft 4 . . . . —,30

—, Hans: Eine typische Drumlinlandschaft i. Kreise Naugard in Pommern. Bericht über die Aufnahmen auf Blatt Farbezin im Jahre 1903. Jahrgang 1904, Heft 4 . . . . —,30

—, Hans: Über Drusenmineralien im Granitporphyr von Beucha bei Leipzig. Jahrgang 1905, Heft 3 —,80

—, Hans: Kontakterzlagerstätten im Sormitztale, im Thüringer Walde. Mit 1 Übersichtskärtchen, 1 Skizze und 5 Figuren. Jahrgang 1903, Heft 2 —,70

—, Hans: Die Porphyrite des südöstlichen Thüringer Waldes. Mit 1 Tafel. Jahrgang 1901, Heft 1 . 2,—

—, Hans: Beiträge zur geologischen Kenntnis der Borker Heide in Masuren. (Zweiter) Bericht über die Aufnahme des Blattes Kerschken im Jahre 1905. Mit 4 Abb. i. T. Jahrg. 1905, Heft 4 —,60

—, Hans: Über ein Vorkommen von Alunit-ähnlichen Kaolinitknollen im Oberoligocän von Leipzig. Mit 5 Abbild. u. 1 Profil. Jahrg. 1907, Heft 3 —,80

—, Hans: Über einige in Raseneisenerz umgewandelte fossile Hirschgeweihe aus einem Raseneisensteinlager der Provinz Posen. Mit 1 Tafel. Jahrgang 1907, Heft 3 . . . . —,70

—, Hans: Aus dem Thüringer Schiefergebirge (Frankenwald). I. Ein deutsches Pickeringit-Vorkommen. Mit 1 Tafel. Jahrgang 1907, Heft 3 —,80

—, Hans: Über die radialen Aufpressungserscheinungen im diluvialen Untergrund der Stadt Naugard in Pommern und ihre Beziehungen zu dem Naugarder Stau-Os. [Ein Beitrag zur Osar-Forschung.] Mit 5 Profilen und 1 Übersichtskärtchen. Jahrgang 1909, T. 1, Heft 1 . —,40

Mark

Heß von Wichdorff, Hans, u. Range, Paul: Über Quellmoore in Masuren (Ostpreußen). Mit 1 Taf. Jahrgang 1906, Heft 1 . . . . . . —,80

Hintze, Alfred: Beiträge zur Petrographie der älteren Gesteine des deutschen Schutzgebiets Kamerun. Jahrgang 1907, Heft 2 2,50

Holzapfel, E.: Beobachtungen im Diluvium der Gegend von Aachen. Jahrgang 1903, Heft 3 . —,60

—, E.: Neuere Beobachtungen in der Aachener Gegend. Bericht über die Aufnahme der Blätter Aachen, Stolberg, Lendersdorf, Eschweiler, Herzogenrath im Jahre 1903. Jahrg. 1904, H. 4 —,40

—, E.: Beitrag zur Kenntnis der Brachiopodenfauna des rheinischen Stringocephalen-Kalkes. Mit 4 Tafeln. Jahrgang 1908, T. 2, Heft 1 . . . 2,60

Hoyer, W.: Ein neuer Aufschluß anstehenden Buntsandsteins im norddeutschen Flachlande. Jahrgang 1903, Heft 2 . . . . —,30

—, W.: Heersumer Schichten und Korallenoolith bei Ahlem, nordwestlich von Hannover. Jahrgang 1903, Heft 2 . . . . —,60

Jentzsch, Alfred: Ein As bei Borowke in Westpreußen. Jahrgang 1906, Heft 1 . . . . . —,30

—, Alfred: Der erste Untersenon-Aufschluß Westpreußens. Jahrgang 1905, Heft 3 . . . . —,30

—, Alfred: Die erste Yoldia aus Posen. Jahrgang 1905, Heft 1 . . . . —,30

—, A.: Das Alter der Samländischen Braunkohlenformation und der Senftenberger Tertiärflora. Jahrgang 1908, T 1, Heft 1 . . . . —,80

—, A. u. Michael, R.: Über die Kalklager im Diluvium bei Zlottowo in Westpreußen. Mit 9 Abbildungen im Text. Jahrgang 1902, Heft 1 —,50

Kaiser, Erich: Beiträge zur Petrographie und Geologie der Deutschen Südsee-Inseln. Mit 2 Tafeln. Jahrgang 1903, Heft 1 . . . . . . 2,—

—, Erich: Pliocäne Quarzschotter im Rheingebiet zwischen Mosel und Niederrheinischer Bucht. Mit 1 Kartenskizze. Jahrgang 1907, Heft 1 . 1,20

—, Erich: Die hydrologischen Verhältnisse am Nordostabhang des Hainich im nordwestlichen Thüringen. Mit 1 Tafel. Jahrgang 1902, Heft 3 1,—

—, Erich und Naumann, Ernst: Zur Kenntnis der Trias und des Diluviums im nordwestlichen Thüringen. Bericht über die wissenschaftlichen Ergebnisse der Aufnahmen a. d. Blättern Langula und Langensalza in den Jahren 1901 und 1902. Jahrgang 1902, Heft 4 . . . . -,50

—, Erich und Siegert, Leo: Beiträge zur Stratigraphie des Perms und zur Tektonik am westlichen Harzrande. Jahrgang 1905, Heft 3 . . —,50

Kaunhowen, F.: Geologische Beobachtungen in der Umgebung von Örtelsburg (Ostpreußen). Bericht über die Aufnahme auf Blatt Theerwisch im Jahre 1903. Jahrgang 1904, Heft 4 . . —,30

—, F.: Geologische Beobachtungen in den ostpreußischen Kreisen Angerburg und Lötzen. Bericht über die Aufnahme auf Blatt Orlowen im Jahre 1904. Jahrgang 1904, Heft 4 . . . —,30

—, F.: Beobachtungen über Diluvium, Tertiär und Kreide in Ostpreußen. Jahrgang 1907, Heft 2 —,40

—, F.: Das geologische Profil längs der Berliner Untergrundbahn und die Stellung des Berliner Diluviums. Mit 1 Tafel. Jahrgang 1906, Heft 3 1,25

—, F.: Geologische Untersuchungen in dem Gebiete längs der Bahn Lötzen—Arys—Johannisburg, Ostpreußen. Mit zahlreichen Profilen im Text. Jahrgang 1906, Heft 3 . . . . . 1,—

—, F. und Krause, Paul Gustaf: Beobachtungen an diluvialen Terrassen und Seebecken im östlichen Norddeutschland und ihre Beziehungen zur glazialen Hydrographie. Jahrg. 1903, Heft 3 —,40

Keilhack, K.: Einige Aufnahmeergebnisse aus dem mittleren Fläming. Bericht über die Aufnahme der Blätter Görzke, Belzig, Brück, Stackelitz, Klepzig, Niemegk, Hundeluft und Coswig in den Jahren 1901 bis 1904. Jahrgang 1904, Heft 4 —,40

—, K.: Geologische Beobachtungen während des Baues der Brandenburgischen Städtebahn. Mit 3 Tafeln. Jahrgang 1903, Heft 1 . . . . . 2,—

—, K.: Die geschichtliche Entwickelung der Lehre von der Entstehung der Grundwasser. Festrede Jahrgang 1902 . . . . —,70

Mark

Keilhack, K.: Ergebnisse von Bohrungen,
I. Gradabteilung 1—20. Jahrg. 1903, H, 4 8,—
II. Gradabteilung 21—37. Jahrg. 1904, H. 4 5,—
III. Gradabteilung 38—50. Jahrg. 1905, H. 4 5,—
IV. Gradabteilung 51—64. Jahrg. 1906, H. 4 4,75

—, K.: Über die Aufschlüsse des neuen Tagebaues Marga bei Senftenberg. Mit 2 Tafeln und Profil im Text. Jahrgang 1908, T. 2, Heft 2 1,40

Klautzsch, A.: Die geologischen Verhältnisse des Großen Moosbruches in Ostpreußen unter Berücksichtigung der jetzigen Pflanzenbestände. Mit 2 Tafeln. Jahrgang 1906, Heft 2 . . . . 2,—

—, A.: Der jüngste Vulkanausbruch auf Savaii, Samoa. Jahrgang 1907, Heft 2 . . . . . . —,50

—, A.: Geologisch-petrographische Mitteilungen aus deutschen Kolonien. I. Die Gesteine des Wariagebietes und das dortige Goldvorkommen (Kaiser Wilhelms-Land, Neu-Guinea). Mit 1 Taf. Jahrgang 1908, T. 2, Heft 2 . . . . . . —,70

—, A. u. Soenderop, F.: Geologische Mitteilungen aus dem Grenzgebiet zwischen Ermland und Masuren. Bericht über die Aufnahme der Blätter Ribben, Aweyden, Sorquitten, Sensburg, Seehesten in den Jahren 1903 und 1904. Jahrgang 1904, Heft 4 . . . . —,30

Koehne, W.: Vorläufige Mitteilung über eine Obercoblenz-Fauna in Sphärosideritschiefern im südlichen Sauerlande. Jahrgang 1907, Heft 2 —,30

Koenen, A. v.: Über Buntsandstein des Solling. Bericht über die wissenschaftlichen Ergebnisse der Aufnahmen in den Jahren 1901 und 1902. Jahrgang 1902, Heft 4 . . . . —,30

—, A. v.: Über vorglaziale Bildungen im Gebiete der Sackberge und des Hils nebst Ith u. Selter Briefl. Mitteil. über die wissenschaftl. Ergebnisse d. Aufn. 1907. Jahrgang 1908, T. 1, Heft 1 —,30

Kolbe, H. J.: Über problematische Fossilien aus dem Culm von Steinkunzendorf in Schlesien. Mit 1 Tafel. Jahrgang 1903, Heft 1 . . . . —,70

Kolesch, Karl: Über die Grenzen zwischen Unterem und Mittlerem Buntsandstein in Ost-Thüringen. Mit 1 Tafel im Text. Jahrg. 1908, T. 1, Heft 3 . . . . —,50

Korn, J.: Über Oser bei Schönlanke. Mit 1 Taf. Jahrgang 1908, T. 1, Heft 3 . . . . —,80

Krause, Paul Gustaf: Über Endmoränen im westlichen Samlande. Mit 1 Tafel. Jahrgang 1904, Heft 3 . . . . 1,—

—, Paul Gustav: Über Diluvium, Tertiär, Kreide und Jura in der Heilsberger Tiefbohrung. Mit 6 Taf. u. 2 Taf. i. T. Jahrgang 1908, T. 1, Heft 2 8,—

—, Paul Gustaf: Beobachtungen an diluvialen Terrassen. Jahrgang 1903, Heft 3. Siehe Kaunhowen, F.

Krech, Karl: Beitrag zur Kenntnis der oolithischen Gesteine des Muschelkalks um Jena. Mit 3 Taf. Jahrgang 1909, T. 1, Heft 1 3,80

Krusch, P.: Zur Stratigraphie und Tektonik der Gegend von Dortmund und Witten. Bericht über die Aufnahme der Blätter Hörde, Witten, Dortmund und Kamen in den Jahren 1903 und 1904. Jahrgang 1904, Heft 4 . . . . —,30

—, P.: Der Südrand des Beckens von Münster zwischen Menden und Witten auf Grund der Ergebnisse der geologischen Spezialaufnahme. Mit 3 Tafeln. Jahrgang 1908, T. 2 Heft 1 . . 5,—

Lang, Otto: Zur Kenntnis der Verbreitung niederhessischer Basaltvarietäten. Jahrg. 1905, Heft 2 2,50

—, Otto: Die Schlingenbildung des Fuldatales bei Guxhagen. Jahrgang 1904, Heft 3 . . . . . —,80

Leppla, A.: Zur geologischen Kenntnis des Taunusvorlandes. Bericht über die Aufnahme der Blätter Hochheim und Wiesbaden in den Jahren 1902 bis 1904. Jahrgang 1904, Heft 4 . . . . —,80

—, A.: Die Tiefbohrungen am Potsberg in der Rheinpfalz. Jahrgang 1902, Heft 3 . . . . . —,50

—, A.: Über Unterdevon des Rheintals. Bericht über die wissenschaftl. Ergebnisse d. Aufnahmen a. d. Blättern Kaub, Preßberg, Algenroth in den Jahren 1901 und 1902. Jahrgang 1902, Heft 4 . —,30

Linstow, O. v.: Über die Ausdehnung der letzten Vereisung in Mitteldeutschland. Mit 1 Tafel. Jahrgang 1905, Heft 3 . . . . —,80

Mark

Linstow, O. v.: Bemerkungen über die Echtheit eines in Pommern gefundenen Triasgeschiebes. Briefliche Mitteilung. Jahrgang 1902, Heft 3 . —,30

—, O. v.: Über Bohrgänge von Käferlarven in Braunkohlenholz. Briefliche Mitteilung. Jahrgang 1905, Heft 3 . . . . —,30

—, O. v.: Über jungglaciale Feinsande des Fläming. Mit 1 Tafel. Jahrgang 1902, Heft 2. . . . . 1,—

—, O. v.: Die organischen Reste der Trias von Lüneburg. Mit 1 Tafel. Jahrgang 1903, Heft 2 . . 1,50

—, O. v.: Über Verbreitung und Transgression des Septarientones (Rupeltones) im Gebiet der mittleren Elbe. Mit 2 Profilen im Text und 1 Tafel. Jahrgang 1904, Heft 2 1,30

—, O. v.: Über Ockerkalke in der Nähe von Kemberg bei Wittenberg. Jahrg. 1908. T. 1, Heft 1 —,80

—, O. v.: Löß und Schwarzerde in der Gegend von Köthen (Anhalt). Jahrgang 1908, T. 1, Heft 1 . —,70

—, O. v.: Über Kiesströme vielleicht interglazialen Alters auf dem Gräfenhainichen-Schmiedeberger Plateau und in Anhalt. Mit 1 Karte u. 2 Textfig. Jahrgang 1908, T. 1, Heft 2 . . . . — ,30

—, O. v.: Die Tertiärbildungen auf dem Gräfenhainichen—Schmiedeberger Plateau (Dübener Heide z. T.). Mit 2 Tafeln und 3 Textfiguren. Jahrgang 1908, T. 2, Heft 2 2,50

—, O. v.: Studien über verschiedenaltrige Tone des Diluviums. Mit 1 Textfigur. Jahrgang 1908, T. 2, Heft 2 . . . . —,40

Lotz, H.: Ein neuer Fundpunkt des Pentamerus rhenanus F. Roemer (Conchidium hassiacum Frank). Briefliche Mitteilung. Jahrg. 1902, H. 1 —,25

Menzel, Hans: Beiträge zur Kenntnis der Quartärbildungen im südlichen Hannover. 1. Die Interglazialschichten von Wallensen in der Hilsmulde. Mit 1 Tafel. Jahrgang 1903, Heft 2 . 1,60

—, Hans: Beiträge zur Kenntnis der Quartärbildungen im südlichen Hannover. 2. Eine jungdiluviale Konchylienfauna aus Kiesablagerungen des mittleren Leinetales. Jahrgang 1903, Heft 3 —,40

—, Hans: Beiträge zur Kenntnis der Quartärbildungen im südlichen Hannover. 3. Das Kalktufflager von Alfeld an der Leine. Jahrgang 1905, Heft 1 . . . . —,50

—, Hans: Über die Gliederung und Ausbildung der jungtertiären und quartären Bildungen im südlichen Hannover und Braunschweig. Bericht über die Aufnahme der Blätter Alfeld, Eschershausen, Salzhemmendorf, Gronau und Sibesse in den Jahren 1901 bis 1904. Jahrg. 1904, Heft 4 —,50

—, Hans: Über das Vorkommen von Cyclostoma elegans Müller in Deutschland seit der Diluvilalzeit. Jahrgang 1903, Heft 3 . . . . . —,30

—, Hans: Beiträge zur Kenntnis der Quartärbildungen im südlichen Hannover. 4. Das Kalktufflager von Lauenstein. Jahrgang 1908, T. 1, Heft 3 . . . . —,30

Mestwerdt, A.: Die Gliederung des Kohlenkeupers etc. Jahrgang 1906, Heft 2. Siehe Stille, H.

Meunier, Fernand: Beitrag zur Syrphiden-Fauna des Bernsteins. Mit 1 Tafel. Jahrgang 1903, Heft 2 . . . . —,80

—, Fernand: Beitrag zur Fauna der Bibioniden, Simuliden und Rhyphiden des Bernsteins. Mit 1 Tafel. Jahrgang 1903, Heft 3 . . . . . 1,—

—, Fernand: Eine neue Blattinaria aus der Oberen Steinkohenformation (Ottweiler Schichten, Rheinpreußen). Mit 1 Tafel. Jahrgang 1903, Heft 3 — 70

Meyer, Erich: Aufnahmeergebnisse aus dem südlichen Fläming. Bericht über die Aufnahme der Blätter Straach und Hundeluft in den Jahren 1903 und 1904. Jahrgang 1904, Heft 4 . . —,30

—, Erich: Der Teutoburger Wald (Osning) zwischen Bielefeld und Werther. Mit 1 Tafel. Jahrgang 1903, Heft 3 1,50

Michael, R.: Über das Alter der in den Tiefbohrungen von Lorenzdorf in Schlesien und Przeciszow in Galizien aufgeschlossenen Tertiärschichten. Jahrgang 1907, Heft 2 . . . . —,40

—, R.: Über neuere Aufschlüsse untercarbonischer Schichten am Ostrande des oberschlesischen Steinkohlenbeckens. Jahrgang 1907, Heft 2 . —,60

Mark

Michael, R.: Zur Geologie nördlich der Gegend von Tarnowitz. Bericht über die Aufnahme des Blattes Tarnowitz in den Jahren 1903 u. 1904. Jahrgang 1904, Heft 4 . . . . —,30

—, R.: Die Gliederung der oberschlesischen Steinkohlenformation. Jahrgang 1901, Heft 3 . . . 1,—

—, R.: Geologische Mitteilungen über die Gegend von Gilgenburg und Greierswalde in Ostpreußen. Jahrgang 1902, Heft 1 . . . . —,30

—, R.: Über die Verbreitung des Keupers im nördlichen Schlesien. Jahrgang 1907, Heft 2 . . . —,30

—, R.: Über das Vorkommen einer tertiären Landschneckenfauna im Bereich der jüngsten Schichten der Kreidescholle von Oppeln. Jahrgang 1901, Heft 3 . . . . —,30

—, R.: Über die Kalklager im Diluvium . . . Jahrgang 1902, Heft 1. Siehe Jentzsch, A.

Monke, H.: Beiträge zur Geologie von Schantung. 1. Obercambrische Trilobiten von Yen-tey-yai. Mit 7 Tafeln. Jahrgang 1902, Heft 1 . . . . 5,—

—, H.: Zweimalige Vereisung und Interglacial südlich der Elbe. Bericht über die wissenschaftl. Ergebnisse d. Aufnahme a. d. Blättern Bevensen und Ebstorf in den Jahren 1901 u. 1902. Jahrgang 1902, Heft 4 . . . . —,30

Mordziol, Carl: Die Kieseloolithe in den unterpliocänen Dinotheriensanden d. Mainzer Beckens. Jahrgang 1907, Heft 1 . . . . —,30

—, Carl: Über das jüngere Tertiär und das Diluvium rechtsrheinischen Teiles des Neuwieder Beckens. Mit 1 Tafel und 8 Textfiguren. Jahrgang 1908, T. 1, Heft 2 . . . . 3,—

Mueller, Gottfried: Die Lagerungsverhältnisse der Unteren Kreide westlich der Ems und die Transgression des Wealden. Jahrg. 1903, Heft 2 —,50

—, G. und Weber, C.: Über ältere Flußschotter bei Bad Oeynhausen und Alfeld und eine über ihnen abgelagerte Vegetationsschicht. Jahrgang 1902, Heft 3 . . . . —,30

Naumann, Ernst: Aufnahmeergebnisse im Südwesten des Hainichs. Bericht über die Aufnahme der Blätter Henningsleben, Mihla und Treffurt in den Jahren 1903 u. 1904. Jahrg. 1904, Heft 4 —,50

—, Ernst: Über Gebirgsstörungen am Nordwestende des Thüringer Waldes. Bericht über die Aufnahme des Blattes Creuzburg im Jahre 1905. Jahrgang 1905, Heft 4 . . . . —,60

—, Ernst: Beitrag zur Gliederung des Mittleren Keupers im nördl. Thüringen. Jahrg. 1907, H. 3 1,—

—, Ernst: Über eine präglaziale Fauna und über die Äquivalente der Ablagerungen des jüngeren Eises im Saaletale bei Jena. Mit 2 Fig. Jahrgang 1908, T. 1, Heft 1 . . . . —,50

—, Ernst und Picard, Edmund: Über Ablagerungen der Ilm und Saale vor der ersten Vereisung Thüringens. Mit 1 Textfigur. Jahrgang 1907, Heft 1 . . . . —,30

—, Ernst u. Picard, Edm.: Weitere Mitteilungen über das diluviale Flußnetz in Thüringen. Mit 1 Übersichtskarte. Jahrgang 1908, T. 1, Heft 3 1,20

Naumann, Ernst: Zur Kenntnis der Trias und des Diluviums im nordwestlichen Thüringen. Bericht usw. Jahrg. 1902, H. 4. S. Kaiser, E.

Passarge, S.: Die Kalkschlammablagerungen in den Seen von Lychen, Uckermark. Mit 1 Tafel. Jahrgang 1901, Heft 1 . . . . 8,—

Picard, E.: Aufnahmeergebnisse aus Hinterpommern. Bericht über die Aufnahme auf Blatt Schönebeck in den Jahren 1903 u. 1904. Jahrgang 1904, Heft 4 . . . . —,30

—, E.: Beitrag zur Kenntnis der Glossophoren der mitteldeutschen Trias. Mit 6 Tafeln. Jahrgang 1901, Heft 4 . . . . 6,—

—, E.: Die Gattung Pinna in der Trias. Jahrgang 1903, Heft 3 . . . . —,30

—, E.: Zur Kenntnis der obersten Saaleterrasse auf Blatt Naumburg a. S. Jahrgang 1905, Heft 3 . —,30

—, E.: Über Ablagerungen der Ilm und Saale etc. Jahrgang 1907, Heft 1. S. Naumann, Ernst

—, E.: Weitere Mitteilungen über d. diluviale Flußnetz in Thüringen. Jahrgang 1908, T. 1, H. 3. S. Naumann, Ernst.

Potonié, H.: Zur Frage nach den Ur-Materialien der Petrolea. Jahrgang 1904, Heft 2 . . . . —,80

—, H.: Eine rezente organogene Schlamm-Bildung des Cannelkohlen-Typus. Briefliche Mitteilung. Jahrgang 1903, Heft 3 . . . . —,80

—, H.: Zur Genesis der Braunkohlenlager der südlichen Provinz Sachsen. Mit 9 Abb. im Text. Jahrgang 1908, T. 1, Heft 3 . . . . —,50

—, H.: Das Auftreten zweier Grenztorfhorizonte innerhalb eines und desselben Hochmoorprofils. Mit 6 Textfiguren. Jahrgang 1908, T. 2, Heft 2 —,50

—, H.: Die Tropen-Sumpfflachmoor-Natur der Moore des Produktiven Carbons. Nebst der Vegetationsschilderung eines rezenten tropischen Wald-Sumpfflachmoores durch Dr. S. H. Koorders. Jahrgang 1909, T. 1, Heft 3 1,80

Quaas, A.: Über eine obermiocäne Fauna aus der Tiefbohrung Lorenzdorf b. Kujan (Oberschlesien) und über die Frage des geologischen Alters der „subsudetischen" Braunkohlenformation in Oberschlesien; und: Über eine obermiocäne Fauna aus der Tiefbohrung von Przeciszow, östlich Oswiecim (Westgalizien). Jahrg.1906,H.2 —,30

Raab, O.: Neue Beobachtungen aus dem Rüdersdorfer Muschelkalk und Diluvium. Mit 2 Tafeln. Jahrgang 1904, Heft 2 1,40

Range, Paul: Der Untergrund des Pathologischen Instituts der Königlichen Charité zu Berlin. Jahrgang 1907, Heft 3 . . . . —,80

—, Paul: Über Quellmoore in Masuren . . . Jahrgang 1906, Heft 1. S. Heß von Wichdorff.

Reinach, A. v.: Das Alter der fossilleeren Tertiärablagerungen am Rhein. Briefliche Mitteilung. Jahrgang 1904, Heft 3 . . . . —,30

—, A. v.: Neuere Aufschlüsse im Tertiär des Taunusvorlandes. Jahrgang 1903, Heft 1 . . . . —,30

—, A. v.: Der Schläferskopfstollen bei Wiesbaden. Jahrgang 1901, Heft 3 . . . . —,30

—, A. v.: Über Gebirgsbau und Stratigraphie des Taunus. Bericht über die wissenschaftlichen Ergebnisse der Aufnahmen in den Jahren 1901 und 1902. Jahrgang 1902, Heft 4. . . . . . —,50

Riedel, O.: Über Gletschertöpfe im Bitterfelder Kohlenrevier. Jahrgang 1902, Heft 2 . . . . —,30

Scheibe, R.: Kontaktgesteine im Kleinen Thüringer Wald auf Blatt Schleusingen und über Granit, Rotliegendes und Zechstein südwestlich Mehlis auf Blatt Schwarza (Mehlis). Bericht über die Aufnahmen in den Jahren 1903 und 1904. Jahrgang 1904, Heft 4 . . . . 1,—

—, R.: Grundgebirge des Thüringer Waldes im Vesser- und Nahetal. Bericht über die wissenschaftl. Ergebnisse der Aufnahmen auf Blatt Schleusingen in den Jahren 1901 und 1902. Jahrgang 1902, Heft 4 . . . . —,30

Schleifenbaum, W.: Das Schwefelkies-Vorkommen am Großen Graben bei Elbingerode im Harz. Mit 2 Tafeln. Jahrgang 1905, Heft 3 1,80

Schlunck, Johannes: Die Jurabildungen der Weserkette bei Lübbecke und Preußisch-Oldendorf. Mit 1 Tafel. Jahrgang 1904, Heft 1 . . 1,10

Schmeisser: Die Geschichte der Geologie und des Montanwesens in den 200 Jahren des preußischen Königreichs, sowie die Entwickelung und die ferneren Ziele der Geologischen Landesanstalt und Berg-Akademie. Festrede. Jahrgang 1901 1,—

Schmidt, W. E.: Die Fauna der Siegener Schichten des Siegerlandes, wesentlich nach den Aufsammlungen in den Sommern 1905 und 1906. Jahrgang 1907, Heft 3 . . . . —,90

Schmierer, Th.: Über die wissenschaftlichen Ergebnisse der Aufnahmen auf den Blättern Görzke, Alten-Grabow und Nedlitz in den Jahren 1903 und 1904. Jahrgang 1904, Heft 4. . . . —,80

—, Th. und Soenderop, F.: Fossilführende Diluvialschichten bei Mittenwalde (Mark). Briefliche Mitteilung. Jahrgang 1902, Heft 3 . . . . —,80

Schneider, O.: Über den inneren Bau des Gollenberges bei Köslin. Jahrgang 1903, Heft 3 . . —,80

—, O.: Das Gestein des Seebachfelsens bei Friedrichroda im Thüringer Walde. Mit 2 Tafeln. Jahrgang 1903, Heft 4 2,50

Schneider, O.: Grundmoränenlandschaft und Talbildungen hinter der pomm. Hauptendmoräne. Bericht über die wissenschaftl. Ergebnisse der Aufnahmen auf Blatt Polzin in den Jahren 1901 und 1902. Jahrgang 1902, Heft 4 . . . . . . —,80

—, O.: Diluviale Talbildungen zwischen Belgard u. Polzin i. Pom. Bericht über die Aufnahme der Blätter Boissin und Bulgrin im Jahre 1905. Jahrgang 1905, Heft 4 . . . . —,80

—, O. u. Soenderop, F.: Marines Mittel-Oligocän und (?) Alt-Tertiär bei Belgard in Pom. Jahrgang 1906, Heft 2 . . . . —,80

Schoendorf, Friedrich: Aspidosoma Schmidti nov. spec. Der erste Seestern aus den Siegener Schichten. Mit 1 Tafel und 1 Textfigur. Jahrgang 1908, T. 1, Heft 3 . . . . —,85

Schroeder, Henry: Datheosaurus macrourus nov. gen. nov. sp. aus dem Rotliegenden von Neurode. Mit 2 Tafeln. Jahrgang 1904, Heft 2 . 1,60

—, Henry: Hyaena aus märkischem Diluvium. Jahrgang 1904, Heft 2 . . . . —,80

—, Henry: Rhinoceros Mercki Jäger von Heggen im Sauerlande. Mit 1 Tafel. Jahrgang 1905, Heft 2 1,40

—, Henry: Schichten der Parkinsonia subfurcata in Norddeutschland. Jahrgang 1905, Heft 1 . —,40

—, H.: Marine Fossilien in Verbindung mit permischem Glazialkonglomerat in Deutsch-Südwestafrika. [Briefliche Mitteilungen.] Jahrgang 1908, T. 1, Heft 3 . . . . —,80

—, H. und Stoller, J.: Marine- und Süßwasser-Ablagerungen im Diluvium von Uetersen-Schulau. Jahrgang 1905. Heft 1 . . . . . . —,80

—, H. u. Stoller, J.: Diluviale marine und Süßwasser-Schichten bei Ütersen-Schulau. Mit 3 Tafeln. Jahrgang 1906, Heft 3 4,80

—, H. und Stoller, J.: Wirbeltierskelette aus den Torfen von Klinge bei Cottbus. Jahrgang 1905, Heft 3 . . . . —,50

Schucht, F.: Geologische Beobachtungen im Hümmling. Mit 1 Tafel. Jahrgang 1906, Heft 2 . . 1,75

—, F.: Zur Kenntnis des Diluviums und Alluviums an der Ems und Hase. Bericht über die Aufnahme der Blätter Meppen und Haren in den Jahren 1903 und 1904. Jahrgang 1904, Heft 4 —,80

—, F.: Das Wasser und seine Sedimente im Flutgebiete der Elbe. Jahrgang 1904, Heft 3 . . 1,—

—, F.: Das Kehdinger Moor. Bericht üb. d. wissenschaftl. Ergebnisse der Aufnahmen a. d. Blättern Hamelwörden, Himmelpforten u. Stade in den Jahren 1901 und 1902. Mit 1 Karte. Jg. 1902, H. 4 1,—

—, F.: Der Lauenburger Ton als leitender Horizont für die Gliederung und Altersbestimmung des nordwestdeutschen Diluviums. Mit 1 Tafel. Jahrgang 1908, T. 2, Heft 1 1,20

Schulte, L.: Aufnahmeergebnisse aus der Uckermark. Bericht über die Aufnahme der Blätter Lychen, Himmelpfort, Dannenwalde und Fürstenberg in den Jahren 1902 bis 1904. Jahrgang 1904, Heft 4 . . . . —,80

Seyfried, v.: Zur Kenntnis der vulkanischen Gebilde und der Tektonik im Südwesten der Rhön. Bericht über die Aufnahme der Blätter Schlüchtern und Oberzell in den Jahren 1903 und 1904. Mit 1 Tafel. Jahrgang 1904, Heft 4 —,80

Sichtermann, Paul: Diabasgänge im Flußgebiet der unteren Lenne und Volme. Mit 5 Tafeln. Jahrgang 1907, Heft 2 4,75

Siegert, Leo: Zur Kritik des Interglazialbegriffes. Mit 10 Fig. Jahrgang 1908, T. 1, Heft 3 . . . —,50

—, Leo: Beiträge zur Stratigraphie des Perms . . . Jahrg. 1905, H. 3. S.: Kaiser, Erich.

—, Leo: Das Grenzgebiet zwischen der Mansfelder und der Halleschen Mulde in der Gegend von Halle a. S. Mit 1 Tafel. Jahrgang 1908, T. 2, Heft 2 1,50

Soellner, J.: Geognostische Beschreibung der Schwarzen Berge in der südlichen Rhön. Mit 4 Tafeln. Jahrgang 1901, Heft 1 . . . . . . 5,—

Soenderop, F.: Fossilführende Diluvialschichten etc. Jahrg. 1902, Heft 3. Siehe Schmierer, Th.

—, F.: Geologische Mitteilungen aus dem Grenzgebiet zwischen Ermland . . . Jahrgang 1904, Heft 4. Siehe Klautzsch, A.

Soenderop, F.: Marines Mittel-Oligocän ... Jahrgang 1906. Heft 2. Siehe Schneider, O.

Stille, Hans: Über den Gebirgsbau und die Quellenverhältnisse bei Bad Nenndorf am Deister. Jahrgang 1901, Heft 3 . . . . —,60

—, Hans: Zur Geschichte des Almetales südwestlich Paderborn. Mit 6 Textfig. Jahrg. 1903. Heft 2 —,60

—, Hans: Zur Kenntnis der Kreidegräben östlich der Egge. Bericht über die Aufnahme des Blattes Willebadessen in den Jahren 1903 und 1904. Jahrgang 1904, Heft 4 . . . . —,80

—, Hans: Zur Kenntnis der Dislokationen, Schichtenabtragungen und Transgressionen im jüngsten Jura und in der Kreide Westfalens. Mit 6 Textfiguren. Jahrgang 1905, Heft 1 . . . . . . —,75

—, Hans: Über präcretaceische Schichtenverschiebungen im älteren Mesozoicum des Egge-Gebirges. Mit 2 Tafeln und 5 Abbildungen im Text. Jahrgang 1902, Heft 2 1,50

—, Hans: Über die Verteilung der Fazies in den Scaphitenschichten der südöstlichen westfälischen Kreidemulde nebst Bemerkungen zu ihrer Fauna. Mit 3 Tafeln und 1 Texttafel. Jahrgang 1905, Heft 1 1,50

—, H.: Zur Stratigraphie der deutschen Lettenkohlengruppe. Mit 1 Textfigur. Jahrgang 1908, T. 1, Heft 1 . . . . —,75

—, H. und Mestwerdt, A. Die Gliederung des Kohlenkeupers im östlichen Westfalen. Jahrgang 1906, Heft 2 . . . . —,60

Stoller, J.: Beiträge zur Kenntnis der diluvialen Flora (besonders Phanerogamen) Norddeutschlands. 1. Motzen, Werlte, Ohlsdorf-Hamburg. Jahrgang 1908, T. 1, H. 1 . . . . —,60

—, J.: Über die Zeit des Aussterbens von Brasenia purpurea in Europa, speziell Mittel-Europa. Jahrgang 1908, T. 1, Heft 1 . . . . 1,—

—, J.: Über einen vorgeschichtlichen Bohlweg ... Jahrgang 1904, Heft 2. Siehe Wolff, W.

—, J.: Marine- und Süßwasser-Ablagerungen ... Jahrgang 1905, Heft 1. Siehe Schroeder H.

—, J.: Diluviale marine und Süßwasser-Schichten etc. Jahrg. 1906, Heft 3. Siehe Schroeder, H.

—, J.: Wirbeltierskelette ... Jahrgang 1905, Heft 3. Siehe Schroeder, H.

—, J.: Über das fossile Vorkommen der Gattung Dulichium in Europa. Mit 10 Textfiguren. Jahrgang 1909, T. 1, Heft 1 . . . . —,80

Tietze, O.: Beiträge zur Geologie des mittleren Emsgebietes. Mit 1 Tafel. Jahrgang 1906, Heft 1 1,50

—, O.: Das Steinkohlengebirge von Jbbenbüren. Mit 2 Tafeln. Jahrgang 1908, T. 2, Heft 2 . . 3,—

—, O.: Über einen Os südlich Breslau. Mit 4 Textfiguren. Jahrgang 1909, T. 1, Heft 1 . . . . —,80

Tornau, Friedrich: Der Flötzberg bei Zabrze. Ein Beitrag zur Stratigraphie und Tektonik des oberschlesischen Steinkohlenbeckens, mit einer geologischen Karte, Profilen, Skizzen und Bohrtabellen. Mit 5 Tafeln. Jahrgang 1902, Heft 3 7,50

Tornow, M.: Die Geologie des Kleinen Thüringer Waldes. Mit 2 Tafeln. Jahrgang 1907, Heft 3 2,60

Voelzing, K.: Der Traß des Brohltales. Mit 5 Tafeln, Jahrgang 1907, Heft 1 4,50

Voit, F. W.: Beiträge zur Geologie der Kupfererzgebiete in Deutsch Südwest-Afrika. Mit 19 geologischen Kartenskizzen und Profilen im Text sowie mit einer Übersichtskarte und 1 Tafel. Jahrgang 1904, Heft 3 . . . . 2,—

Wagner, R.: Das ältere Diluvium im mittleren Saaletale. Mit 1 Tafel, Jahrgang 1904, Heft 1 4,—

Wahnschaffe, Felix: Über das Vorkommen von Gletschertöpfen auf dem Sandstein bei Gommern unweit Magdeburg. Mit 2 Tafeln. Jahrgang 1902, Heft 1 1,25

—, F.: Bericht über gemeinsame Begehungen der diluvialen Ablagerungen im außeralpinen Rheingebiete im April 1907. Jahrgang 1907, Heft 3 1,40

Weber, C.: Über ältere Flußschotter bei Bad Oeynhausen ... Jahrg. 1902, Heft 3. S. Mueller, G.

Wiegers, Fritz: Neue Beiträge zur Geologie der Altmark. I. Das Tertiär im Kreise Gardelegen und einige Bemerkungen über das Diluvium. Jahrgang 1907, Heft 2 . . . . 1,—

—, Fritz: Diluviale Flußschotter aus der Gegend von Neuhaldensleben. Mit 2 Profilen u. 1 Texttafel. Jahrgang 1905, Heft 1 . . . . —,75

—, Fritz: Über Glazialschrammen auf der Culmgrauwacke bei Flechtingen. Jahrgang 1904, Heft 3 —,80

—, Fritz: Die geologischen Verhältnisse der Umgegend von Calvörde. Bericht über die Aufn. der Blätter Calvörde, Uthmöden, Mieste u. Letzlingen in den Jahren 1903 u. 1904. Jahrg. 1904, Heft 4 —,50

Wolff, W.: Zur Kenntnis von Tertiär und Diluvium am Niederrhein. Bericht über die Aufnahme des Blattes Euskirchen im Jahre 1903. Jahrgang 1904, Heft 4 . . . . —,80

—, W. u. Stoller, J.: Über einen vorgeschichtlichen Bohlweg im Wittmoor (Holstein) u. seine Altersbeziehungen zum Moorprofil. Jahrg. 1904, H. 2 —,80

Wollemann, A.: Die Bivalven und Gastropoden des norddeutschen Gaults (Aptiens und Albiens). Mit 5 Tafeln, Jahrgang 1906, Heft 2. . . . . 4,—

—, A.: Die Fauna des mittleren Gaults von Algermissen. Mit 2 Tafeln. Jahrgang 1903, Heft 1 . 1,50

—, A.: Nachtrag zu meinen Abhandlungen über die Bivalven und Gastropoden der Unteren Kreide Norddeutschlands. Mit 5 Tafeln. Jahrg. 1908, T. 2, Heft 1 . . . . 4,—

Wunstorf, Wilhelm: Die Fauna der Schichten mit Harpoceras dispansum Lyc. vom Gallberg bei Salzgitter. Mit 4 Tafeln. Jahrg. 1904, Heft 3 8,—

—, Wilhelm: Transgressionen im oberen Jura am östlichen Deister. Jahrgang 1902, Heft 2 . . —,30

Zeise, O.: Geologisches vom Kaiser-Wilhelm-Canal. Mit 4 Tafeln. Jahrgang 1902, Heft 2 3,50

Zimmermann, E.: Ein neuer Fund diluvialer Knochen bei Pössneck in Thüringen. Jahrgang 1901, Heft 2 . . . . —,50

—, E.: Zur Kenntnis und Erkenntnis der metamorphischen Gebiete von Blatt Hirschberg und Gefell. Jahrgang 1901, Heft 3 . . . . —,80

—, E.: Der Bau der Gegend bei Goldberg. Bericht über die wissenschaftlichen Ergebnisse der Aufnahmen auf den Blättern Goldberg u. Schönau in den Jahren 1901 und 1902. Jahrg. 1902, H. 4 —,50

—, E. und Berg, G.: Die geologischen Verhältnisse der Umgegend von Friedland bei Waldenburg in Schlesien. Kurzer Bericht über die Aufnahme der Blätter Friedland und Waldenburg in den Jahren 1903 und 1904. Jahrg. 1904, Heft 4 —,80

V. Übersichtskarten im Maßstab 1:100 000.

Mark

1. Höhenschichtenkarte des Harzgebirges . . . . 8 —
2. Geologische Übersichtskarte des Harzgebirges, von K. A. Lossen . . . . . 22 —
3. Geologische Übersichtskarte der Umgegend von Berlin. Hierzu als Band VIII Heft 1 der vorstehend genannten Abhandlungen: **Geognostische Beschreibung der Umgegend von Berlin**, von G. Berendt und W. Dames unter Mitwirkung von F. Klockmann . . . . 12 —
4. Geologische Übersichtskarte der Gegend von Halle a. S., von F. Beyschlag 3 —
5. Höhenschichtenkarte des Thüringer Waldes, von F. Beyschlag . . . . . 6 —
6. Geologische Übersichtskarte des Thüringer Waldes, von F. Beyschlag . . 16 —
7. Geologische Übersichtskarte des Niederschlesisch-Böhmischen Steinkohlenbeckens nebst 4 Profiltafeln, von A. Schütze. (Siehe: Abhandl., Bd. III, Heft 4.)
8. Geologische Übersichtskarte vom nordwestlichen Spessart. (Siehe: Abhandlungen, Neue Folge, Heft 12.)
9. Geologische Übersichtskarte des Rheintales zwischen der Nahe und der Lahn. (Siehe: Abhandlungen, Neue Folge, Heft 15.)
10. Höhenschichtenkarte des Niederschlags-Gebietes der Glatzer Neiße (oberhalb der Steinemündung). (Siehe: Abhandlungen, Neue Folge, Heft 32.)
11. Geologische Übersichtskarte des Kellerwaldes, von A. Denckmann. (Siehe: Abhandlungen, Neue Folge, Heft 34.)
12. Geologische Karte der Insel Sylt und ihrer nächsten Umgebungen, 1 : 100 000. (Siehe: Abh., Bd. 1, Heft 4.)
13. Geologische Übersichtskarte des Mauersee-Gebietes in jungdiluvialer Zeit 1,50
14. Geologische Übersichtskarte des Kehdinger Moores und seiner Umgebung von H. Monke, H. Schröder und F. Schucht . . . . 1 —
15. Geologische Übersichtskarte der Kalisalzvorkommen im Werragebiet, entworfen von F. Beyschlag . . . . 1 —
16. Geologische Übersichtskarte der Kalisalzvorkommen am Südharz, zusammengestellt von F. Beyschlag . . . . 1 —
17. Geologische Übersichtskarte der Gegend von Scharnikau (Prov. Posen) nebst Erläuterung. Bearbeitet von A. Jentzsch . . . . 3 —

VI. Sonstige Karten und Schriften.
a. Karten.

1. **Geolog. Karte der Umgegend von Thale**, von K. A. Lossen u. W. Dames. 1 : 25 000 1,50
2. **Geologische Karte der Stadt Berlin**, 1 : 15 000, geologisch aufgenommen unter Benutzung d. K. A. Lossen'schen geolog. Karte d. Stadt Berlin durch G. Berendt 3 —
3. **Geologische Übersichtskarte von Schleswig-Holstein**, von L. Meyn. 1 : 300 000. (Siehe: Abh., Bd. 3, Heft 3.)
4. **Boden-Karte von den Werderschen Weinbergen**, 1 : 25 000. (Siehe: Abh., Bd. 5, H. 3.)
5. **Geologische Übersichtskarte über die Trias zwischen Commern, Zülpich und dem Roertale am Nordrande der Eifel**, von M. Blanckenhorn. 1 : 50 000. (Siehe: Abh., Bd. 6, Heft 2.)
6. **Übersichtskarte über die Quartärbildungen der Umgegend von Magdeburg**, von F. Wahnschaffe. 1 : 200 000. (Siehe: Abh., Bd. 7, Heft 1.)
7. **Geologische Übersichtskarten der Gegend zwischen Taunus und Spessart**, von F. Kinkelin. 1 : 170 000. (Siehe: Abh., Bd. 9, Heft 4.)
8. **Geognostische Karte der Umgegend von Baden-Baden, Rothenfels, Gernsbach und Herrenalb**, von H. Eck. 1 : 50 000. (Siehe: Abh., N. F., Heft 6.)
9. **Geologische Übersichtskarte der Randgebirge des Mainzer Beckens mit besonderer Berücksichtigung des Rotliegenden**, von A. v. Reinach. 1 : 200 000. (Siehe: Abh., N. F., Heft 8.)
10. **Geologische Karte der Umgebung von Salzbrunn**, von E. Dathe. 1 : 25 000. (Siehe: Abh., N. F., Heft 13.)
11. **Geognostische Übersichtskarte der Stadt Berlin**, 1 : 25 000. (Siehe: Abh., N. F., Heft 28.)

12. **Geologische Übersichtskarte der Gegend zwischen Goslar und Zellerfeld,** von L. Beushausen. 1 : 40 000. (Siehe: Abh., N. F., Heft 30.)

13. **Geologische Übersichtskarte des Niederschlagsgebietes der Glatzer Neiße oberhalb der Steinemündung,** in 4 Bl., von A. Leppla. 1 : 50 000. (Siehe: Abh., N. F., Heft 32.)

14. **Geologisch-morphologische Übersichtskarte der Provinz Pommern,** von K. Keilhack. 1 : 500 000 . . . . 2 —

15. **Geologische Karte der Umgebung von Geisenheim a. Rh.,** 1 : 10 000. (Siehe: Abh., N. F., Heft 35.)

16. **Geologische Übersichtskarte der Kreidebildungen zwischen Paderborn und dem Egge-Gebirge,** m. Erl. v. H. Stille. 1 : 75 000. (Siehe: Abh., N. F., H. 38.) 3 —

17. **Geognostische Spezialkarte der Grafschaft Schaumburg,** von W. Dunker. 2 Blatt 1 : 50 000 . . . . 6 —

18. **Profile durch das südliche Eggegebirge.** (Beilage zur 147. Lieferung der geologischen Karte von Preußen) . . . . 2 —

19. **Geologisch-agronomische Karten** (als Lehrfelder für die landwirtschaftlichen Schulen bearbeitet) nebst zugehörigen Bohrkarten von Lauenburg i. Pomm., Arendsee, Soest, Treptow a. R., Greifswald, Berent, Neustadt a. Rbge., Sprottau, Fraustadt . . . . à 1,50
Verden, Herford Ost, Johannisburg, Hohensalza, Bromberg, Allenstein, Mörs, Witkowo. (In Vorbereitung.)

b. Schriften.

1. **Dr. Ludewig Meyn.** Lebensabriß und Schriftenverzeichnis desselben. Von G. Berendt 2 —

2. **Einführung in die Benutzung der Meßtischblätter,** von A. Schneider . . 1 —

3. **Einführung in das Verständnis der geologisch-agronomischen Spezialkarten des norddeutschen Flachlandes,** von K. Keilhack. 4. Aufl. . . . . . . 2 —

4. **Abbildungen und Beschreibungen fossiler Pflanzenreste der paläozoischen und mesozoischen Formationen,** Lief. I—VI, von H. Potonié . . . à 3,50
Desgl. Lief. VII. (In Vorbereitung.)

5. **Katalog der Bibliothek der Königl. Preuß. Geologischen Landesanstalt und Bergakademie zu Berlin.** Bd. 1 . . . . 10 —

6. **Das akademische Gut Dikopshof,** Gutswirtschaft der Königlichen landwirtschaftlichen Akademie Bonn-Poppelsdorf. Von E. Kaiser. Mit einer geologischen Karte und 5 Abbildungen im Text 2,50

7. **Geschäftsanweisung für die geologisch-agronomische Aufnahme im norddeutschen Flachlande.** Mit 9 Tafeln . . . . 8 —

8. **Geologische Literatur Deutschlands.**
A. Die Literatur des Jahres 1907 (1908 in Vorbereitung) . . . . 3 —
B. Literatur über einzelne Länder
1. Anhalt von O. v. Linstow . . . . 1 —
2. Harz von E. Schulze in Vorbereitung.

9. **Satzungen der Königlichen Geologischen Landesanstalt.** 8°, Berlin 1907 . 0,25

Mitteilung über die Bohrkarten.

Im Einverständnis mit dem Königl. Landes-Ökonomie-Kollegium werden vom 1. April 1901 ab besondere gedruckte Bohrkarten zu unseren geologisch-agronomischen Karten nicht mehr herausgegeben. Es wird jedoch auf schriftlichen Antrag der Orts- oder Gutsvorstände, sowie anderer Interessenten eine handschriftlich oder photographisch hergestellte Abschrift der Bohrkarte· für die betreffende Feldmark bezw. für das betreffende Forstrevier von der Königichen Geologischen Landesanstalt (Berlin N. 4, Invalidenstraße 44) unentgeltlich geliefert.

Mechanische Vergrößerungen der Bohrkarte, um dieselbe leichter lesbar zu machen, werden gegen sehr mäßige Gebühren abgegeben, und zwar

a) handschriftliche Eintragung der Bohrergebnisse in eine vom Antragsteller gelieferte, mit ausreichender Orientierung versehene Guts- oder Gemeindekarte beliebigen Maßstabes:

bei Gütern etc. unter . . . 100 ha Größe für 1 Mark,
„ „ „ über 100 bis 1000 „ „ „ 5 „
„ „ „ „ . . . 1000 „ ‚ „ 10 „

b) photographische Vergrößerungen der Bohrkarte auf 1 : 12 500 mit Höhenkurven und unmittelbar eingeschriebenen Bohrergebnissen

bei Gütern unter . . . 100 ha Größe für 5 Mark,
„ „ von 100 bis 1000 „ „ „ 10 „
„ „ über . . . 1000 „ „ „ 20 „

Sind die einzelnen Teile des betreffenden Gutes oder der Forst räumlich voneinander getrennt und erfordern sie deshalb besondere photographische Platten, so wird obiger Satz für jedes einzelne Stück berechnet.

Die geologische Spezialkarte des Königreichs Sachsen.

Herausgegeben vom Königlichen Finanzministerium zu Dresden. Bearbeitet unter der Leitung des Geheimen Rat Professor Dr. H. Credner in Leipzig. Sitz der Kgl. Sächsischen Geologischen Landesanstalt: Leipzig, Talstraße 35.

Die geologische Spezialkarte des Königreichs Sachsen im Maßstabe 1 : 25 000 d. n. L. umfaßt 127 Sektionen nebst zugehörigen, z. T. umfangreichen Erläuterungen, welche während der Jahre 1876—1903 im Kommissionsverlag von W. Engelmann in Leipzig erschienen sind. (Preis jeder Sektion nebst Erläuterungen M 3.) Außerdem wurden der geologischen Spezialdarstellung der drei Steinkohlengebiete Sachsens 6 besondere Profiltafeln nebst eingehenden textlichen Darstellungen gewidmet, so dem Kohlenreviere von Zwickau, demjenigen von Lugau-Oelsnitz und dem Döhlener Steinkohlenbecken. Ferner erfolgte die Beschreibung der sächsischen Erzgangdistrikte durch den Geheimen Bergrat H. Müller in Freiberg in besonderen durch farbige Karten und Profile ergänzten Textheften, von denen bis jetzt diejenigen über die Erzlagerstätten der Umgegend von Berggießhübel, über das Gangrevier von Annaberg und über dasjenige von Freiberg zur Publikation gelangt sind.

Von Übersichtskarten erschien 1884 diejenige des sächsischen Granulitgebirges im Maßstabe 1 : 100 000 nebst Erläuterungen sowie im Jahre 1908 die Geologische Übersichtskarte des Königreichs Sachsen im Maßstabe 1 : 250 000 (Preis 6 M). Eine solche im Maßstabe 1 : 500 000 ist zurzeit in Publikation begriffen und wird im Herbste dieses Jahres erscheinen (Preis 0,65 M).

Von den ersterwähnten Sektionen erfreuten sich die meisten eines derartigen Absatzes, daß ihre Mehrzahl in verhältnismäßig kurzer Zeit ausverkauft war und wegen der fortdauernden Nachfrage nach ihnen einer zweiten Auflage bedurfte. Zu diesem Zwecke machten sich auf Grund deren neu bearbeiteter topographischer Grundlage sowie zahlreicher neuer geologischer Aufschlüsse vor deren Neudruck ausführliche Revisionen jeder dieser Sektionen und Erläuterungen erforderlich, so daß deren Publikation nur in langsamem Schritte erfolgen konnte.

So sind vom Jahre 1896—1910 folgende Sektionen in neu bearbeiteter zweiter Auflage erschienen (vgl. die Blatteinteilung Sachsens in „Fortschritte" I S. 89):

Nr.	10.	Leipzig-Markranstädt.	
„	12.	Brandis-Borsdorf.	
„	13.	Wurzen-Altenbach.	
„	26.	Liebertwolkwitz-Rötha.	
„	27.	Naunhof-Otterwisch.	
„	28.	Grimma-Trebsen.	
„	30.	Oschatz-Mügeln.	
„	42.	Borna-Lobstädt.	
„	43.	Borna-Lausigk.	
„	44.	Colditz-Großbothen.	
„	45.	Leisnig-Hartha.	
„	46.	Döbeln-Scheergrund.	
„	49.	Kötzschenbroda-Oberau.	
„	50.	Moritzburg-Klotzsche.	
„	54.	Bautzen-Wilthen.	
„	59.	Frohburg-Kohren.	
„	60.	Rochlitz-Geithain.	
„	61.	Geringswalde-Ringethal.	
„	62.	Waldheim-Böhrigen.	
„	63.	Roßwein-Nossen.	
„	67.	Pillnitz-Weißig.	
„	76.	Penig-Burgstädt.	
„	77.	Mittweida-Taura.	

Nr.	78.	Frankenberg-Hainichen.
„	79.	Freiberg-Langhennersdorf.
„	80.	Freiberg.
„	93.	Meerane-Crimmitschau.
„	94.	Glauchau-Waldenburg.
„	95.	Hohenstein-Limbach.
„	96.	Chemnitz (3. Auflage).
„	97.	Augustusburg-Flöha.
„	98.	Brand-Oederan.
„	111.	Zwickau-Werdau.
„	115.	Zschopau-Grünhainichen.
„	119.	Altenberg-Zinnwald.
„	125.	Kirchberg-Wildenfels.
„	127.	Geyer-Ehrenfriedersdorf.
„	128.	Marienberg-Wolkenstein.
„	136.	Schneeberg-Schönheide.
„	137.	Schwarzenberg-Aue.
„	138.	Elterlein-Buchholz.
„	139.	Annaberg-Jöhstadt.
„	142.	Plauen-Oelsnitz.
„	145.	Eibenstock-Aschberg.
„	146.	Johanngeorgenstadt.

Großherzogtum Hessen.

I. Geologische Karte des Großherzogtums Hessen

im Maßstabe 1 : 25 000. Herausgegeben durch das Großh. Ministerium des Innern, bearbeitet unter der Leitung von R. Lepsius, Darmstadt. (Vgl. die Blatteinteilung in „Fortschritte" I S. 105, II S. 145):

I. Lieferung, Blätter Messel und Roßdorf nebst Erläuterungen, aufgenommen von C. Chelius. à M 2. Darmstadt 1886. Blatt Roßdorf vergriffen. Blatt Messel (2. Aufl.) 1910, aufgenommen von G. Klemm.

II. Lieferung, Blätter Darmstadt und Mörfelden nebst Erläuterungen, aufgenommen von
C. Chelius. à M 2. 1891.
III. Lieferung, Blätter Babenhausen, Neustadt, Schaafheim und Groß-Umstadt nebst Erläute-
rungen, aufgenommen von C. Chelius, G. Klemm und Chr. Vogel. à M 2. 1894.
IV. Lieferung, Blätter Bensheim und Zwingenberg nebst Erläuterungen, aufgenommen von
C. Chelius und G. Klemm. à M 2. 1896.
V. Lieferung, Blätter König, Brensbach, Erbach und Michelstadt, aufgenommen von C. Chelius,
G. Klemm und Chr. Vogel. à M 2. 1898.
VI. Lieferung, Blätter Lindenfels und Neunkirchen, aufgenommen von C. Chelius; Blätter
Beerfelden, Neu-Isenburg und Kelsterbach, aufgenommen von G. Klemm, nebst Er-
läuterungen. à M 2. 1901.
VII. Lieferung, Blätter Birkenau, aufgenommen von G. Klemm, und Groß-Gerau, aufgenommen
von A. Steuer, nebst Erläuterungen. à M 2. 1905.
Blatt Viernheim (Käfertal), aufgenommen von W. Schottler, nebst Erläuterungen.
M 2. 1906.
Blatt Sensbach (Schlossau), aufgenommen von W. Schottler, nebst Erläuterungen.
M 2. 1908.
Blatt Oppenheim, aufgenommen von A. Steuer, nebst Erläuterungen. M 2. 1910.

II. Abhandlungen der Großherzoglich hessischen geologischen Landesanstalt zu Darmstadt

(Paradeplatz 4 b).   Gr. 8⁰.

Band   I. Heft 1. 1884. M 2,50. R. Lepsius: Einleitende Bemerkungen über die geologischen
Aufnahmen im Großherzogtum Hessen. — C. Chelius: Chronologische Übersicht
der geologischen und mineralogischen Literatur über das Großherzogtum Hessen.
— Heft 2. 1885. M 10,—. Fr. Maurer: Die Fauna der Kalke von Waldgirmes.
Nebst Atlas. — Heft 3. 1889. M 2,50. H. Schopp: Der Meeressand zwischen
Alzey und Kreuznach. Mit zwei lithographischen Tafeln. — Heft 4. 1898.
F. v. Tchihatchef: Der körnige Kalk von Auerbach — Hochstädten a. d. Berg-
straße. — (Heft 4 vergriffen.)
Band II. Heft 1. 1891. M 5,—. Chr. Vogel: Die Quarzporphyre der Umgegend von Groß-
Umstadt. Mit 10 lithographischen Tafeln. — Heft 2. 1892. M 5,—. A. Man-
gold: Die alten Neckarbetten in der Rheinebene. Mit einer Übersichtskarte und
zwei Profiltafeln. — Heft 3. 1893. M 2,50. L. Hoffmann: Die Marmorlager
von Auerbach. Mit einer Tafel. — Heft 4. 1895. M 3,—. G. Klemm: Beiträge
zur Kenntnis des kristallinen Grundgebirges im Spessart. Mit 6 Tafeln.
Band III. Heft 1. 1897. M 2,50. G. Klemm: Geologisch-agronomische Untersuchung des Gutes
Weilerhof, mit Anhang von G. Dehlinger. Mit einer Karte. — Heft 2. 1897.
M 2,—. K. v. Kraatz-Koschlau: Die Barytvorkommen des Odenwaldes. Mit
zwei Tafeln. — Heft 3. 1898. M 3,—. Ernst Wittich: Beiträge zur Kenntnis
der Messeler Braunkohle mit ihrer Fauna. Mit zwei Tafeln. — Heft 4. 1899. M 5,—.
C. Luedecke: Die Boden- und Wasserverhältnisse der Provinz Rheinhessen,
des Rheingaues und Taunus.
Band IV. Heft 1. 1901. M 5,—. C. Luedecke: Die Boden- und Wasserverhältnisse des Oden-
waldes und seiner Umgebung. Mit zwei Tafeln. — Heft 2. 1906. M 5,—. W. von
Reichenau: Beiträge zur näheren Kenntnis der Carnivoren von Mauer und Mos-
bach. Mit 14 Tafeln. — Heft 3. 1908. M 5,—. W. Schottler: Die Basalte
der Umgegend von Gießen.
Band V. Heft 1. 1910. M 5. — R. Lepsius: Die Einheit und die Ursachen der diluvialen
Eiszeit in den Alpen.

III. Sonstige Schriften und Karten.

Veröffentlichungen in Kommission beim Großh. Staatsverlag in Darmstadt.
Notizblatt des Vereins für Erdkunde und der Großh. geologischen Landesanstalt
zu Darmstadt.
I.—III. Folge, 1854—1880, in Heften à M 3,—.
IV. Folge, Heft 1—30, 1880—1909, nebst Mitteilungen der Großh. Hess. Zentralstelle für
die Landesstatistik, à M 3,—. Sonderabdrücke des Notizblattes à M 1 (soweit vor-
handen). Herausgegeben v. R. Lepsius.
Topographische Übersichtskarte des Odenwaldes und der Bergstraße. Mit
Höhenlinien. — Maßstab 1 : 100 000. — 1907. Preis M 2,—.
Höhenstufenkarte des Odenwaldes und der Bergstraße. Maßstab 1 : 100 000.
1909. Preis M 2,—.
Im Kommissionsverlag von A. Bergsträßer (W. Kleinschmidt) in Darmstadt: Halitherium
Schinzi, die fossile Sirene des Mainzer Beckens von Dr. Richard Lepsius. Eine vergleichend
anatomische Studie. Mit 10 lithographischen Tafeln. Abhandlungen des mittelrheinischen
geologischen Vereins. 1882. 4⁰. Geb. M 10,—.
Das Mainzer Becken, geologisch beschrieben von Dr. Richard Lepsius. Mit einer
geologischen Karte. 1883. 4⁰. Geb. M 12,—.
Karten des mittelrheinischen geologischen Vereins im Maßstab 1:50 000, nebst Er-
läuterungen. Preis für ein Blatt M. 8.40. Sektion: Allendorf-Treis; Alsfeld; Alzey; Biedenkopf-
Laasphe; Büdingen-Gelnhausen; Darmstadt; Dieburg; Erbach; Gladenbach; Herbstein-Fulda;
Lauterbach-Salzschlirf; Mainz; Schotten; Worms.

Königreich Bayern.

Resultate der Geologischen Landesuntersuchung (Geognostischen Abteilung des Kgl. Oberbergamtes in München, Ludwigstr. 16).

I. Karten und geologische Beschreibung der Landesteile. Hauptpublikationen.

A. Geologische Spezialkarte des Landes i. M. 1 : 25 000.

In Vorbereitung befindlich. Die Herausgabe der Blätter wird in systematischer Weise
erfolgen. Als die ersten zu veröffentlichenden Blätter sind Kissingen, Ebenhausen und diesen
benachbarte Blätter des unterfränkischen Gebietes in Aussicht genommen.

B. Geognostische Karte des Königreichs Bayern i. M. 1 : 100 000.

Die auf dem Übersichtstableau S. 147 mit schwarzem Vollrand eingegrenzten Teile umfassen die Gebiete, für welche Karten und Textbeschreibungen abgeschlossen und publiziert
sind. Hierher gehören die ersten Abteilungen, bearbeitet von v. Gümbel, nämlich:
1. Geognostische Beschreibung des bayerischen Alpengebirges und seines Vorlandes. Mit
5 Kartenblättern (I—V: Lindau, Sonthofen, Werdenfels, Miesbach und Berchtesgaden). Gotha
1861. 950 S.
2. Geognostische Beschreibung des ostbayerischen Grenzgebirges oder des Bayerischen
und Oberpfälzer Waldes. Mit 5 Kartenblättern (VI—X: Regensburg, Passau, Erbendorf, Cham,
Zwiesel mit Waidhaus). Ebenda 1868. 968 S.
3. Geognostische Beschreibung des Fichtelgebirges mit dem Frankenwald und dem westlichen Vorlande. Mit zwei Kartenblättern (XI und XII: Münchberg und Kronach). Ebenda
1879. 648 S.
4. Geognostische Beschreibung der Fränkischen Alb (Frankenjura) mit dem anstoßenden
fränkischen Keupergebiet. Mit einer Übersichtskarte der Verbreitung jurassischer und Keuper-
bildungen im nördlichen Bayern 1 : 500 000 und 5 Kartenblättern (XIII—XVII: Bamberg,
Neumarkt, Ingolstadt, Nördlingen und Ansbach). Kassel 1891. 763 S.
Die 5. Abteilung, bearbeitet von v. Ammon u. a., ist im Laufe befindlich. Erschienen
sind davon die (auf der Skizze seitlich mit Vollrand umzogenen) Kartenblätter XVIII Speyer
(Kassel 1897), XIX Zweibrücken (München 1903) und XX Kusel (1910) mit ausführlichen
Texterläuterungen. Nach kurzer Zeit wird Blatt Donnersberg folgen.
Manche älteren Blätter der Karte im Maßstab 1 : 100 000 sind zurzeit vergriffen. Darüber
und über die Preise gibt die Verlagsanstalt (Piloty und Loehle in München) Aufschluß.

II. Agrogeologische Spezialaufnahmen.

1. Geologische Spezialaufnahme des Gutes Häusern bei Röhrmoos. Eine Unterlage für
agronomische Zwecke. Mit einer geologischen Spezialkarte im Maßstab 1 : 5000 und einer Bohrkarte, bearbeitet von Dr. Koehne. München 1909 (Geognostische Jahreshefte XXI).
2. Agrogeologische Aufnahme des Staatsgutes Weihenstephan mit einer agrogeologischen
Spezialkarte des Staatsgutes im Maßstab 1 : 5000 und einer solchen des Versuchsfeldes der Kgl.
Saatzuchtanstalt Weihenstephan im Maßstab 1 : 1000 (in Vorbereitung).
Weiter ist für agrogeologische Darstellung das Blatt Gauting (1 : 25 000) in Angriff
genommen.

III. Geognostische Jahreshefte. München, Piloty und Loehle.

Bis jetzt erschienen: Jahrgang I—XXI (1888—1908). Inhaltsübersicht der ersten zwanzig
Jahrgänge im XX. Band; daselbst auch die hier folgende besondere Aufzählung der bisher veröffentlichten geologischen Karten im Maßstab 1 : 25 000.

Geologische Karten und Kartenskizzen in den Geognostischen Jahresheften I—XX.

I. 1888: F. Braun: Kartenskizze 1 : 50 000 zu: Über die Lagerungsverhältnisse der Kohlen-
flöze in der bayerischen Steinkohlengrube Mittelbexbach und der Zusammenhang
mit jenen der benachbarten Gruben links der Blies.
H. Thürach: Kartenskizze der Verbreitung der Flutbildung des Schilfsandsteins.
1 : 500 000.
II. 1889: H. Thürach: Kartenskizze der Gegend von Seßlach; zu: Gliederung des Keupers
im nördlichen Franken.
A. Leppla: Skizze zur Darstellung der Lößverbreitung in der Pfalz. 1 : 1 000 000.
III. 1890: E. Fraas: Geologische Karte des Wendelsteingebietes. 1 : 25 000.
F. Korschelt: Kartenskizze 1 : 50 000 zu: Die Haushamer Mulde östlich der Leitzach.
V. 1892: H. Thürach: Skizze der geognostischen Verhältnisse des Vorspessarts. 1 : 175 000.
VI. 1893: E. Böse: Geologische Karte der Hohenschwangauer Alpen . 1 : 25 000.
VII. 1894: O. M. Reis: Geologische Karte der Vorderalpenzone zwischen Bergen und Teisen-
dorf, südlich von Traunstein. 1 : 25 000.
VIII. 1895: O. M. Reis: Kartenskizze des Hachauer Einbruchsgebietes. Erläuterungen zur
vorigen Karte.
IX. 1896: U. Söhle: Geologische Karte des Labergebirges. 1 : 25 000.
X. 1897: O. M. Reis: Skizze der Verbreitung der eocänen Facieszonen in den nördlichen
Schweizer Alpen. Facieskarte der mitteleocänen, Eisenoolithe führenden Tertiär-
schichten am Kressenberg. Tektonik des Kressenberggebietes.

XI. 1898: U. Söhle: Geologische Karte des Ammergebirges. 1 : 25 000.
XII. 1899: A. Schwager: Verbreitung von Lehm und Löß in der Gegend von München.
1 : 500 000.
XIII. 1900: H. Thürach: Wahrscheinliche Verbreitung des Salzlagers im mittleren Muschel-
kalk in Franken. 1 : 400 000.
XVI. 1903: R. Bärtling: Geologische Karte des Hohenpeißenberges. 1 : 25 000. Wahr-
scheinlicher Verlauf der Transversalverschiebung bei Bad Sulz. 1 : 5000.
W. Fink: Geologische Karte des Flyschgebietes am Tegernsee. 1 : 25 000.
XVII. 1904: L. von Ammon, O. M. Reis und C. Burckhardt: Geologische Karte des Ge-
bietes vom Königsberg und Potzberg. 1 : 25 000.
XVIII. 1905: J. Knauer: Geologische Karte des Herzogstand-Heimgarten-Gebietes nebst Vor-
landes. 1 : 25 000, außerdem Tektonische Kartenskizze.
G. Schulze: Geologische Karte der Umrahmung des Trettach- und Traufbachtales
im bayerischen Allgäu. 1 : 25 000.
XIX. 1906: O. M. Reis: Kartenbild der gesetzmäßigen Verteilung der Intrusivmassen des
Pfälzer Sattels. 1 : 350 000.
von Ammon, O. M. Reis: Übersichtskarte über die Niederkirchen-Becherbacher
Intrusivmasse und die ihr benachbarten Eruptivvorkommen. 1 : 75 000.
A. Schwager: Übersichtskarte des Quellgebietes bei Ranna. 1 : 50 000.
XX. 1907: K. Walther: Geologische Karte der Umgebung von Bad Steben im Franken-
walde. 1 : 25 000.
In einem der nächsten Jahreshefte wird die Geologische Karte des Wettersteingebirges
(i. M. 1 : 25000) von Reis und Pfaff enthalten sein.

IV. Sonstige Arbeiten.

Bayerische Braunkohlen und ihre Verwertung. Ein Bericht an das Kgl. Staatsministerium
(wird nach einiger Zeit zur Veröffentlichung gelangen).
Andere Abhandlungen werden die Oberbayerische Pechkohle und Radioaktive Substanzen
in Bayern zum Gegenstande haben.

Königreich Württemberg.

I. Geologische Karten.

Kommissionsverlag von H. Lindemanns Buchhandlung (H. Kurtz) in Stuttgart, Stiftstraße 7.
Bezug zum Privatgebrauch: durch alle Buchhandlungen oder direkt von der Plan-
kammer des Kgl. Statistischen Landesamts in Stuttgart, Büchsenstr. 54 III. Bezug zum
Dienstgebrauch: Militär- und Zivilbehörden, Offiziere, Beamte, Pfarrer und Lehrer erhalten
die Karten zum ermäßigten Preis von der genannten Plankammer.
Bei allen Bestellungen sind die Nummern, Namen und der Maßstab der gewünschten
Karten anzugeben.

	Preis	
1. Im Maßstab 1 : 25 000.	Privatgebrauch	Dienstgebrauch
(Übersicht des Kartennetzes s. S. 151.)	(auf Leinwand aufgezogen mehr)	
Neue geologische Spezialkarte des Königreichs Württemberg.		
184 Bl. Farbendruck, je 1 Bl. mit Erläuterungen	2,50	2,00
Erschienen sind die Blätter: 78 Enzklösterle (in Vorbereitung), 79	(0,80)	(0,60)
Simmersfeld, 80 Stammheim, 92 Baiersbronn, 93 Altensteig,		
94 Nagold, 105 Freudenstadt, 129 Schramberg, ferner das Doppel-		
blatt 91/104 Obertal Kniebis	3,00	2,50
	(1,00)	(0,80)
2. Im Maßstab 1 : 50 000.		
Geognostische Spezialkarte des Königreichs Württemberg. 55 Bl.		
(Kartennetz s. „Fortschritte" I S. 107) in Farbendruck. 1 Vollblatt	2,00	2,00
1 Grenzblatt (Nr. 1, 13, 21, 29, 36, 49, 53, 55)	1,00	1,00
Die Vollblätter 9 Besigheim, 15 Liebenzell, 16 Stuttgart,	(0,60)	(0,50)
17 Waibling., 18 Gmünd, 24 Böblingen, 25 Kirchheim, 26 Göp-		
pingen, 30 Freudenstadt, 33 Urach je in 2. Auflage.		
1 Heft Begleitworte zu den einzelnen Blättern	0,50	0,50
(die Blätter 1, 4, 5, — 2, 3, 6, 7, — 13, 20, — 21, 22, 29, —		
35, 36, — 38, 39, — 41, 42, 47, 48, — 43, 44, 45, — 50, 53, —		
51, 54, — 52, 55 sind je in einem Heft der Begleitworte behandelt).		
Geognostische Profilierung der württembergischen Eisen-		
bahnlinien. Längenmaßstab 1 : 50 000, Höhenmaßstab 1 : 5000,		
Lief. I—V, je	1,50	1,50
Lief. I 1. Stuttgart-Ulm. 2. Zuffenhausen-Calw. — II 3. Plo-		
chingen-Vil ingen. 4. Rottweil-Immendingen. — III 5. Stuttgart-		
Nördlingen. 6. Heilbronn-Crailsheim. — IV 7. Stuttgart-Schiltach.		
— V 8. Reutlingen-Münsingen.		
3. Im Maßstab 1 : 10 000.		
Geologische Spezialkarte der Umgegend von Kochendorf.		
Bearbeitet von Prof. Dr. E. Koken, mit Begleitworten, Profiltafel		
und tektonischer Kartenskizze. In steif broschiertem Umschlag.	2,00	2,00

4. Im Maßstab 1 : 600 000.

Preis
Privatgebrauch Dienstgebrauch
(auf Leinwand aufgezogen mehr)

Geologische Übersichtskarte von Württemberg und Baden, dem Elsaß, der Pfalz und den weiterhin angrenzenden Gebieten. Farbendruck. 7. erweiterte Auflage 1907 . . . .

	Privatgebrauch	Dienstgebrauch
Geologische Übersichtskarte ... Farbendruck. 7. erweiterte Auflage 1907	3,00 (0,80)	2,00 (0,60)

5. Im Maßstab 1 : 1 000 000.

Geologische Karte von Württemberg. 0,30 (0,20)   0,30 (0,15)

II. Mitteilungen der Geologischen Abteilung des K. Statistischen Landesamts.

Erscheinen in Sonderheften. (Kommissionsverlag der Kgl. Hofbuchdruckerei Zu Gutenberg von Karl Grüninger, Stuttgart.)

Nr. 1. M. Schmidt: Über Glazialbildungen auf Blatt Freudenstadt (der geolog. Karte 1 : 25 000) M 0,50.

Nr. 2. M. Schmidt: Labyrinthodontenreste aus dem Hauptkonglomerat von Altensteig im württemb. Schwarzwald. M 0,30.

Nr. 3. M. Schmidt: Das Wellengebirge der Gegend von Freudenstadt. M 1,50.

Nr. 4. Manfred Bräuhäuser: Über Vorkommen von Phosphorsäure im Buntsandstein und Wellengebirge des östlichen Schwarzwalds. M 0,30.

Nr. 5. Georg Schlenker: Geologisch-biologische Untersuchung von Torfmooren. Das Schwenninger Zwischenmoor und zwei Schwarzwaldhochmoore in Bezug auf ihre Entstehung, Pflanzen- und Tierwelt. M 2,50.

Nr. 6. Manfred Bräuhäuser: Beiträge zur Stratigraphie des Cannstatter Diluviums. (Anhang: Über den altdiluvialen Torf des Stuttgarter Tales, von J. Stoller und D. Geyer.) M 1,—

Nr. 7. A. Schmidt: Über Fossilhorizonte im Buntsandstein des östlichen Schwarzwaldes, u. M. Bräuhäuser: Beiträge zur Kenntnis des Rotliegenden an der oberen Kinzig. M. 0,40.

In Vorbereitung:

Nr. 8. Max Münst: Ortsteinstudien im oberen Mürztal.

Großherzoglich Badische Geologische Landesanstalt.

(Sitz bisher: Karlsruhe, Bernhardstr. 8; ab 1. Okt. 1910: Freiburg i. Br., Bismarckstr. 7.)

I. Geologische Spezialkarte des Großherzogtums Baden.

Herausgegeben von der Großherzoglich Badischen Geologischen Landesanstalt. 170 Kartenblätter mit je einem Erläuterungsheft. Preis für das einzelne Blatt mit Erläuterungen M 2,—; für das Doppelblatt mit Erläuterungen M 3,—. (Die Versendung erfolgt auf Papprollen zu je M 0,15.) Auf Leinwand aufgezogen kosten die Einzelblätter M 3,—, Doppelblätter M 4,50.

Verzeichnis der erschienenen Blätter:

21.	Mannheim.	54.	Kürnbach.
22.	Ladenburg. } 2. Aufl.	82.	Gengenbach (vergriffen).
23.	Heidelberg.	83/84.	Peterstal-Reichenbach (vergriffen).
30/31.	Altlußheim-Schwetzingen.	87.	Zell a. H.
32.	Neckargemünd.	88/89.	Oberwolfach-Schenkenzell.
33.	Epfenbach.	93.	Haslach.
34.	Mosbach (vergriffen).	94/95.	Hornberg-Schiltach.
39.	Philippsburg.	100.	Triberg.
40.	Wiesenthal.	101/102.	Königsfeld-Niedereschach.
41.	Wiesloch.	108.	St. Peter.
42.	Sinsheim.	109.	Furtwangen.
43.	Rappenau.	110.	Villingen.
45.	Graben.	111.	Dürrheim.
46.	Bruchsal.	115/116.	Hartheim-Ehrenstetten.
47.	Odenheim.	119.	Neustadt.
48.	Eppingen.	120.	Donaueschingen.
49.	Schluchtern.	127.	Müllheim.
52.	Weingarten.	132.	Bonndorf.
53.	Bretten.	133.	Blumberg.

II. Mitteilungen der Großherzoglich Badischen Geologischen Landesanstalt.

Band I. 1. und 2. Hälfte	M 24.—	Band III. 1. Heft	M 3.—
Auch einzeln je	„ 12,—	„ III. 2. „	„ 10,—
„ I. 1. Ergänzung	„ 6.—	„ III. 3. „	„ 10,—
„ I. 2. „	„ 9,—	„ III. 4. „	„ 3,—
„ I. 3. „	„ 2,80	„ IV. 1. „	„ 2,—
„ I. 4. „	„ 5,60	„ IV. 2. „	„ 4,—
„ II. 1. Heft	„ 3,—	„ IV. 3. „	„ 2,40
„ II. 2. „	„ 10,—	„ IV. 4. „	„ 3,50
„ II. 3. „	„ 10,—	„ V. 1. „	„ 10,40
„ II. 4. „	„ 15,—	„ V. 2. „ mit Atlas	„ 30,—

Ausführliches Verzeichnis der in den Mitteilungen erschienenen Arbeiten steht durch Carl Winters Universitätsbuchhandlung in Heidelberg zur Verfügung.

Großherzogl. Mecklenburgische Geologische Landesanstalt.

Sitz: Rostock, Neues Museumsgebäude.

Die systematische Veröffentlichung von **Karten** ist seitens der Landstände abgelehnt worden.

Mitteilungen aus der Geologischen Landesanstalt

als Anhang an die „Landwirtschaftlichen Annalen des mecklenb. patriotischen Vereins" erscheinend. (Kommissionsverlag der Leopoldschen Universitätsbuchhdlg., Rostock.) Bisher erschienen 20 Hefte, Beobachtungen über Brunnenbohrungen, Brunnenwasser, Kalk- und Mergellager, Gutskarten, Mecklenburgische Endmoränen und Wallberge, Dünen der südöstlichen Heide Mecklenburgs, Zusammensetzung diluvialer Sande, die Salzlagerstätten von Jessenitz u. a. enthaltend.

Beiträge zur Geologie Mecklenburgs von E. Geinitz erschienen im „Archiv des Vereins der Freunde der Naturgeschichte in Mecklenburg". Komm.-Verlag von Opitz & Co. in Güstrow. Nr. I—XX. 1880—1908. (Werden nicht fortgesetzt.)

Geologische Landesanstalt von Elsaß-Lothringen.

Sitz: Straßburg i. Els., Blessigstraße 1, im Gebäude der mineralogischen und geologischen Institute der Universität.

I. Geologische Karten.

a) Geologische Spezialkarte von Elsaß-Lothringen 1:25000 mit Erläuterungen. Bisher erschienen die folgenden Blätter (in Kommission bei Simon Schropp, Berlin, Jägerstr. 61); vgl. die Blatteinteilung S. 159:

> Sierck 5, Merzig 6, Monnern 10, Gr.-Hemmersdorf 11, Gelmingen 15, Busendorf 16, Ludweiler 17, Saarbrücken 18, Bolchen 22, Lubeln 23, St. Avold 24, Forbach 25, Saargemünd 26, Bliesbrücken 27, Wolmünster 28, Roppweiler 29, Remilly 33, Falkenberg 34, Rohrbach 38, Bitsch 39, Stürzelbronn 40, Lembach 41, Weißenburg 42, Weißenburg Ost 43, Saareinsberg 52, Niederbronn 53, Buchsweiler 65, Pfalzburg 75, [Zabern 76], [Molsheim 91], [Geispolsheim 92], Mühlhausen West 130, Mühlhausen Ost 131, Homburg 132, Altkirch 134.

b) Geologische Übersichtskarte von Elsaß-Lothringen und den angrenzenden Gebieten 1:200000, im Zusammenhang mit einer tektonischen Karte von Elsaß-Lothringen 1:200000. Mit Erläuterungen. Veröffentlicht Blatt Saarbrücken (M 3,—), in der Aufnahme fertig Landau und Pfalzburg, letzteres im Druck. Vgl. die Blatteinteilung S. 158.

c) Verschiedene Karten. Geologische Übersichtskarte des westlichen Deutsch-Lothringen 1:80000. 1886/87. 5 M. (Vergriffen.)

Übersichtskarte der Eisenerzfelder des westlichen Deutsch-Lothringen. 4. Aufl. der Karte 1905. 5. Aufl. des Verzeichnisses 1910. 2 M.

Geologische Übersichtskarte der südlichen Hälfte des Großherzogtums Luxemburg 1:80000. 4 M.

Geologische Übersichtskarte von Elsaß-Lothringen 1:500000. 1 M. (Vergriffen.)

Karte der nutzbaren Lagerstätten Deutschlands: Gruppe Elsaß-Lothringen. Lieferung 1, enthaltend die Blätter Mettendorf (148), Metz (150) und Pfalzburg (168). Maßstab 1:200000. (Vgl. S. 158, auch S. 125 u. 127.) Preis des Blattes 1 M.

Höhenschichtenkarte von Elsaß-Lothringen und den angrenzenden Gebieten 1:200000. 1906. Mit Begleitworten (mit einer tektonischen Übersichtskarte des östl. Lothringen, der Saarbrücker Gegend, der Haardt und des nördlichsten Teils der Vogesen 1:400000).

II. Abhandlungen: 5 Bände von je 3—6 Heften. Neue Folge, Heft 1—6.

III. Mitteilungen: Band 1—6, Bd. 7, H. 1 u. 2.
